基礎篇

電子裝置與電路理論
Electronic Devices and Circuit Theory

Eleventh Edition

Robert L. Boylestad・Louis Nashelsky

卓中興　黃時雨　譯

台灣培生教育出版股份有限公司
Pearson Education Taiwan Ltd.

國家圖書館出版品預行編目資料

電子裝置與電路理論：基礎篇 / Robert L.
Boylestad, Louis Nashelsky 著；卓中興，黃時
雨譯. — 二版. — 新北市：臺灣培生教
育，臺北市：臺灣東華，2014.03
　792 面；19x26 公分
　　譯自：Electronic devices and circuit theory,
11th ed.
　　ISBN 978-986-280-243-4（平裝）
　　1. 電子工程　2. 電路
448.6　　　　　　　　　　　　103004197

電子裝置與電路理論（基礎篇）
Electronic Devices and Circuit Theory, 11th Edition

原　　　著	Robert L. Boylestad, Louis Nashelsky
譯　　　者	卓中興、黃時雨
執 行 編 輯	陳志柱、蔡秋玉
發 行 人	蔡彥卿
出 版 者	臺灣東華書局股份有限公司
地　　　址	臺北市重慶南路一段一四七號四樓
電　　　話	(02) 2311-4027
傳　　　眞	(02) 2311-6615
劃撥帳號	00064813
網　　　址	www.tunghua.com.tw
讀者服務	service@tunghua.com.tw
總 經 銷	臺灣東華書局股份有限公司
出版日期	2014 年 3 月二版一刷
	2025 年 1 月二版四刷
I S B N	978-986-280-243-4

Cover photo credit © Pearson Education, Inc

版權所有・翻印必究

Authorized Translation from the English language edition, entitled ELECTRONIC DEVICES AND CIRCUIT THEORY, 11th Edition 9780132622264 by BOYLESTAD, ROBERT L.; NASHELSKY, LOUIS, published by Pearson Education, Inc, Copyright © 2013, 2009, 2006 by Pearson Education, Inc.
All rights reserved. No part of this book may be reproduced or transmitted in any form or by any means, electronic or mechanical, including photocopying, recording or by any information storage retrieval system, without permission from Pearson Education, Inc.
CHINESE TRADITIONAL language edition published by PEARSON EDUCATION TAIWAN LIMITED and TUNG HUA BOOK COMPANY LTD, Copyright © 2014.

譯者序

　　電子裝置與電路理論一書初版至今已歷四十載，今為第十一版，之所以能歷久不衰自有原因：

1. 對基本概念的闡述非常詳細，可謂循循善誘，對初學者的觀念形成很有幫助。
2. 取材和計算範例十分豐富，且避開艱深的內容，極適合中等程度的學生和自學者。
3. 各種實際應用的介紹極為廣泛，讓讀者在研習學理之際，也能領略電子學的強大應用能力。
4. 依據各章內容，簡要介紹數項重要輔助工具，如 PSpice (Design Center) 和 Multisim 的用法和實例。同學可依自身興趣涉獵深淺，為將來的職涯或深造作準備。

　　本版中譯，筆者力求通順並反映原意，但匆促之間恐仍有疏漏，祈各方不吝賜正，以求盡善。

譯者謹識

序言

　　本版（11 版）序言想作一些 40 多年來的回想，1972 年兩個熱情的年輕教育者，想測試一下自己對現有電子元件教材的能力，產生的第 1 版。雖然有人可能較喜歡半導體元件這個名詞，而不用電子元件，第 1 版也幾乎絲毫不漏地介紹真空管元件，而新版目錄中卻無任一節是針對真空管的主題。從真空管過渡到以半導體元件為主體，幾乎經歷了 5 版，到現在只有幾節有提到真空管，但有意思的是，當場效電晶體(FET)元件實用化後，許多用在真空管的分析技巧即可應用在 FET 電路上，這是因為這兩種元件存在交流等效模型的類似性。

　　我們常被詢問到改版的過程，以及新版本所定的內容。某些情況下，很顯然是計算機軟體改版了，而套裝程式在應用上的變化也必須逐項詳細修訂。本書最早強調計算機套裝軟體的使用，且提供的詳細程度是其他教料書所無法比的。每次套裝軟體一改版，都會發現相關參考資料可能未及問市，或手冊對新學者而言不夠詳盡。本書充足詳細的內容，保證學生無需額外的教材，即可應用各套裝軟體。

　　每一次新版都需要更新的內容，包括實際商用之元件的變化，以及其特性的改變。這可能需要對各領域的廣泛研究，接著決定涵蓋的深度及響應的改善是否成立並加以承認。在確定需要解釋、刪除或修訂的部分時，教學經驗可能是最重要的來源之一。學生的回饋，使教科書的內容大幅增加，使書增厚不少。另外，也有部分來自於同業，採用這本書的其他教育團體的反映。當然，培生(Pearson)教育事業所選出的校閱者也審閱了本書。會覺得變化不大的原因，是繼上一版好幾年後才再重讀新版，若多讀幾次就會發現，許多材料已改正、刪除或擴大了。

　　本版改變的幅度遠超過我們當初的預期，但對用過本書前幾版的人來說，可能會覺得改變並不明顯。但一些主要的章節已經移動並擴充，習題增加了約 100 題，介紹了新元件，應用方面的項目也增加，且全書各處都加入了最新發展的內容。我們相信，本版相較於前幾版有極顯著的改進。

　　身為教師，我們深知這類教科書需要高度正確的重要性。當一個學生用各種方法去解一個習題，卻發現答案和書後所附不同，或者發現習題似乎無解，沒有什麼比這個更使學生挫折。很慶幸的發現，上一版的錯誤和印刷失誤不足之處。若考慮到本書浩大的篇幅所產生的大量範例及習題數目，從統計的觀點，本書幾近於零錯誤。對使用者的建議，我們都快速認知，並將改變傳達給出版者，作為答謝。

雖然目前的這一版反映了我們認為應有的變化，但預期未來某時點，仍需再改版。我們期待您對本版反應意見，使我們可以開始構思，以有助於下一版內容的改進。我們承諾，無論是正面或負面的評論，我們都會儘快的回覆。

本版新增內容

- 各章習題都有廣泛的變化，加入 100 題以上的新習題，而原有習題也作了相當程度的改變。
- 重新執行與更新描述的計算機程式為數不少，包括使用 OrCAD 16.3 版和 Multisim 11.1 版的效果。另外在前幾章提供計算機方法的廣泛了解，因此對兩種套裝程式的介紹亦予以修訂。
- 全書加入重要貢獻者的照片和小傳，包括達靈頓、肖特基、奈奎斯特、考畢子和哈特萊等。
- 全書加入一些新的章節內容，如直流和交流電源對二極體電路總和影響的討論、多個 BJT 的網路、VMOS 和 UMOS 功率 FET、Early 電壓、頻率對基本元件的影響、R_S 對放大器頻率響應的效應、增益頻寬積以及其他主題等。
- 由於校閱者的意見或優先順序的改變，許多章節完全改寫。改寫的領域包括：偏壓穩定性、電流源、直流與交流模式的反饋，二極體與電晶體響應特性中的移動率因數、逆向飽和電流、崩潰區的（成因與效應），與混合模型等。
- 除了上述許多章節的改版外，因此類教科書內容優先順序的改變，有一些章節的篇幅擴充了。如太陽能電池這一節就詳細探討其所用材料、響應曲線，以及一些新的實際應用。達靈頓效應的內容也幾乎全部改寫，並詳細探討射極隨耦器與集極增益組態。電晶體的部分包括了閂鎖電晶體和碳奈米管的細節。LED 的討論包括了所用材料、今日其他照明選項的比較，以及界定這種重要半導體元件未來的產品案例。書中也包括常見的資料手冊圖表，並詳細討論，以確保學生在進入產業界時已有良好的產學連結。
- 全書更新的材料有相片、電路圖、資料圖表等等，確保所介紹的元件能反映近年來今日商用元件快速變化的特性。另外，書中所利用的參數值和所有例習題，都更切合現今所用的元件特性。某些元件已不常使用或已不再生產,都加以去除,確保以現今的趨勢為重心。
- 全書有一些重要的架構性改變,以確保在學習過程中最佳的內容順序。顯然可見,前幾章二柱體和電晶體的直流分析如此,在 BJT 和 FET 的交流各章中討論電流增益時如此,在達靈頓一節以及頻率響應一章中也是如此。特別在 16 章更為明顯,已去除原有的一些主題,各節順序也大幅更動。

目錄

譯者言 —————————————————————————————————— iii
序言 ———————————————————————————————————— v

第 1 章　半導體二極體 ———————————————————————— 1

1.1　導　言　1
1.2　半導體材料：鍺、矽和砷化鎵　2
1.3　共價鍵和純質材料　3
1.4　能　階　6
1.5　n 型和 p 型材料　8
1.6　半導體二極體　11
1.7　理想對實際　23
1.8　區段電阻值　25
1.9　二極體等效電路　33
1.10　遷移和擴散電容　36
1.11　逆向恢復時間　37
1.12　二極體的規格表　38
1.13　半導體二極體的記號　42
1.14　二極體的測試　43
1.15　齊納二極體　45
1.16　發光二極體　49
1.17　總　結　58
1.18　計算機分析　60

第 2 章　二極體的應用 ———————————————————————— 67

2.1　導　言　67
2.2　負載線分析　68
2.3　二極體的串聯組態　75
2.4　並聯與串並聯組態　82
2.5　AND/OR 閘　85
2.6　弦波輸入：半波整流　88
2.7　全波整流　91
2.8　截波電路　96
2.9　拑位電路　103
2.10　同時輸入 DC 和 AC 電源的電路　110
2.10　齊納二極體　113
2.11　倍壓電路　122
2.12　實際的應用　125
2.13　總　結　137
2.14　計算機分析　139

第 3 章　雙載子接面電晶體 —————————————————————— 161

3.1　導　言　161
3.2　電晶體結構　162
3.3　電晶體操作　163
3.4　共基極組態　165
3.5　共射極組態　170
3.6　共集極組態　179
3.7　操作的限制　180
3.8　電晶體規格表　182
3.9　電晶體測試　186
3.10　電晶體的包裝和腳位識別　189
3.11　電晶體的發展　190
3.12　總　結　192
3.13　計算機分析　193

第 4 章　BJT（雙載子接面電晶體）的直流偏壓 —— 201

- 4.1　導言　201
- 4.2　工作點　202
- 4.3　固定偏壓電路　204
- 4.4　射極偏壓電路　213
- 4.5　分壓器偏壓電路　220
- 4.6　集極反饋偏壓電路　229
- 4.7　射極隨耦器偏壓電路　235
- 4.8　共基極偏壓電路　237
- 4.9　各種偏壓電路組態　239
- 4.10　歸納表　242
- 4.11　設計運算　242
- 4.12　多個 BJT 的電路　250
- 4.13　電流鏡　258
- 4.14　電流源電路　261
- 4.15　pnp 電晶體　263
- 4.16　電晶體開關電路　265
- 4.17　故障檢修（偵錯）技術　270
- 4.18　偏壓穩定法　273
- 4.19　實際的應用　285
- 4.20　總結　293
- 4.21　計算機分析　296

第 5 章　BJT（雙載子接面電晶體）的交流分析 —— 317

- 5.1　導言　317
- 5.2　交流放大　317
- 5.3　BJT 電晶體模型　319
- 5.4　r_e 電晶體模型　322
- 5.5　共射極固定偏壓電路　327
- 5.6　分壓器偏壓　331
- 5.7　共射極(CE)射極偏壓電路　334
- 5.8　射極隨耦器電路　341
- 5.9　共基極電路　347
- 5.10　集極反饋電路　349
- 5.11　集極直流反饋電路　354
- 5.12　R_L 和 R_S 的影響　357
- 5.13　決定電流增益　364
- 5.14　歸納表　366
- 5.15　雙埠系統分析法　366
- 5.16　串級系統　375
- 5.17　達靈頓接法　381
- 5.18　反饋對　393
- 5.19　混合等效（h 參數）模型　400
- 5.20　近似混合等效電路　406
- 5.21　完整的混合等效模型　414
- 5.22　混合 π 模型　422
- 5.23　電晶體參數的變化　424
- 5.24　故障檢修（偵錯）　426
- 5.25　實際的應用　429
- 5.26　總結　437
- 5.27　計算機分析　440

第 6 章　場效電晶體 —— 473

- 6.1　導言　473
- 6.2　JFET 的結構和特性　475
- 6.3　轉移特性　482
- 6.4　規格表(JFET)　487
- 6.5　量測　491
- 6.6　重要關係式　493
- 6.7　空乏型 MOSFET　494
- 6.8　增強型 MOSFET　499
- 6.9　MOSFET 的執持方法　510
- 6.10　VMOS 和 UMOS 功率金氧半場效電晶體　511
- 6.11　CMOS　513
- 6.12　MESFET　514
- 6.13　歸納表　516
- 6.14　總結　516
- 6.15　計算機分析　518

第 7 章　場效電晶體(FET)的偏壓 —— 527

7.1	導　言　527	**7.10**	組合網路　558
7.2	固定偏壓電路　528	**7.11**	設　計　562
7.3	自穩偏壓電路　532	**7.12**	故障檢修（偵錯）　564
7.4	分壓器偏壓　537	**7.13**	p 通道 FET　566
7.5	共閘極電路　542	**7.14**	萬用 JFET 偏壓曲線　568
7.6	特例：$V_{GS_Q}=0$ V　545	**7.15**	實際的應用　572
7.7	空乏型 MOSFET　546	**7.16**	總　結　583
7.8	增強型 MOSFET　551	**7.17**	計算機分析　584
7.9	歸納表　558		

第 8 章　FET（場效電晶體）放大器 —— 595

8.1	導　言　595	**8.11**	E-MOSFET 分壓器電路　631
8.2	JFET 小訊號模型　596	**8.12**	設計 FET 放大器網路　632
8.3	固定偏壓電路　605	**8.13**	歸納表　636
8.4	自穩偏壓電路　607	**8.14**	R_L 和 R_{sig} 的影響　638
8.5	分壓器電路　614	**8.15**	串級電路　642
8.6	共閘極電路　615	**8.16**	故障檢修（偵錯）　645
8.7	源極隨耦器（共汲極）電路　620	**8.17**	實際的應用　646
8.8	空乏型 MOSFET　624	**8.18**	總　結　656
8.9	增強型 MOSFET　626	**8.19**	計算機分析　657
8.10	E-MOSFET 汲極反饋電路　627		

第 9 章　BJT 和 JFET 的頻率響應 —— 675

9.1	導　言　675	**9.9**	低頻響應——FET 放大器　709
9.2	對　數　675	**9.10**	米勒效應電容　712
9.3	分　貝　681	**9.11**	高頻響應——BJT 放大器　715
9.4	一般的頻率考慮　687	**9.12**	高頻響應——FET 放大器　724
9.5	標準化（正規化）程序　690	**9.13**	多級的頻率效應　727
9.6	低頻分析——波德圖　693	**9.14**	方波測試　729
9.7	低頻響應——BJT 放大器　700	**9.15**	總　結　733
9.8	R_S 對放大器低頻響應的影響　704	**9.16**	計算機分析　734

附錄 A　混合(h)參數的圖形決定法和轉換公式（精確及近似）—— 753

A.1	h 參數的圖形決定法　753	A.3	近似轉換公式　758
A.2	精確轉換公式　757		

附錄 B　漣波因數和電壓的計算 —— 759

B.1　整流器的漣波因數　759
B.2　電容濾波器的漣波電壓　760
B.3　V_{dc} 和 V_m 對漣波因數 r 的關係　762
B.4　V_r(RMS) 和 V_m 對漣波因數 r 的關係　763
B.5　整流—電容濾波器電路中，導通角、%r 和 I_{peak}/I_{dc} 的關係　764

附錄 C　圖　表 —— 767

附錄 D　奇數習題解答 —— 769

索　引 —— 777

半導體二極體

本章目標

- 明白三種重要半導體材料（矽、鍺和砷化鎵）的一般特性。
- 了解使用自由電子和電洞的導電方式。
- 能夠描述 n 型與 p 型材料的差異。
- 建立對二極體在零偏壓、順偏壓與逆偏壓之下的基本操作和特性的了解。
- 能夠從二極體特性曲線計算二極體的 ac、dc 和平均交流電阻。
- 了解理想二極體或實際二極體的等效電路對電路分析的影響。
- 熟習齊納二極體和發光二極體的操作和特性。

1.1 導言

　　和許多其他技術領域一樣，半導體這個領域有一件值得注意的事，即在整段演進過程中，基本原理的變化非常少，但整個系統實體令人難以置信地變小，操作速度極高，每天都有新型裝置浮上枱面，讓我們不禁懷疑，是否是技術在引領我們。然而，讓我們花點時間考慮一下，絕大部分目前仍在使用的裝置都是在數十年前就已經發明了，出現在教科書上的設計技術甚至可遠推到 1930 年代已在使用。我們可以體認到，我們所看到的大部分，主要是舊有元件在結構技術、一般特性和應用技術的持續改進，而非新元件和根本性新設計的發展。這個結果也反映在本書上，本書所討論到的裝置，大部分都已出現相當久，甚至本書十年前的版本中所提到的主題，其內容從今日的角度看，並沒有很大的變化，依然可作為很好的參考資料。教材的主要變化，著眼於對這些裝置的操作模式與完整運用範圍的認知方式，以及對這些裝置相關原理的教學方法的改進。我們希望使用這本書的新學者可以得到上述改進的好處，我們希望

2 電子裝置與電路理論

本書可以達到一種境界，即內容易於掌握了解，且數年後可學以致用。

近年來，電子微型化的發展令我們好奇，其極限究竟在何處。現今出現在晶圓上的完整系統比早期網路中的單一元件還小了數千倍。第 1 個積體電路(IC)是由在德州儀器(TI)工作的 Jack Kilby 在 1958 年發展出來的（圖 1.1），現今，圖 1.2 中的 Intel i7 極致版核心處理器，其 IC 封裝中共有 7 億 3 千 1 百萬個電晶體，其總面積僅略大於 1.67 平方英寸。在 1965 年，高登·莫耳博士提出一篇論文，預測單一 IC 晶片上的電晶體數目每兩年將倍增，現在歷經超過四十五年之後，吾人發現此項預測準確到令人驚異，並預期未來數十年可能仍將如此。我們顯然已達到一個境地，IC 就像一個容器，提供某些方法以處理裝置或系統，並提供一種機制，使裝置或系統和網路的其他部分連結起來。更進一步的微型化將受到四個因素的限制：半導體材料的品質、網路設計技術和製造與製程設備的限制，以及半導體工業創新精神的強度。

這裡要介紹的第 1 個裝置是所有電子裝置中最簡單的一個，但其應用範圍卻無限量。我們將用兩章來介紹，包含固態裝置常用的材料，並回顧電路學的某些基本定律。

共價鍵與本質材料

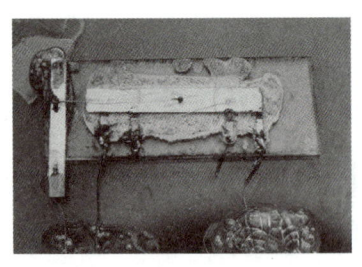

圖 1.1　第 1 個積體電路，1958 年由美國 Jack S. Kilby 發明的移相振盪器（採自 TI）

圖 1.2　Intel i7 極致版核心處理器

1.2　半導體材料：鍺(Ge)、矽(Si)和砷化鎵(GaAs)

每一個分立式（個別）固態（硬晶體結構）電子裝置或積體電路都是用最高品質的半導體材料建構而成的。

半導體是一種特別的材料，其導電性介於良導體與絕緣體之間。

一般而言，半導體材料有兩類：單晶式與複合式。單晶式半導體如鍺(Ge)和矽(Si)具有重複性的結晶構造，而複合式半導體如砷化鎵(GaAs)、硫化鎘(CdS)、氮化鎵(GaN)和磷砷化鎵(GaAsP)等則由兩種或更多種不同原子結構的半導體材料建構而成。

> 在電子裝置的結構中，三種最常用的半導體是矽(Si)、鍺(Ge)和砷化鎵(GaAs)。

在 1939 年二極體和 1947 年電晶體先後發明的前幾十年中，鍺材料包辦了大部分的應用，因鍺易開採且數量較大，也很容易提煉到很高的純度，這在製程上占了很重要的考慮。然而，早年用鍺製造的二極體和電晶體，主要因為對溫度變化的敏感度，使其可靠度不高。此時科學家察覺到，另一種材料矽可改進溫度的敏感度，但當時製造極高純度矽的提煉程度仍在發展階段。直到 1954 年，第 1 顆矽電晶體終於問世，自此，矽快速成為半導體材料的選擇。矽不止溫度的敏感度較低，同時它也是地表上蘊藏量最豐富的材料，完全不必擔心供應的問題。新材料矽的出現如同洩洪一般，製造與設計技術在往後年間持續突飛猛進，到如今已達高度成熟的狀態。

然而隨著時代的演進，在電子領域上，速度的議題愈來愈敏感。計算機的運算速度愈來愈高，通訊系統也要在更高的性能水準上工作，因此能符合這種要求的半導體材料必須要找出來。終於在 1970 年代的前期，第 1 顆砷化鎵電晶體誕生了，這種新電晶體的操作速度可達矽電晶體的 5 倍之多。然而，由於多年來在矽元件上對於設計上的密集努力，以及製程上的持續改進，就大部分的應用而言，矽電晶體電路擁有較低廉的製程，以及較有效率的設計方法的優勢。砷化鎵在高純度製程的難度較高且更昂貴，且因發展較晚，因此在電路設計方面的支援很少。但現在基於提高速度的需求，使資金持續投入砷化鎵的研究，今日在超大型積體電路(VLSI)的設計中，砷化鎵已被一致性地用作基本材料了。

以上對半導體材料發展歷史的簡要回顧，並不表示砷化鎵將很快成為固態電子結構的唯一材料。鍺材料雖然應用範圍受限，但鍺裝置依然在製造使用。儘管鍺材料是一種極易受溫度影響的半導體，在某些領域其特性仍可找到適當的應用。由於其易於開採提煉且成本低廉，因此鍺元件將不會在產品型錄上消失。另外，如同先前所提的，矽材料受惠於長年發展所累積的優勢，目前仍是電子元件和 IC 的半導體材料中的領導者。事實上，在 Intel 最新型的處理器中，矽仍然是基本的建構材料。

1.3 共價鍵和純質材料

為充分了解何以矽、鍺和砷化鎵會成為電子工業中半導體的選擇，我們需要對每種材料的原子結構和這些原子如何結合成晶體結構，作相當程度的了解。原子的基本組成包含電子、質子與中子。在原子結構中，中子和質子形成原子核，而電子則在固定軌道上環繞原子核。三種材料的波爾原子模型如圖 1.3 所示。

如圖 1.3 所示，矽原子共有 14 個電子，鍺原子有 32 個電子，鎵原子有 31 個電子，而砷則有 33 個電子（砷同時也是毒性極強的化學品）。對鍺和矽而言，最外層都有 4 個

4 電子裝置與電路理論

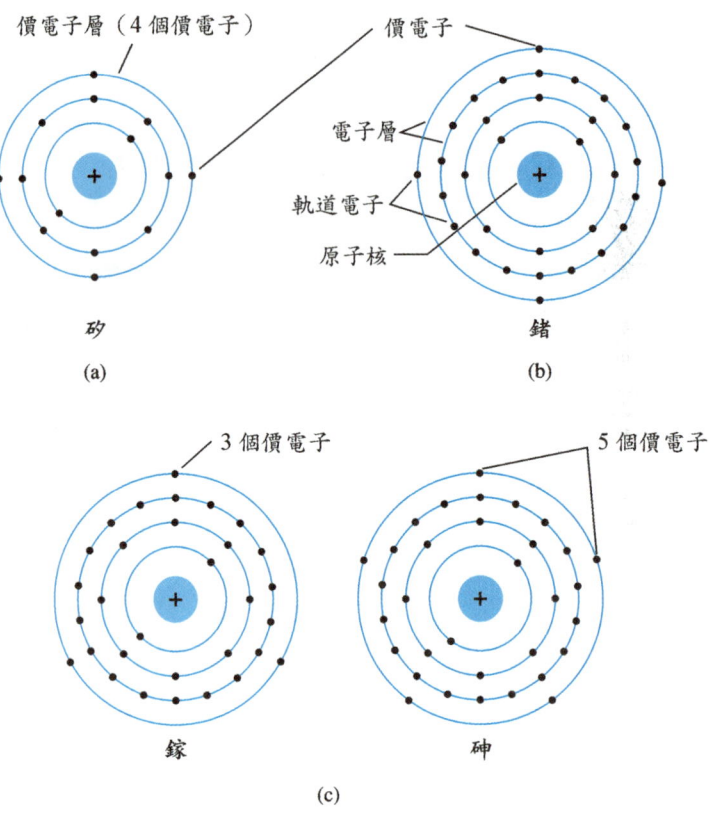

圖 1.3　(a)矽；(b)鍺；(c)砷化鎵的原子結構

電子，稱為價電子(valence electron)。鎵有 3 個價電子，而砷有 5 個價電子。具有 4 個價電子的原子稱為 *4 價原子*，具有 3 個價電子的原子稱為 *3 價原子*，而具有 5 個價電子的原子稱為 *5 價原子*。價(valence)用來表示將任一最外層電子移離原子所需的游離能，此游離能遠低於原子結構中內層電子的游離能。

在純矽和純鍺晶體中，每個原子的 4 個價電子和鄰近的 4 個原子形成鍵結，如圖 1.4。

這種鍵結是由價電子的共用來強化，稱為共價鍵。

因為砷化鎵是複合半導體，兩種原子之間存在一種共享，如圖 1.5。每個鎵或砷原子都被另一種原子所圍繞。類似鍺和矽結構中價電子的共用現象，不同的是，砷原子提供 5 個價電子，而鎵原子則提供 3 個價電子。

雖然共價鍵中的價電子和其母體原子間形成更強的結合力，但價電子仍可能從外界吸收足夠的動能而打斷共價鍵，而到達"自由"狀態，成為自由電子。"自由"代表電子已自固定晶體結構中脫離，對電壓源或電位差所形成的電場十分敏感。使價電子成為自由電子的外部原因包括周圍介質所帶來的光能（以光子的形式）和熱能。室溫之下，

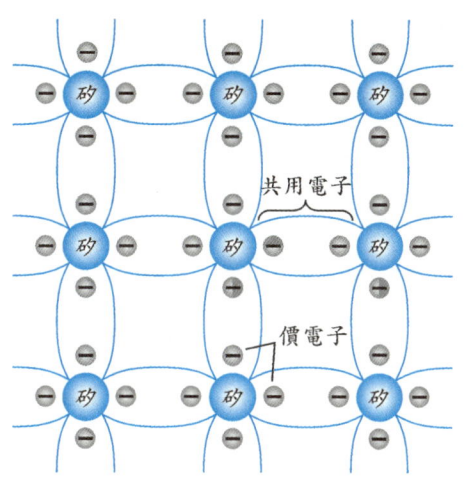

圖 1.4　矽原子的共價鍵

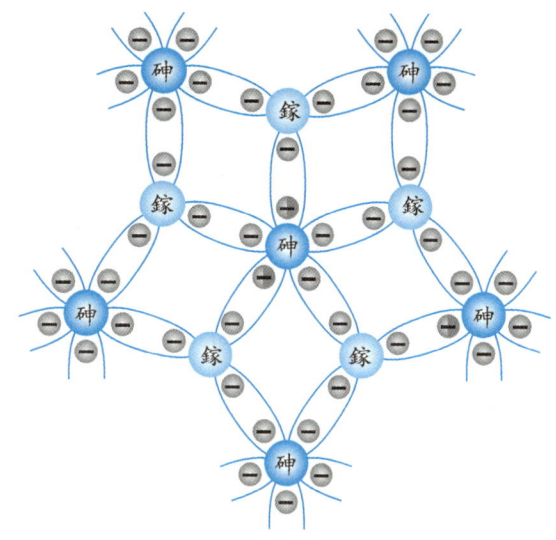

圖 1.5　砷化鎵晶體的共價鍵

在 1 cm³ 的純矽材料中約有 1.5×10^{10} 個自由載子，也就是 15,000,000,000（150 億）個自由電子，1 cm³ 小於 1 個方糖，1.5×10^{10} 是個大數目。

> 術語本質（純，intrinsic）代表半導體已精煉到極低雜質的程度，已達現代科技可及的純粹境界。

材料中的自由電子若僅因外部因素（熱、光）產生，稱為本質載子。表 1.1 中比較了鍺、矽和砷化鎵中每 1 立方公分中本質載子的數量（簡記為 n_i）。可有趣的看到，鍺最高，而砷化鎵最低，事實上鍺比砷化鎵高出甚多。本質載子數量固然重要，但在電場中材料的其他特性更具決定性，其中一個這樣的特性因數是材料中自由載子的相對移動率 μ_n，也就是自由載子在材料中移動的能力。表 1.2 清楚的揭露，砷化鎵中自由載子的移動率是矽的 5 倍，這會使砷化鎵電子裝置的反應時間比同樣的矽裝置快 5 倍。也可注意到鍺自由載子的移動率超過矽的 2 倍，這使鍺在高速射頻的應用上仍不會退位。

表 1.1　本質載子 n_i

半導體	本質載子數（每 1 cm³）
砷化鎵	1.7×10^6
矽	1.5×10^{10}
鍺	2.5×10^{13}

表 1.2　移動率因數 μ_n

半導體	μ_n (cm²/V·s)
矽	1500
鍺	3900
砷化鎵	8500

近數十年來最重要的技術進步中有一項是製造極高純度半導體材料的能力，先前提到，早期在應用矽時曾遭遇此問題，鍺則較容易達到所需純度。在今日，一百億分之一

的雜質量是很普遍的，對大型積體電路而言，純度可達到更高。你可能會問：這麼高的純度是必要的嗎？答案是肯定的。可以這樣想，只要在矽材料晶圓中加入百萬分之一比例恰當種類的雜質，就可將導電性很差的材料轉變成良導體。當我們和半導體介質打交道時，顯然必須採用全新的比較分級。透過摻雜(doping)程序可改變材料的特性，像鍺、矽和砷化鎵都已準備好且很容易接受摻雜程序。摻雜程序的詳細討論見 1.5 節和 1.6 節。

半導體和導體之間有一重要且有趣的差異，即它們對熱變化的反應。對導體而言，電阻值會隨著溫度的上升而增加，這是因為導體中的載子數不會隨溫度的上升而顯著增加，但導體中的晶格相對於固定位置的振動會愈劇烈，使載子在材料中的流動愈困難。產生類似上述反應的材料稱為具有正溫度係數。然而，半導體材料在加熱之下電導係數卻提高，當溫度上升時，吸收到足夠熱能足以打斷共價鍵的價電子數會增加，因此提高了自由載子數。故：

半導體材料具有負溫度係數。

1.4 能　階

在每一孤立的原子結構中，每一層的電子都有特定能階，如圖 1.6。對每一元素而言，每一層的能階都是不同的。然而，一般而言：

距離原子核愈遠，其能量狀態（能階）愈高。而任何脫離母體原子的自由電子，其能量狀態會高於存在於原子結構中的任何電子。

注意到，在圖 1.6a 中，孤立原子的原子結構中只存在一些特定的能階值，能階之間的間隙不容許有電子存在（電子的能量只允許在特定的能階上）。然而，當原子互相接近且形成晶格後，由於原子之間的交互作用，使原子上某一特定軌道層的電子和鄰近原子相同軌道層的電子能階略有差異，這會使得圖 1.6a 上固定且分離的價電子能階延展成圖 1.6b 的能帶。易言之，只要矽材料中的價電子落到圖 1.6b 的能帶中，其能階可以有一變化範圍。圖 1.6b 清楚地揭露，傳導帶的電子有一最低能階，而價電子則有一最高能階，兩者之差稱為能帶隙，價帶中的電子必須克服能帶隙才能成為自由電子。鍺、矽和砷化鎵的能帶隙都不同，鍺的能帶隙最小，而砷化鎵的能帶隙最大。總之，其意義簡述如下：

和鍺價帶中的電子相比，矽價帶中的電子必須吸收更多的能量才能成為自由電子。同樣地，和矽或鍺價帶中的電子相比，砷化鎵價帶中的電子也必須得到更多的能量才能進入傳導帶。

各種半導體的能帶隙的差異會反映在對溫度的敏感度上。例如，對鍺而言，因能帶隙相當小，當溫度上升時，能夠得到足夠熱能而進入傳導帶的電子數量將快速增加。然

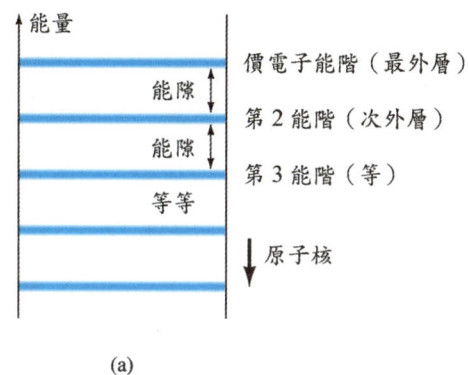

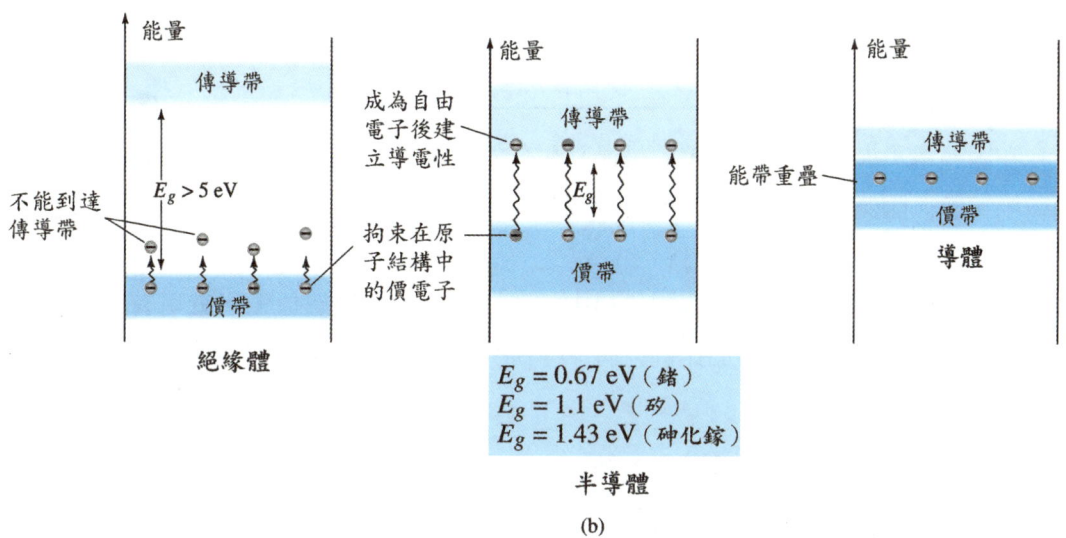

圖 1.6 能階：(a)孤立原子結構的能階；(b)絕緣體、半導體及導體的傳導帶和價帶

而，對矽或砷化鎵而言，進入傳導帶的電子所增加的數量就相對少很多。這種對能階變化的敏感度，有時是好而有時是壞。在光感測器對光感應以及安全系統對熱感應的設計上，鍺裝置找到了絕佳的應用點。然而，在電晶體網路上，穩定性必須優先考慮，這種對熱和光的敏感性反而成為有害因素。

能帶隙也有助於找出何種元素有助於發光裝置〔如發光二極體（LED）〕的建構，稍後將會介紹。能帶隙愈寬，能量以可見光或紅外線釋出的可能性也就愈大。對導體而言，因價帶和傳導帶重疊，導到電子所吸收到的能量都會以熱的形式消耗掉。然而對砷化鎵言，由於能帶隙足夠大，可產生有效的光輻射。對 LED（1.9 節）而言，摻雜多寡與材料的選擇決定了發光的顏色。

在離開這個主題之前，很重要強調一點，了解能階或能帶隙的單位是很重要的。在圖 1.6 中，量測單位是電子伏特(eV)，這個單位是很恰當的，因為能量(W) = 電量(Q) × 電壓(V)，可由電壓的定義($V=W/Q$)得到。將 1 個電子的電量和 1 V 的電位差代入，即可得能階的單位,即電子伏特。

即

$$W = QV$$
$$= (1.6 \times 10^{-19} \text{ C})(1 \text{ V})$$
$$= 1.6 \times 10^{-19} \text{ J}$$

且
$$\boxed{1 \text{ eV} = 1.6 \times 10^{-19} \text{ J}} \tag{1.1}$$

1.5　n 型和 p 型材料

在固態電子裝置的結構中,矽是最常用作為基體的材料,因此接下來的幾節將只討論矽半導體。因為鍺、矽和砷化鎵有類似的共價鍵,所以對矽討論的結果可以很容易地推廣到其他在製程中使用到的材料。

如先前所提到的,在純半導體材料中加入些許特定的雜質原子,就可有效改變半導體材料的特性。雖然雜質添加比例只有一千萬分之一,仍足以改變能帶結構,而完全改變材料的電性。

接受摻雜程序後的半導體稱為外質半導體。

對半導體裝置的製造而言,有兩種外質半導體的重要性是無法估量的,即 *n* 型材料與 *p* 型材料,在以下幾個小節中將分別詳細介紹。

n 型材料

n 型材料和 *p* 型材料都是在純矽基體中加入一定預設數量的雜質原子。如加入具有 5 個價電子的 5 價原子作雜質,如銻、砷和磷,即可得 *n* 型材料,這幾種原子都是元素周期表中特定族類的一員,稱為第 5 族,因為都具有 5 個價電子。這種雜質元素的效應如圖 1.7 所示(以銻為雜質摻入純矽基體中),注意到 4 價共價鍵依然存在。然而,新摻入的雜質原子會多一個第 5 電子,無法放在任何共價鍵中,這個多出來的電子會脫離母體銻原子,而可以在新形成的 *n* 型材料中自由移動。因為摻入的雜質原子會釋出 "自由" 電子到材料結構中:

具有 5 個價電子的擴散雜質原子,稱為施者(donor)原子

很重要必須了解的一點是,即使在 *n* 型材料中產生很大數量的自由載子,但材料依然保持電中性,因為材料中原子核的帶正電質子數仍然和帶負電的自由電子與軌道電子的總數相等。

可以利用圖 1.8 的能階圖，來描述摻雜程序對於相對導電率的作用。注意到，在禁止帶中出現了一條能階（稱為施者能階），其 E_g 比純質材料小很多，加入雜質所產生的自由電子會落在這個能階上，在室溫時吸收足夠的熱能而進入傳導帶，困難度相對小很多。這使得在室溫時，傳導帶上有大量的載子（電子），材料的電導係數會顯著上升。室溫下純質矽材料約每 10^{12} 個原子才出現 1 個自由電子，若摻雜比例是一千萬分之一，$10^{12}/10^7=10^5$，亦即材料中的載子濃度會增加 10^5 倍。

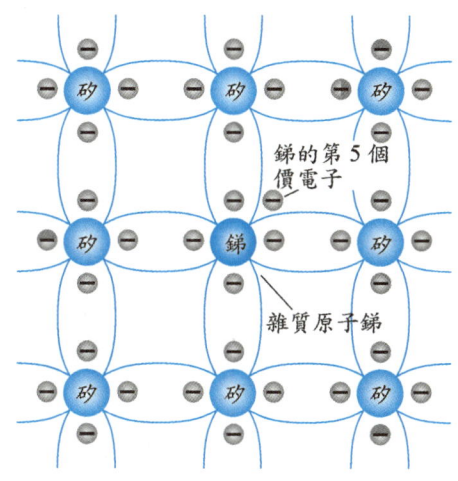

圖 1.7　n 型材料中的銻雜質原子

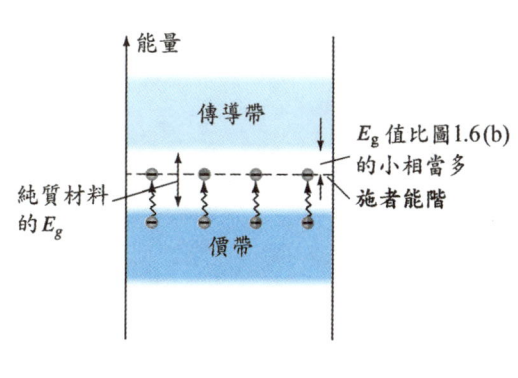

圖 1.8　施者雜質對能帶結構的效應

p 型材料

用具有 3 個價電子的雜質原子摻到純鍺或純矽中，即形成 p 型材料。最常用的雜質元素有硼、鎵和銦，這幾種原子都是元素週期表中特定族數的一員，稱為第 3 族，因為都具有 3 個價電子。這些元素如硼對矽質基體的作用如圖 1.9 所示。

注意到，在新形成的晶格中，電子數不足以填滿所有的共價鍵，產生的空位稱為電洞(hole)，以 1 個小圓圈或正號代表，注意到該處並沒有負電荷。因為空位會接受電子：

> 具有 3 個價電子的擴散雜質原子，稱為受者原子。

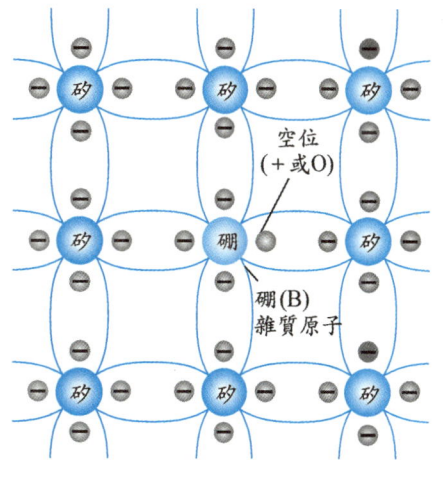

圖 1.9　p 型材料中的硼雜質原子

所得的 p 型材料也是電中性的，其理由和對 n 型材料描述者相同。

電子流對電洞流

導體中電洞的作用見圖 1.10。若價電子得到足夠的動能而打斷共價鍵並填補到電洞的空位中，則釋出價電子的共價鍵上又產生了新的空位或電洞。因此如圖 1.10 所示，電洞朝左轉移而電子則朝右轉移。本書所採用的電流方向沿用慣例，以電洞流動的方向為準。

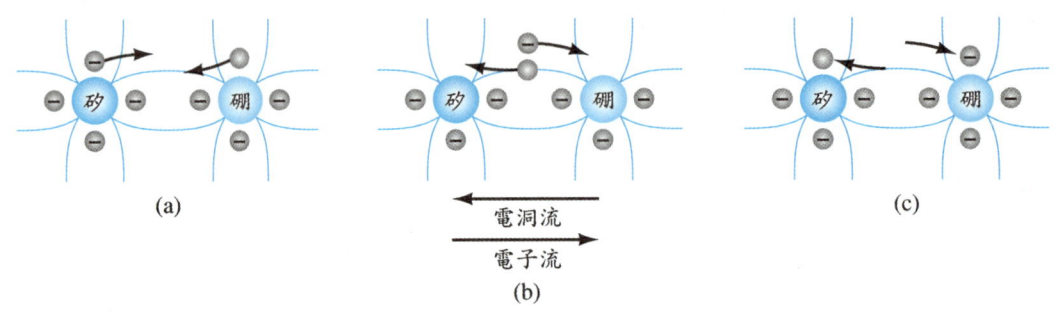

圖 1.10　電子流對電洞流

多數載子與少數載子

在純質狀態中，鍺或矽的自由電子數很少，因為其來源幾乎完全得自於價帶中極少數的電子得到熱源或光源的足夠能量而能打斷共價鍵游離，或得自於極少數雜質原子所釋出（因純質半導體的純度也不可能完全百分之百）。價電子游離成自由電子後，在共價鍵結構中留下空位，也產生了數量很少的電洞。在 n 型材料中，電洞數量沒有顯著變化，和純質材料時的數量相近。所以總和結果是，自由電子的數量遠超過電洞的數量。因此：

在 n 型材料中（圖 1.11a）電子稱為多數載子，而電洞則稱為少數載子。

對 p 型材料而言，電洞的數量則遠超電子的數量，如圖 1.11b 所示。因此：

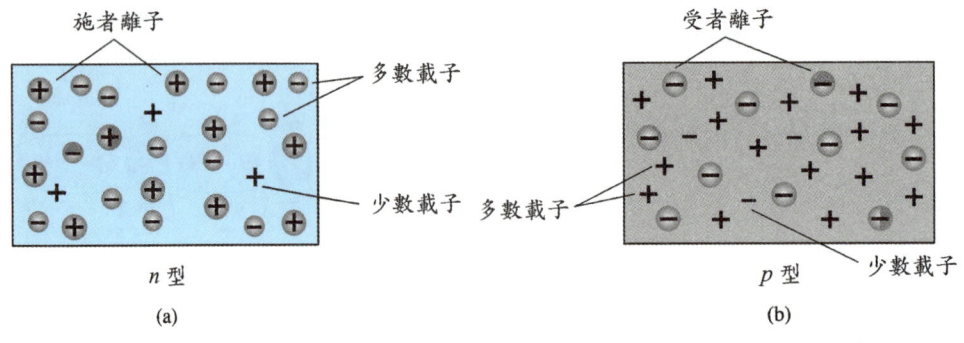

圖 1.11　(a) n 型材料；(b) p 型材料

> 在 p 型材料中，電洞是多數載子，而電子則是少數載子。

當施者原子的第 5 個電子離開母體原子時，原子的淨電荷是 1 個正電荷，因此用正號代表此一施者離子。同樣地，我們用負號代表受者離子。

p 型材料和 n 型材料是半導體裝置的基本構成方塊，在下一節中我們會發現，將 n 型材料和 p 型材料接在一起，會得到在電子系統中相當重要的一種半導體元件。

1.6 半導體二極體

現在我們已經有 n 型和 p 型材料，可以建構第 1 個半導體裝置：**半導體二極體**，其應用不可勝舉，只要將 p 型材料和 n 型材料相接即可得到，n 型材料提供電子為多數載子，而 p 型材料則提供電洞為多數載子。這種構造上的基本簡單性，強化了半導體世紀開展的重要。

未加偏壓($V=0$ V)

當 p、n 兩種材料"接"在一起時，接面區域的電子和電洞會互相結合，在接面附近會形成一個缺乏自由載子的區域，如圖 1.12a 所示，此區域內只留下正離子與負離子，自由載子都被吸收掉了。

> 這個未被遮覆的正負離子的區域稱為空乏區，因為區域內的自由載子都被"排除"了。

若 p 型和 n 型材料側端都接上導線，即形成一雙端裝置，如圖 1.12a 和圖 1.12b 所示。此時有三種選項：零偏壓、順偏壓和逆偏壓。偏壓(bias)這個術語是指將外加電壓加到裝置的兩端以取得某種響應。圖 1.12a 和圖 1.12b 的情況代表零偏壓下的情形，因為沒有任何外加電壓，只是將兩端子的二極體單獨放在實驗桌台上。在圖 1.12b 中，提供了和 p、n 接面對應的半導體二極體符號。在圖中可清楚看到，外加電壓 0 V（零偏壓）時，所得電流為 0 A。很像一個單獨電阻的情形，當電阻沒有外加電壓時，其上的電流也是零。儘管現在討論才剛開始，但注意圖 1.12b 上二極體電壓的極性和所給的電流方向是很重要的，圖上所標的極性已被公認為半導體二極體的**公定極性**。如果二極體的外加電壓和圖 1.12b 所標極性相同，則外加電壓就看成是正電壓，如果相反的話，就看成是負電壓。相同的標準可以應用在圖 1.12b 所定的電流方向上。

在零偏壓的條件下，任何在空乏區 n 型側的少數載子（電洞）會很快的跑到 p 型側。少數載子離接面愈近，空乏區 p 型側負離子的吸引力就愈強，而 n 型側正離子的排斥力就愈弱。因此我們可以下結論，空乏區 n 型側的任何少數載子都會移動到 p 型材料區域。p 型和 n 型材料中少數載子的流動顯示在圖 1.12c 的上半部。

12　電子裝置與電路理論

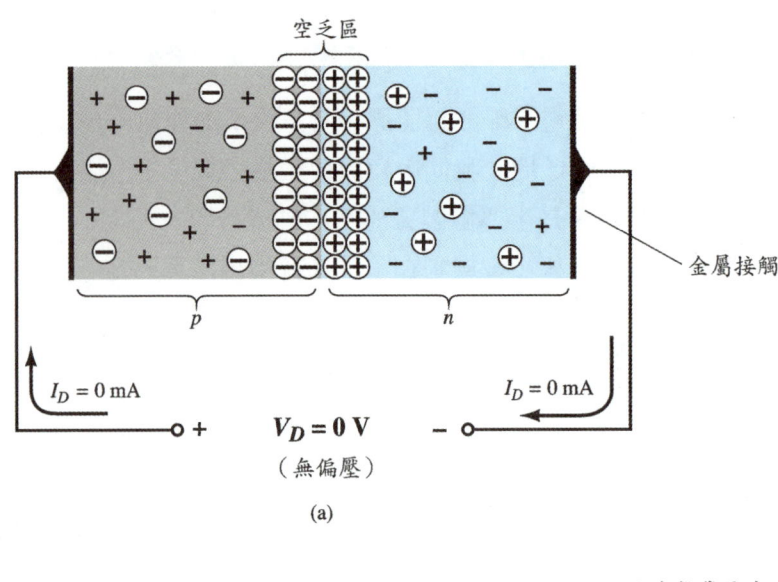

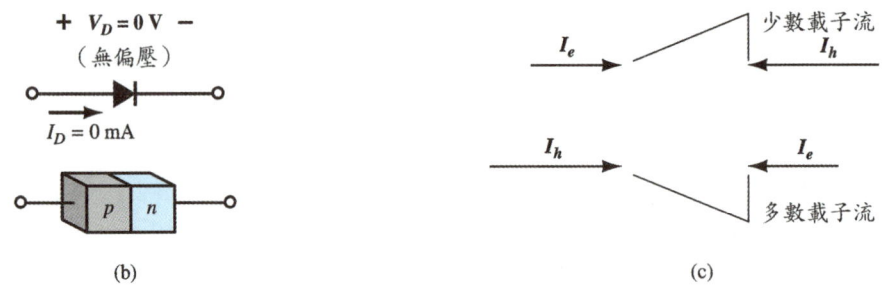

圖 1.12　未外加偏壓下的 p、n 接面：(a)內部電荷分布；(b)標記電壓極性和電流方向的二極體符號；(c)裝置端電壓為 $0(V_D=0\text{ V})$ 時淨載子流

　　n 型材料中的多數載子（電子）必須克服空乏區 n 型側正離子的吸引力，以及 p 型側負離子的阻擋，才能通過空乏區而進入 p 型材料區域。然而，因為 n 型材料中多數載子的數量非常大，所以肯定會有一小部分的多數載子得到足夠的動能，通過空乏區而到達 p 型材料區。同樣的討論也可用在 p 型材料的多數載子（電洞）上，由多數載子所產生的電流，見圖 1.12c 的下半部。

　　對圖 1.12c 的緊密探討，可看出各個電流向量的相對大小，且使各方向的淨電流為零。每一種載子電流向量會互相抵消，以交叉線表示。電洞所產生的電流向量畫得比電子的電流向量長，代表兩者大小未必要相同才能使電流抵消。再者，材料的摻雜程度的不同，會使電洞流和電子流不相等。因此，總而言之：

　　　　半導體二極體在沒有外加偏壓時，任一方向的淨電荷流動為零。

　　易言之，零偏壓之下的電流為零，如圖 1.12a 和 1.12b 所示。

逆向偏壓($V_D < 0$ V)

若 pn 接面外加電壓 V 伏特,使電壓的正端接到 n 型材料,而負端接到 p 型材料,如圖 1.13,此時材料中大量的自由電子被吸引帶進外加電壓的正端,使空乏區 n 型側未遮覆的正離子數量增加。同樣的理由,空乏區 p 型側的未遮覆負離子數也增加。因此,淨效應是空乏區擴大,因而產生更大的能量障壁,阻止多數載子的移動,使多數載子電流降到零,如圖 1.13a 所示。

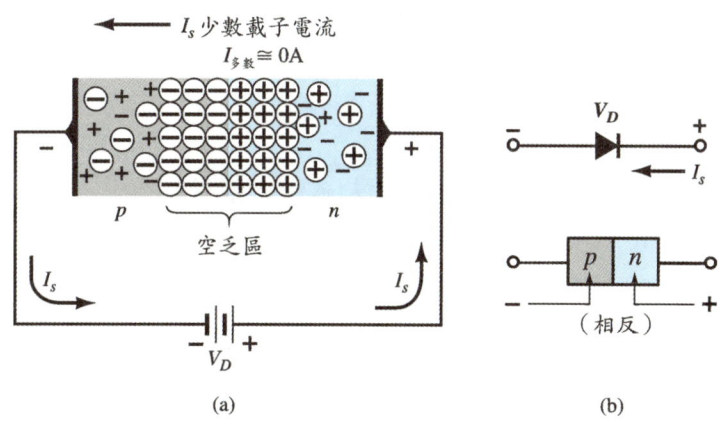

圖 1.13 p-n 接面的逆偏:(a)逆偏之下內部電荷的分布;(b)逆偏電壓極性和逆向飽和電流方向

然而,進入空乏區的少數載子的數量並未改變,所產生的少數載子電流向量的大小和未施加電壓時相同,見圖 1.12c。

在逆向偏壓下產生的電流稱為逆向飽和電流,以 I_s 代表。

除非是高功率裝置,逆向飽和電流很少超過幾個 mA。事實上,近年來矽裝置的逆向飽和電流已落在 nA 的範圍。飽和是指隨著逆向偏壓的增加,逆向電流很快就接近最大值,且當逆偏更大時,此電流值幾維持不變,見圖 1.15 中對應於 $V_D < 0$ V 的二極體特性部分。圖 1.13b 顯示 p-n 接面及對應的二極體符號在逆偏之下的狀況。特別注意到,I_s 的方向和二極電路符號的箭號相反。也要注意到,外加電壓的負端接到 p 型材料,而正端則接到 n 型材料,圖中特別註明相反,顯示這是逆偏狀況。

順向偏壓($V_D > 0$ V)

如將外加電壓的正電位端接到 p 型材料,負電位端接到 n 型材料,即建立了順向偏壓或"導通"條件,見圖 1.14。

加上順偏電壓 V_D 後,會"迫使"n 型材料中的電子和 p 型材料中的電洞和空乏區邊界附近的離子重新結合,因而降低了空乏區寬度,如圖 1.14a 所示。此時由 p 型材料流

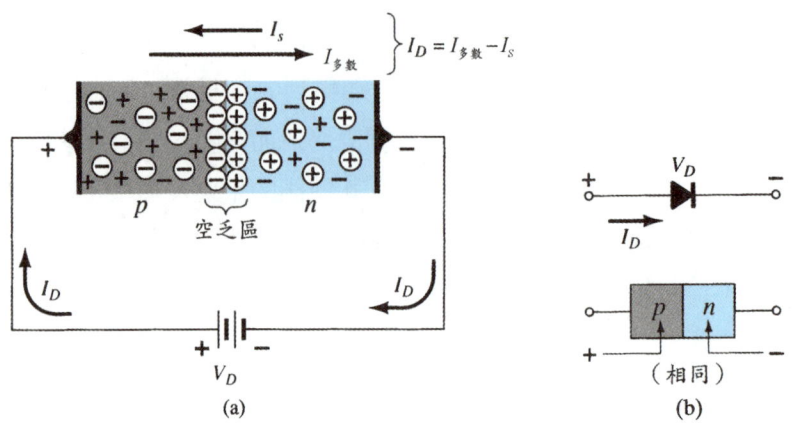

圖 1.14　p-n 接面的順偏：(a)順偏之下內部電荷的分布；(b)順偏的電壓極性和電流方向

向 n 型材料的少數電子載子流（和由 n 型材料流向 p 型材料的少數電洞載子流），其大小不變（因導通電流的大小主要由材料中有限的雜質原子數量所控制）。但因空乏區寬度縮小，會產生很大的多數載子電流通過空乏區。因空乏區縮減，n 型材料中的電子現在"看到"的是接面上已降低的能量障壁，以及加在 p 型材料上正電位的強大吸引力。當外加電壓的大小增加時，空乏區寬度持續縮減，最後電子將如洪水般的越過接面，其電流將呈指數般上升，如圖 1.15 特性曲線中順偏區域所示。注意到，圖 1.15 中垂直座標的單位採用 mA（某些半導體二極體的垂直座標單位採用 A），而水平座標在順偏區域的最大值取 1 V，因為順偏二極體的壓降通常小於 1 V。也可注意到，在越過膝點之後，電流上升非常快。

利用半導體物理，可用下方程式定義半導體二極體的一般特性，稱為蕭克萊方程式，適用於順偏和逆偏區域：

$$I_D = I_s(e^{V_D/nV_T} - 1) \quad \text{(A)} \qquad (1.2)$$

其中 I_s 是逆向飽和電流

　　V_D 是二極體外加的順向偏壓

　　n 是理想因數，n 是操作條件和物理結構的函數，其值介於 1～2 之間，受到多種因素的影響（本書中，除非另有說明，一律假定 n=1）

式(1.2)中，V_T 稱為熱電壓，可由下式決定：

$$V_T = \frac{kT_K}{q} \quad \text{(V)} \qquad (1.3)$$

其中 k 是波爾茲曼常數，$k = 1.38 \times 10^{-23}$ J/K

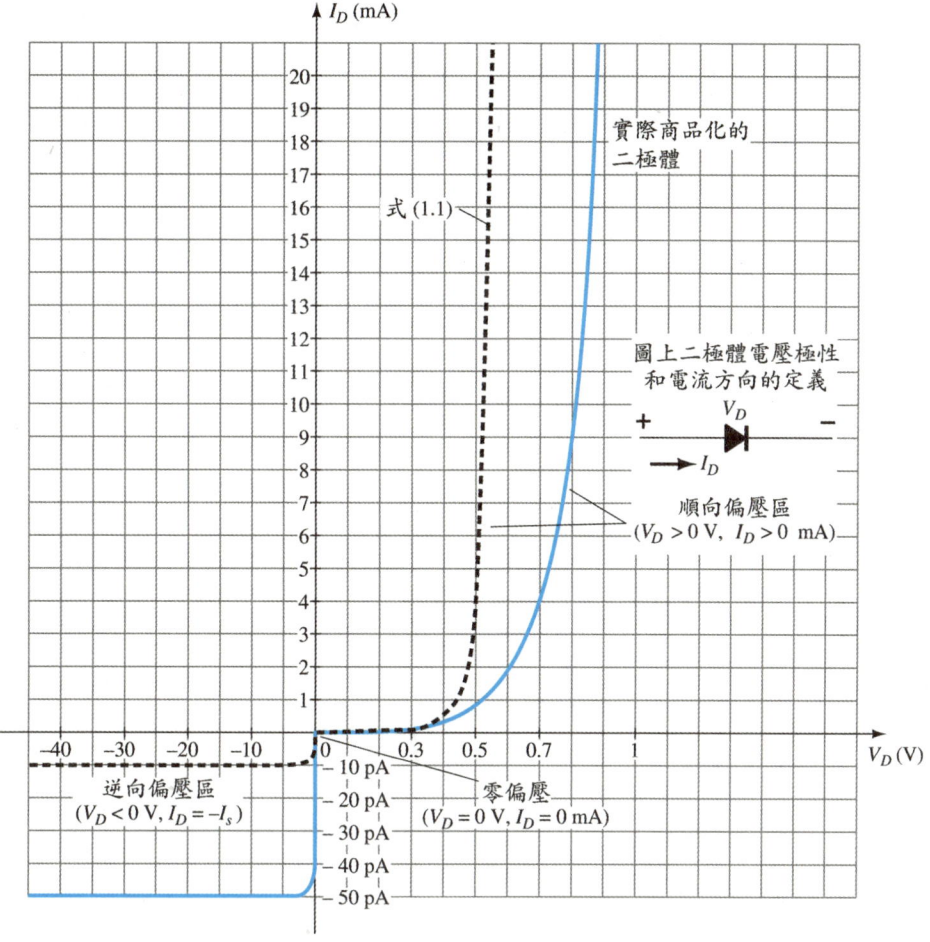

圖 1.15 矽半導體二極體特性

T_K 是絕對溫度（單位 °K），$T(°K) = 273 + T(°C)$

q 是電子的電量，$q = 1.6 \times 10^{-19}$ C

例 1.1 試決定溫度 27°C（這是元件在密閉操作系統中的一般溫度）時的熱電壓 V_T。

解： 代入式(1.3)，可得

$$T = 273 + °C = 273 + 27 = 300 \text{ K}$$

$$V_T = \frac{kT_K}{q} = \frac{(1.38 \times 10^{-23} \text{ J/K})(30 \text{ K})}{1.6 \times 10^{-19} \text{ C}}$$

$$= 25.875 \text{ mV} \cong 26 \text{ mV}$$

在本章接下來的分析以及其後更多的分析中，熱電壓將成為很重要的參數。

式(1.2)連帶式中已定義的全部物理量，一開始看起來有些複雜。但在往後的分析中，我們並不會廣泛地使用這個數學式。在這裡，了解二極體特性的來源，以及了解那些因數會影響二極體特性曲線的形狀，是很重要的。

式(1.2)對應於 $I_s=10$ pA 的曲線圖見圖 1.15，以虛線表示。若我們將式(1.1)展開成以下形式，可以很清楚地看出在圖 1.15 中，在順偏區和逆偏區的貢獻項：

$$I_D = I_s e^{V_D/nV_T} - I_s$$

V_D 為正時，上式的第 1 項會增加很快，遠大於第 2 項的作用，結果將如下式，結果必為正值，取指數形成 e^x，如圖 1.16 所示：

$$I_D \cong I_s e^{V_D/nV_T} \quad (V_D \text{ 為正})$$

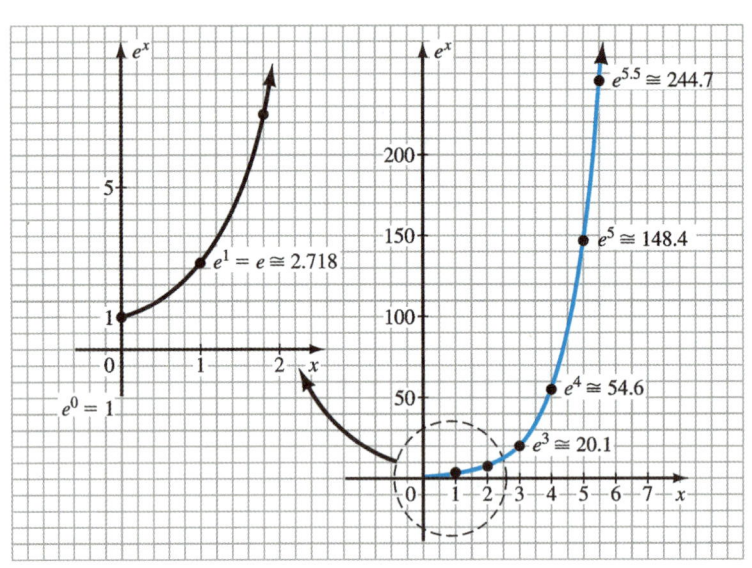

圖 1.16　e^x 的圖形

圖 1.16 的指數曲線會隨著 x 值的增加而極快速的上升。當 x=0 時，$e^0=1$。而當 x=5 時，e^5 已跳升超過 148。若再繼續到 x=10，曲線將跳升超過 22,000。顯然地，當 x 值增加時，曲線會變到幾乎垂直，要記住這個重要結論。當二極體外加電壓增加，我們去檢視二極體電流變化的同時，記得對照這個重要結論。

V_D 為負時，指數項會下降很快而遠低於 I_s 的值，因此 I_D 的公式可簡化為

$$I_D \cong -I_s \quad (V_D \text{ 為負})$$

注意到，在圖 1.15 中，V_D 為負時電流曲線幾乎呈水平，其大小為 $-I_s$。

當 $V=0$ V 時，式(1.2)變成

$$I_D = I_s(e^0-1) = I_s(1-1) = 0 \text{ mA}$$

和圖 1.15 吻合。

在 $V_D=0$ V 處，曲線的方向變化很銳利，這是由於垂直座標的電流單位上下不同所致。注意到，上半軸的單位是 mA，而下半軸的單位是 pA。

理論上，所有事情都是理想的，矽二極體特性應如圖 1.15 的虛線所示。然而，由於各種不同的原因，如內部"體"電阻和外部"接觸"電阻，商品化的矽二極體裝置的特性會偏離理想情況。這些非理想因素都會使相同電流之下的電壓增加，這是歐姆定律的作用，使特性曲線往右移動，如圖 1.15 所見。

前面已注意到，曲線圖上下區域電流單位的變化。對電壓而言，曲線圖左右區域的量測尺度也有變化。V_D 為正時，每格單位是 0.1 V；而當 V_D 為負時，每格單位是 5 V。

注意到圖 1.14b 的作法很重要：

> 對正電壓區域而言，圖上所定的慣用電流方向和二極體電路符號的箭號一致。

對順向偏壓的二極體而言，必然如此。它也可以幫助我們注意到，當外加電壓的負端橫號和二極體電路符號 n 型側的粗體黑線一致時，就代表二極體建立了順偏。

往後退一步看圖 1.14b，我們發現當外加電壓的正端加到 p 型材料（對應於字母 p），外加電壓的負端接到 n 型材料（對應於字母 n），順向偏壓即建立在 p-n 接面上。

特別有趣的是，商業化的二極體成品的逆向飽和電流要比蕭克萊二極體特性方程中的 I_s 大很多，這是因為方程式中並未包括空乏區載子產生，以及表面漏電流等因素，以上因素對接面的接觸面積相當敏感。事實上，

> 商用二極體成品的逆向飽和電流的量測值，正常情況會大於蕭克萊二極體特性方程式上逆向飽和電流的理論值。

實際飽和電流較大的原因甚廣，包括：
- 漏電流。
- 空乏區中的載子產生。
- 較高的摻雜濃度造成逆向電流上升。
- **對本質載子濃度的靈敏度**——當本質載子濃度倍增時，逆向電流將增為 4 倍。
- **和接面面積成正比**。接面面積增倍時，逆向電流也會增倍，高功率元件會有較大接面面積，因而會有較大的逆向電流。
- **溫度的靈敏度**——在式(1.2)中，溫度每增加 5°C 時逆向飽和電流會倍增，然而對實際

的逆向電流而言，溫度增加 10°C 時電流才倍增。

注意到以上的逆向飽和電流和逆向電流這兩個術語的用法。前者係指純由物理學所得的電流，而後者則加上其他可能的諸多因素造成電流值上升之後的電流。

在往後的討論中，理想情況下，假設逆向偏壓時 $I_s=0$ A。事實上，幾十年前 $I_s=0.1$ μA ～1 μA，時至今日，I_s 已達 0.01 pA～10 pA 的範圍，這是製造工業的功績。以 10 pA 和 1 μA 相比，過去幾十年的發展，顯示了 10 萬倍的改進。

崩潰區

儘管在圖 1.15 中負電壓區的電壓尺度以 10 V 遞增，然而如果電壓太負時，在特性中會出現一轉折點，產生急劇的變化，如圖 1.17 所示，電流會以急劇的變化率上升，電流方向和正電壓區的電流方向相反。造成特性劇烈改變的對應逆偏電壓值稱為崩潰電壓，以代號 V_{BV} 表之。

當二極體的逆偏電壓增加時，形成逆向飽和電流 I_s 的少數載子速度也會增加。最後，它們的速度和對應的動能 $\left(W_K=\frac{1}{2}mv^2\right)$ 會到達臨界值，當它們流動時，和穩定的原子結構碰撞，其速度和動能已足以產生更多的載子，亦即在碰撞中，價電子吸收

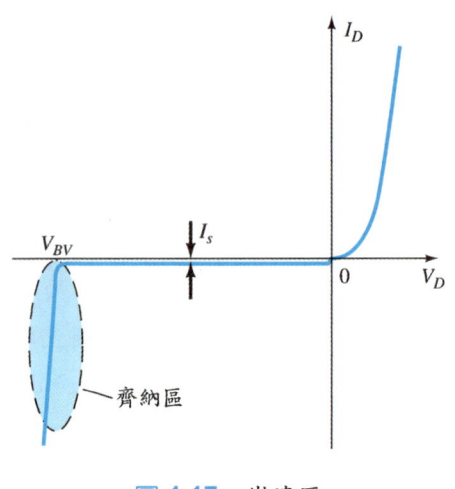

圖 1.17 崩潰區

到足夠能量，脫離母體原子游離。這些多出來的載子又會再增進上述的*游離程序*，因而建立了很大的累增電流，使二極體進入了*累增崩潰區*。

藉著增加 p 型和 n 型材料的摻雜數量，可以使累增崩潰區更接近縱軸（即 V_{BV} 更小）。然而，當 V_{BV} 降到很低時，例如 −5V，此時則是由另一種機制，稱為齊納崩潰，來產生逆偏特性的劇烈轉折。齊納崩潰起因於接面空乏區上的強大電場，大到能夠摧毀原子內的鍵結力而"產生"載子。雖然齊納崩潰機制只有在 V_{BV} 較低時才構成主要的崩潰機制，但齊納這個名詞已泛用於兩種不同的崩潰機制，不管 V_{BV} 高或低，崩潰區都泛稱為齊納區，運用 p-n 接面崩潰特性區域的二極體稱為齊納二極體。關於齊納二極體的詳細描述，見 1.15 節。

當我們試圖運用半導體二極體的逆向崩潰區在一電路系統上時，若系統響應不能被二極體崩潰前後的變化所徹底改變，就應避免運用齊納區。

> 二極體在進入崩潰區之前所能承受的最大逆向電壓稱為*峰值反向電壓*（簡稱 PIV 額定）或*峰值逆向電壓*（簡稱 PRV 額定）。

若某項應用所需的 PIV 額定超過單一個二極體的規格，這時可將幾個相同特性的二

極體串聯起來。同樣地，當電流額定不足時，也可將幾個相同的二極體並聯起來以增加電流容量。

一般而言，砷化鎵二極體的崩潰電壓約比矽二極體高 10%，但卻比鍺二極體的崩潰電壓高 3 倍以上。

鍺、矽和砷化鎵

截至目前為止的討論，都是用矽作為基體半導體材料，很重要現在要拿矽和另外兩種同樣重要的材料作比較，即砷化鎵和鍺。矽、砷化鎵和鍺二極體的特性比較見圖 1.18。圖中曲線並不是式(1.2)的對應曲線，而是實際商用元件的真實特性曲線，圖中所示的逆向電流並非逆向飽和電流，而是真實值，可立即看出，雖然每一種材料的特性曲線形狀很相似，但每種材料的特性曲線的垂直上升點並不相同。鍺特性最接近縱軸，而砷化鎵特性則距離最遠。如同在圖上所看到的，特性曲線的轉彎中心（因此 V_K 的 K 代表膝點）電壓，鍺約為 0.3 V，矽約為 0.7 V，而砷化鎵約為 1.2 V（見表 1.3）。

表 1.3 膝點電壓 V_K

半導體	V_K (V)
鍺	0.3
矽	0.7
砷化鎵	1.2

三種材料在逆偏區域的曲線形狀也很相似，但注意到，逆向飽和電流的大小則有相當的差異。對砷化鎵而言，逆向飽和電流約 1 pA，而矽則為 10 pA，鍺則為 1 μA，在大小上有顯著的差異。

也要注意到，三種材料逆向崩潰電壓的相對大小。砷化鎵二極體的崩潰電壓最大，以相同功率的二極體作比較，砷化鎵裝置的崩潰電壓約比矽裝置高出 10%。一般而言，矽和砷化鎵二極體的崩潰電壓約落在 50 V～1 kV 之間，也有更高崩潰電壓的例子，例如有矽功率二極體的崩潰電壓高達 20 kV 者。一般而言，鍺裝置的崩潰電壓低於 100 V，最大值約 400 V 左右。圖 1.18 的曲線只是設計用來反映三種材料裝置相對的崩潰電壓大小。當人們考量到逆向飽和電流和崩潰電壓的大小時，鍺二極體因具備最少的適用特性而顯得礙眼。

圖 1.18 無法看出各種材料的操作速度，這在現今市場中是很重要的。各種材料的自由電子移動率提供在表 1.4，可看出載子通過材料時的速度有多快，因而決定了各種材料製成的元件的操作速度。顯然地，砷化鎵最優異，其移動率是矽的 5 倍，鍺的 2 倍。其結果是砷化鎵與鍺常用於高速方面的應用。然而，透過適當的設計，

表 1.4 電子移動率 μ_n

半導體	$V\mu_n$ (cm^2/V · s)
鍺	3900
矽	1500
砷化鎵	8500

摻雜濃度的仔細控制等，矽元件仍然應用在 GHz 頻率範圍的系統中。今日，研究方向依然關注在具有更高移動率的 III-V 族複合半導體，以確保將來能符合更高速的產業需求。

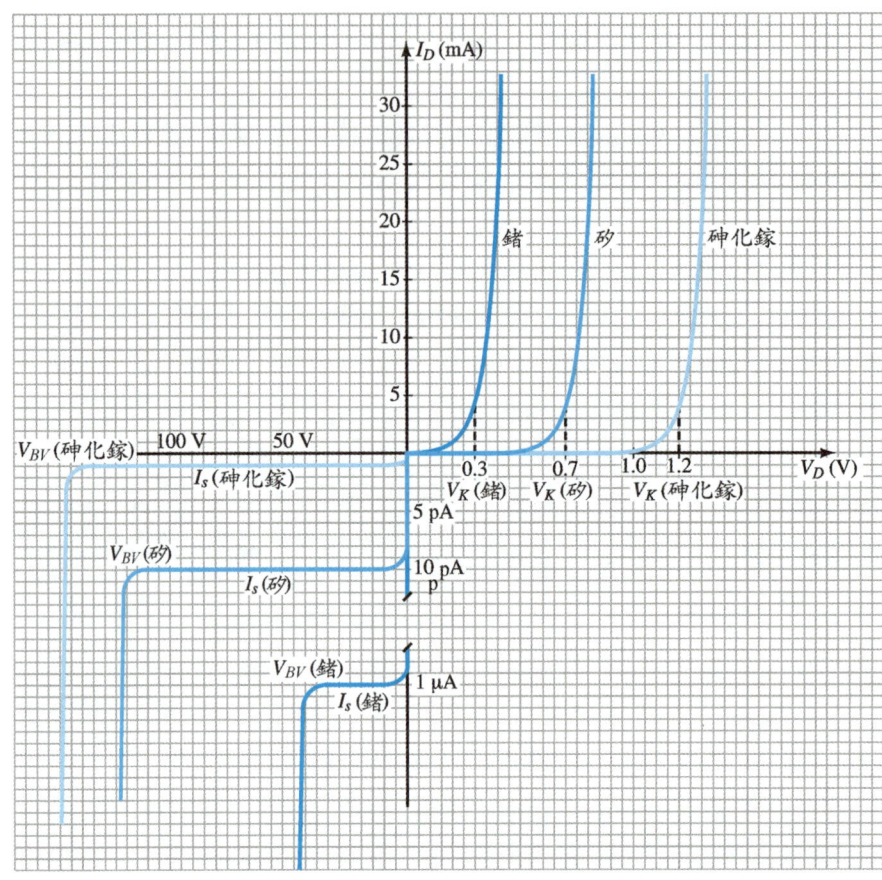

圖 1.18　鍺、矽和砷化鎵二極體的比較

例 1.2　利用圖 1.18 的特性曲線：

a. 決定電流 1 mA 時各個二極體的壓降。

b. 重做 a，電流改為 4 mA。

c. 重做 a，電流改為 30 mA。

d. 決定在以上所列電流範圍內，二極體電壓的平均值。

e. 和表 1.13 所列的膝點電壓相比如何？

解：

a. $V_D(鍺) = 0.2$ V，$V_D(矽) = 0.6$ V，$V_D(砷化鎵) = 1.1$ V

b. $V_D(鍺) = 0.3$ V，$V_D(矽) = 0.7$ V，$V_D(砷化鎵) = 1.2$ V

c. $V_D(鍺) = 0.42$ V，$V_D(矽) = 0.82$ V，$V_D(砷化鎵) = 1.33$ V

d. 鍺：$V_{av} = (0.2\ V + 0.3\ V + 0.42\ V)/3 = 0.307$ V

　　矽：$V_{av} = (0.6\ V + 0.7\ V + 0.82\ V)/3 = 0.707$ V

砷化鎵：$V_{av} = (1.1\text{ V} + 1.2\text{ V} + 1.33\text{ V})/3 = 1.21\text{ V}$

e. 非常吻合。鍺：0.307 V 對 0.3 V，矽：0.707 V 對 0.7 V，砷化鎵：1.21 V 對 1.2 V。

溫度效應

溫度對半導體二極體的特性影響非常大，圖 1.19 的矽二極體特性就呈現這一點：

> 在順向偏壓區工作時，攝氏溫度每增加 1°C 時，矽二極體的特性會向左移動 2.5 mV。

當溫度由室溫 (20°C) 上升到 100°C（水的沸點）時，二極體電壓會下降 80(2.5 mV) = 200 mV 或 0.2 V，對以 0.1 V 為刻度的曲線圖來說，其變化是很大的。溫度下降時則會有相反的影響。另外可在圖上看出：

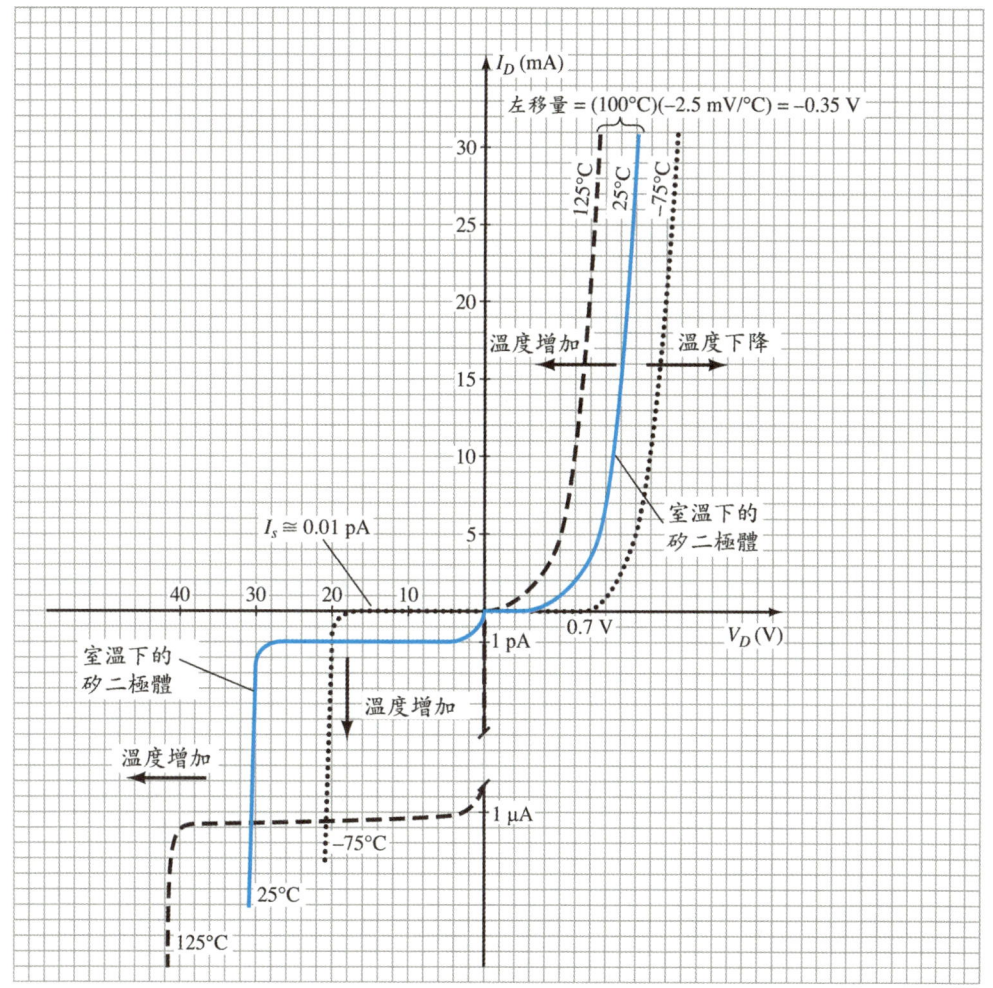

圖 1.19 矽極體在不同溫度下的特性變化

> 二極體在逆向偏壓區工作時，溫度每增加 10°C 時，逆向飽和電流會倍增。

溫度由 20°C 上升到 100°C 時，I_s 的大小會由 10 nA 增到 2.56 μA，相當多，增加了 256 倍。若繼續上升到 200°C 時，會產生很大的逆向飽和電流，達 2.62 mA。所以當我們要在高溫之下應用二極體時，要找到在室溫下 I_s 約 10 pA 的矽二極體，這種規格在今日來說十分普遍，這種二極體即使溫度到達 200°C，逆向飽和電流也可限制在 2.62 μA。的確相當幸運，鍺和矽在室溫時的逆向飽和電流都相當小。砷化鎵裝置成品在 −200°C～+200°C 的溫度範圍內都可工作得很好，某些成品的最高工作溫度甚至可達 400°C。可以考慮一下，室溫下逆向飽和電流 1 μA 的鍺二極體，到高溫時用相同的倍數來計算，逆向飽和電流會變到多大。

最後很重要，圖 1.19 要注意一件事：

> 半導體二極體的崩潰電壓會受溫度影響而上升或下降。

然而，雖然圖 1.19 顯示崩潰電壓會隨著溫度的上升而增加，但若室溫時的崩潰電壓低於 5 V 時，實際的崩潰電壓會隨著溫度的上升而下降。有關崩潰電壓對於溫度變化的敏感度問題，會在 1.15 節中更詳細的探討。

總　結

前面我們花了很多篇幅介紹半導體二極體的構造和所用的材料，也介紹了特性曲並比較各不同材料在性質和反應上的重要差異。現在該是比較 p-n 接面的實際響應和預期響應的時候了，同時也該了解半導體二極體的主要功能。

表 1.5 提供三種最常用的半導體材料的概要說明。圖 1.20 則是第一個以半導體材料發明 p-n 接面的研究科學家，他的簡歷和發明故事。

表 1.5　鍺、矽和砷化鎵目前的商業應用範圍

鍺：	因溫度敏感性和高逆向飽和電流，鍺產品受到了限制。但在某些高速應用（因鍺中載子的相對移動率高）和光敏熱敏應用方面，仍有商用成品，如光感測器和安全系統等。
矽：	無疑地，在電子裝置的應用上，最常用且範圍最廣。它的優點是易取得且價格低廉，具有相對低的逆向飽和電流，良好的溫度特性及優異的崩潰電壓範圍。且數十年來對大型積體電路的設計和製程技術，都是以矽為中心，因此矽得到極大優勢。
砷化鎵：	自 1990 年代初期對砷化鎵有興趣開始，砷化鎵即跳躍式的成長，最終將和矽裝置分享發展的結果，特別是在超大型積體電路上，高速特性的需求日甚一日。砷化鎵具有低的逆向飽和電流，優異的溫度敏感性和高崩潰電壓等特性。目前砷化鎵的應用，80% 以上在光電方面，如 LED、太陽能電池和其他光感測裝置的發展。且未來製造成本可能急劇下降，在積體電路設計的應用上持續成長，或許在未來會成為半導體材料的主力。

圖 1.20

Russel Ohl (1898-1987)

美國人 (Allentown, PA; Holmdel, NJ; Vista, CA) 陸軍訊號集團、科羅拉多大學、西屋、AT&T、貝爾實驗室榮譽會員，攝於 1955 年無線工程師研究中心（採自 AT&T 檔案歷史中心）

雖然在 1930 年代，真空管已用在各種形式的通訊上，但 Russel Ohl 已立志發揚半導體晶體的領域。當時在他的研究中鍺材料並非垂手可得，因此他轉攻矽材料，並發現了將矽純度提高到 99.8% 的方法，也因此得到專利。事實上 p-n 接面的現象常在科學研究中出現，p-n 接面的發明是一組非計畫性的事件串集而成。1940 年 2 月 23 日，Ohl 發現，將中間有一裂縫的矽晶體置於光源旁邊時，晶體電流會明顯上升。此發現導向更深入的研究，進一步發現，裂縫兩側純度不同時會在接面上形成能量障壁，使電流只能單方向流動。這是第一個被認定和解說的二極體。另外，對光的敏感度問題也開啟了太陽能電池的發展。上述結果對電晶體的發展很有幫助，電晶體在 1945 年由三個在貝爾實驗室工作的研究人員共同發明出來。

1.7 理想對實際

上一節中我們發現，p-n 接面順向偏壓時允許通過大電流，而在逆向偏壓時允許通過的電流值很小。兩種情況回顧在圖 1.21，圖 1.21a 的大電流方向符合二極體電路符號上箭號的方向，而在圖 1.21b 上反向的小電流則代表逆向飽和電流。

機械開關常用來類比半導體二極體的工作。在圖 1.21a 中，二極體的作用類似一個閉路開關，允許大電流以圖上所示的方向流動。而在圖 1.21b 中，因電流極小，在大部分的情況下幾近於 0 A，因此以開路開關代表。

易言之：

半導體二極體的操作類似於機械開關，可以控制兩端點之間能否流動電流。

然而，很重要也要知道的是：

半導體二極體和機械開關不同，當二極體開關閉路時只允許流通單向電流。

理想而言，二極體在順向偏壓區工作時像一個閉路開關，二極體的電阻應該是 $0\ \Omega$，而在逆向偏壓區時因等效於開路，對應的電阻應該是 $\infty\ \Omega$。在順偏區和逆偏區的電阻大小，反映在圖 1.22 的特性曲線上（理想情況）。

共有兩組特性重疊在一起作比較，一條是理想矽二極體，另一條是實際的矽二極體。看的第一印象可能會認為實際成品比理想二極體差很多，但我們應考慮到，兩者的主要差異只在商用二極體成品的電流上升點是 0.7 V 而非 0 V，除此之外，兩條曲線有很多相似點。

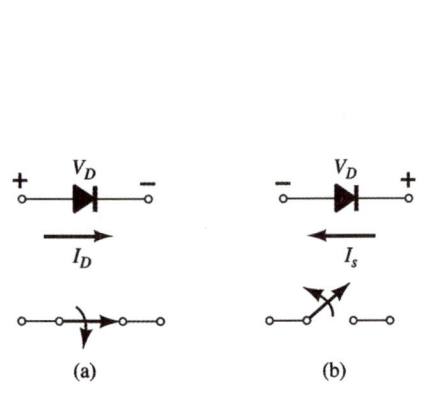

圖 1.21 理想的半導體二極體：(a) 順向偏壓；(b) 逆向偏壓

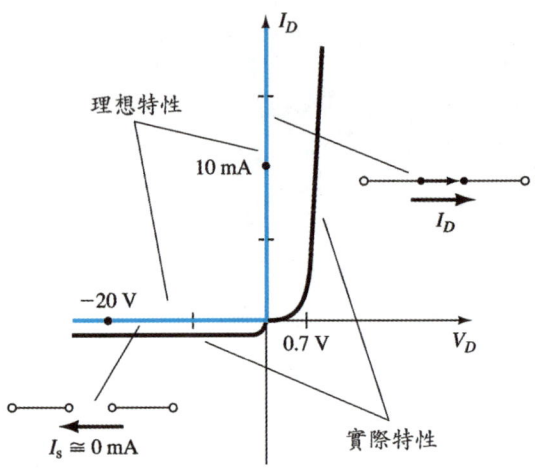

圖 1.22 理想和實際半導體二極體特性的比較

當開關閉路時，接點間的電阻假定為 0 Ω。在縱軸上取一點，其二極體電流為 5 mA，對應的二極體壓降為 0 V，代入歐姆定律，得

$$R_F = \frac{V_D}{I_D} = \frac{0\text{ V}}{5\text{ mA}} = 0\text{ Ω（等效於短路）}$$

事實上：

在縱軸上所取的任何電流大小，理想二極體的壓降都是 0 V，電阻都是 0 Ω。

對理想二極體的水平（橫軸）部分，同樣運用歐姆定律，可發現

$$R_R = \frac{V_D}{I_D} = \frac{20\text{ V}}{0\text{ mA}} \cong \infty\text{ Ω（等效於開路）}$$

再者：

因水平軸上任意點的電流皆為 0 mA，因此在此軸上任意點的電阻都可看成無窮大（開路）。

對商用二極體成品而言，在順偏區工作時的特性曲線呈彎曲形狀，使二極體的電阻將會超過 0 Ω。但如果二極體的電阻值比與其串聯的其他網路電阻小很多，從近似的角度也可假定商用二極體的電阻為 0 Ω。而在逆向偏壓區，因逆向飽和電流很小，也可近似為 0 mA，就和開路開關一樣，等效於開路。

基於以上的討論，理想開關和半導體二極體之間存在足夠的相似性，半導體二極體也成為有用的電子裝置。在下一節中，我們將決定各種重要的區段電阻值，以供下一章應用。下一章我們將探討在實際網路中二極體的響應。

1.8 區段電阻值

當二極體的工作點由某區域移到另一區域時,因二極體的特性曲線是非線性的,二極體的電阻值會出現變化。在以下幾段中我們將說明,根據外加電壓或訊號的形式,來定義電阻值對應的區段範圍。本節會介紹三種不同的區段範圍,未來我們探討其他裝置時也會再用到。因此,明瞭近三種電阻值的決定方法是最重要的。

直流或靜態電阻值

將直流電壓加到包含半導體二極體的電路時,會在二極體的特性曲線上產生一個不隨時間變化的工作點。工作點的電阻值可以簡單從圖 1.23 上 V_D 和 I_D 的對應大小求出,利用以下公式:

$$R_D = \frac{V_D}{I_D} \tag{1.4}$$

在特性曲線膝點和膝點以下的直流電阻值,會大於膝點以上區域的直流電阻值。而在逆向偏壓區的電阻值自然非常高。量測電阻所用的歐姆計一般都會利用定電流源,因此在量測二極體的直流電阻時,可將電流預設在 mA 的範圍。

> 因此一般而言,通過二極體的電流愈高,對應的直流電阻就愈低。

二極體在最常用的作用區的直流電阻,典型值約在 10 Ω～80 Ω 的範圍。

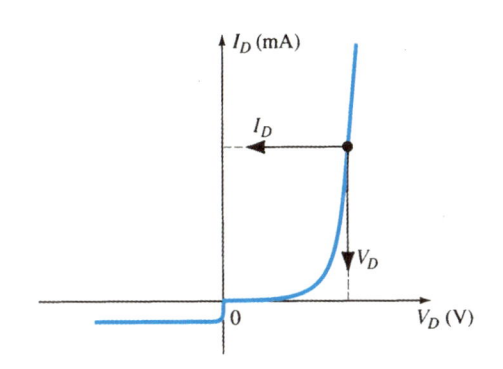

圖 1.23 決定二極體在特定工作點的直流電阻

例 1.3 試決定圖 1.24 對應的二極體的電阻,為

a. $I_D = 2$ mA(低電流)
b. $I_D = 20$ mA(高電流)
c. $V_D = -10$ V(逆偏)

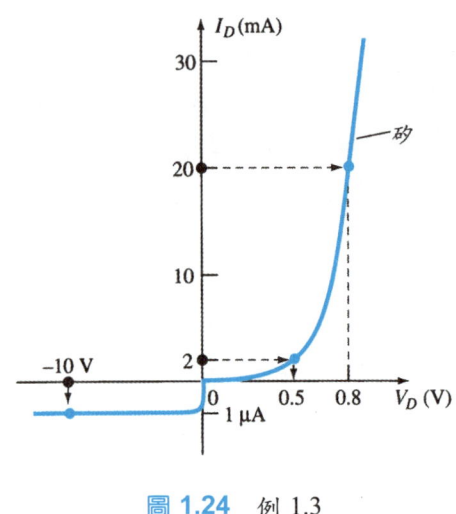

圖 1.24 例 1.3

解：

a. $I_D = 2$ mA 時，$V_D = 0.5$ V（由曲線看出）且

$$R_D = \frac{V_D}{I_D} = \frac{0.5 \text{ V}}{2 \text{ mA}} = \textbf{250 } \boldsymbol{\Omega}$$

b. $I_D = 20$ mA 時，$V_D = 0.8$ V（由曲線看出），且

$$R_D = \frac{V_D}{I_D} = \frac{0.8 \text{ V}}{20 \text{ mA}} = \textbf{40 } \boldsymbol{\Omega}$$

c. $V_D = -10$ V 時，$I_D = -I_s = -1$ μA（由曲線看出），且

$$R_D = \frac{V_D}{I_D} = \frac{10 \text{ V}}{1 \text{ μA}} = \textbf{10 M}\boldsymbol{\Omega}$$

很清楚地驗證先前有關二極體直流電阻大小的某些論點。

交流或動態電阻值

由式(1.4)和例 1.3 可發現

二極體的直流電阻值和計算點附近的特性形狀無關。

如果不外加直流輸入，而改成外加交變的弦波，情勢將完全改變。交變的輸入會使二極體在特性的某一區間內上下來回操作，因此可以定義出特定的電流和電壓變化，如圖 1.25 所示。未外加交變訊號時，工作點會出現在圖 1.25 的 Q 點，由外加的直流位準決定。Q 點的 Q 字是由靜止(quiescent)而來，代表"靜止或不變"。

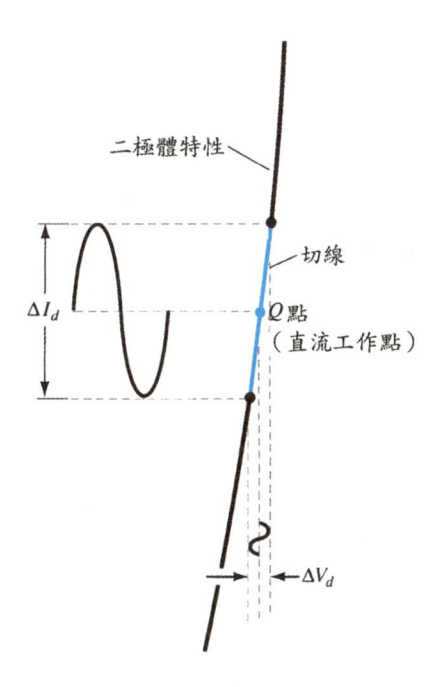

圖 1.25 定義動態或交流電阻

圖 1.26 中，特性曲線在 Q 點的切線定義了電壓和電流的對應變化，可用來決定二極體特性在這個區間的交流或動態電阻值。應努力做到一點，使電壓和電流的變化儘可能小，且要對 Q 點等距。交流電阻的公式如下

$$r_d = \frac{\Delta V_d}{\Delta I_d} \quad (1.5)$$

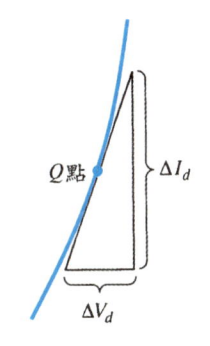

圖 1.26 決定 Q 點處的交流電阻

其中，Δ 表示物理量的有限變化。

對相同的電流變化 ΔI_d 而言，若 ΔV_d 的值愈低時，斜率會愈陡，而使交流電阻值愈低。因此，在特性曲線的垂直上升段，交流電阻很小；而在低電流區域，交流電阻值則會大很多。

因此一般而言，工作的 Q 點愈低（即愈小的電流或愈低的電壓）時，對應的交流電阻值就愈高。

例 1.4　就圖 1.27 的特性曲線：

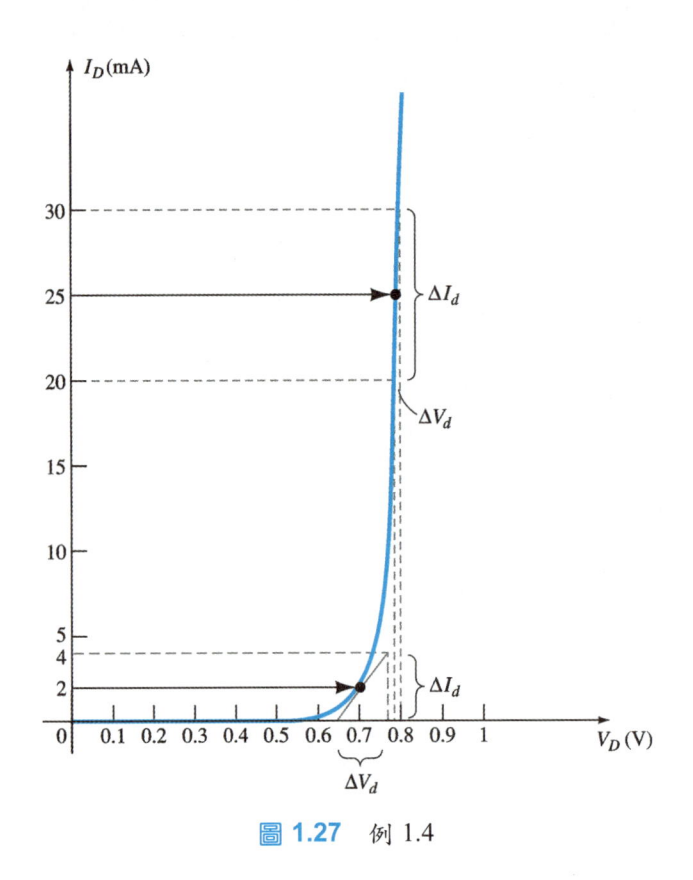

圖 1.27　例 1.4

a. 試決定 $I_D=2$ mA 處的交流電阻值。
b. 試決定 $I_D=25$ mA 處的交流電阻值。
c. 將 a、b 所得結果分別和對應的直流電阻值作比較。

解：

a. 特性曲線在 $I_D=2$ mA 處的切線已畫在圖 1.27 上，且顯示了 2 mA 的上下擺幅（以 $I_D=2$ mA 為中心）。由特性曲線可看出，當 $I_D=4$ mA 時對應的 $V_D=0.76$ V，而當 $I_D=0$ mA 時對應的 $V_D=0.65$ V。所產生的電壓電流變化分別如下：

$$\Delta I_d = 4 \text{ mA} - 0 \text{ mA} = 4 \text{ mA}$$

且

$$\Delta V_d = 0.76 \text{ V} - 0.65 \text{ V} = 0.11 \text{ V}$$

交流電阻值為

$$r_d = \frac{\Delta V_d}{\Delta I_d} = \frac{0.11 \text{ V}}{4 \text{ mA}} = \mathbf{27.5 \; \Omega}$$

b. 特性曲線在 $I_D=25$ mA 處的切線已畫在圖 1.27 上，且顯示 5 mA 的上下擺幅（以 $I_D=25$ mA 為中心）。由特性曲線可看出，當 $I_D=30$ mA 時對應的 $V_D=0.8$ V，而當 $I_D=20$ mA 時對應的 $V_D=0.78$ V。所產生的電壓電流變化分別如下：

$$\Delta I_d = 30 \text{ mA} - 20 \text{ mA} = 10 \text{ mA}$$

且
$$\Delta V_d = 0.8 \text{ V} - 0.78 \text{ V} = 0.02 \text{ V}$$

交流電阻值為

$$r_d = \frac{\Delta V_d}{\Delta I_d} = \frac{0.02 \text{ V}}{10 \text{ mA}} = \mathbf{2\ \Omega}$$

c. $I_D=2$ mA，$V_D=0.7$ V 的工作點對應的直流電阻值

$$R_D = \frac{V_D}{I_D} = \frac{0.7 \text{ V}}{2 \text{ mA}} = \mathbf{350\ \Omega}$$

此值遠超過交流電阻(r_d)值 27.5 Ω。

$I_D=25$ mA，$V_D=0.79$ V 的工作點對應的直流電阻值

$$R_D = \frac{V_D}{I_D} = \frac{0.79 \text{ V}}{25 \text{ mA}} = \mathbf{31.62\ \Omega}$$

此值遠超過交流電阻(r_d)值 2 Ω。

我們已經用圖形的方法找出動態電阻值，但根據微分可得一基本定義，敘述如下：

函數在某一點的導數，等於函數曲線在該點的切線斜率。

由圖 1.26 所定義的式(1.5)，基本上就是在求函數在 Q 點的導數。利用半導體二極體的一般特性方程式，即式(1.2)，針對順向偏壓的情況求出導數，再取倒數，就可得順向偏壓區動態或交流電阻的公式。先針對順向偏壓的情況對式(1.2)求出導數，即

$$\frac{d}{dV_D}(I_D) = \frac{d}{dV_D}[I_s(e^{V_D/nV_T} - 1)]$$

且
$$\frac{dI_D}{dV_D} = \frac{1}{nV_T}(I_D + I_s)$$

運用微分運算而得上式。一般而言，在特性曲線的垂直上升段，$I_D \gg I_s$，可得

$$\frac{dI_D}{dV_D} \cong \frac{I_D}{nV_T}$$

將此結果取倒數，其比例為電阻($R=V/I$)，得

$$\frac{dV_D}{dI_D}=r_d=\frac{nV_T}{I_D}$$

代入 $n=1$ 和 $V_T \cong 26$ mV（參考例 1.1），結果如下：

$$\boxed{r_d=\frac{26 \text{ mV}}{I_D}} \tag{1.6}$$

式(1.6)的意義必須清楚的了解，此式的意思是：

只要將二極體的靜態電流值代入公式，即可求出動態電阻值。

無需利用特性曲線，也不需要如式(1.5)所定義的要去煩惱畫出切線。很重要需記住的是，只有特性曲線的垂直上升段，式(1.6)才是精確的。I_D 值較小時，矽二極體必須代入 $n=2$，因此必須乘上 2 才能得 r_d 值。當 I_D 值小到低於膝點時，就不適合再用式(1.6)。

到目前為止，我們所決定的電阻值都只考慮到 p-n 接面，並未包括半導體材料本身的電阻（稱為**體電阻**），以及半導體材料和外部金屬接腳之間的電阻（稱為**接觸電阻**），這兩種新增的電阻以 r_B 代表，加到式(1.6)中，得

$$\boxed{r'_d=\frac{26 \text{ mV}}{I_D}+r_B} \quad \text{歐姆} \tag{1.7}$$

因此，r'_d 包含式(1.6)定義的動態電阻，以及剛剛介紹的電阻 r_B。r_B 的大小從 $0.1\ \Omega$（高功率裝置）～$2\ \Omega$（低功率一般用途二極體）之間。在例 1.4 中，25 mA 處的交流電阻算出來是 $2\ \Omega$，如用式(1.6)可得

$$r_d=\frac{26 \text{ mV}}{I_D}=\frac{26 \text{ mV}}{25 \text{ mA}}=\mathbf{1.04\ \Omega}$$

兩者約 $1\ \Omega$ 的差異可看成是 r_B 的貢獻。

在例 1.4 中，2 mA 對應的交流電阻算出來是 $27.5\ \Omega$。用式(1.6)並乘上 2（在膝點必須取 $n=2$），

$$r_d=2\left(\frac{26 \text{ mV}}{I_D}\right)=2\left(\frac{26 \text{ mV}}{2 \text{ mA}}\right)=2(13\ \Omega)=\mathbf{26\ \Omega}$$

兩者的差異是 $1.5\ \Omega$，可看成是 r_B 的貢獻。

實際上，要利用式(1.5)在特性曲線上求出高準確度的 r_d，是相當困難的，所以我們

應該對式(1.5)的計算結果持保留態度。當二極體在低電流時，r_B 一般會比 r_d 小很多，因此 r_B 對二極體交流電阻的影響可忽略不計。當二極體在高電流時，r_B 可能和 r_d 相當，但因為二極體常和其他電阻值甚大（和二極體電阻相比）的電阻性元件串聯，所以本書中都只用 r_d 決定交流電阻，除非另有說明，r_B 的影響都忽略不計。近年來由於技術的不斷改進，r_B 值的大小逐漸降低，最終和 r_d 相比必然可以完全忽略不計。

上述的討論都集中在順向偏壓區。在逆向偏壓區，我們假定自 0 V 到齊納區之間，電流 I_s 幾乎不變，所以用式(1.5)所得的交流電阻極高，可近似於開路。

二極體在作用區的交流電阻，典型值約在 1 Ω～100 Ω 的範圍。

平均交流電阻

若輸入訊號足夠大，能產生如圖 1.28 所示的大擺幅，對這麼寬區間操作的裝置電阻稱為**平均交流電阻**。平均交流電阻的定義是，最大和最小電壓值對應的兩點連成一直線，據以決定電阻。公式如下（參考圖 1.28），

$$r_{av} = \frac{\Delta V_d}{\Delta I_d}\bigg|_{點對點} \tag{1.8}$$

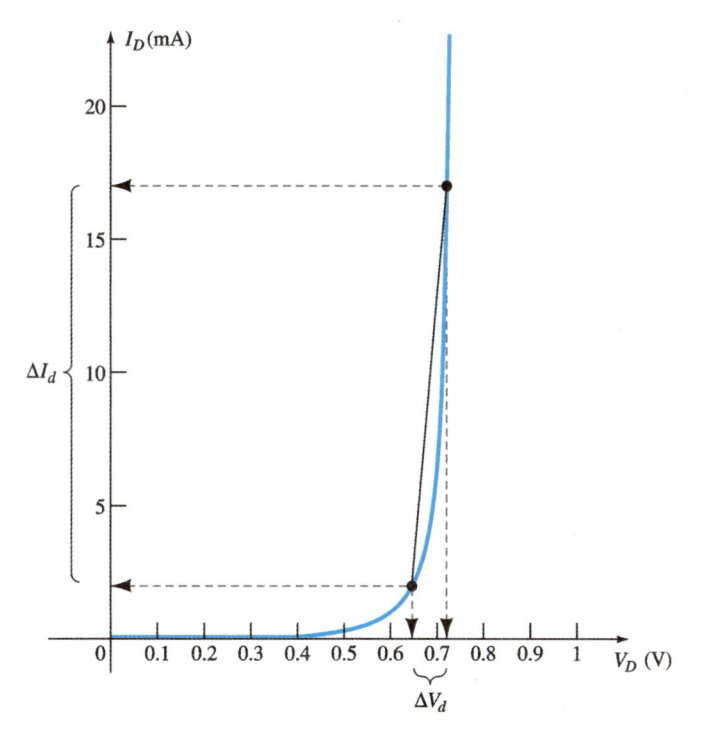

圖 1.28 兩極限點間交流電阻的決定

由圖 1.28 所顯示的情況，

$$\Delta I_d = 17 \text{ mA} - 2 \text{ mA} = 15 \text{ mA}$$

且

$$\Delta V_d = 0.725 \text{ V} - 0.65 \text{ V} = 0.075 \text{ V}$$

得

$$r_{av} = \frac{\Delta V_d}{\Delta I_d} = \frac{0.075 \text{ V}}{15 \text{ mA}} = 5 \text{ }\Omega$$

如果單獨計算 $I_D = 2$ mA 處的交流電阻 r_d，其值會超過 5 Ω。如果單獨計算 $I_D = 17$ mA 處的交流電阻，數值會比 5 Ω 小。式 (1.7) 的計算值可看成是 I_D 從 2 mA～17 mA 之間交流電阻的平均值。所顯示的事實是，平均交流電阻可用來代表特性曲線上較寬的一段範圍。當我們在下一節定義二極體的等效電路時，平均交流電阻是很有用的。

和直流電阻值以及交流電阻值一樣，當二極體的電流愈低時，對應的平均交流電阻值就愈大。

歸納表

表 1.6 用來強化前幾頁的重要結論，並強調三種不同區段電阻值的差異。如先前所提的，本節提供的內容將作為後幾節和後幾章各種電阻值計算的基礎。

表 1.6 區段電阻值

類　型	公　式	特　點	圖形決定法
直流或靜態	$R_D = \dfrac{V_D}{I_D}$	由特性曲線上的一點作定義	
交流或動態	$r_d = \dfrac{\Delta V_d}{\Delta I_d} = \dfrac{26 \text{ mV}}{I_D}$	用 Q 點的切線作定義	
平均交流	$r_{av} = \left.\dfrac{\Delta V_d}{\Delta I_d}\right|_{\text{點對點}}$	用工作區上下兩個極限點作定義	

1.9 二極體等效電路

等效電路是一組電路元件經最佳選擇後的組合,可以代表某裝置或系統在特定工作區域實際的端電壓端電流特性。

易言之,一旦定義了等效電路,就可將電路圖上的裝置符號換成對應的等效電路,而不會嚴重影響系統的工作,這種結果方便我們用傳統的電路分析技巧來處理。

分段線性等效電路

有一種建立二極體等效電路的方法,用幾段直線來近似裝置的特性,如圖 1.29,所得的等效電路稱為**分段線性等效電路**。顯然從圖 1.29 可看出,分段直線和實際特性並不相符,特別是在膝點附近區域。其實,圖上兩段直線和實際曲線已足夠接近,可以用來建立等效電路,可提供對裝置實際操作時相當優異的一次近似。就斜線段而言,1.8 節所介紹的平均交流電阻,可作為圖 1.30 中實際裝置旁的等效電路中出現的電阻值,基本上此電阻定義了裝置在 "導通" 狀態時的電阻值。理想二極體仍包含在等效電路中,目的在反映裝置只能導通單一方向的電流,在逆向偏壓時會使裝置開路。而在順向偏壓之下,當 V_D 未達 0.7 V 之前,半導體二極體不能導通(見圖 1.29),因此在等效電路中有一電池 V_K,抵抗電流的導通。電池的作用是當裝置的壓降超過臨限的電池電壓值時,裝置才能以理想二極體所定的方向導通電流。一旦裝置建立導通狀態,二極體電阻值就會到達預設值 r_{av}。

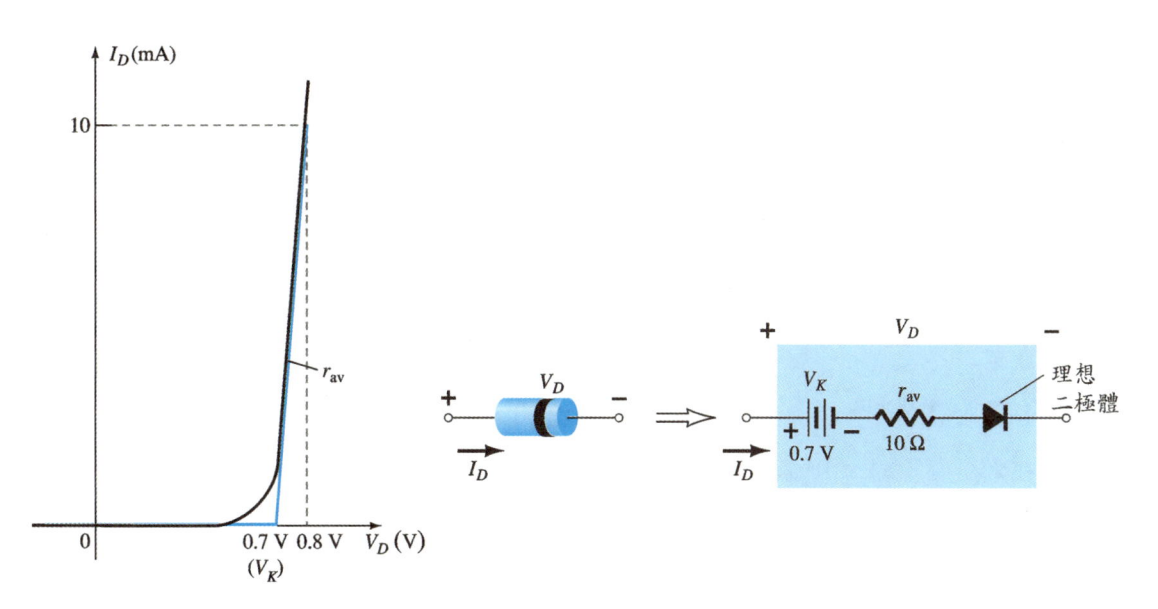

圖 1.29 用近似於特性曲線的直線段,定義分段線性等效電路

圖 1.30 分段線性等效電路的組成

但要記住，等效電路中的 V_K 並不是獨立電壓源。若將一孤立的二極體放在實驗桌上，用伏特計量測二極體的壓降，將量不到 0.7 V（實際會量到 0 V）。電池只用來代表要建立二極體的導通狀態時，外加電壓所需超過的（特性曲線的）水平偏移。

r_{av} 的近似值通常可以由規格表上指定的工作點決定（會在 1.10 節討論）。例如，對矽半導體二極體而言，若 $V_D=0.8$ V 時 $I_F=10$ mA（二極體的順向導通電流），我們知道在特性曲線垂直上升之前，矽二極體電壓至少要位移 0.7 V，由此可得

$$r_{av}=\frac{\Delta V_d}{\Delta I_d}\bigg|_{點對點}=\frac{0.8\text{ V}-0.7\text{ V}}{10\text{ mA}-0\text{ mA}}=\frac{0.1\text{ V}}{10\text{ mA}}=\mathbf{10\ \Omega}$$

如同在圖 1.29 所得者。

若二極體無現成的特性或規格表，可用交流電阻 r_d 近似電阻 r_{av}。

簡化的等效電路

對大部分的應用而言，電阻值 r_{av} 足夠小，和網路中其他的電阻相比可以忽略不計。如將等效電路中的 r_{av} 除去，即得和圖 1.31 中出現的二極體特性。的確，這種近似方法最常在半導體電路的分析中，在第 2 章中將會證明這一點。精簡過的等效電路也出現在同一圖中，此等效電路表示，在直流之下，電子系統中順偏的矽二極體在任何電流之下的壓降都是 0.7 V（當然電流不能超過額定值）。

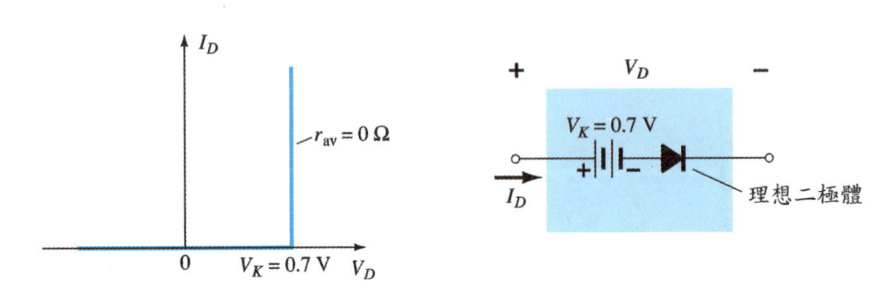

圖 1.31 矽二極體半導體簡化的等效電路

理想的等效電路

現在 r_{av} 已經拿掉了，讓我們再進一步，如在分析時發現，0.7 V 和外加電壓相比很小時，此 0.7 V 通常可以忽略不計。這種情況下，等效電路將簡化到只有一個理想二極體，等效電路和特性曲線見圖 1.32。在第 2 章時，我們會常看到這種作法，在精確度上不會差太多。

在產業界，"二極體等效電路"有另一種普遍的替代說法，即二極體模型。依定義，模型可以代表任何現有的裝置、物件和系統等。事實上，在後面章節中，我們幾乎都使用模型這個術語。

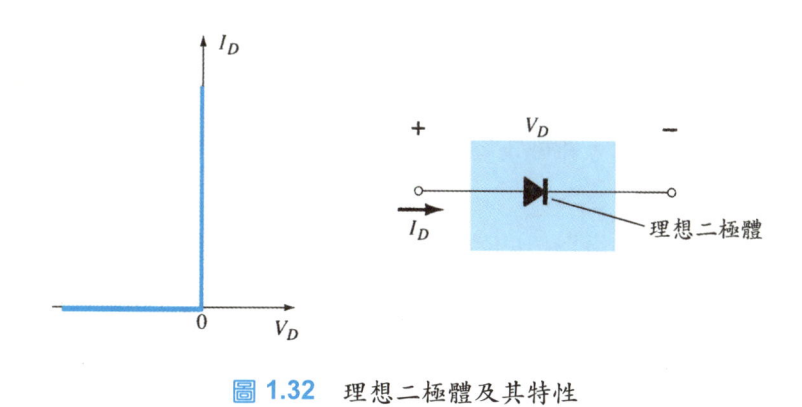

圖 1.32 理想二極體及其特性

歸納表

為求清楚起見，二極體模型適用的電路參數和應用範圍，提供在表 1.7 中，並配合對應的分段線性特性曲線。每一種模型都會在第 2 章中更詳細的探討。雖然規則總是有例外，但以下的說法是相當保險的，在電子系統的分析中簡化等效模型最常用，而在電源供應系統中，因用到較大電壓，所以常用理想二極體模型。

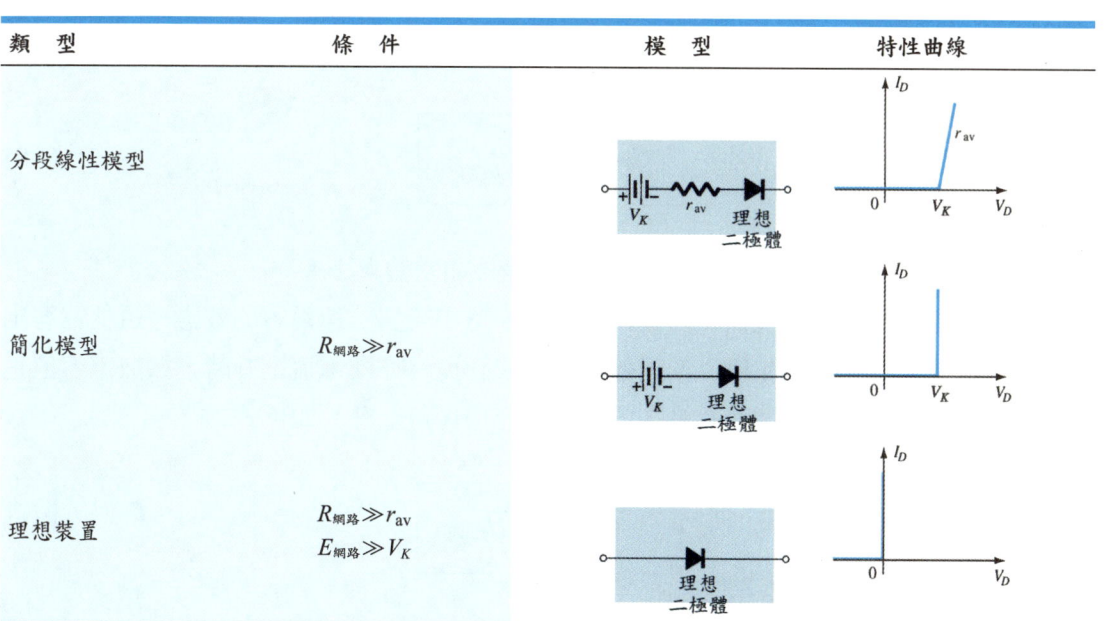

表 1.7 二極體等效電路（模型）

類　型	條　件	模　型	特性曲線
分段線性模型		V_K, r_{av}, 理想二極體	r_{av}, V_K
簡化模型	$R_{網路} \gg r_{av}$	V_K, 理想二極體	V_K
理想裝置	$R_{網路} \gg r_{av}$ $E_{網路} \gg V_K$	理想二極體	

1.10 遷移和擴散電容

要了解到重要的一點：

每一個電子或電氣裝置都會受頻率的影響。

也就是說，任何裝置的端電壓電流特性都會隨著頻率而變化。即便是基本的電阻器，無論是何種構造，其電阻值都會受到頻率的影響。在低頻到中頻範圍，大部分的電阻器都被認為是定值；但到高頻時，雜散電容和電感的效應開始顯現，將影響到元件的總阻抗值。

對二極體而言，其雜散電容值的效應最大。在低頻時，因電容值相當小，電容的電抗 $X_C = 1/2\pi fC$ 通常很高，其大小可看成無窮大，可用開路代替，因此雜散電容可忽略不計。然而在高頻時，電抗值會掉到很低，使電容器接近短路，此短路和二極體並聯的結果，使二極體對網路的響應完全無作用。

在 p-n 半導體二極體中，有兩種電容性效應要考慮。兩種電容都會出現在順偏區和逆偏區，但在任一操作區裡某一電容的作用都遠超過另一種電容。因此在任一操作區裡，我們只需考慮一種電容的效應。

回想平行電板電容器的基本電容公式，定義為 $C = \epsilon A/d$，其中 ϵ 是平行電板之間絕緣體的介電係數，A 是平行電板的面積，d 是平行電板間的距離。在二極體中，空乏區（無載子）的作用有如一絕緣體，介於兩種不同的電性層之間。因空乏區寬度會隨著逆偏電壓的增加而上升，使對應的遷移電容值下降，如圖 1.33 所示。遷移電容受外加逆偏電壓影響的性質，應用到很多電子系統上。事實上，在第 16 章會介紹一種二極體，它的工作完全決定於上述現象。

此電容稱為過渡電容(C_T)、障壁電容，或空乏區電容，其值決定如下：

$$C_T = \frac{C(0)}{(1+|V_R/V_K|)^n} \tag{1.9}$$

其中，$C(0)$ 是零偏壓之下的電容值，而 V_R 則是外加逆偏大小。

雖然上述效應也會出現在順向偏壓區，但卻遠小於另一種電容的效應。這種電容出現在空乏區外側，其大小和射入空乏區的電流成正比。亦即電流上升時，擴散電容值也隨之增加。結果是電流值增加時會造成擴散電容值(C_D)上升，如下式：

$$C_D = \left(\frac{\tau_T}{V_K}\right) I_D \tag{1.10}$$

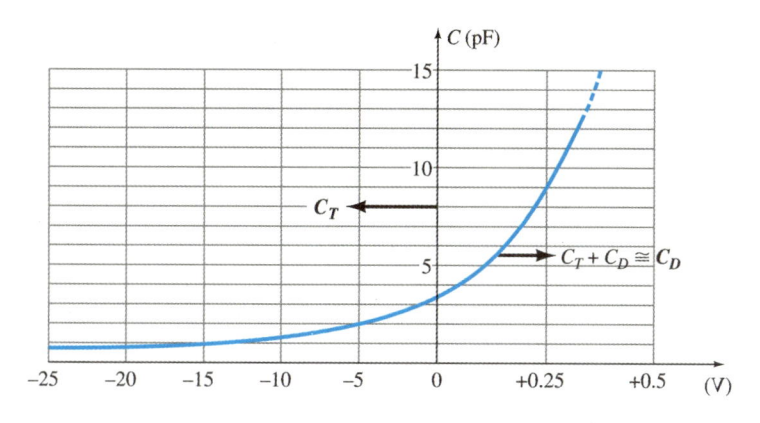

圖 1.33 矽二極體遷移與擴散電容對應於外加偏壓的關係

其中 τ_T 是少數載子的生存時間，生存時間意味著少數載子如電洞在 n 型中與自由電子再結合所需時間。然而，電流值的增加會降低相關的電阻值（稍後將作說明）。在高速應用中，時間常數 $(\tau=RC)$ 是很重要的，不能太大。

因此一般而言，

> 在逆向偏壓下，過渡電容是預期的決定性電容效應；而在順向偏壓下，擴散電容則是預期的決定性電容效應。

上述的電容性效應，可以用電容器和理想二極體並聯來代表，如圖 1.34。對於低頻或中頻的應用（電力領域除外），電容的影響通常不計，所以等效電路一般不必包括電容器。

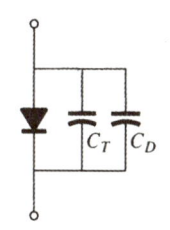

圖 1.34 將遷移或擴散電容的效應包括在半導體二極體上

1.11 逆向恢復時間

製造商提供的二極體規格表一般會有好幾頁，到目前為止，規格表中尚未討論到的物理量，其中有一項是逆向恢復時間，代號是 t_{rr}。在順偏狀態下，先前已說明過，n 型材料中大量的電子會流入 p 型材料內，同樣地，也會有大量的電洞由 p 型材料流入 n 型材料內──這是導通的要件。流進 p 型材料中的電子和流入 n 型材料中的電洞，在兩種材料中建立了大量的少數載子。當外加電壓要由順偏轉向逆偏時，理想情況是希望二極體立即從導通狀態進入不導通狀態。然而，因兩種材料中都有大量的少數載子，二極體電流將會反向，如圖 1.35，且以此相當的大小維持一段時間 t_s（儲存時間），t_s 是讓這些少數載子返回另一側而回復成多數載子所需要的時間。本質上，逆向電流 $I_{逆向}$ 是由網路的參數值（如電壓電阻值等）決定，且在 t_s 時間內二極體會維持在接近短路狀態。最終在經過儲存時間後，逆向電流會逐漸減小，逐漸到達不導通狀態對應的逆向飽和電流，第 2 段時間記為 t_t（遷移時間）。逆向恢復時間是兩段時間的和：$t_{rr}=t_s+t_t$。在高速切換的應用中，逆向恢復時間是很重要的考慮項目。大部分商用切換二極體成品的 t_{rr} 落在幾個 $ns \sim 1\,\mu s$ 的範圍，而更快元件，t_{rr} 僅數百個 $ps(10^{-12}\,s)$ 的現成品也是有的。

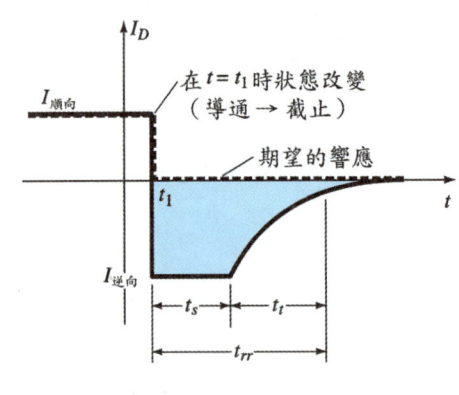

圖 1.35 定義逆向恢復時間

1.12　二極體的規格表

半導體裝置的製造商一般提供的規格資料有兩種形式，最常見的一種是極簡要的描述，可能只有一頁，另一種則會以圖表和電路等詳細探討裝置的特性。無論何種形式，都必須包括某些特定資料，以便正確使用該裝置，這些特定資料包括：

1. 順向電壓 V_F（對應於指定的電流和溫度）
2. 最大順向電流 I_F（對應於指定溫度）
3. 逆向飽和電流 I_R（對應於指定電壓和溫度）
4. 逆向電壓額定〔PIV 或 PRV 或 V(BR)，BR 源自"崩潰"(breakdown)（對應於指定溫度）〕
5. 在特定溫度的最大功率消耗
6. 電容大小
7. 逆向恢復時間 t_{rr}
8. 工作溫度範圍

根據所考慮的二極體類型，可能也要提供更多的資料，如頻率範圍、雜訊大小、切換時間、熱電阻值和重複性峰值等。應用時要記得，資料的意義通常可以自行演繹而得。例如，已提供最大功率消耗的額定值，功率消耗等於以下的乘積：

$$P_{D\max} = V_D I_D \qquad (1.11)$$

其中 I_D 和 V_D 分別是二極體在某特定工作點的電壓和電流。

普遍遇到的應用，我們會使用簡化模型。對矽二極體而言，式(1.11)可以代入 $V_D = V_T = 0.7$ V，所得的功率消耗見下式，可以和最大功率額定值作比較。

$$P_{消耗} \cong (0.7 \text{ V}) I_D \qquad (1.12)$$

某高電壓／低漏電流二極體的規格資料見圖 1.36 和圖 1.37，這是另一種詳列數據和特性的規格。整流子(rectifier)一詞用於二極體，因二極體常用於整流(rectificatioin)操作，將於第 2 章介紹。

規格表上特別註記的部分，用藍色加以套色，以下是註記字母對應的說明：

A 資料表強調以下事實，即此高電壓矽二極體在指定的逆偏電流之下，最小逆偏電壓為 125 V。

B 注意到，溫度操作範圍很寬，要知道資料表一般使用攝氏溫度，可換算成 200°C＝392 °F 且 −65°C＝−85°F。

C 最大功率消耗值給定為 $P_D = V_D I_D = 500$ mW＝0.5 W。線性遞減因數 3.33 mW/°C 的作用如圖 1.37a 所示。一旦溫度超過 25°C 時，溫度每上升 1°C 對應的最大功率額定會下降 3.3 mW。當溫度到達水的沸點時，最大功率額定值會到達原始值的一半。在低功率情況下，初始溫度 25°C 約略是電子設備處於工作狀態且位在小空間中的一般溫度。

D 可容許的最大電流是 500 mA，圖 1.37b 顯示 0.5 V 時對應的順向電流約 0.01 mA，但到約 0.65 V 時電流跳到 1 mA（超過 100 倍），而在 0.8 V 時電流會超過 10 mA，且一高於 0.9 V 時電流會接近 100 mA。圖 1.37b 的曲線和前幾節特性曲線確實不像，此結果是因為電流採用對數座標而電壓是用線性座標。

在有限的空間內，常用對數座標來提供較寬廣的變數值範圍。

若電流採用線性座標，將不可能顯示自 0.01 mA～1000 mA 的變化範圍。若垂直間距採用 0.01 mA，則需 100,000 個間距才能達到 1000 mA。利用曲線和座標格線的交點，可以找出給定的電流值所對應的電壓值。在對數座標中，電流值大於 1 mA 時，下一座標格是 2 mA，接著是 3 mA、4 mA 和 5 mA。6 mA～10 mA 之間不分格可用簡單的等分法決定（不精確，但對所提供的圖形而言已足夠接近了）。更高一級是 10 mA、20 mA、30 mA 等。圖 1.37b 的圖形稱為半對數圖，因為只有一個座標軸採用對數座標，在第 9 章中還會用到更多對數座標。

擴散矽二極體

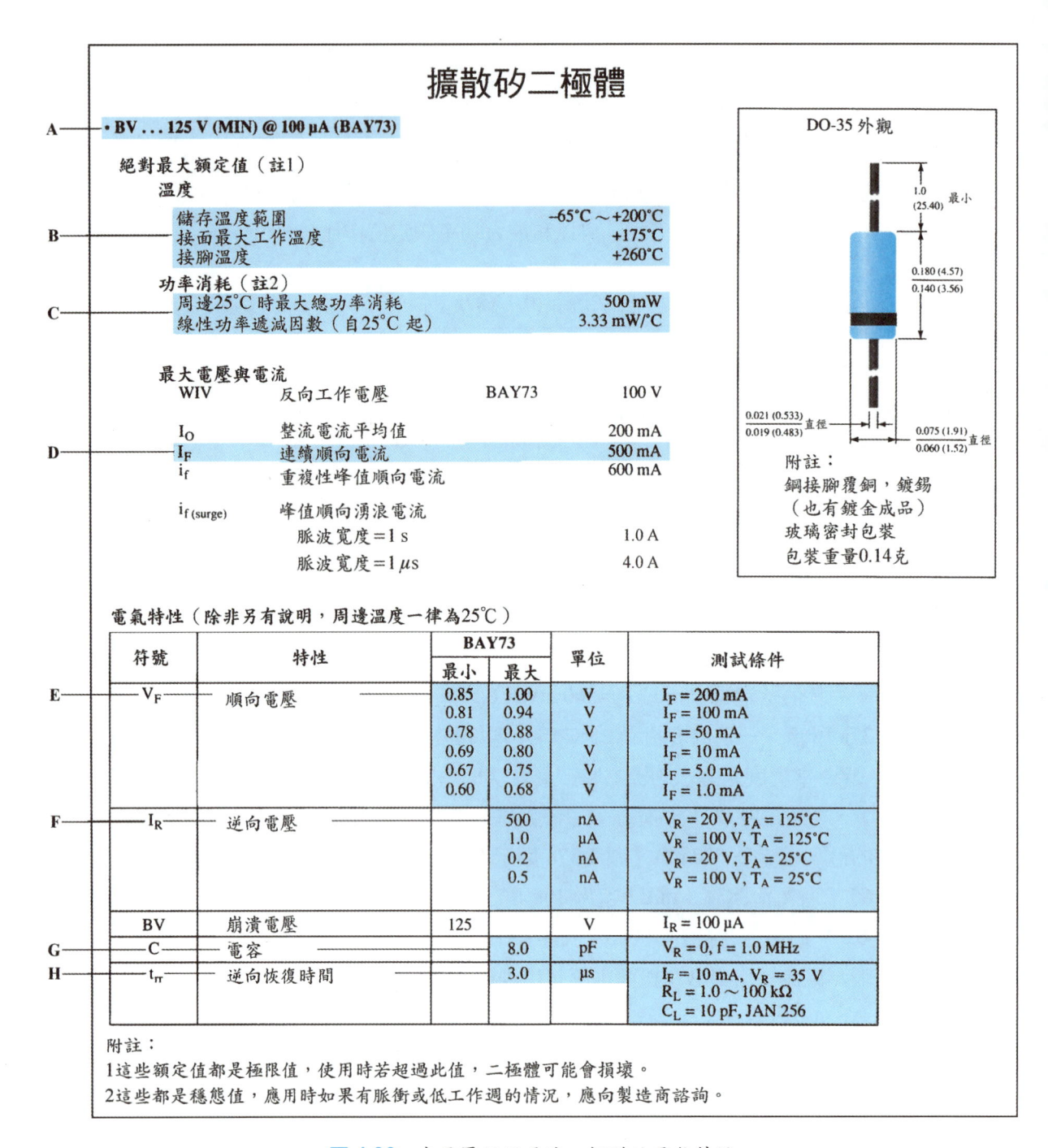

A — • BV ... 125 V (MIN) @ 100 µA (BAY73)

絕對最大額定值（註1）
溫度

B —
儲存溫度範圍	-65°C ~ +200°C
接面最大工作溫度	+175°C
接腳溫度	+260°C

功率消耗（註2）

C —
周邊25°C時最大總功率消耗	500 mW
線性功率遞減因數（自25°C起）	3.33 mW/°C

最大電壓與電流

D —
WIV	反向工作電壓	BAY73	100 V
I_O	整流電流平均值		200 mA
I_F	連續順向電流		500 mA
i_f	重複性峰值順向電流		600 mA
$i_{f(surge)}$	峰值順向湧浪電流		
	脈波寬度 = 1 s		1.0 A
	脈波寬度 = 1 µs		4.0 A

DO-35 外觀

1.0 (25.40) 最小
0.180 (4.57)
0.140 (3.56)
0.021 (0.533)
0.019 (0.483) 直徑
0.075 (1.91)
0.060 (1.52) 直徑

附註：
銅接腳覆銅，鍍錫
（也有鍍金成品）
玻璃密封包裝
包裝重量0.14克

電氣特性（除非另有說明，周邊溫度一律為25°C）

符號	特性	BAY73 最小	BAY73 最大	單位	測試條件
E — V_F	順向電壓	0.85	1.00	V	I_F = 200 mA
		0.81	0.94	V	I_F = 100 mA
		0.78	0.88	V	I_F = 50 mA
		0.69	0.80	V	I_F = 10 mA
		0.67	0.75	V	I_F = 5.0 mA
		0.60	0.68	V	I_F = 1.0 mA
F — I_R	逆向電壓		500	nA	V_R = 20 V, T_A = 125°C
			1.0	µA	V_R = 100 V, T_A = 125°C
			0.2	nA	V_R = 20 V, T_A = 25°C
			0.5	nA	V_R = 100 V, T_A = 25°C
BV	崩潰電壓	125		V	I_R = 100 µA
G — C	電容		8.0	pF	V_R = 0, f = 1.0 MHz
H — t_{rr}	逆向恢復時間		3.0	µs	I_F = 10 mA, V_R = 35 V, R_L = 1.0 ~ 100 kΩ, C_L = 10 pF, JAN 256

附註：
1 這些額定值都是極限值，使用時若超過此值，二極體可能會損壞。
2 這些都是穩態值，應用時如果有脈衝或低工作週的情況，應向製造商諮詢。

圖 1.36　高電壓低漏電流二極體的電氣特性

E 所提供的資料為各電流大小對應的順向偏壓 V_F 的範圍。順向電流愈大時，順向偏壓也愈高。可看出電流 1 mA 時，V_F 的範圍自 0.6 V～0.68 V。而在 200 mA 時，V_F 高達 0.85 V～1.00 V。對整個電流大小範圍而言，1 mA 對應電壓 0.6 V，而在 200 mA 時對應電壓 0.85 V，因此用 0.7 V 作為平均值，的確是一種合理的近似。

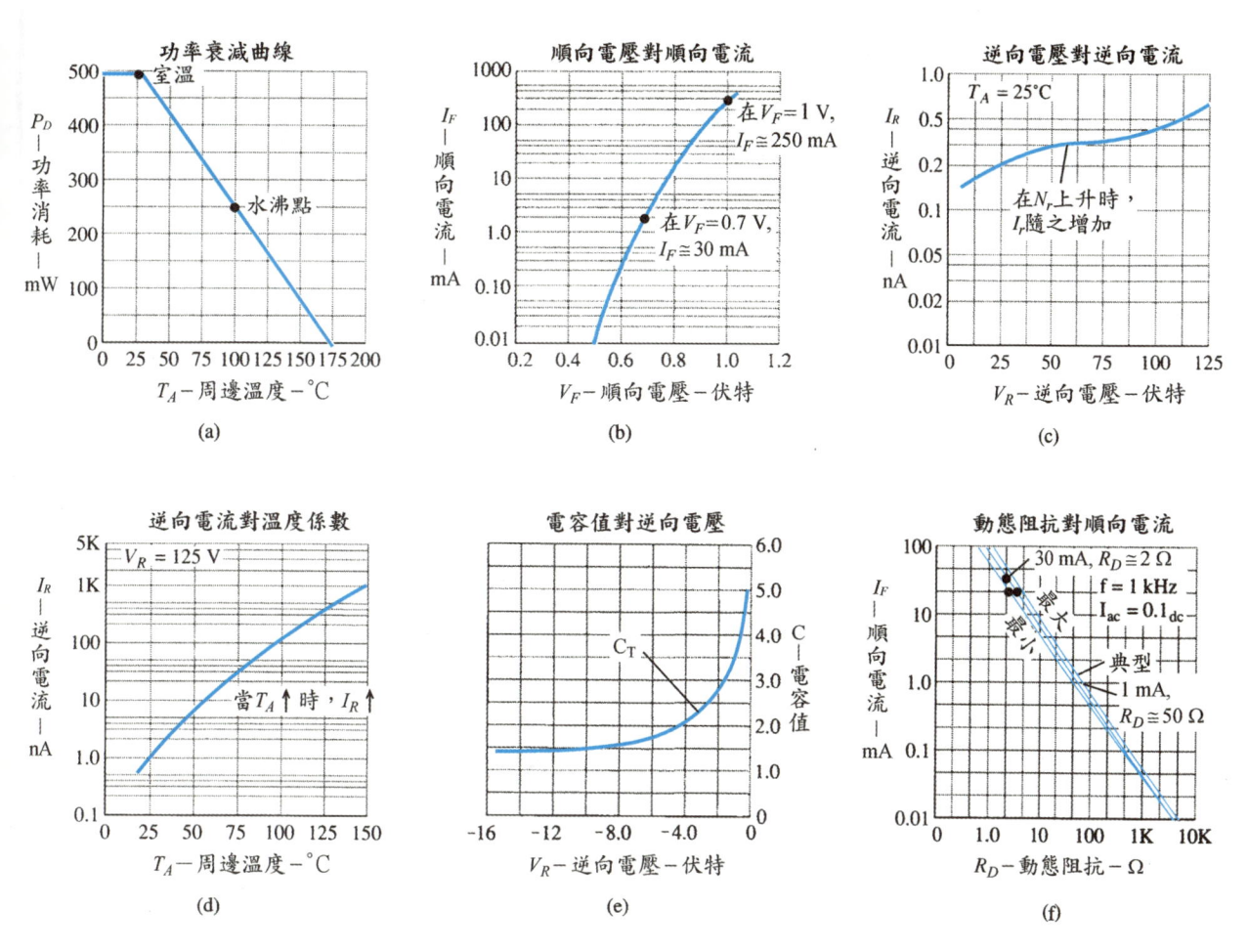

圖 1.37 高電壓二極體的端電壓電流特性

F 所提供的資料很清楚的顯示，在定溫之下，逆向飽和電流如何隨著外加逆偏的增加而增加。在 25°C 時，由於逆偏電壓增加 5 倍，使逆偏電流由 0.2 nA 增至 0.5 nA。在 125°C 時，相同的逆偏電壓變化會使逆偏電流跳升 2 倍到 1 μA。注意到，溫度變化會造成逆向飽和電流的急劇改變，當溫度由 25°C 上升到 125°C 時，最大逆偏電流額定值會從 0.5 nA 跳升到 500 nA（逆偏電壓都固定在 20 V）。當逆偏電壓在 100 V，相同的溫度變化之下，逆偏電流也會產生類似的跳升。在圖 1.37c 和圖 1.37d 的半對數圖中，可看出逆向飽和電流如何受到逆偏電壓和溫度變化的影響。乍看圖 1.37c 時，可能會覺得逆偏電壓變化時，逆向飽和電流還蠻穩定的，然而這是受到縱軸採用對數座標產生的錯覺，在逆偏電壓變化約 6 倍的情況下，逆向電流實際上從 0.2 nA 變到 0.7 nA。溫度對逆向飽和流的劇烈影響，清楚的顯示在圖 1.37d 中。在逆偏電壓 125 V 之下，逆偏電流會從 25°C 時的約 1 nA 增加到 150°C 時的 1 μA，增加了 1000 倍。

42 電子裝置與電路理論

> 如果所設計的電路對逆向飽和電流非常敏感,則溫度和外加逆偏就是極重要的考慮因素。

G 如圖 1.37e 和所列的數據,在 1 MHz 的測試頻率下,逆偏電壓 0 V 時的遷移電容為 5 pF。注意到,當逆偏電壓增加時電容值變得很厲害。如先前所提的,此壓控區域可提供壓控電容器(見第 16 章的變容二極體)的良好設計應用。

H 在測試條件下所顯示的逆向恢復時間是 3 μs。就目前正在應用中的高性能系統而言,3 μs 並不算快。然而對各種低頻及中頻應用而言,3 μs 是可以接受的。

圖 1.37f 的曲線,顯示了二極體的交流電阻值對應於順向電流的關係。在 1.8 節中已清楚的說明,二極體的動態電阻值會隨著電流的增加而下降。從圖 1.37f 可清楚看出,順著曲線,隨著電流的上升,動態電阻會降低。在 0.1 mA 處動態電阻接近 1 kΩ,而在 10 mA 處則為 10 Ω,且到了 100 mA 時只剩下 1 Ω,很明確的支持了先前的討論。除非已經對於對數座標的判讀有經驗,要在**全對數座標圖**上的兩條格線之間讀出數值是有點難度的,本圖的橫軸和縱軸都是用對數座標。

當我們對規格表接觸愈多時,就會覺得規格表"愈平易近人",特別是在探討實際應用時,對各參數所產生的影響就會有更清楚的了解。

1.13 半導體二極體的記號

半導體二極體最常用的記號見圖 1.38。對大部分的二極體而言,任何標示如黑點或黑帶都置於陰極側。術語陽極和陰極起源於真空管,陽極代表較高或正電位端,而陰極則代表較低或負電位端。偏壓值選擇使陽極電位高於陰極,會產生順向偏壓,使二極體導通。好幾個商用半導體二極體的成品顯示在圖 1.39。

圖 1.38 半導體二極體記號

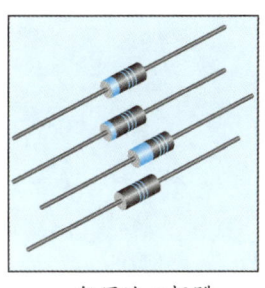

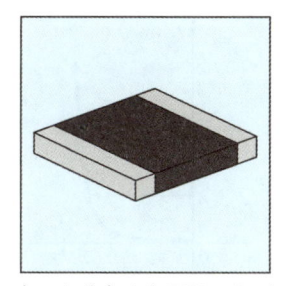

一般用途二極體　　表面黏著高功率 PIN 二極體　　功率二極體（螺帽式）　　功率二極體（平面式）

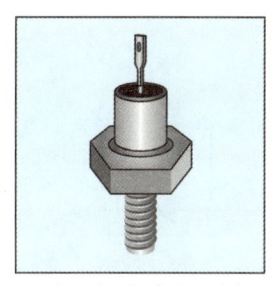

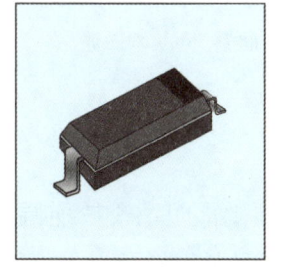

束腳針式二極體　　平面晶片式表面黏著二極體　　功率二極體　　功率二極體（碟式）

圖 1.39　各種不同類型的接面二極體

1.14　二極體的測試

有三種方法很快可以決定半導體二極體的狀況：(1) 用具有二極體檢查功能的數位顯示電表(DDM)；(2) 用三用電表的歐姆檔；(3) 用曲線測試儀。

二極體功能檢測

具有二極體檢測功能的數位顯示電表，見圖 1.40。注意到，在轉盤的左上部有一小二極體符號，當旋鈕設在此位置，且將測棒按圖 1.41a 所示，夾住二極體時，二極體應該會進入"導通"狀態，並指示順偏電壓，如 0.67 V（對矽二極體而言）。電表內部有一定電流源（約 2 mA），會對應一個電壓值，如圖 1.41b 所示。如待測二極體損壞而開路，則電表會顯示 OL（開迴路）。若測棒顛倒過來夾，因二極體會逆偏開路，電表也會顯示 OL。因此，一般而言，兩種方向都可能顯示 OL，一種代表二極體開路，另一種代表二極體損壞。

圖 1.40　數位顯示電表
(©gilotyna / 123RF)

圖 1.41 檢測順偏狀態下的二極體

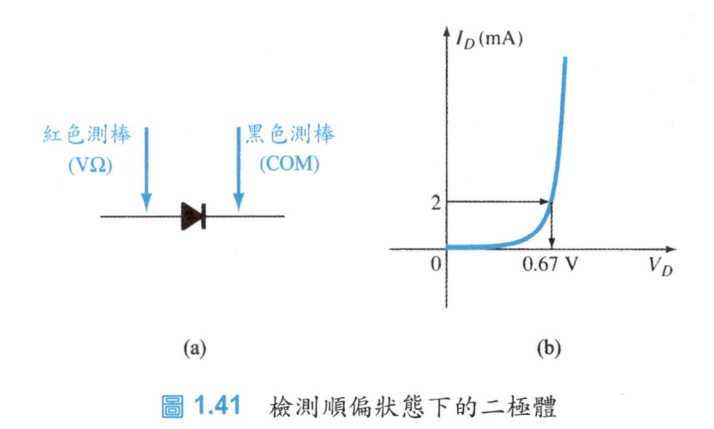

歐姆表測試

在 1.8 節中我們發現，半導體二極體的順偏電阻遠小於逆偏電阻。因此若我們用圖 1.42a 所示的接法來量測二極體的電阻，我們可以期待得到相當低的阻值。歐姆表的指示值決定於流經二極體的電流大小，而此電流是由歐姆表電路中的內建電池（通常用 2 個 1.5 V 電池）所建立。電流愈高時，所量得的電阻值愈低。而在逆偏情況下，電阻讀值很高，此時需要用到高電阻檔位，如圖 1.42b 所示。若兩個方向都測到高電阻值，顯然代表二極體處於開路損壞狀態。反過來，若兩個方向都測到極低電阻值，代表二極體能是短路損壞。

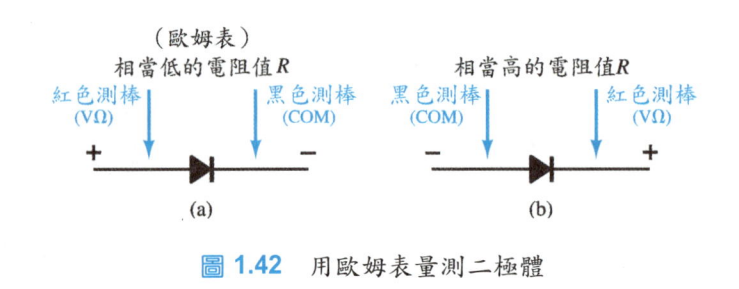

圖 1.42 用歐姆表量測二極體

曲線測試儀

圖 1.43 的曲線測試儀，可以顯示包含半導體二極體在內的多種裝置的特性。將二極體正確的接到測試儀下半部中央的測試板上，並調整控制旋鈕，可以得到如圖 1.44 的顯示。注意到，縱軸刻度是 1 mA／格，如圖所示，橫軸的刻度是 100 mV／格，亦如圖所示。如同先前 DDM 所定的 2 mA 電流大小，所測到的電壓約 625 mV＝0.625 V。雖然儀器一開始覺得很複雜，透過儀器使用手冊和短時間的接觸，將發現不用太多力氣和時間，通常就可得到所要的結果。在本章之後，我們探討其他各種不同裝置的特性，還會不只一次地用到這部儀器。

第 1 章　半導體二極體　45

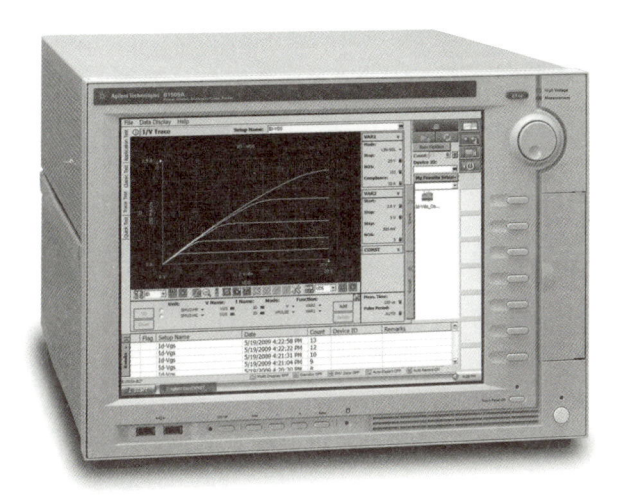

圖 1.43　曲線測試儀（經同意，摘自 Agilent Technologies 安捷倫科技公司）

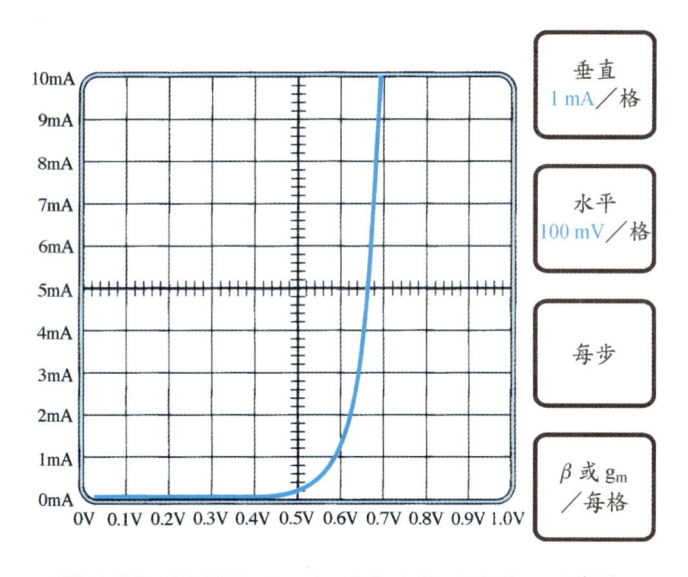

垂直
1 mA／格

水平
100 mV／格

每步

β 或 g_m
／每格

圖 1.44　IN4007 矽二極體在曲線測試儀上的響應

1.15　齊納二極體

　　圖 1.45 中的齊納區，在 1.6 節中已相當詳細地討論。在逆向電壓 V_Z 處，特性曲線以幾乎垂直的方式下降，特性曲線往下降且遠離橫軸的事實，和二極體順偏（正 V_D）時特性曲線往上升且遠離橫軸是不相同的，可發現齊納區的電流方向和順偏二極體的電流方向相反。齊納區曲線略為偏離通過 V_Z 的垂直線，因此齊納二極體在逆向導通時有一電阻值存在。

　　齊納區是齊納二極體用在電路設計時會用到的獨特的特性區，齊納二極體的圖形符

圖 1.45 檢視齊納區

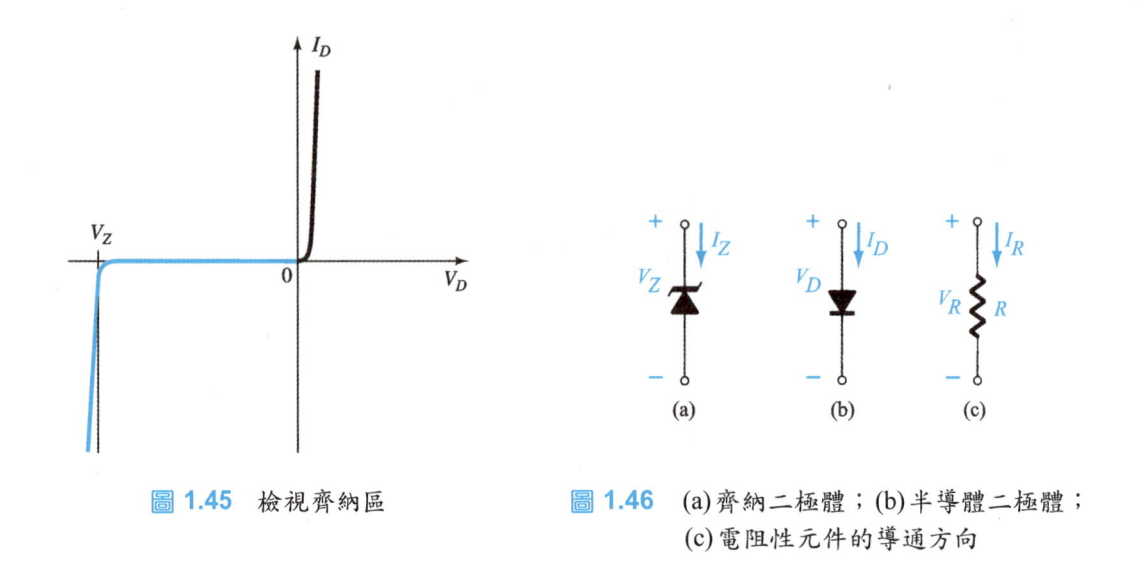

圖 1.46 (a)齊納二極體；(b)半導體二極體；(c)電阻性元件的導通方向

號見圖 1.46a。在圖 1.46 中，半導體二極體和齊納二極體放在一起，以確保對兩種二極體所需的外加電壓極性和導通電流方向能清楚的了解。對半導體二極體而言，"導通"時的電流方向和電路符號的箭號方向一致。而對齊納二極體而言，導通時的電流方向則和電路符號的箭號方向相反，如本節導言中所指出的。也要注意到，若兩種二極體都看成是電阻性元件時，V_D 和 V_Z 的極性是相同的，如圖 1.46c。

　　藉由摻雜濃度的變化，可控制齊納區的位置。摻雜濃度增加時，造成雜質原子數量增加，這會降低齊納電位。齊納二極體成品的齊納電位，從 1.8 V～200 V 都有，功率則由 1/4 W～50 W 的範圍。因矽材料具優異的溫度和電流能力，所以在製造齊納二極體時，矽是最優先選擇的材料。

　　假定齊納二極體為理想是蠻好的，也就是假定齊納區在齊納電位處是一條垂直線。但實際上特性曲線是有一點點偏離，可以用分段線性模型表示，如圖 1.47。對本書上大部分的應用而言，此串聯電阻元件都可忽略不計，而簡化的等效模型只剩下一個電壓 V_Z 的直流電池。在某些應用中，齊納二極體會在齊納區和順向偏壓區之間來回擺動，所以了解齊納二極體在各區域的工作是很重要的。如圖 1.47 所示，齊納二極體在未達 V_Z 的逆向偏壓區時的等效模型是一個很大的電阻（和標準二極體相同），對大部分的應用而言，此電阻值足夠大，可等效於開路。而對順向偏壓區而言，其分段等效模型和前幾節所描述者相同。

　　10 V，500 mW，20% 的齊納二極體的規格見表 1.8，重要的參數圖則見圖 1.48。規格表上齊納電壓使用標稱(nominal)一詞，代表此為一典型平均值，而 20% 則代表齊納電位的可能分布變化範圍，在整批齊納二極體中，齊納電位的可能分布為 10 V±20%，即 8 V～12 V。同樣地，也有 10% 和 50% 的現成二極體產品。測試電流 I_{ZT} 定在 1/4 功率大小的位置，I_{ZT} 用來定義動態電阻 Z_{ZT} 和裝置功率額定值的一般公式，如下：

圖 1.47 齊納二極體在各區域工作的等效模型

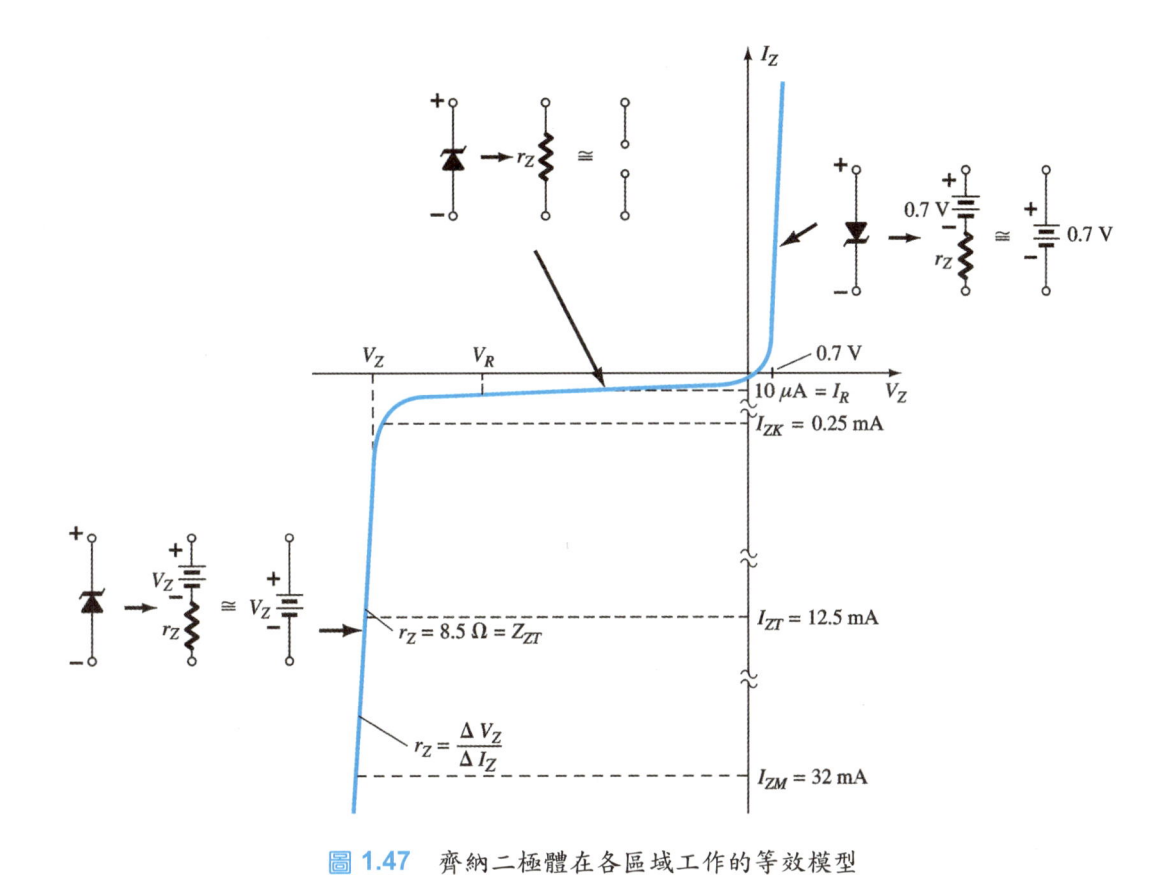

表 1.8 電氣特性（周邊溫度 25°C）

標稱齊納電壓 V_Z (V)	電流測試 I_{ZT} (mA)	最大動態阻抗 Z_{ZT} 在 I_{ZT} (Ω)	最大膝點阻抗 Z_{ZK} 在 I_{ZK} (Ω) (mA)	最大逆向電流 I_R 在 V_R (μA)	電壓測試 V_R (V)	最大調整電流 I_{ZM} (mA)	典型溫度係數 (%/°C)
10	12.5	8.5	700 0.25	10	7.2	32	+0.072

$$P_{Z_{max}} = 4I_{ZT}V_Z \tag{1.13}$$

以標稱齊納電壓和 I_{ZT} 代入上式，可得

$$P_{Z_{max}} = 4I_{ZT}V_Z = 4(12.5 \text{ mA})(10 \text{ V}) = 500 \text{ mW}$$

此值符合二極體標記的 500 mW。此裝置的動態電阻是 8.5 Ω，在大部分的應用中此值足夠小，可忽略不計。最大膝點阻抗定在特性轉彎的中心處，電流 $I_{ZK}=0.25$ mA。注意到，上述代號中若下標有字母 T，代表這是測試值，而若下標有字母 K，則代表這是膝點值。當電流值低於 0.25 mA 時，動態電阻值會愈大。因此膝點值顯示，電流低於膝點值時，

48 電子裝置與電路理論

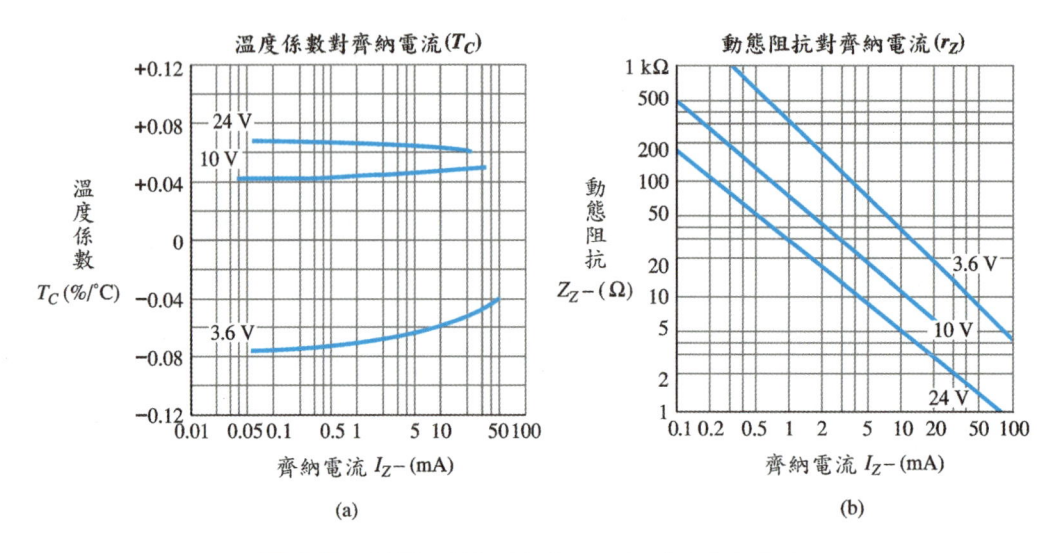

圖 1.48 10 V，500 mW 齊納二極體的電氣特性

二極體將開始出現很高的串聯電阻，此電阻值在應用時不能忽略。一般確信，當動態電阻一旦超過 500 Ω = 0.5 kΩ 時，就不能忽視它的存在。在逆偏電壓的情況，使用 7.2 V 的測試電壓，產生 10 μA 的逆向飽和電流，在某些應用中這個電流已大到必須要考慮它的影響。最大調整電流是當齊納二極體用作電壓調整器時，二極體所能容許的最大連續電流。最後是溫度係數 (T_C)，其單位為 %/°C。

齊納二極體的齊納電位極易受工作溫度高低的影響。

利用下式，溫度係數可用來求出溫度變化量對應的齊納電位的變化量。

$$T_C = \frac{\Delta V_Z / V_Z}{T_1 - T_0} \times 100\%/°C \quad (\%/°C) \tag{1.14}$$

其中 T_1 是新的溫度值

T_0 是封閉空間的室溫(25°C)

T_C 是溫度係數

且　V_Z 是 25°C 時標稱齊納電位值

為說明溫度係數對齊納電位的作用，考慮以下範例。

例 1.5 若溫度上升到 100°C（水的沸點），試分析表 1.7 所描述的 10 V 齊納二極體。

解： 代入式(1.14)，可得

$$\Delta V_Z = \frac{T_C V_Z}{100\%}(T_1 - T_0)$$

$$= \frac{(0.072\%/°C)(10\ V)}{100\%}(100°C - 25°C)$$

且 $\Delta V_Z = 0.54\ V$

現在的齊納電位為

$$V'_Z = V_Z + 0.54\ V = \mathbf{10.54\ V}$$

這不是微小的變化。

例中溫度係數是正的，了解這一點很重要。若齊納二極體的齊納電位低於 5 V 時，則看到負溫度係數是很普遍的，即溫度上升時齊納電壓會下降。圖 1.48a 針對三種不同齊納電位的二極體，提供溫度係數對應於齊納電流的曲線圖，注意到，3.6 V 的二極體具有負溫度係數，而另外兩個則為正溫度係數。

圖 1.48b 則提供齊納二極體在累增區操作時，動態電阻值對應於電流的變化，再一次用到全對數圖，讀值時要小心。乍看之下，因圖形是直線，動態電阻值和電流之間，似乎是負比例的線性關係。真實意義是，當電流倍增時動態電阻會減半。全對數圖造成線性的印象，如果對 24 V 齊納二極體重新用線性座標，畫出動態電阻對應於電流的關係圖，會很像負指數曲線。注意到，當電流降到很低，進入特性曲線的膝點區域時，動態電阻會升高到約 200 Ω。然而，當齊納電流較高而遠離膝點時，比如 10 mA，動態電阻會降到 5 Ω。

各種不同的齊納二極體的接腳判別和包裝見圖 1.49，其外觀和標準二極體十分相似。齊納二極體在某些領域的應用，會在第 2 章中探討。

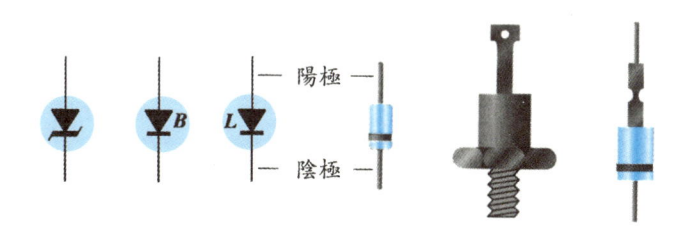

圖 1.49 齊納二極體的接腳和符號

1.16 發光二極體

在計算器、手錶和各種形式的儀表中，數位顯示器的使用持續在增加，導致了人們對適當偏壓即能發光的電子結構體，產生了廣泛的興趣。有兩類電子結構最常用作發光元件，發光二極體(LED)和液晶顯示器(LCD)。因 LED 屬於 p-n 接面裝置，也會出現在後幾章的網路中，所以在這一章先介紹 LED。而 LCD 顯示器則留待《電子裝置與電路理論—應用篇》第 7 章再討論。

如同名稱的含意，發光二極體受到能量激發時，會釋出可見光或不可見光（紅外線）。在任何順偏的 p-n 接面中，在結構內部的接面附近，電子和電洞會復合，造成原先未拘束的自由電子會釋出能量，且能量轉換成另一種形式。對所有的半導體 p-n 接面而言，一部分能量變成熱能，另一部分則以光子的形式釋出。

矽和鍺二極體中，在接面處復合所轉換的能量，大部分以熱的形式消耗於電子結構內，所以發出的光是微乎其微。

因此，矽和鍺不會用來建構 LED 裝置。但另一方面：

砷化鎵建構的二極體，其 p-n 接面處的復合過程會發射紅外線（不可見光）。

雖然是不可見光，但紅外線 LED 也應用在非常多不需要可見光的場合，這包括安全系統、工業製程、光耦合、安全控制如車庫門禁和家庭娛樂中心等，其控制元件都是用紅外線作遙控。

透過其他種元素的組合，可以產生一定的可見光。表 1.9 提供一列普通的複合半導體及發光的顏色，另外，也列出了順向偏壓的一般範圍。

LED 的基本構造以及此裝置所用的標準符號，見圖 1.50。接到 p 型材料的外部金屬導電表層比較小，其目的是當裝置順偏時，可允許光子數量到達最大時才釋出光能。注意在圖中，順偏接面產生入射載子，載子復合時發射光線。當然，某些光子能量被結構的包裝吸收，但極大部分還是會釋出，如圖所示。

正如同聲音有不同的頻譜（高音一般有高頻成分，而低音則有各種不同的低頻成分），光也有不同的頻譜。

表 1.9 發光二極體

顏 色	結 構	典型的順向電壓(V)
琥珀	AlInGaP	2.1
藍	GaN	5.0
綠	GaP	2.2
橙	GaAsP	2.0
紅	GaAsP	1.8
白	GaN	4.1
黃	AlInGaP	2.1

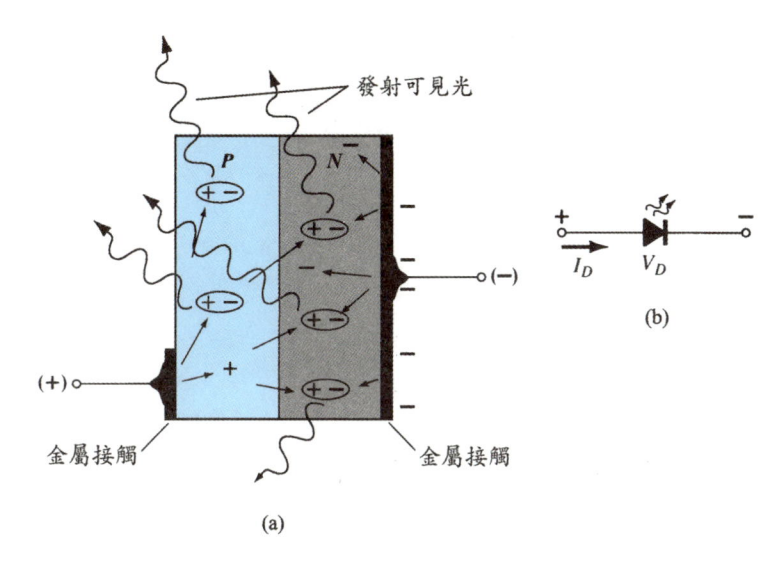

圖 1.50　(a)LED 的發光程序；(b)電路符號

紅外線的頻譜約從 100 THz～400 THz(T=tera=10^{12})，而可見光頻譜約從 400 THz～750 THz。

值得注意到，不可見光的頻譜比可見光低。

一般而言，當我們談到發光裝置的響應時，通常是提到波長，而不提頻率。這兩個物理量的關係見下式：

$$\lambda = \frac{c}{f} \quad \text{(m)} \tag{1.15}$$

其中 $c = 3 \times 10^8$ m/s（真空中的光速）
　　f = 頻率（單位 Hz）
　　λ = 波長（單位 m）

例 1.6　試利用式(1.15)，求出可見光頻率範圍(400 THz～750 THz)對應的波長範圍。

解：

$$c = 3 \times 10^8 \frac{m}{s} \left[\frac{10^9 \text{ nm}}{m} \right] = 3 \times 10^{17} \text{ nm/s}$$

$$\lambda = \frac{c}{f} = \frac{3 \times 10^{17} \text{ nm/s}}{400 \text{ THz}} = \frac{3 \times 10^{17} \text{ nm/s}}{400 \times 10^{12} \text{ Hz}} = 750 \text{ nm}$$

$$\lambda = \frac{c}{f} = \frac{3 \times 10^{17} \text{ nm/s}}{750 \text{ THz}} = \frac{3 \times 10^{17} \text{ nm/s}}{750 \times 10^{12} \text{ Hz}} = 400 \text{ nm}$$

400 nm～750 nm

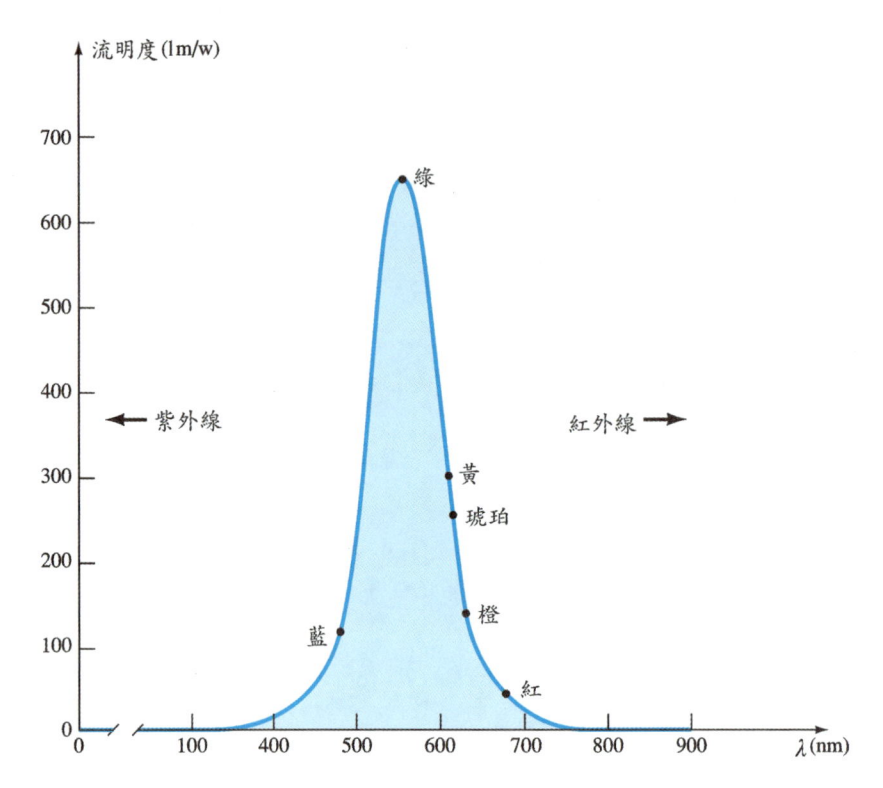

圖 1.51 人眼的標準反應曲線，顯示人眼對綠光的反應最強，對藍光和紅光的反應較弱

注意在上例中，因倒數關係，頻率愈高者對應的波長愈短，亦即較高頻率產生較小波長。另外，大部分的頻譜圖會使用奈米(nm)或埃(Å)作單位，1Å 等於 10^{-10} m。

人眼平均的視覺反應見圖 1.51，從約 350 nm 延伸到 800 nm，峰值約在接近 500 nm 處。

值得注意到，人眼對綠色有最大反應，對紅和藍的反應較低，反應曲線呈鐘形。此曲線顯示，紅光或藍光 LED 必須要有更強的效率，才能和綠光 LED 產生相同的視覺強度。易言之，人眼對綠色的敏感度超過其他顏色。記住，圖上所顯示的波長都是指該顏色最大反應，圖上所有標記的顏色組合成鐘形的反應曲線，例如 600 nm 的光看起來仍是綠色，但強度較弱。

在 1.4 節中已簡要提到，砷化鎵的能帶隙較高，達 1.43 eV，使其適合作可見光的電磁輻射。而矽的能帶隙是 1.1 eV，其再結合所釋出的能量主要以熱的形式消耗掉。這種能帶隙不同所造成的結果，某種程度可用以下的觀念來解釋。因電子有特定的不同的能階，電子從某一能階移到另一能階時，其能階差可獲得某一特定能量，此特定能量滿足下式

$$E_g = \frac{hc}{\lambda}$$

(1.16)

其中 E_g＝焦耳(J) [1 eV＝1.6×10^{-19} J]

$c=3\times10^8$ m/s

λ＝波長（單位 m）

若將 1.43 eV 的能帶隙代入公式中，可得以下波長：

$$1.43\,eV\left[\frac{1.6\times10^{-19}\,J}{1\,eV}\right]=2.288\times10^{-19}\,J$$

且

$$\lambda=\frac{hc}{E_g}=\frac{(6.626\times10^{-34}\,J\cdot s)(3\times10^8\,m/s)}{2.288\times10^{-19}\,J}$$

$$=\mathbf{869\ nm}$$

對矽而言，$E_g=1.1$ eV，

$$\lambda=\mathbf{1130\ nm}$$

此值已遠離圖 1.51 中可見光的範圍。

鎵元件所產生的波長 869 nm 在紅外線範圍，適合作紅外線元件。這確定使砷化鎵可用作紅外線裝置（波長落在紅外線區域）。對複合材料 GaAsP 而言，其能帶隙為 1.9 eV，產生波長為 654 nm，處於紅光區的中心，因此 GaAsP 在 LED 的生產上是一種很優異的半導體。因此，一般而言：

對特定顏色的發光元件而言，其波長和頻率直接和材料的能帶隙相關聯。

因此，在生產用來發光的複合半導體時，第一步要先考慮元素的組合，以建立所需要的能帶隙。圖 1.52 是 HP 製造的微小型高效率紅光 LED 的外觀和特性。注意到在圖 1.52b 中，最大順向電流是 60 mA，而典型的平均順向電流是 20 mA，但圖 1.52c 所列數據對應的測試條件是順向電流 10 mA。在順偏情況下，二極體電壓 V_D 以 V_F 表之，其值在 2.2 V～3 V。易言之，我們可期待，此 LED 在 2.3 V 且工作電流約 10 mA 時，可得到良好的發光情況，如圖 1.52e，特別注意到 LED 有典型的二極體特性，所以在下一章介紹的二極體電路分析技巧，也可用在 LED 電路的分析。

在"$T_A=25°C$ 時的電氣／光學特性"標題之下，尚有兩個物理量未定義到，分別是軸發光強度(I_V)和發光效率(η_V)。光強度的量測單位是燭光，1 燭光對應於 4π 流明的光流量，會在離光源 1 呎處的 1 平方呎面積上產生 1 呎燭光的照度。讀者可能無法從以上敘述，清楚地了解燭光這個單位的意義，但我們可以對類似的裝置之間作比較。圖 1.52f 是相對發光強度對應於順向電流的標準化曲線圖，標準化一詞常用在圖形中，以便和特定值的響應作比較。

(a)

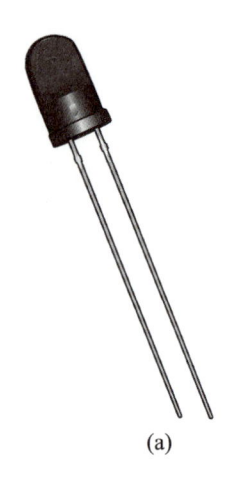

(b) $T_A = 25°C$ 時的絕對最大額定值

參　數	高效率紅光 4160	單　位
功率消耗	120	mW
平均順向電流	20[1]	mA
最大順向電流	60	mA
工作及儲存溫度範圍	−55°C～100°C	
接腳銲接溫度〔距本體 1.6 mm (0.063 英寸)〕	230°C，3 秒以內	

註：1. 自 50°C 起的遞減係數是 0.2 mV/°C

(c) $T_A = 25°C$ 時的電氣／光學特性

高效率紅光 4160

符號	描述	最小	一般	最大	單位	測試條件
I_v	軸發光強度	1.0	3.0		mcd	$I_F = 10$ mA
$2\theta_{1/2}$	半發光強度點的夾角		80		度	註 1
λ_{peak}	最大波長		635		nm	在最大點量測
λ_d	主要波長		628		nm	註 2
τ_s	響應速度		90		ns	
C	電容值		11		pF	$V_F = 0$；$f = 1$ Mhz
θ_{JC}	熱阻		120		°C/W	從接面到陰極接腳（共長 0.79 nm，0.031 英寸）
V_F	順向電壓		2.2	3.0	V	$I_F = 10$ mA
BV_R	逆向崩潰電壓	5.0			V	$I_R = 10\,\mu$A
η_v	發光效率		147		lm/W	註 3

註：
1. $\theta_{1/2}$ 從軸起算，到軸光強度一半處的角度。
2. λ_d 是由 CIE 色度圖導出的主要波長，用來定義裝置發光顏色的單一波長。
3. 軸射強度 I_e，單位 W/steradian，可由公式 $I_e = I_v/\eta_v$，其中 I_v 是發光強度，單位是燭光，而 η_v 是發光效率，單位是流明／W。

圖 1.52　HP 微小型高效率固態紅光 LED：(a)外觀；(b)絕對最大額定值；(c)電氣／光學特性；(d)每種波長對應的光強度；(e)順向電流對應於順向電壓；(f)相對發光強度對應於順向電流；(g)相對效率對應於最大電流；(h)相對發光強度對應於角度位移

圖 1.52 （續）

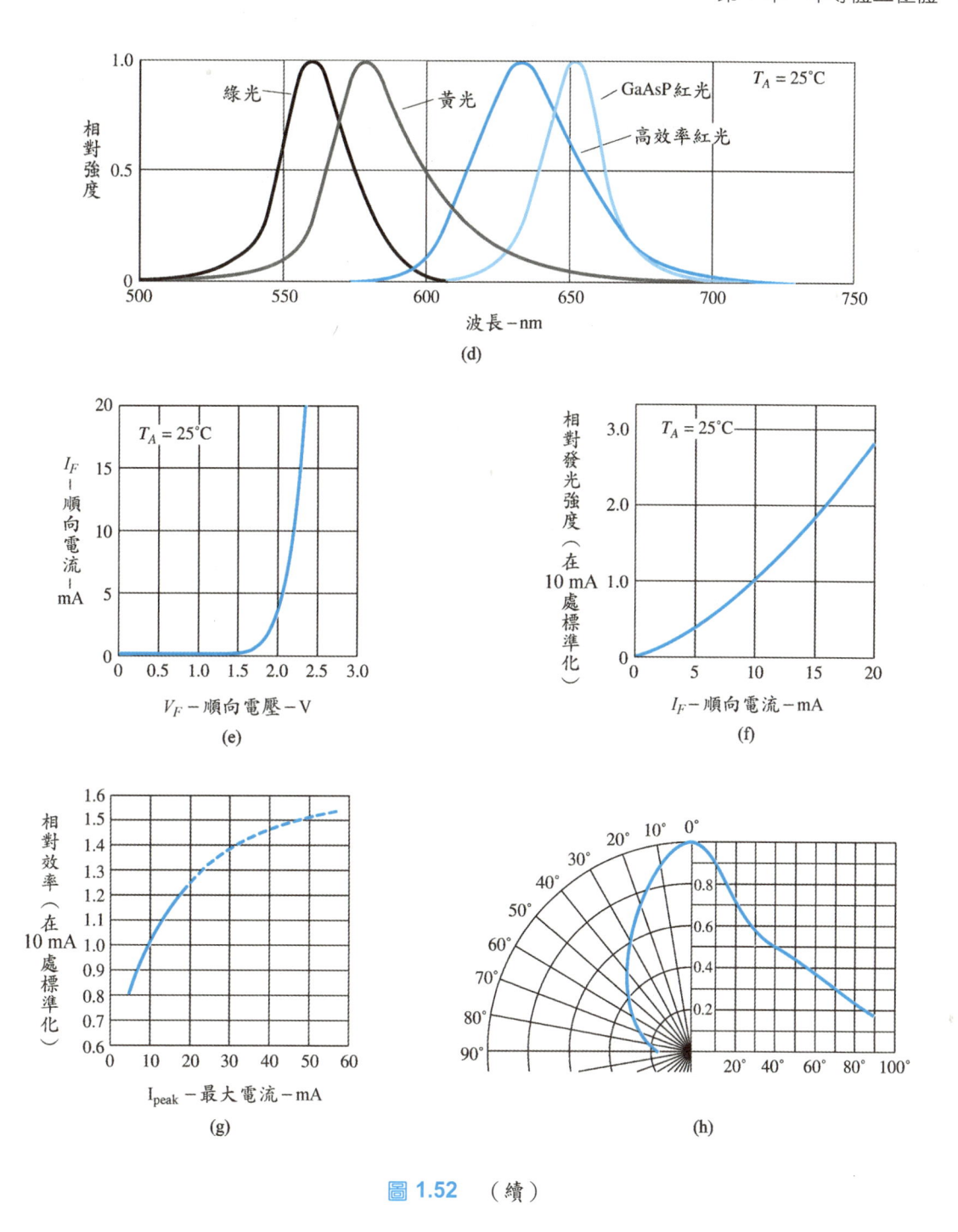

將變數的某一特定值作參考點，且將此點對應的響應定為 1，由此可得標準化（或正規化）曲線圖。

在圖 1.52f 中，參考點定在 $I_F = 10$ mA，注意 $I_F = 10$ mA 對應的相對發光強度就是 1。由此圖很快可發現，當電流等於 15 mA 時強度幾乎倍增，而當電流達 30 mA 時，強度幾乎達 3 倍。因此，很重要注意到：

> LED 的光強度會隨著順向電流的增加而增加，直到飽和點為止。飽和時即使電流再增加，發光量也無法再有效增加。

例如從圖 1.52g 可看出，當電流超過 50 mA 時，相對發光效率的增幅會開始減緩。

依定義，效率是指裝置產生所需效應的能力所對應的一種量度。對 LED 而言，此量度為 LED 發光的流明值和使用電力瓦數的比值。

圖 1.52d 的曲線圖，足以支持圖 1.51 的人眼反應曲線，注意到，正因為每個顏色的光都具有鐘形曲線，組成的全色域反應曲線也呈鐘形。此裝置的最大值接近 630 nm，很接近 GaAsP 紅光 LED 的最大值。而綠光和藍光曲線僅提供作為參考。

圖 15.2h 是光強度對應於量測角度（自正面 0° 到側邊 90°）的曲線圖，注意到，角度 40° 時的強度已掉到正面強度的 50%。

> 使用 LED 時有一主要關注點，即逆偏崩潰電壓一般只有 3 V～5 V（也有少數可達 10 V 者）。

此範圍比標準的商用二極體低很多，商用二極體有的可達數千伏特，因此在設計電路時，要能了解此項嚴格的限制，在下一章中我們會介紹保護的方法。

在分析和設計具有 LED 的網路時，若對預期的電壓值和電流值有概念，這是很有幫助的。

> 在相當多年的時間裡，只有綠、黃、橙、紅四種顏色光的 LED 商品化，使用上的平均值約為 $V_F=2$ V 和 $I_F=20$ mA，可達工作所需大小。

然而，在 1990 年代前期，藍光 LED 發展成功，而在 1990 年代後期，白光 LED 問世，但這兩種 LED 的電壓值改變了。對藍光 LED 而言，平均順偏電壓高達 5 V，而白光 LED 則約 4.1 V。而兩者的工作電流仍維持在 20 mA 或略多。因此，一般而言：

> 開始分析具有 LED 的網路時，可假定在 20 mA 電流之下，藍光 LED 平均的順偏電壓為 5 V，而白光 LED 則為 4 V。

每當介紹一種新裝置，就好像可能又要開啟一扇旋轉門，像白光 LED 就是這類的例子。白光 LED 的發展較慢，主要植因於它不像綠、藍和紅光是主要的構成顏色。像電視螢幕就需要綠、藍、紅這三種原色光來產生各種顏色（今日所有的監視器幾乎都是如此），是的，利用這三種原色光的正確組合就可產生白光，很難相信，但做到了。最好的證據就是人眼，人眼的視神經只能單獨對紅光、綠光和藍光作反應，而人腦則對這些輸入作整合反應，而在我們每日的生活中感知到"白"光或白色。同樣的想法用來製作最早的白光 LED，以正確發光比例的紅、綠和藍光 LED 組合在同一包裝內，就可產生白光。但在今日，大部分的白光 LED 的構造，是將氮化銦藍光 LED 置於釔鋁榴石(YAG)

磷膜之下,當藍光射到磷上時,會產生黃光,此黃光和藍光混合成白光,雖難以置信,但千真萬確。

因大部分的家庭與辦公室照明都採用白光,現在有另一種選擇是考慮對白光或螢光。白色 LED 燈的大致特性,其生命周期達 25,000 小時以上,此清楚顯示其未來之競爭力。對各種可能的應用,許多不同公司都提供各種可替換的 LED 燈泡。有些燈泡的功效額定每瓦高達 135.7 流明,遠超過數年前每瓦僅 25 流明的水準。預期在不久之後,7 W(瓦)LED 將可產生超過 1000 流明的照明,此已超過 60 W 燈泡產生的照度,且只需 4 個 D 型電池即可連續運作。想像一下只需不到 1/8 的功率即可達到相同的照明,現在,全部的辦公室、購物中心、街燈、運動設施等都正在單獨選用 LED 作照明設計。近來,基於 LED 在低直流電源之下所提供的高強亮度,LED 已成為閃光燈和高級汽車的普遍選擇。圖 1.53a 的管狀燈取代了標準的日光燈,一般用在家庭或工廠的天花板固定燈具。它們不僅減少了 20% 的能源消耗,提供了多 25%的亮度,且壽命更達標準日光燈的 2 倍。圖 1.53b 的照明燈,每個僅 1.7 W 可提供 140 流明,和各種日光燈源相比,可減少 90% 的能源損耗。圖 1.53c 的枝型燈泡,其壽命達 50,000 小時,耗電僅 3 W,但可產生 200 流明的照明。

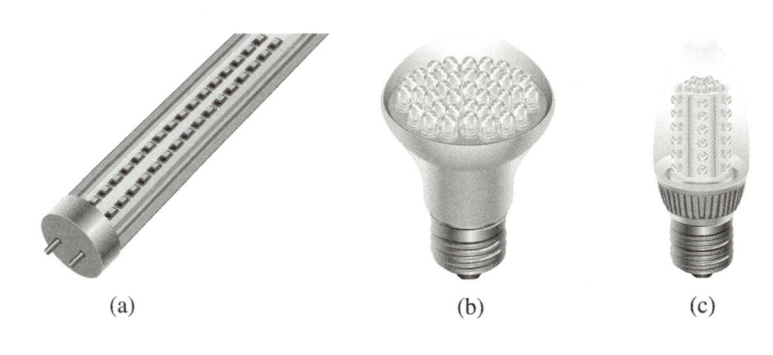

(a)　　　　　　(b)　　　　　　(c)

圖 1.53 用於住宅與商業的 LED 照明

在結束這個主題之前,讓我們看七段數位顯示器,置放在一個 DIP IC 包裝內,見圖 1.54。對某些預定的腳位施加 5 V 的電源,可激發某些 LED,就可顯示所要的數字。在圖 1.54a 中,正面看顯示器,從左上腳位數起,沿著逆時針的方向,就可決定各腳腳位。大部分的七段顯示器,採用共陽極或共陰極的接法,陽極代表每個二極體的正端,而陰極則代表每個二極體的負端。若採用共陰極,其腳位定義詳列在圖 1.54b,接線圖見圖 1.54c。在共陰極組態中,所有二極體的陰極都接在一起,形成每個 LED 負端的共用點。任何一個 LED 的陽極(對應於某一腳)只要加上 5 V,就會點亮該段 LED。在圖 1.54c 中,5 V 已加到某些特定腳位,因而顯示數字 5。此七段顯示器上的各 LED 在電流 10 mA 時,平均順向導通電壓是 2.1 V。

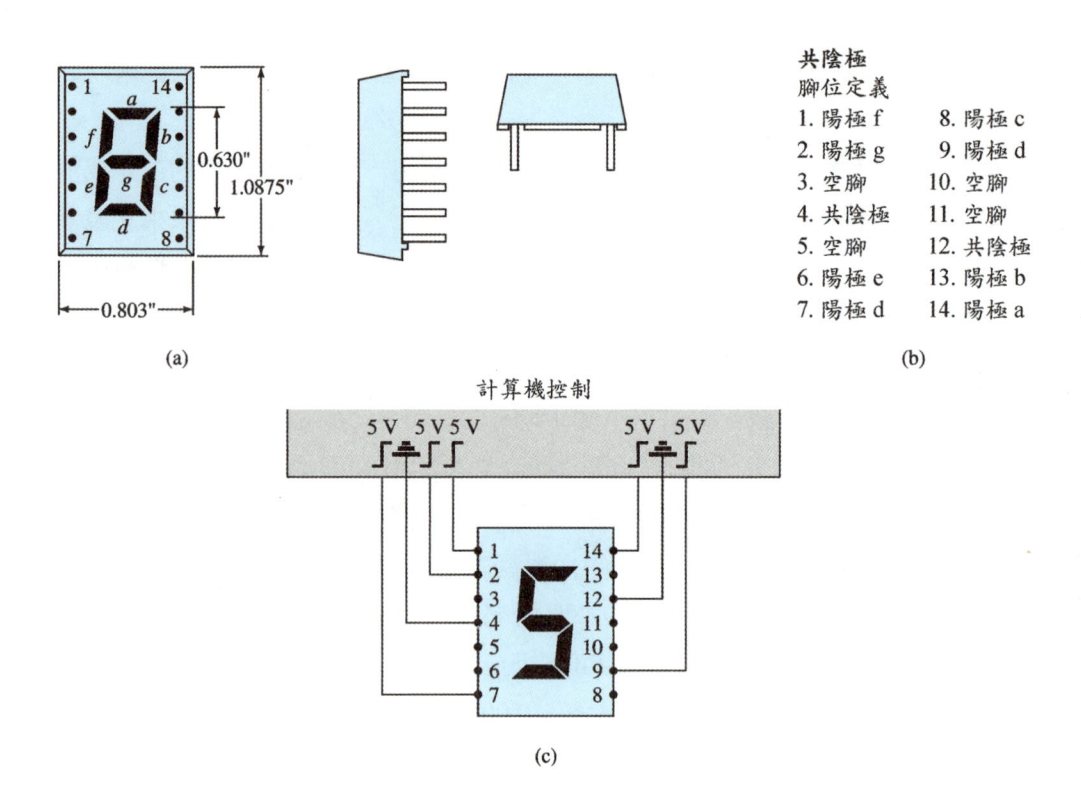

圖 1.54 七段顯示器：(a)正面和腳位判別；(b)腳位定義；(c)顯示數字 5

在下一章會探討各種不同的 LED 組態。

1.17　總　結

重要的結論和概念

1. 理想二極體的特性和簡單的開關相當符合，但有一個重要的不同點，即理想二極體只能單向導通電流。
2. 理想二極體導通時短路，不導通時開路。
3. 半導體是一種電導係數值介於良導體和絕緣體之間的材料。
4. 利用相鄰原子間的電子共用，來增強原子之間的結合力，稱為共價鍵。
5. 溫度增加時，會使半導體材料中的自由電子數明顯增加。
6. 用在電子產業的半導體材料，大部分具有負溫度係數，即溫度上升時電阻會下降。
7. 純質半導體的雜質量非常少，而透過摻雜程序則可產生外質半導體。
8. 加入含有 5 個價電子的施者原子，可建立相當多的自由電子數量，而形成 n 型材料。在 n 型材料中，電子是多數載子，而電洞是少數載子。
9. 加入含有 3 個價電子的受者原子，可在材料中建立很多的電洞數量，而形成 p 型材料。在 p 型材料中，電洞是多數載子，而電子則為少數載子。

10. 二極體中接近接面的區域，載子非常少，稱為**空乏區**。
11. 在**無**任何外加偏壓的情況下，二極體的電流為零。
12. 在順向偏壓區，二極體電流會隨著壓降的增加而呈**指數式上升**。
13. 在逆向偏壓區且未達齊納崩潰之前，二極體有**很小的逆向飽和電流**，且電流方向和順偏時的電流方向相反。
14. 溫度每上升 10°C 時，逆向飽和電流 I_s 的大小恰約**倍增**。
15. 二極體的直流電阻值，決定於二極體在該點的電壓和電流的**比值**，和曲線的形狀**沒有關係**。隨著二極體電流或電壓的增加，對應的直流電阻值會**下降**。
16. 二極體的交流電阻值，和工作點附近的曲線形狀有關。當二極體的電流或電壓值愈高時，交流電阻值會**下降**。
17. 矽二極體的臨限電壓約 **0.7 V**，鍺二極體則約 **0.3 V**。
18. 二極體的最大功率消耗值，等於二極體電壓和電流的**乘積**。
19. 二極體在順向偏壓之下，其電容值會隨著電壓的增加而呈**指數式上升**，而最低電容值會出現在逆向偏壓區。
20. 齊納二極體的導通電流方向，和二極體電路符號的箭號方向**相反**，且齊納二極體的電壓極性和順偏二極體的電壓極性相反。
21. 發光二極體(LED)在**順偏條件**下才能發光，但順偏電壓需要 2 V～4 V 才會有良好的發光效果。

公　式

$I_D = I_s(e^{V_D/nV_T} - 1)$　　$V_T = \dfrac{kT}{q}$　　$T_K = T_C + 273°$　　$k = 1.38 \times 10^{-23}$ J/K

$V_K \cong 0.7$ V（矽）

$V_K \cong 1.2$ V（砷化鎵）

$V_K \cong 0.3$ V（鍺）

$\qquad R_D = \dfrac{V_D}{I_D}$

$\qquad r_d = \dfrac{\Delta V_d}{\Delta I_d} = \dfrac{26 \text{ mV}}{I_D}$

$\qquad r_{av} = \dfrac{\Delta V_d}{\Delta I_d}\bigg|_{\text{點對點}}$

$P_{D_{\max}} = V_D I_D$

1.18 計算機分析

本書將介紹兩種設計用來分析電子電路的套裝軟體，包括 **Cadence OrCAD 16.3** 版（圖 1.55）和 **Multisim 11.0.1** 版（圖 1.56）。內容寫的足夠詳細，確保讀者無需再參考其他計算機方面的資料，即可應用這兩種程式。過去曾用過以上任一種套裝程式的人會發現，變化不大，主要在開頭的地方，以及在特定資料和圖產生的地方。

圖 1.55 Cadence OrCAD 設計套裝程式 16.3 版（Peason 的 Dan Trudden 攝）

圖 1.56 Multisim 11.0.1（Peason 的 Dan Trudden 攝）

會包含這兩種套裝程式是基於一項事實，所有教育社群都使用這兩種軟體。你們將發現，OrCAD 軟體的使用範圍較為廣泛，但 Multisim 軟體所產生的顯示結果，更符在實驗室所看到的真實結果。

OrCAD 的產示(demo)版由 Cadence 設計系統公司免費提供，且可由 EMA 設計自動化公司的網站 **info@emaeda.com** 直接下載。但 Multisim 則需從**國家儀器公司**，由網站 **ni.com/multisim** 購得。

本書前幾版中，OrCAD 套裝程式稱為 **PSpice**，主要因為是 **SPICE**（廣泛用於產業界的更成熟版本）組成的一部分。因此，在往後開始用 OrCAD 程式作分析時，都使用 PSpice 這個術語。

現在將介紹這兩種套裝軟體的下載程序，以及螢幕相對應出現的畫面。

CrCAD
安裝：

將 **OrCAD 16.3** 版 DVD 碟片置入機器中，開啟 **Cadence OrCAD 16.3** 軟體螢幕。選擇展示安裝，會開啟準備設定對話框，遵循**歡迎到 OrCAD 16.3** 展示版安裝精靈的訊息，選擇下一步，會開啟憑證同意對話框，選擇**我接受**並選取下一步，會開啟選擇目的對話框，呈現安裝 OrCAD 16.3 展示版接受 C:\OrCAD\OrCAD_16.3 Demo。

選取下一步，會開啟開始複製檔案對話框，再選擇選取，開啟準備安裝程式對話框。

點擊安裝，會出現安裝 Crystal 報告 Xii 方框，設定對話框開啟，並出現游標：設定裝態安裝程式。安裝精靈開始安裝 OrCAD 16.3 展示版。

完成時會出現訊息：尋找並加入視窗防火牆排除列程式，產生 Cadence 協助指引，此將花費一些時間。

程序完成後，選取完成，會出現 Cadence OrCAD 16.3 螢幕顯示，代表軟體安程完成。

螢幕圖示選項：螢幕選項（若未自動出現）可用以下順序建立，開始－全部程式－Cadence－OrCAD 16.3 展示版－OrCAD 擷取 CIS 展示版，之後點擊滑鼠右鍵產生一排列，選取送到，再選桌面（產生捷徑），就會出現 OrCAD 圖示選項，可移到適當位置。

資料夾產生：用 OrCAD 開啟螢幕開始，在螢幕左下的開始上點擊右鍵，然後選取 Explore，再選硬碟(C:)。接著將滑鼠游標放到資料夾列上，點擊右鍵，產生一列選項，其中一個是新增，選取新增，再選取資料夾，鍵入 OrCAD 11.3 列欄位中，再點擊滑鼠右鍵。到此，用 OrCAD 所產生的檔案位置皆建立完成。

Multisim

安裝：

將 Multisim 碟片置入 DVD 槽中，可產生自動播放對話框。

選取永遠對軟體與遊戲進行此動作，接著選取自動執行，開放 NI 電路設計套件 11.0 對話框。

鍵入要用的全名並提供序號。（在 NI 電路設計套件袋中的所有權文件憑證上會出現序號。）

選取下一步，產生目的目錄對話框，從中接受 C:\Program Files(X86) National Instruments 以開啟特質對話框，並選取 NI 電路設計 11.0.1 教育套裝版。

再選取下一步產生產品通知對話框，再選下一步，產生憑證同意對話框，在我同意上按滑鼠左鍵，接著再選下一步，得到開始安裝對話框，再以滑鼠左鍵開始安裝程序，安裝程序會顯示在螢幕上，費時 15～20 分鐘。

安裝結束時，會要求你安裝 NI Elvismx 驅動 DVD，這時要選擇取消。NI 電路設計套件 11.0.1 對話框會出現如下訊息：NI 電路設計套件 11.0.1 已安裝好，點擊完成，電腦會重新開機以完成安裝程序。若選擇重新啟動，則電腦將中止安裝並重新開始，會再出現 Multisim 螢幕對話框。

選取**啟動**，再選取經由**安全網路連結啟動**，會開啟**啟動精靈**對話框。鍵入**序號**，再選取下一步，輸入所有資訊列 **NI 啟動精靈**對話框中。選取下一步，會產生**寄給我 email** 以**確認**此**啟動**，選取此項，會出現**產品成功啟動**。選擇完成以完成啟動程序。

螢幕圖示選項：在 OrCAD 程式所描述的程序，可以在 Multisim 上產生相同的結果。

資料夾產生：依照上述在 OrCAD 程式上介紹的程序，也可以在 Multisim 檔案上建立名為 OrCAD 16.3 的資料夾。

在下一章有關計算機的部分，會涵蓋 OrCAD 和 Multisim 這兩種分析套裝軟體的開啟、特定電路的建立，以及各種不同結果所產生的種種細節。

習 題

*註：星號表示較困難的問題。

1.3 共價鍵和純質材料

1. 試畫出銅的原子結構，並討論為何銅是良導體，和鍺、矽、砷化鎵在結構上有何不同？
2. 用自己的話定義純質材料，負溫度係數和共價鍵。
3. 查參考書，列出三種負溫度係數和三種正溫度係數的材料。

1.4 能 階

4. **a.** 將 12 μC 的電荷移經 6 V 的電位差，需要多少焦耳的能量？
   b. 就(a)部分，試以 eV 為單位求出能量。
5. 移動某電荷通過 3.2 V 的電位差，共需 48 eV 的能量，試決定此電荷的電量。
6. 查參考書，決定 GaP、ZnS 和 GaAsP 這三種有實用價值的半導體的 E_g 值。另外，並決定這兩種材料的學名。

1.5 n 型和 p 型材料

7. 說明 n 型與 p 型半導體材料之間的差異。
8. 說明施者與受者雜質之間的差異。
9. 說明多數與少數載子之間的差異。
10. 畫出矽的原子結構，並仿照圖 1.7 的作法，摻入 1 個砷雜質原子。
11. 重做習題 10，但摻入銦雜質原子。
12. 查參考書，找出另一種電洞流對電子流的解釋。並以此種解釋用自己的話，說明電洞傳導的程序。

1.6 半導體二極體

13. 用自己的話說明，p-n 接面二極體在順偏及逆偏之下所產生的情況，並說明順偏及逆偏如何影響所產生的電流。

14. 說明如何使 p-n 接面二極體進入順偏和逆偏狀態，即正負電位應分別接到那一個腳位？

15. a. 試決定二極體在 20°C 時的熱電壓。
   b. 和(a)相同的二極體，試利用式(1.2)，若 $I_s = 40$ nA，$n = 2$（低 V_D 值），求出二極體電流，已知外加偏壓是 0.5 V。

16. 重做習題 15，但 $T = 100$°C（水的沸點），且假定 I_s 增到 5.0 μA。

17. a. 某矽二極體，$n = 20$，$I_s = 0.1$ μA，逆偏電壓 -10 V，試利用式(1.2)，決定 20°C 時的二極體電流。
   b. 結果符合預期嗎？為何？

18. 已知某二極體的電流是 8 mA 且 $n = 1$，若外加電壓是 0.5 V 且溫度為室溫(25°C)，試求 I_s。

19. 已知某二極體電流為 6 mA，$V_T = 26$ mV，$n = 1$，$I_s = 1$ nA，試求出外加電壓 V_D。

20. a. 試畫出函數 $y = e^x$，從 $x = 0$ 到 10，何以很難畫出？
   b. 當 $x = 0$ 時 $y = e^x$ 的值是多少？
   c. 根據(b)的結果，為何式(1.2)中的 -1 重要？

21. 某矽二極體在逆偏區的飽和電流約 0.1 μA($T = 20$°C)，試決定溫度增加到 40°C 時的逆向飽和電流的近似值。

22. 比較矽和鍺二極體的特性，並決定在大部分的實際應用時會傾向用那一種二極體？請詳述。並參考所給規格，就相近的最大額定值，比較矽和鍺二極體的特性。

23. 考慮圖 1.19 的二極體特性，決定溫度分別在 -75°C、25°C 和 125°C 且電流 10 mA 時對應的順向電壓降，且決定對應於每一溫度的飽和電流值，比較所得的最小值和最大值，並評斷兩者的比例。

1.7 理想對實際

24. 用自己的話說明，裝置或系統使用理想一詞的意義。

25. 用自己的話說明理想二極體的特性，並說明如何決定裝置的導通和截止狀態，也就是說明何以等效於短路和開路是恰當的。

26. 簡單開關和理想二極體的特性之間，最重要的差異是什麼？

1.8 區段電阻值

27. 試決定圖 1.15 的商用二極體成品，在順向電流 4 mA 處對應的靜態或直流電阻值。

28. 重做習題 27，但順向電流改為 15 mA，並比較兩者的結果。
29. 試決定圖 1.15 的商用二極體成品，在逆向電壓 -10 V 處對應的靜態或直流電阻值，並和逆偏電壓改為 -30 V 時的結果作比較。
30. 試計算圖 1.15 中二極體在順向電流 10 mA 處對應的直流和交流電阻值，並比較兩者的大小。
31. a. 試利用式(1.5)，決定圖 1.15 中商用二極體在順向電流 10 mA 處的動態(ac)電阻值。
    b. 試利用式(1.6)，決定圖 1.15 中二極體在順向電流 10 mA 處的動態(ac)電阻值。
    c. 比較(a)和(b)的結果。
32. 利用式(1.5)，決定圖 1.15 中二極體電流分別在 1 mA 和 15 mA 對應的交流電阻值，並比較兩者的結果，且就二極體電流上升時的交流電阻值的對應變化，作一般性的結論。
33. 利用式(1.6)，決定圖 1.5 中二極體電流分別在 1 mA 和 15 mA 對應的交流電阻值。請修改式(1.5)使其適用於低二極體電流，並和習題 32 的結果作比較。
34. 試決定圖 1.15 中二極體順向電壓在 0.6 V～0.9 V 之間時，二極體的平均交流電阻值。
35. 試決定圖 1.15 中二極體順向電壓 0.75 V 對應的交流電阻值，並和習題 34 所得的平均交流電阻值作比較。

1.9 二極體等效電路

36. 試求出圖 1.15 中二極體的片段線性等效電路。請用一直線段和橫軸相交於 0.7 V 處，並針對高於 0.7 V 的區域，找出最接近曲線的直線段。
37. 重做習題 36，但針對圖 1.27 中的二極體。
38. 試求出圖 1.18 中鍺和砷化鎵二極體的分段線性等效電路。

1.10 遷移和擴散電容

*39. a. 參考圖 1.33，試決定逆偏電壓 -25 V 和 -10 V 對應的遷移電容值。電容值變化量和電壓值變化量的比例是多少？
    b. 重做(a)，但逆偏電壓的變化範圍改為 -10 V～-1 V。並決定電容值變化量對電壓值變化量的比例。
    c. 比較(a)與(b)所得比例的差異，根據比較的結果，(a)、(b)兩種電壓變化範圍，何者較具實用性？
40. 參考圖 1.33，決定電壓 0 V 和 0.25 V 時對應的擴散電容。
41. 用自己的話說明，擴散電容和遷移電容有何不同？

42. 某二極體，其特性如圖 1.33，若外加頻率 6 MHz，試分別決定順偏電壓 0.2 V 和逆偏電壓 −20 V 時，二極體對應的電抗值。

43. 某矽二極體的零偏壓過渡電容值是 8 pF，且 $V_K = 0.7$ V，$n = 1/2$。當外加逆偏為 5 V 時對應的過渡電容值是多少？

44. 某矽二極體的零偏壓過渡電容值是 10 pF，且 $V_K = 0.7$ V，$n = 1/3$。試求出過渡電容值 4 pF 時對應的逆偏電壓值。

1.11 逆向恢復時間

45. 若 $t_t = 2t_s$，且總和的逆向恢復時間為 9 ns，試畫出圖 1.57 電路中 i 的波形。

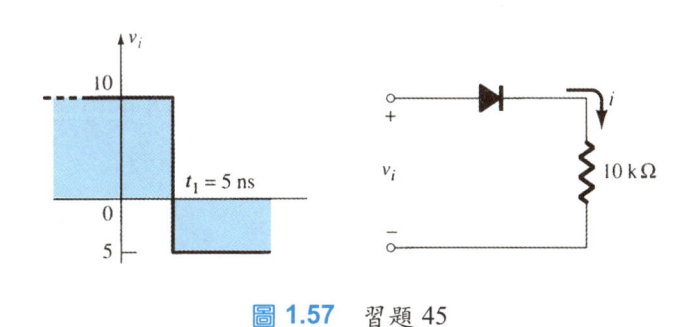

圖 1.57 習題 45

1.12 二極體的規格表

*46. 試以線性座標，畫出圖 1.37 中二極體的 I_F 對 V_F 曲線。注意到，所提供的圖形中縱軸使用對數座標（對數座標的討論見 9.2 節和 9.3 節）。

47. 就圖 1.37 中的二極體，試評論電容值如何隨逆偏電壓的增加而變化。
    a. $C(0)$ 值是多少？
    b. 用 $V_K = 0.7$ V，試求出式(1.9)的 n 值是多少？

48. 就圖 1.37 中的二極體，當逆偏電壓由 −25 V 變到 −100 V 時，逆向飽和電流的大小會有明顯的變化嗎？

*49. 就圖 1.37 中的二極體，試分別決定室溫時(25°C)和水沸點(100°C)時對應的 I_R 大小，有很顯著的變化嗎？溫度每增加 10°C 時逆向電流是否約略倍增呢？

50. 就圖 1.37 中的二極體，試分別對順向電流 0.1、1.5 和 20 mA，決定最大交流（動態）電阻值，比較結果並評論是否支持本章前面幾節所導出的結論。

51. 利用圖 1.37 的特性，決定二極體在室溫(25°C)和 100°C 時對應的最大功率消耗。假定 V_F 維持在 0.7 V，在兩溫度之間 I_F 的最大值有何變化？

52. 利用圖 1.37 的特性，決定二極體電流降到室溫(25°C)電流值的 50% 時對應的溫度。

1.15　齊納二極體

53. 某特定齊納二極體具有以下特性：$V_Z=29$ V，$V_R=16.8$ V，$I_{ZT}=10$ mA，$I_R=20$ μA 且 $I_{ZM}=40$ mA。試以如同圖 1.47 的方式畫出此二極體的特性曲線。

*54. 圖 1.47 中的 10 V 齊納二極體，試問溫度為多少時才會有 10.75 V 的標稱電壓值？（提示：注意表 1.7 的數據。）

55. 某 5 V 齊納二極體（5 V 為 25°C 時的額定值），當溫度到達 100°C 時標稱電壓降到 4.8 V，試決定溫度係數。

56. 利用圖 1.48a 的曲線，20 V 齊納二極體的溫度是多少？5 V 二極體的溫度係數又是多少？假定電流大小是 0.1 mA，且標稱電壓值之間採用線性尺度。

57. 就圖 1.48b，決定 24 V 二極體在 $I_Z=10$ mA 處對應的動態阻抗值。注意到，該圖為對數座標。

*58. 就圖 1.48b 中的 24 V 二極體，分別對 0.2、1 和 10 mA 的電流值，比較對應的動態阻抗值大小。此結果和在此區間內的特性形狀有何關聯？

1.16　發光二極體

59. 參考圖 1.52e，此裝置適當的 V_K 值應為多少？和矽、鍺的 V_K 值相比，如何？

60. 已知鍺的 $E_g=0.67$ eV，試求出比種材料最大光反應的波長，且在此波長處的光子具有較高或較低能階？

61. 利用圖 1.52 提供的資訊，若相對發光強度是 1.5，試決定二極體的順向電壓降。

*62. a. 圖 1.52 的裝置中，若最大電流由 5 mA 增至 10 mA，則此裝置的相對效率百分增加率是多少？

　　b. 重做(a)，電流變化範圍改為 30 mA～35 mA（電流變化量相同）。

　　c. 比較(a)和(b)的百分增加率。若最大電流再繼續增加，則電流大概到多少時相對效率就幾乎不再增加？

63. a. 就圖 1.52 的裝置，若角位移 0° 時對應的發光強度為 3.0 mcd，則發光強度 0.75 mcd 對應的角度是多少？

　　b. 角度多少時對應的發光強度損失會降到 50% 以下？

*64. 就圖 1.52 的高效率紅光 LED，就針對平均順向電流，畫出由溫度決定的電流遞減曲線。（注意到絕對最大額定值。）

二極體的應用

本章目標

- 了解負載線分析的觀念以及應用於二極體網路的方法。
- 熟習等效電路的運用,並用於二極體的串聯、並聯和串並聯網路。
- 了解整流的程序,可從弦波交流輸入建立直流值。
- 有能力預測截波與拑位二極體組態的輸出響應。
- 熟習齊納二極體的分析與應用範圍。

2.1 導言

在第 1 章中已介紹了半導體的二極體的結構、特性和模型。本章想運用模型,發展適用於各種組態下二極體的工作知識,以配合二極體的應用領域。到本章結束時,應可清楚了解在直流與交流網路中二極體的基本操作類型。本章所學到的概念,可以有效的運用到以後的章節。例如,二極體常用來描述電晶體的基本構造,以及電晶體在直流和交流領域的分析。

本章強調了在電子元件與系統的研究領域中有趣且極為有用的面向。

> 一旦了解某裝置的基本操作,就可探討該裝置各種不同電路組態所產生的功能和響應。

易言之,現在我們已有二極體特性及外加電壓電流所產生響應的基本知識,我們可利用這些知識來探討各種多樣化的網路。在各個應用時,無需重新研究裝置的響應。

一般而言：

> 分析電子電路有兩種途徑：一種是利用實際的特性，另一種是利用裝置的近似模型。

對二極體而言，一開始的討論會包括實際的特性，以清楚說明裝置特性和網路參數之間如何互相影響。一旦分析結果是可信的，我們就會用近似模型作分析，再和先前利用完整特性求出的結果相互驗證。電子系統中各種元件的響應和作用，能不經繁瑣的數學計算而被理解，這是很重要的。這通常是靠近似的方法來達成，本身已形成一種藝術。雖然用實際特性所得的結果，可能和一系列近似所得的結果有些微差異，記住從規格表所得的特性，也可能和實際在用的裝置的特性有些微差異。易言之，例如，IN4001 半導體二極體，即使是同一批，前後兩個二極體的特性就可能有變化，差異可能很微小，但已足以證明近似分析方法的正當性。也要考慮到網路中的另一種元件：電阻。標記 100 Ω 的電阻真的是 100 Ω 嗎？外加電壓 10 V 是真的在 10 V 嗎？還是 10.08 V？所有這些可能誤差（容許差），讓我們一般相信，經由一組適當近似所求出的響應，其精確程度和由完整特性所決定者是差不多的。本書所強調的方法，是運用適當的近似，發展一套對於裝置的操作知識，避免不必要的數學複雜度。然而，本書仍會提供足夠充分的細節，以應付詳細數學分析的需要。

2.2　負載線分析

圖 2.1 中的電路是最簡單的二極體組態，我們將運用實際的二極體特性，對此電路作分析，而在下一節我們會運用二極體的近似模型，對此電路再分析一次，並比較結果。對圖 2.1 的電路求解，就是要求出同時滿足二極體特性和所選網路參數的電壓和電流。

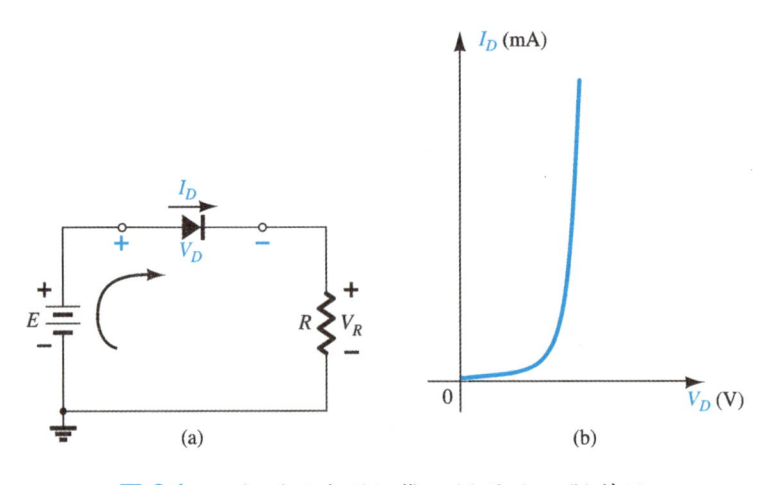

圖 2.1　二極體的串聯組態：(a)電路；(b)特性

圖 2.2 畫出負載線，找出工作點

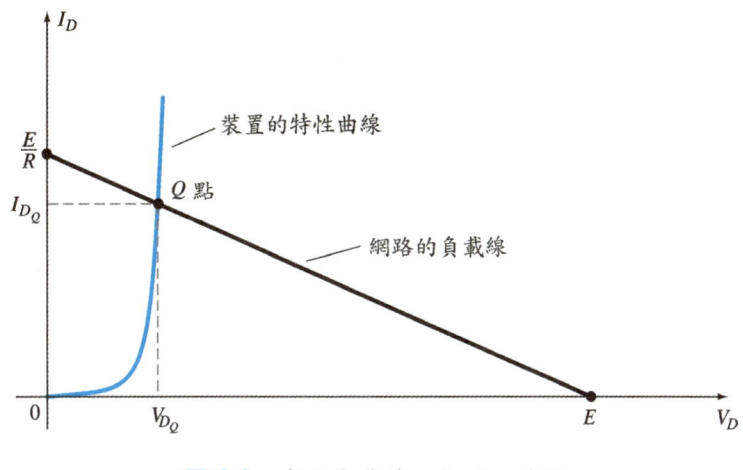

　　圖 2.2 中，二極體特性和網路參數所定義的直線，畫在同一座標平面上。此直線稱為**負載線**，因這線和縱軸的交點座標是由負載 R 決定，因此以下的分析稱為**負載線分析**。特性曲線和負載線的交點，即此網路之解，定義了網路的電流值和電壓值。

　　在回顧畫負載線於特性曲線上的細節之前，需要先決定圖 2.1 簡單電路的預期響應。注意到在圖 2.1 中，直流電源會對電路產生"壓力"效應，而建立一個順時針方向的電流，此電流方向和二極體電路符號的箭號方向相同，可發現二極體在"導通"狀態且導通相當大的電流。這種外加電壓的極性會產生順向偏壓，建立了二極體的電流方向，二極體和電阻壓降的極性也可以加上去。V_D 的極性和 I_D 的方向清楚的顯示，二極體的確在順向偏壓狀態，產生的二極體壓降約在 0.7 V 附近，電流大小約在 10 mA 左右或更大。

　　要決定圖 2.2 中特性曲線和負載線的交點，先應用克希荷夫電壓定律，以順時針方向，可得

$$+E - V_D - V_R = 0$$

或

$$E = V_D + I_D R \tag{2.1}$$

　　式(2.1)中的兩個變數 V_D 和 I_D，和圖 2.2 中的軸座標變數完全相同。故可將式(2.1)畫在圖 2.2 的特性曲線圖上。

　　負載線和兩軸的交點（截距）很容易決定，因橫軸上任意點的 $I_D = 0$ A，而縱軸上任意點的 $V_D = 0$ V。

　　設式(2.1)中的 $V_D = 0$ V，解出 I_D，可得縱軸上的截距 I_D 值。因此將 $V_D = 0$ V 代入式(2.1)，得

$$E = V_D + I_D R$$
$$= 0\text{ V} + I_D R$$

且
$$\boxed{I_D = \frac{E}{R}\Big|_{V_D = 0\text{ V}}} \tag{2.2}$$

見圖 2.2。可設式(2.1)中的 $I_D=0$ A，解出 V_D，可得橫軸上的截距 V_D 值。因此將 $I_D=0$ A 代入式(2.1)，得

$$E = V_D + I_D R$$
$$= V_D + (0\text{ A})R$$

且
$$\boxed{V_D = E\big|_{I_D = 0\text{ A}}} \tag{2.3}$$

見圖 2.2。在以上兩點之間畫一直線，即定出圖 2.2 的負載線。改變負載 R 的大小，縱軸截距會變化，其結果會改變負載線的斜率，同時改變負載線和特性曲線的交點位置。

　　現在我們有網路定義的負載線和裝置定義的特性曲線，這兩條線的交點就是電路的工作點。只要從交點朝下畫一條線到橫軸，即可決定二極體電壓 V_{D_Q}，另外從交點畫一條水平線到縱軸，即可得 I_{D_Q} 的大小。電流 I_D 實際上是流經圖 2.1a 中整個串聯電路組態的電流，工作點通常稱為**靜態**(quiescent)點（簡稱"Q"點），用來反映直流電路中所定義的"靜止"、"不動"的物理量。

　　利用兩條線交點所得的解，和以下兩聯立方程式的數學解，會完全相同。

$$I_D = \frac{E}{R} - \frac{V_D}{R} \quad\text{（由式(2.1)導出）}$$

和
$$I_D = I_s(e^{V_D/nV_T} - 1)$$

因二極體有非線性的特性曲線，因此數學解法需要用到非線性的技巧，已超過本書的範疇與需要。以上所介紹的負載線分析方法，提供一種最省力的解法，也透過圖像的描述讓大家了解，何以能解出 V_{D_Q} 和 I_{D_Q} 的值。以下範例要說明以上介紹的技巧，並可發現，利用式 (2.2) 和式 (2.3) 來畫負載線是蠻容易的。

例 2.1　對圖 2.3a 中二極體的串聯組態，試利用圖 2.3b 中的特性，決定

　a. V_{D_Q} 和 I_{D_Q}。

　b. V_R。

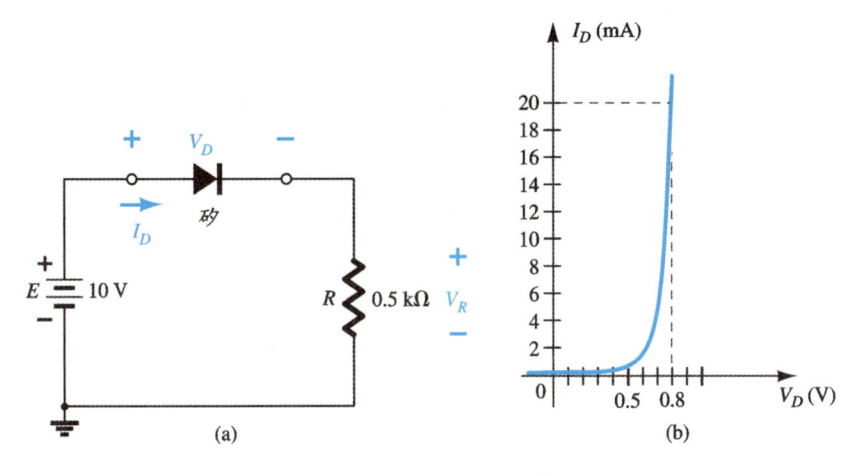

圖 2.3 (a)電路；(b)特性

解：

a. 式(2.2)： $I_D = \dfrac{E}{R}\bigg|_{V_D=0\text{ A}} = \dfrac{10\text{ V}}{0.5\text{ k}\Omega} = 20\text{ mA}$

式(2.3)： $V_D = E|_{I_D=0\text{ A}} = 10\text{ V}$

所得負載線見圖 2.4。負載線和特性曲線的交點定義了 Q 點，即

$$V_{D_Q} \cong \mathbf{0.78\text{ V}}$$

$$I_{D_Q} \cong \mathbf{18.5\text{ mA}}$$

V_D 的大小當然是估計值，而 I_D 的精確度則受限於座標格。如希望更精確，則要用更大、更繁複的圖。

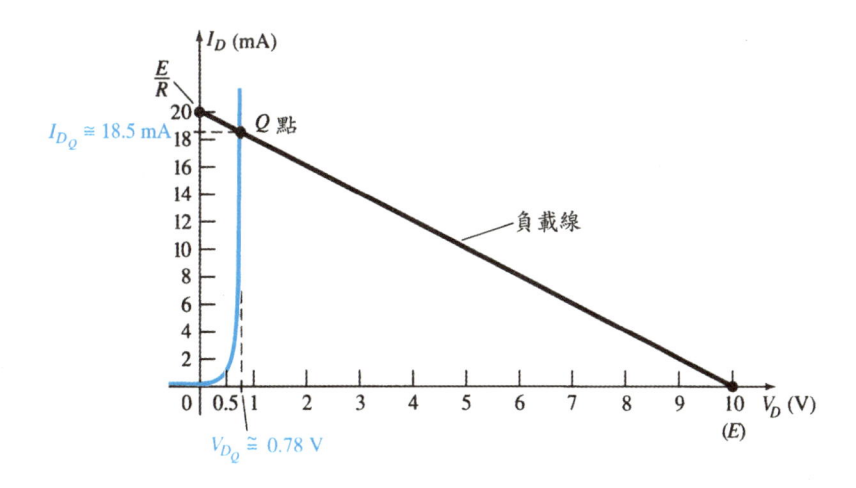

b. $V_R = E - V_D = 10\text{ V} - 0.78\text{ V} = \mathbf{9.22\text{ V}}$

圖 2.4 例 2.1 的解

如上例中所提到的，

負載線完全由外接的網路決定，而特性曲線則完全由裝置決定。

改變二極體所用模型，但電路不變，因此負載線與上例完全相同。

因例 2.1 的電路是直流電路，圖 2.4 的 Q 點會維持固定在 $V_{D_Q}=0.78$ V 且 $I_{D_Q}=18.5$ mA 處。第 1 章中，特性上任意點的直流電阻的定義是 $R_{DC}=V_D/I_D$。

用 Q 點值，例 2.1 的直流電阻值是

$$R_D = \frac{V_{D_Q}}{I_{D_Q}} = \frac{0.78 \text{ V}}{18.5 \text{ mA}} = 42.16 \text{ Ω}$$

針對工作點，可畫出等效電路如圖 2.5。

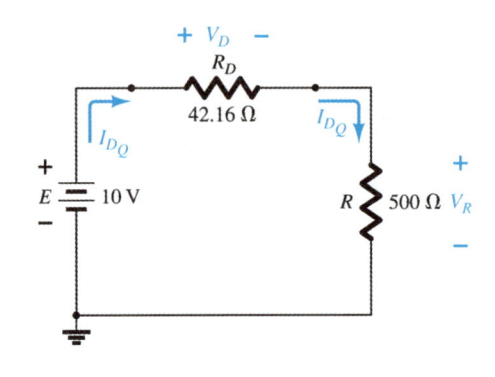

圖 2.5 圖 2.4 電路的等效電路

電流

$$I_D = \frac{E}{R_D + R} = \frac{10 \text{ V}}{42.16 \text{ Ω} + 500 \text{ Ω}} = \frac{10 \text{ V}}{542.16 \text{ Ω}} \cong \mathbf{18.5 \text{ mA}}$$

且

$$V_R = \frac{RE}{R_D + R} = \frac{(500 \text{ Ω})(10 \text{ V})}{42.16 \text{ Ω} + 500 \text{ Ω}} = \mathbf{9.22 \text{ V}}$$

符合例 2.1 的結果。

因此本質上，一旦決定了 Q 點，二極體就可用直流等效電阻代替。這種用等效模型代替特性的概念是很重要的，當我們以下幾章考慮電晶體的交流輸入和等效模型時同樣會用到這種概念。現在讓我們來看，不同的二極體等效模型對例 2.1 的響應會有何影響。

例 2.2 重做例 2.1，但矽半導體二極體使用近似等效模型。

解： 負載線重做於圖 2.6，和例 2.1 所定截距相同。二極體近似等效電路的特性曲線也畫在同一圖上，所得 Q 點為

$$V_{D_Q} = 0.7 \text{ V}$$

$$I_{D_Q} = 18.5 \text{ mA}$$

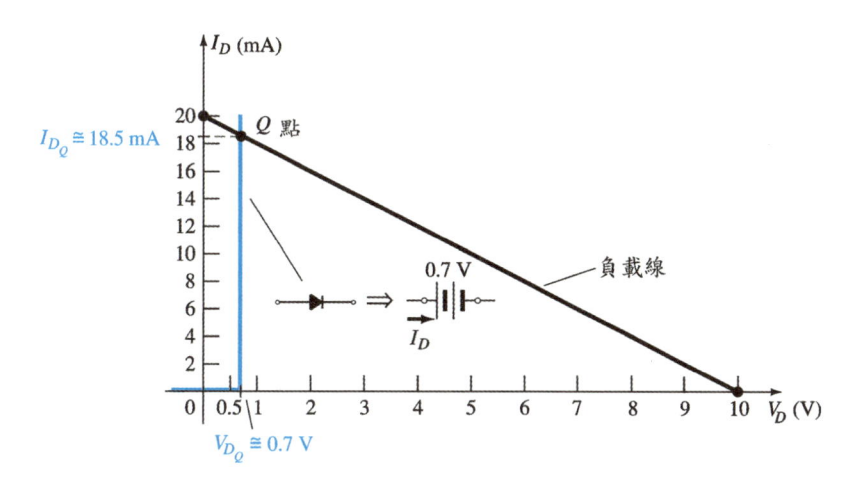

圖 2.6 用二極體近似等效模型重做例 2.1

例 2.2 所得的結果很有趣，I_{D_Q} 的大小和例 2.1 所得者完全相同，但特性曲線的畫法比之前的例 2.1（圖 2.4）容易太多了。現在 $V_D=0.7$ V，而在例 2.1 中 $V_D=0.78$ V，其差異僅百分之一伏特的倍數。如果和網路的其他電壓相比，這兩個 V_D 值確實差不多。

對於此種情況，Q 點的直流電阻是

$$R_D = \frac{V_{D_Q}}{I_{D_Q}} = \frac{0.7 \text{ V}}{18.5 \text{ mA}} = 37.84 \text{ }\Omega$$

仍然相當接近用完整特性所得的結果。

下一個例子我們會更進一步，代入理想模型。結果會發現，如欲恰當的運用理想等效模型，必須滿足某些條件。

例 2.3 重做例 2.1，但使用理想二極體模型。

解： 如圖 2.7 所示，負載線沒有變，但負載線和理想特性曲線相交於縱軸，因此 Q 點定為

$$V_{D_Q} = 0 \text{ V}$$

$$I_{D_Q} = 20 \text{ mA}$$

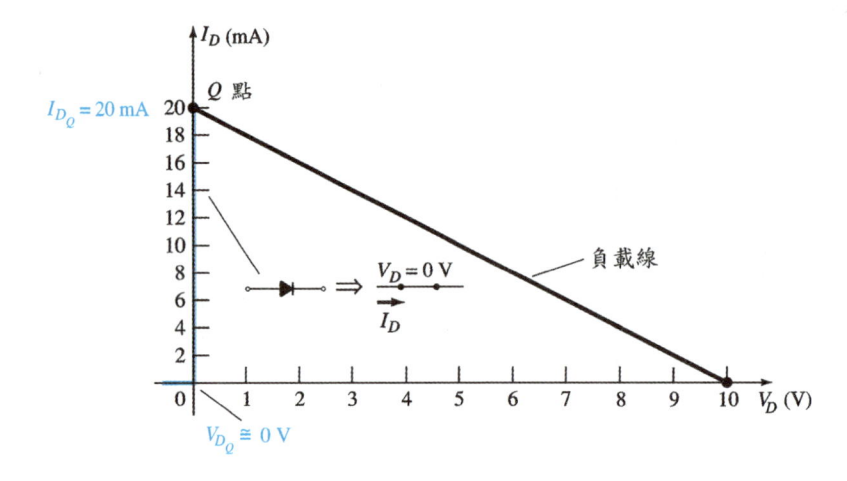

圖 2.7 用理想二極體模型重做例 2.1

此結果和例 2.1 的結果有相當的差異，其精確性值得關注。當然，相對於網路中的其他電壓值而言，例 2.3 所求出的電壓與電流的大小仍有某種程度的參考性。但例 2.2 中只多加一個 0.7 V 的電壓偏移，此作法顯然是比較恰當的。

因此在某些場合，如二極體角色的重要性高過零點幾伏特的電壓值差異，又如外加電壓值遠超過臨限電壓 V_K，這些情況下我們可以保留理想二極體模型的使用。在接下來的幾節中我們只用近似模型，因所得電壓值很容易受到 V_K 變化的影響。到更後面幾節，我們會更常使用理想模型，因為外加電壓常比 V_K 大相當多，且作者想確保讀者能正確清楚的了解二極體的作用（角色）。

此例中，

$$R_D = \frac{V_{D_Q}}{I_{D_Q}} = \frac{0 \text{ V}}{20 \text{ mA}} = 0 \text{ }\Omega\text{（等效於短路）}$$

2.3　二極體的串聯組態

在上一節中我們發現，用近似的分段線性等效模型所得的結果，和用完整特性分析所得的響應相比，即使不相等也非常接近。事實上，我們如果考慮到源於容許誤差和溫度等等所產生的可能變化，我們可以確定，這兩種方法所得結果是"同樣精確"。因為近似模型一般可節省很多時間和力氣，就可得到所要的結果，所以本書中除非另有指定，都會用近似模型分析，記得：

> 本書的主要目的，是針對裝置的操作、功用和可能的應用領域，發展出通用的知識，以儘量降低複雜艱深的數學推導。

本章以下的所有分析，皆基於以下假定：

> 二極體的順向電阻和網路中其他的串聯電阻相比，因阻值相對很小，皆可忽略不計。

對絕大部分運用到二極體的應用而言，這種近似是有效的。對矽二極體而言，利用這種觀念產生的近似等效模型和理想二極體模型見表 2.1。就導通區域而言，矽二極體和理想二極體的差異，就只有特性上垂直段的位移，因此近似等效模型中要用一個 0.7 V 的直流電壓源，抵抗順向電流的方向。當矽二極體的電壓低於 0.7 V，或理想二極體的電壓低於 0 V 時，二極體的電阻和網路中其他電阻元件相比，電阻值相對非常高，可等效於開路。

就鍺二極體而言，偏移電壓是 0.3 V，而砷化鎵二極體則為 1.2 V。除了偏移電壓之外，等效網路完全相同。對不同的二極體，我們會在二極體電路符號旁標註矽、鍺或砷化鎵，而理想二極體則不標註，如表 2.1 所示。

現在要用近似模型，探討一些只有直流輸入的二極體串聯組態，這將奠定具有直流輸入的二極體電路的分析基礎。事實上，所介紹分析程序可應用到具有多個二極體的各種不同組態的網路中。

對每一種電路組態而言，都要先決定二極體的狀態，那些二極體"導通"？又那些二極體"截止"？一旦決定後，就可代入適當的等效電路，並決定剩下的網路參數。

> 一般而言，若外加電源在二極體所建立的電流方向和二極體電路符號的箭號一致，且矽的 $V_D \geq 0.7$ V（鍺的 $V_D \geq 0.3$ V，而砷化鎵的 $V_D \geq 1.2$ V）時，二極體就是在"導通"狀態。

分析每個電路組態時，心裡先假想以電阻性元件取代二極體，並注意到外加電壓所建立的電流方向，若所得方向和二極體符號的箭號方向"一致"，則二極體會導通電流且裝置處於"導通"狀態。當然，以上的描述取決於電源電壓能"克服"二極體的導通電壓(V_K)。

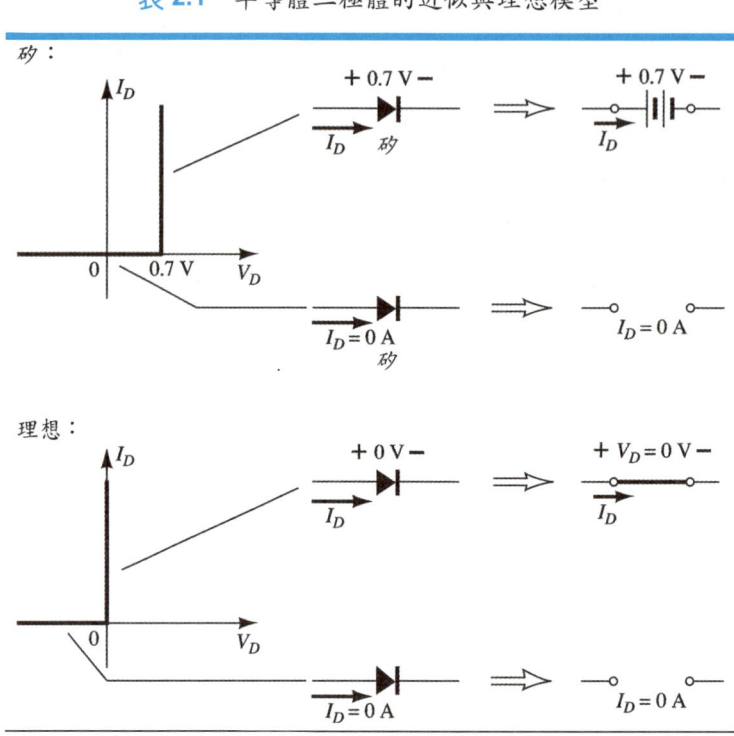

表 2.1 半導體二極體的近似與理想模型

若二極體在"導通"狀態，我們可以在元件兩側標上 0.7 V 的壓降，或者重畫網路，用表 2.1 的等效電路 V_K 代替二極體。對這兩種方法，簡單在每個"導通"二極體兩側標上 0.7 V 的壓降，在時效上可能比較有利。而對"截止"或"開路"狀態的二極體，則直接畫線槓掉。然而，一開始我們還是用代入法，以確保能求出正確的電壓和電流值。

圖 2.8 的串聯電路，在 2.2 節已有相當詳細的描述。現在再利用這個電路來說明前幾段文字所介紹的分析方法。要先決定二極體的狀態，心裡先假想，用電阻代替二極體，如圖 2.9a。所生的電流方向和二極體電路符號的箭號一致，並且因為 $E > V_K$，使二極體會在"導通"狀態。網路重新畫，如圖 2.9b，已用適當的等效模型代替順偏的矽二極體。注意到，V_D 的極性和假想二極體是電阻時的極性是相同的，這點將作為未來參考之用。所求出的電壓值和電流值如下：

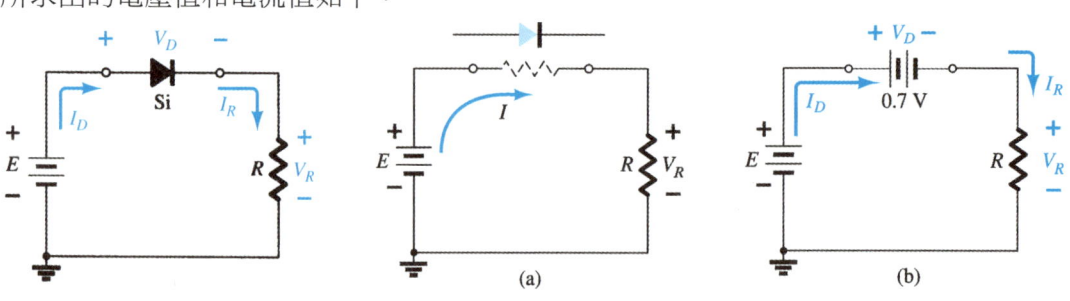

圖 2.8 二極體的串聯組態

圖 2.9 (a)決定圖 2.8 中二極體的狀態；(b)將等效模型代入圖 2.9a 中"導通"的二極體

第 2 章　二極體的應用　77

$$V_D = V_K \tag{2.4}$$

$$V_R = E - V_K \tag{2.5}$$

$$I_D = I_R = \frac{V_R}{R} \tag{2.6}$$

在圖 2.10 中，圖 2.7 的二極體的方向相反。心裡假想以電阻代替二極體，如圖 2.11，會發現，所產生的電流方向和二極體電路符號的箭號方向不相符，所以二極體會在"截止"狀態，因此產生如圖 2.12 的等效電路。由於開路，二極體的電流是 0 A，且電阻 R 的壓降如下：

$$V_R = I_R R = I_D R = (0\ \text{A})R = \mathbf{0\ V}$$

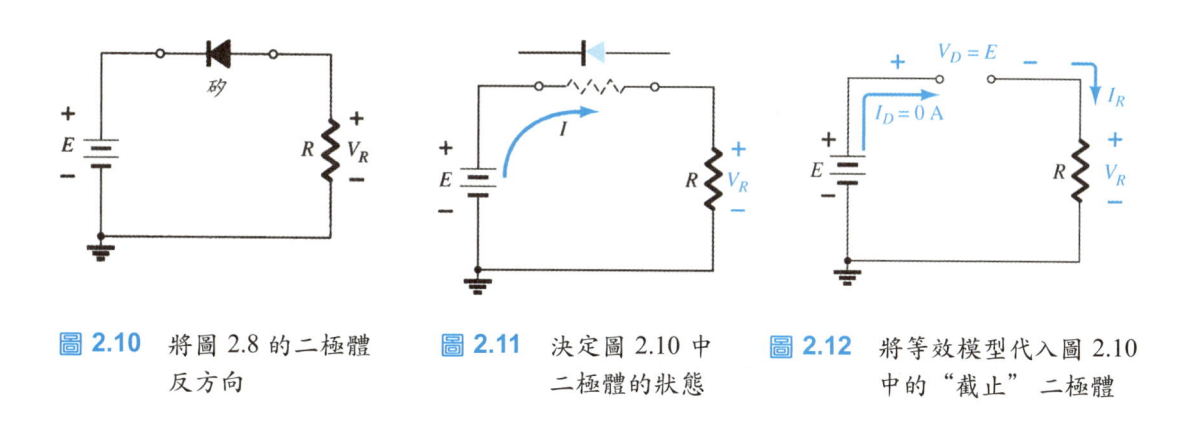

圖 2.10　將圖 2.8 的二極體反方向

圖 2.11　決定圖 2.10 中二極體的狀態

圖 2.12　將等效模型代入圖 2.10 中的"截止"二極體

事實是，因 $V_R = 0\ \text{V}$，由克希荷夫電壓定律知，開路的壓降為 E。一定要記住，在任何情況下，無論是直流、交流瞬時電壓、脈波等，都必須滿足克希荷夫電壓定律。

例 2.4　就圖 2.13 的二極體串聯組態，試決定 V_D、V_R 和 I_D。

解： 因外加電壓可建立順時針方向的電流，和箭號方向一致，所以二極體在"導通"狀態。

$$V_D = \mathbf{0.7\ V}$$

$$V_R = E - V_D = 8\ \text{V} - 0.7\ \text{V} = \mathbf{7.3\ V}$$

$$I_D = I_R = \frac{V_R}{R} = \frac{7.3\ \text{V}}{2.2\ \text{k}\Omega} \cong \mathbf{3.32\ mA}$$

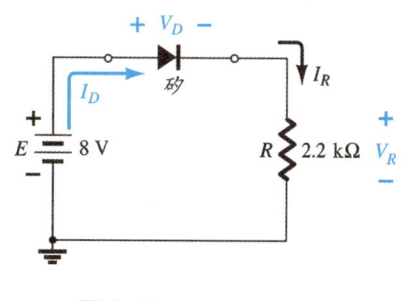

圖 2.13　例 2.4 的電路

例 2.5 重做例 2.4，但二極體反方向。

解：已發現電流 I 的方向和二極體電路符號的箭號相反，二極體的等效電路為開路。直接移走二極體，不需使用任何模型。所得等效網路見圖 2.14，因為開路，$I_D = 0\text{ A}$，又因 $V_R = I_R R$，可得 $V_R = (0)R = 0\text{ V}$。利用克希荷夫電壓定律環繞閉迴路一周，得

$$E - V_D - V_R = 0$$

且

$$V_D = E - V_R = E - 0 = E = 8\text{ V}$$

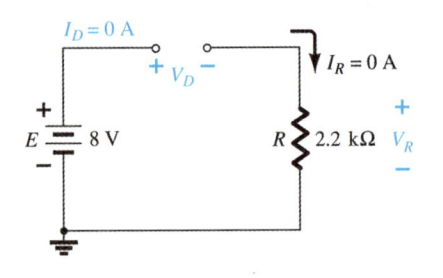

圖 2.14 決定例 2.5 中的未知數

特別注意到在例 2.5 中，儘管二極體處於"截止"狀態，但其電壓降相當高。二極體的電流是零，但電壓卻不小。為方便複習，分析時請記住以下的說明：

開路兩端可存在任何電壓，但電流必為 0 A。短路兩端的電壓降為 0 V，但其電流大小只受限於周圍的網路。

在下一個例子中，我們會使用圖 2.15 的記號代表外加電壓，這是在產業界通用的記號，讀者應該逐漸對它非常熟悉。像這樣的記號，以及其他定義電壓大小的方法，在第 4 章還會再處理。

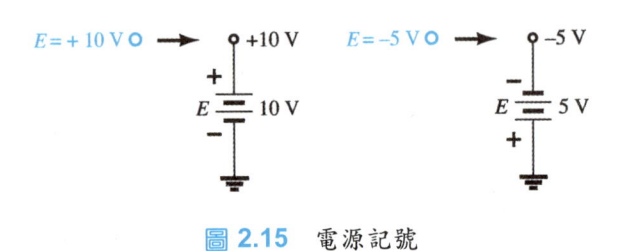

圖 2.15 電源記號

例 2.6 對圖 2.16 的二極體串聯組態，試決定 V_D、V_R 和 I_D。

解：雖然"電壓"所能建立的電流方向和箭號同向，但外加電壓的大小不足以使矽二極體"導通"，在特性上的工作點如圖 2.17 所示，所以恰當的近似等效模型是開路，因此所得電壓和電流值如下：

$$I_D = \mathbf{0\text{ A}}$$
$$V_R = I_R R = I_D R = (0\text{ A})1.2\text{ k}\Omega = \mathbf{0\text{ V}}$$

第 2 章 二極體的應用 79

且 $\qquad V_D=E=\mathbf{0.5\ V}$

圖 2.16 例 2.6 中二極體的串聯組態

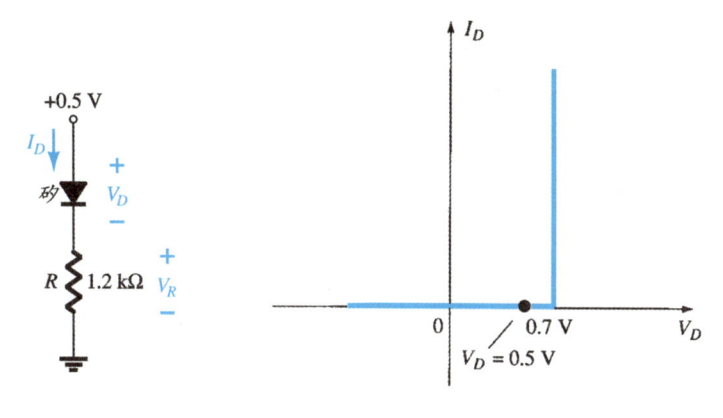

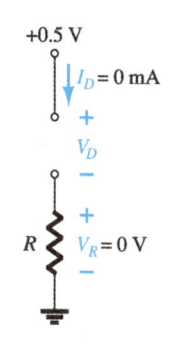

圖 2.17 $E=0.5$ V 時的工作點

圖 2.18 決定圖 2.16 中 I_D、V_R 和 V_D 之值

例 2.7 決定圖 2.19 中串聯電路的 V_D 和 I_D 值。

解：用類似於例 2.4 中的思考方法，可發現所產生的電流會和兩個二極體符號的箭號一致，且因為 $E=12$ V $>$〔0.7 V $+1.8$ V（見表 1.8）〕$=2.5$ V，因此可得圖 2.20 的網路，注意到，12 V 電源以及 680 Ω 電阻的電壓極性重新畫過。所得電壓是

$$V_o = E - V_{K_1} - V_{K_2} = 12\text{ V} - 2.5\text{ V} = \mathbf{9.5V}$$

且

$$I_D = I_R = \frac{V_R}{R} = \frac{V_o}{R} = \frac{9.5\text{ V}}{680\text{ Ω}} = \mathbf{13.97\ mA}$$

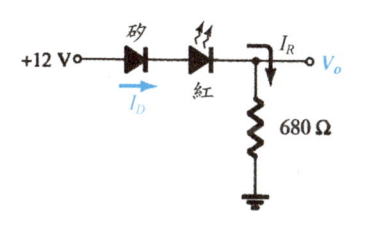

圖 2.19 例 2.7 的電路

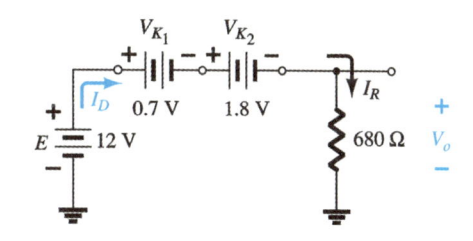

圖 2.20 決定例 2.7 的未知數

例 2.8 試決定圖 2.21 電路中的 I_D、V_{D_2} 和 V_o。

解：假想移走二極體並換成電阻，並決定圖 2.22 電路中所產生的電流方向，此方向和矽二極體相符，但和鍺二極體不符。短路和開路的串聯組合必然產生開路，即 $I_D=\mathbf{0\ A}$，如圖 2.23 所示。

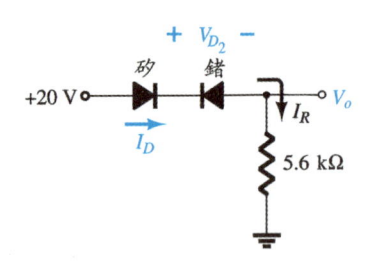

圖 2.21 例 2.8 的電路

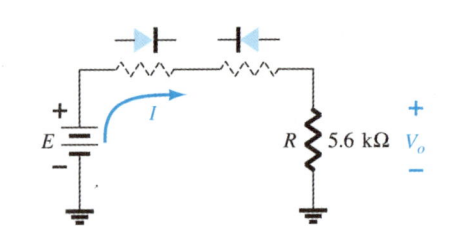

圖 2.22 決定圖 2.21 中二極體的狀態

留下來的問題是，矽二極體要代入什麼。在本章及之後數章的分析中，只要想到，實際的二極體在沒有偏壓的情況下，$I_D=0$ A 且 $V_D=0$ V（見第 1 章），反之亦然。$I_D=0$ A 且 $V_D=0$ V 的情況如圖 2.24 所示，可得

$$V_o = I_R R = I_D R = (0\ \text{A})R = \mathbf{0\ V}$$

且

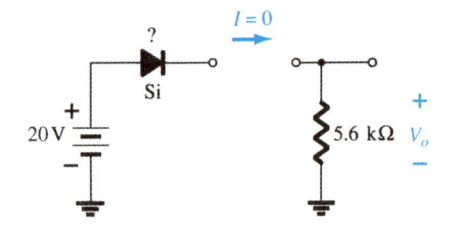

$$V_{D_2} = V_{開路} = E = \mathbf{20\ V}$$

圖 2.23 代入開路二極體的等效狀態

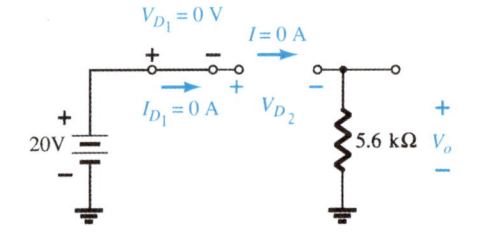

圖 2.24 決定例 2.8 電路中的未知數

以順時針方向應用克希荷夫電壓定律

$$E - V_{D_1} - V_{D_2} - V_o = 0$$

且

$$V_{D_2} = E - V_{D_1} - V_o = 20\ \text{V} - 0 - 0 = \mathbf{20\ V}$$

且

$$V_o = \mathbf{0\ V}$$

例 2.9 對圖 2.25 的串聯直流組態，試決定 I、V_1、V_2 和 V_o。

解： 電源重畫並決定電流方向，見圖 2.26。二極體在"導通"狀態，且用記號顯示此狀態，見圖 2.27。注意到，只要在圖上加上 $V_D=0.7$ V，即可註記"導通"狀態。這樣可免除重畫一次網路，也可避免因電源畫法（記號）不同所產生的混淆。如同本節介紹時指出的，當我們對二極體電路組態的分析方法已建立一定信心時，就可採用這種較便利的方法和記號，整個電路分析僅需用到原來的網路即可。再回想，如果是逆偏二極體，只

要畫一條線槓掉就可以。

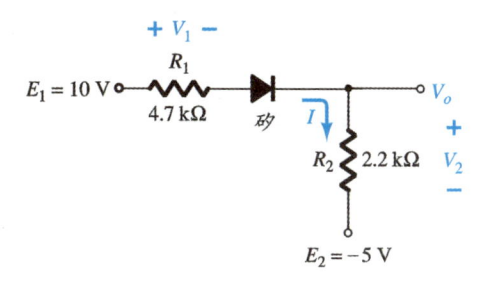

圖 2.25 例 2.9 的電路

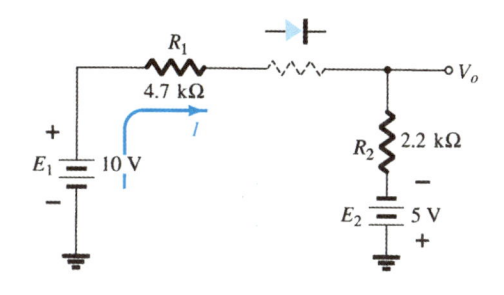

圖 2.26 決定圖 2.25 的網路中二極體的狀態

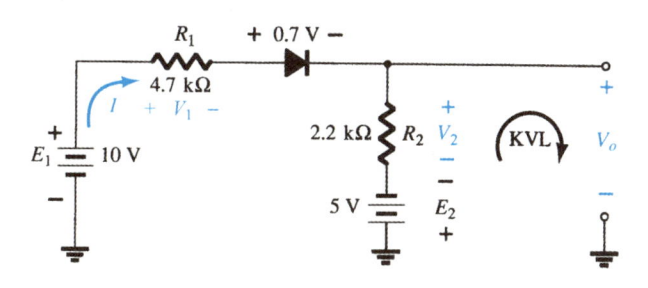

圖 2.27 決定圖 2.25 網路中的未知數，依圖上所示的 KVL（克希荷夫電壓迴路）

流經電路的電流為

$$I = \frac{E_1 + E_2 - V_D}{R_1 + R_2} = \frac{10\text{ V} + 5\text{ V} - 0.7\text{ V}}{4.7\text{ k}\Omega + 2.2\text{ k}\Omega} = \frac{14.3\text{ V}}{6.9\text{ k}\Omega}$$

$$\cong \mathbf{2.07\text{ mA}}$$

且電壓為

$$V_1 = IR_1 = (2.07\text{ mA})(4.7\text{ k}\Omega) = \mathbf{9.73\text{ V}}$$

$$V_2 = IR_2 = (2.07\text{ mA})(2.2\text{ k}\Omega) = \mathbf{4.55\text{ V}}$$

以順時針方向，應用克希荷夫電壓定律到輸出部分，得

$$-E_2 + V_2 - V_o = 0$$

且

$$V_o = V_2 - E_2 = 4.55\text{ V} - 5\text{ V} = \mathbf{-0.45\text{ V}}$$

負號顯示 V_o 的極性和圖 2.25 所出現者相反。

2.4 並聯與串並聯組態

2.3 節所用的分析方法,可沿用到並聯和串並聯電路組態的分析。對每一種應用領域只要照之前二極體串聯組態的分析方法,逐步按順序執行即可。

例 2.10 圖 2.28 的二極體並聯組態中,試決定 V_o、I_1、I_{D_1} 和 I_{D_2}。

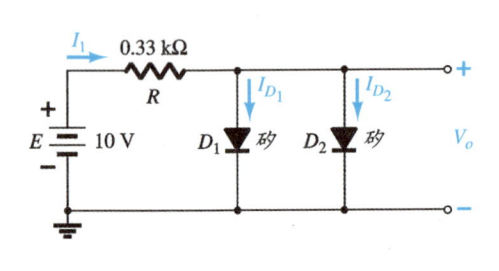

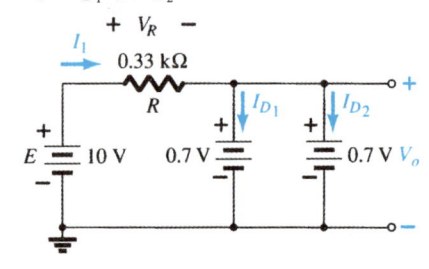

圖 2.28 例 2.10 的網路   **圖 2.29** 決定例 2.10 中網路的未知數

解: 外加"電壓"試圖在每個二極體上建立的電流方向如圖 2.29,因為所產生的電流方向和每個二極體的箭號相符,且外加電壓大於 0.7 V,所以兩個二極體都會在"導通"狀態。並聯元件的電壓必定相同,且

$$V_o = 0.7 \text{ V}$$

電流為

$$I_1 = \frac{V_R}{R} = \frac{E - V_D}{R} = \frac{10 \text{ V} - 0.7 \text{ V}}{0.33 \text{ k}\Omega} = 28.18 \text{ mA}$$

假定二極體的特性相同,可得

$$I_{D_1} = I_{D_2} = \frac{I_1}{2} = \frac{28.18 \text{ mA}}{2} = 14.09 \text{ mA}$$

此例說明何以要將二極體並聯的理由。若圖 2.28 中二極體的電流額定僅 20 mA,若只用一個二極體時電流將達 28.18 mA,會損壞裝置。用兩個並聯二極體,相同的端電壓之下,可將電流限制在安全值 14.09 mA。

例 2.11 本例中有兩個 LED,用作電壓極性檢測器,外加正電壓源時綠燈亮,而負電壓源則使紅燈亮,市面上有這種組合包裝。

試求電阻 R,以保證圖 2.30 的電路組態中,"導通"的二極體會流通 20 mA 的電流。兩個二極體的逆向崩潰電壓是 3 V,平均導電壓是 2 V。

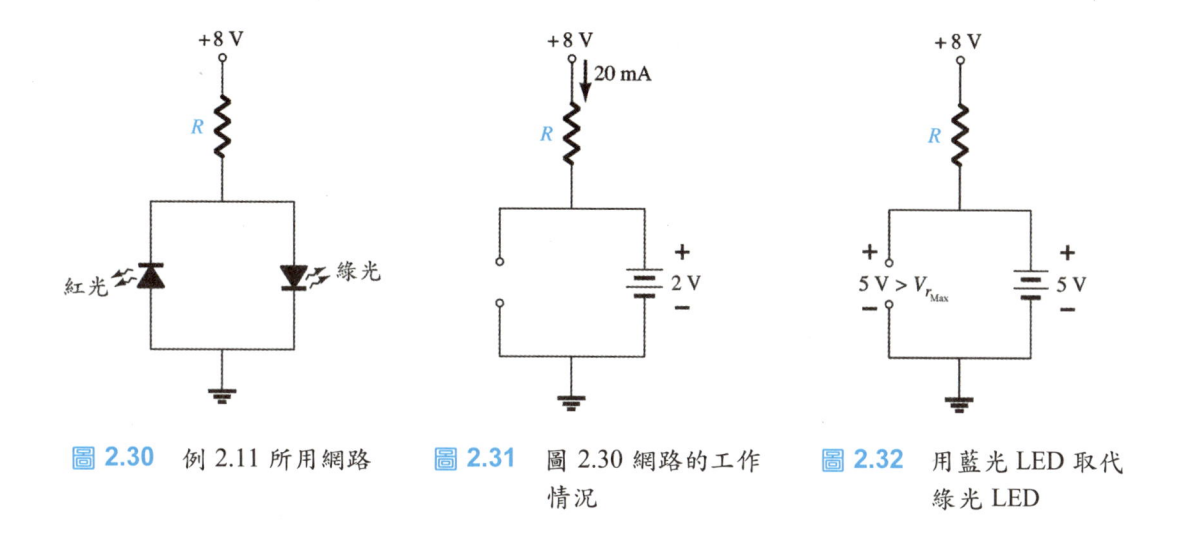

圖 2.30　例 2.11 所用網路　　圖 2.31　圖 2.30 網路的工作情況　　圖 2.32　用藍光 LED 取代綠光 LED

解： 外加正電源電壓時，所產生的電流方向和綠光 LED 的箭號一致，可使綠光 LED 導通。

綠光 LED 上的電壓特性，會對紅光 LED 逆偏，紅光 LED 的逆偏電壓大小和綠光 LED 的順偏電壓大小相同，結果如圖 2.31 的等效網路。

應用歐姆定律，可得

$$I = 20 \text{ mA} = \frac{E - V_{\text{LED}}}{R} = \frac{8 \text{ V} - 2 \text{ V}}{R}$$

且

$$R = \frac{6 \text{ V}}{20 \text{ mA}} = 300 \text{ }\Omega$$

注意到，紅光 LED 的逆偏電壓是 2 V，這還好，因為逆偏崩潰電壓是 3 V。

然而，如果將綠光 LED 換成藍光 LED 就會有問題，見圖 2.32。回想到，要使藍光 LED 導通所需的順偏電壓約 5 V，因此需要用比較小的電阻 R 才能建立 20 mA 的電流，但注意到，此時紅光 LED 的逆偏壓會到達 5 V，但此二極體的逆偏崩潰電壓卻只有 3 V，最後結果是紅光 LED 的電壓降會鎖定在 3 V，如圖 2.33。所以電阻的壓降是 5 V，用 250 Ω 的電阻即可將電流限制在 20 mA，且沒有一個 LED 會亮。

有一種簡單解決上述問題的方法，即每個 LED 都串聯適當阻值的電阻，以建立所需的 20 mA 的電流。另外，再分別加上一個串聯的二極體，以提高總逆偏崩潰電壓額定值，如圖 2.34。當藍光 LED 導通時，和藍光 LED 串聯的二極體也會導通，使兩個串聯二極體的總電壓降是 5.7 V，因此電阻 R_1 的電壓降為 2.3 V，可建立高發光電流 19.17 mA。在此同時，紅光 LED 和串聯的二極體則為逆偏，因標準二極體的逆偏崩潰電壓達 20 V，可阻擋全部的 8 V 逆偏電壓都落在紅光 LED 上。另方面，當紅光 LED 順偏時，電阻 R_2 也要建立 19.63 mA 的電流，以保證紅光 LED 的高亮度。

84　電子裝置與電路理論

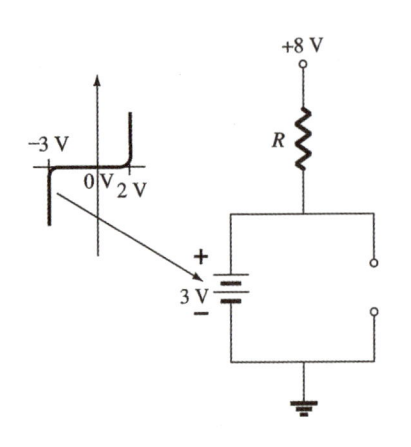

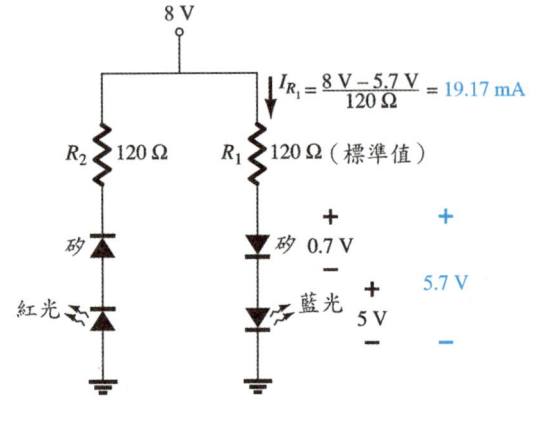

圖 2.33　紅光 LED 只能維持在崩潰電壓，否則會損壞

圖 2.34　對圖 2.33 中紅光 LED 的保護方法

例 2.12　試決定圖 2.35 網路中的電壓 V_o。

解： 一開始可能會覺得兩個二極體都會"導通"。因為外加電壓所要建立的電流方向會使二極體進入"導通"狀態。然而，兩個二極體如果都"導通"，則並聯二極體的壓降就不止一個。這違反網路分析的基本法則：並聯元件的電壓降必定相同。

所產生的動作可以用以下方法作最好的解釋，想像電源電壓從 0 V 開始變化到 12 V 的建立過程，這段期間可能是幾個 ms，也可能是幾個 μs。當電源電壓從 0 V 增至 0.7 V 的那一刻，矽二極體開始"導通"並維持在 0.7 V，因近似特性在此電壓處是垂直的，矽二極體可流通任意電流。結果是綠光 LED 的電壓降永遠不會高於 0.7 V，會維持在等效於開路的狀態，如圖 2.36。

結果是

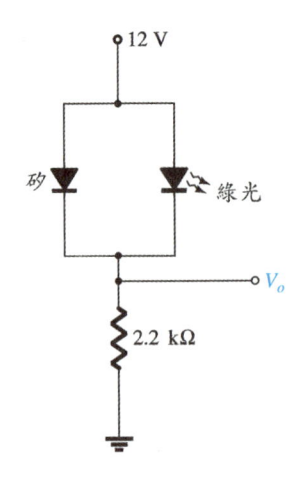

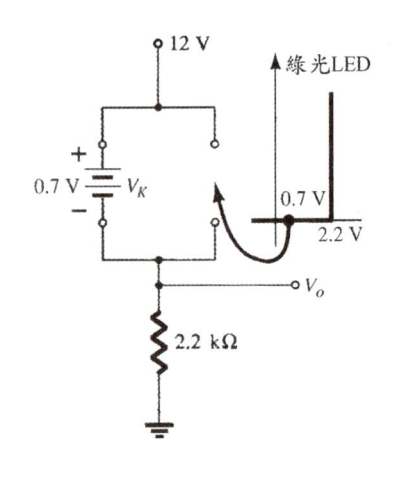

$$V_o = 12\text{ V} - 0.7\text{ V} = \mathbf{11.3\text{ V}}$$

圖 2.35　例 2.12 的網路

圖 2.36　決定圖 2.35 網路中的 V_o

例 2.13 試決定圖 2.37 網路中的電流 I_1、I_2 和 I_{D_2}。

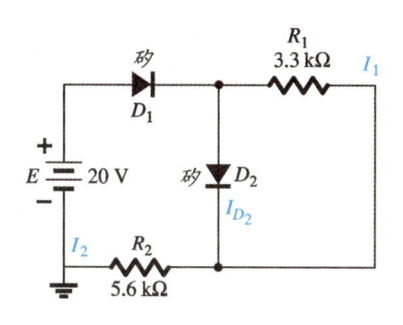

圖 2.37 例 2.13 中的網路

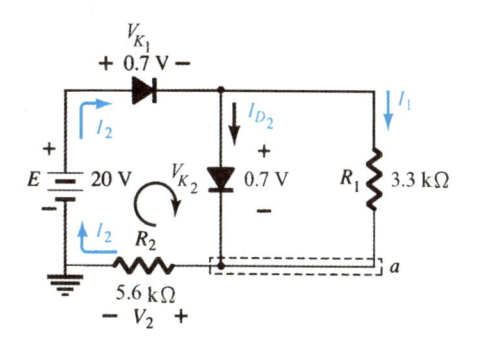

圖 2.38 決定例 2.13 中的未知數

解： 外加電壓使兩個二極體導通，網路上所產生的電流方向如圖 2.38 所示。注意到，圖上的"導通"二極體使用簡化記法（即二極體直接標記 0.7 V 的電壓）。應用分析技巧，對此直流串並聯網路求解，可得

$$I_1 = \frac{V_{K_2}}{R_1} = \frac{0.7 \text{ V}}{3.3 \text{ k}\Omega} = \mathbf{0.212 \text{ mA}}$$

以順時針方向環繞迴路，應用克希荷夫電壓定律，可得

$$-V_2 + E - V_{K_1} - V_{K_2} = 0$$

且

$$V_2 = E - V_{K_1} - V_{K_2} = 20 \text{ V} - 0.7 \text{ V} - 0.7 \text{ V} \cong \mathbf{18.6 \text{ V}}$$

以及

$$I_2 = \frac{V_2}{R_2} = \frac{18.6 \text{ V}}{5.6 \text{ k}\Omega} = \mathbf{3.32 \text{ mA}}$$

在底部節點 a，

$$I_{D_2} + I_1 = I_2$$

且

$$I_{D_2} = I_2 - I_1 = 3.32 \text{ mA} - 0.212 \text{ mA} \cong \mathbf{3.11 \text{ mA}}$$

2.5 AND/OR 閘

現在我們對分析工具已能充分運用，也是探討將這種簡單裝置應用在計算機領域的時機了。以下的分析只侷限在電壓值的決定，不涉及布林代數或正負邏輯的詳細討論。

例 2.14 要分析的網路是正邏輯 OR 閘，對布林代數而言，圖 2.39 中的 10 V 電壓值定為 "1"，而 0 V 輸入則定為 "0"。OR 閘的意思是，只要任一或全部輸入為 1 時輸出電壓位準就是 1，而當全部輸入都在 0 位準時輸出就是 0。

利用二極體的近似等效模型，而不用理想二極體模型，會使 AND/OR 的分析較簡單，如此一來，等於是規定矽二極體的壓降必須是正 0.7 V 時才能切換到 "導通" 狀態。

一般而言，最好的切入方法是大膽假設，根據外加電壓的大小和可能建立的電流方向，先行判定二極體的狀態，然後再驗證，若錯則推翻原假定。

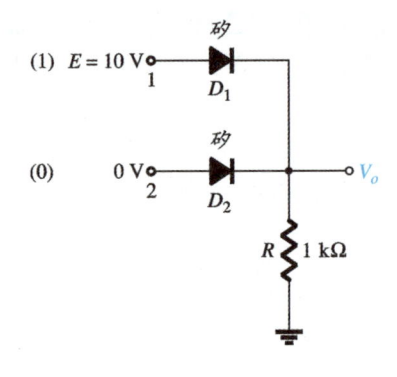

圖 2.39 正邏輯 OR 閘

例 2.14 決定圖 2.39 網路中的 V_o。

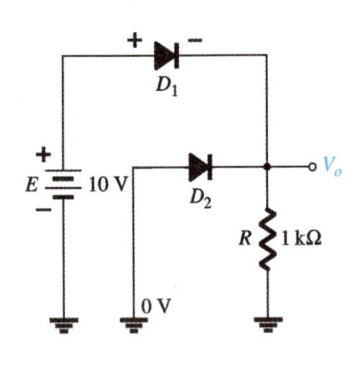

圖 2.40 重畫圖 2.39 的網路

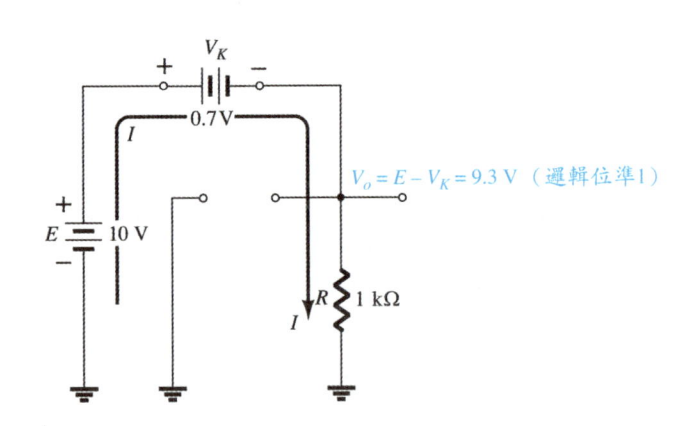

圖 2.41 圖 2.40 中二極體的假定狀態

解：先注意到只有 1 個外加電壓 10 V 在第 1 腳，第 2 腳的 0 V 輸入本質上是接地，網路重畫在圖 2.40。由圖 2.40，"假定" D_1 可能在 "導通" 狀態，這是因為外加電壓 10 V。而 D_2 由於 p 型側接 0 V，故可能 "截止"，根據這些假定可得圖 2.41。

下一步只要檢查我們的假定是否有矛盾，也就是要注意到 D_1 的電壓極性是否能令其導通，而 D_2 的電壓極性是否能令其截止。對 D_1 而言，設其在 "導通" 狀態可建立 V_o。在 $V_o = E - V_D = 10\text{ V} - 0.7\text{ V} = \mathbf{9.3\text{ V}}$。又 D_2 的陰極(−)側的電位是 9.3 V，而陽極(+)側是 0 V，使 D_2 確定是在 "截止" 狀態。電流方向和所產生的導通迴路，可進一步確認 D_1 導通的假定，所以分析一開始的假設都是正確的。雖然輸出電壓值不是定為 1 的 10 V，但 9.3 V 也足夠大，可看成是 1。在只有 1 個輸入是 1 的情況下輸出仍為 1，可知此為 OR

閘。若此網路的兩個輸入都是 10 V，會使兩個二極體都在"導通"狀態，輸出仍是 9.3 V。若兩個輸入都是 0 V，無法提供使二極體導通所需的 0.7 V，則會輸出 0，因為輸出電壓值是 0 V。對圖 2.41 的網路而言，求出的電流大小為

$$I=\frac{E-V_D}{R}=\frac{10\text{ V}-0.7\text{ V}}{1\text{ k}\Omega}=9.3\text{ mA}$$

例 2.15　試決定圖 2.42 中正邏輯 AND 閘的輸出位準。對 AND 閘而言，當每一個輸入端都輸出 1 時，輸出才會為 1。

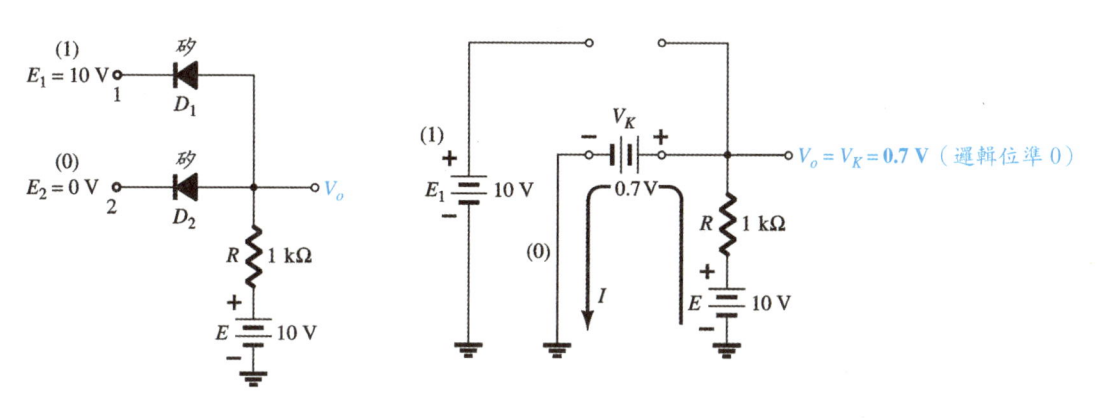

圖 2.42　正邏輯 AND 閘　　　　圖 2.43　將假定狀態代入圖 2.42 中的二極體

解：注意到，此例中的獨立電壓源是放在網路的接地側。電壓源選擇和輸入有相同邏輯位準，都是 1（即 10 V），其理至明。我們先假定二極體的狀態，所得網路重畫於圖 2.43。因 D_1 的陰極側接 10 V，即使 10 V 電壓源經電阻接到 D_1 的陽極，仍可假定 D_1 在"截止"狀態。然而，回想這一節一開始所提的，使用近似模型將有助於分析。對 D_1 而言，既然輸入電壓和電源電壓完全相同，那克服二極體臨限電壓的 0.7 V 由何而來呢？另一方面，D_2 的陰極側接到低電壓(0 V)，而 10 V 電源又經 1 kΩ 電阻接到陽極，因此可假定 D_2 在"導通"狀態。

對圖 2.43 的網路而言，因二極體 D_2 順偏，使 V_o 的電壓是 0.7 V。D_1 陽極在 0.7 V，而陰極在 10 V，D_1 確定在"截止"狀態。電流 I 的方向如圖 2.43 所示，其大小等於

$$I=\frac{E-V_K}{R}=\frac{10\text{ V}-0.7\text{ V}}{1\text{ k}\Omega}=9.3\text{ mA}$$

因此二極體的狀態完全確認，最先的假定經分析是正確的，雖然輸出邏輯位準 0 不是先前定的 0 V，但輸出電壓 0.7 V 也足夠小了，所以依然可看成是邏輯位準 0。因此對

88 電子裝置與電路理論

AND 閘而言，單一個 0 位準輸入就可產生 0 位準輸出。此邏輯閘的兩輸入的其他可能組合，以及對應的二極體狀態，將在本章的最後，留作習題供探討。

2.6　弦波輸入：半波整流

現在要將二極體的分析擴展到時變函數，如弦波或方波的領域。毫無疑問，困難度會增加，但只要了解一些基本的操作方法，就可順著一定的步驟，很直接的分析。

最簡單的具有時變訊號的網路見圖 2.44，現在我們要用理想二極體模型作分析（注意到，圖中的二極體已無矽、鍺或砷化鎵的標記），以確保分析過程不會被增加的數學複雜度模糊了焦點。

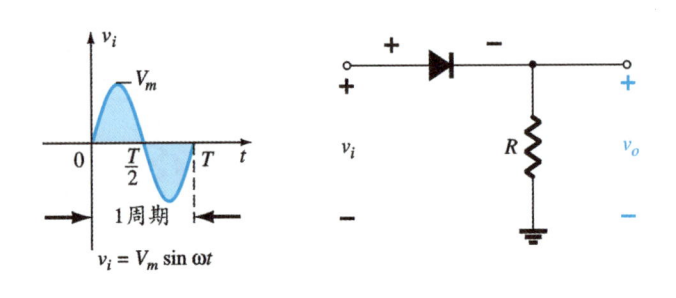

圖 2.44　半波整流器

圖 2.44 定義了周期 T，在一個完整周期內，輸入電壓的平均值（時間軸之上和之下的總面積）為零。圖 2.44 的電路稱為**半波整流器**(half-wave rectifier)，會產生一個平均值，此電路用在交流對直流的轉換程序上。用在整流場合的二極體，一般稱為**整流子**(rectifier)，其功率和電流額定值一般遠高於應用在其他領域（如計算機和通訊系統）的二極體。

如圖 2.44，在 $t=0 \rightarrow T/2$ 的期間內，外加電壓 v_i 的極性和圖上所註的"電壓"極性相同，可使二極體導通，二極體的電壓極性如圖上所示。將理想二極體的短路等效模型代入，可得圖 2.45 的等效電路，很明顯看到，輸出訊號如同輸入訊號的複製，因定義輸出訊號的兩端經由二極體的短路等效電路，直接連到外加訊號。

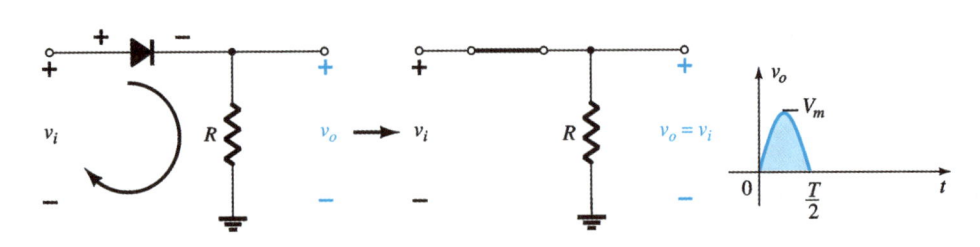

圖 2.45　導通期間 $(0 \rightarrow T/2)$

而在 $T/2 \to T$ 的期間內，輸入電壓 v_i 的極性如圖 2.46 所示，會使理想二極體"截止"，而對應於開路等效電路，結果將無法產生電流迴路。因此在 $T/2 \to T$ 的期間內，$v_o = iR = (0)R = 0$ V。輸入 v_i 和輸出 v_o 都畫在圖 2.47 上，以供比較。在整個完整周期中，輸出訊號 v_o 的淨面積為正值，且平均值可求出，為

$$\boxed{V_{\text{dc}} = 0.318 V_m} \quad \text{半波} \tag{2.7}$$

去除半個周期的輸入訊號，以建立直流輸出的程序，稱為半波整流(half-wave rectification)。

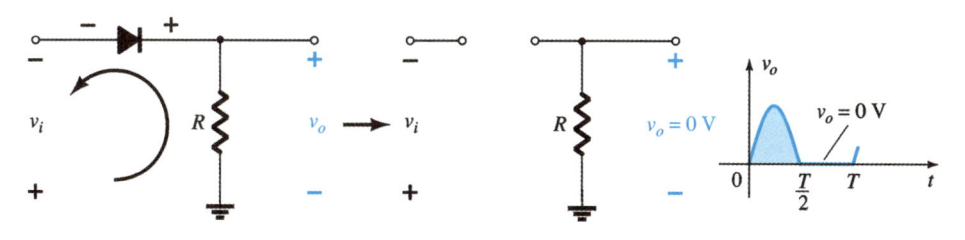

圖 2.46 不導通期間 ($T/2 \to T$)

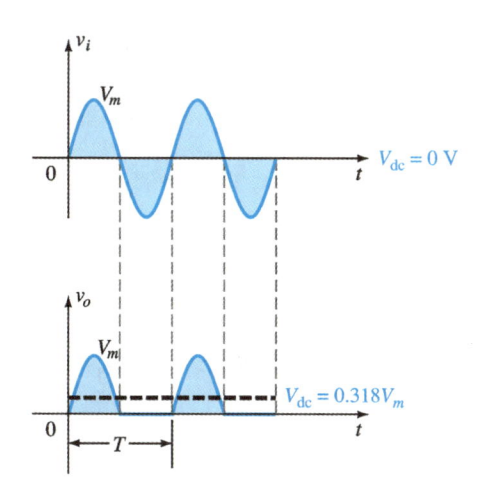

圖 2.47 半波整流訊號

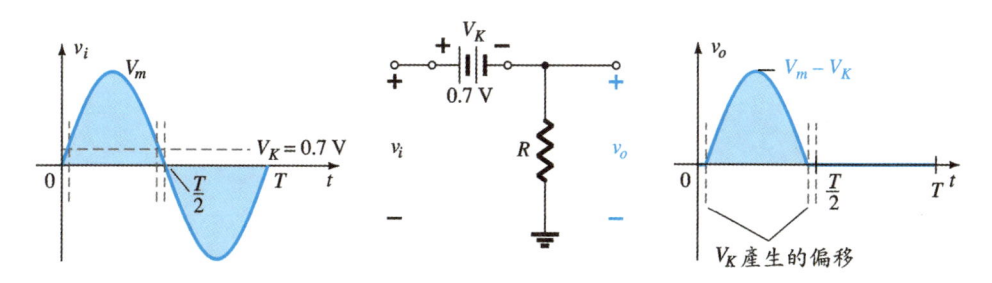

圖 2.48 V_K 對半波整流訊號的影響

用矽二極體並考慮 $V_K=0.7$ V 的影響，可參考圖 2.48 在順偏區操作的說明。外加訊號至少要到達 0.7 V 時，二極體才會"導通"。當 v_i 低於 0.7 V 時，二極體仍維持在開路狀態且 $v_o=0$ V，同樣見圖 2.48。當二極體導通時，v_o 和 v_i 的電壓差會固定在 $V_K=0.7$ V，即 $v_o=v_i-V_K$，同樣見圖 2.48。考慮 $V_K=0.7$ V 的淨效應，就是時間軸上的面積減少，這會降低所得的直流電壓值。對於 $V_m \gg V_K$ 的情況，可以利用下式決定平均值。其精確度相當高。

$$V_{dc} \cong 0.318(V_m - V_K) \tag{2.8}$$

事實上，若 V_m 超過 V_K 足夠多，常用式(2.7)求出 V_{dc} 的初步近似值。

例 2.16

a. 對圖 2.49 的網路，試畫出輸出 v_o 的波形，並決定輸出的直流值。
b. 重做(a)，但用矽二極體代替理想二極體。
c. 重做(a)和(b)，但 V_m 增至 200 V，並比較分別用式(2.7)和式(2.8)的結果。

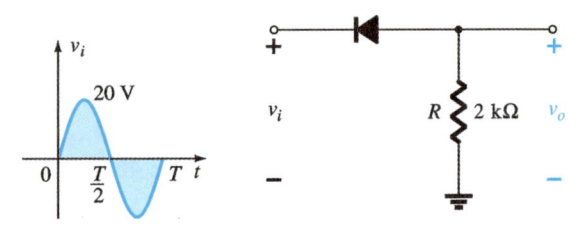

圖 2.49 例 2.16 所用網路

解：

a. 在此情況下，二極體會在輸入的負半周導通，如圖 2.50 所示，v_o 也顯示在同一圖中，對一完整周期而言，直流值為

$$V_{dc} = -0.318 V_m = -0.318(20 \text{ V}) = -\mathbf{6.36 \text{ V}}$$

負號顯示輸出電壓的極性，會和圖 2.49 所定義的極性相反。

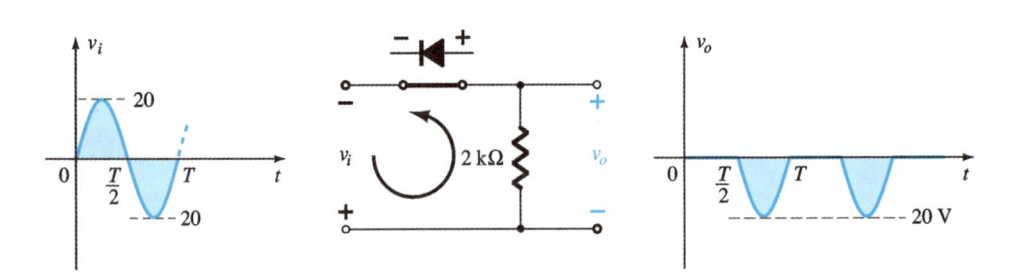

圖 2.50 例 2.16 的電路產生的 v_o

b. 對矽二極體而言，輸出的波形見圖 2.51，且

$$V_{dc} \cong -0.318(V_m - 0.7\text{ V}) = -0.318(19.3\text{ V}) \cong \mathbf{-6.14\text{ V}}$$

直流值下降 0.22 V，約 3.5%。

c. 式 (2.7)：$V_{dc} = -0.318V_m = -0.318(200\text{ V}) = \mathbf{-63.6\text{ V}}$

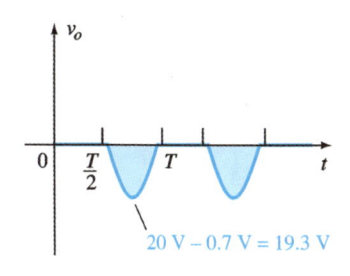

式 (2.8)：$V_{dc} = -0.318(V_m - V_K) = -0.318(200\text{ V} - 0.7\text{ V})$
$= -(0.318)(199.3\text{ V}) = \mathbf{-63.38\text{ V}}$

圖 2.51　V_k 對圖 2.50 輸出的影響

對大部分的應用而言，這種差異小到確定可以忽略不計。如果在一般的示波器上顯示 (c) 部分的完整波形，V_K 所造成的偏移和電壓值的下降，在示波器上幾乎看不出來。

最大反向電壓（最大逆向電壓）

在設計整流系統時，二極體的最大反向電壓 (PIV)〔或最大逆向電壓 (PRV)〕的額定值非常重要。PIV 是二極體在逆偏區工作時不能超過的最大值，否則二極體將進入齊納崩潰區。半波整流器所需的 PIV 額定值，可以由圖 2.52 決定，圖上顯示外加電壓最大時的逆偏二極體。利用克希荷夫電壓定律，很顯然可看出，二極體的 PIV 額定值必須等於或大於外加電壓的最大值。所以

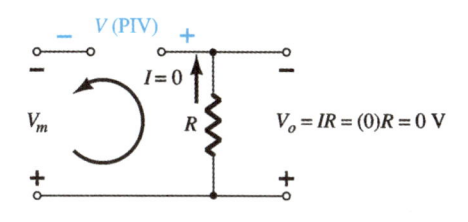

圖 2.52　決定半波整流器所需的 PIV 額定值

$$\boxed{\text{PIV 額定值} \geq V_m} \quad \text{半波整流器} \tag{2.9}$$

2.7　全波整流

橋式網路

利用全波整流 (full-wave rectification) 程序，可將弦波輸入所得的直流值改善 100%。用來執行全波整流功能的網路中，最為人熟知者為四個二極體組成的橋式 (bridge) 組態，見圖 2.53。在 $t = 0 \sim T/2$ 的期間內，輸入電壓的極性如圖 2.54 所示，在理想二極體上所產生的電壓極性也見於圖 2.54。可發現 D_2 和 D_3 導通，而 D_1 和 D_4 則在 "截止" 狀態。總和結果見圖 2.55，顯示了 R 上的電流方向與電壓極性。因為二極體為理想，負載電壓 $v_o = v_i$，一樣顯示在圖 2.55 上。

92 電子裝置與電路理論

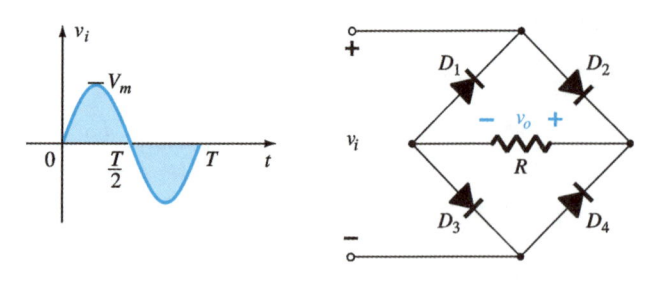

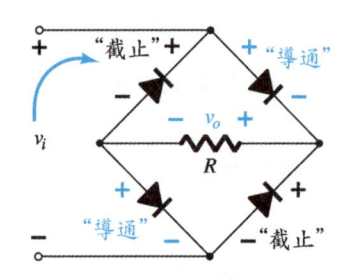

圖 2.53 全波橋式整流子

圖 2.54 圖 2.53 中,輸入電壓 v_i 在 0→ $T/2$ 期間內對應的網路情況

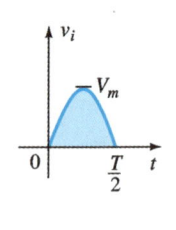

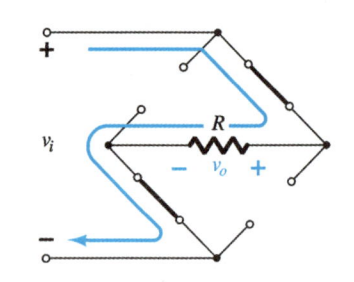

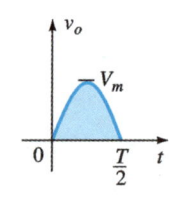

圖 2.55 v_i 在正半周時的導通路徑

在輸入電壓的負半周,輪到二極體 D_1 和 D_4 導通,總和結果見圖 2.56。重要的結果是,負載電阻 R 的電壓極性和圖 2.54 完全相同,建立第 2 個正脈波,見圖 2.56。考慮一整個完整周期,對應的輸入和輸出電壓見圖 2.57。

因為在一整個周期內,在時間軸上的面積是半波系統所得面積的 2 倍,因此直流值也會倍增。即

$$V_{dc} = 2[式(2.7)] = 2(0.318V_m)$$

或

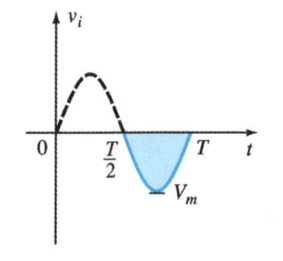

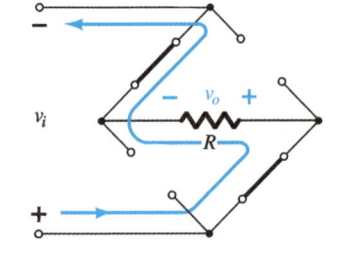

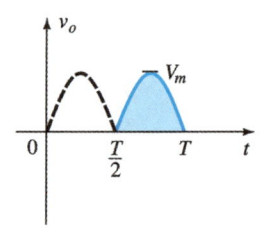

$$\boxed{V_{dc} = 0.636V_m} \quad 全波 \tag{2.10}$$

圖 2.56 v_i 在負半周時的導通路徑

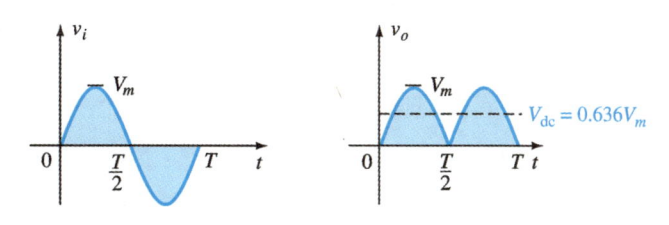

圖 2.57 全波整流器輸入和輸出的波形

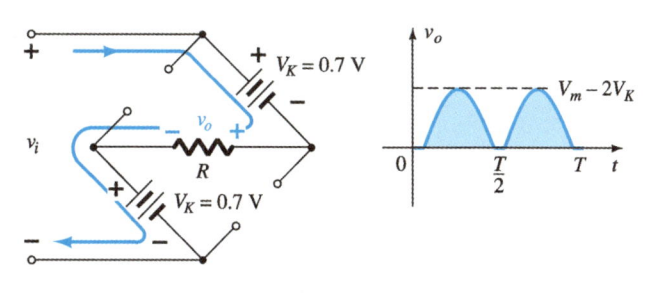

圖 2.58 橋式組態使用矽二極體時 $V_{o_{\max}}$ 的決定

若使用矽二極體而不用理想二極體，如圖 2.58，應用克希荷夫電壓定律，環繞導通迴路一周，可得

$$v_i - V_K - v_o - V_K = 0$$

即

$$v_o = v_i - 2V_K$$

因此，輸出電壓 v_o 的最大值是

$$V_{o_{\max}} = V_m - 2V_K$$

對於 $V_m \gg 2V_K$ 的情況，可用下式求出平均值，其精確度相當高：

$$\boxed{V_{\text{dc}} \cong 0.636(V_m - 2V_K)} \tag{2.11}$$

同樣地，若 V_m 超過 $2V_K$ 足夠多，常用式(2.10)求出 V_{dc} 的初步近似值。

最大反向電壓 可由圖 2.59 中，當輸入訊號在正半周的最大值處，求出每個理想二極體所需的 PIV（最大反向電壓）。對圖上所顯示的迴路，R 的最大壓降是 V_m，且 PIV 額定值定為

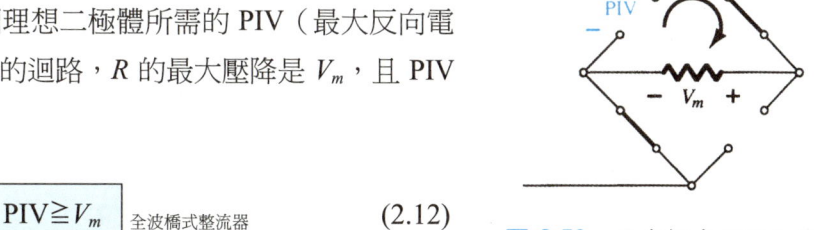

$$\boxed{\text{PIV} \geqq V_m} \quad \text{全波橋式整流器} \tag{2.12}$$

圖 2.59 決定橋式電路組態所需的 PIV 值

中間抽頭的變壓器

另一種普遍使用的全波整流器見圖 2.60，只用兩個二極體，但需要一個中間抽頭 (CT) 的變壓器，以使輸入電壓跨在變壓器二次側的任一段上。在變壓器一次側的輸入 v_i 的正半周，電路如圖 2.61 所示，正脈波加到二次側線圈的各段上。根據二次側的電壓和所產生的電流方向，可假定 D_1 等效於短路，而 D_2 等效於開路，輸出電壓如圖 2.61。

在輸入的負半周，網路的情況如圖 2.62，兩個二極體的狀態對換，但負載電阻 R 的電壓極性維持不變，最後結果會得到和圖 2.57 相同的輸出，且直流值相同。

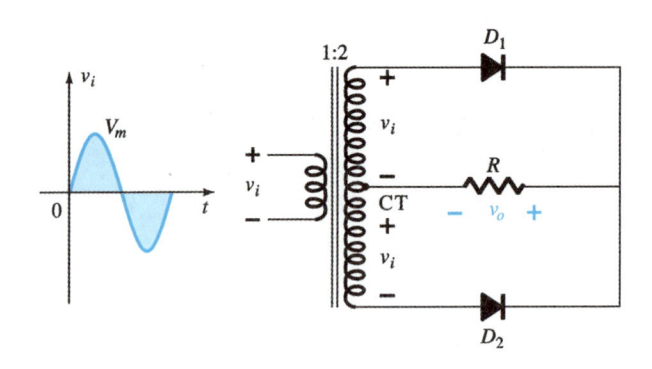

圖 2.60 中間抽頭（變壓器）全波整流器

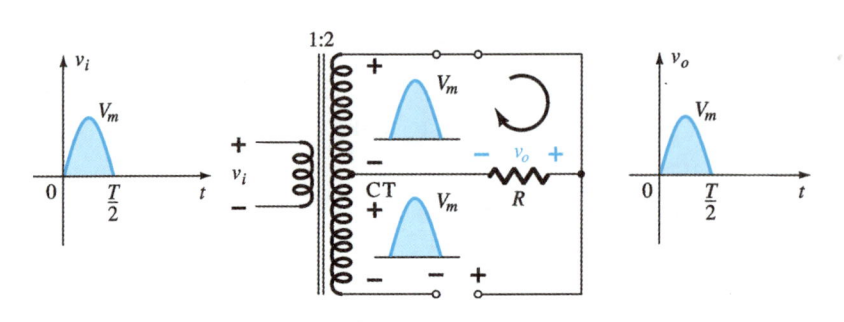

圖 2.61 在 v_i 正半周時對應的網路情況

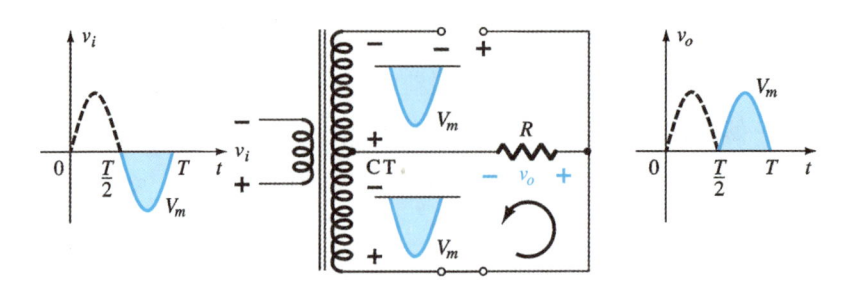

圖 2.62 在 v_i 負半周時對應的網路情況

第 2 章　二極體的應用　95

最大反向電壓　圖 2.63 的網路可幫助我們，決定此全波整流器中各二極體的最大反向電壓(PIV)。在變壓器的二次側給定最大電壓，負載電阻 R 也會得最大電壓 V_m。利用圖上環繞的迴路，由克希荷夫電壓定律，可得

$$PIV = V_{二次側} + V_R$$
$$= V_m + V_m$$

即　　　$\boxed{PIV \geq 2V_m}$　中間抽頭（變壓器）全波整流器　　(2.13)

圖 2.63　決定中間抽頭（變壓器）全波整流器中二極體的 PIV 值

例 2.17　試決定圖 2.64 網路的輸出波形，並計算輸出的直流值，以及各二極體所需的 PIV 值。

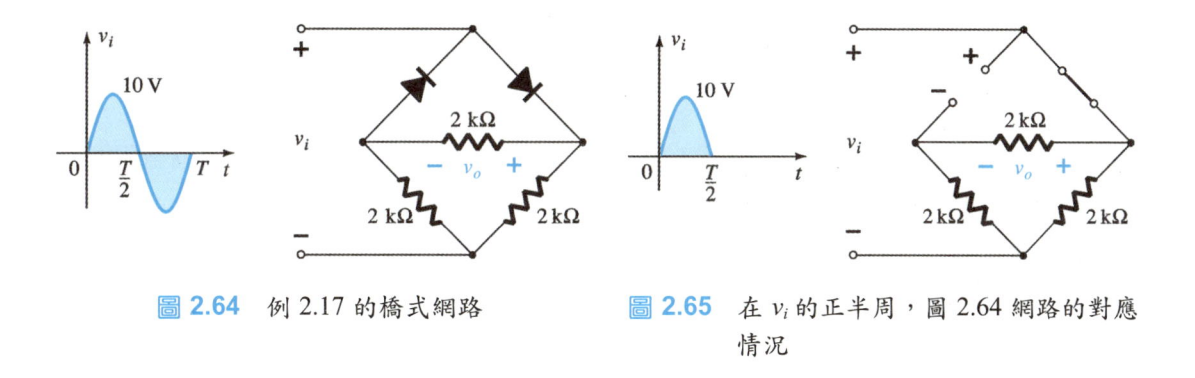

圖 2.64　例 2.17 的橋式網路

圖 2.65　在 v_i 的正半周，圖 2.64 網路的對應情況

解：當輸入電壓在正半周時，對應的網路情況如圖 2.65，重畫此網路，可得圖 2.66，其中 $v_o = \frac{1}{2}v_i$，或 $v_{o_{max}} = \frac{1}{2}v_{i_{max}} = \frac{1}{2}(10\ V) = 5\ V$，如圖 2.66 所示。而在輸入電壓的負半周，兩二極體的狀態互換，所得 v_o 見圖 2.67。

因此，從橋式電路組態移走兩個二極體，其效應會降低輸出的直流值如下：

$$V_{dc} = 0.636(5V) = \mathbf{3.18\ V}$$

若用相同輸入，並利用半波整流器，將會得到相同結果。然而，由圖 2.65 所得定的 PIV 會等於 R 的最大電壓，即 5 V，這是在相同的輸入之下，半波整流器所需的 PIV 值的一半。

圖 2.66 重畫圖 2.65 的網路

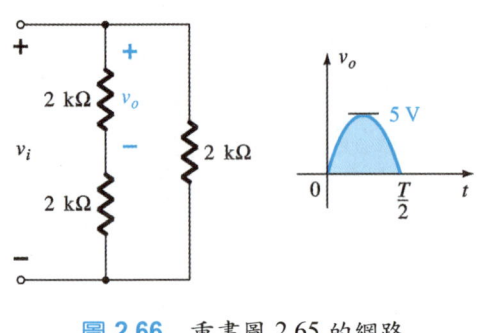

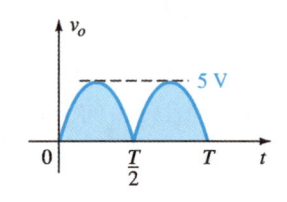

圖 2.67 例 2.17 產生的輸出

2.8 截波電路

上一節對整流的探討，很清楚的證明一件事，即二極體可用來改變外加輸入波形的形狀（外觀）。本節的截波電路和下一節的拑位電路，都是要擴展二極體這種對波形整型的能力。

> 截波電路利用二極體"剪除"（clip）輸入訊號的一部分，但不會使波形的其餘部分變形。

2.6 節所介紹的半波整流器，是二極體截波電路的最簡單形式，只要一個電阻和一個二極體，根據二極體的方向，決定外加訊號的正半周或負半周被截掉。

截波電路一般分為兩類：**串聯**與**並聯**。串聯組態的定義是二極體和負載串聯，而並聯組態則是二極體和負載並聯。

串聯

圖 2.68a 的串聯組態中，不同的輸入波形以及對應的響應見圖 2.68b。雖然之前第一次介紹時，此電路是作為弦波輸入的半波整流器，但截波電路並不限制輸入訊號的型式。

在網路中加入直流電源，會對串聯截波電路的分析產生很大的影響，如圖 2.69。直流電源和輸入訊號源之間可能互相加成，也可互相抵制。另外，直流電源可能介於輸入訊號和輸出之間，也可能在與輸出並聯的分支上。因此，輸出訊號響應並不易明顯看出。

分析諸如圖 2.69 這類的網路，並沒有一定的程序，但有幾點可以特別留意，有助於建立分析的方向。

第一也是最重要的一點：

1. 仔細注意輸出電壓定義的位置

在圖 2.69 中，輸出電壓即電阻 R 的壓降。而在某些例子中，輸出電壓可能是幾個串聯元件的總電壓降。

其次：

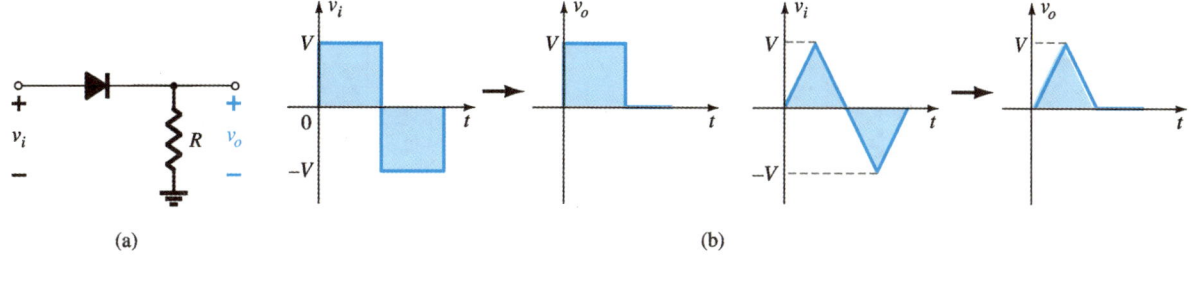

圖 2.68 串聯截波電路

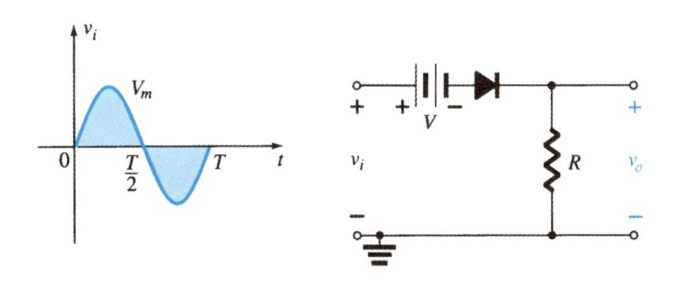

圖 2.69 具有直流電流的串聯截波電路

2. 注意每個電源（訊號源和直流電源）對電路的影響及可能在二極體上產生的電流方向，藉此感知電路的可能響應。

   例如，在圖 2.69 中，任何正輸入電壓會促使二極體導通，可在二極體上建立和箭號一致的電流。但另方面，加入的直流電源 V 會抵抗輸入電壓，使二極體維持在"截止"狀態。總和結果是，當輸入電壓值超過 V 伏特時，二極體導通，電流會流經負載電阻。記住，現在我們是使用理想二極體模型，所以導通電壓為 0 V。因此一般而言，對圖 2.69 的網路可下結論，只要 v_i 大於 V 伏特時二極體會導通，而 v_i 小於 V 伏特時二極體就截止。在"截止"情況下，因為沒有電流，輸出將會是 0 V。而在"導通"情況下，由克希荷夫電壓定理，可得 $v_o = v_i - V$。

3. 決定造成二極體狀態變化（由"截止"狀態變到"導通"狀態）對應的外加電壓（過渡點電壓）

   此步驟可幫助決定輸入訊號的電壓值在何種範圍時可使二極體導通，而又在何種範圍時可使二極體截止，就二極體的特性而言，過渡點的 $V_D = 0$ V 且 $I_D = 0$ mA。而就矽二極體的近似等效模型而言，這等於是在求二極體電壓降 0.7 V 和 $I_D = 0$ mA 對應的輸入訊號的電壓值。

   將此步驟用到圖 2.69 的網路作練習，如圖 2.70 所示。注意到，二極體用短路等效電路代入，且事實上因二極體電流是 0 mA，所以電阻的電壓降是 0 V。結果，以 $v_i - V = 0$，所以

98　電子裝置與電路理論

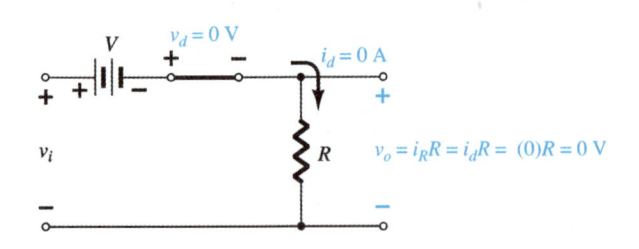

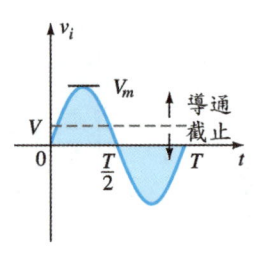

圖 2.70 決定圖 2.69 電路中過渡點的電壓值

圖 2.71 用過渡點電壓決定"導通"和"截止"狀態

$$v_i = V \tag{2.14}$$

此即過渡點電壓。

這讓我們可以在弦波輸入電壓波形上畫一條線，如圖 2.71，以定出使二極體導通和截止的對應區域。

在導通區域工作時，二極體用短路等效電路代替，如圖 2.72，輸出電壓定義為

$$v_o = v_i - V \tag{2.15}$$

在"截止"區域工作時，二極體開路，$I_D = 0$ mA，輸出電壓為

$$v_o = 0 \text{ V}$$

4. 直接在輸入電壓波形的下方畫出輸出波形，且兩者橫軸和縱軸使用相同的座標尺度，對求解常會有所幫助。

利用這所提的最後一點，我們可在圖 2.73 上對截止區域建立 0 V 位準。而對導通區域，可用式(2.15)求出輸入電壓最大時對應的輸出電壓：

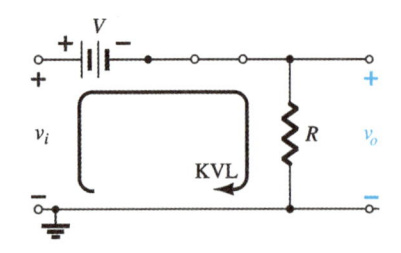

$$v_{o_{peak}} = V_m - V$$

圖 2.72 決定二極體在"導通"狀態的 v_o

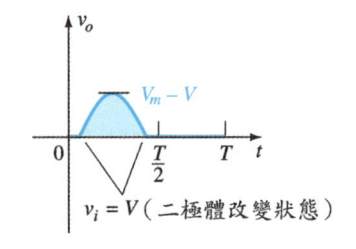

圖 2.73 由所得的 v_o 結果畫出 v_o 的波形

例 2.18 試決定圖 2.74 中弦波輸入產生的輸出波形。

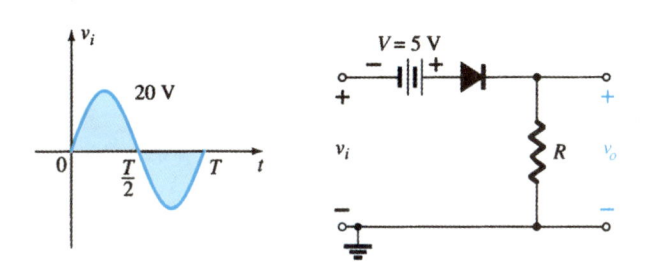

圖 2.74 例 2.18 的串聯截波電路

解：

步驟 1：可看出，輸出電壓是電阻 R 的電壓降。

步驟 2：v_i 的正半周和直線電壓源的 "電壓" 方向都可使二極體導通，因此在整個 v_i 的正半周，假定二極體都在 "導通" 狀態，應該是很保險的。但當輸入電壓進入負半周時，一旦低於 -5 V，將會使二極體截止。

步驟 3：將過渡點的電路模型代入，得圖 2.75，當情況剛好發生在兩狀態的交界處時，

$$v_i + 5\text{ V} = 0\text{ V}$$

或

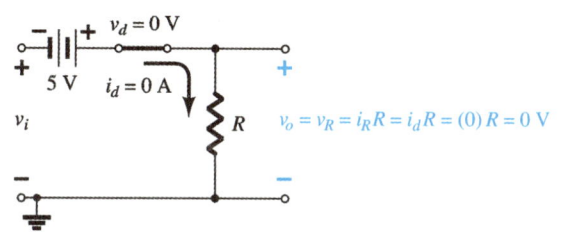

$$v_i = -5\text{ V}$$

$$v_o = v_R = i_R R = i_d R = (0)R = 0\text{ V}$$

圖 2.75 決定圖 2.74 截波電路中過渡點電壓值

步驟 4：在圖 2.76 的輸入波形上，以過渡點的電壓值畫一條水平線。輸入電壓低於 -5 V 時二極體會在開路狀態，且輸出 0 V，見所畫的 v_o 波形。利用圖 2.76 可發現使二極體導通並建立二極體電流的條件。利用克希荷夫電壓定律，可決定輸出電壓如下：

$$v_o = v_i + 5\text{ V}$$

100 電子裝置與電路理論

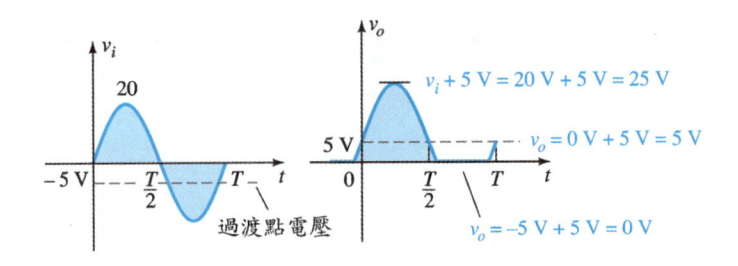

圖 2.76　畫出例 2.18 的 v_o 波形

具有方波輸入的截波網路的分析，因為只需考慮兩個電壓位準，實際上會比弦波輸入的情況容易。易言之，在分析只有兩個輸入位準的網路時，所得 v_o 值可分時段畫出。以下例子說明分析程序。

例 2.19　若例 2.18 網路中的輸入訊號改為圖 2.77 的方波，試求輸出電壓。

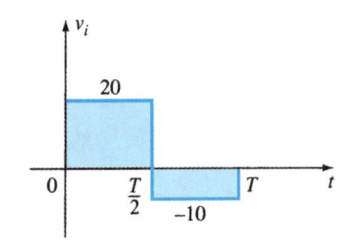

圖 2.77　例 2.19 的輸入訊號

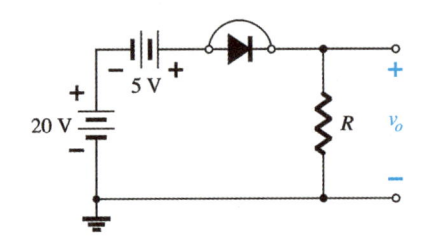

圖 2.78　$v_i=20$ V 時的 v_o

解： 當 $v_i=20$ V（對應於 $t=0 \to T/2$）時可得圖 2.78 的網路，二極體在短路狀態，且 $v_o=20$ V$+5$ V$=25$ V。而當 $v_i=-10$ V 時可得圖 2.79 的網路，二極體在"截止"狀態，且 $v_o=i_R R=(0)R=0$ V，所得輸出電壓見圖 2.80。

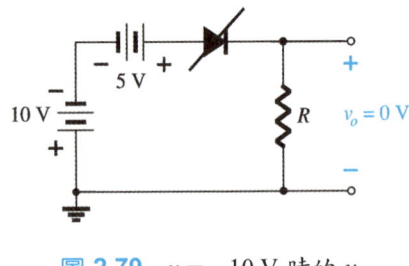

圖 2.79　$v_i=-10$ V 時的 v_o

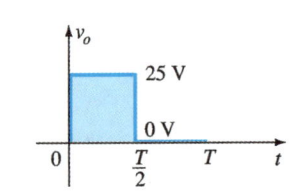

圖 2.80　畫出例 2.19 的 v_o

注意在例 2.19 中，截波電路不只截掉總擺幅的 5 V 而已，訊號的直流位準也提高了 5 V。

並　聯

圖 2.81 的網路是最簡單的二極體並聯組態，二極體和輸出並聯，其輸入和圖 2.68 相同。並聯組態的分析和串聯組態很類似，見下例的說明。

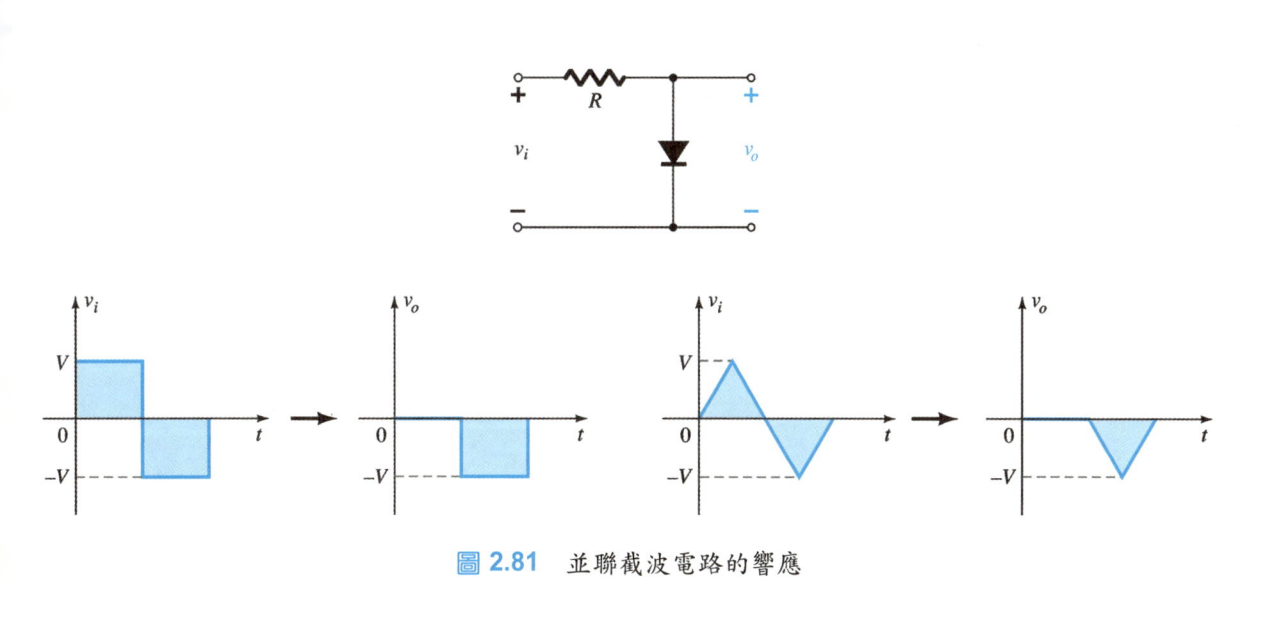

圖 2.81 並聯截波電路的響應

例 2.20　試決定圖 2.82 網路中的 v_o。

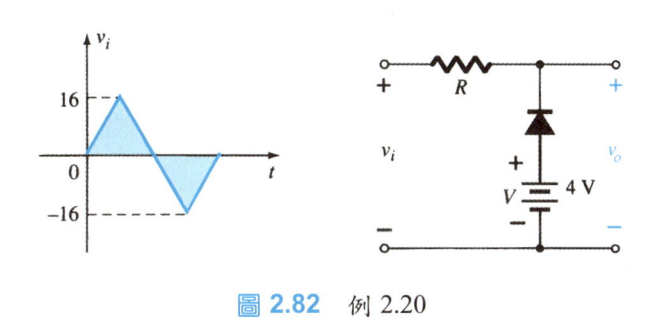

圖 2.82　例 2.20

解：

步驟 1：在此例中，輸出是 4 V 電源和二極體串聯的總電壓，而非電阻 R 的電壓。

步驟 2：從直流電源的電壓極性和二極體的方向，可強烈預期到，在輸入訊號的負半周，二極體會在"導通"狀態。很有趣的注意到，事實上因輸出電壓是二極體和直流電源的串聯電壓，因二極體在短路狀態，輸出電壓直接和 4 V 直流電源並聯，所以輸出會固定在 4 V。易言之，當二極體導通時輸出會在 4 V。另方面，當二極體開路時，流程串聯網路的電流是 0 mA，電阻的電壓降會是 0 V，因此只要當二極體截止時會得到 $v_o = v_i$。

步驟 3：可由圖 2.83 求出輸入電壓的過渡點電壓值，二極體代入短路等效電路並記得過渡點對應的二極體電流是 0 mA。可得過渡點電壓

$$v_i = 4 \text{ V}$$

步驟 4：在圖 2.84 中，以過渡點電壓值 $v_i = 4$ V 畫一條線，當二極體導通時 $v_o = 4$ V，而當 $v_i \geq 4$ V 時二極體截止，輸出波形完全和輸入波形完全相同。

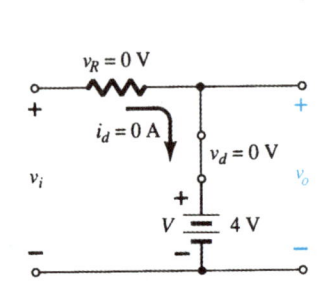

圖 2.83 決定例 2.20 中過渡點電壓值

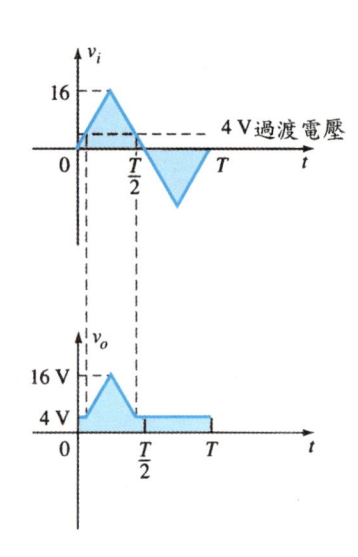

圖 2.84 畫出例 2.20 的 v_o 波形

為了探討矽二極體膝點電壓 V_K 對輸出響應的效應，下例將指定用矽二極體而不用理想二極體等效模型。

例 2.21 重做例 2.20，但採用矽二極體且 $V_K = 0.7$ V。

解：先利用 $i_d = 0$ A 且 $v_d = V_K = 0.7$ V 的條件，得到圖 2.85 的網路，以決定過渡點電壓值。利用克希荷夫電壓定律，以順時針方向環繞輸出迴路，可得

$$v_i + V_K - V = 0$$

且

$$v_i = V - V_K = 4 \text{ V} - 0.7 \text{ V} = \mathbf{3.3 \text{ V}}$$

當輸入電壓超過 3.3 V 時，二極體會開路且 $v_o = v_i$。當輸入電壓低於 3.3 V 時，二極體會在"導通"狀態，可得圖 2.86 的網路，且

圖 2.85 決定圖 2.82 網中的過渡點電壓值

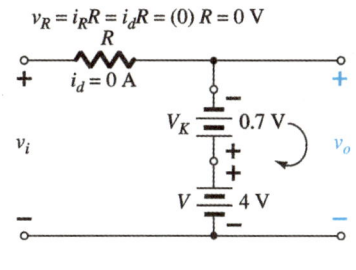

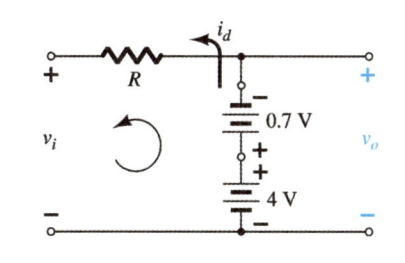

圖 2.86 決定圖 2.82 中二極體在"導通"狀態時的 v_o

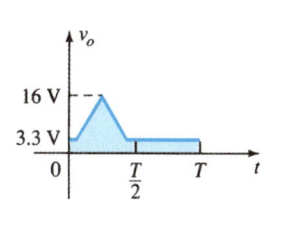

圖 2.87 畫出例 2.21 中的 v_o

$$v_o = 4\text{ V} - 0.7\text{ V} = \mathbf{3.3\text{ V}}$$

所得的輸出波形見圖 2.87。注意到，V_K 的唯一效應是使過渡點電壓值由 4 V 降到 3.3 V。

無疑地，考慮 V_K 的效益會使分析複雜一些。但只要了解理想二極體的分析方法，包含 V_K 效應的分析程序就不那麼困難了。

總　結

各種不同的串聯與並聯截波電路，以及對應於弦波輸入的輸出結果，見圖 2.88。特別注意到最後一種電路組態，用兩個直流電壓源，分別截掉輸入波形的正半部和負半部。

2.9　箝位電路

上一節探討二極體的截波電路組態，可截掉外加訊號的某一部分，但不會改變波形的其餘部分。本節要探討另一大類的二極體電路組態，這類電路可移動外加訊號的位準。

> 箝位電路由二極體，電阻和電容構成，可將波形遷移至不同的直流位準，但不會改變波形的形狀（外觀）。

可在箝位電路的基本結構中加入直流電壓源，而得到其他不同的直流位準遷移。選擇網路的電阻和電容時，要使時間常數 $\tau=RC$ 足夠大，確保在二極體不導通的期間內電容不會明顯放電。在整個分析過程中，基於實用的目的，假定電容需要五個時間常數的時間才能充分充電或放電。

最簡單的箝位電路見圖 2.89，很重要需注意到，電容直接接在輸入訊號與輸出訊號之間，而電阻和二極體則和輸出訊號並聯。

> 箝位電路的電容直接接在輸入和輸出之間，而電阻則和輸出並聯，二極體也和輸出並聯，或者二極體可以和直流電壓源串聯後再和輸出並聯。

104 電子裝置與電路理論

簡單的串聯截波電路（理想二極體）

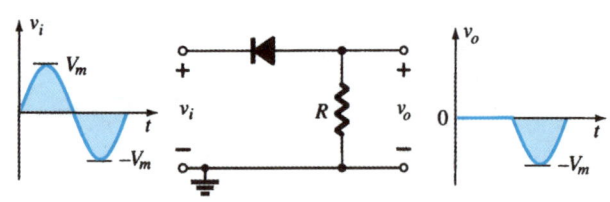

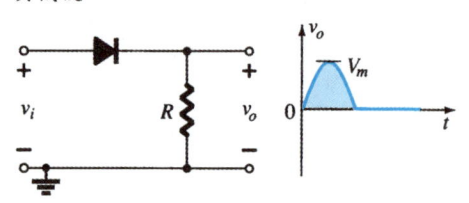

正截波 負截波

含直流電壓源的串聯截波電路（理想二極體）

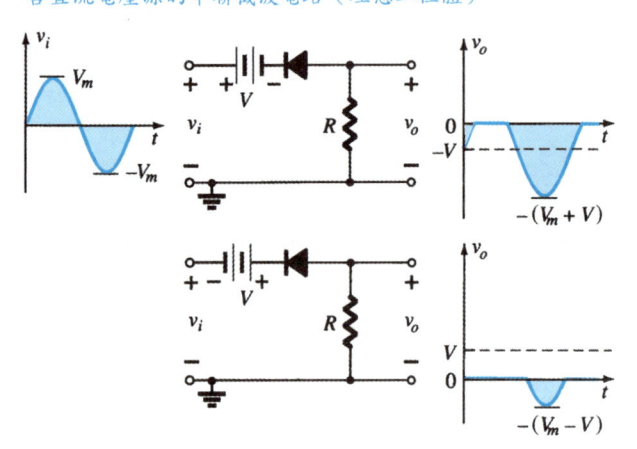

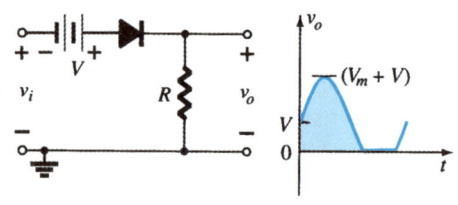

簡單的並聯截波電路（理想二極體）

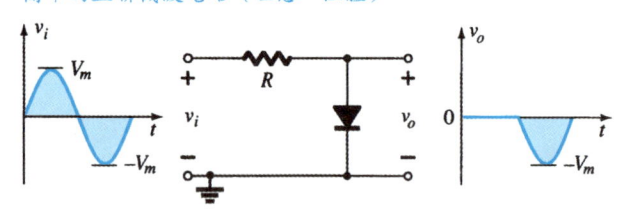

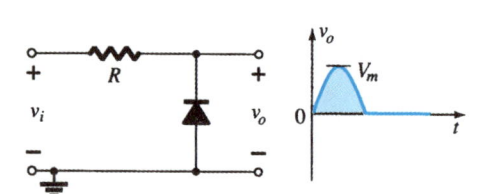

含直流電壓源的並聯截波電路（理想二極體）

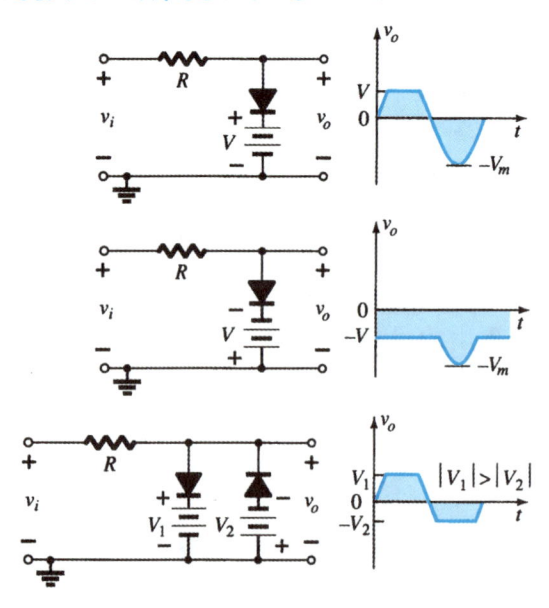

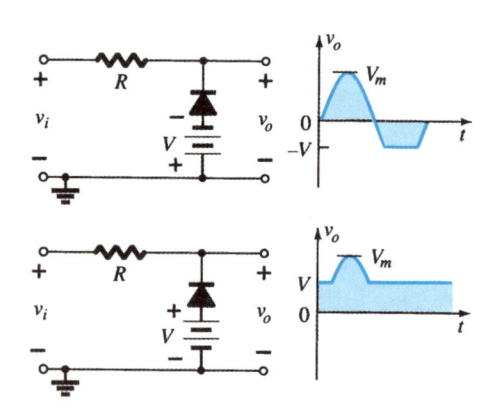

圖 **2.88** 截波電路

图 2.89　钳位电路

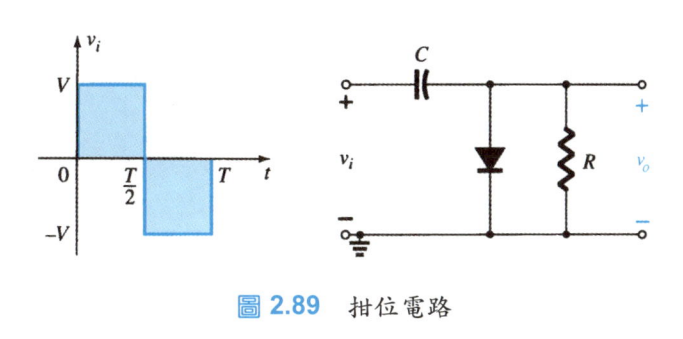

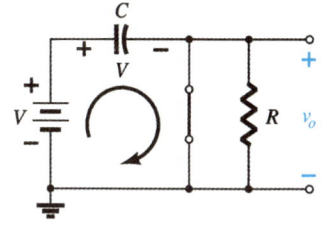

有一连串步骤有助于此电路的直接分析，但这并不是探讨钳位电路的唯一途径，但在你面对问题时却可提供部分帮助。

步骤 1：开始分析时，先检查能使二极体顺偏的输入讯号部分所产生的响应。

步骤 2：在二极体处于"导通"状态的期间内，假定电容可瞬间充电到周围网路提供的电压值。

对图 2.89 的网路，在外加讯号的正半周时二极体会顺偏。在 $t=0 \sim T/2$ 的期间内，网路如图 2.90 所示，在此时间内二极体短路，可得 $v_o=0$ V，如图 2.92 的 v_o 波形。在此时间内时间常数 $\tau=RC$ 很小，这是因为二极体短路，电阻仅为网路中的接触和接线的固有电阻，故 R 在作用上形同于短路。结果是电容极快地充电到最大值 V，如图 2.90，电压极性也标示在图上。

图 2.90　二极体"导通"且电容充电到 V 伏特

步骤 3：在二极体"截止"状态的期间内，电容会保持在之前建立的电压值上。

步骤 4：在整个分析中，要持续的认知到输出 v_o 的位置和极性，以确保求得正确的电压值。

当输入切换到 $-V$ 状态时，网路如图 2.91 所示，外加讯号和储存在电容上的电压降使二极体开路，因产生的电流方向会从阴极流向阳极。现在电阻 R 回到网路中，时间常数 RC 要足够大，使放电时间 $5\tau=5RC$ 远超过 $T/2$（二极体截止时间）。基于这种近似假定，在期间内电容可保持住全部电量，因此可保持住电压（因 $V=Q/C$）。

因输出 v_o 和二极体以及电阻并联，所以 v_o 也可标在另一位置，如图 2.91 所示。运用克希荷夫电压定律，环绕输入回路一周，可得

$$-V-V-v_o=0$$

即

$$v_o=-2V$$

因 $2V$ 的极性和 v_o 定义的极性相反，因此产生负号。所得输出波形与对应的输入讯号见图 2.92，在 $t=0 \sim T/2$ 的期间内，输出讯号被钳制在 0 V，但总摆幅维持与输入讯号相同，仍为 $2V$。

圖 2.91 決定二極體 "截止" 時的 v_o

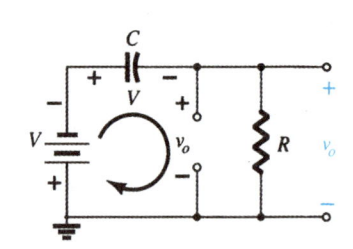

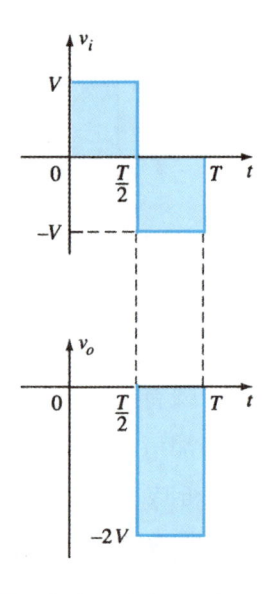

圖 2.92 畫出圖 2.91 網路的 v_o 波形

步驟 5：檢查輸出的總擺幅與輸入的總擺幅是否一致。

這是所有掛位電路的共同性質，這是對所得結果非常好的檢查方法。

例 2.22 試決定圖 2.93 網路的輸出 v_o，輸出波形如下圖所示。

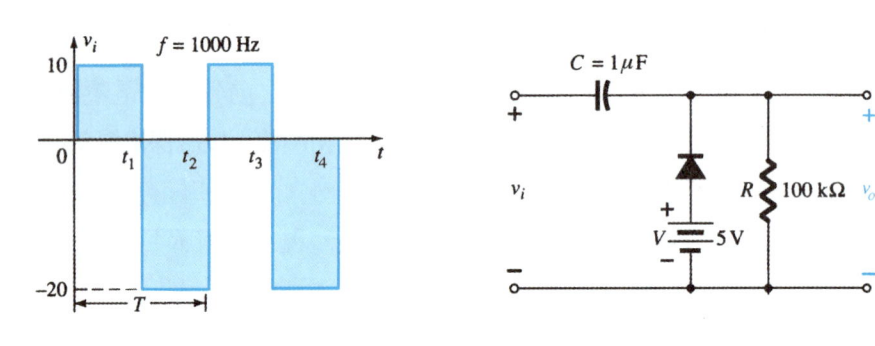

圖 2.93 例 2.22 的網路和外加訊號

解：注意到頻率是 1000 Hz，即周期 1 ms，兩個位準的時間各占 0.5 ms。我們從 $t = t_1 \rightarrow t_2$ 這段期間的輸入訊號開始分析，因在這段期間內二極體處於短路狀態，此時的網路如圖 2.94 所示。輸出是 R 的電壓降，因 v_o 的兩端直接和 5 V 電池兩端並接，所以這段期間內 $v_o = 5$ V。運用克希荷夫電壓定律，環繞輸入迴路一周，得

$$-20 \text{ V} + V_C - 5 \text{ V} = 0$$

即
$$V_C = 25 \text{ V}$$

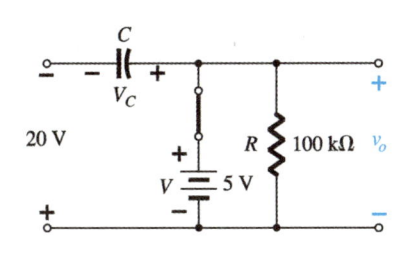

圖 2.94 決定二極體在"導通"狀態時的 v_o 和 V_C

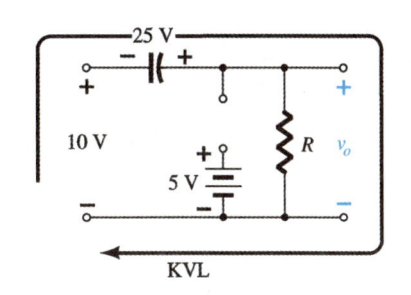

圖 2.95 決定二極體在"截止"狀態時的 v_o

因此電容會充電到 25 V。在此例中,電阻 R 不會被二極體短路而排除。但若將電池和電阻的並聯網路轉換成戴維寧等效電路,會得到 $R_{Th}=0\ \Omega$ 及 $E_{Th}=V=5$ V。接著考慮 $t=t_2 \to t_3$ 這段期間,網路會如圖 2.95 所示。

二極體開路,使 5 V 電池無法影響 v_o。應用克希荷夫電壓定律,環繞網路的外圈迴路一周得

$$+10\text{ V}+25\text{ V}-v_o=0$$

即
$$v_o=35\text{ V}$$

圖 2.95 網路中,放電的時間常數可由乘積 RC 決定,大小為

$$\tau=RC=(100\text{ k}\Omega)(0.1\ \mu\text{F})=0.01\text{ s}=10\text{ ms}$$

因此總放電時間為 $5\tau=5(10\text{ ms})=50\text{ ms}$

因 $t=t_2 \to t_3$ 的期間只持續 0.5 ms,遠小於 50 ms。因此在兩個輸入訊號脈波之間的放電期間內,假定電容可維持住電壓值,確實是一種良好的近似。所得的輸出和對應的輸入訊號,見圖 2.96。注意到,輸出擺幅 30 V 和輸入擺幅一致,如步驟 5 所提。

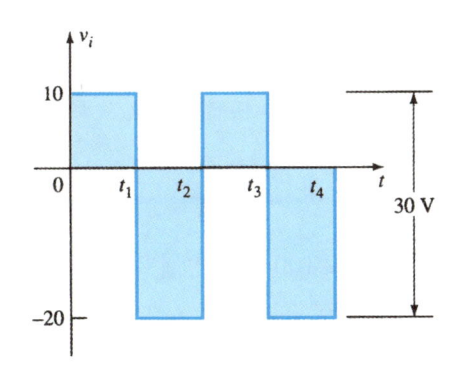

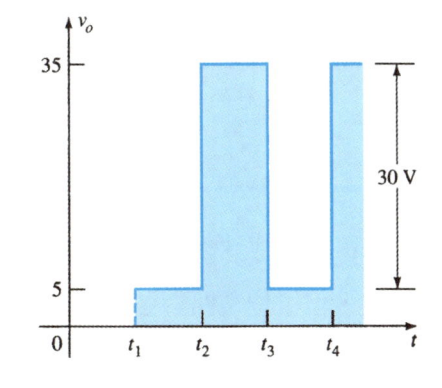

圖 2.96 圖 2.93 抓位電路的 v_i 和 v_o

例 2.23 重做例 2.22，但採用矽二極體且 $V_K=0.7$ V。

解： 二極體導通時的網路如圖 2.97 所示，對輸出部分應用克希荷夫定律，可得 v_o：

$$+5\text{ V} - 0.7\text{ V} - v_o = 0$$

即
$$v_o = 5\text{ V} - 0.7\text{ V} = 4.3\text{ V}$$

對輸入部分應用克希荷夫電壓定律，可得

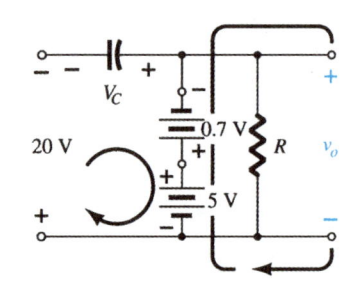

$$-20\text{ V} + V_C + 0.7\text{ V} - 5\text{ V} = 0$$

即
$$V_C = 25\text{ V} - 0.7\text{ V} = 24.3\text{ V}$$

圖 2.97 決定二極體在"導通"狀態時的 v_o 和 V_C

在 $t = t_2 \to t_3$ 的期間內，網路如圖 2.98 所示，和前一例子只有電容的電壓降不同。運用克希荷夫壓定律，得

$$+10\text{ V} + 24.3\text{ V} - v_o = 0$$

即
$$v_o = 34.3\text{ V}$$

所得輸出見圖 2.99，驗證了輸入和輸出擺幅相同的說法。

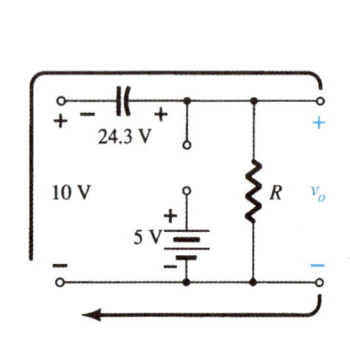

圖 2.98 決定二極體在開路狀態的 v_o

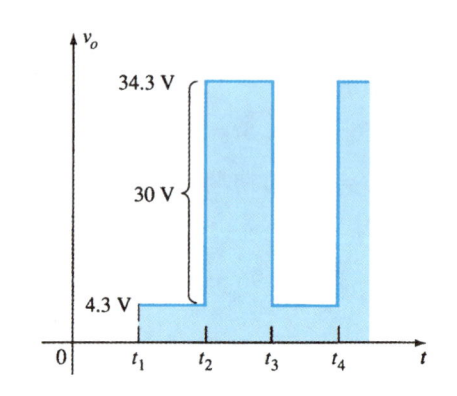

圖 2.99 畫出圖 2.93 抓位電路中使用矽二極體時的 v_o 波形

某些抓位電路及其對輸入訊號所造成的影響，見圖 2.100。雖然圖 2.100 出現的波形全都是方波，但抓位電路對弦波的工作結果也同樣地良好。事實上，在分析弦波輸入的

箝位電路時，可將弦波訊號換成相同峰值的方波，所得的方波輸出會形成實際弦波輸出的包框(envelope)，可比較實際的弦波響應（圖 2.101）和模擬的方波響應（如圖 2.100 之右下圖）。

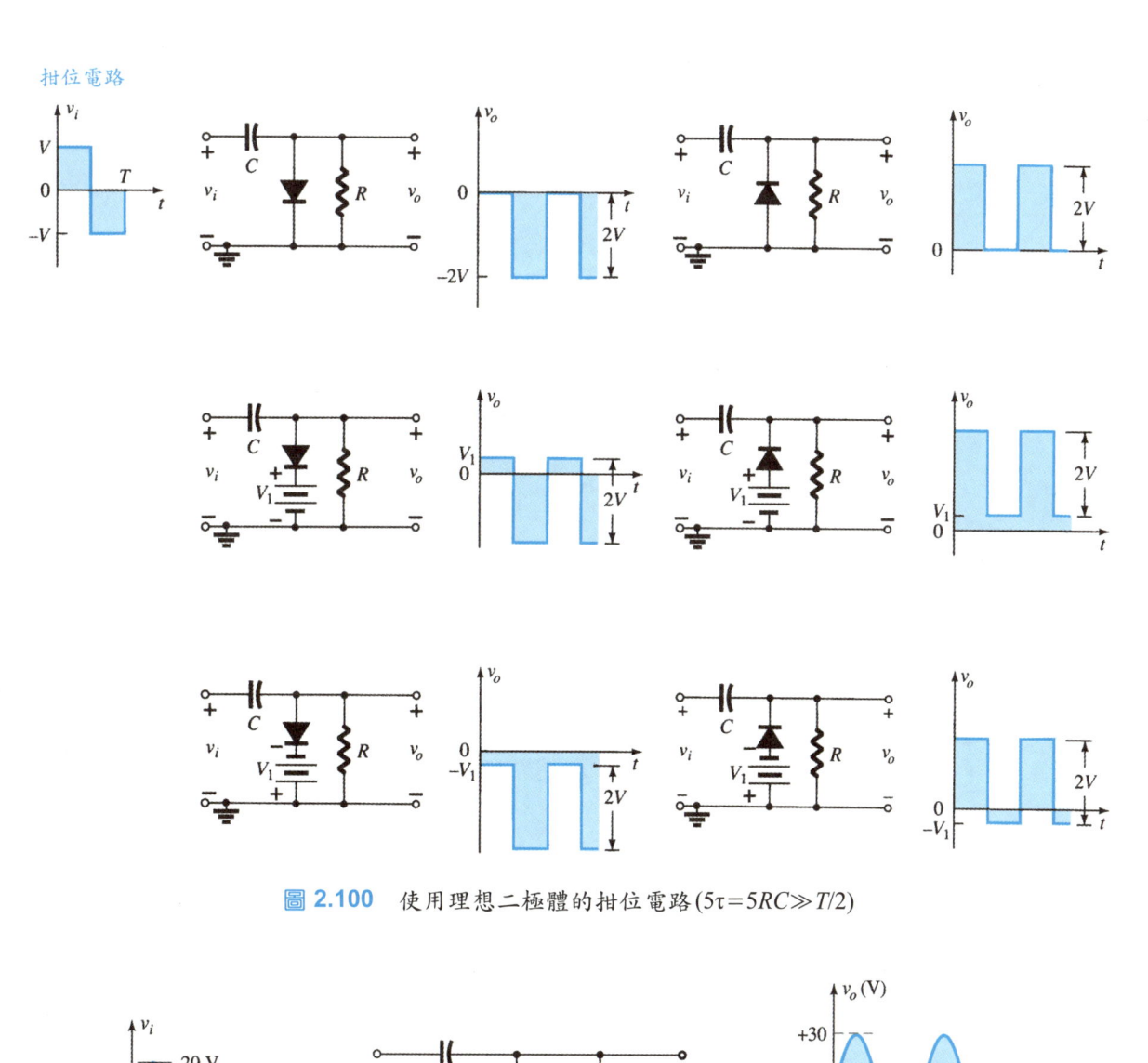

圖 2.100 使用理想二極體的箝位電路($5\tau = 5RC \gg T/2$)

圖 2.101 弦波輸入的箝位電路

2.10 同時輸入 DC 和 AC 電源的電路

到目前為止所作的分析，僅限於單一直流、單一交流或單一方波輸入的電路。本節將分析擴大到電路上同時有直流和交流電源輸入的情況。圖 2.102 考慮最簡單的雙電源輸入的例子。

對此系統而言，能應用重疊原理是特別重要的。

> 同時有 AC 和 DC 電源輸入的電路，可分別獨立地求出各電源所產生的響應，再合併起來而得到總響應。

DC 電源

單就 dc 電源而言，電路重畫在圖 2.103，注意到原 ac 電源以短路代替，因等效於 $v_s = 0$ V。

用二極體的近似等效電路，輸出電壓是

$$V_R = E - V_D = 10 \text{ V} - 0.7 \text{ V} = 9.3 \text{ V}$$

電流是

$$I_D = I_R = \frac{9.3 \text{ V}}{2 \text{ k}\Omega} = 4.65 \text{ mA}$$

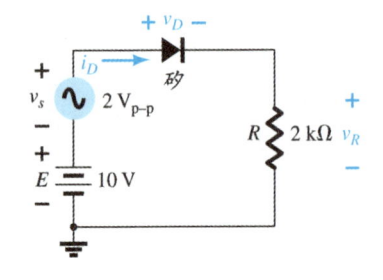

圖 2.102　具有 dc 和 ac 電源的電路

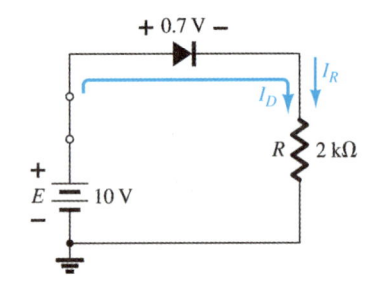

圖 2.103　運用重疊原理決定 dc 電源的效應

AC 電源

直流電源也以短路代替，如圖 2.104，二極體用第 1 章的式(1.5)決定的交流電阻代替——該式中的電流是靜態或直流電流值。在此例中，

$$r_d = \frac{26 \text{ mV}}{I_D} = \frac{26 \text{ mV}}{4.65 \text{ mA}} = 5.59 \text{ }\Omega$$

二極體以 r_d 代替，得圖 2.105 的電路。對外加電壓的峰值，對應的 v_R 和 v_D 的峰值是

$$v_{R\text{峰值}} = \frac{2 \text{ k}\Omega(2 \text{ V})}{2 \text{ k}\Omega + 5.59 \text{ }\Omega} \cong 1.99 \text{ V}$$

且

$$v_{D\text{峰值}} = v_{s\text{峰值}} - v_{R\text{峰值}} = 2 \text{ V} - 1.99 \text{ V} = 0.01 \text{ V} = 10 \text{ mV}$$

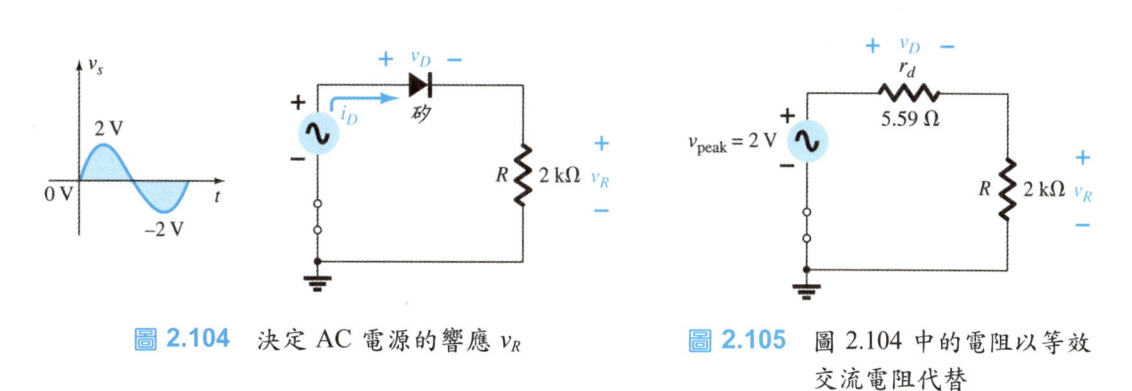

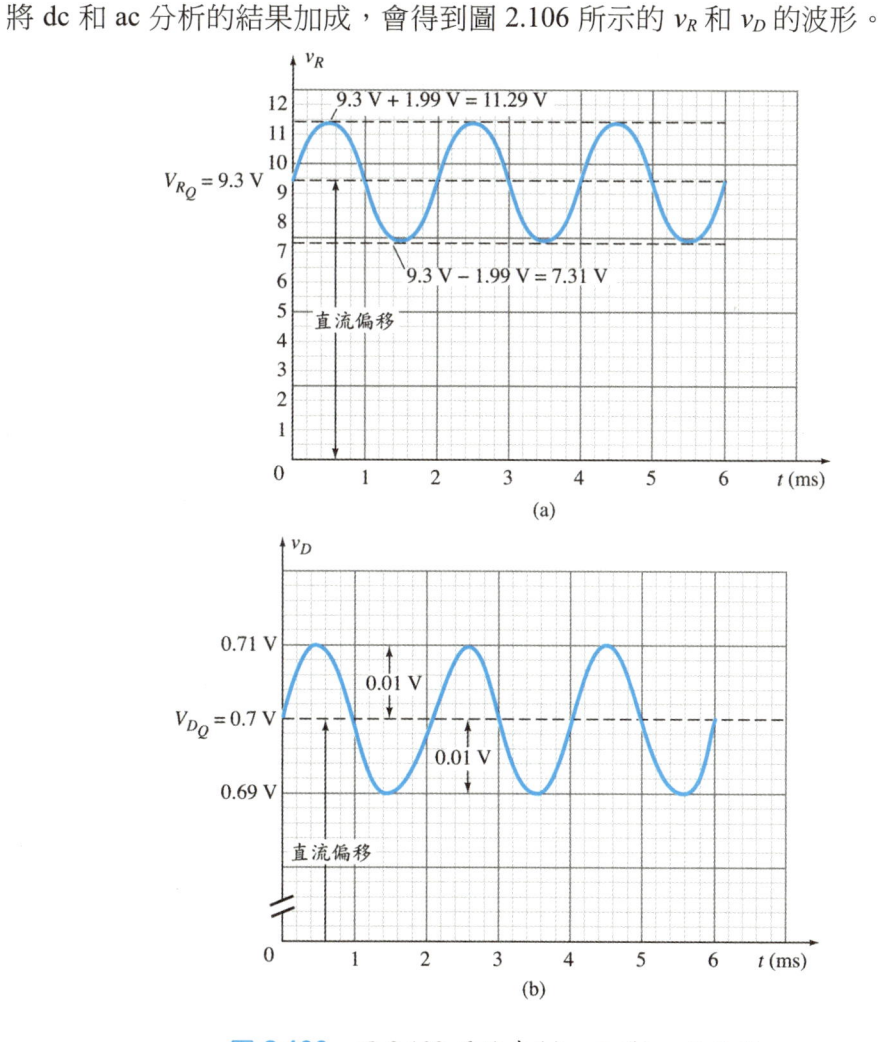

圖 2.104 決定 AC 電源的響應 v_R

圖 2.105 圖 2.104 中的電阻以等效交流電阻代替

將 dc 和 ac 分析的結果加成，會得到圖 2.106 所示的 v_R 和 v_D 的波形。

圖 2.106 圖 2.102 電路中 (a) v_R 和 (b) v_D 的波形

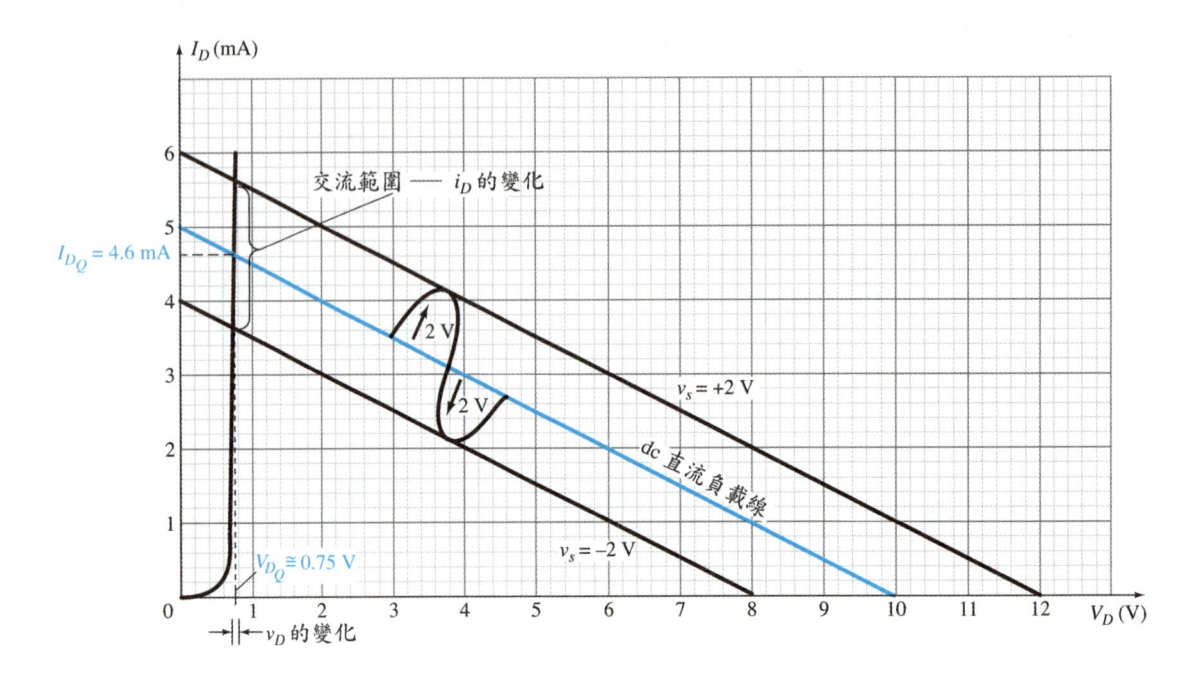

圖 2.107 因 v_s 交流電源造成負載線的移動

注意到，二極體對輸出電壓 v_R 的影響很大，但對交流擺幅的影響很小。

為作比較，同一電路現在採用實際特性和負載線再分析一次。在圖 2.107 中，負載線用 2.2 節介紹的方法畫出來，因二極體的電壓降略高於近似值 0.7 V，因此所得 dc 電流會略小。對應於輸入電壓的最大值，負載線的截距分別是 $E = 12$ V 和 $I = \dfrac{E}{R} = \dfrac{12\ \text{V}}{2\ \text{k}\Omega} = 6$ mA。而在輸入電壓的最低值，負載線的截距則分別是 $E = 8$ V 和 $I = 4$ mA。特別注意到，交流擺幅在二極體特性上所跨的區域，在先前的分析中即是利用它來決定交流電阻。在本例中，靜態 dc 值約 4.6 mA，交流電阻值是

$$r_d = \dfrac{26\ \text{mV}}{4.6\ \text{mA}} = 5.65\ \Omega$$

和應用重疊原理時的數值極為接近。

現在很清楚看出，二極體在此工作區的電壓變化很小，因此對輸出電壓的影響也很小。一般而言，二極體對輸出電壓直流值的影響很大，但對輸出的交流擺幅的影響很小。二極體的直流位準 0.7 V 扣掉後，對交流電壓幾近於理想（短路），這主要是因為當二極體一旦完全導通時，其特性曲線幾乎呈垂直上升。在大部分的情況下，若二極體在整個周期中處於完全導通狀態，則和負載串聯的導通態二極體，對負載的 dc 值會有一定影響，但對負載的 ac 擺幅則幾無影響。

以後在處理二極體及交流訊號時，要先決定通過二極體電流的直流值，並用式(1.3)決定其交流電阻值，然後在分析時用此交流電阻值代替二極體。

2.11　齊納二極體

齊納二極體網路的分析，和前幾節對半導體二極體的分析很相似。首先必須決定二極體的狀態，再將合適的模型代入，最後決定網路中的未知數。圖 2.108 回顧齊納二極體的近似等效電路，有兩個轉折點，假定三段直線近似。注意到順偏區也包含在內，因為偶爾也會有一些應用跳到順偏區工作。

前兩個例子說明齊納二極體可用來建立參考電壓，也可以作為保護裝置。我們會詳細討論齊納二極體作為穩壓器(regulator)的用途，因為這是齊納二極體的主要應用領域。穩壓器由數個元件組成，設計用來確保電源的輸出電壓可維持在定值。

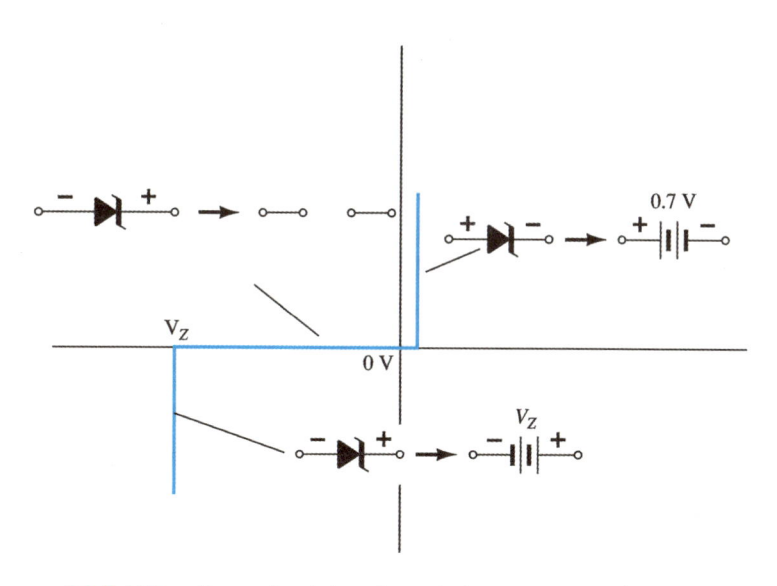

圖 2.108　齊納二極體在三個可能應用區的近似等效電路

例 2.24　試決定圖 2.109 網路所提供的參考電壓值。該網路使用一個白光 LED 指示通電狀態。經過 LED 的電流大小和電源供應的功率各是多少？LED 的吸收功率和 6 V 齊納二極體的吸收功率相比如何？

解：我們必須先檢查外加電壓是否足以使整串二極體導通，白光 LED 需要約 4 V 的電壓降，6 V 和 3.3 V 齊納二極體共需 9.3 V，順偏矽二極體需要 0.7 V，總共 14 V，因此外加 40 V 電壓足夠使所有元件導通，我們也希望能建立適當的工作電流。

注意，用矽二極體幫助建立 4 V 的參考電壓，因為

$$V_{o_1} = V_{Z_2} + V_K = 3.3\ \text{V} + 0.7\ \text{V} = \mathbf{4.0\ V}$$

將此 4 V 和齊納二極體的 6 V 結合，可得

$$V_{o_2} = V_{o_1} + V_{Z_1} = 4\ \text{V} + 6\ \text{V} = \mathbf{10\ V}$$

最後，連同白光的 4 V 電壓降，共留給電阻的電壓降為 40 V − 14 V = 26 V，可求出

$$I_R = I_{\text{LED}} = \frac{V_R}{R} = \frac{40\ \text{V} - V_{o_2} - V_{\text{LED}}}{1.3\ \text{k}\Omega} = \frac{40\ \text{V} - 10\ \text{V} - 4\ \text{V}}{1.3\ \text{k}\Omega}$$

$$= \frac{26\ \text{V}}{1.3\ \text{k}\Omega} = \mathbf{20\ mA}$$

圖 2.109　例 2.24 的參考電壓設定電路

此將可建立白光 LED 的適當亮度。

電源的供應功率是電源電壓和供應電流的乘積，如下：

$$P_s = EI_s = EI_R = (40\ \text{V})(20\ \text{mA}) = \mathbf{800\ mW}$$

LED 的吸收功率是

$$P_{\text{LED}} = V_{\text{LED}} I_{\text{LED}} = (4\ \text{V})(20\ \text{mA}) = \mathbf{80\ mW}$$

6 V 齊納二極體的吸收功率是

$$P_Z = V_Z I_Z = (6\ \text{V})(20\ \text{mA}) = \mathbf{120\ mW}$$

齊納二極體的吸收功率比 LED 多 40 mW。

例 2.25　圖 2.110 的網路設計用來限制外加電壓，在正半周時電壓限制在 20 V，而負半周則限制在 0 V。檢查此網路的工作，並畫出對應於外加訊號的系統電壓降波形。假定系統有很高的輸入電阻，不會影響網路的工作。

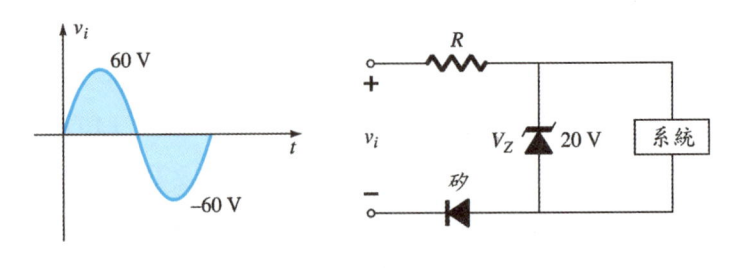

圖 2.110　例 2.25 的限壓網路

解：當外加電壓在正半周且低於 20 V 的齊納電位時，齊納二極體會在（近似）開路狀態，輸入電壓訊號將會分布在迴路的各元件上，但大部分會落在系統上，因系統具高電阻值。

一旦齊納二極體的電壓降到達 20 V 時，齊納二極體會導通，如圖 2.111a 所示，使系統的電壓降鎖定在 20 V。當外加電壓更高時，增加的部分會反映在串聯電阻的電壓降，系統和順偏二極體的電壓降維持不變，分別固定在 20 V 和 0.7 V。因二極體的 0.7 V 並不在兩輸出端之間，使系統的電壓降固定在 20 V，如圖 2.111a 所示，因此系統是安全的，免除任何更高外加電壓的影響。

當外加訊號在負半周時，矽二極體逆偏，使串聯迴路呈現開路，結果是整個負的外加訊號會落在開路的二極體上，使系統的電壓降鎖定在 0 V，如圖 2.111b 所示。

因此可得系統的電壓降波形，見圖 2.111c。

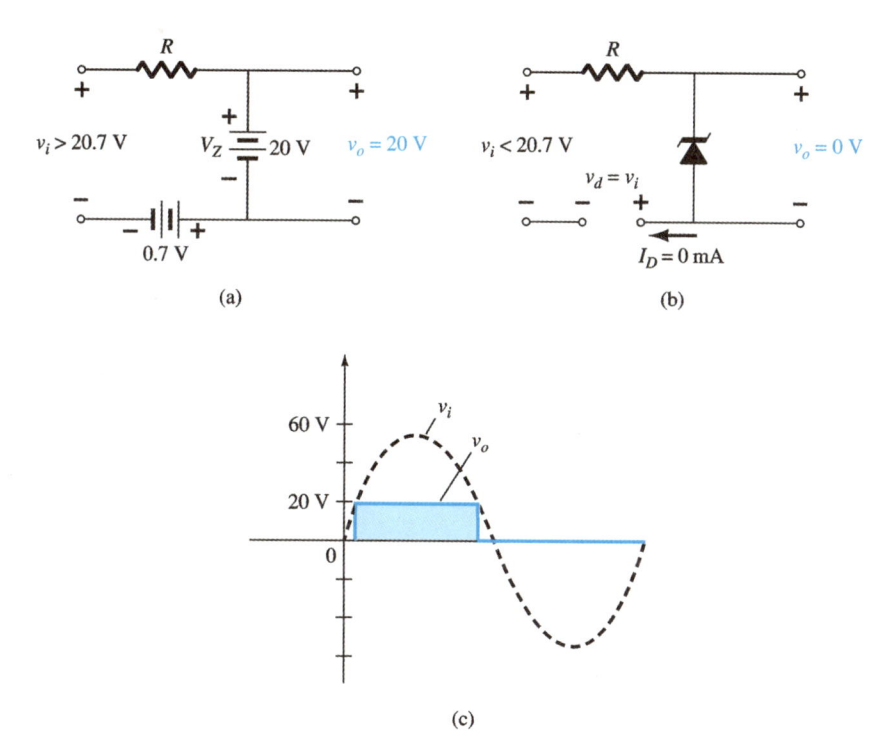

圖 2.111 外加 60 V 弦波訊號到圖 2.110 網路所產生的響應

用齊納二極體作為穩壓器是很普遍的，分析基本的齊納穩壓器時要考慮三種情況。此分析提供了絕佳的機會，可讓我們熟知齊納二極體在不同操作之下的響應。基本電路組態見圖 2.112。先針對固定的物理量作分析，接著針對電源電壓固定且負載可變的情況，最後再就負載固定但電源電壓可變的情況作分析。

V_i（輸入電壓）和 R（負載）固定

最簡單的齊納二極體穩壓器網路見圖 2.112，外加直流電壓和負載電阻固定，分析基本上可分成兩步。

1. 先將齊納二極體自網路移開，計算所得的開路電壓，以決定齊納二極體的狀態。

應用第 1 步到圖 2.112 的網路，可得圖 2.113 的網路，利用分壓定律，可得

$$V = V_L = \frac{R_L V_i}{R + R_L} \tag{2.16}$$

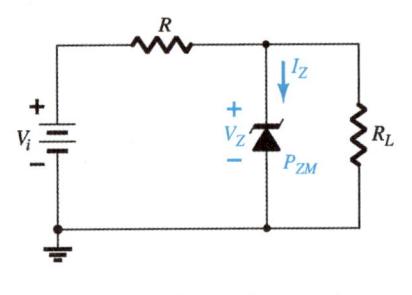

圖 2.112 基本的齊納穩壓器

若 $V \geq V_Z$，齊納二極體導通（崩潰），可代入適當的等效模型。
若 $V < V_Z$，二極體截止，則代入開路等效模型。

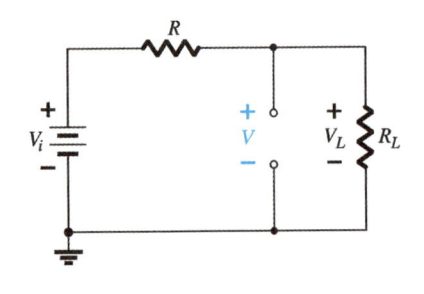

圖 2.113 決定齊納二極體的狀態

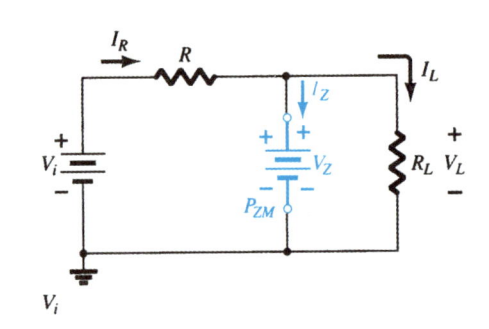

圖 2.114 將齊納二極體在"導通"（崩潰）情況下的等效模型代入

2. 代入適合的等效電路，解出所要求的未知數。

對圖 2.112 的網路而言，二極體在"導通"（崩潰）狀態時可得圖 2.114 的等效電路，因並聯元件的電壓降必定相同，可發現

$$V_L = V_Z \tag{2.17}$$

利用克希荷夫電流定律，必可求出齊納二極體電流，

$$I_R = I_Z + I_L$$

即

$$I_Z = I_R - I_L \tag{2.18}$$

其中

$$I_L = \frac{V_L}{R_L} \quad \text{且} \quad I_R = \frac{V_R}{R} = \frac{V_i - V_L}{R}$$

齊納二極體的功率消耗為

$$\boxed{P_Z = V_Z I_Z} \tag{2.19}$$

此值必須小於裝置規格 P_{ZM}。

在繼續往下之前，特別重要需了解到，所用的第一步僅在決定齊納二極體的狀態。若齊納二極體在"導通"（崩潰）狀態，則二極體的壓降就不是 V 伏特。當系統啟動後，只要當齊納二極體的電壓到達 V_Z 伏特，齊納二極體會立即導通，且會鎖定在此電壓值上，不可能達到高於 V_Z 的 V 值上。

例 2.26

a. 對圖 2.115 的齊納二極體網路，試決定 V_L、V_R、I_Z 和 P_Z 之值。

b. 重做(a)，但 $R_L = 3\ \text{k}\Omega$。

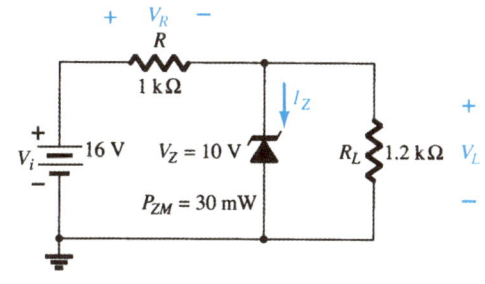

圖 2.115　例 2.26 中的齊納二極體穩壓器 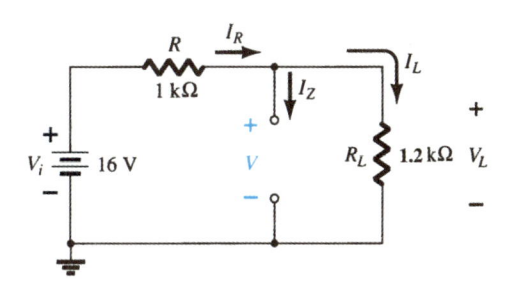　　　圖 2.116　決定圖 2.115 中穩壓器的 V 值

解：

a. 依照建議的步驟，重畫網路，見圖 2.116。

利用式(2.16)，得

$$V = \frac{R_L V_i}{R + R_L} = \frac{1.2\ \text{k}\Omega\,(16\ \text{V})}{1\ \text{k}\Omega + 1.2\ \text{k}\Omega} = 8.73\ \text{V}$$

因 $V = 8.73\ \text{V}$ 小於 $V_Z = 10\ \text{V}$，二極體會在"截止"狀態，如圖 2.117 的特性所示。二極體代入開路等效模型，可得和圖 2.116 完全相同的網路，可發現

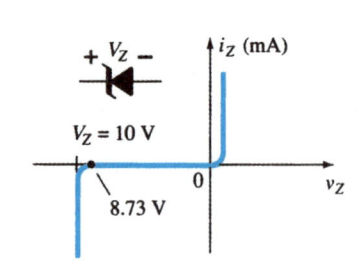

圖 2.117 圖 2.115 網路的工作點

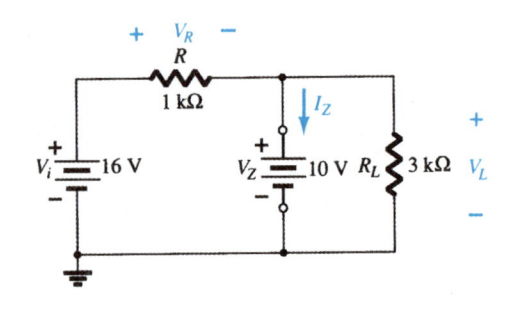

圖 2.118 圖 2.115 的網路中二極體處於"導通"狀態

$$V_L = V = \mathbf{8.73\ V}$$

$$V_R = V_i - V_L = 16\ V - 8.73\ V = \mathbf{7.27\ V}$$

$$I_Z = \mathbf{0\ A}$$

且
$$P_Z = V_Z I_Z = V_Z(0\ A) = \mathbf{0\ W}$$

b. 運用式(2.16)可得

$$V = \frac{R_L V_i}{R + R_L} = \frac{3\ k\Omega(16\ V)}{1\ k\Omega + 3\ k\Omega} = 12\ V$$

因 $V = 12\ V$ 大於 $V_Z = 10\ V$，二極體會在"導通"狀態，而得圖 2.118 的網路。利用式 (2.17)，得

$$V_L = V_Z = \mathbf{10\ V}$$

且
$$V_R = V_i - V_L = 16\ V - 10\ V = \mathbf{6\ V}$$

又
$$I_L = \frac{V_L}{R_L} = \frac{10\ V}{3\ k\Omega} = 3.33\ mA$$

且
$$I_R = \frac{V_R}{R} = \frac{6\ V}{1\ k\Omega} = 6\ mA$$

所以
$$I_Z = I_R - I_L [式(2.18)] = 6\ mA - 3.33\ mA = \mathbf{2.67\ mA}$$

消耗功率是
$$P_Z = V_Z I_Z = (10\ V)(2.67\ mA) = \mathbf{26.7\ mW}$$

此值小於規格值 $P_{ZM} = 30\ mW$。

V_i（輸入電壓）固定，R_L（負載）可變

由於齊納電壓 V_Z 所產生的偏移(offset)，負載電阻值（與相對應的負載電流）會存在一個特定範圍，以確保齊納二極體在"導通"（崩潰）狀態。負載電阻 R_L 太小時，負載電阻產生的電壓降 V_L 會小於 V_Z，使齊納二極體處於"截止"狀態。

為決定圖 2.112 中使齊納二極體導通的最小負載電阻值，只要計算會生負載電壓 $V_L = V_Z$ 的 R_L 值即可，亦即

$$V_L = V_Z = \frac{R_L V_i}{R_L + R}$$

解出 R_L，得

$$\boxed{R_{L_{\min}} = \frac{R V_Z}{V_i - V_Z}} \tag{2.20}$$

只要負載電阻值大於式(2.20)所求得的 R_L 值，就可保證齊納二極體必然在"導通"（崩潰）狀態，二極體就可用等效的模型（電壓源 V_Z）取代。

式(2.20)所定義的條件決定了 R_L 的最小值，同時也規範了最大負載電流 I_L 如下：

$$\boxed{I_{L_{\max}} = \frac{V_L}{R_L} = \frac{V_Z}{R_{L_{\min}}}} \tag{2.21}$$

一旦二極體在"導通"（崩潰）狀態，電阻 R 的電壓會固定在

$$\boxed{V_R = V_i - V_Z} \tag{2.22}$$

且 I_R 維持定值在

$$\boxed{I_R = \frac{V_R}{R}} \tag{2.23}$$

齊納電流

$$\boxed{I_Z = I_R - I_L} \tag{2.24}$$

當 I_L 最大時產生最小的 I_Z，而當 I_L 最小時產生最大的 I_Z，因為 I_R 維持定值。

因為 I_Z 受限於規格表所給的 I_{ZM}，所以 I_{ZM} 會影響 R_L 以及 I_L 的範圍。將 I_{ZM} 代入 I_Z 可得最小的 I_L 如下：

$$\boxed{I_{L_{\min}} = I_R - I_{ZM}} \tag{2.25}$$

對應的最大負載電阻為

$$R_{L_{\max}} = \frac{V_Z}{I_{L_{\min}}} \tag{2.26}$$

例 2.27

a. 對圖 2.119 的網路，試決定 R_L 和 I_L 的範圍，使產生的 V_{RL} 可維持在 10 V。
b. 試決定此二極體最大功率（瓦特）額定值。

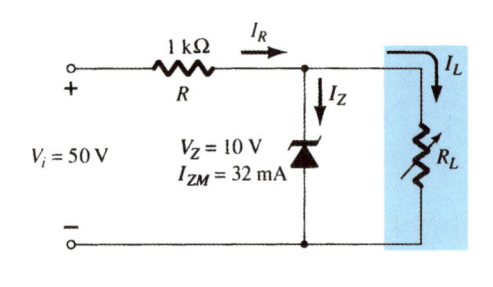

圖 2.119 例 2.27 的穩壓器

解：

a. 決定使齊納二極體導通（崩潰）的 R_L 值，利用式(2.20)：

$$R_{L_{\min}} = \frac{RV_Z}{V_i - V_Z} = \frac{(1\ \text{k}\Omega)(10\ \text{V})}{50\ \text{V} - 10\ \text{V}} = \frac{10\ \text{k}\Omega}{40} = \mathbf{250\ \Omega}$$

然後由式(2.22)決定電阻 R 的電壓降：

$$V_R = V_i - V_Z = 50\ \text{V} - 10\ \text{V} = \mathbf{40\ V}$$

並利用式(2.23)提供 I_R 的大小：

$$I_R = \frac{V_R}{R} = \frac{40\ \text{V}}{1\ \text{k}\Omega} = \mathbf{40\ mA}$$

然後用式(2.25)決定 I_L 的最小值：

$$I_{L_{\min}} = I_R - I_{ZM} = 40\ \text{mA} - 32\ \text{mA} = \mathbf{8\ mA}$$

用式(2.26)決定 R_L 的最大值：

$$R_{L_{max}} = \frac{V_Z}{I_{L_{min}}} = \frac{10 \text{ V}}{8 \text{ mA}} = \mathbf{1.25 \text{ k}\Omega}$$

V_L 對應於 R_L 的關係圖見圖 2.120a，而 V_L 對應於 I_L 的關係圖則見圖 2.120b。

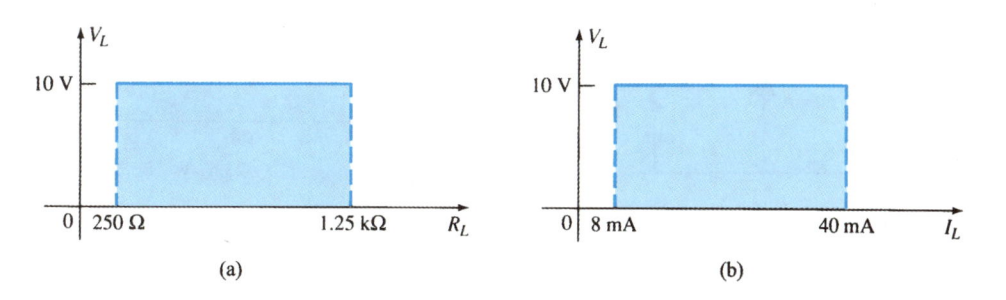

圖 2.120 圖 2.119 中穩壓器的 V_L 分別對應於 R_L 和 I_L 的關係圖

b. $P_{max} = V_Z I_{ZM}$

$= (10 \text{ V})(32 \text{ mA}) = \mathbf{320 \text{ mW}}$

R_L（負載）固定，V_i（輸入電壓）可變

將圖 2.112 中的負載電阻 R_L 的阻值固定，此時輸入電壓 V_i 必須足夠大才能使齊納二極體導通，最小導通電壓 $V_i = V_{i_{min}}$ 可由下式決定

$$V_L = V_Z = \frac{R_L V_i}{R_L + R}$$

即

$$\boxed{V_{i_{min}} = \frac{(R_L + R) V_Z}{R_L}} \tag{2.27}$$

V_i 的最大值則受限於最大齊納電流 I_{ZM}，因為 $I_{ZM} = I_R - I_L$，所以

$$\boxed{I_{R_{max}} = I_{ZM} + I_L} \tag{2.28}$$

因 I_L 固定在 V_Z/R_L，且 I_{ZM} 是 I_Z 的最大值，最大 V_i 值可定出

$$V_{i_{max}} = V_{R_{max}} + V_Z$$

$$\boxed{V_{i_{max}} = I_{R_{max}} R + V_Z} \tag{2.29}$$

例 2.28 為使圖 2.121 的齊納二極體維持在"導通"（崩潰）狀態，試決定 V_i 值的範圍。

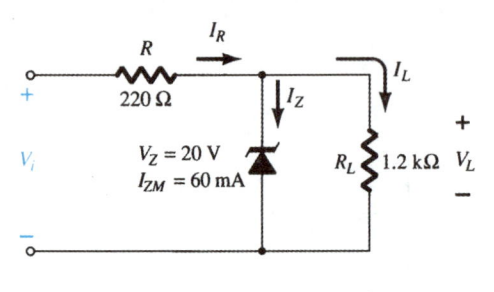

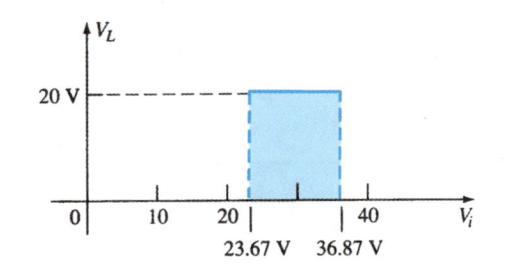

圖 2.121 例 2.28 的穩壓器

圖 2.122 圖 2.121 的穩壓器中 V_L 對應於 V_i 的關係圖

解：

式 (2.27)：$V_{i_{min}} = \dfrac{(R_L + R) V_Z}{R_L} = \dfrac{(1200 \ \Omega + 220 \ \Omega)(20 \ V)}{1200 \ \Omega} = \mathbf{23.67 \ V}$

$I_L = \dfrac{V_L}{R_L} = \dfrac{V_Z}{R_L} = \dfrac{20 \ V}{1.2 \ k\Omega} = 16.67 \ mA$

式 (2.28)：$I_{R_{max}} = I_{ZM} + I_L = 60 \ mA + 16.67 \ mA = 76.67 \ mA$

式 (2.29)：$V_{i_{max}} = I_{R_{max}} R + V_Z = (76.67 \ mA)(0.22 \ k\Omega) + 20 \ V$
$= 16.87 \ V + 20 \ V = \mathbf{36.87 \ V}$

V_L 對應於 V_i 的關係圖提供在圖 2.122。

由例 2.28 的結果可發現，R_L 固定在 1.2 kΩ 時，圖 2.121 網路的輸入電壓 V_i 在 23.67 V～36.87 V 的範圍內，輸出電壓將可維持固定在 20 V。

2.12　倍壓電路

倍壓電路用來使變壓器二次側保持相對較低的峰值電壓，並將此峰值輸出電壓提升到整流峰值電壓的 2 倍、3 倍、4 倍或更多倍。

2 倍壓電路

圖 2.123 的網路是半波 2 倍壓電路。當變壓器的電壓降在正半周時，二次側的二極體 D_1 導通（而二極體 D_2 則截止），此時電容 C_1 會充電到整流峰值電壓(V_m)。在此正半周期間內，二極體 D_1 理想來看是短路，輸入電壓對電容 C_1 充電，使 C_1 電壓達到 V_m，其電壓極性如圖 2.124a 所示。當變壓器二次側電壓在負半周時，二極體 D_1 截止而 D_2 則

導通,此時電容 C_2 充電。因為在負半周時,D_2 的作用如同短路(而 D_1 則為開路),可環繞外圈迴路,將電壓相加(見圖 2.124b):

$$-V_m - V_{C_1} + V_{C_2} = 0$$
$$-V_m - V_m + V_{C_2} = 0$$

由此可得
$$V_{C_2} = 2V_m$$

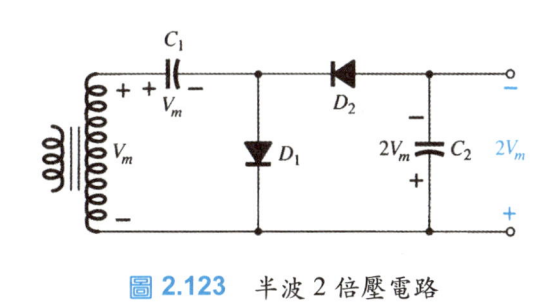

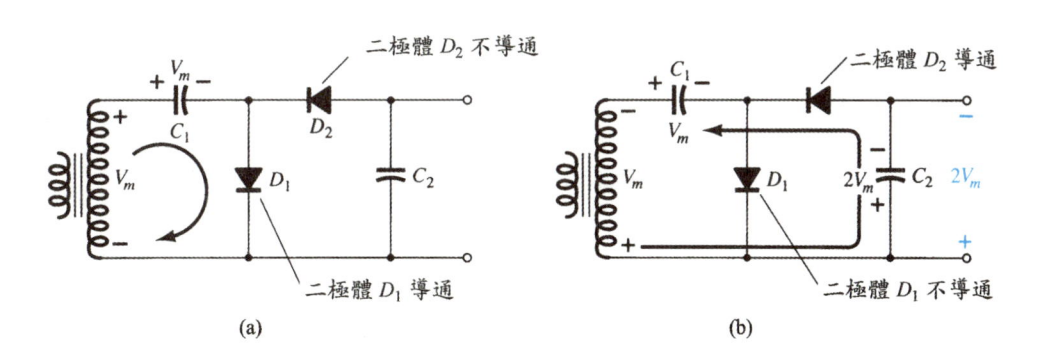

圖 2.123 半波 2 倍壓電路

圖 2.124 圖示每半周的工作,達成 2 倍壓:(a)正半周;(b)負半周

在下一個正半周,D_2 不導通,電容 C_2 會經負載放電。若電容 C_2 未並接負載,兩電容將不會放電,C_1 電壓維持在 V_m,而 C_2 電壓則維持在 $2V_m$。但如果有負載接到 2 倍壓器的輸出端(這是預期中的情況),則在輸入的正半周時電容 C_2 的電壓降會下降,但到了負半周時電容電壓又會回充電到 $2V_m$。電容 C_2 兩端的電壓波形,是經電容濾波器濾波之後的半波訊號波形,而每個二極體的最大反向電壓是 $2V_m$。

另一種 2 倍壓電路是圖 2.125 的全波 2 倍壓電路。在變壓器二次側電壓的正半周(見圖 2.126a),二極體 D_1 導通,電容 C_1 充電到峰值 V_m,此時二極體不導通。

而在負半周時(見圖 2.126b),二極體 D_2 導通,電容 C_2 充電,而二極體 D_1 則不導通。若電路無負載,不輸出電流,電容 C_1 和 C_2 的電壓降可維持在 $2V_m$。若電路有供應負載電流時,電容 C_1 和 C_2 的電壓波形,會和全波整流電路並接電容的輸出相同。但有一個差異，因 C_1 和 C_2 串聯，其有效電容值會小於單一個 C_1 或 C_2 的電容值。較低電容值所提供的濾波效果，會比單一電容濾波電路差。

每個二極體的最大反向電壓是 $2V_m$，這和濾波電容電路所得者相同。總之，半波或全波 2 倍壓電路可提供變壓器二次側峰值電壓的 2 倍電壓，不需用中間抽頭變壓器，且二極體的 PIV 額定僅 $2V_m$。

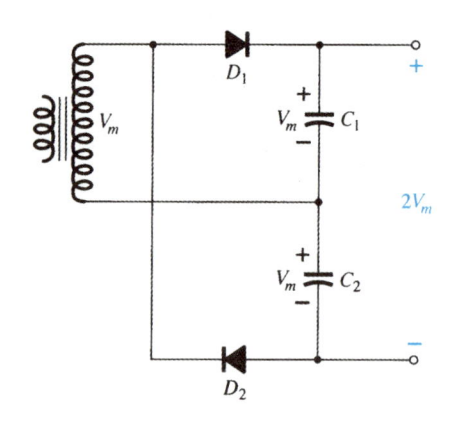

圖 2.125　全波 2 倍壓電路

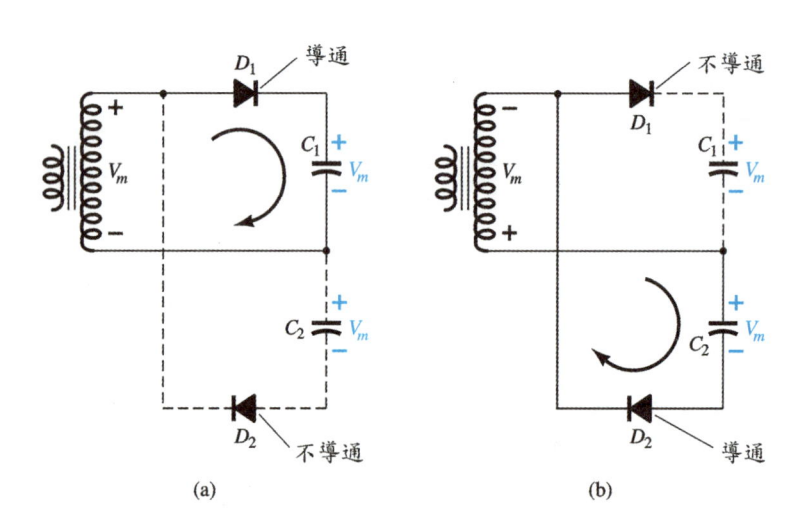

圖 2.126　全波 2 倍壓電路在兩個半波的工作

3 倍壓和 4 倍壓電路

圖 2.127 是半波 2 倍壓電路的延伸，可建立 3 倍和 4 倍於輸入峰值電壓的輸出電壓。顯然可從電路的接線型式看出，可再多接一些二極體和電容，就可產生 5 倍、6 倍、7 倍，甚至更多倍於基本峰值電壓(V_m)的輸出電壓。

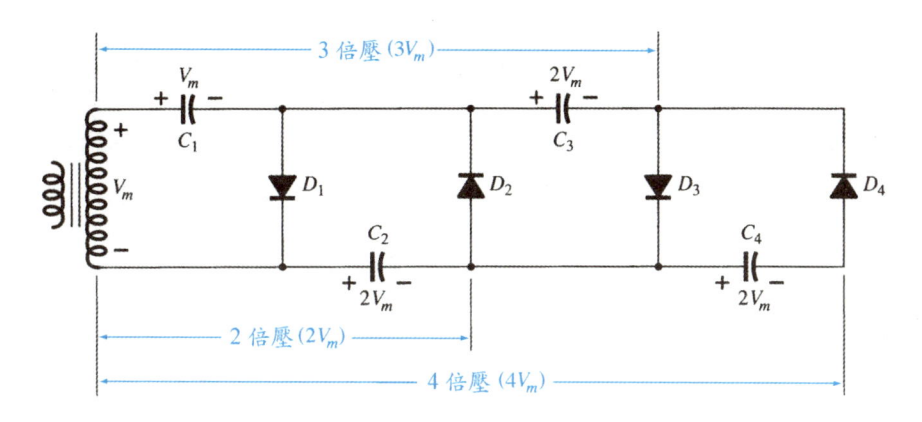

圖 2.127 3 倍壓和 4 倍壓電路

操作上，在變壓器二次側電壓的正半周，經二極體 D_1 對電容 C_1 充電到峰值電壓 V_m。而在變壓器二次側的負半周，由電容 C_1 的電壓降和變壓器的二次側電壓，相加後可將電容 C_2 充電到 2 倍峰值電壓 $2V_m$。

在正半周，D_3 導通，電容 C_2 的電壓會對電容 C_3 充電到相同的 $2V_m$ 峰值；而到了負半周，二極體 D_2 和 D_4 導通，電容 C_3 對電容 C_4 充電到 $2V_m$。

C_2 的電壓降是 $2V_m$，C_1 和 C_3 總和的電壓降是 $3V_m$，而 C_2 和 C_4 的總和電壓降是 $4V_m$。若新增一段二極體和電容，每個電容都會充電到 $2V_m$。從變壓器線圈的最上方起算（圖 2.127），電路可提供 V_m 的奇數倍電壓輸出。而自變壓器的最下方起算，則可提供峰值電壓 V_m 的偶數倍電壓輸出。

變壓器額定最大值僅 V_m，但電路中各二極體的 PIV（最大電壓）額定必定是 $2V_m$。若各電容的漏電流極微且負載小，就可用多段組合逐步建立極高的直流電壓。

2.13 實際的應用

二極體的實際應用範圍是如此之廣，所以要在同一節中考慮所有的選項幾乎是不可能的。但為了建立二極體裝置使用在現今電路上的認知和印象，以下要介紹一些更為普遍的應用領域，特別要注意到，二極體的應用已遠遠超過本章一開始所介紹的重要切換特性了。

整 流

電池充電器是一種普遍的家用設備，從小的手電筒電池到大容量的水性鉛酸電池都要用。因為全都要接到家裡的 120 V ac 插座，所以每一種充電器的構造都很相似。在每一種充電系統中都會包含變壓器，把交流電壓降低到適當大小，再建立直流電壓。二極體（也稱為整流子）也一定要安排在系統中，以便把隨時間變化的交流電壓轉換成固定的直流電壓位準，如本章之前介紹的。某些直流充電器也包括穩壓器，以提供較穩定的直流電壓（較不易受時間或負載變化的影響）。因為在這些充電器中，車用電池充電器是最普遍者，將在以下幾段作介紹。

Sears 6/2 AMP 手動充電器的外觀和內部結構見圖 2.128。注意在圖 2.128b 中，和大部分的充電器一樣，變壓器占據了內部空間的大部分。機殼內多餘的空間和殼上的孔洞，是因為電路上的電流產生熱能，為確保熱能散出所作的設計。

圖 2.129 的電路圖包括充電器所有的基本元件，先注意到，從插頭引入的 120 V 交流電，直接加到變壓器的一次側。充電速率可選擇 6 A 或 2 A，由開關決定，針對不同的充電速率，可利用不同的一次側線圈匝數來控制。若電池是用 2 A 充電，就使用整個一次側線圈，此時一次側對二次側的匝數比達到最大。若採用 6 A 充電，就使用較少的一次側線圈匝數，因此匝數比會下降。當你研究變壓器時會發現，一次側電壓和二次側電壓的比值直接等於**匝數比**。若一次側對二次側的匝數比下降，則一次側對二次側的電壓比也會下降。若二次側的匝數超過一次側的匝數時，會有相反的效應發生（即二次側電壓會超過一次側電壓）。

就 6 A 的充電速率，一般的波形見圖 2.129。注意到，一次測和二次側交流電壓的波形相同，唯一的差異是峰值（最大值）。二極體產生作用，將平均值為 0（時間軸上的波形面積等於軸下的波形面積）的交流波形轉換成有平均值的波形（波形都在時間軸之上）。現在要記得，二極體是一種只能流通單向電流的半導體電子裝置，流通電流方向即二極體電路符號的箭號方向。雖然二極體作用所產生的波形的形狀類似脈波，最大值約 18 V，即使超出電池電壓相當多，但仍可對 12 V 電池充電，見圖中陰影部分所示。當電壓低於 12 V 時，電池不會放電回充電網路，因為二極體只允許流通單向電流。

特別要注意到，在圖 2.128b 中有一塊大板，整流子（二極體）組態的電流會通過此塊大板流到電池的正端，這塊大板的主要作用是作為二極體組態的**散熱片**（幫助熱量散布到空氣中）。如果沒有散熱片，二極體組態可能因大電流產生的高熱而燒融毀壞。圖 2.129 中的每一個元件，在圖 2.128b 中都仔細標記以供參考。

先以 6 A 的速率對電池充電，電池實際上吃的電流有可能上升到 7 A 或幾乎 8 A，這會顯示在充電器面板的電流計上。當電池逐漸充飽時，電流值會逐漸下降，降到 2 A 或 3 A。像這樣的充電器一般不會自動停止充電，因此當電池充飽電流值足夠低時，將電池和充電器之間斷路是很重要的，否則電池會因過度充電而損壞。電池若僅餘 50% 的電壓時，可能需要 10 小時的時間充電，此時不應期待只需 10 分鐘的充電時間。另外，如果電池的特性很差，沒電時的電壓特別低，會使起始充電電流過高，充電器將很難設計。為保護過電流的情況，過電流發生時斷路器會開路並停止充電程序。因為充電器會出現高電流值，所以在用充電器時要仔細閱讀說明書。

嘗試比較一下理論與實際的差異，將負載（如車前燈）接到充電器，觀察實際的輸出波形。很重要需注意並記得，**當二極體的流通電流為零時無法顯現它的整流能力**。易

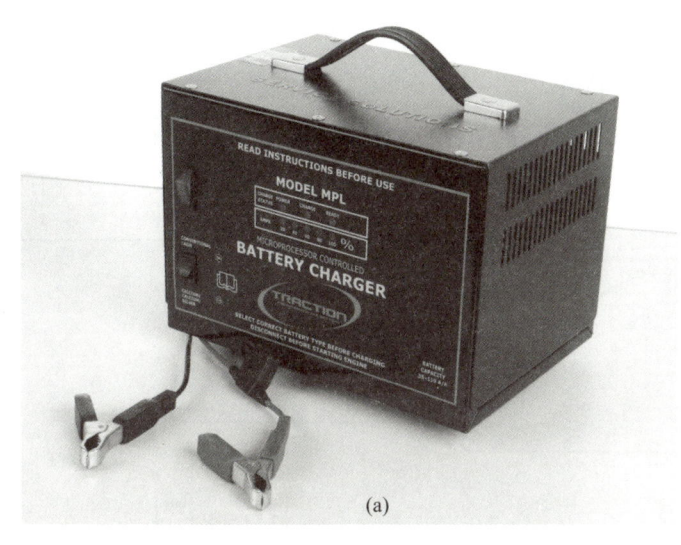

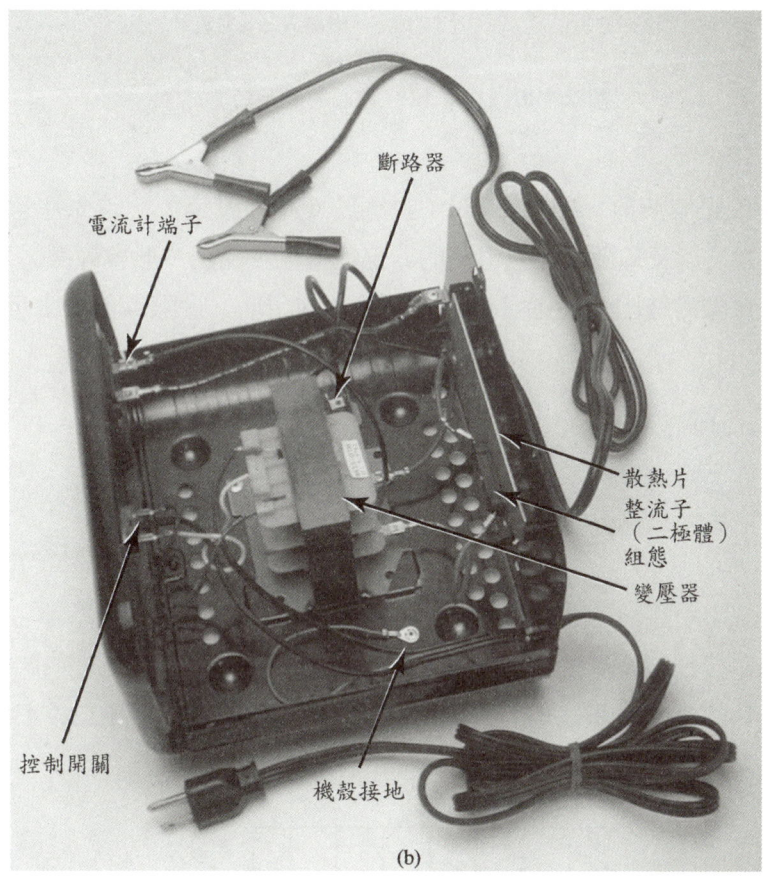

圖 2.128 電池充電器：(a) 外觀（©Studio 8 / Pearson Education Ltd）；(b) 內部構造

言之，除非把負載加到系統並使二極體流通電流，圖 2.129 充電器的輸出將無法出現整流訊號。回想二極體的特性，二極體導通卻沒有電流時，對應於 $I_D=0$ A 且 $V_D=0$ A。

用車前燈作負載時，二極體流通足夠大的電流，使二極體的操作像一個開關，可將

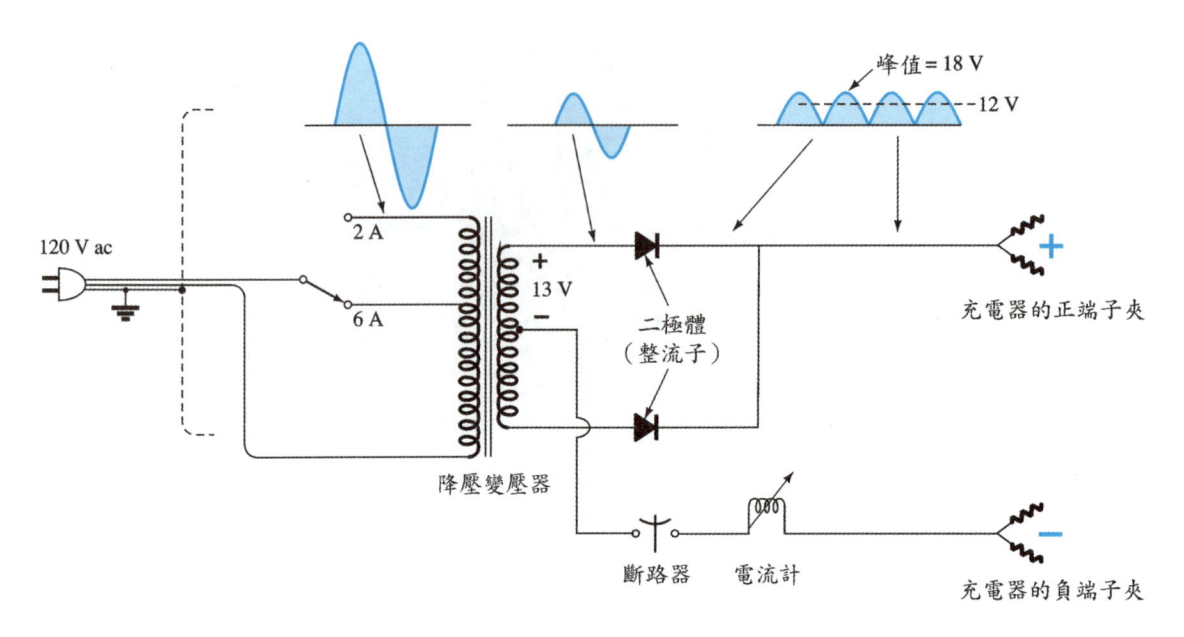

圖 2.129 圖 2.128 電池充電器的電路圖

交流波形轉換成脈波波形，如圖 2.130（對應於 6 A 的設定）。首先注意到，由於變壓器的非線性特性，以及二極體在低電流的非線性特性，輸出波形會輕微失真。和圖 2.128 的理論相比，實際的輸出波形確實蠻接近理論上的預期。實際峰值可由示波器的垂直靈敏度決定，即

$$V_{峰值} = (3.3\ 格)(5\ V/格) = 16.5\ V$$

且直流值為

$$V_{dc} = 0.636 V_{峰值} = 0.636(16.5\ V) = 10.49\ V$$

用直流電壓表並接負載，測得電壓 10.41 V，非常接近理論的平均（直流）值 10.49 V。

人們可能會問，充電器輸出的直流值只有 10.49 V，何以能對 12 V 的電池充電，且

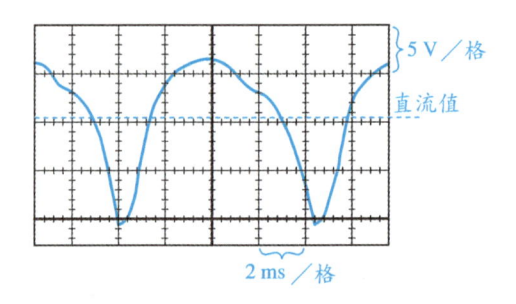

圖 2.130 圖 2.129 的充電器用車前燈作負載時的輸出脈波響應

充電到 14 V 的典型值？如圖 2.130 所示，很簡單可了解到，當充電器輸出脈波的電壓高於 12 V 時，充電器就會對電容充電，這種程序稱為**間歇充電**(trickle charging)。易言之，不是整個周期都在充電，只有當充電電壓高於電池電壓時才會充電。

保護電路組態

可以用二極體以各種不同的方式保護元件和系統，使其免於過電壓或過電流，避免極性接反，電弧和短路等，太多太多。在圖 2.131a 中，簡單 RL 電路上的開關閉路，電流會逐漸上升到一定值，此電流值由外加電壓和串聯電阻 R 決定，如圖所示。當開關突然開路時會出現問題，這等於告訴電路，電流幾乎必須瞬間降為 0，如圖 2.131b 所示。但從基本電路理論知，電感不允許線圈電流的瞬間變化，因此產生了衝突，這會在開關的兩接點之間形成電弧，因線圈在短時間內仍須維持電流以釋放磁能。也要回想到，電感的電壓降和線圈電流對時間的變率成正比（$v_L = L\, di_L/dt$）。當開關開路時，等於是要求電流幾乎在瞬間之內變化，會在線圈上產生很高的電壓降，此極高電壓會反映在開關的兩極接點之間，因而建立電弧電流。接點兩端所建立的電壓可能高達數千伏特，若沒有立即消退，就會損壞接點和開關。這種效應稱為"電感性抵抗"。注意到，線圈在充磁過程中的電壓極性和在消磁過程中的極性相反，這是因為在開關開路的前後，電流必定維持相同方向所造成。在充磁過程中，線圈是負載，而在消磁過程中，線圈則是電源。因此，一般而言，一定要記住：

> 若試圖過快地改變電感性元件的電流，可能導致電感性抵抗，而損壞周遭元件或系統本身。

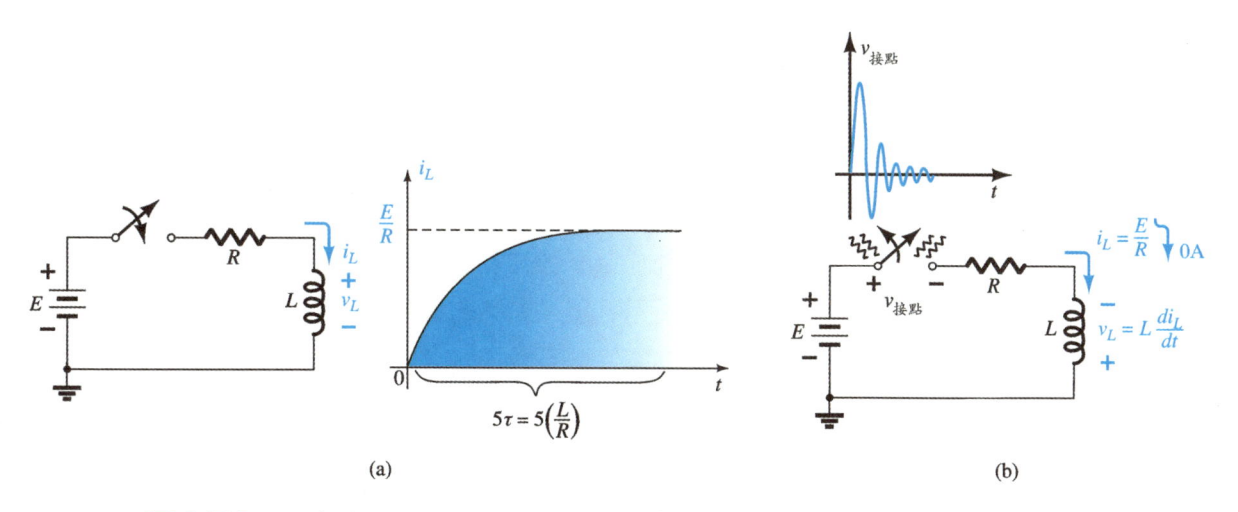

圖 2.131 (a) 簡單 RL 電路的暫態；(b) 和 RL 電路串聯的開關開路時所產生的電弧

130　電子裝置與電路理論

在圖 2.132a，以上的簡單網路可用來控制繼電器的動作。當開關閉路時線圈激磁，可建立穩態電流值。但當開路時網路會失去能量，此時電磁控制的繼電器的作用有如上述的線圈，因此也會出現上述的電弧問題。保護這種開關系統的最便宜也最有效的方法，是將電容（也稱為 "緩震器"）並接在線圈的兩端。當開關開路瞬間，電容的作用有如短路，提供線圈電流的流通路徑，使線圈電流不會流經直流電源和開關。由於湧浪電壓的高頻特性（見圖 2.132b），使電容呈現短路（極低電阻）的特性。回想到，電容的電抗由 $X_C = 1/2\pi fc$ 決定，所以當頻率愈高時，電容對應的電阻值就愈小。一般會選用可耐高湧浪電壓且成本較低的陶瓷電容，電容值約 $0.01\ \mu F$。不要用大電容，大電容會減慢電容電壓的建立速度，電容串聯 $100\ \Omega$ 的電阻，用來限制開關開路瞬間的最大湧浪電流值。若所有線圈較細，匝數也多，則線圈的內阻已足夠大，就不需要另外再串聯電阻。有時也會發現在開關兩端跨接電容，如圖 2.132c，在此情況下，電容在高頻之下的短路特性，使開關兩端接點避開高電壓高電流，因而延長了壽命。回想到，電容的電壓降不會瞬間變化。因此，一般而言，

和電感性元件或開關並聯的電容，其作用常作為保護元件，而非典型的電容性元件。

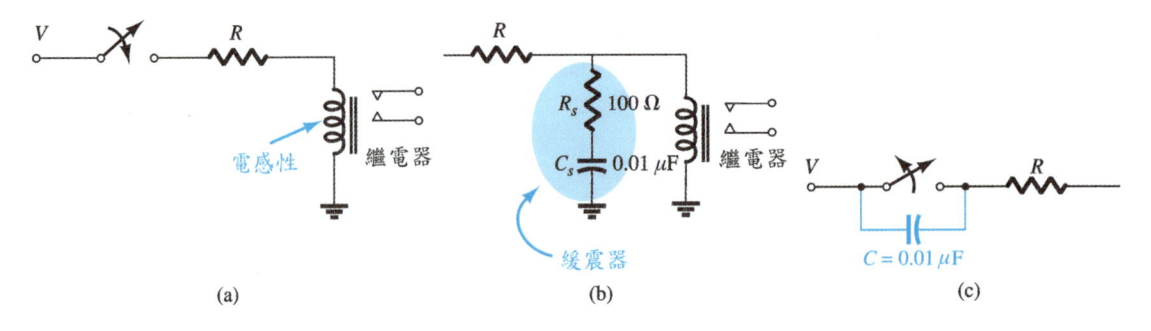

圖 2.132　(a)繼電器的電感性特性；(b)用緩震器保護(a)中的電路；(c)用電容保護開關

最後，上述情況也常用二極體作保護裝置，例如在圖 2.133 中，二極體和繼電器組態中的電感性元件並聯。當開關開路或外加電壓源突然消失時，線圈兩端出現的電壓極性會使二極體導通，導通電流方向如圖所示。現在電感的導通路徑會經由二極體，而不會經過電源和開關，因而保全了電源和開關使其不致損毀。因為建立在線圈上的電流，現在直接切換到二極體，因此二極體必須能容納開關開路之前線圈上的**相同電流值**。之後電流的下降速度是由線圈和二極體的電阻所控制，也可以多放一個電阻和二極體串聯，讓電流的下降速度更快。二極體組態優於緩震器之處，在於二極體的操作不受頻率影響。但如果外加電壓是屬於交流電，如弦波或方波，因二極體有整流性，只能單向導電，此時二極體就無法提供保護作用。所以對於交流系統，"緩震器" 才是最佳選擇。

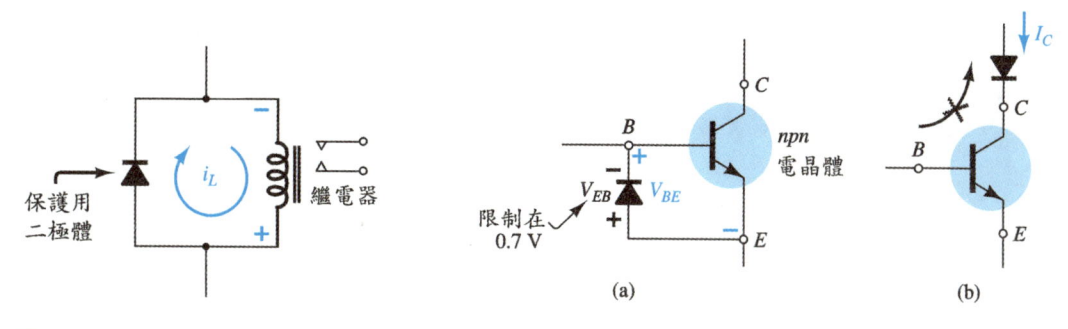

圖 2.133 用二極體保護 RL 電路

圖 2.134 (a)二極體提供電晶體基極射極逆偏電壓的限壓保護；(b)二極體提供集極電流的不逆流保護

在下一章，我們會發現電晶體的基極射極接面是順偏，也就是圖 2.134a 的電壓 V_{BE} 約正 0.7 V。為避免射極腳位的電位高於基極腳位太多，而損壞電晶體，因此加上一個二極體，如圖 2.134a 所示，此二極體可避免逆偏電壓 V_{EB} 超過 0.7 V。有時也會發現二極體和電晶體的集極腳位串聯，如圖 2.134b。電晶體正常在作用區工作時，集極電位會高於基極和射極，所建立的集極電流方向如圖所示。但若發生射極或基極電位高於集極時，二極體可阻止產生反方向的導通電流。因此，一般而言，

> 二極體常用來避免兩端之間的電壓高過 0.7 V，或用來阻止某特定方向的導通。

如圖 2.135，二極體常用在系統的輸入端，如運算放大器以限制外加電壓的擺幅。對 400 mV 的訊號大小而言，訊號可不受干擾的通過運算放大器的輸入端。但若電壓跳到 1 V 時，最正和最負峰值會被截掉，才會進入運算放大器的輸入端，被截掉的電壓則落在串聯電阻 R_1 上。

圖 2.135 的控制（限壓）二極體的接法，也可如圖 2.136 所示，此電路在控制（限制）運算放大器輸入端的訊號。在此畫法中，二極體的作用更像波形整型元件，而不像圖 2.135 的限壓元件。但重點是

> 元件放的位置可以改變，但其功能仍然相同。不要期望每一個網路的畫法都和你第一次看到的完全一樣。

因此，一般而言，不要老是假定只能用作開關。二極體作為保護和限制裝置，有非常廣泛的用途。

極性保險

有很多電路對外加電壓的極性非常敏感，例如在圖 2.137a 中，現在假定這是一種很昂貴的設備，極易受錯誤的外加電壓所損壞。正確的外加電壓在第 2 圖，即圖 2.137b，因此二極體逆偏，系統可工作良好，二極體不產生任何影響。但如果外加電壓極性是錯

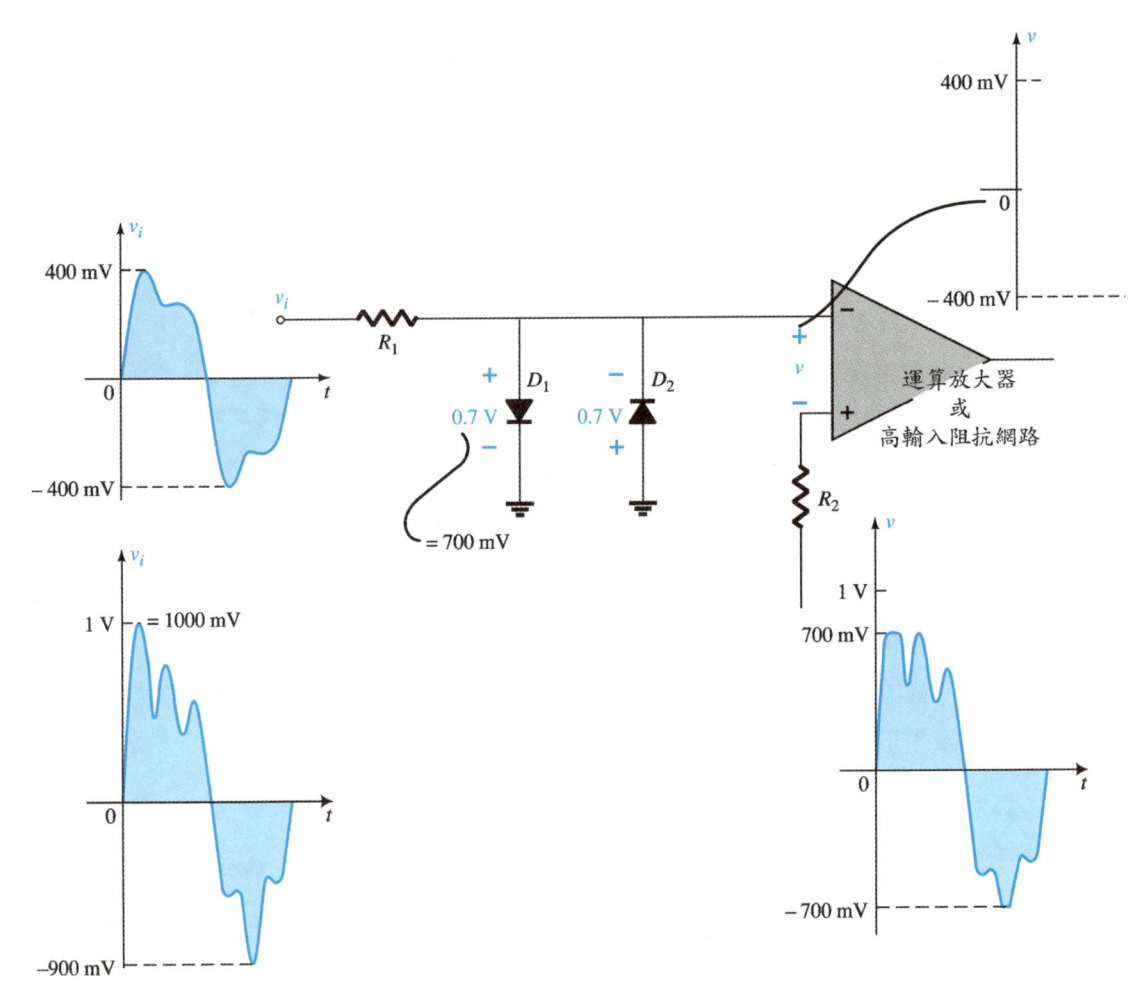

圖 2.135 用二極體控制運算放大器或高輸入阻抗網路的輸入擺幅

的，如圖 2.137c，二極體會導通，並確保系統兩端的電壓降不會超過 0.7 V，以保護系統，使其不受過大反向電壓的破壞。無論是那一種極性，外加電壓和負載（或二極體）之間的電壓差會落在串聯電源（或網路）的電阻上。

圖 2.138 是靈敏的動圈式電流計，它無法承受高於 1 V 以上錯誤極性的電壓。採用這種簡單設計，此靈敏電流計可避開 0.7 V 以上的錯誤極性的電壓。

可控的電池備用電力系統

在許多情況下，系統應該要有備用電源，以確保系統在失去電力時仍能運轉。這對安全和照明系統特別是如此，在失去電力時仍必須維持運作。當系統像是計算機或收音機沒有接到交流對直流功率轉換電源，而成為行動裝置時，電池備用電力也很重要。在圖 2.139 中車用收音機一旦自車上取下，就會切斷 12 V 直流電源，此時在收音機後背處體積很小的 9 V 電池備用系統就會動作，以保存時鐘模式以及儲存在記憶體中的頻道。

第 2 章 二極體的應用 133

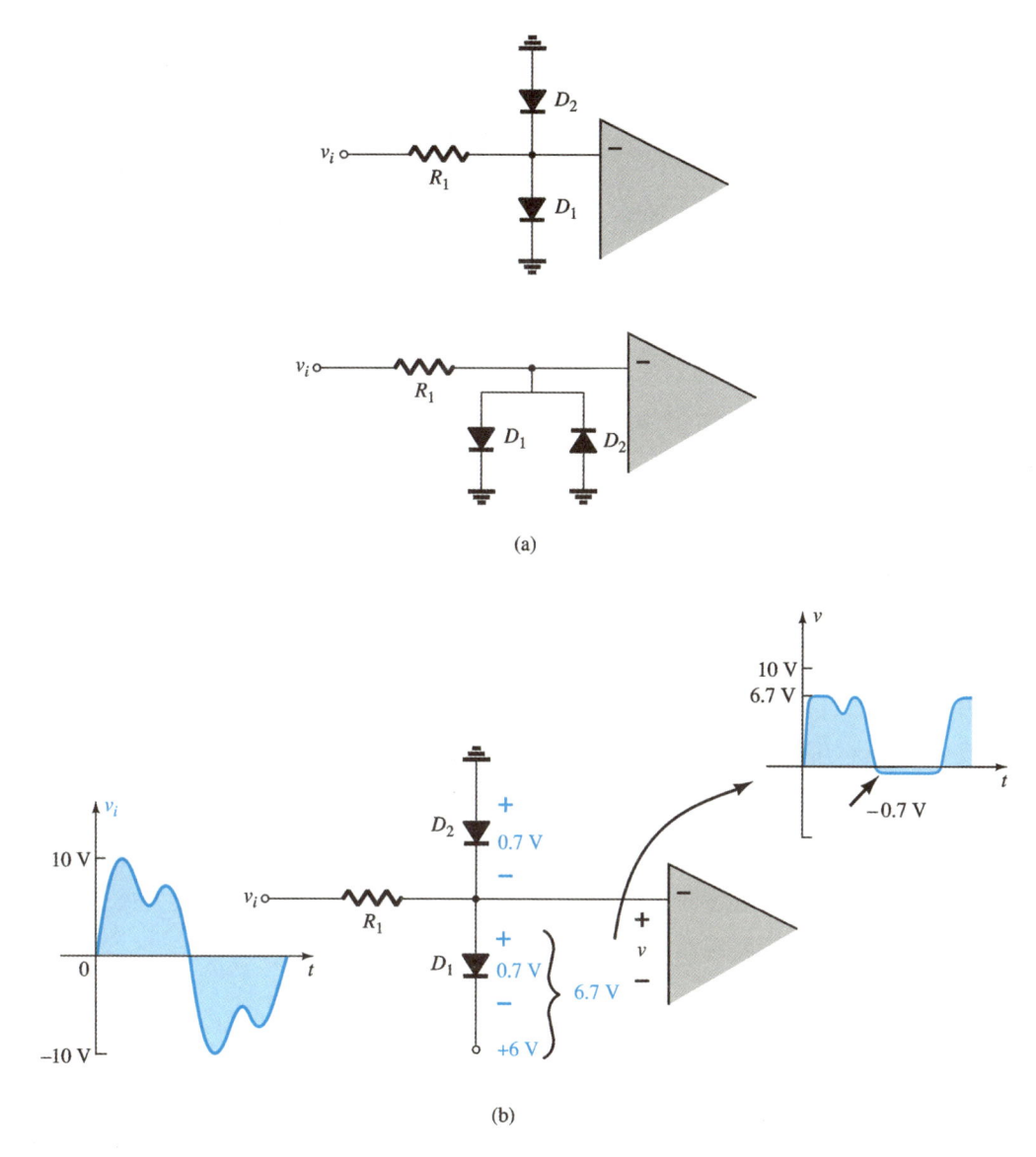

圖 2.136 (a)圖 2.135 網路的另一種畫法；(b)用不同的直流電源建立不同的控制（限制）值

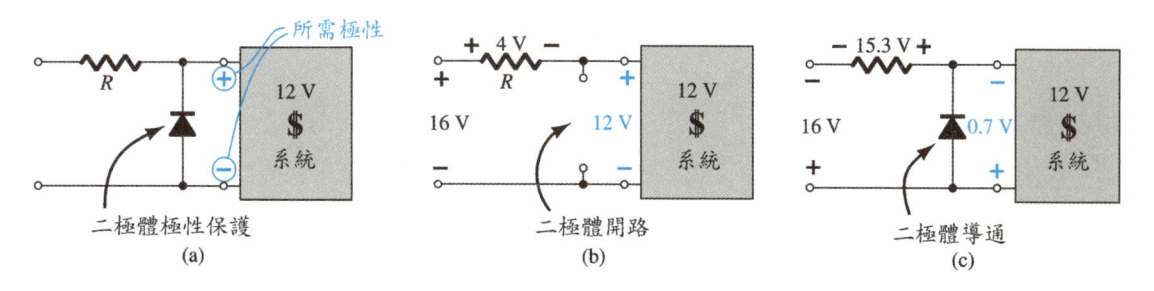

圖 2.137 (a)昂貴敏感性設備的極性保護；(b)正確的外加極性；(c)錯誤的外加極性

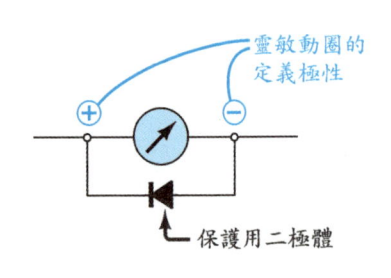

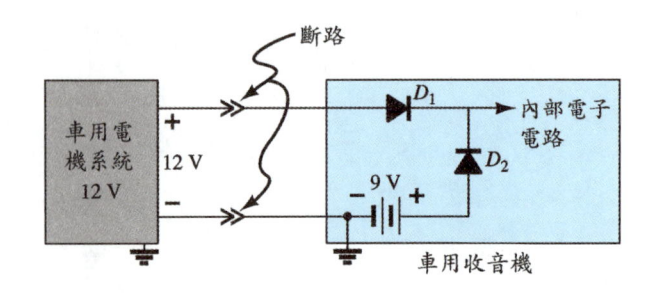

圖 2.138 高靈敏動圈式電流計的保護

圖 2.139 為避免車用收音機自車上取下時記憶喪失所設計的備用系統

當汽車可供應 12 V 的電力時，D_1 導通且收音機的輸入電壓約 11.3 V，D_2 則逆偏開路，收音機內的 9 V 電池也不會供電。但當收音機自車上取下時，因失去 12 V 電池，使 D_1 無法再順偏導通，但 9 V 電池則使 D_2 順偏，收音機會持續得到 8.3 V 的電力，以維持原已設定好的記憶資料，如時鐘和頻道選擇等。

極性檢測器

利用不同顏色的 LED，可運用圖 2.140 的簡單網路來檢測直流網路上任意點的極性。當外加 6 V 的極性如圖上所示時，D_1 和 LED1 會一起導通，而亮綠燈，此時 D_2 和 LED2 逆偏截止。但如果輸入極性相反，D_2 和 LED2 會導通而亮紅燈，表示檢測器的上端接腳是接到負電位。可發現，即使沒有 D_1 和 D_2 網路也能工作。但一般而言，LED 因摻雜過程建立了對逆偏電壓的高敏感性，LED 不宜承受較大逆偏。二極體 D_1 和 D_2 提供逆偏時的串聯開路條件，某種程度保護了 LED。

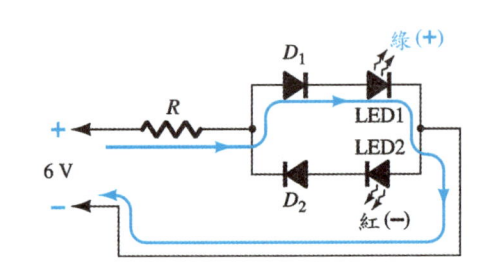

圖 2.140 用二極體和 LED 作極性檢測器

顯示器

在出口處使用電燈泡作指示燈，有許多值得關切的問題，例如壽命有限（常需更換）、對熱、火等敏感、耐用性不好（易遭撞擊破壞）、需要高電壓、高功率等。因此，更常用 LED 來提供更長的壽命、更高的耐用性、更低的供電電壓和功率（特別是當使用直流電池備用電力的時候）。

在圖 2.141 中，控制網路可決定 EXIT 何時點亮，點亮時整串 LED 都會導通，所以

EXIT 指示燈完全亮。顯然，若有一個 LED 燒壞而開路，則整串燈都會滅掉。可以在每兩點之間並聯兩個 LED，即可改善上述情況，因此萬一損壞一個，仍然有另一並聯 LED 可以導通。當然，二極體並聯後會使每個 LED 流通的電流降低，但兩個較低電流所產生的總亮度，和單一個但電流 2 倍的 LED 所產生的亮度相當。儘管外加電壓是交流電，意即二極體的切換頻率是 60 Hz（因輸入電壓以 60 Hz 正負來回變化），但 LED 發光的持續性可提供指示燈穩定的亮度。

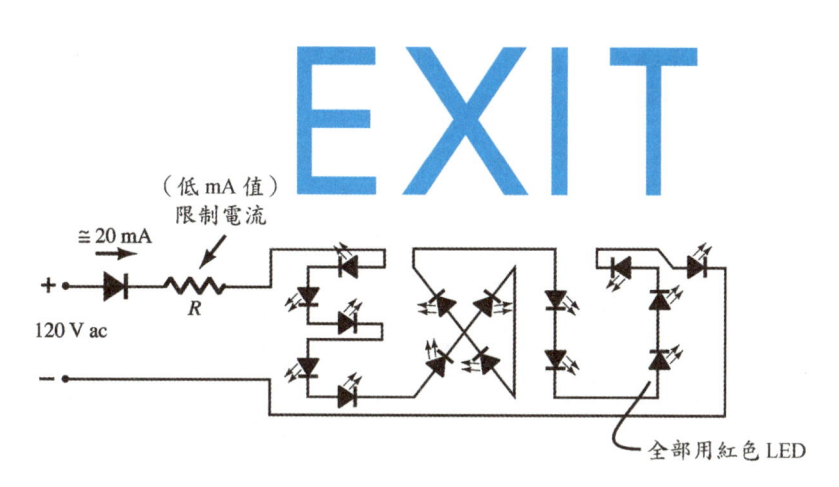

圖 2.141 用 LED 顯示 EXIT

設定參考電壓值

二極體和齊納二極體可用來設定參考電壓值，如圖 2.142。此網路利用兩個二極體和一個齊納二極體，可提供三種不同的電壓位準。

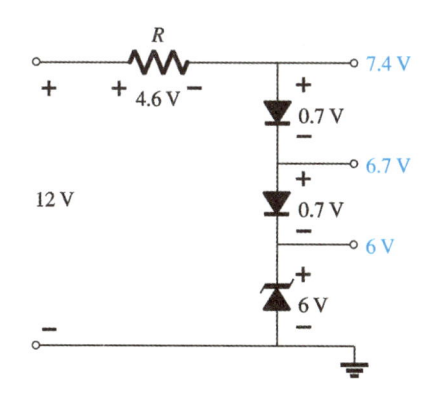

圖 2.142 用二極體提供不同的參考位準值

建立不受負載電流影響的電壓位準

考慮圖 2.143a 的情況,這個例子清楚說明在分壓器網路中電阻和二極體的差異。電路中的負載需要約 6 V 才能正常工作,而現成的電池是 9 V。現在我們假定負載的內阻是 1 kΩ,利用分壓定律,可以很容易決定串聯電阻應為 470 Ω(市面上可找到此電阻值),如圖 2.143b。結果是負載電壓為 6.1 V,對大部分的 6 V 負載而言,這是可接受的情況。但如果負載的條件變化,比如負載的內阻現在變為只有 600 Ω,負載電壓將會降到 4.9 V,系統將無法正常工作。可以用四個串聯二極體和負載接起來,使負載電壓不受負載電阻的影響,如圖 2.143c。當四個二極體都導通時,負載電壓約 6.2 V,和負載阻抗無關(當然阻抗值會在裝置本身的限制範圍內)——去除了負載特性變化對負載電壓的影響。

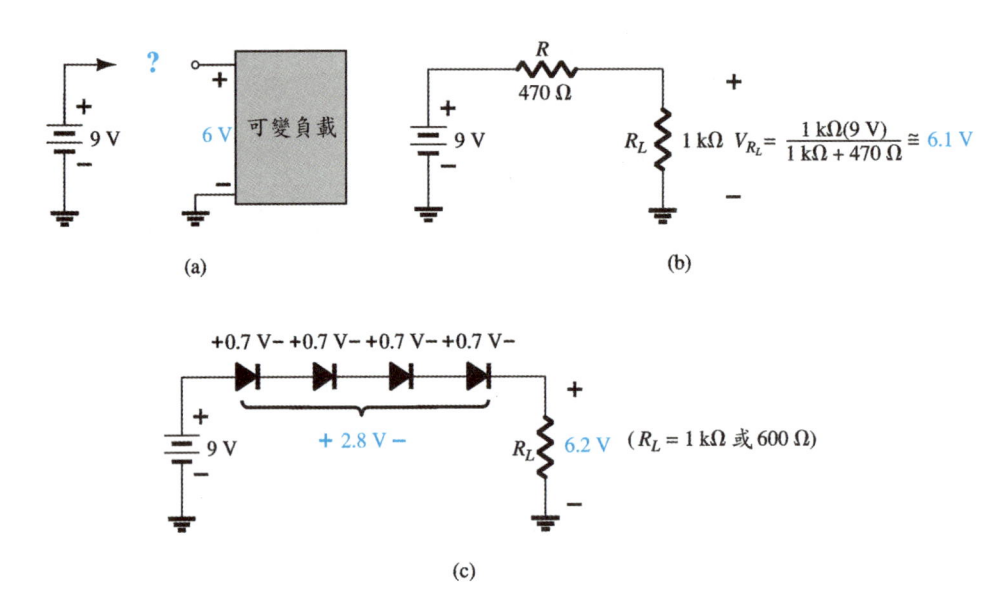

圖 2.143 (a)如何用 9 V 電源推動 6 V 負載;(b)用固定電阻;(c)用一組串聯二極體

交流穩壓器和方波產生器

兩個背對背的齊納二極體也可用作交流穩壓器,如圖 2.144a。對弦波輸入 v_i 而言,$v_i = 10$ V 瞬間對應的電路情況見圖 2.144b,每個二極體的工作區也顯示在相鄰的圖上。注意到,Z_1 在低阻抗區,而 Z_2 的阻抗則很大,對應於開路。結果是當 $v_i = 10$ V 時 $v_o = v_i$,在 v_i 到達 20 V 之前,輸出和輸入都可維持相等。當 v_i 到達 20 V 時 Z_2 會"導通"(崩潰),而 Z_1 仍維持在順向導通區,其阻值和串聯電阻 5 kΩ 相比很小,可忽略不計。v_i 全範圍所產生的輸出見圖 2.144a,注意到波形不全然是弦波,且其有效值會低於原輸入訊號(峰值 22 V 的弦波)的有效值(rms 值)。此網路有效限制了既有電壓的有效值。

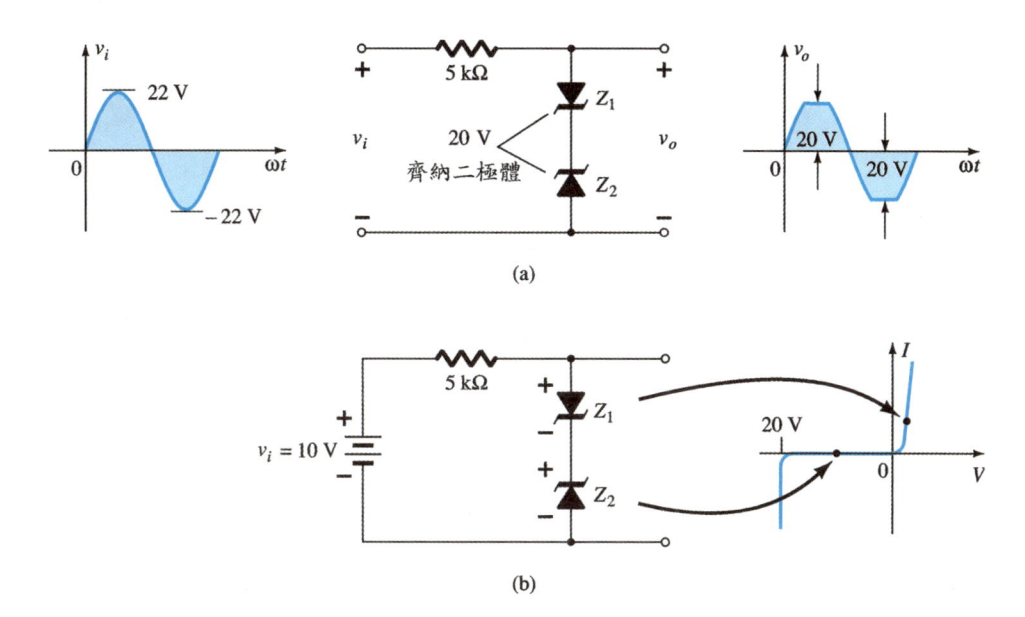

圖 2.144 弦波交流穩壓：(a) 40 V 峰對峰弦波交流穩壓器；(b) $v_i = 10$ V 時的電路工作

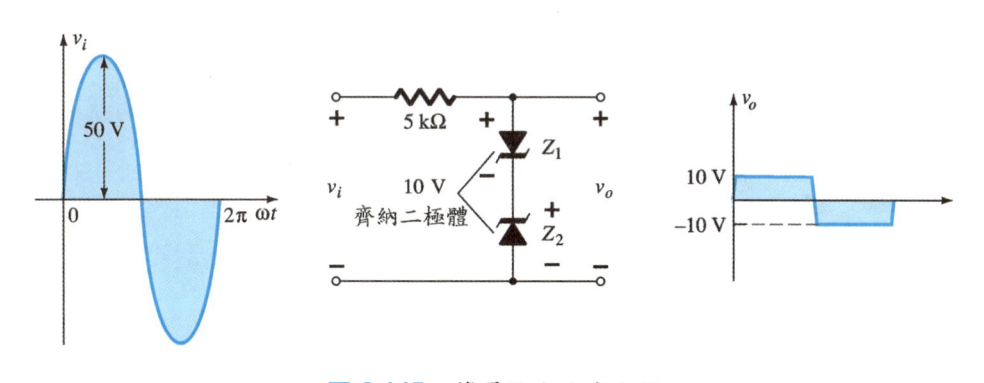

圖 2.145 簡單的方波產生器

圖 2.144b 的網路可擴展為簡單的方波產生器（由於截波作用），如訊號 v_i 的峰值增加到 50 V，且用 10 V 的齊納二極體，可得到類似方波的輸出波形，見圖 2.145。

2.14 總　結

重要的結論與概念

1. 裝置的特性不會因所應用的網路不同而**改變**，網路只是決定裝置的工作點。
2. 網路的工作點是由網路方程式和裝置特性方程式的**交點**決定。
3. 對大部的應用而言，二極體特性可簡單由順偏區的**臨限電壓**決定，外加電壓低於臨限電壓時二極體在開路狀態。

4. 為決定二極體的狀態，可**先將二極體看成是電阻**，找出其上電壓降的極性以及其上電流的方向。若電壓極性是順偏，其上**電流方向和電路符號的箭號方向一致**，二極體就會導通。

5. 為決定用在邏輯閘中二極體的狀態，可先對二極體的可能狀態作**合於學理的猜測**，再**驗證假定**。若假設不正確時，修正猜測再嘗試，直到分析結果完全驗證成立為止。

6. 整流程序是將**零平均值**的外加波形，變成具有**直流位準**的波形。若外加訊號超過好幾伏特，一般可用理想二極體模型作近似分析。

7. 當選擇二極體作特定應用時，檢查二極體的 PIV 額定很重要的。只要決定二極體在**逆偏條件**之下的**最大電壓**，再用此值和二極體規格上的 PIV 值比較即可。對典型的半波和全波橋式整流子而言，PIV 值就是外加訊號的峰值。而對 CT（中間抽頭）變壓器全波整流器而言，PIV 值是峰值的 2 倍（可達很高）。

8. 截波電路可"**截掉**"外加訊號的一部分，產生特定形式的訊號，或者限制外加到網路的訊號範圍。

9. 拑位電路可將輸入訊號"**拑制**"到另一個不同的直流位準，且在任何情況下，外加訊號的峰對峰擺幅會維持不變。

10. 齊納二極體有效應用了普通 p-n 接面特性的**齊納崩潰電位**，此種裝置非常重要且應用廣泛。對齊納二極體的導通（崩潰）而言，其電流方向**和電路符號的箭號方向相反**，導通時的電壓極性也和一般二極體導通時的**電壓極性相反**。

11. 為決定齊納二極體在直流網路中的狀態，只需假想將齊納二極體自網路中取走，並求出原齊納二極體兩端的**開路電壓**，若開路電壓值**超過齊納電位且電壓極性正確**，則齊納二極體會在"導通"狀態。

12. 半波或全波 2 倍壓電路會用到兩個電容，3 倍壓電路會用到三個電容，而 4 倍壓電路則用到四個電容。事實上，每種倍壓電路的二極體數目都等於電容的數目。

方程式

近似： 矽：$V_K = 0.7$ V；I_D 由網路決定。

鍺：$V_K = 0.3$ V；I_D 由網路決定。

砷化鎵：$V_K = 1.2$ V；I_D 由網路決定。

傳導： $V_D = V_K$

理想： $V_K = 0$ V；I_D 由網路決定。

半波整流電路： $V_{dc} = 0.318 V_m$

全波整流電路： $V_{dc} = 0.636 V_m$

2.15 計算機分析

Cadence OrCAD

串聯二極體電路組態　在上一章，我們已建立好 OrCAD 16.3 資料夾，可置放將要作的計畫。這一節要定義我們的計畫名稱，建立所要執行的分析軟體，描述如何建構一個簡單電路，最後並執行分析。因為這是第 1 次接觸到此套裝軟體的操作機制，涵蓋範圍會相當廣。在以後的章節你會發現，分析的執行速度非常快，所得結果也可和一步一步計算所得者互相驗證。

在螢幕上的圖示選項 **OrCAD 擷取 CIS 展示版** 上點擊兩次，或利用以下順序 **開始 – 所有程式 – Cadence – OrCAD 16.3 展示版**，啟始第 1 個計畫。螢幕上方出現工具列，有幾個動作鍵。最左邊是 **產生文件鍵**（或利用以下順序 **檔案 – 新增 – 計畫**），選擇此鍵會得到 **新增計畫對話框**，必須鍵入計畫名稱。我們的目的是要選擇 **OrCAD 2-1**，如圖 2.146 的標題所示。選取 **類比或混合 A/D**（可適用於本書的所有分析），注意到，對話框下位置出現 **C:\OrCAD 16.3**，同先前的設定。點擊 **OK**，出現另一對話框，名為 **建立 PSpice 計畫**，選取 **建立空白計畫**（本書中所有分析皆如此），點擊 **OK**，沿著附加工具列開啟附加鍵。**計畫管理視窗** 出現，以 **OrCAD 2-1** 為標題。新計畫列有圖示選項，並有 + 號在一小方框內。點擊 + 號會使計畫列進一步到 **SCHEMATIC1**，再點擊 + 號（SCHEMATIC1 的左邊）會出現 **PAGE1**，若點擊 – 號則會退回前一步。對 **PAGE1** 點擊兩次，會產生工作視窗，名為 **SCHEMATIC1: PAGE1**。可發現，一個計畫可以有一個以上的電路圖檔，和一個以上的相關頁。可抓住視窗邊緣以調整視窗的寬度和高度，游標出現雙箭頭時即可拉動邊界。點擊螢幕上任一視窗頂部標題，使其呈暗藍色，即可拉動視窗到任意位置。

現在我們準備好建立圖 2.146 的電路，選取 **置放零件鍵**（在最右垂直工具列的最上面，此工具列看起來像右下角有 – + 號的 IC），可得 **置放零件對話框**。因為這是第 1 個要建構的電路，要確保零件出現在活動零件庫中。到 **零件庫**，選取 **加入零件庫鍵**（看起來像虛線矩形框，有一黃星在左上角），會產生一 **瀏覽檔**，可以選取其內的 **analog.olb**，接著再用 **開啟**，將零件置放到零件庫的活動列中。重複上述程序，加入 **eval.olb** 和 **source.olb** 零件庫。本書中出現的電路都需要這三個零件庫來建構，很重要需理解以下事實：

> 一旦選取了零件庫檔，這些零件庫在每個新計畫建立時都會出現，無需每次重新選取加入，只要建立一次，如同建立資料夾的程序，不必每個計畫重新做一遍。

點擊對話框右上角的小×，即可清除**置放零件**對話框。現在可以將零件置放在螢幕上。對直流電壓源而言，先選取**置放零件**鍵，再從資料庫活動列選取**電源**。在**零件**列下會出現一列可用電源，此計畫要選 **VDC**，一旦選到 **VDC**，其符號、標註和數值會出現在對話框左下的圖案視窗內，點擊對話框最上的**置放零件**鍵，**VDC** 電源會隨著游標在螢幕上移動，將其移動列適切處，點擊滑鼠左鍵，即固定位置，如圖 2.146 所示。

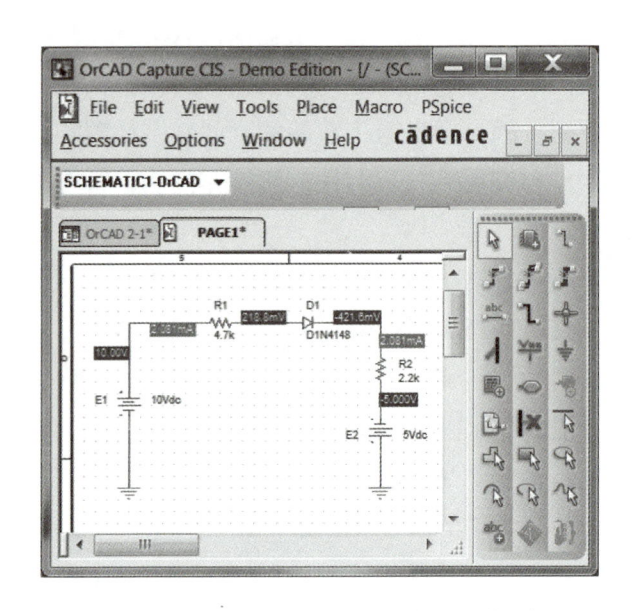

圖 2.146　Cadence OrCAD 分析串聯二極體電路

因圖 2.146 中尚有第 2 個電源，同樣利用游標將電源移到所要區域，再點擊固定。因為這是此網路中最後一個電源，點擊滑鼠右鍵，再選擇**結束模式**，選擇此選項可結束程序，最後一個電源會留在紅色虛線框內，紅色代表仍處於活化狀態，需要時仍可再用。若再點擊一次滑鼠，第 2 個電源會歸位且清除紅色活化狀態。第 2 個電源要旋轉 180° 以符合圖 2.146，這可以先點擊該電源一次使其活化（出現紅色虛線框），再選擇**旋轉**，因每一次旋轉只有 90°，故要用兩次旋轉，也可利用鍵盤鍵入 **Ctrl-R** 達成旋轉操作。

程序中最重要的一步是定義網路的 0 V 接地，使網路中任意點的電壓有了參考點。這是每一個網路都必須定義接地點的結果。為達此目的，當選擇**接地**鍵時就要選用 **0／電源**選項，這可確保電源的其中一腳位定義成 0 V。接地可用如下方法得到，選取最右工具列中間的接地符號，可得**置放接地**對話框，向下捲，看到 **0／電源**，選取之並點擊 **OK**，結果是可將接地置放到螢幕的任意位置。如同前述之電壓源，只要從一點到另一點，可加入數個接地到電路中。如欲終止程序，可點擊右鍵，再選取**終止模式**選項即可。

下一步要將電阻置放到圖 2.146 的網路中，這要再一次選**置放零件**鍵，然後再選**類比零件庫**，捲動選項，可看到 **R** 並選取，點擊**置放元件**，電阻就會出現在螢幕的游標之後。藉著游標將電阻移到所要位置,再點擊固定。用相同方法將第 2 個電阻移到圖 2.146 的所要區域,再點擊固定。因為只有兩個電阻,可點擊滑鼠右鍵,選擇**結束模式**,結束程序。第 2 個電阻要旋轉到垂直位置,可利用上述第 2 個電壓源的相同程序,完成旋轉操作。

最後要放的元件是二極體,再選擇**置放零件**鍵,產生**置放零件**對話框,再從零件庫列表中選擇 **EVAL** 零件庫。在標題**零件**下鍵入 **D**,從**零件列表**中選擇 **D1N4148**,再點擊 **OK**,以前述用在電源和電阻相同的方法,將二極體置放在螢幕上。

現在所有元件都在螢幕上,只要點擊元件並壓住滑鼠左鍵,就可將元件移動到所要位置,最後如圖 2.146 完全對應一致。

所有要用的元件都已在螢幕上,但還需要接起來。零件間的接線可用**置放接線**鍵這一步來達成,此鍵接近工具列最頂端,在**置放零件**工具列的左側。將圖標放到電壓源上方接點,點擊滑鼠左鍵一次就可接住該點。然後拉線到下一個元件的接點,對準圖標中心再點擊滑鼠,會產生一條紅線,兩端各有一個方塊以確認此接線。再移動圖標到另一個元件,依次建立整個電路。一旦完全接好之後,點擊滑鼠右鍵,再選擇**結束模式**的選項。別忘了連接電源的接地線,如圖 2.146 所示。

現在所有元件和接線都已到位,但標記和數值是錯的,如欲改變任何參數值,只要點擊參數(標記或數值)兩次,就會出現**顯示性質**對話框,鍵入正確的標記或數值,再點擊 **OK**,就可改正螢幕上的參數值。標記和數值的位置也可以移動,只要點擊參數的中心點,參數就會將 4 個小方塊圍繞,就可將其拖曳到新的位置,再點擊滑鼠左鍵一次,就可將其固定在新位置上。

最後,可以開始進行分析程序,稱為**模擬**。選擇在靠近螢幕左上方的**新模擬組合**鍵,此鍵像是資料頁,且有一星號在左上角。此時會出現**新增模擬**對話框,首先要求輸入模擬名稱。輸入模擬**名稱** OrCAD 2-1 後,在**承接**要求欄內會留下**無**。再選擇**建立**,會出現**模擬設定**對話框,按**分析－分析型式－偏壓點**的順序依序撰擇。點擊 **OK**,再選擇**執行**鍵(看起來像綠色背景中的孤立箭頭),或者選擇目錄列上的 **PSpice 執行**,此時會產生**結果視窗**,此畫面不易操作,對現在要作的分析沒有用,故關閉此視窗,圖 2.146 的電路以及各對應的電壓電流值會出現在螢幕上。只要選擇從上起算的第 3 個工具列中的 **V、I** 或 **W**,就可除去(或更換)螢幕上的電壓、電流或功率值。可選定數值並按下**移除**鍵,即可去除個別數值。如要移動數值,只要用滑鼠左鍵點擊該數值,並拖曳到所要的位置即可。

由圖 2.146 的結果知,流經此串聯電路組態所之元件的電流是 2.081 mA,可以和例 2.9 的 2.072 mA 的結果比較。二極體的電壓降是 218.8 mV－(－421.6 mV)≅0.64 V,而在例 2.9 中的逐步演算則取 0.7 V。R_1 的電壓是 10 V－218.8 mV≅9.78 V,可和手算值 9.74 V 比較。電阻 R_2 的電壓是 5 V－421.6 mV≅4.58 V,例 2.9 的手算值則為 4.56 V。

為了解兩種解法的差異，要知道二極體內在特性會影響它的操作，如逆向飽和電流和在不同電流大小之下的電阻值。可以經由**編輯–PSpice 模型**的順序看到這些特性，結果會出現在 **PSpice 編者 Demo** 對話框，將發現逆向飽和電流的預設值是 2.682 nA——此值對二極體特性有重要影響。若選擇 $I_s = 3.5\text{E}-1.5\text{A}$（此值由試誤法決定），並消除裝置的其他參數值，對網路重新模擬一次，可得圖 2.147 的響應。現在流經電路的電流是 2.072 mA，和例 2.9 的結果完全符合。二極體的電壓降是 260.2 mV + 440.9 mV ≅ 0.701 V，或即為 0.7 V，且每一電阻的電壓降和手算所得者完全相同。易言之，選擇這個逆向飽和電流值，就可建立"導通"時 $V_D = 0.7$ V 這種近似特性的二極體。

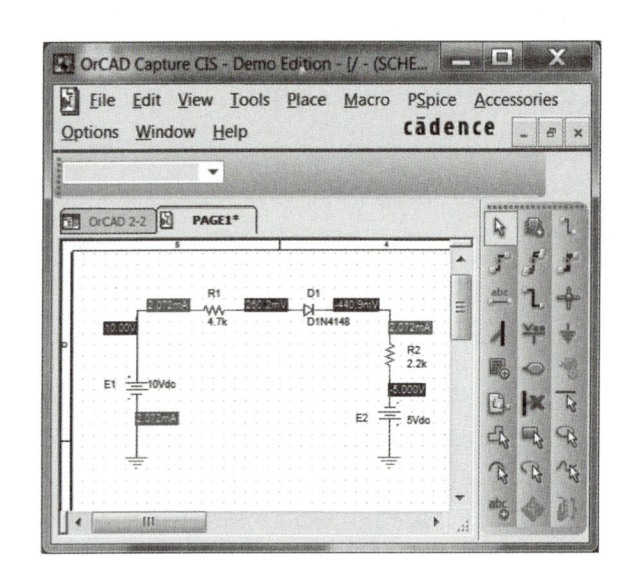

圖 2.147 圖 2.146 的電路在 I_s 設為 3.5E–15 A 後重新計算

結果也可用表列方式顯示，在螢幕的標題（目錄）列選取 **PSpice**，再選取**檢視輸出檔**，結果列在圖 2.148（已修正過以節省篇幅），其中包括**電路描述**、遍及網路中的所有元件、**二極體模型參數**、含所選擇的 **Is** 值，以及**初始暫態解**，包含直流電壓值、電流值和總消耗功率。

現在已完成此二極體電路的分析。如果允許的話，還有很多豐富的資料可以提供，以便建立並探討這麼簡單的網路。但這些材料的絕大部分都無法出現在往後的 PSpice 例子中，因這會耗用極大的篇幅。為實用起見，本章的其餘例子和章末的習題，仍採用 PSpice 作檢查與探討，以增強應用這種套裝軟體的信心。

二極體特性　上述分析中所用的 D1N4148 特性，可以用較上一例更複雜的一些操作技巧得到。一開始先用剛剛描述過的程序，建立如圖 2.149 的網路，特別注意到，電源標記為 **E** 且設在 **0 V**（初始值）。再從工具列選擇**新增模擬組合圖標**，可得**新增模擬**對話框，

```
****    CIRCUIT DESCRIPTION

*****************************************************************

*Analysis directives:
.TRAN  0 1000ns 0
.PROBE V(alias(*)) I(alias(*))
 W(alias(*)) D(alias(*)) NOISE(alias(*))
.INC "..\SCHEMATIC1.net"

**** INCLUDING SCHEMATIC1.net ****
* source ORCAD2-2
V_E1      N00103 0 10Vdc
V_E2      0 N00099 5Vdc
R_R1      N00103 N00204  4.7k TC=0,0
R_R2      N00099 N00185  2.2k TC=0,0
D_D1      N00204 N00185 D1N4148

****    Diode MODEL PARAMETERS

*****************************************************************

         D1N4148
    IS   2.000000E-15

****    INITIAL TRANSIENT SOLUTION      TEMPERATURE =  27.000 DEG C

*****************************************************************

NODE     VOLTAGE
(N00099)  -5.0000
(N00103)  10.0000
(N00185)  -.4455
(N00204)   .2700


VOLTAGE SOURCE CURRENTS

 NAME      CURRENT
 V_E1     -2.070E-03
 V_E2     -2.070E-03


TOTAL POWER DISSIPATION  3.11E-02  WATTS
```

圖 2.148 對圖 2.147 電路作 PSpice 視窗分析的輸出檔

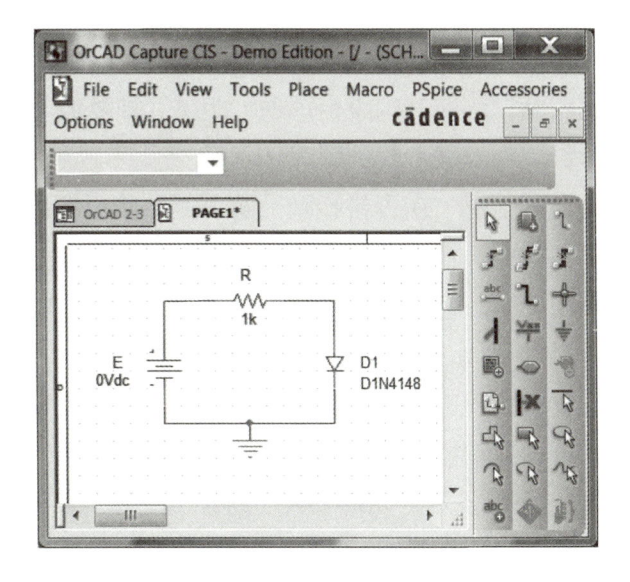

圖 2.149 為得到 D1N4148 二極體的特性所用的網路

鍵入圖 2.150 作為**名稱**（因為這是圖形所得的位置）。再選擇**建立**，會出現**模擬設定對話框**，在**分析型式**的項目下，選擇**直流掃描**，因為我們想對電源電壓值掃描一段範圍。當選定**直流掃描**時，在對話框內的右側會出現一列選項供選擇。因我們計畫掃描一段電壓範圍，**掃描變數**要選**電壓源**，其名稱必須鍵 **E**，如圖 2.149 所示。掃描採用**線性**（每個資料點等距），**開始值**取 0 V，**最後值**取 10 V，**增量**取 0.01 V。設完所有項目後，點擊 **OK**，並選擇**執行 PSpice** 選項。分析執行時，電壓源電壓由 0 V 變化到 10 V，共 1000 步（因 10 V/0.01 V＝1000），但結果只是一個圖形，其水平座標由 0 V～10 V。

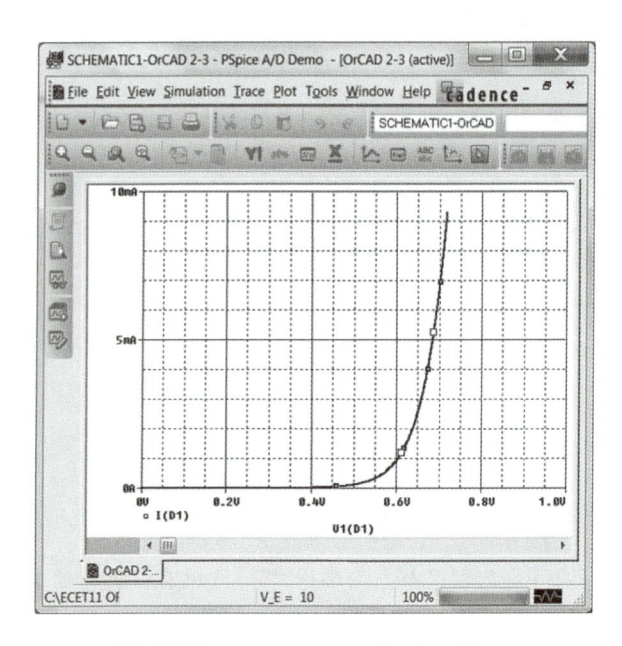

圖 2.150 D1N4148 二極體的特性

因為我們想要的圖是 I_D 對 V_D，所以必須把水平(x)軸改成 V_D。先選**作圖**，再選**軸設定**，此時會出現**軸設定**對話框，在其內設定選項。如果選**軸變數**，會出現 **X 軸變數**對話框，有一列變數讓你選作 x 軸變數。我們選 **V1(D1)**，因此變數代表二極體的電壓降，然後點擊 **OK**，回到**軸設定**對話框，在**資料範圍**標題下選擇**使用者自訂**。選擇使用者自訂的目的，是讓我們可以將圖形限制在 0 V～1 V 的範圍，此範圍落在二極體"導通"電壓 0.7 V 附近。在輸入 0 V～1 V 的範圍後，點擊 **OK**，就會產生以 **V1(D1)** 為 x 軸範圍，且範圍由 0 V～1 V 的曲線圖形，水平軸看起來已如我們所想要的設好了。

現在必須把注意力轉向垂直軸，此軸變數應該是二極體電流。先選**迹線**，再選**加入迹線**，此時會出現**加入迹線**對話框，其中會出現 **I(D1)** 這個選項，選定 **I(D1)**，會使此變數出現在對話框底部成為**迹線表示**。點擊 **OK**，就會產生圖 2.150 的二極體特性，清楚顯示了在 0.7 V 附近呈現陡直的上升。

若回到 **PSpice 模型編輯**，如同上一個例子，將二極體的 I_s 改成 3.5E−15A，曲線將會向右移。可以利用類似的程序，得到以後章節中介紹的各種不同元件的特性曲線。

Multisim

幸運地，Cadence OrCAD 和 Multisim 有一些類似點，當然也有一些差異。但省事的是，當你熟悉其中一種套裝軟體的使用時，必然十分易於學習另一種軟體。對已熟習 Multisim 早期版本的人，會發現新版本有一些改變，允許到新程序的簡易轉換。

一旦選定 Multisim 圖示選項，會出現龐大的工具陣列，各個內容和名稱可以由**檢視－工具列**的順序找到，結果是很長的可用工具列的垂直排列。只要選取或移除某工具列，並觀察整個螢幕出現的變化，就可找出各工具的內容和位置。根據我們的目的，會用到**標準**、**檢視**、**主要**、**零件**、**模擬開關**、**模擬與量測**等。

使用 Multisim 時，可以選擇用"虛擬"或"實際"零件。虛擬零件在建構電路時可給定任意值，而**實際**一詞係指可從材料商處購得實際標準零件值。要找出零件，可先從看起來像電阻的工具列上的第 2 鍵（自左算起）選取，一旦選取此鍵，會出現**置放基本**的標記，選取此標準，會出現**選取零件對話框**，其中有一部分名為**家族**，此列往下算第 3 個是**額定虛擬**選項，帶一電阻符號。選取此項，會出現一大串零件，包括**額定電阻**、**額定電容**、**額定電感**及各式零件。若選取**額定電阻**，電阻符號會出現在符號標題之下。注意到電阻無特定值。若選 **OK** 並置於螢幕上，這和我們在 OrCAD 介紹者極為相同，會發現數值 1 kΩ 和 **R1** 會自動標記上去。為了置放另一電阻，必須遵循相同程序，但這次會自動標記 **R2** 和相同電阻值 1 kΩ。標準順序會依次進行且用相同電阻值 1 kΩ，如此可置放許多電阻。如同在 OrCAD 所作的，電阻標記和電阻值很容易改變。當然，若所用電阻是從"實際"零件的**電阻**列中選出，會直接給定標準值。

現在準備好要建構例 2.13 的二極體電路，以比較結果。所選二極體是在"實際"零件列中商用零件，先選取**置放基本**鍵右邊的**置放二極體**鍵，可得**選取零件對話框**，接著利用**家族－二極體－1N4009－OK** 的順序，在螢幕上得到一個標記 **D1** 和 **IN4009** 的二極體。D2 也選用 IN4009，如圖 2.151 所示。接著置放電阻到螢幕上，先選取**電阻**選項，鍵入電阻值。本例所用 3.3 kΩ 電阻是在電阻列的最上方，這確定不需捲動尋找電阻。一旦找到並置放好，就會出現標記 **R1** 和 3.3 kΩ 數值。用相同程序產生第 2 個電阻 **R2** 和 5.6 kΩ 電阻值。各零件一開始就應儘可能置放到最後要放的位置。用**置放電源**鍵找出直流電壓源，此鍵是**零件**工具列的第 1 鍵。在此家族下，選取**電源**，接著選**直流電源**，點擊 **OK**，電壓源會出現在螢幕上，並標記 **V1** 和電壓值 **12 V**。最後要設定在螢幕上的元件是接地，回到**置放電源**選項，選取**電源**之後，在零件列下選取"接地"，點擊 **OK**，就可將接地置放到螢幕的任意處。

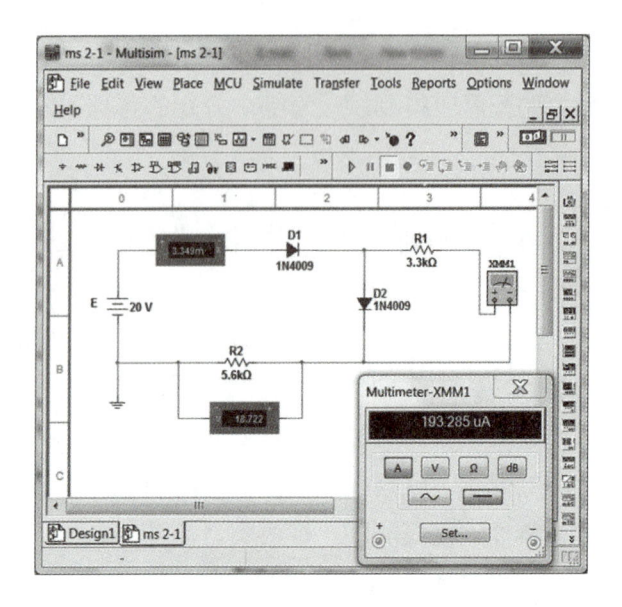

圖 2.151　用 Multisim 驗證例 2.13 的結果

現在所有零件都在螢幕上，必須置放且標記好。對每一零件而言，只要點擊該零件，就會在其周圍產生藍色虛線框，指示已處於動作模式下。此時可將該零件移列螢幕的任意位置，若要旋轉零件，利用 **Ctrl-R** 即可旋轉 90°，每次皆可再旋轉 90°。若要改變標記，可直接點擊標記兩下，會在標記周圍產生小藍框，並產生對話框以供改變。對電源而言，會產生標記**直流電源**的對話框，選取標題**標記**，並將 **refDEs** 改為 **E**，點擊 **OK**，則會出現標記 **E**。同樣方法，選取標題**數值**，將電壓值改為 20 V。可捲動對話框，選擇輸入數值右邊的單位。

下一步是決定要量測什麼以及如何量測。對此電路而言，要用三用電表量測通過 **R1** 的電源。三用電表可在**量測**工具列的最上方找到，選取後置放到螢幕上，方法同其他零件。點擊電表兩次會出現三**用電表－ XXM1** 對話框，選取其中的 **A**，可將三用電表設定成電流計。另外，必須選取**直流**（一直線），因為我們現在是直流電路。可以用**指示計**得到通過二極體 **D1** 的電流和電阻 **R2** 的電壓降，**指示計**是在**零件**工具列右側的第 10 個選項。此軟體符號看起來像 LED，其中有紅色虛線 8 圖案。點擊此選項，會出現**選擇零件對話框**。在**家族**之下，選取**電流計**，並注意到，指示計有四個方向可選擇。就我們的分析，要選取**電流計－ H**，因二極體的正電源是從 **D1** 的左側流入。點擊 OK，指示計可置放在二極體 **D1** 的左側。對於電阻 **R2** 的電壓降，可以選擇**電壓計－ HR** 選項，以符合電阻的電壓極性。

最後，所有零件和電表都要接起來，將游標移到零件的端點，會產生一個小圓圈和一組圖標指明起始點。若位置正確即點擊該處，會出現×號，將其移動至另一元件的端點，再次點擊滑鼠左鍵，兩元件間會出現一條筆直的紅色接線，稱為**自動接線**。

現在所有元件都已放好，線也都接好，可以開始分析電路了，執行分析方法有三種途徑可以選擇。第 1 種是在螢幕的目錄列選擇**模擬**，接著執行。第 2 種是用**模擬**工具列中的綠色箭頭。最後一種是將螢幕目錄列上的開關撥到 **1** 的位置。無論是用那一種，不消數秒，似乎閃爍一小段時間，答案就會出現在指示計。閃爍只是代表套裝軟體正在重複分析。可以將開關撥到 **0** 位置或選擇閃光鍵，就表示接受答案並停止繼續模擬。

流經二極體的電流是 3.349 mA，和例 2.13 中的 3.32 m A 相比還好。電阻 R_2 的電壓降是 18.722 V，和例 2.13 的 18.6 V 很接近。模擬結束後，可以對電表符號點擊兩次，電表會顯示出來，如圖 2.151。可以點擊電表上的任何位置，電表上半部會呈暗藍色，點擊暗藍區域並拖曳，就可將電表移動到任意位置。電流 193.285 μA 和例 2.13 的 212 μA 還算接近，產生差異的主因是，例 2.13 假定每個二極體的電壓都是 0.7 V，但事實上在圖 2.151 中，通過每個二極體的電流是不同的。但總和來看，Multisim 所提供的解答和例 2.13 的近似解是十分接近的。

習 題

*註：星號代表較難的題目。

2.2　負載線分析

1. **a.** 用圖 2.152b 的特性決定圖 2.152a 電路中的 I_D、V_D 和 V_R。
   b. 重做(a)，但採用二極體近似模型，並和(a)的結果比較。
   c. 重做(a)，但採用理想二極體，和(a)、(b)的結果比較。

2. **a.** 利用圖 2.152b 的特性，決定圖 2.153 電路中的 I_D 和 V_D。
   b. 重做(a)，但 $R=0.47$ kΩ。
   c. 重做(a)，但 $R=0.18$ kΩ。
   d. 每種情況下，V_D 的大小相當接近 0.7 V 嗎？
   所得的 I_D 值相比較如何？據此給予評論。

3. 試決定圖 2.153 電路中 R 的阻值，以使當 $E=7$ V 時，二極體電流為 10 mA。二極體採用圖 2.152b 的特性。

4. **a.** 試決定圖 2.154 電路中的 V_D、I_D 和 V_R 的值，電路中的矽二極體採用近似特性。
   b. 重做(a)，但二極體改用理想模型。
   c. 由(a)、(b)所得結果，是否在某些條件之下，理想模型對實際響應可提供良好的近似？

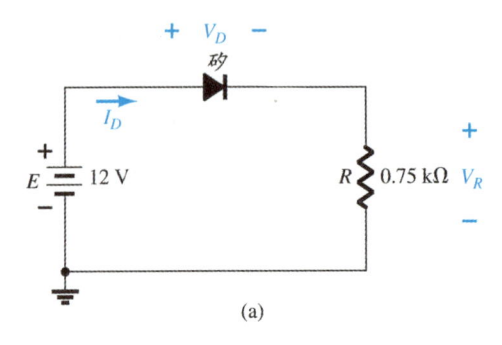

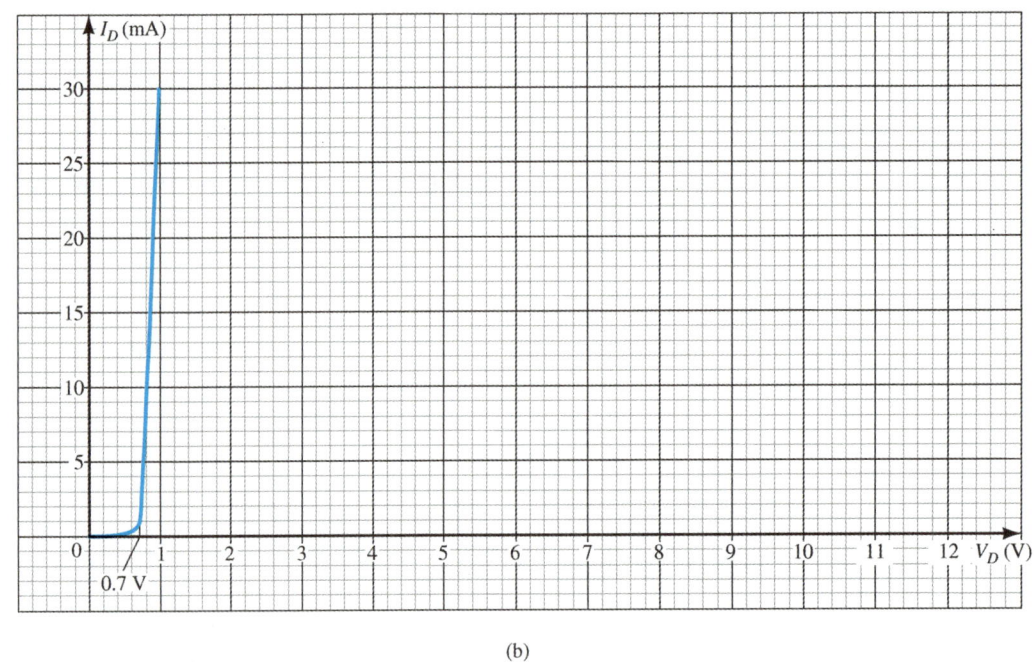

圖 2.152　習題 1 和 2

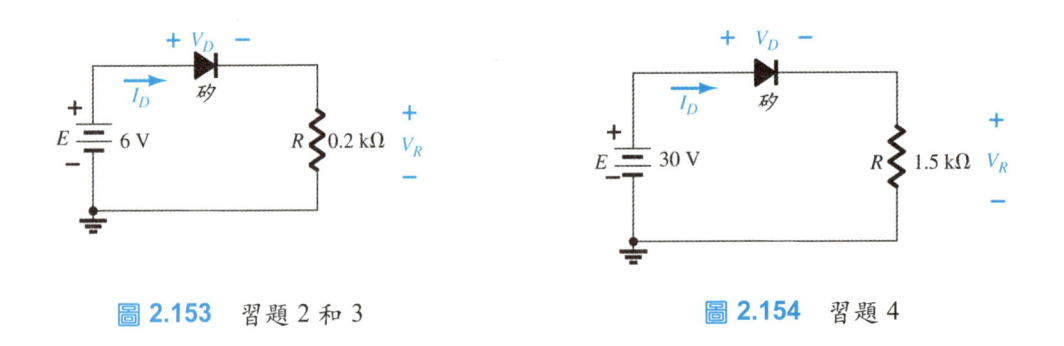

圖 2.153　習題 2 和 3

圖 2.154　習題 4

2.3 二極體的串聯組態

5. 試利用二極體的近似等效模型，決定圖 2.155 中每個電路組態的電流 I。

圖 2.155 習題 5

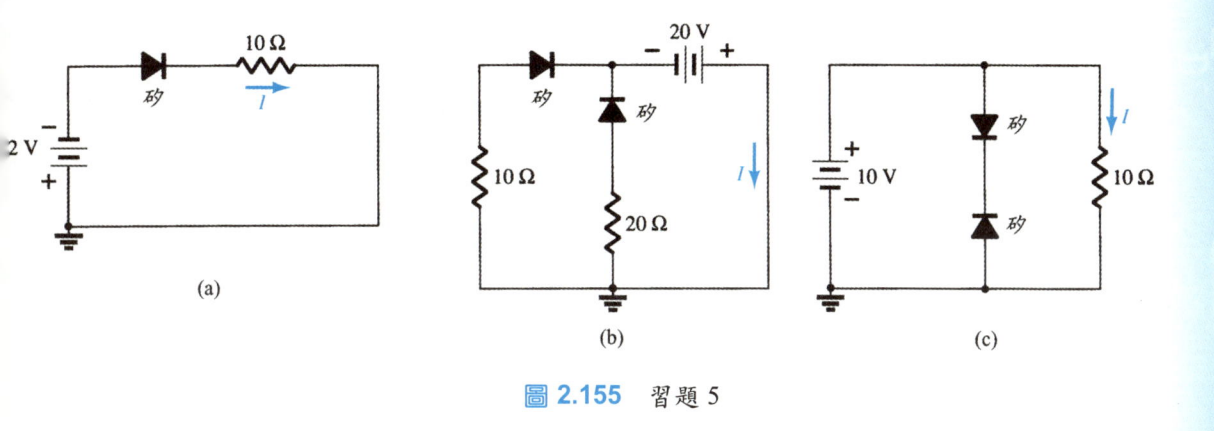

6. 試決定圖 2.156 網路中的 V_o 和 I_D。

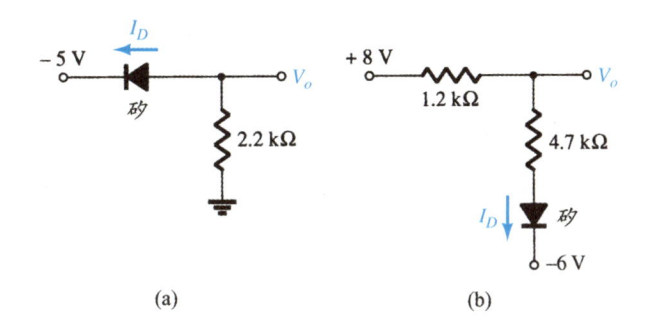

圖 2.156 習題 6 和 49

***7.** 試決定圖 2.157 中每個網路的 V_o 大小。

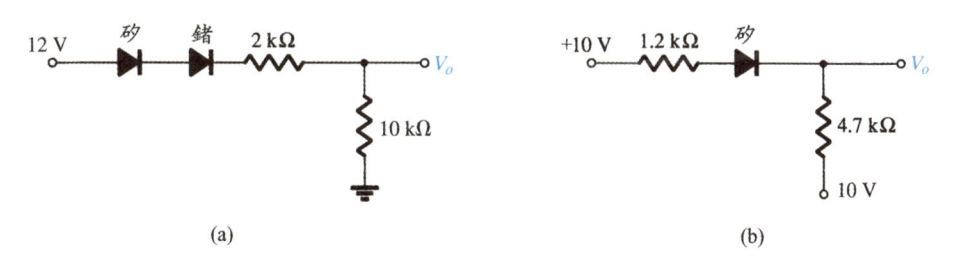

圖 2.157 習題 7

*8. 試決定圖 2.158 網路中的 V_o 和 I_D。

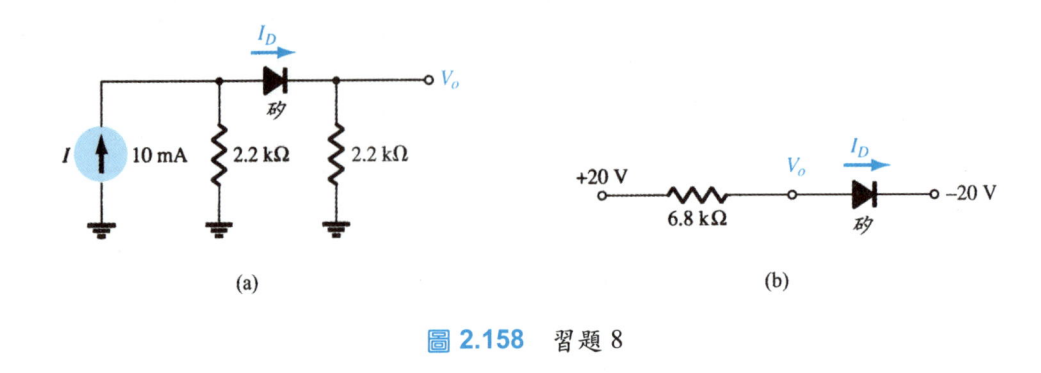

圖 2.158　習題 8

*9. 試決定圖 2.159 網路中的 V_{o_1} 和 V_{o_2}。

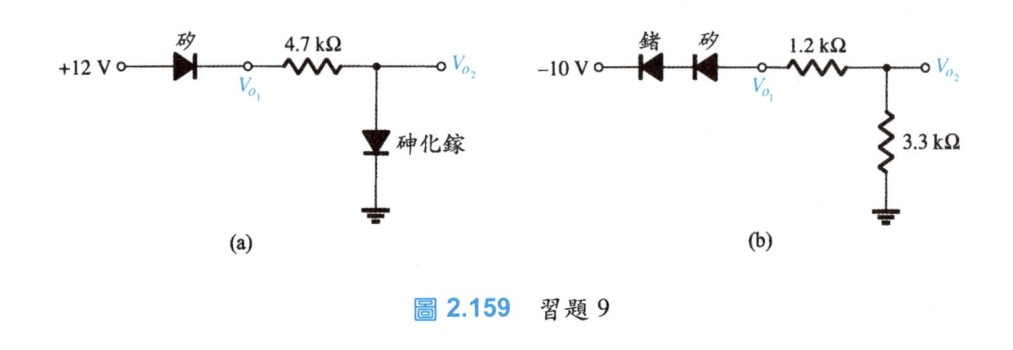

圖 2.159　習題 9

2.4　並聯與串並聯組態

10. 試決定圖 2.160 網路中的 V_o 和 I_D。

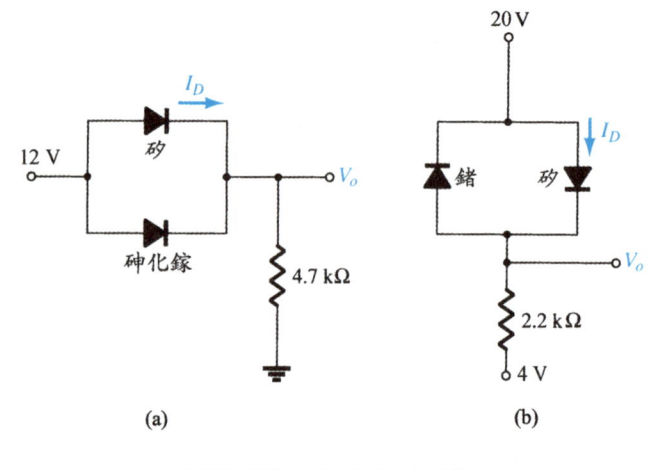

圖 2.160　習題 10 和 50

11. 試決定圖 2.161 網路中的 V_o 和 I。

(a)

(b)

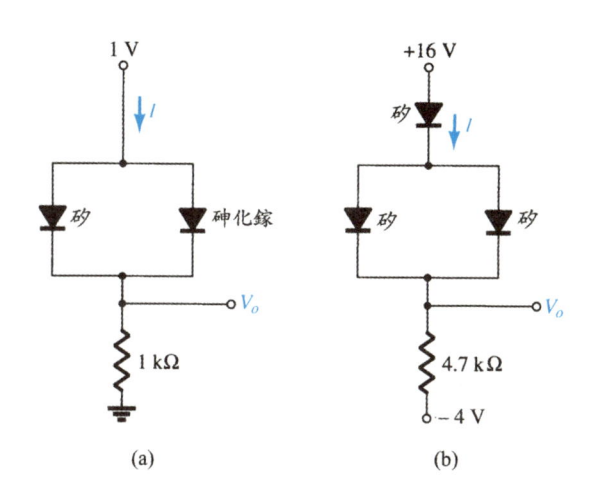

圖 2.161 習題 11

12. 試決定圖 2.162 網路中的 V_{o_1}、V_{o_2} 和 I。

13. 試決定圖 2.163 網路中的 V_o 和 I_D。

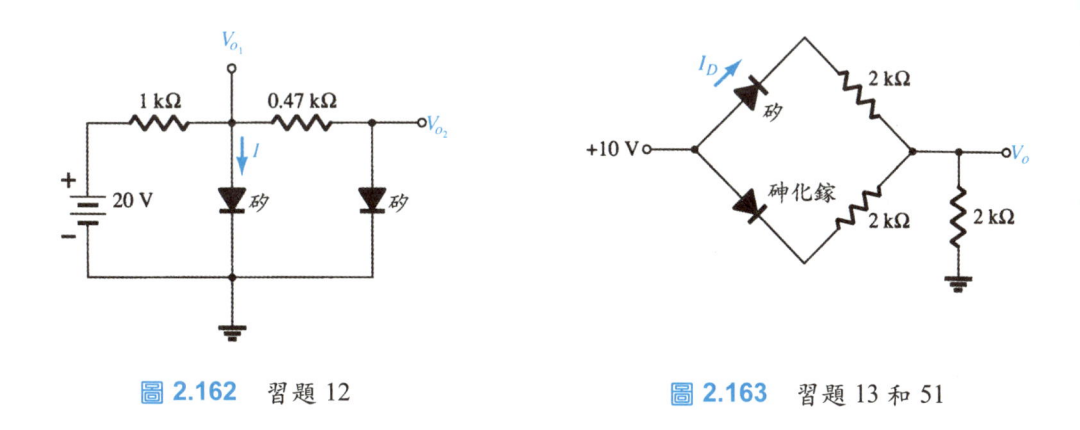

圖 2.162 習題 12

圖 2.163 習題 13 和 51

2.5　AND/OR 閘

14. 試決定圖 2.39 網路中的 V_o，兩輸入都是 0 V。

15. 試決定圖 2.39 網路中的 V_o，兩輸入都是 10 V。

16. 試決定圖 2.42 網路中的 V_o，兩輸入都是 0 V。

17. 試決定圖 2.42 網路中的 V_o，兩輸入都是 10 V。

18. 試決定圖 2.164 中負邏輯 OR 閘的 V_o。

19. 試決定圖 2.165 中負邏輯 AND 閘的 V_o。

圖 2.164　習題 18

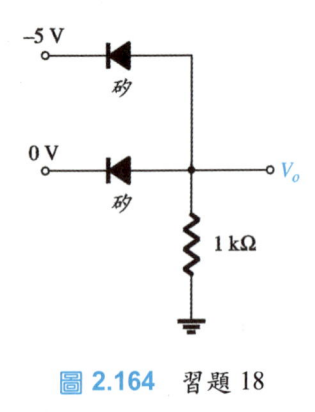

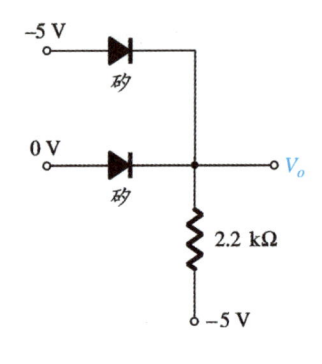

圖 2.165　習題 19

20. 試決定圖 2.166 中邏輯閘的 V_o 大小。
21. 試決定圖 2.167 中電路組態的 V_o。

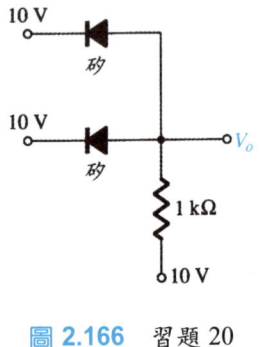

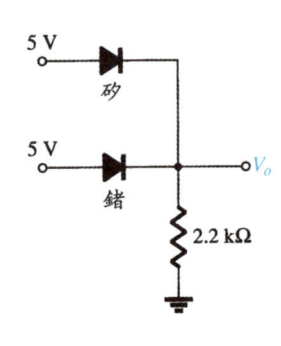

圖 2.166　習題 20

圖 2.167　習題 21

2.6　弦波輸入：半波整流

22. 試畫出圖 2.168 半波整流器中 v_i、v_d 和 i_d 的波形，假定用理想二極體，且輸入是頻率 60 Hz 的弦波。
23. 重做習題 22，但採用矽二極體(V_K=0.7 V)。
24. 重做習題 22，但加上 10 kΩ 的負載，如圖 2.169 所示。並畫出 v_L 和 i_L 的波形。

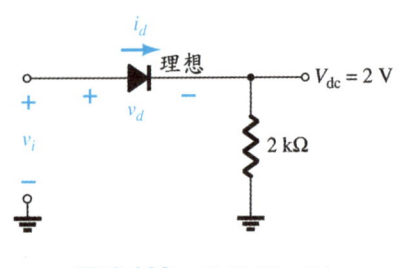

圖 2.168　習題 22～24

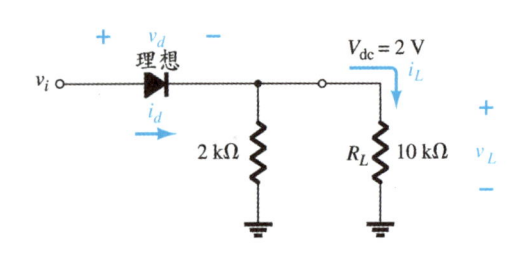

圖 2.169　習題 24

25. 對圖 2.170 的網路，試畫出 v_o 的波形並決定 V_{dc}。

*26. 對圖 2.171 的網路，試畫出 v_o 和 i_R 的波形。

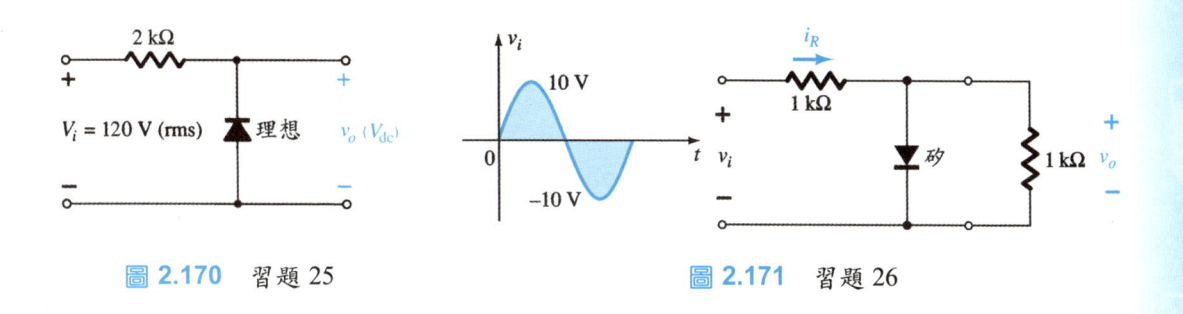

圖 2.170　習題 25

圖 2.171　習題 26

*27. a. 對圖 2.172 中的每個二極體，已知 $P_{max}=14$ mW，試決定每個二極體的最大電流額定（用近似等效模型）。

　　b. 試決定並聯二極體的總電流 I_{max}。

　　c. 利用(b)的計算結果，決定在 $V_{i_{max}}$ 時流經每個二極體的電流。

　　d. 若只用一個二極體，會有何種預期結果？

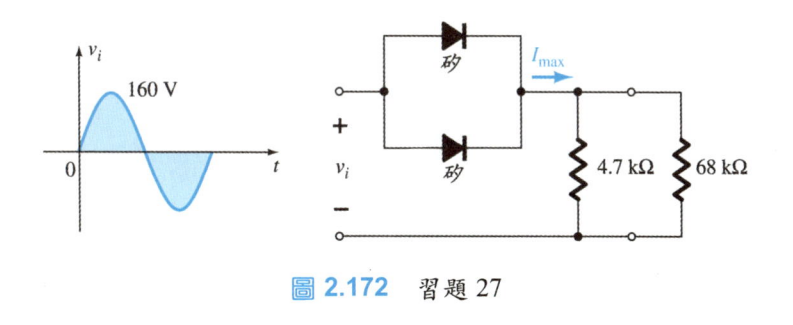

圖 2.172　習題 27

2.7　全波整流

28. 某全波橋式整流器輸入有效值 120 V 的弦波，且負載為 1 kΩ 電阻。

　　a. 若採用矽二極體，負載所得的直流電壓是多少？

　　b. 試決定每個二極體所需的 PIV 額定。

　　c. 試求導通時流經每個二極體的最大電流。

　　d. 每個二極體需要的功率額定是多少？

29. 試決定圖 2.173 的電路組態中，每個二極體所需的 PIV 額定值和 v_o。另外，試決定每個二極體的最大電流。

*30. 試畫出圖 2.174 網路中 v_o 的波形，並決定所得的直流電壓。

圖 2.173　習題 29

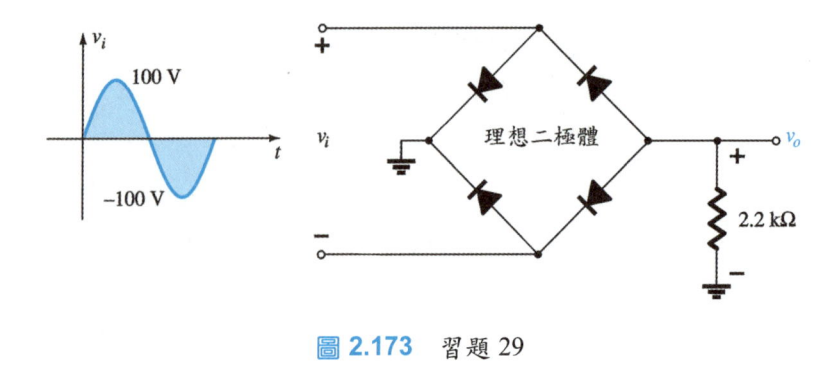

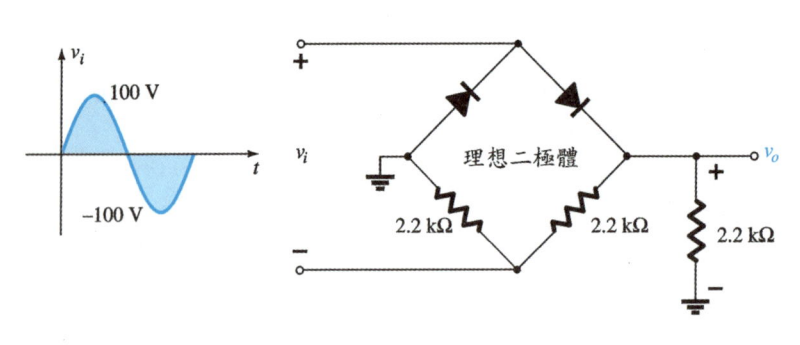

圖 2.174　習題 30

*31. 試畫出圖 2.175 網路中 v_o 的波形，並決定所得的直流電壓。

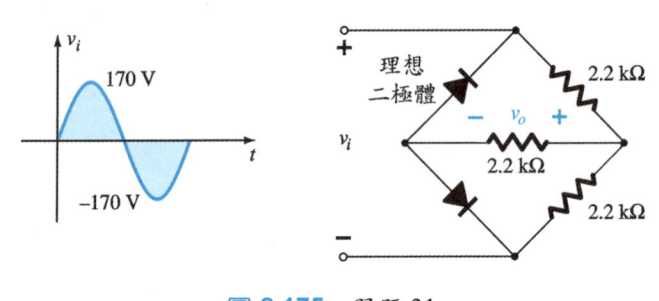

圖 2.175　習題 31

2.8　截波電路

32. 試決定圖 2.176 中每個網路的 v_o，輸入如圖所示。

圖 2.176　習題 32

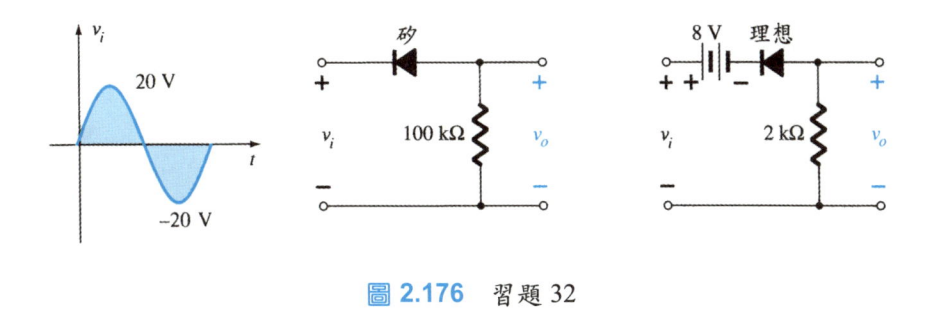

33. 試決定圖 2.177 中每個網路的 v_o，輸入如圖所示。

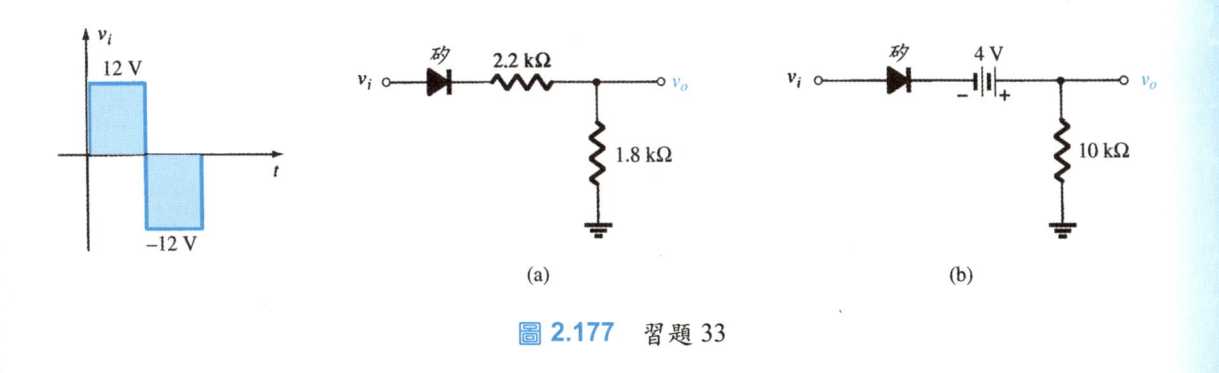

圖 2.177　習題 33

*34. 試決定圖 2.178 中每個網路的 v_o，輸入如圖所示。

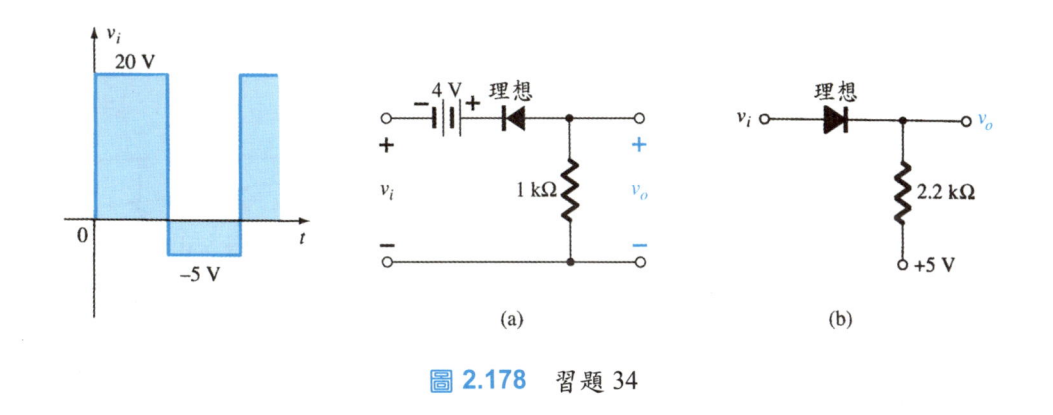

圖 2.178　習題 34

*35. 試決定圖 2.179 中每個網路的 v_o，輸入如圖所示。

圖 2.179 習題 35

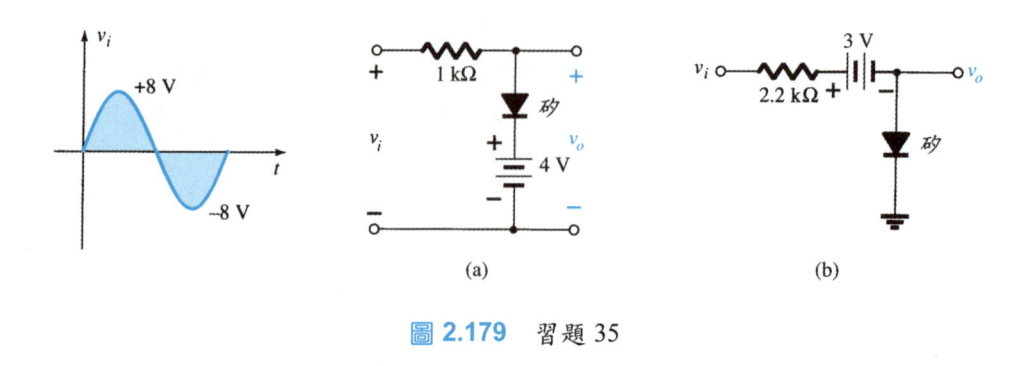

36. 試畫出圖 2.180 網路中 i_R 和 v_o 的波形，輸入如圖所示。

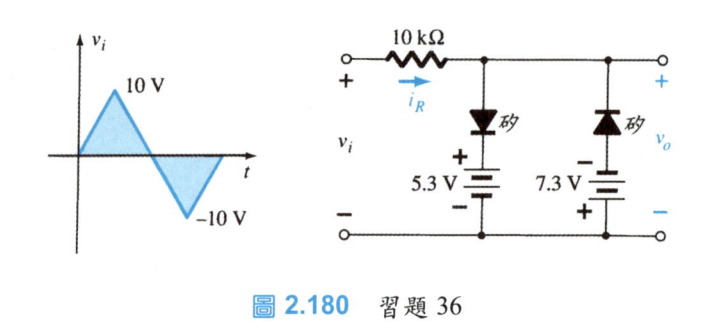

圖 2.180 習題 36

2.9 箝位電路

37. 試畫出圖 2.181 中每個網路的 v_o，輸入如圖所示。

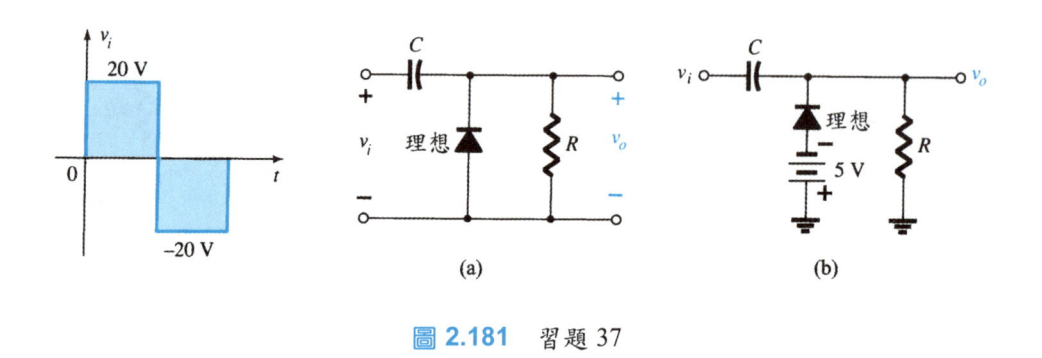

圖 2.181 習題 37

38. 試畫出圖 2.182 中每個網路的 v_o，輸入如圖所示。

圖 2.182　習題 38

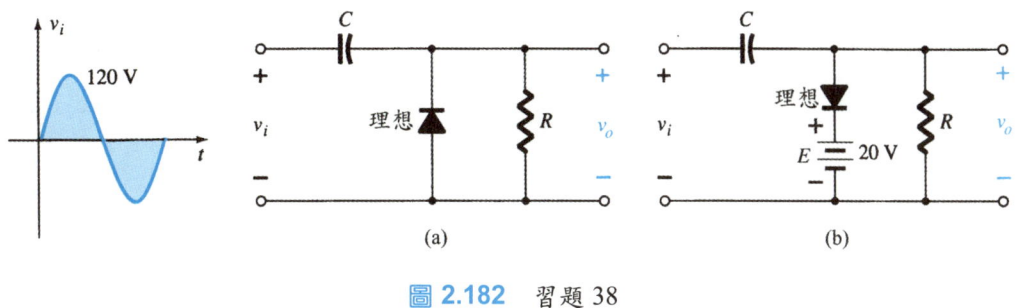

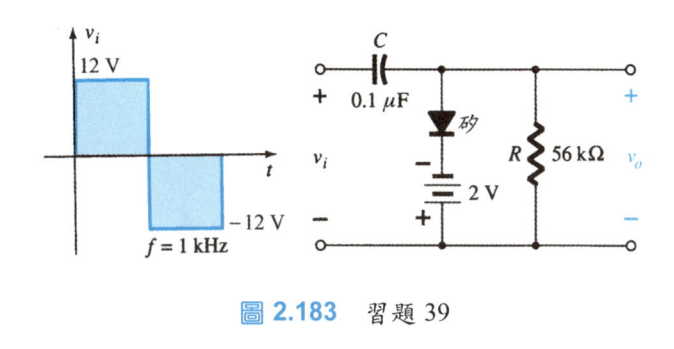

*39. 對圖 2.183 的網路：
　a. 試計算 5τ。
　b. 將 5τ 和外加訊號周期的一半作比較。
　c. 畫出 v_o 的波形。

圖 2.183　習題 39

*40. 試設計一掛位電路，以執行如圖 2.184 所顯示的功能。

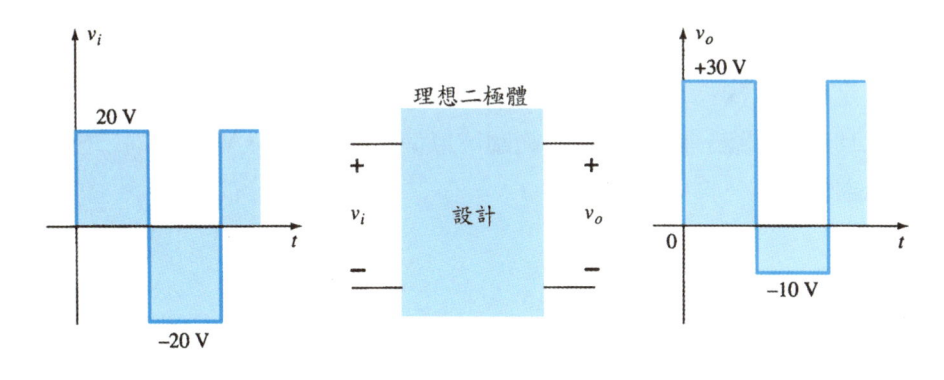

圖 2.184　習題 40

*41. 試設計一掛位電路，以執行如圖 2.185 所顯示的功能。

圖 2.185　習題 41

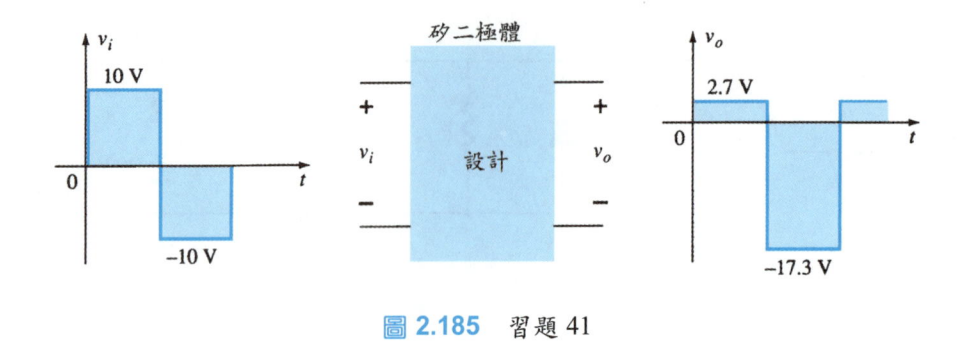

2.10　齊納二極體

*42. **a.** 試決定圖 2.186 網路中的 V_L、I_L、I_Z 和 I_R，已知 $R_L = 180\ \Omega$。
   b. 重做(a)，但 $R_L = 470\ \Omega$。
   c. 試決定 R_L 的阻值，可建立齊納二極體的最大功率條件。
   d. 試決定 R_L 的最小值，可確保齊納二極體在"導通"狀態。

圖 2.186　習題 42

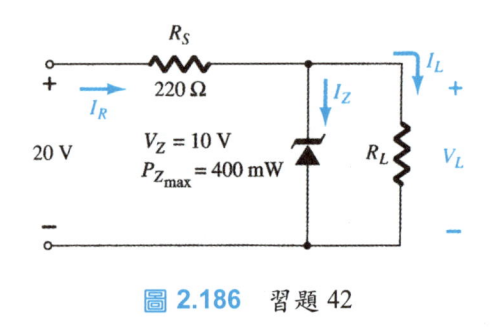

*43. **a.** 試設計圖 2.187 的網路，使 V_L 維持在 12 V，且負載電流(I_L)可在 0 mA～200 mA 之間變化。也就是決定 R_S 和 V_Z。
   b. 試決定(a)中齊納二極體的 $P_{Z_{max}}$。

*44. 對圖 2.188 的網路，試決定 V_i 的範圍，以使 V_L 維持在 8 V 且齊納二極體不會超過最大功率額定。

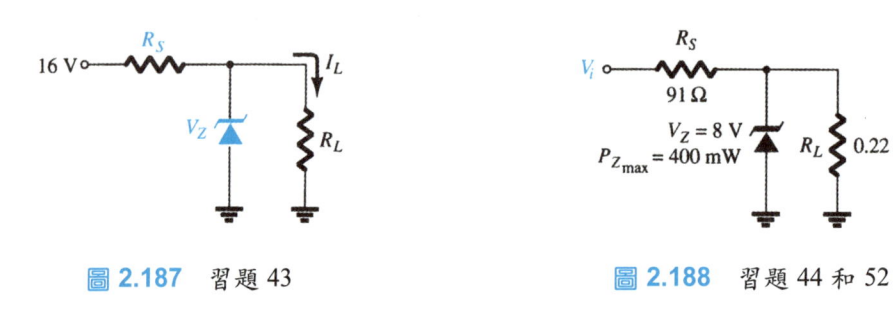

圖 2.187　習題 43　　　　　圖 2.188　習題 44 和 52

45. 試設計一穩壓電路,可維持輸出電壓 20 V 降在 1 kΩ 負載上,且輸入可在 30 V∼50 V 之間變化,也就是決定 R_S 的適當值以及最大齊納電流 I_{ZM}。

46. 試畫出圖 2.145 網路中,當輸入是 50 V 方波時對應的輸出波形。若輸入改為 5 V 方波時,再畫一次對應的輸出波形。

2.11 倍壓電路

47. 若圖 2.123 的倍壓電路中,變壓器的二次側電壓是 120 V(rms),試決定可從倍壓電路所得到的電壓值。

48. 試決定圖 2.123 中二極體所需的 PIV 額定值,以二次側峰值電壓 V_m 表之。

2.14 計算機分析

49. 試利用 PSpice 視窗版,分析圖 2.156b 的網路。

50. 試利用 PSpice 視窗版,分析圖 2.161b 的網路。

51. 試利用 PSpice 視窗版,分析圖 2.162 的網路。

52. 試利用 PSpice 視窗版,對圖 2.188 的齊納網路作一般性的分析。

53. 重做習題 49,但改用 Multisim。

54. 重做習題 50,但改用 Multisim。

55. 重做習題 51,但改用 Multisim。

56. 重做習題 52,但改用 Multisim。

雙載子接面電晶體 3

本章目標

- 熟習雙載子接面電晶體的基本結構和操作。
- 能運用適當的偏壓，確保電晶體在作用區工作。
- 確認並能解釋 npn 或 pnp 電晶體的特性。
- 熟悉定義電晶體響應的重要參數。
- 能夠測試電晶體，並且辨識三個腳位。

3.1 導　言

　　在 1904～1947 年，真空管是人們關注和發展的電子元件。1904 年弗來明首先發明二極真空管，緊接著在 1906 年，弗雷斯特加入了控制柵極，產生了第一個放大器——三極真空管。在之後的歲月裡，無線電和電視的發展對真空管產業提供了很大的激勵。真空管的生產量從 1922 年的約 1 百萬個成長到 1937 年的約 1 億個。在 1930 年代早期，四極和五極真空管在電子管產業曾經大大有名。其後，真空管產業成為最重要的產業之一，在設計、製造技術、高功率與高頻應用，以及小型化等方面突飛猛進。

　　然而到了 1947 年 12 月 23 日，電子產業經歷了全新的關注與發展方向的降臨。在這一天下午，蕭克萊、布拉敦和巴登博士在貝爾實驗室，展示了第 1 個電晶體的放大作用。此原創的電晶體（點接觸電晶體）見圖 3.1，這種三腳固態裝置優於真空管是可以立即明顯看出的：小而輕，不需加熱故無熱損耗，結構堅固，裝置吸收功率較少，效率較高，無需預熱立即可使用，可用較低的工作電壓等等。注意到，本章是第一次討論到三支腳以上的裝置，將會發現所

圖 3.1 第 1 個電晶體（©US Federal Government）

有的放大器（可增加電壓、電流和功率大小的裝置）至少都需要三支腳，其中一支腳控制另外兩支腳之間的電流。

3.2 電晶體結構

電晶體是一種三層半導體裝置，包含兩層 n 型一層 p 型材料，或是二層 p 型一層 n 型材料，前者稱為 npn 電晶體，後者稱為 pnp 電晶體。這兩種電晶體都顯示在圖 3.2，並已加上適當的偏壓。第 4 章將可發現，在作交流放大時需要用直流偏壓，將電晶體建立在適當的操作區。射極層的摻雜濃度很高，基極層摻雜濃度較低，集極層的摻雜濃度更低。電晶體在外面兩層的寬度比中間這一層大很多。就圖 3.1 的電晶體而言，總寬度對中間層寬度的比例是 0.150/0.001＝150：1。中間層的摻雜濃度比射極層的摻雜濃度低相當多（一般約 10：1 或再少一點），摻雜濃度愈低時，限制了自由載子數，使電導係數也愈低（電阻會愈高）。

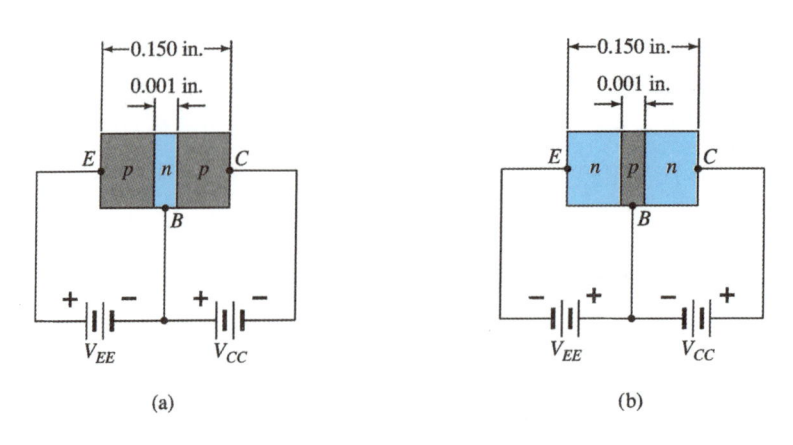

圖 3.2 電晶體的類型：(a) pnp；(b) npn

圖 3.2 也顯示了偏壓，腳位用大寫字母代表，E 代表射極(emitter)、C 代表集極(collector)、B 則代表基極(base)。當我們討論到電晶體的基本操作時，就會贊同選定這種記號的原因。BJT 是**雙載子接面電晶體**(bipolar junction transistor)的縮寫，用來代表這種三支腳的裝置。**雙載子**(bipolar)代表電洞和電子這兩種載子在電晶體工作時，會從某種材料射入到另一個極性相反的材料中。若只用到一種載子（只有電子或只有電洞），就看成是**單載子**(unipolar)裝置，《電子裝置與電路理論—應用篇》第 7 章所介紹的蕭特基二極體就是這種單載子裝置。

3.3　電晶體操作

　　可以利用圖 3.2a 的 *pnp* 電晶體來描述電晶體的基本操作，*npn* 電晶體的操作其實和 *pnp* 完全相同，只是電子和電洞的角色互換而已。*pnp* 電晶體重新畫在圖 3.3a，但去除基極對集極的偏壓。請注意到，圖 3.3 的情況和第 1 章中順偏二極體的情況相似，因為外加偏壓使空乏區寬度降低，因而產生了很大的多數載子電流，從 *p* 型材料流向 *n* 型材料。

　　接著讓我們拿掉圖 3.2a 中 *pnp* 電晶體的基極對射極偏壓，可得圖 3.3b。可考慮到，圖 3.3b 的情況和 1.6 節中逆偏二極體的情況類似，只會產生很小的少數載子電流，如圖 3.3b 所示。因此，總之：

> 電晶體其中一個 *p-n* 接面逆偏，而另一個 *p-n* 接面則順偏。

　　在圖 3.4 中，這兩個偏壓電壓都加到 *pnp* 電晶體上，圖上顯示了所產生的多數載子以及少數載子的電流。注意到，在圖 3.4 中清楚顯示了順偏接面與逆偏接面的空乏區寬度之間的差異。如同圖 3.4 所顯示的，數量很大的多數載子會擴散過順偏的 *p-n* 接面，進入 *n* 型材料。接下來的問題是：這些載子是直接貢獻給基極電流 I_B 呢？還是通過而直接進到 *p* 型材料。因為中間層 *n* 型材料很薄，電導係數也低，以經由此高電阻路徑而到

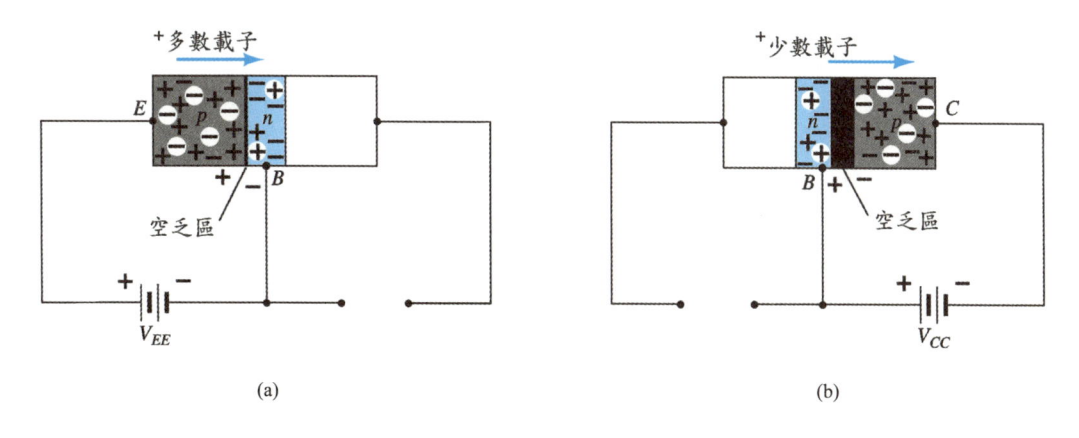

圖 3.3　*pnp* 電晶體：(a)順偏接面；(b)逆偏接面

達基極腳位的載子很少，因此和射極或集極的 mA 級的電流相比，基極電流的大小一般只有 μA 級。因此多數載子的大部分會擴散通過逆向偏壓接面而進入 p 極材料中，此區域連接到集極接腳如圖 3.4 所示。何以多數載子可以輕易的通過 p-n 接面，其原因很容易了解，對逆偏的二極體而言，射入的多數載子到了 n 型材料中就變成了少數載子。易言之，少數載子已經注入到 n 型基極區中，再根據一個事實，空乏區中所有的少數載子都會被掃過二極體的逆偏接面到達另一側，由此可解釋圖 3.4 所顯示的載子流動。

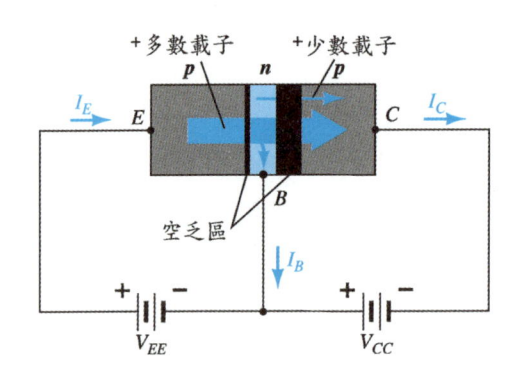

圖 3.4 *pnp* 電晶體上多數載子與少數載子的流動

把電晶體看成是一個單一節點，利用克希荷夫電流定律到圖 3.4 的電晶體，可得

$$I_E = I_C + I_B \tag{3.1}$$

可發現，射極電流是集極電流和基極電流的總和。但集極電流由多數載子和少數載子兩個分量組成，如圖 3.4。少數載子形成的電流分量，稱為漏電流(leakage current)，以符號 I_{CO}（射極接腳開路時的電流 I_C）。因此總和的集極電流可由下式決定

$$I_C = I_{C_{多數載子}} + I_{CO_{少數載子}} \tag{3.2}$$

對一般用途的電晶體而言，I_C 落在 mA 的範圍，而 I_{CO} 會落在 μA 或 nA 的範圍，很像逆偏二極體的 I_s，會受溫度變化的影響。因此考慮將電晶體應用在較寬的溫度範圍時，若思慮不周，在高溫之下 I_{CO} 將嚴重影響系統的穩定性。因電子結構技術的改進，已使 I_{CO} 的大小顯著降低，因此 I_{CO} 的影響通常忽略不計。

3.4 共基極組態

今日在大部分已印行的教科書和手冊中，電晶體所用的記法和符號如圖 3.5 所示，*pnp* 和 *npn* 電晶體都採用共基極組態。共基極一詞導因於以下事實，即基極為電路組態中的輸入側和輸出側所共用。另外，在共基極組態中基極是最接近地或者直接接地的腳位。在本書中，電流方向都採用正電（電洞）流的方向，而非電子流的方向，這麼做主要是基於一項事實，在教育界和產業機構可以取得的大量文獻都採用這種定義，已成慣例。結果是所有的電子符號的箭號方向，皆依此慣例來定義。回想二極體電路符號的箭號，就是依導通時的正電（電洞）流動方向來定義。對電晶體而言：

> 電路符號中的箭號定義了流經裝置的射極電流方向。

圖 3.5 中所有出現的電流方向，都是依據慣例定義的實際電流方向。注意到在所有情況下，$I_E = I_C + I_B$，也注意到，外加的偏壓電壓源的極性，可建立如圖中所示的電流方向。也就是對每一種電路組態，可以比對 I_E 的方向對應於 V_{EE} 的極性，以及 I_C 的方向對應於 V_{CC} 的極性。

為充分描述如圖 3.5 共基極放大器這類三腳裝置的操作，我們需要兩組特性：一組是**推動點**或**輸入**特性；另一組是**輸出**特性。共基極放大器的輸入特性見圖 3.6，代表輸入電流(I_E)對應於輸入電壓(V_{BE})的關係，且針對各種不同的輸出電壓(V_{CB})得到不同的特性曲線。

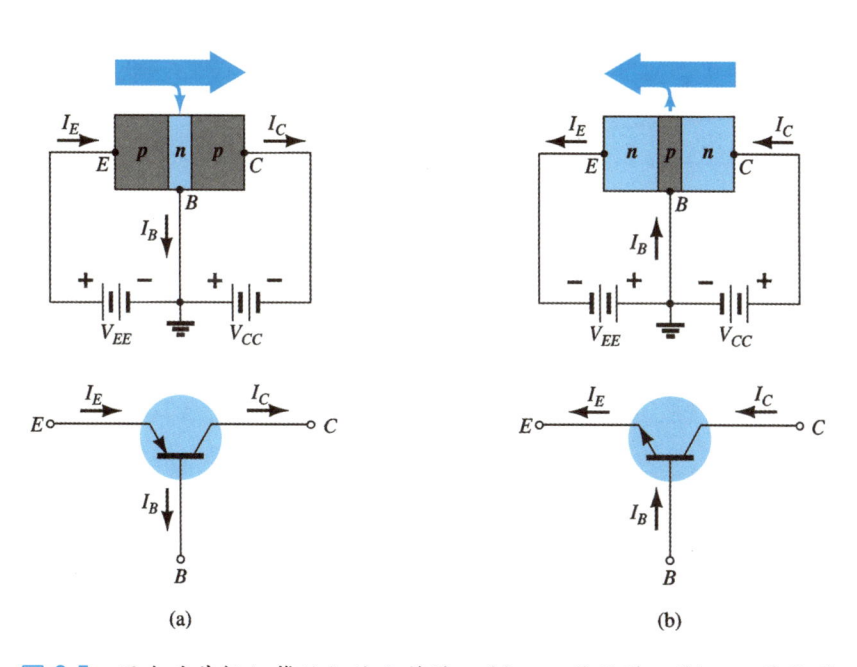

圖 3.5 用在共基極組態的記法和符號：(a) *pnp* 電晶體；(b) *npn* 電晶體

166 電子裝置與電路理論

　　輸出特性則針對不同的輸入電流(I_E)，建立輸出電流(I_C)對應於輸出電壓(V_{CB})的關係。在輸出（集極）特性中，有三個基本區域如圖 3.7 所示，即作用區(active)、截止區(cutoff)和飽和區(saturation)。一般電晶體用作線性（無失真）放大器時會在作用區，特別是：

> 在作用區工作時，基極射極接面順偏，而集極基極接面則逆偏。

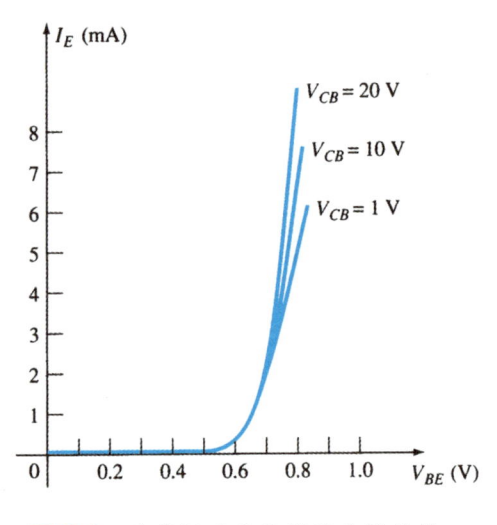

圖 3.6　共基極矽電晶體放大器的輸入（或推動點）特性

　　作用區可以用圖 3.5 的偏壓安排來定義，在作用區的最低界，射極電流(I_E)是零，集極電流只剩下逆向飽和電流 I_{CO}，如圖 3.8 所示。電流 I_{CO} 的大小（μA 級）和 I_C 電流（垂直座標刻度為 mA）相比很小，所以 I_{CO} 幾乎和橫軸($I_C=0$)重合。所以當共基極組態的 $I_E=0$ 時，電路情況如圖 3.8 所示。在資料手冊和規格表中，最常用來代表 I_{CO} 的代號

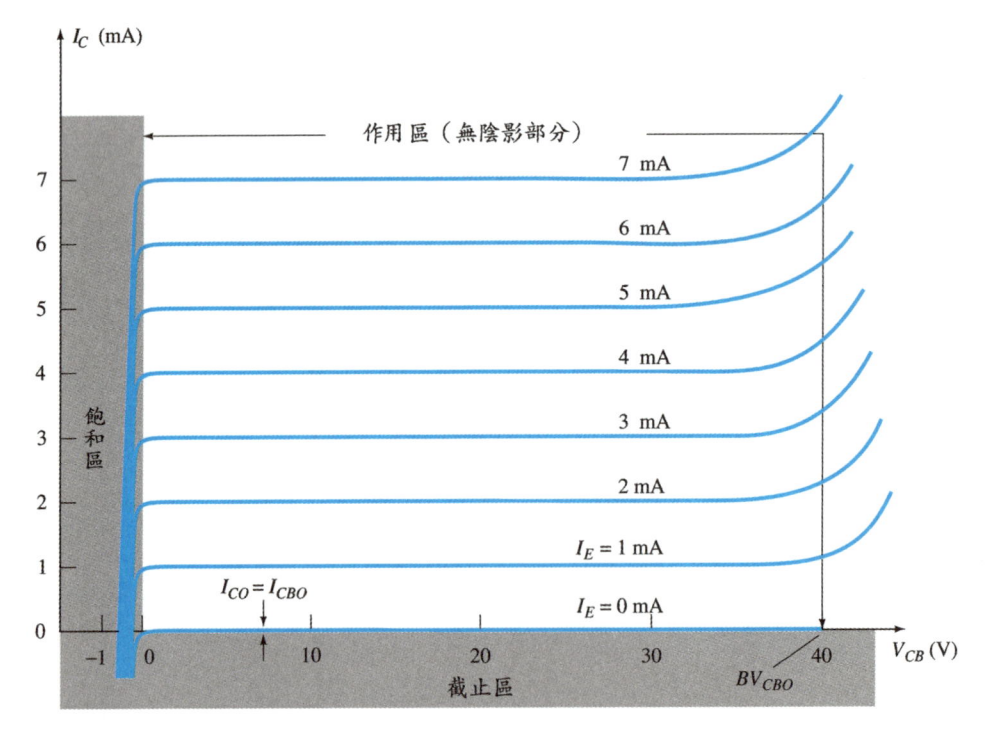

圖 3.7　共基極電晶體放大器的輸出（或集極）特性

是 I_{CBO}（代表射極開路時集極到基極的電流），如圖 3.8 所示。由於電子結構製造技術的改進，對使用在低功率或中功率範圍一般用途的電晶體而言，I_{CBO} 的大小已降得很低，其效應可以忽略不計。但對高功率的電晶體，其 I_{CBO} 仍會到達 mA 的範圍。另外要記住，I_{CBO} 就像二極體的 I_s，會受到溫度變化的影響。因 I_{CBO} 會隨著溫度快速增加，所以在較高溫度時 I_{CBO} 的效應會變得比較重要。

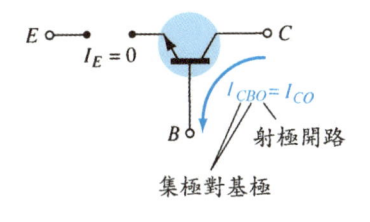

圖 3.8 逆向飽和電流

注意在圖 3.7 中，當射極電流大於零且繼續增加時，集極電流也隨之增加，根據基本的電晶體電流關係式，集極電流的大小幾乎等於射極電流。也要注意到，在作用區工作時，V_{CB} 對集極電流幾乎無影響。曲線清楚顯示，在作用區工作時，I_E 和 I_C 之間存在一次（線性）近似關係，即

$$I_C \cong I_E \tag{3.3}$$

顧名思義，截止區是定義在集極電流為 0 A 的區域，可從圖 3.7 看出，另外：

在截止區工作時，電晶體的基極射極以及集極基極接面都逆偏。

在特性圖上，飽和區是定義在 $V_{CB}=0$ 的左側，此區域的水平刻度放大，以清楚顯示特性在此區域的劇烈變化，注意到，當 V_{CB} 由負值朝 0 V 增加時，集極電流會呈指數式的上升。

在飽和區工作時，基極射極接面和集極基極接面都順偏。

由圖 3.6 的輸入特性可發現，當集極電壓(V_{CB})固定時，隨著基極對射極電壓的增加，射極電流的增加方式和二極體特性很像。事實上，V_{CB} 的增加對特性的影響很小，所以從一次近似的觀點，V_{CB} 變化對特性的影響可以忽略不計，特性圖重新畫在圖 3.9a。若再利用分段線性近似，可得圖 3.9b 的特性，若再進一步忽略曲線的斜率，亦即忽略順偏接面的電阻，可得圖 3.9c 的特性。本書之後的分析中，在作所有電晶體網路的直流分析時，都會採用圖 3.9c 的等效模型，也就是說，一旦電晶體在"導通"狀態，就假定基極對射極電壓如下：

$$V_{BE} \cong 0.7 \text{ V} \tag{3.4}$$

易言之，當我們分析電晶體網路時，V_{CB} 變化所產生的影響和輸入特性的斜率都忽略不

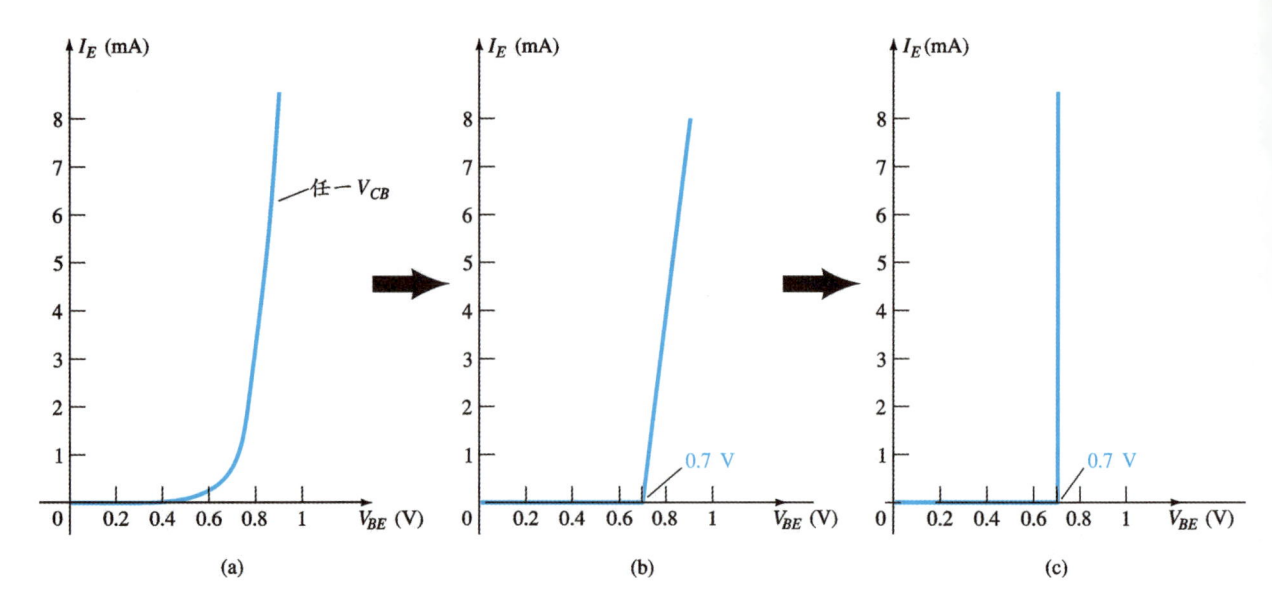

圖 3.9 發展等效模型，以用於放大器在直流模式之下的基極射極接面

計，這樣對實際的響應仍能提供良好的近似，並且不會因為考慮到比較不重要的參數而使分析太過複雜。

充分理解圖 3.9c 特性所作的陳述是很重要的。陳述規範如下，當電晶體 "導通" 或在作用狀態時，無論外部網路所控制的射極電流大小是多少，基極對射極的電壓都會是 0.7 V。事實上，只要一看到在直流模式的任何電晶體組態，只要裝置是在作用區，可以立即指定基極對射極電壓是 0.7 V──這對之後的直流分析是很重要的結論。

例 3.1

a. 利用圖 3.7 的特性，決定 $I_E=3$ mA，$V_{CB}=10$ V 時產生的集極電流。
b. 利用圖 3.7 的特性，決定集極電流，I_E 維持在 3 mA，但 V_{CB} 降到 2 V。
c. 利用圖 3.6 和圖 3.7 的特性，決定 $I_C=4$ mA，$V_{CB}=20$ V 時的 V_{BE}。
d. 重做(c)，但利用圖 3.7 和圖 3.9c 的特性。

解：

a. 特性圖清楚顯示 $I_C \cong I_E=$ **3 mA**。
b. V_{CB} 變化產生的影響很微小，I_C 仍維持在 **3 mA**。
c. 由圖 3.7，$I_E \cong I_C=4$ mA，在圖 3.7 上所得的 V_{BE} 大小約 **0.74 V**。
d. 再由圖 3.7，$I_E \cong I_C=4$ mA，但在圖 3.9c 上，無論射極電流是多少，V_{BE} 都是 **0.7 V**。

Alpha(α)

直流 (DC) 模式　在直流模式中，I_C 和 I_E 源於多數載子，兩者的關係為 α，定義於下式：

$$\alpha_{dc} = \frac{I_C}{I_E} \tag{3.5}$$

其中，I_E 和 I_C 表示工作點的電流大小。儘管圖 3.7 的特性會導出 α=1，但對實際的裝置而言，α 一般會在 0.90～0.998 之間，大部分裝置的 α 值都接近此範圍的上限。因為 α 是針對多數載子定義，式(3.2)可改成

$$I_C = \alpha I_E + I_{CBO} \tag{3.6}$$

對圖 3.7 的特性而言，當 I_E=0 mA 時，I_C 會等於 I_{CBO}，但如同先前所提的，I_{CBO} 通常很小，所以在圖 3.7 的特性圖上幾乎看不出來。易言之，在圖 3.7 上，當 I_E=0 mA 時，I_C 看起來也是 0 mA（在一定的 V_{CB} 範圍內）。

交流 (AC) 模式　對交流的情況而言，因工作點會沿著特性曲線移動，交流 α 定義如下：

$$\alpha_{ac} = \left.\frac{\Delta I_C}{\Delta I_E}\right|_{V_{CB}=\text{定值}} \tag{3.7}$$

交流 α 正式名稱是共基極短路電流放大倍數（增益），在第 5 章探討電晶體的等效電路時，對此名稱的由來會更清楚。現在要了解式(3.7)的意義是，在集極對基極電壓保持不變的條件下，將集極電流的小幅變化除以射極電流相對應的小幅變化。對大部分的情況而言，α_{ac} 和 α_{dc} 的大小很接近，一般允許互相使用。像式(3.7)這種關係式的使用，將在 3.6 節中示範說明。

偏　壓

共基極組態在作用區工作時，可以假定 $I_B \cong 0$ 且利用近似式 $I_C \cong I_E$，可以很快決定適當的偏壓方法。對 pnp 電晶體而言，此近似結果如圖 3.10 的電路組態，晶體電路符號的箭號定義了 $I_E \cong I_C$ 的電流方向。再接上直流電源，其電壓極性要能產生已定義好的電流方向。如果是用 npn 電晶體，電壓極性就要反過來。

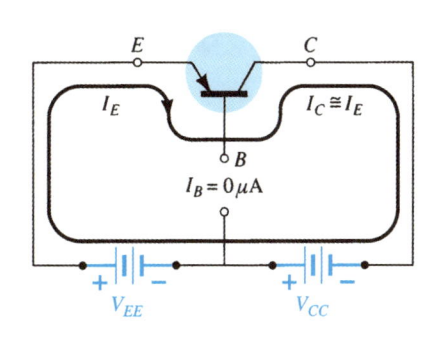

圖 3.10　對在作用區工作的共基極 pnp 電晶體，建立其適當的偏壓方法

某些學生會察覺到，可以用電晶體名稱的字母來記裝置符號的箭號方向。如 npn 可以配合 *not pointing in*，即箭號不指向內，代表箭號指向外；而 pnp 則配合 *pointing in*，即箭號指向內。

崩潰區

隨著外加電壓 V_{CB} 的上升，在某一點，曲線會突然上彎，見圖 3.7，這主要歸因於累增效應，如第 1 章中對二極體到達崩潰區時所描述者。前面提到，在作用區工作時基極對集極接面為逆偏，當逆偏過大時會導致累增效應，結果是當基極對集極電壓小幅增加時，就會造成電流的大幅上升。基極對集極的最大容許電壓，記為 BV_{CBO}，見圖 3.7，也稱為 $V_{(BR)CBO}$，如之後圖 3.22 特性上所示者。注意到，以上這些記號都用到大寫 O，代表射極腳位開路（不接）。很重要需記住，此數據限制僅針對共基極組態。後面會發現，共射極組態的崩潰電壓值會較小。

3.5 共射極組態

對 pnp 和 npn 電晶體而言，最常遇到的電路組態見圖 3.11，稱為**共射極組態**，因為對輸入和輸出腳位（即基極和集極接腳）而言，射極是共用或參考腳位。同樣需要兩組特性才能充分描述共射極組態的操作：一組是**輸入**或**基極對射極特性**；另一組是**輸出**或**集極對射極特性**，兩者均見於圖 3.12。

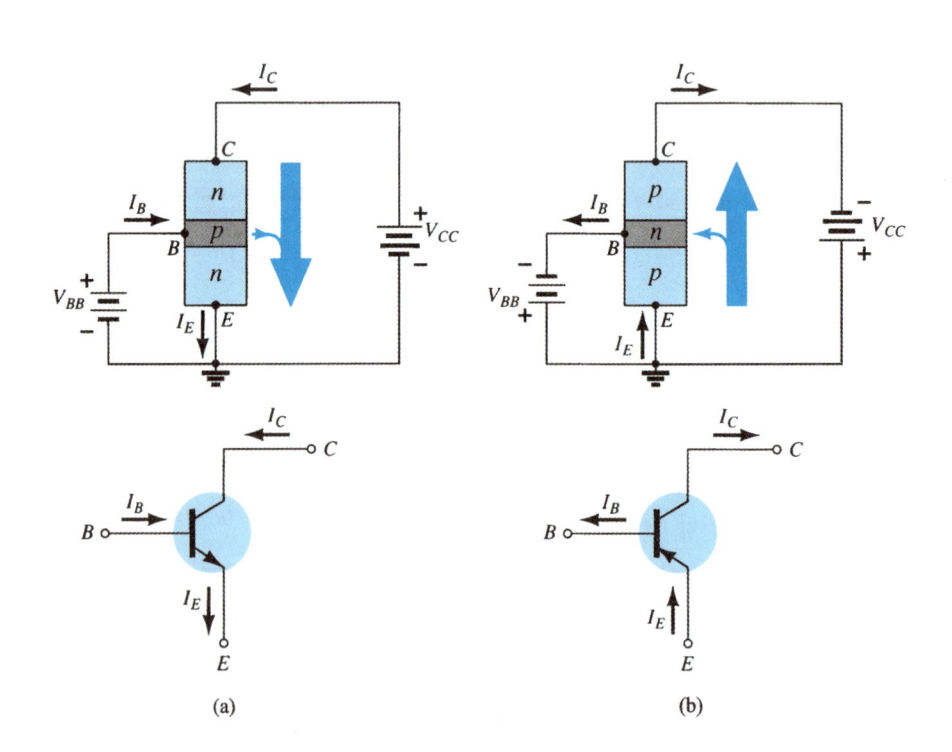

圖 3.11 共射極電路組態所用的記法和符號：(a) *npn* 電晶體；(b) *pnp* 電晶體

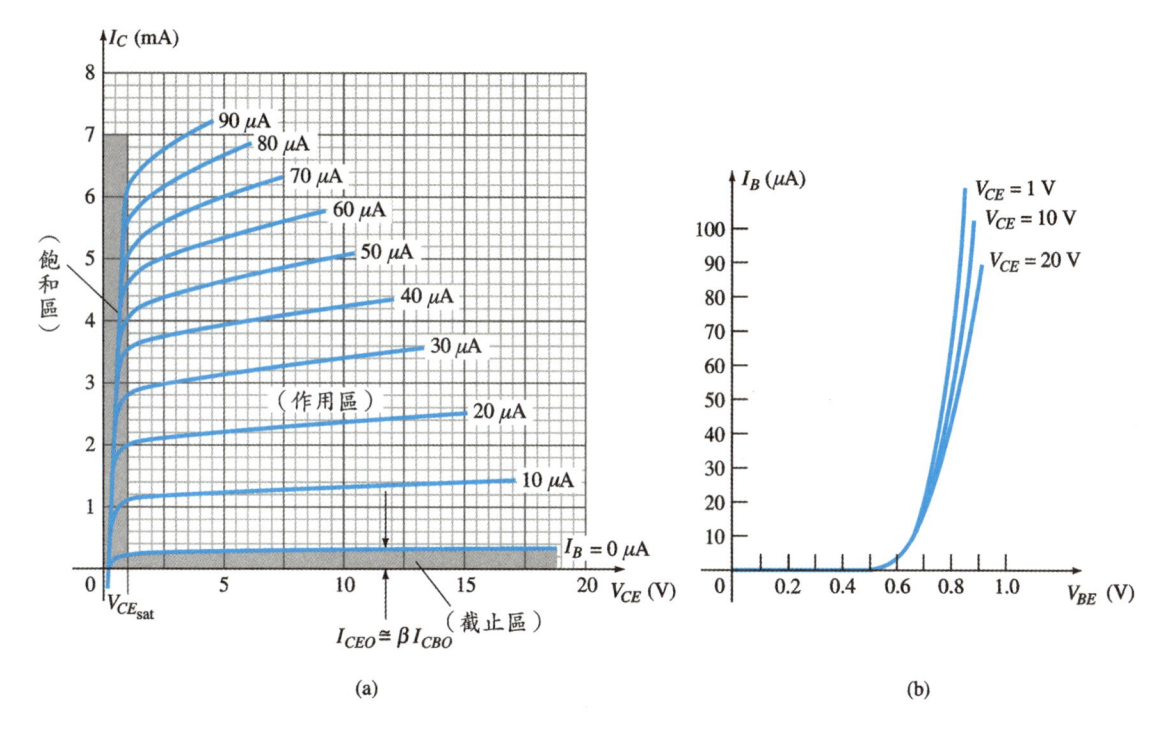

圖 3.12 共射極組態下矽電晶體的特性：(a) 集極特性；(b) 基極特性

　　射極、集極和基極電流皆以實際電流方向顯示。儘管電晶體組態已經改變，先前在共基極組態下導出的電流關係式仍然可用，也就是 $I_E = I_C + I_B$ 且 $I_C = \alpha I_E$。

　　對共射極組態而言，輸出特性是針對某一範圍內不同的輸入電流(I_B)，所得到的一組輸出電流(I_C)對應於輸出電壓(V_{CE})的圖形。而輸出特性則是針對某一範圍內不同的輸出電壓(V_{CE})，所得到的一組輸入電流(I_B)對應於輸入電壓(V_{BE})的圖形。

　　注意到在圖 3.12 的特性中，I_B 的大小是在 μA 的範圍，而 I_C 則在 mA 的範圍。也要注意到，對應於不同 I_B 的曲線，並沒有像共基極組態中對應於不同 I_E 的曲線這麼水平，這表示集極對射極電壓會影響到集極電流的大小。

　　對共射極組態的輸出特性而言，作用區是在右上部分，也就是最線性的部分，此區域中各 I_B 對應的曲線接近直線，且每條曲線之間接近等距。在圖 3.12a 中，作用區在 $V_{CE_{sat}}$ 對應的垂直虛線的右側，並且在 $I_B = 0$ 對應曲線的上方。$V_{CE_{sat}}$ 虛線左側的區域稱為飽和區。

在共射極放大器的作用區，基極射極接面順偏，而集極基極接面則逆偏。

　　還記得，這和共基極組態的作用區條件完全相同。共射極組態在作用區工作時，可用作電壓、電流或功率放大。

　　共射極組態的截止區和共基極組態就不是這麼一致，注意到在圖 3.12 的集極特性中，當 $I_B = 0$ 時 I_C 並不等於 0。對共基極組態而言，當輸入電流 I_E 等於零時，集極電流只剩下逆向飽和電流 I_{CO}，所以對所有實用的目的而言，$I_E = 0$ 對應的曲線和水平（電壓）

軸線等於是同一條線。

這種在集極特性上的差異，可以利用式(3.3)和式(3.6)的適當演算推導出來，也就是

$$式(3.6)：I_C = \alpha I_E + I_{CBO}$$

代入
$$式(3.3)：I_C = \alpha (I_C + I_B) + I_{CBO}$$

重新整理，得
$$I_C = \frac{\alpha I_B}{1-\alpha} + \frac{I_{CBO}}{1-\alpha} \tag{3.8}$$

考慮上述討論的情況，即 $I_B = 0\,\text{A}$，並代入典型值 $\alpha = 0.996$，可得集極電流如下：

$$I_C = \frac{\alpha(0\,\text{A})}{1-\alpha} + \frac{I_{CBO}}{1-0.996}$$
$$= \frac{I_{CBO}}{0.004} = 250 I_{CBO}$$

若 I_{CBO} 為 $1\,\mu\text{A}$，則 $I_B = 0$ 對應的集極電流是 $250(1\,\mu\text{A}) = 0.25\,\text{mA}$，這反映在圖 3.12 的特性上。

為將來的參考之用，$I_B = 0\,\mu\text{A}$ 所定義的集極電流給定一個新代號，見下式：

$$\boxed{I_{CEO} = \left.\frac{I_{CBO}}{1-\alpha}\right|_{I_B = 0\,\mu\text{A}}} \tag{3.9}$$

此新定義的電流，其周邊的電路條件見圖 3.13，電流已給定參考方向。

就線性（最少失真）放大的目的而言，共射極組態的截止區定義為 $I_C = I_{CEO}$。

易言之，如希望得到不失真的輸出訊號，應避免使用 $I_B = 0\,\mu\text{A}$ 以下的區域。

當電晶體用作計算機中邏輯電路的開關時，要關注的有兩個工作點：一在截止區；另一在飽和區。對所選擇的 V_{CE} 而言，理想的截止條件應該在 $I_C = 0$。僅就矽電晶體而言，因矽材料對應的 I_{CEO} 相當小，以切換目的所用的截止區可以採取 $I_B = 0\,\mu\text{A}$ 或 $I_C = I_{CEO}$。但對鍺電晶體而言，以切換目的所用的截止區就要定義在 $I_C = I_{CBO}$ 或 $I_E = 0$，這必須對鍺電晶體的基極射極接面逆偏零點幾伏特才能達成。

回想在共基極組態的情況，整組輸入特性可以用一條直線等效模型來近似，即對所有大於 $0\,\text{mA}$ 的 I_E 值都可得 $V_{BE} = 0.7\,\text{V}$。共射極組態也可採取相同的方法，而得圖 3.14 的近似等效模型。此結果支持我們先前的結論，即電晶體在"導通"狀態或在作用區工作時，基極對射極電壓是 $0.7\,\text{V}$。在這種情況下，無論基極電流是多少，此電壓都固定不變。

第 3 章　雙載子接面電晶體　173

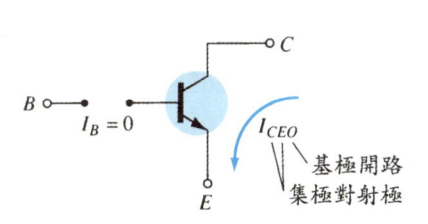

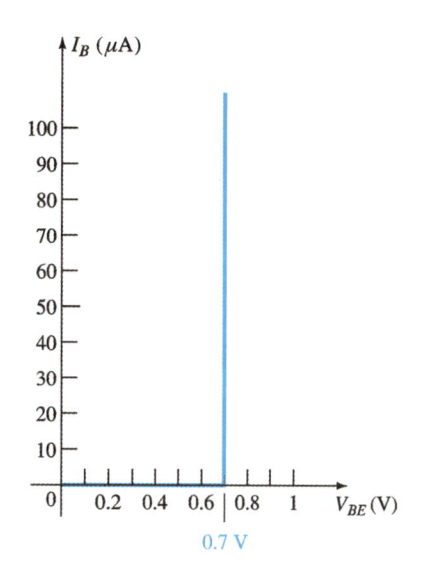

圖 3.13　I_{CEO} 相關的電路條件

圖 3.14　圖 3.12b 的二極體（基極射極）特性對應的分段線性等效模型

例 3.2

a. 用圖 3.12 的特性，決定 $I_B=30\ \mu A$ 且 $V_{CE}=10\ V$ 時的 I_C。

b. 用圖 3.12 的特性，決定 $V_{BE}=0.7\ V$ 且 $V_{CE}=15\ V$ 時的 I_C。

解：

a. 在 $I_B=30\ \mu A$ 和 $V_{CE}=10\ V$ 的交會處，$I_C=$**3.4 mA**。

b. 用圖 3.12b，在 $V_{BE}=0.7\ V$ 和 $V_{CE}=15\ V$（在 $V_{CE}=10\ V$ 和 20 V 之間）的交會處，可得 $I_B=20\ \mu A$。再由圖 3.12a，在 $I_B=20\ \mu A$ 和 $V_{CE}=15\ V$ 的交會處，可求出 $I_C=$**2.5 mA**。

Beta(β)

直流 (DC) 模式　在直流模式下，I_C 和 I_B 大小的關係稱為 β，定義如下：

$$\beta_{dc}=\frac{I_C}{I_B} \tag{3.10}$$

其中的 I_B 和 I_C 對應於特性曲線上某一特定的工作點。對實用的裝置而言，β 值一般從約 50～400 以上，大部分落在中等範圍。如圖 α、β 也代表兩個電流之間的相對大小。對 β 值為 200 的裝置而言，集極電流的大小是基極電流的 200 倍。

在規格表中，β_{dc} 通常以 h_{FE} 代表，h 源自交流混合(hybrid)等效電路，這會在第 5 章介紹。下標 FE 源自順向(forward)電流放大和共射極(emitter)組態。

交流 (AC) 模式　在交流情況下，交流 β 定義如下：

$$\beta_{ac} = \left.\frac{\Delta I_C}{\Delta I_B}\right|_{V_{CE}=\text{定值}} \quad (3.11)$$

β_{ac} 的正式名稱是共射極順向電流放大倍數（增益）。因為共射極組態的輸出電流通常是集極電流，而輸入電流則是基極電流，上述命名中已包含放大一詞。

式(3.11)的格式和 3.4 節 α_{ac} 的公式類似，當時並未介紹由特性曲線求得 α_{ac} 的程序，因為要在特性曲線上實際量出 I_C 和 I_E 的變化量是有困難的。但利用式(3.11)在特性曲線上求出 β_{ac}，在描述上會比較清楚。事實上，求出 β_{ac} 後再用公式，就可馬上導出 α_{ac}。

在規格表中，β_{ac} 通常以 h_{fe} 代表，注意到，交流 β 和直流 β 只有下標的差別。$\beta_{dc}=h_{FE}$，注意到兩者下標大小寫的不同。

圖 3.12a 實際的整組特性重新畫在圖 3.15，利用這組特性並以實際數字運算為例，介紹式(3.11)的運用。以 $I_B=25\ \mu A$ 和 $V_{CE}=7.5\ V$ 作為工作點，如圖 3.15 所示，讓我們決定特性在工作點附近區域的 β_{ac}。$V_{CE}=$ 定值的限制條件，可得一條經由工作點的垂直線（在 $V_{CE}=7.5\ V$），在此垂直線的任何位置，V_{CE} 都是常數 7.5 V。出現在式(3.11)的 I_B 變

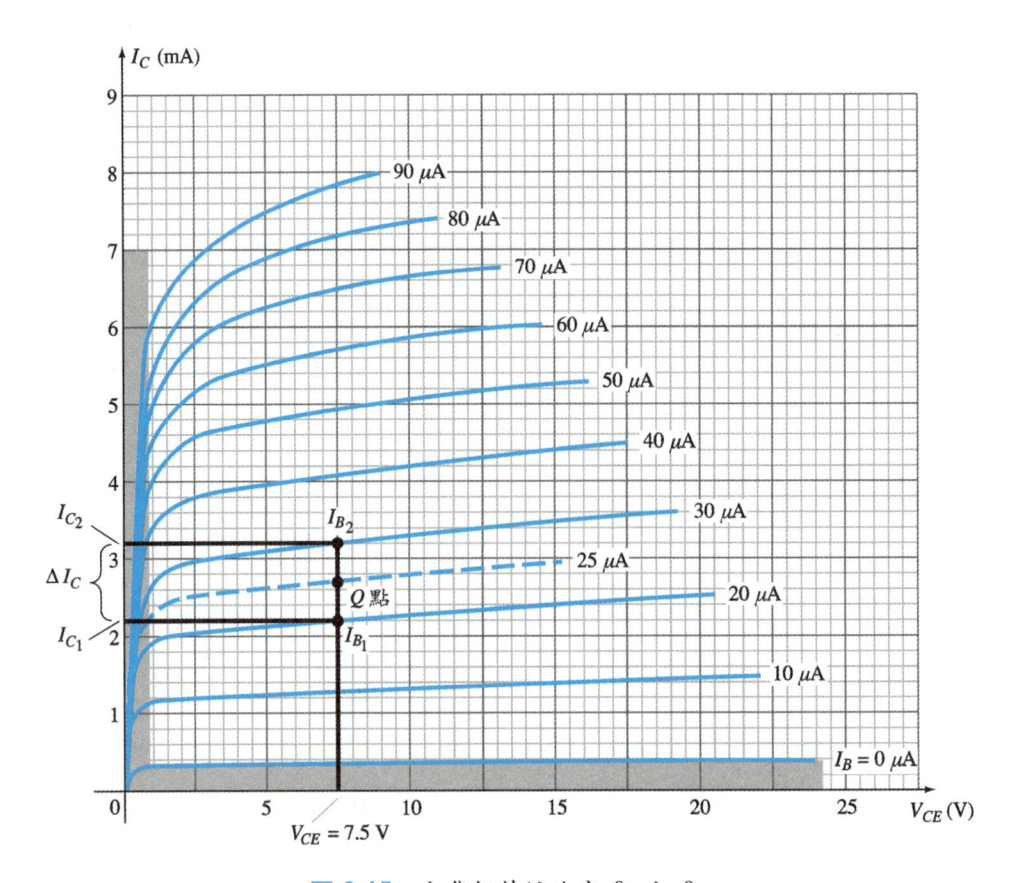

圖 3.15　由集極特性決定 β_{ac} 和 β_{dc}

化量(ΔI_B)可以定義如下，在 Q 點兩側沿著垂直線，在離 Q 點等距的位置各選擇一點，此處我們選出 $I_B=20\ \mu\text{A}$ 和 $30\ \mu\text{A}$ 所對應的曲線，符合上述要求但也不會離 Q 點太遠。這兩條曲線已定義了對應的 I_B 值，不需藉由特性曲線之間的內插求出。該提的是，通常最好的決定方法是讓所選的ΔI_B愈小愈好。在兩條 I_B 對應曲線和垂直線的交點處，各畫一條水平線到垂直軸（即 I_C 軸），就可求出所產生的 I_C 值。Q 點附近特性區對應的 β_{ac} 決定如下：

$$\beta_{ac}=\left.\frac{\Delta I_C}{\Delta I_B}\right|_{V_{CE}=\text{常數}}=\frac{I_{C_2}-I_{C_1}}{I_{B_2}-I_{B_1}}$$
$$=\frac{3.2\ \text{mA}-2.2\ \text{mA}}{30\ \mu\text{A}-20\ \mu\text{A}}=\frac{1\ \text{mA}}{10\ \mu\text{A}}$$
$$=\mathbf{100}$$

由以上結果可看出，對應於基極輸入的交流電流，集極電流大約是基極電流大小的 100 倍。

如果要決定 Q 點的直流 β，可得

$$\beta_{dc}=\frac{I_C}{I_B}=\frac{2.7\ \text{mA}}{25\ \mu\text{A}}=\mathbf{108}$$

雖然 β_{ac} 和 β_{dc} 並不完全相等，但通常相當接近，也常互換使用。也就是，若已知 β_{ac}，就可假定 β_{dc} 約為相同值，反之亦然。記住，即使是同一批生產的電晶體，即使是相同的型號（同時製造出的同一批大數目的電晶體），連續兩個電晶體的 β_{ac} 仍會有些變化。這種差異可能並不顯著，對大多數的應用而言，已足以證實上述以 β_{dc} 近似 β_{ac} 的有效性。一般而言，I_{CEO} 的值愈小，β_{ac} 和 β_{dc} 就愈接近。而電晶體的發展趨勢是使 I_{CEO} 愈來愈低，所以前述近似方法的有效性可進一步鞏固。

若某電晶體的近似特性如圖 3.16 所示，則在特性的每一個區域，β_{ac} 的大小都會相同。注意到，I_B 每步固定在 $10\ \mu\text{A}$，在相鄰兩條等性曲線之間，任何一處的垂直間距也都相同——即 2 mA。計算圖中所示 Q 點的 β_{ac}，可得

$$\beta_{ac}=\left.\frac{\Delta I_C}{\Delta I_B}\right|_{V_{CE}=\text{常數}}=\frac{9\ \text{mA}-7\ \text{mA}}{45\ \mu\text{A}-35\ \mu\text{A}}=\frac{2\ \text{mA}}{10\ \mu\text{A}}=\mathbf{200}$$

決定同一 Q 點的直流 β，可得

$$\beta_{dc}=\frac{I_C}{I_B}=\frac{8\ \text{mA}}{40\ \mu\text{A}}=\mathbf{200}$$

圖 3.16 在特性上，每一處的 β_{ac} 都相同，且 $\beta_{ac}=\beta_{dc}$

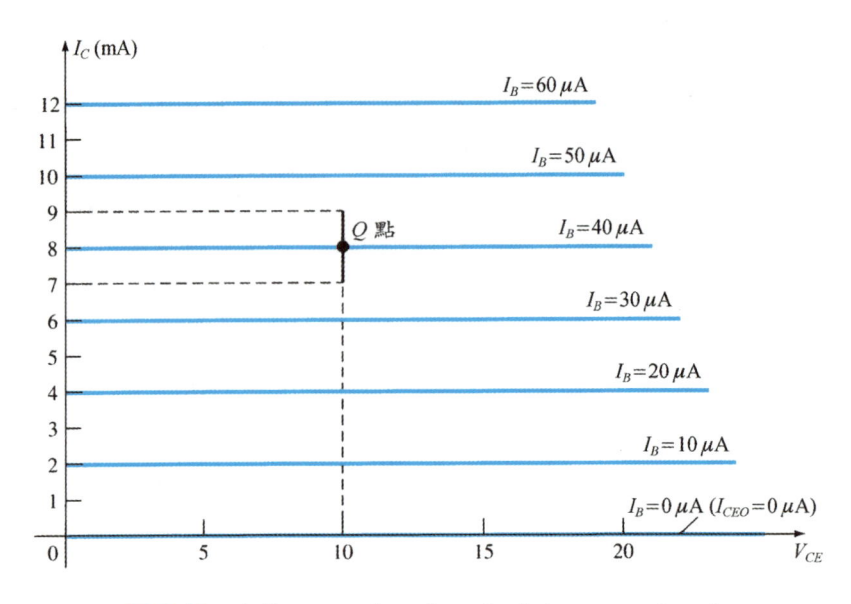

可發現，若特性曲線的外觀如同圖 3.16 時，在特性上的每一點，β_{ac} 的大小都和 β_{dc} 相同。特別注意到，$I_{CEO}=0\ \mu A$。

雖然真正的整組電晶體特性不會和圖 3.16 完全一樣，但此圖可用來和曲線測試儀（稍後介紹）所得者作比較。

在以下的分析中，β 不再加 ac 或 dc 的下標，以避免數學式過於雜亂。在直流的情況下 β 代表 β_{dc}，而在交流的情況下 β 則代表 β_{ac}。若某一 β 值指定給特定的電晶體電路組態，則此 β 值在直流或交流分析時都可以用。

可以利用之前已介紹的基本關係式，導出 α 和 β 的關係。利用 $\beta=I_C/I_B$，可得 $I_B=I_C/\beta$，並由 $\alpha=I_C/I_E$，可得 $I_E=I_C/\alpha$，代入下式：

$$I_E = I_C + I_B$$

可得

$$\frac{I_C}{\alpha} = I_C + \frac{I_C}{\beta}$$

等式兩側都除以 I_C，得

$$\frac{1}{\alpha} = 1 + \frac{1}{\beta}$$

或

$$\beta = \alpha\beta + \alpha = (\beta+1)\alpha$$

所以

$$\boxed{\alpha = \frac{\beta}{\beta+1}} \tag{3.12}$$

或

$$\boxed{\beta = \frac{\alpha}{1-\alpha}} \tag{3.13}$$

另外，回想到
$$I_{CEO}=\frac{I_{CBO}}{1-\alpha}$$

利用以下等式
$$\frac{1}{1-\alpha}=\beta+1$$

代入上一式，可得
$$I_{CEO}=(\beta+1)I_{CBO}$$

或
$$\boxed{I_{CEO}\cong\beta I_{CBO}} \tag{3.14}$$

如圖 3.12a 所示。β 是一個特別重要的參數，因為它提供共射極組態的輸入電流與輸出電流的直接比例，即

$$\boxed{I_C=\beta I_B} \tag{3.15}$$

又因
$$I_E=I_C+I_B$$
$$=\beta I_B+I_B$$

可得
$$\boxed{I_E=(\beta+1)I_B} \tag{3.16}$$

以上兩式在第 4 章將扮演主要角色。

偏　壓

可以用在共基極組態中所介紹的類似方法，以建立共射極放大器的適當偏壓。假定 *npn* 電晶體以圖 3.17a 的接法出現，現在要問，如何加上適當的偏壓以使裝置在作用區工作。

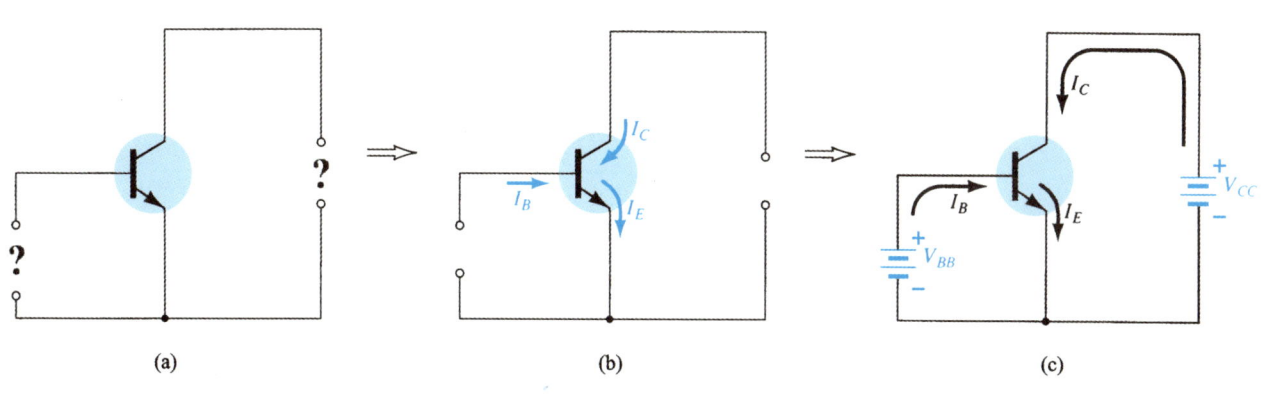

圖 3.17 對共射極 *npn* 電路體組態，決定其適當的偏壓安排

第一步先看到圖 3.17b 所示的電晶體電路符號，其上的箭號建立了 I_E 的方向。其次，另外兩個電流的方向也可標出，如圖所示。記住克希荷夫電流定律：$I_C+I_B=I_E$，也就是 I_E 是 I_C 和 I_B 的總和，所以 I_B 和 I_C 都會流進電晶體。最後，將帶有極性的電壓源放到電路中，以產生 I_B 和 I_C 對應的電流方向，如圖 3.17c 所示，完成了整個電路圖。相同的作法也適用於 pnp 電晶體，若圖 3.17 的電晶體換成 pnp，則圖 3.17c 中所有的電流方向和電壓極性都會反過來。

崩潰區

和共基極組態一樣，電晶體在作用區工作時，集極射極電壓也有一最大容許值，在圖 3.18 中，原圖 3.7 的特性再加以延伸，可看出 V_{CE} 更大時對特性的影響。對較大的基極電流而言，集極電流在接近崩潰區時，近似垂直攀爬上升。但當基極電流很低時，集極電流在崩潰區附近卻呈背靠式上升，這是特別值得注意的，因電流的上升反而造成電壓的下降──不同於一般的電阻性元件，電阻性元件的電壓降會隨著電流的上升而增加。這種特質稱為**負電阻**特性。雖然此處的負電阻概念似乎有些陌生，但本書將介紹一些具有負電阻特性的元件，並利用此種特性達成特定目的之電路系統。

電晶體在正常工作條件下，V_{CE} 建議的最大值記為 BV_{CEO}，如圖 3.18，或稱為 $V_{(BR)CEO}$，見圖 3.22。此值小於 BV_{CBO}，事實上通常只有 BV_{CBO} 的一半。此崩潰區的特性曲線呈急劇變化，有兩種原因：一是**累增崩潰**，如先前在共基極組態中所提者；另一則稱為**貫穿**，這是源於 **Early 效應**，這會在第 5 章介紹。總而言之，累增效應是主要因素，因崩潰效

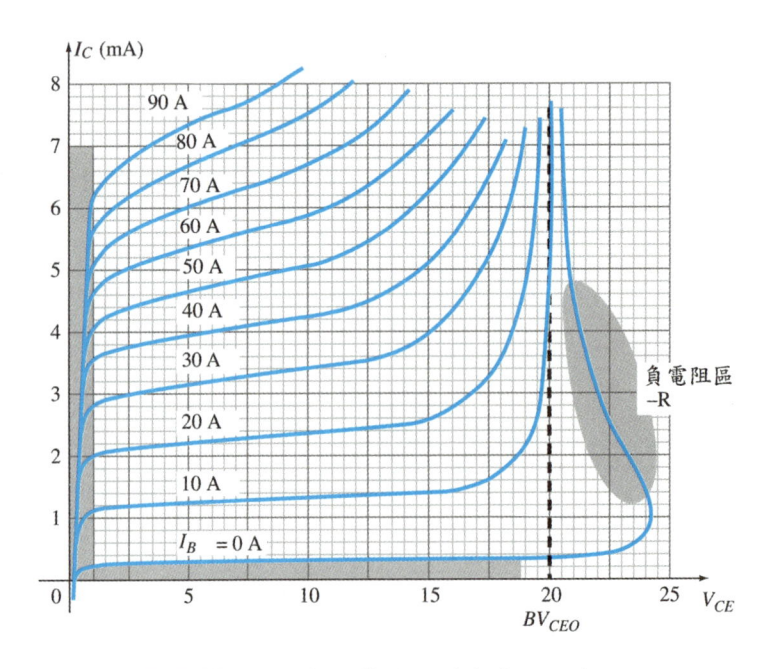

圖 3.18 共射極組態電晶體崩潰區的檢視

應所造成的基極電流上升，會使集極電流增加 β 倍，此集極電流的增加會再造成更多載子的產生，使基極乃至於集極電流反覆再上升。

3.6 共集極組態

第三種也是最後一種電晶體組態是**共集極組態**，如圖 3.19 所示，其上並有適當的電流方向和外加電壓。共集極組態主要用作阻抗匹配，因其具有高輸入阻抗與低輸入阻抗，這和共基極以及共射極組態的情況相反。

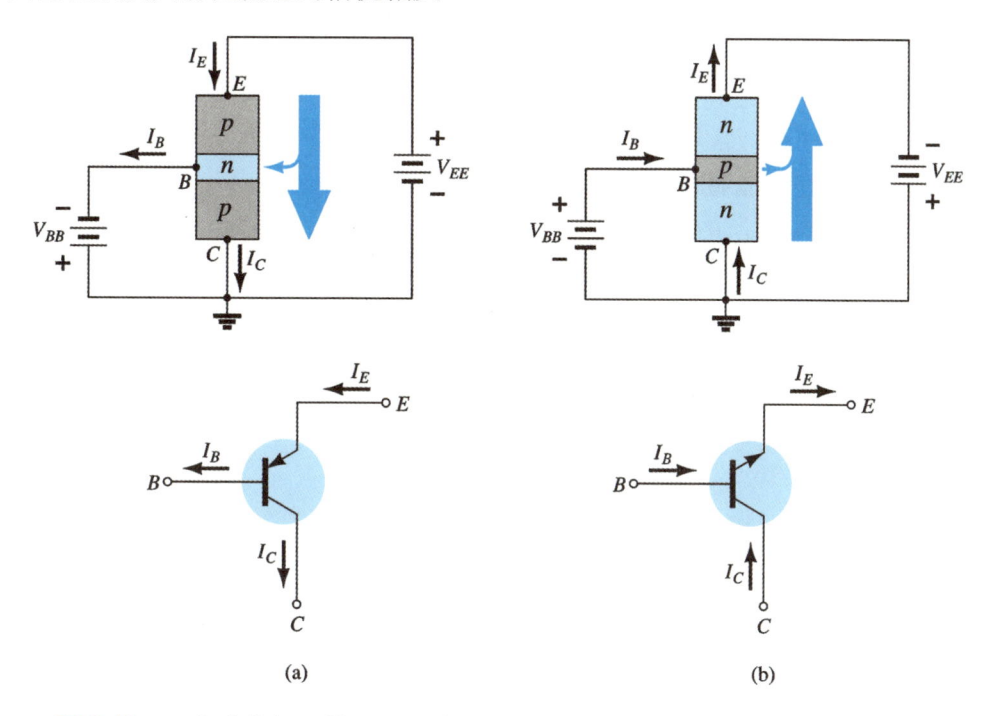

圖 3.19 用在共集極組態的電路符號和記法：(a) *pnp* 電晶體；(b) *npn* 電晶體

共集極電路組態，提供在圖 3.20，其負載電阻接在射極與接地之間。注意到，儘管電晶體的接法和共射極組態相仿，但集極接地，從設計觀點來看，並不需要一組共集極特性以供選擇圖 3.20 電路中的參數，只要用 3.5 節的共射極特性就夠了。就所有實用性

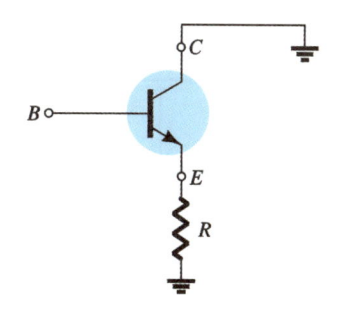

圖 3.20 用作阻抗匹配的共集極電路組態

的目的而言，共集極之組態的輸出特性和共射極組態相同。對共集極組態而言，輸出特性是針對某個範圍內不同的 I_B、I_E 對應於 V_{CE} 的曲線圖。因此，共射極和共集極特性的輸入電流是相同的。另外，只要改變共射極特性中集極對射極電壓的正負號，就可得到共集極特性的水平電壓軸。最後有一個幾乎察覺不到的改變，即共射極特性中的垂直座標 I_C 要改成共集極特性的 I_E（因 $\alpha \cong 1$）。而對共集極組態的輸入電路，共射極的基極特性已足以得到所需的資料。

3.7　操作的限制

每一個電晶體在特性上都會有一個操作區域，在此區域內工作時，保證不會超過最大額定值，且輸出訊號的失真程度最小。圖 3.21 的特性上就定義這麼一個區域，操作時所有的限制都定義在電晶體的規格表上，會在 3.8 節介紹。

某些工作上的限制是不用解釋就很清楚了，例如最大集極電流（在規格表內一般稱為**連續集極電流**）和最大集極對射極電壓（在規格表上常簡寫為 BV_{CEO} 或 $V_{(BR)CEO}$）。對圖 3.21 的電晶體而言，$I_{C_{max}}$ 的規格是 50 mA，而 BV_{CEO} 則是 20 V。特性圖上的垂直虛線定義為 $V_{CE_{sat}}$，規定為可以用的最小 V_{CE}，若低於此值時會落入非線性區（即飽和區）。對此電晶體而言，$V_{CE_{sat}}$ 的規格約 0.3 V 左右。

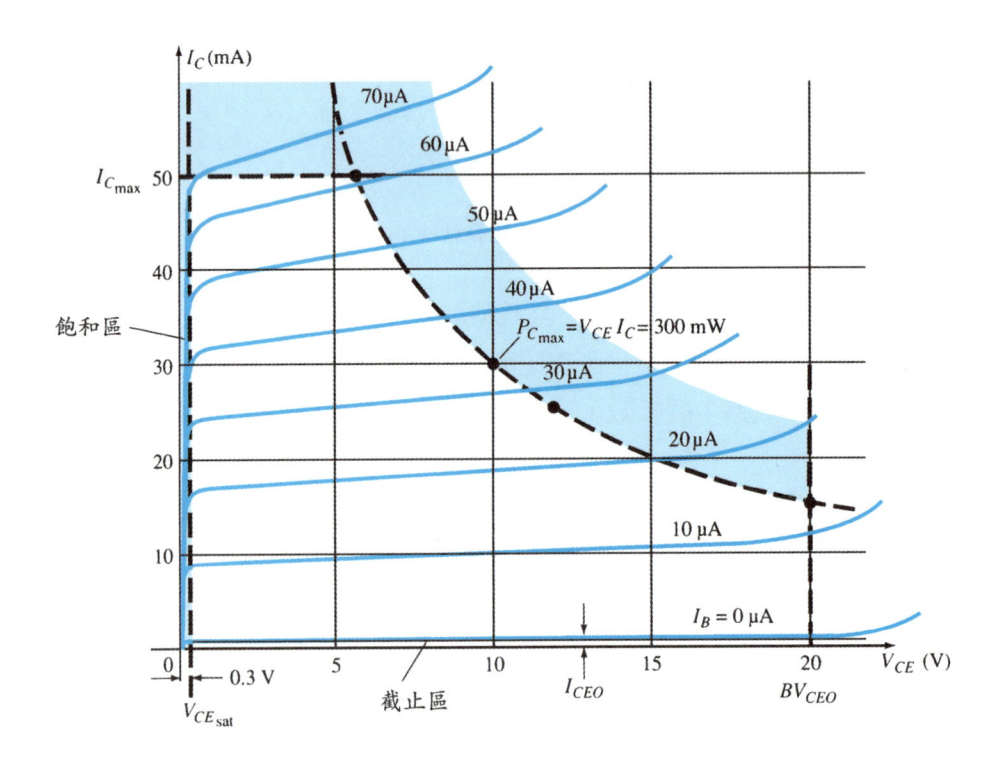

圖 3.21　定義電晶體的線性（無失真）操作區域

最大功率消耗的大小定義如下式：

$$P_{C_{max}} = V_{CE}I_C \qquad (3.17)$$

對圖 3.21 的裝置而言，集極功率消耗的規格是 300 mW，問題來了，如何用以下的事實畫出集極功率消耗曲線。

$$P_{C_{max}} = V_{CE}I_C = 300 \text{ mW}$$

或

$$V_{CE}I_C = 300 \text{ mW}$$

在 $I_{C_{max}}$ 處　在特性上的任何一點，V_{CE} 和 I_C 的乘積都必須等於 300 mW。若選擇 I_C 在最大值 50 mA，代入以上關係式，可得

$$V_{CE}I_C = 300 \text{ mW}$$
$$V_{CE}(50 \text{ mA}) = 300 \text{ mW}$$
$$V_{CE} = \frac{300 \text{ mW}}{50 \text{ mA}} = \mathbf{6 \text{ V}}$$

在 $V_{CE_{max}}$ 處　我們發現，在功率消耗曲線上，若 $I_C = 50$ mA，則 $V_{CE} = 6$ V，見圖 3.21。現在再選擇 V_{CE} 在最大值 20 V，I_C 值可求出如下：

$$(20 \text{ V})I_C = 300 \text{ mW}$$
$$I_C = \frac{300 \text{ mW}}{20 \text{ V}} = \mathbf{15 \text{ mA}}$$

此定義了功率曲線上的第 2 點。

在 $I_C = \frac{1}{2}I_{C_{max}}$ 處　現在再選一個中等範圍的 I_C 值，如 25 mA，解出對應的 V_{CE} 值，得

$$V_{CE}(25 \text{ mA}) = 300 \text{ mW}$$

且

$$V_{CE} = \frac{300 \text{ mW}}{25 \text{ mA}} = \mathbf{12 \text{ V}}$$

此對應點也見於圖 3.21。

可以用以上已定出的三點，粗略畫出實際的曲線。當然，點數更多時，曲線就更精確，但粗略估計已足以滿足需要。

截止區定義在 $I_C = I_{CEO}$ 以下的區域，若要得到最小失真的輸出記號，也必須避免進

入此區域。某些規格表只提供 I_{CBO}，若也沒有提供特性曲線，則必須利用公式 $I_{CEO}=\beta I_{CBO}$ 建立截止電流值的大小。圖 3.21 所建立的操作區域可以保證輸出訊號的失真最小，且電壓和電流大小不損壞裝置。

若特性曲線沒有在規格表上（通常都是如此），也無法另外取得，這時僅必須確定 I_C、V_{CE} 和乘積 $V_{CE}I_C$ 落在以下範圍內：

$$\boxed{\begin{aligned} I_{CEO} &\leq I_C \leq I_{C_{max}} \\ V_{CE_{sat}} &\leq V_{CE} \leq V_{CE_{max}} \\ V_{CE}I_C &\leq P_{C_{max}} \end{aligned}} \tag{3.18}$$

對共基極特性而言，最大功率曲線由輸出電壓電流的乘積決定，如下式：

$$\boxed{P_{C_{max}}=V_{CB}I_C} \tag{3.19}$$

3.8 電晶體規格表

因為規格表是製造商和使用者的橋樑，所以認知並正確了解規格表所提供的資料是特別重要的。雖然尚未介紹完所有參數，現在將會熟知相當廣泛的規格數字，而其餘的參數會在以後章節中陸續介紹。

圖 3.22 的資料是由快捷半導體公司（Fairchild Semiconductor Corporation）提供。2N4123 是一般用途的 *npn* 電晶體，其包裝和接腳識別在圖 3.22a 右上角。大部分的規格表都會分為三部分：**最大額定值、熱特性和電氣特性**。電氣特性又可進一步分為"導通"、"截止"和小訊號特性。"導通"和"截止"特性是屬於直流方面的限制，而小訊號特性則包含交流操作的重要參數。

注意到在最大額定值列表中，$V_{CE_{max}}=V_{CEO}=30$ V，且 $I_{C_{max}}=200$ mA。最大集極功率消耗 $P_{C_{max}}=P_D=625$ mW，在此最大額定值之下且溫度在 25°C 以上時，溫度每上升 1°C，對應的最大功率消耗要降低 5 mW。在"截止"特性中 I_{CBO} 的規格是 50 nA，而在"導通"特性中 $V_{CE_{sat}}=0.3$ V。當 $I_C=2$ mA 且 $V_{CE}=1$ V 時，h_{FE} 的大小在 50～150。但當 $I_C=50$ mA 且 $V_{CE}=1$ V 時，h_{FE} 的最小值會降到 25。

此裝置在操作上的限制到範圍已定義好，並以式(3.18)的格式重列於下，但採用 $h_{FE}=150$（上限），$I_{CEO}\cong\beta I_{CBO}=(150)(50$ nA$)=7.5$ μA。的確，對大部分的應用而言，在近似的基礎上可將 7.5 μA$=0.0075$ mA 看成是 0 mA。

最大額定值

額定	符號	2N4123	單位
集極對射極電壓	V_{CEO}	30	Vdc
集極對基極電壓	V_{CBO}	40	Vdc
射極對基極電壓	V_{EBO}	5.0	Vdc
集極電流—連續	I_C	200	mAdc
裝置總功率消耗@ T_A = 25°C 25°C 以上衰減率	P_D	625 5.0	mW mW/°C
接面溫度範圍 （工作與儲存）	T_j, T_{stg}	$-55 \sim +150$	°C

FAIRCHILD SEMICONDUCTOR™

2N4123

TO-92

一般用途
矽NPN電晶體

熱特性

特性	符號	最大	單位
熱阻，接面對外殼	$R_{\theta JC}$	83.3	°C/W
熱阻，接面對外界	$R_{\theta JA}$	200	°C/W

電氣特性（$T_A = 25°C$ 除非另有說明）

特性	符號	最小	最大	單位
截止特性				
集極射極崩潰電壓 ($I_C = 1.0$ mAdc, $I_E = 0$)	$V_{(BR)CEO}$	30		Vdc
集極基極崩潰電壓 ($I_C = 10$ μAdc, $I_E = 0$)	$V_{(BR)CBO}$	40		Vdc
射極基極崩潰電壓 ($I_E = 10$ μAdc, $I_C = 0$)	$V_{(BR)EBO}$	5.0	—	Vdc
集極截止電流 ($V_{CB} = 20$ Vdc, $I_E = 0$)	I_{CBO}	—	50	nAdc
射極截止電流 ($V_{BE} = 3.0$ Vdc, $I_C = 0$)	I_{EBO}	—	50	nAdc
導通特性				
直流電流增益 ($I_C = 2.0$ mAdc, $V_{CE} = 1.0$ Vdc) ($I_C = 50$ mAdc, $V_{CE} = 1.0$ Vdc)	h_{FE}	50 25	150 —	
集極射極飽和電壓 ($I_C = 50$ mAdc, $I_B = 5.0$ mAdc)	$V_{CE(sat)}$	—	0.3	Vdc
基極射極飽和電壓 ($I_C = 50$ mAdc, $I_B = 5.0$ mAdc)	$V_{BE(sat)}$	—	0.95	Vdc
小訊號特性				
電流增益頻寬積 ($I_C = 10$ mAdc, $V_{CE} = 20$ Vdc, f = 100 MHz)	f_T	250		MHz
輸出電容 ($V_{CB} = 5.0$ Vdc, I = 0, f = 100 MHz)	C_{obo}	—	4.0	pF
輸入電容 ($V_{BE} = 0.5$ Vdc, $I_C = 0$, f = 100 kHz)	C_{ibo}	—	8.0	pF
集極基極電容 ($I_E = 0$, $V_{CB} = 5.0$ V, f = 100 kHz)	C_{cb}	—	4.0	pF
小訊號電流增益 ($I_C = 2.0$ mAdc, $V_{CE} = 10$ Vdc, f = 1.0 kHz)	h_{fe}	50	200	
高頻電流增益 ($I_C = 10$ mAdc, $V_{CE} = 20$ Vdc, f = 100 MHz) ($I_C = 2.0$ mAdc, $V_{CE} = 10$ V, f = 1.0 kHz)	h_{fe}	2.5 50	— 200	—
雜訊指數 ($I_C = 100$ μAdc, $V_{CE} = 5.0$ Vdc, $R_S = 1.0$ k ohm, f = 1.0 kHz)	NF	—	6.0	dB

(1) 脈波測試：脈寬 = 300 μs，工作周期 = 2.0%

(a)

圖 3.22 電晶體規格表

圖 3.22 （續）

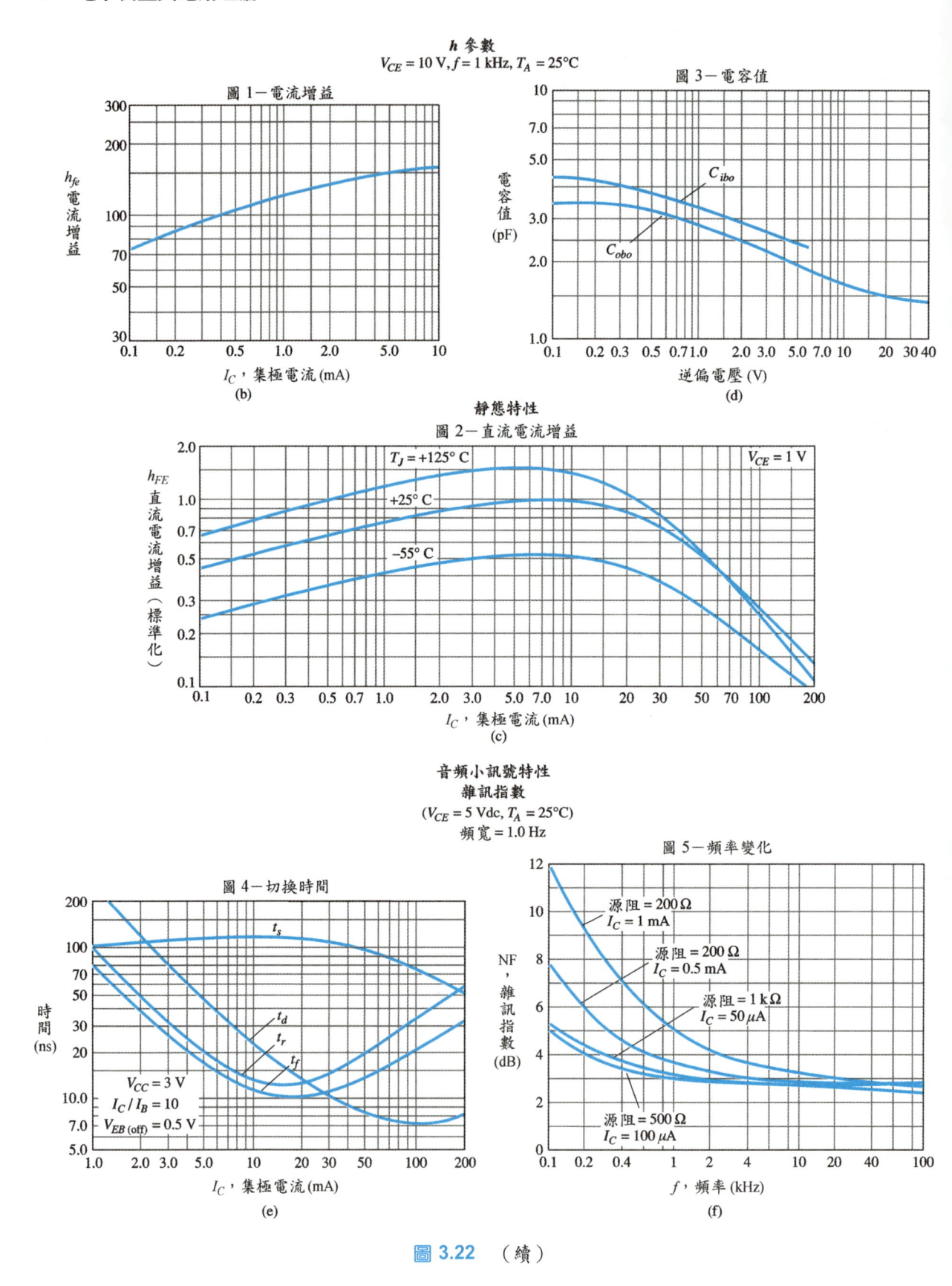

圖 6 — 源阻

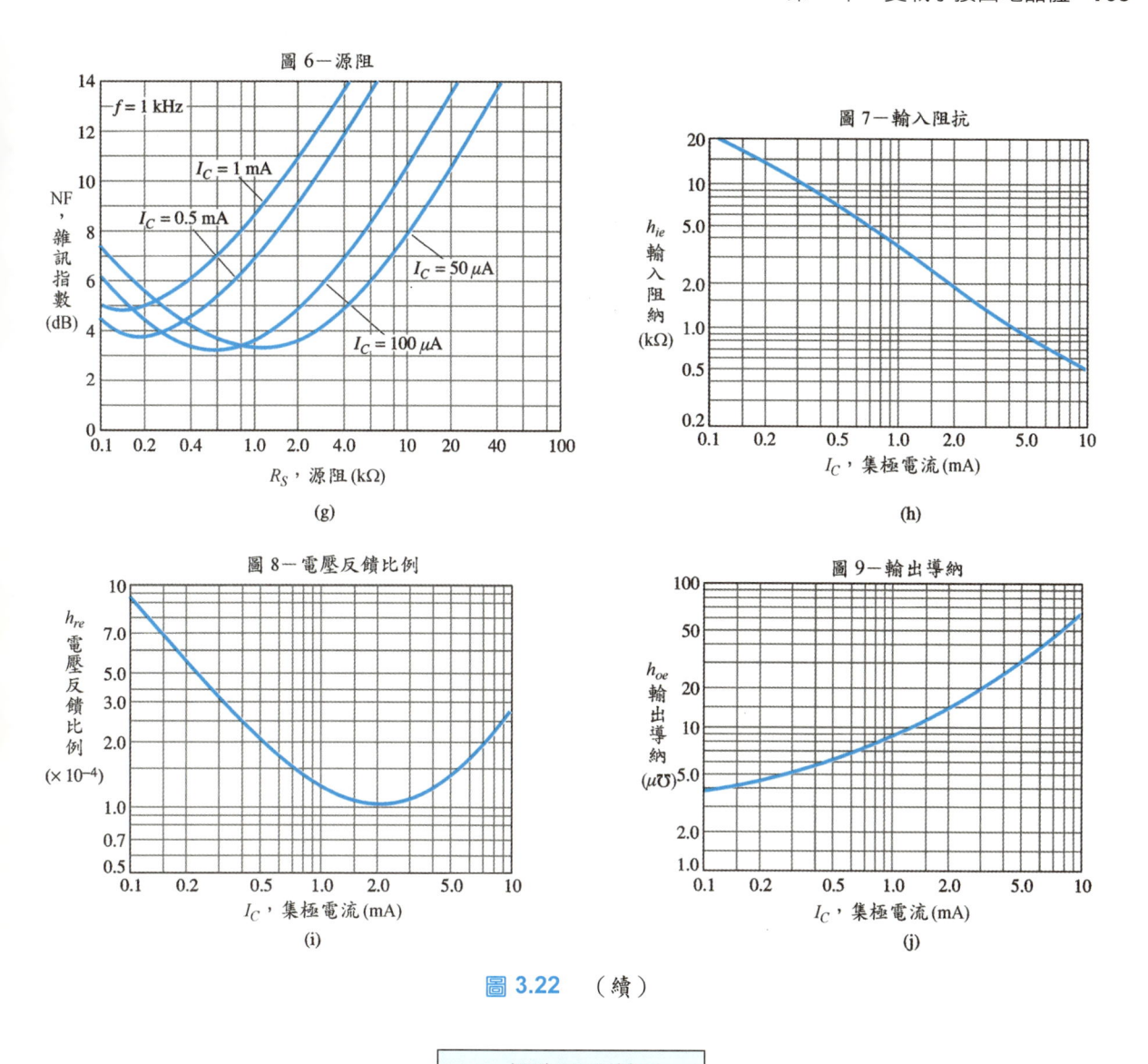

圖 7 — 輸入阻抗

(g)

(h)

圖 8 — 電壓反饋比例

圖 9 — 輸出導納

(i)

(j)

圖 3.22 （續）

操作的限制
7.5 μA $\leq I_C \leq$ 200 mA
0.3 V $\leq V_{CE} \leq$ 30 V
$V_{CE} I_C \leq$ 650 mW

β 的變化

在小訊號特性中，h_{fe} (β_{ac}) 的大小是用圖形提供，h_{fe} 會隨著集極電流而變化，如圖 3.22b。在圖 3.22c 中，溫度和集極電流對 h_{FE} (β_{dc}) 的影響同時顯示出來。室溫(25°C)時，注意到 I_C 約 8 mA 左右時可得 h_{FE} 的最大值 1，當 I_C 更大時 h_{FE} 會下降，到 I_C 等於 50 mA 時，h_{FE} 只剩一半，且當降到 0.15 mA 時，h_{FE} 也會降到如此。因為這是標準化（正規化）曲線，若電晶體在室溫且 I_C=50 mA 時，對應的 β_{dc}=h_{FE}=50，在 I_C=50 mA 處，β 掉到約 0.52 倍，即 h_{fe}=(0.52)50=26。易言之，標準化的 h_{FE} 就是將對應於任意 I_C 大

186　電子裝置與電路理論

小的實際 h_{FE} 值,除以同一溫度之下對應於 $I_C=8$ mA 的實際 h_{FE} 值。注意到,圖 3.22c 的水平軸用對數座標,對數座標將在第 9 章深入探討。有時間的話,你可以先去看第 9 章的前幾節,再回來看本節中的對數圖。

電容值變化　圖 3.22d 上的電容 C_{ibo} 和 C_{obo} 分別是電晶體在共基極組態下的輸入和輸出電容。其數值如此之小,除非在相當高的頻率,其影響可忽略不計。在直流或交流分析中,這兩個電容可近似開路。

切換時間　圖 3.22e 包含的重要參數,定義了電晶體對輸入變化的反應,電晶體由"截止"切換到"導通",或由"導通"切換到"截止",各參數會在 4.15 節中詳細討論。

對應於頻率和電源電阻的雜訊指數　雜訊指數是一種量度,反映了加到放大器正常訊號響應的額外擾動,在圖 3.22f 中,對特定的電源電阻值,對大頻率範圍以 dB 值為單位顯示了雜訊指數。對各種不同的集極電流和電源電阻,最低指數值發生在頻率最高處。隨著頻率下降,雜訊指數值隨之下降,對集極電流的靈敏度也增強。

混合參數　圖 3.22b、h、i 和 j 提供了電晶體混合等效模型的各參數,會在第 5 章詳細討論。注意到,每一種參數的變化圖都是對應於集極電流——在等效電路中會用集極電流定義。在大部分應用中,h_{ie} 和 h_{fe} 最為重要。當集極電流上升時,h_{fe} 會更高而 h_{ie} 則更低。先前已提到,所有參數會在 5.19～5.21 節中詳細討論。

在離開對特性的說明之前,注意到廠商並未提供實際的集極(輸出)特性。事實上,大部分製造商所提供的規格表均未能提供完整的特性曲線,我們希望規格表所提供的資料,已足以在設計過程中有效應用該裝置。

3.9　電晶體測試

和二極體一樣,有三個途徑可用來檢測電晶體:用**曲線測試儀、數位電表和歐姆計**。

曲線測試儀

若圖 1.43 的曲線測試儀上所有控制檔位都正確設定時,會出現圖 3.23 的顯示。右邊較小的顯示代表用在特性上的刻度,垂直靈敏度是 2 mA /格,產生的刻度在監視器畫面左側。水平靈敏度是 1 V /格,產生的刻度在特性下方。步級功能使曲線以 10 μA 的差距分隔,從最底部的 0 μA 曲線開始。最後一個刻度可用來快速決定特性中任何區域的 β_{ac},方法如下,將兩條 I_B 曲線之間相距的格數乘上顯示的 β 刻度值即得。例如,想要決定 $I_C=7$ mA 且 $V_{CE}=5$ V 此 Q 點的 β_{ac},在 Q 點附近的 I_B 曲線間距是 9/10 格,如圖 3.24 所示,用畫面上指示的 β 刻度(即 200 /格),可求出。

$$\beta_{ac}=\frac{9}{10}\text{格}\left(\frac{200}{\text{格}}\right)=\mathbf{180}$$

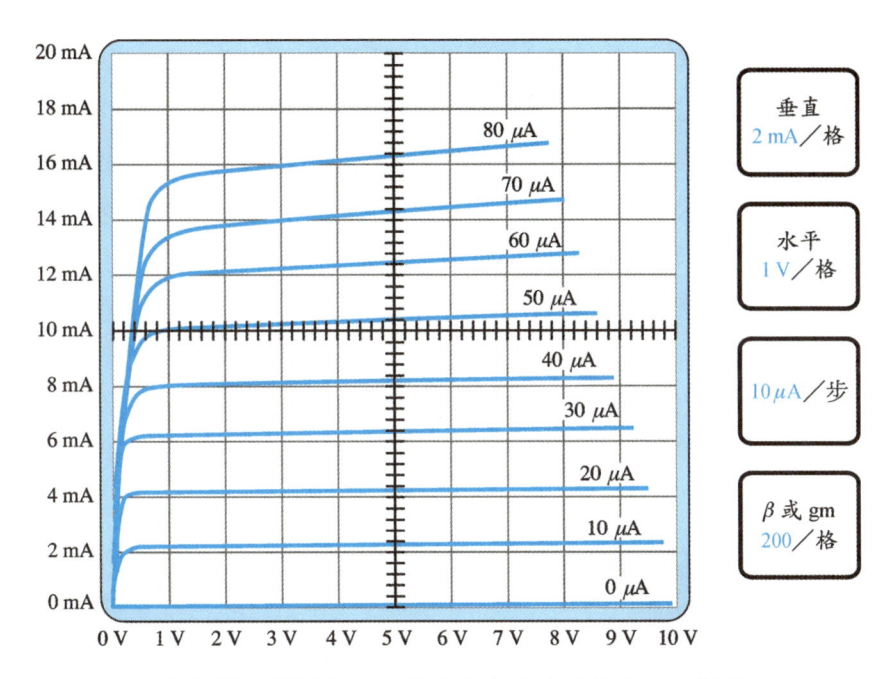

圖 3.23　2N3904 npn 電晶體在曲線測試儀上的響應

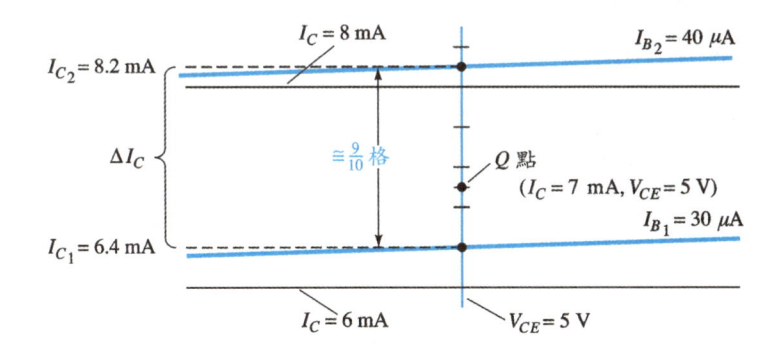

圖 3.24　決定圖 3.23 電晶體特性中 $I_C=7$ mA 和 $V_{CE}=5$ V 的 β_{ac} 值

利用式(3.11)得

$$\beta_{ac}=\frac{\Delta I_C}{\Delta I_B}\bigg|_{V_{CE}=\text{定值}}=\frac{I_{C_2}-I_{C_1}}{I_{B_2}-I_{B_1}}=\frac{8.2\text{ mA}-6.4\text{ mA}}{40\text{ }\mu\text{A}-30\text{ }\mu\text{A}}$$

$$=\frac{1.8\text{ mA}}{10\text{ }\mu\text{A}}=180$$

驗證了上述所求出的結果。

電晶體測試器

有各種現成的電晶體測試器，有些只是數位電表的一部分，見圖 3.25a，數位電表可量測電路中的各種數值。其他如圖 3.25 屬於專用測試器，只能測試有限幾種元件。圖

3.25b 的測試器可以測試已接在電路上或單獨的電晶體，JFET（第 6 章）和 SCR（《電子裝置與電路理論—應用篇》第 8 章）。所有情況下都要先切掉電路的電源，以保證不會損壞測試器的內部電池，並提供正確的讀值。一旦電晶體接好，移動開關，依次選擇所有可能組合，直到測試燈亮起，並確認電晶體的各接腳。若 npn 或 pnp 電晶體的工作正常時，測試器也會顯示 OK。

任何具有檢測二極體功能的電表，都可用來檢測電晶體。當電晶體集極開路時，以紅色（正）測棒接到 npn 的基極，並以黑色（負）測棒接到 npn 的射極，基極對射極接面應該會產生約 0.7 V 的低電壓，若接腳反接則會出現 OL（開迴路）的指示，表示接面逆偏。同樣地，當射極開路時，也可以檢測基極對集極接面的順偏和逆偏狀態。

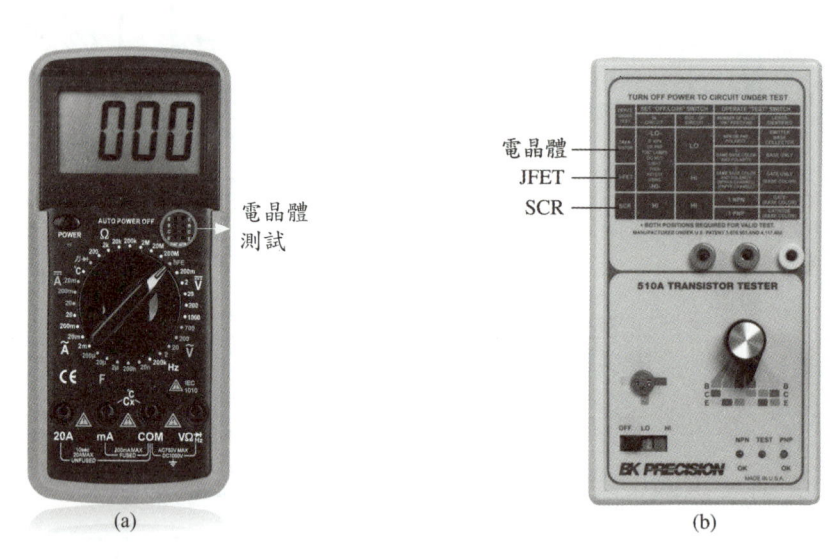

圖 3.25 電晶體測試器：(a) 數位電表（©gilotyna / 123RF）；
(b) 專用測試表（摘自 B + K 精密公司）

歐姆計

可以用歐姆計或數位電表(DMM)的電阻檔位，來檢測電晶體的狀態。記得電晶體在作用區工作時，基射接面順偏且基集接面逆偏。因此基本上，順偏接面應該會測到相當低的電阻，而逆偏接面則會顯示很高的電阻。對 npn 電晶體而言，從基極到射極的順偏接面（由電表電阻檔位提供的內部電源建立偏壓）的檢測如圖 3.26 所示，所得讀值會落在 100 Ω 到幾 kΩ 的範圍內。而基極到集極的逆偏接面（也是由電表內部電源建立逆偏）的檢測則如圖 3.27 所示，所得讀值一般會超過 100 kΩ。而對 pnp 電晶體而言，在檢測這兩個接面時，電表的測棒位置都要反過來。顯然地，對 npn 和 pnp 電晶體而言，若任一接面的兩個方向（換一次測棒位置）全為高電阻或全為低電阻，就表示裝置已故障（損壞）。

若電晶體的兩個接面都測到預期的電阻值，可以由接到基射接面的測棒極性決定電晶體的種類。若正(＋)測棒接到基極而負(－)測棒接到射極，且測到的是低電阻，就表示

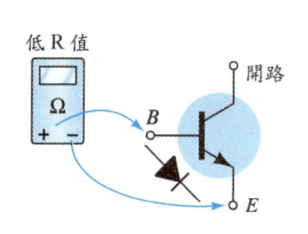

圖 3.26　檢測 npn 電晶體順偏的基極對射極接面

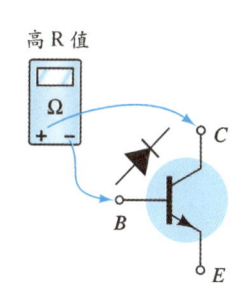

圖 3.27　檢測 npn 電晶體逆偏的基極對集極接面

這是 npn 電晶體，若測到的是高電阻，則為 pnp 電晶體。雖然也可以用歐姆計來決定電晶體的腳位（基極、集極和射極），但一般從包裝上腳位的方位就可判定。

3.10　電晶體的包裝和腳位識別

附錄 A 描述了電晶體的製造技術，當電晶體利用其中一種技術製造出來後，要接上金、鋁或鎳質的金屬接腳，然後把整個結構封裝起來，如圖 3.28 所示。具有厚實結構的是高功率裝置，而具有小頂帽或塑膠殼體的則屬於低到中功率裝置。

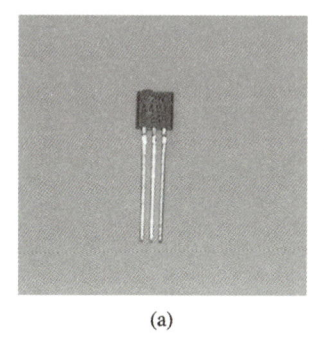

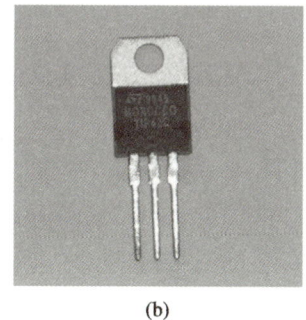

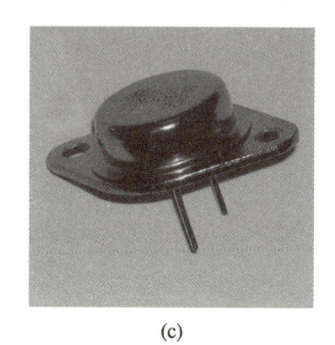

圖 3.28　各種不同種類的一般用途或切換電晶體：(a) 低功率；(b) 中功率；(c) 中到高功率

任何時候都可在電晶體的包裝上找到一些特徵或記號，可以決定那一支腳是電晶體的射極、集極或基極。通常可以用的方法如圖 3.29 所示。

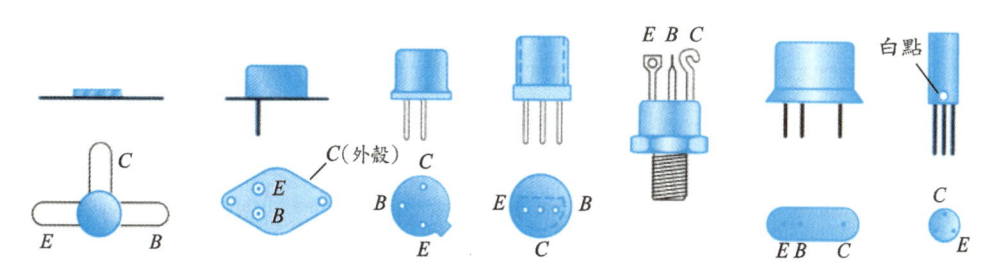

圖 3.29　電晶體的腳位識別

Fairchild 公司出品的 TO-92 包裝的內部構造如圖 3.30，注意到半導體裝置的實際尺寸非常小，其他包括金質銲線、銅質導線架和環氧樹脂包裝等。

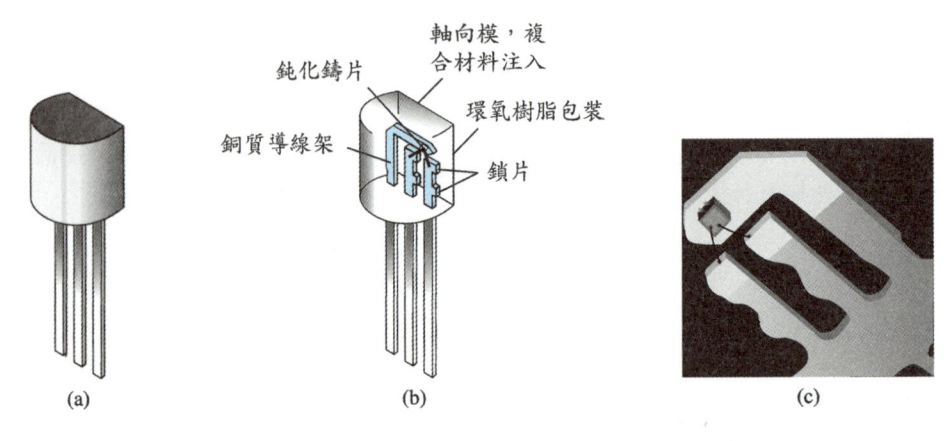

圖 3.30　Fairchild TO-92 包裝的電晶體之內部構造

四個個別的 *pnp* 矽電晶體，可以放在 14 腳的塑膠 DIP（雙排腳）包裝內，見圖 3.31a，其內部接線則見圖 3.31b。和二極體的 IC 包裝一樣，正面最上方是第 1 腳和第 14 腳。

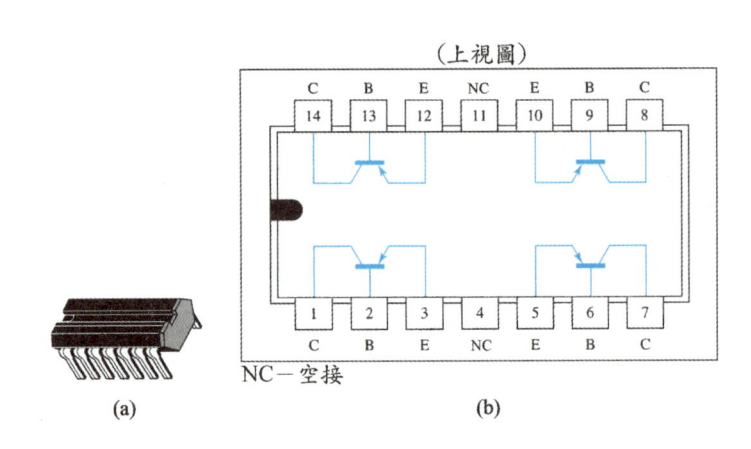

圖 3.31　TI 編號 Q2T2905：四個 *pnp* 矽電晶體：(a) 外觀；(b) 內部接線

3.11　電晶體的發展

如 1.1 節所提到的，莫耳定律預測一個 IC 上的電晶體數目每兩年會倍增。最先是由莫耳在 1965 年提出，此預測到現在可說是驚人的準確。IC 上電晶體數目對應於年的圖形見圖 3.32，幾乎為一直線。採用 45 奈米技術可在單一 IC 上建立 20 億個電晶體的驚人數目，難以令人置信。1 吋等於 45 奈米的 564,000 倍，現在 IC 是採用 45 奈米技術生

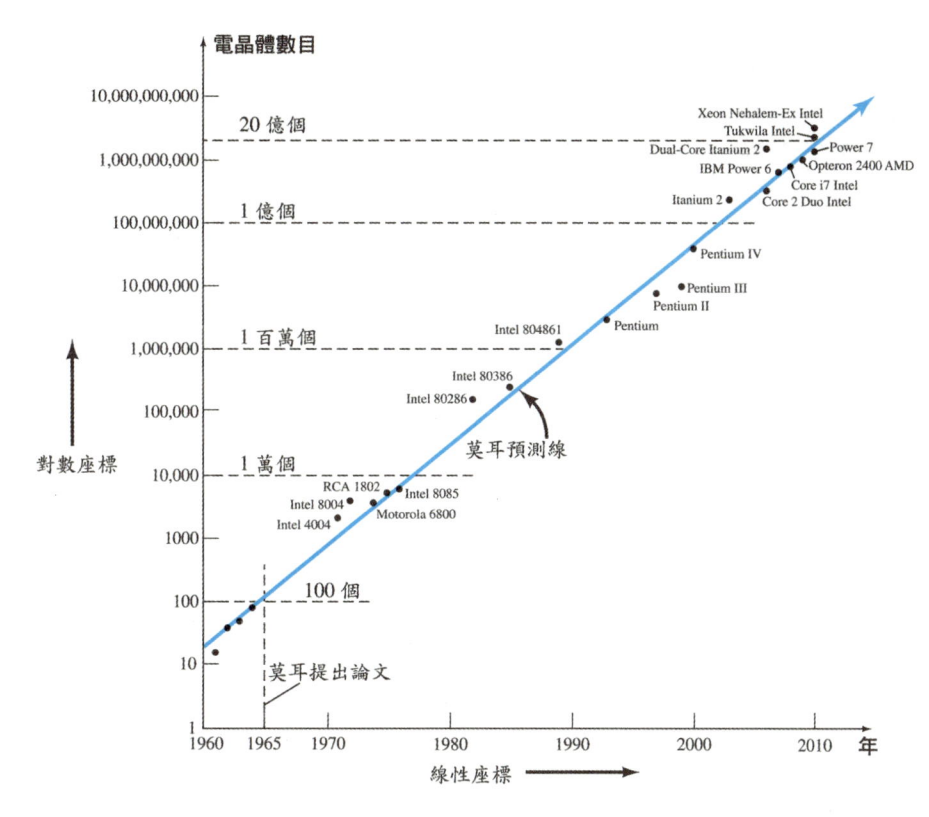

圖 3.32 自 1960 年到現在，IC 上電晶體數目相對於時間的變化

產。若要用鉛筆在 1 吋之內畫 100 條線，幾乎是不可能的。在 1 吋之內畫 45 奈米線，就好像在 9 哩寬的大道上畫 1 吋寬的線一樣。*雖然會一直談論到，莫耳定律終將因積體密度、性能、可靠度和預算成本而終止。但 IC 產業界一改認為，莫耳定律仍可能適用十到二十年。雖然矽仍然維持製造材料的領導地位，但 III-V 族**複合半導體**（價電子數 3 和 5 的元素）已開啟了未來發展的重要道路。其中特別的是銦鎵砷化物 **InGaAs**，可改善傳輸特性。其他包括 **GaAlAs**、**AlGaN** 和 **AlInN** 都發展來增加速度、可靠度、穩定度、減少尺寸，並改善製程技術。

現今，**Intel i7 四核處理器** 包含超過 7 億 3 千萬個電晶體，時脈速度 3.33 GHz，封裝後略大於 1.6 吋平方。Intel 最近的發展包括 **Tukwila** 處理器，其內的電晶體數超過 20 億個。很有意思的是，Intel 持續採用矽作為研發方向，現正在用 20 奈米的技術發展比目前最快的電晶體更快 25%，更小 30% 之元件。IBM 則和喬治亞理工學院(GIT)合作發展的鍺電晶體，其操作頻率可達 500 GHz——超越目前的水準甚多。

此持續發展的領域，其支柱在於創新。某一瑞典團隊提出了**無接面**電晶體，將可大幅簡化製程。另有一團隊提出**碳奈米管**（呈中空柱形的碳分子，其直徑約人類頭髮的

---

* 在公制中，1 cm 可畫 220,000 條線。相當於在 2.2 公里寬的大道上畫 1 cm（公分）的線一樣。

1/50,000），作為更快、更小、更便宜的電晶體材料。HP 則正發展**閂鎖**電晶體，用平行導通柵和訊號線，以建立作用如開關的接面。

多年前常會問這樣的問題：此領域會發展到那裡？顯然，根據我們現在所了解的，在此領域中努力的人們，對探索新的研究方向有無比的創新精神，因此看起來是無止境的。

3.12　總　結

重要的結論與概念

1. 和真空管相比，半導體裝置的優點如下：(1) **較小**；(2) **較輕**；(3) 較堅固耐用；(4) 較有**效率**。再加上 (1) **不需預熱時間**；(2) **不需加熱器**；(3) **較低的工作電壓**。
2. 電晶體是三個半導體層的三端元件，中間層（基極）比另外兩層**薄**很多。外面兩層同為 n 型或同為 p 型材料，而中間層則是另一種材料。
3. 電晶體的某一個 p-n 接面是**順向偏壓**，而另一個接面則是**逆向偏壓**。
4. 電晶體中，射極電流是**最大電流**，而基極電流最小，射極電流一定是另兩個電流的**總和**。
5. 集極電流由**兩個分量**組成：**多數載子電流**分量和**少數載子電流**分量（此分量也稱為**漏電流**）。
6. 電晶體電路符號上的箭號，定義了**射極電流的流向**，因此也定義了裝置上另外兩個電流的方向。
7. 三端裝置需要**兩組特性**才能完整定義裝置的特性。
8. 在電晶體的作用區，基射接面**順偏**，而基集接面則**逆偏**。
9. 在電晶體的截止區，基射接面和基集接面**兩者都逆偏**。
10. 在飽和區，基射接面和基集接面兩者都**順偏**。
11. 在平均的基礎上，如一次近似，電晶體工作時的基極對射極電壓可以假定在 **0.7 V**。
12. α 代表集極電流和射極電流的關係，非常接近 **1**。
13. 順偏接面兩端的阻抗一定相當小，而逆偏接面兩端的阻抗通常**很大**。
14. npn 電晶體電路符號的箭號指向裝置之外（**not pointing in**，不指向內），而 pnp 符號的箭號則指向裝置之內（**pointing in**，指向內）。
15. 對線性放大的用途而言，共射極電路組態的截止定義是 $I_C = I_{CEO}$。
16. β 提供基極電流和集極電流之間的重要關係，其值通常在 **50～400** 之間。
17. 直流 β 可以簡單用工作點的**兩個直流電流的比例**決定，而交流 β 則受到定義所在區域**特性**的影響。但對大部分的應用而言，在一次近似之下，直流 β 和交流 β 可看成相等。

18. 為確保電晶體工作時低於最大功率額定值，只要求出**集極對射極電壓和集極電流的乘積**，再和額定值比較即可。

方程式

$$I_C = I_C + I_B, \quad I_C = I_{C多數} + I_{CO少數}, \quad V_{BE} \cong 0.7 \text{ V}$$

$$\alpha_{dc} = \frac{I_C}{I_E}, \quad \alpha_{ac} = \frac{\Delta I_C}{\Delta I_E}\bigg|_{V_{CB}=常數}, \quad I_{CEO} = \frac{I_{CBO}}{1-\alpha}\bigg|_{I_B=0\,\mu A}$$

$$\beta_{dc} = \frac{I_C}{I_B}, \quad \beta_{ac} = \frac{\Delta I_C}{\Delta I_B}\bigg|_{V_{CE}=常數}, \quad \alpha = \frac{\beta}{\beta+1}$$

$$I_C = \beta I_B, \quad I_E = (\beta+1)I_B, \quad P_{C_{max}} = V_{CE}I_C$$

3.13　計算機分析

Cadence OrCAD

　　因本章已介紹過電晶體的特性，所以現在探討用 PSpice 視窗版得到這些特性的程序，似乎是蠻恰當的。電晶體列在 **EVAL** 元件庫中，且以字母 **Q** 開頭。此元件庫包括兩個 *npn* 電晶體、兩個 *pnp* 電晶體和兩個達靈頓電路組態。因為電晶體有一組對應於不同 I_B 值的曲線，所以在掃描集極對射極電壓時還要掃描 I_B 值（巢式掃描）。但對二極體來說是不需要的，因為二極體只需要產生一條曲線。

　　首先，用已定義於第 2 章的相同程序，建立圖 3.33 的網路。電壓 V_{CC} 會建立主掃描，而電壓 V_{BB} 則決定巢式掃描。為將來參考之用，在建構網路時，注意到目錄列的右上方有捲動按鈕，此選項可讓你取出之前已用過的元件。例如，之前曾置放過電阻，只要回到捲動按鈕，逐次捲動，最後電阻 **R** 就會出現，在位置上點擊一次，電阻就會出現在螢幕上。

　　一旦網路建立好，如圖 3.33 所示，選擇**新模擬組合**，並置入 **OrCAD 3-1** 作為名稱。再選**建立**，可得**模擬設定對話框**。**分析種類**要用**直流掃描**，且**掃描變數**用**電壓源**。置入 VCC 作為掃描電壓源的名稱，並選擇**線性**作掃描。**起始值**是 0 V，**結束值**是 10 V，**增量**是 0.01 V。

　　不要在對話框的右上角選 ✕ 以離開設定控制，這是很重要的。藉著選擇第二掃描並置入 VBB 作為掃描電壓源，完成巢式掃描變數的輸入。再一次，巢式掃描仍要設為**線性**，但**起始值**是 2.7 V 以對應於 20 μA 的初始電流，決定如下：

$$I_B = \frac{V_{BB} - V_{BE}}{R_B} = \frac{2.7 \text{ V} - 0.7 \text{ V}}{100 \text{ k}\Omega} = 20\,\mu\text{A}$$

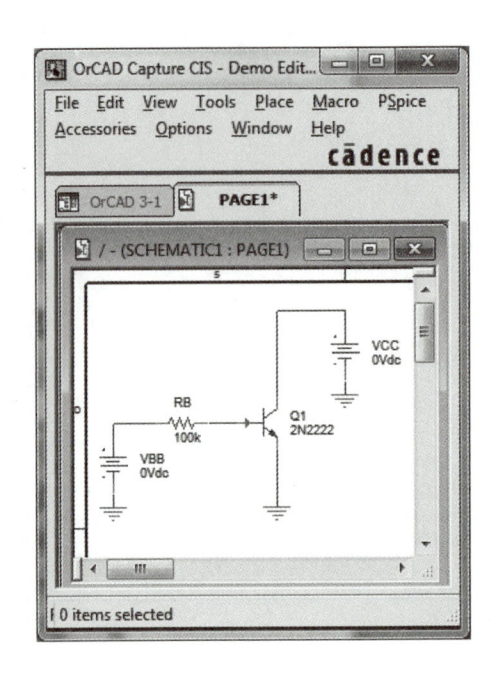

圖 3.33 為得 Q2N2222 電晶體的集極特性所用的網路

結束值是 10.7 V 以對應於 100 μA 的電流，**增量**設在 2 V 以對應於 20 μA 的基極電流的變化。兩種掃描現在都設好了，在離開對話框之前，**要檢查確認每次掃描時兩種掃描都會啟動**。使用者通常在設定第二掃描時，尚未建立完成就離開對話框。如果兩種掃描都選擇好，離開對話框，並**執行 PSpice**，會產生一個曲線圖，電壓 VCC 從 0 V 變到 10 V。為建立不同的 I 曲線，利用**迹線－加入迹線**的順序，產生加入**迹線**對話框，選擇電晶體的集極電流 **IC(Q1)** 作垂直軸，點擊 **OK**，就會出現整組特性。但不幸地，這些曲線會從垂直軸的 −10 mA 分布到 20 mA，可以用**作圖－軸設定**的順序改正，此時會出現**軸設定對話框**，選 **Y 軸**，並且在**資料範圍**之下選**使用者自定**，並設範圍在 0～20 mA。點擊 **OK**，如圖 3.34 的整組曲線圖就會出現。圖上可用 OrCAD 的產品版本加上標記。

圖 3.34 底下的第 1 條曲線代表 $I_B=20\ \mu A$，其上曲線是 $I_B=40\ \mu A$，再上則是 60 μA 等等。若在特性中間選擇一點，定在 $V_{CE}=4$ V 和 $I_B=60\ \mu A$，見圖 3.34 所示。β 可決定如下：

$$\beta = \frac{I_C}{I_B} = \frac{11\ \text{mA}}{60\ \mu A} = 183.3$$

如二極體，電晶體的其他參數也會對操作條件產生顯著影響。用**編輯－ PSpice 模型**的順序回到電晶體規格，可得 **PSpice 模型編輯器**展示對話框，可刪除 Bf 值以外的所有參數，確定清除過程中要保留 Bf 值兩側的括號。結束對話框時，**模型編輯器／16.3** 會詢問題是否儲存改變結果，要儲存並定名為 **OrCAD 3-1**。電路會再次模擬，並根據垂直軸範圍的調整，得到圖 3.35 的特性。

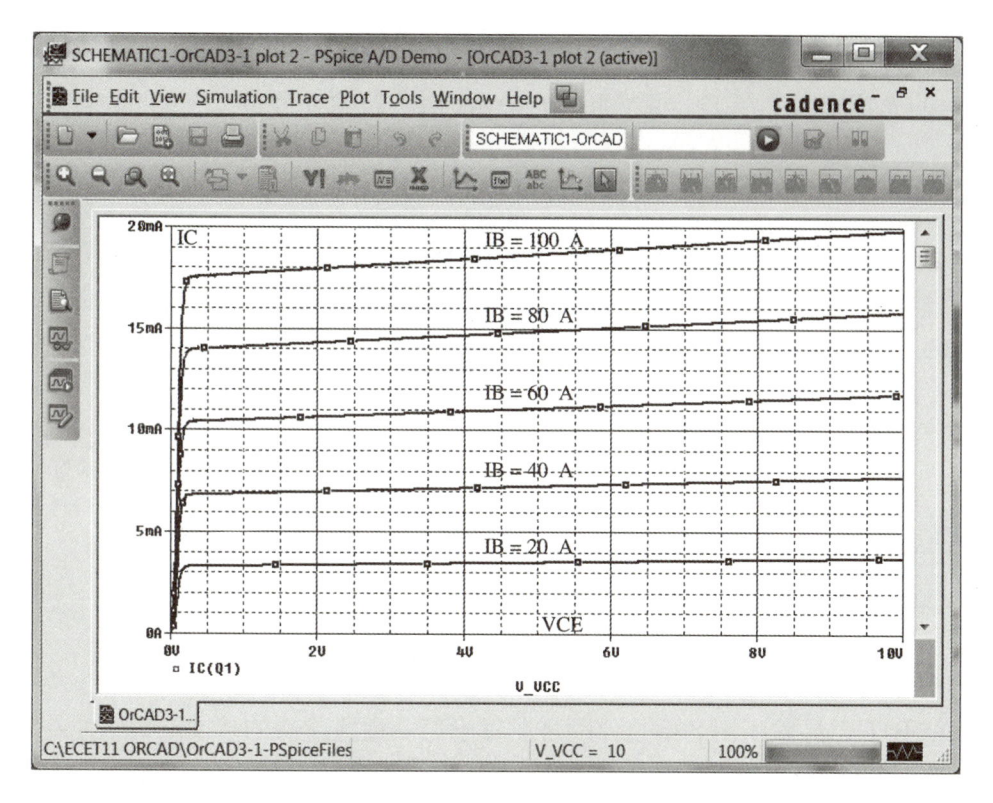

圖 3.34 圖 3.33 中電晶體的集極特性

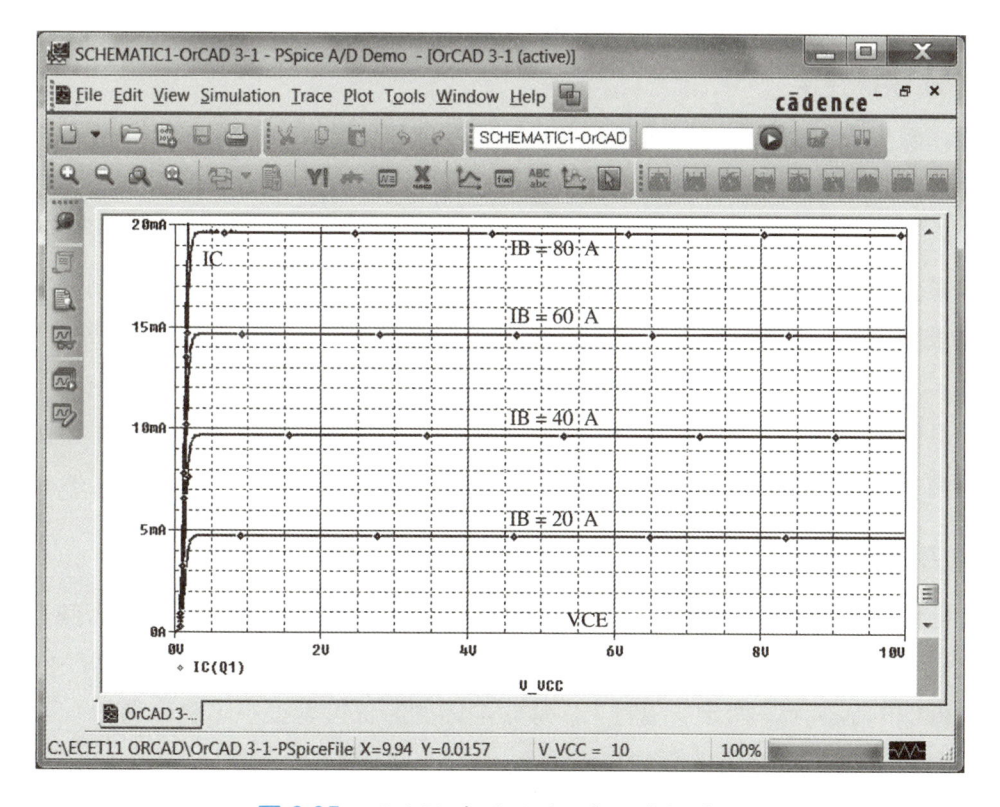

圖 3.35 圖 3.33 中電晶體理想的集極特性

先注意到，曲線是水平的，代表元件無任何電阻性特性。另外，曲線間距全都相等，代表各處的 β 都相同。在 V_{CE}=4 V 和 I_B=60 μA 處，新的 β 值是

$$\beta = \frac{I_C}{I_B} = \frac{14.6 \text{ mA}}{60 \mu\text{A}} = 243.3$$

上述用實際值作分析可知，儘管提供了 β 值，但電晶體的實際性能仍深受其他參數的影響。不過，先假定理想電晶體總歸是個不錯的起點，代入實際參數時會得到不同的結果。

習 題

*註：星號代表較難習題。

3.2 電晶體結構

1. 兩種 BJT 電晶體所用名稱是什麼？試畫出每一種電晶體的基本結構，並在其上標記各少數載子和多數載子電流，並在基本結構旁畫出電路符號。若將矽材料改成鍺材料，則以上的結果會有所改變嗎？
2. 雙載子裝置和單載子裝置之間主要的差異是什麼？

3.3 電晶體操作

3. 電晶體放大器適當工作時，電晶體的兩個 p-n 接面要如何偏壓？
4. 電晶體中漏電流的來源是什麼？
5. 試畫出 npn 電晶體順偏接面的對應圖（類似圖 3.3a），並描述載子的流動。
6. 試畫出 npn 電晶體逆偏接面的對應圖（類似圖 3.3b），並描述載子的流動。
7. 試畫出 npn 電晶體中多數載子和少數載子的電流（類似圖 3.4），並描述載子的流動。
8. 電晶體的電流中，那一個最大？那一個最小？那兩個電流的大小相對比較接近？
9. 若電晶體的射極電流是 8 mA，且 I_B 是 I_C 的 1/100，試決定 I_B 和 I_C 的大小。

3.4 共基極組態

10. 憑記憶，畫出 pnp 和 npn 電晶體的電路符號，並標記每個電流的電流方向。
11. 試利用圖 3.6 的特性，分別對 V_{CB}=1、10 和 20 V，決定 I_E=5 mA 對應的 V_{BE} 值。在近似的基礎上，假定 V_{CB} 對 V_{BE} 與 I_E 之間的關係影響很小，合理嗎？
12. **a.** 試決定圖 3.9b 特性的平均交流電阻。
    b. 若網路中的電阻性元件值都在 kΩ 的範圍，圖 3.9c 的近似有效嗎（以 (a) 的結果

13. **a.** 用圖 3.7 的特性，決定 $I_E=3.5$ mA 且 $V_{CB}=10$ V 時產生的集極電流。
    b. 重做(a)，但針對 $I_E=3.5$ mA 且 $V_{CB}=20$ V。
    c. V_{CB} 變化對所得的 I_C 值有何影響？
    d. 在近似的基礎上，基於以上結果，I_E 和 I_C 有何關係？
14. **a.** 用圖 3.6 和圖 3.7 的特性，決定 $V_{CB}=5$ V 和 $V_{BE}=0.7$ V 時的 I_C 值。
    b. 決定 $I_C=5$ mA 和 $V_{CB}=15$ V 時的 V_{BE} 值。
    c. 重做(b)，但利用圖 3.9b 的特性。
    d. 重做(b)，但利用圖 3.9c 的特性。
    e. 比較(b)～(d)的 V_{BE} 結果，若電壓值大於一般的零點幾伏特，則前述差異是否可忽略不計？
15. **a.** 已知 α_{dc} 為 0.998，若 $I_E=4$ mA，試決定 I_C 值。
    b. 若 $I_E=2.8$ mA 且 $I_B=20$ μA，試決定 α_{dc}。
    c. 若 $I_B=40$ μA 且 $\alpha_{dc}=0.98$，試求 I_E。
16. 試僅憑記憶，畫出 *npn* 和 *pnp* 的共基極 BJT 電晶體組態，並標示外加電壓的極性和所產生的電流方向。

3.5 共射極組態

17. 試定義 I_{CBO} 和 I_{CEO}，兩者如何不同？兩者之間的關係如何？兩者的大小接近嗎？
18. 用圖 3.12 的特性：
    a. 求對應於 $V_{BE}=+750$ mV 和 $V_{CE}=+4$ V 對應的 I_C 值。
    b. 求對應於 $I_C=3.5$ mA 和 $I_B=30$ μA 對應的 V_{CE} 和 V_{BE} 值。
*19. **a.** 對圖 3.12 的共射極特性，試求工作點 $V_{CE}=6$ V 且 $I_C=3$ mA 處的直流 β 值。
    b. 試求此工作點對應的 α 值。
    c. 試求 $V_{CE}=+6$ V 處對應的 I_{CEO} 值。
    d. 試利用(a)所得的直流 β 值，計算 I_{CBO} 的近似值。
*20. **a.** 試利用圖 3.12a 的特性，決定 $V_{CE}=10$ V 處的 I_{CEO}。
    b. 試決定 $I_B=10$ μA 且 $V_{CE}=10$ V 處的 β_{dc}。
    c. 試利用(b)所得的 β_{dc}，計算 I_{CBO}。
21. **a.** 試利用圖 3.12a 的特性，決定 $I_B=60$ μA 且 $V_{CE}=4$ V 處的 β_{dc}。
    b. 重做(a)，但 $I_B=30$ μA 且 $V_{CE}=7$ V。
    c. 重做(a)，但 $I_B=10$ μA 且 $V_{CE}=10$ V。
    d. 回顧(a)～(c) 的結果，特性上不同的工作點是否會產生不同的 β_{dc} 值？高 β_{dc} 出現在何處？在如圖 3.12a 的一組特性中，可否對 β_{dc} 值給個一般性的結論？

*22. **a.** 用圖 3.12a 的特性，決定 $I_B=60\ \mu A$ 且 $V_{CE}=4\ V$ 處的 β_{ac}。
   b. 重做(a)，但 $I_B=30\ \mu A$ 且 $V_{CE}=7\ V$。
   c. 重做(a)，但 $I_B=10\ \mu A$ 且 $V_{CE}=10\ V$。
   d. 回顧(a)～(c) 的結果，特性上不同的工作點是否產生不同的 β_{ac} 值？高 β_{ac} 出現在何處？是否可以對一組集極特性建立一般性的結論？
   e. 本題所選的工作點和習題 21 完全相同，試就每一工作點，比較 β_{dc} 和 β_{ac} 的大小，並對兩者大小的變化趨勢作一評論。

23. 利用圖 3.12a 的特性，決定 $I_B=25\ \mu A$ 且 $V_{CE}=10\ V$ 處的 β_{dc}，再計算 α_{dc} 和 I_E 值。（I_C 大小由 $I_C=\beta_{dc}I_B$ 決定。）

24. **a.** 已知 $\alpha_{dc}=0.980$，試決定對應的 β_{dc}。
    b. 已知 $\beta_{dc}=120$，試決定對應的 α 值。
    c. 已知 $\beta_{dc}=120$ 且 $I_C=2.0\ mA$，試求 I_E 和 I_B。

25. 試僅憑記憶，畫出 *npn* 和 *pnp* 的共射極組態，並加上適當的偏壓安排，並標記所產生的 I_B、I_C 和 I_E 的電流方向。

3.6 共集極組態

26. 圖 3.20 的電路輸入 2 V rms 的電壓（從基極對地），假設射極電壓會精確追隨基極電壓，使 $V_{be}(rms)=0.1\ V$。試計算 $R_E=1\ k\Omega$ 時電路的電壓放大倍數 ($A_v=V_o/V_i$) 和射極電流。

27. 對於具有圖 3.12 特性的電晶體，試畫出共集極組態的輸入和輸出特性。

3.7 操作的限制

28. 某電晶體具有圖 3.12 的特性，若 $I_{C_{max}}=6\ mA$、$BV_{CEO}=15\ V$ 且 $P_{C_{max}}=35\ mW$，試決定此電晶體的操作區域。

29. 某電晶體具有圖 3.7 的特性，若 $I_{C_{max}}=7\ mA$、$BV_{CBO}=20\ V$ 且 $P_{C_{max}}=42\ mW$，試決定此電晶體的操作區域。

3.8 電晶體規格表

30. 參考圖 3.22，試決定裝置以華氏溫度表示的溫度範圍。

31. 用圖 3.22 所提供有關 $P_{D_{max}}$、$V_{CE_{max}}$、$I_{C_{max}}$ 和 $V_{CE_{sat}}$ 的資料，試畫出裝置的工作邊界。

32. 以圖 3.22 的資料作基礎，並利用 β_{dc} 的平均值，則 I_{CEO} 的預期值是多少？

33. 就 I_C 從 0.1 mA～10 mA 的範圍，h_{FE} 的變化範圍（圖 3.22c，以 $h_{FE}=100$ 標準化）和 h_{fe} 的變化範圍（圖 3.22b）相比較如何？

34. 用圖 3.22d 的特性，決定在共基極組態中，輸入電容是否隨逆偏電壓大小的增加而增加或下降？請解釋為什麼？

*35. 用圖 3.22b 的特性，當電流由 1 mA 變到 10 mA 時，試決定 h_{fe} 值的變化有多大。注意到垂直座標是對數座標。設計時應考慮到此種變化嗎？

*36. 用圖 3.22c 的特性，在圖上三種溫度之下，試決定 $I_C = 10$ mA 時對應的 β_{dc} 值。對指定的溫度範圍，β_{dc} 的變化夠大嗎？設計時應考慮此種變化嗎？

3.9 電晶體測試

37. **a.** 用圖 3.23 的特性，試決定 $I_C = 14$ mA 且 $V_{CE} = 3$ V 處的 β_{ac}。
    b. 試決定 $I_C = 1$ mA 且 $V_{CE} = 8$ V 處的 β_{ac}。
    c. 試決定 $I_C = 14$ mA 且 $V_{CE} = 3$ V 處的 β_{dc}。
    d. 試決定 $I_C = 1$ mA 且 $V_{CE} = 8$ V 處的 β_{dc}。
    e. 在每一個區域，β_{ac} 和 β_{dc} 的大小相比較如何？
    f. 對這一組特性而言，$\beta_{dc} \cong \beta_{ac}$ 的近似有效嗎？

BJT（雙載子接面電晶體）的直流偏壓

4

本章目標

- 有能力決定各種重要的 BJT 電路的直流值。
- 了解如何量度 BJT 電晶體路組態中的重要電壓值，並決定網路是否正常工作。
- 熟知 BJT 網路在飽和區和截止區工作的條件，並知道每一種操作時預期的電壓值和電流值。
- 有能力對大部分一般的 BJT 電路組態，執行負載線分析。
- 熟習 BJT 放大器的設計程序。
- 了解電晶體開關網路的基本操作。
- 開始了解應用在 BJT 電路組態的故障檢測（偵錯）的程序。
- 發展對 BJT 電路的穩定性因素，以及當個別特性和環境變化時，如何影響這些因素的感知能力。

4.1 導　言

　　電晶體放大器的分析與設計，需要同時用到系統的直流以及交流響應的知識。一般太常假定電晶體是一種神奇裝置，在沒有藉助外在能源之下，即能提升輸入交流訊號的大小，而實際上

> 任何交流電壓、電流和功率的增加，都是來自於外加
> 直流電源能量轉移的結果。

因此，任何電子放大器的分析與設計可分為兩部分：直流部分與交流部分。幸運地，有重疊原理可用，在探討直流情況時，可完全和交流響應分開，但必須記住，在設計或合成電路時，所選的直流值對應的參數會影響到交流響應，反之亦然。

　　電晶體工作時的直流值是由幾個因素控制，其中包括裝置特性

上工作點可能的範圍。在 4.2 節中，我們會指定 BJT 放大器的工作點範圍。一旦定義了所要的直流電流和電壓值，就必須建構網路以建立此工作點。本書將分析某些這類的網路，並決定系統的穩定性，也就是系統對溫度變化的反應會有多靈敏，在本章稍後將探討這個主題。

雖然本章中會分析一些不同網路，但在這些電路組態的分析中有一些根本的相似性，都會重複利用到以下幾個重要的電晶體基本關係式：

$$V_{BE} \cong 0.7 \text{ V} \tag{4.1}$$

$$I_E = (\beta + 1)I_B \cong I_C \tag{4.2}$$

$$I_C = \beta I_B \tag{4.3}$$

事實上，一旦你清楚了解前幾個網路的分析方法之後，對網路的求解過程就會很明白。在大部分的例子中，基極電流 I_B 要先算出來。一旦求出 I_B，就可應用式(4.1)～式(4.3)，求出其餘數值。當我們讀完全章，就知道分析之間的相似性是立即明顯的。各種電路組態之間，I_B 方程式都相當類似，僅增加或減少一兩項而已。本章的主要作用，就在發展對 BJT 電路的熟悉度，以便讓我們可以對具有 BJT 放大器的任何系統作直流分析。

4.2 工作點

本章章名出現的**偏壓**一詞，在應用直流電壓源以建立固定電流和電壓值時，是一定會用到的術語。對電晶體放大器而言，偏壓所產生的直流電流和直流電壓，會在特性上建立**工作點**(operating point)，工作點附近區域可用來放大輸入訊號。因工作點是特性上的一個固定點，也稱為**靜態點**（quiescent point，簡稱 Q 點）。依定義，靜態是安靜、靜止、不動的意思。圖 4.1 是一般的裝置輸出特性，共顯示四個工作點。可設計偏壓電路，設定裝置在此四點中的任一點工作，也可將裝置的工作點設定在作用區的其他位置上。圖 4.1 的特性圖上也顯示了最大額定值，如代表最大集極電流 $I_{C_{max}}$ 的水平線，代表最大集極對射極電壓 $V_{CE_{max}}$ 的垂直線，代表最大功率限制的曲線 $P_{C_{max}}$，都在同一圖上。在圖上最低的部分是**截止區**，定義為 $I_B \leq 0 \ \mu A$，而**飽和區**的定義則為 $V_{CE} \leq V_{CE_{sat}}$。

BJT 有可能偏壓到這些限制值之外的工作點，其結果不是減短裝置的壽命，就是造成裝置損壞。若侷限在作用區，可以選擇許多不同的區域或點，Q 點的選擇常決定於電路的用途。我們還是先考慮一下圖 4.1 中四個不同工作點的差異，以建立關於工作點和偏壓電路的某些基本觀念。

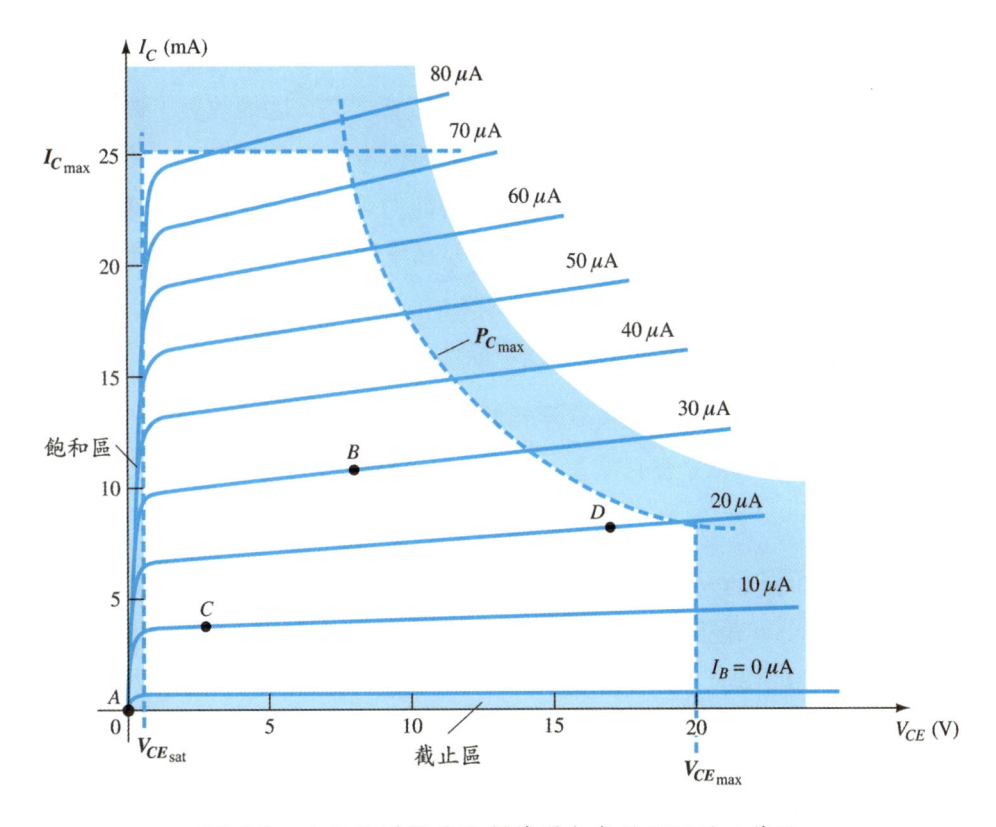

圖 4.1 在電晶體操作限制範圍內各種不同的工作點

若不用任何偏壓，裝置一開始會完全截止，產生的 Q 點在 A 點——即流過裝置的電流為零（且電壓降亦為零）。為了使整個輸入訊號都能產生響應，對裝置偏壓是必須的，所以 A 點不是適合的 Q 點。若選在 B 點，當訊號輸入到電路時，裝置會以工作點為中心變化電流和電壓，無論在輸入訊號的正半周或負半周，裝置都會反應（且可能放大），只要適當選擇輸入訊號的大小，就不會使裝置進入截止區或飽和區。若選在 C 點，也可以允許輸出訊號作某種程度的正負變化，但因 C 點接近 $V_{CE}=0$ V 和 $I_C=0$ mA，使輸出的峰對峰值受到相當的限制，且在 C 點附近 I_B 對應曲線的間隔並不等距且變動劇烈，會產生非線性的問題。一般而言，最好的工作區域希望裝置增益幾為定值（即線性），以保證在整個輸入訊號的擺幅內放大倍數都相同。B 點附近區域的曲線間隔較接近等距，因此在操作上會比較線性，見圖 4.1。D 點將裝置的工作點設到接近最大電壓和最大功率的位置，因此必須限制輸出電壓在正方向的擺幅，以避免超過最大電壓。所以從線性增益和可能的最大電壓和電流擺幅的角度來看，B 點似乎是最佳的工作點。通常這是小訊號放大器（第 5 章）所要的條件，但不必然是功率放大器所需要的，功率放大器的情況將在《電子裝置與電路理論——應用篇》第 3 章中考慮。此處所作討論的重點是，電晶體偏壓是建立小訊號放大操作。

另一個非常重要的偏壓因素也必須考慮。如果已經選擇好並將電晶體偏壓到所要的工作點時,必須考慮溫度的效應。溫度會造成裝置參數,如電晶體電流增益(β_{ac})和電晶體漏電流(I_{CEO})的變化。溫度愈高時,裝置的漏電流會愈高,因而改變了偏壓網路原先設定的工作點。此結果說明,設計網路必須提供某種程度的**溫度穩定性**,使溫度變化時所造成的工作點變化量達到最小。此工作點的維持能力可用**穩定性因數** S 來規範,S 代表溫度變化時,對應的工作點變化程度。我們需要高度穩定的電路,將會比較幾個基本偏壓電路的穩定性。

如果 BJT 要偏壓在線性或作用區,以下條件一定要成立:

1. **基極射極接面必定要順偏（p 型區電壓比較正）,產生的順偏電壓約 0.6 V～0.7 V。**
2. **基極集極接面必要逆偏（n 型區電壓比較正）,逆偏電壓可以是裝置最大限制值之內的任意值。**

（注意到,對順偏而言,p-n 接面的電壓降是 p 型側為正,而對逆偏而言,則是 n 型側為正。強調字母和 p、n 是提供一種記住所需電壓極性的方法。）

在 BJT 特性的截止區,飽和區和線性（作用）區的操作條件如下:

1. 線性區（作用區）操作:
   基極射極接面順偏
   基極集極接面逆偏
2. 截止區操作:
   基極射極接面逆偏
   基極集極接面逆偏
3. 飽和區操作:
   基極射極接面順偏
   基極集極接面順偏

4.3　固定偏壓電路

圖 4.2 的固定偏壓電路是最簡單的電晶體直流偏壓電路,儘管網路中所用是 *npn* 電晶體,但只要改變全部的電流方向和電壓極性,所有的方程式和計算都可等同應用於 *pnp* 電晶體。圖 4.2 上的電流方向是**實際**的電流方向。且電壓的定義是採用標準的雙下標記號。對直流分析而言,因電容的電抗值是外加頻率的函數,直流時等效於開路,使交流訊號源被隔開。對直流而言,$f = 0$ Hz,且 $X_C = 1/2\pi fC = 1/2\pi(0)C = \infty$ Ω。另外,可將直源電源 V_{CC} 分為兩個（僅為分析方便）,如圖 4.3 所示,以便於分離輸入電路與輸出電路,使兩電路之間只靠基極電流 I_B 作連結。這種分離的畫法和原電路等效,在兩圖中 V_{CC} 都直接接到 R_B 和 R_C,如圖 4.2 所示。

圖 4.2　固定偏壓電路　　　　　圖 4.3　圖 4.2 的直流等效電路

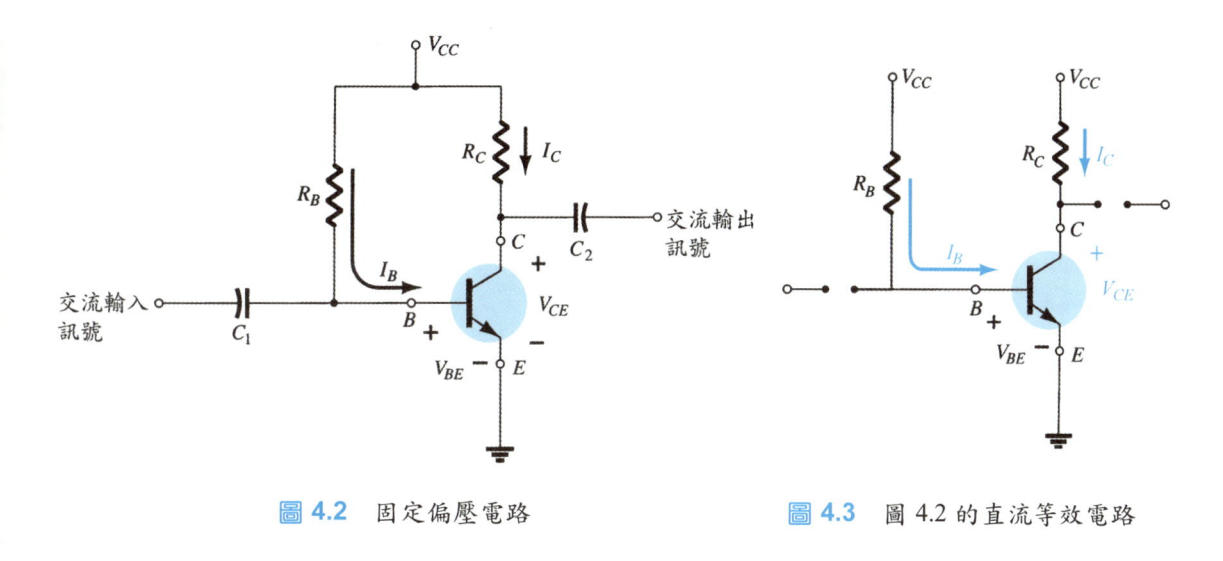

基極射極的順偏

先考慮圖 4.4 的基極射極迴路，以順時針方向寫下此迴路的克希荷夫電壓方程式，得

$$+V_{CC}-I_B R_B-V_{BE}=0$$

注意到，順著所顯示的 I_B 方向，可建立 R_B 電壓降的極性，解出電流 I_B 的方程式，可得

$$I_B=\frac{V_{CC}-V_{BE}}{R_B} \tag{4.4}$$

只要記住基極電流是流經 R_B 的電流，再由歐姆定律，電流是 R_B 的電壓降除以電阻 R_B，而 R_B 的電壓降則是外加電壓 V_{CC} 減去基射接面電壓(V_{BE})的結果，因此記住式(4.4)並不難。另外，因電源電壓 V_{CC} 和基射電壓 V_{BE} 是常數，因此選擇基極電阻 R_B 可設定工作點的基極電流大小。

集極射極迴路

偏壓網路的集極網路部分見圖 4.5，圖上並顯示電流 I_C 的方向和 R_C 電壓降的極性。集極電流的大小直接和 I_B 成正比。

$$I_C=\beta I_B \tag{4.5}$$

有興趣要注意到，因基極電流是由 R_B 的大小控制，且 I_C 是 I_B 和常數 β 的乘積，所以 I_C 值並非電阻 R_C 的函數。裝置只要能維持在作用區工作，改變 R_C 值並不會影響到

圖 4.4 基極射極迴路　　　　　圖 4.5 集極射極迴路

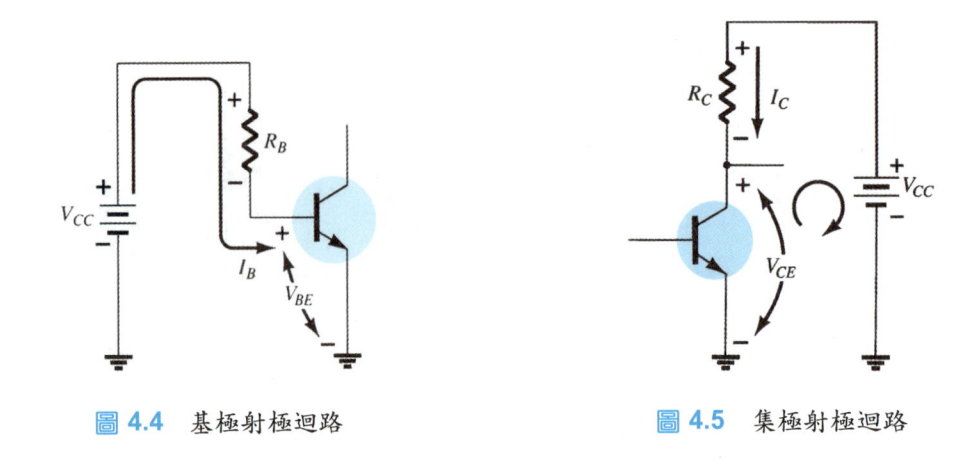

I_B 或 I_C 的大小。但如同我們將會看到的，R_C 值會決定 V_{CE} 的大小，V_{CE} 是一個重要參數。

應用克希荷夫電壓定律，以順時針方向環繞圖 4.5 的閉迴路一周，可得

$$V_{CE}+I_C R_C-V_{CC}=0$$

且
$$V_{CE}=V_{CC}-I_C R_C \tag{4.6}$$

此式說明，在固定偏壓電路中，電晶體的集極對射極的電壓，等於電源電壓減去 R_C 的電壓降。

簡要回顧單下標和雙下標記法的電壓關係如下：

$$V_{CE}=V_C-V_E \tag{4.7}$$

其中，V_{CE} 是集極對射極的電壓，V_C 和 V_E 分別是集極和射極對地的電壓。電路中，$V_E=0$ V，可得

$$V_{CE}=V_C \tag{4.8}$$

另外，因為
$$V_{BE}=V_B-V_E \tag{4.9}$$

又 $V_E=0$ V，因此
$$V_{BE}=V_B \tag{4.10}$$

記住，V_{CE} 值可用以下方法決定，將伏特計的正端（一般為紅色）接到集極，並將負端（一般為黑色）接到射極，見圖 4.6，即可決定 V_{CE} 的電壓值。同一圖中也顯示集極對地電壓 V_C 的量測。在此電路中，V_{CE} 和 V_C 所量出的讀值是相同的，但在後面所介紹的網路就不是如此。在作電晶體網路的故障檢修時，清楚地了解這兩個讀值的差異，是非常重要的。

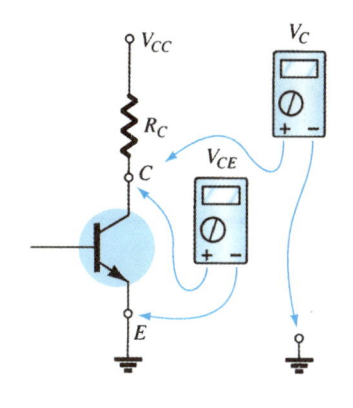

圖 4.6　量測 V_{CE} 和 V_C

例 4.1　對圖 4.7 中的固定偏壓電路，試決定以下的數值：

a. I_{B_Q} 和 I_{C_Q}。
b. V_{CE_Q}。
c. V_B 和 V_C。
d. V_{BC}。

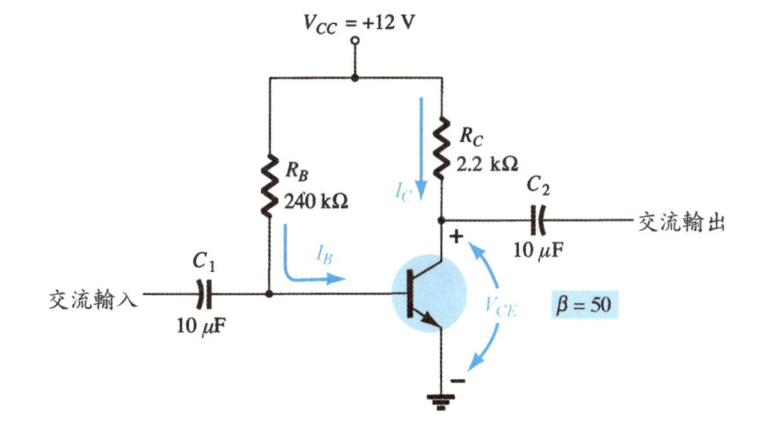

圖 4.7　例 4.1 的直流固定偏壓電路

解：

a. 式 (4.4)：$I_{B_Q} = \dfrac{V_{CC} - V_{BE}}{R_B} = \dfrac{12\text{ V} - 0.7\text{ V}}{240\text{ k}\Omega} = \mathbf{47.08\ \mu A}$

　式 (4.5)：$I_{C_Q} = \beta I_{B_Q} = (50)(47.08\ \mu\text{A}) = \mathbf{2.35\ mA}$

b. 式 (4.6)：$V_{CE_Q} = V_{CC} - I_C R_C$
　　　　　$= 12\text{ V} - (2.35\text{ mA})(2.2\text{ k}\Omega)$
　　　　　$= \mathbf{6.83\ V}$

c. $V_B = V_{BE} = \mathbf{0.7\ V}$
　$V_C = V_{CE} = \mathbf{6.83\ V}$

d. 用雙下標記法，可得

$$V_{BC} = V_B - V_C = 0.7 \text{ V} - 6.83 \text{ V}$$
$$= -6.13 \text{ V}$$

由負號可看出接面逆偏,確定電晶體可作線性放大。

電晶體飽和

飽和一詞用於已達其最大值的系統,例如,飽和的海綿已無法再吸收任何一滴液體。當電晶體在飽和區工作時,電流是對應於該特定設計的最大值。若改變設計,對應的飽和值可能上升或下降。當然,飽和電流的最大值也受到規格表提供的最大集極電流的限制。

因飽和區操作時,基極集極接面不再逆偏,輸出的放大訊號會失真,因此作放大器時,一般避免在飽和區工作。飽和區上的工作點見圖 4.8a,注意到圖上只畫出飽和區的曲線,且集極射極電壓等於或低於 $V_{CE_{sat}}$。另外,Q 點的集極電流在特性上相對高的位置。

若將圖 4.8a 的曲線近似成圖 4.8b,可以得到決定飽和值直接且快速的方法。在圖 4.8b 中,電壓 V_{CE} 假定是 0 V,但電流相對高。利用歐姆定律,可決定集極和射極兩端之間的電阻如下:

$$R_{CE} = \frac{V_{CE}}{I_C} = \frac{0 \text{ V}}{I_{C_{sat}}} = 0 \text{ }\Omega$$

利用此結果到網路的電路圖上,可得圖 4.9。

因此為將來利用方便,若想立即決定某特定設計近似的最大集極電流(飽和值),

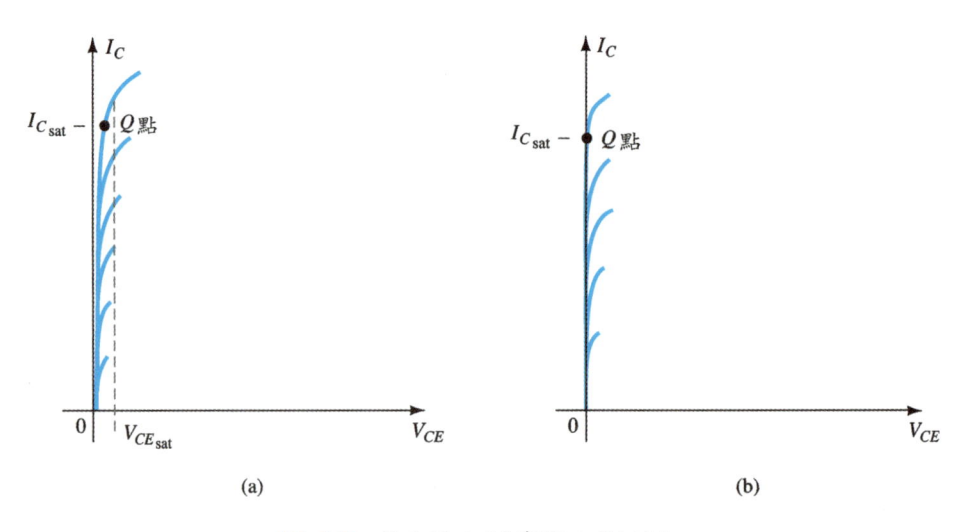

圖 4.8 飽和區:(a) 實際;(b) 近似

圖 4.9 決定 $I_{C_{sat}}$

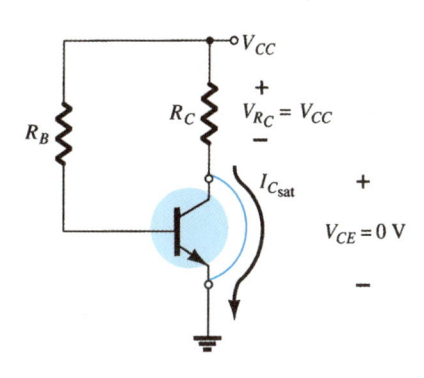

圖 4.10 決定固定偏壓電路的 $I_{C_{sat}}$

只需在電晶體的集極和射極之間接上短路等效電路，就可算出所得的集極電流，簡而言之，就是設 $V_{CE}=0\text{ V}$。加上短路之後的固定偏壓電路如圖 4.10，使 R_C 的電壓降等於外加電壓 V_{CC}，固定偏壓電路所得的飽和電流為

$$\boxed{I_{C_{sat}}=\frac{V_{CC}}{R_C}} \tag{4.11}$$

一旦知道 $I_{C_{sat}}$ 值，就會對所選設計的可能最大集極電流有概念，所以當我們希望電路維持線性放大時，就應將集極電流保持在 $I_{C_{sat}}$ 以下。

例 4.2 試決定圖 4.7 網路的飽和電流大小。

解：

$$I_{C_{sat}}=\frac{V_{CC}}{R_C}=\frac{12\text{ V}}{2.2\text{ k}\Omega}=\mathbf{5.45\text{ mA}}$$

例 4.1 的設計產生 $I_{C_Q}=2.35\text{ mA}$，離飽和值相當遠，約只有此設計最大值的一半。

負載線分析

回想二極體網路的負載線分析，我們將使用相同網路變數的二極體特性圖和網路方程式圖重疊在一起，兩線的交點就是網路的實際工作點，此稱為負載線分析，因為網路參數定義的點所連成的直線，其斜率是由網路的負載（電阻）所定義。

相同作法也可應用在 BJT 網路，由相同軸參數定義的 BJT 特性和網路方程式可重疊在同一圖上。固定偏壓電路的負載電阻 R_C 定義了網路方程式的斜率，並決定特性曲線和負載線的交點。多負載電阻愈小時，網路負載線的斜率會愈陡。圖 4.11a 的網路中，輸出方程式建立了變數 I_C 和 V_{CE} 的關係如下：

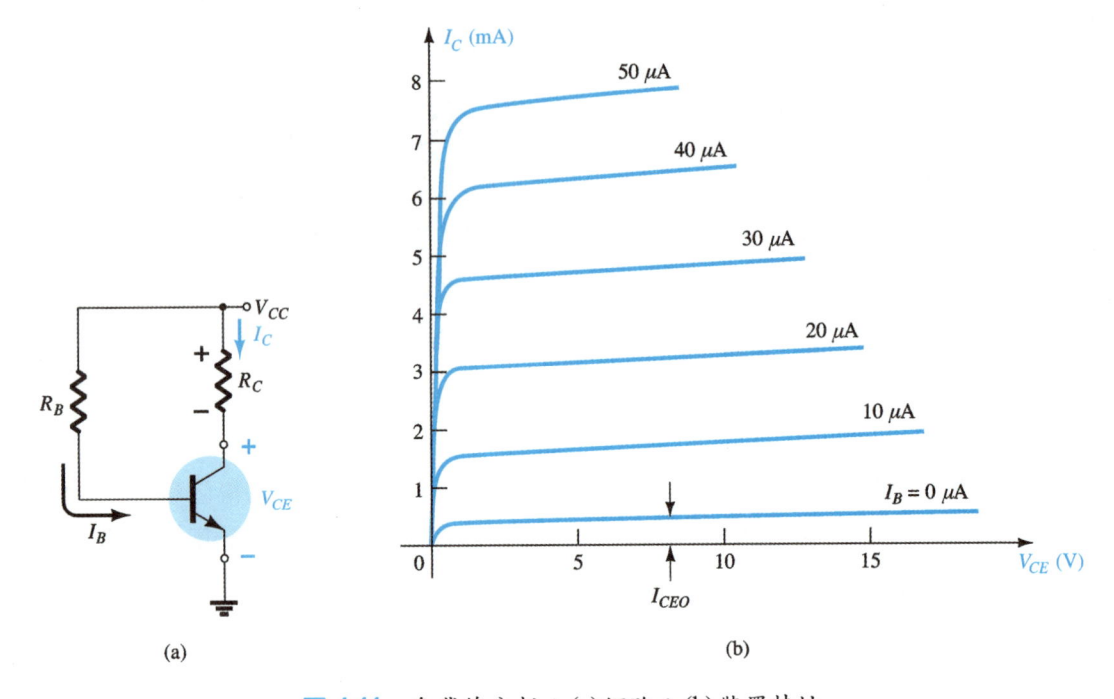

$$V_{CE} = V_{CC} - I_C R_C \tag{4.12}$$

電晶體的輸出特性也是反映 I_C 和 V_{CE} 這兩個變數的關係，如圖 4.11b 所示。

I_C 對 V_{CE} 的裝置特性提供在圖 4.11b，現在必須將式(4.12)定義的直線重疊在特性曲線上，畫式(4.12)最直接的方法是利用兩點決定一直線。若設 I_C 為 0 mA，可定出負載線在水平軸的位置，以 $I_C = 0$ mA 代入式(4.12)，可得

$$V_{CE} = V_{CC} - (0)R_C$$

即
$$V_{CE} = V_{CC}|_{I_C = 0 \text{ mA}} \tag{4.13}$$

定出直線的其中一點，見圖 4.12。

若設 V_{CE} 為 0 V，可建立負載線在垂直軸的位置，而定出第 2 點，由下式決定對應的 I_C：

$$0 = V_{CC} - I_C R_C$$

即
$$I_C = \frac{V_{CC}}{R_C}\bigg|_{V_{CE} = 0 \text{ V}} \tag{4.14}$$

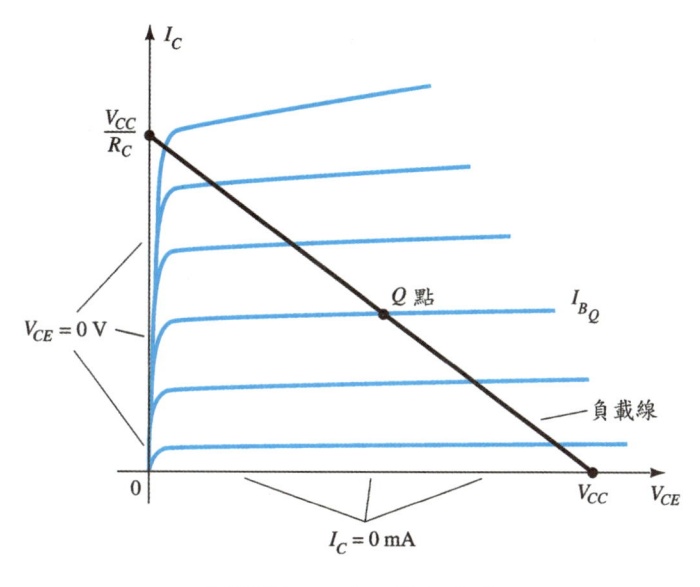

圖 4.12　固定偏壓負載線

見圖 4.12。

利用式 (4.13) 和式 (4.14) 所加入的兩點，可畫出式 (4.12) 所建立的直線。在圖 4.12 上所得的直線稱為**負載線**，因其由負載電阻 R_C 所定義。根據所解出的 I_B 值，就可建立實際的 Q 點，如圖 4.12 所示。

藉由 R_B 值的變化以改變 I_B 值，Q 點可沿著負載線上下移動，圖 4.13 顯示 I_B 值增加的情況。若 V_{CC} 保持固定但 R_C 增加，負載線會如圖 4.14 般偏移，若 I_B 值固定，則 Q 點的移動如同一圖所示。若 R_C 固定但 V_{CC} 下降，負載線會如圖 4.15 般移動。

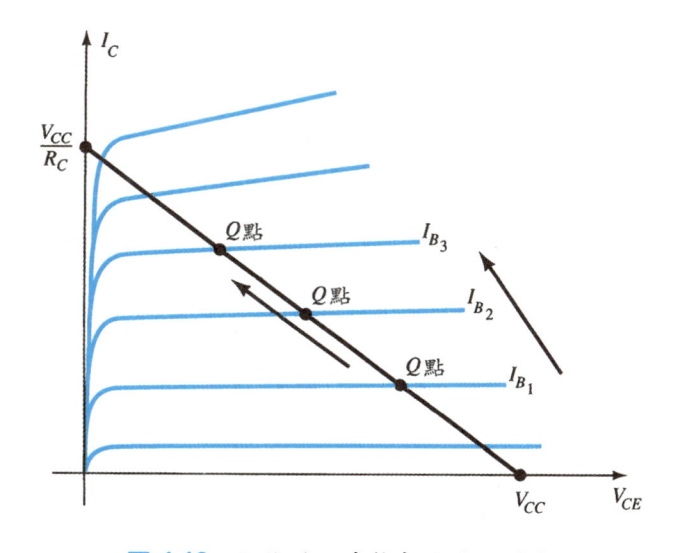

圖 4.13　I_B 值增加時對應的 Q 點移動

圖 4.14 R_C 值增加對負載線和 Q 點的影響

圖 4.15 降低 V_{CC} 對負載線和 Q 點的影響

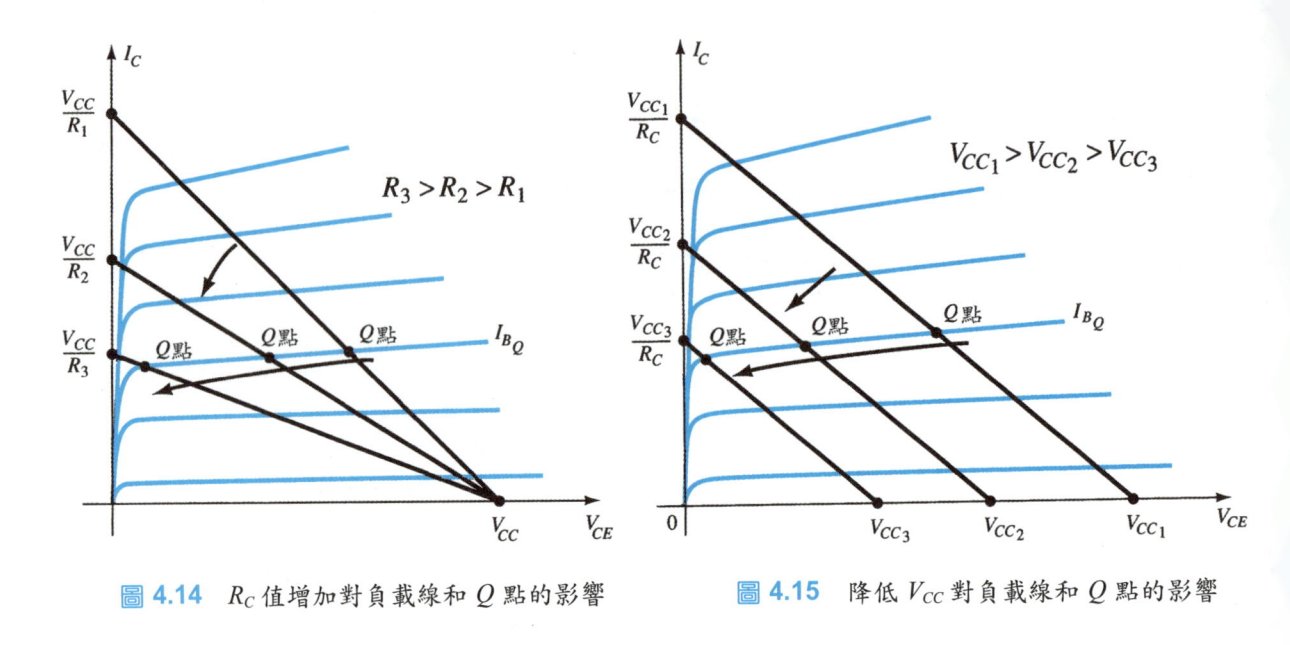

例 4.3 對固定偏壓電路而言，給定圖 4.16 的負載線和 Q 點，試決定所需的 V_{CC}、R_C 和 R_B 值。

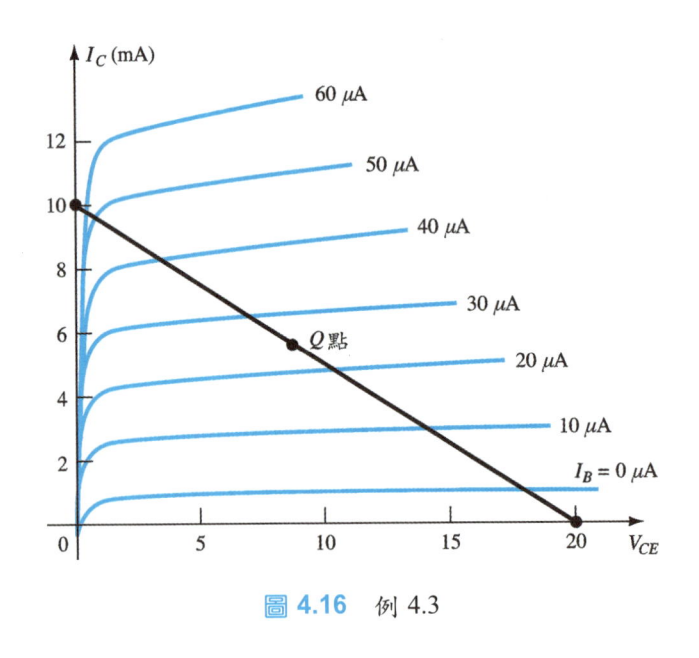

圖 4.16 例 4.3

解：由圖 4.16，

$$V_{CE} = V_{CC} = 20 \text{ V} \text{ 在 } I_C = 0 \text{ mA}$$

$$I_C = \frac{V_{CC}}{R_C} \text{ 在 } V_{CE} = 0 \text{ V}$$

可得
$$R_C = \frac{V_{CC}}{I_C} = \frac{20 \text{ V}}{10 \text{ mA}} = \mathbf{2 \text{ k}\Omega}$$

$$I_B = \frac{V_{CC} - V_{BE}}{R_B}$$

可得
$$R_B = \frac{V_{CC} - V_{BE}}{I_B} = \frac{20 \text{ V} - 0.7 \text{ V}}{25 \text{ }\mu\text{A}} = \mathbf{772 \text{ k}\Omega}$$

4.4 射極偏壓電路

圖 4.17 的直流偏壓網路中，電路愈穩定時，因溫度和參數非預期的變化所產生的響應改變也會愈少。本節稍後會用實際數值的例子說明此穩定性的改善。分析過程會先採討基極射極迴路，再以此結果分析集極射極迴路。圖 4.17 的直流等效電路見圖 4.18，將電壓源分成輸入部分和輸出部分各一個。

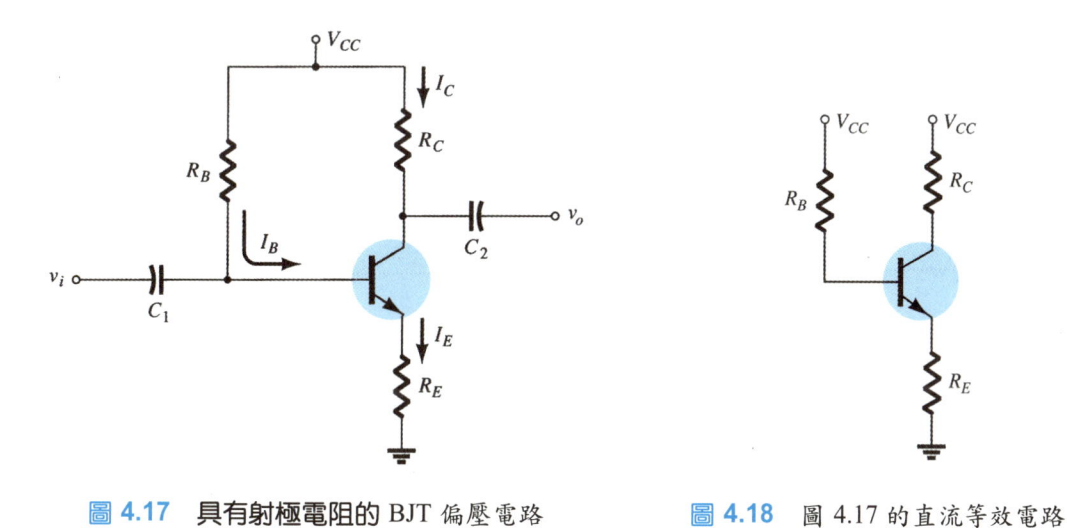

圖 4.17 具有射極電阻的 BJT 偏壓電路

圖 4.18 圖 4.17 的直流等效電路

基極射極迴路

圖 4.18 網路的基極射極迴路重畫於圖 4.19，以順時針方向環繞迴路一周，寫出克希荷夫電壓定律，得：

$$+V_{CC} - I_B R_B - V_{BE} - I_E R_E = 0 \tag{4.15}$$

214 電子裝置與電路理論

回顧第 3 章知 $\quad I_E = (\beta+1)I_B \quad$ (4.16)

將 I_E 代入式(4.15)中,得

$$V_{CC} - I_R R_B - V_{BE} - (\beta+1)I_B R_E = 0$$

整理可得 $\quad -I_B(R_B + (\beta+1)R_E) + V_{CC} - V_{BE} = 0$

整個數學式乘上(-1),得

$$I_B(R_B + (\beta+1)R_E) - V_{CC} + V_{BE} = 0$$

移項得 $\quad I_B(R_B + (\beta+1)R_E) = V_{CC} - V_{BE}$

圖 4.19 基極射極迴路

解出 I_B

$$\boxed{I_B = \frac{V_{CC} - V_{BE}}{R_B + (\beta+1)R_E}} \quad (4.17)$$

注意到,此 I_B 式和固定偏壓電路所得的 I_B,兩者之間只相差一項 $(\beta+1)R_E$。

若用式(4.17)畫出一個滿足此式的串聯網路,可導出一個有趣的結果,如圖 4.20 的網路。注意到,除去基極對射極電壓 V_{BE},電阻 R_E 反映回基極輸入電路時要乘上 $(\beta+1)$ 倍。易言之,射極電阻屬於集極射極迴路,但會以 $(\beta+1)R_E$ "出現在" 基極射極迴路。因為 β 一般在 50 以上,射極電阻出現在基極電路時會大很多。因此一般而言,對圖 4.21 的電路組態,

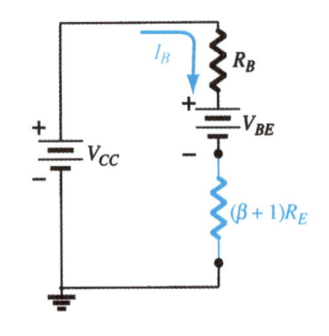

$$\boxed{R_i = (\beta+1)R_E} \quad (4.18)$$

圖 4.20 由式(4.17)導出的網路

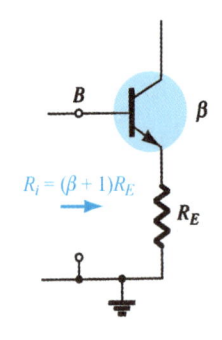

圖 4.21 R_E 反映到基極電路的電阻值

在以下的分析會證明式(4.18)是有用的，事實上它提供式(4.17)的易記方法。利用歐姆定律，可知流經系統的電流是電壓除以電路的電阻值。對基極射極電路而言，淨電壓是 $V_{CC}-V_{BE}$，而電阻值是 R_B 加上 R_E 的反映值（即 $R_E(\beta+1)$），結果即為式(4.17)。

集極射極迴路

集極射極迴路重畫於圖 4.22，以順時針方向環繞迴路一周，得

$$+I_E R_E + V_{CE} + I_C R_C - V_{CC} = 0$$

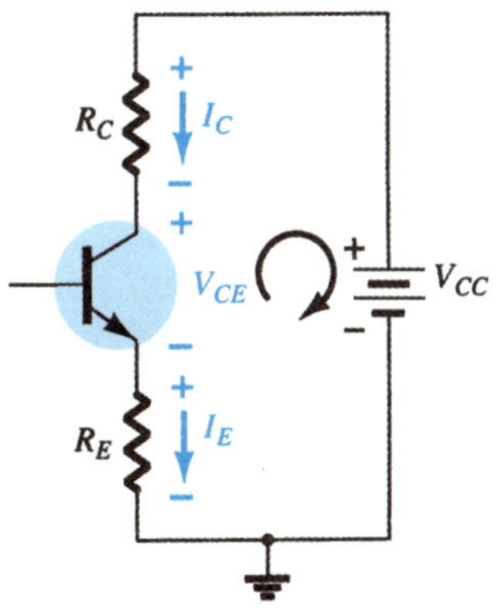

以 $I_E \cong I_C$ 代入，並整理得

$$V_{CE} - V_{CC} + I_C(R_C + R_E) = 0$$

即

$$\boxed{V_{CE} = V_{CC} - I_C(R_C + R_E)} \qquad (4.19)$$

單下標電壓 V_E 是射極對地的電壓，由下式決定：

$$\boxed{V_E = I_E R_E} \qquad (4.20)$$

圖 4.22　集極射極迴路

而集極對地的電壓可由下式決定：

$$V_{CE} = V_C - V_E$$

即

$$\boxed{V_C = V_{CE} + V_E} \qquad (4.21)$$

或

$$\boxed{V_C = V_{CC} - I_C R_C} \qquad (4.22)$$

基極對地的電壓可由下式決定：

$$\boxed{V_B = V_{CC} - I_B R_B} \qquad (4.23)$$

或

$$\boxed{V_B = V_{BE} + V_E} \qquad (4.24)$$

例 4.4 對圖 4.23 的射極偏壓網路，試決定：

a. I_B。
b. I_C。
c. V_{CE}。
d. V_C。
e. V_E。
f. V_B。
g. V_{BC}。

解：

a. 式 (4.17)：$I_B = \dfrac{V_{CC} - V_{BE}}{R_B + (\beta + 1)R_E}$

$= \dfrac{20\text{ V} - 0.7\text{ V}}{430\text{ k}\Omega + (51)(1\text{ k}\Omega)}$

$= \dfrac{19.3\text{ V}}{481\text{ k}\Omega} = \mathbf{40.1\ \mu A}$

b. $I_C = \beta I_B$

$= (50)(40.1\ \mu A) \cong \mathbf{2.01\text{ mA}}$

c. 式 (4.19)：$V_{CE} = V_{CC} - I_C(R_C + R_E)$

$= 20\text{ V} - (2.01\text{ mA})(2\text{ k}\Omega + 1\text{ k}\Omega) = 20\text{ V} - 6.03\text{ V} = \mathbf{13.97\text{ V}}$

d. $V_C = V_{CC} - I_C R_C$

$= 20\text{ V} - (2.01\text{ mA})(2\text{ k}\Omega) = 20\text{ V} - 4.02\text{ V} = \mathbf{15.98\text{ V}}$

e. $V_E = V_C - V_{CE}$

$= 15.98\text{ V} - 13.97\text{ V} = \mathbf{2.01\text{ V}}$

或 $V_E = I_E R_E \cong I_C R_E$

$= (2.01\text{ mA})(1\text{ k}\Omega) = \mathbf{2.01\text{ V}}$

f. $V_B = V_{BE} + V_E$

$= 0.7\text{ V} + 2.01\text{ V} = \mathbf{2.71\text{ V}}$

g. $V_{BC} = V_B - V_C$

$= 2.71\text{ V} - 15.98\text{ V} = \mathbf{-13.27\text{ V}}$（逆偏，符合所需）

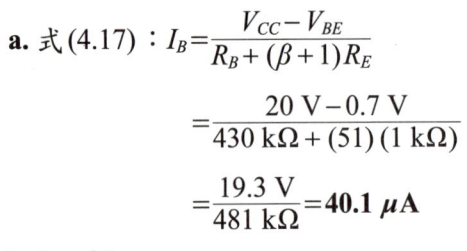

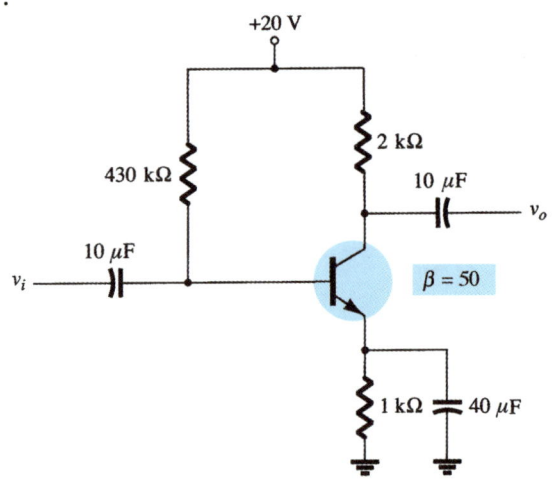

圖 4.23 例 4.4 的射極自穩偏壓電路

偏壓穩定性的改善

在 BJT 的直流偏壓中加入射極電阻，可提供穩定性的改善。也就是，當外部條件如溫度和電晶體的 β 值變化時，電路的直流偏壓電流和電壓仍可維持接近原先的設定值。雖然在 4.12 節中會提供數學分析，但某些穩定性改善的比較，可以從例 4.5 中得到。

例 4.5 分別就圖 4.7 和圖 4.23 的電路,對給定值 $\beta=50$ 和新值 $\beta=100$,建立一對照表,比較偏壓電壓和電流。並比較兩電路在相同 β 增加量之下 I_C 和 V_{CE} 的變化量。

解:利用例 4.1 的計算結果,再針對 $\beta=100$ 重做一次,可得下表:

β 變化對圖 4.7 固定偏壓電路響應的影響

β	$I_B(\mu A)$	$I_C(mA)$	$V_{CE}(V)$
50	47.08	2.35	6.83
100	47.08	4.71	1.64

可看出,當 BJT 的 β 值變化 100%,此集極電流也變化 100%,I_B 值維持不變,但 V_{CE} 值下降 76%。

再利用例 4.4 的計算結果,並針對 $\beta=100$ 重做一次,可得下表:

β 變化對圖 4.23 射極偏壓電路響應的影響

β	$I_B(\mu A)$	$I_C(mA)$	$V_{CE}(V)$
50	40.1	2.01	13.97
100	36.3	3.63	9.11

現在當 BJT 的 β 值上升 100% 時,集極電流約增加 81%,注意到 I_B 下降以求保持 I_C 值——或至少降低了 I_C 的總變化(因 β 變化)。V_{CE} 的變化降到約 35%。因此,對相同的 β 變化而言,圖 4.23 的網路比圖 4.7 者更穩定。

飽和值

可以用應用於固定偏壓電路的相同方法,決定射極偏壓設計中集極飽和電流(或最大集極電流)的大小。將集極射極兩端短路,如圖 4.24,並計算所得的集極電流。對圖 4.24,

$$I_{C_{sat}} = \frac{V_{CC}}{R_C + R_E} \quad (4.25)$$

加入射極電阻之後,若集極電阻值仍和固定偏壓電路使用者相同,所得的集極飽和電流值將低於固定偏壓電路所得者。

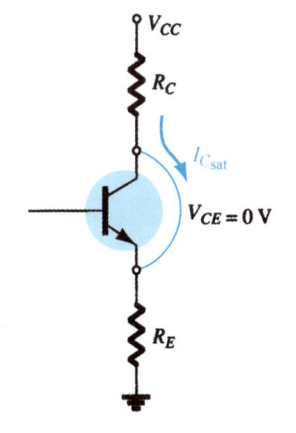

圖 4.24 決定射極自穩偏壓電路的 $I_{C_{sat}}$

例 4.6 試決定例 4.4 網路的飽和電流。

解：
$$I_{C_{sat}} = \frac{V_{CC}}{R_C + R_E}$$
$$= \frac{20 \text{ V}}{20 \text{ k}\Omega + 1 \text{ k}\Omega} = \frac{20 \text{ V}}{3 \text{ k}\Omega}$$
$$= \mathbf{6.67 \text{ mA}}$$

此值約為例 4.4 中 I_{C_Q} 值的 3 倍。

負載線分析

射極偏壓網路的負載線分析，和固定偏壓電路只有稍許不同。由式(4.17)決定的 I_B 值定義了圖 4.25 特性中的 I_B 值（記為 I_{B_Q}）。

集極射極迴路的方程式定義了負載線為

$$V_{CE} = V_{CC} - I_C(R_C + R_E)$$

選擇 $I_C = 0$ mA，得

$$\boxed{V_{CE} = V_{CC}|_{I_C = 0 \text{ mA}}} \qquad (4.26)$$

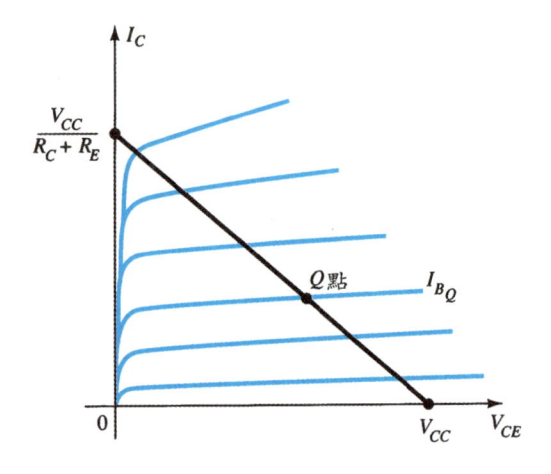

圖 4.25 射極偏壓電路中的負載線

和固定偏壓電路所得者相同。設 $V_{CE} = 0$ V，得

$$\boxed{I_C = \frac{V_{CC}}{R_C + R_E}\bigg|_{V_{CE} = 0 \text{ V}}} \qquad (4.27)$$

見圖 4.25。當然，不同的 I_{B_Q} 值會使 Q 點沿著負載線上下移動。

例 4.7
a. 畫出圖 4.26a 網路的負載線在圖 4.26b 電晶體的特性上。
b. 對基極電流 15 μA 對應的曲線和負載線的交點，試求 I_{C_Q} 和 V_{CE_Q} 的值。
c. 試決定 Q 點的直流 β。
d. 試用(c)所得的網路 β 值，計算所需的 R_B 值，並建議一個可用的標準阻值。

第 4 章 BJT（雙載子接面電晶體）的直流偏壓 219

(a)

(b)

圖 **4.26** (a) 例 4.7 的網路；(b) 例 4.7

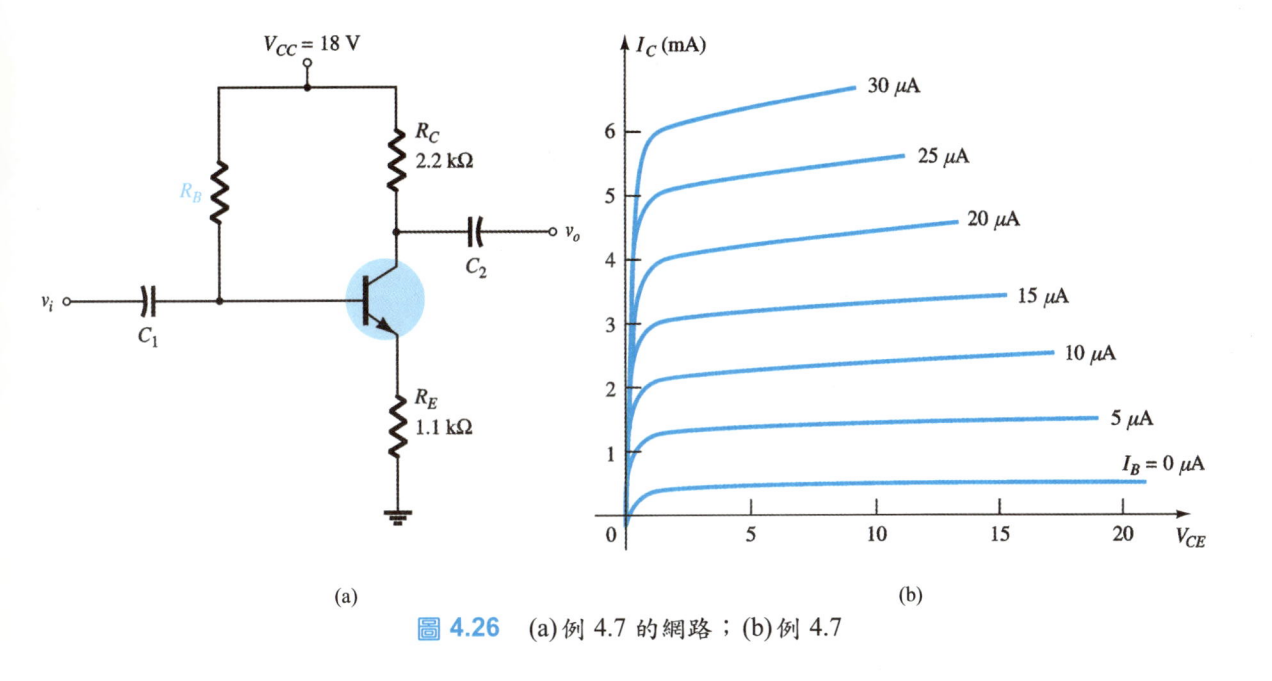

解：

a. 需要特性圖上的兩點來畫負載線：

在 $V_{CE}=0$ V：$I_C = \dfrac{V_{CC}}{R_C+R_E} = \dfrac{18\text{ V}}{2.2\text{ k}\Omega + 1.1\text{ k}\Omega} = \dfrac{18\text{ V}}{3.3\text{ k}\Omega} = 5.45$ mA

在 $I_C=0$ mA：$V_{CE}=V_{CC}=18$ V

所得負載線見圖 4.27。

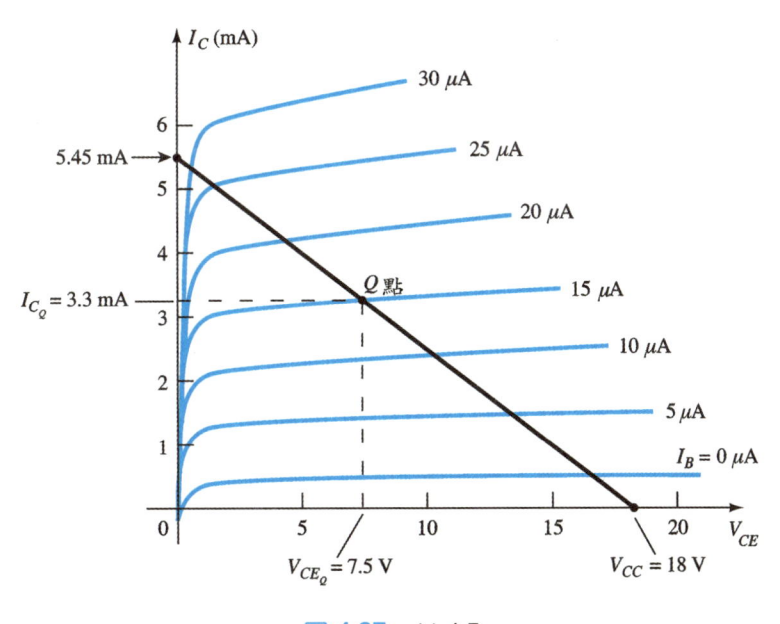

圖 **4.27** 例 4.7

b. 由圖 4.27 的特性，可求出

$$V_{CE_Q} \cong 7.5 \text{ V} \text{，} I_{C_Q} \cong 3.3 \text{ mA}$$

c. 所得直流 β 為

$$\beta = \frac{I_{C_Q}}{I_{B_Q}} = \frac{3.3 \text{ mA}}{15 \text{ }\mu\text{A}} = \mathbf{220}$$

d. 應用式 (4.17)

$$I_B = \frac{V_{CC} - V_{BE}}{R_B + (\beta + 1)R_E} = \frac{18 \text{ V} - 0.7 \text{ V}}{R_B + (220 + 1)(1.1 \text{ k}\Omega)}$$

即

$$15 \text{ }\mu\text{A} = \frac{17.3 \text{ V}}{R_B + (221)(1.1 \text{ k}\Omega)} = \frac{17.3 \text{ V}}{R_B + 243.1 \text{ k}\Omega}$$

所以 $(15 \text{ }\mu\text{A})(R_B) + (15 \text{ }\mu\text{A})(243.1 \text{ k}\Omega) = 17.3 \text{ V}$

即 $(15 \text{ }\mu\text{A})(R_B) = 17.3 \text{ V} - 3.65 \text{ V} = 13.65 \text{ V}$

可得

$$R_B = \frac{13.65 \text{ V}}{15 \text{ }\mu\text{A}} = \mathbf{910 \text{ k}\Omega}$$

4.5　分壓器偏壓電路

　　在之前介紹的偏壓電路中，偏壓電流 I_{C_Q} 和電壓 V_{CE_Q} 都是電晶體電流增益 β 的函數。但因 β 會受溫度的影響，特別是矽電晶體，β 的實際值通常無法真正確定，因此發展一個較不受或完全不受電晶體 β 影響的偏壓電路，有其事實上的需要。圖 4.28 的分壓器偏壓電路就是這種網路，即使建立在精確的基礎上作分析，此電路對 β 變化的靈敏度也很小。若電路參數選擇正確，所得的 I_{C_Q} 值和 V_{CE_Q} 值幾乎完全不受 β 的影響。還記得先前的討論中，Q 點由固定的 I_{C_Q} 和 V_{CE_Q} 值所定義，如圖 4.29 所示。I_{B_Q} 值會隨著 β 的變化而改變，但只要適當選用電路參數，I_{C_Q} 和 V_{CE_Q} 在特性上所定義的工作點可維持固定。

　　如先前所提的，有兩個方法可用來分析分壓器電路。在以下的分析中就會明白，此偏壓電路何以用分壓器為名。第 1 個要說明的是**精確法**，可應用在**任何的**分壓器電路。第 2 個方法稱為**近似法**，只有滿足特定條件時才能用。近似法允許更直接的分析，可節省時間和力氣，在後面有一節介紹偏壓設計時，也特別有幫助。總歸一句，近似法適用於大部分的情況，因此應和精確法一樣，在探討與學習時，應得到相同的關注。

圖 4.28　分壓器偏壓電路

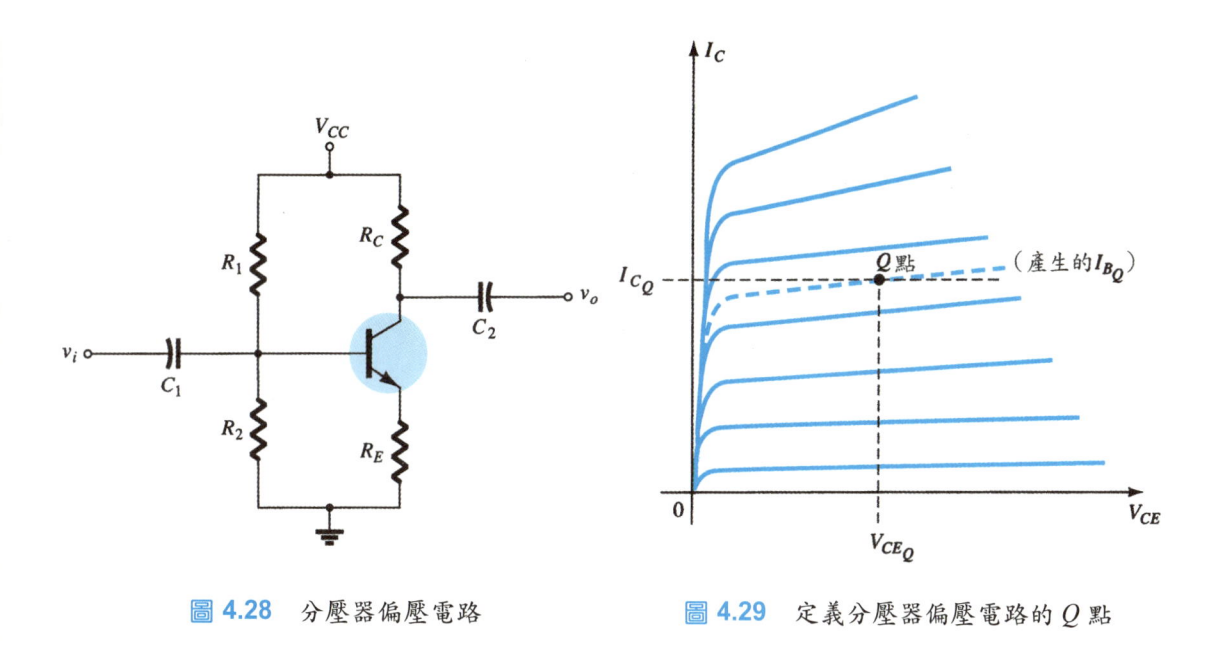

圖 4.29　定義分壓器偏壓電路的 Q 點

精確分析法

為便於直流分析，圖 4.28 的網路可重畫於圖 4.30，其輸入側可再重畫在圖 4.31 以便作直流分析。基極端左側的網路的戴維寧等效電路可用以下方法求出：

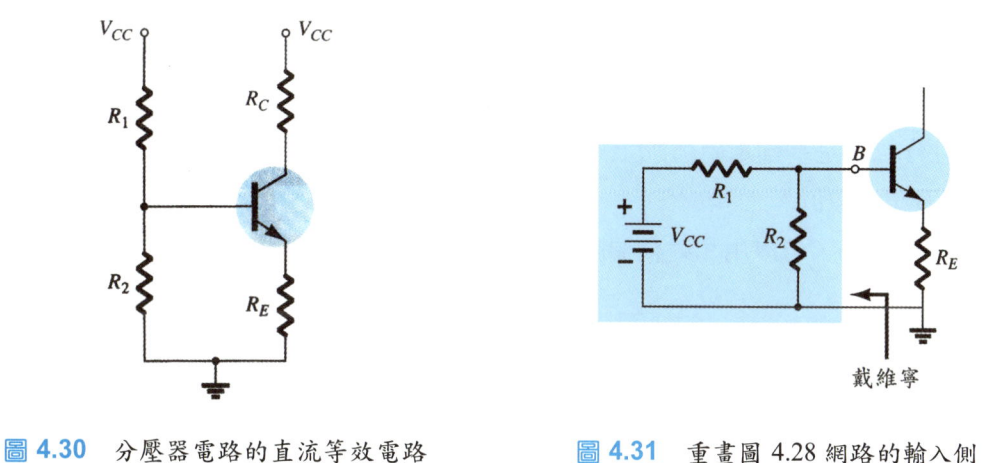

圖 4.30　分壓器電路的直流等效電路

圖 4.31　重畫圖 4.28 網路的輸入側

R$_{Th}$　電壓源短路如圖 4.32：

$$R_{Th} = R_1 \| R_2 \tag{4.28}$$

E$_{Th}$　回復電壓源 V_{CC}，決定圖 4.33 的戴維寧開路電壓如下：
利用分壓定律得

圖 4.32　決定 R_{Th}　　　圖 4.33　決定 E_{Th}　　　圖 4.34　代入戴維寧等效電路

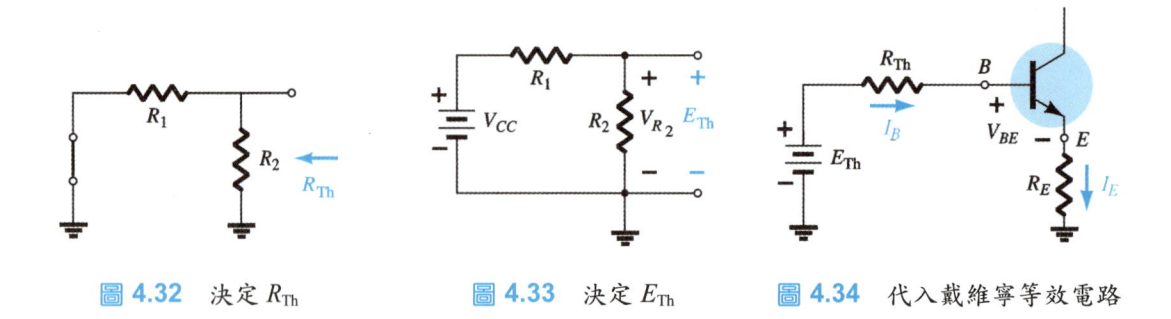

$$E_{Th}=V_{R_2}=\frac{R_2 V_{CC}}{R_1+R_2} \tag{4.29}$$

將戴維寧等效電路重畫於圖 4.34，先利用克希荷夫電壓定律決定 I_{B_Q}，順時針環繞迴路一周，得

$$E_{Th}-I_B R_{Th}-V_{BE}-I_E R_E=0$$

以 $I_E=(\beta+1)I_B$ 代入，解出 I_B，得

$$I_B=\frac{E_{Th}-V_{BE}}{R_{Th}+(\beta+1)R_E} \tag{4.30}$$

雖然式(4.30)一開始看起來和先前導出者不同，但注意到，分子一樣是兩個電壓值的差，且分母也是基極電阻值加上射極電阻在基極的反映值（即 $(\beta+1)\cdot R_E$）——確實和式(4.17)非常類似。

一旦 I_B 已知，可以用和射極偏壓電路相同的方法求出網路中其餘的數值，也就是

$$V_{CE}=V_{CC}-I_C(R_C+R_E) \tag{4.31}$$

此式和式(4.19)完全相同，其中有關 V_E、V_C 和 V_B 的方程式也和射極偏壓電路所得者相同。

例 4.8　試對圖 4.35 的分壓器電路，決定直流偏壓電壓 V_{CE} 和電流 I_C。

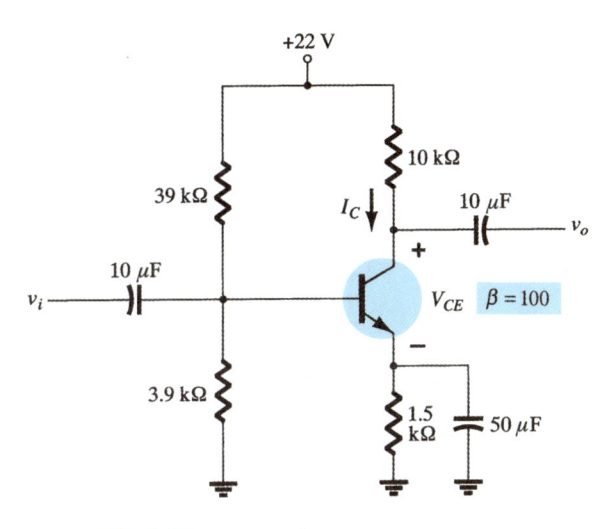

圖 4.35 例 4.8 中可穩定 β 的電路

解：

式 (4.28)：$R_{Th} = R_1 \| R_2$
$$= \frac{(39 \text{ k}\Omega)(3.9 \text{ k}\Omega)}{39 \text{ k}\Omega + 3.9 \text{ k}\Omega} = 3.55 \text{ k}\Omega$$

式 (4.29)：$E_{Th} = \frac{R_2 V_{CC}}{R_1 + R_2} = \frac{(3.9 \text{ k}\Omega)(22 \text{ V})}{39 \text{ k}\Omega + 3.9 \text{ k}\Omega} = 2 \text{ V}$

式 (4.30)：$I_B = \frac{E_{Th} - V_{BE}}{R_{Th} + (\beta+1)R_E} = \frac{2 \text{ V} - 0.7 \text{ V}}{3.55 \text{ k}\Omega + (101)(1.5 \text{ k}\Omega)} = \frac{1.3 \text{ V}}{3.55 \text{ k}\Omega + 151.5 \text{ k}\Omega}$
$= 8.38 \text{ μA}$

$I_C = \beta I_B = (100)(8.38 \text{ μA}) = \mathbf{0.84 \text{ mA}}$

式 (4.31)：$V_{CE} = V_{CC} - I_C(R_C + R_E) = 22 \text{ V} - (0.84 \text{ mA})(10 \text{ k}\Omega + 1.5 \text{ k}\Omega)$
$= 22 \text{ V} - 9.66 \text{ V} = \mathbf{12.34 \text{ V}}$

近似分析法

分壓器電路的輸入部分可用圖 4.36 的網路代表，電阻 R_i 是具有射極電阻 R_E 的電晶體從基極看到地的等效電阻。回想 4.4 節中的式 (4.18)，射極電阻反映到基極時要乘上 $(\beta+1)$ 倍，因此定義 $R_i = (\beta+1)R_E$。若 R_i 遠超過 R_2，則電流 I_B 會遠小於 I_2（電流必然會找出最小電阻的路徑），使 I_2 會近似等於 I_1。若我們接受此近似概念，則 I_B 和 I_1 或 I_2 相比之下幾近為 0 A，即 $I_1 = I_2$ 且 R_1 和 R_2 可看成串聯。R_2 的電壓降，實際上是基極電壓，可用分壓定律決定（此即分壓器偏壓電路命名的由來），也就是

$$\boxed{V_B = \frac{R_2 V_{CC}}{R_1 + R_2}} \tag{4.32}$$

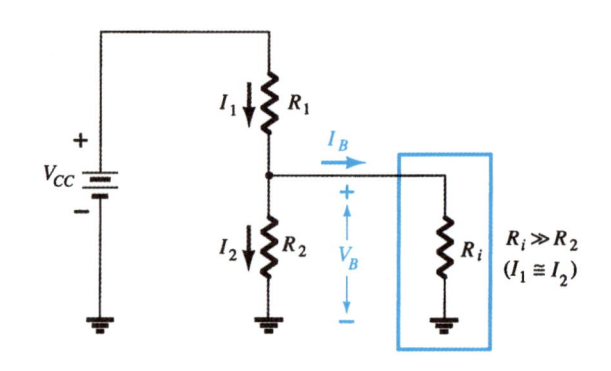

圖 4.36 用來計算近似基極電壓 V_B 值的部分偏壓電路

因為 $R_i = (\beta+1)R_E \cong \beta R_E$，要利用以上近似式的條件是

$$\beta R_E \geq 10R_2 \tag{4.33}$$

易言之，若 β 和 R_E 值的乘積至少是 R_2 值的 10 倍以上，則可應用近似分析法且仍可得相當精確的結果。

一旦決定 V_B，可由下式算出 V_E 值

$$V_E = V_B - V_{BE} \tag{4.34}$$

且射極電流可由下式決定

$$I_E = \frac{V_E}{R_E} \tag{4.35}$$

且

$$I_{C_Q} \cong I_E \tag{4.36}$$

集極對射極電壓決定如下

$$V_{CE} = V_{CC} - I_C R_C - I_E R_E$$

但因 $I_E \cong I_C$，

$$V_{CE_Q} = V_{CC} - I_C(R_C + R_E) \tag{4.37}$$

注意到，從式(4.33)～式(4.37)的計算順序中，β 都沒有出現，也沒有計算 I_B，因此 Q 點（由 I_{C_Q} 和 V_{CE_Q} 決定）和 β 值無關。

例 4.9 重做圖 4.35 的分析，但使用近似分析法，並比較 I_{C_Q} 和 V_{CE_Q} 的結果。

解： 檢查是否可用近似分析法：

$$\beta R_E \geq 10 R_2$$
$$(100)(1.5 \text{ k}\Omega) \geq 10(3.9 \text{ k}\Omega)$$
$$150 \text{ k}\Omega \geq 39 \text{ k}\Omega \text{（滿足條件）}$$

式(4.32)：$V_B = \dfrac{R_2 V_{CC}}{R_1 + R_2} = \dfrac{(3.9 \text{ k}\Omega)(22 \text{ V})}{39 \text{ k}\Omega + 3.9 \text{ k}\Omega}$
$\qquad\qquad = 2 \text{ V}$

注意到，V_B 值和例 4.7 所決定的 E_{Th} 相同。因此，精確分析和近似分析的主要差異在於，R_{Th} 在精確分析中的影響，此影響即 E_{Th} 和 V_B 的差距。

式(4.34)：$V_E = V_B - V_{BE} = 2 \text{ V} - 0.7 \text{ V} = 1.3 \text{ V}$

$$I_{C_Q} \cong I_E = \frac{V_E}{R_E} = \frac{1.3 \text{ V}}{1.5 \text{ k}\Omega} = \mathbf{0.867 \text{ mA}}$$

而精確分析法所得的 I_{C_Q} 是 0.84 mA。最後

$$V_{CE_Q} = V_{CC} - I_C (R_C + R_E)$$
$$= 22 \text{ V} - (0.867 \text{ mA})(10 \text{ kV} + 1.5 \text{ k}\Omega)$$
$$= 22 \text{ V} - 9.97 \text{ V} = \mathbf{12.03 \text{ V}}$$

而例 4.8 精確分析所得 $V_{CE_Q} = 12.34 \text{ V}$。

兩種分析法所得的 I_{C_Q} 和 V_{CE_Q}，的確相當接近。若考慮到參數值的實際變動，確實可以認為兩種分析法是同等精確。R_1 相對於 R_2 愈大時，近似分析法得到的結果就會愈接近精確分析法所得者。若式(4.33)的條件不滿足時，我們將用例 4.11 比較兩種分析法的結果。

例 4.10 若 β 降到 50，重做例 4.8 的精確分析法，並比較 I_{C_Q} 和 V_{CE_Q} 解出的結果。

解： 本例不是在比較精確分析法和近似分析法，只是在試驗當 β 減半時，Q 點會移動多少。R_{Th} 和 E_{Th} 維持不變：

$$R_{Th} = 3.55 \text{ k}\Omega \text{，} E_{Th} = 2 \text{ V}$$

$$I_B = \frac{E_{Th} - V_{BE}}{R_{Th} + (\beta+1)R_E}$$

$$= \frac{2\text{ V} - 0.7\text{ V}}{3.55\text{ k}\Omega + (51)(1.5\text{ k}\Omega)} = \frac{1.3\text{ V}}{3.55\text{ k}\Omega + 76.5\text{ k}\Omega}$$

$$= 16.24\ \mu\text{A}$$

$$I_{C_Q} = \beta I_B$$
$$= (50)(16.24\ \mu\text{A}) = \mathbf{0.81\text{ mA}}$$

$$V_{CE_Q} = V_{CC} - I_C(R_C + R_E)$$
$$= 22\text{ V} - (0.81\text{ mA})(10\text{ k}\Omega + 1.5\text{ k}\Omega)$$
$$= \mathbf{12.69\text{ V}}$$

將結果列表，得

β 變化對圖 4.35 分壓器偏壓電路響應的影響

β	I_{C_Q} (mA)	V_{CE_Q} (V)
100	0.84 mA	12.34 V
50	0.81 mA	12.69 V

此結果清楚顯示，電路對 β 的變化很不靈敏。儘管 β 由 100 降到 50，劇烈地減半，但 I_{C_Q} 和 V_{CE_Q} 幾乎維持不變。

重要的註解：回頭看固定偏壓的結果，當 β 由 100 降到 50 時，可發現電流由 4.71 mA 降到 2.35 mA。而對分壓器電路而言，同樣的 β 變化，只造成電流由 0.84 mA～0.81 mA 的微小變化。對固定偏壓電路來說，V_{CE_Q} 的變化更顯著，當 β 由 100 降到 50 時，電壓會從 1.64 V 增至 6.83 V（變化超過 300%）。對分壓器電路而言，電壓的變化會從 12.34 V 增至 12.69 V，其變化少於 3%。因此，總而言之，當 β 變化 50% 時，固定偏壓電路上重要網路參數的變化會超過 300%，但分壓器電路上的參數變化卻少於 3%──這是一項重大的差異。

例 4.11 試對圖 4.37 的分壓器偏壓電路，分別用精確分析和近似分析法，決定 I_{C_Q} 和 V_{CE_Q} 的值，並比較結果。此例中，並未滿足式(4.33)的條件，因此可從結果中發現，如忽略式(4.33)的近似法使用準則，就可看到兩種分析結果的差異。

第 4 章 BJT（雙載子接面電晶體）的直流偏壓

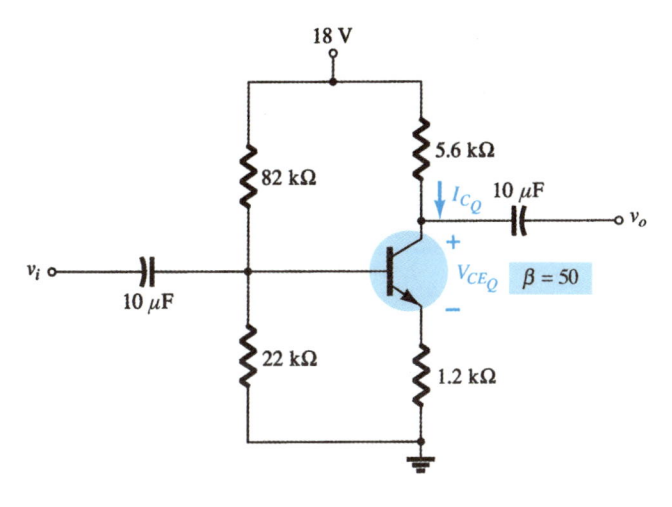

圖 4.37 例 4.11 的分壓器電路

解：

精確分析法：

式(4.33)：

$\beta R_E \geq 10 R_2$

$(50)(1.2 \text{ k}\Omega) \geq 10(22 \text{ k}\Omega)$

$60 \text{ k}\Omega \not\geq 220 \text{ k}\Omega$（不滿足）

$$R_{Th} = R_1 \| R_2 = 82 \text{ k}\Omega \| 22 \text{ k}\Omega = 17.35 \text{ k}\Omega$$

$$E_{Th} = \frac{R_2 V_{CC}}{R_1 + R_2} = \frac{22 \text{ k}\Omega (18 \text{ V})}{82 \text{ k}\Omega + 22 \text{ k}\Omega} = 3.81 \text{ V}$$

$$I_B = \frac{E_{Th} - V_{BE}}{R_{Th} + (\beta + 1) R_E} = \frac{3.81 \text{ V} - 0.7 \text{ V}}{17.35 \text{ k}\Omega + (51)(1.2 \text{ k}\Omega)} = \frac{3.11 \text{ V}}{78.55 \text{ k}\Omega} = 39.6 \text{ }\mu\text{A}$$

$$I_{C_Q} = \beta I_B = (50)(39.6 \text{ }\mu\text{A}) = \mathbf{1.98 \text{ mA}}$$

$$V_{CE_Q} = V_{CC} - I_C (R_C + R_E)$$
$$= 18 \text{ V} - (1.98 \text{ mA})(5.6 \text{ k}\Omega + 1.2 \text{ k}\Omega) = \mathbf{4.54 \text{ V}}$$

近似分析法：

$$V_B = E_{Th} = 3.81 \text{ V}$$

$$V_E = V_B - V_{BE} = 3.81 \text{ V} - 0.7 \text{ V} = 3.11 \text{ V}$$

$$I_{C_Q} \cong I_E = \frac{V_E}{R_E} = \frac{3.11 \text{ V}}{1.2 \text{ k}\Omega} = \mathbf{2.59 \text{ mA}}$$

$$V_{CE_Q} = V_{CC} - I_C(R_C + R_E)$$
$$= 18\text{ V} - (2.59\text{ mA})(5.6\text{ k}\Omega + 1.2\text{ k}\Omega) = \mathbf{3.88\text{ V}}$$

結果列表如下：

精確與近似方法之比較

	I_{C_Q} (mA)	V_{CE_Q} (A)
精確	1.98	4.54
近似	2.59	3.88

由結果可看出精確解和近似解的差異，近似解的 I_{C_Q} 約比精確解高 30%，而 V_{CE_Q} 則約少 10%。兩種解法在結果的大小上有明顯不同，但儘管 βR_E 只約比 R_E 大 3 倍，兩者結果其實還算接近。但之後的分析都會先用式(4.33)作準則，以確保精確解和近似解足夠相近。

電晶體的飽和

分壓器偏壓電路輸出部分的集極射極電路，和 4.4 節分析的極偏壓電路的輸出部分相同。因此，所得的飽和電流方程式（設電路上的 $V_{CE}=0$）和射極偏壓電路所得者相同，也就是

$$I_{C_{\text{sat}}} = I_{C_{\max}} = \frac{V_{CC}}{R_C + R_E} \tag{4.38}$$

負載線分析

因輸出電路和射極偏壓電路相似，分壓器偏壓電路會產生相同的負載線截距（水平軸以及垂直軸），因此負載線會和圖 4.25 中的相同。

$$I_C = \frac{V_{CC}}{R_C + R_E}\bigg|_{V_{CE}=0\text{ V}} \tag{4.39}$$

且

$$V_{CE} = V_{CC}\big|_{I_C=0\text{ mA}} \tag{4.40}$$

但就分壓器偏壓電路和射極偏壓電路而言，I_B 值確實是用不同的方程式決定。

4.6 集極反饋偏壓電路

也可以在集極到基極之間接一條反饋路徑，達到改善偏壓穩定性的目的，見圖 4.38。雖然 Q 點不能完全不受 β 的影響（即使是在近似條件下），但對 β 變化或溫度變動的靈敏度，一般會比固定偏壓或射極偏壓的情況小很多。分析過程中一樣先從基極射極迴路開路，得到結果後再應用到集極射極迴路。

基極射極迴路

圖 4.39 顯示電壓反饋偏壓電路的基極射極迴路，順時針環繞迴路一周，寫下克希荷夫電壓定律得

$$V_{CC} - I'_C R_C - I_B R_F - V_{BE} - I_E R_E = 0$$

很重要需注意到，流經 R_C 的電流不是 I_C，而是 I'_C（其中 $I'_C = I_C + I_B$），但因 I_C 和 I'_C 的大小通常遠超過 I_B 值，因此一般可採用 $I'_C \cong I_C$。代入 $I'_C \cong I_C = \beta I_B$ 及 $I_E \cong I_C$，可得

$$V_{CC} - \beta I_B R_C - I_B R_F - V_{BE} - \beta I_B R_E = 0$$

整理得

$$V_{CC} - V_{BE} - \beta I_B (R_C + R_E) - I_B R_F = 0$$

解出 I_B，得

$$\boxed{I_B = \frac{V_{CC} - V_{BE}}{R_F + \beta(R_C + R_E)}} \qquad (4.41)$$

此結果很有趣，其格式很像前幾個偏壓電路所得的 I_B 關係式。分子是兩個已知電壓的差，而分母則是集極和射極電阻反映到基極側的電阻（要乘上 β）。因此一般而言，

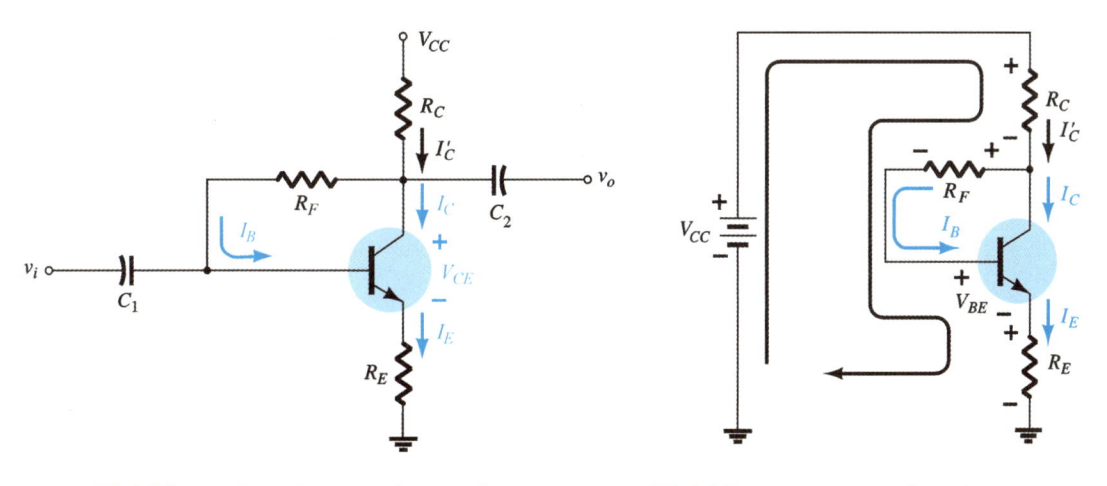

圖 4.38 具有電壓反饋的直流偏壓電路

圖 4.39 圖 4.38 網路中的基極射極迴路

反饋路徑會將電阻 R_C 反映到輸入電路上，很像 R_E 的反映方式。

一般而言，I_B 公式有如下形式，以便比較固定偏壓和射極偏壓電路的結果，

$$I_B = \frac{V'}{R_F + \beta R'}$$

對固定偏壓電路而言，不存在 $\beta R'$。而對射極偏壓電路而言（取 $\beta + 1 \cong \beta$），$R' = R_E$。

因為 $I_C = \beta I_B$，

$$I_{C_Q} = \frac{\beta V'}{R_F + \beta R'} = \frac{V'}{\frac{R_F}{\beta} + R'}$$

一般而言，R' 和 $\frac{R_F}{\beta}$ 相比愈大時，以下近似式就愈精確，

$$I_{C_Q} \cong \frac{V'}{R'}$$

結果是公式中去除了 β，I_{C_Q} 將非常穩定，不受 β 變化的影響。因電壓反饋電路中的 R' 一般會大於射極偏壓電路的 R'，因此電壓反饋電路對 β 變化的靈敏度會較小。當然，固定偏壓電路的 R' 為 0 Ω，因此對 β 變化的靈敏度相當高。

集極射極迴路

圖 4.38 網路中的集極射極迴路提供在圖 4.40，應用克希荷夫電壓定律環繞迴路一周，得

$$I_E R_E + V_{CE} + I'_C R_C - V_{CC} = 0$$

因 $I'_C \cong I_C$ 且 $I_E \cong I_C$，可得

$$I_C(R_C + R_E) + V_{CE} - V_{CC} = 0$$

即

$$\boxed{V_{CE} = V_{CC} - I_C(R_C + R_E)} \qquad (4.42)$$

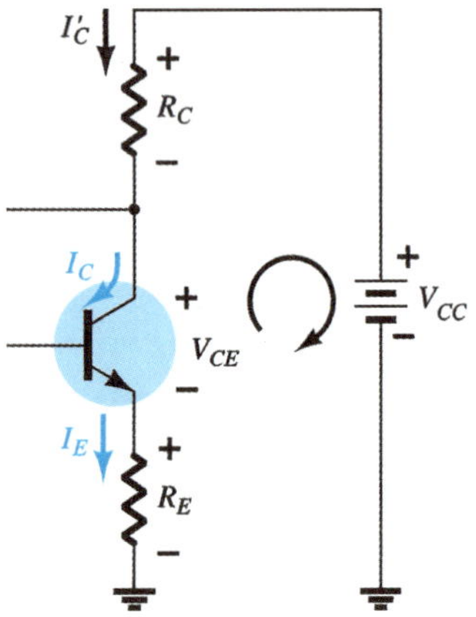

圖 4.40 圖 4.38 網路中的集極射極迴路

此和射極偏壓電路以及分壓器偏壓電路所得者完全相同。

例 4.12 試決定圖 4.41 網路中的靜態值 I_{C_Q} 和 V_{CE_Q}。

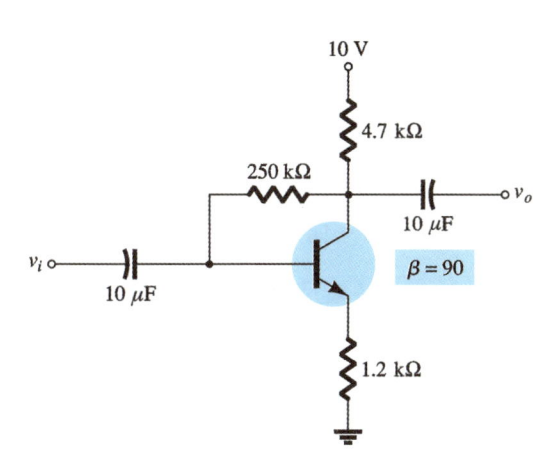

圖 4.41 例 4.12 的網路

解： 式 (4.41)：$I_B = \dfrac{V_{CC} - V_{BE}}{R_F + \beta(R_C + R_E)}$

$$= \dfrac{10\text{ V} - 0.7\text{ V}}{250\text{ k}\Omega + (90)(4.7\text{ k}\Omega + 1.2\text{ k}\Omega)} = \dfrac{9.3\text{ V}}{250\text{ k}\Omega + 531\text{ k}\Omega} = \dfrac{9.3\text{ V}}{781\text{ k}\Omega}$$

$$= 11.91\ \mu\text{A}$$

$$I_{C_Q} = \beta I_B = (90)(11.91\ \mu\text{A}) = \mathbf{1.07\text{ mA}}$$

$$V_{CE_Q} = V_{CC} - I_C(R_C + R_E)$$

$$= 10\text{ V} - (1.07\text{ mA})(4.7\text{ k}\Omega + 1.2\text{ k}\Omega) = 10\text{ V} - 6.31\text{ V} = \mathbf{3.69\text{ V}}$$

例 4.13 重做例 4.12，但 β 改用 135（超過例 4.12 β 值的 50%）。

解： 很重要需注意到，在例 4.12 中 I_B 關係式分母的第 2 項比第 1 項大。在最近的討論中提到，當此第 2 項比第 1 項大愈多時，對 β 變化的靈敏度就愈小。在本例中 β 值增加 50%，因而使第 2 項的值會比第 1 項大愈多。但更重要需注意的是，當第 2 項相對於第 1 項更大時，對 β 變化的靈敏度會明顯地更小。

解出 I_B，得

$$I_B = \dfrac{V_{CC} - V_{BE}}{R_B + \beta(R_C + R_E)}$$

$$= \dfrac{10\text{ V} - 0.7\text{ V}}{250\text{ k}\Omega + (135)(4.7\text{ k}\Omega + 1.2\text{ k}\Omega)}$$

$$= \dfrac{9.3\text{ V}}{250\text{ k}\Omega + 796.5\text{ k}\Omega} = \dfrac{9.3\text{ V}}{1046.5\text{ k}\Omega}$$

$$= 8.89\ \mu\text{A}$$

且
$$I_{C_Q} = \beta I_B$$
$$= (135)(8.89\ \mu A) = \textbf{1.2 mA}$$

且
$$V_{CE_Q} = V_{CC} - I_C(R_C + R_E)$$
$$= 10\ V - (1.2\ mA)(4.7\ k\Omega + 1.2\ k\Omega)$$
$$= 10\ V - 7.08\ V = \textbf{2.92 V}$$

儘管 β 值增加 50%，但 I_{C_Q} 值僅增加 12.1%，而 V_{CE_Q} 值則下降約 20.9%。若網路採固定偏壓設計，則 50% 的 β 增加會造成 I_{C_Q} 同等 50% 的增加，將造成 Q 點位置的劇烈變化。

例 4.14 試決定圖 4.42 網路中 I_B 和 V_C 的直流值。

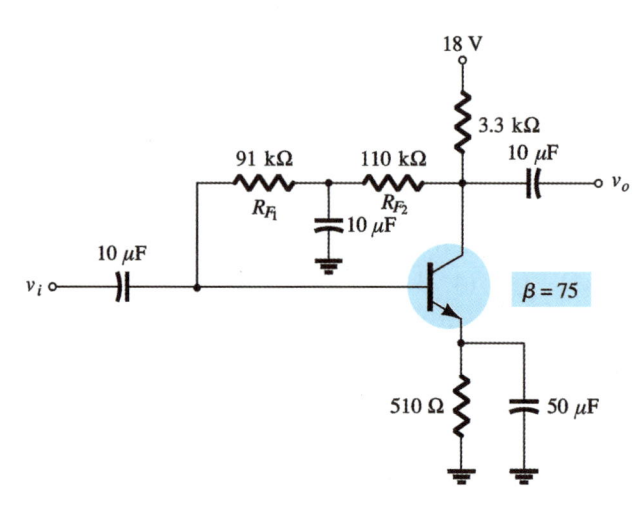

圖 4.42 例 4.14 的網路

解：此電路作直流分析時，基極電阻由兩個電阻組成，兩電阻的接點再經電容接地。對直流而言，電容等效於開路，且 $R_B = R_{F_1} + R_{F_2}$。

解出 I_B，得

$$I_B = \frac{V_{CC} - V_{BE}}{R_B + \beta(R_C + R_E)}$$
$$= \frac{18\ V - 0.7\ V}{(91\ k\Omega + 110\ k\Omega) + (75)(3.3k\Omega + 0.51\ k\Omega)}$$
$$= \frac{17.3\ V}{201\ k\Omega + 285.75\ k\Omega} = \frac{17.3\ V}{486.75\ k\Omega}$$
$$= \textbf{35.5}\ \boldsymbol{\mu A}$$

$$I_C = \beta I_B = (75)(35.5 \ \mu A) = 2.66 \text{ mA}$$
$$V_C = V_{CC} - I'_C R_C \cong V_{CC} - I_C R_C$$
$$= 18 \text{ V} - (2.66 \text{ mA})(3.3 \text{ k}\Omega) = 18 \text{ V} - 8.78 \text{ V} = \mathbf{9.22 \text{ V}}$$

飽和條件

用近似公式 $I'_C = I_C$，飽和電流的公式和分壓器偏壓電路以及射極偏壓電路所得者相同。也就是

$$\boxed{I_{C_{\text{sat}}} = I_{C_{\text{max}}} = \frac{V_{CC}}{R_C + R_E}} \tag{4.43}$$

負載線分析

繼續用近似公式 $I'_C = I_C$，可得和分壓器偏壓電路以及射極偏壓電路所定義的相同負載線，而 I_{B_Q} 的值則決定於個別的偏壓電路。

例 4.15 給定圖 4.43 的網路和圖 4.44 的 BJT 特性。
a. 將網路的負載線畫在特性圖上。
b. 決定特性在中心區域的直流 β 值，並定義所選取的點（當作 Q 點一般）。
c. 用(b)計算出的直流 β，求出 I_B 的直流值。
d. 求出 I_{C_Q} 和 I_{CE_Q}。

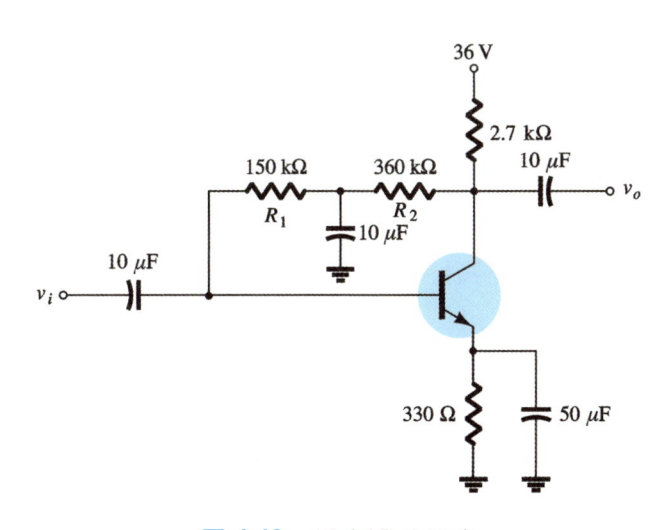

圖 4.43 例 4.15 的網路

圖 4.44　BJT 特性

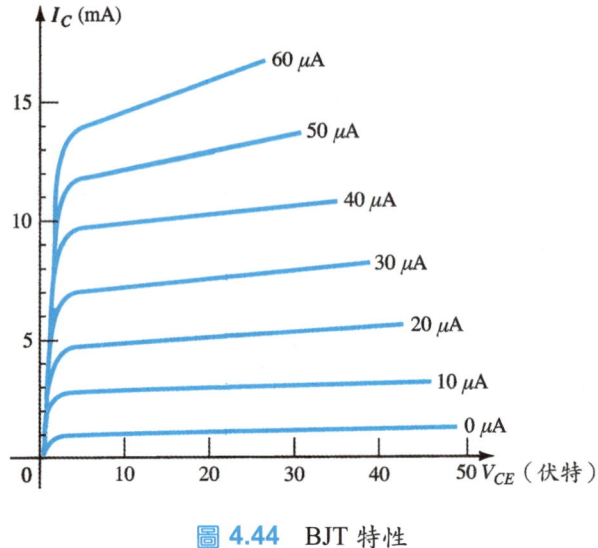

解：

a. 負載線畫在圖 4.45，由以下兩點決定：

$$V_{CE}=0 \text{ V}：I_C=\frac{V_{CC}}{R_C+R_E}=\frac{36 \text{ V}}{2.7 \text{ k}\Omega+330 \text{ }\Omega}=\textbf{11.88 mA}$$

$$I_C=0 \text{ mA}：V_{CE}=V_{CC}=\textbf{36 V}$$

b. 用 $I_B=25 \text{ }\mu\text{A}$ 和 V_{CE} 約 17 V 決定直流 β 值：

$$\beta \cong \frac{I_{C_Q}}{I_{B_Q}}=\frac{6.2 \text{ mA}}{25 \text{ }\mu\text{A}}=\textbf{248}$$

c. 用式(4.41)：

$$I_B=\frac{V_{CC}-V_{BE}}{R_B+\beta(R_C+R_E)}=\frac{36 \text{ V}-0.7 \text{ V}}{510 \text{ k}\Omega+248(2.7 \text{ k}\Omega+330 \text{ }\Omega)}$$

$$=\frac{35.3 \text{ V}}{510 \text{ k}\Omega+751.44 \text{ k}\Omega}$$

即

$$I_B=\frac{35.3 \text{ V}}{1.261 \text{ M}\Omega}=\textbf{28 }\mu\textbf{A}$$

d. 由圖 4.45，靜態值為

$$I_{C_Q}\cong\textbf{6.9 mA} \text{ 和 } V_{CE_Q}\cong\textbf{15 V}$$

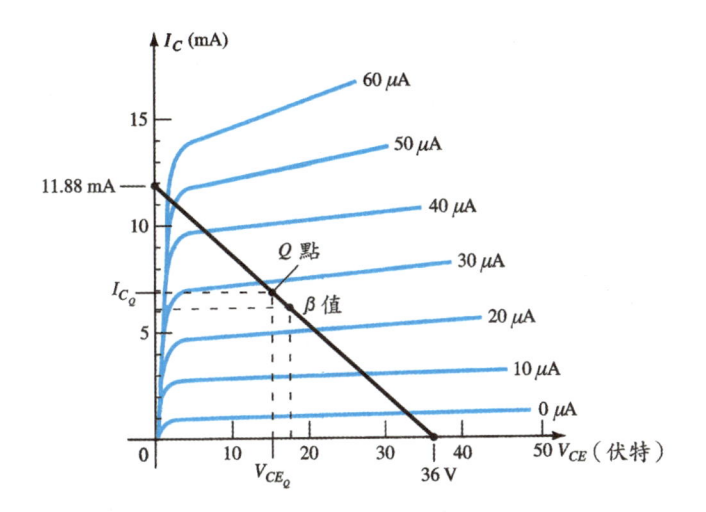

圖 4.45 定義圖 4.43 分壓器偏壓電路的 Q 點

4.7 射極隨耦器偏壓電路

前幾節所介紹的偏壓電路，其輸出電壓都是從 BJT 的集極端接出。本節將要探討輸出從射極端接出的組態，見圖 4.46。圖 4.46 的電路並非唯一可以將射極端當作輸出的電路，事實上，前面介紹的所有電路中只要射極有接電阻，就可以將射極端作輸出之用。圖 4.46 網路的直流等效電路見圖 4.47。

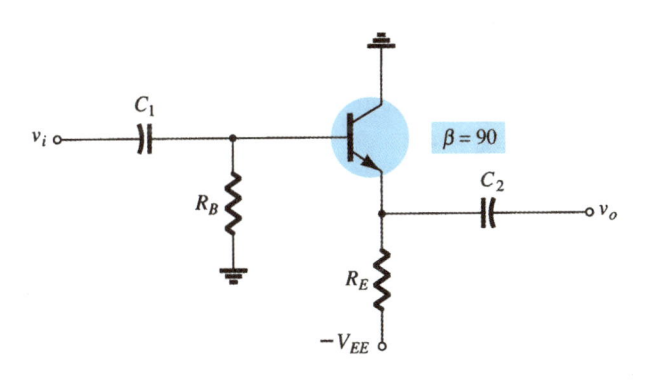

圖 4.46 共集極（射極隨耦器）偏壓電路 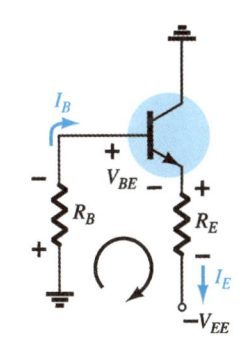　　**圖 4.47** 圖 4.46 的直流等效電路

利用克希荷夫電壓定律到輸入電路，可得

$$-I_B R_B - V_{BE} - I_E R_E + V_{EE} = 0$$

並用

$$I_E = (\beta + 1) I_B$$

$$I_B R_B + (\beta + 1) I_B R_E = V_{EE} - V_{BE}$$

所以

$$\boxed{I_B = \frac{V_{EE} - V_{BE}}{R_B + (\beta + 1) R_E}} \tag{4.44}$$

應用克希荷夫電壓定律到輸出網路，得

$$-V_{CE} - I_E R_E + V_{EE} = 0$$

即

$$\boxed{V_{CE} = V_{EE} - I_E R_E} \tag{4.45}$$

例 4.16 決定圖 4.48 網路中的 V_{CE_Q} 和 I_{E_Q}。

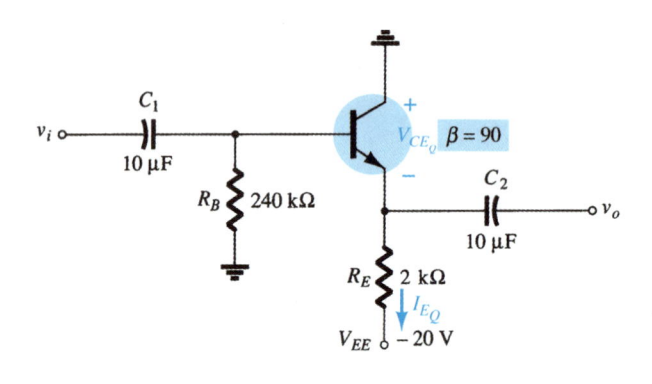

圖 4.48 例 4.16

解：

式 (4.44)：
$$I_B = \frac{V_{EE} - V_{BE}}{R_B + (\beta + 1) R_E}$$

$$= \frac{20\,\text{V} - 0.7\,\text{V}}{240\,\text{k}\Omega + (90 + 1) 2\,\text{k}\Omega} = \frac{19.3\,\text{V}}{240\,\text{k}\Omega + 182\,\text{k}\Omega}$$

$$= \frac{19.3\,\text{V}}{422\,\text{k}\Omega} = 45.73\,\mu\text{A}$$

且式 (4.45)：
$$V_{CE_Q} = V_{EE} - I_E R_E$$
$$= V_{EE} - (\beta+1) I_B R_E$$
$$= 20 \text{ V} - (90+1)(45.73 \text{ μA})(2 \text{ kΩ})$$
$$= 20 \text{ V} - 8.32 \text{ V}$$
$$= \mathbf{11.68 \text{ V}}$$
$$I_{E_Q} = (\beta+1) I_B = (91)(45.73 \text{ μA})$$
$$= 4.16 \text{ mA}$$

4.8 共基極偏壓電路

共基極偏壓電路的唯一之處在於，輸入訊號接到射極且基極接地（或電位僅比地高一些）。這是非常普遍的電路組態，因為在交流情況下，它有極低的輸入電阻、高輸出阻抗和良好增益。

典型的共基極電路見圖 4.49，注意到電路中使用兩個電源，且基極是輸入射極和輸出集極的共用腳位。

圖 4.49 輸入側的直流等效電路見圖 4.50。

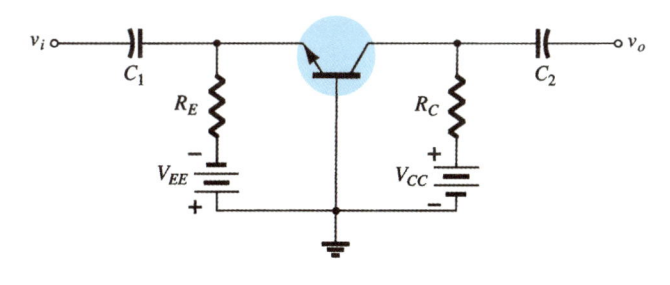

圖 4.49 共基極偏壓電路

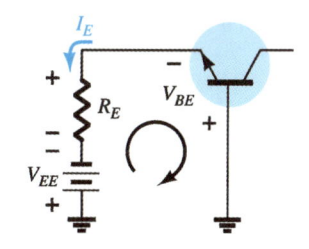

圖 4.50 圖 4.49 網路中輸入部分的直流等效電路

應用克希荷夫電壓定律，可得

$$-V_{EE} + I_E R_E + V_{BE} = 0$$

$$\boxed{I_E = \frac{V_{EE} - V_{BE}}{R_E}} \quad (4.46)$$

應用克希荷夫電壓定律到圖 4.51 網路的外圈迴路，可得

$$-V_{EE}+I_E R_E+V_{CE}+I_C R_C-V_{CC}=0$$

即

$$V_{CE}=V_{EE}+V_{CC}-I_E R_E-I_C R_C$$

因為

$$I_E\cong I_C$$

可得

$$\boxed{V_{CE}=V_{EE}+V_{CC}-I_E(R_C+R_E)} \qquad (4.47)$$

圖 4.51 決定 V_{CE} 和 V_{CB}

應用克希荷夫電壓定律到圖 4.51 的輸出迴路，可求出 V_{CB}，得

$$V_{CB}+I_C R_C-V_{CC}=0$$

即

$$V_{CB}=V_{CC}-I_C R_C$$

用

$$I_C\cong I_E$$

可得

$$\boxed{V_{CB}=V_{CC}-I_C R_C} \qquad (4.48)$$

例 4.17 對圖 4.52 的共基極電路，試決定電流 I_E 和 I_B，以及電壓 V_{CE} 和 V_{CB}。

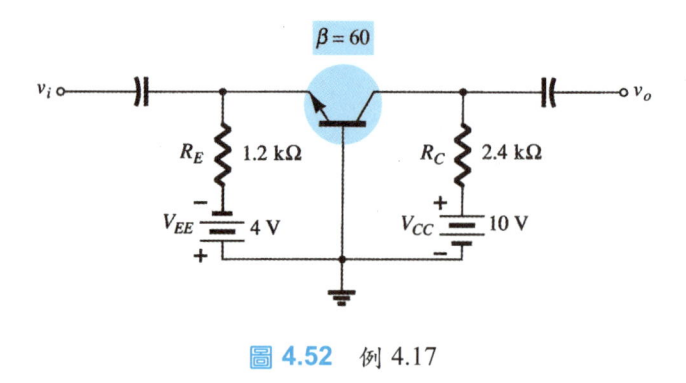

圖 4.52 例 4.17

解：

式 (4.46)：

$$I_E=\frac{V_{EE}-V_{BE}}{R_E}$$

$$=\frac{4\text{ V}-0.7\text{ V}}{1.2\text{ k}\Omega}=\mathbf{2.75\text{ mA}}$$

$$I_B=\frac{I_E}{\beta+1}=\frac{2.75\text{ mA}}{60+1}=\frac{2.75\text{ mA}}{61}$$

$$=\mathbf{45.08\ \mu A}$$

式 (4.47)：
$$V_{CE} = V_{EE} + V_{CC} - I_E(R_C + R_E)$$
$$= 4\text{ V} + 10\text{ V} - (2.75\text{ mA})(2.4\text{ k}\Omega + 1.2\text{ k}\Omega)$$
$$= 14\text{ V} - (2.75\text{ mA})(3.6\text{ k}\Omega)$$
$$= 14\text{ V} - 9.9\text{ V}$$
$$= \mathbf{4.1\text{ V}}$$

式 (4.48)：
$$V_{CB} = V_{CC} - I_C R_C = V_{CC} - \beta I_B R_C$$
$$= 10\text{ V} - (60)(45.08\ \mu\text{A})(24\text{ k}\Omega)$$
$$= 10\text{ V} - 6.49\text{ V}$$
$$= \mathbf{3.51\text{ V}}$$

4.9　各種偏壓電路組態

　　還有一些 BJT 偏壓電路和前幾節分析的基本模式並不相符，事實上，電路的設計有太多的變化，若都要詳述，所耗的篇幅不是我們這類型書籍所能負擔。但這裡的主要目的是要強調裝置的特性，可供偏壓電路的直流分析，並建立朝向解出所需結果的一般程序。到目前為止所討論到的每一種偏壓電路，第一步都是先導出基極電流的關係式。一旦知道基極電流，就可以很直接地決定輸出電路的集極電流和電壓值。但這不表示都一定要這麼解，但當我們遇到一種新的偏壓電路時，卻可提供一條可能的途徑。

　　第 1 個例子是將圖 4.38 的電壓反饋偏壓電路中的射極電阻去掉，分析方法很類似，只需將方程式中有 R_E 的項去掉即可。

例 4.18　對圖 4.53 的網路：

a. 決定 I_{C_Q} 和 V_{CE_Q}。
b. 求出 V_B、V_C、V_E 和 V_{BC}。

解：

a. 沒有 R_E 時，反映電阻值只剩下 R_C 的部分，I_B 的關係式縮減為

$$I_B = \frac{V_{CC} - V_{BE}}{R_B + \beta R_C}$$
$$= \frac{20\text{ V} - 0.7\text{ V}}{680\text{ k}\Omega + (120)(4.7\text{ k}\Omega)}$$
$$= \frac{19.3\text{ V}}{1.244\text{ M}\Omega}$$
$$= \mathbf{15.51\ \mu\text{A}}$$

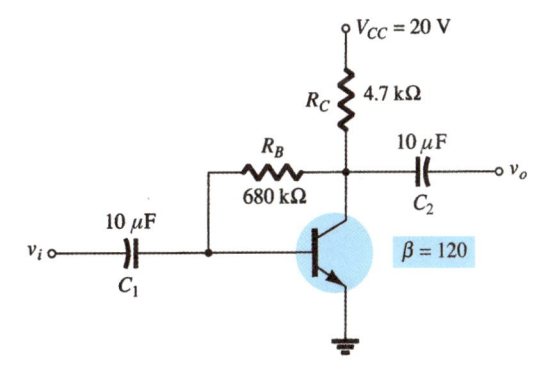

圖 4.53　$R_E = 0\ \Omega$ 的集極反饋電路

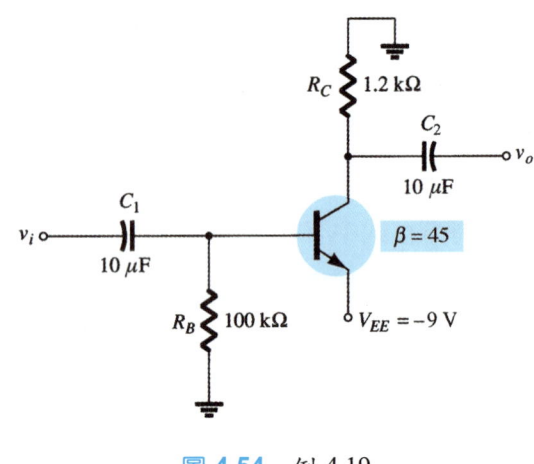

$$I_{C_Q} = \beta I_B = (120)(15.51 \text{ μA})$$
$$= \mathbf{1.86 \text{ mA}}$$
$$V_{CE_Q} = V_{CC} - I_C R_C$$
$$= 20 \text{ V} - (1.86 \text{ mA})(4.7 \text{ kΩ})$$
$$= \mathbf{11.26 \text{ V}}$$

b. $V_B = V_{BE} = \mathbf{0.7 \text{ V}}$

$V_C = V_{CE} = \mathbf{11.26 \text{ V}}$

$V_E = \mathbf{0 \text{ V}}$

$V_{BC} = V_B - V_C = 0.7 \text{ V} - 11.26 \text{ V}$
$$= \mathbf{-10.56 \text{ V}}$$

在下一個例子中，外加電壓接到射極腳位且 R_C 直接接地。一開始看起來不是很正規，和先前接觸的電路很不相同。但應用克希荷夫電壓定律到基極電路，會得到所要的基極電流。

例 4.19 決定圖 4.54 網路的 V_C 和 V_B。

解：以順時針方向應用克希荷夫電壓定律到基極射極迴路，得

$$-I_B R_B - V_{BE} + V_{EE} = 0$$

即
$$I_B = \frac{V_{EE} - V_{BE}}{R_B}$$

代入數值得

$$I_B = \frac{9 \text{ V} - 0.7 \text{ V}}{100 \text{ kΩ}} = \frac{8.3 \text{ V}}{100 \text{ kΩ}}$$
$$= 83 \text{ μA}$$

$I_C = \beta I_B = (45)(83 \text{ μA})$
$$= 3.735 \text{ mA}$$

$V_C = -I_C R_C = -(3.735 \text{ mA})(1.2 \text{ kΩ})$
$$= \mathbf{-4.48 \text{ V}}$$

$V_B = -I_B R_B = -(83 \text{ μA})(100 \text{ kΩ})$
$$= \mathbf{-8.3 \text{ V}}$$

圖 4.54 例 4.19

例 4.20 使用雙電源,需要用戴維寧定理決定所要的未知數值。

例 4.20 決定圖 4.55 網路中的 V_C 和 V_B。

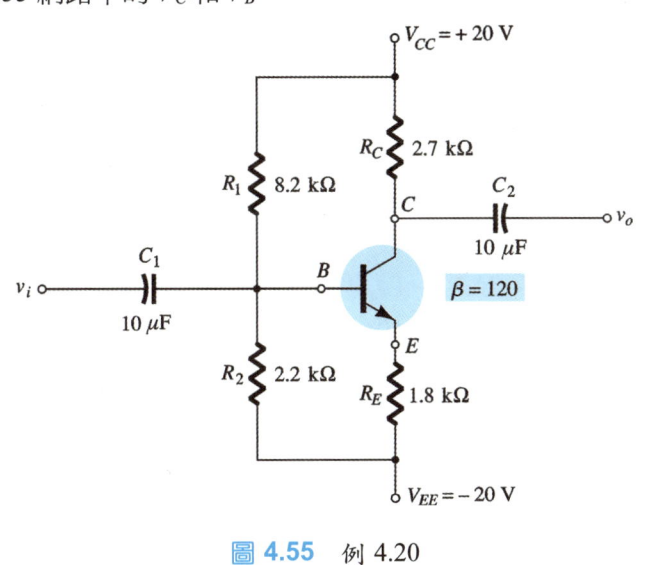

圖 4.55 例 4.20

解:網路在基極端左側的部分,可分別決定其戴維寧電阻和戴維寧電壓,分別見於圖 4.56 和圖 4.57。

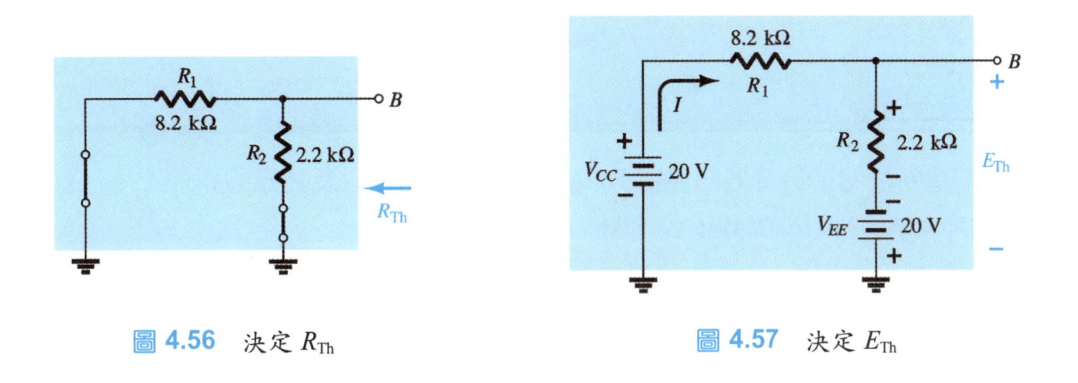

圖 4.56 決定 R_{Th}

圖 4.57 決定 E_{Th}

R_{Th} $\quad R_{Th} = 8.2\ k\Omega \| 2.2\ k\Omega = 1.73\ k\Omega$

E_{Th} $\quad I = \dfrac{V_{CC} + V_{EE}}{R_1 + R_2} = \dfrac{20\ V + 20\ V}{8.2\ k\Omega + 2.2\ k\Omega} = \dfrac{40\ V}{10.4\ k\Omega}$

$\qquad\quad = 3.85\ mA$

$\quad E_{Th} = IR_2 - V_{EE}$

$\qquad\quad = (3.85\ mA)(2.2\ k\Omega) - 20\ V$

$\qquad\quad = -11.53\ V$

完整等效電路重畫在圖 4.58，應用克希荷夫電壓定律得

$$-E_{Th}-I_B R_{Th}-V_{BE}-I_E R_E+V_{EE}=0$$

代入 $I_E=(\beta+1)I_B$，得

$$V_{EE}-E_{Th}-V_{BE}-(\beta+1)I_B R_E-I_B R_{Th}=0$$

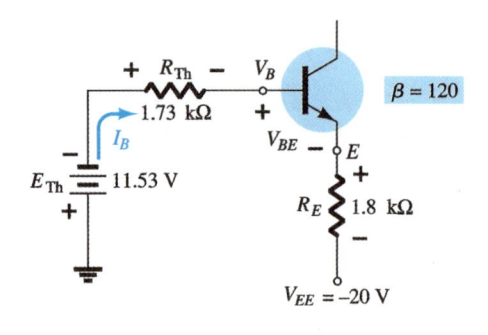

圖 4.58 代入戴維寧等效電路

即

$$I_B=\frac{V_{EE}-E_{Th}-V_{BE}}{R_{Th}+(\beta+1)R_E}$$

$$=\frac{20\text{ V}-11.53\text{ V}-0.7\text{ V}}{1.73\text{ k}\Omega+(121)(1.8\text{ k}\Omega)}=\frac{7.77\text{ V}}{219.53\text{ k}\Omega}$$

$$=35.39\ \mu\text{A}$$

$$I_C=\beta I_B=(120)(35.39\ \mu\text{A})$$

$$=4.25\text{ mA}$$

$$V_C=V_{CC}-I_C R_C=20\text{ V}-(4.25\text{ mA})(2.7\text{ k}\Omega)$$

$$=\mathbf{8.53\text{ V}}$$

$$V_B=-E_{Th}-I_B R_{Th}=-(11.53\text{ V})-(35.39\ \mu\text{A})(1.73\text{ k}\Omega)$$

$$=\mathbf{-11.59\text{ V}}$$

4.10 歸納表

表 4.1 重新檢閱了最普遍的幾種 BJT 偏壓電路組態，以及對應的關係式。注意到，在各種不同偏壓電路對應的關係式之間，所存在的相似性。

4.11 設計運算

到目前為止的討論都集中在既有網路的分析上，所有元件都已放好位置，要做的工作只是解出電路中的電壓值和電流值。而設計過程是另一種作法，可能已先預設了電流和（或）電壓值，要決定用那些元件以期建立已指定好的電壓電流值。在此合成電路的過程中，需要清楚了解裝置特性、網路的基本方程式，且對電路分析的基本定律如歐姆定律、克希荷夫電壓定律等等，有堅定的理解。在大部分的情況下，設計過程在思考上的挑戰程度高於分析程序。在求設計解的過程中，因所給規範較少，可能需要作一些基本假定，這是在分析網路時不必要的。

設計程序顯然會受到已指定元件和待決定元件的影響。若已指定電晶體和電源，則

表 4.1　BJT 的偏壓電路組態

類型	電路組態	相關式
固定偏壓	(電路圖：V_{CC}、R_B、R_C、β)	$I_B = \dfrac{V_{CC}-V_{BE}}{R_B}$ $I_C = \beta I_B,\ I_E = (\beta+1)I_B$ $V_{CE} = V_{CC} - I_C R_C$
射極偏壓	(電路圖：V_{CC}、R_B、R_C、β、R_E)	$I_B = \dfrac{V_{CC}-V_{BE}}{R_B+(\beta+1)R_E}$ $I_C = \beta I_B,\ I_E = (\beta+1)I_B$ $R_i = (\beta+1)R_E$ $V_{CE} = V_{CC} - I_C(R_C+R_E)$
分壓器偏壓	(電路圖：V_{CC}、R_1、R_C、β、R_2、R_E)	精確分析： $R_{Th}=R_1\|R_2,\ E_{Th}=\dfrac{R_2 V_{CC}}{R_1+R_2}$ $I_B = \dfrac{E_{Th}-V_{BE}}{R_{Th}+(\beta+1)R_E}$ $I_C = \beta I_B,\ I_E = (\beta+1)I_B$ $V_{CE} = V_{CC} - I_C(R_C+R_E)$ 近似分析：$\beta R_E \geq 10R_2$ $V_B = \dfrac{R_2 V_{CC}}{R_1+R_2},\ V_E = V_B - V_{BE}$ $I_E = \dfrac{V_E}{R_E},\ I_B = \dfrac{I_E}{\beta+1}$ $V_{CE} = V_{CC} - I_C(R_C+R_E)$
集極反饋偏壓	(電路圖：V_{CC}、R_F、R_C、β、R_E)	$I_B = \dfrac{V_{CC}-V_{BE}}{R_F+\beta(R_C+R_E)}$ $I_C = \beta I_B,\ I_E = (\beta+1)I_B$ $V_{CE} = V_{CC} - I_C(R_C+R_E)$
射極隨耦器	(電路圖：R_B、R_E、$-V_{EE}$)	$I_B = \dfrac{V_{EE}-V_{BE}}{R_B+(\beta+1)}$ $I_C = \beta I_B,\ I_E = (\beta+1)I_B$ $V_{CE} = V_{EE} - I_E R_E$
共基極偏壓	(電路圖：R_E、V_{EE}、R_C、V_{CC})	$I_E = \dfrac{V_{EE}-V_{BE}}{R_E}$ $I_B = \dfrac{I_E}{\beta+1},\ I_C = \beta I_B$ $V_{CE} = V_{EE} + V_{CC} - I_E(R_C+R_E)$ $V_{CB} = V_{CC} - I_C R_C$

244 電子裝置與電路理論

設計過程只要決定特定設計所需的電阻即可，一旦決定了電阻的理論值，再選出最接近的商用標準阻值即可。無法用完全正確的阻值所產生的誤差變化，都屬於設計上可接受的一部分。在考慮電阻元件和電晶體參數的容許誤差時，這確實是一種有效的近似。

若要決定電阻值，最有力的公式之一是歐姆定律，如下：

$$\boxed{R_{未知}=\frac{V_R}{I_R}} \tag{4.49}$$

在特定的設計中，電阻的電壓降常可由指定值決定，另外若也指定電流大小的規格，就可用式(4.49)計算所要的電阻值。前面幾個例子會說明如何用指定值決定個別的元件，接著會對兩個很普遍的電路組態介紹完整的設計程序。

例 4.21 給定圖 4.59a 的裝置特性，試決定圖 4.59b 固定偏壓電路的 V_{CC}、R_B 和 R_C 值。

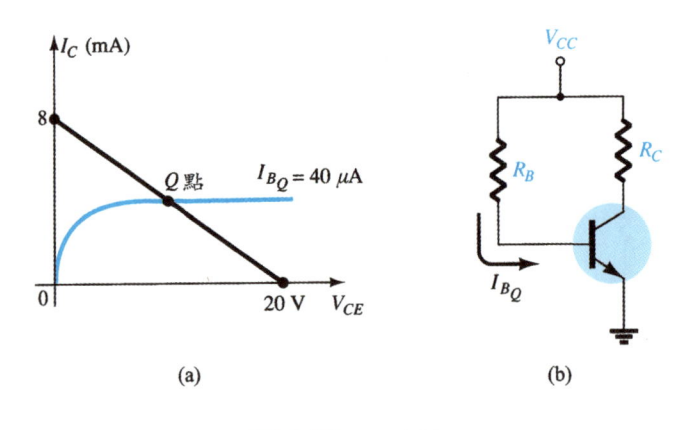

圖 4.59 例 4.21

解：

由負載線

$$V_{CC} = \mathbf{20\ V}$$

$$I_C = \frac{V_{CC}}{R_C}\bigg|_{V_{CE}=0\ V}$$

即

$$R_C = \frac{V_{CC}}{I_C} = \frac{20\ V}{8\ mA} = \mathbf{2.5\ k\Omega}$$

$$I_B = \frac{V_{CC} - V_{BE}}{R_B}$$

即

$$R_B = \frac{V_{CC} - V_{BE}}{I_B}$$

$$= \frac{20 \text{ V} - 0.7 \text{ V}}{40 \text{ }\mu\text{A}} = \frac{19.3 \text{ V}}{40 \text{ }\mu\text{A}}$$

$$= \mathbf{482.5 \text{ k}\Omega}$$

選用標準阻值　　　　　$R_C = 2.4 \text{ k}\Omega$

$R_B = 470 \text{ k}\Omega$

用標準電阻值代入得　　　$I_B = 41.1 \text{ }\mu\text{A}$

誤差在指定值的 5% 以內。

例 4.22　已知 $I_{C_Q} = 2$ mA 且 $V_{CE_Q} = 10$ V，試決定圖 4.60 網路的 R_1 和 R_C。

解：

$V_E = I_E R_E \cong I_C R_E$

　　$= (2 \text{ mA})(1.2 \text{ k}\Omega) = 2.4$ V

$V_B = V_{BE} + V_E$

　　$= 0.7 \text{ V} + 2.4 \text{ V} = 3.1$ V

$V_B = \dfrac{R_2 V_{CC}}{R_1 + R_2} = 3.1$ V

即

$$\frac{(18 \text{ k}\Omega)(18 \text{ V})}{R_1 + 18 \text{ k}\Omega} = 3.1 \text{ V}$$

$324 \text{ k}\Omega = 3.1 R_1 + 55.8 \text{ k}\Omega$

$3.1 R_1 = 268.2 \text{ k}\Omega$

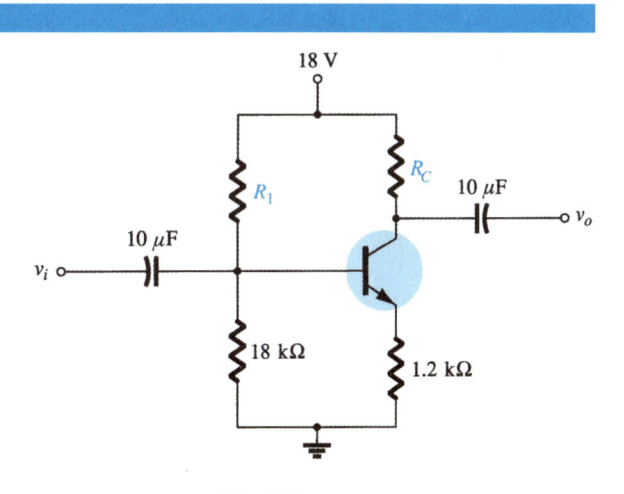

$R_1 = \dfrac{268.2 \text{ k}\Omega}{3.1} = \mathbf{86.52 \text{ k}\Omega}$

圖 4.60　例 4.22

式 (4.49)：

$$R_C = \frac{V_{R_C}}{I_C} = \frac{V_{CC} - V_C}{I_C}$$

且

$V_C = V_{CE} + V_E = 10 \text{ V} + 2.4 \text{ V} = 12.4$ V

即
$$R_C = \frac{18\text{ V} - 12.4\text{ V}}{2\text{ mA}}$$
$$= \textbf{2.8 k}\boldsymbol{\Omega}$$

最接近 R_1 的商用標準阻值是 82 kΩ 和 91 kΩ。但如果用標準阻值 82 kΩ 和 4.7 kΩ 串聯,可得 82 kΩ + 4.7 kΩ = 86.7 kΩ,此值非常接近設計值。

例 4.23 圖 4.61 的射極偏壓電路有如下規格:$I_{C_Q} = \frac{1}{2} I_{\text{sat}}$、$I_{C_{\text{sat}}} = 8$ mA、$V_C = 18$ V 且 $\beta = 110$。試決定 R_C、R_E 和 R_B。

解:

$$I_{C_Q} = \frac{1}{2} I_{C_{\text{sat}}} = 4 \text{ mA}$$

$$R_C = \frac{V_{R_C}}{I_{C_Q}} = \frac{V_{CC} - V_C}{I_{C_Q}}$$

$$= \frac{28\text{ V} - 18\text{ V}}{4\text{ mA}} = \textbf{2.5 k}\boldsymbol{\Omega}$$

$$I_{C_{\text{sat}}} = \frac{V_{CC}}{R_C + R_E}$$

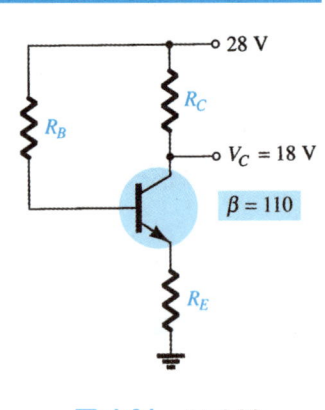

圖 4.61 例 4.23

即
$$R_C + R_E = \frac{V_{CC}}{I_{C_{\text{sat}}}} = \frac{28\text{ V}}{8\text{ mA}} = 3.5 \text{ k}\Omega$$

$$R_E = 3.5 \text{ k}\Omega - R_C$$
$$= 3.5 \text{ k}\Omega - 2.5 \text{ k}\Omega$$
$$= \textbf{1 k}\boldsymbol{\Omega}$$

$$I_{B_Q} = \frac{I_{C_Q}}{\beta} = \frac{4\text{ mA}}{110} = 36.36 \text{ }\mu\text{A}$$

$$I_{B_Q} = \frac{V_{CC} - V_{BE}}{R_B + (\beta + 1) R_E}$$

即
$$R_B + (\beta + 1) R_E = \frac{V_{CC} - V_{BE}}{I_{B_Q}}$$

可得
$$R_B = \frac{V_{CC} - V_{BE}}{I_{B_Q}} - (\beta + 1) R_E$$

$$= \frac{28\text{ V} - 0.7\text{ V}}{36.36\text{ }\mu\text{A}} - (111)(1 \text{ k}\Omega)$$

$$= \frac{27.3\text{ V}}{36.36\text{ }\mu\text{A}} - 111 \text{ k}\Omega$$

$$= \textbf{639.8 k}\boldsymbol{\Omega}$$

第 4 章　BJT（雙載子接面電晶體）的直流偏壓　247

取標準阻值，　　　　　　　$R_C = 2.4 \text{ k}\Omega$

$R_E = 1 \text{ k}\Omega$

$R_B = 620 \text{ k}\Omega$

以下的討論要介紹一種技巧，以設計可在指定偏壓點工作的完整電路。通常在製造商的規格表會提供，對個別的電晶體在工作點（或工作區）的資料，以及連接到給定放大級的其他系統元件，也可能定義此設計的電流擺幅、電壓擺幅和一般的電流電壓值等等。

在實用上，有許多影響所要工作點選擇的其他因素，可能必須要考慮。現在我們聚焦在決定元件值以得到指定的工作點，討論將侷限在射極偏壓和分壓器偏壓電路，相同的程序也可應用在其他各種不同的電晶體電路。

具有射極反饋電阻的偏壓電路的設計

先考慮具有射極自穩偏壓的放大器電路，其上直流偏壓元件的設計，見圖 4.62。可以從製造商的規格資料中，選出放大器所用電晶體的電源電壓和工作點。

集極電阻和射極電阻的選擇，無法由規格資料中直接得到。環繞集極射極迴路的電壓方程式有兩個未知數，電阻 R_E 和 R_C。此時必須作某些工程上的判斷，如和外加電源電壓相比的射極電壓大小，回想到，從射極到地之間接一個電阻的目的，是要提供直流偏壓穩定性，使電晶體的漏電流和 β 值的變化不會造成偏壓點（集極電流值）很大的移動。射極電阻不能太大，因射極電阻的電壓會限制集極射極電壓的擺幅範圍（這在交流響應中會討論到）。從本章所探討的例子中可發現，射極對地電壓一般約在電源電壓的

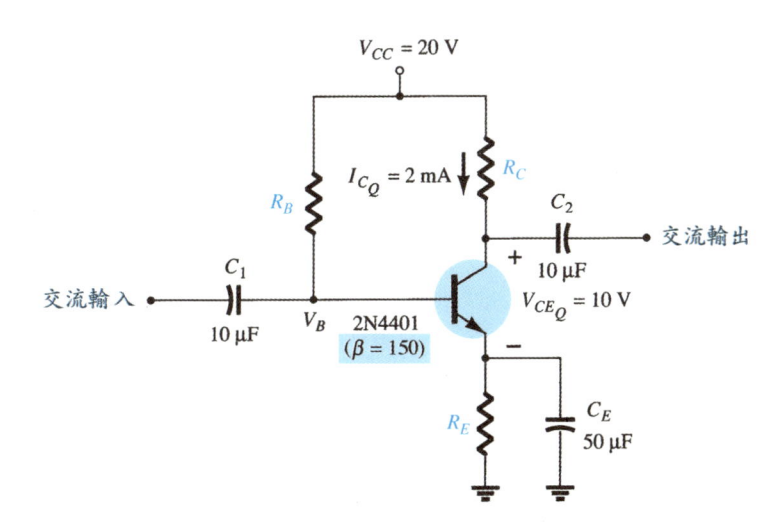

圖 4.62　射極自穩偏壓電路的設計考慮

四分之一到十分之一的範圍。選擇較保守的十分之一，即可用先前做過的例子中的類似方法，計算出射極電阻 R_E 和集極電阻 R_C。在下個例子中，我們用剛剛介紹的射極電壓準則，對圖 4.62 的網路執行的設計。

例 4.24 決定圖 4.62 網路中的電阻值，圖上已顯示工作點和電源電壓。

解：

$$V_E = \frac{1}{10}V_{CC} = \frac{1}{10}(20 \text{ V}) = 2 \text{ V}$$

$$R_E = \frac{V_E}{I_E} \cong \frac{V_E}{I_C} = \frac{2 \text{ V}}{2 \text{ mA}} = \mathbf{1 \text{ k}\Omega}$$

$$R_C = \frac{V_{R_C}}{I_C} = \frac{V_{CC} - V_{CE} - V_E}{I_C} = \frac{20 \text{ V} - 10 \text{ V} - 2 \text{ V}}{2 \text{ mA}} = \frac{8 \text{ V}}{2 \text{ mA}}$$
$$= \mathbf{4 \text{ k}\Omega}$$

$$I_B = \frac{I_C}{\beta} = \frac{2 \text{ mA}}{150} = 13.33 \text{ }\mu\text{A}$$

$$R_B = \frac{V_{R_B}}{I_B} = \frac{V_{CC} - V_{BE} - V_E}{I_B} = \frac{20 \text{ V} - 0.7 \text{ V} - 2 \text{ V}}{13.33 \text{ }\mu\text{A}}$$
$$\cong \mathbf{1.3 \text{ M}\Omega}$$

穩定電流增益（不受 β 影響）的電路設計

　　圖 4.63 的電路，提供了對漏電流和電流增益(β)變化的雙重偏壓穩定。對指定的工作點，必須得到四個電阻值。如同上一個設計例子的考慮，工程上的判斷要選定一個射極電壓值 V_E，接著就可直接導出所有電阻值，設計步驟完全見下例的說明。

例 4.25 決定圖 4.63 網路的 R_C、R_E、R_1 和 R_2 值，工作點如圖所示。

解：

$$V_E = \frac{1}{10}V_{CC} = \frac{1}{10}(20 \text{ V}) = 2 \text{ V}$$

$$R_E = \frac{V_E}{I_E} \cong \frac{V_E}{I_C} = \frac{2 \text{ V}}{10 \text{ mA}} = \mathbf{200 \text{ }\Omega}$$

第 4 章　BJT（雙載子接面電晶體）的直流偏壓　249

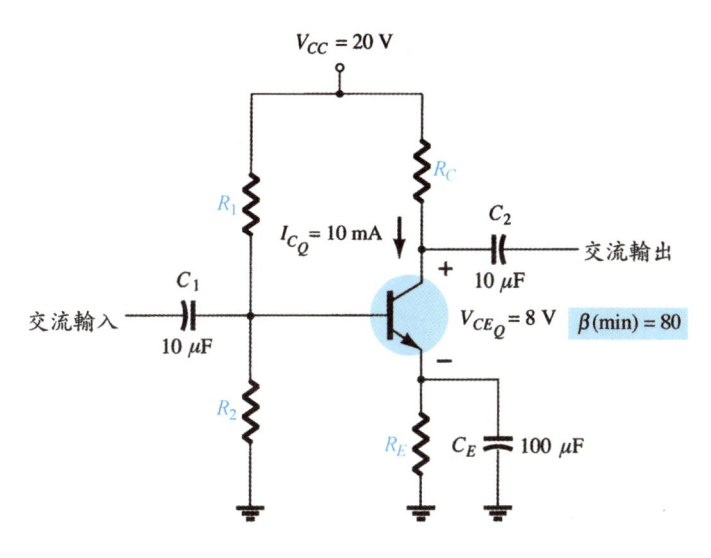

圖 4.63　穩定電流增益的電路設計考慮

$$R_C = \frac{V_{R_C}}{I_C} = \frac{V_{CC} - V_{CE} - V_E}{I_C} = \frac{20\text{ V} - 8\text{ V} - 2\text{ V}}{10\text{ mA}} = \frac{10\text{ V}}{10\text{ mA}}$$
$$= \mathbf{1\text{ k}\Omega}$$

$$V_B = V_{BE} + V_E = 0.7\text{ V} + 2\text{ V} = 2.7\text{ V}$$

　　基極電阻 R_1 和 R_2 的計算式需要一點思考。用以上算出的基極電壓和電源電壓值可提供一個方程式，但有兩個未知數 R_1 和 R_2。從對這兩個電阻提供基極電壓的理解中，可得到另一個方程式。此電路有效工作時，假定 R_1 和 R_2 流通的電流幾乎相等，且遠大於基極電流（至少 10：1）。此項事實和基極電壓的分壓公式，共可提供兩個關係式，是以決定基極電阻值。也就是

$$R_2 \leq \frac{1}{10}\beta R_E$$

且

$$V_B = \frac{R_2}{R_1 + R_2}V_{CC}$$

代入數值得

$$R_2 \leq \frac{1}{10}(80)(0.2\text{ k}\Omega)$$
$$= \mathbf{1.6\text{ k}\Omega}$$

$$V_B = 2.7\text{ V} = \frac{(1.6\text{ k}\Omega)(20\text{ V})}{R_1 + 1.6\text{ k}\Omega}$$

即
$$2.7R_1 + 4.32 \text{ k}\Omega = 32 \text{ k}\Omega$$
$$2.7R_1 = 27.68 \text{ k}\Omega$$
$$R_1 = \mathbf{10.25 \text{ k}\Omega}\;(使用\;10\text{ k}\Omega)$$

4.12 多個 BJT 的電路

到目前為止所介紹的 BJT 電路都是只有一級的電路組態。本節將涵蓋使用數個電晶體的一些最普遍性的電路，將可看到，如何將在本章前幾節介紹的方法，應用到多個電晶體的電路。

圖 4.64 是最普通的 **RC 耦合**，一級的集極輸出用耦合電容 C_C 直接接到下一級的基極。選擇電容是為了確保阻絕兩級之間的直流聯繫，且對交流訊號的作用有如短路。圖 4.64 的電路有兩個分壓器偏壓電路級，但同樣的耦合方法可用於任意的電路級之間，如固定偏壓電路或射極隨耦器電路等。將 C_C 和電路中的其他電容代之以開路，可得圖 4.65 的兩個偏壓電路安排。因此，可用本章先前介紹的方法，應用到各級電路上，因兩級各為獨立不互相影響。當然，20 V 電源都要加到這兩個獨立電路上。

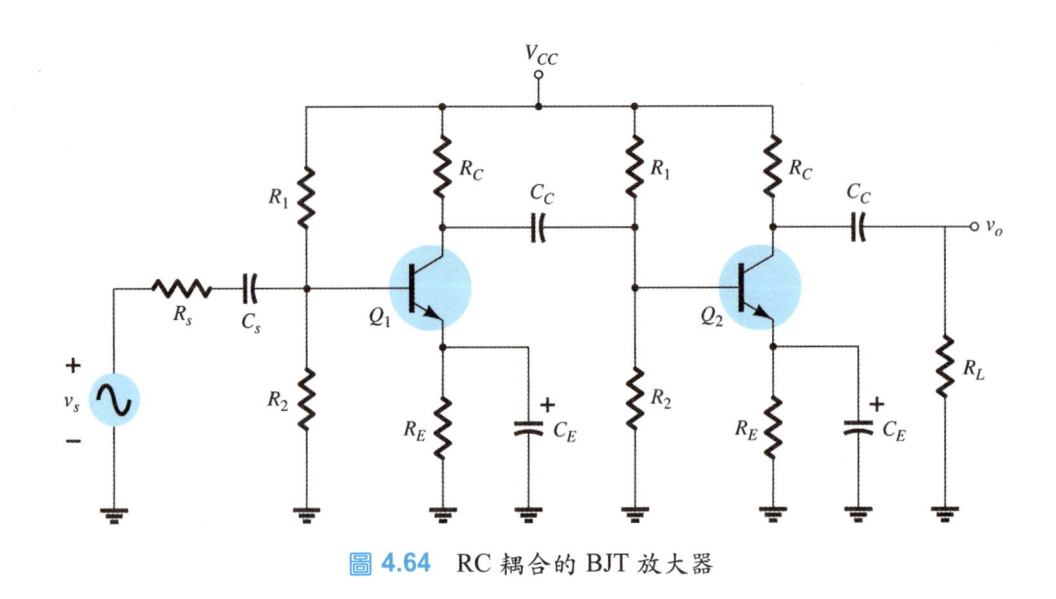

圖 4.64 RC 耦合的 BJT 放大器

在圖 4.66 的**達靈頓**組態中，前一級的輸出直接接到下一級的輸入。因圖 4.66 的輸出是直接由射極接出，在下一章會發現其交流增益極接近 1，但輸入電阻極高。當放大器所接訊號源有相當高的內阻時，使用這種組態是極富吸引力的。若輸出是從達靈頓組態的集極接出，並加上負載電阻在集極腳位，此電路組態會提供很高的增益。

第 4 章　BJT（雙載子接面電晶體）的直流偏壓　251

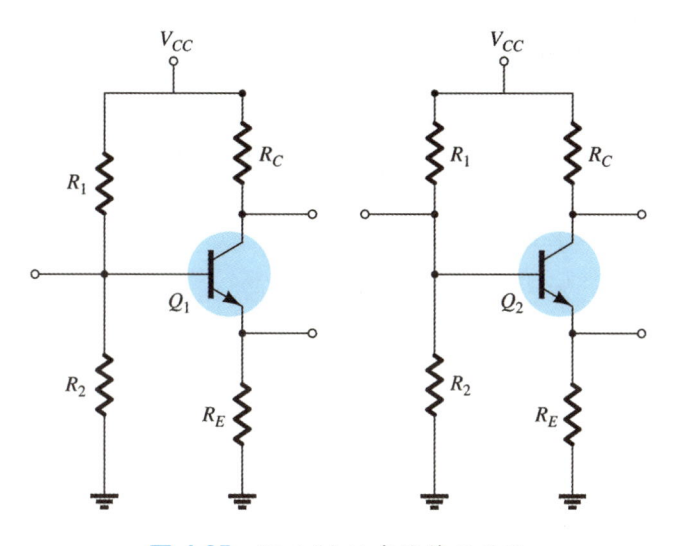

圖 4.65　圖 4.64 的直流等效電路

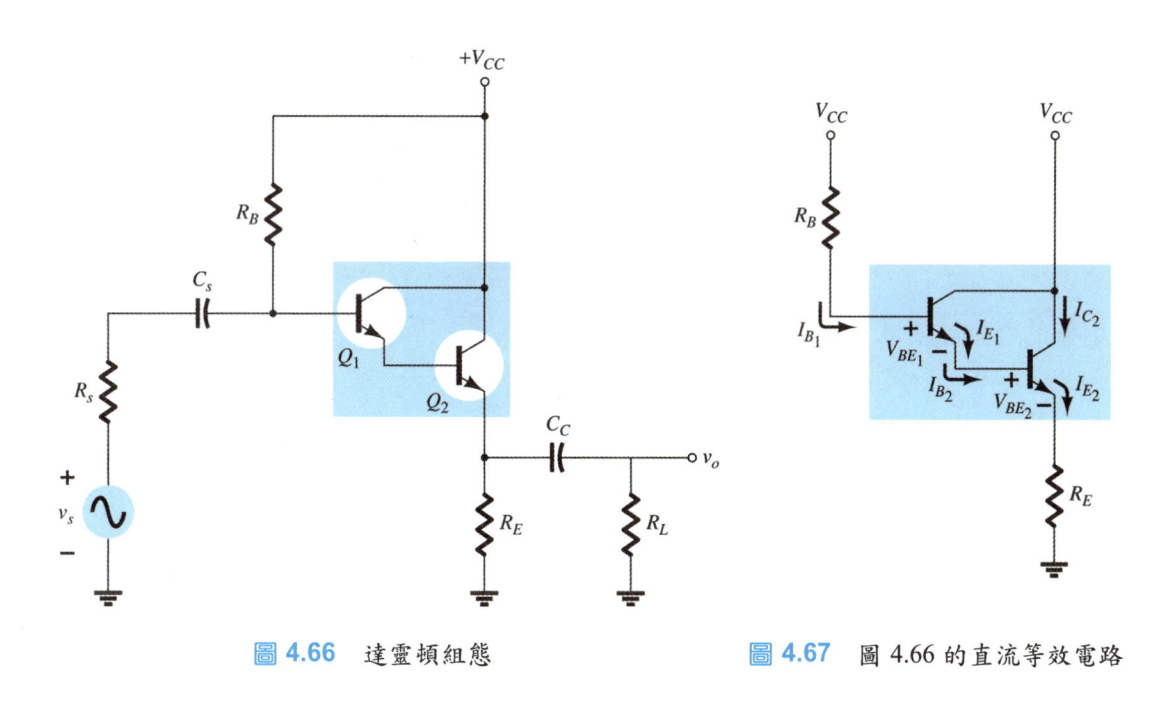

圖 4.66　達靈頓組態

圖 4.67　圖 4.66 的直流等效電路

就圖 4.67 的直流分析，假定第 1 個電晶體用 β_1，且第 2 個電晶體用 β_2，則第 2 個電晶體的基極電流是

$$I_{B_2} = I_{E_1} = (\beta_1 + 1)I_{B_1}$$

且第 2 個電晶體的射極電流是

$$I_{E_2} = (\beta_2 + 1)I_{B_2} = (\beta_2 + 1)(\beta_1 + 1)I_{B_1}$$

假定 $\beta \gg 1$，可發現此電路組態的總 β 值是

$$\beta_D = \beta_1 \beta_2 \tag{4.50}$$

可看成是單一級放大器，其增益為 β_D。

運用類似 4.4 節的分析，可得以下的基極電流公式：

$$I_{B_1} = \frac{V_{CC} - V_{BE_1} - V_{BE_2}}{R_B + (\beta_D + 1)R_E}$$

設

$$V_{BE_D} = V_{BE_1} + V_{BE_2} \tag{4.51}$$

可得

$$I_{B_1} = \frac{V_{CC} - V_{BE_D}}{R_B + (\beta_D + 1)R_E} \tag{4.52}$$

電流

$$I_{C_2} \cong I_{E_2} = \beta_D I_{B_1} \tag{4.53}$$

且射極的直流電壓是

$$V_{E_2} = I_{E_2} R_E \tag{4.54}$$

此電路組態的集極電壓顯然是電源電壓 V_{CC}。

$$V_{C_2} = V_{CC} \tag{4.55}$$

且電晶體輸出的壓降是

$$V_{CE_2} = V_{C_2} - V_{E_2}$$

且

$$V_{CE_2} = V_{CC} - V_{E_2} \tag{4.56}$$

圖 4.68 Cascode（疊接）組態將一電晶體的集極和另一電體的射極接在一起。本質上這是一個分壓器電路，在其集極再接在一共基極電路，結果使此電路可得高增益並可降低米勒電容——此主題將在 9.9 節中探討。

第 4 章　BJT（雙載子接面電晶體）的直流偏壓　253

圖 4.68　Cascode（疊接）放大器

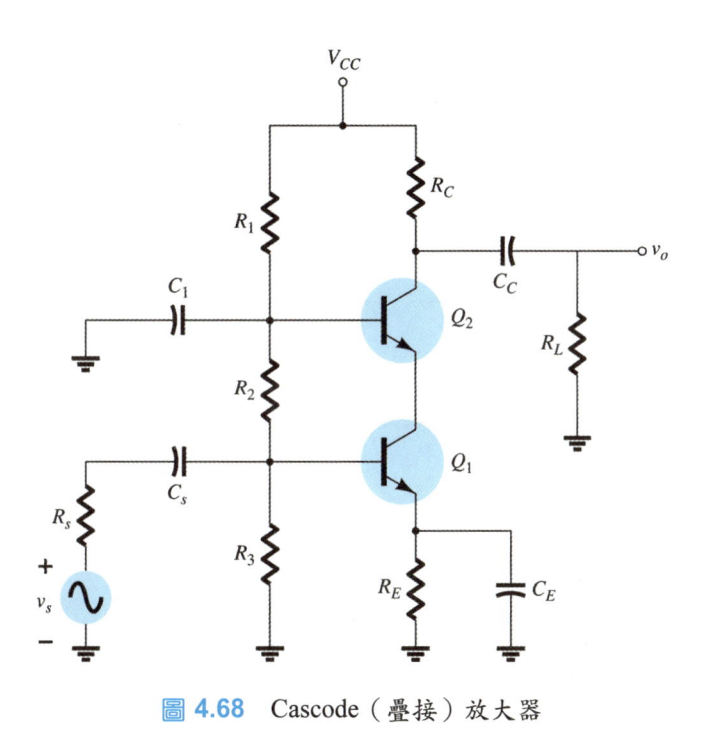

直流分析一開始，先假定圖 4.69 中 R_1、R_2 和 R_3 的流通電流遠大於各電晶體的基極電流。即

$$I_{R_1} \cong I_{R_2} \cong I_{R_3} \gg I_{B_1} \text{ 或 } I_{B_2}$$

結果是，只需用分壓定律即可決定 Q_1 的基極電壓：

$$\boxed{V_{B_1} = \frac{R_3}{R_1 + R_2 + R_3} V_{CC}} \quad (4.57)$$

同理可得 Q_2 的基極電壓，

$$\boxed{V_{B_2} = \frac{(R_2 + R_3)}{R_1 + R_2 + R_3} V_{CC}} \quad (4.58)$$

接著決定射極電壓，

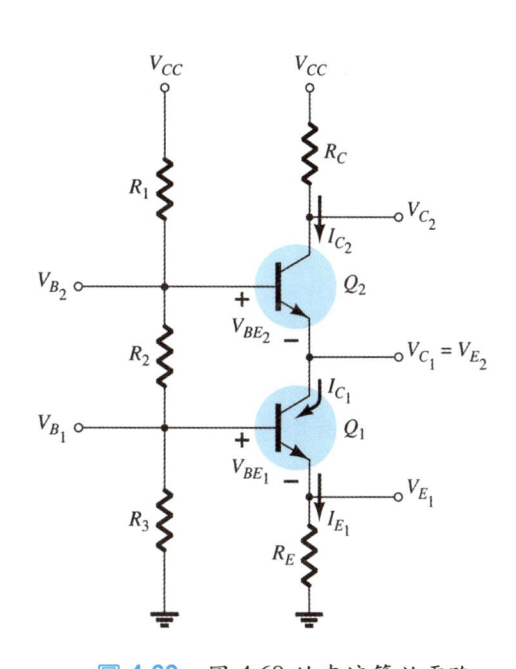

$$\boxed{V_{E_1} = V_{B_1} - V_{BE_1}} \quad (4.59)$$

圖 4.69　圖 4.68 的直流等效電路

且
$$V_{E_2} = V_{B_2} - V_{BE_2} \tag{4.60}$$

射極和集極電流決定如下：

$$I_{C_2} \cong I_{E_2} \cong I_{C_1} \cong I_{E_1} = \frac{V_{B_1} - V_{BE_1}}{R_{E_1} + R_{E_2}} \tag{4.61}$$

集極電壓 V_{C_1}：

$$V_{C_1} = V_{B_2} - V_{BE_2} \tag{4.62}$$

與集極電壓 V_{C_2}：

$$V_{C_2} = V_{CC} - I_{C_2} R_C \tag{4.63}$$

流通過偏壓電阻的電流是

$$I_{R_1} \cong I_{R_2} \cong I_{R_3} = \frac{V_{CC}}{R_1 + R_2 + R_3} \tag{4.64}$$

各基極電流決定如下：

$$I_{B_1} = \frac{I_{C_1}}{\beta_1} \tag{4.65}$$

且
$$I_{B_2} = \frac{I_{C_2}}{\beta_2} \tag{4.66}$$

下一個要介紹的多級組態是圖 4.70 中的**反饋對**，採用一個 *npn* 和一個 *pnp* 電晶體。此種組態可提供高增益，並增加穩定度。

直流等效電路見圖 4.71，標記了所有電流。

基極電流

$$I_{B_2} = I_{C_1} = \beta_1 I_{B_1}$$

且
$$I_{C_2} = \beta_2 I_{B_2}$$

所以
$$I_{C_2} \cong I_{E_2} = \beta_1 \beta_2 I_{B_1} \tag{4.67}$$

圖 4.70 反饋對放大器

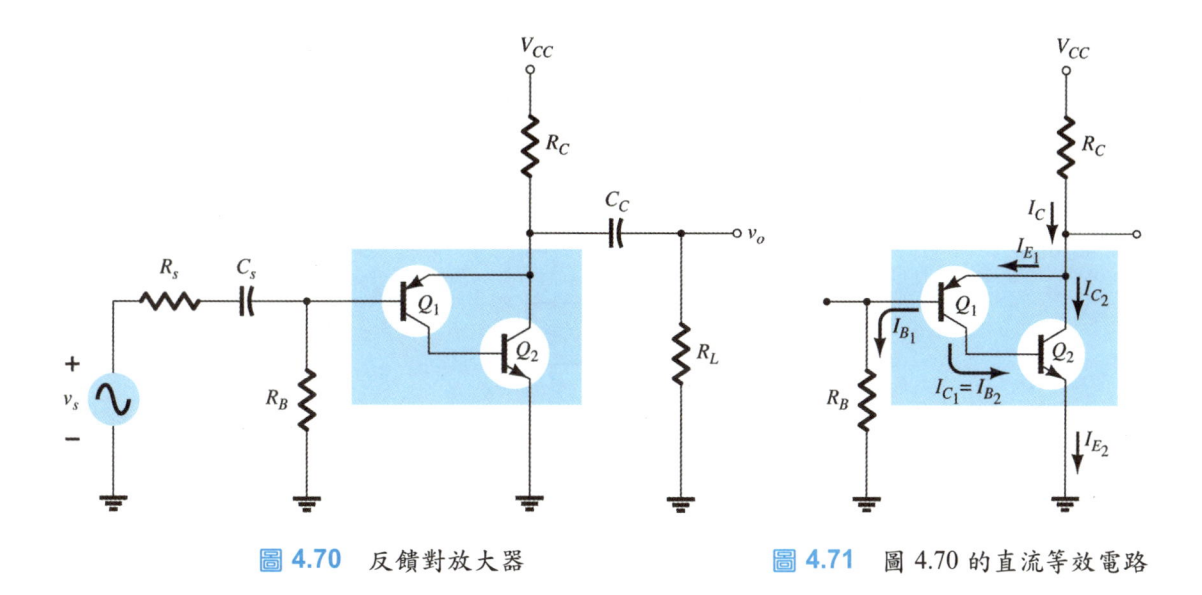

圖 4.71 圖 4.70 的直流等效電路

集極電流

$$I_C = I_{E_1} + I_{E_2}$$
$$\cong \beta_1 I_{B_1} + \beta_1 \beta_2 I_{B_1}$$
$$= \beta_1 (1 + \beta_2) I_{B_1}$$

所以
$$\boxed{I_C \cong \beta_1 \beta_2 I_{B_1}} \tag{4.68}$$

利用克希荷夫定律，由電源到地，可得

$$V_{CC} - I_C R_C - V_{EB_1} - I_{B_1} R_B = 0$$

代入式 (4.68)，
$$V_{CC} - V_{EB_1} - \beta_1 \beta_2 I_{B_1} R_C - I_{B_1} R_B = 0$$

且
$$\boxed{I_{B_1} = \frac{V_{CC} - V_{EB_1}}{R_B + \beta_1 \beta_2 R_C}} \tag{4.69}$$

基極電壓 V_{B_1} 是

$$\boxed{V_{B_1} = I_{B_1} R_B} \tag{4.70}$$

且
$$\boxed{V_{B_2} = V_{BE_2}} \tag{4.71}$$

集極電壓 $V_{C_2} = V_{E_1}$ 是

$$V_{C_2} = V_{CC} - I_C R_C \qquad (4.72)$$

且
$$V_{C_1} = V_{BE_2} \qquad (4.73)$$

此例中

$$V_{CE_2} = V_{C_2} \qquad (4.74)$$

且
$$V_{EC_1} = V_{E_1} - V_{C_1}$$

所以
$$V_{EC_1} = V_{C_2} - V_{BE_2} \qquad (4.75)$$

最後要介紹的多級組態是**直接耦合**放大器，如例 4.26 中所示者。注意到，並未用耦合電容隔離各級之間的直流電壓。前一級的直流位準會直接影響到下一級。因耦合電容一般會限制放大器的低頻響應，沒有耦合電容時，放大器也可放大極低頻的訊號──事實上可低至直流。缺點是，某一級因各種原因產生的直流變動，都會影響到另一級的直流位準。

例 4.26 試就圖 4.72 的直接耦合放大器，決定其電源和電壓的直流值。注意到。整個電路是一分壓器偏壓電路，後接著共集極電路。當下一級的輸入阻抗很小時，此電路可達成優異的性能。共集極放大器的作用，有如放大級間的緩衝級。

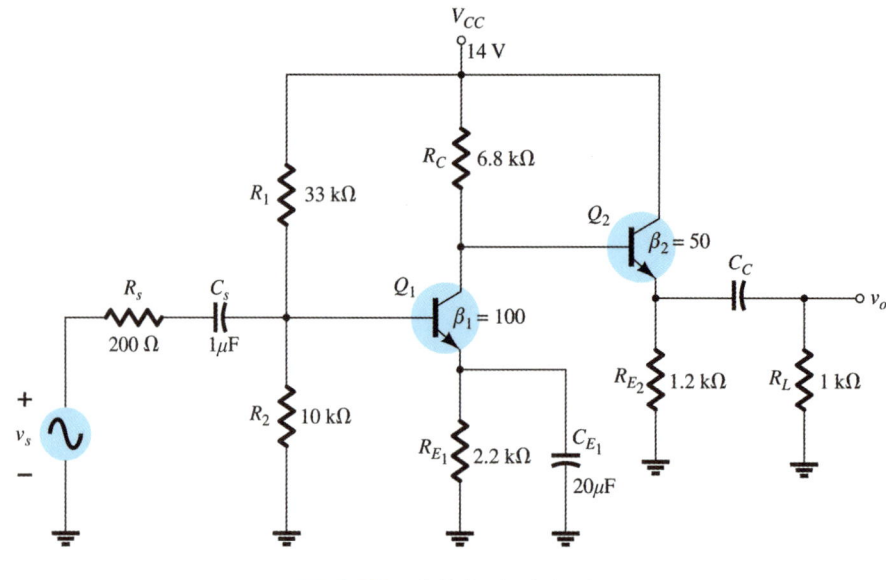

圖 4.72 直接耦合放大器

解：圖 4.72 的直流等效電路見圖 4.73，注意到，負載和訊號源都不在圖上。對分壓器偏壓電路而言，據 4.5 節所導出之基極電流公式如下：

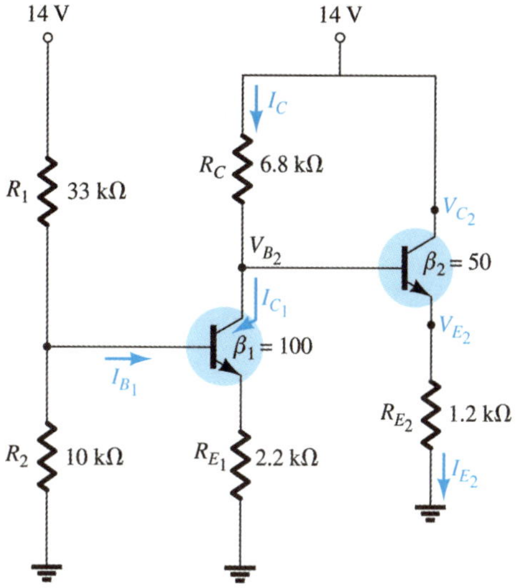

$$I_{B_1} = \frac{E_{Th} - V_{BE}}{R_{Th} + (\beta+1)R_{E_1}}$$

又

$$R_{Th} = R_1 \| R_2$$

且

$$E_{Th} = \frac{R_2 V_{CC}}{R_1 + R_2}$$

此例中，

$$R_{Th} = 33\ \text{k}\Omega \| 10\ \text{k}\Omega = 7.67\ \text{k}\Omega$$

且

$$E_{Th} = \frac{10\ \text{k}\Omega(14\ \text{V})}{10\ \text{k}\Omega + 33\ \text{k}\Omega} = 3.26\ \text{V}$$

所以

$$I_{B_1} = \frac{3.26\ \text{V} - 0.7\ \text{V}}{7.67\ \text{k}\Omega + (100+1)2.2\ \text{k}\Omega} = \frac{2.56\ \text{V}}{229.2\ \text{k}\Omega} = \mathbf{11.17\ \mu A}$$

又

$$I_{C_1} = \beta I_{B_1} = 100(11.17\ \mu\text{A}) = \mathbf{1.12\ mA}$$

圖 4.73 圖 4.72 的直流等效電路

在圖 4.73，可看出

$$\boxed{V_{B_2} = V_{CC} - I_C R_C} \tag{4.76}$$

$$= 14\ \text{V} - (1.12\ \text{mA})(6.8\ \text{k}\Omega)$$
$$= 14\ \text{V} - 7.62\ \text{V}$$
$$= \mathbf{6.38\ V}$$

且

$$V_{E_2} = V_{B_2} - V_{BE_2} = 6.38\ \text{V} - 0.7\ \text{V}$$
$$= \mathbf{5.68\ V}$$

可得

$$\boxed{I_{E_2} = \frac{V_{E_2}}{R_{E_2}}} \tag{4.77}$$

$$= \frac{5.68\ \text{V}}{1.2\ \text{k}\Omega}$$
$$= \mathbf{4.73\ mA}$$

顯然地，

$$\boxed{V_{C_2} = V_{CC}} \tag{4.78}$$

$$= 14\ \text{V}$$

且
$$V_{CE_2} = V_{C_2} - V_{E_2}$$

$$\boxed{V_{CE_2} = V_{CC} - V_{E_2}} \tag{4.79}$$

$$= 14\text{ V} - 5.68\text{ V}$$
$$= \mathbf{8.32\text{ V}}$$

4.13 電流鏡

電流鏡是一種直流電路，其負載電流由電路中另一處電流所控制。也就是說，當控制電流上升或降低時，負載電流也會做相同程度的改變。以下的討論會強調，此設計之所以有效，乃植基於所用的兩個電晶體具有完全特性的緣故。基本的電路組態見圖 4.74，注意到，兩電晶體是背對背相接，且其中一個電晶體的集極和兩電晶體的基極相接。

因假定兩電晶體完全相同，且 $V_{BE_1} = V_{BE_2}$，因此根據圖 4.75 的基極對射極特性知 $I_{B_1} = I_2$。當基極對射極電壓提升時，兩電晶體的電流會升高到相同的大小。

因圖 4.74 中的兩個電晶體，其基極對射極電壓為並聯，其電壓必然相同，結果是對任何設定的基極對射極電壓而言，必然 $I_{B_1} = I_{B_2}$。

由圖 4.74 可清楚看出 $\qquad I_B = I_{B_1} + I_{B_2}$

又因 $\qquad I_{B_1} = I_{B_2}$

可得 $\qquad I_B = I_{B_1} + I_{B_2} = 2I_{B_1}$

另外， $\qquad I_{控制} = I_{C_1} + I_B = I_{C_1} + 2I_{B_1}$

但 $\qquad I_{C_1} = \beta_1 I_{B_1}$

所以 $\qquad I_{控制} = \beta_1 I_{B_1} + 2I_{B_1} = (\beta_1 + 2)I_{B_1}$

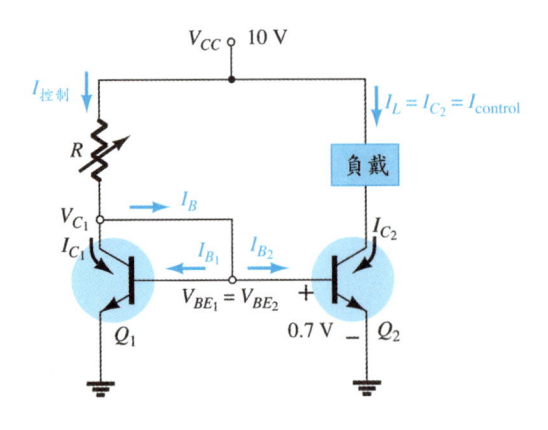

圖 4.74 用背對背電晶體建立電流鏡

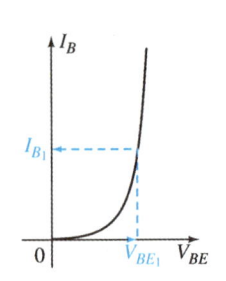

圖 4.75 電晶體 Q_1（以及 Q_2）的基極特性

又因 β_1 一般 $\gg 2$，$\qquad I_{控制} \cong \beta_1 I_{B_1}$

即
$$I_{B_1} = \frac{I_{控制}}{\beta_1} \qquad (4.80)$$

若控制電流上升，根據式(4.80)，造成 I_{B_1} 也會上升。若 I_{B_1} 上升，由圖 4.75 的響應曲線，電壓 V_{BE_1} 必然上升。若 V_{BE_1} 上升，則 V_{BE_2} 必然等量上升，使 I_{B_2} 也跟著增加。結果是 $I_L = I_{C_2} = \beta I_{B_2}$ 也增加到控制電流所建立的大小。

參考圖 4.74，可發現控制電流決定如下：

$$I_{控制} = \frac{V_{CC} - V_{BE}}{R} \qquad (4.81)$$

可發現，對固定的 V_{CC} 值而言，可用電阻 R 設定控制電流。

當負載電流有任何變動時，此電流鏡電流會有一種自我校正的作用，使其維持在設定好的控制電流。例如，當 I_L 因某種原因欲上升時，因 $I_{B_2} = I_{C_2}/\beta_2 = I_L/\beta_2$，使 Q_2 的基極電流呈上升趨勢。回到圖 4.75，可發現 I_{B_2} 的增加會使 V_{BE_2} 上升。因 Q_2 的基極直接和 Q_1 的集極相連，因而使 V_{CE_1} 上升，這會使控制電阻 R 的電壓下降，因而造成 I_R 下降。但若 I_R 下降時，總基極電流 I_B 也隨之下降，使兩基極電流 I_{B_1}、I_{B_2} 都下降，I_{B_2} 的下降會使基極電流也是負載電流跟著下降。結果是，電路對網絡中不預期變化的反應十分靈敏，會用盡各種力量將其導正回來。

以上描述的順序，可用以下的一列變化呈現出來。注意到，在順序的一側負載電流想要上升，另一側則被強制回復原來大小。

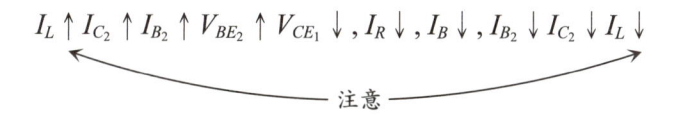

$$I_L \uparrow I_{C_2} \uparrow I_{B_2} \uparrow V_{BE_2} \uparrow V_{CE_1} \downarrow , I_R \downarrow , I_B \downarrow , I_{B_2} \downarrow I_{C_2} \downarrow I_L \downarrow$$

$$\underbrace{\qquad\qquad\qquad\qquad\qquad\qquad\qquad\qquad\qquad}_{注意}$$

例 4.27 試計算圖 4.76 電路中的複製（鏡射）電流 I。

解： 式(4.81)：

$$I = I_{控制} = \frac{V_{CC} - V_{BE}}{R_X} = \frac{12\text{ V} - 0.7\text{ V}}{1.1\text{ k}\Omega} = \mathbf{10.27\text{ mA}}$$

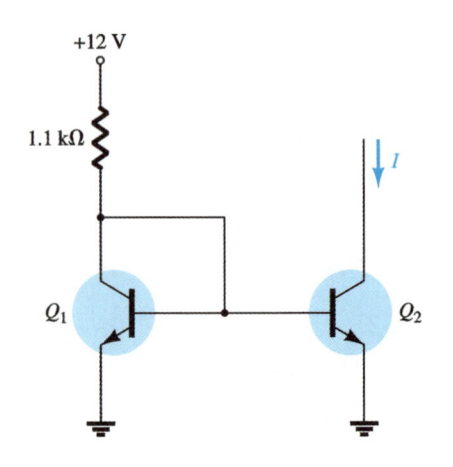

圖 4.76 例 4.27 的電流鏡電路

例 4.28 試計算圖 4.77 中，流過 Q_2 和 Q_3 的電流 I。

解： 因 $V_{BE_1} = V_{BE_2} = V_{BE_3}$ 所以 $I_{B_1} = I_{B_2} = I_{B_3}$

代入 $I_{B_1} = \dfrac{I_{控制}}{\beta}$ 及 $I_{B_2} = \dfrac{I}{\beta}$ 且 $I_{B_3} = \dfrac{I}{\beta}$

可得 $\dfrac{I_{控制}}{\beta} = \dfrac{I}{\beta}$

所以 I 必然等於 $I_{控制}$，

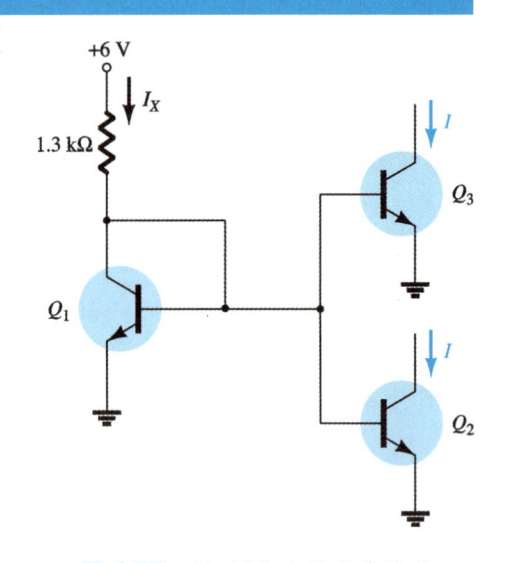

且 $I_{控制} = \dfrac{V_{CC} - V_{BE}}{R_X} = \dfrac{6\text{ V} - 0.7\text{ V}}{1.3\text{ k}\Omega} = \mathbf{4.08\text{ mA}}$

圖 4.77 例 4.28 的電流鏡電路

圖 4.78 展示另一種形式的電流鏡，可提供比圖 4.74 電路更高的輸出阻抗。流經 R 的電流為

$$I_{控制} = \frac{V_{CC} - 2V_{BE}}{R} \approx I_C + \frac{I_C}{\beta} = \frac{\beta+1}{\beta} I_C \approx I_C$$

假定 Q_1 和 Q_2 匹配良好，可發現輸出電流 I 可保持定值在

$$I \approx I_C = I_{控制}$$

我們再一次看到，輸出電流 I 是流經 R 的設定電流的鏡射值。

圖 4.79 又是另一種形式的電流鏡，接面場效電晶體（見第 6 章）提供定電流，電流值設在 I_{DSS}。此電流鏡射成 Q_2 的流通電流：

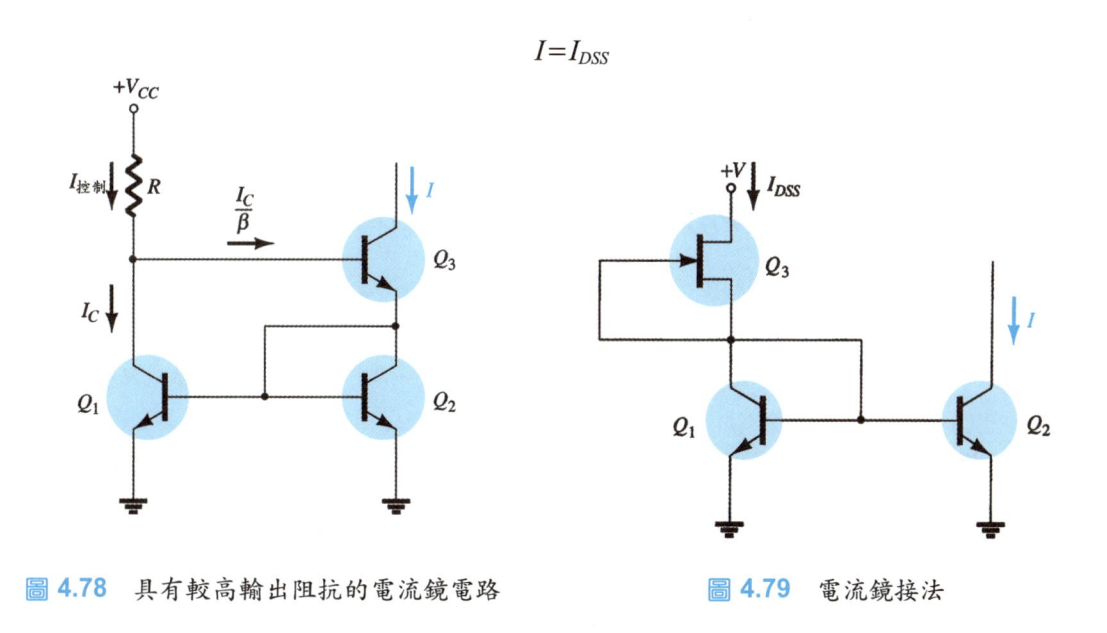

$$I = I_{DSS}$$

圖 4.78 具有較高輸出阻抗的電流鏡電路

圖 4.79 電流鏡接法

4.14 電流源電路

電源的觀念可提供我們考慮電流源電路的起點。實際的電壓源（圖 4.80a）是理想電壓源串聯電阻，理想電壓源的 $R=0$，而實際電壓源則包含一些小電阻。實際的電流源（圖 4.80b）是理想電流源並聯電阻，理想電流源的 $R=\infty\ \Omega$，而實際的電流源則包含很大的電阻。

無論所接的負載大小是多少，理想電流源都會提供定電流。在電子方面，以極高阻抗提供定電流的電路有很多用途。定電流電路可用雙載子裝置，場效電晶體裝置，或兩種裝置的組合來建構。這種電路可用幾個元件組立起來，或者更適合以積體電路的方式來建構。

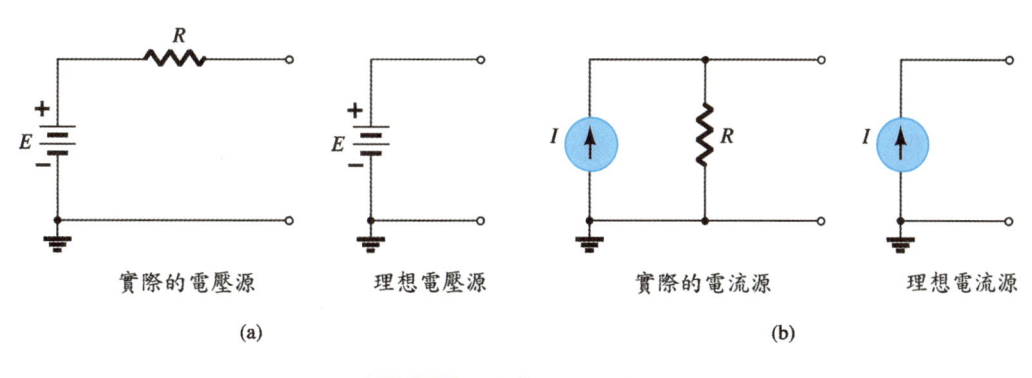

(a) 實際的電壓源　理想電壓源

(b) 實際的電流源　理想電流源

圖 4.80 電壓源和電流源

雙載子電晶體的定電流源

有幾種方法可將雙載子電晶體接成定電流源電路。圖 4.81 中用了幾個電阻和一個 npn 電晶體建立定電流電路，電流 I_E 可決定如下。假定基極輸入阻抗遠大於 R_1 和 R_2，可得

$$V_B = \frac{R_1}{R_1 + R_2}(-V_{EE})$$

且

$$V_E = V_B - 0.7 \text{ V}$$

又

$$I_E = \frac{V_E - (-V_{EE})}{R_E} \approx I_C \qquad (4.82)$$

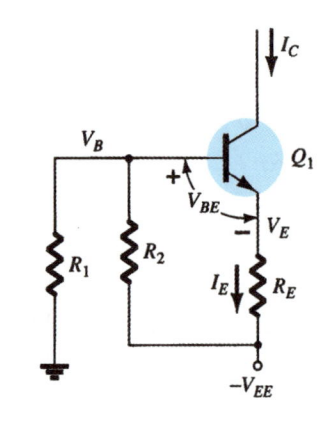

圖 4.81 由個別元件組成定電流源

其中，I_C 是圖 4.81 電路中提供的定電流。

例 4.29 試計算圖 4.82 電路中的定電流 I。

解：

$$V_B = \frac{R_1}{R_1 + R_2}(-V_{EE}) = \frac{5.1 \text{ k}\Omega}{5.1 \text{ k}\Omega + 5.1 \text{ k}\Omega}(-20 \text{ V}) = -10 \text{ V}$$

$$V_E = V_B - 0.7 \text{ V} = -10 \text{ V} - 0.7 \text{ V} = -10.7 \text{ V}$$

$$I = I_E = \frac{V_E - (-V_{EE})}{R_E} = \frac{-10.7 \text{ V} - (-20 \text{ V})}{2 \text{ k}\Omega}$$

$$= \frac{9.3 \text{ V}}{2 \text{ k}\Omega} = \mathbf{4.65 \text{ mA}}$$

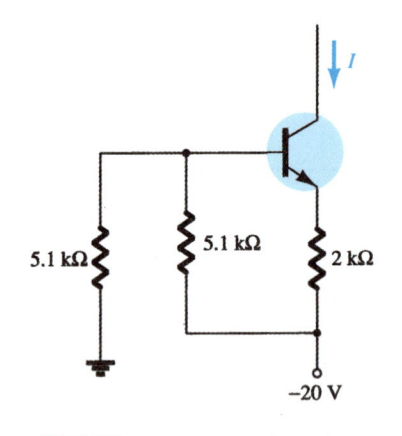

圖 4.82 例 4.29 的定電流源

電晶體／齊納定電流源

用齊納二極體代替電阻 R_2，如圖 4.83，可提供優於圖 4.81 的改良定電流源。利用基射 KVL（克希荷夫電壓迴路）方程式，齊納二極體可產生定電流。I 的值可用下式算出：

$$I \approx I_E = \frac{V_Z - V_{BE}}{R_E} \qquad (4.83)$$

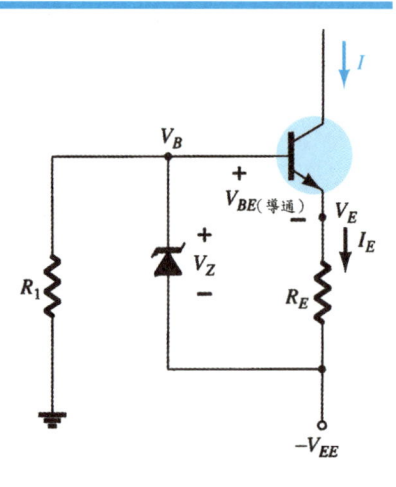

圖 4.83 使用齊納二極體的電流源電路

要考慮的主要是，定電流決定於齊納二極體電壓和射極電阻 R_E，而齊納電壓幾可保持定值，電源電壓 V_{EE} 則對 I 的值無影響。

例 4.30 試計算圖 4.84 的定電流 I。

解： 式 (4.83)：

$$I = \frac{V_Z - V_{BE}}{R_E}$$

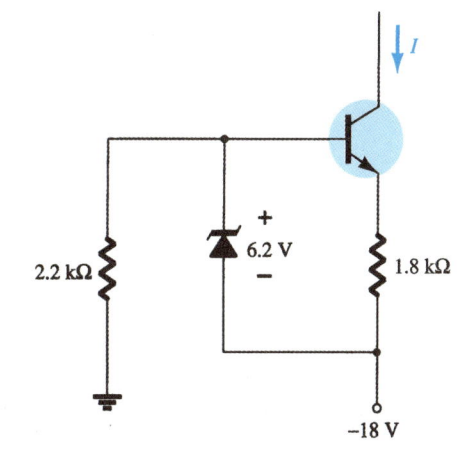

$$= \frac{6.2\ V - 0.7\ V}{1.8\ k\Omega}$$

$$= 3.06\ mA \approx \mathbf{3\ mA}$$

圖 4.84 例 4.30 的定電流電路

4.15 *pnp* 電晶體

到目前為止，所有的分析都限於 *npn* 電晶體，以確保基本電路的初步分析能儘量清晰，避免因不同電晶換來換去而複雜化。幸運地，*pnp* 電晶體的分析方法，可以依循 *npn* 電晶體所建立的相同模式。先決定 I_B 值，再依據適當的電晶體關係式決定其他未知數值。事實上，當網路中的 *npn* 電晶體換成 *pnp* 時，只有一點不同，即所有電流方向和電壓極性都會相反。

如圖 4.85 所看到的，仍繼續使用雙下標記法，但電流方向反過來以反映真正的導通方向。如依照圖 4.85 的極性定義，V_{BE} 和 V_{CE} 都是負值。

應用克希荷夫電壓定律到基極射極迴路，可得圖 4.85 網路的方程式如下：

$$-I_E R_E + V_{BE} - I_B R_B + V_{CC} = 0$$

代入 $I_E = (\beta + 1) I_B$，解出 I_B 得

$$\boxed{I_B = \frac{V_{CC} + V_{BE}}{R_B + (\beta + 1) R_E}} \quad (4.84)$$

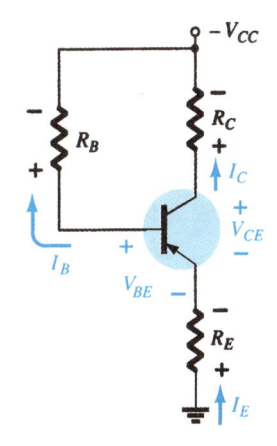

圖 4.85 *pnp* 電晶體接成射極自穩偏壓電路

除了 V_{BE} 的正負號之外，此式和式(4.17)相同。在此處，$V_{BE} = -0.7$ V 且將此值代入時，式(4.84)和式(4.17)的每一項的正負號都會相同。記住 I_B 的定義方向是自 *pnp* 基極流出的方向，如圖 4.85 所示。

對於 V_{CE}，應用克希荷夫電壓定律到集極射極迴路，可得下式：

$$-I_E R_E + V_{CE} - I_C R_C + V_{CC} = 0$$

代入 $I_E \cong I_C$，得

$$\boxed{V_{CE} = -V_{CC} + I_C(R_C + R_E)} \tag{4.85}$$

所得關係式的格式和式(4.19)相同，但等式右側每一項的正負號則相反。因為 V_{CC} 的大小會大於第 2 項，所以電壓 V_{CE} 是負值，如前一段所提的。

例 4.31 決定圖 4.86 分壓器偏壓電路的 V_{CE} 值。

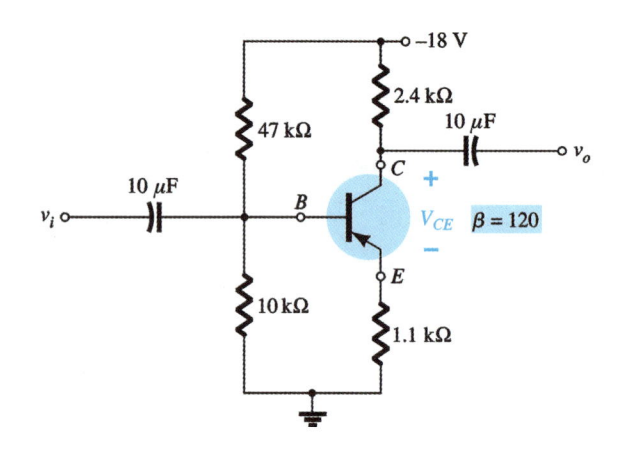

圖 4.86 *pnp* 電晶體建立的分壓器偏壓電路

解： 檢驗近似法準則 $\beta R_E \geq 10 R_2$

可得 $(120)(1.1\ \text{k}\Omega) \geq 10(10\ \text{k}\Omega)$
$132\ \text{k}\Omega \geq 100\ \text{k}\Omega$（滿足）

解出 V_B，得 $V_B = \dfrac{R_2 V_{CC}}{R_1 + R_2} = \dfrac{(10\ \text{k}\Omega)(-18\ \text{V})}{47\ \text{k}\Omega + 10\ \text{k}\Omega} = -3.16$ V

注意到，和 npn 電晶體電路關係式的格式相似，但 pnp 電路所得 V_B 為負值。

應用克希荷夫電壓定律環繞基極射極電壓迴路得

$$+V_B - V_{BE} - V_E = 0$$

即
$$V_E = V_B - V_{BE}$$

代入數值，可得
$$V_E = -3.16 \text{ V} - (-0.7 \text{ V})$$
$$= -3.16 \text{ V} + 0.7 \text{ V}$$
$$= -2.46 \text{ V}$$

注意到，以上關係式中，標準單下標和雙下標的記法都有用到。關係式 $V_E = V_B - V_{BE}$ 對 npn 和 pnp 電晶體是完全相同，只有代入數值時才會看出差別。

電流是
$$I_E = \frac{V_E}{R_E} = \frac{2.46 \text{ V}}{1.1 \text{ k}\Omega} = 2.24 \text{ mA}$$

對集極射極迴路，
$$-I_E R_E + V_{CE} - I_C R_C + V_{CC} = 0$$

代入 $I_E \cong I_C$，並整理，得
$$V_{CE} = -V_{CC} + I_C(R_C + R_E)$$

代入數值，可得
$$V_{CE} = -18 \text{ V} + (2.24 \text{ mA})(2.4 \text{ k}\Omega + 1.1 \text{ k}\Omega)$$
$$= -18 \text{ V} + 7.84 \text{ V}$$
$$= \mathbf{-10.16 \text{ V}}$$

4.16 電晶體開關電路

電晶體的應用範圍並不僅止於訊號的放大，經由適當的設計，電晶體可作為開關，提供計算機和控制方面的應用。圖 4.87a 的網路可用在計算機邏輯電路中，作為反相器。注意到，輸出電壓 V_C 的高低和加到基極或輸入端的電壓相反。另外，注意到，基極電路也沒有接到直流電源，唯一的電源接到集極或輸出側。對一般的計算機應用而言，電源電壓會等於輸入訊號在高位準的大小——此例中為 5 V。電阻 R_B 可以確保，整個外加電壓 5 V 不會完全落在基極對射極接面，且當晶體在"導通"狀態時可決定 I_B 值。

反相程序的適當設計，需要工作點在截止區和飽和區沿著負載線互相切換，如圖 4.87b 的指示。為達成目標，假定當 $I_B = 0 \, \mu\text{A}$ 時，$I_C = I_{CEO} \cong 0$ mA（在電子製造技術進步之下，這是非常好的近似），如圖 4.87b。另外，假定 $V_{CE} = V_{CE_{\text{sat}}} \cong 0$ V 而不用一般的 0.1 V～0.3 V 的大小。

266 電子裝置與電路理論

(a)

(b)

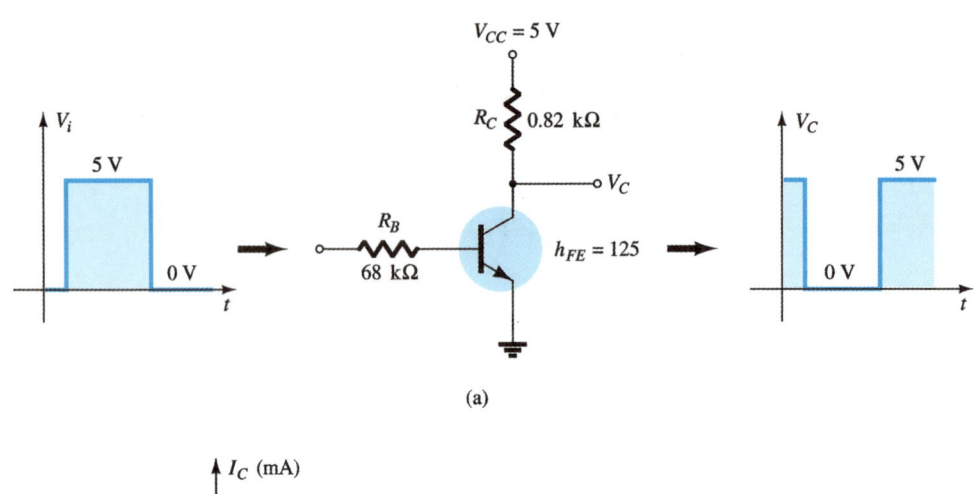

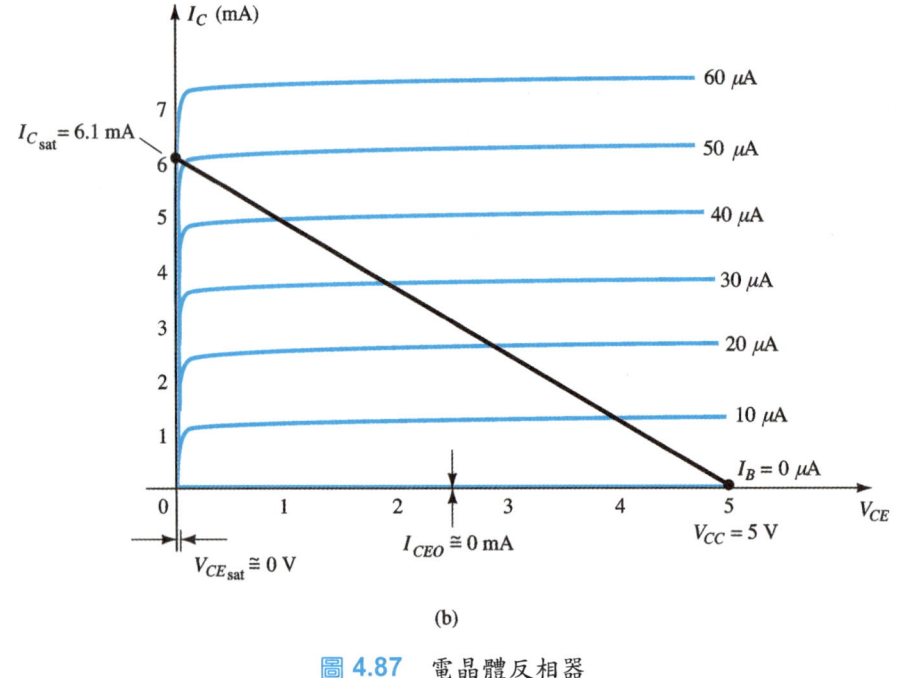

圖 4.87 電晶體反相器

當 $V_i = 5\text{ V}$ 時，電晶體會在"導通"狀態，設計必須確保網路進入重飽和區，這需要較大的 I_B 值，使 I_B 對應曲線不止接近飽和區而已，如圖 4.87b，須滿足 $I_B > 50\ \mu\text{A}$。對圖 4.87a 的電路而言，集極電流的飽和值定義為

$$I_{C_{\text{sat}}} = \frac{V_{CC}}{R_C} \tag{4.86}$$

在剛要飽和之前的作用區 I_B 值，可用下式近似：

$$I_{B_{\max}} \cong \frac{I_{C_{\text{sat}}}}{\beta_{\text{dc}}}$$

因此對飽和值，必須保證以下條件成立：

$$\boxed{I_B > \frac{I_{C_{sat}}}{\beta_{dc}}} \tag{4.87}$$

對圖 4.87b 的網路而言，當 $V_i=5$ V 時所得 I_B 值為

$$I_B = \frac{V_i - 0.7 \text{ V}}{R_B} = \frac{5 \text{ V} - 0.7 \text{ V}}{68 \text{ k}\Omega} = 63 \text{ }\mu\text{A}$$

且

$$I_{C_{sat}} = \frac{V_{CC}}{R_C} = \frac{5 \text{ V}}{0.82 \text{ k}\Omega} \cong 6.1 \text{ mA}$$

檢驗式(4.87)，得

$$I_B = 63 \text{ }\mu\text{A} > \frac{I_{C_{sat}}}{\beta_{dc}} = \frac{6.1 \text{ mA}}{125} = 48.8 \text{ }\mu\text{A}$$

故滿足飽和條件。的確，任何超過 60 μA 的 I_B 值，都會通過這負載線的 Q 點，非常靠近縱軸。

當 $V_i=0$ V 時，$I_B=0$ μA，且因假定 $I_C=I_{CEO}=0$ mA，R_C 的電壓降 $V_{RC}=I_C R_C=0$ V，產生 $V_C=+5$ V，如圖 4.87a 所示的響應圖。

電晶體除了用在計算機邏輯之外，也可用作電子開關，同樣利用負載線的左上右下兩個極端點。飽和時，電流 I_C 很高而電壓 V_{CE} 很低，兩端之間的電阻決定如下：

$$R_{sat} = \frac{V_{CE_{sat}}}{I_{C_{sat}}}$$

如圖 4.88 的說明。

$V_{CE_{sat}}$ 用一般的平均值如 0.15 V 代入，得

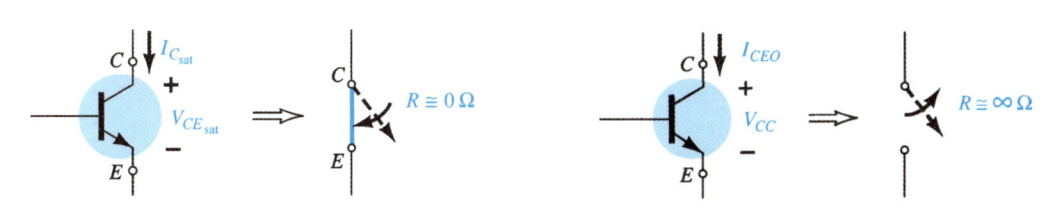

圖 4.88 飽和情況與產生的電阻

圖 4.89 截止情況與產生的電阻

$$R_{sat} = \frac{V_{CE_{sat}}}{I_{C_{sat}}} = \frac{0.15 \text{ V}}{6.1 \text{ mA}} = 24.6 \text{ } \Omega$$

這是相當低的值，如果串聯的電阻是 kΩ 級，此電晶體電阻可看成近似於 0 Ω。

當 $V_i = 0$ V 時，截止情況產生的電阻值如下，且如圖 4.89：

$$R_{截止} = \frac{V_{CC}}{I_{CEO}} = \frac{5 \text{ V}}{0 \text{ mA}} = \infty \text{ } \Omega$$

等效於開路。若以典型值 $I_{CEO} = 10$ μA 來看，截止電阻的大小是

$$R_{截止} = \frac{V_{CC}}{I_{CEO}} = \frac{5 \text{ V}}{10 \text{ μA}} = 500 \text{ k}\Omega$$

對許多情況而言，此值可看成接近開路。

例 4.32 圖 4.90 的電晶體反相器中，若 $I_{C_{sat}} = 10$ mA，試決定 R_B 和 R_C。

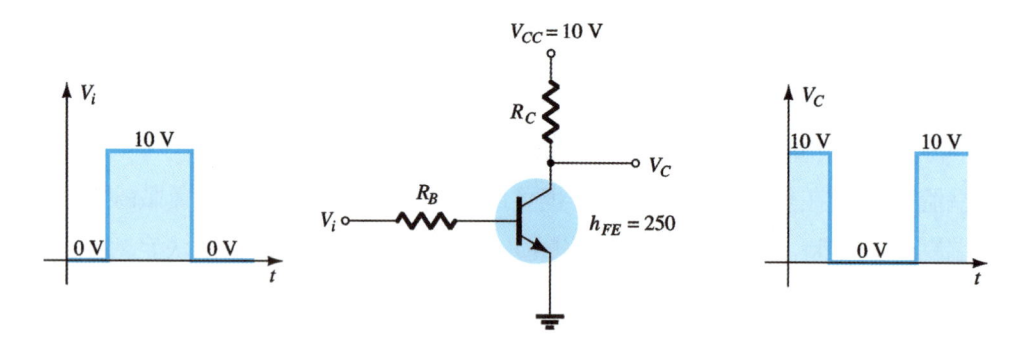

圖 4.90　例 4.32 的反相器

解：

飽和時，
$$I_{C_{sat}} = \frac{V_{CC}}{R_C}$$

即
$$10 \text{ mA} = \frac{10 \text{ V}}{R_C}$$

所以
$$R_C = \frac{10 \text{ V}}{10 \text{ mA}} = 1 \text{ k}\Omega$$

飽和邊緣，
$$I_B \cong \frac{I_{C_{sat}}}{\beta_{dc}} = \frac{10 \text{ mA}}{250} = 40 \text{ μA}$$

選擇 $I_B = 60$ μA 以確保在飽和區，利用

第 4 章 BJT（雙載子接面電晶體）的直流偏壓 269

$$I_B = \frac{V_i - 0.7 \text{ V}}{R_B}$$

可得
$$R_B = \frac{V_i - 0.7 \text{ V}}{I_B} = \frac{10 \text{ V} - 0.7 \text{ V}}{60 \text{ }\mu\text{A}} = 155 \text{ k}\Omega$$

選用標準阻值 $R_B = 150 \text{ k}\Omega$，代入得

$$I_B = \frac{V_i - 0.7 \text{ V}}{R_B} = \frac{10 \text{ V} - 0.7 \text{ V}}{150 \text{ k}\Omega} = 62 \text{ }\mu\text{A}$$

又
$$I_B = 62 \text{ }\mu\text{A} > \frac{I_{C_{\text{sat}}}}{\beta_{\text{dc}}} = 40 \text{ }\mu\text{A}$$

因此，採用 $R_B = \mathbf{150 \text{ k}\Omega}$ 和 $R_C = \mathbf{1 \text{ k}\Omega}$。

也有一種電晶體稱為**切換電晶體**，因其在兩種電壓位準之間的切換速度非常快。在圖 3.23e 中，對應於集極電流的時間周期分別定義為 t_s、t_d、t_r 和 t_f，它們對集極輸出響應速度的影響，定義在圖 4.91 的集極電流響應中。電晶體從 "截止" 切換到 "導通" 狀態所需的總時間記為 t_{on}，定義如下：

$$t_{\text{on}} = t_r + t_d \tag{4.88}$$

t_d 是延遲時間，代表從輸出開始變化起到輸出開始反應的這段時間。t_r 則代表從到達終

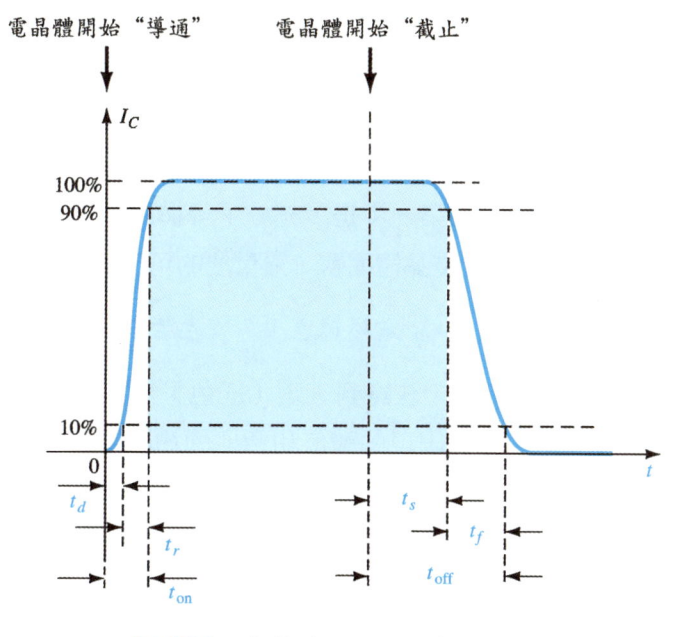

圖 **4.91** 定義脈波波形的時間周期

值的 10% 起上升到 90% 所需時間。

而電晶體從 "導通" 切換到 "截止" 狀態所需的總時間稱為 t_{off}，定義如下：

$$t_{\text{off}} = t_s + t_f \tag{4.89}$$

其中 t_s 是儲存時間，而 t_f 則是從初值的 90% 降到 10% 所需時間。

對圖 3.23e 一般用途的電晶體，取 $I_C = 10$ mA 的規格，可發現

$$t_s = 120 \text{ ns}$$
$$t_d = 25 \text{ ns}$$
$$t_r = 13 \text{ ns}$$

且
$$t_f = 12 \text{ ns}$$

所以
$$t_{\text{on}} = t_r + t_d = 13 \text{ ns} + 25 \text{ ns} = \mathbf{38 \text{ ns}}$$

且
$$t_{\text{off}} = t_s + t_f = 120 \text{ ns} + 12 \text{ ns} = \mathbf{132 \text{ ns}}$$

將以上這些計算值和 BSV52L 切換電晶體的參數（如下）作比較，可發現何以要選用切換電晶體：

$$t_{\text{on}} = \mathbf{12 \text{ ns}} \quad 且 \quad t_{\text{off}} = \mathbf{18 \text{ ns}}$$

4.17　故障檢修（偵錯）技術

故障檢修是一門藝術，在本章少數幾節中實無法涵蓋其技術與各種可能之全貌。但實際工作者應知道一些基本的技巧和量測方法，才能找出可能出現問題的區域，然後確認故障所在。

很顯然地，有能力檢修網路的第一步是，充分了解網路的操作，並對預期的電壓值和電值有概念。對在作用區工作的電晶體而言，最重要的可量測電壓是基極對射極電壓。

對 "導通" 的電晶體而言，V_{BE} 電壓應在 0.7 V 左右。

量測 V_{BE} 的正確接法見圖 4.92，注意到，正（紅色）測棒接到 npn 電晶體的基極，而負（黑色）測棒則接到射極。如出現的讀值和預期的約 0.7 V 完全不同，如 0 V、4 V 或 12 V 或負值，就表示有問題，裝置或網路的接線應該要檢查。對 pnp 電晶體也可用相同的量測方法，但預期讀值應該是 -0.7 V 左右。

另一個同等重要的電壓值是集極對射極電壓，從 BJT 的一般特性知，若 V_{CE} 在 0.3 V 左右代表裝置飽和，除非電晶體用作開關模式，否則不應出現飽和情況。但

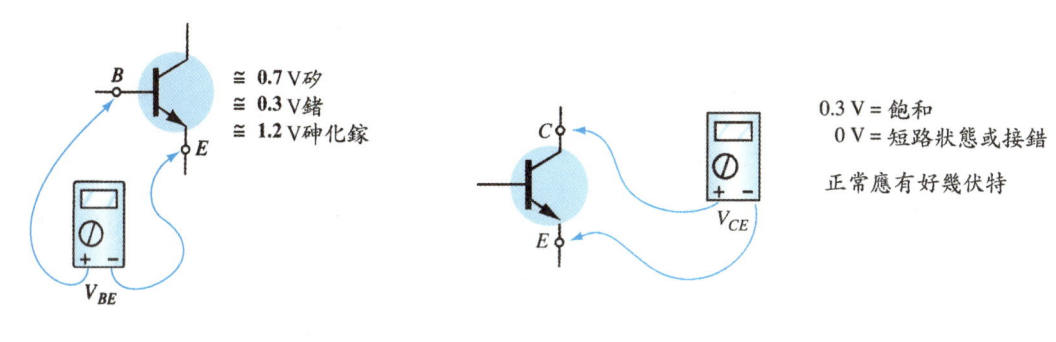

圖 4.92 檢測 V_{BE} 的直流電壓值

圖 4.93 檢測 V_{CE} 的直流電壓值

對典型在作用區工作的電晶體放大器而言，V_{CE} 通常約 V_{CC} 的 25%～75%之間。

若 $V_{CC}=20\text{ V}$，若 V_{CE} 的讀值在 1 V～2 V 之間，或 18 V～20 V 之間，如圖 4.93 的量測方法，就的確不是正常的結果，除非裝置的操作就是要這樣設計，否則整個電路的設計和工作都要再檢討。若量測到的 $V_{CE}=20\text{ V}$（且 $V_{CC}=20\text{ V}$），表示至少有兩種可能：一是裝置(BJT)損壞使集極和射極之間呈現開路特性；另一種可能性是，基極射極迴路或集極射極迴路的接線出現斷路，如圖 4.94 所示，使 $I_C=0\text{ mA}$，$V_{R_C}=0\text{ V}$。在圖 4.94 中，電壓表的黑色測棒是接到電源的共地點，而紅色測棒是接到電阻 R_C 的底端。因沒有集極電流，使 R_C 沒有電壓降，所以會出現 20 V 的讀值。若電表測棒是接到 BJT 的集極端，則會讀到 0 V，因 V_{CC} 和裝置之間已經斷路。在實驗室中最常出現的錯誤是對給定的設計用錯了電阻值。想像一下，R_B 沒有用設計值 680 kΩ，而用了 680 Ω，則對 $V_{CC}=20\text{ V}$ 和固定偏壓電路而言，所得基極電流會是

$$I_B = \frac{20\text{ V} - 0.7\text{ V}}{680\text{ Ω}} = 28.4\text{ mA}$$

而不是所要的 28.4 μA──這是很大的差異！

28.4 mA 的基極電流確定會讓電路進入飽和區，且可能損壞裝置。又因為電阻的實際值通常和標定的色碼阻值不同（電阻元件通常都有容許誤差），所以在將電阻接到電路上之前，最好花點時間量測一下電阻值，以保證用的是正確的電阻值，也可使電路產生的實際電壓電流值接近理論設計值。

電路有問題卻查不出來，有時會有挫敗感。你在曲線測試儀或其他 BJT 測試儀器上，裝置檢測後看起來是好的。所有電阻值似乎都是正確的，接線也很確實，也加了正確的電源電壓──接下來怎麼辦？現在檢修者必須將自己提升到較高的技術水平。接腳的內部連接有可能是錯的？常常線與元件接腳之間的連接呈現"接觸不良"，有時通電有時不通電。也可能電源開啟也設在正確的電壓值，但限流旋鈕卻仍停留在零的位置，

圖 4.94 裝置接錯或損壞的效益

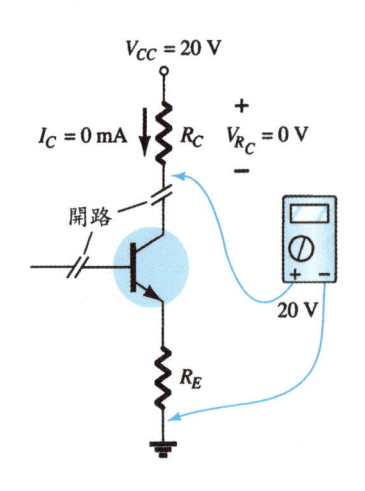

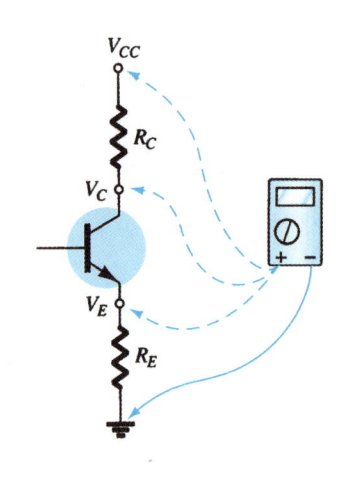

圖 4.95 檢測各節點對地電壓

使電流無法達到網路設計所要的正確值。顯然，系統愈複雜，出錯的可能範圍就愈廣。在任何情況下，檢查網路操作最有效的方法之一，就是檢查各個不同節點對地的電壓，將電壓表的黑色（負）測棒夾到地，再用紅色（正）測棒分別"接觸"各重要端點。在圖 4.95 中，若紅色測棒直接接 V_{CC}，應該讀到 V_{CC}，因為對電源和各網路元件而言，網路只有一個共地點。如接到 V_C，讀數應低於 V_{CC}，因為有 R_C 的電壓降。而 V_E 應再低於 V_C，因為集極射極電壓 V_{CE}。其中若有任何不對，和合理值比較後即足以判明出錯點或有問題的元件。例如，若 V_{R_C} 和 V_{R_E} 都是合理值，但 $V_{CE}=0$ V，則 BJT 可能已損害使集極和射極之間等效於短路。又如先前所提的，若量測到的 V_{CE} 約為 0.3 V，依定義，$V_{CE}=V_C-V_E$（可由 V_C 和 V_E 的量測值相減而得），現在網路可能在飽和區工作，裝置可能有瑕疵也可能沒有瑕疵。

由以上的討論應可明顯看出，在檢修過程中，三用電表或數位電表的電壓段很重要，而電流值通常由電壓降除以電阻值算出，而不是用三用電表的電流段量出（因為必須"打斷"網路接線）。對一個大型電路，量測電壓時通常取對地電壓，便於檢測並判明可能出現問題的區域。當然，對本章所涵蓋的網路而言，我們只要知道在外加電壓和網路一般工作之下的典型電壓值即可。

總歸一句，故障檢修可以真正測試你對網路正確操作的了解程度，以及你是否有能力用基本量測方法和適當的量測儀器找出發生問題的地方。經驗是一把鑰匙，唯有持續地接觸實際的電路，才能有所成。

例 4.33 基於圖 4.96 的讀值，試決定網路是否正常工作。若不是，請找出可能原因。

解：由集極電位 20 V 可發現 $I_C=0$ mA，可能源於開路或電晶體損壞。$V_{R_B}=19.85$ V，可發現電晶體可能"截止"，因 $V_{CC}-V_{R_B}=0.15$ V 不足以使電晶體"導通"並提供 V_E 電壓。事實上，若假定基極到射極短路，可得流過 R_B 的電流如下：

$$I_{R_B} = \frac{V_{CC}}{R_B + R_E} = \frac{20\text{ V}}{252\text{ k}\Omega} = 79.4\ \mu A$$

和以下所求得者相符：

$$I_{R_B} = \frac{V_{R_B}}{R_B} = \frac{19.85\text{ V}}{250\text{ k}\Omega} = 79.4\ \mu A$$

若網路正確工作，合理的基極電流應該是

$$I_B = \frac{V_{CC} - V_{BE}}{R_B + (\beta+1)R_E} = \frac{20\text{ V} - 0.7\text{ V}}{250\text{ k}\Omega + (101)(2\text{ k}\Omega)} = \frac{19.3\text{ V}}{452\text{ k}\Omega} = 42.7\ \mu A$$

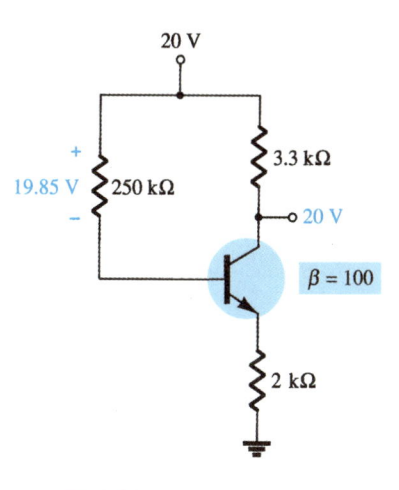

圖 4.96 例 4.33 的網路

由此知，此電晶體已損壞，且情況是基極和射極之間短路。

例 4.34 根據圖 4.97 出現的讀值，試決定電晶體是否"導通"且網路是否正常工作。

解： 根據 R_1 和 R_2 的電阻值和 V_{CC} 的大小，電壓 $V_B = 4\text{ V}$ 似乎是恰當的（事實也是如此）。射極 3.3 V 使電晶體的基極對射極接面出現 0.7 V 的電壓降，似乎可推斷電晶體"導通"。但由集極 20 V 可看出 $I_C = 0\text{ mA}$，接到電源的接線必定很"確實"，否則裝置的集極不會出現 20 V。現在有兩種可能：一是 R_C 和電晶體的集極沒有接好；另一是電晶體的基極集極接面開路。可先檢查晶體集極和 4.7 kΩ (R_C) 的接觸，可用電表的歐姆檔。若無問題，再檢查電晶體，可利用第 3 章介紹的任一種方法。

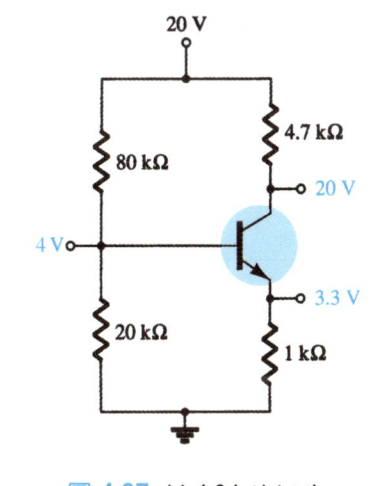

圖 4.97 例 4.34 的網路

4.18 偏壓穩定法

網路對其內參數變化的靈敏度，其量度值稱為系統的穩定度。在任何使用電晶體的放大器中，集極電流 I_C 會受到以下參數的影響：

β：會隨著溫度的上升而增加。

$|V_{BE}|$：溫度每上升 1°C 時約下降 2.5 mV。

I_{CO}（逆向飽和電流）：溫度每上升 10°C 時其值倍增。

以上任何一項因素都會造成已設計好的工作點偏離。從表 4.2 可看出，對個別的電晶體而言，I_{CO} 和 V_{BE} 值如何受到溫度上升的影響。室溫（約 25°C）時 I_{CO}=0.1 nA，而 100°C（水的沸點）時 I_{CO} 約增大 200 倍，到 20 nA。在相同的溫度變化之下，β 由 50 增加到 80，而 V_{BE} 則從 0.65 V 降到 0.48 V。回想到，I_B 值極易受 V_{BE} 值變化的影響，特別是當 V_{BE} 超過臨限電壓值時。

表 4.2　矽電晶體參數隨溫度產生的變化

T (°C)	I_{CO} (nA)	β	V_{BE} (V)
−65	0.2×10^{-3}	20	0.85
25	0.1	50	0.65
100	20	80	0.48
175	3.3×10^{3}	120	0.3

漏電流 (I_{CO}) 和電流增益 (β) 變化對直流偏壓點的影響，可用圖 4.98a 和圖 4.98b 的共射極輸出特性來說明。當溫度從 25°C 變到 100°C 時，電晶體的集極特性的變化顯示

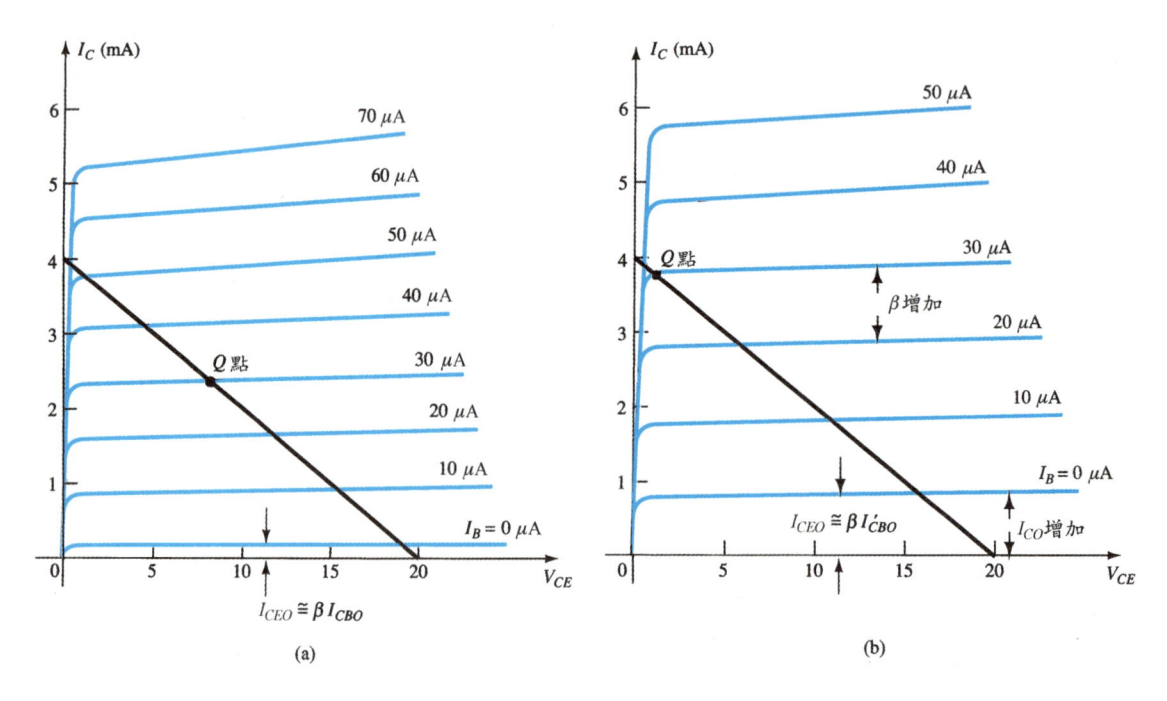

圖 4.98　溫度變化造成直流偏壓點（Q 點）移動：(a) 25°C；(b) 100°C

在圖 4.98 上。注意到，漏電流的顯著上升，不只造成特性曲線上移，也造成的 β 增加，這可從相鄰曲線的間距增加看出。

可以在集極特性曲線上畫出電路的直流負載線，而定出工作點。注意到，輸入電路決定的基極電流所對應的曲線，和負載線的交點，就是工作點。例如，圖 4.98a 中 $I_B = 30\,\mu A$ 所產生的 Q 點。因為固定偏壓電路中的基極電流，幾乎完全決定於電源電壓和基極電阻，這兩個值都不會受溫度影響，也不會受漏電流或 β 變化的影響，所以在高溫時，基極電流仍維持不變，如圖 4.98b 所示。從圖上看出，直流偏壓點會移到較高的集極電流和較低的集極射極電壓的工作點上。若再極端一點，電晶體可能被推到飽和區。無論是何種情況，新的工作點不會令人滿意，偏壓點的移動可能產生相當可觀的失真。比較好的偏壓電路要能穩定或維持住預先設定的直流偏壓點，使放大器可用於溫度變動的環境中。

穩定因數 $S(I_{CO})$、$S(V_{BE})$ 和 $S(\beta)$

每一種參數對偏壓穩定性的影響，定義成穩定因數如下：

$$S(I_{CO}) = \frac{\Delta I_C}{\Delta I_{CO}} \tag{4.90}$$

$$S(V_{BE}) = \frac{\Delta I_C}{\Delta V_{BE}} \tag{4.91}$$

$$S(\beta) = \frac{\Delta I_C}{\Delta \beta} \tag{4.92}$$

每一式中，符號 Δ 代表變化量，每一式的分子都是集極電流的變化量，再除以分母的變化量。對特定的電路而言，若 I_{CO} 的變化所產生的 I_C 變化很小，穩定性因數 $S(I_{CO}) = \Delta I_C / \Delta I_{CO}$ 就會很小。易言之：

很穩定且相對不受溫度變化影響的網路，具有低穩定因數。

有時候將式(4.90)～式(4.92)所定義的穩定因數看成靈敏度因數，似乎更恰當，因為：

穩定因數愈高，代表網路愈容易受到參數變化的影響（愈靈敏）。

學習穩定因數需要用到微分，但在這裡我們的目的是要檢視數學分析的結果，並對一些最常用的偏壓電路建立一套穩定因數的完整評估。這個主題有很多文獻可以參考，若時間允許，也鼓勵你多花點時間去閱讀。對每一種電路組態，我們都從 $S(I_{CO})$ 開始。

$S(I_{CO})$

固定偏壓電路

對 4.4 節的固定偏壓電路而言,可得下式:

$$S(I_{CO}) \cong \beta \tag{4.93}$$

射極偏壓電路

對 4.4 節的射極偏電路,網路的分析結果是

$$S(I_{CO}) = \frac{\beta(1 + R_B/R_E)}{\beta + R_B/R_E} \tag{4.94}$$

若 $R_B/R_E \gg \beta$,式(4.94)可簡化如下:

$$S(I_{CO}) \cong \beta \Big|_{R_B/R_E \gg \beta} \tag{4.95}$$

$S(I_{CO})$ 對應於 R_B/R_E 的圖形見圖 4.99。

若 $R_B/R_E \ll 1$,則式(4.94)會趨近於以下之值(見圖 4.99):

$$S(I_{CO}) \cong 1 \Big|_{R_B/R_E \ll 1} \tag{4.96}$$

可看出,當 R_E 足夠大時,穩定因數將趨近於最低值。但記住,欲得良好的偏壓控制,需要 R_B 大於 R_E。因此結果是,最佳穩定性會伴隨著較差的設計。顯然如欲同時滿足穩定

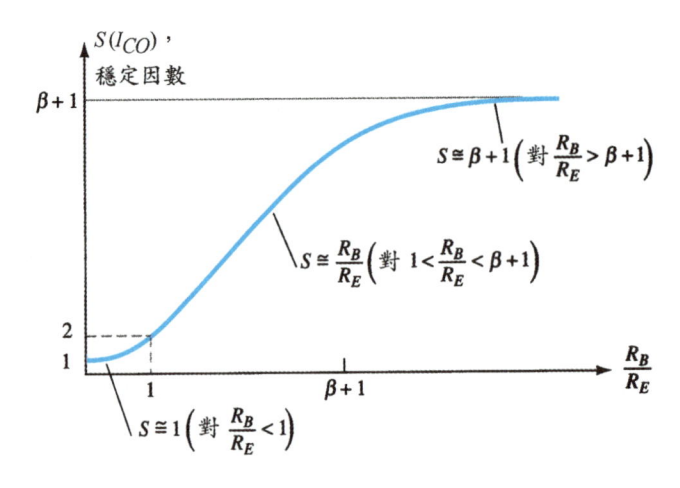

圖 4.99 射極偏壓電路中穩定因數 $S(I_{CO})$ 和電阻比 R_B/R_E 的關係圖

性和偏壓的規格,必須要有所折衷。從圖 4.99 可以很有趣注意到,$S(I_{CO})$ 的最低值是 1,所以 I_C 的增加率會等於或大於 I_{CO} 的增加率。

R_B/R_E 的範圍在 1 和 $(\beta+1)$ 之間,穩定因數可決定如下:

$$S(I_{CO}) \cong \frac{R_B}{R_E} \tag{4.97}$$

此結果可看出,當比值 R_B/R_E 夠小時,射極偏壓電路相當穩定,而最不穩定時,因數值會接近 β。

注意到,射極偏壓電路的最大因數值和固定偏壓電路所得值相同,此結果清楚顯示,固定偏壓電路的穩定因數較差,對 I_{CO} 變化的靈敏度較高。

分壓器偏壓電路

回想在 4.5 節中,曾對分壓器偏壓電路,導出戴維寧等效網路,見圖 4.100。此網路的 $S(I_{CO})$ 的關係式如下:

$$S(I_{CO}) \cong \frac{\beta(1+R_{Th}/R_E)}{\beta+R_{Th}/R_E} \tag{4.98}$$

注意到,此式和式 (4.94) 的相似性。在式 (4.94) 中,當 $R_E \gg R_B$ 時 $S(I_{CO})$ 可得最低值,網路可得到最大的穩定性。對式 (4.98) 而言,對應的條件是 $R_E \gg R_{Th}$ 或 R_{Th}/R_E 應足夠小。對分壓器偏壓電路而言,R_{Th} 可以遠小於射極偏壓電路中 R_{Th} 的對應量(即 R_B),且仍可維持有效的偏壓設計。

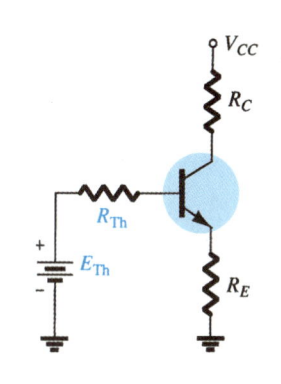

圖 4.100 分壓器偏壓電路的等效電路

反饋偏壓電路($R_E = 0\ \Omega$)

在此情況下,

$$S(I_{CO}) \cong \frac{\beta(1+R_B/R_C)}{\beta+R_B/R_C} \tag{4.99}$$

因為此關係式的格式,和射極偏壓以及分壓器偏壓電路所得者類似,所以有關 R_B/R_C 大小的影響,也可得到相同的結論。

實際的影響

以上所導出的關係式,常無法提供實際的物理意義,讓人直接理解網路的偏壓穩定性何以會如此。現在我們已知道偏壓穩定性的相對程度,以及參數的選擇如何影響網路的靈敏度，但若沒有這些關係式，要解釋某個網路何以比另一個網路更穩定時，可能感到困難。以下幾段將嘗試填補此一空白，直接利用每個偏壓電路的基本關係式，看出偏壓穩定性。

對圖 4.101a 的固定偏壓電路，基極電流的關係式為

$$I_B = \frac{V_{CC} - V_{BE}}{R_B}$$

集極電流可決定如下：

$$\boxed{I_C = \beta I_B + (\beta + 1)I_{CO}} \tag{4.100}$$

若式(4.93)所定義的 I_C 會隨著 I_{CO} 的增加而增加，則 I_B 式中沒有使電流增加的因素（假定 V_{BE} 維持定值）。易言之，I_C 值會隨著溫度的上升而增加，而 I_B 則幾乎維持在定值──一種非常不穩定的情況。

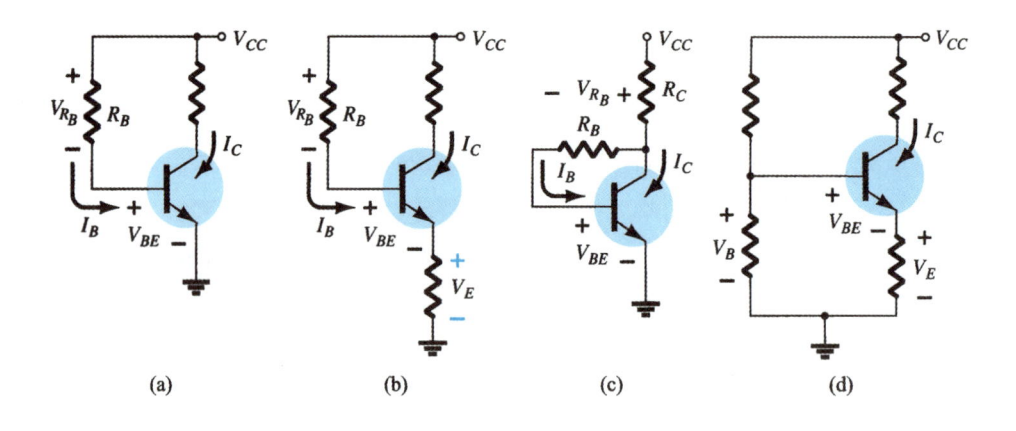

圖 4.101 偏壓選擇和穩定因數 $S(I_{CO})$ 的檢視

但對圖 4.101b 的射極偏壓電路而言，I_{CO} 增加造成 I_C 增加，會使 $V_E = I_E R_E \cong I_C R_E$ 也增加，結果會使 I_B 值下降，I_B 值決定於下式：

$$I_B \downarrow = \frac{V_{CC} - V_{BE} - V_E \uparrow}{R_B} \tag{4.101}$$

透過電晶體的作用，I_B 下降會使 I_C 下降，因此部分抵消溫度上升時，I_C 隨之增加的趨勢。因此總而言之，射極偏壓電路在 I_C 增加時，會產生反作用，抵制偏壓點的變化。

圖 4.101c 的反饋偏壓電路，從偏壓穩定性的程度來看，其操作和射極偏壓電路十分相同。當 I_C 隨著溫度而上升時，以下關係式中的 V_{R_C} 值會上升：

$$I_B\downarrow = \frac{V_{CC}-V_{BE}-V_{R_C}\uparrow}{R_B} \tag{4.102}$$

結果使 I_B 值下降，此對偏壓穩定的效應，和射極偏壓電路的情況相同。我們必須知道，上述的作用並非逐步發生，而是同時發生的，可以保持住已建立的偏壓條件。易言之，當 I_C 開始上升瞬間，網路即察覺到此變化，隨即出現上述的平衡作用。

最穩定的偏壓電路是圖 4.101d 的分壓器偏壓網路，若滿足 $\beta R_E \gg 10R_2$ 的條件，則 I_C 值變化時，電壓 V_B 幾乎可維持定值。此電路的基極對射極電壓 $V_{BE}=V_B-V_E$，當 I_C 上升時，V_E 亦會如上述般上升，因 V_B 為定值，會使電壓 V_{BE} 下降。V_{BE} 的下降會建立比較低的 I_B 值，因而抵消了 I_C 的增加量。

例 4.35 針對表 4.2 所定的電晶體，就射極偏壓的以下條件，當溫度由 25°C 變化到 100°C 時，分別計算出穩定因數以及 I_C 的變化量：

a. $R_B/R_E=250(R_B=250R_E)$。
b. $R_B/R_E=10(R_B=10R_E)$。
c. $R_B/R_E=0.01(R_E=100R_B)$。

解：

a. $S(I_{CO})=\dfrac{\beta(1+R_B/R_E)}{\beta+R_B/R_E}=\dfrac{50(1+250)}{50+250}$

$\cong \mathbf{41.83}$

接近 $\beta=50$。

I_C 的變化為

$$\Delta I_C = [S(I_{CO})](\Delta I_{CO}) = (41.83)(19.9 \text{ nA})$$
$$\cong \mathbf{0.83\ \mu A}$$

b. $S(I_{CO})=\dfrac{\beta(1+R_B/R_E)}{\beta+R_B/R_E}=\dfrac{50(1+10)}{50+10}$

$\cong \mathbf{9.17}$

$\Delta I_C = [S(I_{CO})](\Delta I_{CO}) = (9.17)(19.9 \text{ nA})$

$\cong \mathbf{0.18\ \mu A}$

c. $S(I_{CO})=\dfrac{\beta(1+R_B/R_E)}{\beta+R_B/R_E}=\dfrac{50(1+0.01)}{50+0.01}$

$\cong \mathbf{1.01}$

因 $R_B/R_E \ll 1$，此穩定因數非常接近 1。

$$\Delta I_C = [S(I_{CO})](\Delta I_{CO}) = 1.01(19.9 \text{ nA})$$
$$\cong 20.1 \text{ nA}$$

由例 4.35 可發現，即使今日 BJT 電晶體的 I_{CO} 已非常低，改善了基本偏壓電路的穩定因數值，但具有理想穩定因數($S=1$)的電路，和穩定因數 41.83 的電路相比，其 I_C 變化量仍是不同的，雖如此但已不是很大。例如，I_C 的偏壓電流定在 2 mA，則在最差情況下，I_C 也不過是從 2 mA 變化到 2.00083 mA，對大部分的應用而言，這麼小的變化是可以忽略不計的。某些功率電晶體有較大的漏電流，但對大部分的放大器電路而言，因 I_{CO} 值非常低，對穩定性已無負面影響。

$S(V_{BE})$

穩定因數 $S(V_{BE})$ 定義如下：

$$S(V_{BE}) = \frac{\Delta I_C}{\Delta V_{BE}}$$

固定偏壓電路

對固定偏壓電路而言，

$$\boxed{S(V_{BE}) \cong \frac{-\beta}{R_B}} \tag{4.103}$$

射極偏壓電路

對射極偏壓電路而言，

$$\boxed{S(V_{BE}) \cong \frac{-\beta/R_E}{\beta + R_B/R_E}} \tag{4.104}$$

代入 $\beta \gg R_E/R_B$ 的條件，可得以下 $S(V_{BE})$ 公式：

$$\boxed{S(V_{BE}) \cong \frac{-\beta/R_E}{\beta} = -\frac{1}{R_E}} \tag{4.105}$$

可看出，電阻值 R_E 愈大時，穩定因數愈低，系統愈穩定。

分壓器偏壓電路

對分壓器偏壓電路而言，

$$S(V_{BE}) = \frac{-\beta/R_E}{\beta + R_{Th}/R_E} \tag{4.106}$$

反饋偏壓電路

對反饋偏壓電路而言，

$$S(V_{BE}) \cong \frac{-\beta/R_C}{\beta + R_B/R_C} \tag{4.107}$$

例 4.36 表 4.2 定義的電晶體，當溫度由 25°C 變化到 100°C 時，試針對以下的偏壓電路，計算穩定因數 $S(V_{BE})$ 和 I_C 的變化。

a. 固定偏壓，$R_B = 240$ kΩ 且 $\beta = 100$。
b. 射極偏壓，$R_B = 240$ kΩ、$R_E = 1$ kΩ 且 $\beta = 100$。
c. 射極偏壓，$R_B = 47$ kΩ、$R_E = 4.7$ kΩ 且 $\beta = 100$。

解：

a. 式 (4.103)：$S(V_{BE}) = -\dfrac{\beta}{R_B} = -\dfrac{100}{240 \text{ k}\Omega}$

$$= -0.417 \times 10^{-3}$$

且

$$\Delta I_C = \div [S(V_{BE}) \div](\Delta V_{BE})$$
$$= (-0.417 \times 10^{-3})(0.48 \text{ V} - 0.65 \text{ V})$$
$$= (-0.417 \times 10^{-3})(-0.17 \text{ V})$$
$$= \mathbf{70.9 \ \mu A}$$

b. 本例中，$\beta = 100$ 且 $R_B/R_E = 240$，不滿足 $\beta \gg R_B/R_E$ 的條件。不用式 (4.105)，而使用式 (4.104)。

式 (4.104)：$S(V_{BE}) = \dfrac{-\beta/R_E}{\beta + R_B/R_E} = \dfrac{-(100)/(1 \text{ k}\Omega)}{100 + (240 \text{ k}\Omega/1 \text{ k}\Omega)} = -\dfrac{-0.1}{100 + 240}$

$$= -0.294 \times 10^{-3}$$

約為 30%，因為在 $S(V_{BE})$ 公式的分母中有 R_E 項，此值小於固定偏壓電路所得值。可得

$$\Delta I_C = [S(V_{BE})](\Delta V_{BE})$$
$$= (-0.294 \times 10^{-3})(-0.17 \text{ V})$$
$$\cong \mathbf{50 \ \mu A}$$

c. 本例中，

$$\beta = 100 \gg \frac{R_B}{R_E} = \frac{47 \text{ k}\Omega}{4.7 \text{ k}\Omega} = 10 \text{（滿足）}$$

式(4.105)：
$$S(V_{BE}) = -\frac{1}{R_E} = -\frac{1}{4.7 \text{ k}\Omega}$$
$$= -0.212 \times 10^{-3}$$

且
$$\Delta I_C = [S(V_{BE})](\Delta V_{BE})$$
$$= (-0.212 \times 10^{-3})(-0.17 \text{ V})$$
$$= 36.04 \ \mu A$$

在例 4.36 中，70.9 μA 的增加量對 I_{C_Q} 值會有一些影響。若 $I_{C_Q} = 2$ mA，則集極電流會增加 3.5%。

$$I_{C_Q} = 2 \text{ mA} + 70.9 \mu A$$
$$= 2.0709 \text{ mA}$$

對分壓器偏壓電路而言，式(4.104)中的 R_B 值要換成 R_{Th}（定義在圖 4.100）。在例 4.36 中，用 $R_B = 47$ kΩ 是有問題的設計。但在分壓器偏壓電路中，R_{Th} 可以用 47 kΩ 甚至更低的值，且仍可維持良好的設計特性。反饋偏壓電路的 $S(V_{BE})$ 關係式也類似式(4.104)，但以 R_C 取代 R_E。

$S(\beta)$

最後要探討的穩定因數是 $S(\beta)$，其數學推導較 $S(I_{CO})$ 和 $S(V_{BE})$ 複雜，結果如下所列。

固定偏壓電路

對固定偏壓電路而言，

$$\boxed{S(\beta) = \frac{I_{C_1}}{\beta_1}} \tag{4.108}$$

射極偏壓電路

對射極偏壓電路而言，

$$\boxed{S(\beta) = \frac{\Delta I_C}{\Delta \beta} = \frac{I_{C_1}(1 + R_B/R_E)}{\beta_1(\beta_2 + R_B/R_E)}} \tag{4.109}$$

I_{C_1} 和 β_1 用來代表電路在工作點的對應值，而 β_2 則用來代表因某些原因（如溫度變化，同一晶體的 β 變動，或因電晶體的更動等）改變後的新 β 值。

例 4.37 對射極偏壓電路，若 25°C 時的 I_{C_Q} = 2 mA，採用表 4.2 的電晶體，其 β_1=50 且 β_2=80，電阻比 R_B/R_E 為 20，試決定溫度 100°C 時的 I_{C_Q}。

解：

式 (4.109)：
$$S(\beta) = \frac{I_{C_1}(1+R_B/R_E)}{\beta_1(1+\beta_2+R_B/R_E)}$$

$$= \frac{(2\times 10^{-3})(1+20)}{(50)(1+80+20)} = \frac{42\times 10^{-3}}{5050} = \mathbf{8.32\times 10^{-6}}$$

且
$$\Delta I_C = [S(\beta)][\Delta\beta]$$
$$= (8.32\times 10^{-6})(30) \cong \mathbf{0.25\ mA}$$

因此結論是，集極電流會從室溫的 2 mA 增加到 100°C 時的 2.25 mA，變化了 12.5%。

分壓器偏壓電路

對分壓器偏壓電路而言，

$$S(\beta) = \frac{I_{C_1}(R_{Th}/R_E)}{\beta_1(\beta_2+R_{Th}/R_E)} \tag{4.110}$$

反饋偏壓電路

對反饋偏壓電路而言，

$$S(\beta) = \frac{I_{C_1}(R_B+R_C)}{\beta_1(R_B+\beta_2 R_C)} \tag{4.111}$$

總　結

現在已介紹完三種重要的穩定因數，其對集極電流的總效應可由下式決定：

$$\Delta I_C = S(I_{CO})\Delta I_{CO} + S(V_{BE})\Delta V_{BE} + S(\beta)\Delta\beta \tag{4.112}$$

此式一開始可能覺得很複雜，但注意到，每一項都只是個別偏壓電路的穩定因數乘上參數的變化量（對應於溫度之間的變化）。另外，要決定的 ΔI_C 只是以室溫為基準的

I_C 變化量。

例如，假定用固定偏壓電路，式(4.78)會成為

$$\Delta I_C = \beta \Delta I_{CO} - \frac{\beta}{R_B} \Delta V_{BE} + \frac{I_{C_1}}{\beta_1} \Delta \beta \tag{4.113}$$

以上代入本節已推導出的穩定因數。當溫度由 25°C（室溫）變到 100°C（水的沸點）時，讓我們用表 4.2 求出集極電流的變化。對於此變化範圍，可從表上查出：

$$\Delta I_{CO} = 20 \text{ nA} - 0.1 \text{ nA} = 19.9 \text{ nA}$$
$$\Delta V_{BE} = 0.48 \text{ V} - 0.65 \text{ V} = -0.17 \text{ V}（注意正負號）$$

且
$$\Delta \beta = 80 - 50 = 30$$

從集極電流 2 mA 且 $R_B = 240$ kΩ 開始，可得溫度增加 75°C 時 I_C 的變化如下：

$$\Delta I_C = (50+1)(19.9 \text{ nA}) - \frac{50}{240 \text{ k}\Omega}(-0.17 \text{ V}) + \frac{2 \text{ mA}}{50}(30)$$
$$= 1 \ \mu\text{A} + 35.42 \ \mu\text{A} + 1200 \ \Omega\text{A}$$
$$= 1.236 \text{ mA}$$

此顯著的變化主要來自 β 的改變，集極電流會從 2 mA 增加到 3.236 mA，還算合乎預期，因為從本節的內容就可了解，固定偏壓電路是最不穩定的。

若採用較穩定的分壓器偏壓電路，且比值 $R_{Th}/R_E = 2$ 且 $R_E = 4.7$ kΩ，則

$$S(I_{CO}) = 2.89，S(V_{BE}) = -0.2 \times 10^{-3}，S(\beta) = 1.445 \times 10^{-6}$$

可得
$$\Delta I_C = (2.89)(19.9 \text{ nA}) - 0.2 \times 10^{-3}(-0.17 \text{ V}) + 1.445 \times 10^{-6}(30)$$
$$= 57.51 \text{ nA} + 34 \ \mu\text{A} + 43.4 \ \mu\text{A}$$
$$= 0.077 \text{ mA}$$

所得集極電流是 2.077 mA，和 25°C 時的 2.0 mA 相比幾乎是 2.1 mA。顯然分壓器偏壓電路比固定偏壓電路穩定很多，也和先前的討論相符。在分壓器偏壓電路中，$S(\beta)$ 不會蓋過另兩個因數，$S(V_{BE})$ 和 $S(I_{CO})$ 也同等重要。事實上，在較高溫度時，此裝置的 $S(I_{CO})$ 和 $S(V_{BE})$ 的效應反而大於表 4.2 中的 $S(\beta)$。當溫度低於 25°C 時，因溫度變化為負值，I_C 則會下降。

在設計程序中，$S(I_{CO})$ 的效應會愈來愈不重要，因隨著製程技術的改善，$I_{CO} = I_{CBO}$ 的值會持續降低。應該要提的是，對同一型號的電晶體而言，在同一批次的電晶體中，不

同電晶體之間的 I_{CBO} 和 V_{BE} 的差異非常微小，可以忽略不計，但 β 值的差異就可能比較大。另外，以上的分析結果，對良好的偏壓穩定設計而言，支持以下事實：

> 一般結論：
> 考慮所有設計的各層面，包括交流響應在內，比值 R_B/R_E 和 R_{Th}/R_E 應儘量小。

雖然某些複雜的靈敏度公式，可能使以上的分析變得有些模糊，但目的是希望高度了解這些穩定因數，以進行良好的設計，並對電晶體參數及其對網路性質的影響能更熟悉。本章前面幾節針對理想情況即參數值不變作分析，而現在我們已經更了解，當電晶體的參數變化時，電路中的直流響應會如何跟著變化。

4.19　實際的應用

如同第 2 章的二極體一樣，即使只是要對 BJT 的廣大應用範圍提供粗淺的介紹，也幾乎是不可能的。但這裡會選擇一些應用，以說明利用 BJT 特性來執行各種不同的功能時，有很多不同的面向。

BJT 作二極體用以及保護功能

當你瀏覽過電晶體組成的複雜電路後，有時也會發現，某些電路中的電晶體，其三個腳位並未全部接上——特別是集極腳位。在此種情況下，最可能是當二極體用，而不是當電晶體用。這麼用有一些理由，包括大批電晶體的價格會比小批或者另外單獨購買指定的二極體來得便宜。另外，在 IC 中，製程上多個電晶體會比加入二極體更為直接。有兩個 BJT 作二極體用的例子，見圖 4.102。在圖 4.102a 中，BJT 用在一簡單的二極體電路；而在圖 4.102b 中，BJT 是用來建立一個參考電壓值。

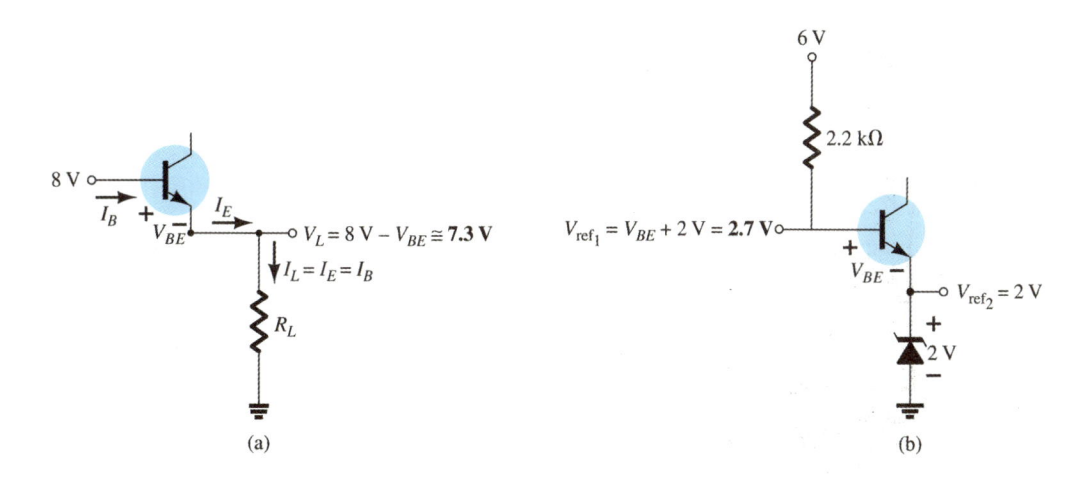

圖 4.102　BJT 作二極體用：(a)簡單的串聯二極體電路；(b)設定參考電壓值

你會常看到一個二極體接法的電晶體，直接並聯在一個元件上，如圖 4.103，這只是要確保元件或系統在特定極性的壓降，不會超過 0.7 V 的順向電壓。而在逆向時，只要崩潰電壓足夠高，就只是呈現開路狀態。但再次提醒，這些應用都只用到 BJT 的兩個腳位。

有一點要提出，我們不應認為電路中的 BJT 電晶體一定是用作放大或緩衝器。BJT 的應用領域不限於此，是極為廣泛的。

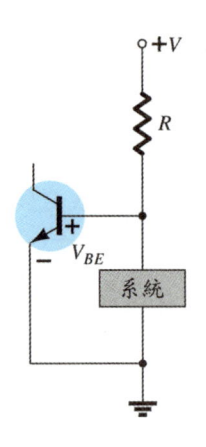

圖 4.103　作為保護裝置

繼電器驅動電路

此應用是有關二極應用討論的延續，當時介紹如何利用適當的設計使電感性抵抗的效應達到最小。在圖 4.104a 中，利用電晶體建立對繼電器激磁所需的（集極）電流。若電晶體的基極沒有輸入，則基極電流、集極電流和線圈電流都是 0 A，繼電器會處於未激磁狀態（即正常開路，NO）。但是，當正脈波輸入到基極時，電晶體導通，會在電磁線圈上建立足夠的電流，使繼電器閉路。當訊號自基極移開使晶體截止，且繼電器去磁時，問題出現了。理想情況下，流經線圈和電晶體的電流會迅速降到零，使繼電器的彈力臂放開，繼電器將維持在休止狀態，直到下一個"導通"訊號出現為止。但由基本電路課程知，流經線圈的電流無法瞬間變化，且由 $v_L=L(di_L/dt)$ 的定義知，線圈電流變化愈快時，線圈上感應的電壓降就愈大。在此種情況下，流經線圈電流的快速變化會產生很大的電壓降，其極性如圖 4.104a 所示，且直接加在電晶體的輸出上。很可能此電壓值會超過電晶體的最大額定值，這會造成半導體裝置永久損壞。線圈上的電壓降不會維持在剛切換時的最高值上，但會振盪逐漸下降到零，系統亦趨於安定，如圖所示。

可以用二極體並接在線圈上，以克服這種破壞性作用，如圖 4.104b。電晶體"導通"時二極體逆偏。此時二極體開路不產生任何作用。然而，當電晶體截止時，線圈電壓降的極性會反過來，使二極體順偏而"導通"。電晶體"導通"時在電感（線圈）上建立的電流會連續且流經二極體，避免線圈電流的急劇變化。因為電感電流在晶體截止瞬間

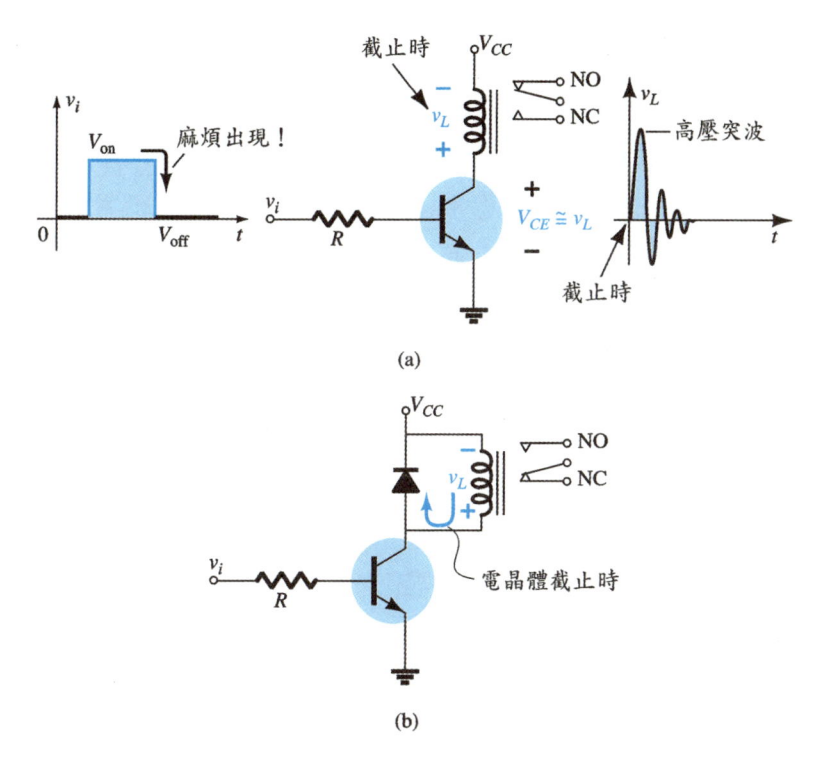

圖 4.104 繼電器驅動電路：(a)未使用保護裝置；(b)用二極體並接繼電器線圈

切換到二極體，所以二極體的電流額定必須能符合電晶體"導通"時的流通電流。最後因迴路中電阻性元件（包含線圈繞線和二極體本身的電阻）的作用，線圈上高頻率（快速振盪）變化的電壓會衰減到零，系統也會安定下來。

燈光控制

在圖 4.105a 中，電晶體用作開關，以控制接在集極的燈泡的"導通"和"截止"。當開關"導通"時，電路處於固定偏壓的情況，基極對射極電壓在 0.7 V，基極電流的大

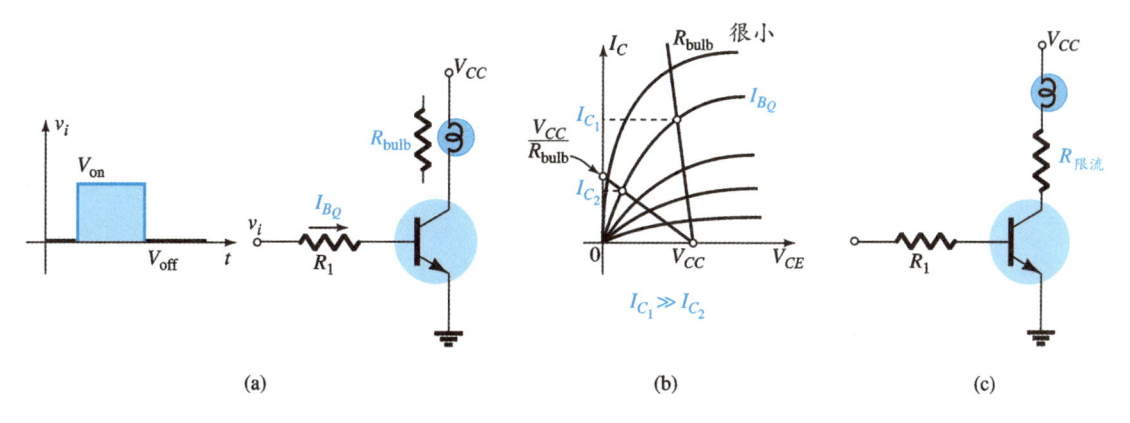

圖 4.105 用電晶體作開關，以控制燈泡的亮滅：(a)網路；(b)低阻值燈泡對集極電流的效應；(c)限流電阻

小由電阻 R_i 和電晶體的輸入阻抗控制。流經燈泡的電流是 β 乘上基極電流，燈泡會點亮。因為燈泡不只是亮一下而已，問題發生了，燈泡剛亮時，電阻很小，亮愈久時，電阻值會迅速上升，這會造成短暫的集極大電流，長期間會損壞燈泡和電晶體。例如，在圖 4.105b 中同時顯示同一網路中，熱燈泡（高電阻）和冷燈泡（低電阻）的負載線。注意到，即使基電極電流是由基極電路決定，冷燈泡負載線和特性曲線的交點會產生較高電流。可以加上一個小電阻和燈泡串聯，簡單解決導通電流過大的問題，如圖 4.105c，以確保燈泡一開始點亮時，可限制起始的湧入電流。

保持固定的負載電流

假定電晶體的特性為理想，如圖 4.106a 所示（各處的 β 值都相等），因此用圖 4.106b 的簡單電路，就可建立一電流源，完全不受外加負載變化的影響。無論負載線在何處，基極電流為定值，因此負載或集極電流維持不變。易言之，集極電流和集極電路的負載無關。但在實際的特性中，如圖 4.106b 電路所呈現者，不同位置的 β 值會有差異，即使基極電流被電路固定，β 值也會因負載線與特性曲線的交點不同而有所變化，所以 $I_C = I_L$ 會變──這不是良好電流源應有的特性。但回想到，分壓器偏壓電路對 β 的靈敏度很低，所以可能的話，採用分壓器偏壓電路來作電流源，會比較實際，事實上就是如此。如果採用圖 4.107 的偏壓電路，工作點電流對負載變動的靈敏度非常小，所以當集極處的負載變化時，集極電流幾乎維持定值。事實上，射極電壓可決定如下：

$$V_E = V_B - 0.7 \text{ V}$$

集極或負載電流決定如下：

$$I_C \cong I_E = \frac{V_E}{R_E} = \frac{V_B - 0.7 \text{ V}}{R_E}$$

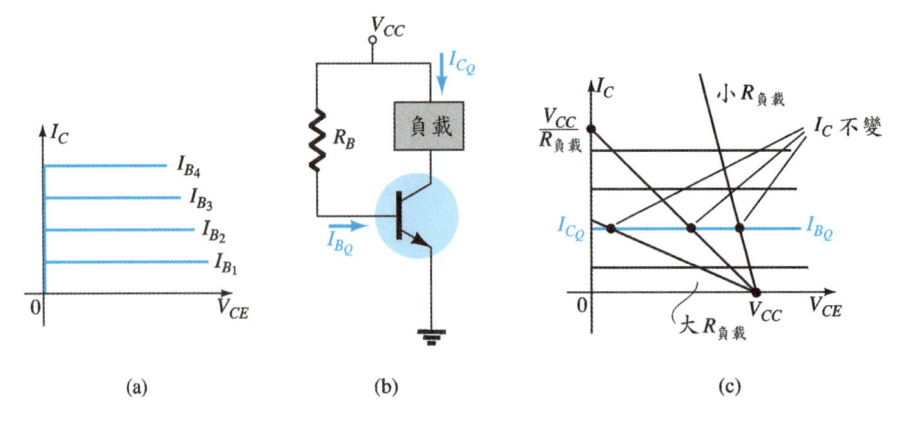

圖 4.106　假定理想的 BJT 特性以建構定電流源：(a) 理想特性；(b) 網路；(c) 說明 I_C 何以維持定值

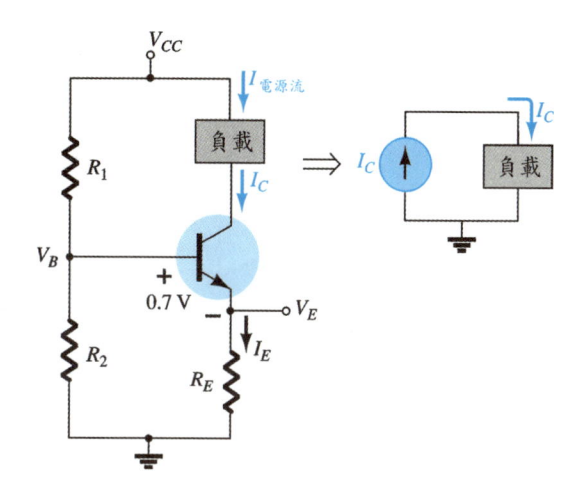

圖 4.107 可建立幾乎維持定值的定電流源
（因降低對 β 變化的靈敏度）

　　利用圖 4.107 描述電流穩定性的改善，考慮 I_C 因為一些可能的原因而有上升的趨勢，又因 $I_E=I_C$ 而使 $V_{R_E}=I_ER_E$ 上升。但因假定 V_B 為定值（因 V_B 值決定於電壓源和兩個固定阻值的電阻），使基極對射極電壓 $V_{BE}=V_B-V_{R_E}$ 下降，因而使 $I_C\,(=\beta I_B)$ 下降，此網路的反作用抵消了 I_C 上升的趨勢，穩定了系統。

使用定電流源 (CCS) 的警報系統

　　具有剛剛介紹的定電流源的警報系統見圖 4.108，圖為 $\beta R_E=(100)(1\text{ k}\Omega)=100\text{ k}\Omega$ 遠大於 R_1，可用近似分析法，求出電壓 V_{R_1}：

$$V_{R_1}=\frac{2\text{ k}\Omega(16\text{ V})}{2\text{ k}\Omega+4.7\text{ k}\Omega}=4.78\text{ V}$$

接著求出 R_E 的電壓降：

$$V_{R_E}=V_{R_1}-0.7\text{ V}=4.78\text{ V}-0.7\text{ V}=4.08\text{ V}$$

最後求出射極和集極電流：

$$I_E=\frac{V_{R_E}}{R_E}=\frac{4.08\text{ V}}{1\text{ k}\Omega}=4.08\text{ mA}\cong 4\text{ mA}=I_C$$

　　因流經電路的電流是集極電流，對網路負載的微小變動而言，4 mA 電流幾乎可維持定值。注意到，通過一串感測元件的電流最後流進運算放大器，此 4 mA 和設定的 2 mA 作比較。（運算放大器對你而言可能是新裝置，參見《電子裝置與電路理論—應用篇》第 1 章——對此應用的操作細節，現在你可以不必知道太多。）

290 電子裝置與電路理論

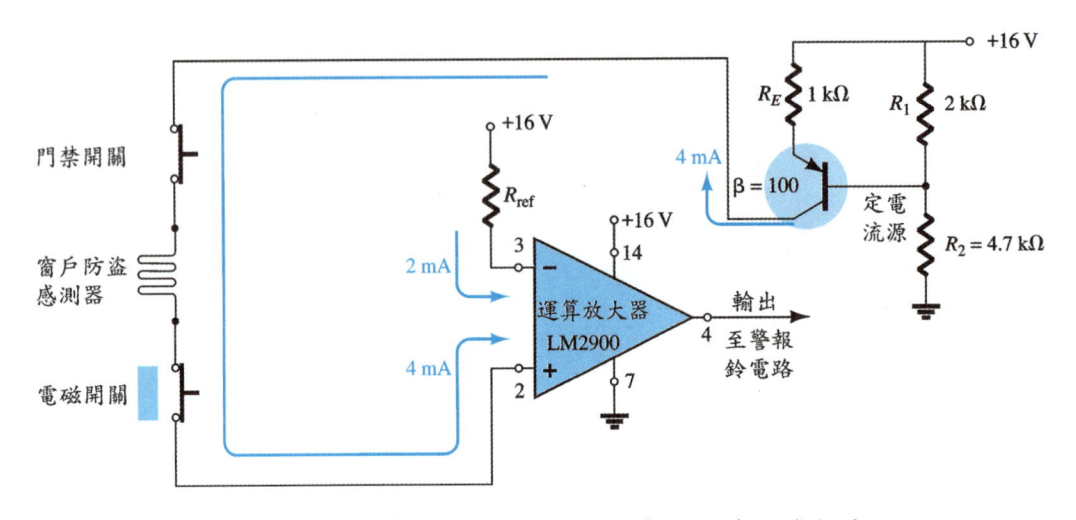

圖 4.108 具有定電流源和運算放大器（比較器）的警報系統

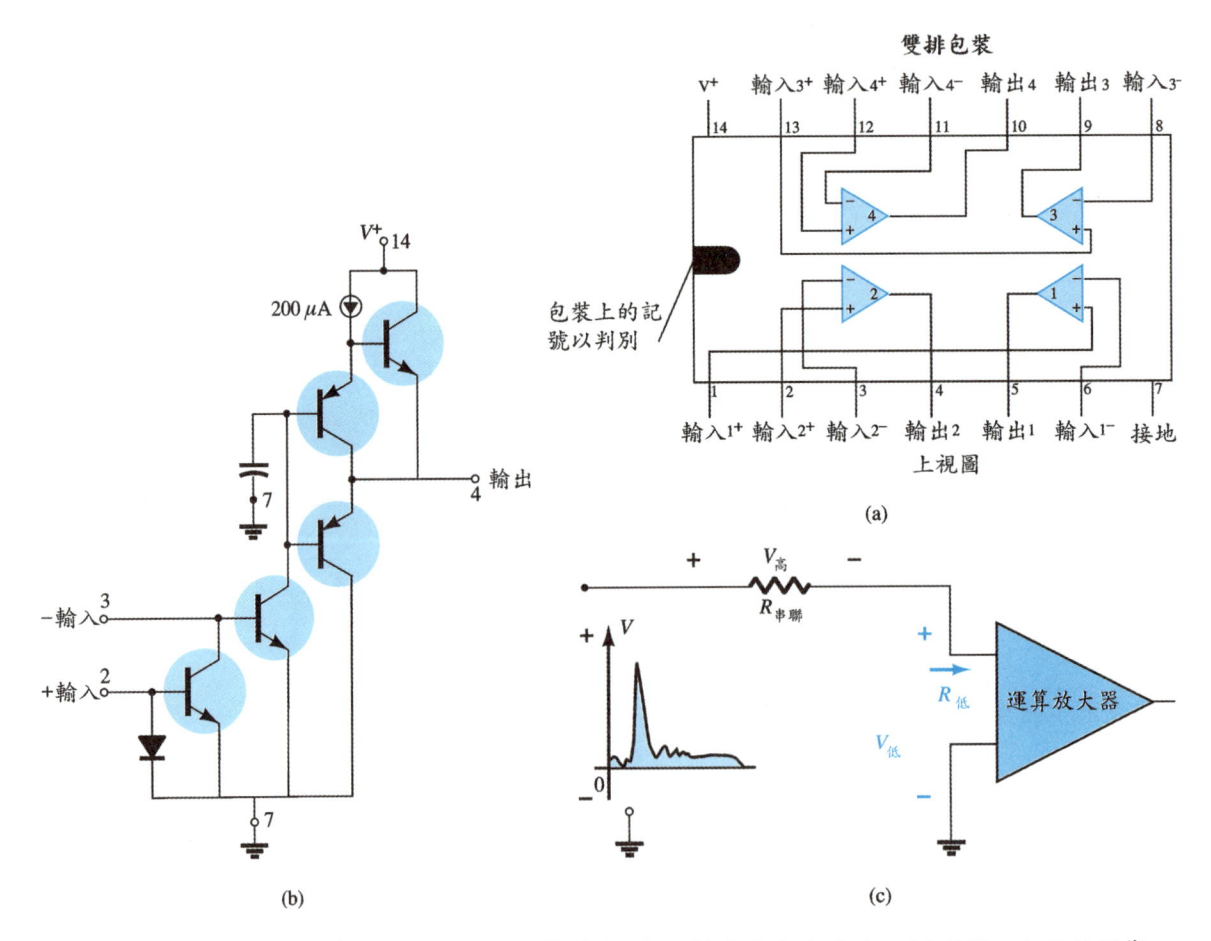

圖 4.109 LM2900 運算放大器：(a) 雙排包裝(DIP)；(b) 內部部分電路；(c) 低輸入阻抗的影響

LM2900 運算放大器是雙排 IC 包裝，見圖 4.109a，內含四個運算放大器，其中腳位 2、3、4、7 和 14 用在圖 4.108 的設計中。注意到在圖 4.109b 中，只畫出和以上腳位相關的電路，以幫助了解運算放大器中這些腳位之間的特性——其餘細節留待以後再說明。運算放大器第 3 腳的 2 mA 電流，是由 16 V 電源和接到 op 負輸入端（即第 3 腳）的 R_{ref} 所建立，稱為**參考電流**。此 2 mA 的參考電流，要用來和 op 正輸入端的電流作比較。如圖 4.108 所示，4 mA 的電流流入 op 的正輸入端，只要此電流維持定值（4 mA），運算放大器將提供超過 13.5 V 的 "高" 位準輸出，典型值約 14.2 V（根據 LM2900 的規格表）。但若感測器迴路的電流（即流入運算放大器正輸入端的電流）從 4 mA 掉到 2 mA 以下時，運算放大器將輸出 "低" 位準電壓，一般約 0.1 V，此時運算放大器將發出訊號給警報電路，表示已出現狀況。由以上討論知，感測器迴路的電流不需降到 0 mA 才會發出警報訊號，只要低於參考電流就表示出現了異常情況——這是警報系統的良好特點。

這種運算放大器有一個很重要的特性，即低輸入阻抗，如圖 4.109c。此特性會重要是因為我們不希望每次有一點電壓突波或擾動就產生警報，因為外加的切換動作或外力（如閃電）常引起電壓擾動，這類電壓突波或擾動的大部分會落在串聯電阻上，而不會落在運算放大器上——因此可避免誤動作以及不當啟動警報。

邏輯閘

此類應用是 4.15 節電晶體切換電路的延伸。回顧一下，電晶體接近或者在飽和區時，其集極對射極阻抗甚低，而當電晶體接近或在截止區時，對應的阻抗則甚高。例如，在圖 4.110 中，負載線定義到飽和區的點，其集極對射極電壓很低，而電流很高，所得電阻定義為 $R_{sat} = \dfrac{V_{CE\text{sat(low)}}}{I_{C\text{sat(high)}}}$ 也很低，常可近似於短路。在截止區，電流相當低，而電壓接近最大值，如圖 4.110 所示，會在集極和射極兩端之間產生很高的阻抗，常可近似於開路。

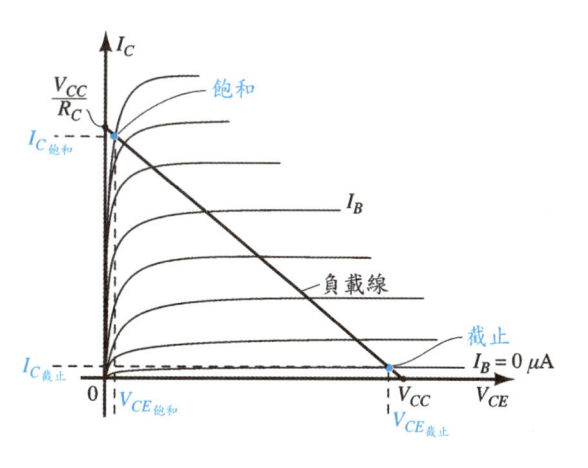

圖 4.110 BJT 邏輯閘的工作點

由以上電晶體 "導通" 和 "截止" 所建立的阻抗值，使我們較容易了解圖 4.111 邏輯閘的工作。因每個邏輯閘都有兩個輸入，所以電晶體的輸入共有四種可能組合。當基極端在高電壓位準使電晶體導通，定義為 1 或 "導通" 狀態；而當基極端在 0 V 使電晶體截止，定義為 0 或 "截止" 狀態。若圖 4.111a 的 OR 閘的兩個輸入 A 或 B 都在低位準或 0 V，則對應在兩個電晶體都截止，即每個電晶體的集極和射極之間都近似於開路。想像用集極射極之間的開路取代電晶體，則外加電壓 5 V 和輸出之間就沒有接線，使流經每個電晶體和 3.3 kΩ 電阻的電流為零，因此輸出電壓是 0 V 或 "低位準"——0 狀態。另一方面，如果 Q_1 的基極是正電壓而 Q_2 的基極是 0 V，電晶體 Q_1 會導通而 Q_2 會截止，Q_1 的集極射極之間就等效於短路，使輸出電壓在 5 V 或 "高位準" —— 1 狀態。最後若兩晶體的基極都輸入正電壓，使兩個電晶體都導通，兩個電晶體都會使輸出電壓在 5 V 或 "高位準" —— 1 狀態。OR 閘的工作可適當定義如下：有任一輸入在 "1" 或全部在 "1" 時，輸出 "1"，當輸入全部在 "0" 時，輸出 "0"。

圖 4.111b 的 AND 閘，只有當輸入全部在高位準(1)時，才會輸出高位準(1)。當兩個電晶體都在 "導通" 狀態時，每個電晶體的集極和射極之間都可用短路取代，使外加 5 V 電源和輸出之間直接連接，因此在輸出端建立高位準(1)的狀態。若有一輸入端在 0 V，使對應電晶體 "截止"，從 5 V 到輸出端之間的串聯路徑會出現開路，使輸出電壓為 0 V（0 狀態）。

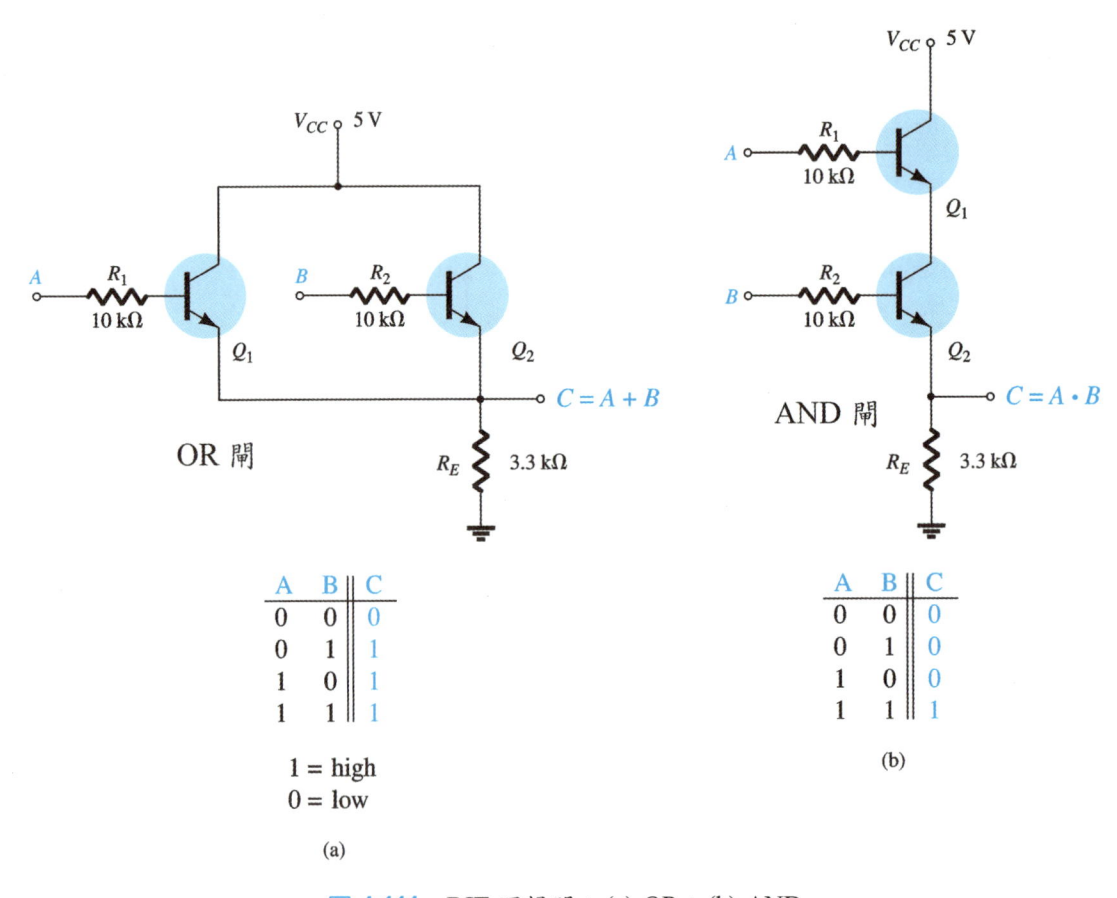

圖 4.111 BJT 邏輯閘：(a) OR；(b) AND

電壓大小指示計

本節最後要介紹的應用是電壓大小指示計，包含三個介紹過的元件：電晶體、齊納二極體和 LED。電壓大小指示計是相當簡單的網路，當電源電壓接近或高於監測值 9 V 時，綠光 LED 就點亮。在圖 4.112 中，電位計調整到 5.4 V 的位置，如圖所示。結果是，只要有足夠的電壓使 4.7 V 齊納二極體和電晶體導通，且流過 LED 的集極電流足夠大時，就可點亮綠光 LED。

一旦電位計設好，只要電源電壓接近 9 V，LED 就會發出綠光。但如果 9 V 電池的端電壓下降，分壓器網路的分壓可能從預設的 5.4 V 降到 5 V，此電壓不足以使齊納二極體和電晶體同時導通，電晶體會在"截止"狀態，LED 隨即滅掉，由此檢測出電源電壓已經低於 9 V，或者指示計沒有接到電源。

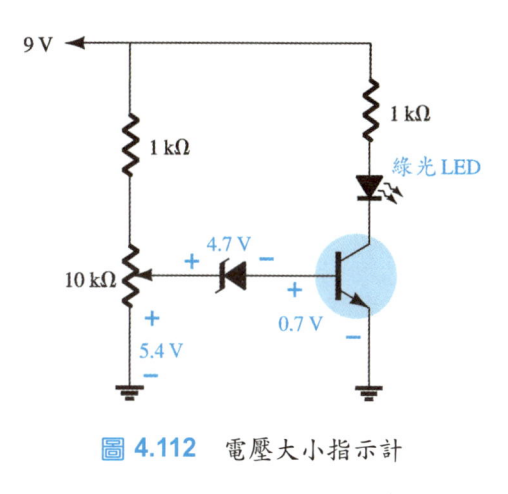

圖 4.112 電壓大小指示計

4.20　總　結

重要的結論和概念

1. 無論電晶體用在何種電路組態，電晶體電流之間的基本關係**必定相同**。且當電晶體"導通"，基極對射極電壓就是**臨限電壓值**。
2. 工作點的定義是，電晶體在**直流條件**下，在其特性曲線上工作的位置。對線性（最小失真）放大而言，直流工作點不應太靠近最大的功率，電壓或電流額定值，並應避開飽和區和截止區。
3. 對大部分的電路而言，直流分析要從決定**基極電流**開始。
4. 對電晶體網路的直流分析而言，所有電容**等效於開路**。
5. 電晶體偏壓電路中，最簡單者是固定偏壓電路，但因其**易受工作點 β 值的影響**，所以也是最不穩定的偏壓電路。
6. 決定任何電路的集極飽和（最大）電流時，可以**假想電晶體的集極和射極兩端之間短路**，所求出的短路電流就是飽和電流。
7. 可以對輸出或集極網路使用**克希荷夫電壓定律**，找出電晶體網路的負載線方程式，將負載線畫在特性曲線圖上，可由基極電流對應曲線和負載線的**交點決定 Q 點**。
8. 射極自穩偏壓電路較不受 β 變化的影響，可提供網路較好的穩定性。但記住，射極的任何電阻從電晶體的基極來"看"，都會成為**比原來大很多的電阻**，這會降低電路的基極電流。
9. 在所有偏壓電路中，分壓器偏壓電路可能是最普遍，會普遍是因為它對 β 變化的**靈敏度很低**，即使相同型號同一批次但不同個電晶體之間的 β 變化。任何電路都可用精確分析法，但只有當射極電阻反映到基極的電阻值**遠大於**分壓電路中位置較低的電阻值時（分壓電路連接到電晶體的基極），才能應用近似分析法。

10. 分析電壓反饋電路的直流偏壓時一定要記住，射極電阻和集極電阻**兩種**電阻反映到基極時都要乘上 β 倍。若反映後電阻遠大於接在集極和基極之間的反饋電阻時，對 β 變化的靈敏度可達到最小。
11. 對共基極偏壓電路而言，**射極電流一般要先決定**，因為此電流和基極射極接面在同一迴路上，接著再利用射極電流和集極電流的大小幾乎相等之性質求解。
12. 對直流電晶體網路分析程序的清楚了解，可幫助以最少的困難和疑惑來設計同類的電路。從**最少未知數**的關係式開始，然後對網路的未知元件作一些決斷，即可進行設計。
13. 在切換電路中，電晶體在**飽和區**和**截止區**之間快速**來回**移動。本質上，集極和射極之間的阻抗在飽和時近似於短路，而截止則近似於開路。
14. 檢查直流電晶體網路的工作時，先檢查集極對射極電壓是否很接近 **0.7 V**，並檢查集極對射極電壓是否介於外加電壓 V_{CC} 的 **25%～75%** 之間。
15. *pnp* 電路的分析和 *npn* 電路所用者完全相同，但電流方向**相反**，電壓極性也相反。
16. β 很容易受**溫度**的影響。而溫度每增加 1°C 時，V_{BE} 約**下降** 2.5 mV (0.0025 V)。溫度每上升 10°C 時逆向飽和電路一般會**倍增**。
17. 記住，最穩定也最不受溫度變化影響的網路，具有**最小**的**穩定因數**。

方程式

$$V_{BE} = 0.7 \text{ V}, \qquad I_E = (\beta+1)I_B \cong I_C, \qquad I_C = \beta I_B$$

固定偏壓：

$$I_B = \frac{V_{CC} - V_{BE}}{R_B}, \qquad I_C = \beta I_B$$

射極自穩偏壓：

$$I_B = \frac{V_{CC} - V_{BE}}{R_B + (\beta+1)R_E}, \qquad R_i = (\beta+1)R_E$$

分壓器偏壓：

精確分析法： $\qquad R_{Th} = R_1 \| R_2, \qquad E_{Th} = V_{R_2} = \frac{R_2 V_{CC}}{R_1 + R_2}, \qquad I_B = \frac{E_{Th} - V_{BE}}{R_{Th} + (\beta+1)R_E}$

近似分析法： $\qquad$ 檢查 $\beta R_E \geq 10 R_2$

$$V_B = \frac{R_2 V_{CC}}{R_1 + R_2}, \qquad V_E = V_B - V_{BE}, \qquad I = \frac{V_E}{R_E} \cong I_C$$

電壓反饋直流偏壓：

$$I_B = \frac{V_{CC} - V_{BE}}{R_B + \beta(R_C + R_E)}, \qquad I_C' \cong I_C \cong I_E$$

共基極：

$$I_E = \frac{V_{EE} - V_{BE}}{R_E}, \qquad I_C \cong I_E$$

電晶體切換網路：

$$I_{C_{sat}} = \frac{V_{CC}}{R_C}, \qquad I_B > \frac{I_{C_{sat}}}{\beta_{dc}}, \qquad R_{sat} = \frac{V_{CE_{sat}}}{I_{C_{sat}}}, \qquad t_{on} = t_r + t_d, \qquad t_{off} = t_s + t_f$$

穩定因數： $\qquad S(I_{CO}) = \frac{\Delta I_C}{\Delta I_{CO}}, \qquad S(V_{BE}) = \frac{\Delta I_C}{\Delta V_{BE}}, \qquad S(\beta) = \frac{\Delta I_C}{\Delta \beta}$

$S(I_{CO})$：

$$固定偏壓：S(I_{CO}) = \beta$$

$$射極偏壓：S(I_{CO}) = \frac{1 + R_B/R_E*}{\beta + R_B/R_E}$$

*分壓器偏壓：上式中的 R_B 改成 R_{Th}。

  *反饋偏壓：上式中的 R_E 改成 R_C。

$S(V_{BE})$：

$$固定偏壓：S(V_{BE}) = -\frac{\beta}{R_B}$$

$$射極偏壓：S(V_{BE}) = \frac{-\beta/R_E^\dagger}{\beta + R_B/R_E}$$

†分壓器偏壓：上式中的 R_B 改成 R_{Th}。

  †反饋偏壓：上式中的 R_E 改成 R_C。

$S(\beta)$：

$$固定偏壓：S(\beta) = \frac{I_{C_1}}{\beta_1}$$

$$射極偏壓：S(\beta) = \frac{I_{C_1}(1 + R_B/R_e)^\ddagger}{\beta_1(1 + \beta_2 + R_B/R_E)}$$

‡分壓器偏壓：上式中的 R_B 改成 R_{Th}。
‡反饋偏壓：上式中的 R_E 改成 R_C。

4.21　計算機分析

Cadence OrCAD

分壓器偏壓電路　現在要用 Cadence OrCAD 視窗版驗證例 4.8 的結果，用前幾章所介紹的方法，可以建構圖 4.113 的網路。回想上一章提過的，電晶體可在 **EVAL** 元件庫中找出，直流電源則在**電源**元件庫下，而電阻是在**類比**元件庫。電容之前尚未叫出來過，但也可在**類比**元件庫中找出。對電晶體而言，可在 **EVAL** 元件庫的現成可用電晶體列中找到此電晶體。

先點擊螢幕上的電晶體符號，將 β 值改到 140 以配合例 4.8，它會被紅框包覆代表正在操作狀態。接著利用**編輯 – PSpice 模型**的順序，會出現 **PSpice 模型編輯 Demo** 對話框，可以將其中的 **Bf** 改成 **140**。當你要離開對話框時，**模型編型／16.3** 對話框會出現，詢問是否儲存對網路元件庫存資料的改變，一旦儲存，螢幕就會自動回傳新設的 β 值。

接著選擇產生新模擬組合鍵（在左上角，像列印出星號）繼續進行分析，可得到**新增模擬**對話框，插入圖 4.113 並選擇**新增**，此時會出現**模擬設定**對話框，在其中的**分析類型**標題之下選取**偏壓點**，點擊 **OK**，系統做好模擬前準備。

可選擇**執行 PSpice** 鍵（綠色背景中的白色箭頭），或利用 **PSpice – 執行**的順序繼續進行。若選擇 **V** 選項，偏壓電壓會出現如圖 4.113 所示，可求出集極對射極電壓 13.19 V −1.333 V＝11.857 V，而例 4.8 的結果是 12.22 V。產生差異的主要原因是，我們所用的實際電晶體的參數極易受工作條件的影響。也要回想到，規格表上的 β 值和上一章由曲線圖所得 β 值的差異。

因為分壓器網路對 β 變化的靈敏度很低，讓我們再回到電晶體的規格，β 值換成機定值 255.9，看結果會如何變化。結果顯示在圖 4.114 上，其電壓值和圖 4.113 所得者十分接近。

> 注意到網路建立在記憶體中的特別優點，可以改變任何參數且幾乎可以立即得到新的結果——這是在設計過程中非常美妙的優點。

固定偏壓電路　分壓器偏壓網路相對不易受 β 值變化的影響，但固定偏壓電路則很容易受 β 變化的影響，可建立例 4.1 的固定偏壓電路來作說明。先用 β＝50 執行第 1 遍，圖 4.115 的結果說明這是一個還算良好的設計。對外加電壓而言，集極或集極對射極電壓還算恰當，且對一良好設計而言，所得的基極電流和集極電流值都是很普遍的。

但如再回到電晶體的規定表，將 β 值改回內定值 255.9，可得圖 4.116 的結果，現在

第 4 章 BJT（雙載子接面電晶體）的直流偏壓 297

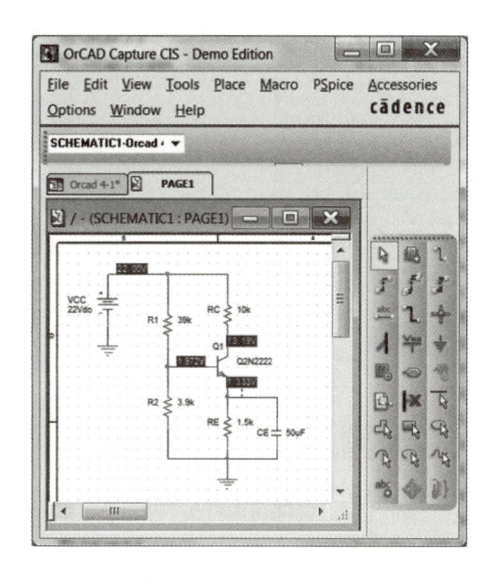

圖 4.113 應用 PSpice 視窗版到例 4.8 的分壓器電路

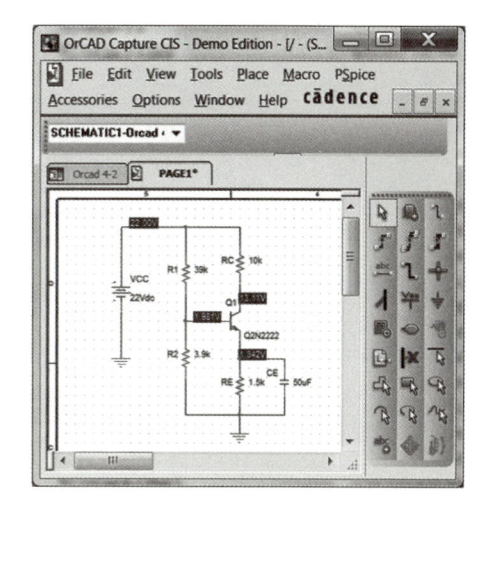

圖 4.114 將圖 4.113 網路中的 β 由 140 改成 255.9 後所得到的響應

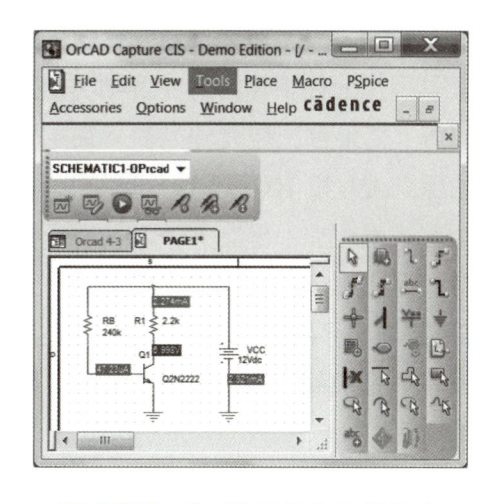

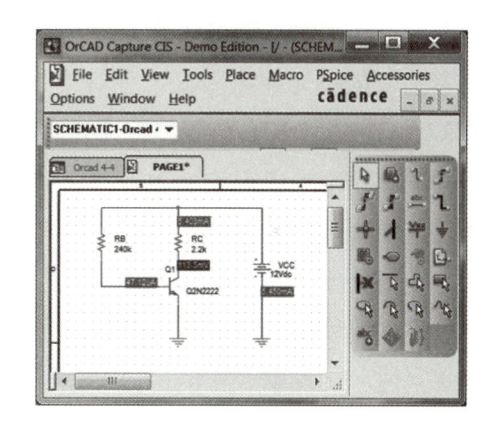

圖 4.115 $\beta=50$ 的固定偏壓電路

圖 4.116 圖 4.115 的網路，但 β 改為 255.9

集極電壓僅 0.113 V，電流在 5.4 mA——這是可怕的工作點。由於低集極電壓，任何外加的交流訊號都會被大幅截掉。

因此，由以上分析可清楚知道，若關注到 β 值的變化，分壓器偏壓電路在設計時應優先考慮。

Multisim

現在應用 Multisim 到例 4.4 的偏壓網路中，以提供機會檢視對此套裝軟體內在的電晶體選項，並和手算的近似結果作比較。

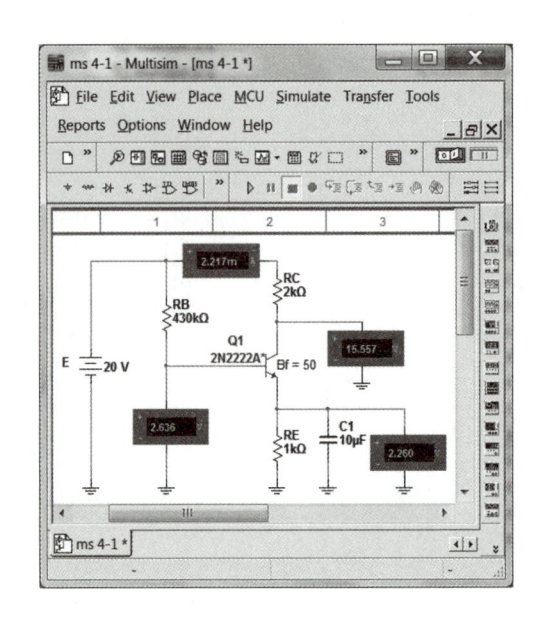

圖 4.117　用 Multisim 驗證例 4.4 的結果

　　圖 4.117 中，除了電晶體以外的所有元件的輸入程序，都已在第 2 章中介紹。電晶體的選用可利用**電晶體**按鈕鍵，這是在第一垂直工具列從上往下算的第 4 選項。若選此鍵，會出現**選擇元件**對話框，從其中選取 **BJT_NPN**，結果會出現元件列表，從中選取 **2N2222A**，點擊 **OK**，電晶體會出現在螢幕上，並標記 **Q1** 和 **2N2222A**。可以在螢幕最上方的工具列中選取**置放**，然後對**文字**選項點擊兩次，就可加上標記 **Bf = 50**，將所得的記號放在你想要輸入文字的位置，再點擊一次，結果是出現一塊閃爍的空白位置，可輸入文字。完成後，再點擊兩次，標記設定完成。如要將標記移到圖 4.117 所顯示的位置，只要點擊標記就會出個小方塊圍繞四角，再按下滑鼠並拖曳到所要位置，再放開，標記就會就定位，再點擊一次滑鼠，四個小方塊就會消失。

　　即使標記為 **Bf = 50**，電晶體仍然有機定值儲存在記憶體中。如要改變參數時，第一步先點擊裝置以建立裝置邊界，再選擇**編輯**，再選擇其下的**性質**，可得到 **BJT_NPN** 對話框。若未出現時，可選擇**數值**，再選取**編輯模型**，會出現**編輯模型**對話框，其中 β 和 I_s 可分別設成 50 和 1 nA，接著選取**改變零件模型**，可再得到 **BJT_NPN** 對話框，點擊 **OK**。現在電晶體符號上會有星號，代表機定參數已被修改，再點擊一次滑鼠就可除去四個小方塊，電晶體完成新參數值的設定。

　　指示器出現在圖 4.117，設定方法如上一章所述。

　　最後，要用第 2 章所介紹的其中一種方法模擬網路。對此例而言，開關先設在 **1** 位置，然後等指示值穩定後再設回 **0** 位置。電流值相當低，部分因為電壓值也低的緣故。此結果很接近例 4.4，I_C=2.217 mA，V_B=2.636 V，V_C=15.557 V 且 V_E=2.26 V。

　　這裡所需的評論相對很少，從電晶體網路的分析就可清楚看出，不必學習整套全新的規則，就可將 Multisim 的應用擴展到極大的分析層面——在大部分的技術性套裝軟體中，這是很受歡迎的特性。

習題

*註：星號代表較難的習題。

4.3 固定偏壓電路

1. 對圖 4.118 的固定偏壓電路而言，試決定
   a. I_{B_Q}。 d. V_C。
   b. I_{C_Q}。 e. V_B。
   c. V_{CE_Q}。 f. V_E。

2. 給定圖 4.119 電路的資料，試決定：
   a. I_C。 c. R_B。
   b. R_C。 d. V_{CE}。

3. 給定圖 4.120 電路的資料，試決定：
   a. I_C。 c. β。
   b. V_{CC}。 d. R_B。

4. 試求出圖 4.118 固定偏壓電路中的飽和電流($I_{C_{sat}}$)。

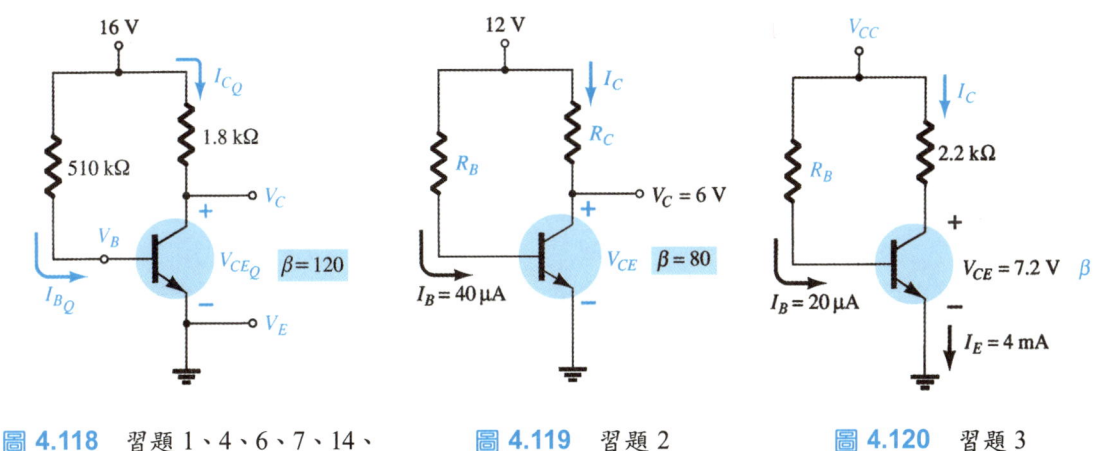

圖 4.118　習題 1、4、6、7、14、65、69、71 和 75

圖 4.119　習題 2

圖 4.120　習題 3

* 5. 給定圖 4.121 的 BJT 電晶體特性：
   a. 試在特性圖上畫出對應於固定偏壓電路的負載線，且 $E=21$ V 以及 $R_C=3$ kΩ。
   b. 工作點選在飽和區和截止區兩者中間，試決定 R_B 值以建立所產生的工作點。
   c. 產生的 I_{C_Q} 和 V_{CE_Q} 值是多少？

d. 工作點的 β 值是多少？

e. 工作點定義的 α 值是多少？

f. 此設計的飽和電流 ($I_{C_{sat}}$) 是多少？

g. 畫出所產生的固定偏壓電路。

h. 此裝置在工作點的功率消耗是多少？

i. V_{CC} 供應的功率是多少？

j. 由(h)和(i)結果的差距，試決定電阻性元件的功率消耗。

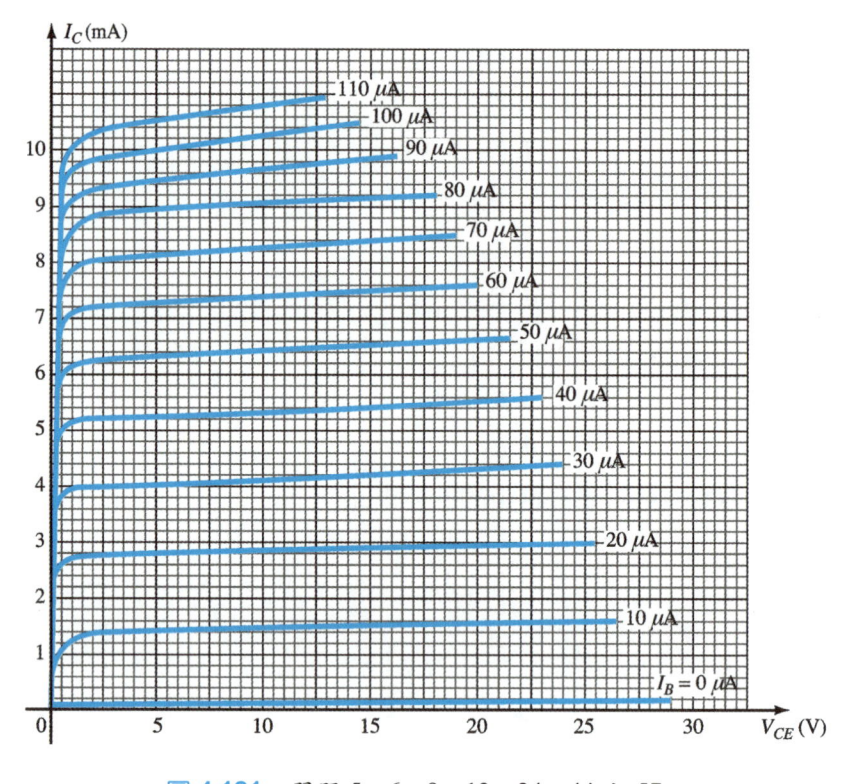

圖 4.121 習題 5、6、9、13、24、44 和 57

6. a. 對圖 4.118 的電路，不計其提供之 $\beta_{(120)}$ 值，試在圖 4.121 的特性上畫出負載線。

b. 試找出 Q 點，得到 I_{C_Q} 和 V_{CE_Q}。

c. Q 點的 β 值是多少？

7. 若圖 4.118 中的基極電阻值增加到 910 kΩ，試找出新的 Q 點，即 I_{C_Q} 和 V_{CE_Q}。

4.4 射極偏壓電路

8. 對圖 4.122 射極偏壓電路，試決定：

a. I_{B_Q}。 **d.** V_C。

b. I_{C_Q}。 **e.** V_B。

c. V_{CE_Q}。 **f.** V_E。

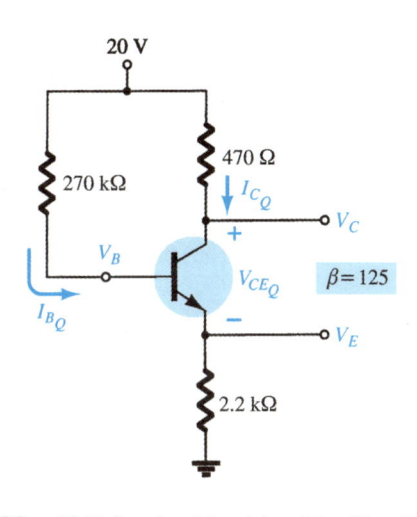

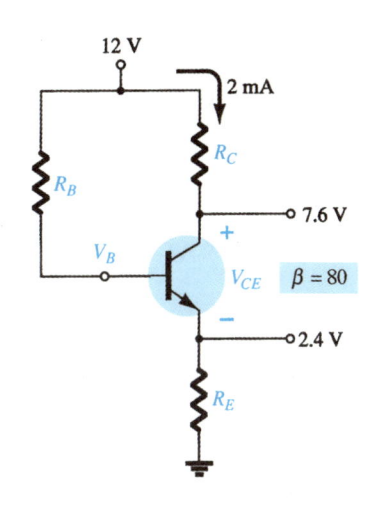

圖 4.122 習題 8、9、12、14、66、69、72 和 76

圖 4.123 習題 10

9. **a.** 對圖 4.122 的電路，在圖 4.121 的特性上畫出負載線，用習題 8 的 β 值，求出 I_{B_Q}。
   b. 找出 Q 點，決定 I_{C_Q} 和 V_{CE_Q}。
   c. 求出 Q 點的 β 值。
   d. (c)所得的 β 值和習題 8 的 $\beta=125$ 相比如何？
   e. 為何習題 9 所得結果與習題 8 不同？

10. 給定圖 4.123 電路提供的資料，試決定：
    a. R_C。   **d.** V_{CE}。
    b. R_E。   **e.** V_B。
    c. R_B。

11. 給定圖 4.124 電路所提供的資料，試決定：
    a. β。
    b. V_{CC}。
    c. R_B。

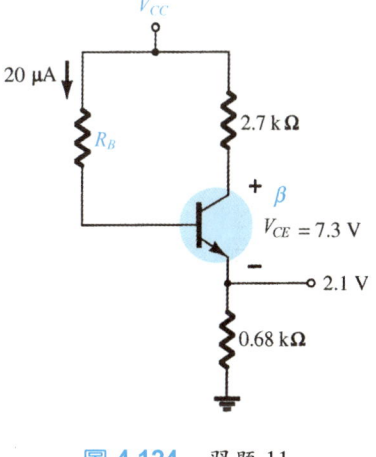

圖 4.124 習題 11

12. 試決定圖 4.122 網路的飽和電流 ($I_{C_{sat}}$)。

*13. 利用圖 4.121 的特性，若 Q 點定義在 $I_{C_Q}=4$ mA 且 $V_{CE_Q}=10$ V，試針對射極偏壓電路求出以下各項。
   a. R_C，若 $V_{CC}=24$ V 且 $R_E=1.2$ kΩ。
   b. 工作點的 β。
   c. R_B。
   d. 電晶體的功率消耗。
   e. 電阻 R_C 的功率消耗。

*14. a. 試決定圖 4.118 網路的 I_C 和 V_{CE}。

b. 對圖 4.118 的網路，若 β 變為 180，試決定新的 I_C 和 V_{CE} 值。

c. 試利用以下公式，決定 I_C 和 V_{CE} 的百分變化率的大小：

$$\%\Delta I_C = \left|\frac{I_{C_{(b)}} - I_{C_{(a)}}}{I_{C_{(a)}}}\right| \times 100\%, \quad \%\Delta V_{CE} = \left|\frac{V_{CE_{(b)}} - V_{CE_{(a)}}}{V_{CE_{(a)}}}\right| \times 100\%$$

d. 試決定圖 4.122 網路的 I_C 和 V_{CE}。

e. 對圖 4.122 的網路，若 β 變為 187.5，試決定新的 I_C 和 V_{CE} 值。

f. 試利用以下公式，決定 I_C 和 V_{CE} 的百分變化率的大小：

$$\%\Delta I_C = \left|\frac{I_{C_{(c)}} - I_{C_{(d)}}}{I_{C_{(d)}}}\right| \times 100\%, \quad \%\Delta V_{CE} = \left|\frac{V_{CE_{(c)}} - V_{CE_{(d)}}}{V_{CE_{(d)}}}\right| \times 100\%$$

g. 在以上兩種電路中，β 都提高了 50%，試比較兩種電路在 I_C 和 V_{CE} 的百分變化率的差異，並評論何者較不易受 β 變化的影響。

4.5 分壓器偏壓電路

15. 就圖 4.125 的分壓器偏壓電路，試決定：

    a. I_{B_Q}。   **d.** V_C。

    b. I_{C_Q}。   **e.** V_E。

    c. V_{CE_Q}。   **f.** V_B。

16. a. 重做習題 15，取 $\beta = 140$，要用一般的方法（不要用近似法）。

    b. 那些值受到的影響最大？為何？

17. 根據圖 4.126 所給條件，試決定：

    a. I_C。   **c.** V_B。

    b. V_E。   **d.** R_1。

18. 給定圖 4.127 的資料，試決定：

    a. I_C。   **d.** V_{CE}。

    b. V_E。   **e.** V_B。

    c. V_{CC}。   **f.** R_1。

19. 對圖 4.126 的網路，試決定飽和電流（$I_{C_{sat}}$）。

20. a. 重做習題 16，取 $\beta = 140$，採用近似法並比較結果。

    b. 近似法可以用嗎？

圖 4.125　習題 15、16、20、23、25、67、69、70、73 和 77

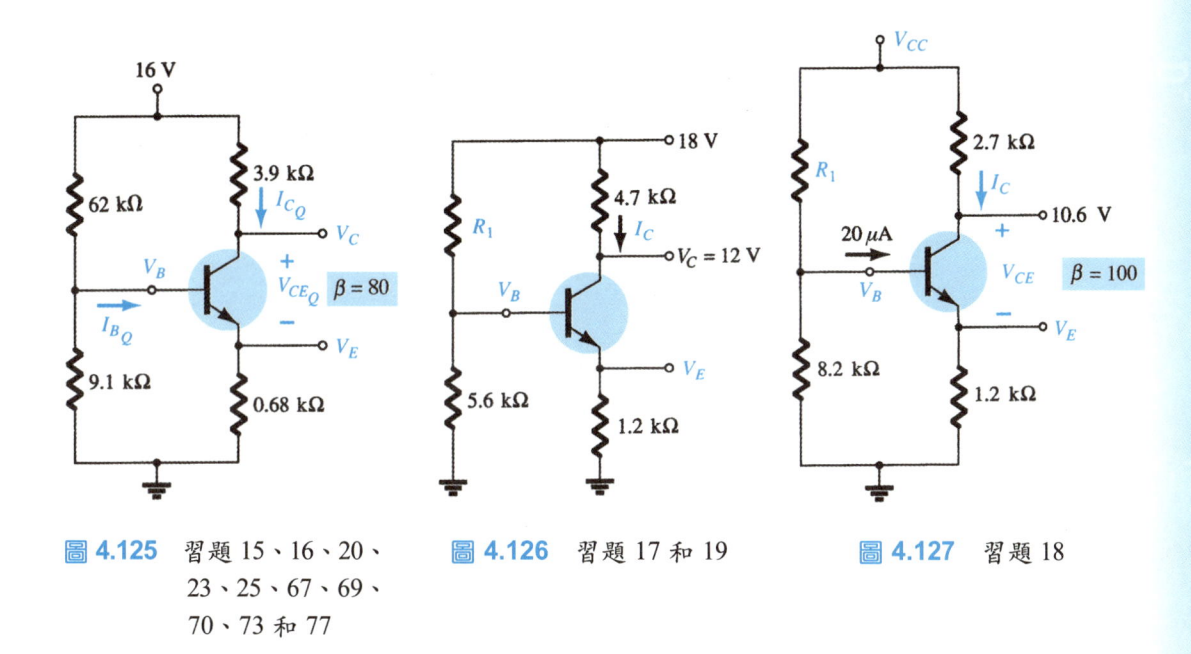

圖 4.126　習題 17 和 19

圖 4.127　習題 18

*21. 對圖 4.128 的分壓器電路，若可滿足式(4.33)的條件，則用近似分析法決定以下各項。
   a. I_C。
   b. V_{CE}。
   c. I_B。
   d. V_E。
   e. V_B。

*22. 重做習題 16，但使用精確（戴維寧）分析法，並以分析結果作基礎，判斷若滿足式(4.33)時，近似分析法是一種有效的分析技巧嗎？

23. a. 對習題 15 的網路（圖 4.125），即使不滿足式(4.33)的條件，試利用近似分析法決定 I_{C_Q}、V_{CE_Q} 和 I_{B_Q}。
    b. 試用精確分析法決定 I_{C_Q}、V_{CE_Q} 和 I_{B_Q}。
    c. 比較(a)和(b)的結果，並評論兩者之差異是否足夠大而支持式(4.33)的測試條件，也就是在使用近似分析法時要先滿足式(4.33)的條件。

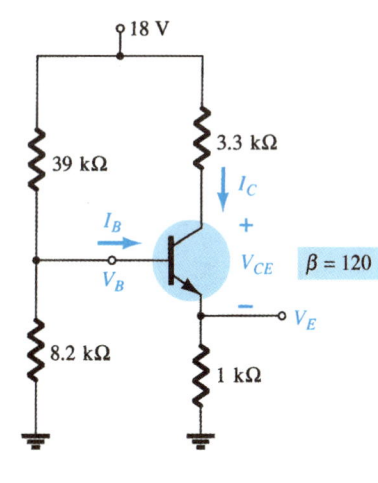

圖 4.128　習題 21、22 和 26

*24. a. 某分壓器網路的 Q 點在 $I_{C_Q}=5$ mA 以及 $V_{CE_Q}=8$ V，試利用圖 4.121 的特性，並採用 $V_{CC}=24$ V 和 $R_C=3R_E$，決定 R_C 和 R_E。
    b. 求出 V_E。
    c. 試決定 V_B。
    d. 假定 $\beta R_E > 10R_2$，若 $R_1=24$ kΩ，試求出 R_2。
    e. 試計算 Q 點的 β 值。
    f. 檢查式(4.33)，注意(d)的假定是否正確。

*25. a. 決定圖 4.125 網路中的 I_C 和 V_{CE}。

b. 將 β 改成 120（增加 50%），並決定圖 4.125 網路新的 I_C 和 V_{CE} 值。

c. 用以下方程式決定 I_C 和 V_{CE} 的百分變化率的大小：

$$\%\Delta I_C = \left|\frac{I_{C_{(b)}} - I_{C_{(a)}}}{I_{C_{(a)}}}\right| \times 100\%, \quad \%\Delta V_{CE} = \left|\frac{V_{CE_{(b)}} - V_{CE_{(a)}}}{V_{CE_{(a)}}}\right| \times 100\%$$

d. 將(c)的結果和習題 14 的(c)、(f)的結果作比較。

e. 基於(d)的結果，那一種偏壓電路最不易受 β 變化的影響？

*26. a. 重做習題 25 的(a)～(e)，但針對圖 4.128，且(b)中 β 改成 180。

b. 當條件 $\beta R_E > 10R_2$ 滿足且對應於 β 變化的 I_C 和 V_{CE} 值決定之後，對此網路的一般結論是什麼？

4.6 集極反饋偏壓電路

27. 對圖 4.129 的集極反饋偏壓電路，試決定：

  a. I_B。

  b. I_C。

  c. V_C。

28. 對習題 27 的電路：

  a. 利用公式 $I_{C_Q} \cong \dfrac{V'}{R'} = \dfrac{V_{CC} - V_{BE}}{R_C + R_E}$，試決定 I_{C_Q}。

  b. 和習題 27 所得的 I_{C_Q} 作比較。

  c. 比較 R' 和 $R_{F/\beta}$。

  d. 和 $R_{F/\beta}$ 相比較，R' 愈大時，$I_{C_Q} \cong \dfrac{V'}{R'}$ 的公式愈精確。此敘述成立嗎？證明此敘述，利用 I_{C_Q} 精確公式的簡短推導來證明。

  e. 重作(a)和(b)，取 $\beta = 240$，對新的 I_{C_Q} 值作評論。

圖 4.129 習題 27、28、74 和 78

29. 對圖 4.130 的電壓反饋網路，試決定：

  a. I_C。   **c.** V_E。

  b. V_C。   **d.** V_{CE}。

30. a. 對圖 4.131 的電路，比較 $R' = R_C + R_E$ 和 $R_{F/\beta}$ 的大小。

  b. $I_{C_Q} \cong \dfrac{V'}{R'}$ 的近似成立嗎？

*31. a. 試決定圖 4.131 網路中的 I_C 和 V_{CE} 值。

  b. 將 β 改成 135（增加 50%），並計算新的 I_C 和 V_{CE} 值。

  c. 試利用以下方程式，決定 I_C 和 V_{CE} 的百分變化率的大小：

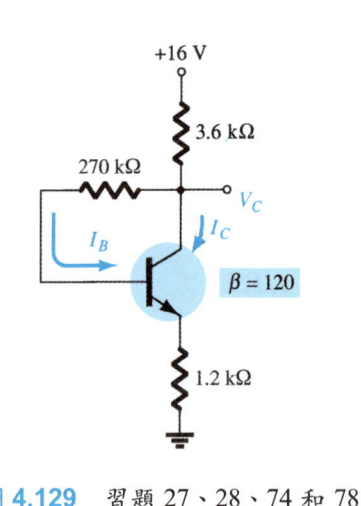

$$\%\Delta I_C = \left|\frac{I_{C_{(b)}} - I_{C_{(a)}}}{I_{C_{(a)}}}\right| \times 100\% \text{ , } \%\Delta V_{CE} = \left|\frac{V_{CE_{(b)}} - V_{CE_{(a)}}}{V_{CE_{(a)}}}\right| \times 100\%$$

d. 將(c)的結果和習題 14(c)、14(f) 和 25(c) 的結果作比較。在對 β 變化的靈敏度方面，集極反饋電路是如何優於其他偏壓電路呢？

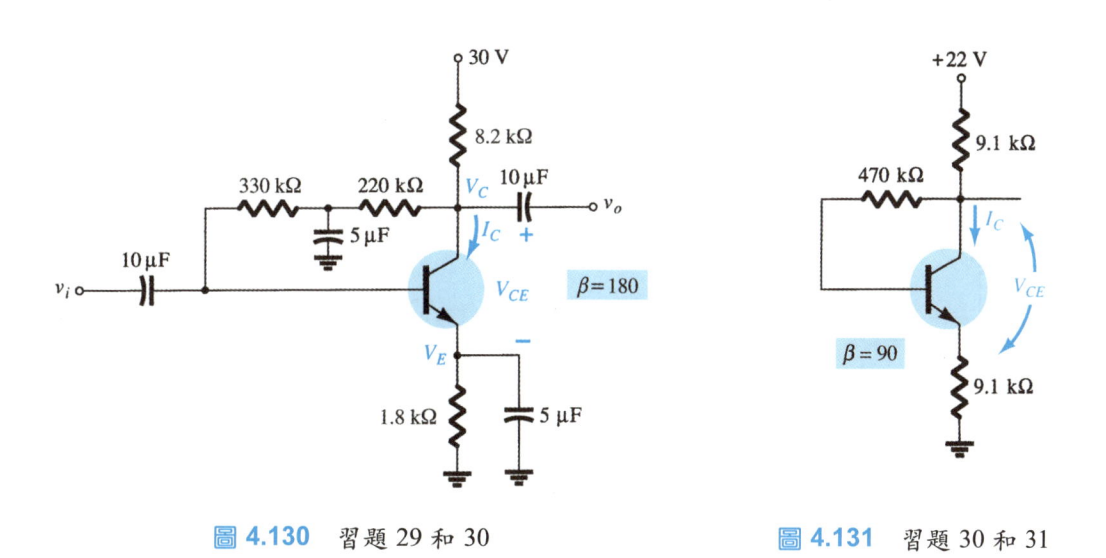

圖 4.130　習題 29 和 30

圖 4.131　習題 30 和 31

32. 圖 4.132 的網路中使用 1 MΩ 的電位計，試決定 V_C 可能值的範圍。

*33. 對圖 4.133 的網路，給定 $V_B = 4\text{ V}$，試決定：

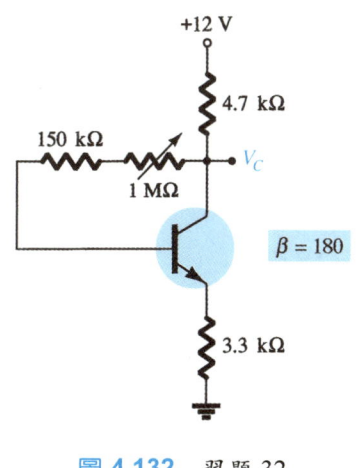

- **a.** V_E。
- **b.** I_C。
- **c.** V_C。
- **d.** V_{CE}。
- **e.** I_B。
- **f.** β。

圖 4.132　習題 32

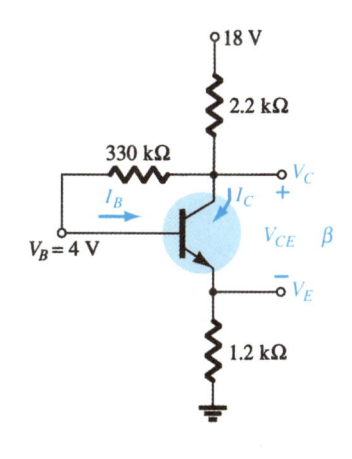

圖 4.133　習題 33

4.7 射極隨耦器偏壓電路

*34. 試決定圖 4.134 網路中的 V_E 和 I_E 值。

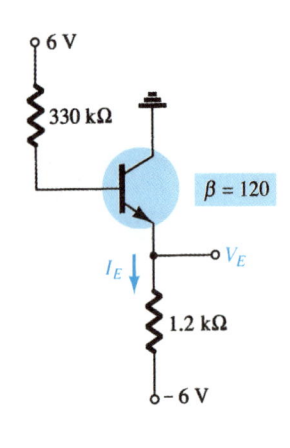

35. 對圖 4.135 的射極隨耦器電路：
- **a.** 試求出 I_B、I_C 和 I_E。
- **b.** 試決定 V_B、V_C 和 V_E。
- **c.** 試算出 V_{BC} 和 V_{CE}。

圖 4.134　習題 34

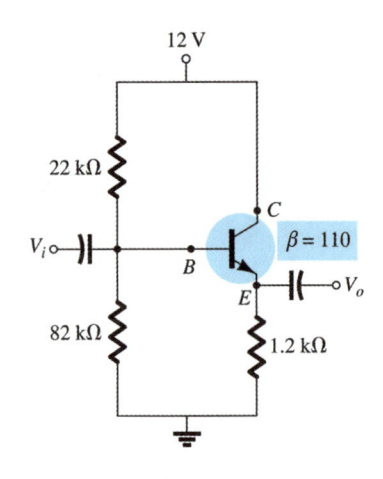

圖 4.135　習題 35

4.8 共基極偏壓電路

*36. 對圖 4.136 的網路，試決定：
- **a.** I_B。
- **b.** I_C。
- **c.** V_{CE}。
- **d.** V_C。

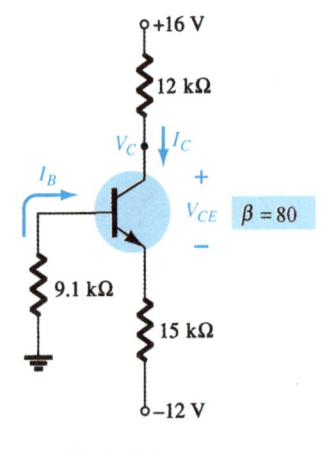

圖 4.136　習題 36

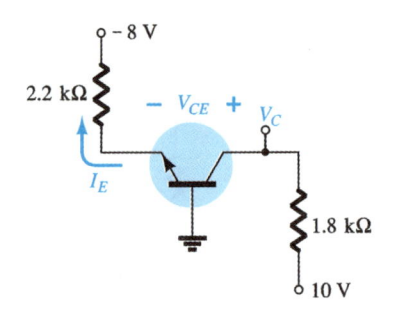

圖 4.137　習題 37

*37. 對圖 4.137 的網路，試決定：
  a. I_E。
  b. V_C。
  c. V_{CE}。

38. 對圖 4.138 的共基極電路：
  a. 試利用所給條件決定 R_C 值。
  b. 求出電流 I_B 和 I_E。
  c. 試決定電壓 V_{BC} 和 V_{CE}。

4.9 各種偏壓電路組態

*39. 對圖 4.139 的網路，試決定：
  a. I_B。   **c.** V_E。
  b. I_C。   **d.** V_{CE}。

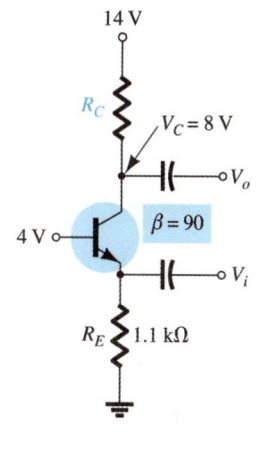

圖 4.138　習題 38

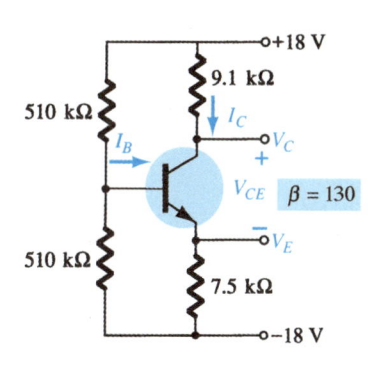

圖 4.139　習題 39

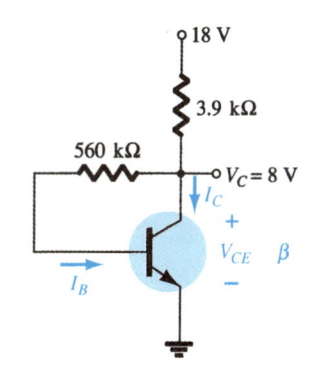

圖 4.140　習題 40 和 68

40. 圖 4.140 的網路中 $V_C = 8$ V，試決定：
  a. I_B。   **c.** β。
  b. I_C。   **d.** V_{CE}。

4.11 設計運算

41. 某固定偏壓電路中，若 $V_{CC}=12$ V、$\beta=80$ 且 $I_{C_Q}=2.5$ mA、$V_{CE_Q}=6$ V。試決定 R_C 和 R_B，請選用標準阻值。

42. 試設計一射極自穩偏壓電路，使工作點在 $I_{C_Q}=\frac{1}{2}I_{C_{sat}}$ 與 $V_{CE_Q}=\frac{1}{2}V_{CC}$，採用 $V_{CC}=20$ V、$I_{C_{sat}}=10$ mA、$\beta=120$ 且 $R_C=4R_E$。請選用標準阻值。

43. 試設計一分壓器偏壓網路，採用 24 V 電源，電晶體的 $\beta=110$，工作點在 $I_{C_Q}=4$ mA

以及 $V_{CE_Q}=8\text{ V}$，選擇 $V_E=\dfrac{1}{8}V_{CC}$。請選用標準阻值。

*44. 試利用圖 4.121 的特性設計一分壓器偏壓電路，其飽和電流是 10 mA，Q 點在截止區和飽和區之間的一半處，可用電源是 28 V，V_E 假定是 V_{CC} 的五分之一。式(4.33) 的條件必須符合以提供高穩定性。請選用標準阻值。

4.12 多個 BJT 的電路

45. 對圖 4.141 的 RC 耦合放大器，試決定：
    a. 各電晶體的電壓 V_B、V_C 和 V_E。
    b. 各電晶體的電流 I_B、I_C 和 I_E。

圖 4.141　習題 45

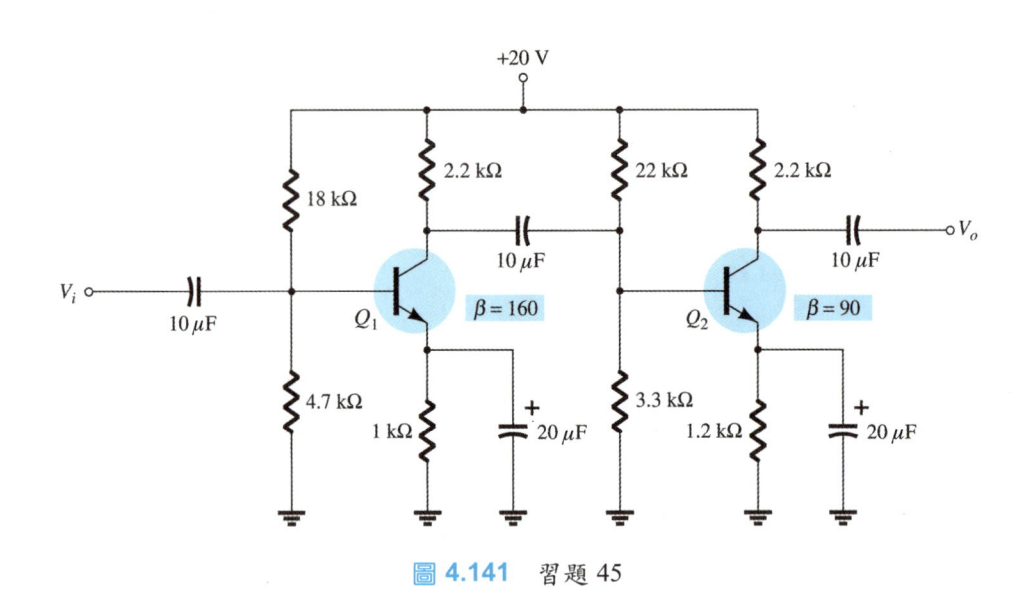

46. 對圖 4.142 的達靈頓放大器，試決定：
    a. β_D 電平。
    b. 各電晶體的基極電流。
    c. 各電晶體的集極電流。
    d. 電壓 V_{C_1}、V_{C_2}、V_{E_1} 和 V_{E_2}。

47. 對圖 4.143 的疊接放大器，試決定：
    a. 各電晶體的基極與集極電流。
    b. 電壓 V_{B_1}、V_{B_2}、V_{C_1}、V_{E_2} 和 V_{C_2}。

第 4 章　BJT（雙載子接面電晶體）的直流偏壓　**309**

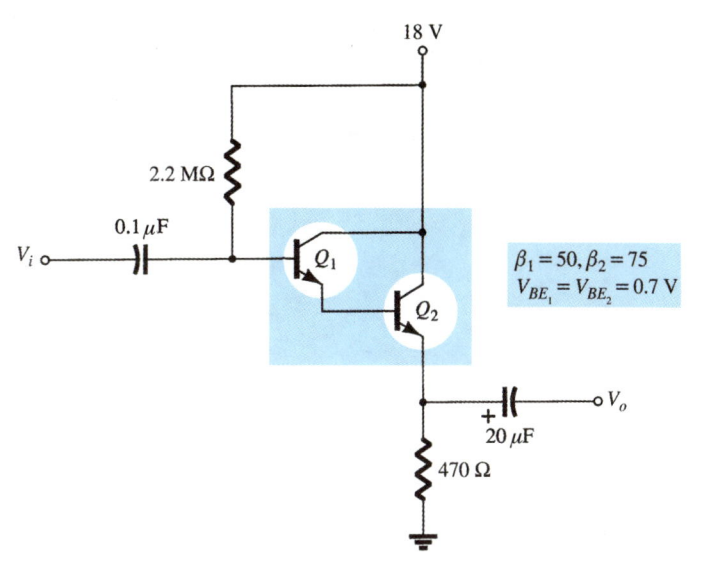

圖 4.142　習題 46

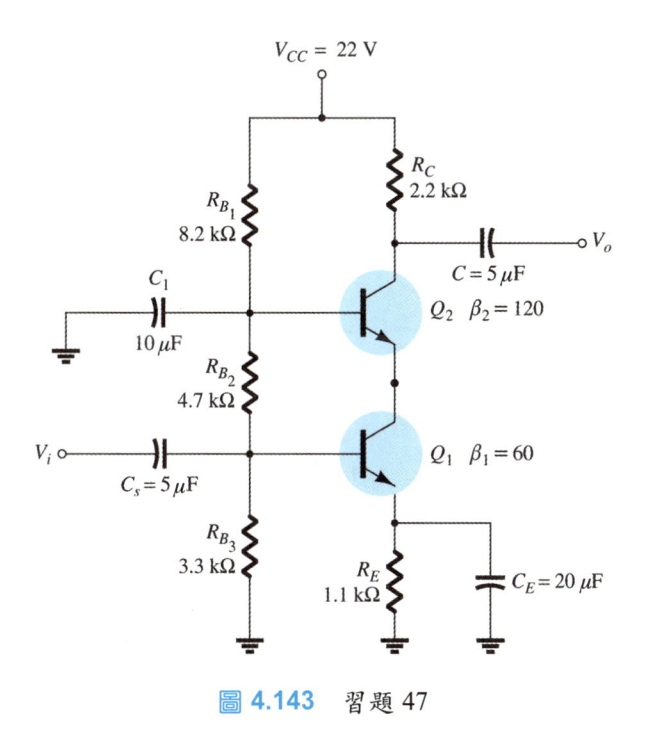

圖 4.143　習題 47

310 電子裝置與電路理論

48. 對圖 4.144 的反饋對放大器，試決定：
   a. 各電晶體的基極與集極電流。
   b. 各電晶體的基極、射極與集極電壓。

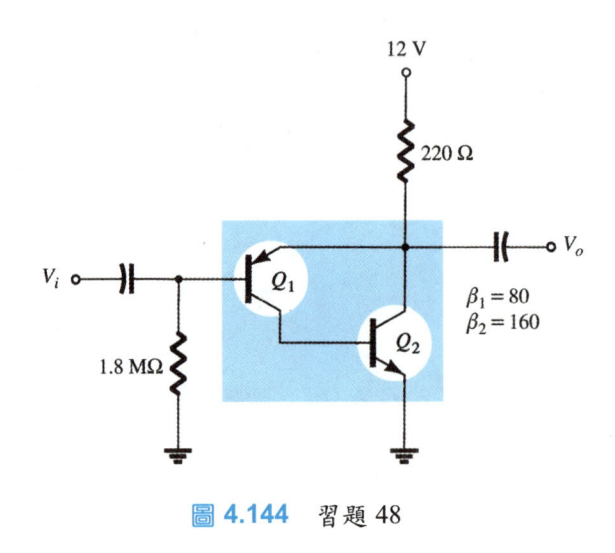

圖 4.144　習題 48

4.13　電流鏡

49. 試計算圖 4.145 電路的複製（鏡射）電流 I。

*50. 試計算圖 4.146 中 Q_1 和 Q_2 的集極電流。

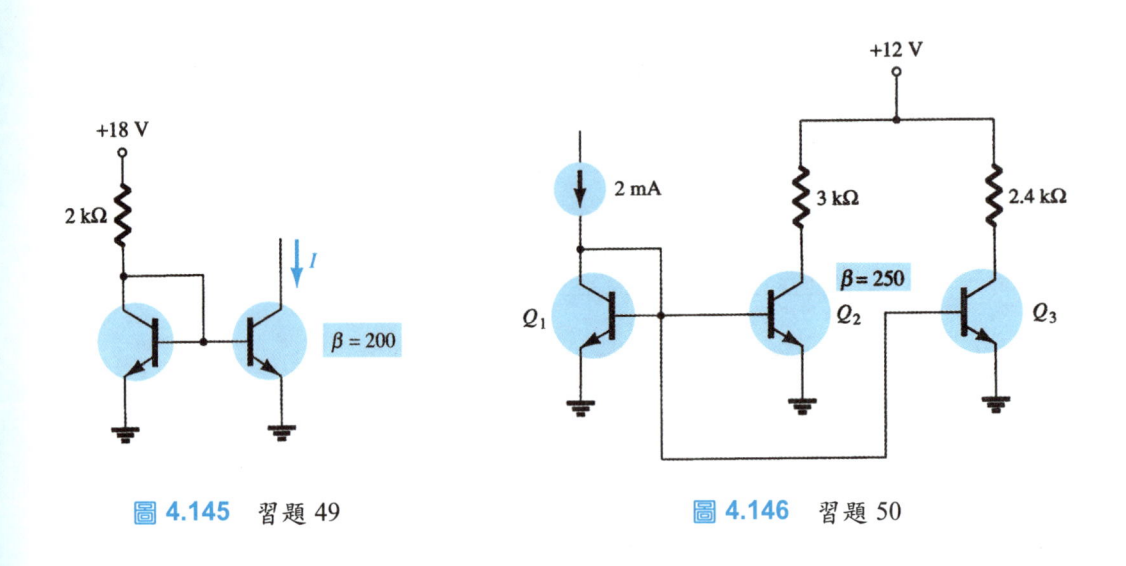

圖 4.145　習題 49

圖 4.146　習題 50

4.14 電流源電路

51. 試計算圖 4.147 電路中流經 2.2 kΩ 負載的電流。

52. 對圖 4.148 的電路，試計算電流 I。

*53. 計算圖 4.149 電路中的電流 I。

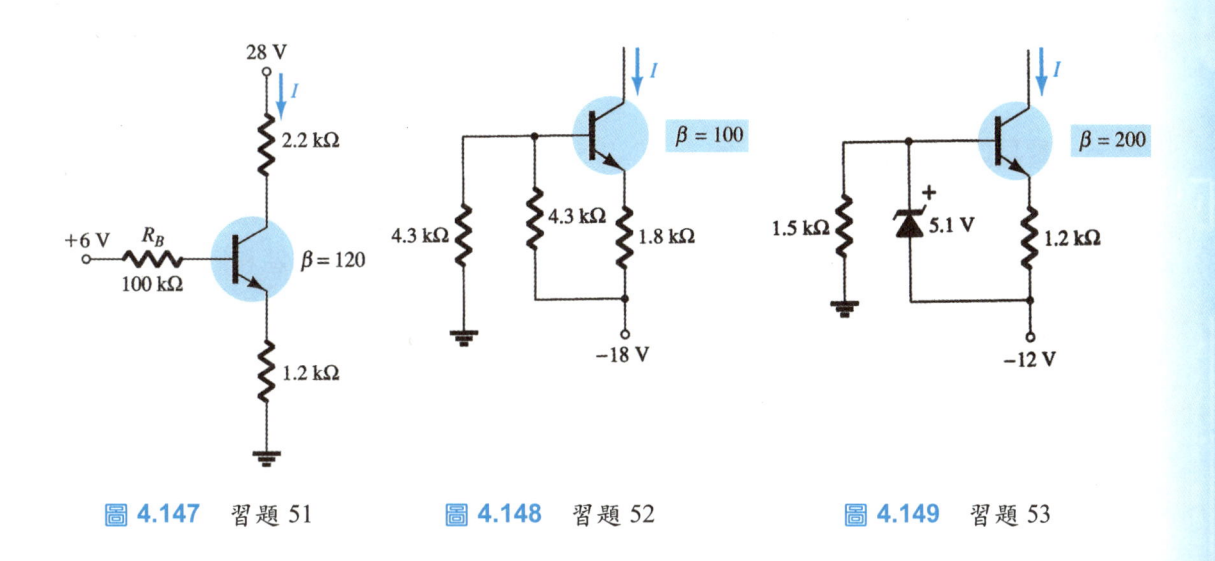

圖 4.147 習題 51　　　圖 4.148 習題 52　　　圖 4.149 習題 53

4.15 pnp 電晶體

54. 試決定圖 4.150 網路中的 V_C、V_{CE} 和 I_C。

55. 試決定圖 4.151 網路中的 V_C 和 I_B。

56. 試決定圖 4.152 網路中的 I_E 和 V_C。

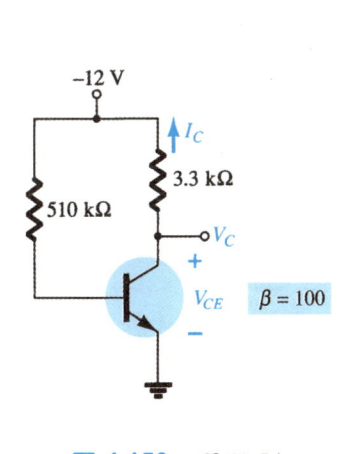

圖 4.150 習題 54 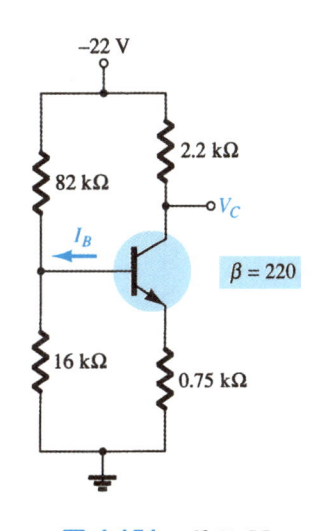　　　圖 4.151 習題 55

圖 4.152　習題 56

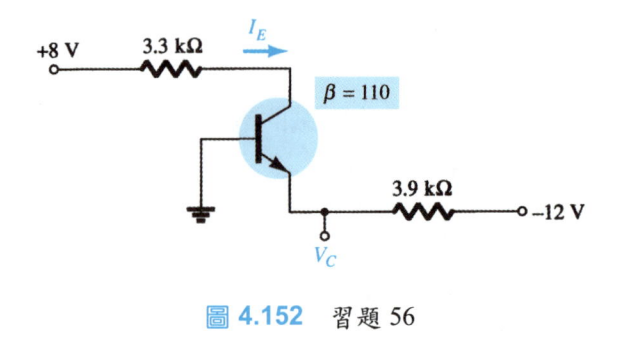

4.16　電晶體開關電路

*57. 利用圖 4.121 的特性，決定圖 4.153 網路輸出波形的外觀，必須將 $V_{CE_{sat}}$ 的效應包含在內，並決定 $V_i=10$ V 時的 I_B、$I_{B_{max}}$ 和 $I_{C_{sat}}$，以及分別決定飽和區和截止區對應的集極對射極電阻。

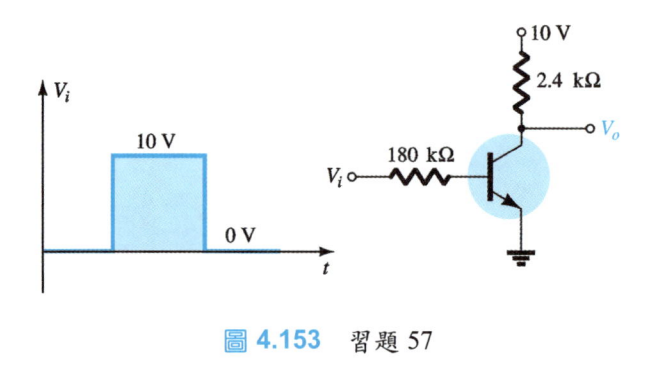

圖 4.153　習題 57

*58. 設計圖 4.154 的反相器，所用電晶體的 $\beta=100$，工作時的飽和電流是 8 mA，所用 I_B 值是 $I_{B_{max}}$ 的 120%。請選用標準阻值。

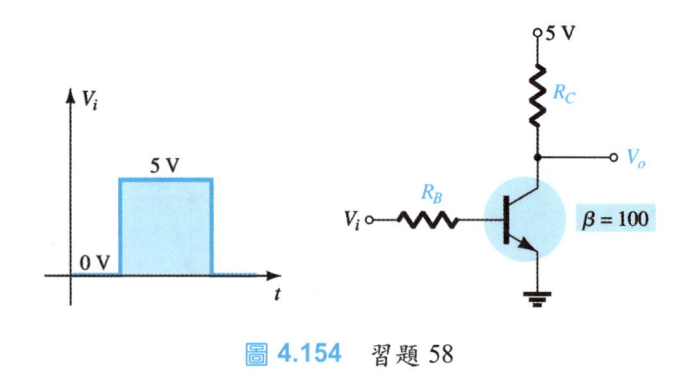

圖 4.154　習題 58

59. **a.** 使用圖 3.23e 的特性，試決定電流 2 mA 時對應的 t_{on} 和 t_{off}。注意到該圖使用對應座標，有需要請參考 9.2 節。

b. 重做(a)，但電流改為 10 mA。電流增加時 t_{on} 和 t_{off} 有何改變？

c. 分別對(a)和(b)畫出圖 4.91 的脈波波形，並比較結果。

4.17 故障檢修（偵錯）技術

*60. 從圖 4.155 的各個量測可發現，網路並未正常工作，試可從量測值儘可能列出各種原因。

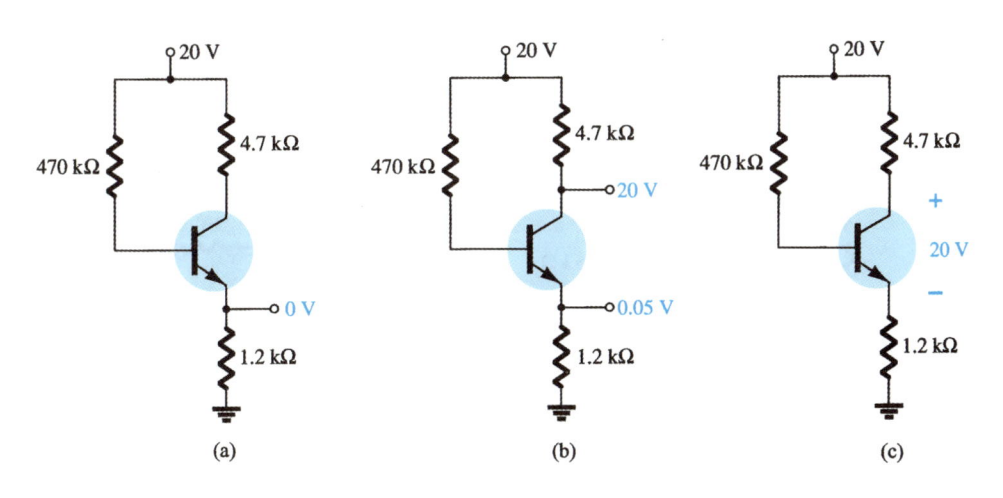

圖 4.155 習題 60

*61. 從圖 4.156 的各個量測可發現，網路並未正常工作。請特定描述，所量得的數值和網路的預期操作對照，反映了何種問題？易言之，在每一電路中，量測值都反映了一個特定問題。

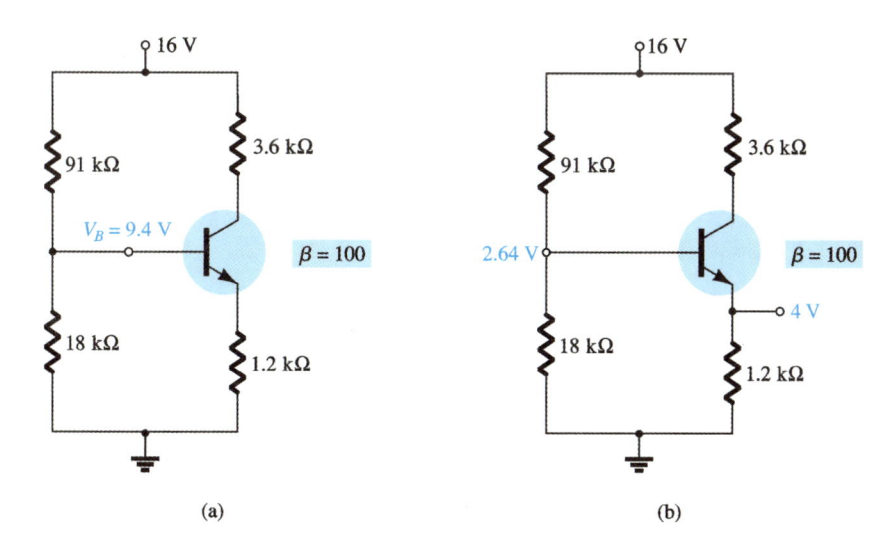

圖 4.156 習題 61

62. 對圖 4.157 的電路：
   a. 若 R_B 增加，則 V_C 會上升或下降？
   b. 若 β 減少，則 I_C 會上升或下降？
   c. 若 β 增加，則飽和電流會如何？
   d. 若 V_{CC} 降低，則集極電流會上升或下降？
   e. 若電晶體換成另一個 β 比較小的電晶體，V_{CE} 會如何？

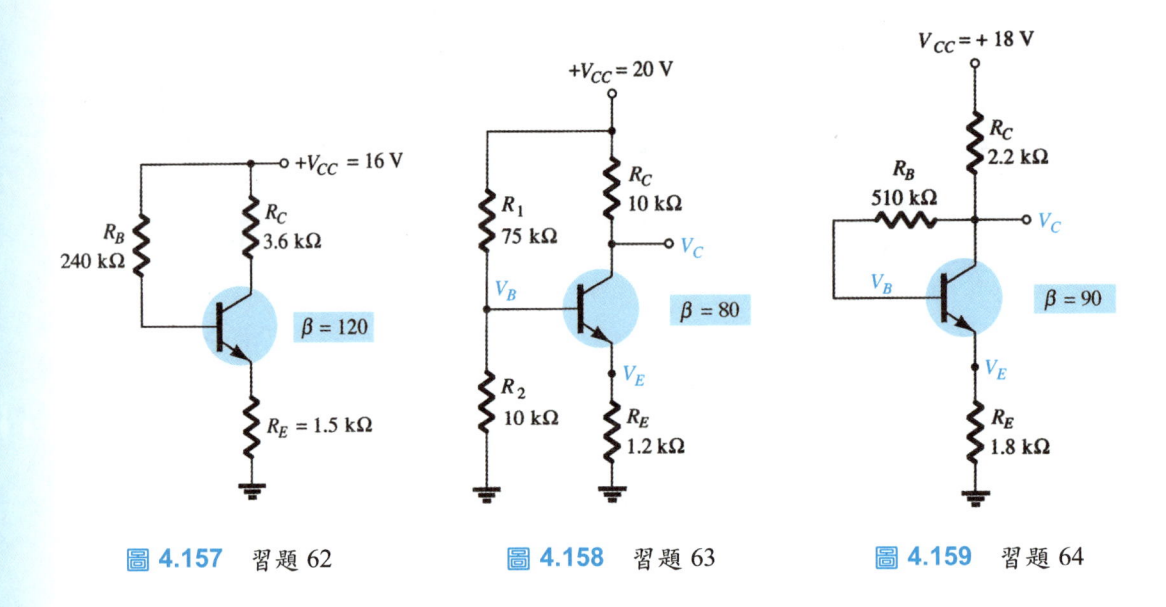

圖 4.157 習題 62

圖 4.158 習題 63

圖 4.159 習題 64

63. 關於圖 4.158 的電路，回答以下問題：
   a. 若電晶體用另一個 β 值較大的電晶體取代，電壓 V_C 會如何？
   b. 若接地電阻 R_{B_2} 開路（不接地），電壓 V_{CE} 會如何？
   c. 若電源電壓降到低位準，則 I_C 會如何？
   d. 若電晶體的基極對射極接面故障開路，電壓 V_{CE} 會如何？
   e. 若電晶體的基極對射極接面故障短路，電壓 V_{CE} 會如何？

*__64.__ 關於圖 4.159 的電路，試回答以下問題：
   a. 若電阻 R_B 開路，電壓 V_C 會如何？
   b. 若 β 因溫度而上升，V_{CE} 會如何？
   c. 若集極電阻 R_C 用一個容許誤差範圍內最低阻值的電阻取代，對 V_E 有何影響？
   d. 若電晶體的集極接線開路，V_E 會如何？
   e. 什麼情況可能使 V_{CE} 接近 18 V？

4.18 偏壓穩定法

65. 對圖 4.118 的網路，試決定：

    a. $S(I_{CO})$。

    b. $S(V_{BE})$。

    c. $S(\beta)$，此參數值對應於溫度 T_1，且 $\beta(T_2)$ 比 $\beta(T_1)$ 多 25%。

    d. 若工作條件使 I_{CO} 由 0.2 μA 增至 10 μA，V_{BE} 由 0.7 V 降到 0.5 V，且 β 增加 25%，試決定 I_C 的淨變化。

***66.** 對圖 4.122 的網路，試決定：

    a. $S(I_{CO})$。

    b. $S(V_{BE})$。

    c. $S(\beta)$，此參數值對應於溫度 T_1，且 $\beta(T_2)$ 比 $\beta(T_1)$ 多 25%。

    d. 若工作條件使 I_{CO} 由 0.2 μA 增至 10 μA，V_{BE} 由 0.7 V 降到 0.5 V，且 β 增加 25%，試決定 I_C 的淨變化。

***67.** 對圖 4.125 的網路，試決定：

    a. $S(I_{CO})$。

    b. $S(V_{BE})$。

    c. $S(\beta)$，此參數值對應於溫度 T_1，且 $\beta(T_2)$ 比 $\beta(T_1)$ 多 25%。

    d. 若工作條件使 I_{CO} 由 0.2 μA 增至 10 μA，V_{BE} 由 0.7 V 降到 0.5 V，且 β 增加 25%，試決定 I_C 的淨變化。

***68.** 對圖 4.140 的網路，試決定：

    a. $S(I_{CO})$。

    b. $S(V_{BE})$。

    c. $S(\beta)$，此參數值對應於溫度 T_1，且 $\beta(T_2)$ 比 $\beta(T_1)$ 多 25%。

    d. 若工作條件使 I_{CO} 由 0.2 μA 增至 10 μA，V_{BE} 由 0.7 V 降到 0.5 V，且 β 增加 25%，試決定 I_C 的淨變化。

***69.** 試比較習題 65～68 各網路穩定因數的相對值，習題 65 和 67 的結果可在附錄 D 找到，是否可從此結果中導出一般性的結論？

***70. a.** 比較習題 65 固定偏壓電路中的各穩定因數值。

    b. 比較習題 67 分壓器偏壓電路中各穩定因數值。

    c. (a)和(b)中那一個因數對系統的穩定性因數影響最大？或者結果是否沒有一般性的模式？

4.21 計算機分析

71. 對圖 4.118 的網路,執行 PSpice 分析,亦即決定 I_C、V_{CE} 和 I_B。

72. 重做習題 71,但針對圖 4.122 的網路。

73. 重做習題 71,但針對圖 4.125 的網路。

74. 重做習題 71,但針對圖 4.129 的網路。

75. 重做習題 71,但採用 Multisim。

76. 重做習題 72,但採用 Multisim。

77. 重做習題 73,但採用 Multisim。

78. 重做習題 74,但採用 Multisim。

BJT（雙載子接面電晶體）的交流分析

本章目標

- 熟習 BJT 電晶體的 r_e、混合以及混合 π 模型。
- 學習利用等效電路求出放大器重要的交流參數。
- 了解訊號源電阻和負載電阻對放大器總增益和特性的影響。
- 能知道各種重要的 BJT 電路組態一般的交流特性。
- 開始了解以雙埠系統分析單級或多級放大器所具備的優點。
- 發展交流放大器網路的檢修技術。

5.1 導言

　　電晶體的基本構造，外觀和特性已在第 3 章介紹，此種裝置的直流偏壓也在第 4 章中詳細探討，而在交流弦波之下，我們要藉由檢視最常用的電晶體模型，來探討 BJT 的交流響應。

　　在作電晶體網路的交流分析時，我們首先要關注的是輸入訊號的大小，這會決定應採用小訊號或是大訊號的分析技巧，兩者之間沒有一定的分界線，但在應用時，我們所關注的變數和裝置特性的尺度之間的相對大小，通常會讓我們很清楚的判斷該選擇那一種分析方法。本章介紹小訊號分析技巧，而大訊號的分析應用則在《電子裝置與電路理論—應用篇》第 3 章中探討。

　　有三種模型普遍用在電晶體網路的小訊號交流分析：r_e 模型、混合 π 模型和混合等效（h 參數）模型。本章會全部介紹這三種模型，但會特別強調 r_e 模型。

5.2 交流放大

　　第 3 章曾說明過，電晶體可用作放大裝置，也就是輸出訊號會大於輸入訊號，或者換另一種說法，輸出交流功率會大於輸入交流功率。現在問題出現了，交流輸出功率何以能大於交流輸入功率。由能量守恆知，在一段時間內，系統的總輸出功率 P_o 不能大於系統的輸入功率 P_i，且效率 $\eta = P_o/P_i$ 不能大於 1。以上討論中交流輸出功率大於交流輸入功率，關鍵出在外加的直流功率，才能使效率因數合於常理。易言之，因為有直流功率"換成"交流功率，才能建立較高的輸出交流功率。事實上，**轉換效率**定義為 $\eta = P_{o(ac)}/P_{i(dc)}$，其中，$P_{o(ac)}$ 是送到負載的交流功率，而 $P_{i(dc)}$ 則是外加的直流功率。

可能對直流電源角色的最佳描述，可以先考慮圖 5.1 簡單的直流網路，所得的電流方向如圖所示，電流對時間的波形也在同一圖上。現在讓我們加入一控制機制，如圖 5.2 所示。加上相對小的訊號到控制機制上，在輸出電路上產生可觀的振盪。

也就是在此例中，

$$i_{ac(p-p)} \gg i_{c(p-p)}$$

因此建立了交流放大，輸出電流的峰對峰值會遠超過控制電流的峰對峰值。

對圖 5.2 的系統而言，輸出電路中振盪的最大值會受到直流位準的控制。若振盪想超過直流位準所設的限制，則輸出訊號的最高或最低部分就可能被截掉。因此一般而言，適當的放大設計需要考慮直流和交流分量在需求與限制相互之間的影響。

但非常有幫助要了解到：

重疊定理可應用在 BJT 網路中直流與交流分量的分析和設計上，允許系統的直流和交流響應可分開來分析。

易言之，在考慮交流響應之前，可先對系統作完整的直流分析。一旦完成了直流分析，再用完整的交流分析決定交流響應。然而，在 BJT 網路的交流分析時，出現的元件中有一些卻要由網路的直流條件決定，所以在直流和交流這兩種分析之間仍然有重要的關聯。

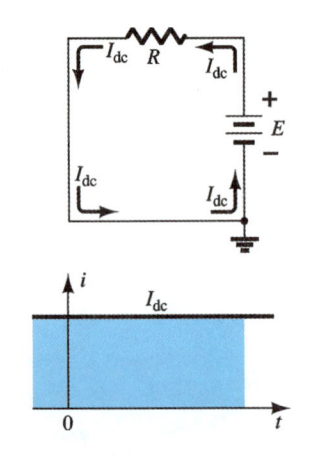

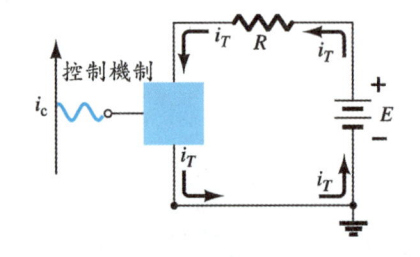

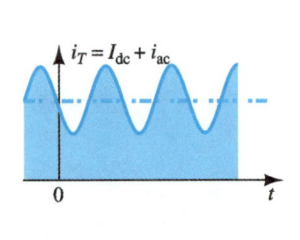

圖 5.1 直流電源建立穩定電流　　**圖 5.2** 控制元件對圖 5.1 電氣系統穩態電流的影響

5.3 BJT 電晶體模型

電晶體小訊號分析法的關鍵,是利用本章所要介紹的等效電路(模型)。

> 模型是一組適當選擇的電路元件的組合,在特定的工作條件下,可對半導體裝置的實際操作達到最佳近似。

一旦決定了交流等效電路,裝置的電路符號就可用此等效電路代換,且可利用基本的電路分析方法決定網路中的電壓電流值。

在電晶體網路分析發展的年代中,混合等效(h 參數)模型曾經是最常用的等效電路,規格表通常都會列出這些參數,分析時只要將這些值連同等效電路代入即可,但缺點是這些參數值是對應於一組工作條件,可能無法符合實際的工作條件。在大部分的情況下,這並不是很嚴重的瑕疵,因為實際的工作條件和規格表所選的工作條件相當接近。另外,實際的電阻值和給定的電晶體 β 值一定會有變化,所以近似分析還是值得信賴的。製造商仍繼續在規格表上提供特定工作點對應的 h 參數值,他們實在也別無選擇,他們想給使用者對這些參數值的大小有些概念以供比較,但實際上也不知道使用者的實際工作條件是什麼。

現在 r_e 模型的使用更能符合要求,因為等效電路上重要的參數值可以由實際的工作條件決定,而不必使用規格表的值,有時規格表的值和實際值會差很多。但不幸地,等效電路中的某些其他參數仍必須參照規格表。另外,r_e 模型沒有反饋元件,雖可簡化,但在某些情況中反饋元件可能蠻重要的。

高頻分析幾乎都是用混合 π 模型,其簡化版本就是 r_e 模型。混合 π 模型包含了輸出和輸入之間的連接元件,意即涵蓋了輸出電壓對輸入電壓電流的反饋效應。完整的混合 π 模型見第 9 章的介紹。

除了對各種模型的介紹,或者探討應使用何種模型較為恰當之外,本書採用 r_e 模型作分析。但只要時機允許,仍會對模型之間的比較作討論,證明模型之間的關係是如何密切。一旦你對某種模型已十分專精時,將會阻滯你去探討另一種不同的模型,所以從一種模型過渡到另一種模型也是很重要的,以免轉換模型時承受極大的負荷。

為努力說明交流等效電路對以後分析的影響,考慮圖 5.3 的電路。現在讓我們假定電晶體的小訊號交流等效電路已經決定好了,因為我們只對電路的交流響應有興趣,所以所有直流電壓源等效於零電位(短路),這些直流電源只用來決定輸出電壓的直流成分(靜態值),不影響交流輸出的擺幅大小,見圖 5.4 的清楚說明。直流值只有在決定工作的適當 Q 點才重要,Q 點一旦決定後,分析網路的交流響應時,就可忽略直流值。耦合電容 C_1、C_2 和旁路電容 C_3 的選取,要能使所有頻率對應的電抗值很小,因此這些電容在實際應用時,可等效於極低電阻或短路。注意到,這會使直流偏壓電阻 R_E 的兩端

"短路"。回想到，電容在直流穩態條件下等效於"開路"，使各放大級之間的直流值和靜態條件彼此隔離（互為獨立）。

當你在將網路修正成交流等效電路的過程中，參數如 Z_i、Z_o、I_i 和 I_o 的正確定義（如圖 5.5）是很重要的。即使網路外觀可能有所不同，簡化後網路中參數的定義必須和原始網路上的定義相同。兩個網路（圖 5.3 和圖 5.4）中輸入阻抗的定義都是從基極到地，輸入電流的定義都是電晶體的基極電流，輸出電壓都是集極對地電壓，且輸出電流都定義成流經負載電阻 R_C 的電流。

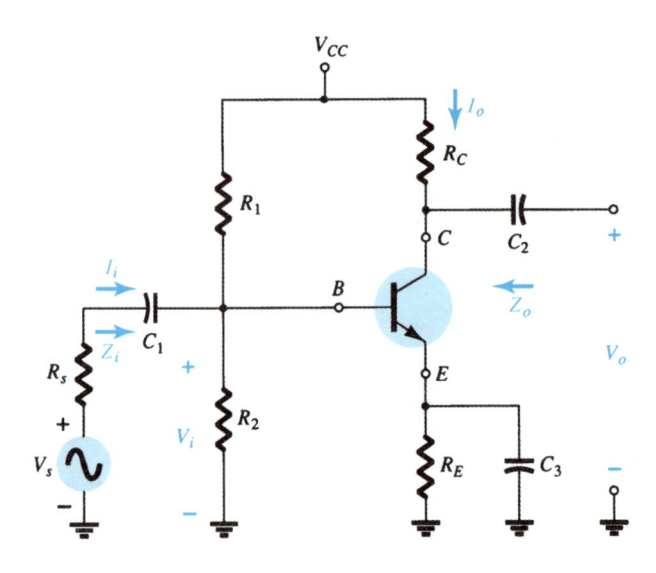

圖 5.3 在此介紹性討論中所探討的電晶體電路

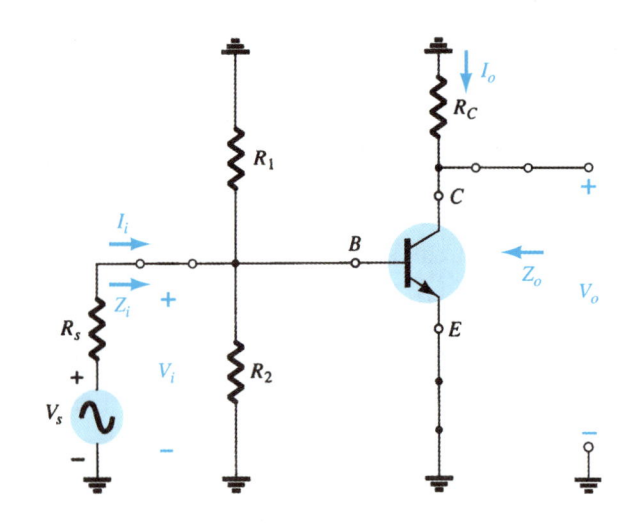

圖 5.4 圖 5.3 的網路去除直流電源，且電容等效於短路後所得的交流等效電路

第 5 章　BJT（雙載子接面電晶體）的交流分析　321

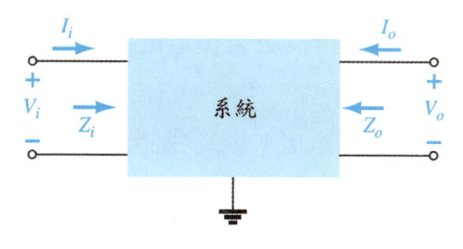

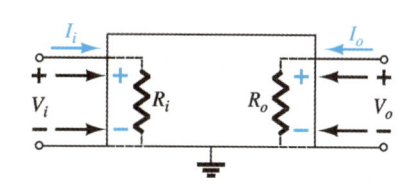

圖 5.5　定義任意系統的重要參數

圖 5.6　說明方向和極性的定義理由

圖 5.5 的參數可用於任何系統，不管系統只有一個元件或者有上千個元件。就本書今後所有的分析，電流的方向、電壓的極性及阻抗的方向都是以圖 5.5 為準。易言之，依定義，輸入電流 I_i 和輸出電流 I_o 的方向都定義成流入系統的方向。而如在某些例子中，輸出電流是流出系統，而非如圖 5.5 的流入系統時，電流就必須加上負號。輸入和輸出電壓的極性也定義在圖 5.5 上，若 V_o 的極性相反時，也必須加上負號。注意到，Z_i 是"看進入"系統的阻抗，而 Z_o 則是在輸出側"看回入"系統的阻抗。若按照圖 5.5 的定義選擇電流方向和電壓極性，則輸入阻抗和輸出阻抗都會得到正值。例如，在圖 5.6 中，此特定系統的輸入和輸出阻抗都是電阻性的，對 I_i 和 I_o 的方向而言，電阻元件上產生的電壓降，會分別和圖上的 V_i 和 V_o 的極性相同。若 I_o 定義成和圖 5.5 的方向相反時，就必須加上負號成 $-I_o$。無論是那一種狀況，只要按照圖 5.5 定義的方向和極性，$Z_i = V_i/I_i$ 和 $Z_o = V_o/I_o$ 都會得到正值。若某實際系統的電流方向和圖 5.5 相反，則結果必須加上負號，因 V_o 必須按照圖 5.5 的極性定義。在分析本書中的 BJT 網路時，一定要記住圖 5.5，這是"系統分析"重要的第一步，當擴展這種分析方法應用到成套的 IC 系統時，系統分析法將變得十分重要。

若對圖 5.4 建立一個共地點，且調整元件位置，R_1 和 R_2 並聯，R_C 接在集極和射極之間，如圖 5.7 所示。因為圖 5.7 上電晶體等效電路的組成元件，採用一般熟悉的元件

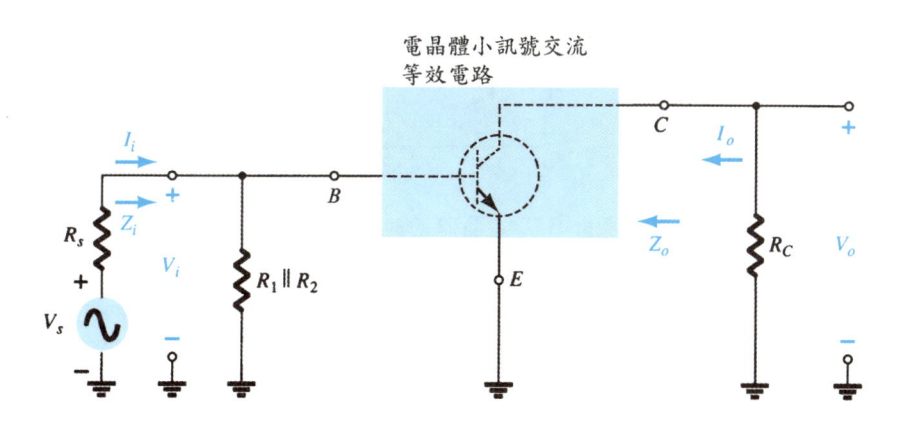

圖 5.7　重畫圖 5.4 的電路以便作小訊號交流分析

如電阻和受控源等，因此可用重疊原理和戴維寧定理等分析技巧來決定電路中所要的電壓電流值。

讓我們進一步探討圖 5.7，並確認系統所要決定的重要數值。因為我們知道電晶體是一種放大裝置，我們會期望用一種指標來代表輸出電壓 V_o 和輸入電壓 V_i 的關係，即電壓增益(voltage gain)。注意到，圖 5.7 的電路阻態中，電流增益(current gain)定義為 $A_i = I_o/I_i$。

因此總之，可利用以下方法得到網路的交流等效電路：

1. 設所有直流電壓源為零，這些電壓源都等效於短路。
2. 所有電容都等效於短路。
3. 除去和短路（步驟 1、2 產生者）並聯的元件。
4. 以更便捷和更合乎邏輯的形式重畫網路。

在以下幾節中將介紹電晶體的等效模型，以完成圖 5.7 網路的交流分析。

5.4　r_e 電晶體模型

現在要介紹共射(CE)、共基(CB)和共集(CC)BJT 電晶體組態的 r_e 模型，並簡短說明何以 r_e 模型可對電晶體的實際操作得到良好的近似。

共射極電路組態

共射極電路組態的等效電路，可用裝置特性和一些近似來建構。從輸入側開始，可看出外加輸入電壓 V_i 等於電壓 V_{be}，且輸入電流是基極電流 I_b，如圖 5.8 所示。

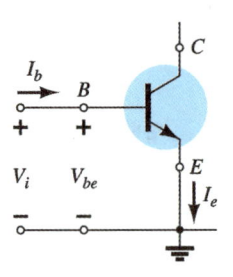

圖 5.8　求出 BJT 電晶體的輸入等效電路

回想第 3 章的內容，因為流經順偏接面的電流是 I_E，輸入側對應於不同 V_{BE} 值的特性曲線見圖 5.9a。如對圖 5.9a 的曲線取平均，可得圖 5.9b 的單一曲線，即順偏二極體的特性曲線。

第 5 章 BJT（雙載子接面電晶體）的交流分析

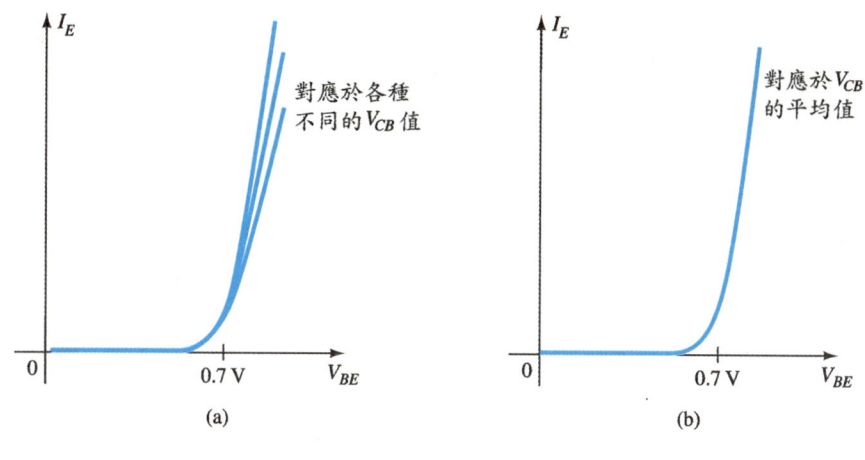

圖 5.9 定義圖 5.9a 特性的平均曲線

因此就等效電路而言，輸入側僅是一個電流為 I_e 的二極體，如圖 5.10。但現在我們必須利用輸出特性，在網路上加上一個元件，以建立圖 5.10 上的電流 I_e。

將 β 為定值的集極特性重畫於圖 5.11（這是另一種近似），則整個輸出部分的特性可用一個受控源代替，其大小是 β 乘上圖 5.11 上的基極電流。因為原始電路組態的輸入和輸出參數都知道了，所以共射極電路組態的等效網路可建立如圖 5.12。

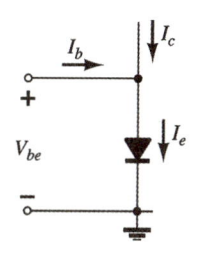

圖 5.10 BJT 電晶體輸入側的等效電路

圖 5.12 的等效模型由於輸入和輸出網路直接接在一起，並不好用。可以先用一個等效電阻取代二極體來改善，等效電阻值由 I_E 的大小決定，見圖 5.13。回想在第 3 章中，二極體電阻可用 $r_D = 26\ \text{mV}/I_D$ 決定。採用下標 e，因為現在電流是射極電流，可得 $r_e = 26\ \text{mV}/I_E$。

現在，對輸入側而言：
$$Z_i = \frac{V_i}{I_b} = \frac{V_{be}}{I_b}$$

解出 V_{be}：
$$V_{be} = I_e r_e = (I_c + I_b) r_e = (\beta I_b + I_b) r_e$$
$$= (\beta + 1) I_b r_e$$

且
$$Z_i = \frac{V_{be}}{I_b} = \frac{(\beta + 1) I_b r_e}{I_b}$$

$$\boxed{Z_i = (\beta + 1) r_e \cong \beta r_e} \tag{5.1}$$

結果是，從網路基極"看入"的阻抗是一電阻，阻值是 β 乘上 r_e，見圖 5.14，集極輸出

圖 5.11　β 為定值的特性

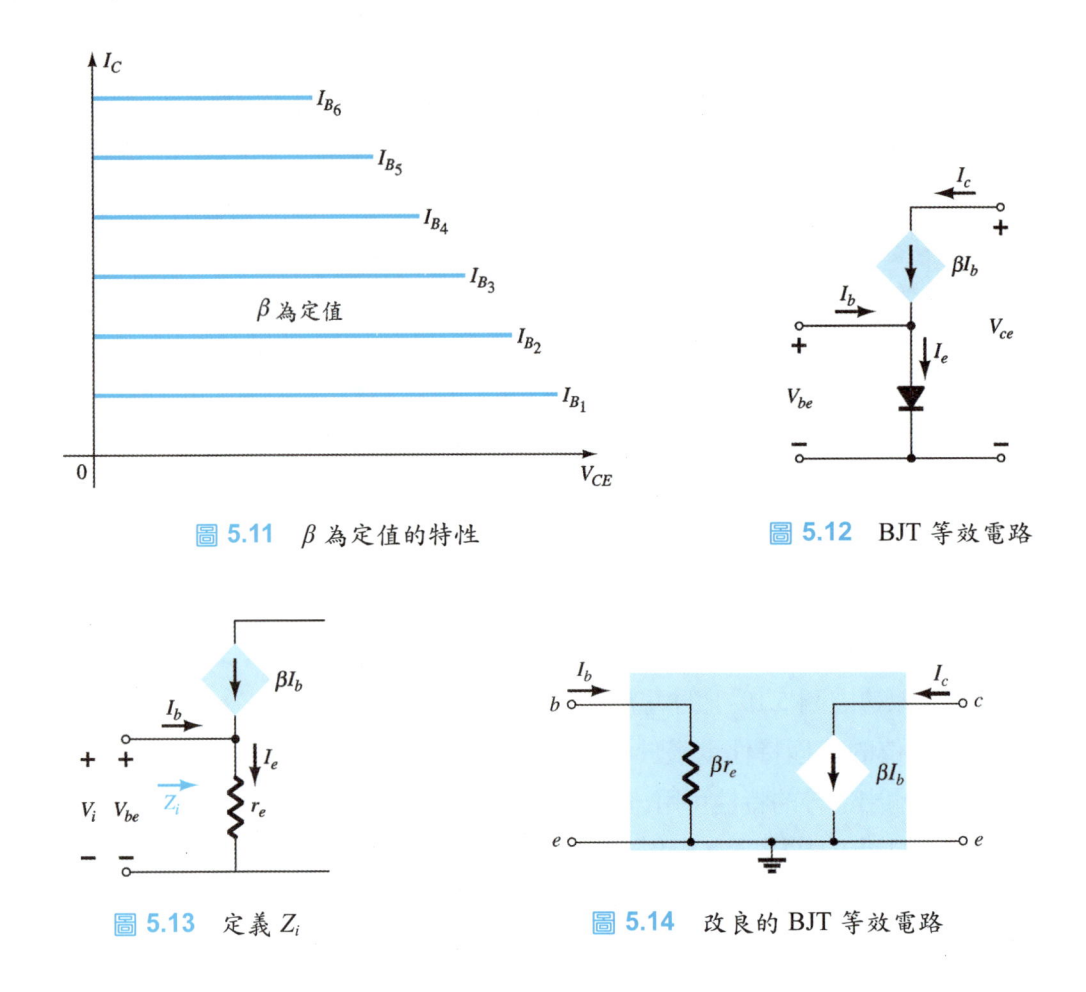

圖 5.12　BJT 等效電路

圖 5.13　定義 Z_i

圖 5.14　改良的 BJT 等效電路

電流仍然是輸入電流 (I_b) 乘上 β。

　　根據圖 5.11 的理想特性，定出此等效電路，輸入和輸出電路是分開的，僅藉由受控源的形式建立聯繫，此形式十分易於作電路分析。

Early 電壓

　　輸入等效電路還不錯，輸出部分除了有 β 值和 I_B 所定的輸出集極電流之外，並未能反映元件的輸出阻抗。實際的特性並不如圖 5.11 所示的理想情況，而是如圖 5.15 有斜率存在，可定義元件的輸出阻抗。斜率愈陡，代表輸出阻抗愈小，即電晶體愈不理想。一般而言，我們期望大的輸出阻抗，以避免下一級電路的負載效應。將特性曲線外插到與水平軸交叉，可注意到在圖 5.15 中，此交點的電壓稱為 Early 電壓。此交點最先由 James M. Early 在 1952 年發現，隨著基極電流的上升，特性曲線的斜率會愈大，使輸出阻抗隨著基極集極電流的上升而下降。如圖 5.15 所示，對指定的集極和基極電流而言，輸出阻抗可用下式求出：

$$r_o = \frac{\Delta V}{\Delta I} = \frac{V_A + V_{CE_Q}}{I_{C_Q}} \tag{5.2}$$

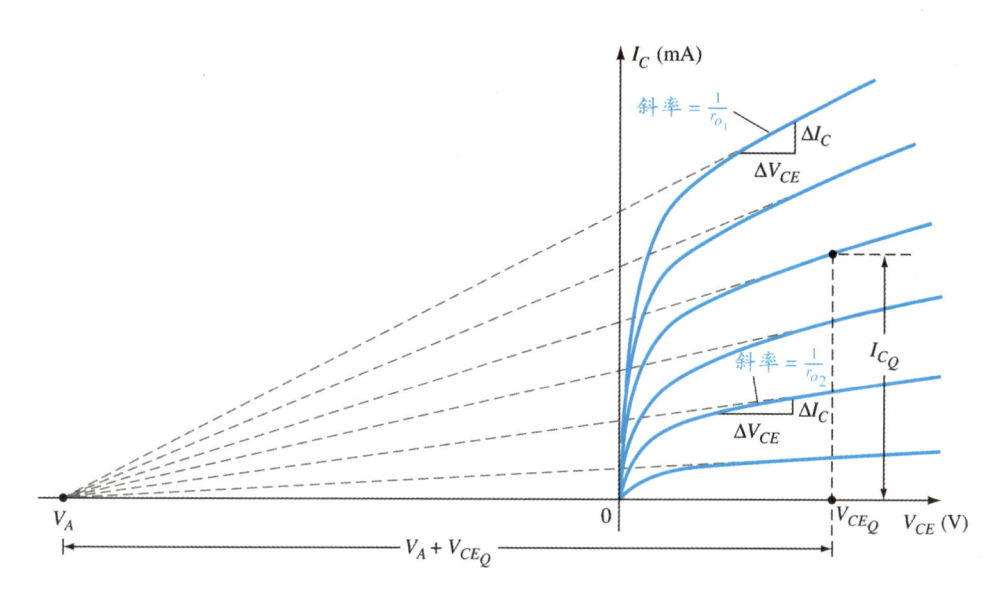

圖 5.15　定義電晶體的 Early 電壓和輸出阻抗

但一般而言，和外加的集極對射極電壓相比，Early 電壓足夠大，因此可用以下近似式：

$$r_o \cong \frac{V_A}{I_{C_Q}} \tag{5.3}$$

顯然因 V_A 為固定電壓，集極電流愈大時，輸出阻抗會愈小。

當 Early 電壓未提供時，可以在特性曲線圖上，對任何基極或集極電流以下式求出輸出阻抗。

$$斜率 = \frac{\Delta y}{\Delta x} = \frac{\Delta I_C}{\Delta V_{CE}} = \frac{1}{r_o}$$

即

$$r_o = \frac{\Delta V_{CE}}{\Delta I_C} \tag{5.4}$$

對照圖 5.15，對相同的電壓變化，r_{o_2} 對應的電流變化 ΔI_C 比 r_{o_1} 對應者小很多，因此 r_{o_2} 比 r_{o_1} 大很多。

若電晶體的規格書中未包括 Early 電壓或輸出特性，則可由混合參數 h_{oe} 決定輸出阻抗，正常每一份規格書都會有 h_{oe} 圖表，此參數會在 5.19 節中詳細介紹。

任何情況下，輸出阻抗可以用電阻形式和輸出並聯，如圖 5.16 的等效電路所示。

以下對共射極電路組態的分析，都會使用圖 5.16 的等效電路。β 的典型值在 50～200 之間，而 βr_e 值在幾百歐姆到 6 kΩ～7 kΩ 之間，輸出電阻 r_o 一般在 40 kΩ～50 kΩ 的範圍。

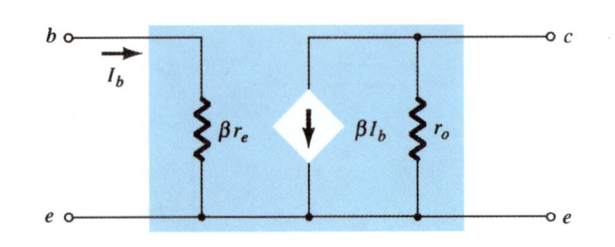

圖 5.16 共射極電晶體組態包含 r_o 效應的 r_e 模型

共基極電路組態

可以用和共射極電路組態幾乎相同的方法，發展出共基極等效電路。利用輸入和輸出電路的一般特性，可以產生近似於裝置實際操作的等效電路。回想在共射極電路組態中，基極和射極之間用二極體連接。對圖 5.17a 的共基極電路組態而言，所用的 *pnp* 電晶體的輸入電路也是如此，結果是在等效電路中用一個二極體代替，如圖 5.17b 所示。對輸出電路，可回到第 3 章並參考圖 3.8，可發現集極電流和射極電流之間有 α 倍的關係，但在此種情況下，圖 5.17b 中定義集極電流的受控源方向會和共射極組態中的受控源方向相反，輸出電路中的集極電流方向會和輸出電流的定義方向相反。

對交流響應而言，二極體可用交流等效電阻取代，阻值 $r_e = 26$ mV/I_E，見圖 5.18。注意到一件事實，等效電阻仍由射極電阻決定。而另一個輸出電阻可以由圖 5.19 的特性決定，此特性圖和用在共射極電路組態的集極特性非常相近。特性曲線幾乎是水平的，顯而易見，圖 5.18 中的輸出電阻 r_o 極高，確定比共射極電路的輸出電阻高很多。

因此對大部分共基極電路組態的分析而言，圖 5.18 的網路是非常好的等效電路。在很多方面，共基極等效電路和共射極等效電路相似。一般而言，共基極電路組態的輸入阻抗非常低，因為基本上輸入側只有一個電阻 r_e，其典型值從幾歐姆到約 50 Ω 之間，而輸出電阻一般會到達 MΩ 的範圍。因為輸出電流方向和 I_o 的定義方向相反，所以在後面的分析中將可發現，輸入與輸出電壓之間沒有相位差，而共射極電路組態中則會有 180° 的相位差。

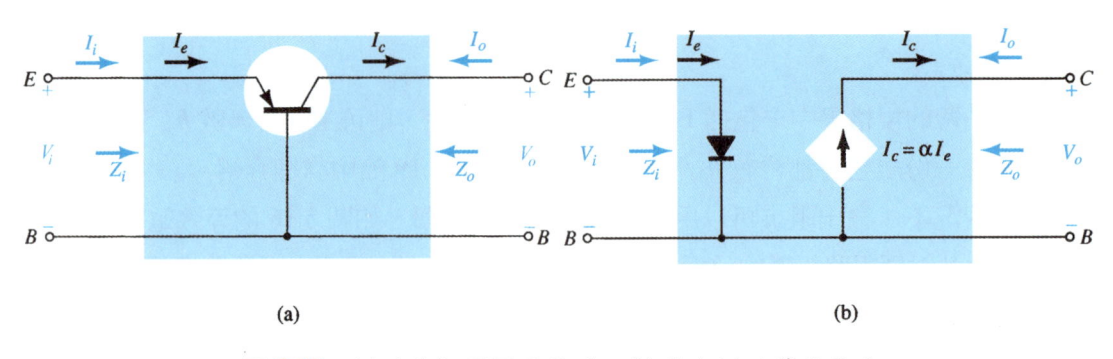

圖 5.17 (a)共基極 BJT 電晶體；(b)電路(a)的等效電路

圖 5.18 共基極 r_e 等效電路

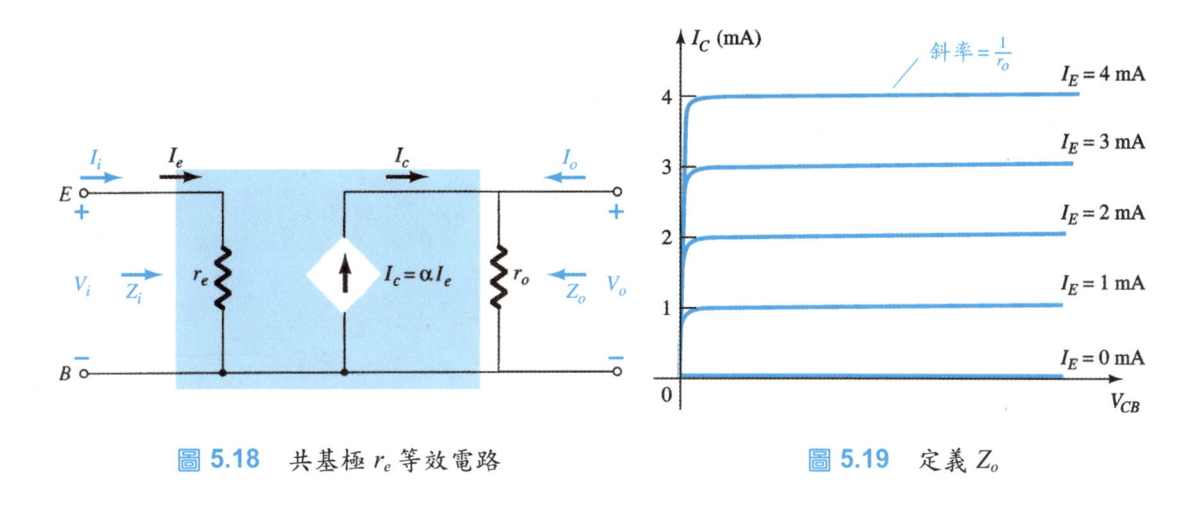

圖 5.19 定義 Z_o

共集極電路組態

對共集極電路組態而言，定義給共射極電路的等效模型（圖 5.16）一般已足以應用，無需再定義新的模型。在以下幾章中，我們會探討一些共集極電路，使用相同模型到不同電路的影響將會變得很清楚。

npn 對 *pnp*

npn 和 *pnp* 電路的直流分析是截然不同的，因電流方向和電壓極性都正好相反。但對交流分析而言，因交流訊號是在正值與負值間不斷交互變化，所以 *npn* 和 *pnp* 的交流等效電路完全相同。

5.5 共射極固定偏壓電路

現在要利用剛介紹過的電晶體模型，對一些標準的電晶體網路組態，作小訊號交流分析。所分析的網路會涵蓋實用網路的大部分，一旦研習並了解本章的內容之後，即使這些標準網路修正之後，也可以很容易探討分析出來。為分析的完整性，每個電路都會考慮到輸出阻抗的效應。

在計算機分析一節中，會對 PSpice 和 Multisim 套裝軟體作用的電晶體模型作一簡要描述，會說明現成計算機分析系統的範圍與深度，可以看到用計算機分析複雜的網路並印出所要的結果是何等的容易。現在第一個要分析的電路組態，是圖 5.20 的共射極固定偏壓網路。注意到，輸入訊號 V_i 加到電晶體的基極，而輸出 V_o 則自集極離開。另外，要確認輸入電流 I_i 並不是基極電流，而輸出電流 I_o 則是集極電流。小訊號交流分析開始要先除去直流 V_{CC} 的影響，再將直流阻絕電容 C_1 和 C_2 等效於短路，可得到圖 5.21 的網路。

注意到在圖 5.21 中，直流電源和射極腳共地，使 R_B 和 R_C 分別與電晶體的輸入和輸出部分並聯。另外注意到，重要網路參數 Z_i、Z_o、I_i 和 I_o 的位置也重畫在圖上。將 r_e 模型代入圖 5.21 的共射極電路組態，可得圖 5.22 的網路。

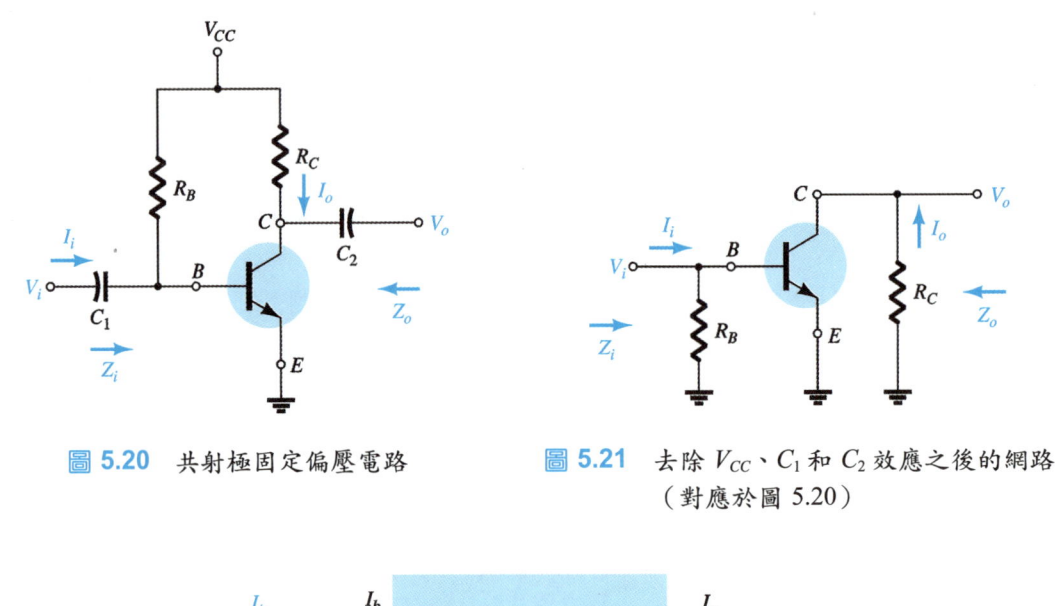

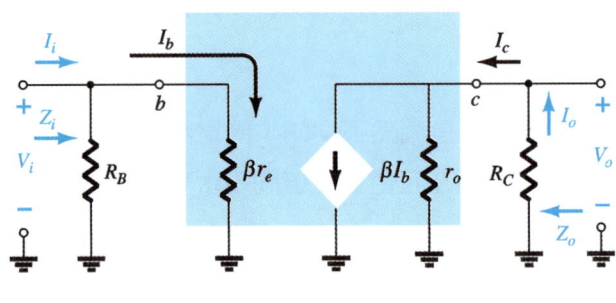

圖 5.20 共射極固定偏壓電路

圖 5.21 去除 V_{CC}、C_1 和 C_2 效應之後的網路（對應於圖 5.20）

圖 5.22 將 r_e 模型代入圖 5.21 的網路

下一步要決定 β、r_e 和 r_o。β 的大小一般可由規格表，或用曲線測試儀或電晶體測試儀器量測得到。r_e 值必須由系統的直流分析決定，而 r_o 值一般可由規格表或從特性曲線得到。假定 β、r_e 和 r_o 都已決定好，就可產生系統的重要雙埠特性關係式如下：

Z_i 由圖 5.22 可清楚看到

$$Z_i = R_B \| \beta r_e \quad \text{歐姆}(\Omega) \tag{5.5}$$

對大部分的情況而言，R_B 會超過 βr_e 的 10 倍以上（回想並聯元件的分析，兩電阻並聯後的總電阻值會小於兩電阻中最小者，且若某一電阻遠大於另一電阻值，並聯電阻值會接近兩電阻中最小者），輸入阻抗可近似如下：

第 5 章　BJT（雙載子接面電晶體）的交流分析　329

$$\boxed{Z_i \cong \beta r_e}\Big|_{R_B \geq 10\beta r_e} \quad 歐姆(\Omega) \tag{5.6}$$

Z_o　回想到，任何系統的輸出阻抗 Z_o 的決定，要令 $V_i=0$ 來決定。對圖 5.22 而言，當 $V_i=0$ 時，會使 $I_i=I_b=0$，使電流源 βI_b 等效於開路，結果如圖 5.23 的電路，可得

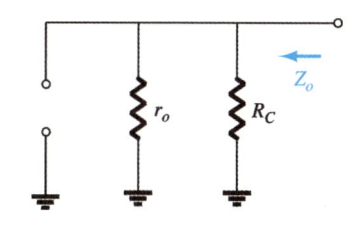

$$\boxed{Z_o = R_C \| r_0} \quad 歐姆(\Omega) \tag{5.7}$$

圖 5.23　決定圖 5.22 網路的 Z_o

若 $r_o \geq 10R_C$，常用近似式 $R_C \| r_o \cong R_C$，即

$$\boxed{Z_o \cong R_C}\Big|_{r_o \geq 10R_C} \tag{5.8}$$

A_v　電阻 r_o 和 R_C 並聯，即

$$V_o = -\beta I_b (R_C \| r_o)$$

但
$$I_b = \frac{V_i}{\beta r_e}$$

所以
$$V_o = -\beta \left(\frac{V_i}{\beta r_e}\right)(R_C \| r_o)$$

可得
$$\boxed{A_v = \frac{V_o}{V_i} = -\frac{(R_C \| r_o)}{r_e}} \tag{5.9}$$

若 $r_o \geq 10R_C$，r_o 的效應可忽略不計，

$$\boxed{A_v = -\frac{R_C}{r_e}}\Big|_{r_o \geq 10R_C} \tag{5.10}$$

注意到，式(5.9)和式(5.10)中 β 並未出現，但記得在決定 r_e 時必須用到 β。

相位關係　從 A_v 關係式中的負號可看出,輸入和輸出訊號存在 180° 的相位差,如圖 5.24,這種結果是因為電流 βI_b 流過 R_C 所產生的電壓降極性,和 V_o 定義的極性相反。

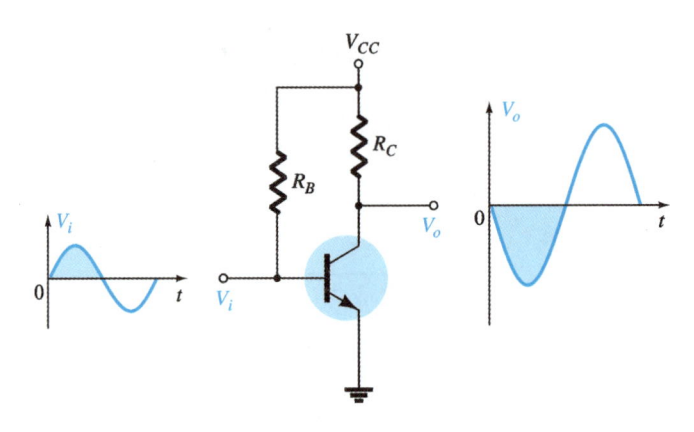

圖 5.24　說明輸入和輸出波形之間存在 180° 的相位差

例 5.1　對圖 5.25 的網路:

a. 試決定 r_e。

b. 試求出 Z_i(已知 $r_o = \infty\,\Omega$)。

c. 試計算 Z_o(已知 $r_o = \infty\,\Omega$)。

d. 試決定 A_v(已知 $r_o = \infty\,\Omega$)。

e. 重做(c)和(d),但 $r_o = 50\,\text{k}\Omega$,並比較結果。

解:

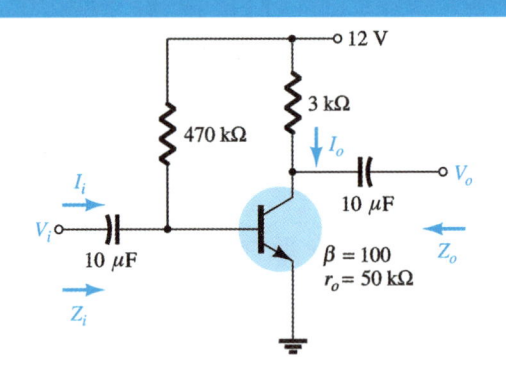

圖 5.25　例 5.1

a. 直流分析:

$$I_B = \frac{V_{CC} - V_{BE}}{R_B} = \frac{12\,\text{V} - 0.7\,\text{V}}{470\,\text{k}\Omega} = 24.04\,\mu\text{A}$$

$$I_E = (\beta + 1)I_B = (101)(24.04\,\mu\text{A}) = 2.428\,\text{mA}$$

$$r_e = \frac{26\,\text{mV}}{I_E} = \frac{26\,\text{mV}}{2.428\,\text{mA}} = \mathbf{10.71\,\Omega}$$

b. $\beta r_e = (100)(10.71\,\Omega) = 1.071\,\text{k}\Omega$

$Z_i = R_B \| \beta r_e = 470\,\text{k}\Omega \| 1.071\,\text{k}\Omega = \mathbf{1.07\,k\Omega}$

c. $Z_o = R_C = \mathbf{3\,k\Omega}$

d. $A_v = -\dfrac{R_C}{r_e} = -\dfrac{3\,\text{k}\Omega}{10.71\,\Omega} = \mathbf{-280.11}$

e. $Z_o = r_o \| R_C = 50 \text{ k}\Omega \| 3 \text{ k}\Omega = \mathbf{2.83 \text{ k}\Omega}$ 對 $r_o = \infty$ 時的 3 kΩ

$$A_v = -\frac{r_o \| R_C}{r_e} = \frac{2.83 \text{ k}\Omega}{10.71 \text{ }\Omega} = \mathbf{-264.24}$$ 對 $r_o = \infty$ 時的 −280.11

5.6 分壓器偏壓

下一個要分析的電路組態是圖 5.26 的分壓器偏壓網路，回想到此電路名稱的源由，網路的輸入側利用分壓器偏壓決定 V_B 的直流值。

將 r_e 等效電路代入電晶體，可得圖 5.27 的網路。注意到，由於旁路電容 C_E 的低阻抗短路效應，使 R_E 未出現在圖上。這是因為在操作頻率所對應的電容電抗比 R_E 小很多，可看成 R_E 和短路並接。又當 V_{CC} 設為 0 V 時，使 R_1 和 R_C 的一端接地，如圖 5.27 所示。另外，注意到 R_1 和 R_2 仍是輸入電路的一部分，而 R_C 則是輸出電路的一部分。R_1 和 R_2 並聯，得

$$\boxed{R' = R_1 \| R_2 = \frac{R_1 R_2}{R_1 + R_2}} \tag{5.11}$$

Z_i 由圖 5.27，

$$\boxed{Z_i = R' \| \beta r_e} \tag{5.12}$$

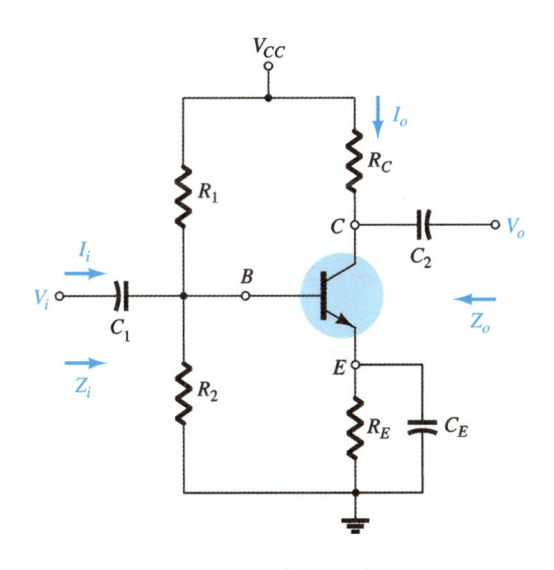

圖 5.26 分壓器偏壓電路

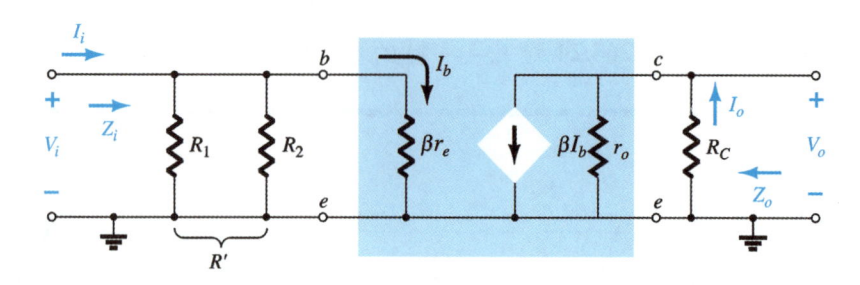

圖 5.27　將 r_e 等效電路代入圖 5.26 的交流等效電路

Z$_o$　由圖 5.27，並令 V_i 為 0 V，可得 $I_b=0$ μA 以及 $\beta I_b=0$ mA，

$$Z_o = R_C \| r_o \tag{5.13}$$

若 $r_o \geq 10R_C$，

$$Z_o \cong R_C \Big|_{r_o \geq 10R_C} \tag{5.14}$$

A$_v$　因 R_C 和 r_o 並聯，

$$V_o = -(\beta I_b)(R_C \| r_o)$$

且

$$I_b = \frac{V_i}{\beta r_e}$$

所以

$$V_o = -\beta \left(\frac{V_i}{\beta r_e}\right)(R_C \| r_o)$$

即

$$A_v = \frac{V_o}{V_i} = \frac{-R_C \| r_o}{r_e} \tag{5.15}$$

可發現上式和固定偏壓電路所得關係式完全相同。

若 $r_o \geq 10R_C$，

$$A_v = \frac{V_o}{V_i} \cong -\frac{R_C}{r_e} \Big|_{r_o \geq 10R_C} \tag{5.16}$$

相位關係　由式(5.15)的負號可看出，V_o 和 V_i 之間的相差是 180°。

例 5.2 對圖 5.28 的網路，試決定：

a. r_e。
b. Z_i。
c. Z_o ($r_o = \infty\,\Omega$)。
d. A_v ($r_o = \infty\,\Omega$)。
e. 重做 (b)～(d)，但 $r_o = 50\,\text{k}\Omega$，並比較結果。

解：

a. 直流：檢查 $\beta R_E > 10 R_2$，

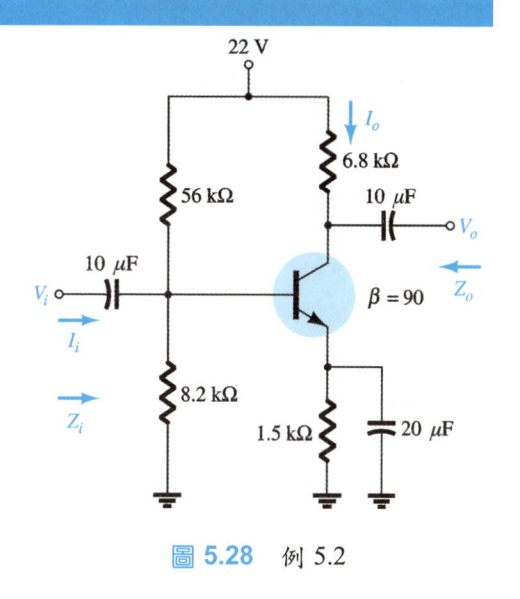

$$(90)(1.5\,\text{k}\Omega) > 10(8.2\,\text{k}\Omega)$$
$$135\,\text{k}\Omega > 82\,\text{k}\Omega\ （滿足）$$

圖 5.28　例 5.2

用近似法分析，可得

$$V_B = \frac{R_2}{R_1 + R_2} V_{CC} = \frac{(8.2\,\text{k}\Omega)(22\,\text{V})}{56\,\text{k}\Omega + 8.2\,\text{k}\Omega} = 2.81\,\text{V}$$

$$V_E = V_B - V_{BE} = 2.81\,\text{V} - 0.7\,\text{V} = 2.11\,\text{V}$$

$$I_E = \frac{V_E}{R_E} = \frac{2.11\,\text{V}}{1.5\,\text{k}\Omega} = 1.41\,\text{mA}$$

$$r_e = \frac{26\,\text{mV}}{I_E} = \frac{26\,\text{mV}}{1.41\,\text{mA}} = \mathbf{18.44\,\Omega}$$

b. $R' = R_1 \| R_2 = (56\,\text{k}\Omega) \| (8.2\,\text{k}\Omega) = 7.15\,\text{k}\Omega$

$Z_i = R' \| \beta r_e = 7.15\,\text{k}\Omega \| (90)(18.44\,\Omega) = 7.15\,\text{k}\Omega \| 1.66\,\text{k}\Omega$

$\quad = \mathbf{1.35\,\text{k}\Omega}$

c. $Z_o = R_C = \mathbf{6.8\,\text{k}\Omega}$

d. $A_v = -\dfrac{R_C}{r_e} = -\dfrac{6.8\,\text{k}\Omega}{18.44\,\Omega} = \mathbf{-368.76}$

e. $Z_i = \mathbf{1.35\,\text{k}\Omega}$

$Z_o = R_C \| r_o = 6.8\,\text{k}\Omega \| 50\,\text{k}\Omega = \mathbf{5.968\,\text{k}\Omega}$　對 $r_o = \infty$ 時的 6.8 kΩ

$A_v = -\dfrac{R_C \| r_o}{r_e} = -\dfrac{5.98\,\text{k}\Omega}{18.44\,\Omega} = \mathbf{-324.3}$　對 $r_o = \infty$ 時的 -368.76

因 r_o 能滿足 $r_o \geq 10 R_C$ 的條件，所以 Z_o 和 A_v 的結果出現可觀的差異。

5.7 共射極(CE)射極偏壓電路

本節要探討的網路有包含射極電阻，此電阻可以並接也可以不並接旁路電容。我們先考慮沒有並接旁路電容的情況，然後再修正所得的關係式以適用於有並接旁路電容的電路。

未旁路

最基本的未旁路電路組態見圖 5.29，電晶體代入 r_e 等效模型得圖 5.30，但注意到 r_o 並未出現，r_o 的效應會使分析過於複雜，且在大部分的情況下 r_o 的效應很小可忽略不計，所以在此分析中不包含 r_o。但本節稍後仍會討論到 r_o 的影響。

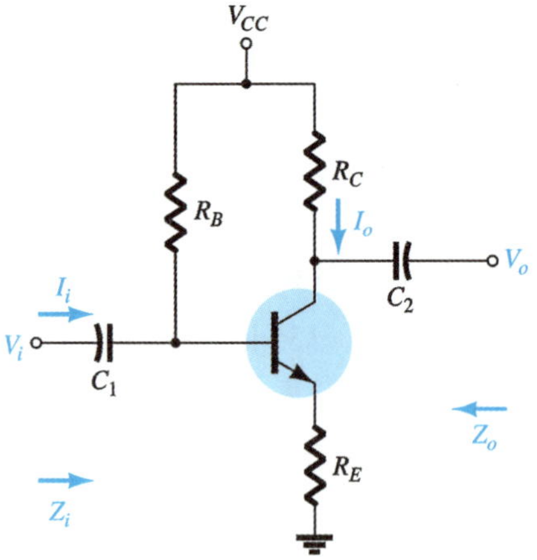

應用克希荷夫電壓定律到圖 5.30 的輸入側，可得

$$V_i = I_b \beta r_e + I_e R_E$$

或

$$V_i = I_b \beta r_e + (\beta+1) I_b R_E$$

從 R_B 右側看入網路的輸入阻抗是

$$Z_b = \frac{V_i}{I_b} = \beta r_e + (\beta+1) R_E$$

圖 5.29 CE 射極偏壓電路

顯示在圖 5.31 的結果可看出，具有未旁路電阻 R_E 的電晶體，其輸入阻抗可由下式決定：

$$\boxed{Z_b = \beta r_e + (\beta+1) R_E} \tag{5.17}$$

因 β 正常會遠大於 1，可得近似公式：

$$Z_b \cong \beta r_e + \beta R_E$$

即

$$\boxed{Z_b \cong \beta(r_e + R_E)} \tag{5.18}$$

因 R_E 通常大於 r_e 相當多，式(5.18)可進一步簡化為

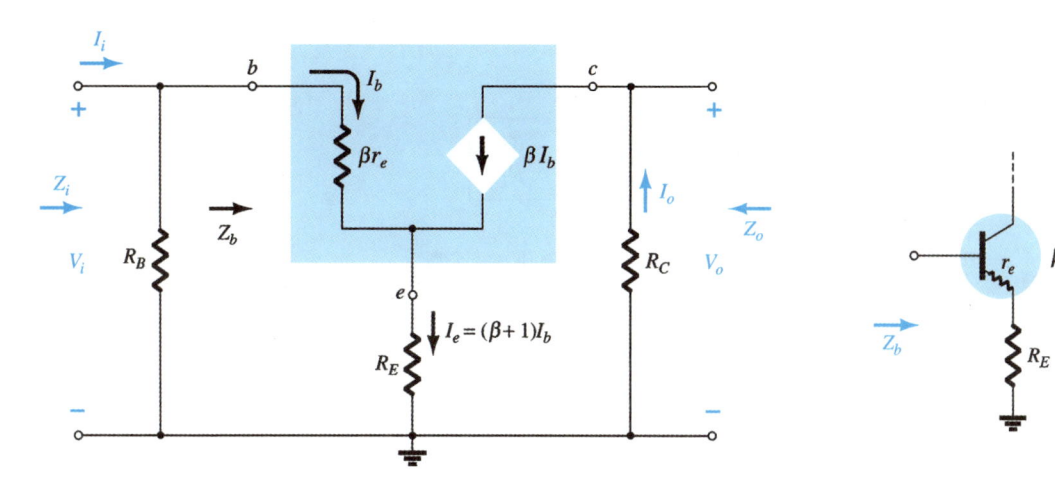

圖 5.30 將 r_e 等效電路代入圖 5.29 的交流等效網路

圖 5.31 定義具有未旁路射極電阻的電晶體的輸入阻抗

$$\boxed{Z_b \cong \beta R_E} \qquad (5.19)$$

Z_i　回到圖 5.30，可得

$$\boxed{Z_i = R_B \| Z_b} \qquad (5.20)$$

Z_o　令 V_i 為 0 V，使 $I_b = 0$，βI_b 等效於開路，結果是

$$\boxed{Z_o = R_C} \qquad (5.21)$$

A_v

$$I_b = \frac{V_i}{Z_b}$$

且

$$V_o = -I_o R_C = -\beta I_b R_C = -\beta \left(\frac{V_i}{Z_b}\right) R_C$$

即

$$\boxed{A_v = \frac{V_o}{V_i} = -\frac{\beta R_C}{Z_b}} \qquad (5.22)$$

將 $Z_b \cong \beta(r_e + R_E)$ 代入，得

$$\boxed{A_v = \frac{V_o}{V_i} \cong -\frac{R_C}{r_e + R_E}} \qquad (5.23)$$

再近似為 $Z_b \cong \beta R_E$，

$$A_v = \frac{V_o}{V_i} \cong -\frac{R_C}{R_E} \tag{5.24}$$

注意到，A_v 關係式中沒有 β，代表 A_v 不受 β 變化的影響。

相位關係　由式(5.22)的負號，再一次看出 V_o 和 V_i 之間存在 $180°$ 的相位差。

r_o 的影響　從以下關係式可看出，分析中若考慮 r_o 將使結果複雜很多。但注意在每種情況下，只要條件符合，複雜的關係式就會簡化成前所推導的形式。以下每一關係式的推導已超過本書的需要，因此留給讀者作練習，經由電路分析的基本定律，如克希荷夫電壓及電流定律、電源轉換及戴維寧定理等等的小心運用就可導出。列出以下公式，可以免除 r_o 究竟對電晶體電路的重要參數有何影響的質疑。

Z_i

$$Z_b = \beta r_e + \left[\frac{(\beta+1) + R_C/r_o}{1 + (R_C+R_E)/r_o}\right] R_E \tag{5.25}$$

因比值 R_C/r_o 必然遠小於 $(\beta+1)$，

$$Z_b \cong \beta r_e + \frac{(\beta+1)R_E}{1 + (R_C+R_E)/r_o}$$

對 $r_o \geq 10(R_C+R_E)$，

$$Z_b \cong \beta r_e + (\beta+1)R_E$$

可直接和式(5.17)比較。

易言之，若 $r_o \geq 10(R_C+R_E)$，則所有關係式可得到和先前忽略 r_o 時相同的結果。因 $\beta+1 \cong \beta$，對大部分的應用而言，以下關係式非常好用：

$$Z_b \cong \beta(r_e + R_E) \quad _{r_o \geq 10(R_C+R_E)} \tag{5.26}$$

Z_o

$$Z_o = R_C \| \left[r_o + \frac{\beta(r_o+r_e)}{1 + \frac{\beta r_e}{R_E}}\right] \tag{5.27}$$

但 $r_o \gg r_e$,可得
$$Z_o \cong R_C \| r_o \left[1 + \frac{\beta}{1 + \frac{\beta r_e}{R_E}} \right]$$

可改寫成
$$Z_o \cong R_C \| r_o \left[1 + \frac{1}{\frac{1}{\beta} + \frac{r_e}{R_E}} \right]$$

一般而言,$1/\beta$ 和 r_e/R_E 都遠小於 1,兩者相加後,通常也是遠小於 1,結果就是 r_o 會有一個遠大於 1 的乘數。例如,$\beta=100$、$r_e=10\,\Omega$ 且 $R_E=1\,k\Omega$,可得

$$\frac{1}{\frac{1}{\beta} + \frac{r_e}{R_E}} = \frac{1}{\frac{1}{100} + \frac{10\,\Omega}{1000\,\Omega}} = \frac{1}{0.02} = 50$$

即
$$Z_o = R_C \| 51 r_o$$

因此 Z_o 僅剩下 R_C,即

$$\boxed{Z_o \cong R_C} \quad \text{對任意的 } r_o \text{ 值} \tag{5.28}$$

此和前不考慮 r_o 時的結果相同。

A_v

$$\boxed{A_v = \frac{V_o}{V_i} = \frac{-\frac{\beta R_C}{Z_b}\left[1 + \frac{r_e}{r_o}\right] + \frac{R_C}{r_o}}{1 + \frac{R_C}{r_o}}} \tag{5.29}$$

比值 $\frac{r_e}{r_o} \ll 1$,可得

$$A_v = \frac{V_o}{V_i} \cong \frac{-\frac{\beta R_C}{Z_b} + \frac{R_C}{r_o}}{1 + \frac{R_C}{r_o}}$$

對 $r_o \geq 10 R_C$,

$$\boxed{A_v = \frac{V_o}{V_i} \cong -\frac{\beta R_C}{Z_b}} \Big|_{r_o \geq 10 R_C} \tag{5.30}$$

和前不考慮 r_o 時的結果相同。

有旁路

若圖 5.29 的 R_E 並接射極旁路電容 C_E，考慮交流時，代入 r_e 等效模型，可得和圖 5.22 相同的等效網路，因此式(5.5)～式(5.10)皆適用。

例 5.3 對圖 5.32 的網路，且不加旁路電容 C_E，決定：

a. r_e。
b. Z_i。
c. Z_o。
d. A_v。

解：

a. 直流：

$$I_B = \frac{V_{CC} - V_{BE}}{R_B + (\beta+1)R_E} = \frac{20\text{ V} - 0.7\text{ V}}{470\text{ k}\Omega + (121)0.56\text{ k}\Omega}$$
$$= 35.89\ \mu\text{A}$$

$$I_E = (\beta+1)I_B = (121)(35.89\mu\text{A}) = 4.34\text{ mA}$$

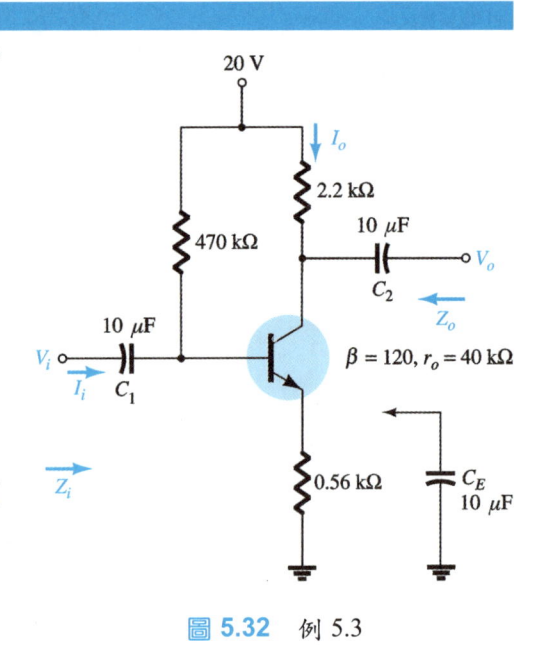

且 $r_e = \dfrac{26\text{ mV}}{I_E} = \dfrac{26\text{ mV}}{4.34\text{ mA}} = \mathbf{5.99\ \Omega}$

b. 檢查是否滿足條件 $r_o \geq 10(R_C + R_E)$，可得

$$40\text{ k}\Omega \geq 10(2.2\text{ k}\Omega + 0.56\text{ k}\Omega)$$

$$40\text{ k}\Omega \geq 10(2.76\text{ k}\Omega) = 27.6\text{ k}\Omega \text{（滿足）}$$

因此

$$Z_b \cong \beta(r_e + R_E) = 120(5.99\ \Omega + 560\ \Omega) = 67.92\text{ k}\Omega$$

即

$$Z_i = R_B \| Z_b = 470\text{ k}\Omega \| 67.92\text{ k}\Omega = \mathbf{59.34\text{ k}\Omega}$$

c. $Z_o = R_C = \mathbf{2.2\text{ k}\Omega}$

d. $r_o \geq 10R_C$ 條件滿足，因此，

$$A_v = \frac{V_o}{V_i} \cong -\frac{\beta R_C}{Z_b} = -\frac{(120)(2.2\text{ k}\Omega)}{67.92\text{ k}\Omega}$$
$$= \mathbf{-3.89}$$

若用式(5.20)作比較：$A_v \cong -R_C/R_E$，可得 -3.93。

圖 5.32 例 5.3

例 5.4　重做例 5.3，但並聯 C_E。

解：

a. 直流分析完全相同，且 $r_e = 5.99\ \Omega$。

b. 交流分析時 R_E 被 C_E "短路掉"，因此，

$$Z_i = R_B \| Z_b = R_B \| \beta r_e = 470\ \text{k}\Omega \| (120)(5.99\ \Omega)$$
$$= 470\ \text{k}\Omega \| 718.8\ \Omega \cong \mathbf{717.70\ \Omega}$$

c. $Z_o = R_C = \mathbf{2.2\ k\Omega}$

d. $A_v = -\dfrac{R_C}{r_e}$

$\qquad = -\dfrac{2.2\ \text{k}\Omega}{5.99\ \text{k}\Omega} = \mathbf{-367.28}$（增加相當多）

例 5.5　對圖 5.33 的網路（不並接 C_E），試利用適當的近似法決定：

a. r_e
b. Z_i
c. Z_o
d. A_v

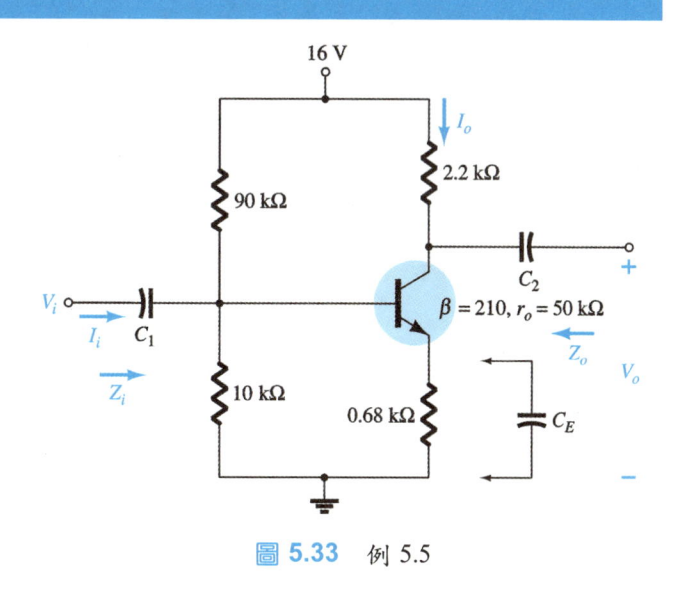

圖 5.33　例 5.5

解：

a. 檢查是否滿足條件 $\beta R_E > 10 R_2$，

$$(210)(0.68\ \text{k}\Omega) > 10(10\ \text{k}\Omega)$$
$$142.8\ \text{k}\Omega > 100\ \text{k}\Omega\ (\text{滿足})$$

可得

$$V_B = \dfrac{R_2}{R_1 + R_2} V_{CC} = \dfrac{10\ \text{k}\Omega}{90\ \text{k}\Omega + 10\ \text{k}\Omega}(16\ \text{V}) = 1.6\ \text{V}$$

$$V_E = V_B - V_{BE} = 1.6 \text{ V} - 0.7 \text{ V} = 0.9 \text{ V}$$

$$I_E = \frac{V_E}{R_E} = \frac{0.9 \text{ V}}{068 \text{ k}\Omega} = 1.324 \text{ mA}$$

$$r_e = \frac{26 \text{ mV}}{I_E} = \frac{26 \text{ mV}}{1.324 \text{ mA}} = \mathbf{19.64\ \Omega}$$

b. 交流等效電路提供在圖 5.34，所得電路和圖 5.30 只有一點不同，即現在

$$R_B = R' = R_1 \| R_2 = 9 \text{ k}\Omega$$

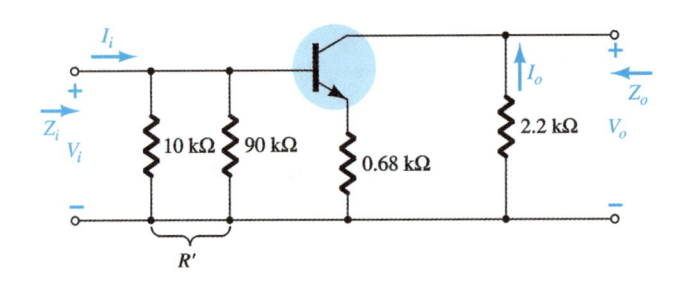

圖 5.34 圖 5.33 的交流等效電路

檢查條件 $r_o \geq 10(R_C + R_E)$ 和 $r_o \geq 10 R_C$ 都滿足，用適當的近似可得

$$Z_b \cong \beta R_E = 142.8 \text{ k}\Omega$$

$$Z_i = R_B \| Z_b = 9 \text{ k}\Omega \| 142.8 \text{ k}\Omega$$
$$= \mathbf{8.47 \text{ k}\Omega}$$

c. $Z_o = R_C = \mathbf{2.2 \text{ k}\Omega}$

d. $A_v = -\dfrac{R_C}{R_E} = -\dfrac{2.2 \text{ k}\Omega}{0.68 \text{ k}\Omega} = \mathbf{-3.24}$

例 5.6 重做例 5.5，但有並聯 C_E。

解：

a. 直流分析完全相同，且 $r_e = \mathbf{19.64 \text{ k}\Omega}$。

b. $Z_b = \beta r_e = (210)(19.64\ \Omega) \cong 4.12 \text{ k}\Omega$

　　$Z_i = R_B \| Z_b = 9 \text{ k}\Omega \| 4.12 \text{ k}\Omega = \mathbf{2.83 \text{ k}\Omega}$

c. $Z_o = R_C = \mathbf{2.2 \text{ k}\Omega}$

d. $A_v = -\dfrac{R_C}{r_e} = -\dfrac{2.2\text{ k}\Omega}{19.64\Omega} = -112.02$（增加相當多）

射極偏壓電路的另一種變化見圖 5.35。對直流分析而言，射極電阻是 $R_{E_1}+R_{E_2}$。而對交流分析而言，因 R_{E_2} 已被 C_E 旁路掉，所以射極電阻僅有 R_{E_1}。

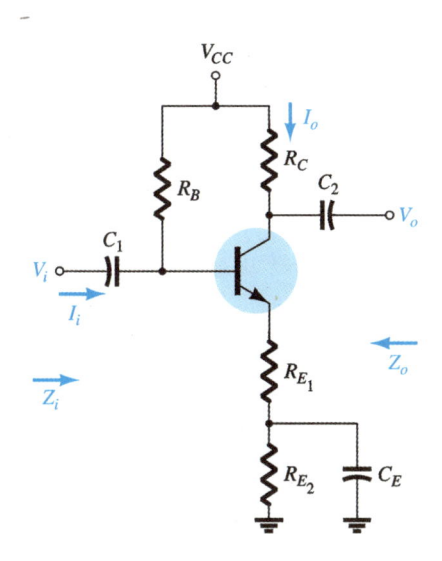

圖 5.35　一部分的射極偏壓電阻有交流旁路的射極偏壓電路

5.8　射極隨耦器電路

當輸出自電晶體的射極腳位接出，如圖 5.36 所示。這種網路稱為射極隨耦器(emitter follower)。因為基極對射極的電壓降，使輸出電壓必然略小於輸入訊號，但 $A_v \cong 1$ 通常是良好的近似。和集極電壓不同，射極電壓會和輸入訊號 V_i 同相，也就是 V_o 和 V_i 會同時到達正峰值和負峰值，因為同相，V_o 會跟隨著 V_i 的大小變化，所以稱為射極隨耦器。

最普通的射極隨耦器電路見圖 5.36，事實上，因交流分析時集極接地，所以實際上也是**共集極電路**組態。圖 5.36 中輸出自射極接出，可得 $V_o \cong V_i$，此電路的其他變化在本節稍後會看到。

射極隨耦器電路常用作阻抗匹配的用途，此電路提供高輸入阻抗和低輸出阻抗，和標準的固定偏壓電路恰恰相反。此電路所產生的效應和變壓器非常相似，經由此系統（射極隨耦器或變壓器），負載可和電源阻抗相匹配，而得到最大功率轉移。

將 r_e 等效電路代入圖 5.36 的網路，可得圖 5.37 的網路，r_o 的效應將在本節稍後再探討。

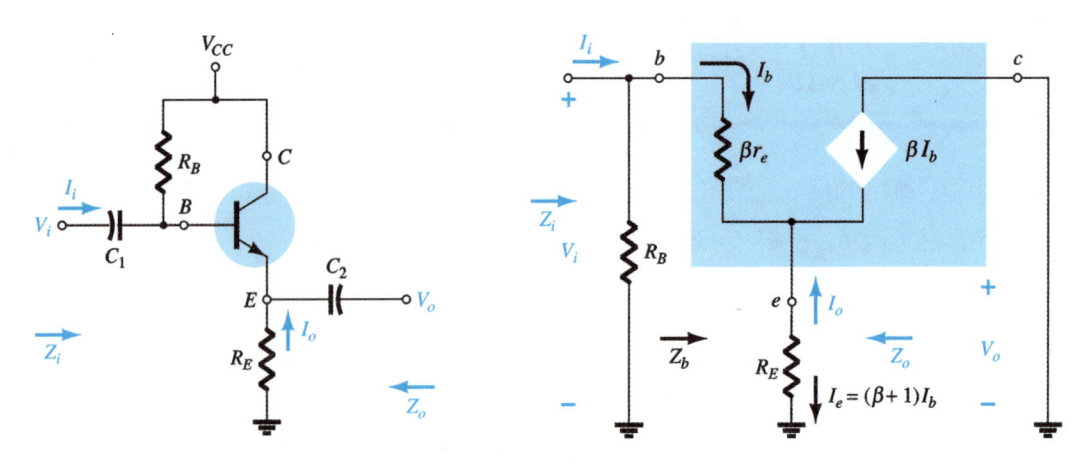

圖 5.36 射極隨耦器電路

圖 5.37 將 r_e 等效電路代入圖 5.36 的交流等效網路

Z_i 用上一節所描述的相同方法決定輸入阻抗：

$$Z_i = R_B \| Z_b \tag{5.31}$$

又

$$Z_b = \beta r_e + (\beta+1) R_E \tag{5.32}$$

或

$$Z_b \cong \beta (r_e + R_E) \tag{5.33}$$

即

$$Z_b \cong \beta R_E \quad _{R_E \gg r_e} \tag{5.34}$$

Z_o 先寫出電流 I_b 的方程式，可得輸出阻抗最好的描述方法：

$$I_b = \frac{V_i}{Z_b}$$

再乘上 $(\beta+1)$ 可建立 I_e，也就是

$$I_e = (\beta+1) I_b = (\beta+1) \frac{V_i}{Z_b}$$

代入 Z_b 的關係式，得

$$I_e = \frac{(\beta+1) V_i}{\beta r_e + (\beta+1) R_E}$$

即

$$I_e = \frac{V_i}{[\beta r_e/(\beta+1)] + R_E}$$

但

$$(\beta+1) \cong \beta$$

又
$$\frac{\beta r_e}{\beta+1} \cong \frac{\beta r_e}{\beta} = r_e$$

所以
$$I_e \cong \frac{V_i}{r_e + R_E} \tag{5.35}$$

現在可以利用式(5.31)的定義建立一個網路，可得圖 5.38 的電路。

決定 Z_o 時，令 $V_i=0$，可得

$$Z_o = R_E \| r_e \tag{5.36}$$

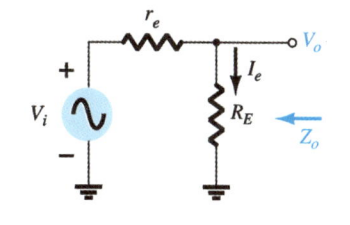

圖 5.38 定義射極隨耦器電路的輸出阻抗

因 R_E 一般會遠大於 r_e，所以常運用以下近似式：

$$Z_o \cong r_e \tag{5.37}$$

A_v 由圖 5.38，利用分壓定律可決定電壓增益：

$$V_o = \frac{R_E V_i}{R_E + r_e}$$

即
$$A_v = \frac{V_o}{V_i} = \frac{R_E}{R_E + r_e} \tag{5.38}$$

因 R_E 通常遠大於 r_e，所以 $R_E + r_e \cong R_E$，且

$$A_v = \frac{V_o}{V_i} \cong 1 \tag{5.39}$$

相位關係 由式(5.38)和本節先前的討論可看出，射極隨耦器電路的 V_o 和 V_i 同相。

r_o 的效應

Z_i

$$Z_b = \beta r_e + \frac{(\beta+1) R_E}{1 + \frac{R_E}{r_o}} \tag{5.40}$$

若滿足 $r_o \geq 10R_E$ 的條件，

$$Z_b = \beta r_e + (\beta+1)R_E$$

符合先前的結論，即

$$\boxed{Z_b \cong \beta(r_e + R_E)}\bigg|_{r_o \geq 10R_E} \tag{5.41}$$

Z_o

$$\boxed{Z_o = r_o \| R_E \| \frac{\beta r_e}{(\beta+1)}} \tag{5.42}$$

利用 $\beta+1 \cong \beta$，可得

$$Z_o = r_o \| R_E \| r_e$$

又因 $r_o \gg r_e$，

$$\boxed{Z_o \cong R_E \| r_e}\bigg|_{\text{任何 } r_o} \tag{5.43}$$

A_v

$$\boxed{A_v = \frac{(\beta+1)R_E/Z_b}{1+\dfrac{R_E}{r_o}}} \tag{5.44}$$

若滿足 $r_o \gg 10R_E$ 的條件，並利用近似式 $\beta+1 \cong \beta$，可求出

$$A_v \cong \frac{\beta R_E}{Z_b}$$

但

$$Z_b \cong \beta(r_e + R_E)$$

所以

$$A_v \cong \frac{\beta R_E}{\beta(r_e + R_E)}$$

即

$$\boxed{A_v \cong \frac{R_E}{r_e + R_E}}\bigg|_{r_o \geq 10R_E} \tag{5.45}$$

例 5.7 對圖 5.39 的射極隨耦器網路，試決定：

a. r_e。

b. Z_i。

c. Z_o。

d. A_v。

e. 重做(b)～(d)，但 $r_o = 25$ kΩ，並比較結果。

解：

a. $I_B = \dfrac{V_{CC} - V_{BE}}{R_B + (\beta+1)R_E}$

$= \dfrac{12 \text{ V} - 0.7 \text{ V}}{220 \text{ kΩ} + (101)3.3 \text{ kΩ}} = 20.42 \text{ μA}$

$I_E = (\beta + 1)I_B$

$= (101)(20.42 \text{ μA}) = 2.062 \text{ mA}$

$r_e = \dfrac{26 \text{ mV}}{I_E} = \dfrac{26 \text{ mV}}{2.062 \text{ mA}} = \mathbf{12.61 \text{ Ω}}$

b. $Z_b = \beta r_e + (\beta+1)R_E$

$= (100)(12.61 \text{ Ω}) + (101)(3.3 \text{ kΩ})$

$= 1.261 \text{ kΩ} + 333.3 \text{ kΩ}$

$= 334.56 \text{ kΩ} \cong \beta R_E$

$Z_i = R_B \| Z_b = 220 \text{ kΩ} \| 334.56 \text{ kΩ}$

$= \mathbf{132.72 \text{ kΩ}}$

c. $Z_o = R_E \| r_e = 3.3 \text{ kΩ} \| 12.61 \text{ Ω}$

$= \mathbf{12.56 \text{ Ω}} \cong r_e$

d. $A_v = \dfrac{V_o}{V_i} = \dfrac{R_E}{R_E + r_e} = \dfrac{3.3 \text{ kΩ}}{3.3 \text{ kΩ} + 12.61 \text{ Ω}}$

$= \mathbf{0.996} \cong \mathbf{1}$

e. 檢查條件 $r_o \geq 10R_E$ 是否滿足，可得

$$25 \text{ kΩ} \geq 10(3.3 \text{ kΩ}) = 33 \text{ kΩ}$$

條件不滿足，因此，

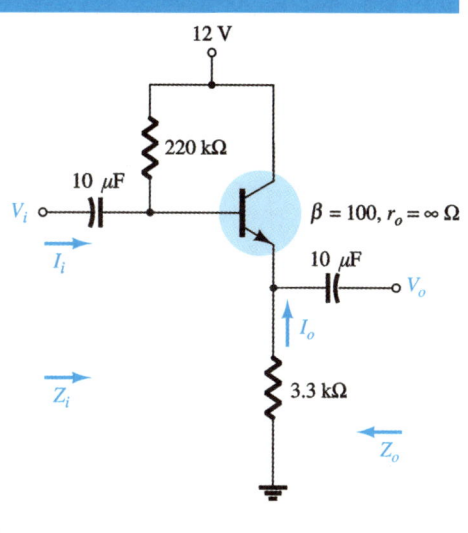

圖 5.39 例 5.7

$$Z_b = \beta r_e + \frac{(\beta+1)R_E}{1+\frac{R_E}{r_o}} = (100)(12.61\,\Omega) + \frac{(100+1)\,3.3\text{ k}\Omega}{1+\frac{3.3\text{ k}\Omega}{25\text{ k}\Omega}}$$

$$= 1.261\text{ k}\Omega + 294.43\text{ k}\Omega$$

$$= 295.7\text{ k}\Omega$$

且

$$Z_i = R_B \| Z_b = 220\text{ k}\Omega \| 295.7\text{ k}\Omega$$

$$= \mathbf{126.15\text{ k}\Omega} \quad 對先前所得結果 132.72\text{ k}\Omega$$

$$Z_o = R_E \| r_e = \mathbf{12.56\ \Omega} \quad 如先前所得結果$$

$$A_v = \frac{(\beta+1)R_E/Z_b}{\left[1+\dfrac{R_E}{r_o}\right]} = \frac{(100+1)(3.3\text{ k}\Omega)/295.7\text{ k}\Omega}{\left[1+\dfrac{3.3\text{ k}\Omega}{25\text{ k}\Omega}\right]}$$

$$= \mathbf{0.996 \cong 1}$$

符合先前所得結果。

因此一般而言，即使 $r_o \geq 10R_E$ 的條件不滿足，Z_o 和 A_v 的結果仍然相同，只有 Z_i 會稍微小一點。由此結果可建議，對大部分的應用而言，射極隨耦器電路分析時忽略 r_o 的效應，不失為一種良好的近似方法（和實際的結果比較）。

圖 5.40 的網路是圖 5.36 網路的一種變化，輸入部分採用分壓電路來設定偏壓條件，只需將式(5.31)～式(5.34)中的 R_B 換成 $R' = R_1 \| R_2$ 即可。

圖 5.41 也可提供射極隨耦器的輸入／輸出特性，但多包含了集極電阻 R_C。此種情

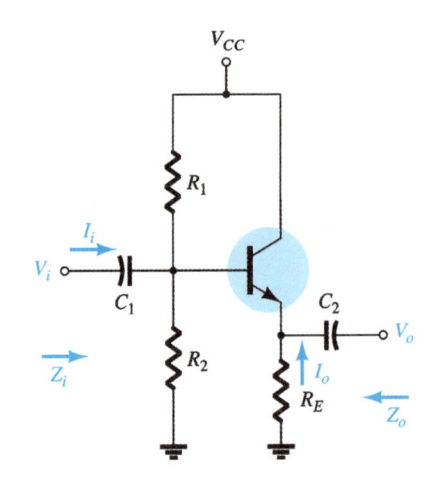

圖 5.40 具有分壓器偏壓的射極隨耦器

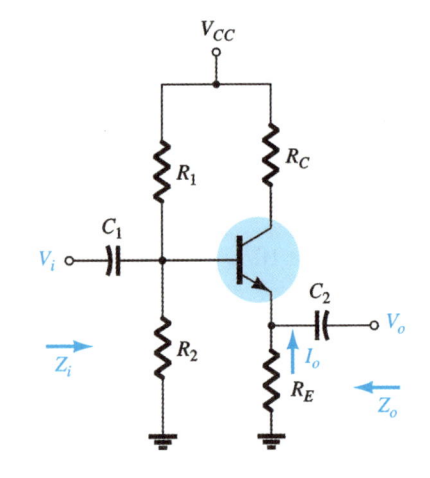

圖 5.41 具有集極電阻 R_C 的射極隨耦器

況下，R_B 一樣可用 R_1 和 R_2 的並聯代替，輸入阻抗 Z_i 和輸出阻抗 Z_o 不受 R_C 的影響，因 R_C 不會反映到基極或射極等效網路。事實上，R_C 的唯一效應是用在決定工作時的 Q 點。

5.9 共基極電路

共基極電路的特點是相當低的輸入阻抗，高輸出阻抗和小於 1 的電流增益，但電壓增益則甚大。標準共基極電路見圖 5.42，代入共基極 r_e 模型後的交流等效電路見圖 5.43，電晶體的輸出阻抗 r_o 並未放在電路中，因 r_o 一般在 MΩ 的範圍，和 R_C 並聯時，可忽略不計。

Z_i
$$Z_i = R_E \| r_e \tag{5.46}$$

Z_o
$$Z_o = R_C \tag{5.47}$$

A_v
$$V_o = -I_o R_C = -(-I_c)R_C = \alpha I_e R_C$$

又
$$I_e = \frac{V_i}{r_e}$$

所以
$$V_o = \alpha \left(\frac{V_i}{r_e}\right) R_C$$

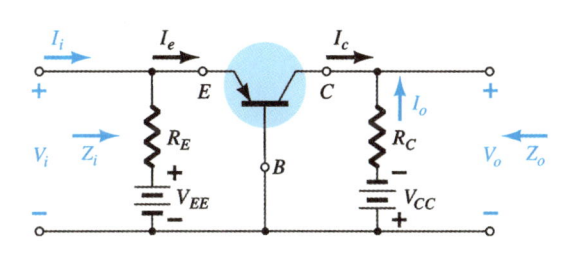

圖 5.42 共基極電路

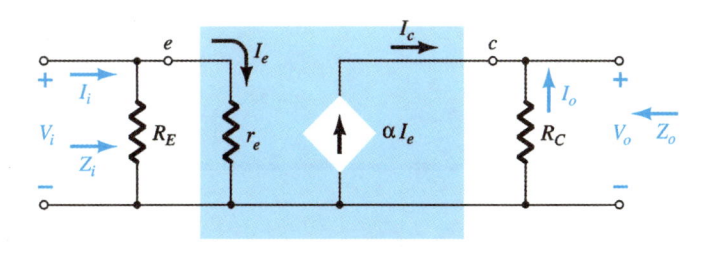

圖 5.43 將 r_e 等效電路代入圖 5.42 的交流等效網路中

即
$$A_v = \frac{V_o}{V_i} = \frac{\alpha R_C}{r_e} \cong \frac{R_C}{r_e} \quad (5.48)$$

A_i 假定 $R_E \gg r_e$，可得

$$I_e = I_i$$
且
$$I_o = -\alpha I_e = -\alpha I_i$$

即
$$A_i = \frac{I_o}{I_i} = -\alpha \cong -1 \quad (5.49)$$

相位關係 A_v 為正值的事實顯示，共基極電路的 V_o 和 V_i 同相。

r_o 的效應 對共基極電路而言，$r_o = 1/h_{ob}$ 一般會在 MΩ 的範圍，和與其並聯的電阻 R_C 相比，r_o 足夠大可忽略不計，因此允許用近似式 $r_o \| R_C \cong R_C$。

例 5.8 對圖 5.44 的網路，試決定：
a. r_e。
b. Z_i。
c. Z_o。
d. A_v。
e. A_i。

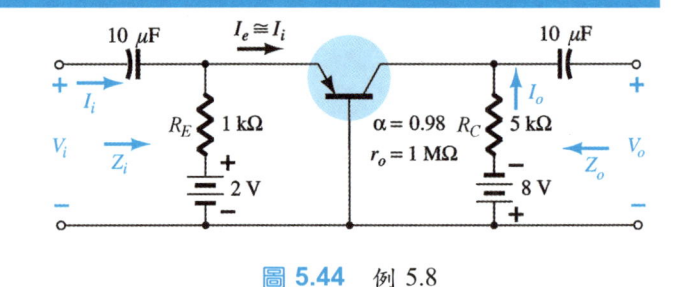

圖 5.44 例 5.8

解：

a. $I_E = \dfrac{V_{EE} - V_{BE}}{R_E} = \dfrac{2\text{ V} - 0.7\text{ V}}{1\text{ k}\Omega} = \dfrac{1.3\text{ V}}{1\text{ k}\Omega} = 1.3\text{ mA}$

$r_e = \dfrac{26\text{ mV}}{I_E} = \dfrac{26\text{ mV}}{1.3\text{ mA}} = \mathbf{20\ \Omega}$

b. $Z_i = R_E \| r_e = 1\text{ k}\Omega \| 20\ \Omega = \mathbf{19.61\ \Omega} \cong r_e$

c. $Z_o = R_C = \mathbf{5\ k\Omega}$

d. $A_v \cong \dfrac{R_C}{r_e} = \dfrac{5\text{ k}\Omega}{20\ \Omega} = \mathbf{250}$

e. $A_i = \mathbf{-0.98} \cong -1$

5.10 集極反饋電路

圖 5.45 的集極反饋電路中，利用自集極到基極的反饋路徑來增加系統的穩定性，這已在 4.6 節中討論過。但從基極到集極接一個電阻的簡單動作，而不在基極和直流電源之間接電阻，會使分析網路的困難度提高非常多。

以下所執行的分析步驟，是處理這類電路的經驗結晶，並不期待新手能無誤地按照以下介紹的步驟順序作分析。將等效電路代入，重畫網路，可得圖 5.46 的電路組態，而電晶體輸出電阻 r_o 的效應在本節稍後會再作討論。

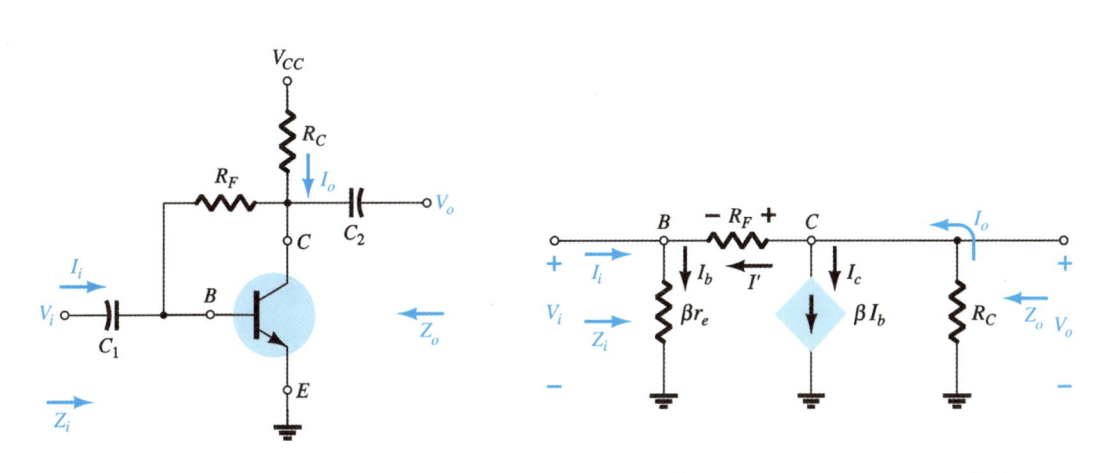

圖 5.45 集極反饋電路

圖 5.46 將 r_e 等效電路代入圖 5.45 的交流等效網路中

Z_i

即
$$I_o = I' + \beta I_b$$

$$I' = \frac{V_o - V_i}{R_F}$$

但
$$V_o = -I_o R_C = -(I' + \beta I_b) R_C$$

又
$$V_i = I_b \beta r_e$$

所以
$$I' = \frac{(I' + \beta I_b) R_C - I_b \beta r_e}{R_F} = -\frac{I' R_C}{R_F} - \frac{\beta I_b R_C}{R_F} - \frac{I_b \beta r_e}{R_F}$$

整理如下：

$$I'\left(1 + \frac{R_C}{R_F}\right) = -\beta I_b \frac{(R_C + r_e)}{R_F}$$

最後，
$$I' = -\beta I_b \frac{(R_C + r_e)}{R_C + R_F}$$

今 $Z_i = \dfrac{V_i}{I_i}$：

且

$$I_i = I_b - I' = I_b + \beta I_b \frac{(R_C + r_e)}{R_C + R_F}$$

即

$$I_i = I_b\left(1 + \beta \frac{(R_C + r_e)}{R_C + R_F}\right)$$

將以上 V_i、I_i 關係代入 Z_i 定義中,得

$$Z_i = \frac{V_i}{I_i} = \frac{I_b \beta r_e}{I_b\left(1 + \beta \frac{(R_C + r_e)}{R_C + R_F}\right)} = \frac{\beta r e}{1 + \beta \frac{(R_C + r_e)}{R_C + R_F}}$$

因 $R_C \gg r_e$,

$$Z_i = \frac{\beta r_e}{1 + \frac{\beta R_C}{R_C + R_F}}$$

即

$$\boxed{Z_i = \frac{r_e}{\frac{1}{\beta} + \frac{R_C}{R_C + R_F}}} \tag{5.50}$$

Z_o 求 Z_o 時,令 $V_i = 0$,所得網路見圖 5.47。除去 βr_e 的效應,可看到 R_F 和 R_C 並聯,且

$$\boxed{Z_o \cong R_C \| R_F} \tag{5.51}$$

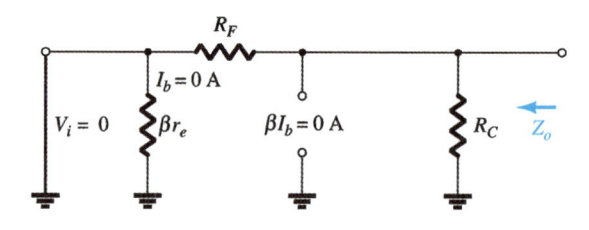

圖 5.47 定義集極反饋電路的 Z_o

A_v

$$V_o = -I_o R_C = -(I' + \beta I_b)R_C$$
$$= -\left(-\beta I_b \frac{(R_C + r_e)}{R_C + R_F} + \beta I_b\right)R_C$$

或
$$V_o = -\beta I_b \left(1 - \frac{(R_C + r_e)}{R_C + R_F}\right) R_C$$

因此
$$A_v = \frac{V_o}{V_i} = \frac{-\beta I_b \left(1 - \frac{(R_C + r_e)}{R_C + R_F}\right) R_C}{\beta r_e I_b} = -\left(1 - \frac{(R_C + r_e)}{R_C + R_F}\right) \frac{R_C}{r_e}$$

因 $R_C \gg r_e$，
$$A_v = -\left(1 - \frac{R_C}{R_C + R_F}\right) \frac{R_C}{r_e}$$

通分
$$A_v = -\frac{(R_C + R_F - R_C)}{R_C + R_F} \frac{R_C}{r_e}$$

即
$$\boxed{A_v = -\left(\frac{R_F}{R_C + R_F}\right) \frac{R_C}{r_e}} \tag{5.52}$$

對 $R_F \gg R_C$ 而言，
$$\boxed{A_v \cong \frac{R_C}{r_e}} \tag{5.53}$$

相位關係　式(5.52)中的負號代表 V_o 和 V_i 之間相差 $180°$。

r_o 的效應

Z_i　不採近似，完整分析可得

$$\boxed{Z_i = \frac{1 + \dfrac{R_C \| r_o}{R_F}}{\dfrac{1}{\beta r_e} + \dfrac{1}{R_F} + \dfrac{R_C \| r_o}{\beta r_e R_F} + \dfrac{R_C \| r_o}{R_F r_e}}} \tag{5.54}$$

利用條件 $r_o \geq 10 R_C$，可得

$$Z_i = \frac{1 + \dfrac{R_C}{R_F}}{\dfrac{1}{\beta r_e} + \dfrac{1}{R_F} + \dfrac{R_C}{\beta r_e R_F} + \dfrac{R_C}{R_F r_e}} = \frac{r_e \left[1 + \dfrac{R_C}{R_F}\right]}{\dfrac{1}{\beta} + \dfrac{1}{R_F}\left[r_e + \dfrac{R_C}{\beta} + R_C\right]}$$

利用 $R_C \gg r_e$ 以及 $\dfrac{R_C}{\beta}$，

$$Z_i \cong \frac{r_e\left[1+\dfrac{R_C}{R_F}\right]}{\dfrac{1}{\beta}+\dfrac{R_C}{R_F}} = \frac{r_e\left[\dfrac{R_F+R_C}{R_F}\right]}{\dfrac{R_F+\beta R_C}{\beta R_F}} = \frac{r_e}{\dfrac{1}{\beta}\left(\dfrac{R_F}{R_F+R_C}\right)+\dfrac{R_C}{R_C+R_F}}$$

但因 R_F 一般 $\gg R_C$，$R_F+R_C \cong R_F$ 且 $\dfrac{R_F}{R_F+R_C}=1$，

$$\boxed{Z_i \cong \frac{r_e}{\dfrac{1}{\beta}+\dfrac{R_C}{R_C+R_F}}}\bigg|_{r_o \gg R_C,\, R_F > R_C} \tag{5.55}$$

如先前所得者。

Z_o 將 r_o 涵蓋進來，r_o 和圖 5.47 中的 R_C 並聯，可得

$$\boxed{Z_o = r_o \| R_C \| R_F} \tag{5.56}$$

對 $r_o \geq 10 R_C$ 而言，$\boxed{Z_o \cong R_C \| R_F}\bigg|_{r_o \geq 10 R_C} \tag{5.57}$

和先前所得者相同。對 $R_F \gg R_C$ 的普通情況，

$$\boxed{Z_o \cong R_C}\bigg|_{r_o \geq 10 R_C,\, R_F \gg R_C} \tag{5.58}$$

A_v

$$\boxed{A_v = -\left(\frac{R_F}{R_C\|r_o+R_F}\right)\frac{R_C\|r_o}{r_e}} \tag{5.59}$$

對 $r_o \geq 10 R_C$ 而言，

$$\boxed{A_v \cong -\left(\frac{R_F}{R_C+R_F}\right)\frac{R_C}{r_e}}\bigg|_{r_o \geq 10 R_C} \tag{5.60}$$

且對 $R_F \gg R_C$ 而言，

$$\boxed{A_v \cong -\frac{R_C}{r_e}}\bigg|_{r_o \geq 10 R_C,\, R_F \gg R_C} \tag{5.61}$$

如先前所得者。

例 5.9 對圖 5.48 的網路，試決定

a. r_e。

b. Z_i。

c. Z_o。

d. A_v。

e. 重做(b)～(d)，但 $r_o=20\text{ k}\Omega$，並比較結果。

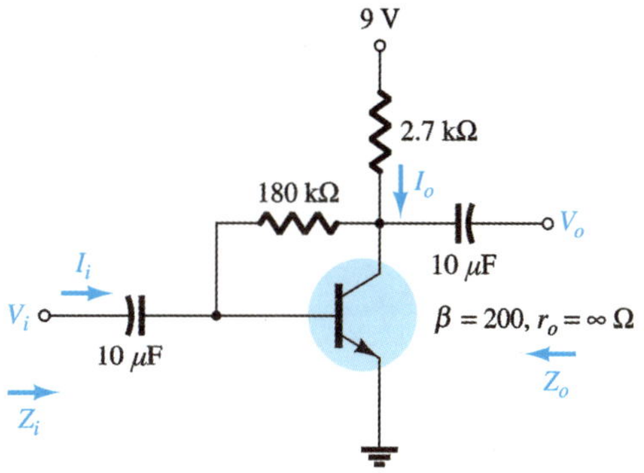

解：

a. $I_B = \dfrac{V_{CC}-V_{BE}}{R_F+\beta R_C} = \dfrac{9\text{ V}-0.7\text{ V}}{180\text{ k}\Omega+(200)2.7\text{ k}\Omega}$

$\qquad = 11.53\ \mu\text{A}$

$I_E = (\beta+1)I_B = (201)(11.53\ \mu\text{A}) = 2.32\text{ mA}$

$r_e = \dfrac{26\text{ mV}}{I_E} = \dfrac{26\text{ mV}}{2.32\text{ mA}} = \mathbf{11.21\ \Omega}$

圖 5.48 例 5.9

b. $Z_i = \dfrac{r_e}{\dfrac{1}{\beta}+\dfrac{R_C}{R_C+R_F}} = \dfrac{11.21\ \Omega}{\dfrac{1}{200}+\dfrac{2.7\text{ k}\Omega}{182.7\text{ k}\Omega}} = \dfrac{11.21\ \Omega}{0.005+0.0148}$

$\qquad = \dfrac{11.21\ \Omega}{0.0198} = \mathbf{566.16\ \Omega}$

c. $Z_o = R_C \| R_F = 2.7\text{ k}\Omega \| 180\text{ k}\Omega = \mathbf{2.66\text{ k}\Omega}$

d. $A_v = -\dfrac{R_C}{r_e} = -\dfrac{27\text{ k}\Omega}{11.21\ \Omega} = \mathbf{-240.86}$

e. Z_i：不滿足 $r_o \geq 10R_C$ 的條件，因此

$Z_i = \dfrac{1+\dfrac{R_C\|r_o}{R_F}}{\dfrac{1}{\beta r_e}+\dfrac{1}{R_F}+\dfrac{R_C\|r_o}{\beta r_e R_F}+\dfrac{R_C\|r_o}{R_F r_e}}$

$\quad = \dfrac{1+\dfrac{2.7\text{ k}\Omega\|20\text{ k}\Omega}{180\text{ k}\Omega}}{\dfrac{1}{(200)(11.21)}+\dfrac{1}{180\text{ k}\Omega}+\dfrac{2.7\text{ k}\Omega\|20\text{ k}\Omega}{(200)(11.21\ \Omega)(180\text{ k}\Omega)}+\dfrac{2.7\text{ k}\Omega\|20\text{ k}\Omega}{(180\text{ k}\Omega)(11.21\ \Omega)}}$

$\quad = \dfrac{1+\dfrac{2.38\text{ k}\Omega}{180\text{ k}\Omega}}{0.45\times 10^{-3}+0.006\times 10^{-3}+5.91\times 10^{-3}+1.18\times 10^{-3}} = \dfrac{1+0.013}{1.64\times 10^{-3}}$

$\quad = \mathbf{617.7\ \Omega}$ 對 $566.16\ \Omega$（$r_o=\infty$ 的情況）

Z_o：

$\qquad Z_o = r_o \| R_C \| R_F = 20\text{ k}\Omega \| 2.7\text{ k}\Omega \| 180\text{ k}\Omega$

$\qquad\quad = \mathbf{2.35\text{ k}\Omega}$ 對 $2.66\text{ k}\Omega$（$r_o=\infty$ 的情況）

A_v：

$$= -\left(\frac{R_F}{R_C \| r_o + R_F}\right)\frac{R_C \| r_o}{r_e} = -\left[\frac{180\ \text{k}\Omega}{2.38\ \text{k}\Omega + 180\ \text{k}\Omega}\right]\frac{2.38\ \text{k}\Omega}{11.21}$$

$$= -[0.987]212.3$$

$$= -\mathbf{209.54}$$

對圖 5.49 的電路，可利用式(5.62)～式(5.64)決定所關注的參數，其推導過程就留到章末的習題作練習。

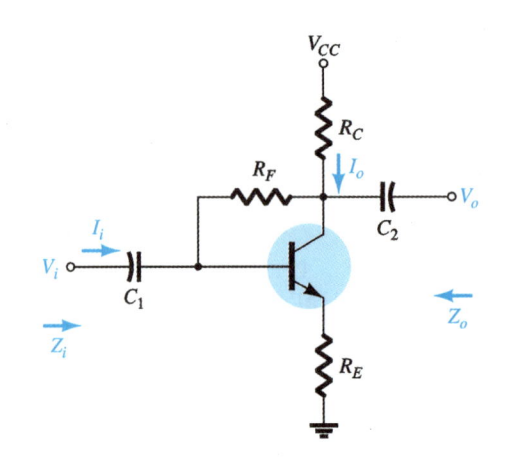

圖 5.49 具有射極電阻 R_E 的集極反饋電路

Z_i

$$Z_i \cong \frac{R_E}{\left[\dfrac{1}{\beta} + \dfrac{(R_E + R_C)}{R_F}\right]} \tag{5.62}$$

Z_o

$$Z_o = R_C \| R_F \tag{5.63}$$

A_v

$$A_v \cong -\frac{R_C}{R_E} \tag{5.64}$$

5.11 集極直流反饋電路

圖 5.50 的網路具有直流反饋電阻，可增加偏壓穩定性，但電容 C_3 可將反饋電阻在交流情況下分別移到輸入側和輸出側。移到輸入或輸出側的 R_F 部分大小，可由所需的交流輸入和輸出的電阻大小決定。

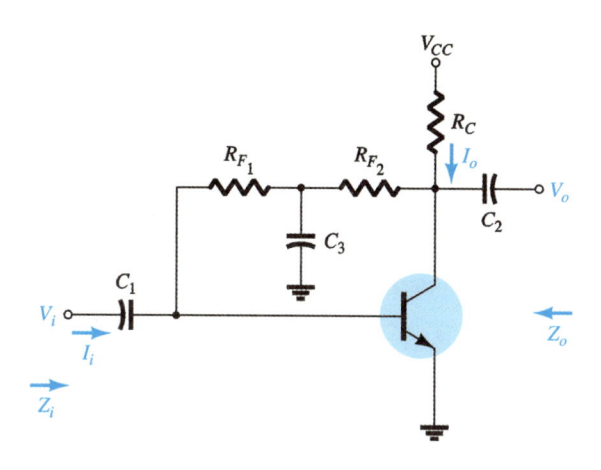

圖 5.50 集極直流反饋電路

在操作頻率範圍內，電容 C_3 的阻抗和網路中其他元件相比，其阻抗甚低可等效於短路，所得小訊號交流等效電路見圖 5.51。

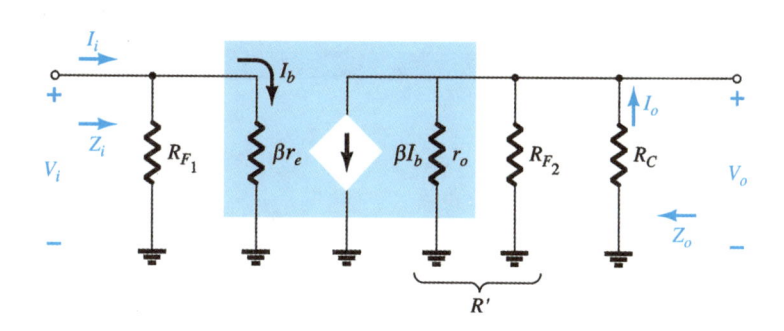

圖 5.51 將 r_e 等效電路代入圖 5.50 的交流等效網路中

Z_i

$$\boxed{Z_i = R_{F_1} \| \beta r_e} \tag{5.65}$$

Z_o

$$\boxed{Z_o = R_C \| R_{F_2} \| r_o} \tag{5.66}$$

對 $r_o \geq 10 R_C$，

$$\boxed{Z_o \cong R_C \| R_{F_2}}_{r_o \geq 10 R_C} \tag{5.67}$$

A_v

$$R' = r_o \| R_{F_2} \| R_C$$

且
$$V_o = -\beta I_b R'$$

但
$$I_b = \frac{V_i}{\beta r_e}$$

即
$$V_o = -\beta \frac{V_i}{\beta r_e} R'$$

所以
$$A_v = \frac{V_o}{V_i} = -\frac{r_o \| R_{F_2} \| R_C}{r_e} \tag{5.68}$$

對 $r_o \geq 10 R_C$，

$$A_v = \frac{V_o}{V_i} \cong -\frac{R_{F_2} \| R_C}{r_e} \bigg|_{r_o \geq 10 R_C} \tag{5.69}$$

相位關係 從式(5.68)的負號可清楚看出，輸入電壓和輸出電壓之間存在 180° 的相移。

例 5.10 對圖 5.52 的網路，試決定：

a. r_e。
b. Z_i。
c. Z_o。
d. A_v。
e. V_o 若 $V_i = 2$ mV。

解：

a. 直流：$I_B = \dfrac{V_{CC} - V_{BE}}{R_F + \beta R_C}$

$= \dfrac{12 \text{ V} - 0.7 \text{ V}}{(120 \text{ k}\Omega + 68 \text{ k}\Omega) + (140) 3 \text{ k}\Omega}$

$= \dfrac{11.3 \text{ V}}{608 \text{ k}\Omega} = 18.6 \text{ }\mu\text{A}$

$I_E = (\beta + 1) I_B = (141)(18.6 \text{ }\mu\text{A})$

$= 2.62$ mA

$r_e = \dfrac{26 \text{ mA}}{I_E} = \dfrac{26 \text{ mV}}{2.62 \text{ mA}} = \mathbf{9.92 \text{ }\Omega}$

b. $\beta r_e = (140)(9.92 \text{ }\Omega) = 1.39 \text{ k}\Omega$

交流等效網路見圖 5.53。

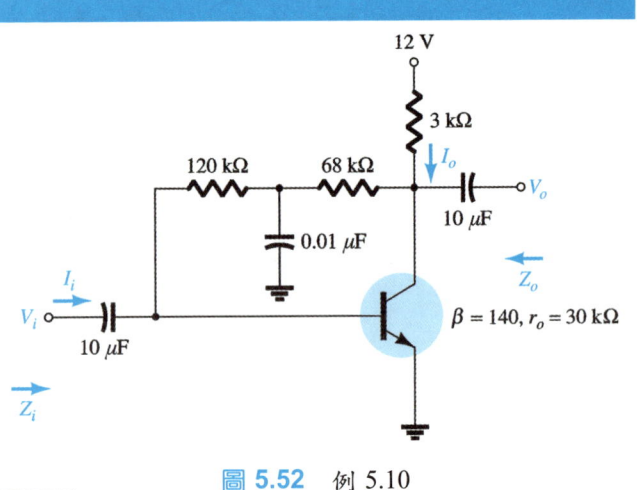

圖 5.52 例 5.10

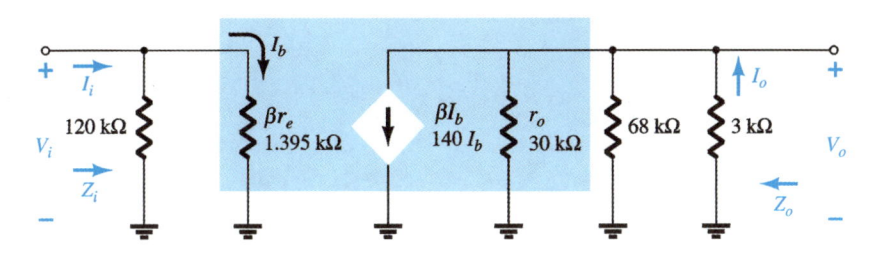

圖 5.53 將 r_e 等效電路代入圖 5.52 的等效網路中

$$Z_i = R_{F_1} \| \beta r_e = 120 \text{ k}\Omega \| 1.39 \text{ k}\Omega$$
$$\cong \mathbf{1.37 \text{ k}\Omega}$$

c. 檢查 $r_o \geq 10 R_C$ 的條件是否成立，可發現

$$30 \text{ k}\Omega \geq 10(3 \text{ k}\Omega) = 30 \text{ k}\Omega$$

由等號知條件滿足，因此

$$Z_o \cong R_C \| R_{F_2} = 3 \text{ k}\Omega \| 68 \text{ k}\Omega$$
$$= \mathbf{2.87 \text{ k}\Omega}$$

d. $r_o \geq 10 R_C$，因此，

$$A_v \cong -\frac{R_{F_2} \| R_C}{r_e} = -\frac{68 \text{ k}\Omega \| 3 \text{ k}\Omega}{9.92 \text{ }\Omega}$$
$$\cong -\frac{2.87 \text{ k}\Omega}{9.92 \text{ }\Omega}$$
$$\cong \mathbf{-289.3}$$

e. $|A_v| = 289.3 = \dfrac{V_o}{V_i}$

$V_o = 289.3 V_i = 289.3 (2 \text{ mV}) = \mathbf{0.579 \text{ V}}$

5.12 R_L 和 R_S 的影響

前幾節決定所有參數時，都是針對無載放大器，且輸入電壓都直接接到電晶體的接腳。本節將探討，負載加到輸出端且訊號源存在內阻時的影響。圖 5.54a 是先前探討過的典型網路，因輸出端並未接電阻性負載，所得增益通常稱為無載增益，用以下記號代表：

$$\boxed{A_{v_{\text{NL}}} = \frac{V_o}{V_i}} \qquad (5.70)$$

358 電子裝置與電路理論

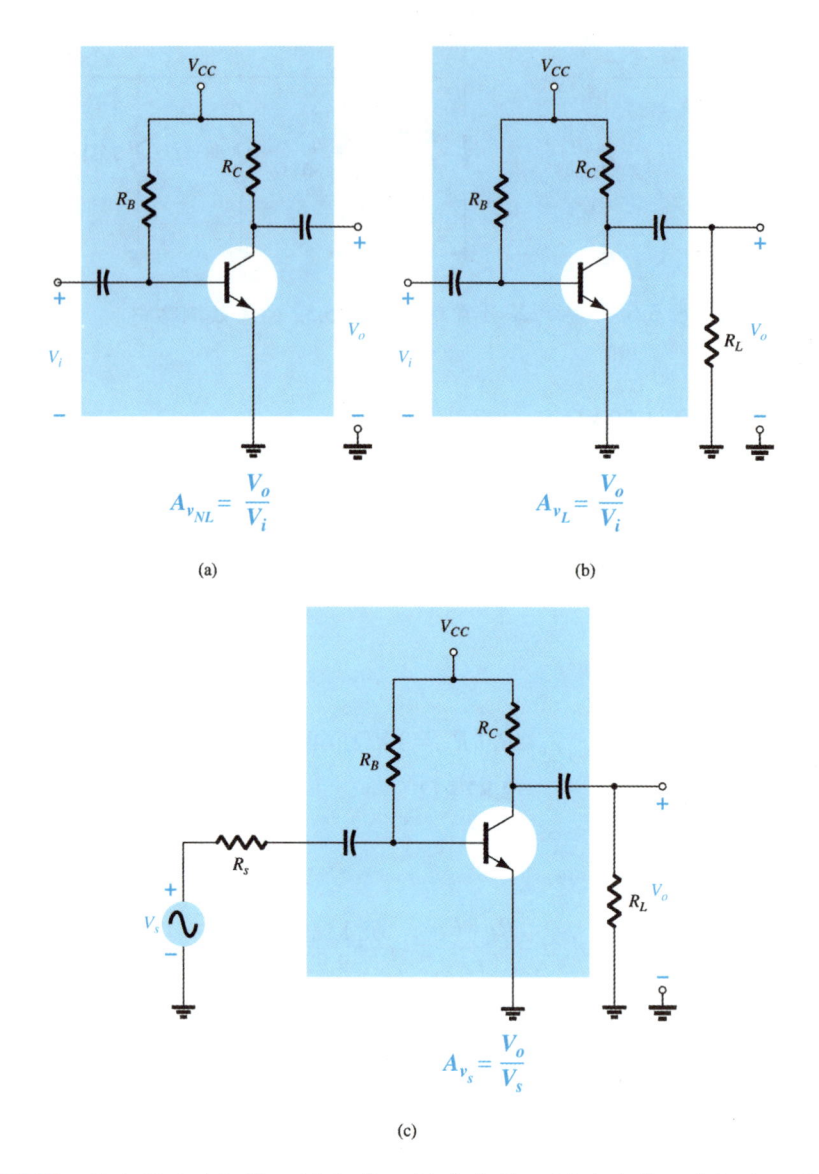

圖 5.54 放大器電路組態：(a)無載；(b)有負載；(c)有負載且有訊號源電阻

在圖 5.54b 中，負載以電阻 R_L 的形式加入，這會改變系統的總增益，有載增益一般用以下記號代表：

$$\boxed{A_{v_L} = \frac{V_o}{V_i}}_{\text{含 } R_L} \tag{5.71}$$

在圖 5.54c 中，負載和訊號源電阻都加進來，會對系統增益產生額外的影響，所產生的增益用以下增益代表：

$$\boxed{A_{v_s} = \frac{V_o}{V_s}}_{\text{含 } R_L \text{ 和 } R_s} \tag{5.72}$$

以下的分析會證明：

> 放大器的有載增益必然小於無載增益。

易言之，在圖 5.54a 的電路中加入負載 R_L，必然會降低增益，使增益低於無載增益。

更進一步：

> 由於訊號源電阻吃掉部分的外加電壓，加上訊號源電阻後的增益，必然小於無訊號源電阻時的增益（無載情況或有載情況皆如此）。

因此，總而言之，無載情況所得增益最高，而具有訊號源電阻和負載電阻時的增益最低。也就是：

> 對相同電路而言，$A_{v_{NL}} > A_{v_L} > A_{v_s}$。

也會有興趣的證明：

> 對特定設計而言，R_L 值愈大時，交流增益值也愈大。

易言之，負載電阻愈大時，愈接近開路，開路時即得較高的無載增益。

另外：

> 對特定的放大器而言，訊號源的內阻愈小時，總增益就愈大。

易言之，訊號源電阻愈接近短路時，R_s 的效應幾乎可除去，所得增益會愈大。

> 對如圖 5.54 具有耦合電容的電路而言，訊號源電阻和負載電阻不會影響直流偏壓值。

以上所列結論在設計放大器時全部都很重要，我們要買成套的放大器時，所列的增益和全部其他的參數都是針對**無載情況**。當加上負載或訊號源電阻後，所產生的增益和放大器參數可能有很大的變化，將在以下的例子中說明。

一般而言，有兩個方向用來分析具有外加負載和／或訊號源電阻的網路。一種作法是直接代入等效電路，如 5.11 節的說明，用分析法求出所要的數值；第二種作法是定義雙埠等效模型，並利用無載情況下所決定的參數。本節將採用第一種作法，而第二種作法則留到 5.14 節作說明。

對圖 5.54c 的固定偏壓電晶體放大器，將 r_e 等效電路代入電晶體，並除去直流參數，可得圖 5.55 的電路組態。

特別要關注到，圖 5.55 和圖 5.22 在外觀上完全相同，但現在多了一個負載電阻和 R_C 並聯，以及訊號源電阻和電源 V_s 串聯。

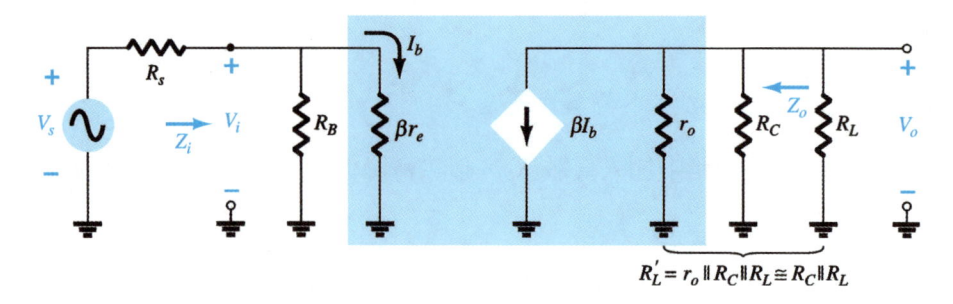

圖 5.55 圖 5.54c 網路的交流等效網路

由並聯

$$R'_L = r_o \| R_C \| R_L \cong R_C \| R_L$$

且

$$V_o = -\beta I_b R'_L = -\beta I_b (R_C \| R_L)$$

又

$$I_b = \frac{V_i}{\beta r_e}$$

可得

$$V_o = -\beta \left(\frac{V_i}{\beta r_e} \right) (R_C \| R_L)$$

所以

$$\boxed{A_{v_L} = \frac{V_o}{V_i} = -\frac{R_C \| R_L}{r_e}} \tag{5.73}$$

以 V_i 為輸入電壓所得的增益關係式和式(5.10)的唯一差異是，R_C 用 $R_C \| R_L$ 取代，這是很合理的，因圖 5.55 中的輸出電壓是降在 R_C 和 R_L 兩電阻的並聯上。

輸入阻抗是

$$\boxed{Z_i = R_B \| \beta r_e} \tag{5.74}$$

和之前所得者相同。輸出阻抗是

$$\boxed{Z_o = R_C \| r_o} \tag{5.75}$$

和之前所得者相同。

若想要求得訊號源 V_s 對輸出電壓 V_o 的總增益，只需應用分壓定律如下：

$$V_i = \frac{Z_i V_s}{Z_i + R_s}$$

即
$$\frac{V_i}{V_s} = \frac{Z_i}{Z_i + R_s}$$

或
$$A_{v_S} = \frac{V_o}{V_s} = \frac{V_o}{V_i} \cdot \frac{V_i}{V_s} = A_{v_L}\frac{Z_i}{Z_i + R_s}$$

所以
$$A_{v_S} = \frac{Z_i}{Z_i + R_s} A_{v_L} \tag{5.76}$$

因為因數 $Z_i/(Z_i+R_s)$ 必然小於 1，式(5.76)清楚地支持一項事實，即訊號源增益 A_{v_s} 必小於有載增益 A_{v_L}。

例 5.11 利用例 5.1 中固定偏壓電路所得的參數值，加上負載電阻 4.7 kΩ 和訊號源電阻 0.3 kΩ，試決定以下各數值，並和無載時的結果比較：

a. A_{v_L}。
b. A_{v_s}。
c. Z_i。
d. Z_o。

解：

a. 式(5.73)：$A_{v_L} = -\frac{R_C \| R_L}{r_e} = -\frac{3\ \text{k}\Omega \| 4.7\ \text{k}\Omega}{10.71\ \Omega} = -\frac{1.831\ \text{k}\Omega}{10.71\ \Omega} = \mathbf{-170.98}$

比無載增益 −280.11 小相當多。

b. 式(5.76)：$A_{v_s} = \frac{Z_i}{Z_i + R_s} A_{v_L}$

由例 5.1 知，$Z_i = 1.07$ kΩ，代入可得

$$A_{v_s} = \frac{1.07\ \text{k}\Omega}{1.07\ \text{k}\Omega + 0.3\ \text{k}\Omega}(-170.98) = \mathbf{-133.54}$$

此值比 $A_{v_{\text{NL}}}$ 或 A_{v_L} 都小很多。

c. 和無載情況相同，$Z_i = \mathbf{1.07\ k\Omega}$。

d. 和無載情況相同，$Z_o = R_C = \mathbf{3\ k\Omega}$。

此例清楚說明 $A_{v_{\text{NL}}} > A_{v_L} > A_{v_s}$。

對圖 5.56 具有負載電阻和訊號源串聯電阻的分壓器電路，其交流等效電路見圖 5.57。

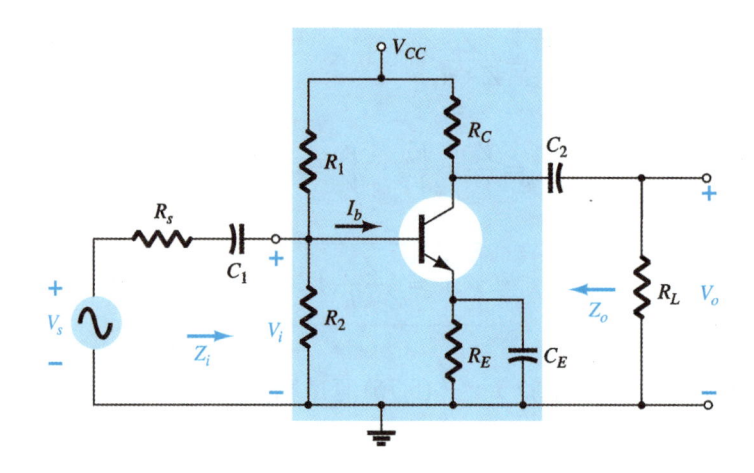

圖 5.56 具有 R_s 和 R_L 的分壓器偏壓電路

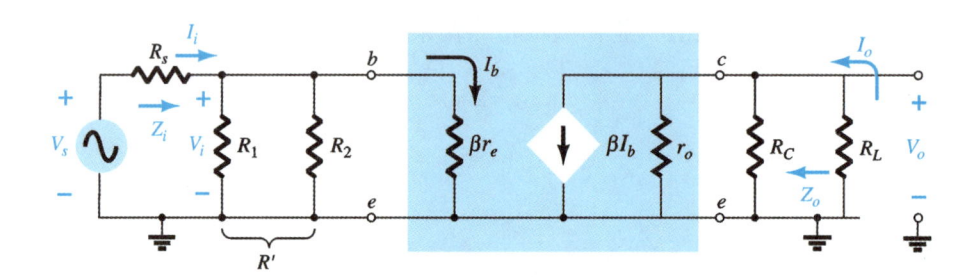

圖 5.57 將 r_e 等效電路代入圖 5.56 的交流等效網路

首先注意到，圖 5.57 和圖 5.55 極為相似，唯一的不同是，R_1 和 R_2 的並聯取代了 R_B，其他則完全相同。此電路的重要參數的關係式導出如下：

$$A_{v_L} = \frac{V_o}{V_i} = -\frac{R_C \| R_L}{r_e} \tag{5.77}$$

$$Z_i = R_1 \| R_2 \| \beta r_e \tag{5.78}$$

$$Z_o = R_C \| r_o \tag{5.79}$$

對圖 5.58 的射極隨耦器電路，其小訊號交流等效網路見圖 5.59，圖 5.59 和圖 5.37 的無載電路之間唯一的差異是，R_E 和 R_L 並聯且加入了訊號源電阻 R_s。因此，可將原關係式中有 R_E 的地方，用 $R_E \| R_L$ 取代 R_E，即可得所要數值的關係式。若式中原本就沒有 R_E 時，負載電阻 R_L 將不會產生影響。也就是，

$$A_{v_L} = \frac{V_o}{V_i} = \frac{R_E \| R_L}{R_E \| R_L + r_e} \tag{5.80}$$

第 5 章　BJT（雙載子接面電晶體）的交流分析　**363**

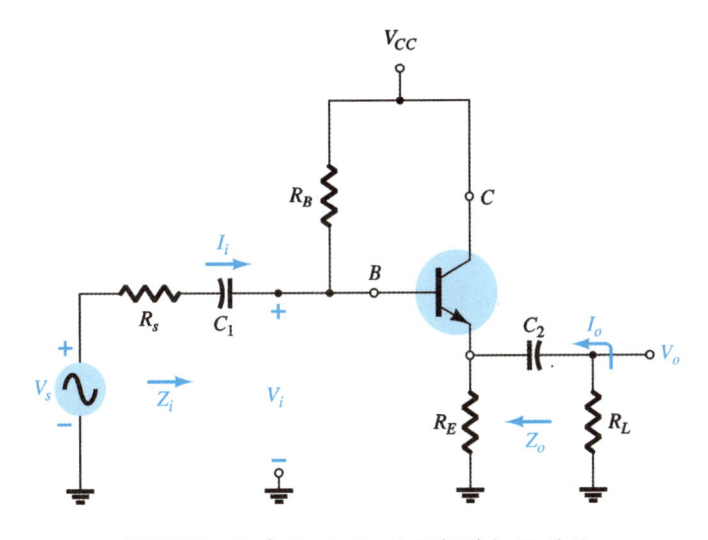

圖 5.58　具有 R_s 和 R_L 的射極隨耦器電路

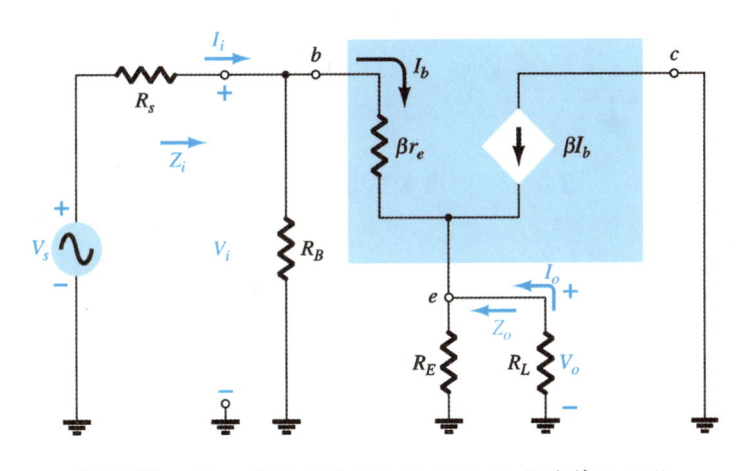

圖 5.59　將 r_e 等效電路代入圖 5.58 的交流等效網路

$$Z_i = R_B \| Z_b \tag{5.81}$$

$$Z_b \cong \beta(R_E \| R_L) \tag{5.82}$$

$$Z_o \cong r_e \tag{5.83}$$

　　負載電阻和訊號電阻對其他的 BJT 電路的影響，此處不再作詳細的探討，在 5.14 節的表 5.1 中會詳列各種電路組態的結果。

5.13 決定電流增益

你可能已經注意到，在前面章節中的每一種電路，我們都沒有決定電流增益。在本書的前幾版中都詳細交代求出電流增益的過程，但事實上電壓增益通常更為重要。不列出電流增益的推導過程，應不致產生顧慮，因為：

> 對每一電晶體電路組態而言，電流增益可直接由電壓增益、規定的負載和輸入阻抗決定。

連結電壓增益和電流增益之間關係式的推導，可用圖 5.60 的雙埠組態導出。

圖 5.60 利用電壓增益決定電流增益

電流增益定義為

$$A_i = \frac{I_o}{I_i} \tag{5.84}$$

運用歐姆定律到輸入以及輸出電路，可得

$$I_i = \frac{V_i}{Z_i} \quad 且 \quad I_o = -\frac{V_o}{R_L}$$

輸出關係式中的負號，表示輸出電壓的極性是由相反方向的輸出電流所決定。依定義，輸入和輸出電流的方向都是流入雙埠組態的方向。

代入式 (5.84)，得

$$A_{i_L} = \frac{I_o}{I_i} = \frac{-\dfrac{V_o}{R_L}}{\dfrac{V_i}{Z_i}} = -\frac{V_o}{V_i} \cdot \frac{Z_i}{R_L}$$

可得以下重要關係式： $$A_{i_L} = -A_{v_L}\frac{Z_i}{R_L} \tag{5.85}$$

R_L 值定義在 V_o 和 I_o 的位置上。

為說明式(5.82)的有效性，考慮圖 5.28 的分壓器偏壓電路。

用例 5.2 的結果，可求出：

$$I_i = \frac{V_i}{Z_i} = \frac{V_i}{1.35\ k\Omega} \quad \text{且} \quad I_o = -\frac{V_o}{R_L} = -\frac{V_o}{6.8\ k\Omega}$$

所以
$$A_{i_L} = \frac{I_o}{I_i} = \frac{\left(\frac{V_o}{6.8\ k\Omega}\right)}{\frac{V_i}{1.35\ k\Omega}} = -\left(\frac{V_o}{V_i}\right)\left(\frac{1.35\ k\Omega}{6.8\ k\Omega}\right)$$

$$= -(368.76)\left(\frac{1.35\ k\Omega}{6.8\ k\Omega}\right) = \mathbf{73.2}$$

用式(5.82)： $$A_{i_L} = -A_{v_L}\frac{Z_i}{R_L} = -(-368.76)\left(\frac{1.35\ k\Omega}{6.8\ k\Omega}\right) = \mathbf{73.2}$$

其形式和前所得關係式相同，結果也相同。

若電流增益的解要表網路參數表成關係式，對某些電路組態而言，可能會更複雜。但如果是要數值解，則只要將分析電壓增益時，所得的三個參數值代入即得。

作為第 2 個例子，考慮 5.9 節的共基極偏壓電路，在此情況下，電壓增益是

$$A_{v_L} \cong \frac{R_C}{r_e}$$

且輸入阻抗是

$$Z_i \cong R_E \| r_e \cong r_e$$

由 I_o 的位置，R_L 定義為 R_C。

結果如下：

$$A_{i_L} = -A_{v_L}\frac{Z_i}{R_L}\left(-\frac{\cancel{R_C}}{\cancel{r_e}}\right)\left(\frac{\cancel{r_e}}{\cancel{R_C}}\right) \cong -1$$

因 $I_C \cong I_e$，所以和 5.9 節所得結果一致。注意到，在此例中的負號代表輸出電流的方向和集極電流方向相反。

5.14　歸納表

前面幾節中，對無載和有載的 BJT 電路作了一些推導。內容十分廣泛，因此將各種不同電路的結論歸納成表，以供快速比較，似乎是蠻恰當的。現在尚未詳細討論 h（混合）參數，也還沒利用此種參數列方程式，若將 h 參數包括進來，會使歸納表更完整。h 參數的使用會在本章稍後某一節介紹。在歸納表中，每一種情況都有畫出波形，說明輸入和輸出之間的相位關係，也顯示出輸入和輸出電壓的相對大小。

表 5.1 是針對無載情況，而表 5.2 則包含 R_s 和 R_L 的影響。

5.15　雙埠系統分析法

在設計時，常需要利用到電路的端電壓端電流特性，而不需要涉及系統中的個別元件。易言之，設計者是被託付一項產品，給定了相關的特性資料，但不觸及其內部構造。本節將針對前幾節一些電路組態所決定的參數，建立與本節將介紹的系統重要參數間的關係。結果將了解各雙埠參數和實際的放大器或電路之間如何產生關聯。圖 5.61 的系統稱為雙埠系統，因為具有兩組端點──一組是輸入端，另一組則是輸出端。此處特別重要，要了解到

環繞此雙埠系統的資料是無載條件下的資料。

此應顯然易見，因並輸入輸出端未接負載，系統方塊也未連接任何負載。

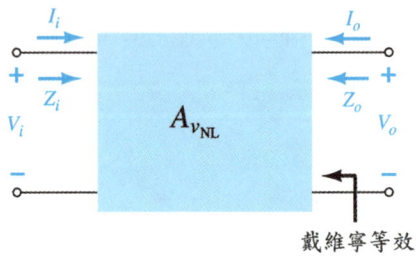

圖 5.61　雙埠系統　　　　圖 5.62　代入內部元件到圖 5.61 的雙埠系統

就圖 5.61 的雙埠系統，電壓極性和電流方向已義好。若電流方向或電壓極性和圖 5.61 所示者相反時，必須加上負號。再注意到，標記 $A_{v_{NL}}$ 的用法，這是指無載之下的電壓增益值。

對放大器而言，重要參數已畫在雙埠系統的邊界內，如圖 5.62 所示。雙埠放大器的輸入與輸出電阻，一般和無載增益一起提供，因此可以放到圖 5.62 的方塊中，代表已分析好的系統。

在無載情況下，輸出電壓是

第 5 章 BJT（雙載子接面電晶體）的交流分析

表 5.1 無載 BJT 電晶體放大器

電路組態	Z_i	Z_o	A_v	A_i
固定偏壓：	中等 (1 kΩ) $= \boxed{R_B \| \beta r_e}$ $\cong \boxed{\beta r_e}$ $(R_B \geq 10\beta r_e)$	中等 (2 kΩ) $= \boxed{R_C \| r_o}$ $\cong \boxed{R_C}$ $(r_o \geq 10R_C)$	高 (−200) $= -\dfrac{(R_C \| r_o)}{r_e}$ $\cong \boxed{-\dfrac{R_C}{r_e}}$ $(r_o \geq 10R_C)$	高 (100) $= \dfrac{\beta R_B r_o}{(r_o + R_C)(R_B + \beta r_e)}$ $\cong \boxed{\beta}$ $(r_o \geq 10R_C,\ R_B \geq 10\beta r_e)$
分壓器偏壓：	中等 (1 kΩ) $= \boxed{R_1 \| R_2 \| \beta r_e}$	中等 (2 kΩ) $= \boxed{R_C \| r_o}$ $\cong \boxed{R_C}$ $(r_o \geq 10R_C)$	高 (−200) $= -\dfrac{R_C \| r_o}{r_e}$ $\cong \boxed{-\dfrac{R_C}{r_e}}$ $(r_o \geq 10R_C)$	高 (50) $= \dfrac{\beta(R_1 \| R_2) r_o}{(r_o + R_C)(R_1 \| R_2 + \beta r_e)}$ $\cong \boxed{\dfrac{\beta(R_1 \| R_2)}{R_1 \| R_2 + \beta r_e}}$ $(r_o \geq 10R_C)$
未旁路射極偏壓：	高 (100 kΩ) $= \boxed{R_B \| Z_b}$ $Z_b \cong \beta(r_e + R_E)$ $\cong \boxed{R_B \| \beta R_E}$ $(R_E \gg r_e)$	中等 (2 kΩ) $= \boxed{R_C}$ （對任意 r_o 值）	低 (−5) $= -\dfrac{R_C}{r_e + R_E}$ $\cong \boxed{-\dfrac{R_C}{R_E}}$ $(R_E \gg r_e)$	高 (50) $\cong \boxed{-\dfrac{\beta R_B}{R_B + Z_b}}$
射極隨耦器：	高 (100 kΩ) $= \boxed{R_B \| Z_b}$ $Z_b \cong \beta(r_e + R_E)$ $\cong \boxed{R_B \| \beta R_E}$ $(R_E \gg r_e)$	低 (20 Ω) $= \boxed{R_E \| r_e}$ $\cong \boxed{r_e}$ $(R_E \gg r_e)$	低 ($\cong 1$) $= \dfrac{R_E}{R_E + r_e}$ $\cong \boxed{1}$	高 (−50) $\cong \boxed{-\dfrac{\beta R_B}{R_B + Z_b}}$
共基極：	低 (20 Ω) $= \boxed{R_E \| r_e}$ $\cong \boxed{r_e}$ $(R_E \gg r_e)$	中等 (2 kΩ) $= \boxed{R_C}$	高 (200) $\cong \dfrac{R_C}{r_e}$	低 (−1) $\cong \boxed{-1}$
集極反饋：	中等 (1 kΩ) $= \boxed{\dfrac{r_e}{\dfrac{1}{\beta} + \dfrac{R_C}{R_F}}}$ $(r_o \geq 10R_C)$	中等 (2 kΩ) $\cong \boxed{R_C \| R_F}$ $(r_o \geq 10R_C)$	高 (−200) $\cong \boxed{-\dfrac{R_C}{r_e}}$ $(r_o \geq 10R_C)$ $(R_F \gg R_C)$	高 (50) $= \boxed{\dfrac{\beta R_F}{R_F + \beta R_C}}$ $\cong \boxed{\dfrac{R_F}{R_C}}$

表 5.2　包含 R_s 和 R_L 效應的 BJT 電晶體放大器

電路組態	$A_{v_L}=V_o/V_i$	Z_i	Z_o
(固定偏壓電路，含 R_B, R_C)	$\dfrac{-(R_L\|R_C)}{r_e}$ 考慮 r_o： $-\dfrac{(R_L\|R_C\|r_o)}{r_e}$	$R_B\|\beta r_e$ $R_B\|\beta r_e$	R_C $R_C\|r_o$
(分壓偏壓電路，含 R_1, R_2, R_C, R_E, C_E)	$\dfrac{-(R_L\|R_C)}{r_e}$ 考慮 r_o： $-\dfrac{(R_L\|R_C\|r_o)}{r_e}$	$R_1\|R_2\|\beta r_e$ $R_1\|R_2\|\beta r_e$	R_C $R_C\|r_o$
(射極隨耦器，含 R_1, R_2, R_C, R_E)	$\cong 1$ 考慮 r_o： $\cong 1$	$R'_E=R_L\|R_E$ $R_1\|R_2\|\beta(r_e+R'_E)$ $R_1\|R_2\|\beta(r_e+R'_E)$	$R'_s=R_s\|R_1\|R_2$ $R_E\|\left(\dfrac{R'_s}{\beta}+r_e\right)$ $R_E\|\left(\dfrac{R'_s}{\beta}+r_e\right)$
(共基極電路，含 R_E, R_C, V_{EE}, V_{CC})	$\cong\dfrac{-(R_L\|R_C)}{r_e}$ 考慮 r_o： $\cong\dfrac{-(R_L\|R_C\|r_o)}{r_e}$	$R_E\|r_e$ $R_E\|r_e$	R_C $R_C\|r_o$

表 5.2 （續）

電路組態	$A_{v_L}=V_o/V_i$	Z_i	Z_o
(共射極，R_1、R_2 偏壓，含 R_E 電路)	$\dfrac{-(R_L\|R_C)}{R_E}$	$R_1\|R_2\|\beta(r_e+R_E)$	R_C
	考慮 r_o：$\dfrac{-(R_L\|R_C)}{R_E}$	$R_1\|R_2\|\beta(r_e+R_E)$	$\cong R_C$
(共射極，R_B 偏壓，R_{E_1} 未旁路、R_{E_2} 旁路)	$\dfrac{-(R_L\|R_C)}{R_{E_1}}$	$R_B\|\beta(r_e+R_{E_1})$	R_C
	考慮 r_o：$\dfrac{-(R_L\|R_C)}{R_{E_1}}$	$R_B\|\beta(r_e+R_E)$	$\cong R_C$
(共射極，R_F 回授，無 R_E)	$\dfrac{-(R_L\|R_C)}{r_e}$	$\beta r_e\|\dfrac{R_F}{\|A_v\|}$	R_C
	考慮 r_o：$\dfrac{-(R_L\|R_C\|r_o)}{r_e}$	$\beta r_e\|\dfrac{R_F}{\|A_v\|}$	$R_C\|R_F\|r_o$
(共射極，R_F 回授，含 R_E)	$\dfrac{-(R_L\|R_C)}{R_E}$	$\beta R_E\|\dfrac{R_F}{\|A_v\|}$	$\cong R_C\|R_F$
	考慮 r_o：$\cong\dfrac{-(R_L\|R_C)}{R_E}$	$\cong\beta R_E\|\dfrac{R_F}{\|A_v\|}$	$\cong R_C\|R_F$

$$V_o = A_{v_{NL}} V_i \qquad (5.86)$$

這是因 $I=0$ A，得到 $I_o R_o = 0$ V。

輸出電阻定義在 $V_i = 0$ V 的條件下，此時 $A_{v_{NL}} V_i = 0$ V，電壓源等效於短路，結果

$$Z_o = R_o \qquad (5.87)$$

最後，輸入阻抗 Z_i 由外加電壓和產生的輸入電流相除而得

$$Z_i = R_i \qquad (5.88)$$

在無載情況下，因負載電流為零，故無法定義電流增益。但仍有無載電壓增益，即 $A_{v_{NL}}$。

將負載加到雙埠系統，可見圖 5.63 的電路。理想而言，模型中的所有參數不會受負載變化和訊號源電阻大小的影響。但對某些電晶體電路而言，外加負載會影響輸入電阻值，而其他的某些電路中，輸出電阻則會受訊號源電阻的影響。但依簡單定義，無載增益不會受任何外加負載的影響。在任何情況下，一旦決定了特定電路的 $A_{v_{NL}}$、R_i 和 R_o，就可應用所導出的相關公式。

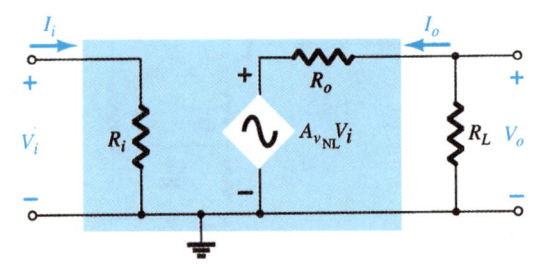

圖 5.63 將負載加到圖 5.62 的雙埠系統

運用分壓定律到此電路的輸出部分，可得

$$V_o = \frac{R_L A_{v_{NL}} V_i}{R_L + R_o}$$

即

$$A_{v_L} = \frac{V_o}{V_i} = \frac{R_L}{R_L + R_o} A_{v_{NL}} \qquad (5.89)$$

因為比值 $R_L/(R_L + R_o)$ 必小於 1，可進一步驗證，放大器的有載增益必然小於無載增益。

因此電流增益可決定如下：

$$A_{i_L} = \frac{I_o}{I_i} = \frac{-V_o/R_L}{V_i/Z_i} = -\frac{V_o}{V_i} \frac{Z_i}{R_L}$$

即
$$A_{i_L} = -A_{v_L}\frac{Z_i}{R_L} \tag{5.90}$$

用先前所得者相同。因此，一般而言，電流增益可由電壓增益和阻抗參數 Z_i 和 R_L 求得，下個例子將說明式(5.89)和式(5.90)的有用性和有效性。

現在把注意力轉到雙埠系統的輸出側，考慮內部訊號源電阻對放大器增益的影響，Z_i 和 $A_{v_{NL}}$ 的定義具有以下性質：

> 雙埠系統的參數 Z_i 和 $A_{v_{NL}}$ 不受外加訊號源內阻的影響。

但

> 輸出阻抗可能會受 R_s 大小的影響。

圖 5.64 的放大器中，外加訊號能到達輸入端的部分，可由分壓定律決定，也就是

$$V_i = \frac{R_i V_s}{R_i + R_s} \tag{5.91}$$

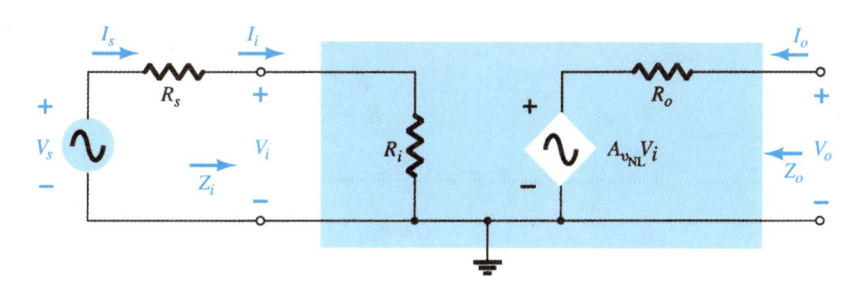

圖 5.64 將訊號源電阻 R_s 的影響考慮進來

式(5.91)清楚顯示，R_s 值愈大時，放大器輸入端的電壓就愈小。因此如先前所提的，一般對特定的放大器，訊號源的內阻愈大時，系統的總增益會愈小。

對圖 5.64 的雙埠系統，

$$V_o = A_{v_{NL}} V_i$$

即
$$V_i = \frac{R_i V_s}{R_i + R_s}$$

所以
$$V_o = A_{v_{NL}} \frac{R_i}{R_i + R_s} V_s$$

即
$$A_{v_s} = \frac{V_o}{V_s} = \frac{R_i}{R_i + R_s} A_{v_{NL}} \qquad (5.92)$$

我們已經分別說明了 R_s 和 R_L 的影響,接下來的問題自然是,當這兩個因素同時出現在同一網路時,對總增益有何影響。在圖 5.65 中,具有內阻 R_s 的訊號源和負載 R_L 都加到某雙埠系統上,已給定好參數 Z_i、$A_{v_{NL}}$ 和 Z_o,現在假定 Z_i 和 Z_o 分別不受 R_L 和 R_s 的影響。

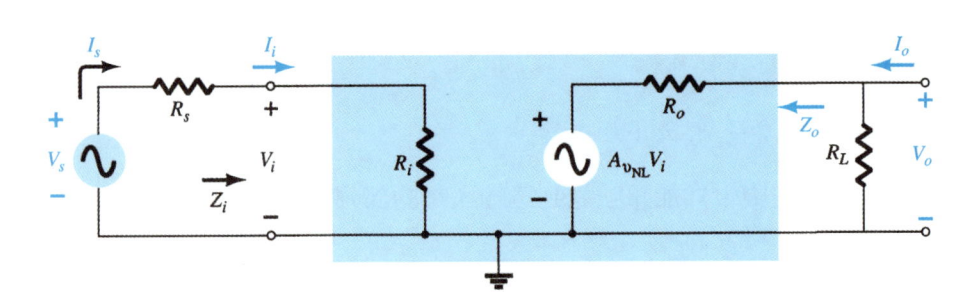

圖 5.65 考慮 R_s 和 R_L 對放大器增益的影響

在輸入側可發現

$$\text{式(5.91)}: V_i = \frac{R_i V_s}{R_i + R_s}$$

或
$$\frac{V_i}{V_s} = \frac{R_i}{R_i + R_s} \qquad (5.93)$$

在輸出側,
$$V_o = \frac{R_L}{R_L + R_o} A_{v_{NL}} V_i$$

或
$$A_{v_L} = \frac{V_o}{V_i} = \frac{R_L A_{v_{NL}}}{R_L + R_o} = \frac{R_L}{R_L + R_o} A_{v_{NL}} \qquad (5.94)$$

對總增益 $A_{v_s} = V_o/V_s$,可利用以下數學步驟求出:

$$A_{v_s} = \frac{V_o}{V_s} = \frac{V_o}{V_i} \cdot \frac{V_i}{V_s} \qquad (5.95)$$

代入式(5.93)和式(5.94),可得

$$A_{v_s} = \frac{V_o}{V_s} = \frac{R_i}{R_i + R_s} \cdot \frac{R_L}{R_L + R_o} A_{v_{NL}} \qquad (5.96)$$

因 $I_i = V_i/R_i$，和以前一樣，

$$A_{i_L} = -A_{v_L}\frac{R_i}{R_L} \tag{5.97}$$

或用 $I_s = V_s/(R_s + R_i)$，

$$A_{i_s} = -A_{v_s}\frac{R_s + R_i}{R_L} \tag{5.98}$$

但因 $I_i = I_s$，所以式(5.97)和式(5.98)會產生相同結果。從式(5.96)可清楚看出，訊號源電阻和負載電阻都會降低系統的總增益。

在式(5.96)中相乘的兩項，在設計程序中必須仔細地考慮。若 R_L 大小的效應可忽略不計，這並不足以保證 R_s 會相當小。例如，在式(5.96)中，若第 1 項是 0.9 且第 2 項是 0.2，兩項乘積等於 (0.9)(0.2)=0.18，此值相當接近較低項的值(0.2)，因此優異的 0.9 幾可完全不考慮，只需考慮產生主要影響的第 2 項。但如果兩項都是 0.9，總結果會是 (0.9)(0.9)=0.81，此值仍然很高。即使當第 1 項是 0.9，而第 2 項是 0.7，總結果是 0.63，依然相當大。因此一般而言，若總增益並未嚴重衰減，必須分別算出 R_s 和 R_L 的影響，再相乘。

例 5.12 試決定例 5.11 中網路的 A_{v_L} 和 A_{v_s}，並比較結果。例 5.1 已求出 $A_{v_{NL}} = -280$、$Z_i = 1.07\text{ k}\Omega$ 且 $Z_o = 3\text{ k}\Omega$。在例 5.11 中，$R_L = 4.7\text{ k}\Omega$ 且 $R_s = 0.3\text{ k}\Omega$。

解：

a. 式(5.89)：$A_{v_L} = \dfrac{R_L}{R_L + R_o}A_{v_{NL}}$

$$= \frac{4.7\text{ k}\Omega}{4.7\text{ k}\Omega + 3\text{ k}\Omega}(-280.11)$$

$$= -170.98$$

和例 5.11 的結果相同。

b. 式(5.96)：$A_{v_s} = \dfrac{R_i}{R_i + R_s} \cdot \dfrac{R_L}{R_L + R_o}A_{v_{NL}}$

$$= \frac{1.07\text{ k}\Omega}{1.07\text{ k}\Omega + 0.3\text{ k}\Omega} \cdot \frac{4.7\text{ k}\Omega}{4.7\text{ k}\Omega + 3\text{ k}\Omega}(-280.11)$$

$$= (0.781)(0.610)(-280.11)$$

$$= -133.45$$

和例 5.11 的結果相同。

例 5.13 給定一包裝好的放大器（無法拆看內部），如圖 5.66。

a. 決定增益 A_{v_L}，並和無載增益值比較，已知 $R_L = 1.2\ \text{k}\Omega$。

b. 重做(a)，但 $R_L = 5.6\ \text{k}\Omega$，並比較結果。

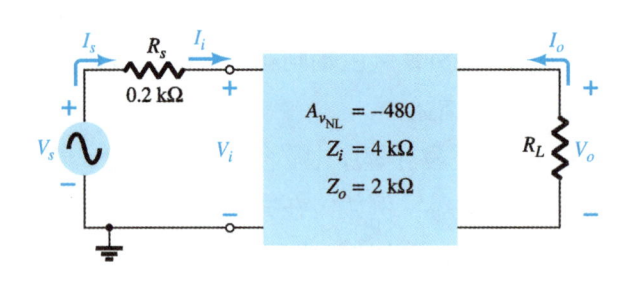

c. 決定 $R_L = 1.2\ \text{k}\Omega$ 時的 A_{v_s}。

d. 決定 $R_L = 5.6\ \text{k}\Omega$ 時的電流增益 $A_i = \dfrac{I_o}{I_i} = \dfrac{I_o}{I_s}$。

圖 5.66 例 5.13 的放大器

解：

a. 式 (5.89)：$A_{v_L} = \dfrac{R_L}{R_L + R_o} A_{v_{\text{NL}}}$

$$= \dfrac{1.2\ \text{k}\Omega}{1.2\ \text{k}\Omega + 2\ \text{k}\Omega}(-480) = (0.375)(-480)$$

$$= \mathbf{-180}$$

此值和無載值相比，下降非常多。

b. 式 (5.89)：$A_{v_L} = \dfrac{R_L}{R_L + R_o} A_{v_{\text{NL}}}$

$$= \dfrac{5.6\ \text{k}\Omega}{5.6\ \text{k}\Omega + 2\ \text{k}\Omega}(-480) = (0.737)(-480)$$

$$= \mathbf{-353.76}$$

可清楚看出，當負載電阻愈大時，增益會愈好。

c. 式 (5.96)：$A_{v_s} = \dfrac{R_i}{R_i + R_s} \cdot \dfrac{R_L}{R_L + R_o} A_{v_{\text{NL}}}$

$$= \dfrac{4\ \text{k}\Omega}{4\ \text{k}\Omega + 0.2\ \text{k}\Omega} \cdot \dfrac{1.2\ \text{k}\Omega}{1.2\ \text{k}\Omega + 2\ \text{k}\Omega}(-480)$$

$$= (0.952)(0.375)(-480)$$

$$= \mathbf{-171.36}$$

此值和有載增益 A_v 相當接近，這是因為輸入阻抗比訊號源電阻大相當多。易言之，和放大器的輸入阻抗相比，訊號源電阻相當小。

d. $A_{i_L} = \dfrac{I_o}{I_i} = \dfrac{I_o}{I_s} = -A_{v_L}\dfrac{Z_i}{R_L}$

$\quad = -(-353.76)\left(\dfrac{4\ \text{k}\Omega}{5.6\ \text{k}\Omega}\right) = (-353.73)(0.714)$

$\quad = \mathbf{-252.6}$

很重要需了解到，在某些電路的雙埠方程式中，輸入阻抗很容易受外加負載的影響（如射極隨耦器和集極反饋電路）。而在某些電路，輸出阻抗則很容易受外加訊號源電阻的影響（如射極隨耦器電路）。在這種情況下，在代入雙埠方程式之前，無載參數 Z_i 和 Z_o 要先再算過才能用。對大部分已成套的系統如運算放大器，其輸入和輸出參數受外加負載或訊號源電阻的影響程度已降到最小，因此在使用雙埠方程式時，已不需再調整無載參數。

5.16　串級系統

雙埠系統分析法對如圖 5.67 中的串級系統特別有用，其中的 A_{v_1}、A_{v_2}、A_{v_3} 等等代表各級在有載情況下的增益，也就是在決定 A_{v_1} 時將 A_{v_2} 的輸入阻抗當作 A_{v_1} 的負載。對 A_{v_2} 而言，A_{v_1} 提供 A_{v_2} 輸入部分的訊號源大小和訊號源阻抗。系統的總增益由各級增益的乘積決定如下：

$$A_{v_T} = A_{v_1} \cdot A_{v_2} \cdot A_{v_3} \cdots \cdots \quad (5.99)$$

總電流增益決定如下：

$$A_{i_T} = -A_{v_T}\dfrac{Z_{i_1}}{R_L} \quad (5.100)$$

無論系統設計如何理想，雙埠系統接上下一級或負載時，一定會影響電壓增益。因此圖 5.67 中不可能 A_{v_1}、A_{v_2} 等等都是無載增益值。可利用各級的無載參數決定有載增益，但式 (5.99) 需代入有載增益值。第 1 級的負載是 Z_{i_2}，第 2 級則是 Z_{i_3} 等等。

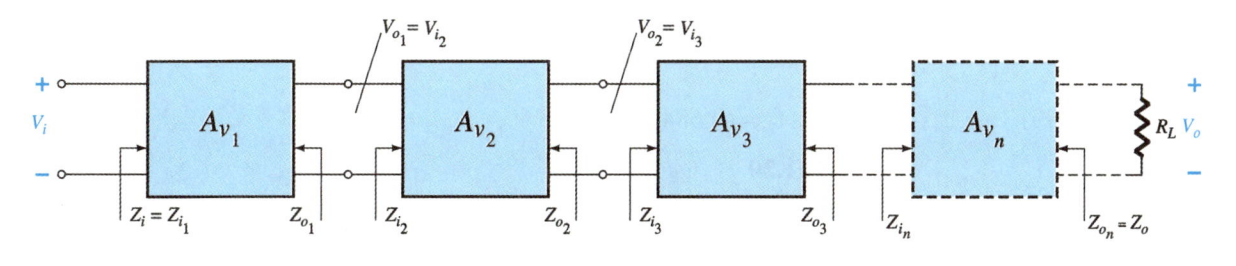

圖 5.67　串級系統

例 5.14 圖 5.68 的二級系統中，在共基極電路組態之前，接一個射極隨耦器電路，確保外加訊號的最大比例可以出現在共基極放大器的輸入端。在圖 5.68 中，每一級都提供了無載參數值，除了射極隨耦器的 Z_i 和 Z_o 之外，其他各參數都可作為有載參數值。對圖 5.68 的電路，試決定：

a. 各級的有載增益。
b. 系統總增益 A_v 和 A_{v_s}。
c. 系統的總電流增益。
d. 若去除射極隨耦器電路時的系統總增益。

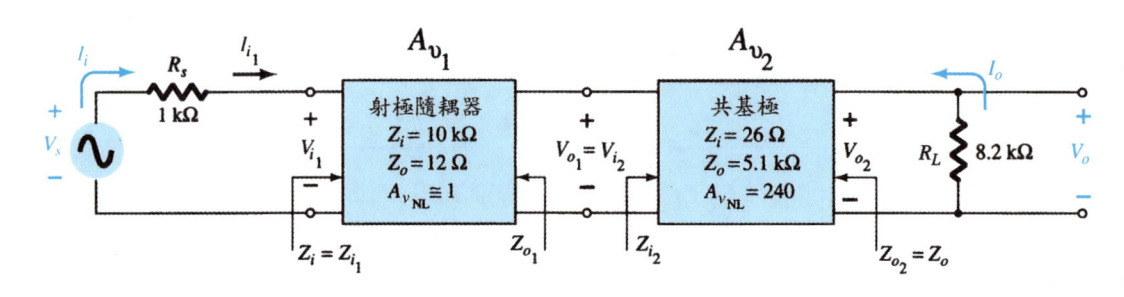

圖 5.68 例 5.14

解：

a. 對射極隨耦器電路，有載增益是（由式(5.88)）：

$$V_{o_1} = \frac{Z_{i_2}}{Z_{i_2} + Z_{o_1}} A_{v_{NL}} V_{i_1} = \frac{26\ \Omega}{26\ \Omega + 12\ \Omega}(1) V_{i_1} = 0.684\ V_{i_1}$$

即

$$A_{V_i} = \frac{V_{o_1}}{V_{i_1}} = \mathbf{0.684}$$

對共基極電路，

$$V_{o_2} = \frac{R_L}{R_L + R_{o_2}} A_{v_{NL}} V_{i_2} = \frac{8.2\ k\Omega}{8.2\ k\Omega + 5.1\ k\Omega}(240) V_{i_2} = 147.97\ V_{i_2}$$

即

$$A_{v_2} = \frac{V_{o_2}}{V_{i_2}} = \mathbf{147.97}$$

b. 式(5.99)： $A_{v_T} = A_{v_1} A_{v_2} = (0.684)(147.97)$
$\qquad\qquad\qquad = \mathbf{101.20}$

式(5.91)： $A_{v_s} = \dfrac{Z_{i_1}}{Z_{i_1} + R_s} A_{v_T} = \dfrac{(10\ k\Omega)(101.20)}{10\ k\Omega + 1\ k\Omega} = \mathbf{92}$

c. 式(5.100)：$$A_{i_T} = -A_{v_T}\frac{Z_{i_1}}{R_L} = -(101.20)\left(\frac{10\text{ k}\Omega}{8.2\text{ k}\Omega}\right) = \mathbf{-123.41}$$

d. 式(5.91)：$$V_i = \frac{Z_{i_{CB}}}{Z_{i_{CB}} + R_s}V_s = \frac{26\text{ }\Omega}{26\text{ }\Omega + 1\text{ k}\Omega}V_s = 0.025\ V_s$$

即 $\frac{V_i}{V_s} = 0.025$，又由前知 $\frac{V_o}{V_i} = 147.97$

即 $$A_{v_s} = \frac{V_o}{V_s} = \frac{V_i}{V_s} \cdot \frac{V_o}{V_i} = (0.025)(147.97) = \mathbf{3.7}$$

因此，總之，加上射極隨耦器將訊號帶入放大級，增益約可增加 25 倍。但很重要也注意到，第 1 級的輸出阻抗相當接近第 2 級的輸入阻抗，否則輸入訊號將再一次因分壓作用而損失掉。

RC 耦合 BJT 放大器

放大級之間普遍的連接方式，是各種 RC 耦合，如下個例子中圖 5.69 所示者。RC 耦合的名稱源於耦合電容 C_c，且第 1 級的負載是 RC 組合。從直流觀點來看，耦合電容可隔絕前後兩級，但在交流情況下又可等效於短路。第 2 級的輸入阻抗是作為第 1 級的負載，可以用前兩節介紹的分析方法來探討此種電路。

例 5.15

a. 試計算圖 5.69 中 RC 耦合電晶體放大器的無載電壓增益和輸出電壓。

b. 若將 4.7 kΩ 的負載加到第 2 級的輸出，試計算總增益和輸出電壓，並和(a)的結果作比較。

c. 試計算第 1 級的輸入阻抗和第 2 級的輸出阻抗。

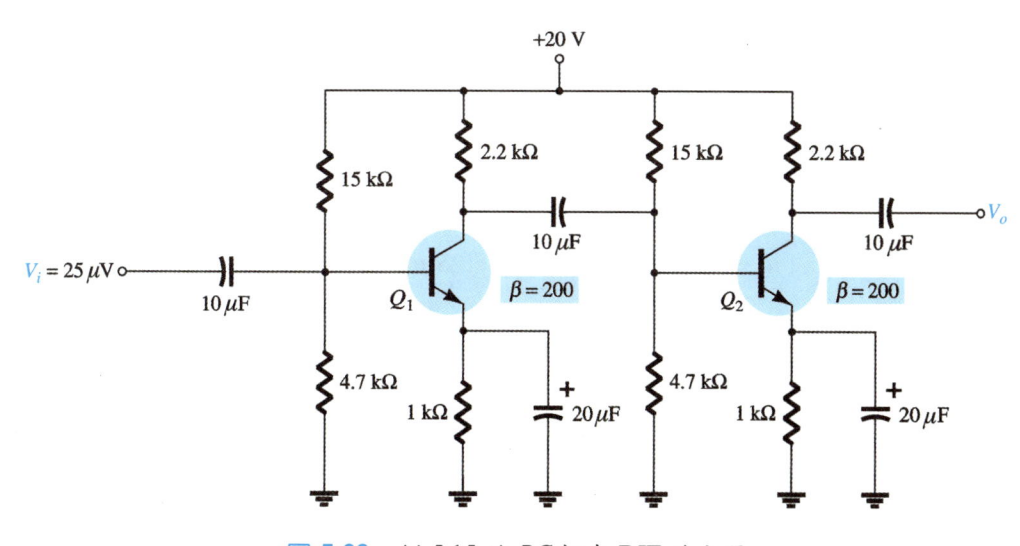

圖 5.69 例 5.15 的 RC 耦合 BJT 放大器

解：

a. 各電晶體的直流偏壓結果如下：

$$V_B = 4.7 \text{ V}，V_E = 4.0 \text{ V}，V_C = 11 \text{ V}，I_E = 4.0 \text{ mA}$$

在偏壓點，

$$r_e = \frac{26 \text{ mV}}{I_E} = \frac{26 \text{ mV}}{4 \text{ mA}} = 6.5 \text{ }\Omega$$

第 2 級的負載效應是

$$Z_{i_2} = R_1 \| R_2 \| \beta r_e$$

可得第 1 級的增益如下：

$$\begin{aligned}
A_{v_1} &= -\frac{R_C \| (R_1 \| R_2 \| \beta r_e)}{r_e} \\
&= -\frac{(2.2 \text{ k}\Omega) \| [15 \text{ k}\Omega \| 4.7 \text{ k}\Omega \| (200)(6.5 \text{ }\Omega)]}{6.5 \text{ }\Omega} \\
&= -\frac{665.2 \text{ }\Omega}{6.5 \text{ }\Omega} = -102.3
\end{aligned}$$

第 2 級的無載增益是

$$A_{v_2(NL)} = -\frac{R_C}{r_e} = -\frac{2.2 \text{ k}\Omega}{6.5 \text{ }\Omega} = -338.46$$

產生的總增益是

$$A_{v_T(NL)} = A_{v_1} A_{v_2(NL)} = (-102.3)(-338.46) \cong \mathbf{34.6 \times 10^3}$$

因此輸出電壓為

$$V_o = A_{v_T(NL)} V_i = (34.6 \times 10^3)(25 \text{ }\mu\text{V}) \cong \mathbf{865 \text{ mV}}$$

b. 加上 10 kΩ 負載之後的總增益是

$$A_{v_T} = \frac{V_o}{V_i} = \frac{R_L}{R_L + Z_o} A_{v_T(NL)} = \frac{4.7 \text{ k}\Omega}{4.7 \text{ k}\Omega + 2.2 \text{ k}\Omega}(34.6 \times 10^3) \cong \mathbf{23.6 \times 10^3}$$

比無載增益小相當多，這是因為 R_L 相當接近 R_C。

$$V_o = A_{v_T} V_i = (23.6 \times 10^3)(25\ \mu V) = \mathbf{590\ mV}$$

c. 第 1 級的輸入阻抗是

$$Z_{i_1} = R_1 \| R_2 \| \beta r_e = 4.7\ k\Omega \| 15\ k\Omega \| (200)(6.5\ \Omega) = \mathbf{953.6\ \Omega}$$

而第 2 級的輸出阻抗則是

$$Z_{o_2} = R_C = \mathbf{2.2\ k\Omega}$$

疊接組態

疊接電路組態有兩種接法，每一種接法都是前一個電晶體的集極接到後一個電晶體的射極。第 1 種接法見圖 5.70，而第 2 種接法則見下個例子中的圖 5.71。疊接電路組態的第 1 級提供相當高的輸入阻抗，但電壓增益很低，以確保輸入米勒電容達到最小，而其後的共基級可提供極佳的高頻響應。此安排對第 1 級提供相當高的輸入阻抗，以及低電壓增益，確保輸入的米勒電容（將在 9.9 節中討論）達到最低。而接在其後的共基(CB)級則提供優越的高頻響應。

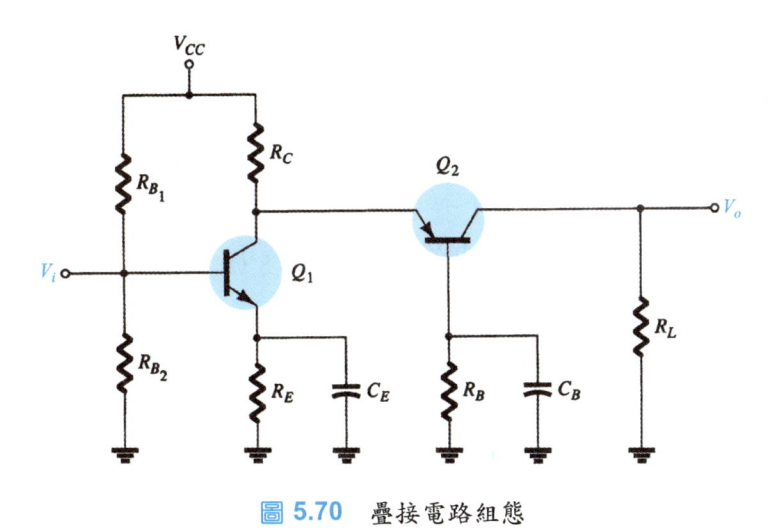

圖 5.70 疊接電路組態

例 5.16 試計算圖 5.71 中疊接電路組態的無載電壓增益。

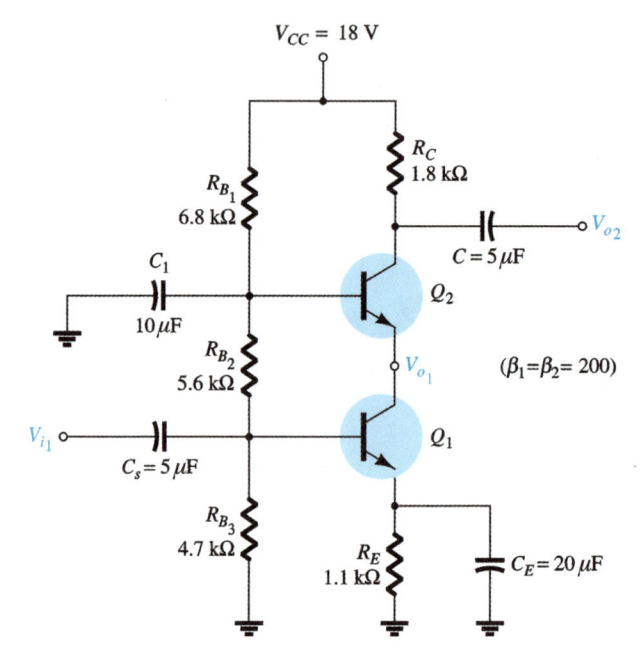

圖 5.71 例 5.16 中實用的疊接電路

解：直流分析結果如下：

$$V_{B_1}=4.9 \text{ V} \text{，} V_{B_2}=10.8 \text{ V} \text{，} I_{C_1}\cong I_{C_2}=3.8 \text{ mA}$$

因 $I_{E_1}\cong I_{E_2}$，每個電晶體的動態電阻是

$$r_e=\frac{26 \text{ mV}}{I_E}\cong\frac{26 \text{ mV}}{3.8 \text{ mA}}=6.8 \text{ Ω}$$

Q_1 的負載是共基極 Q_2 電晶體的輸入阻抗，如圖 5.72 中的 r_e。

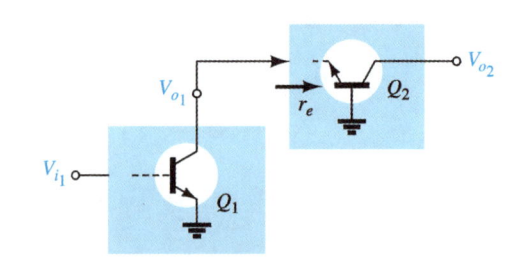

圖 5.72 定義 Q_1 的負載

將共基級電路的輸入阻抗 r_e，代替共射極基本無載方程式中的 R_C，可得第 1 級電壓增益如下：

$$A_{v_1} = -\frac{R_C}{r_e} = -\frac{r_e}{r_e} = -1$$

而第 2 級（共基級）的電壓增益是

$$A_{v_2} = \frac{R_C}{r_e} = \frac{1.8 \text{ k}\Omega}{6.8 \text{ }\Omega} = 265$$

總無載增益是

$$A_{v_T} = A_{v_1} A_{v_2} = (-1)(265) = \mathbf{-265}$$

5.17 達靈頓接法

有一種很普遍的接法，將兩個雙載子電晶體接成"超級 β"的電晶體，即達靈頓接法，見圖 5.73。達靈頓接法的主要特點是，組合起來的電晶體，其作用有如單一電晶體，且電流增益是個別電晶體電流增益的乘積。若兩電晶體的電流增益分別是 β_1 和 β_2，則達靈頓接法提供的電流增益是

$$\boxed{\beta_D = \beta_1 \beta_2} \tag{5.101}$$

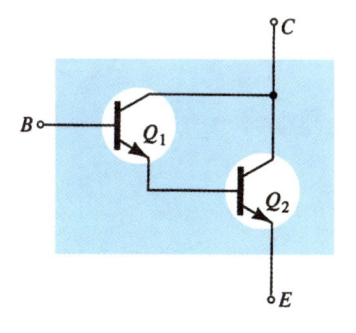

圖 5.73 達靈頓組合

此組態由達靈頓在 1953 年提出。

射極隨耦器電路組態

用在射極隨耦器電路組態的達靈頓放大器，見圖5.74。採用達靈頓組態的主要變化，是其輸入電阻會比單用一個電晶體時大許多。但在電壓增益方面，單電晶體和達靈頓組態的差異就很少了。

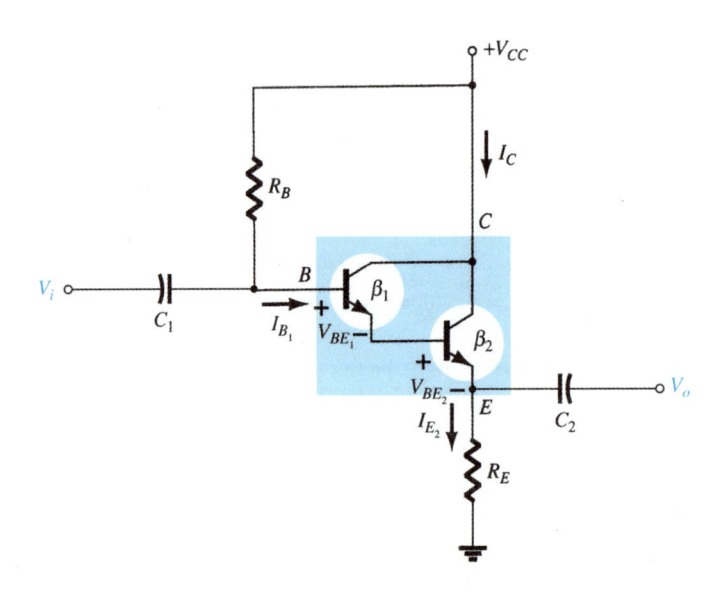

圖 5.74 用在射極隨耦器電路組態的達靈頓放大器

直流偏壓 用式(4.44)的修正版本很容易決定電流，包括兩個基極對射極電壓降，並用達靈頓組合的總 β 值（式(5.101)）代替單一電晶體的 β 值。

$$I_{B_1} = \frac{V_{CC} - V_{BE_1} - V_{BE_2}}{R_B + \beta_D R_E} \tag{5.102}$$

Q_1 的射極電流等於 Q_2 的基極電流，所以

$$I_{E_2} = \beta_2 I_{B_2} = \beta_2 I_{E_1} = \beta_2(\beta_1 I_{E_1}) = \beta_1 \beta_2 I_{B_1}$$

可得

$$I_{C_2} \cong I_{E_2} = \beta_D I_{B_1} \tag{5.103}$$

兩電晶體的集極電壓是

第 5 章　BJT（雙載子接面電晶體）的交流分析　383

$$V_{C_1} = V_{C_2} = V_{CC} \tag{5.104}$$

Q_2 的射極電壓

$$V_{E_2} = I_{E_2} R_E \tag{5.105}$$

Q_1 的基極電壓

$$V_{B_1} = V_{CC} - I_{B_1} R_B = V_{E_2} + V_{BE_1} + V_{BE_2} \tag{5.106}$$

Q_2 的集極射極電壓

$$V_{CE_2} = V_{C_2} - V_{E_2} = V_{CC} - V_{E_2} \tag{5.107}$$

例 5.17　試計算圖 5.75 達靈頓電路組態的直流偏壓電壓與電流。

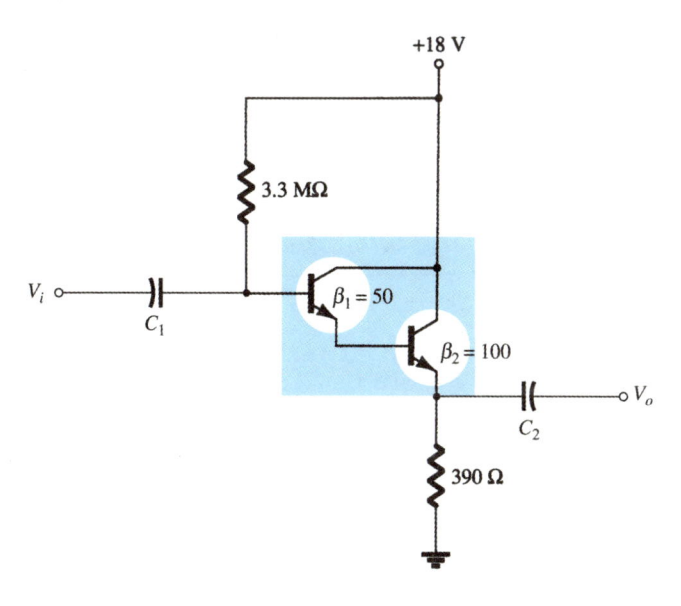

圖 5.75　例 5.17 的電路

解：

$$\beta_D = \beta_1 \beta_2 = (50)(100) = \mathbf{5000}$$

$$I_{B_1} = \frac{V_{CC} - V_{BE_1} - V_{BE_2}}{R_B + \beta_D R_E} = \frac{18\text{ V} - 0.7\text{ V} - 0.7\text{ V}}{3.3\text{ M}\Omega + (5000)(390\text{ }\Omega)}$$

$$= \frac{18\text{ V} - 1.4\text{ V}}{3.3\text{ M}\Omega + 1.95\text{ M}\Omega} = \frac{16.6\text{ V}}{5.25\text{ M}\Omega} = \mathbf{3.16\text{ }\mu A}$$

$$I_{C_2} \cong I_{E_2} = \beta_D I_{B_1} = (5000)(3.16\text{ mA}) = \mathbf{15.80\text{ mA}}$$

$$V_{C_1} = V_{C_2} = \mathbf{18\text{ V}}$$

$$V_{E_2} = I_{E_2} R_E = (15.80\text{ mA})(390\text{ }\Omega) = \mathbf{6.16\text{ V}}$$

$$V_{B_1} = V_{E_2} + V_{BE_1} + V_{BE_2} = 6.16\text{ V} + 0.7\text{ V} + 0.7\text{ V} = \mathbf{7.56\text{ V}}$$

$$V_{CE_2} = V_{CC} - V_{E_2} = 18\text{ V} - 6.16\text{ V} = \mathbf{11.84\text{ V}}$$

交流 (AC) 輸入阻抗　　用圖 5.76 的等效電路決定交流輸入阻抗。

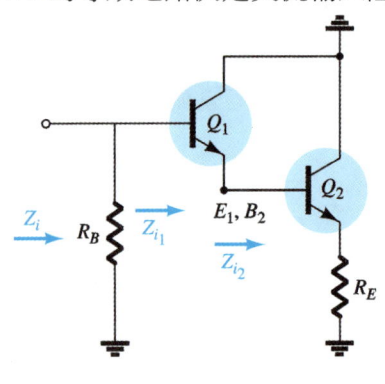

圖 5.76　求出 Z_i

如圖 5.76 的定義：

$$Z_{i_2} = \beta_2(r_{e_2} + R_E)$$

$$Z_{i_1} = \beta_1(r_{e_1} + Z_{i_2})$$

所以　　$Z_{i_1} = \beta_1(r_{e_1} + \beta_2(r_{e_2} + R_E))$

假定　　$R_E \gg r_{e_2}$

即　　$Z_{i_1} = \beta_1(r_{e_1} + \beta_2 R_E)$

因　　$\beta_2 R_E \gg r_{e_1}$

$$Z_{i_1} \cong \beta_1 \beta_2 R_E$$

又因　　$Z_i = R_B \| Z_{i_1}$

$$\boxed{Z_i = R_B \| \beta_1 \beta_2 R_E = R_B \| \beta_D R_E} \quad (5.108)$$

就圖 5.75 的電路，

$$Z_i = R_B \| \beta_D R_E$$
$$= 3.3 \text{ M}\Omega \| (5000)(390 \text{ }\Omega) = 3.3 \text{ M}\Omega \| 1.95 \text{ M}\Omega$$
$$= \mathbf{1.38 \text{ M}\Omega}$$

注意在以上分析中，r_e 值並未互相比較，但都因與遠超過它們的阻值相比而忽略掉了。達靈頓電路組態中，因兩電晶體的射極流通電流不同，使對應的 r_e 值不同。也要記住，兩電晶體因電流大小不同，所以對應的 β 值也可能不同。但有一事實仍然不變，即兩電晶體 β 值的乘積會等於規格表上的 β_D。

交流 (AC) 電流增益　可以由圖 5.77 的等效電路決定電流增益。各電晶體的輸出阻抗忽略不計，並取各電晶體的參數。

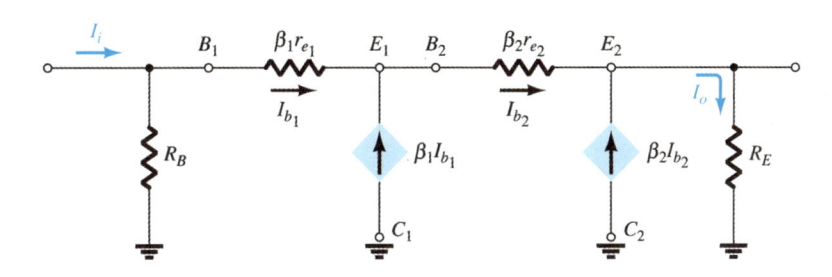

圖 5.77　決定圖 5.74 電路的 A_i

解出輸出電流：
$$I_o = I_{b_2} + \beta_2 I_{b_2} = (\beta_2 + 1) I_{b_2}$$
又
$$I_{b_2} = \beta_1 I_{b_1} + I_{b_1} = (\beta_1 + 1) I_{b_1}$$
因此
$$I_o = (\beta_2 + 1)(\beta_1 + 1) I_{b_1}$$

對輸入電路取分流定律，得

$$I_{b_1} = \frac{R_B}{R_B + Z_i} I_i = \frac{R_B}{R_B + \beta_1 \beta_2 R_E} I_i$$

且
$$I_o = (\beta_2 + 1)(\beta_1 + 1)\left(\frac{R_B}{R_B + \beta_1 \beta_2 R_E}\right) I_i$$

所以
$$A_i = \frac{I_o}{I_i} = \frac{(\beta_1 + 1)(\beta_2 + 1) R_B}{R_B + \beta_1 \beta_2 R_E}$$

利用 $\beta_1 \cdot \beta_2 \gg 1$，

$$A_i = \frac{I_o}{I_i} \cong \frac{\beta_1 \beta_2 R_B}{R_B + \beta_1 \beta_2 R_E} \quad (5.109)$$

或

$$A_i = \frac{I_o}{I_i} \cong \frac{\beta_D R_B}{R_B + \beta_D R_E} \quad (5.110)$$

對圖 5.75：

$$A_i = \frac{I_o}{I_i} = \frac{\beta_D R_B}{R_B + \beta_D R_E} = \frac{(5000)(3.3 \text{ M}\Omega)}{3.3 \text{ M}\Omega + 1.95 \text{ M}\Omega}$$
$$= 3.14 \times 10^3$$

交流 (AC) 電壓增益　可用圖 5.76 決定電壓增益，推導如下：

$$V_o = I_o R_E$$
$$V_i = I_i (R_B \| Z_i)$$
$$R_B \| Z_i = R_B \| \beta_D R_E = \frac{\beta_D R_B R_E}{R_B + \beta_D R_E}$$

即

$$A_v = \frac{V_o}{V_i} = \frac{I_o R_E}{I_i (R_B \| Z_i)} = (A_i) \left(\frac{R_E}{R_B \| Z_i} \right)$$
$$= \left[\frac{\beta_D R_B}{R_B + \beta_D R_E} \right] \left[\frac{R_E}{\frac{\beta_D R_B R_E}{R_B + \beta_D R_E}} \right]$$

即

$$A_v \cong 1 \text{（實際上略小於 1）} \quad (5.111)$$

此為射極隨耦器電路組態的期望結果。

交流 (AC) 輸出阻抗　回到圖 5.77 決定輸出電阻，設 V_i 為 0 V，見圖 5.78。電阻 R_B "被短路掉"，可得圖 5.79 的電路。注意在圖 5.81 和圖 5.82 中，輸出電流已重新定義，以配合標準的命名法並正確定義 Z_o。

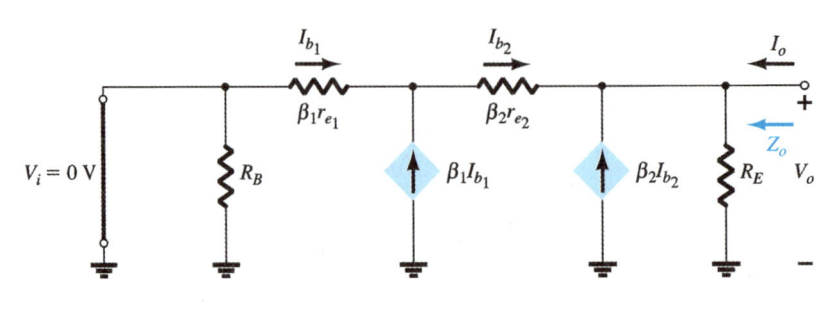

圖 5.78　決定 Z_o

圖 5.79 重畫圖 5.78 的網路

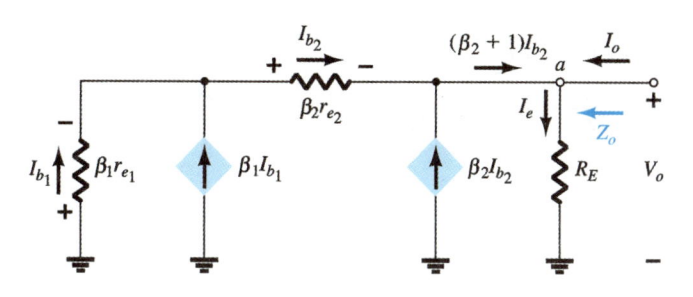

對節點 a 取克希荷夫電流定律，可得 $I_o + (\beta_2 + 1)I_{b_2} = I_e$：

$$I_o = I_e - (\beta_2 + 1)I_{b_2}$$

應用克希荷夫電壓定律環繞整個外圍迴路一周，可得

$$-I_{b_1}\beta_1 r_{e_1} - I_{b_2}\beta_2 r_{e_2} - V_o = 0$$

即

$$V_o = -[I_{b_1}\beta_1 r_{e_1} + I_{b_2}\beta_2 r_{e_2}]$$

代入

$$I_{b_2} = (\beta_1 + 1)I_{b_1}$$

$$V_o = -I_{b_1}\beta_1 r_{e_1} - (\beta_1 + 1)I_{b_1}\beta_2 r_{e_2}$$

$$= -I_{b_1}[\beta_1 r_{e_1} + (\beta_1 + 1)\beta_2 r_{e_2}]$$

即

$$I_{b_1} = -\frac{V_o}{\beta_1 r_{e_1} + (\beta_1 + 1)\beta_2 r_{e_2}}$$

又

$$I_{b_2} = (\beta_1 + 1)I_{b_1} = (\beta_1 + 1)\left[-\frac{V_o}{\beta_1 r_{e_1} + (\beta_1 + 1)\beta_2 r_{e_2}}\right]$$

所以

$$I_{b_2} = -\left[\frac{\beta_1 + 1}{\beta_1 r_{e_1} + (\beta + 1)\beta_2 r_{e_2}}\right]V_o$$

回到

$$I_o = I_e - (\beta_2 + 1)I_{b_2} = I_e - (\beta_2 + 1)\left(-\frac{(\beta_1 + 1)V_o}{\beta_1 r_{e_1} + (\beta_1 + 1)\beta_2 r_{e_2}}\right)$$

或

$$I_o = \frac{V_o}{R_E} + \frac{(\beta_1 + 1)(\beta_2 + 1)V_o}{\beta_1 r_{e_1} + (\beta_1 + 1)\beta_2 r_{e_2}}$$

因 $\beta_1 \cdot \beta_2 \gg 1$，

$$I_o = \frac{V_o}{R_E} + \frac{\beta_1 \beta_2 V_o}{\beta_1 r_{e_1} + \beta_1 \beta_2 r_{e_2}} = \frac{V_o}{R_E} + \frac{V_o}{\frac{\beta_1 r_{e_1}}{\beta_1 \beta_2} + \frac{\beta_1 \beta_2 r_{e_2}}{\beta_1 \beta_2}}$$

$$I_o = \frac{V_o}{R_E} + \frac{V_o}{\frac{r_{e_1}}{\beta_2} + r_{e_2}}$$

由此式可定義圖 5.80 的並聯電阻網路。

一般而言，$R_E \gg \left(\dfrac{r_{e_1}}{\beta_2} + r_{e_2}\right)$，所以輸出阻抗可定義成

$$Z_o = \dfrac{r_{e_1}}{\beta_2} + r_{e_2} \qquad (5.112)$$

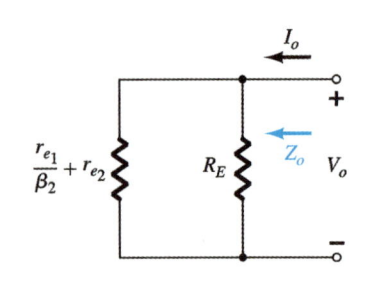

利用直流分析的結果，r_{e_2} 和 r_{e_1} 的值可決定如下：

圖 5.80 所得 Z_o 所定義的網路

$$r_{e_2} = \dfrac{26\ \text{mV}}{I_{E_2}} = \dfrac{26\ \text{mV}}{15.80\ \text{mA}} = 1.65\ \Omega$$

且

$$I_{E_1} = I_{B_2} = \dfrac{I_{E_2}}{\beta_2} = \dfrac{15.80\ \text{mA}}{100} = 0.158\ \text{mA}$$

所以

$$r_{e_1} = \dfrac{26\ \text{mV}}{0.158\ \text{mA}} = 164.5\ \Omega$$

因此，圖 5.77 電路的輸出阻抗是

$$Z_o \cong \dfrac{r_{e_1}}{\beta_2} + r_{e_2} = \dfrac{164.5\ \Omega}{100} + 1.65\ \Omega = 1.645\ \Omega + 1.65\ \Omega = \mathbf{3.30\ \Omega}$$

一般而言，圖 5.77 電路的輸出阻抗很小——頂多只有幾 Ω。

分壓器偏壓的放大器

直流 (DC) 偏壓 現在讓我們探討，在如圖 5.81 基本的放大器電路中達靈頓組態的作用。注意到電路中有一負載電阻 R_C，而達靈頓電路的射極在交流情況下接地。如圖 5.81 上所指示的，已提供各電晶體的 β 值和總和的基極對射極電壓。

直流分析的過程如下：

$$\beta_D = \beta_1 \beta_2 = (110 \times 110) = 12{,}100$$

$$V_B = \dfrac{R_2}{R_2 + R_1} V_{CC} = \dfrac{220\ \text{k}\Omega\ (27\ \text{V})}{220\ \text{k}\Omega + 470\ \text{k}\Omega} = \mathbf{8.61\ V}$$

$$V_E = V_B - V_{BE} = 8.61\ \text{V} - 1.5\ \text{V} = \mathbf{7.11\ V}$$

$$I_E = \dfrac{V_E}{R_E} = \dfrac{7.11\ \text{V}}{680\ \Omega} = \mathbf{10.46\ mA}$$

$$I_B = \dfrac{I_E}{\beta_D} = \dfrac{10.46\ \text{mA}}{12{,}100} = \mathbf{0.864\ \mu A}$$

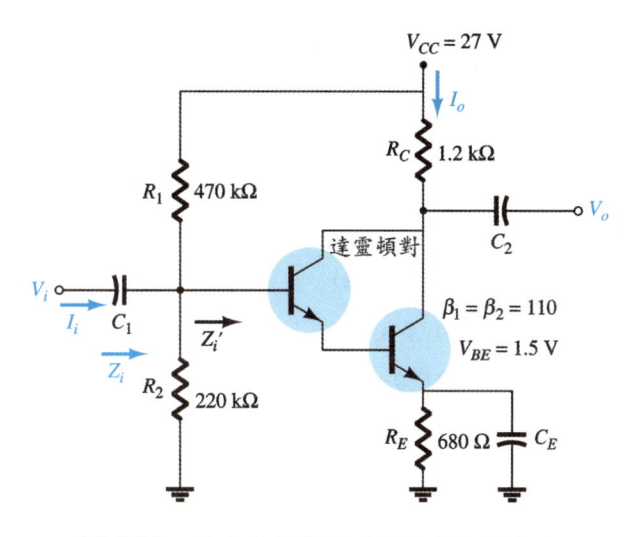

第 5 章　BJT（雙載子接面電晶體）的交流分析　389

圖 5.81 用達靈頓對所建立的放大器電路

用以上所得結果，決定 r_{e_1} 和 r_{e_2} 值如下：

$$r_{e_2} = \frac{26 \text{ mV}}{I_{E_2}} = \frac{26 \text{ mV}}{10.46 \text{ mA}} = \mathbf{2.49 \; \Omega}$$

$$I_{E_1} = I_{B_2} = \frac{I_{E_2}}{\beta_2} = \frac{10.46 \text{ mA}}{110} = 0.095 \text{ mA}$$

且

$$r_{e_1} = \frac{26 \text{ mV}}{I_{E_1}} = \frac{26 \text{ mV}}{0.095 \text{ mA}} = \mathbf{273.7 \; \Omega}$$

交流 (AC) 輸入阻抗　圖 5.81 的交流等效電路見圖 5.82，電阻 R_1、R_2 和達靈頓對的輸入阻抗並聯，可假定第 2 個電晶體對第 1 個電晶體的作用有如一個 R_E 負載，如圖 5.82。

也就是 $Z_i' = \beta_1 r_{e_1} + \beta_1 (\beta_2 r_{e_2})$

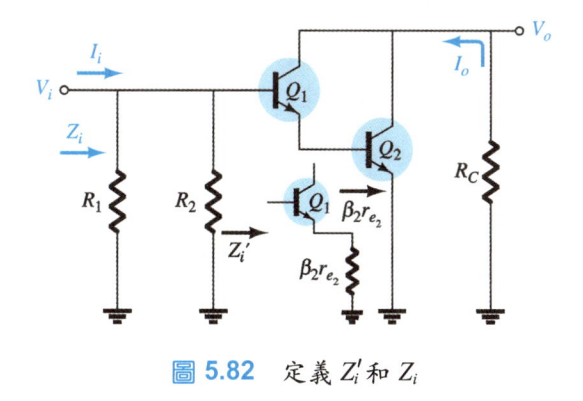

圖 5.82 定義 Z_i' 和 Z_i

即
$$Z_i' = \beta_1[r_{e_1} + \beta_2 r_{e_2}] \qquad (5.113)$$

圖 5.81 的網路：

$$Z_i' = 110[273.7\ \Omega + (110)(2.49\ \Omega)]$$
$$= 110[273.7\ \Omega + 273.9\ \Omega]$$
$$= 110[547.6\ \Omega]$$
$$= \mathbf{60.24\ k\Omega}$$

且
$$Z_i = R_1 \| R_2 \| Z_i'$$
$$= 470\ k\Omega \| 220\ k\Omega \| 60.24\ k\Omega$$
$$= 149.86\ k\Omega \| 60.24\ k\Omega$$
$$= \mathbf{42.97\ k\Omega}$$

交流 (AC) 電流增益　圖 5.81 的完整交流等效電路見圖 5.83。

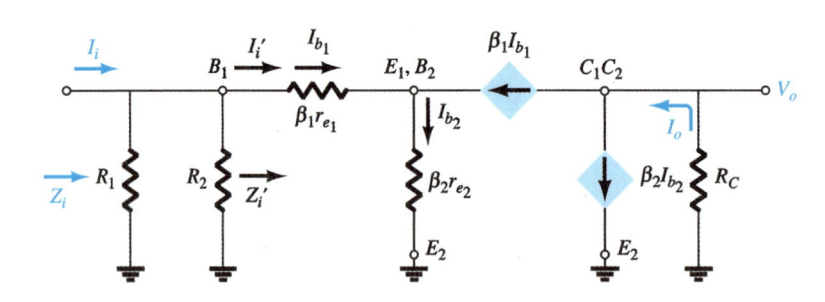

圖 5.83　圖 5.81 的交流等效電路

輸出電流　　　　　$I_o = \beta_1 I_{b_1} + \beta_2 I_{b_2}$

又　　　　　　　　$I_{b_2} = (\beta_1 + 1) I_{b_1}$

所以　　　　　　　$I_o = \beta_1 I_{b_1} + \beta_2 (\beta_1 + 1) I_{b_1}$

又　　　　　　　　$I_{b_1} = I_i'$

可求出　　　　　　$I_o = \beta_1 I_i' + \beta_2 (\beta_1 + 1) I_i'$

且
$$A_i' = \frac{I_o}{I_i'} = \beta_1 + \beta_2(\beta + 1)$$
$$\cong \beta_1 + \beta_2 \beta_1 = \beta_1(1 + \beta_2)$$
$$\cong \beta_1 \beta_2$$

最後

$$A_i' = \frac{I_o}{I_i'} = \beta_1 \beta_2 = \beta_D \tag{5.114}$$

就原結構：

$$I_i' = \frac{R_1 \| R_2 I_i}{R_1 \| R_2 + Z_i'} \quad \text{或} \quad \frac{I_i'}{I_i} = \frac{R_1 \| R_2}{R_1 \| R_2 + Z_i'}$$

但

$$A_i = \frac{I_o}{I_i} = \left(\frac{I_o}{I_i'}\right)\left(\frac{I_i'}{I_i}\right)$$

所以

$$A_i = \frac{\beta_D (R_1 \| R_2)}{R_1 \| R_2 + Z_i'} \tag{5.115}$$

對圖 5.81，

$$A_i = \frac{(12,100)(149.86 \text{ k}\Omega)}{149.86 \text{ k}\Omega + 60.24 \text{ k}\Omega}$$

$$= \mathbf{8630.7}$$

注意到，由於 R_1 和 R_2 使電流增益顯著下降。

交流 (AC) 電壓增益　如圖 5.83 所示，輸入電壓和 R_1、R_2 的壓降相同，也等於第 1 個電晶體的基極電壓。

結果是

$$A_v = \frac{V_o}{V_i} = -\frac{I_o R_C}{I_i' Z_i'} = A_i' \left(\frac{R_C}{Z_i'}\right)$$

即

$$A_v = -\frac{\beta_D R_C}{Z_i'} \tag{5.116}$$

對圖 5.81 的網路，

$$A_v = -\frac{\beta_D R_C}{Z_i'} = -\frac{(12,000)(1.2 \text{ k}\Omega)}{60.24 \text{ k}\Omega} = \mathbf{-241.04}$$

交流 (AC) 輸出阻抗　因輸出阻抗和 R_C 以及電晶體的集極射極兩端並聯，可回顧先前類似的情況，輸出阻抗可決定為

$$Z_o \cong R_C \| r_{o_2} \tag{5.117}$$

其中 r_{o_2} 是電晶體 Q_2 的輸出電阻。

封裝好的達靈頓放大器

因達靈頓接法是如此普遍，所以有一些製造商提供封裝好的成品，如圖 5.84 所示。一般而言，兩電晶體是建構在同一晶片上，而非分開的兩個 BJT。注意到，兩種包裝都只提供單一組集極、基極和射極接腳。當然，這分別是 Q_1 的基極、Q_1 和 Q_2 的集極，以及 Q_2 的射極。

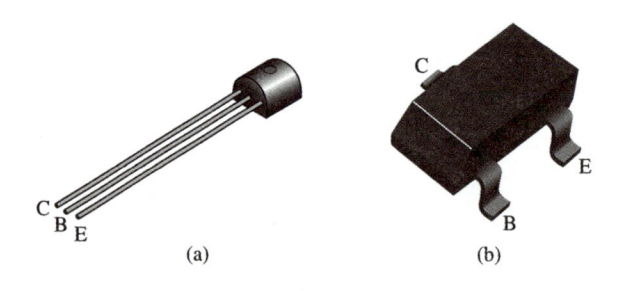

圖 5.84　封裝好的達靈頓放大器：(a) TO-92 包裝；(b) 超級 SOT™-3 包裝

圖 5.85 提供快捷半導體公司的達靈頓放大器 MPSA 28 的一些額定值，特別注意到，最大集極對射極電壓是 80 V，這也是崩潰電壓。同樣地，集極對基極電壓以及射極對基極電壓也是如此。雖然可看到，基極對射極接面的最大額定值相對小很多。由於達靈頓組態的緣故，集極電流的最大額定值跳到 800 mA——遠超過單一電晶體組態的數值。直流電流增益的額定值可高達 10,000，且在"導通"狀態下的基極對射極電壓是 2 V，超

絕對最大額定值		
V_{CES}	集極射極電壓	80 V
V_{CBO}	集極基極電壓	80 V
V_{EBO}	射極基極電壓	12 V
I_C	連續集極電流	800 mA
電氣特性		
$V_{(BR)CES}$	集極射極雪崩電壓	80 V
$V_{(BR)CBO}$	集極基極崩潰電壓	80 V
$V_{(BR)EBO}$	射極基極崩潰電壓	12 V
I_{CBO}	集極截止電流	100 mA
I_{EBO}	射極截止電流	100 mA
導通特性		
HFE	直流電流增益	10,000
$V_{CE(sat)}$	集極射極飽和電壓	1.2 V
$V_{BE(on)}$	基極射極導通電壓	2.0 V

圖 5.85　快捷半導體公司的達靈頓放大器 MPSA 28 的額定值

過兩個別電晶體加總的 1.4 V。最後值得注意的是，I_{CEO} 高達 500 nA，遠超過單一電晶體的數值。

就封裝後的形式，圖 5.74 的電路可改畫成圖 5.86。取 β_D 和所給的 V_{BE} ($=V_{BE_1}+V_{BE_2}$) 值，就可應用本節所給的各公式。

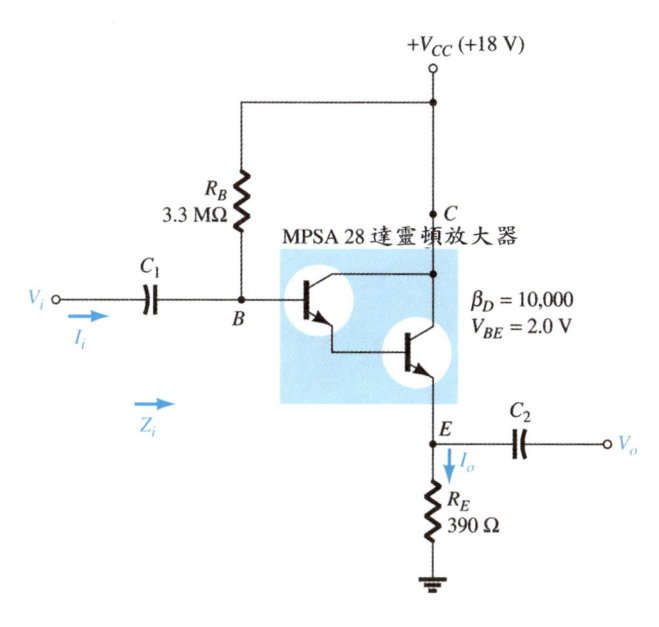

圖 5.86 達靈頓射極隨耦器電路

5.18 反饋對

反饋對的接法（見圖 5.87）為兩電晶體組成的電路，其操作類似達靈頓電路。注意到，反饋對是用一個 *pnp* 電晶體驅動一個 *npn* 電晶體，兩電晶體的總作用極像一個 *pnp* 電晶體。如同達靈頓接法，反饋對可提供極高電流增益（為兩電晶體電流增益的乘積）、高輸入阻抗、低輸出阻抗，以及略小於 1 的電壓增益。乍看之下，會覺得反饋對有高電壓增益，因輸出由集極接出並接上電阻 R_C，但 *pnp-npn* 的組合會產生極類似射極隨耦器電路的輸出特性。採用達靈頓和反饋對接法的典型應用（見《電子裝置與電路理論—應用篇》第 3 章）可提供互補式的電晶體操作。運用反饋對的應用電路提供在圖 5.88，探討如下。

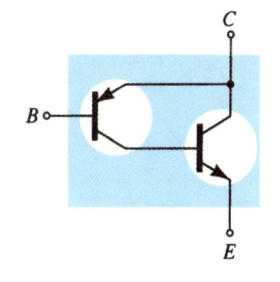

圖 5.87 反饋對的接法

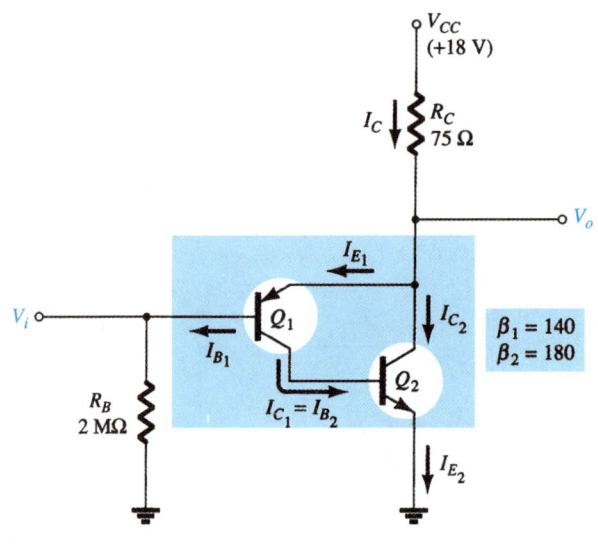

圖 5.88　反饋電晶體對的工作

直流偏壓

以下直流偏壓的計算，利用實用上儘可能的簡化方法，以提供更簡單的結果。由 Q_1 的基極射極迴路，可得

$$V_{CC} - I_C R_C - V_{EB_1} - I_{B_1} R_B = 0$$
$$V_{CC} - (\beta_1 \beta_2 I_{B_1}) R_C - V_{EB_1} - I_{B_1} R_B = 0$$

因此基極電流是

$$I_{B_1} = \frac{V_{CC} - V_{EB_1}}{R_B + \beta_1 \beta_2 R_C} \tag{5.118}$$

Q_1 的集極電流是

$$I_{C_1} = \beta_1 I_{B_1} = I_{B_2}$$

這也是 Q_2 的基極電流。電晶體 Q_2 的集極電流是

$$I_{C_2} = \beta_2 I_{B_2} \approx I_{E_2}$$

所以流經 R_C 的電流是

$$I_C = I_{E_1} + I_{C_2} \approx I_{B_2} + I_{C_2} \tag{5.119}$$

電壓

$$V_{C_2} = V_{E_1} = V_{CC} - I_C R_C \tag{5.120}$$

且
$$V_{B_1} = I_{B_1} R_B \tag{5.121}$$

又
$$V_{BC_1} = V_{B_1} - V_{BE_2} = V_{B_1} - 0.7 \text{ V} \tag{5.122}$$

例 5.18 試計算圖 5.88 電路的直流偏壓電流和電壓，以使 V_o 在電源電壓一半的地方（即 9 V）。

解：

$$I_{B_1} = \frac{18 \text{ V} - 0.7 \text{ V}}{2 \text{ M}\Omega + (140)(180)(75 \Omega)} = \frac{17.3 \text{ V}}{3.89 \times 10^6} = \mathbf{4.45 \ \mu A}$$

因此 Q_2 的基極電流是

$$I_{B_2} = I_{C_1} = \beta_1 I_{B_1} = 140(4.45 \ \mu A) = \mathbf{0.623 \text{ mA}}$$

產生的 Q_2 集極電流是

$$I_{C_2} = \beta_2 I_{B_2} = 180(0.623 \text{ mA}) = \mathbf{112.1 \text{ mA}}$$

因此流經 R_C 的電流是

式(5.119)：
$$I_C = I_{E_1} + I_{C_2} = 0.623 \text{ mA} + 112.1 \text{ mA} \approx I_{C_2} = \mathbf{112.1 \text{ mA}}$$
$$V_{C_2} = V_{E_1} = 18 \text{ V} - (112.1 \text{ mA})(75 \ \Omega)$$
$$= 18 \text{ V} - 8.41 \text{ V} = \mathbf{9.59 \text{ V}}$$
$$V_{B_1} = I_{B_1} R_B = (4.45 \ \mu A)(2 \text{ M}\Omega) = \mathbf{8.9 \text{ V}}$$
$$V_{BC_1} = V_{B_1} - 0.7 \text{ V} = 8.9 \text{ V} - 0.7 \text{ V} = \mathbf{8.2 \text{ V}}$$

交流操作

圖 5.88 網路的交流等效電路畫在圖 5.89 上。

輸入阻抗 Z_i 看入電晶體 Q_1 基極的交流輸入阻抗，決定如下：

$$Z_i' = \frac{V_i}{I_i'}$$

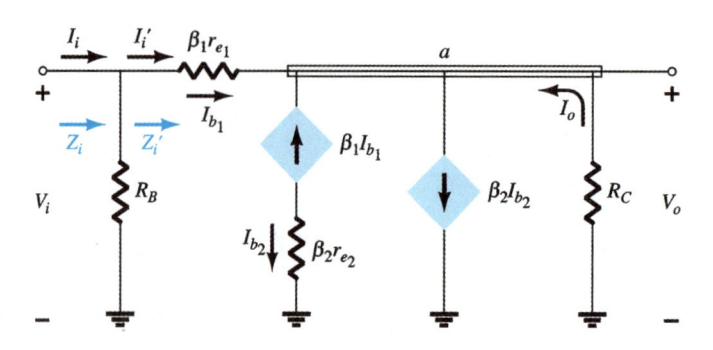

圖 5.89　圖 5.88 網路的交流等效電路

對節點 a 運用克希荷夫電流定律，並定義 $I_C=I_o$：

$$I_{b_1}+\beta_1 I_{b_1}-\beta_2 I_{b_2}+I_o=0$$

代入 $I_{b_2}=-\beta_1 I_{b_1}$，此在圖 5.89 上可看出。

結果是　　　　　　$I_{b_1}+\beta_1 I_{b_1}-\beta_2(-\beta_1 I_{b_1})+I_o=0$
即　　　　　　　　$I_o=-I_{b_1}-\beta_1 I_{b_1}-\beta_1\beta_2 I_{b_1}$
或　　　　　　　　$I_o=-I_{b_1}(1+\beta_1)-\beta_1\beta_2 I_{b_1}$
但　　　　　　　　$\beta_1 \gg 1$
即　　　　　　　　$I_o=-\beta_1 I_{b_1}-\beta_1\beta_2 I_{b_1}=-I_{b_1}(\beta_1+\beta_1\beta_2)$
　　　　　　　　　　$=-I_{b_1}\beta_1(1+\beta_2)$

可得：
$$\boxed{I_o \cong -\beta_1\beta_2 I_{b_1}} \tag{5.123}$$

現在，由圖 5.89 知 $I_{b_1}=\dfrac{V_i-V_o}{\beta_1 r_{e_1}}$，

且　　　　　　　　$V_o=-I_o R_C=-(-\beta_1\beta_2 I_{b_1})R_C=\beta_1\beta_2 I_{b_1}R_C$

所以　　　　　　　$I_{b_1}=\dfrac{V_i-\beta_1\beta_2 I_{b_1}R_C}{\beta_1 r_{e_1}}$

整理得：　　　　　$I_{b_1}\beta_1 r_{e_1}=V_i-\beta_1\beta_2 I_{b_1}R_C$

即　　　　　　　　$I_{b_1}(\beta_1 r_{e_1}+\beta_1\beta_2 R_C)=V_i$

所以　　　　　　　$I_{b_1}=I_i'=\dfrac{V_i}{\beta_1 r_{e_1}+\beta_1\beta_2 R_C}$

又　　　　　　　　$Z_i'=\dfrac{V_i}{I_i'}=\dfrac{V_i}{\dfrac{V_i}{\beta_1 r_e+\beta_1\beta_2 R_C}}$

所以
$$Z_i' = \beta_1 r_{e_1} + \beta_1 \beta_2 R_C \quad (5.124)$$

一般而言，
$$\beta_1 \beta_2 R_C \gg \beta_1 r_{e_1}$$

即
$$Z_i' \cong \beta_1 \beta_2 R_C \quad (5.125)$$

又
$$Z_i = R_B \| Z_i' \quad (5.126)$$

對圖 5.88 的網路：
$$r_{e_1} = \frac{26 \text{ mV}}{I_{E_1}} = \frac{26 \text{ mV}}{0.623 \text{ mA}} = 41.73 \ \Omega$$

且
$$Z_i' = \beta_1 r_{e_1} + \beta_1 \beta_2 R_C = (140)(41.73 \ \Omega) + (140)(180)(75 \ \Omega)$$
$$= 5842.2 \ \Omega + 1.89 \text{ M}\Omega$$
$$= \mathbf{1.895 \text{ M}\Omega}$$

其中，式(5.125)可得 $Z_i' \cong \beta_1 \beta_2 R_C = (140)(180)(75 \ \Omega) = \mathbf{1.89 \text{ M}\Omega}$，證實了上述的近似式。

電流增益

定義 $I_{b_1} = I_i'$，如圖 5.89，可藉此求出電流增益 $A_i' = I_o/I_i'$。

回頭看 Z_i 的推導過程，可發現 $I_o = -\beta_1 \beta_2 I_{b_1} = -\beta_1 \beta_2 I_i'$，

可得
$$A_i' = \frac{I_o}{I_i'} = -\beta_1 \beta_2 \quad (5.127)$$

可用以下事實決定電流增益 $A_i = I_o/I_i$：

$$A_i = \frac{I_o}{I_i} = \frac{I_o}{I_i'} \cdot \frac{I_i'}{I_i}$$

對輸入側：
$$I_i' = \frac{R_B I_i}{R_B + Z_i'} = \frac{R_B I_i}{R_B + \beta_1 \beta_2 R_C}$$

代入：
$$A_i = \frac{I_o}{I_i'} \cdot \frac{I_i'}{I_i} = (-\beta_1 \beta_2) \left(\frac{R_B}{R_B + \beta_1 \beta_2 R_C} \right)$$

所以
$$A_i = \frac{I_o}{I_i} = \frac{-\beta_1 \beta_2 R_B}{R_B + \beta_1 \beta_2 R_C} \quad (5.128)$$

因 I_i 和 I_o 的定義方向都是流入網路的方向，所以上式中會出現負號。

對圖 5.88 的網路：

$$A_i' = \frac{I_o}{I_i'} = -\beta_1\beta_2 = -(140)(180)$$
$$= -25.2 \times 10^3$$

$$A_i = \frac{-\beta_1\beta_2 R_B}{R_B + \beta_1\beta_2 R_C} = -\frac{(140)(180)(2\text{ M}\Omega)}{2\text{ M}\Omega + 1.89\text{ M}\Omega}$$
$$= -\frac{50,400\text{ M}\Omega}{3.89\text{ M}\Omega}$$
$$= -12.96 \times 10^3 \quad (\cong A_i' \text{ 的一半})$$

電壓增益

利用以上所得結果，可以很快決定電壓增益。

也就是

$$A_v = \frac{V_o}{V_i} = \frac{-I_o R_C}{I_i' Z_i'}$$
$$= -\frac{(-\beta_1\beta_2 I_i')R_C}{I_i'(\beta_1 r_{e_1} + \beta_1\beta_2 R_C)}$$

$$\boxed{A_v = \frac{\beta_2 R_C}{r_{e_1} + \beta_2 R_C}} \tag{5.129}$$

若利用近似條件 $\beta_2 R_C \gg r_{e_1}$，可簡單得到以下結果：

$$A_v \cong \frac{\beta_2 R_C}{\beta_2 R_C} = 1$$

對圖 5.88 的網路：
$$A_v = \frac{\beta_2 R_C}{r_{e_1} + \beta_2 R_C} = \frac{(180)(75\ \Omega)}{41.73\ \Omega + (180)(75\ \Omega)}$$
$$= \frac{13.5 \times 10^3\ \Omega}{41.73\ \Omega + 13.5 \times 10^3\ \Omega}$$
$$= 0.997 \cong 1 \quad (\text{如上述所指出的})$$

輸出阻抗

令 $V_i = 0$ V，輸出阻抗 Z_o' 定義在圖 5.90。

圖 5.90 決定 Z_o' 和 Z_o

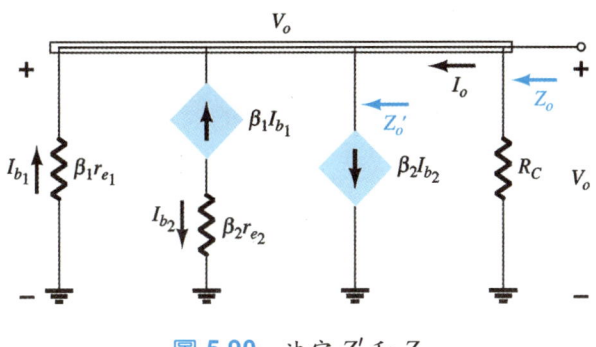

利用以上計算所得事實，即 $I_o = -\beta_1\beta_2 I_{b_1}$，可求出

$$Z_o' = \frac{V_o}{I_o} = \frac{V_o}{-\beta_1\beta_2 I_{b_1}}$$

但

$$I_{b_1} = -\frac{V_o}{\beta_1 r_{e_1}}$$

即

$$Z_o' = \frac{V_o}{-\beta_1\beta_2\left(-\dfrac{V_o}{\beta_1 r_{e_1}}\right)} = \frac{\beta_1 r_{e_1}}{\beta_1 \beta_2}$$

所以

$$\boxed{Z_o' = \frac{r_{e_1}}{\beta_2}} \qquad (5.130)$$

又

$$\boxed{Z_o = R_C \parallel \frac{r_{e_1}}{\beta_2}} \qquad (5.131)$$

但

$$R_C \gg \frac{r_{e_1}}{\beta_2}$$

可得

$$\boxed{Z_o \cong \frac{r_{e_1}}{\beta_2}} \qquad (5.132)$$

這是很低的值。

對圖 5.88 的網路：

$$Z_o \cong \frac{41.73\ \Omega}{180} = \mathbf{0.23\ \Omega}$$

以上的分析顯示，圖 5.88 反饋電晶體對的接法操作時，可提供非常接近 1 的電壓增益（和達靈頓射極隨耦器相同）、很高的電流增益、很低的輸出阻抗，以及高輸入阻抗。

5.19 混合等效（h 參數）模型

在 r_e 模型普遍化之前，本章開始幾節所提到的混合等效模型在早期就已在使用。在今天則依據所要探討的方向和大小，交互使用 r_e 模型和混合等效模型。

> r_e 模型的優點是，參數值根據實際的工作條件來定義，

而

> 混合等效電路一般則是定義在任何工作條件之下。

易言之，混合(h)參數不可能反映實際的工作條件，無論實際工作情況如何，混合參數只能提供每個參數期望的大小。r_e 模型的缺點是缺乏輸入阻抗和反饋元件等參數，而 h 參數則在規格表上提供完整的組合。在大部分的情況下，若使用 r_e 模型，可以在規格表上得到一些概念，知道可能還要加上某些元件到模型上作補強。本節將說明，如何從某一模型轉換到另一模型，以及參數之間的關係。因為所有的規格表都會提供混合(h)參數，此模型仍廣泛使用，所以同時通曉兩種模型是很重要的。圖 5.91 的混合參數，源自於第 3 章介紹的 2N4400 電晶體的規格表，參數值對應於集極電流 1 mA 和集極對射極電壓 10 V。另外，每個參數值都給定一個範圍，以供開始設計和分析系統時的導引。此規格列表的明顯優點是，馬上知道裝置參數的典型值，可隨即和其他電晶體作比較。

		最小	最大	
輸入阻抗 (I_C = 1 mA dc, V_{CE} = 10 V dc, f = 1 kHz)	h_{ie}	0.5	7.5	kΩ
電壓反饋比 (I_C = 1 mA dc, V_{CE} = 10 V dc, f = 1 kHz)	h_{re}	0.1	8.0	$\times 10^{-4}$
小訊號電流增益 (I_C = 1 mA dc, V_{CE} = 10 V dc, f = 1 kHz)	h_{fe}	20	250	—
輸出導納 (I_C = 1 mA dc, V_{CE} = 10 V dc, f = 1 kHz)	h_{oe}	1.0	30	1μS

圖 5.91 2N4400 電晶體的混合 (h) 參數

混合等效模型的描述，要從圖 5.92 一般的雙埠系統開始。以下式(5.133)和式(5.134)這組方程式，只是眾多種對圖 5.92 中四個變數關係的描述方式中的其一種，但也是在電晶體電路分析中最常用的一種。因此在本章中要詳細討論。

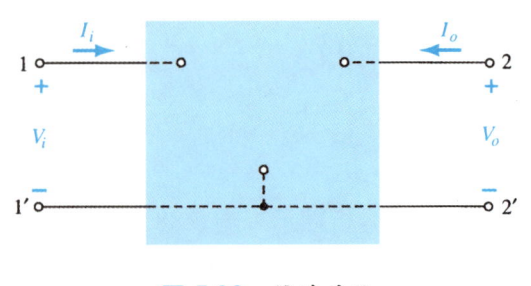

圖 5.92 雙埠系統

$$V_i = h_{11}I_i + h_{12}V_o \tag{5.133}$$

$$I_o = h_{21}I_i + h_{22}V_o \tag{5.134}$$

以上連結四個變數關係的參數稱為 h 參數，h 源於 hybrid（混合）。選用混合這個術語，是因為在每個方程式中，變數（V 和 I）之間構成一組混合的關係，對應了一組混合的量測單位的 h 參數組合。我們可將每個參數獨立起來，發展出各個不同 h 參數所代表的意義，以及如何決定這些參數值，就會對整個模型有較清楚地理解。

h_{11} 若任意設 $V_o = 0$（輸出端短路），並解出式(5.133)中的 h_{11}，可發現

$$h_{11} = \left.\frac{V_i}{I_i}\right|_{V_o=0} \quad \text{歐姆} \tag{5.135}$$

此比值代表參數 h_{11} 是阻抗參數，單位為歐姆。因這是輸出端短路時輸入電壓對輸入電流的比值，也稱為**短路輸入阻抗參數**。h_{11} 的下標 11 是源於此參數是由輸入端的兩個量測值（V_i 和 I_i）所決定。

h_{12} 若設 I_i 等於零，即輸入腳開路，可得以下的 h_{12}：

$$h_{12} = \left.\frac{V_i}{V_o}\right|_{i_1=0} \quad \text{無單位（不名數）} \tag{5.136}$$

因此，參數 h_{12} 是輸入電流等於零時，輸入電壓對輸出電壓的比值。因為是電壓之間的比值，所以沒有單位，稱為**開路逆向轉移電壓比參數**。h_{12} 的下標 12 代表參數是輸入量測值對輸出量測值的轉移比值。下標的第 1 個數字代表分子量測值的對應點，而第 2 個數字則代表分母量測值的對應點。術語**逆向** (reverse) 表示比值是輸入值除以輸出值，而不是一般的輸出值除以輸入值。

h_{21} 若設式(5.134)中的 V_o 為零，再次將輸出端短路，可得以下的 h_{21}：

$$h_{21} = \left.\frac{I_o}{I_i}\right|_{V_o=0} \quad \text{無單位（不名數）} \tag{5.137}$$

注意到，此比值是輸出值除以輸入值，所以會用術語**順向** (forward)，而不是 h_{21} 所用的**逆向**。參數 h_{21} 是輸出端短路時，輸出電流對輸入電流的比值，此參數沒有單位，因為是電流之間的比值，此參數的正式名稱是**短路順向轉移電流比參數**。下標 21 代表此轉

移比值的分子是輸出值，而分母則是輸入值。

h_{22}　可設 $I_1=0$，即令輸入腳開路，求出最後一個參數 h_{22}，由式(5.134)解出 h_{22}：

$$h_{22}=\left.\frac{I_o}{V_o}\right|_{I_i=0} \quad 姆歐 \qquad (5.138)$$

因這是輸出電流對輸出電壓的比值，所以是輸出電導參數，其量測單位為西門(Siemens, S)或姆歐(℧)，正式名稱是開路輸出導納參數。下標 22 代表此參數比值是兩個輸出值相除。

因式(5.133)中的每一項的單位都是伏特(Volt)，可利用克希荷夫電壓定律"反推"一個電路出來，以"符合"此方程式。執行此操作，可得圖 5.93 的電路。因參數 h_{11} 的單位是 Ω，圖 5.93 中用一電阻代表。參數 h_{12} 無單位，因此只是輸入電路中反饋項的乘數。

因式(5.134)中的每一項都是電流，可利用克希荷夫電流定律"反推"出圖 5.94 的電路。因 h_{22} 的單位是姆歐，對電晶體模型而言就是電導，用電阻符號代表。但記住，此電阻的阻值是電導值的倒數，即 $1/h_{22}$。

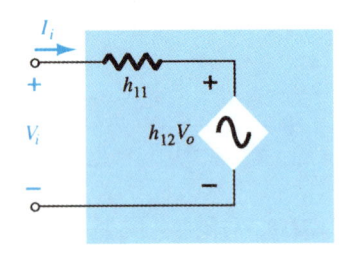

圖 5.93　混合輸入等效電阻　　　　圖 5.94　混合輸出等效電路

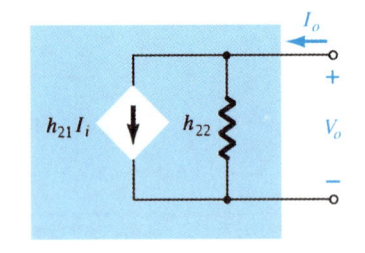

此基本三端線性裝置的完整"交流"等效電路見圖 5.95，h 參數採用新的下標。圖 5.95 的記號更為實用自然，因為可將 h 參數和以上前幾段的參數比值連結起來，由以下說明可知，下標所用字母的選擇是很淺顯的。

$$h_{11} \to 輸入(input)電阻 \to h_i$$
$$h_{12} \to 逆向(reverse)轉移電壓比 \to h_r$$
$$h_{21} \to 順向(forward)轉移電流比 \to h_f$$
$$h_{22} \to 輸出(output)導納 \to h_o$$

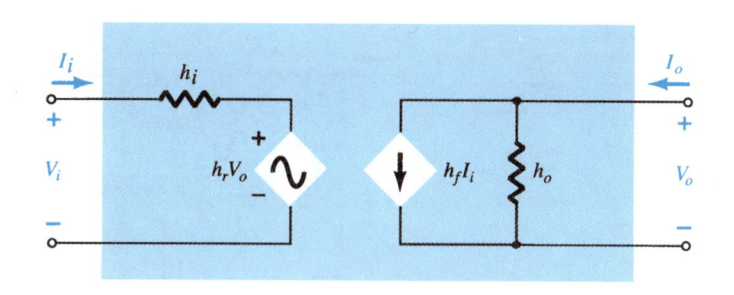

圖 5.95 完整的混合等效電路

在沒有內部獨立源的條件下,圖 5.95 適用於任何線性三端電子裝置或系統。因此對電晶體而言,儘管它有三種基本組態,但全都是三端電路組態,所以所得的等效電路都會和圖 5.95 的形式相同。在每一種情況下,圖 5.95 網路中的輸入和輸出部分的底端可以接在一起,因為兩點的電位是相同的,見圖 5.96。因此在本質上,電晶體模型是一個三端雙埠系統,但 h 參數會因組態的不同而改變。為區別不同電路組態所對應的參數,h 參數的記號要加入第 2 個下標。對共基極組態而言,要加入小寫字母 b,而對共射極和共集極組態,則要分別加上字母 e 和 c。共射極組態的混合等效網路,以及對應的標準記號見圖 5.96。注意到,$I_i=I_b$,$I_o=I_c$,再利用克希荷夫電流定律知,$I_e=I_b+I_c$,現在輸入電壓是 V_{be},輸出電壓是 V_{ce}。對圖 5.97 的共基極組態而言,$I_i=I_e$、$I_o=I_c$ 且 $V_{eb}=V_i$,$V_{cb}=V_o$。圖 5.96 和圖 5.97 均適用於 pnp 和 npn 電晶體。

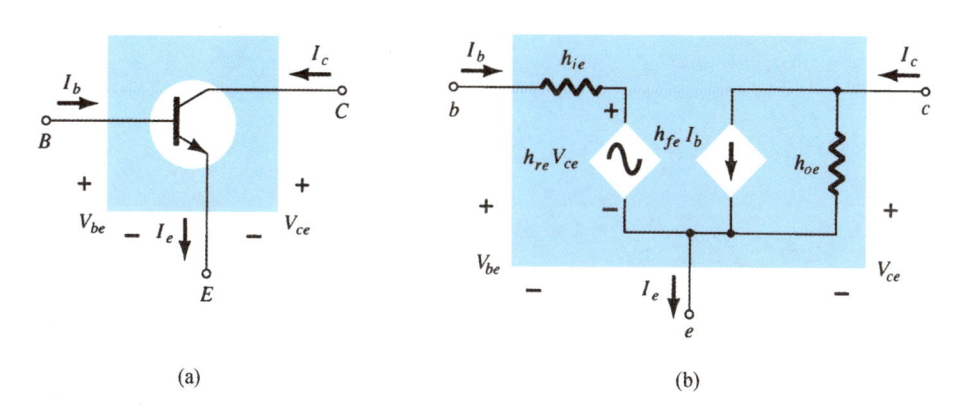

圖 5.96 共射極電路組態:(a)符號;(b)混合等效電路

圖 5.95 中的戴維寧以及諾頓電路,是最後形成混合等效電路的原動力。還有兩種等效電路並未在本書中討論,稱為 **z** 參數和 **y** 參數等效電路,它們在同一等效電路中全部使用電壓源(戴維寧電路)或全部使用電流源(諾頓電路)。在附錄 A 中,會利用電晶體在工作區的特性求出各種不同的參數值,而得到電晶體所要的小訊號等效網路。

對共射極和共基極電路組態而言,h_r 和 h_o 都非常小,因此若模型不包括 h_r 和 h_o 時,

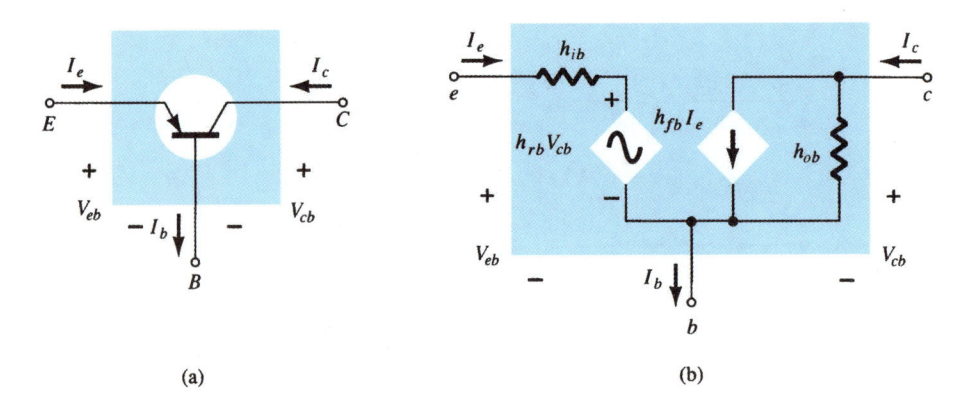

圖 5.97 共基極電路組態：(a)符號；(b)混合等效電路

重要網路參數如 Z_i、Z_o、A_v 和 A_i 的值也只受到些微的影響。

因 h_r 正常是一個相當小的值，不考慮此參數時，即近似為 $h_r \cong 0$，且 $h_r V_o = 0$，因此反饋元件等效於短路，如圖 5.98。另外，電阻值 $1/h_{oe}$ 和並聯的負載相比也足夠大，因此對 CE 和 CB 模型而言，都可等效於開路，見圖 5.98。

最後得到圖 5.99 的等效電路，和共基極與共射極等效電路的 r_e 模型非常像。事實上，兩種電路組態的混合等效和 r_e 模型重畫在圖 5.100 以供比較。從圖 5.100a 可清楚看出

$$h_{ie} = \beta r_e \tag{5.139}$$

且

$$h_{fe} = \beta_{ac} \tag{5.140}$$

由圖 5.100b，

$$h_{ib} = r_e \tag{5.141}$$

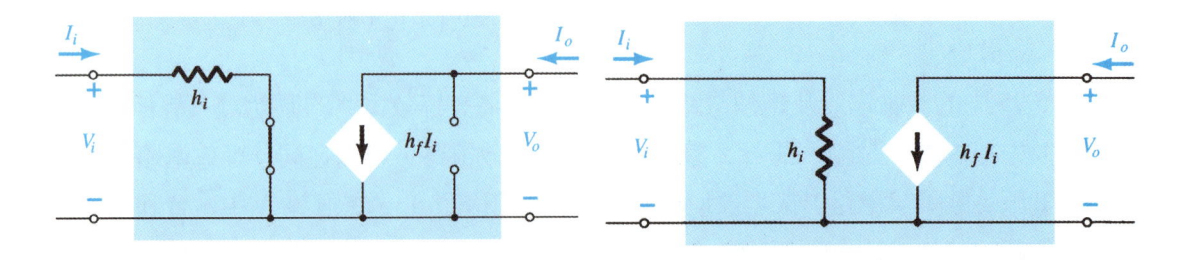

圖 5.98 去除混合等效電路中 h_{re} 和 h_{oe} 的效應

圖 5.99 近似混合等效模型

且
$$h_{fb} = -\alpha \cong -1 \tag{5.142}$$

特別注意到，式(5.142)中負號的意義，代表標準混合等效電路中電流源的方向朝下，而實際電流方向朝上，和 r_e 模型的電流方向相同，如圖 5.100b。

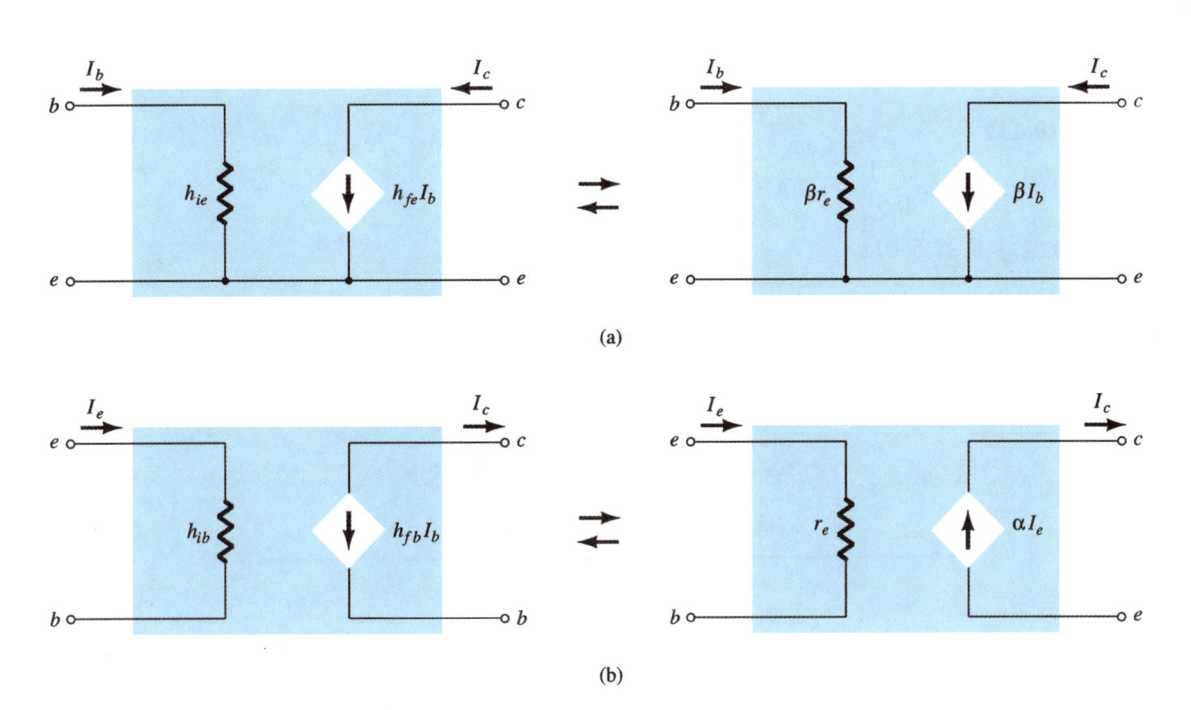

圖 5.100 混合模型對 r_e 模型：(a)共射極組態；(b)共基極組態

例 5.19 已知 $I_E = 2.5$ mA，$h_{fe} = 140$，$h_{oe} = 20~\mu S$ 且 $h_{ob} = 0.5~\mu S$，試決定：

a. 共射極混合等效電路。
b. 共基極 r_e 模型。

解：

a. $r_e = \dfrac{26~\text{mV}}{I_E} = \dfrac{26~\text{mV}}{2.5~\text{mA}} = \mathbf{10.4~\Omega}$

$h_{ie} = \beta r_e = (140)(10.4~\Omega) = \mathbf{1.456~k\Omega}$

$r_o = \dfrac{1}{h_{oe}} = \dfrac{1}{20~\mu S} = \mathbf{50~k\Omega}$

等效電路見圖 5.101。

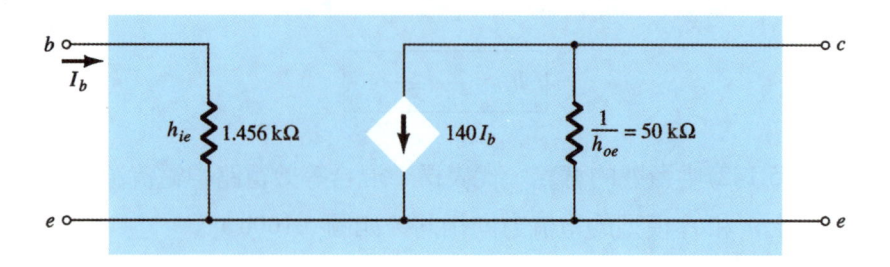

圖 5.101 例 5.19 中所得參數組成的共射極混合等效電路

b. $r_e = 10.4\ \Omega$

$\alpha \cong 1$，$r_o = \dfrac{1}{h_{ob}} = \dfrac{1}{0.5\ \mu S} = 2\ M\Omega$

等效電路見圖 5.102。

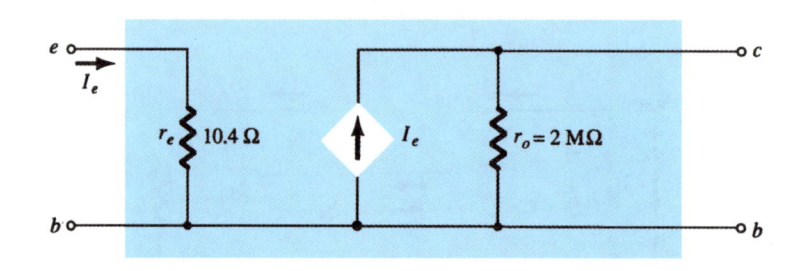

圖 5.102 例 5.19 所得參數組成的共基極 r_e 模型

對各種電路組態的混合等效電路，其參數之間一系列的相關式提供在附錄 B。在 5.23 節中將說明，在混合參數中，h_{fe} (β_{ac}) 是最不受集極電流變化影響的。因此可假定在探討的範圍內，$h_{fe} = \beta$ 為定值，還算是良好的近似。$h_{ie} = \beta r_e$ 受 I_C 的影響很大，因此值對電晶體放大器的增益會有實質的影響，所以 $h_{ie} = \beta r_e$ 應由工作點的電流值決定。

5.20 近似混合等效電路

使用圖 5.103 的共射極近似混合等效電路，以及圖 5.104 的共基極近似混合等效模型作分析時，和利用 r_e 模型進行分析的情況非常類似。本節會涵蓋某些最重要的組態，作簡要的概述，以顯示分析方法和所得關係式的相似性。

因為混合模型中的各參數是由規格表或經驗分析所指定，不像使用 r_e 模型時，一定要伴隨直流分析。易言之，分析問題時，各參數值如 h_{ie}、h_{fe}、h_{ib} 等都已指定好了。但記住，混合(h)參數和 r_e 模型上的元件之間存在以下關係式：$h_{ie} = \beta r_e$、$h_{fe} = \beta$、$h_{oe} = 1/r_o$、$h_{fb} = -\alpha$，且 $h_{ib} = r_e$，這在本章先前已討論過。

圖 5.103　近似共射極混合等效電路　　　圖 5.104　近似共基極等效電路

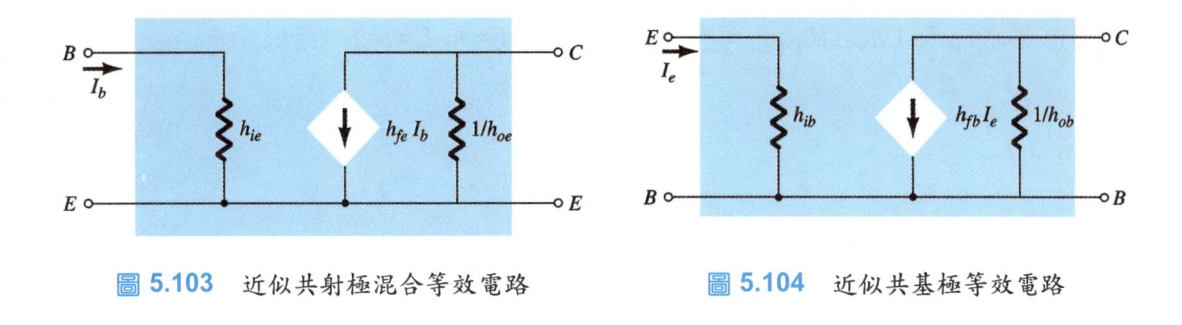

固定偏壓電路

對圖 5.105 的固定偏壓電路，利用近似共射極混合等效模型，可得小訊號交流等效網路如圖 5.106。可以和 r_e 模型分析的圖 5.22 對照，比較其相似性，由此相似性可推斷，兩種分析會很相似，兩種分析結果也會有直接關聯。

Z_i 由圖 5.106，

$$\boxed{Z_i = R_B \| h_{ie}} \tag{5.143}$$

Z_o 由圖 5.106，

$$\boxed{Z_o = R_C \| 1/h_{oe}} \tag{5.144}$$

A_v 用 $R' = 1/h_{oe} \| R_C$，可得

$$V_o = -I_o R' = -I_c R' = -h_{fe} I_b R'$$

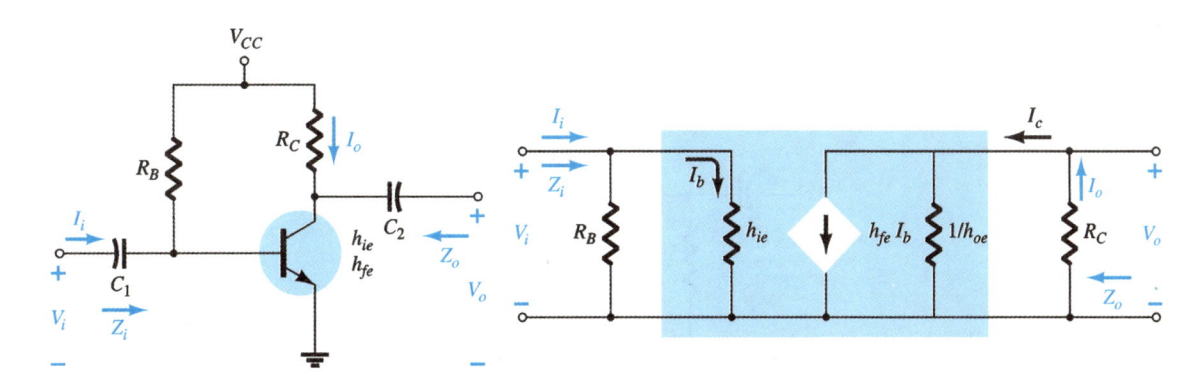

又

$$I_b = \frac{V_i}{h_{ie}}$$

代入得

$$V_o = -h_{fe} \frac{V_i}{h_{ie}} R'$$

所以

$$\boxed{A_v = \frac{V_o}{V_i} = -\frac{h_{fe}(R_C \| 1/h_{oe})}{h_{ie}}} \tag{5.145}$$

圖 5.105　固定偏壓電路　　　圖 5.106　將近似混合等效電路代入圖 5.105 的交流

A_i 假定 $R_B \gg h_{ie}$ 且 $1/h_{oe} \geq 10R_C$，可發現 $I_b \cong I_i$ 且 $I_o = I_c = h_{fe}I_b = h_{fe}I_i$，所以

$$A_i = \frac{I_o}{I_i} \cong h_{fe} \tag{5.146}$$

例 5.20 對圖 5.107 的網路，試決定：

a. Z_i。
b. Z_o。
c. A_v。
d. A_i。

解：

a. $Z_i = R_B \| h_{ie} = 330 \text{ k}\Omega \| 1.175 \text{ k}\Omega$
   $\cong h_{ie} = \mathbf{1.171 \text{ k}\Omega}$

b. $r_o = \dfrac{1}{h_{oe}} = \dfrac{1}{20 \ \mu\text{A/V}} = 50 \text{ k}\Omega$

   $Z_o = \dfrac{1}{h_{oe}} \| R_C = 50 \text{ k}\Omega \| 2.7 \text{ k}\Omega = \mathbf{2.56 \text{ k}\Omega} \cong R_C$

c. $A_v = -\dfrac{h_{fe}(R_C \| 1/h_{oe})}{h_{ie}} = -\dfrac{(120)(2.7 \text{ k}\Omega \| 50 \text{ k}\Omega)}{1.171 \text{ k}\Omega} = \mathbf{-262.34}$

d. $A_i \cong h_{fe} = \mathbf{120}$

圖 5.107 例 5.20

分壓器電路

圖 5.108 的分壓器偏壓電路，其小訊號交流等效網路的外觀和圖 5.106 相同，只要將 R_B 換成 $R' = R_1 \| R_2$。

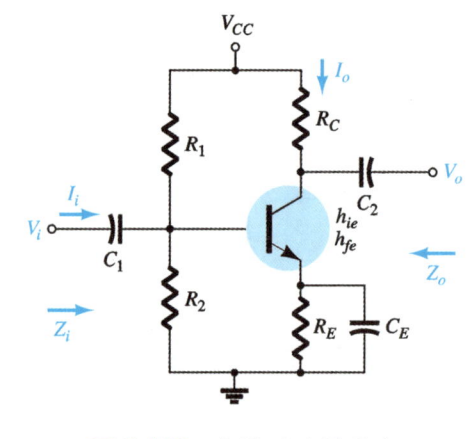

圖 5.108 分壓器偏壓電路

Z_i 由圖 5.106，但 $R_B=R'$，

$$Z_i=R_1\|R_2\|h_{ie} \tag{5.147}$$

Z_o 由圖 5.106，

$$Z_o \cong R_C \tag{5.148}$$

A_v

$$A_v=-\frac{h_{fe}(R_C\|1/h_{oe})}{h_{ie}} \tag{5.149}$$

A_i

$$A_i=\frac{h_{fe}(R_1\|R_2)}{R_1\|R_2+h_{ie}} \tag{5.150}$$

未旁路的射極偏壓電路

對圖 5.109 的共射極(CE)未旁路的射極偏壓電路，其小訊號交流模型會和圖 5.30 相同，但 βr_e 換成 h_{ie}，且 βI_b 換成 $h_{fe}I_b$，其後的分析過程也相同。

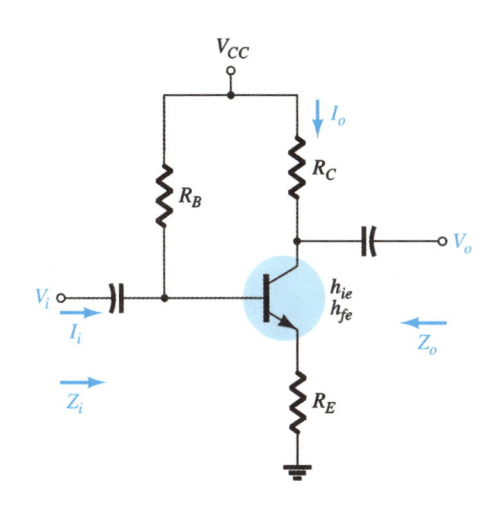

圖 5.109 CE 未旁路的射極偏壓電路

Z_i

$$Z_b \cong h_{fe}R_E \tag{5.151}$$

且

$$Z_i = R_B \| Z_b \quad (5.152)$$

Z$_o$

$$Z_o = R_C \quad (5.153)$$

A$_v$

$$A_v = -\frac{h_{fe}R_C}{Z_b} \cong -\frac{h_{fe}R_C}{h_{fe}R_E}$$

即

$$A_v \cong -\frac{R_C}{R_E} \quad (5.154)$$

A$_i$

$$A_i = -\frac{h_{fe}R_B}{R_B + Z_b} \quad (5.155)$$

或

$$A_i = -A_v \frac{Z_i}{R_C} \quad (5.156)$$

射極隨耦器電路

對圖 5.38 射極隨耦器的小訊號交流模型，會和圖 5.110 的 h 參數模型一致，但 $\beta r_e = h_{ie}$ 且 $\beta = h_{fe}$，因此所得的方程式也非常相似。

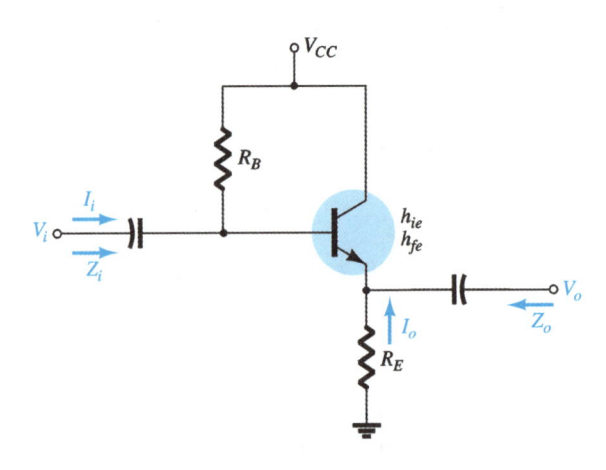

圖 5.110 射極隨耦器電路

Z_i

$$Z_b \cong h_{fe} R_E \tag{5.157}$$

$$Z_i = R_B \| Z_b \tag{5.158}$$

Z_o 對 Z_o 而言，請回顧 5.8 節中關係式的推導，由所得方程式所定義的輸出網路見圖 5.111。

$$Z_o = R_E \| \frac{h_{ie}}{1+h_{fe}}$$

又因 $1+h_{fe} \cong h_{fe}$，

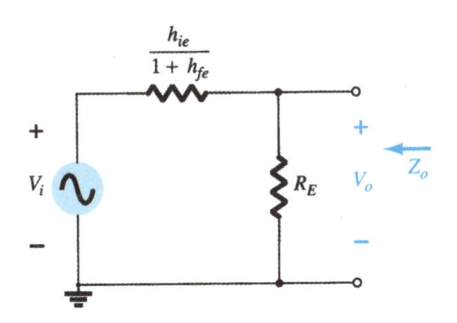

$$Z_o \cong R_E \| \frac{h_{ie}}{h_{fe}} \tag{5.159}$$

圖 5.111 定義射極隨耦器電路的 Z_o

A_v 對電壓增益，可應用分壓定律到圖 5.111，如下：

$$V_o = \frac{R_E(V_i)}{R_E + h_{ie}/(1+h_{fe})}$$

但因 $1+h_{fe} \cong h_{fe}$，

$$A_v = \frac{V_o}{V_i} \cong \frac{R_E}{R_E + h_{ie}/h_{fe}} \tag{5.160}$$

A_i

$$A_i = \frac{h_{fe} R_B}{R_B + Z_b} \tag{5.161}$$

或
$$A_i = -A_v \frac{Z_i}{R_E} \tag{5.162}$$

共基極電路

用近似混合模型探討的最後一個電路，是圖 5.112 的共基極放大器，將近似共基混合等效模型代入，可得圖 5.113 的網路，和圖 5.44 非常類似。

由圖 5.113 可得以下結果：

Z_i

$$Z_i = R_E \| h_{ib} \tag{5.163}$$

Z_o

$$Z_o = R_C \tag{5.164}$$

A_v

$$V_o = -I_o R_C = -(h_{fb} I_e) R_C$$

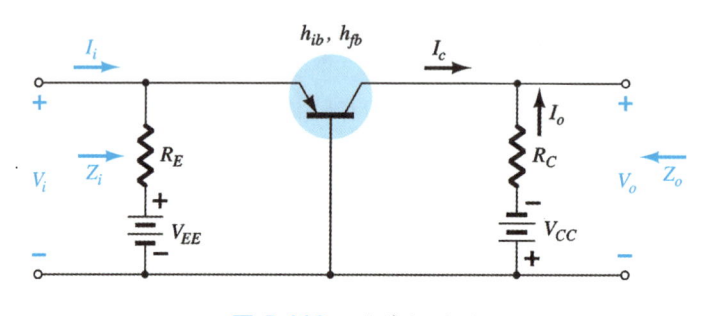

圖 5.112 共基極電路

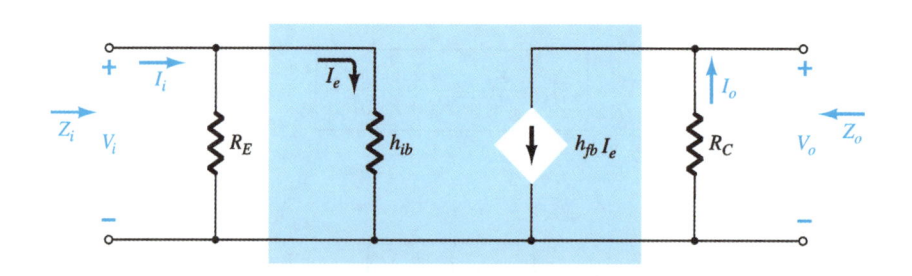

圖 5.113 將近似混合等效電路代入圖 5.112 的交流等效網路

又
$$I_e = \frac{V_i}{h_{ib}} \quad \text{即} \quad V_o = -h_{fb}\frac{V_i}{h_{ib}}R_C$$

所以
$$\boxed{A_v = \frac{V_o}{V_i} = -\frac{h_{fb}R_C}{h_{ib}}} \tag{5.165}$$

A$_i$

$$\boxed{A_i = \frac{I_o}{I_i} = h_{fb} \cong -1} \tag{5.166}$$

例 5.21 對圖 5.114 的網路，試決定：

a. Z_i。

b. Z_o。

c. A_v。

d. A_i。

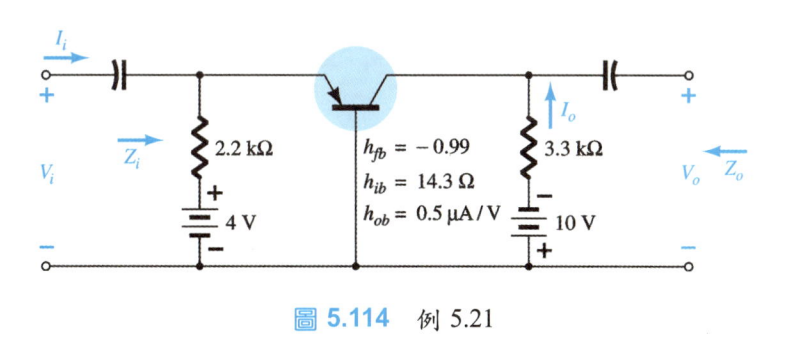

圖 5.114 例 5.21

解：

a. $Z_i = R_E \| h_{ib} = 2.2 \text{ k}\Omega \| 14.3 \text{ }\Omega = \mathbf{14.21 \text{ }\Omega} \cong h_{ib}$

b. $r_o = \dfrac{1}{h_{ob}} = \dfrac{1}{0.5 \text{ }\mu\text{A/V}} = \mathbf{2 \text{ M}\Omega}$

$Z_o = \dfrac{1}{h_{ob}} \| R_C \cong R_C = \mathbf{3.3 \text{ k}\Omega}$

c. $A_v = -\dfrac{h_{fb}R_C}{h_{ib}} = \dfrac{(-0.99)(3.3 \text{ k}\Omega)}{14.21} = \mathbf{229.91}$

d. $A_i \cong h_{fb} = \mathbf{-1}$

本節中尚未分析到的電路組態，會留在本章最後的習題以供練習。以上的分析，應可清楚地發現，使用 r_e 模型或使用近似混合等效模型作分析時，兩者之間的相似性。因此在分析其他網路時，應無任何實質的困難。

5.21 完整的混合等效模型

5.20 節的分析侷限於近似混合等效電路，對輸出阻抗作了某些討論。本節中將利用完整的等效電路說明 h_r 的影響，並用更多的特定項來定義 h_o 的效應。很重要需了解到，因共基極、共射極和共集極電路組態有相同的外觀，所以本節所導出的方程式適用於每一種電路組態，只需代入每種組態定義的參數即可。也就是對共基極組態，要用 h_{fb}、h_{ib} 等等；而對共射極組態，則要用 h_{fe}、h_{ie} 等等。回想到附錄 A 有提供不同組態間參數的轉換公式，只要知道一組參數，就可得到另一組參數。

考慮圖 5.115 的一般組態，其上標有特別關注的雙埠參數。用完整的混合等效模型代入，得圖 5.116。並不特別指定組態的類型。易言之，電路解將用 h_i、h_r、h_f 和 h_o 代表。和本章前幾節的分析不同，這裡要先決定電流增益 A_i，因為由導出的方程式將證明，A_i 對決定其他參數非常有用。

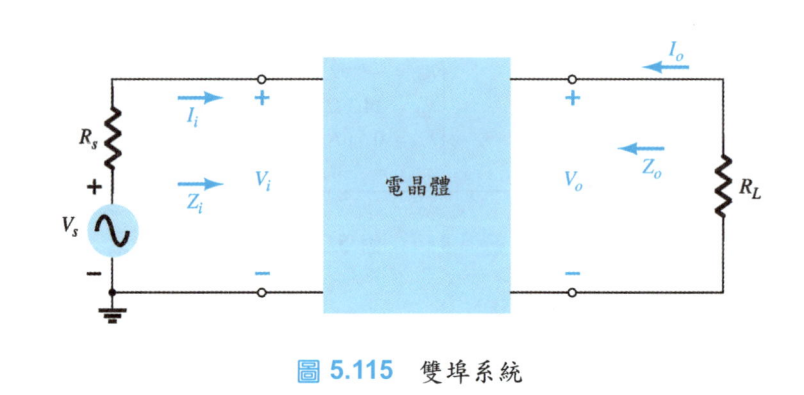

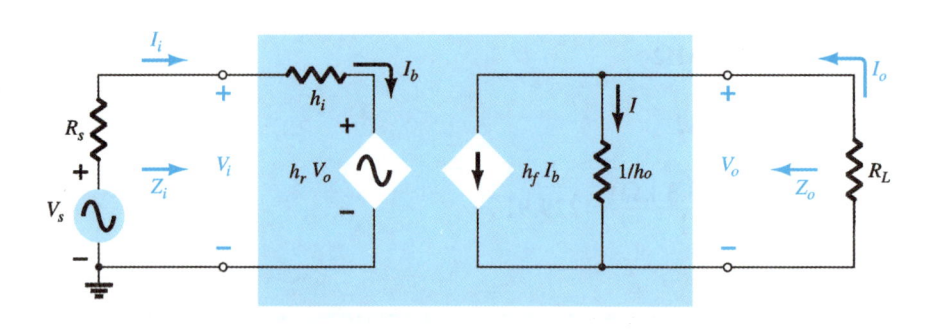

圖 5.115 雙埠系統

圖 5.116 將完整的混合等效電路代入圖 5.115 的雙埠系統

電流增益，$A_i = I_o/I_i$

運用克希荷夫電流定律到輸出電路，得

$$I_o = h_f I_b + I = h_f I_i + \frac{V_o}{1/h_o} = h_f I_i + h_o V_o$$

代入 $V_o = -I_o R_L$，得

$$I_o = h_f I_i - h_o R_L I_o$$

重寫上式，得

$$I_o + h_o R_L I_o = h_f I_i$$

即

$$I_o(1 + h_o R_L) = h_f I_i$$

所以

$$\boxed{A_i = \frac{I_o}{I_i} = \frac{h_f}{1 + h_o R_L}} \tag{5.167}$$

注意到，若 $h_o R_L$ 和 1 相比很小，則電流增益可簡化成熟悉的結果，即 $A_i = h_f$。

電壓增益，$A_v = V_o/V_i$

運用克希荷夫電壓定律到輸出電路，得

$$V_i = I_i h_i + h_r V_o$$

由式(5.157)，代入 $I_i = (1 + h_o R_L) I_o / h_f$。並代入 $I_o = -V_o/R_L$，可得

$$V_i = \frac{-(1 + h_o R_L) h_i}{h_f R_L} V_o + h_r V_o$$

解出 V_o/V_i，得

$$\boxed{A_v = \frac{V_o}{V_i} = \frac{-h_f R_L}{h_i + (h_i h_o - h_f h_r) R_L}} \tag{5.168}$$

在此情況下，若 $(h_i h_o - h_f h_r) R_L$ 遠小於 h_i，就可得熟悉的形式 $A_v = -h_f R_L / h_i$。

輸入阻抗，$Z_i = V_i/I_i$

對輸入電路，

$$V_i = h_i I_i + h_r V_o$$

代入

$$V_o = -I_o R_L$$

可得
$$V_i = h_i I_i - h_r R_L I_o$$

因為
$$A_i = \frac{I_o}{I_i}$$
$$I_o = A_i I_i$$

所以，以上方程式變為
$$V_i = h_i I_i - h_r R_L A_i I_i$$

解出 V_i/I_i，可得
$$Z_i = \frac{V_i}{I_i} = h_i - h_r R_L A_i$$

代入
$$A_i = \frac{h_f}{1 + h_o R_L}$$

可得
$$Z_i = \frac{V_i}{I_i} = h_i - \frac{h_f h_r R_L}{1 + h_o R_L} \tag{5.169}$$

若分母的第 2 項 ($h_o R_L$) 遠小於 1，就可得熟悉的形式 $Z_i = h_i$。

輸出阻抗，$Z_o = V_o/I_o$

放大器輸出阻抗的定義是，設訊號 V_s 為 0 V 時，輸出電壓對輸出電流的比值。令輸入電路的 $V_s = 0$，

$$I_i = -\frac{h_r V_o}{R_s + h_i}$$

將此關係式代入輸出電路的方程式中，得
$$I_o = h_f I_i + h_o V_o$$
$$= -\frac{h_f h_r V_o}{R_s + h_i} + h_o V_o$$

即
$$Z_o = \frac{V_o}{I_o} = \frac{1}{h_o - [h_f h_r/(h_i + R_s)]} \tag{5.170}$$

在此情況下，若分母的第 2 項遠小於 h_o，輸出阻抗就可簡化成熟悉的形式，即 $Z_o = 1/h_o$。

例 5.22 對圖 5.117 的網路，試利用完整的混合等效模型決定以下參數，並和用近似模型所得結果比較。

a. Z_i 和 Z_i'。

b. A_v。

c. $A_i = I_o/I_i$。

d. Z_o'（不含 R_C）和 Z_o（包含 R_C）。

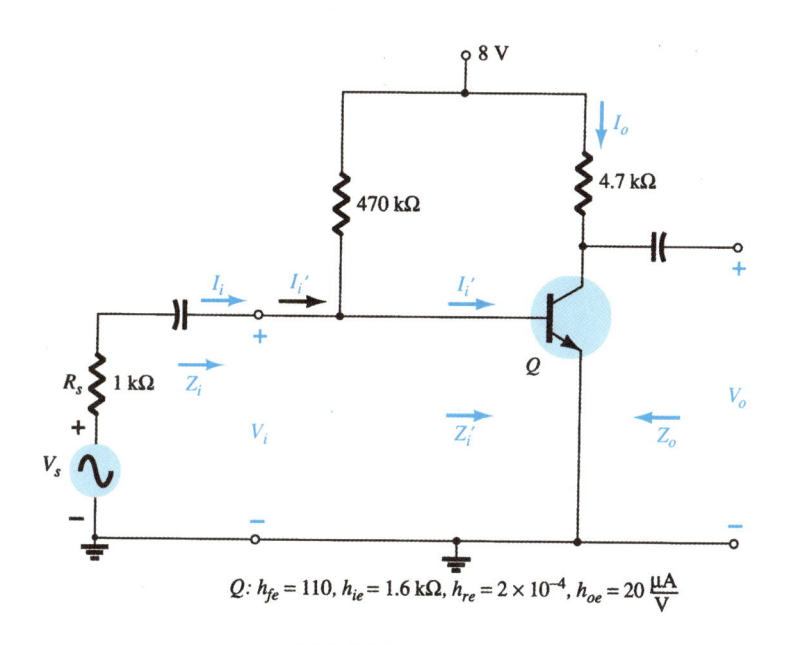

圖 5.117　例 5.22

$Q: h_{fe} = 110, h_{ie} = 1.6\ \text{k}\Omega, h_{re} = 2 \times 10^{-4}, h_{oe} = 20\ \dfrac{\mu A}{V}$

解：每個參數的基本公式已導出，並沒有一定的計算順序。但輸入阻抗通常先知道是很有用的，因此會先算出。將完整的共射極混合等效電路代入，網路重畫在圖 5.118。求出

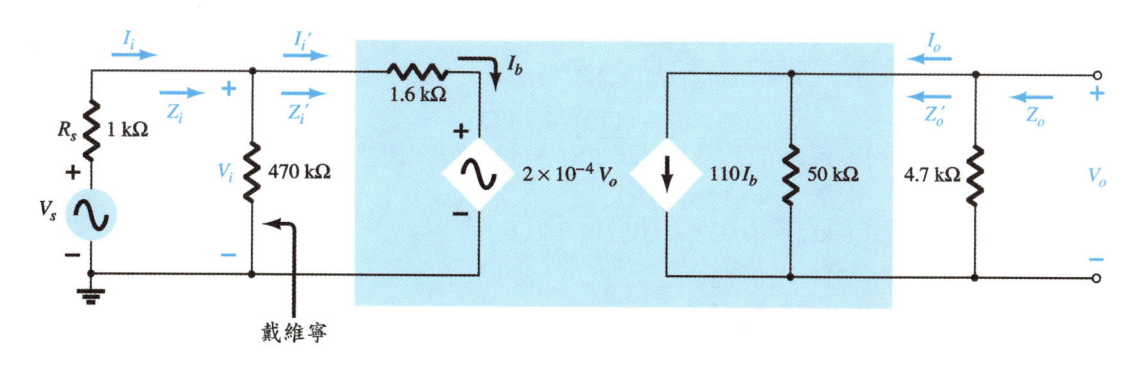

圖 5.118　將完整的混合等效電路代入圖 5.117 的交流等效網路

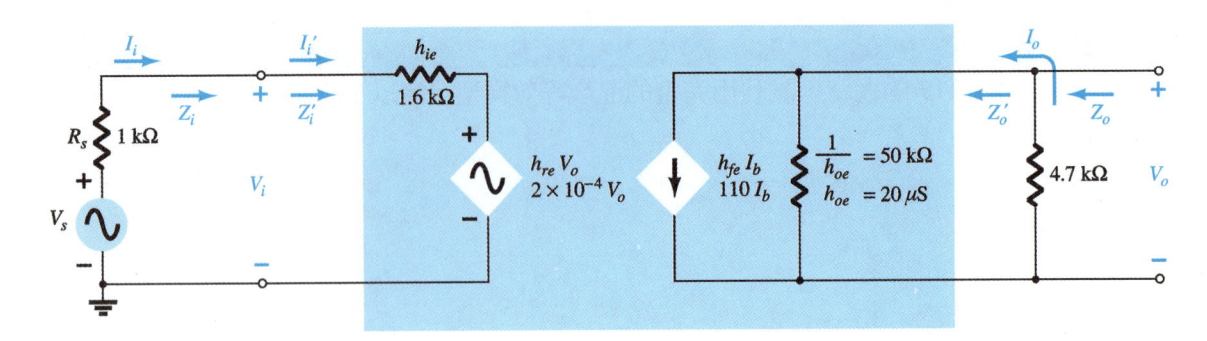

圖 5.119 用戴維寧等效電路代換圖 5.118 的輸入部分

圖 5.118 輸入部分的戴維寧等效電路，可得圖 5.119 的輸入等效電路，因為 $E_{Th} \cong V_s$ 且 $R_{Th} \cong R_s = 1\,k\Omega$（因 $R_B = 470\,k\Omega$ 遠大於 $R_s = 1\,k\Omega$）。在此例中，$R_L = R_C$，且 I_o 和本章的上一例一樣定義為流經 R_C 的電流。式(5.170)所定義的 Z_o 僅考慮到電晶體的輸出端，並未包括 R_C 的效應。在本例中，式(5.170)所得值為 Z'_o，Z_o 則為 Z'_o 和 R_L 的並聯。因此所得的電路組態圖 5.119 和圖 5.116 的定義網路完全一樣，可利用前面導出的方程式如下：

a. 式(5.169)：

$$Z'_i = \frac{V_i}{I'_i} = h_{ie} - \frac{h_{fe} h_{re} R_L}{1 + h_{oe} R_L}$$

$$= 1.6\,k\Omega - \frac{(110)(2\times 10^{-4})(4.7\,k\Omega)}{1 + (20\,\mu S)(4.7\,k\Omega)}$$

$$= 1.6\,k\Omega - 94.52\,\Omega$$

$$= \mathbf{1.51\,k\Omega}$$

對照近似模型，只考慮 h_{ie} 時，$Z'_i = 1.6\,k\Omega$。又

$$Z_i = 470\,k\Omega \| Z'_i \cong Z'_i = \mathbf{1.51\,k\Omega}$$

b. 式(5.168)：

$$A_v = \frac{V_o}{V_i} = \frac{-h_{fe} R_L}{h_{ie} + (h_{ie}h_{oe} - h_{fe}h_{re})R_L}$$

$$= \frac{-(110)(4.7\,k\Omega)}{1.6\,k\Omega + [(1.6\,k\Omega)(20\,\mu S) - (110)(2\times 10^{-4})]4.7\,k\Omega}$$

$$= \frac{-517\times 10^3\,\Omega}{1.6\,k\Omega + (0.032 - 0.022)4.7\,k\Omega}$$

$$= \frac{-517\times 10^3\,\Omega}{1.6\,k\Omega + 47\,\Omega} = \mathbf{-313.9}$$

對照近似模型，用 $A_v \cong -h_{fe}R_L/h_{ie}$，則得 -323.125。

c. 式(5.167)：

$$A_i' = \frac{I_o}{I_i'} = \frac{h_{fe}}{1+h_{oe}R_L}$$

$$= \frac{110}{1+(20\ \mu\text{S})(4.7\ \text{k}\Omega)}$$

$$= \frac{110}{1+0.094}$$

$$= \mathbf{100.55}$$

對照近似模型，只考慮 h_{fe}，則得 110。因 $470\ \text{k}\Omega \gg Z_i'$，$I_i \cong I_i'$，$A_i \cong \mathbf{100.55}$。

d. 式(5.170)：

$$Z_o' = \frac{V_o}{I_o} = \frac{1}{h_{oe}-[h_{fe}h_{re}/(h_{ie}+R_s)]}$$

$$= \frac{1}{20\ \mu\text{S}-[(110)(2\times 10^{-4})/(1.6\ \text{k}\Omega+1\ \text{k}\Omega)]}$$

$$= \frac{1}{20\ \mu\text{S}-8.46\ \mu\text{S}} = \frac{1}{11.54\ \mu\text{S}}$$

$$= \mathbf{88.66\ k\Omega}$$

此值大於 $1/h_{oe}$ (50 kΩ)，且

$$Z_o = R_C \| Z_o' = 4.7\ \text{k}\Omega \| 86.66\ \text{k}\Omega$$

$$= \mathbf{4.46\ k\Omega}$$

對照近似模型，只用了 R_C，則得 4.7 kΩ。

從以上的結果注意到，用完整等效模型求出的 A_v 和 Z_i 和近似解非常接近。事實上，甚至 A_i 也相差不到 10%。Z_o' 的值較高，但由先前的結論知，Z_o' 因遠大於外加負載，所以通常可忽略不計。但記住，當有需要決定 h_{re} 和 h_{oe} 的效應時，就必須利用前面已介紹的完整的混合等效模型。

特定電晶體的規格表一般會提供共射極參數，如圖 5.91。在下個例子中，*pnp* 共基極組態採用和圖 5.117 相同的電晶體參數，以介紹參數的轉換程序，並強調混合等效模型可維持相同的接線。

例 5.23 圖 5.120 的共基極放大器，試利用完整的混合等效模型決定以下參數，並和近似模型所得結果作比較。

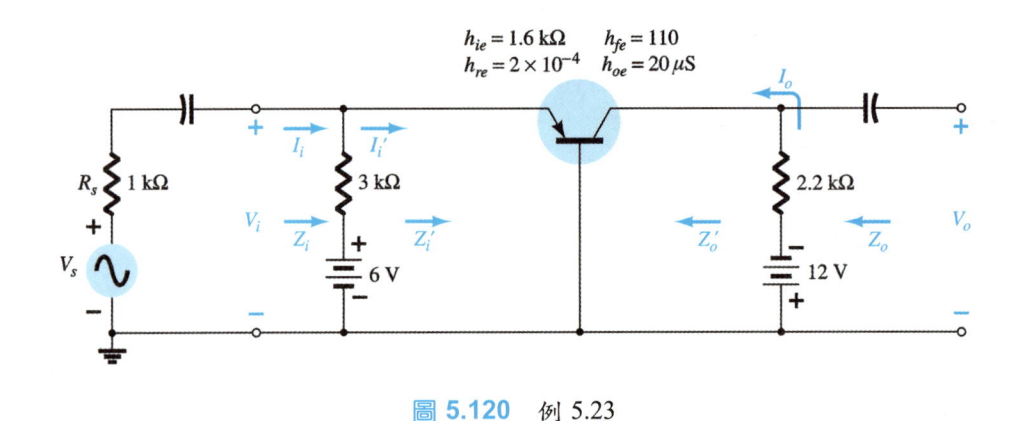

a. Z_i。
b. A_i。
c. A_v。
d. Z_o。

圖 5.120　例 5.23

解：利用附錄 B 的近似公式，由共射極混合參數導出共基極混合參數：

$$h_{ib} \cong \frac{h_{ie}}{1+h_{fe}} = \frac{1.6 \text{ k}\Omega}{1+110}$$
$$= \mathbf{14.41 \text{ } \Omega}$$

注意到，此值和用以下方式得到的值非常接近：

$$h_{ib} = r_e = \frac{h_{ie}}{\beta} = \frac{1.6 \text{ k}\Omega}{110} = 14.55 \text{ }\Omega$$

又

$$h_{rb} \cong \frac{h_{ie}h_{oe}}{1+h_{fe}} - h_{re} = \frac{(1.6 \text{ k}\Omega)(20 \text{ }\mu\text{S})}{1+110} - 2 \times 10^{-4}$$
$$= \mathbf{0.883 \times 10^{-4}}$$

$$h_{fb} \cong \frac{-h_{fe}}{1+h_{fe}} = \frac{-110}{1+110}$$
$$= \mathbf{-0.991}$$

$$h_{ob} \cong \frac{h_{oe}}{1+h_{fe}} = \frac{20 \text{ }\mu\text{S}}{1+110}$$
$$= \mathbf{0.18 \text{ }\mu\text{S}}$$

第 5 章　BJT（雙載子接面電晶體）的交流分析　421

將基極混合等效電路代入圖 5.120 的網路，可得圖 5.121 的小訊號等效網路。求輸入電路的戴維寧等效網路，可得 $R_{Th}=3\text{ k}\Omega\|1\text{ k}\Omega=0.75\text{ k}\Omega$，此值可代入 Z_o 式中的 R_s。

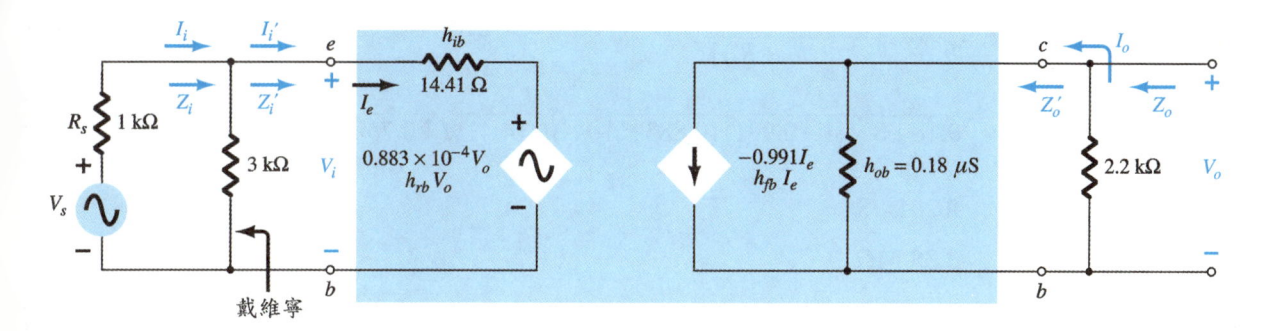

圖 5.121　圖 5.120 網路的小訊號等效電路

a. 式 (5.169)：

$$Z_i'=\frac{V_i}{I_i'}=h_{ib}-\frac{h_{fb}h_{rb}R_L}{1+h_{ob}R_L}$$

$$=14.41\ \Omega-\frac{(-1.991)(0.883\times10^{-4})(2.2\text{ k}\Omega)}{1+(0.18\ \mu\text{S})(2.2\text{ k}\Omega)}$$

$$=14.41\ \Omega+0.19\ \Omega$$

$$=14.60\ \Omega$$

對照近似模型，利用 $Z_i\cong h_{ib}$，則得 14.41 Ω。又

$$Z_i=3\text{ k}\Omega\|Z_i'\cong Z_i'=\mathbf{14.60\ \Omega}$$

b. 式 (5.167)：

$$A_i'=\frac{I_o}{I_i'}=\frac{h_{fb}}{1+h_{ob}R_L}=\frac{-0.991}{1+(0.18\ \mu\text{S})(2.2\text{ k}\Omega)}$$

$$=-0.991$$

用 $3\text{ k}\Omega\gg Z_i'$，$I_i\cong I_i'$ 且 $A_i=I_o/I_i\cong\mathbf{-1}$。

c. 式 (5.168)：

$$A_v=\frac{V_o}{V_i}=\frac{-h_{fb}R_L}{h_{ib}+(h_{ib}h_{ob}-h_{fb}h_{rb})R_L}$$

$$=\frac{-(-0.991)(2.2\text{ k}\Omega)}{14.41\ \Omega+[(14.41\ \Omega)(0.18\ \mu\text{S})-(-0.991)(0.883\times10^{-4})]2.2\text{ k}\Omega}$$

$$=\mathbf{149.25}$$

對照近似模型，利用 $A_v \cong -h_{fb}R_L/h_{ib}$，則得 151.3。

d. 式(5.170)：

$$Z_o' = \frac{1}{h_{ob} - [h_{fb}h_{rb}/(h_{ib}+R_s)]}$$

$$= \frac{1}{0.18\ \mu S - [(-0.991)(0.883 \times 10^{-4})/(14.41\Omega + 0.75\ k\Omega)]}$$

$$= \frac{1}{0.295\ \mu S}$$

$$= \mathbf{3.39\ M\Omega}$$

對照近似模型，利用 $Z_o' \cong 1/h_{ob}$ 得 5.56 MΩ，且 Z_o 定義在圖 5.121，

$$Z_o = R_C \| Z_o' = 2.2\ k\Omega \| 3.39\ M\Omega = \mathbf{2.199\ k\Omega}$$

對照近似模型，利用 $Z_o \cong R_C$，則得 2.2 kΩ。

5.22　混合 π 模型

最後要介紹的是圖 5.122 的混合 π 模型，此模型的參數有些並未出現在其他兩種模型中，但對高頻效應可提供更精確的分析。

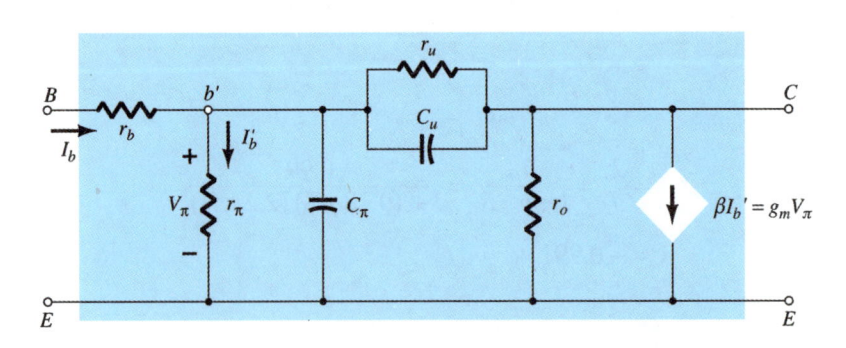

圖 5.122　混合 π 高頻電晶體小訊號交流等效電路

r_π、r_o、r_b 和 r_u

當元件在作用區工作時，r_π、r_o、r_b 和 r_u 分別是各節點間的電阻。電阻 r_π（π 和混合 π 術語一致）即 βr_e，如共射極 r_e 模型所介紹者。

即

$$r_\pi = \beta r_e \tag{5.171}$$

輸出電阻 r_o 和外接負載並聯，其值一般在 5 kΩ ～40 kΩ 之間，可由混合參數 h_{oe}、Early 電壓，或輸出特性決定。

電阻 r_b 包括基極接觸電阻、基極體電阻，以及基極分布電阻值。接觸電阻是實際的基極接點電阻，體電阻是基極腳位到作用區的電阻，而分布電阻則是基極作用區內部的實際電阻。r_b 一般為數 Ω～數十 Ω。

電阻 r_u（u 代表 union，代表集極與基極之間）是很大的電阻，在等效電路中提供輸出到輸入電路的反饋路徑。r_u 值一般大於 βr_o，其值在 MΩ 的範圍。

C_π 和 C_u

圖 5.122 中的所有電容，都是元件各接面上的雜散寄生電容，其電容性效應都只在高頻時才會產生影響。而在低頻與中頻範圍，對應的電抗值甚大，可視為開路。輸入端處的電容 C_π，其值在數 pF 數十 pF 的範圍。而基極對集極電容 C_u，通常侷限在數 pF 左右，但會米勒效應而在輸入與輸出部分放大其影響，此將在第 9 章中介紹。

$\beta I_b'$ 或 $g_m V_\pi$

很重要需注意到，圖 5.122 中的受控源可以是壓控電流源(VCCS)或是流控電流源(CCCS)，端視所用參數而定。

注意到，圖 5.122 的參數等式：

$$g_m = \frac{1}{r_e} \tag{5.172}$$

且

$$r_o = \frac{1}{h_{oe}} \tag{5.173}$$

又

$$\frac{r_\pi}{r_\pi + r_u} \cong \frac{r_\pi}{r_u} \cong h_{re} \tag{5.174}$$

特別注意到，等效電源 $\beta I_b'$ 和 $g_m V_\pi$ 都是受控電流源。其一受電路中另一處的電流控制，而另一則是受電路輸入側的電壓所控制。兩者等效可由下式看出：

$$\beta I_b' = \frac{1}{r_e} \cdot r_e \beta I_b' = g_m I_b' \beta r_e = g_m (I_b' r_\pi) = g_m V_\pi$$

對低頻至中頻的廣泛範圍的分析，因雜散電容對應的電抗極高，故電容效應可忽略不計。電阻 r_b 和與其串聯的電阻相比，通常足夠小，亦可忽略不計。而電阻 r_u 和與其並聯的電阻相比，通常足夠大，亦可忽略不計。結果得到的等效電路，會類似本章所介紹並應用的 r_e 模型。

在第 9 章考慮到高頻效應時，混合 π 模型將是我們的選擇。

5.23　電晶體參數的變化

可以畫出各種不同的曲線，顯示電晶體參數在不同溫度、頻率、電壓和電流之下的變化。在此處，最需關注也最有用的包括接面溫度，以及集極電壓和電流變化的影響。

集極電流對 r_e 模型和混合等效模型的影響見圖 5.123，要小心注意，縱軸和橫軸都是對數座標（對數座標將在第 9.5 節中詳細探討）。參數已全部標準化（正規化）到 1，使集極電流變化所造成的參數大小的相對變化可以很容易決定。在每一組曲線上，如圖 5.123～圖 5.125，參數已決定的工作點一定要列出來。例如，在現在的特定情況下，靜態點在相當典型值 $V_{CE} = 5.0$ V 和 $I_C = 1.0$ mA 處。因工作頻率和溫度也會影響到參數，所以溫度和頻率這兩個數值也列在曲線上。圖 5.123 顯示集極電流變化對參數的影響，注意到，$I_C = 1$ mA 處，所有參數都標準化到縱軸上的 1 位置。結果是每種參數值的大小，都是實際值和所定工作點參數值的比值。因製造商一般會使用此種混合參數圖，即圖 5.123 所選用的曲線。但為了增廣曲線的應用範圍，也加上了 r_e 和混合 π 等效參數的曲線。

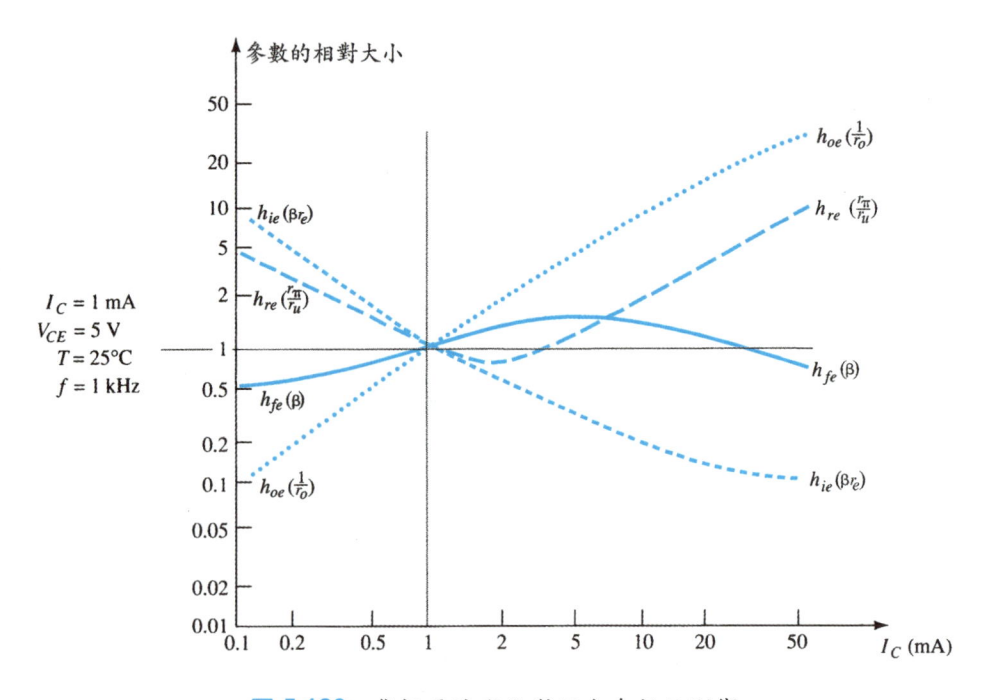

圖 5.123　集極電流變化對混合參數的影響

一看到此圖，值得注意到的是：

在電晶體等效電路的參數中，當集極電流變化時，參數 $h_{fe}(\beta)$ 是變化最少的。

由圖 5.123 可清楚看出，對整個集極電流的變化範圍而言，$h_{fe}(\beta)$ 會從 Q 點值的 0.5 倍變化到 1.5 倍，最大值對應的集極電流約 6 mA。對 β 為 100 的電晶體而言，其 β 值的變化約為 50～150 之間，這看起來差距似乎不小，但看看 h_{oe}，在集極電流 50 mA 時 h_{oe} 幾乎跳升了 40 倍。

圖 5.123 也顯示，對所選的電流範圍而言，$h_{oe}(1/r_o)$ 和 $h_{ie}(\beta r_e)$ 的變化最大。參數 h_{ie} 從 Q 點值的 10 倍降到十分之一，最小值對應於 50 mA 的集極電流。但此變化應是可預期的，因我們知道 r_e 值和射極電流的關係是 $r_e=26$ mV/I_E。當 $I_E(\cong I_C)$ 增加時，r_e 值和 βr_e 值都會降低，如圖 5.123 所示。

當你檢視 h_{oe} 對電流的曲線時，要記住實際的輸出電阻 r_o 是 $1/h_{oe}$。因此當曲線隨著電流的增加而上升時，r_o 值會愈變愈小。因 r_o 一般會和外加負載並聯，所以 r_o 值的下降會變成嚴重的問題，事實是當電流在 50 mA 時，r_o 幾乎會下降到 Q 點值的 1/40，使增益實質降低。

參數 h_{re} 也變化相當大的，但因 Q 點值通常足夠小，故可忽略其效應。只有當集極電流遠小於 Q 點值時，h_{re} 會稍大一些而需要加以考慮。

這似乎可能像廣泛描述一組特性曲線一樣，但由經驗可發現，這些圖的本質已檢視探討過多次，無需再多花時間去充分探究其所產生的影響。在設計過程中，這些圖所揭露的大量資訊將極為有用。

圖 5.124 顯示，當集極對射極電壓變化時，參數值大小相對應的變化。這組曲線一般化所用的工作點和圖 5.123 相同，可互相比較。但在此圖中縱軸的單位是 % 而非全數字，例如 200% 代表參數值是 100% 的 2 倍，而 1000% 則反映 10：1 的變化。注意到，當集極對射極電壓變化時，h_{fe} 和 h_{ie} 的大小相對比較穩定，但集極電流變化時，這兩個參數的變化就大很多。易言之，若想要像 $h_{ie}(\beta r_e)$ 這樣的參數維持相當程度的穩定，要使 I_C 的變化儘量小，但不必太擔心集極對射極電壓的變化。對所指示的集極對射極電壓的範圍而言，h_{oe} 和 h_{re} 的變化仍然很明顯。

接面溫度變化所產生的參數值的相對變化，畫在圖 5.125。一般化的參數值以室溫 $T=25°C$ 為準，現在橫軸為線性座標，這和前兩圖用對數座標不同。一般而言：

混合電晶體等效電路的所有參數會隨著溫度的上升而增加。

但仍要記住，實際的輸出電阻 r_o 和 h_{oe} 成反比，所以其值會隨著 h_{oe} 的增加而下降。變化最大的是在 h_{ie}，但注意到縱軸的範圍比其他圖小很多，在 200°C 時，h_{ie} 值幾乎是 Q

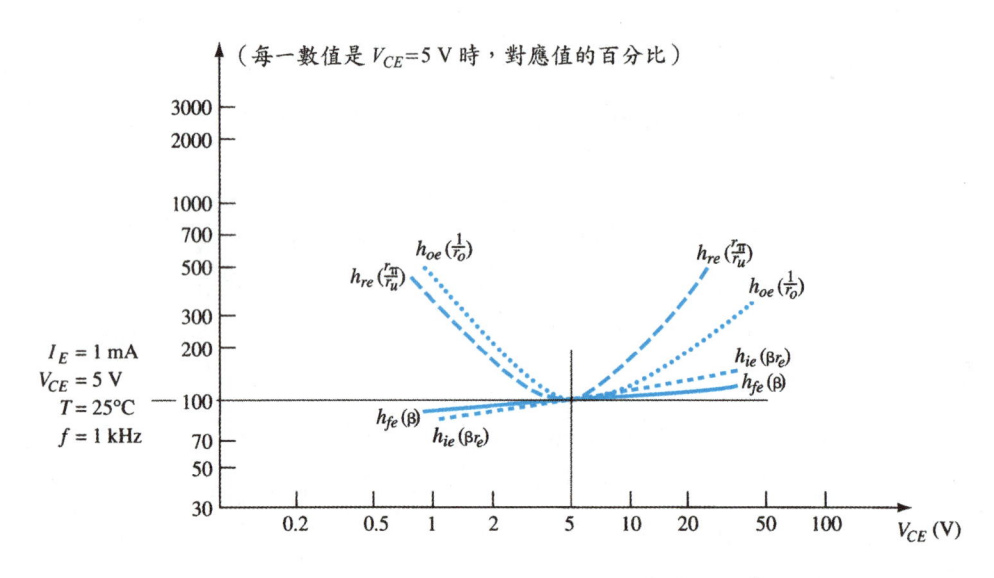

圖 5.124 集極射極電壓變化對混合參數的影響

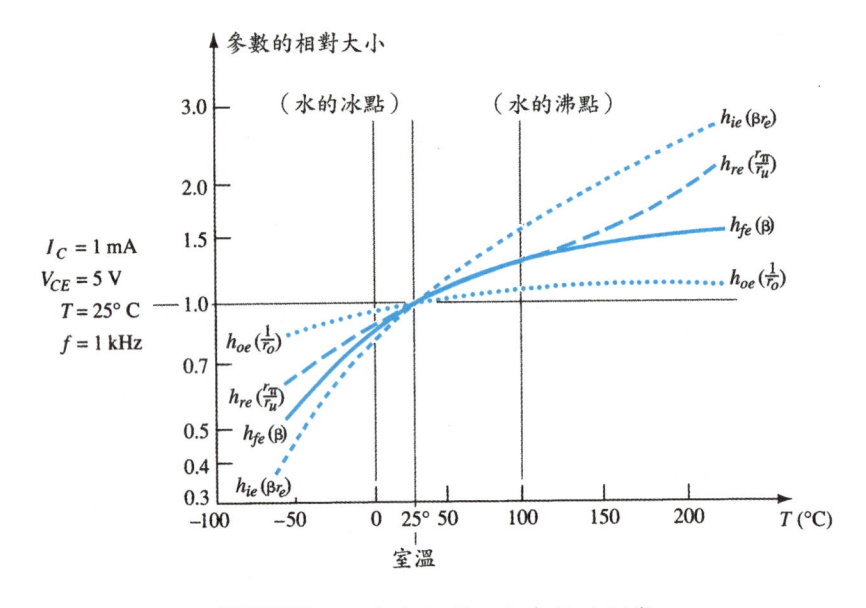

圖 5.125 溫度變化對混合參數的影響

點值的 3 倍，而在圖 5.123 中，參數幾乎跳到 Q 點值的 40 倍。

因此，電流、電壓和溫度這三個因素中，集極電流的變化對電晶體等效電路的參數影響最大。溫度必然也是影響因素，但仍以集極電流的效應較顯著。

5.24 故障檢修（偵錯）

雖然術語偵錯(troubleshooting)一詞是一套設計好的程序，以找出異常（故障）點並排除。但很重要需了解，也可用相同方法以確保系統工作正常。在任何情況下，測試、檢查並找出問題點的程序，需要對網路中各不同點在直流和交流方面的預期響應有所了解。在大部分的情況下，網路若能在直流模式下正確工作，則在交流方面應也可適當地操作。

> 因此，一般而言，若系統工作不正常，先切斷交流電源，並檢查直流偏壓位準。

在圖 5.126 中有四種電晶體電路組態，並提供數位三用電表在直流電壓移位所量得的特定電壓值。對電路中的電晶體，要先量測基極對射極電壓。例中的基射電壓只有 0.3 V，表示電晶體並非在"導通"或飽和狀態。若此電路屬於切換式設計，則此結果合乎預期。但若此電路為放大器設計，則代表有斷路存在，使基極無法到達工作電壓。

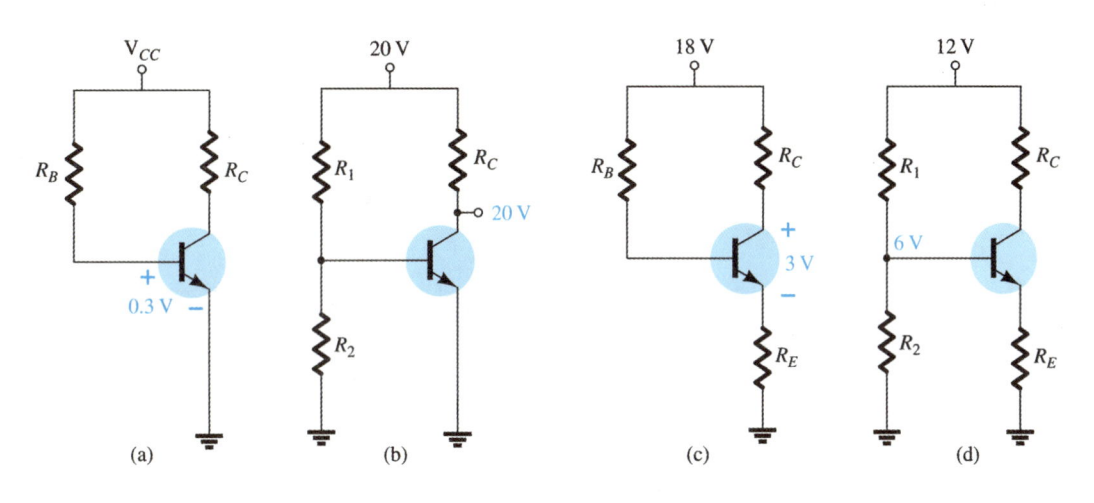

圖 5.126 檢查直流位準，以決定電路是否正常偏壓

圖 5.126b 中，集極電壓等於電源電壓，代表電阻 R_C 沒有電壓降，即集極電流為零。電阻 R_C 有接好，因集極得到直流電源的電壓。但可能有其他的元件沒接好，使基極或集極電流為零。在圖 5.126c 中，和外加的直流電壓相比，集極對射極的電壓太小了，V_{CE} 電壓的正常值應在中等範圍，約 6 V～14 V。讀值 18 V 類似 3 V，都屬不正常。代表所有元件都有接好，但有一個以上的電阻數值可能是錯的。在圖 5.126d 中，發現到基極電壓正好是電源電壓的一半。從本章內容可知，從基極看的電阻 R_E，其阻值要乘上 β 倍後再和 R_2 並聯，這會使基極電壓小於電源電壓的一半。由量得的電壓值可推斷，基極腳位沒有和分壓電路接好，才會造成 12 V 電源電壓被平分。

在典型的實驗操作中，電路中各點的交流響應會用示波器作檢測，如圖 5.127 所示。注意到，示波器測試棒的黑色（接地）端要直接接地，而紅色端則視測試點的位置移動，如圖 5.127 所示。垂直時迹設在交流模式，以去除特定點電壓中的直流分量。加到基極的交流小訊號，放大後出現在集極對地電壓。注意到，輸入和輸出電壓所選每格電壓(V/

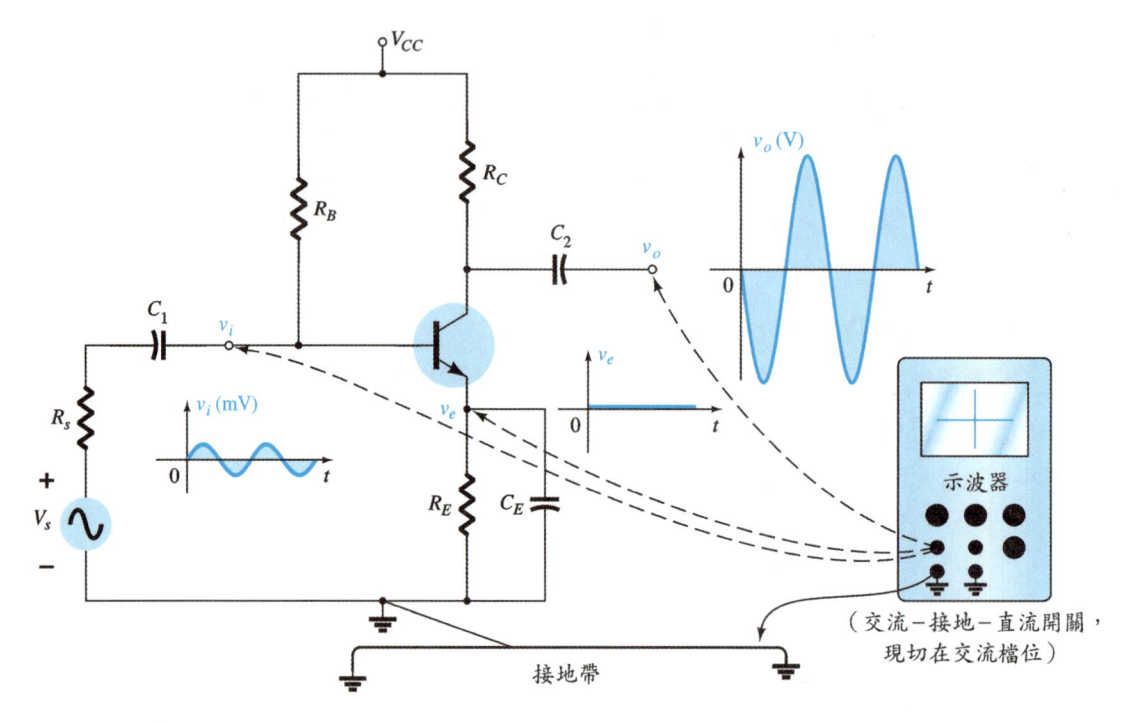

圖 5.127 用示波器量測並顯示 BJT 放大器中的各電壓

DIV)的差異。由於電容在外加訊號頻率下呈短路特性，因此射極端無交流響應。因 v_o 量到的大小是在優特範圍，而 v_i 則是毫伏(mV)範圍，放大器的增益頗為可觀。一般而言，此電路的工作看起來無問題。若需要，可進一步用三用電表的直流移位，檢查 V_B、V_{CE} 和 V_E 值，看 V_{BE} 其值是否落在預期的範圍。當然，也可將示波器切到直流檔，比較各時迹的直流值。

有各種理由會產生較差的交流響應，事實上，在同一系統中這些問題可能源於不同的區域。但幸運地，透過時間和經驗，可預測到某些區域異常的可能性，而有經驗的人士可以很快地找出有問題的區域。

一般而言，故障檢修程序並無神祕之處。若你決定追蹤交流響應，比較好的程序是從外加訊號開始，沿著訊號朝負載方向前進的路徑，對各重要點逐一檢測。若某一點出現非預期響應，表示網路到這個區塊之前是良好的，而這個區域則要進一步探究。示波器上的波形對找出系統中可能的問題確實有幫助。

若圖 5.127 中網路的響應如圖 5.128，則網路在射極區域可能異常，射極出現非預期的交流響應，且由 v_o 可看出系統增益小了很多。回想到，此電路中若 R_E 被旁路時，增益會大很多才對。由所得響應判斷，R_E 可能未被電容旁路，應該要檢查電容兩端的接線以及電容本身。在現在的情況下，檢查直流位準可能無法將出問題的地方確定出來，因電容在直流時等效"開路"。一般而言，對預期結果的知識、儀器的熟練度，還有最重要的經驗，都是在故障檢修這門技藝中，發展其有效方法的幫助因素。

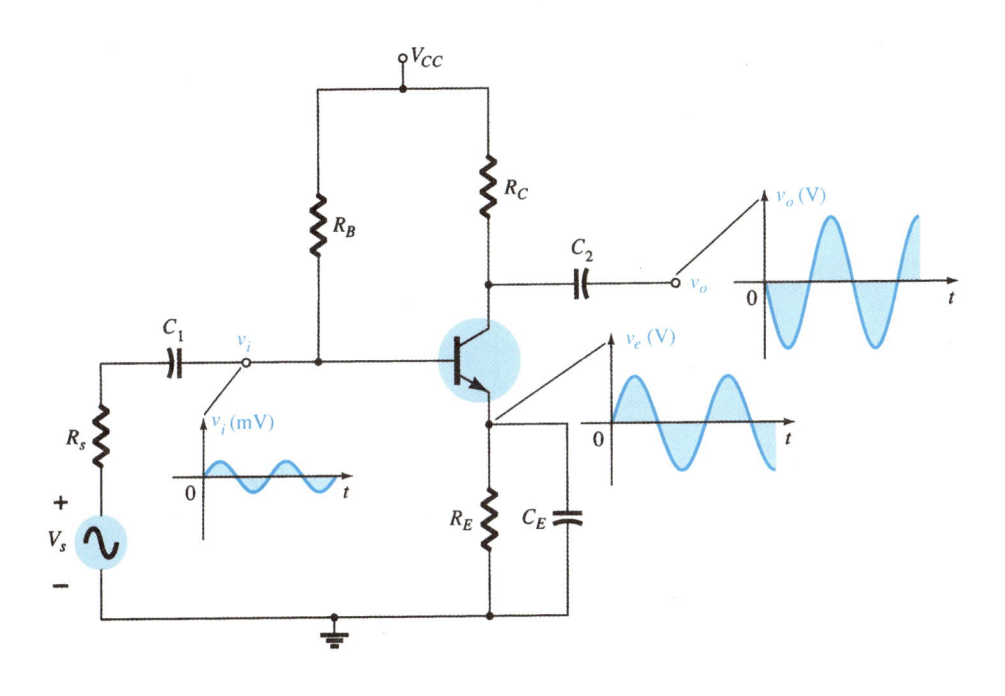

圖 5.128　射極區域異常所產生的波形

5.25　實際的應用

音頻混波器

當要將兩個以上的音頻訊號合在一起，產生單一音頻輸出時，可以用如圖 5.129 的混波器。輸入處的電位計用來控制各聲道的音量，再加上電位計 R_3 提供兩訊號間的平衡調整。電阻 R_4 和 R_5 用來確保通道之間不會互相拖累，也就是說，某一訊號不會變成另一訊號的負載，不會帶足另一訊號的功率，也不會影響混合訊號所需的平衡。

R_4 和 R_5 的效應很重要，應該作某些詳細的討論。由電晶體電路的直流分析結果，可導出 $r_e = 11.71\ \Omega$，此值可建立電晶體的輸入阻抗約 1.4 kΩ，而 R_6 和 Z_i 的並聯電阻值也約為 1.4 kΩ。兩聲道的音量都設在最大值且平衡控制電阻 R_3 設在中點，可得圖 5.130a 的等效網路。v_1 處的訊號假定接到低阻抗麥克風，其內阻為 1 kΩ；v_2 處的訊號則假定接到較高阻抗的吉他放大器，其內阻為 10 kΩ。在以上情況下，因 470 kΩ 和 500 kΩ 電阻並聯，可合併並用一個約 242 kΩ 的電阻取代。因此對麥克風而言，訊號源部分可以用如圖 5.130b 的等效電路代表。利用戴維寧定理可證明，只要去除 242 kΩ 即可得極佳的近似，且假定此等效電路適用於各聲道。對混波器的輸入部分而言，結果如圖 5.130c 的等效電路。利用重疊原理，電晶體基極處交流電壓的關係如下：

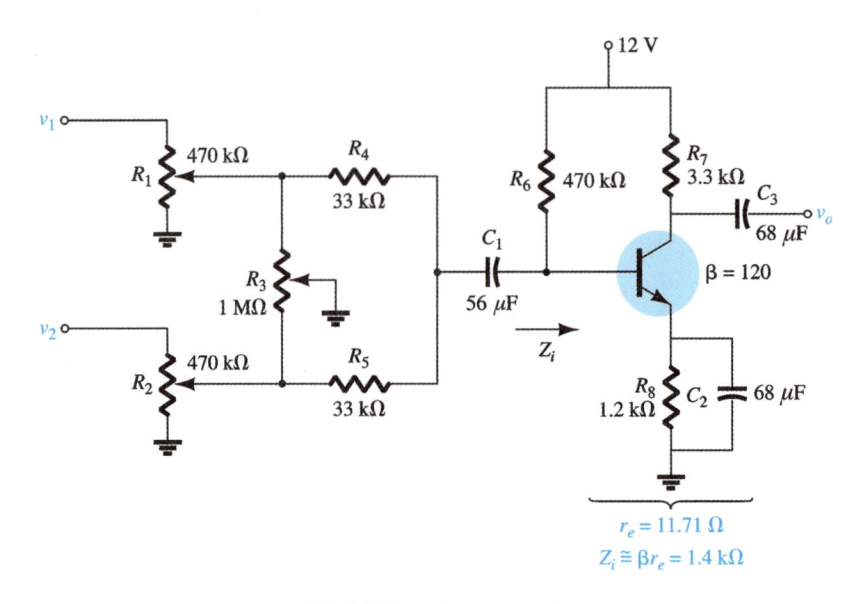

圖 5.129 音頻混波器

$$v_b = \frac{(1.4\text{ k}\Omega \| 43\text{ k}\Omega)v_{s_1}}{34\text{ k}\Omega + (1.4\text{ k}\Omega \| 43\text{ k}\Omega)} + \frac{(1.4\text{ k}\Omega \| 34\text{ k}\Omega)v_{s_2}}{43\text{ k}\Omega + (1.4\text{ k}\Omega \| 34\text{ k}\Omega)}$$
$$= 38 \times 10^{-3} v_{s_1} + 30 \times 10^{-3} v_{s_2}$$

利用 $r_e = 11.71\ \Omega$，放大器增益是 $-R_C/r_e = 3.3\text{ k}\Omega/11.71\ \Omega = -281.8$，且輸出電壓是

$$v_o = -10.7 v_{s_1} - 8.45 v_{s_2}$$

雖然兩訊號源的內阻比是 10：1，但上述結果提供兩訊號間極佳的平衡。一般而言，此系統的響應極好。但若從圖 5.130c 中移走 33 kΩ 的電阻，會得到圖 5.131 的等效網路，用重疊原理可得 v_b 的方程式如下：

$$v_b = \frac{(1.4\text{ k}\Omega \| 10\text{ k}\Omega)v_{s_1}}{1\text{ k}\Omega + 1.4\text{ k}\Omega \| 10\text{ k}\Omega} + \frac{(1.4\text{ k}\Omega \| 1\text{ k}\Omega)v_{s_2}}{10\text{ k}\Omega + (1.4\text{ k}\Omega \| 1\text{ k}\Omega)}$$
$$= 0.55 v_{s_1} + 0.055 v_{s_2}$$

用之前所得的放大器增益，可得輸出電壓為

$$v_o = 155 v_{s_1} + 15.5 v_{s_2} \cong 155 v_{s_1}$$

這代表麥克風的聲音很大且清楚，但吉他的輸入幾乎損失掉。

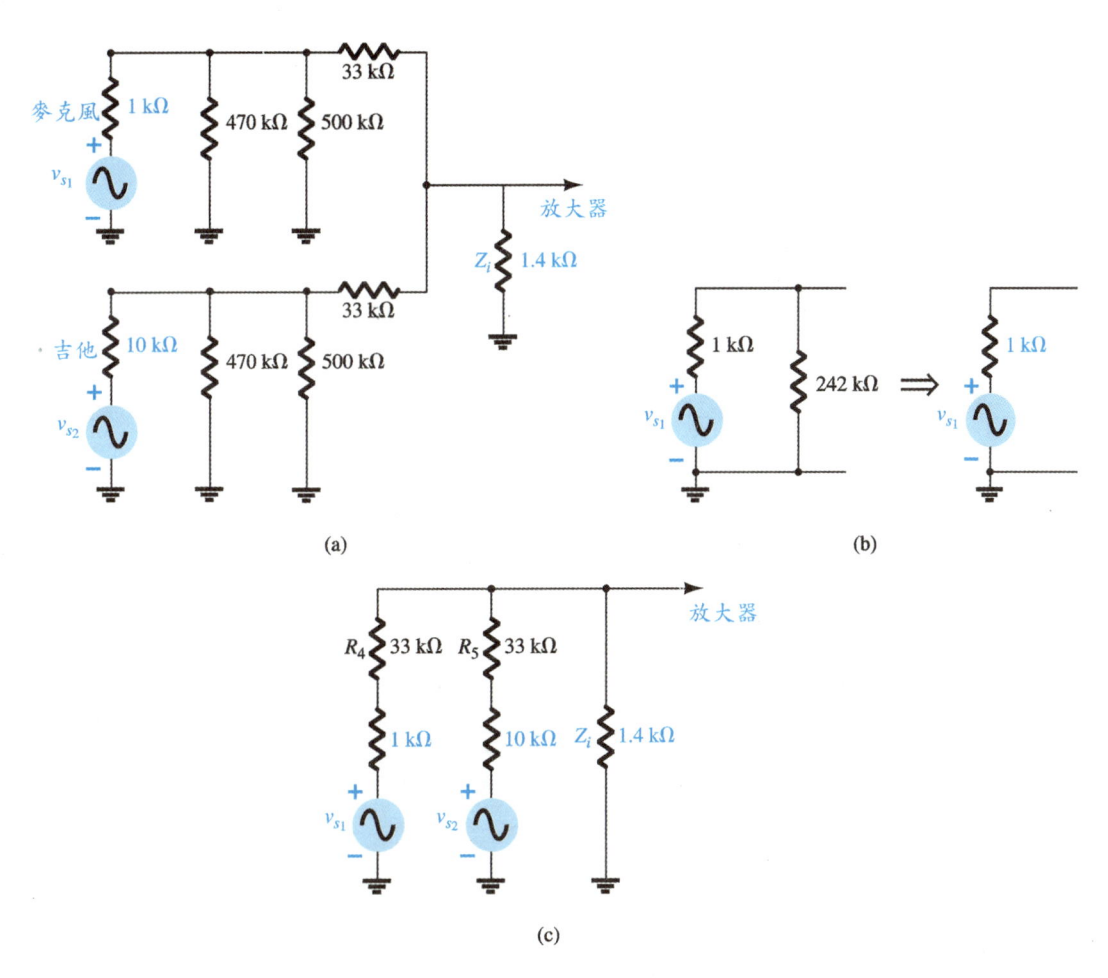

圖 5.130 (a) R_3 設在中點且音量調到最大時的等效電路；(b) 求出第 1 聲道的戴維寧等效電路；(c) 將戴維寧等效電路代入圖 5.130a

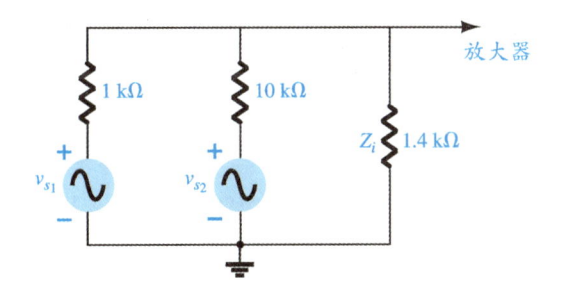

圖 5.131 圖 5.130c 移走 33 kΩ 電阻後的網路

  由此可定出 33 kΩ 電阻的重要性，它使每個輸入訊號看起來有相似的阻抗值，所以在輸出處有良好的平衡。人們可能會想用更大電阻來改善平衡，但儘管這可以使電晶體基極處的平衡更好，但也會使電晶體基極處的訊號更弱，因此輸出值也會降低。易言之，R_4 和 R_5 的選擇，是電晶體基極輸入大小和輸出訊號平衡之間的取捨考慮。

為說明電容在音頻範圍真正等效於短路，將極低的音頻頻率 100 Hz 代入 56 μF 電容的電抗關係式：

$$X_C = \frac{1}{2\pi f C} = \frac{1}{2\pi (100 \text{ Hz})(56 \text{ μF})} = 28.42 \text{ Ω}$$

28.42 Ω 的大小和鄰近的任何阻抗相比，的確足夠小而可忽略不計。當頻率更高時，電抗會更小，其效應更可忽略不計。

下一章探討接面場效電晶體(JFET)時，也會討論類似的混波器。主要的差異在於，JFET 的輸入阻抗近似於開路，而非 BJT 電路中相對低很多的輸入阻抗。結果是 JFET 放大器的輸入處會有較高的訊號大小，但因 FET 的增益比 BJT 電晶體小很多，所以輸出大小實際上是差不多。

前置放大器

前置放大器(**preamplifier**)的主要功能正如其名稱所意指的：**用來擷取主要來源的訊號，對訊號工作，使訊號準備好，通過此前置放大器之後進入放大器部分**。一般而言，前置放大器可放大訊號，控制大小，也可能改變輸入阻抗特性，且若需要時能決定其後所接放大級的路徑——總之，這是系統中具有多項功能的一級。

前置放大器如圖 5.132 所示，常配合動態麥克風，使訊號大小提升到可供進一步放大或接近功率放大器的水平。一般而言，動態麥克風是一種低阻抗麥克風，因其內阻主要決定於音圈的繞線。動態麥克風的基本構造包含一組音圈附在一小膜片上，膜片可在永久磁鐵中自由移動。當人們對麥克風說話時，膜片會振動時，使音圈在磁場中來回移動。根據法拉第定律，音圈兩端會感應電壓，帶出聲音訊號。

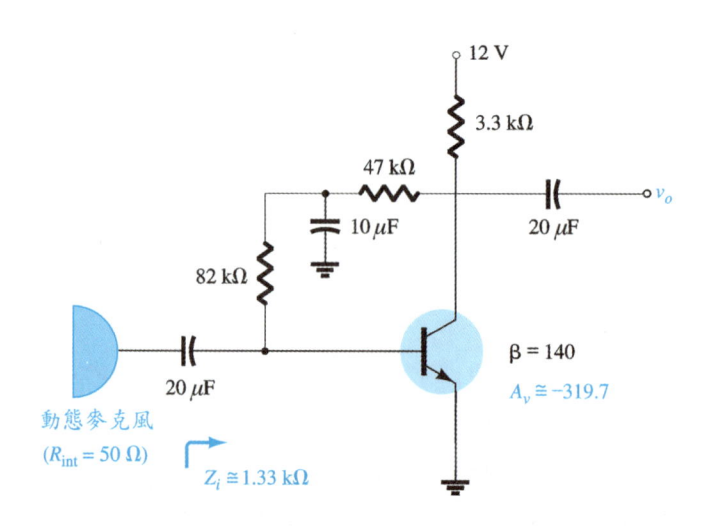

圖 5.132 配合動態麥克風的前置放大器

因為這是低阻抗的麥克風，電晶體放大器的輸入阻抗不必很高，就可擷取訊號的大部分。因動態麥克風的內部阻抗可能低達 20 Ω～100 Ω 之間，所以放大器的輸入阻抗即使低到 1 kΩ～2 kΩ，仍可擷取到訊號的大部分。事實上，這就是圖 5.132 中前置放大器的情況。而對直流偏壓的情況而言，選用了集極直流反饋電路組態，這是因為可得到高穩定特性。

在交流部分，10 μF 電容可假定在短路狀態（在近似的基礎上）。82 kΩ 電阻並接在電晶體的輸入阻抗，而 47 kΩ 電阻則並接在電晶體的輸出。由電晶體電路的直流分析，可得 r_e=9.64 Ω，交流增益決定如下：

$$A_v = \frac{(47 \text{ k}\Omega \| 3.3 \text{ k}\Omega)}{9.64 \text{ }\Omega} = -319.7$$

對現在的應用而言，此值是極為優異的。當然，此前置擷取級接到其後放大器的輸入端時，增益會下降。也就是，下一級的輸入電阻會和 47 kΩ 以及 3.3 kΩ 電阻並聯，會使增益掉到無載增益 319.7 以下。

前置放大器的輸入阻抗決定如下：

$$Z_i = 82 \text{ k}\Omega \| \beta r_e = 82 \text{ k}\Omega \| (140)(9.64 \text{ }\Omega) = 82 \text{ k}\Omega \| 1.34 \text{ k}\Omega = \mathbf{1.33 \text{ k}\Omega}$$

對大部分的低阻抗動態麥克風而言，此值算是好的。事實上，若麥克風的內阻為 50 Ω，則基極處可得到 98% 以上的訊號。此討論相當重要，因為如果麥克風的阻抗比較大，例如說是 1 kΩ，則前置放大器的設計就必須不一樣，其輸入阻抗至少要保證在 10 kΩ 以上才行。

隨機雜訊產生器

常有需要隨機雜訊產生器，以測試揚聲器、麥克風、濾波器及事實上需用於寬頻率範圍的任何系統。**隨機雜訊產生器(random-noise generator)** 正如其名稱所意指的：**能產生隨意振幅和頻率的訊號產生器**。事實上，這些訊號通常全都是無法理解也無法預測，因而稱為**雜訊(noise)**。源於導電材料中振動的離子和自由電子間的交互作用，其熱效應所產生的雜訊稱為**熱雜訊(thermal noise)**，結果使導體的電子流產生波動，使導體壓降也產生變動。在大部分情況下，這些隨機產生的訊號在 mV 範圍，但經足夠的放大之後，就可能大幅破壞系統的響應。這種熱雜訊，也稱為**詹森雜訊(Johnson noise)**（紀念此研究領域的開創者）或**白色雜訊(white noise)**（因為在光學中，白光包含所有頻率），這種雜訊有相當平的頻率響應，如圖 5.133a 所示，這是功率對頻率的曲線圖，自很低頻率到很高頻率之間幾維持不變。第 2 種雜訊稱為**射出雜訊(shot noise)**，其名稱源於此雜訊的聲音聽起來像是連發子彈撞擊固體表面或暴雨打在窗戶上一般。此種雜訊的產生原因是成團的載子以不平均的速率通過導體所致。第 3 種雜訊則是**粉紅(pink)**、**閃爍(flicker)** 或 **1/f 雜訊**，此源於載子通過半導體裝置的不同接面時，過渡時間的變化所致，稱為 1/f 雜訊的原因是因為其大小隨頻率的增加而遞減。**其效應通常在頻率 1 kHz 以下時最為劇烈**，見圖 5.133b。

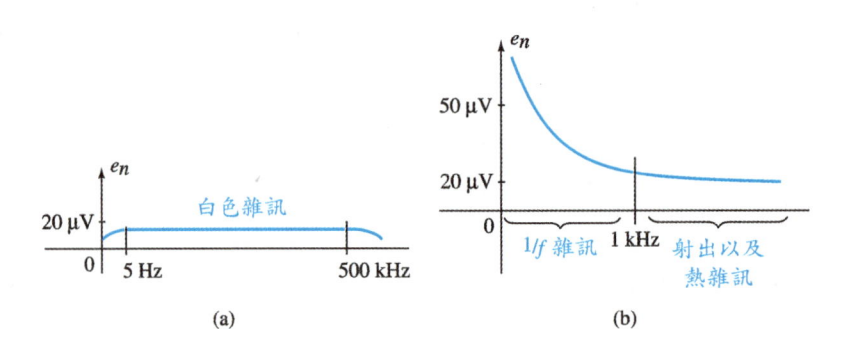

圖 5.133 典型的雜訊頻譜：(a)白色雜訊；(b)1/f、熱和射出雜訊

圖 5.134 的電路設計用來產生白色雜訊和粉紅雜訊，兩種雜訊產生電路使用同一來源，先產生白色雜訊（其大小橫跨整個頻譜），再用濾波器去除中高頻成分，只留下低頻雜訊。濾波器進一步設計成將原先低頻區域平坦的白色雜訊響應，變成隨頻率增加而下降的響應（即呈 1/f 的變化）。白色雜訊的產生方法，是將 Q_1 電晶體的集極開路，並使基極對射極接面逆偏。本質上，電晶體 Q_1 的作用有如一偏壓在齊納崩潰區的二極體。將電晶體偏壓在此區域時，會產生極不穩定的情況，導致隨機白色雜訊的產生。累增崩潰區快速變化的載子數目、電流大小受到溫度變化的影響，以及快速變化的阻抗值，都會影響到電晶體產生的雜訊電壓和電流的大小。常使用鍺電晶體，因為和矽電晶體相比時，崩潰區更不明確也更不穩定。另外，也有特別設計用來產生隨機雜訊的二極體和電晶體。

雜訊源並非某特殊設計的產生器，它僅源於一項事實，即電流不會呈現理想現象，實際上會隨時間以某種大小變動，使元件的端電壓產生並不期望的變動。事實上，電流的變動方式是如此之廣，因此產生的不同頻率延伸成很寬的頻譜——這是很有趣的現象。

Q_1 產生的雜訊電流，成為 Q_2 的基極電流，再放大產生可能達 100 mV 的白色雜訊，據此反推輸入雜訊電壓約 170 μV。電容 C_1 在整個考慮的頻率範圍都要能夠提供低阻抗，使 Q_1 基極耦合到的電磁干擾訊號都可短路到地。電容 C_2 在阻絕白色雜訊產生器和其後濾波器網路之間的直流偏壓。39 kΩ 和下一級的輸入阻抗產生一簡單的分壓器網路，見圖 5.135。若沒有 39 kΩ，則 R_2 和 Z_i 的並聯會對第 1 級產生很大的負載效應，會使 Q_1 的增益下降相當多。在增益的關係式中，R_2 和 Z_i 會以並聯的形式出現（見第 9 章的討論）。

第 5 章　BJT（雙載子接面電晶體）的交流分析　435

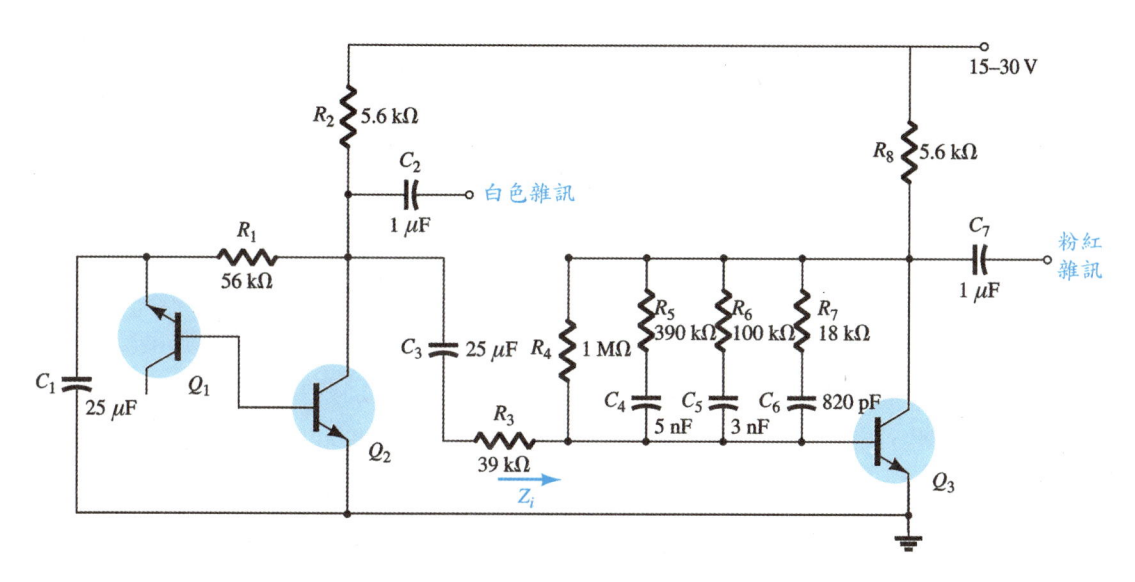

圖 5.134　白色或粉紅雜訊產生器

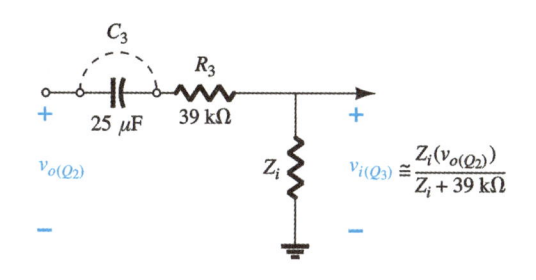

圖 5.135　第 2 級的輸入電路

$$v_{i(Q_3)} \cong \frac{Z_i(v_{o(Q_2)})}{Z_i + 39\ k\Omega}$$

濾波器網路實際上是集極至基極反饋迴路的一部分，這曾出現在 5.10 節的集極反饋網路中。為描述此電路的工作，先考慮頻譜的兩個極端。當頻率很低時，所有電容可近似於開路，集極到基極之間只剩下 1 MΩ 的電阻。取 β 為 100，可發現此段增益約 280，且輸入阻抗約 1.28 kΩ。而在足夠高的頻率處，所有電容皆可用短路取代，集極到基極之間的總電阻會降到約 14.5 kΩ，這會產生很高的無載增益，約 731，超過 $R_F = 1\ M\Omega$ 時的 2 倍。因 $1/f$ 濾波器就是設想要降低高頻增益，一開始看起來設計似乎有誤差，但輸入阻抗已掉到 19.33 Ω，已降到 $R_F = 1\ M\Omega$ 時的 1/66，這對第 2 級的輸入電壓有很大的影響。考慮圖 5.135 的分壓作用，事實上，和串聯的 39 kΩ 電阻相比，第 2 級的訊號可假定忽略不計，即使增益超過 700 倍也不能使第 2 級的輸入電壓達到有意義的大小。因此總之，由於 Z_i 損失極大，增益增倍的效果完全無作用，因此在極高頻處的輸出可完全忽略不計。

在極低頻和極高頻之間，濾波器的三個電容會使增益隨著頻率的增加而逐步降低。首先，電容 C_4 會先接近短路，造成增益下降（約 100 Hz）。接著是 C_5 接近短路，使三個分支電阻並聯（約 500 Hz）。最後是 C_6 接近短路，使四個分支電阻並聯，得到最小的反饋電阻（約 6 kHz）。

結果是得到極優異的隨機雜訊產生網路，雜訊範圍包含全頻譜（白色）和低頻譜（粉紅）。

聲音調變燈源

圖 5.136 中 12 V 燈泡的燈光，會受外加訊號的影響，以不同的頻率和強度變化。外加訊號可能是音頻效大器、樂器，甚至是麥克風的輸出。特別要關注的是，外加電源電壓是 12 V 交流電，而非典型的直流偏壓電源。這立即產生一個問題，沒有直流電源時，如何建立電晶體的直流偏壓？實際上是利用二極體 D_1 對交流輸入整流，以及 C_2 作為電流濾波器，產生直流位準降在電晶體電路上。有效值 12 V 的交流電源，其峰值約 17 V，在電容濾波之後得到的直流位準約 16 V。調整電位計，使 R_1 約為 320 Ω，此時電晶體的基極對射極電壓約為 0.5 V，電晶體會在"截止"狀態。在此狀態下，集極和射極電流幾乎為 0 mA，電阻 R_3 的壓降近似於 0 V。Q_1 射極端的電位為 0 V，因此二極體 D_2 的電壓是 0 V，使 D_2 在"截止"狀態且矽控整流子(SCR)閘極端的電位為 0 V。SCR（見 17.3 節）基本上是一種二極體，其狀態由閘極端的外加電壓控制。現在閘極端無電壓，SCR 截止，燈泡不通電不亮。

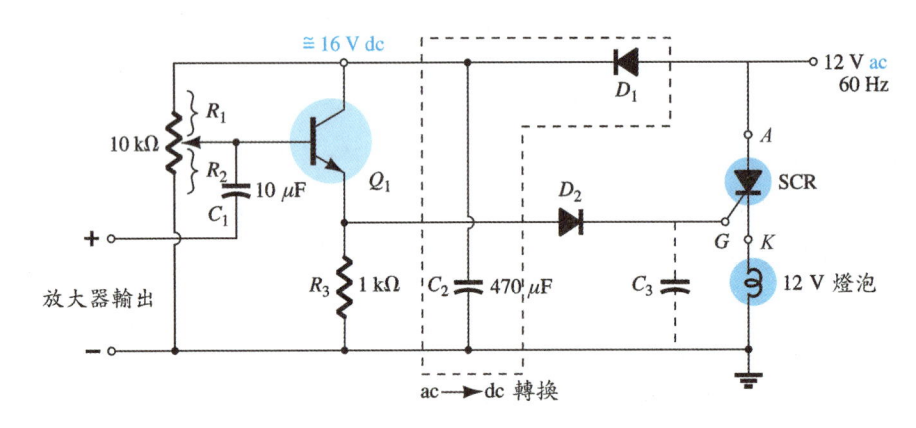

圖 5.136 聲音調變燈源。SCR（矽控整流子）

若現在訊號加到電晶體的基極端，外加訊號和原已建立的偏壓位準加起來，可建立所需的 0.7 V 導通電壓，且電晶體的導通周期決定於所加的訊號。當電晶體導通時，會建立流經 R_3 的電流，並建立射極到地的電壓，若此電壓超過 D_2 導通所需的 0.7 V 時，電壓會出現在 SCR 的閘極，電壓足夠大時，可使 SCR 導通，SCR 的陽極到陰極會導通電流。但我們必須審視在此設計中最值得關注的方向，因 SCR 的外加電壓是交流電，其大小會隨時間變化，見圖 5.137，SCR 導通的電流大小也會隨時間變化。如圖 5.137 上看

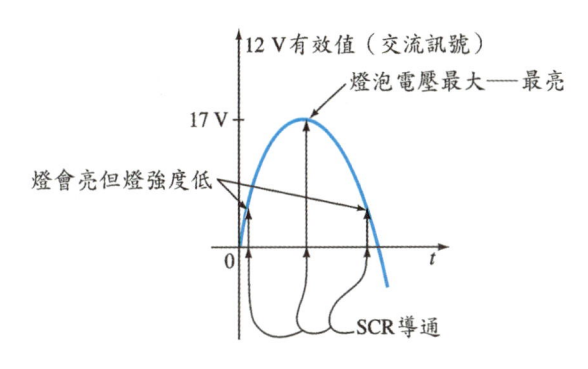

圖 5.137 說明圖 5.136 中交流電壓對 SCR 工作的影響

到的，若 SCR 在弦波電壓最高處導通，則 SCR 所得電流也會最大，燈泡也會最亮。但若 SCR 在弦波接近最低處導通，燈泡可能會亮，但因流通電流低，燈泡的亮度會低很多。結果是，燈泡點亮的時間和外加訊號的峰值出現時間同步，但點亮時的亮度則要看外加 12 V 交流電源對應的位置而定。人們可以想像在這樣的系統中，各種有趣而多變的響應。

在以上的操作中，電位計調整在電晶體的導通電壓以下。電位計也可以調整到"剛好"使電晶體"導通"，產生很低的基極電流，連帶產生低的集極電流和低的 R_3 電壓，不足以使二極體 D_2 順偏並使 SCR 導通。但系統如果照此方式建立時，用比較低振幅的外加訊號即可點亮燈泡。在前一種情況，系統的作用比較像峰值檢測器。而後一種情況，則對外加訊號的感應非常靈敏。

加上二極體 D_2，是要確認有足夠的電壓使二極體和 SCR 同時導通。易言之，這是要去除雜訊或某些非預期的低電壓訊號，以免 SCR 誤導通。可以再加上電容 C_3 使響應變慢，當電容電壓（即閘極電壓）充電到足夠大時，才使 SCR 導通。

5.26 總　結

重要的結論和概念

1. 未加直流偏壓位準時，無法得到交流放大。
2. 對大部分的應用而言，BJT 放大器可看成線性，可利用**重疊原理**將直流和交流的分析與設計分開來。
3. 當引用 BJT 的**交流模型**時：
    a. 所有**直流電壓源設為 0 V**，可用短路代替。
    b. 所有 μF 級電容等效於短路。
    c. 網路中和短路**並聯**的元件要移開。
    d. 通常應儘可能再重畫網路。

4. 交流網路的**輸入阻抗無法**用歐姆表量出。
5. **設外加訊號為零**，可求出放大器的**輸出阻抗**，但無法用歐姆表測出。
6. 只有從規格表或從特性曲線經由圖解法，才能**求得** r_e 模型的**輸出阻抗**。
7. 直流分析時，電容可隔開元件，而在**交流分析**時，因電容等效於短路，原先隔開的元件會再出現。
8. **放大因數**（β 或 h_{fe}）最不易受**集極電流**變化的影響，而**輸出阻抗**則是最容易受到影響的參數。對 V_{CE} 的變化而言，輸出阻抗也容易受到影響，而**放大因數**仍是**最不受影響**。但對溫度的變化而言，**輸出阻抗最不受影響**，而放大因數則相當程度受到影響。
9. BJT 在交流操作的 r_e 模型，會受**網路實際直流工作條件**的影響，此參數正常不會提供在規格表中。h_{ie} 等於 βr_e，正常會提供在規格表中，但只對應於指定的工作條件。
10. 對大部分 BJT 的規格表而言，會包括**混合(h)參數模型**以建立電晶體的交流模型。但人們必須知道，所提供的參數值對應於一組特定的直流工作條件。
11. **共射固定偏壓電路**可能有相當大的電壓增益特性，雖然其輸入阻抗可能相對較低。近似電流增益就只是 β，輸出阻抗正常假定為 R_C。
12. 和固定偏壓電路相比，**分壓器偏壓電路**有較高的穩定性。但電壓增益、電流增益和輸出阻抗則相同。由於偏壓電阻，分壓器偏壓電路的輸入電阻會低於固定偏壓電路者。
13. 具有未旁路射極電阻的 **CE 射極偏壓電路**，和有旁路的射極偏壓相比，**輸入阻抗較大**，但電壓增益小很多。不管是旁路還是未旁路，**輸出阻抗正常假定為 R_C**。
14. **射極隨耦器電路**的輸出電壓必然略小於輸入訊號，但輸入阻抗則很大，使其非常適用於高輸入阻抗的第 1 級，以儘可能擷取到外加訊號的大部分。其**輸出阻抗**則**極低**，可作為多級放大器第 2 級極佳的訊號源。
15. **共基極電路**有很低的輸入阻抗，但有相當大的電壓增益。電流增益略小於 1，**輸出阻抗**則為 R_C。
16. **集極反饋電路**的**輸入阻抗**易受 β 影響，但較不受電路中其他參數的影響。若電路參數選擇恰當，**電壓增益和電流增益都可以相當大**。最常見的情況，**輸出阻抗**只是集極電阻 R_C。
17. **集極直流反饋電路**用直流反饋**增加穩定性**，且因電容從直流到交流會改變狀態（從開路到短路），所以和直接反饋的接法相比，可建立**較高的電壓增益**。通常**輸出阻抗**會接近 R_C，且**輸入阻抗**相當接近**基本共射極電路**的輸入阻抗。
18. **近似混合等效網路**的組成和 r_e 模型所用者很類似。事實上，兩種模型可利用**相同的分析方法**。對混合模型而言，分析結果是用網路參數和混合參數代表。而對 r_e 模型而言，分析結果則是用網路參數和 β、r_e 及 r_o 代表。
19. 共射極、共基極和共集極電路的**混合模型都相同**，唯一差異是等效網路的參數代號和數值大小。

20. 串級系統的總增益由**各級增益的乘積決**定，但每級增益必須**在考慮負載條件**之下決定。

21. 因串級系統的總增益是由各級增益的乘積決定，所以**最脆弱的環節**（較小的輸入阻抗或較大的輸出阻抗）會對總增益產生主要的影響。

方程式

$$r_e = \frac{26 \text{ mV}}{I_E}$$

混合參數：

$$h_{ie} = \beta r_e, \quad h_{fe} = \beta_{ac}, \quad h_{ib} = r_e, \quad h_{fb} = -\alpha \cong -1$$

CE 固定偏壓：

$$Z_i \cong \beta r_e, \quad Z_o \cong R_C \quad A_v = -\frac{R_C}{r_e}, \quad A_i = -A_v \frac{Z_i}{R_C} \cong \beta$$

分壓器偏壓：

$$Z_i = R_1 \| R_2 \| \beta r_e, \quad Z_o \cong R_C \quad A_v = -\frac{R_C}{r_e}, \quad A_i = -A_v \frac{Z_i}{R_C} \cong \beta$$

CE 射極偏壓：

$$Z_i \cong R_B \| \beta R_E, \quad Z_o \cong R_C \quad A_v \cong -\frac{R_C}{R_E}, \quad A_i \cong \frac{\beta R_B}{R_B + \beta R_E}$$

射極隨耦器：

$$Z_i \cong R_B \| \beta R_E, \quad Z_o \cong r_e \quad A_v \cong 1, \quad A_i = -A_v \frac{Z_i}{R_E}$$

共基極：

$$Z_i \cong R_E \| r_e, \quad Z_o \cong R_C \quad A_v \cong \frac{R_C}{r_e}, \quad A_i \cong -1$$

集極反饋：

$$Z_i \cong \frac{r_e}{\frac{1}{\beta} + \frac{R_C}{R_F}}, \quad Z_o \cong R_C \| R_F \quad A_v = -\frac{R_C}{r_e}, \quad A_i \cong \frac{R_F}{R_C}$$

集極直流反饋：

$$Z_i \cong R_{F_1} \| \beta r_e, \quad Z_o \cong R_C \| R_{F_2} \quad A_v = -\frac{R_{F_2} \| R_C}{r_e}, \quad A_i = -A_v \frac{Z_i}{R_C}$$

負載阻抗的效應：

$$A_{v_L} = \frac{V_o}{V_i} = \frac{R_L}{R_L + R_o} A_{v_{NL}}, \quad A_{i_L} = \frac{I_o}{I_i} = -A_{v_L} \frac{Z_i}{R_L}$$

訊號源阻抗的效應：

$$V_i = \frac{R_i V_s}{R_i + R_s}, \quad A_{v_s} = \frac{V_o}{V_s} = \frac{R_i}{R_i + R_s} A_{v_{NL}} \quad I_s = \frac{V_s}{R_s + R_i}$$

負載和訊號源阻抗的合併效應：

$$A_{v_L} = \frac{V_o}{V_i} = \frac{R_L}{R_L + R_o} A_{v_{NL}}, \qquad A_{v_s} = \frac{V_o}{V_s} = \frac{R_i}{R_i + R_s} \cdot \frac{R_L}{R_L + R_o} A_{v_{NL}}$$

$$A_{i_L} = \frac{I_o}{I_i} = -A_{v_L} \frac{R_i}{R_L}, \qquad A_{i_s} = \frac{I_o}{I_s} = -A_{v_s} \frac{R_s + R_i}{R_L}$$

疊接：

$$A_v = A_{v_1} A_{v_2}$$

達靈頓接法（有 R_E）：

$$\beta_D = \beta_1 \beta_2,$$

$$Z_i = R_B \| (\beta_1 \beta_2 R_E), \qquad A_i = \frac{\beta_1 \beta_2 R_B}{(R_E + \beta_1 \beta_2 R_E)}$$

$$Z_o = \frac{r_{e_1}}{\beta_2} + r_{e_2} \qquad A_v = \frac{V_o}{V_i} \approx 1$$

達靈頓接法（沒有 R_E）：

$$Z_i = R_1 \| R_2 \| \beta_1 (r_{e_1} + \beta_1 \beta_2 r_{e_2}) \qquad A_i = \frac{\beta_1 \beta_2 (R_1 \| R_2)}{R_1 \| R_2 + Z_i'}$$

其中 $Z_i' = \beta_1 (r_{e_1} + \beta_2 r_{e_2})$

$$Z_o \cong R_C \| r_{o_2} \qquad A_v = \frac{V_o}{V_i} = \frac{\beta_1 \beta_2 R_C}{Z_i'}$$

反饋電晶體對：

$$Z_i = R_B \| \beta_1 \beta_2 R_C \qquad A_i = \frac{-\beta_1 \beta_2 R_B}{R_B + \beta_1 \beta_2 R_C}$$

$$Z_o \approx \frac{r_{e_1}}{\beta_2} \qquad A_v \cong 1$$

5.27　計算機分析

PSpice 視窗

BJT 分壓器電路　前幾章用 PSpice 和 Multisim 時，都侷限於電子網路的直流分析。本節將考慮應用交流訊號源到 BJT 網路的情況，並描述如何得到結果且加以解釋。

圖 5.138 網路中，大部分的結構都可用幾前幾章介紹的程序來完成。交流**訊號源**可在**電源**元件庫中找出 **VSIN**，可捲動選項列找到，或在列表標題處鍵入 **VSIN**。一旦選定訊號源並置放好，會出現一些標記以定義訊號源參數。點擊電源符號兩次，或利用**編輯－性質**的順序，可得**性質編輯器**對話框，會列出超過螢幕上出現的所有參數。捲動列最左，會找到 **AC** 列，在標題下選取空白矩形，輸入數值 **1 mV**。要了解到，輸入值可用字首如 m (10^{-3}) 和 k (10^3)。向右移可發現標題**頻率**，可輸入 **10 kHz**，再右移到**相位**，可發現預設值是 **0**，可維持此值，此代表弦波訊號的初始相位角。接著會發現**電壓振幅**，設

第 5 章　BJT（雙載子接面電晶體）的交流分析　**441**

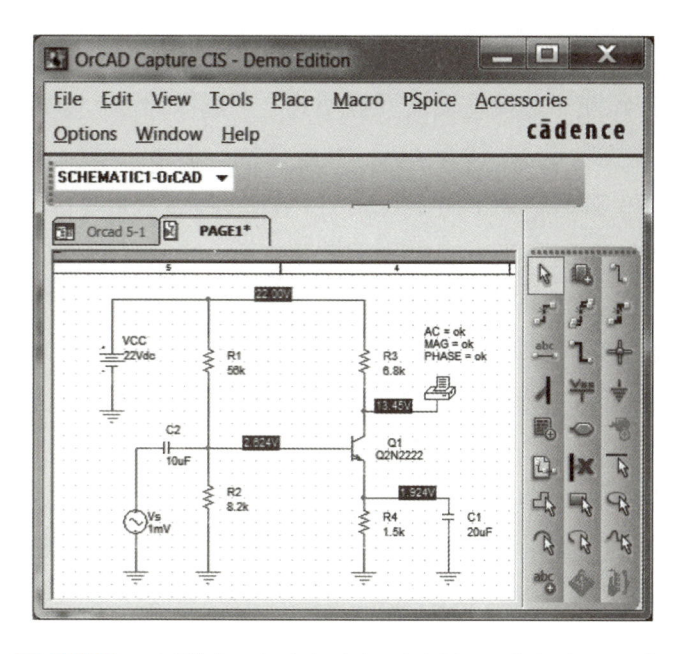

圖 5.138　用 PSpice 視窗版分析圖 5.28 的電路（例 5.2）

在 1 mV。再接著是**偏移電壓**，設在 **0 V**。現在各性質都設好了，必須決定螢幕要顯示什麼以定義電源。在圖 5.138 中只有標記 Vs 和 1 mV，所以必須除去一些項目並修正電源的名稱。若選擇 **AC**，選取**顯示**以得到**顯示性質**對話框。因不想出現標記 AC，選取**只有數值**。點擊 **OK**，離開所有空白選項，移至**性質編輯器**對話框的其餘參數。我們不要**頻率**、**相位**、**電壓振幅**和**偏移電壓**這些標記和數值一起出現，所以各項都選擇**不顯示**。為了將 **V1** 改成 **Vs**，只要選取**元件參考**，輸入 **Vs**，再列**顯示**，選取**只有數值**。最後為了執行這些改變，選取**應用**並離開對話框，電源就會以如圖 5.138 的方式呈現。

可利用**特別**功能庫中的 **VPRINT1** 選項，得到網路中節點電壓的交流響應。若未出現此功能庫，只要選擇加入功能庫，接著是 **special.olb**。當選擇 **VPRINT1** 時，螢幕上會出現印表機和三個標記：**AC**、**MAG** 和 **PHASE**。每個標記都必須設到 OK 狀態，以反映你想要的電壓波形包含這些資訊。只要點擊印表機符號，即可得對話框，在每一項目下設 **OK** 即可。對每一項目都選取**顯示**，並選擇**名稱和標記**。最後選取**應用**並結束對話框，結果會如圖 5.138 所示。

電晶體 **Q2N2222** 可在 **EVAL** 元件庫之下找到，可在零件標題之下鍵入，或利用捲繞找到。利用**編輯 – PSpice 模型**的順序，得到 **PSpice 模型編輯 Lite** 對話框，將 **Is** 改成 **2E-15A** 並且將 **Bf** 改為 90，設定好 I_s 和 β 值。**Is** 的大小是網路經過多次計算的結果，使 V_{BE} 儘量接近 0.7 V。

現在網路中所有元件都設定好，是可以要求計算機分析網路並提供結果的時候。若有項目不正確，計算機會很快回應錯誤資訊。先選取**新增模擬組合鍵**，可得**新增模擬**對話框,在名稱項下輸入 **OrCAD 5-1** 選擇建立,會出現**模擬設定**對話框。在**分析型式**之下,選取**交流掃描/雜訊**,然後在交流掃描型式之下選擇線性。**起始頻率**是 10 kHz,**終止頻率**是 **10 kHz**,**總點數**是 **1**,點擊 **OK**,並選擇執行 **PSpice** 鍵(白色箭號),就會啟動模擬。電路圖會產生圖形結果,從 5 kHz~15 kHz,但無垂直座標。經由**檢視-輸出檔**的順序,可得到圖 5.139 的列表。表中列出網路中所有元件及其設定值,接著是電晶體的所有參數值,特別注意到 **IS** 和 **BF** 的大小。接著在**小訊號偏壓解**之下提供了直流值,這會和圖 5.138 電路圖上出現者相符。圖 5.138 上的直流值是選取 **V** 選項而得到,而現在如前所述是選用 **Is**,可注意到 V_{BE}=2.624 V-1.924 V=0.7 V。

接下來的列表是**工作點資訊**,可發現即使 **BJT 模型參數**中 β 是設在 90,但網路所得的工作條件,直流 β 是 48.3,而交流 β 是 55。但幸運的,在直流模式中分壓器電路較不受 β 變化的影響,因此直流的分析結果相當好。但交流 β 的下降對 V_o 值就有影響,分析結果是 296.1 mV,而手算結果是 324.3 mV(取 r_o=50 kΩ)——相差 9%。結果還算接近,但可能不盡如人意。若將 I_s 和 β 以外的參數都設為零,可以得更接近的結果(7% 以內)。現在所有參數的影響都已說明,和手算結果還算足夠接近,因此可以接受。本章稍後將引用電晶體的交流模型,其結果會和手算結果完全一致。相位角是-178°,和理想情況的-180°極為接近。

可以設立新的模擬程序,以計算一些資料點所要的電壓值,由此可得電晶體集極電壓的波形,計算點愈多時,所得的圖就愈精確。程序的啟始是從回到**模擬設定**對話框開始,在**分析型式**之下選取**時域(暫態)**。選時域是因為橫軸是時間軸,要在指定的時段內決定電壓值以完成波形圖。因為波形的周期是 1/10 kHz=0.1 ms=100 μs,將**執行時段 (TSTOP)** 定為 500 μs,會很方便顯示 5 個周期的波形。**開始儲存點**設在 0 秒,在**暫態選項**之下**最大步幅**定在 1 μs 以保證波形每周期至少有 100 點。點擊 **OK**,會出現**電路圖波形視窗**,其橫軸單位為時間,但縱軸則尚未定義單位。如欲得到所要的波形,先選取**時迹**,接著選擇加入時迹,可得加入時迹對話框,在所提供的列表中選取 **V(Q1:c)**,即電晶體 Q1 的集極電壓。一旦選取,在對話框底下會出現**時迹表示**。參考圖 5.138,可發現因電容 C_E 在 10 kHz 時幾乎為短路狀態,所以集極對地電壓和電晶體輸出兩端的電壓降相同。點擊 **OK**,並選取**執行 PSpice** 鍵即可啟動模擬。

結果會得到圖 5.140 的波形,其平均值約 13.45 V,幾乎和圖 5.138 中集極電壓的偏壓值完全相同。縱軸的座標範圍由計算機自動選定。輸出電壓顯示了五個完整周期,每個周期有 100 個資料點。因為運用了**工具-選項-記號資料點**的順序,所以資料點會出現在圖 5.138 上,在波形曲線上呈現小黑圓點。利用圖上的量尺,可看出曲線的峰對峰值約 13.76 V-13.16 V=0.6 V=600 mV,因此最大值是 300 mV。因外加訊號是 1 mV,所以增益是 300,十分接近計算器的計算結果 296.1。

若要將輸入和輸出電壓在同一畫面上比較,可在**繪圖**之下使用**加入 Y 軸**的選項。選

```
****     CIRCUIT DESCRIPTION
*******************************************************************************

*Analysis directives:
.AC LIN 1 10kHz 10kHz
.OP
.PROBE V(alias(*)) I(alias(*)) W(alias(*)) D(alias(*)) NOISE(alias(*))
.INC "..\SCHEMATIC1.net"
* source ORCAD 5-1
Q_Q1     N00286 N00282 N00319 Q2N2222
R_R1     N00282 N00254  56k TC=0,0
R_R2     0 N00282  8.2k TC=0,0
R_R3     N00286 N00254  6.8k TC=0,0
R_R4     0 N00319  1.5k TC=0,0
V_VCC    N00254 0 22Vdc
C_C1     0 N00319  20uF TC=0,0
V_Vs     N00342 0 AC 1mV
+SIN 0V 1mV 10kHz 0 0 0
.PRINT     AC
+ VM ([N00286])
+ VP ([N00286])
C_C2     N00342 N00282  10uF TC=0,0
.END

****    BJT MODEL PARAMETERS
*******************************************************************************

            Q2N2222
            NPN
    LEVEL   1
       IS   2.000000E-15
       BF   90
       NF   1
      VAF   74.03
      IKF   .2847
      ISE   14.340000E-15
       NE   1.307
       BR   6.092
       NR   1
      ISS   0
       RB   10
       RE   0
       RC   1
      CJE   22.010000E-12
      VJE   .75
      MJE   .377
      CJC   7.306000E-12
      VJC   .75
      MJC   .3416
     XCJC   1
      CJS   0
      VJS   .75
       TF   411.100000E-12
      XTF   3
      VTF   1.7
      ITF   .6
       TR   46.910000E-09
      XTB   1.5
       KF   0
       AF   1
       CN   2.42
        D   .87

****    SMALL SIGNAL BIAS SOLUTION           TEMPERATURE = 27.000 DEG C
*******************************************************************************

NODE     VOLTAGE    NODE     VOLTAGE    NODE     VOLTAGE    NODE     VOLTAGE
(N00254) 22.0000    (N00282) 2.6239     (N00286) 13.4530    (N00319) 1.9244
(N00342) 0.0000

    VOLTAGE SOURCE CURRENTS
    NAME       CURRENT
    V_VCC     -1.603E-03
    V_Vs       0.000E+00

    TOTAL POWER DISSIPATION   3.53E-02  WATTS

****    OPERATING POINT INFORMATION          TEMPERATURE = 27.000 DEG C
*******************************************************************************

**** BIPOLAR JUNCTION TRANSISTORS

NAME         Q_Q1
MODEL        Q2N2222
IB           2.60E-05
IC           1.26E-03
VBE          6.99E-01
VBC         -1.08E+01
VCE          1.15E+01
BETADC       4.83E+01
GM           4.84E-02
RPI          1.14E+03
RX           1.00E+01
RO           6.75E+04
CBE          5.78E-11
CBC          2.87E-12
CJS          0.00E+00
BETAAC       5.50E+01
CBX/CBX2     0.00E+00
FT/FT2       1.27E+08

****    AC ANALYSIS                          TEMPERATURE = 27.000 DEG C
*******************************************************************************

  FREQ      VM(N00286)    VP(N00286)
1.000E+04   2.961E-01    -1.780E+02
```

圖 5.139　圖 5.138 網路的輸出檔

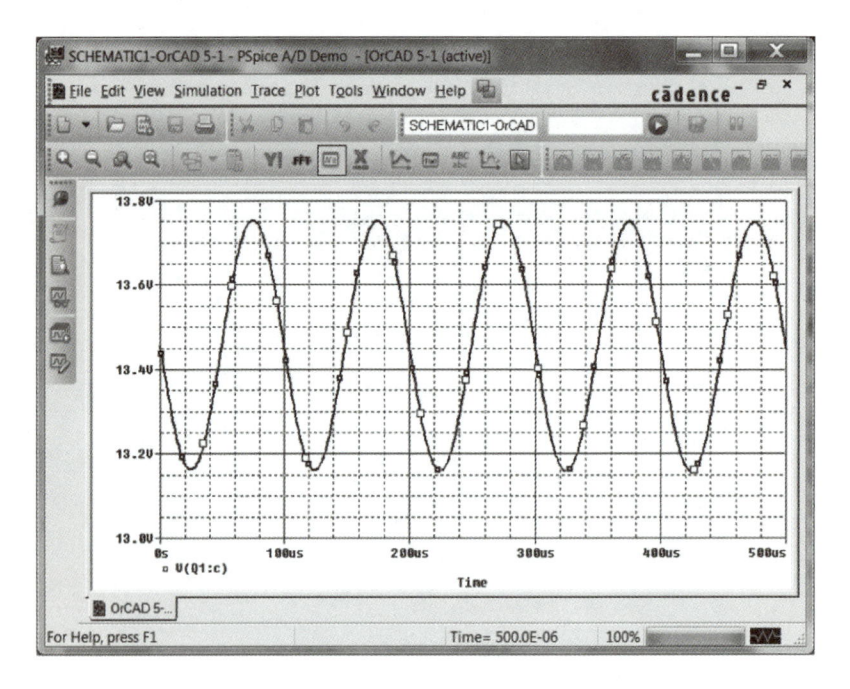

圖 5.140 圖 5.138 網路中的電壓 V_C

定之後，選擇**加入時迹圖標**，並在提供的列表中選用 **V(Vs：+)**，結果是兩波形會出現在同一畫面上，如圖 5.141 所示，每一波形對應於自己的垂直座標。

若喜歡將波形圖分開，可在完成圖 5.140 的波形圖後，再選定**繪圖**，接著選擇**加入圖形到視窗**。結果會出現第 2 組座標軸，等待另一個波形圖畫上去。利用**時迹－加入時迹－V(Vs：+)**的順序，可得到 5.142 的波形圖。可利用工具選項加上所有的標記，經由選用，**SEL≫** 會出現在某一曲線圖旁邊，定義該曲線處於"操作"狀態。

有關此圖形顯示，最後要介紹的操作是游標選項。利用**時迹－游標－顯示**的順序，可在圖 5.143 上得到一條直流位準線，且和一條垂直線相交，位準值和時間都會顯示在畫面右下角的對話框。**Cursor 1** 對應的第 1 個數字是交點的時間，第 2 個數字是該時刻的電壓值。可利用滑鼠左鍵控制相交的水平線和垂直線，點擊垂直線並按住滑鼠，即可將交點沿曲線水平移動，同時會在右下角的對話框內顯示交點對應的時間和電壓值。若將交點移動到波形的第 1 個最大值處，會出現時間是 75.194 μs 且電壓值是 13.753 V，如圖 5.143 所示。按滑鼠右鍵，會出現第 2 個交點，定義為 **Coursor 2**，也可用相同方法移動，同一對話框內會出現對應的時間和電壓。注意到，若 **Coursor 2** 放到接近負峰值處，時間差是 49.61 μs（也顯示在同一對話框），很接近波形周期的一半。電壓值的差是 591 mV，很接近先前所得到的 600 mV。

分壓器電路－代入受控源 利用 PSpice 列表中的電晶體所作的任何分析，其結果和利用等效模型（只包含 β 和 r_e 的效應）所得者相比，多少一定有些不同，這已對圖 5.138 的

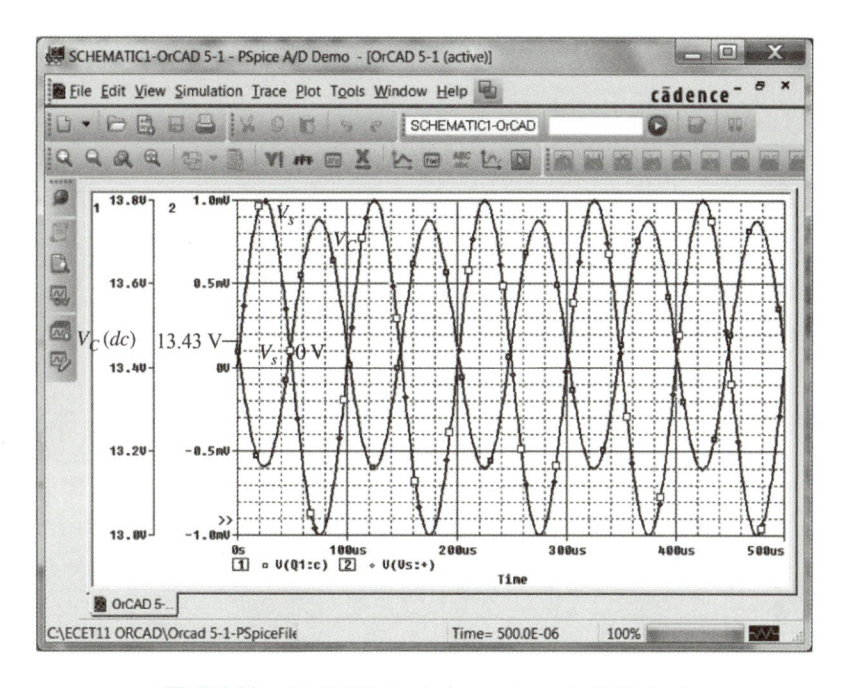

圖 5.141 圖 5.138 網路中 v_C 和 v_s 的電壓波形

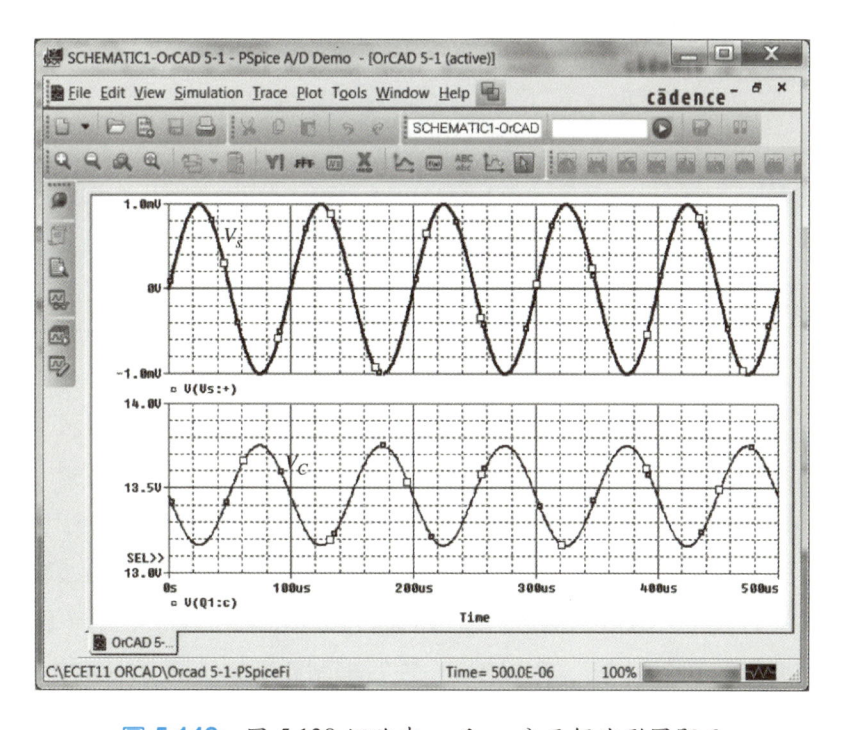

圖 5.142 圖 5.138 網路中 v_C 和 v_s 分兩個波形圖顯示

網路作清楚的說明。若所要的計算機分析解，想限制在手算時所用的近似模型，則電晶體必須用圖 5.144 的模型代表。

就例 5.2 而言，β 是 90，且 $\beta r_e = 1.66 \text{ k}\Omega$。在類比元件庫中可找到電流控制的受控

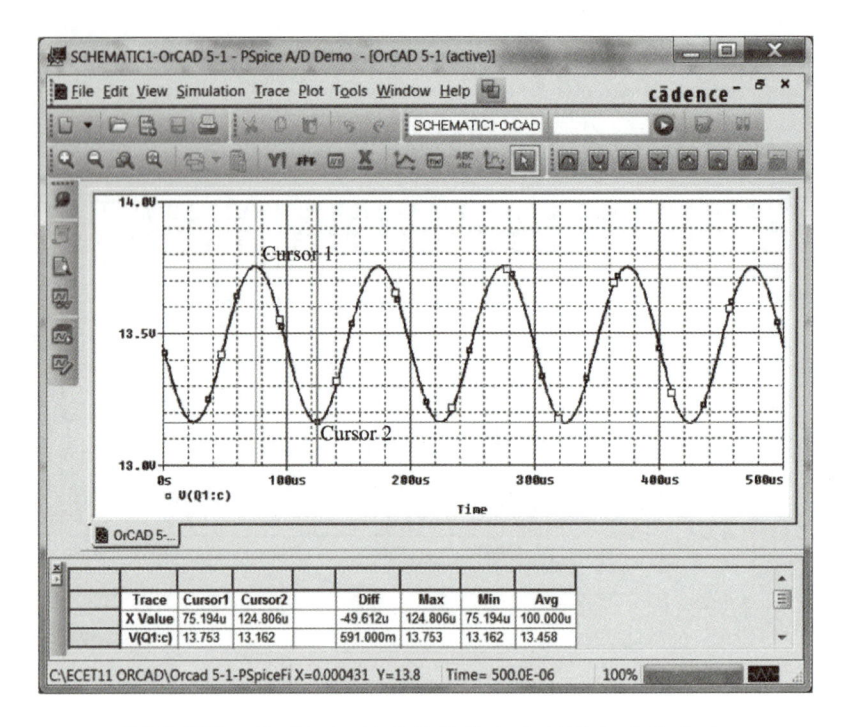

图 5.143　说明如何利用游標讀出波形圖上的特殊點

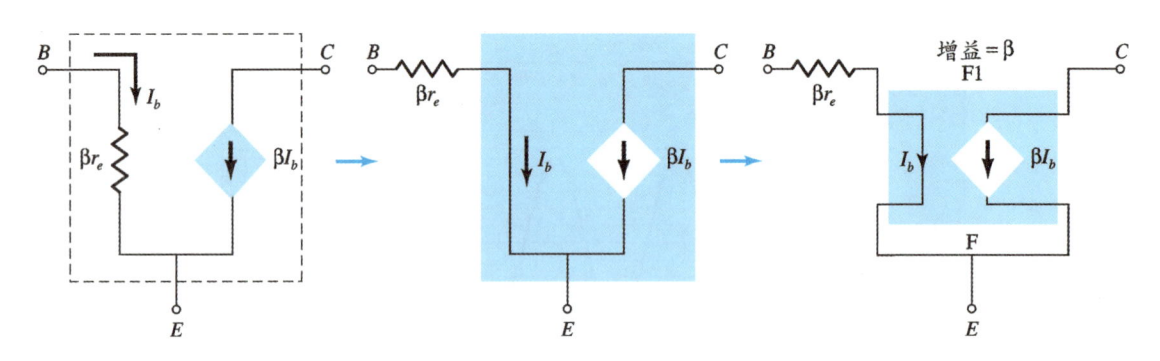

图 5.144　用受控源代表圖 5.138 中的電晶體

電流源(CCCS)，即零件 **F**。選用之後，點擊 **OK**，CCCS 的電路符號會出現在畫面上，如圖 5.145 所示。因電阻並未出現在 CCCS 的基本結構中，必須要加上去，且和控制電流（電路符號中以箭號示出）串聯。注意到，在圖 5.145 中，加上去的 1.66 kΩ 電阻有標記 **β-re**。對 CCCS 符號點擊二次，會產生**性質編輯**對話框，將其中的**增益**設為 90，這是在列表中所作的唯一改變。接著選取**顯示**，再選**名稱**及**數值**，之後離開(**x**)對話框。結果會產生 **GAIN = 90** 的標記，見圖 5.145。

執行模擬，直流值會出現在圖 5.145 上。所得的直流值並不符合先前的結果，因為現在的網路混雜了直流和交流參數。代入圖 5.145 的等效模型是交流情況下的電晶體模型，而非直流偏壓條件之下的模型。當套裝軟體對網路作交流分析時，圖 5.145 的交

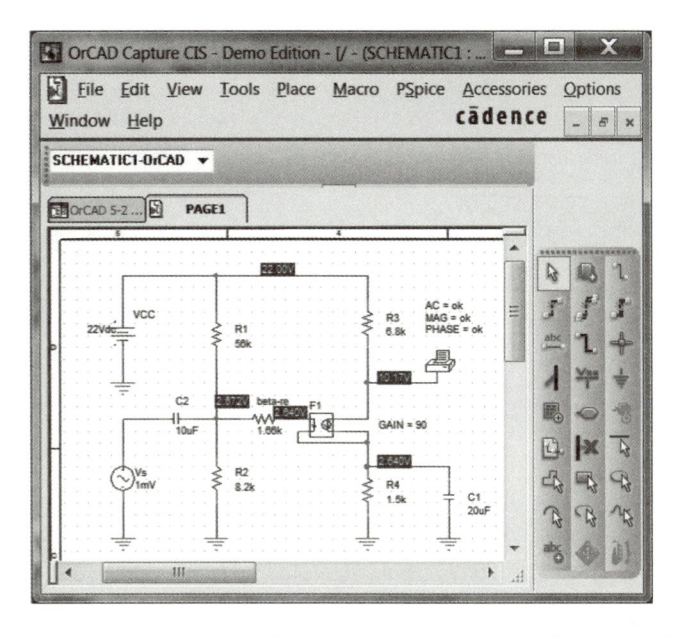

圖 5.145　將圖 5.144 中的受控源代入圖 5.138 中的電晶體

流等效電路（未包含直流參數）就可正常作用。由**輸出檔**可看出，輸出的集極電壓是 368.3 mV，即增益為 368.3，幾乎和手算結果 368.76 完全符合。另外，只要將電阻和受控源並聯，即可包含 r_o 的效應。

達靈頓電路組態　雖然 PSpice 的元件庫中有兩組達靈頓對可用，但在圖 5.146 中我們仍使用兩個個別的電晶體來建立，並檢查例 5.17 的結果。在先前的章節中已詳細說明建立網路的程序，每個電晶體的 I_s 設為 100E−18 且 β 設為 89.4，外加頻率是 10 kHz。網路模擬的結果見圖 5.146a 上的直流值及圖 5.146b 的**輸出檔**。特別注意到，兩個電晶體基極對射極的總電壓降是 10.52 V − 9.148 V = 1.37 V，和例 5.17 中假定的 1.6 V 極為相近。回想到，達靈頓對一般的壓降約 1.6 V，並不是單一電晶體的 2 倍，即 2(0.7 V) = 1.4 V。輸出電壓 99.36 mV 和例 5.17 中所得的 99.80 mV 十分接近。

Multisim

集極反饋電路　對 BJT 網路的各種參數而言，集極反饋電路所產生的方程式最為複雜，所以用 Multisim 來證實例 5.9 的結論似乎是合理的。網路見圖 5.147，其中的電晶體是採用**電晶體種類**工具列中的"虛擬"電晶體。回想前章，在**元件**工具列上，先選取出現在第 4 選項的**電晶體鍵**，即可得到電晶體。一旦選定，會出現**選用元件對話框**。在**種類標題**之下，選取**電晶體_虛擬**，接著選 **BJT_NPN_模擬**，點擊 **OK**，會出現符號和標記如圖 5.147 所示。必須檢查 β 是否為 200，以符合現在所探討的例子。有兩種方法可達成此項目的。在第 4 章中我們是利用**編輯−性質**的順序，但在這裡我們用另一種方法，只要對電晶體符號點擊兩次，會得到**電晶體_虛擬**對話框。在**數值**之下選取**編輯模型**，可得**編**

(a)

(b)

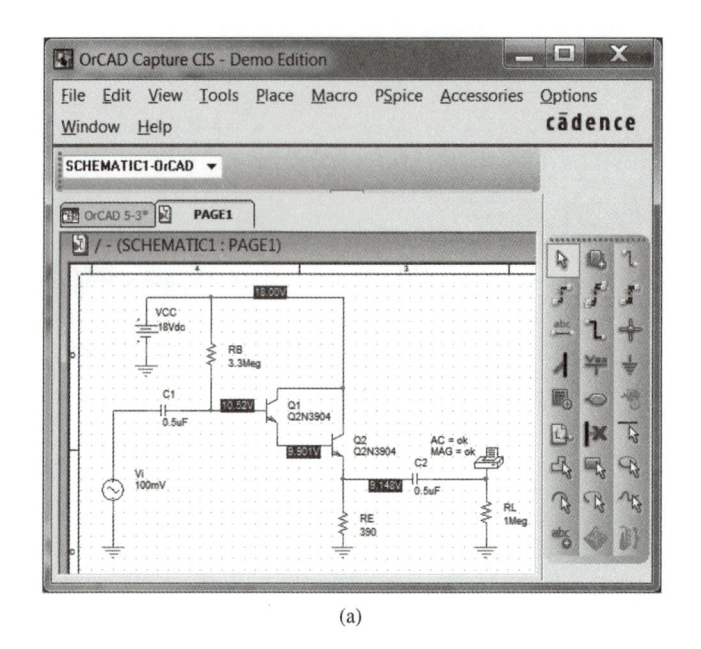

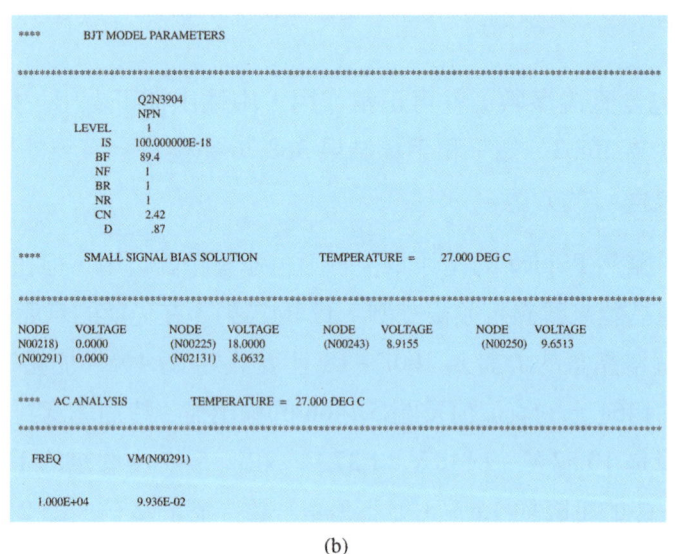

圖 5.146 (a) 達靈頓電路的 Design Center 電路圖；(b) 對 (a) 部分電路的輸出列表（已編輯過）

輯模型對話框（此對話框和其他路徑所得者不同，改變參數的程序也有所不同）。**BF** 值出現 **100**，必須改成 200。先選取 **BF** 線，使其整條變成藍色。接著將游標直接移到數值 100 之上，用滑鼠選定，代表此值要被改變。刪除 100 之後，鍵入所要的 200。接著在標題**名稱**之下直接點擊 **BF** 線，整條線會再變成藍色，但數值是 200。接著在對話框的左下選擇**改變零件模型**，會再次出現**電晶體_虛擬**對話框。選取 **OK**，虛擬電晶體會設 β =200。再注意到 BJT 標記旁的星號，代表裝置的參數已非預設值。使用如前章介紹的置放文字，就會設好標記 **Bf=100**。

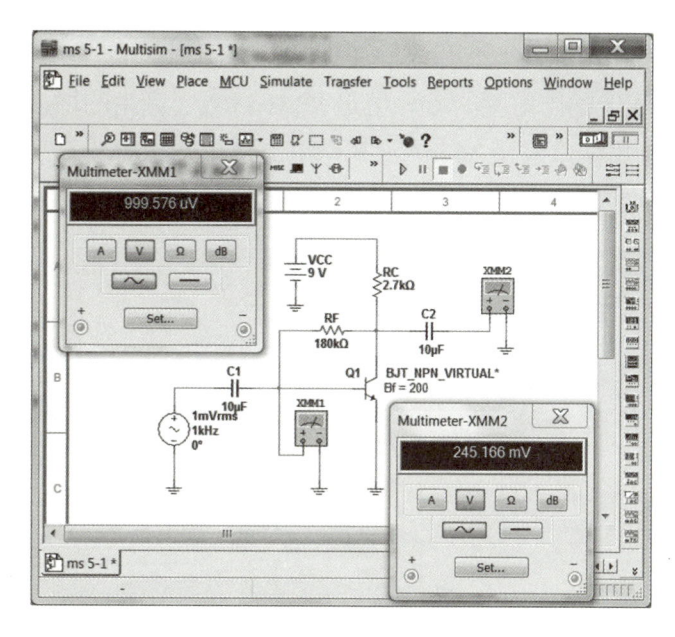

圖 5.147　用 Multisim 重畫例 5.9 的網路

　　這會是我們第一次建立交流訊號源。首先,很重要需知道有兩種交電源可用:一種是用有效值;另一種則顯示最大值。在**功率電源**選項下用 **rms** 值,而在**訊號電源**下的支流電源則用**峰值**。因電表顯示有效值,所以這裡會選**電源**選項。一旦選取**電源**,會出現**選取元件**對話框。在**種類**列表之下,選取**電源**,接著在元件列表之下選取**交流電源**。點擊 **OK**,會出現交流源且帶有四項資訊。先點擊電源符號兩次,可得**交流電源**對話框,可刪去 **V1** 標記,選取**顯示**,解除**使用電路整體設定**。為除去標記 **V1**,解除**顯示 RefDes** 選項,點擊 **OK**,**V1** 就會從畫面消失。接著必須將數值設為 1 mV,操作從對話框中選取**數值**開始,如先前所提的,特別要注意到括弧中的**有效值**。可利用捲動鍵到電源大小的右側,設定單位 mV。在改變**電壓**為 **1 mV** 後,點擊 **OK**,即可將此新數值置放到螢幕上。可利用相同方法將頻率設定為 **1000 Hz**,而相位移則出現為預設值 **0** 度。

　　標記 **Bf = 200**,其設定方法和第 4 章所介紹者相同。用最右側垂直工具列最上面的第 1 個選項,可得到兩個三用電表。只要對電路上的電表符號點擊兩次,就會出現電表面板,如圖 5.147 所示。兩個電表都設定成電壓表,其大小單位為有效值。

　　模擬之後的結果見圖 5.147,注意到電表 **XMM1** 並未讀出預期的 1 mV,這是因為在 1 kHz 時,輸入電容會有一點電壓降,但確實說起來也很接近 1 mV。從輸出 245.166 mV 可很快看出,此電晶體電路的增益約 245.2,極為接近例 5.9 所得的 240。

達靈頓電路組態　應用 Multisim 到圖 5.146 封裝好的達靈頓放大器,可得圖 5.148 的結果。對每一電晶體,用先前介紹的技巧,將參數改為 **Is = 100E-18A** 且 **Bf = 89.4**。為實用目的,採用交流訊號電源,而不用功率電源。外加訊號峰值設在 100 mV,但注意到,三用電表讀到有效值或 rms 值 99.991 mV。從指示計看出，Q_1 的基極電壓是 7.736 V，Q_2 的射極電壓是 6.193 V。輸出電壓的 rms 值是 99.163 mV，產生的增益是 0.99，合乎射極隨耦器電路的預期。集極電流是 16 mA，基極電流是 1.952 mA，產生的 β_D 約 8200。

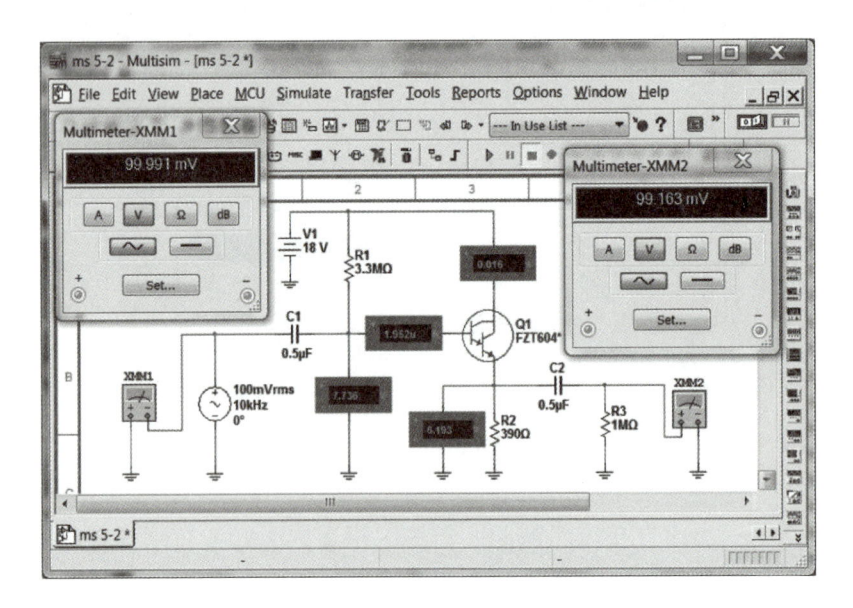

圖 5.148 用 Multisim 重畫例 5.9 的電路

習 題

*註：星號代表較困難的習題。

5.2 交流放大

1. **a.** 若直流電源設為 0 V，則 BJT 電晶體放大器預期的放大是什麼？
   b. 若直流位準不足夠，輸出訊號會發生什麼情況？試畫出對波形的影響。
   c. 某放大器的 2.2 kΩ 負載的流通電流有效值為 5 mA，且 18 V 直流電源提供的電流是 3.8 mA，則此放大器的轉換效率是多少？
2. 你能否想出一種類比的說法，以解釋直流位準對所得交流增益的重要性。
3. 某電晶體放大器不只一個直流電源，是否可以用重疊原理求得各直流電源的響應，再加總得到總響應？

5.3 BJT 電晶體模型

4. 10 μF 電容在 1 kHz 頻率處的電抗是多少？對電阻值在 kΩ 範圍的網路而言，在上述情況下將電容等效於短路是好的假定嗎？若頻率在 100 kHz 時又如何？

5. 給定圖 5.149 的共基極電路，試利用圖 5.7 的電晶體模型記號，畫出交流等效電路。

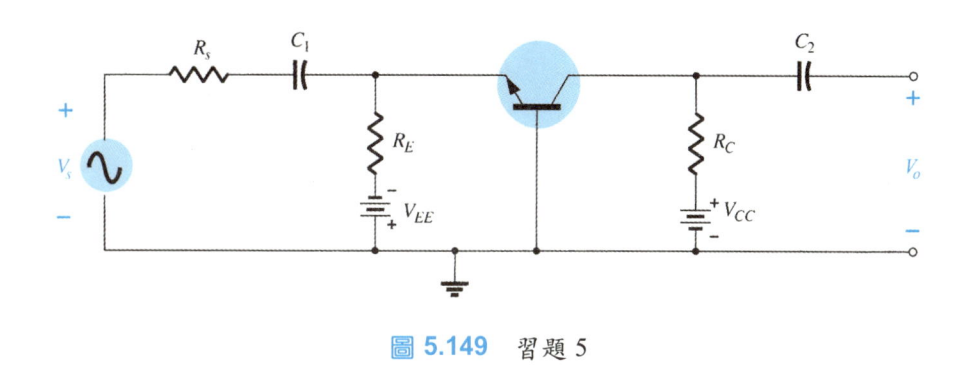

圖 5.149 習題 5

5.4 r_e 電晶體模型

6. **a.** 已知 Early 電壓 $V_A=100$ V，若 $V_{CE_Q}=8$ V 且 $I_{C_Q}=4$ mA，試決定 r_o。
   b. 用 (a) 小題的結果，若同一 Q 點的 V_{CE} 變為 6 V，試求 I_C 的變化。

7. 對圖 5.18 的共基極電路而言，外加 10 mV 的交流訊號，可得 0.5 mA 的交流射極電流。若 $\alpha=0.980$，試決定：
   a. Z_i。   **d.** Z_o，$r_o=\infty$ Ω。
   b. V_o，若 $R_L=1.2$ kΩ。   **e.** $A_i=I_o/I_i$。
   c. $A_v=V_o/V_i$。   **f.** I_b。

8. 用圖 5.16 的模型，若 $\beta=80$、$I_E(\text{dc})=2$ mA 且 $r_o=40$ kΩ，試決定以下各項：
   a. Z_i。   **c.** $A_i=I_o/I_i=I_L/I_b$，若 $R_L=1.2$ kΩ。
   b. I_b。   **d.** A_v，若 $R_L=1.2$ kΩ。

9. 某共射極電晶體放大器的輸入阻抗是 1.2 kΩ，且 $\beta=140$，$r_o=50$ kΩ，又 $R_L=2.7$ kΩ，試決定：
   a. r_e。   **d.** $A_i=I_o/I_i=I_L/I_b$。
   b. I_b，若 $V_i=30$ mV。   **e.** $A_v=V_o/V_i$。
   c. I_c。

10. 對圖 5.18 的共基極電路，直流射極電流是 3.2 mA 且 α 是 0.99，若外加電壓是 48 mV 且負載是 2.2 kΩ，試決定以下各項。
    a. r_e。   **d.** V_o。
    b. Z_i。   **e.** A_v。
    c. I_c。   **f.** I_b。

5.5 共射極固定偏壓電路

11. 對圖 5.150 的網路：
    a. 試決定 Z_i 和 Z_o。
    b. 試求出 A_v。
    c. 重做(a)，但 $r_o = 20\ \text{k}\Omega$。
    d. 重做(b)，但 $r_o = 20\ \text{k}\Omega$。

12. 對圖 5.151 的網路，試決定 V_{CC} 的值，以得到電壓增益 $A_v = -160$。

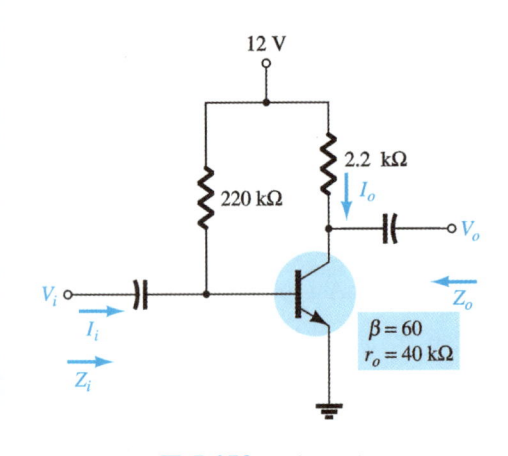

圖 5.150　習題 11

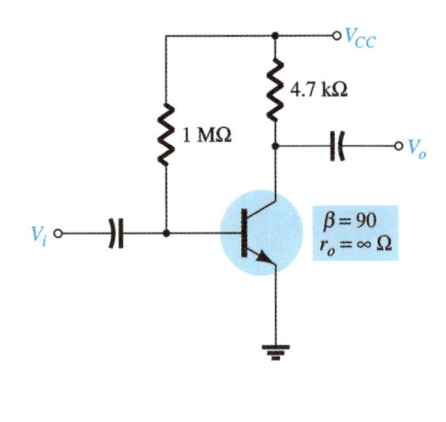

圖 5.151　習題 12

*13. 對圖 5.152 的網路：
    a. 試計算 I_B、I_C 和 r_e。
    b. 試決定 Z_i 和 Z_o。
    c. 試計算 A_v。
    d. 試決定 $r_o = 30\ \text{k}\Omega$ 對 A_v 的影響。

14. 就圖 5.152 的電路，當 R_C 值多少時，會使習題 13 所得的電壓增益值降為一半？

5.6 分壓器偏壓

15. 對圖 5.153 的網路：
    a. 試決定 r_e。
    b. 試計算 Z_i 和 Z_o。
    c. 試求出 A_v。
    d. 重做(b)和(c)，但 $r_o = 25\ \text{k}\Omega$。

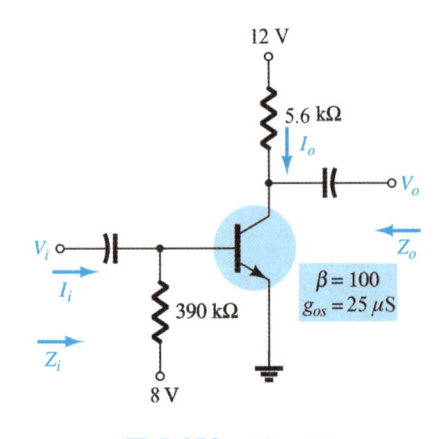

圖 5.152　習題 13

圖 5.153　習題 15　　　　　　　　　圖 5.154　習題 16

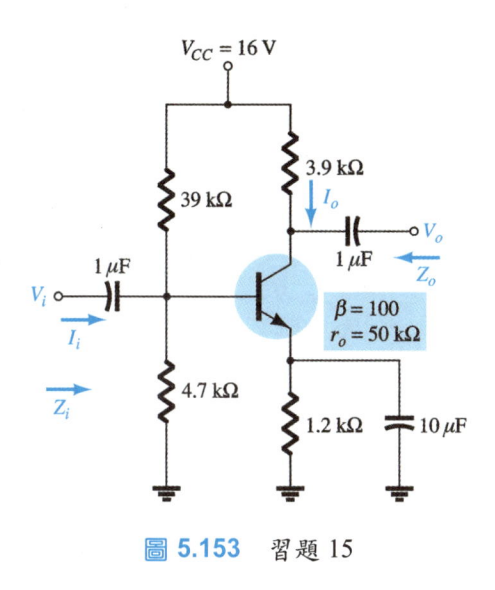

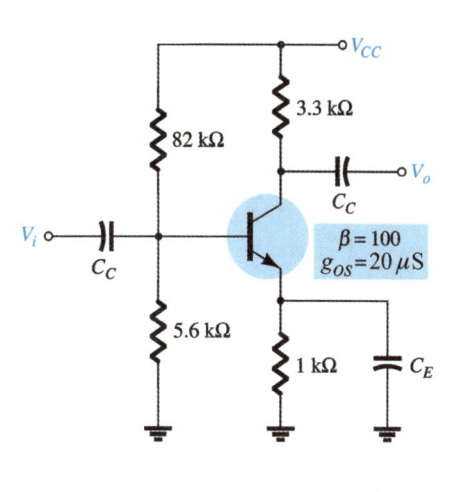

16. 對圖 5.154 的網路，若 $A_v = -160$ 和 $r_e = 100\ \text{k}\Omega$，試決定 V_{CC}。

17. 對圖 5.155 的網路：

    a. 試決定 r_e。　　　**c.** 決定 Z_i 和 $A_v = V_o/V_i$。

    b. 試計算 V_B 和 V_C。

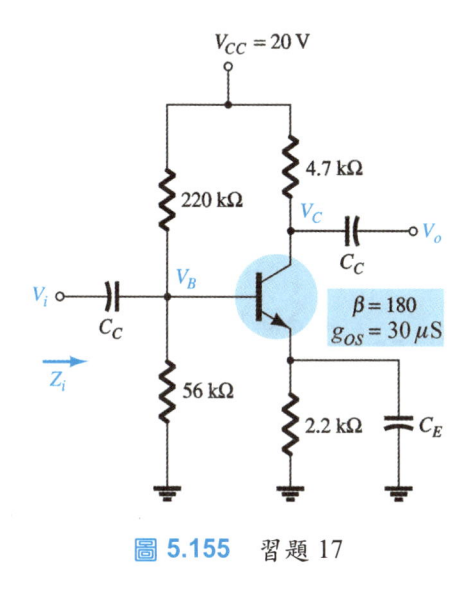

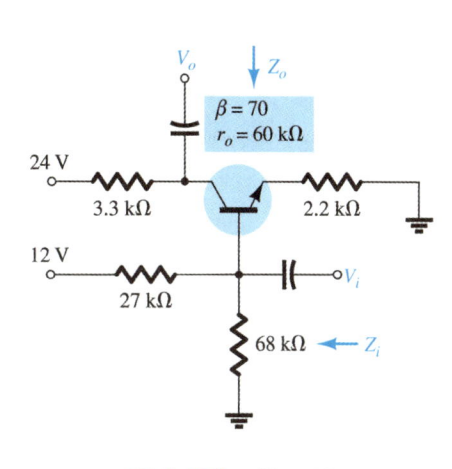

圖 5.155　習題 17　　　　　　　　　圖 5.156　習題 18

18. 對圖 5.156 的電路：

    a. 試決定 r_e。

    b. 試求出直流電壓 V_B、V_{CB} 和 V_{CE}。

    c. 試決定 Z_i 和 Z_o。

    d. 計算 $A_v = V_o/V_i$。

5.7 共射極(CE)射極偏壓電路

19. 對圖 5.157 的網路：
   a. 試決定 r_e。
   b. 求出 Z_i 和 Z_o。
   c. 試計算 A_v。
   d. 重做(b)和(c)，但 $r_o = 20$ kΩ。

20. 重做習題 19，但 R_E 旁路，並比較結果。

21. 對圖 5.158 的電路，若 $A_v = -10$ 且 $r_e = 3.8\ \Omega$，試決定 R_E 和 R_B。假定 $Z_b = \beta R_E$。

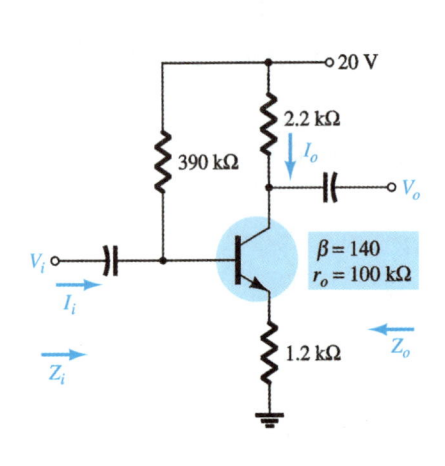

圖 5.157　習題 19 和 20

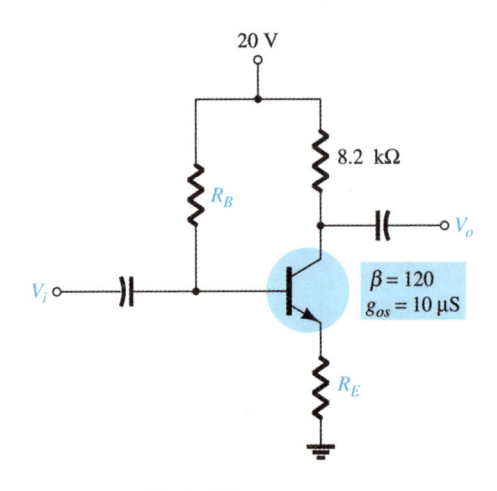

圖 5.158　習題 21

*22. 對圖 5.159 的電路：
   a. 試決定 r_e。
   b. 試求出 Z_i 和 A_v。

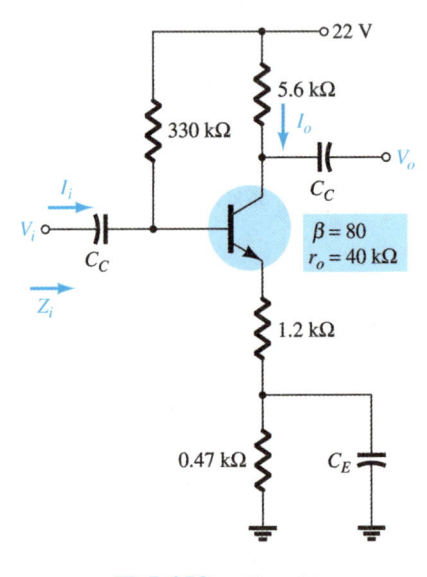

圖 5.159　習題 22

23. 對圖 5.160 的電路：
  a. 試決定 r_e。
  b. 試計算 V_B、V_{CE} 和 V_{CB}。
  c. 試求出 Z_i 和 Z_o。
  d. 試計算 $A_v = V_o/V_i$。
  e. 試決定 $A_i = I_o/I_i$。

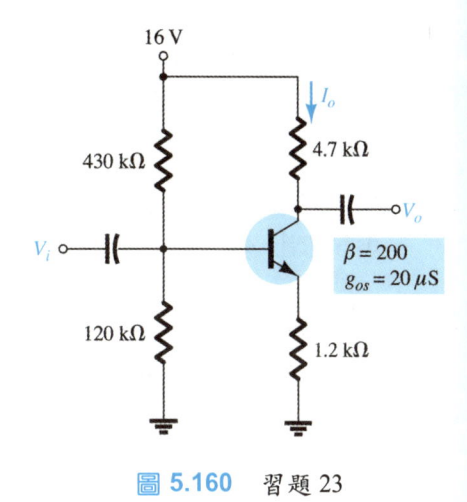

圖 5.160 習題 23

5.8 射極隨耦器電路

24. 對圖 5.161 的網路：
  a. 試決定 r_e 和 βr_e。
  b. 試求出 Z_i 和 Z_o。
  c. 試計算 A_v。

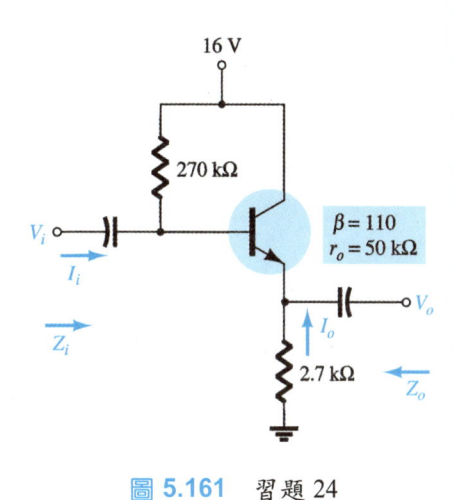

圖 5.161 習題 24

*25. 對圖 5.162 的網路：
  a. 試決定 Z_i 和 Z_o。
  b. 試求出 A_v。
  c. 若 $V_i = 1$ mV，試計算 V_o。

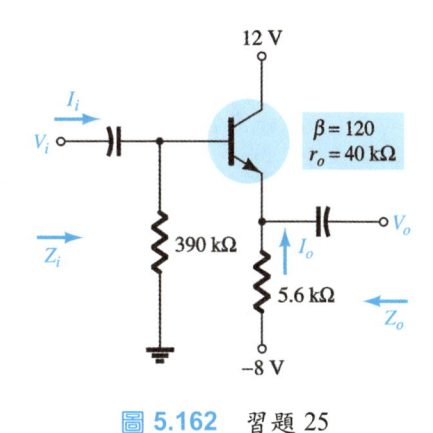

圖 5.162 習題 25

*26. 對圖 5.163 的網路：
　a. 試計算 I_B 和 I_C。
　b. 試決定 r_e。
　c. 試決定 Z_i 和 Z_o。
　d. 試求出 A_v。

5.9　共基極電路

27. 對圖 5.164 的共基極電路：
　a. 試決定 r_e。
　b. 試求出 Z_i 和 Z_o。
　c. 試計算 A_v。

*28. 對圖 5.165 的網路，試決定 A_v。

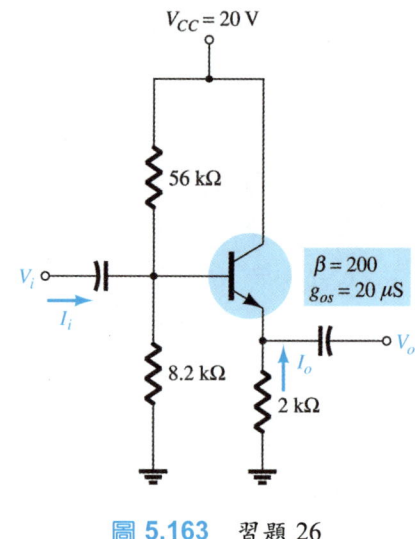

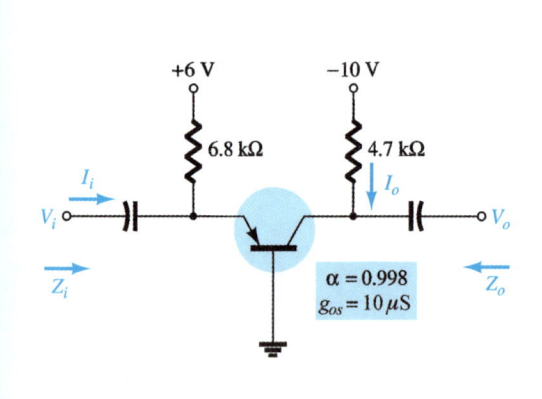

圖 5.163　習題 26

圖 5.164　習題 27

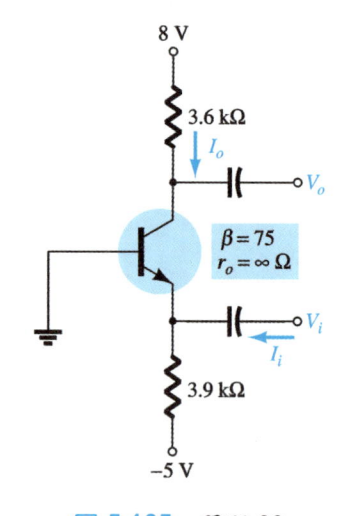

圖 5.165　習題 28

5.10　集極反饋電路

29. 對圖 5.166 的集極反饋電路：
　a. 試決定 r_e。
　b. 試求出 Z_i 和 Z_o。
　c. 試計算 A_v。

*30. 對圖 5.167 的網路，已知 $r_e = 10\ \Omega$、$\beta = 200$、$A_v = -160$ 且 $A_i = 19$，試決定 R_C、R_F 和 V_{CC}。

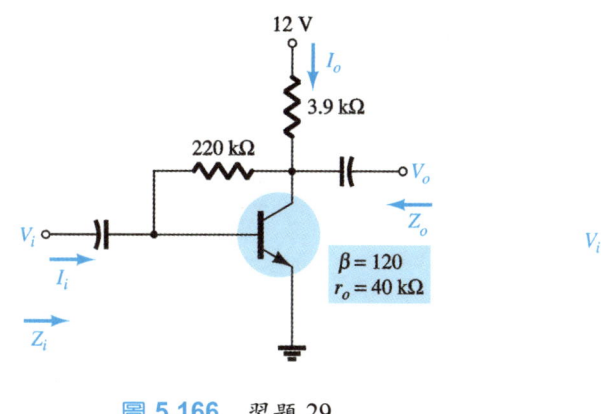

圖 5.166 習題 29

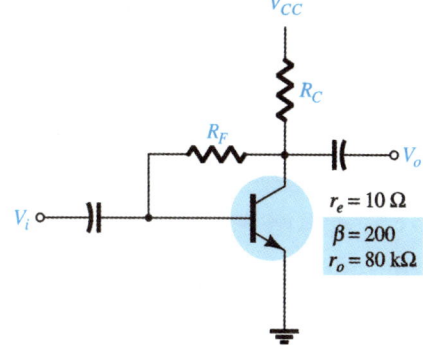

圖 5.167 習題 30

*31. 對圖 5.49 的網路：
   a. 試導出 A_v 的近似式。
   b. 試導出 Z_i 和 Z_o 的近似式。
   c. 已知 $R_C=2.2\ k\Omega$、$R_F=120\ k\Omega$、$R_E=1.2\ k\Omega$、$\beta=90$ 和 $V_{CC}=10\ V$，試利用 (a) 和 (b) 的近似式計算 A_v、Z_i 和 Z_o 的值。

5.11 集極直流反饋電路

32. 對圖 5.168 的網路：
    a. 試決定 Z_i 和 Z_o。
    b. 試求出 A_v。

33. 重做習題 32，但加上射極電阻 $R_E=0.68\ k\Omega$。

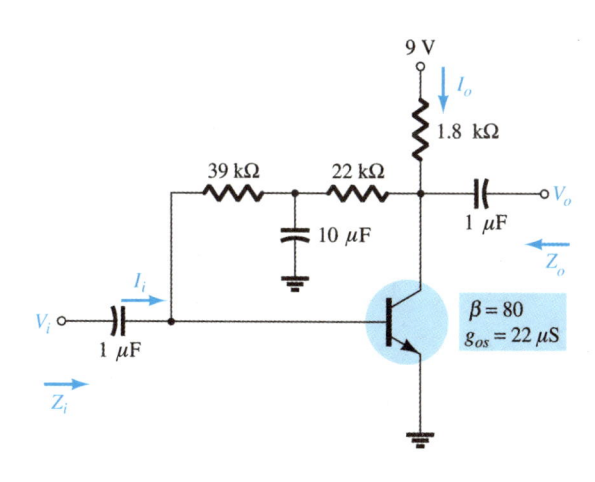

圖 5.168 習題 32 和 33

5.12-5.15　R_L 和 R_s 的影響以及雙埠系統分析法

*34. 對圖 5.169 的固定偏壓電路：

　a. 試決定 $A_{v_{NL}}$、Z_i 和 Z_o。

　b. 畫出圖 5.63 的雙埠模型，但參數代入(a)所得的結果。

　c. 試計算增益 $A_{v_L}=V_o/V_i$。

　d. 試決定電流增益 $A_{i_L}=I_o/I_i$。

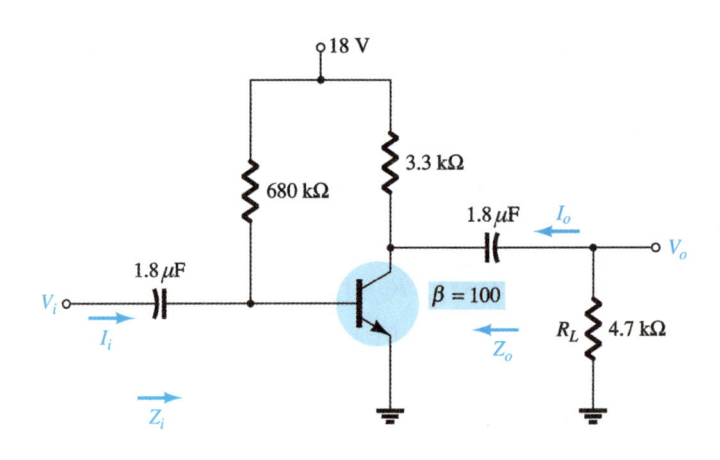

圖 5.169　習題 34 和 35

35. a. 對圖 5.166 的網路，分別就 $R_L=4.7$ kΩ、2.2 kΩ 和 0.5 kΩ，決定其電壓增益 A_{v_L}。R_L 值降低時對電壓增益的影響是什麼？

　b. R_L 值降低時，Z_i、Z_o 和 $A_{v_{NL}}$ 會如何變化？

*36. 對圖 5.170 的網路：

　a. 試決定 $A_{v_{NL}}$、Z_i 和 Z_o。

　b. 畫出圖 5.63 的雙埠模型，但參數代入(a)所得的結果。

　c. 試決定 $A_v=V_o/V_i$。

　d. 試決定 $A_{v_s}=V_o/V_s$。

　e. 將 R_s 改成 1 kΩ，決定 A_v，A_v 會隨著 R_s 值如何變化？

　f. 將 R_s 改成 1 kΩ，決定 A_{v_s}，A_{v_s} 會隨著 R_s 值如何變化？

　g. 將 R_s 改成 1 kΩ，決定 $A_{v_{NL}}$，Z_1 和 Z_o 會隨著 R_s 值如何變化？

　h. 對圖 5.170 的原電路，試決定 $A_i=I_o/I_i$。

*37. 對圖 5.171 的網路：

　a. 試決定 $A_{v_{NL}}$、Z_i 和 Z_o。

　b. 畫出圖 5.63 的雙埠模型，但參數代入(a)所得的結果。

　c. 試決定 A_{v_L} 和 A_{v_s}。

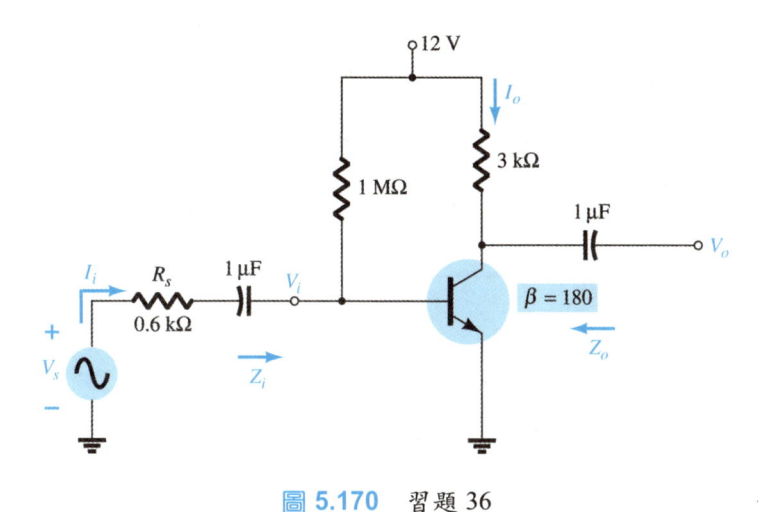

圖 5.170 習題 36

d. 試計算 A_{i_L}。

e. R_L 改成 5.6 kΩ 並計算 A_{v_s}，增加 R_L 值時，對增益的影響是什麼？

f. R_s 改成 0.5 kΩ（且 R_L 在 2.7 kΩ），請就 R_s 值降低時，對 A_{v_s} 的影響作評論。

g. R_L 改成 5.6 kΩ 且 R_s 改成 0.5 kΩ，試決定新的 Z_i 和 Z_o 值。改變 R_L 和 R_s 值時，如何影響阻抗參數？

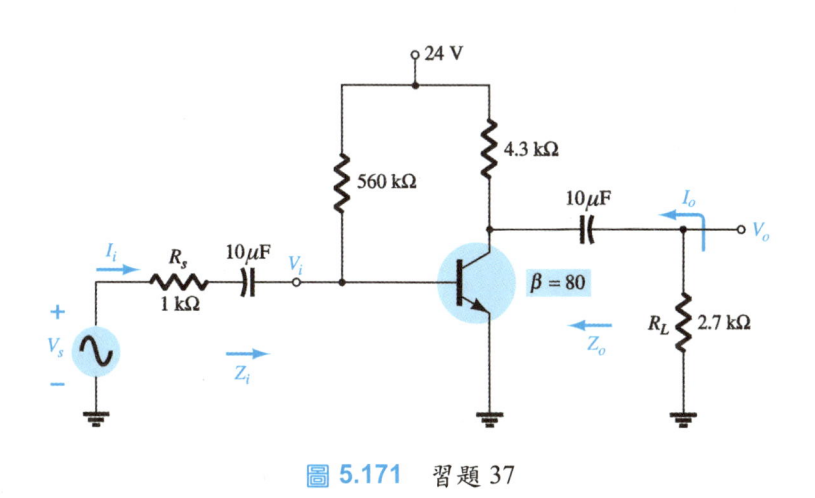

圖 5.171 習題 37

38. 對圖 5.172 的分壓器電路。

  a. 試決定 $A_{v_{NL}}$、Z_i 和 Z_o。

  b. 畫出圖 5.63 的雙埠模型，但代入 (a) 所得的參數。

  c. 試計算增益 A_{v_L}。

  d. 試決定電流增益 A_{i_L}。

  e. 試利用 r_e 模型決定 A_{v_L}、A_{i_L} 和 Z_o，並比較結果。

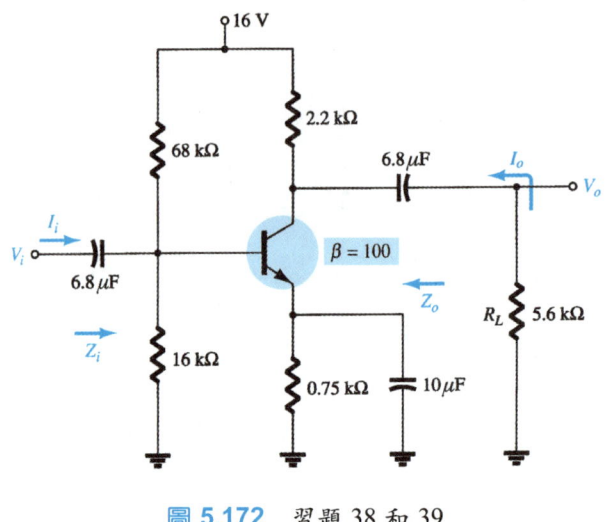

圖 5.172 習題 38 和 39

39. a. 對圖 5.172 的網路，試分別就 $R_L = 4.7\text{ k}\Omega$、$2.2\text{ k}\Omega$ 和 $0.5\text{ k}\Omega$，決定電壓增益 A_{v_L}。降低 R_L 值對電壓增益的影響是什麼？

  b. R_L 值降低時，Z_i、Z_o 和 $A_{v_{NL}}$ 值會如何改變？

40. 對圖 5.173 的射極自穩網路：

  a. 試決定 $A_{v_{NL}}$、Z_i 和 Z_o。

  b. 畫出圖 5.63 的雙埠模型，但代入(a)所得的參數。

  c. 試決定 A_{v_L} 和 A_{v_s}。

  d. 將 R_s 改成 $1\text{ k}\Omega$，對 $A_{v_{NL}}$、Z_i 和 Z_o 的影響是什麼？

  e. 將 R_s 改成 $1\text{ k}\Omega$，試決定 A_{v_L} 和 A_{v_s}。R_s 增加時，對 A_{v_L} 和 A_{v_s} 的影響是什麼？

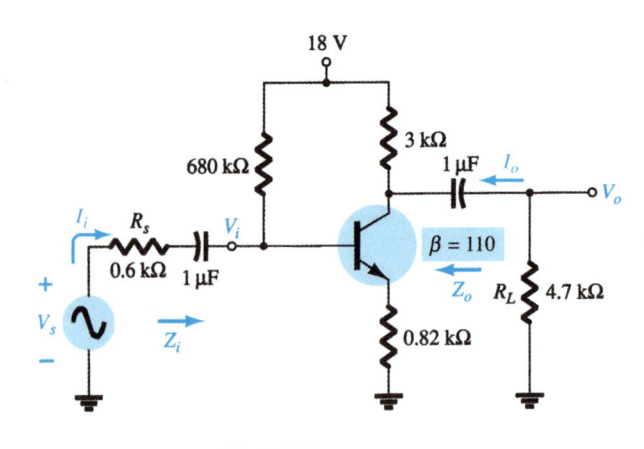

圖 5.173 習題 40

*41. 對圖 5.174 的網路：

a. 決定 $A_{v_{NL}}$、Z_i 和 Z_o。

b. 試畫出圖 5.63 的雙埠模型，但代入(a)所得的參數值。

c. 試決定 A_{v_L} 和 A_{v_s}。

d. 將 R_s 改成 $1\ k\Omega$，試決定 A_{v_L} 和 A_{v_s}。R_s 值增加時，對電壓增益的影響是什麼？

e. 將 R_s 改成 $1\ k\Omega$，試決定 $A_{v_{NL}}$、Z_i 和 Z_o。R_s 值增加時，對各參數的影響是什麼？

f. 將 R_L 改成 $5.6\ k\Omega$，試決定 A_{v_L} 和 A_{v_s}。R_L 值增加時，對電壓增益的影響是什麼？R_s 仍維持在原值 $0.6\ k\Omega$。

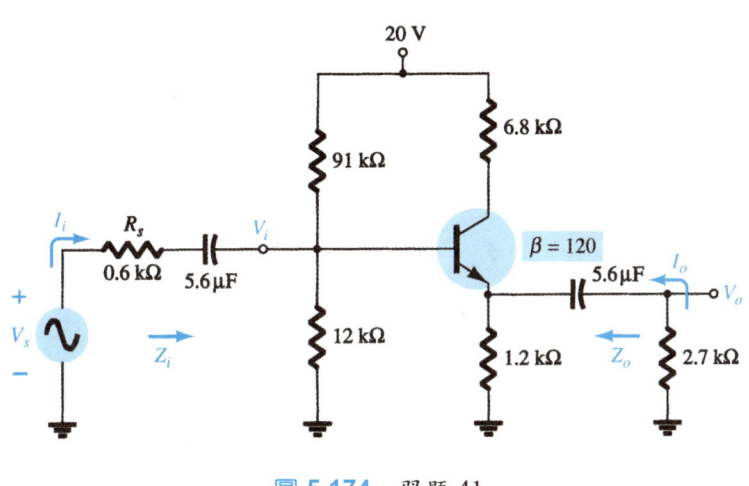

g. 取 $R_L = 2.7\ k\Omega$ 且 $R_s = 0.6\ k\Omega$，試決定 $A_i = \dfrac{I_o}{I_i}$。

圖 5.174　習題 41

*42. 對圖 5.175 的共基極網路：

a. 試決定 Z_i、Z_o 和 $A_{v_{NL}}$。

b. 畫出圖 5.63 的雙埠模型，但代入(a)所得的參數值。

c. 試決定 A_{v_L} 和 A_{v_s}。

d. 試利用 r_e 模型決定 A_{v_L} 和 A_{v_s}，並和(c)所得結果比較。

e. 將 R_s 改成 $0.5\ k\Omega$ 且 R_L 改成 $2.2\ k\Omega$，試計算出 A_{v_L} 和 A_{v_s}。改變 R_s 和 R_L 值時，對電壓增益的影響是什麼？

f. 若 R_s 改成 $0.5\ k\Omega$，而其他參數值仍如圖 5.175 所示，試決定 Z_o。改變 R_s 值時，對 Z_o 的影響是什麼？

g. 若 R_L 降低到 $2.2\ k\Omega$，試決定 Z_i。改變 R_L 值時，對輸入阻抗的影響是什麼？

h. 對圖 5.175 的原電路，試決定 $A_i = I_o/I_i$。

462　電子裝置與電路理論

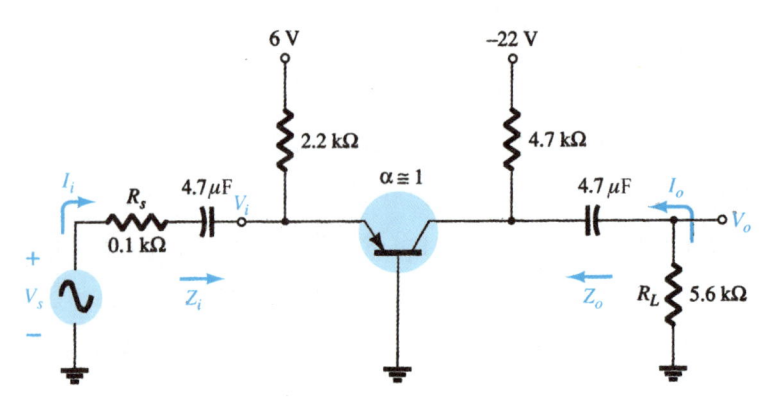

圖 5.175　習題 42

5.16 串級系統

*43. 對圖 5.176 相同兩級的串級系統而言，試決定：
   a. 各級的有載電壓增益。
   b. 系統的總增益 A_v 和 A_{v_s}。
   c. 各級的有載電流增益。
   d. 系統的總電流增益 $A_{i_L}=I_o/I_i$。
   e. 第 2 級和 R_L 如何影響 Z_i ?
   f. 第 1 級和 R_s 如何影響 Z_o ?
   g. V_o 和 V_i 之間的相位關係。

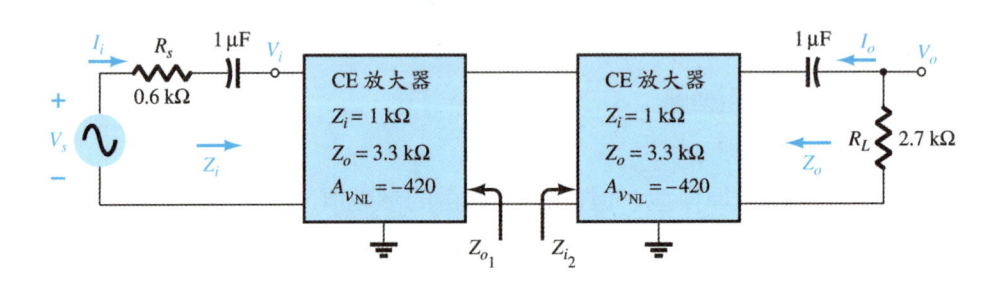

圖 5.176　習題 43

*44. 對圖 5.177 的串級系統，試決定：
   a. 各級的有載電壓增益。
   b. 系統的總增益 A_{v_L} 和 A_{v_s}。
   c. 各級的有載電流增益。
   d. 系統的總電流增益。
   e. 第 2 級和 R_L 如何影響 Z_i ?

f. 第 1 級和 R_s 如何影響 Z_o？

g. V_o 和 V_i 之間的相位關係。

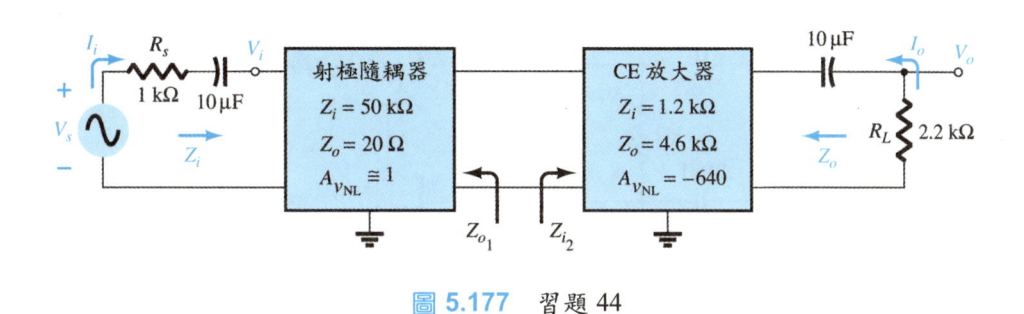

圖 5.177 習題 44

45. 對圖 5.178 的 BJT 串級放大器而言，試計算各級的直流偏壓電壓和集極電流。

46. a. 對圖 5.178 的 BJT 串級放大器電路，試算出各級的電壓增益，以及總交流電壓增益。

b. 試求出 $A_{i_T} = I_o/I_i$。

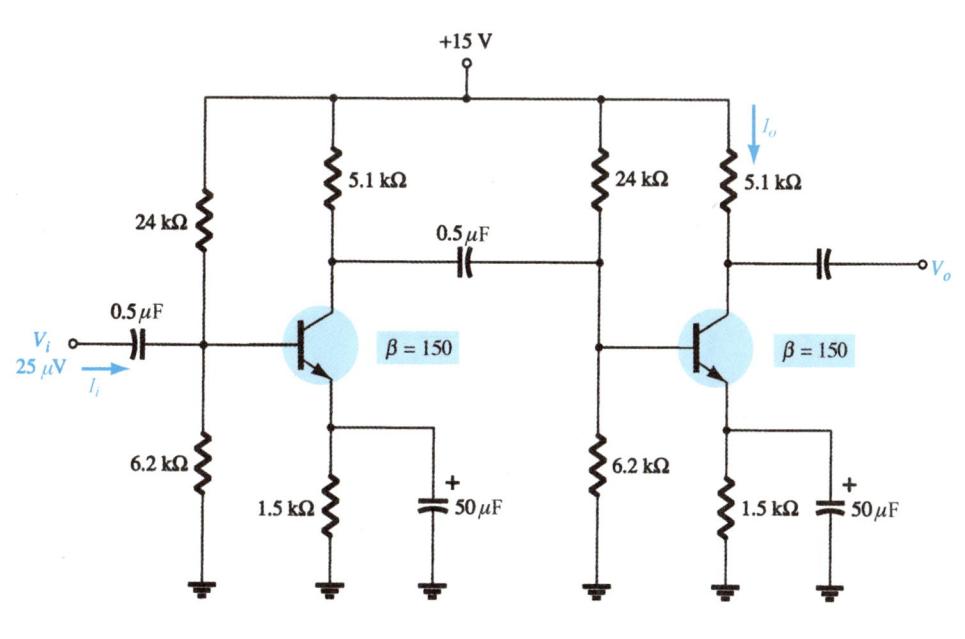

圖 5.178 習題 45 和 46

47. 在圖 5.179 的疊接放大器電路中，試計算直流偏壓電壓 V_{B_1}、V_{B_2} 和 V_{C_2}。

*48. 對圖 5.179 的疊接放大器電路，試計算電壓增益 A_v 和輸出電壓 V_o。

49. 試計算圖 5.179 電路中，接在輸出的 10 kΩ 負載的交流電壓降。

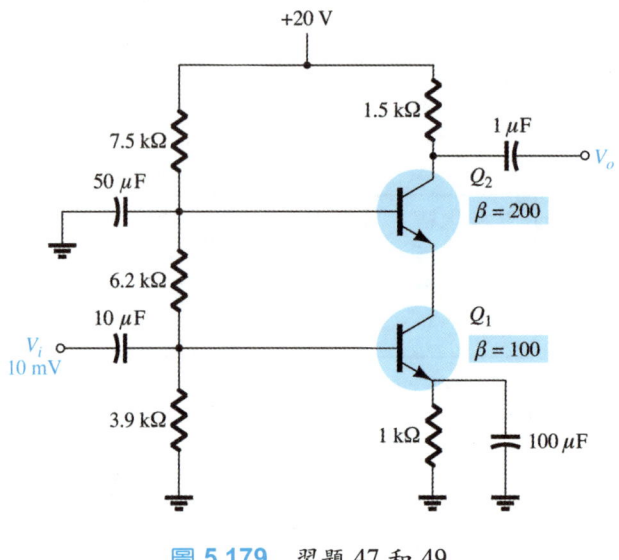

圖 5.179 習題 47 和 49

5.17　達靈頓接法

50. 對圖 5.180 的達靈頓電路：

    a. 試決定直流值 V_{B_1}、V_{C_1}、V_{E_2}、V_{CB_1} 和 V_{CE_2}。

    b. 試求出電流 I_{B_1}、I_{B_2} 和 I_{E_2}。

    c. 試計算 Z_i 和 Z_o。

    d. 試決定電壓增益 $A_v = V_o/V_i$ 和電流增益 $A_i = I_o/I_i$。

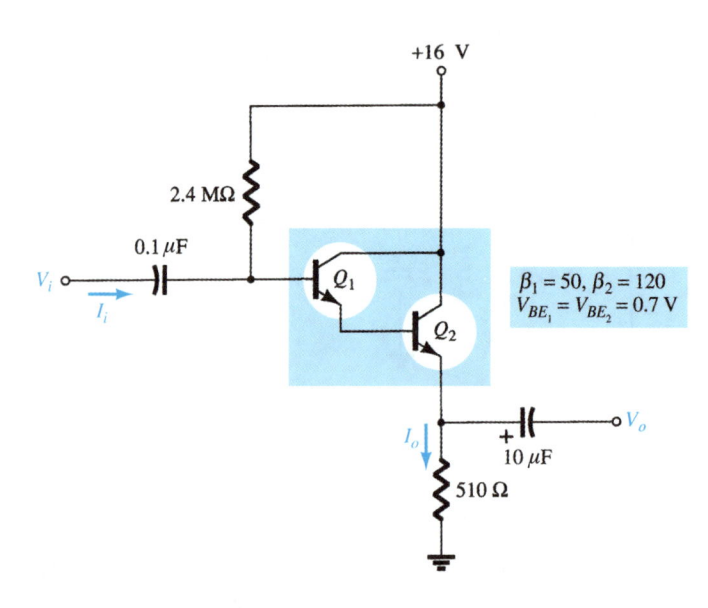

圖 5.180 習題 50～53

51. 重做習題 50，加上負載電阻 1.2 kΩ。

52. 對圖 5.180 的電路，電源有內阻 1.2 kΩ，外接負載電阻為 10 kΩ，試決定 $A_v=V_o/V_s$。

53. 圖 5.180 的電路加上電阻 $R_C=470\,\Omega$，射極電阻並接旁路電容 $C_E=5\,\mu F$。若封裝好的達靈頓放大器的 $\beta_D=4000$，$V_{BE_T}=1.6\,V$ 且 $r_{o_1}=r_{o_2}=40\,k\Omega$。
   a. 試求出直流值 V_{B_1}、V_{E_2} 和 V_{CE_2}。
   b. 試決定 Z_i 和 Z_o。
   c. 若輸出電壓 V_o 由集極腳經 10 μF 耦合電容接出，試決定電壓增益 $A_v=V_o/V_i$。

5.18 反饋對

54. 對圖 5.181 的反饋對：
   a. 試算出 V_{B_1}、V_{B_2}、V_{C_1}、V_{C_2}、V_{E_1} 和 V_{E_2} 的直流電壓。
   b. 試決定直流電流 I_{B_1}、I_{C_1}、I_{B_2}、I_{C_2} 和 I_{E_2}。
   c. 試算出阻抗 Z_i 和 Z_o。
   d. 試求出電壓增益 $A_v=V_o/V_i$。
   e. 試決定電流增益 $A_i=I_o/I_i$。

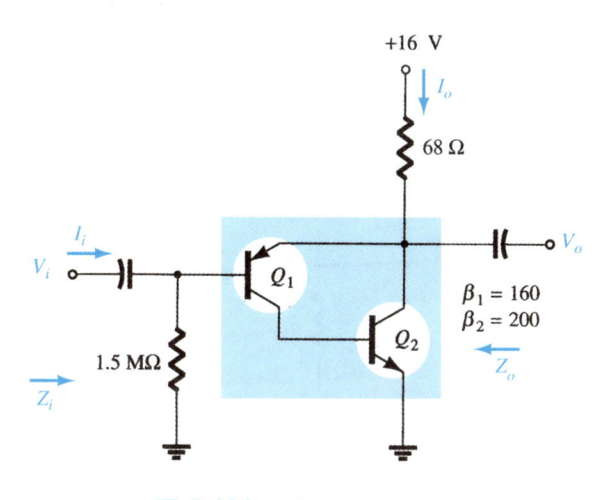

圖 5.181　習題 54 和 55

55. 重做習題 54，但在 V_{E_2} 和接地之間加上 22 Ω 電阻。

56. 重做習題 54，但接上 1.2 kΩ 的負載電阻。

5.19 混合等效（h 參數）模型

57. 已知 I_E（直流）$=1.2\,mA$、$\beta=120$ 且 $r_o=40\,k\Omega$，試畫出以下各項：
   a. 共射極混合等效模型。
   b. 共射極 r_e 等效模型。

c. 共基極混合等效模型。

d. 共基極 r_e 等效模型。

58. 已知 $h_{ie}=2.4\ \text{k}\Omega$、$h_{fe}=100$、$h_{re}=4\times10^{-4}$ 且 $h_{oe}=25\ \mu\text{S}$，試畫出以下各項：

a. 共射極混合等效模型。

b. 共射極 r_e 等效模型。

c. 共基極混合等效模型。

d. 共基極 r_e 等效模型。

59. 在適當的接腳之間代入近似混合等效模型，針對交流響應重畫圖 5.3 的共射極網路。

60. 在適當的接腳之間代入 r_e 模型，針對交流響應重畫圖 5.182 的網路。要包括 r_o。

61. 在適當的接腳之間代入 r_e 模型，針對交流響應重畫圖 5.183 的網路。要包括 r_o。

62. 已知圖 5.184 的輸入電路具有典型值 $h_{ie}=1\ \text{k}\Omega$，$h_{re}=2\times10^{-4}$ 及 $A_v=-160$：

a. 試決定 V_o，用 V_i 代表。

b. 試算出 I_b，用 V_i 代表。

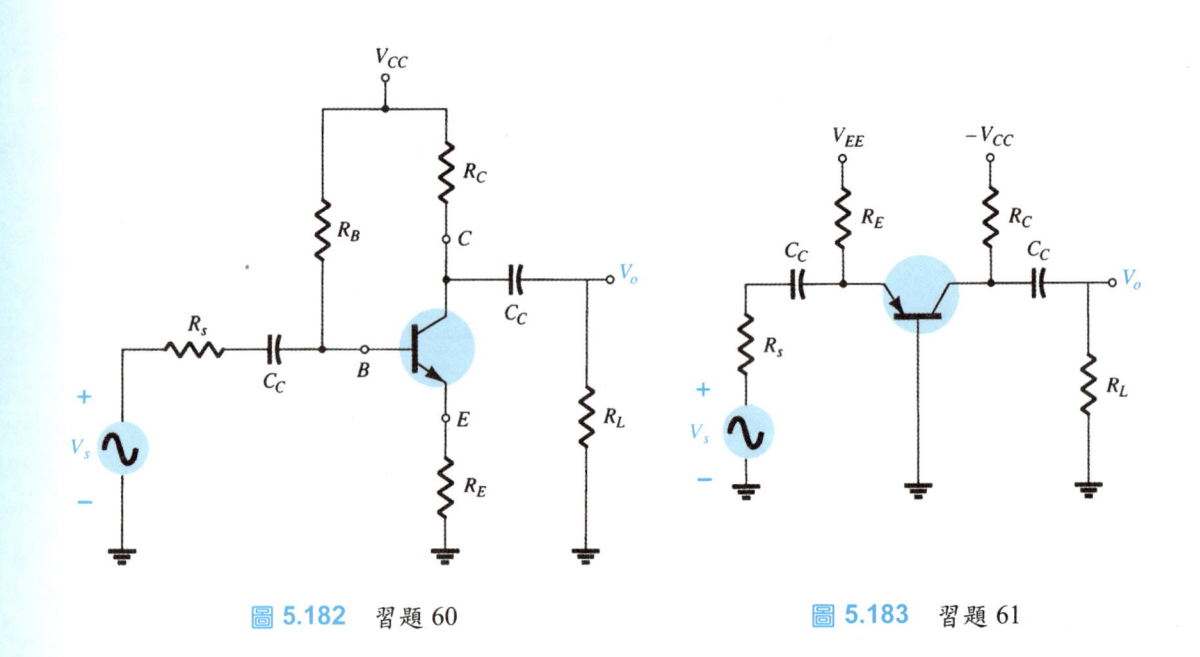

圖 **5.182**　習題 60

圖 **5.183**　習題 61

圖 **5.184**　習題 62 和 64

c. 若忽略 $h_{re}V_o$，試計算 I_b。

d. 試利用以下公式算出 I_b 差異的百分比：

$$\%I_b \text{ 差異} = \frac{I_b(h_{re}\text{ 不計}) - I_b(\text{考慮 } h_{re})}{I_b(h_{re}\text{ 不計})} \times 100\%$$

e. 對此例所用的典型值而言，忽略 $h_{re}V_o$ 的影響是一種有效的分析方法嗎？

63. 已知典型值 $R_L = 2.2\ \text{k}\Omega$ 和 $h_{oe} = 20\ \mu\text{S}$，若忽略 $1/h_{oe}$ 對總負載阻抗的影響，這是一種良好的近似嗎？利用以下公式，電晶體總負載的差異百分比是多少？

$$\% \text{ 總負載差異} = \frac{R_L - R_L \| (1/h_{oe})}{R_L} \times 100\%$$

64. 重做習題 62，但使用圖 5.91 的參數平均值，且 $A_v = -180$。

65. 重做習題 63，但 $R_L = 3.3\ \text{k}\Omega$ 且使用圖 5.91 中 h_{oe} 的平均值。

5.20 近似混合等效電路

66. a. 已知 $\beta = 120$，$r_e = 4.5\ \Omega$ 且 $r_o = 40\ \text{k}\Omega$，試畫出近似混合等效電路。

  b. 已知 $h_{ie} = 1\ \text{k}\Omega$，$h_{re} = 2 \times 10^{-4}$，$h_{fe} = 90$ 且 $h_{oe} = 20\ \mu\text{S}$，試畫出 r_e 模型。

67. 對習題 11 的網路：

  a. 試決定 r_e。

  b. 試求出 h_{fe} 和 h_{ie}。

  c. 試利用混合參數求出 Z_i 和 Z_o。

  d. 試利用混合參數計算出 A_v 和 A_i。

  e. 若 $h_{oe} = 50\ \mu\text{S}$，試決定 Z_i 和 Z_o。

  f. 若 $h_{oe} = 50\ \mu\text{S}$，試決定 A_v 和 A_i。

  g. 將以上結果和習題 11 所得者作比較。（注意：若沒有做習題 11，可參考附錄 D 提供的答案。）

68. 對圖 5.185 的網路：

  a. 試決定 Z_i 和 Z_o。

  b. 試計算 A_v 和 A_i。

  c. 試決定 r_e，並比較 βr_e 和 h_{ie}。

*69. 對圖 5.186 的共基極網路：

  a. 試決定 Z_i 和 Z_o。

  b. 試計算 A_v 和 A_i。

  c. 試決定 α、β、r_e 和 r_o。

圖 5.185　習題 68

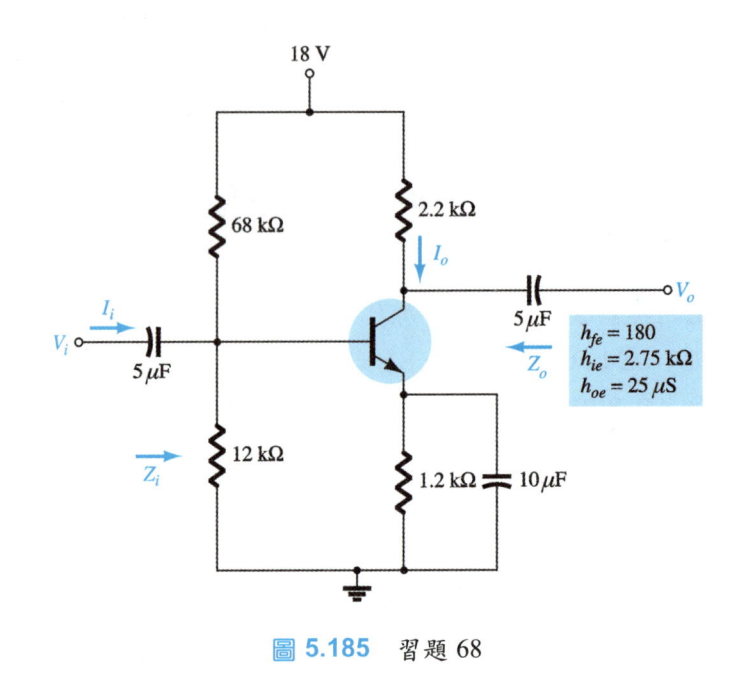

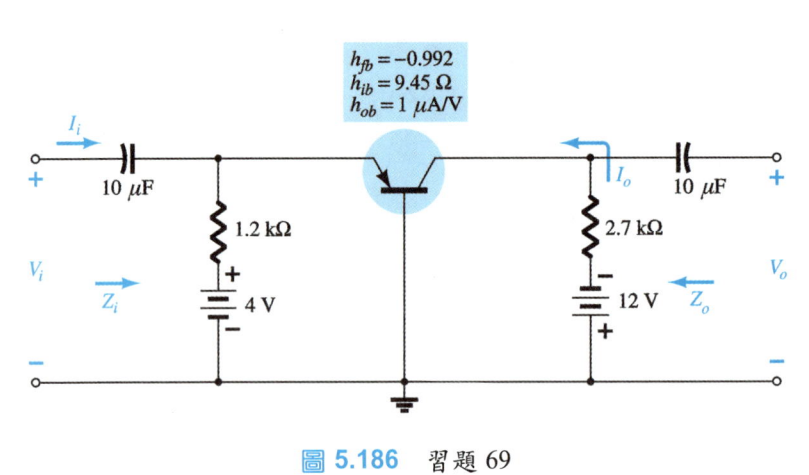

圖 5.186　習題 69

5.21　完整的混合等效模型

*70. 重做習題 68 的(a)和(b)，但 $h_{re}=2\times10^{-4}$，並比較結果。

*71. 對圖 5.187 的網路，試決定：

　　a. Z_i。

　　b. A_v。

　　c. $A_i=I_o/I_i$。

　　d. Z_o。

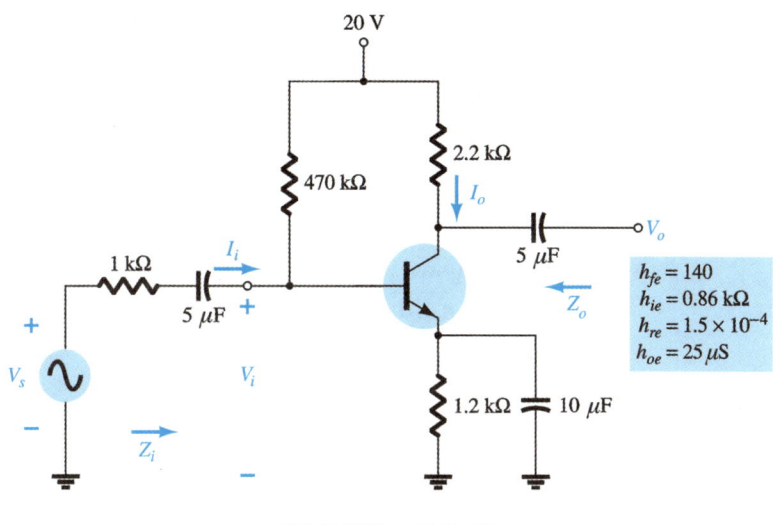

圖 5.187　習題 71

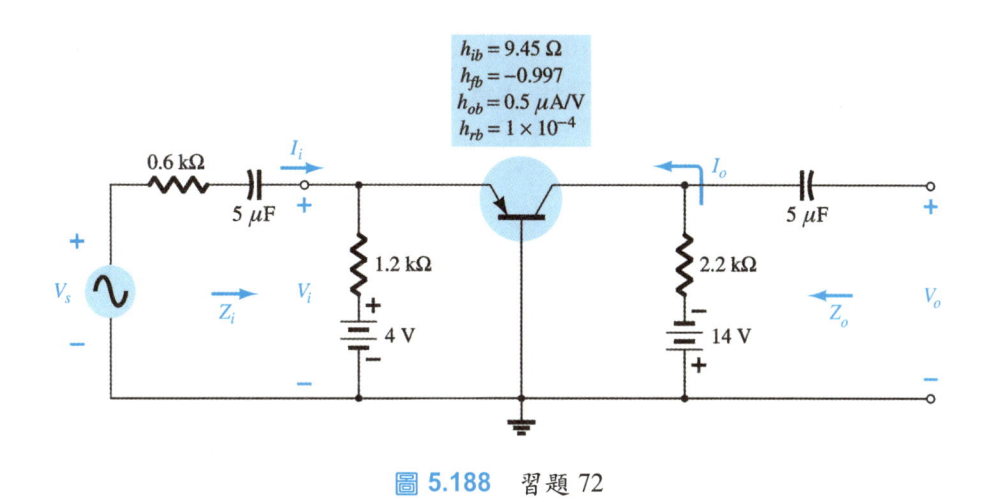

*72. 對圖 5.188 的共基極放大器，試決定：

- **a.** Z_i。
- **b.** A_i。
- **c.** A_v。
- **d.** Z_o。

圖 5.188　習題 72

5.22　混合 π 模型

73. a. 若 $r_b = 4\,\Omega$，$C_\pi = 5\,\text{pF}$，$C_\mu = 1.5\,\text{pF}$，$h_{oe} = 18\,\mu\text{S}$，$\beta = 120$ 且 $r_e = 14$，試畫出共射極電晶體的混合 π 模型。

b. 若外加負載是 $1.2\,\text{k}\Omega$ 且訊號源電阻是 $250\,\Omega$，試畫出中低頻範圍的近似混合 π 模型。

5.23 電晶體參數的變化

對習題 74～80，試利用圖 5.123～圖 5.125。

74. a. 利用圖 5.123，當 I_C 由 0.2 mA 變化到 1 mA，試決定 h_{fe} 變化百分率的大小，利用下式：

$$\% \text{ 變化} = \left| \frac{h_{fe}(0.2 \text{ mA}) - h_{fe}(1 \text{ mA})}{h_{fe}(0.2 \text{ mA})} \right| \times 100\%$$

b. 重做(a)，但 I_C 由 1 mA 變化到 5 mA。

75. 重做習題 74，但針對 h_{ie}（I_C 的變化相同）。

76. a. 圖 5.123 中，I_C=1 mA 時，h_{oe}=20 μS，則當 I_C=0.2 mA 時，h_{oe} 的近似值是多少？
b. 試決定 0.2 mA 時的電阻值，並和 6.8 kΩ 的電阻性負載比較。在此例中，$1/h_{oe}$ 的效應忽略不計，是一種良好近似嗎？

77. a. 圖 5.123 中，I_C=1 mA 時，h_{oe}=20 μS，則當 I_C=10 mA 時，h_{oe} 的近似值是多少？
b. 試決定 10 mA 處的電阻值，並和 6.8 kΩ 的電阻性負載比較。在此例中，$1/h_{oe}$ 的效應忽略不計是一種良好近似嗎？

78. a. 圖 5.123 中，I_C=1 mA 時，h_{re}=2×10⁻⁴，試決定 0.1 mA 時，h_{re} 的近似值。
b. 對(a)所得的 h_{re} 值，若 A_v=210，則 h_{re} 忽略不計，是一種良好近似嗎？

79. a. 基於對圖 5.123 特性的檢視，對集極電流的完整範圍而言，那一個參數的變化最少？
b. 那一個參數的變化最多？
c. $1/h_{oe}$ 的最大值和最小值是多少？在比較高或比較低的集極電流時，何者可使近似式 $1/h_{oe} \| R_L \cong R_L$ 會更恰當？
d. 電流在那一個區域範圍時，近似式 $h_{re}V_{ce} \cong 0$ 最為恰當？

80. a. 基於圖 5.125 特性的檢視，當溫度上升時，那一個參數變化最多？
b. 那一個參數變化最少？
c. h_{fe} 的最大值和最小值是多少？其大小變化明顯嗎？符合預期嗎？
d. 溫度上升時 r_e 如何變化？請簡單計算三或四點的對應值，並比較其大小。
e. 在那一個溫度範圍時參數的變化最少？

5.24 故障檢修（偵錯）

*81. 給定圖 5.189 的網路：
a. 網路的偏壓正確嗎？
b. 網路結構中出現了何種問題使 V_B 在 6.22 V？所得波形見圖 5.189。

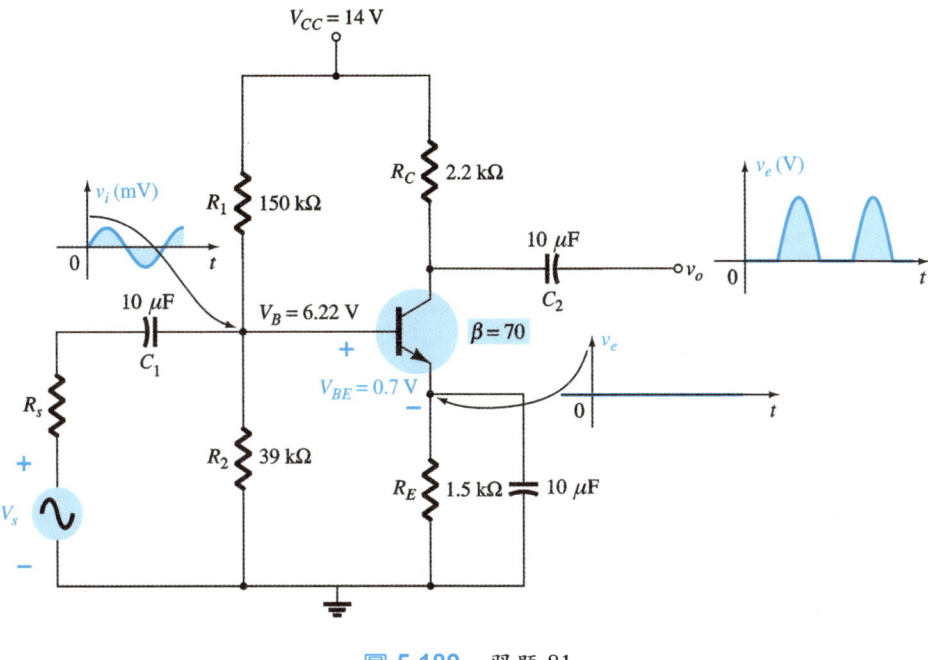

圖 5.189　習題 81

5.27　計算機分析

82. 利用 PSpice 視窗版，試決定圖 5.25 網路的電壓增益，用測棒(Probe)顯示輸入和輸出波形。
83. 利用 PSpice 視窗版，試決定圖 5.32 網路的電壓增益，用測棒(Probe)顯示輸入和輸出波形。
84. 利用 PSpice 視窗版，試決定圖 5.44 網路的電壓增益，用測棒(Probe)顯示輸入和輸出波形。
85. 利用 Multisim，試決定圖 5.28 網路的電壓增益。
86. 利用 Multisim，試決定圖 5.39 網路的電壓增益。
87. 利用 PSpice 視窗版，對圖 5.69 的網路，試決定 $V_i = 1$ mV 時，對應的 V_o 值。對電容性元件而言，假定頻率在 1 kHz。
88. 重做習題 87，但針對圖 5.71 的網路。
89. 重做習題 87，但針對圖 5.81 的網路。
90. 重做習題 88，但使用 Multisim。
91. 重做習題 89，但使用 Multisim。

場效電晶體

本章目標

- 熟習接面場效電晶體(JFET)、金氧半場效電晶體(MOSFET)和金半場效電晶體(MESFET)的結構與工作特性。
- 能夠自 JFET、MOSFET 和 MESFET 的汲極特性畫出轉移特性。
- 能了解各種 FET 規格表提供的大量資訊。
- 能知道各種不同的 FET 直流分析之間的差異。

6.1 導言

場效電晶體(FET)是一種三端裝置，可用於各種不同的應用，在相當大的範圍和 BJT 電晶體（已於第 3～5 章介紹）的適用場合相同。雖然這兩種裝置存在重要的差異，但也有許多相似點，都會在以下各節中一一指出。

兩種電晶體的主要差異如下：

> BJT 電晶體是流控裝置，見圖 6.1a，而 JFET 電晶體則是壓控裝置，如圖 6.1b。

易言之，圖 6.1a 的電流 I_C 正比於 I_B 值。而對圖 6.1b 的 FET 而言，電流 I_D 是加到輸入電路的電壓 V_{GS} 的函數。在這兩種情況中，輸出電路的電流都是由輸入電路的參數控制，但其中一種是用輸入電流，而另一種則是用輸入電壓。

正如同雙載子電晶體有 *npn* 和 *pnp*，場效電晶體也有 *n* 通道和 *p* 通道。但很重要需記住，BJT 電晶體是雙載子(bipolar)裝置，字頭"雙(bi)"表示導通電流中包含電子和電洞兩種載子。而 FET 則是單載子(unipolar)裝置，*n* 通道只導通電子，而 *p* 通道只導通電洞。

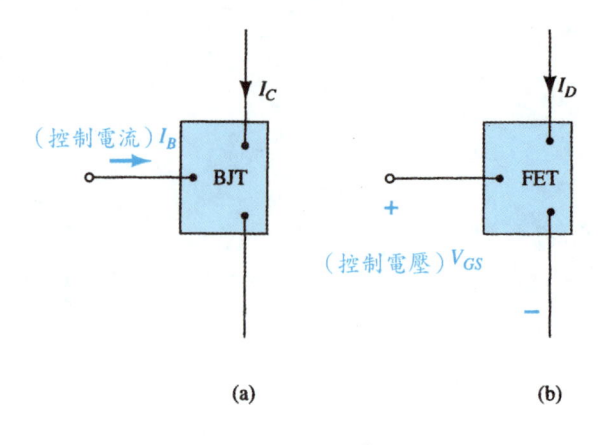

圖 6.1　(a)流控和(b)壓控放大器

　　名稱中的**場效**(field-effect)一詞值得作解釋。我們都很熟悉永久磁鐵吸引金屬屑的能力，不需實際接觸到，永久磁鐵的磁場會包圍金屬屑，因磁力線會儘可能拉近金屬屑，永久磁鐵會吸引金屬屑向其靠近。對 FET 而言，電荷建立了**電場**，控制源和受控量之間無需直接接觸，即可用電場控制輸出電路的導通路徑。

　　當我們在介紹某種裝置，此種裝置和另一種已介紹過的裝置有類似的應用範圍，則對這兩種裝置的一般特性作比較也是自然不過了：

> FET 最重要的特性之一是高輸入阻抗。

其值在 1 MΩ 到數百 MΩ 之間，遠超過 BJT 電晶體電路典型的輸入電阻──這在設計線性交流放大器系統時是很重要的特性。另一方面，BJT 電晶體對輸入訊號變化的靈敏度則高很多。易言之，對相同的輸入訊號變化而言，BJT 輸出電流的變化一般會比 FET 大很多。

　　因此：

> BJT 放大器典型的電壓增益會比 FET 放大器大很多。

　　一般而言，

> FET 的溫度穩定性優於 BJT，而 FET 的尺寸通常小於 BJT，使 FET 特別適用於積體電路(IC)晶片

但某些 FET 的結構特性，使其在用手執持時，比 BJT 更容易受到損害。

　　本章要介紹三種 FET：接面場效電晶體(junction field-effect transistor, JFET)、金氧半場效電晶體(metal-oxide-semiconductor field-effect transistor, MOSFET)和金半場效電晶體(metal-semiconductor field-effect transistor, MESFET)。MOSFET 又可分之空乏(depletion)型和增強(enhancement)型，都將作介紹。在建構和設計數位計算機的 IC 中，MOSFET 已成

為最重要的裝置，其熱穩定性和其他一般特性，使其在計算機電路設計上極為普遍，但作為個別零件時，典型的高頂帽包裝在執持時，要特別小心（在稍後某節中會討論）。MESFET 是最近發展出來的，以砷化鎵為基質，充分得到其高速特性的優勢，雖然現在仍比較昂貴，但在 RF 和計算機設計的高速需求之下，成本的考量就不是那麼重要了。

在介紹過 FET 的構造和特性之後，第 7 章將介紹偏壓組態，在第 4 章用在 BJT 電晶體的分析方法，對 FET 電路重要方程式的推導以及所得結果的理解上，仍十分有幫助。

羅斯和戴西對場效電晶體的早期發展很有貢獻，故在此特別銘記他們在 1995 年所用的實驗和設備。

6.2　JFET 的結構和特性

如前面所指出的，JFET 是一種三端裝置，可用其中一端控制其他兩端之間的電流。在我們討論 BJT 電晶體時，在分析與設計各節主要都針對 npn 電晶體，只有一節用來討論 pnp 電晶體。對 JFET 電晶體，我們也是以 n 通道裝置為主，也會有幾段和幾節探討 p 通道的效應。

n 通道 JFET 的基本結構見圖 6.2，注意到結構的主要部分是 n 型材料，在兩個 p 型嵌入層之間形成通道。n 型通道的頂部經歐姆接觸連接到汲極 (drain, D) 接腳，而相同材料（n 型）的底部經歐姆接觸連接到源極 (source, S) 接腳。兩側 p 型材料相連接到閘極 (gate, G)。若 JFET 沒有外加任何電壓，則 JFET 的兩個 pn 接面都在無偏壓狀態，結果是接面的空乏區如圖 6.2 所示，和二極體在無偏壓情況下的空乏區相同。也要回想到，空乏區如圖 6.2 所示，和二極體在無偏壓情況下的空乏區相同。也要回想到，空乏區沒有任何自由載子，因此不會導通電流。

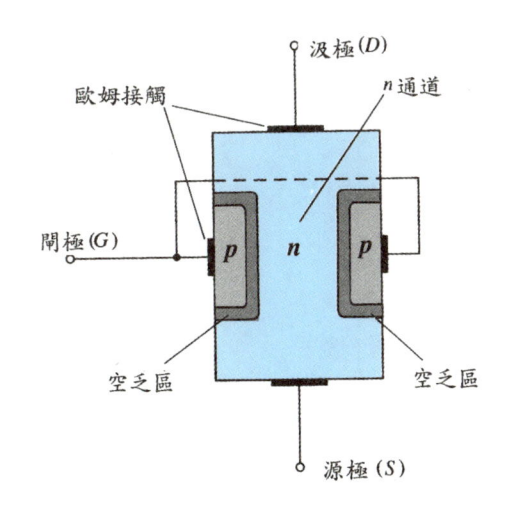

圖 6.2　接面場效電晶體

图 6.3　用水流类比 JFET 的控制机制

类比很少是完美的，有时还会产生误导，但用图 6.3 的水流来类比 JFET，则可对 JFET 在闸极脚位的控制，以及应用在装置脚位术语的适当性，提供良好的感知。水压可看成是汲极到源极的外加电压，可建立自水龙头（源极）而出的水流（载子）。透过外加讯号（电压），"闸极"可控制流到"汲极"的水流（载子）大小。在图 6.2 中，汲极和源极分别在 n 通道的两侧，n 通道流通自由电子的电流。

$V_{GS}=0$ V，V_{DS} 为正值

在图 6.4 中，正电压 V_{DS} 加到通道两端，闸极直接连到源极，使 $V_{GS}=0$ V，结果是闸极和源极等电位。在 p 型区的底部，其空乏区类似图 6.2 无偏压时的分布。一加上外加电压 $V_{DD}(=V_{DS})$ 时，电子会被带向汲极，建立电流 I_D，电流方向如图 6.4 所示。由载子流动路径可清楚看出，汲极电流和源极电流相等$(I_D=I_S)$。在图 6.4 的情况下，载子是可流动的，只受到 n 通道汲极和源极之间电阻的限制。

很重要需注意到，愈接近两侧 p 型区的顶部，空乏区会愈宽。可藉由图 6.5 的帮助，

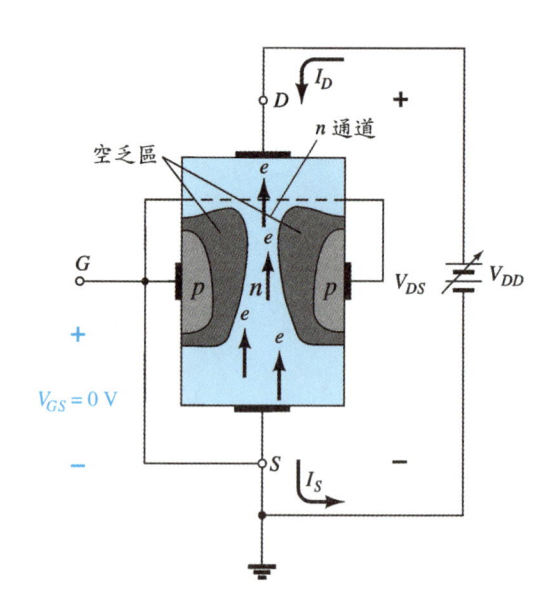

图 6.4　JFET 在 $V_{GS}=0$ V 且 $V_{DS}>0$ V

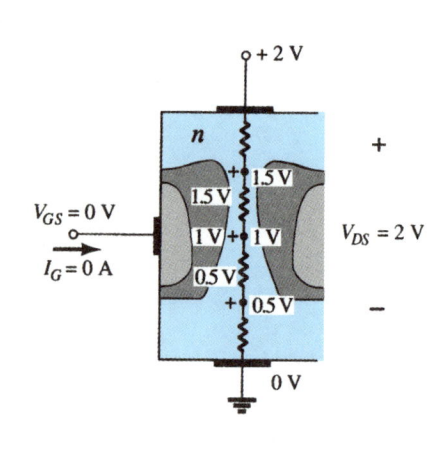

图 6.5　n 通道 JFET 中，p-n 接面上不同位置对应逆偏电压的变化

最佳地描述空乏區寬度變化的理由。假定 n 通道的電阻是均勻的，可將通道電阻分成數段，見圖 6.5。電流 I_D 流過通道時會建立電壓，同樣見於圖 6.5。結果是 p 型區頂部的逆偏約 1.5 V，而底部逆偏則僅約 0.5 V。回想先前對二極體工作的討論知，外加逆偏愈大時，空乏區愈寬——因此，空乏區分布會如圖 6.5 所示。整段通道的 pn 接面都逆偏這項事實，使閘極電流是零安培，也見於圖 6.5。$I_G=0$ A 這項事實是 JFET 的重要特性。

當電壓 V_{DS} 自 0 V 略為上升，由歐姆定律知電流會隨之增加，I_D 對應於 V_{DS} 的圖形如圖 6.6 所示。由曲線相對的筆直程度，可看出，當 V_{DS} 較低時電阻幾為定值。當 V_{DS} 上升到接近圖 6.6 上的 V_P 時，圖 6.4 上的空乏區會擴大到使通道寬度大幅減小，導通面積的減小，使電阻值上升，因而出現圖 6.6 的曲線圖。曲線愈平，代表電阻愈大，在曲線的水平段代表電阻趨近於"無窮大"歐姆。若 V_{DS} 增加到某一電壓值，會使兩側空乏區"接觸"在一起，如圖 6.7 所示，此情況稱為夾止(pinch-off)，對應的 V_{DS} 電壓值稱為夾止電壓(pinch-off voltage)，記為 V_P，見圖 6.6。實際上，夾止一詞是一種誤用，因它意指電流 I_D 被夾止，會降到 0 A。但如圖 6.6 所示，完全不是這種情況——I_D 會維持在飽和值，即圖 6.6 上的 I_{DSS}。此時仍存在很小的通道截面積，且電流密度極高。事實上，夾止時 I_D 不會往下掉，會維持在圖 6.6 所示的飽和值上，這可用以下的事實來證實：若汲極電流因夾止而消失，則沿著 n 通道在不同位置所建立的不同逆偏電壓也會去除，結果也會去產生夾止現象的空乏區分布。

當 V_{DS} 增加到超過 V_P 時，兩側會緊密相接，接觸長度會沿著通道增加，但 I_D 值仍幾乎維持定值。因此在本質上，當 $V_{DS}>V_P$ 時，JFET 具備電流源的特性，如圖 6.8 所

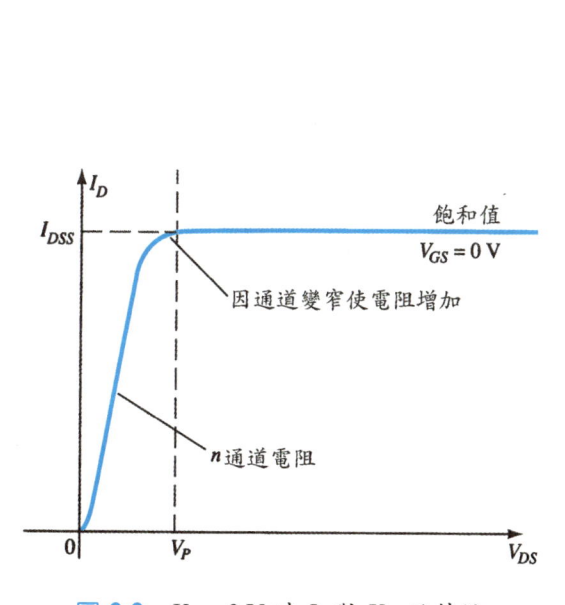

圖 6.6 $V_{GS}=0$ V 時 I_D 對 V_{DS} 的特性

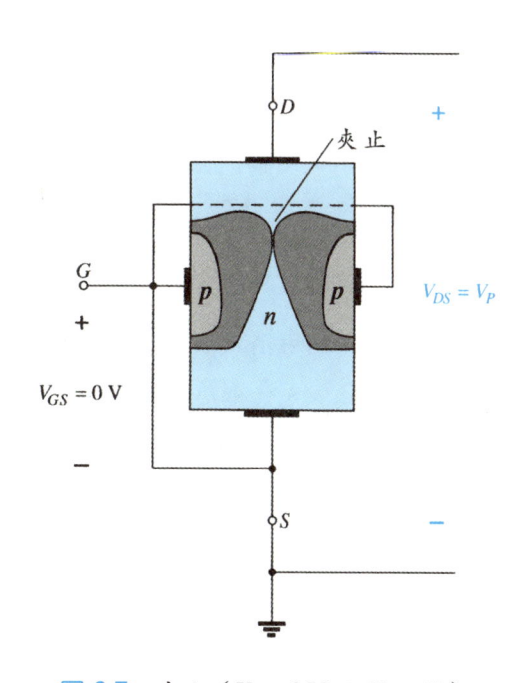

圖 6.7 夾止（$V_{GS}=0$ V 且 $V_{DS}=V_P$）

示，電流固定在 $I_D = I_{DSS}$，但電壓 V_{DS}（對 $V_{DS} > V_P$ 而言）則由外加負載所決定。

記號 I_{DSS} 源於此汲極對源極電流是在閘極對源極短路的條件下所導出。當我們繼續探討此裝置的特性時，將發現：

> I_{DSS} 是 JFET 最大的汲極電流，定義在 $V_{GS} = 0\ V$ 且 $V_{DS} > |V_P|$ 的條件之下。

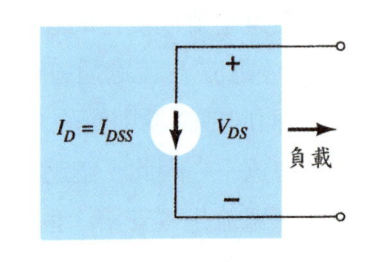

圖 6.8　$V_{GS} = 0\ V$ 且 $V_{DS} > V_P$ 時，等效於電流源

注意在圖 6.6 中，整條曲線對應於 $V_{GS} = 0\ V$，以下幾段會說明，V_{GS} 值變化時，會如何影響圖 6.6 的特性。

$V_{GS} < 0\ V$

閘極對源極電壓記為 V_{GS}，是 JFET 的控制電壓。正如同 BJT 電晶體，不同的 I_B 值可建立不同的 I_C 對 V_{CE} 曲線。對 JFET 而言，不同的 V_{GS} 值也可產生不同的 I_D 對 V_{DS} 曲線。對 n 通道裝置，控制電壓 V_{GS} 可從 $V_{GS} = 0\ V$ 到相當負的電壓值。易言之，閘極電位可設在比源極電位更低的值。

在圖 6.9 中，V_{DS} 值較低，負電壓 $-1\ V$ 加到閘極與源極之間。外加負偏壓 V_{GS} 的效應是建立空乏區，類似先前 $V_{GS} = 0\ V$ 時所得的情況，但對應於較低的 V_{DS} 值。因此外加負偏壓到閘極時，在比較低的 V_{DS} 處就可使電流達到飽和值，見圖 6.10 中 $V_{GS} = -1\ V$ 所對應的曲線。$V_{GS} = -1\ V$ 時，所得的飽和電流較 $V_{GS} = 0\ V$ 時為低，且當 V_{GS} 愈負時，所得的 I_D 值會愈低。也要注意在圖 6.10 中，當 V_{GS} 愈負時，電壓會呈現拋物線式的降低。最後，當 $V_{GS} = -V_P$ 時，V_{GS} 負到使飽和電流降到幾近 0 mA，對所有實用目的而言，裝置已經 "關閉"（截止）了。總之：

> 使 $I_D = 0\ mA$ 的 V_{GS} 值，定義為 $V_{GS} = V_P$。對 n 通道裝置而言，V_P 為負電壓；而對 p 通道 JFET 而言，V_P 為正電壓。

在大部分的規格表中，夾止電壓的代號定成 $V_{GS(\text{off})}$ 而不是 V_P。在規格表上的主要項目都介紹過之後，在本章稍後會審視規格表。圖 6.10 中夾止點電壓軌跡的右側區域，一般用於線性放大器（即輸入訊號失真最少的放大器），此區域一般稱為定電流區、飽和區或線性放大區。

壓控電阻

圖 6.10 中，夾止點電壓軌跡左側的區域為歐姆區或壓控電阻區。在此區域工作時，JFET 實際上是用作可變電阻（可用在自動增益控制系統），其電阻值由外加的閘極對源

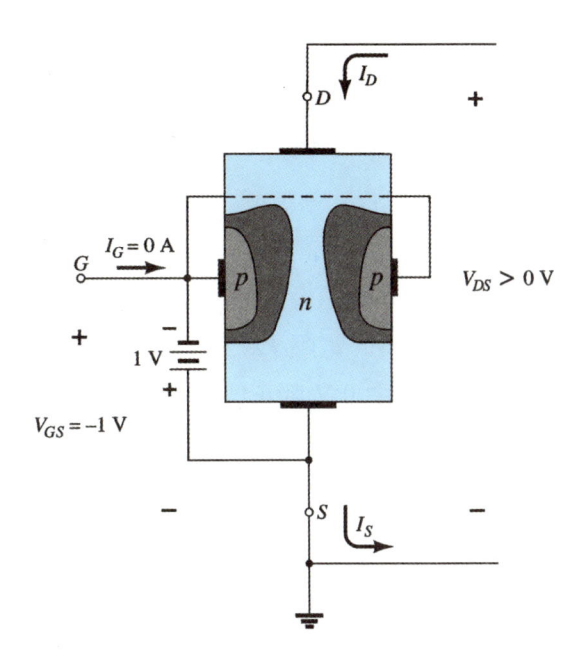

圖 6.9 將負電壓加到 JFET 的閘極

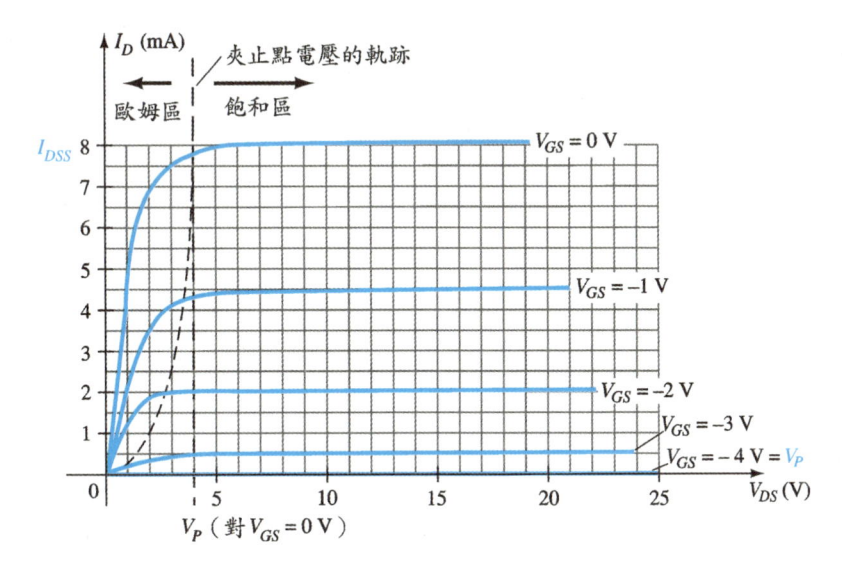

圖 6.10 $I_{DSS}=8$ mA 且 $V_p=-4$ V 的 n 通道 JFET 的特性

極電壓所控制。注意在圖 6.10 中，當 $V_{DS} < V_P$ 時，曲線的斜率以及裝置所對應的汲極與源極間的電阻，是外加電壓 V_{GS} 的函數。當 V_{GS} 愈負時，對應的曲線會愈平，使電阻值愈高。以下公式將電阻值表成外加電壓 V_{GS} 的關係，可提供良好的近似：

$$r_d = \frac{r_o}{(1-V_{GS}/V_P)^2} \tag{6.1}$$

其中，r_o 是 $V_{GS}=0\text{ V}$ 時的電阻，r_d 則是對應於某特定 V_{GS} 值的電阻。

對 $r_o=10\text{ k}\Omega$（對應於 $V_{GS}=0\text{ V}$，$V_P=-6\text{ V}$）的 n 通道 JFET 而言，由式(6.1)，當 $V_{GS}=-3\text{ V}$ 時，可得 $r_d=40\text{ k}\Omega$。

p 通道裝置

p 通道 JFET 的結構和圖 6.2 的 n 通道裝置完全一樣，但 p 型材料和 n 型材料完全對調，見圖 6.11。定義的電流方向相反，電壓 V_{GS} 和 V_{DS} 的實際極性也相反。對 p 通道裝置而言，閘極對源極電壓必須限制在由 0 V 朝正值上升，通道電壓 V_{DS} 為負值，見圖 6.12 的特性，其 I_{DSS} 為 6 mA 且 V_{GS} 的夾止電壓是 $+6\text{ V}$。不要被 V_{DS} 的負號所混淆，這只是代表源極的電位高於汲極。

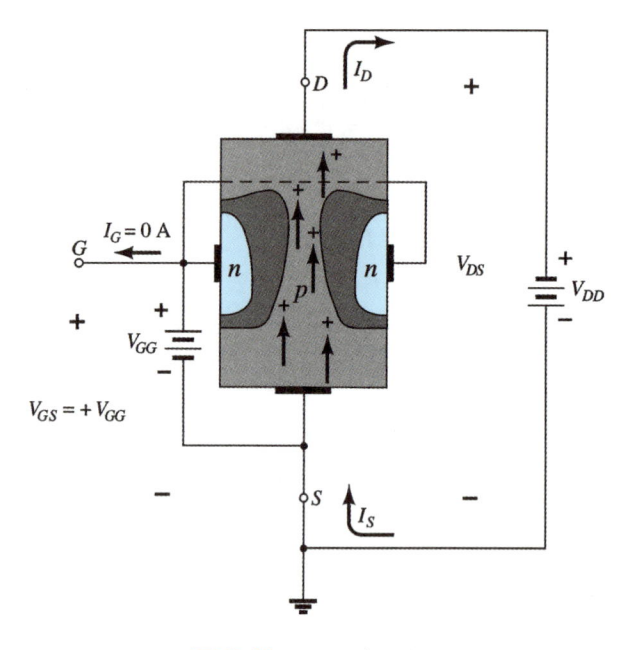

圖 6.11 p 通道 JFET

注意在比較高的 V_{DS} 處，曲線會突然上升，其大小似乎不受限制。這種垂直上升代表了崩潰已發生，且流經通道的電流（和正常方向同向）只受到外接電路的限制。雖然在圖 6.10 n 通道裝置的特性上並未出現崩潰，但只要外加壓足夠大時會出現崩潰。若規格表上有指示 $V_{DS_{max}}$，就可避開崩潰區。在設計時，對所有的 V_{GS} 而言，電路上所產生實際的 V_{DS} 都應小於 $V_{DS_{max}}$。

符 號

n 通道和 p 通道 JFET 的圖形符號提供在圖 6.13，注意到 n 通道的箭號是指向內，見圖 6.13a，代表 pn 接面順偏時電流 I_G 的流向。而 p 通道裝置（見圖 6.13b）在符號上的唯一差異，就是箭號方向。

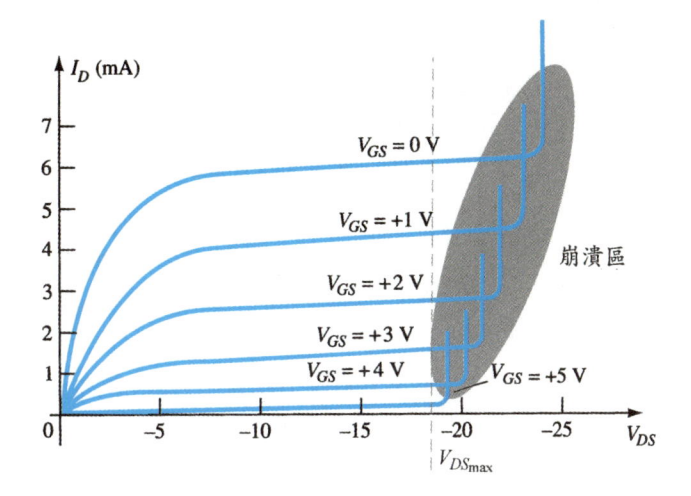

圖 6.12 $I_{DSS}=6$ mA 且 $V_p=+6$ V 的 p 通道 JFET 特性

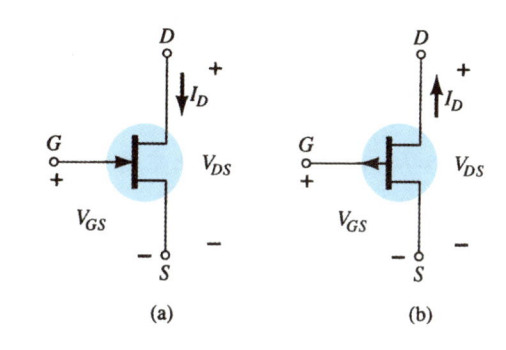

圖 6.13 JFET 符號：(a) n 通道；(b) p 通道

總　結

本節介紹了一些重要的參數和關係，在本章以下的分析以及之後的章節中，有一些常常會用到，以下針對 n 通道 JFET 歸納如下：

最大電流定義為 I_{DSS}，發生在 $V_{GS}=0$ V 且 $V_{DS} \geq |V_P|$ 時，見圖 6.14a。

當閘極對源極電壓 V_{GS} 小於夾止電壓（即 V_{GS} 比 V_P 更負）時，汲極電流是 0 A（$I_D=0$ A），見圖 6.14b。

對所有介於 0 V 和夾止電壓之間的 V_{GS} 值而言，電流 I_D 的範圍會落在 I_{DSS} 和 0 A 之間，見圖 6.14c。

可針對 p 通道 JFET 導出類似以上的結論。

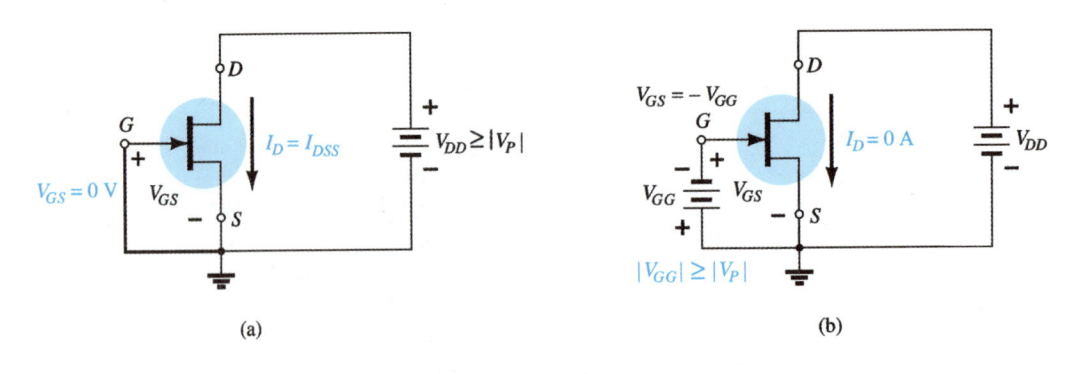

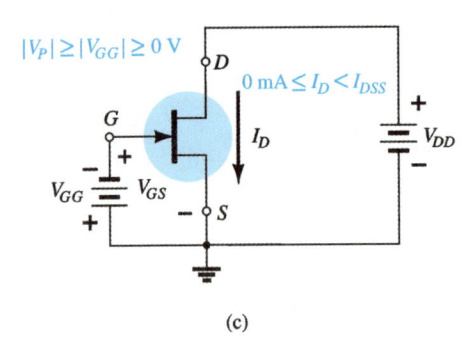

圖 6.14 (a) $V_{GS}=0$ V，$I_D=I_{DSS}$；(b) V_{GS} 小於夾止電壓，使 JFET 截止 ($I_D=0$ A)；(c) $V_{GS} \leq 0$ V 但高於夾止電壓時

6.3 轉移特性

推　導

　　對 BJT 電晶體而言，輸出電流 I_C 和輸入控制電流 I_B 的關係是 β，作分析時將 β 看成定值，關係式的形式如下：

$$I_C = f(I_B) = \beta I_B \tag{6.2}$$

在式(6.2)中，線性關係存在於 I_B 和 I_C 之間，因此當 I_B 倍增時，I_C 也會倍增。

　　不幸地，JFET 的輸出和輸入之間並不存在線性關係，蕭克萊方程式(Schokley equation)定義了 I_D 和 V_{GS} 的關係：

$$I_D = I_{DSS}\left(1 - \frac{V_{GS}}{V_P}\right)^2 \tag{6.3}$$

式中的平方項，使 I_D 和 V_{GS} 之間呈現非線性關係，曲線會隨著 V_{GS} 大小的降低而呈指數式上升。

在後面第 7 章所作的直流分析中，用圖解而不用數學方法，會更直接且更易於應用。但圖解法需用到式(6.3)對應的曲線圖以代表裝置，另需要網路方程式對應的圖形，以建立相同變數之間的另一組關係，兩條曲線的交點就可解出結果。很重要需記住，運用圖解法時，裝置特性並不會被裝置所在的網路所影響。網路方程式可能改變兩條曲線的交點，但式(6.3)所定義的轉移曲線不受任何影響。因此一般而言：

蕭克萊方程式所定義的轉移特性，不會受裝置所在網路的影響。

轉移曲線可利用蕭克萊方程式得到，或利用圖 6.10 的輸出 特性求得。在圖 6.15 中提供了兩個曲線圖，垂直座標單位都是用 mA。其中一圖是 I_D 對 V_{DS} 的曲線圖，而另一圖則是 I_D 對 V_{GS} 的曲線圖。利用右側汲極特性中對應於 $V_{GS}=0\text{ V}$ 的曲線，由飽和區畫水平線到 I_D（"y"）軸，所得電流值即兩圖上的 I_{DSS}，因左圖的垂直軸定義在 $V_{GS}=0\text{ V}$，因此 I_D 對 V_{GS} 曲線和 I_D 軸的交點座標即 $I_D=I_{DSS}$。

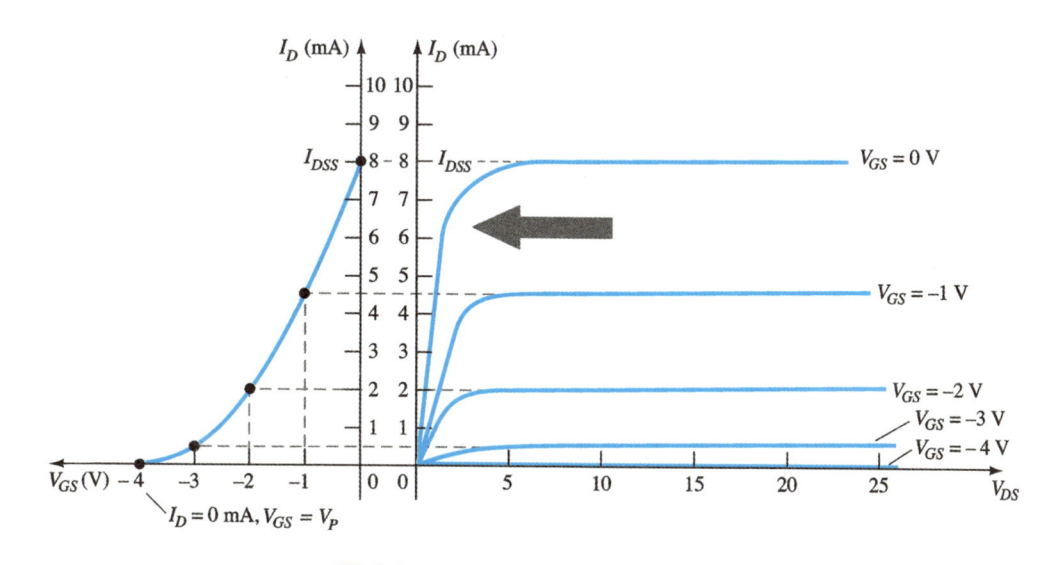

圖 6.15 由汲極特性得到轉移特性

檢視上圖知：

$$\text{當 } V_{GS}=0\text{ V}，I_D=I_{DSS} \tag{6.4}$$

當 $V_{GS}=V_P=-4$ V，汲極電流為 0 mA，定義了轉移曲線的另一端點，即

$$\boxed{當\ V_{GS}=V_P，I_D=0\ \text{mA}} \tag{6.5}$$

在繼續往下探討之前，很重要需了解到，汲極特性是代表輸出（汲極）電流對輸出（汲極）電壓的關係，水平軸和垂直軸都是由裝置輸出變數所定義。而轉移特性則是輸出（汲極）電流對應於輸入控制電壓的曲線圖，利用圖 6.15 的左側曲線圖，從輸入到輸出變數存在直接的"轉移"關係。若此關係是線性的，則 I_D 對 V_{GS} 的圖形會是一條從 I_{DSS} 到 V_P 之間的直線。但因 V_{GS} 愈負時，在圖 6.15 右側汲極特性的垂直變化的幅度會愈小，使轉移特性呈現拋物曲線。將 $V_{GS}=0$ V 和 $V_{GS}=-1$ V 對應曲線之間的垂直變化幅度，與 $V_{GS}=-3$ V 和 V_{GS} 在夾止電壓的對應曲線之間的變化幅度作比較，V_{GS} 的變化相同，但對應的 I_D 變化會差很多。

若由 $V_{GS}=-1$ V 的曲線畫水平線到 I_D 軸，並延伸到左圖，可在轉移曲線上定出一點，可注意到 $V_{GS}=-1$ V 對應在轉移曲線上的水平座標是 $I_D=4.5$ mA。注意 $V_{GS}=0$ V 和 -1 V 時，所用的 I_D 值是 I_D 的飽和電流值，不要管歐姆區。繼續針對 $V_{GS}=-2$ V 和 -3 V 重複上述步驟，可完成轉移曲線。這是 I_D 對 V_{GS} 的轉移曲線，在第 7 章的分析中還會繼續沿用，而不會用圖 6.15 右側的汲極特性。以下幾段會介紹，只要知道 I_{DSS}、V_P 和蕭克萊方程式，就可快速有效地畫出 I_D 對 V_{GS} 的曲線圖。

運用蕭克萊方程式

只要已知 I_{DSS} 和 V_P 值，也可以直接由式 (6.3) 的蕭克萊方程式得到圖 6.15 的轉移曲線。I_{DSS} 和 V_P 值定義了曲線在兩軸上的端點，只需再加上幾個中間點即可畫出曲線。可設一些特定的 V_{GS} 值，代入式 (6.3) 中得到另一變數（即 I_D）值，由此正可說明式 (6.3) 是轉移曲線的本源。

代入 $V_{GS}=0$ V，得

$$式(6.3)：I_D=I_{DSS}\left(1-\frac{V_{GS}}{V_P}\right)^2=I_{DSS}\left(1-\frac{0}{V_P}\right)^2$$
$$=I_{DSS}(1-0)^2$$

且

$$\boxed{I_D=I_{DSS}|_{V_{GS}=0\ \text{V}}} \tag{6.6}$$

代入 $V_{GS}=V_P$，得

$$I_D = I_{DSS}\left(1 - \frac{V_P}{V_P}\right)^2 = I_{DSS}(1-1)^2 = I_{DSS}(0)$$

$$\boxed{I_D = 0 \text{ A}\big|_{V_{GS}=V_P}} \tag{6.7}$$

對圖 6.15 的汲極特性，若代入 $V_{GS} = -1$ V，

$$\begin{aligned}
I_D &= I_{DSS}\left(1 - \frac{V_{GS}}{V_P}\right)^2 \\
&= 8 \text{ mA}\left(1 - \frac{-1 \text{ V}}{-4 \text{ V}}\right)^2 = 8 \text{ mA}\left(1 - \frac{1}{4}\right)^2 = 8 \text{ mA}(0.75)^2 \\
&= 8 \text{ mA}(0.5625) \\
&= \mathbf{4.5 \text{ mA}}
\end{aligned}$$

如圖 6.15 所示。注意在以上計算時，要小心 V_{GS} 和 V_P 的負號，只要少一個負號，就會使結果完全錯誤。

由以上可以明顯看出，已知 I_{DSS} 和 V_P 時（正常會提供在規格表上），可求出任意 V_{GS} 對應的 I_D 值。反過來，利用基本代數，可由式(6.3)求得某已知 I_D 對應的 V_{GS} 值公式，推導十分直接，可得

$$\boxed{V_{GS} = V_P\left(1 - \sqrt{\frac{I_D}{I_{DSS}}}\right)} \tag{6.8}$$

讓我們試驗式(6.8)，若裝置滿足圖 6.15 的特性，試求出汲極電流 4.5 mA 對應的 V_{GS} 值，可求出

$$\begin{aligned}
V_{GS} &= -4 \text{ V}\left(1 - \sqrt{\frac{4.5 \text{ mA}}{8 \text{ mA}}}\right) \\
&= -4 \text{ V}(1 - \sqrt{0.5625}) = -4 \text{ V}(1 - 0.75) \\
&= -4 \text{ V}(0.25) \\
&= \mathbf{-1 \text{ V}}
\end{aligned}$$

可代入式(6.3)作計算，並用圖 6.15 驗證。

速畫法

因轉移曲線要很常畫出來，如果有一套最快、最有效且真確度尚可接受的速解畫法，是很有好處的，可針對式(6.3)的某些特定的 V_{GS} 值，將對應的 I_D 值記起來，形成一些特

定點，就可畫出轉移特性。若將 V_{GS} 定成 V_P 值的一半，可由蕭克萊方程式決定對應的 I_D 值：

$$I_D = I_{DSS}\left(1 - \frac{V_{GS}}{V_P}\right)^2 = I_{DSS}\left(\frac{-V_P/2}{V_P}\right)^2 = I_{DSS}\left(1 - \frac{1}{2}\right)^2$$

$$= I_{DSS}(0.5)^2 = I_{DSS}(0.25)$$

且
$$\boxed{I_D = \frac{I_{DSS}}{4}\bigg|_{V_{GS}=V_P/2}} \tag{6.9}$$

現在很重要需了解到，式(6.9)並未針對特定的 V_P 值，此式適用於任何 V_P 值，只要滿足 $V_{GS} = V_P/2$，結果規定，只要閘極對源極電壓是夾止電壓的一半，汲極電流永遠是飽和電流值 I_{DSS} 的四分之一。注意在圖 6.15 中，當 $V_{GS} = V_P/2 = V_P/2 = -4\text{ V}/2 = -2\text{ V}$ 時，對應的 I_D 值。

若選取 $I_D = I_{DSS}/2$，代入式(6.8)，可發現

$$V_{GS} = V_P\left(1 - \sqrt{\frac{I_D}{I_{DSS}}}\right) = V_P\left(1 - \sqrt{\frac{I_{DSS}/2}{I_{DSS}}}\right)$$

$$= V_P(1 - \sqrt{0.5}) = V_P(0.293)$$

且
$$\boxed{V_{GS} \cong 0.3V_P|_{I_D = I_{DSS}/2}} \tag{6.10}$$

仍可再增加一些點，但只要用前面已定義的四個點，所畫出的轉移曲線已可達相當令人滿意的精確度，這四個點重新整理在表 6.1。事實上，在第 7 章的分析中，最多用四個點來畫轉移曲線，在大部分情況下只用三個點，即 $V_{GS} = V_P/2$ 和兩個截距 I_{DSS} 和 V_P，對大部分的計算而言，所提供的曲線已足夠精確。

表 6.1 V_{GS} 對 I_D 的關係（用蕭克萊方程式）

V_{GS}	I_D
0	I_{DSS}
$0.3V_P$	$I_{DSS}/2$
$0.5V_P$	$I_{DSS}/4$
V_P	0 mA

例 6.1 試畫出 $I_{DSS}=12$ mA 和 $V_P=-6$ V 定義的轉移曲線。

解： 曲線兩端點定義如下：

$$I_{DSS}=12 \text{ mA} \text{ 且 } V_{GS}=0 \text{ V}$$

以及 $I_D=0$ mA 且 $V_{GS}=V_P$

在 $V_{GS}=V_P/2=-6$ V$/2=-3$ V 處，汲極電流 $I_D=I_{DSS}/4=12$ mA$/4=3$ mA。在 $I_D=I_{DSS}/2=12$ mA$/2=6$ mA 處，閘極對源極電壓 $V_{GS}\cong 0.3V_P=(0.3)(-6 \text{ V})=-1.8$ V。四個點都定在圖 6.16 上，可完成轉移曲線。

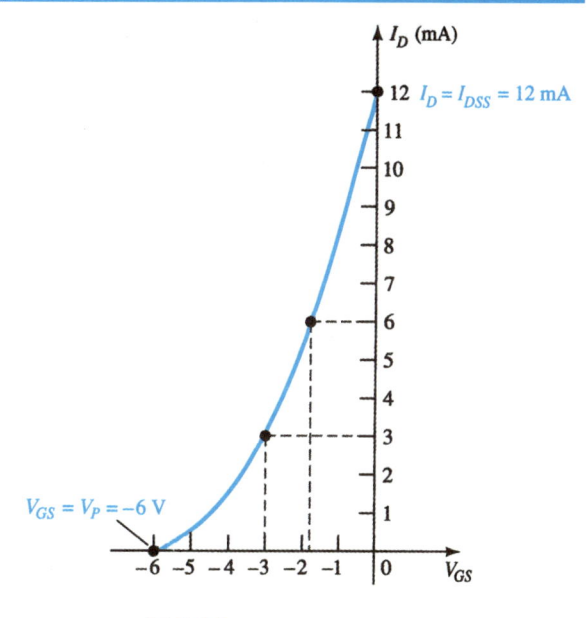

圖 6.16 例 6.1 的轉移曲線

對 p 通道裝置而言，蕭克萊方程式(6.3)依然完全適用，但在此情況下 V_P 和 V_{GS} 皆為正值，轉移曲線是 n 通道曲線的鏡射（對稱於 I_D 軸），且端點完全相同（I_{DSS} 和 V_P）。

例 6.2 試畫出 p 通道裝置的轉移曲線，已知 $I_{DSS}=4$ mA 且 $V_P=3$ V。

解： 當 $V_{GS}=V_P/2=3$ V$/2=1.5$ V 時，
$I_D=I_{DSS}/4=4$ mA$/4=1$ mA。
當 $I_D=I_{DSS}/2=4$ mA$/2=2$ mA 時，
$V_{GS}=0.3V_P=0.3(3 \text{ V})=0.9$ V。
這兩個點和截距 I_{DSS} 及 V_P 連成曲線，見圖 6.17。

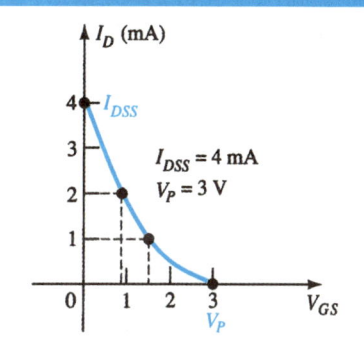

圖 6.17 例 6.2 p 通道裝置的轉移曲線

6.4 規格表(JFET)

如同任何電子元件，能夠了解規格表所提供的資料是相當重要的，規格表所用記號和我們一般所用者不同，是常有的事，因此需要轉接的方法。但一般而言，各資料的標題是一致的，包括**最大額定值**、**熱特性**、**電氣特性**和各組**典型特性**。在圖 6.18 中，提供了快捷半道體的 n 通道 JFET 2N5457 的規格表，共有兩種封裝技術。TO-92 包裝是較高功率元件，而表面黏著 SOT-23 包裝則是低功率元件。

最大額定值

最大額定值列表通常會出現在規格表的最開頭，包括各特定腳位間的最大電壓、最

FAIRCHILD SEMICONDUCTOR™

2N5457　　MMBF5457

N 通道一般功能放大器
此元件是低位準音頻放大和切換電晶體
可用作類比開關。

注意：汲極和源極可互換

絕對最大額定值

符號	參數	數值	單位
V_{DS}	汲極源極電壓	25	V
V_{DG}	汲極閘極電壓	25	V
V_{GS}	閘極源極電壓	−25	V
I_{GF}	順向閘極電流	10	mA
T_j, T_{stg}	操作與儲存時接面溫度範圍	−55～+150	°C

熱特性

符號	特性	最大值 2N5457	最大值 *MMBF5457	單位
P_D	元件總功率消耗 25°C 以上時遞減	625 5.0	350 2.8	mW mW/°C
$R_{\theta JC}$	熱阻，接面至外殼	125		°C/W
$R_{\theta JA}$	熱阻，接面至環境	357	556	°C/W

電氣特性 $T_A = 25°C$，除非另有說明

符號	參數	測試條件	最小	典型	最大	單位
截止特性						
$V_{(BR)GSS}$	閘極源極崩潰電壓	$I_G = 10$ A, $V_{DS} = 0$	−25			V
I_{GSS}	閘極逆向電流	$V_{GS} = -15$ V, $V_{DS} = 0$ $V_{GS} = -15$ V, $V_{DS} = 0$, $T_A = 100°C$			−1.0 −200	nA nA
$V_{GS(off)}$	閘極源極截止電壓	$V_{DS} = 15$ V, $I_D = 10$ nA　　5457	−0.5		−6.0	V
V_{GS}	閘極源極電壓	$V_{DS} = 15$ V, $I_D = 100$ A　　5457		−2.5		V
導通特性						
I_{DSS}	零閘極電壓時的汲極電流	$V_{DS} = 15$ V, $V_{GS} = 0$　　5457	1.0	3.0	5.0	mA
小訊號特性						
g_{fs}	順向轉移電導	$V_{DS} = 15$ V, $V_{GS} = 0$, $f = 1.0$ kHz　　5457	1000		5000	℧
g_{os}	輸出電導	$V_{DS} = 15$ V, $V_{GS} = 0$, $f = 1.0$ MHz		10	50	℧
C_{iss}	輸入電容	$V_{DS} = 15$ V, $V_{GS} = 0$, $f = 1.0$ MHz		4.5	7.0	pF
C_{rss}	逆向轉移電容	$V_{DS} = 15$ V, $V_{GS} = 0$, $f = 1.0$ MHz		1.5	3.0	pF
NF	雜訊指數	$V_{DS} = 15$ V, $V_{GS} = 0$, $f = 1.0$ kHz, $R_G = 1.0$ MΩ, BW = 1.0 Hz			3.0	dB

(a)

圖 6.18 n 通道 JFET 2N5457 特性

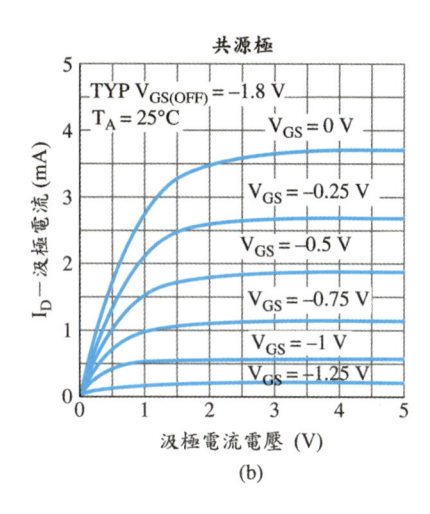

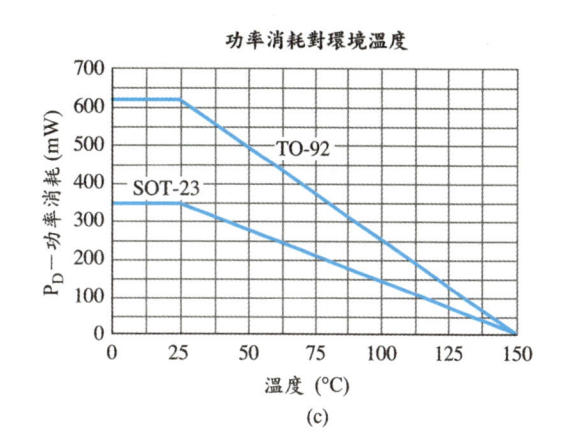

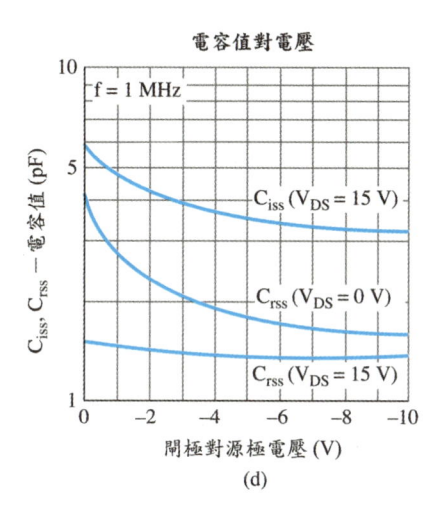

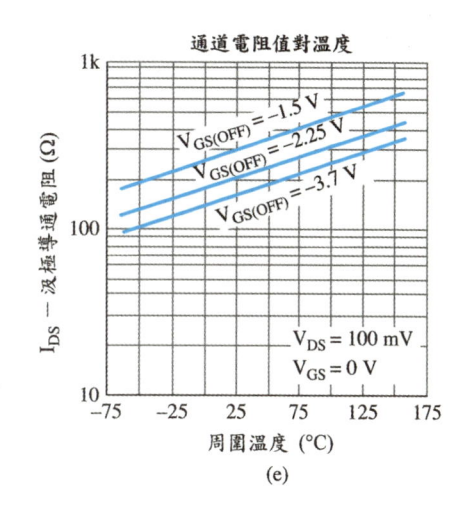

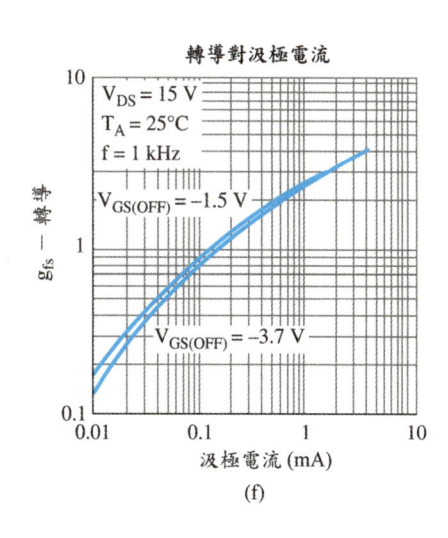

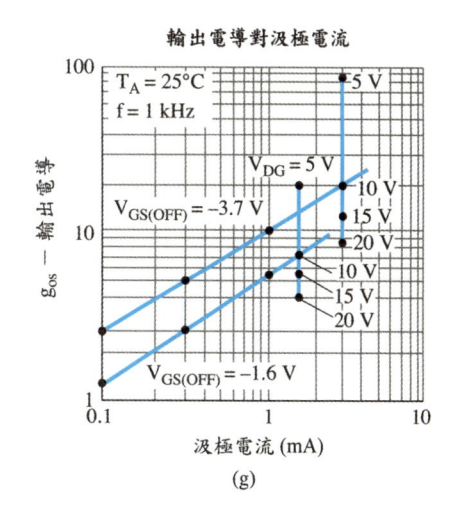

圖 6.18 （續）

大電流值和裝置的最大功率消耗等。在裝置所設計工作的任意點，V_{DS} 和 V_{DG} 都不能超過規定的最大值。外加電源電壓 V_{DD} 可超過這些規定值，但這些腳位之間實際的電壓值絕不能超過規定值。任何良好設計應避開這些值一定的安全距離。在 V_{GSR} 中的術語"逆向"(reverse)，定義源極對應於閘極在崩潰之前的最大正電壓（對 n 通道裝置而言，一般都是逆偏正電壓）。在某些規格表中，此值稱為 BV_{DSS}——汲極源極短路（$V_{DS}=0$ V）的崩潰電壓。雖然 JFET 一般設計在 $I_G=0$ mA 工作，但若強迫使其產生閘極電流，仍能承受 10 mA (I_{GF}) 而不致損壞。

熱特性

25°C（室溫）時的裝置總功率消耗，是裝置在正常工作條件下的最大功率消耗，定義如下：

$$P_D = V_{DS}I_D \tag{6.11}$$

注意在形式上，最大功率消耗的公式在 BJT 電晶體類似。

遞減因數已在第 3 章中詳細討論，但現在要認知，2.82 mW/°C 的遞減率是代表在 25°C 以上時，溫度每增加 1 度，則最大功率消耗會降低 2.82 mW。

電氣特性

電氣特性包括"截止"特性的 V_P 和"導通"特性的 I_{DSS}，在所給規格表中，$V_P=V_{GS(\text{off})}$ 的範圍從 $-0.5 \sim -6.0$ V，且 I_{DSS} 從 1 mA～5 mA。事實上，即使是相同編號相同包裝，在設計過程中仍要考慮到不同個裝置之間，V_P 值和 I_{DSS} 值仍會有變化。其他數值則定義在括弧內所列的條件下，小訊號特性會在第 8 章討論。

典型特性

典型特性圖列中包含各種曲線，說明各重要參數如何隨電壓、電流、溫度和頻率而變化。

先注意到圖 6.18a，圖形中 V_{GS} 除了正常的水平軸正值側外，也包含了負值區。也注意到，此圖的夾止電壓是 -2.6 V，約在可能夾止電壓範圍的中間值。若規格表只提供這張圖，代表這是在兩極端間的平均值。圖 6.18b 提供的共汲極特性，其夾止電壓是 -1.8 V。注意到，當外加此夾止電壓時，汲極電流如何下降到 0 A。也注意到，對此夾止電壓對應的 I_{DSS} 是 3.75 mA，而圖 6.18a 中 -2.6 V 夾止電壓對應的 I_{DSS} 約達 9.5 mA。功率消耗對環境溫度的圖形見圖 6.18c，此圖清楚顯示，功率處理能力會隨溫度上升而急劇下降。在水的沸點(100°C)，功率消耗僅達 250 mW，但在室溫時，可高達 650 W。圖 6.18d 的電容效應在高頻會變得十分重要，因所得的電抗愈低，且對操作速度的影響愈大。值得關注的是，在頻率 1 MHz 處，閘極對源極的電壓愈負時，電容的效應會愈小。圖 6.18e 的通道電阻圖，說明就不同的 $V_{GS(OFF)}$ 值，通道電阻值如何隨溫度變化。乍看之下似乎變化不大，但要注意縱軸是對數座標，由 10 Ω 延伸到 1 kΩ。當我們在考慮 JFET 的交流電路時，圖 6.18f 的轉導曲線圖和圖 6.18g 的輸出電導曲線圖會變得重要，他們定義了交流等效電路中的兩個參數，這兩個參數值都會受到汲極電流不小的影響，但對應於夾止電壓的敏感度則較低。

工作區域

規格表上的數據，以及不同 V_{GS} 對應的夾止點電壓軌跡，可在汲極特性上定義適用於線性放大的工作區，如圖 6.19 所示。歐姆區邊界定義了對應於不同 V_{GS} 的最小容許 V_{DS} 值，而 $V_{DS_{max}}$ 則規定了 V_{DS} 的最大值，電流 I_{DSS} 是最大汲極電流，以及最大功率值定義了特性曲線，其圖形和 BJT 電晶體所描述者相同。陰影部分是設計作放大器時的正常工作區域。

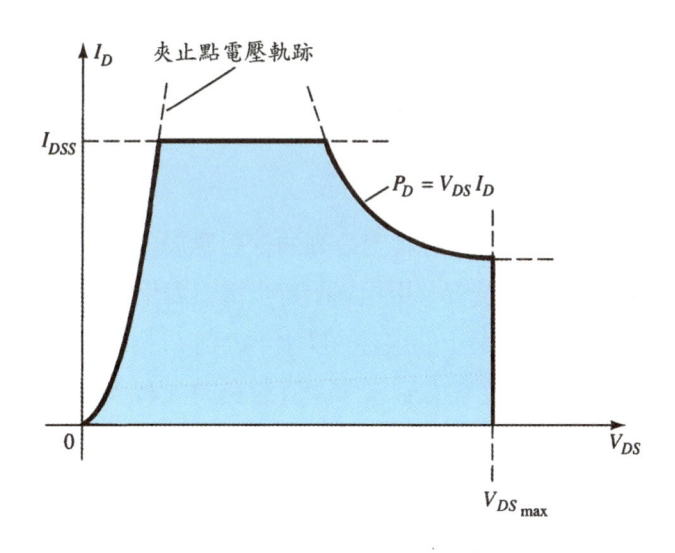

圖 6.19 線性放大器設計所用正常的工作區

6.5 量 測

回顧在第 3 章中有現成的手持式儀表，可量測 BJT 電晶體的 $β_{dc}$ 值，但市面上並沒有類似的儀表可測出 I_{DSS} 和 V_P 值。然而，用來測試 BJT 電晶體的曲線測試儀，只要對各控制鈕正確設定，也可顯示 JFET 電晶體的汲極特性。垂直座標（單位是 mA）和水平座標（單位是伏特）已設定好，可提供特性的完整顯示，見圖 6.20。對圖 6.20 的 JFET 而言，每個垂直刻度(1 cm)反映 I_D 1 mA 的變化，而每個水平刻度則是 1 V，每步電壓變

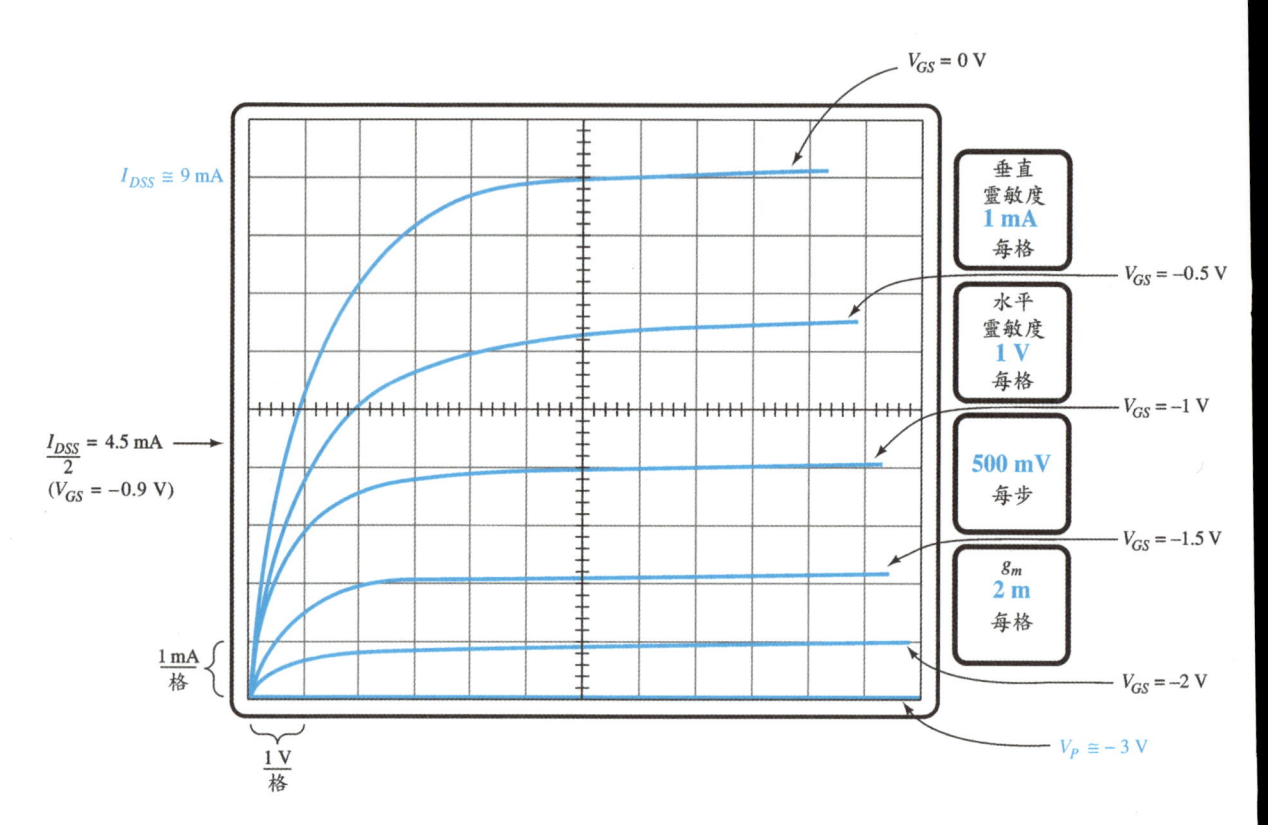

圖 6.20 JFET 2N4416 電晶體用曲線測試儀顯示其汲極特性

化是 500 mV／步（0.5 V／步），可看出最高曲線對應於 $V_{GS}=0$ V，往下一條曲線則對應於 $V_{GS}=-0.5$ V，這是 n 通道裝置。用相同的每步電壓變化，下一條曲線對應於 -1 V，接著是 -1.5 V，最後是 -2 V。從最上曲線畫一條水平線到 I_D 軸，可估計出 I_{DSS} 值約 9 mA。注意最底曲線對應的 V_{GS} 值，並考慮到當 V_{GS} 值愈負時，V_{GS} 對應曲線的間距會愈為縮小，由此可估計出 V_P 值。對圖 6.20 而言，V_P 必然比 -2 V 更負，且可能接近 -2.5 V。但記住，接近截止時，V_{GS} 對應曲線的間距會縮小很快，因此 $V_P=-3$ V 可能是更佳的選擇。也應該注意到，因步數控制設成 5 步顯示，使顯示的曲線限制在 $V_{GS}=0$、-0.5、-1、-1.5 和 -2 V。若步數控制增加到 10 步，且每步電壓變化降到 250 mV$=0.25$ V。則所得曲線會多一條 $V_{GS}=-2.25$ V 對應的曲線，且原先的兩曲線間都會多增加一條曲線。從 $V_{GS}=-2.25$ V 的曲線可看出，對相同的每步電壓變化，曲線間距會快速變近。幸運地，可利用表 6.1 所提供的條件，相當精確的估算出 V_P 值。也就是，當 $I_D=I_{DSS}/2$ 時，$V_{GS}=0.3\,V_P$。對圖 6.20 的特性而言，$I_D=I_{DSS}/2=9$ mA$/2=4.5$ mA，且由圖 6.20 可看出，此時對應的 V_{GS} 值約 -0.9 V。利用此數據，可發現 $V_P=V_{GS}/0.3=-0.9$ V$/0.3=-3$ V，此即我們對此裝置的選擇。利用此 V_P 值，求出 $V_{GS}=-2$ V 時，

$$I_D = I_{DSS}\left(1 - \frac{V_{GS}}{V_P}\right)^2 = 9 \text{ mA}\left(1 - \frac{-2 \text{ V}}{-3 \text{ V}}\right)^2$$

$$\cong 1 \text{ mA}$$

此結果得到圖 6.20 的支持。

在 $V_{GS} = -2.5$ V 處，利用 $V_P = -3$ V，由蕭克萊方程式可得 $I_D = 0.25$ mA。可看出當 V_{GS} 接近 V_P 時，曲線間距的縮減有多快。在第 8 章探討小訊號交流情況時，會介紹 g_m 的重要性，以及如何由圖 6.20 的特性決定 g_m。

6.6 重要關係式

JFET 的幾個重要關係式和操作特性已經介紹了，這在以下的直流和交流電路組態的分析中格外重要。為了特別挑選並強調這些關係的重要性，將這些擺在表 6.2，旁邊並附上 BJT 電晶體對應的關係式。JFET 關係式的定義根據圖 6.21a，而 BJT 的關係式則根據圖 6.21b。

表 6.2

JFET		BJT
$I_D = I_{DSS}\left(1 - \dfrac{V_{GS}}{V_P}\right)^2$	$\Leftrightarrow$	$I_C = \beta I_B$
$I_D = I_S$	$\Leftrightarrow$	$I_C \cong I_E$
$I_G \cong 0$ A	$\Leftrightarrow$	$V_{BE} \cong 0.7$ V

(6.12)

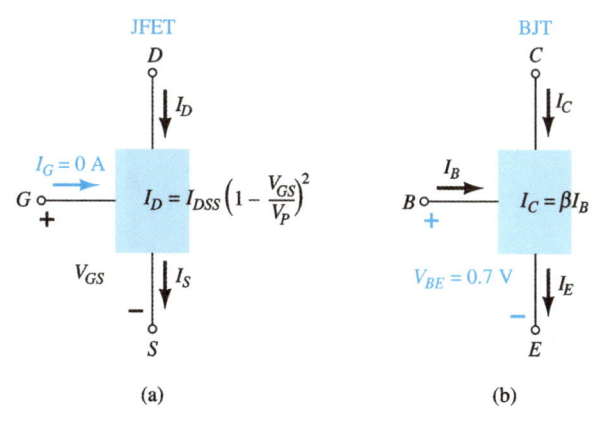

圖 6.21 (a) JFET 對照 (b) BJT

對以上各方程式的效應的清楚理解，將構成對更複雜直流電路分析的充足基礎。回想到，$V_{BE}=0.7$ V 常是啟動 BJT 電路分析的關鍵。同樣地，$I_G=0$ A 也常是 JFET 電路分析的起點。對 BJT 電路而言，I_B 一般是第一個求出的參數，而對 JFET 正常則是 V_{GS}。到第 7 章時，BJT 和 JFET 直流電路分析之間的一些相似性，就會很清楚。

6.7 空乏型 MOSFET

正如導言所指出的，FET 有三種類型：JFET、MOSFET 和 MESFET。MOSFET 可進一步分為空乏型和增強型。術語空乏(depletion)和增強(enhancement)定義了基本工作模式，而名稱 MOSFET 則代表金屬(*m*etal)-氧化物(*o*xide)-半導體(*s*emiconductor)電場(*f*ield)-效應(*e*ffect)電晶體(*t*ransistor)。因不同類型的 MOSFET 在特性和工作上的差異，所以分成不同節作介紹。本節將探討空乏型 MOSFET，在截止(V_P)和飽和(I_{DSS})之間的特性類似 JFET，但多了一段特性延伸到相反 V_{GS} 極性的區域。

基本結構

n 通道空乏型 MOSFET 的基本結構提供在圖 6.22，由矽基質形成一層 *p* 型材料稱為基板(substrate)，這是建構裝置的基礎。有時在元件內部基板會接到源極，但許多獨立型裝置會多提供一個腳位，記為 *SS*，因此成為四端裝置，如圖 6.22。源極與汲極腳位經金屬接觸連接到 *n* 型摻雜區，中間以 *n* 通道相連，如圖 6.22 所示。閘極也接到金屬接觸表面，但和 *n* 通道之間以極薄的二氧化矽(SiO_2)層隔離，此絕緣層稱為介電(dielectric)層，介電層內部會產生和外加電壓極性相反的電場。SiO_2 絕緣層具有如下意義：

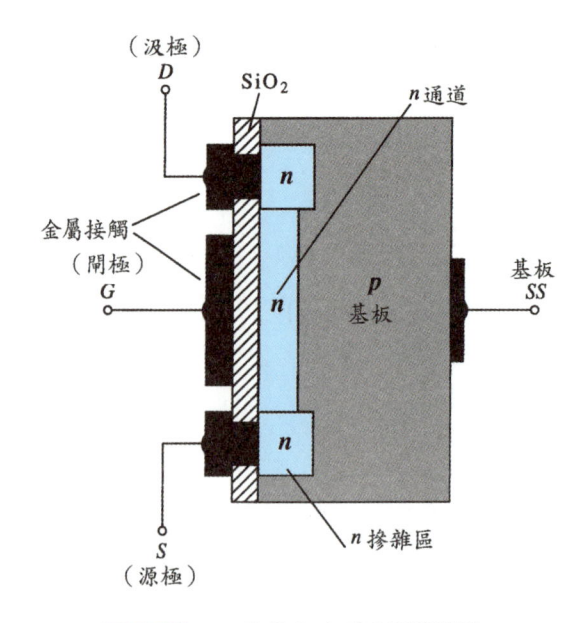

圖 6.22 *n* 通道空乏型 MOSFET

> MOSFET 的閘極腳位和通道之間沒有直接的電性連接。

另外：

> MOSFET 上的 SiO$_2$ 絕緣層提供裝置極需要的高輸入阻抗。

事實上，MOSFET 的輸入阻抗通常高於典型的 JFET，其實在大部分的應用中，多數 JFET 的輸入阻抗已經足夠高了。因為 MOSFET 的輸入阻抗極高，所以在直流偏壓電路中，閘極電流幾乎為 0 A。

使用金氧半名稱的理由是很明顯的，金屬是指汲極、源極和閘極接腳，氧化物是指二氧化矽絕緣層，而半則代表基本結構的 n 型區和 p 型區。閘極和通道之間的絕緣層帶給裝置另一個名稱：絕緣閘極(insulating-gate)FET，簡稱 IGFET，但此名稱較少使用。

基本工作與特性

圖 6.23 中，將兩腳位直接連接，使閘極對源極電壓設為 0 V，而汲極對源極則外加電壓 V_{DD}，結果是汲極的正電位會吸引 n 通道的自由電子，可建立類似 JFET 通道上流通的電流。事實上，V_{GS}＝0 V 所得的電流，仍然標記為 I_{DSS}，如圖 6.24 所示。

在圖 6.25 中，V_{GS} 設為負電壓，比同－1 V。閘極的負電位會將電子推向 p 型基板（如同電荷互斥）如圖 6.25 所示。依據 V_{GS} 所建立負偏壓的大小，自由電子和電洞之間會產生某一定程度的再結合，可將 n 通道中可供導通的自由電子數目降到某一定值。V_{GS} 偏壓愈負時，再結合速率愈高。因此當 V_{GS} 的負偏壓上升時，汲極電流值會隨之下

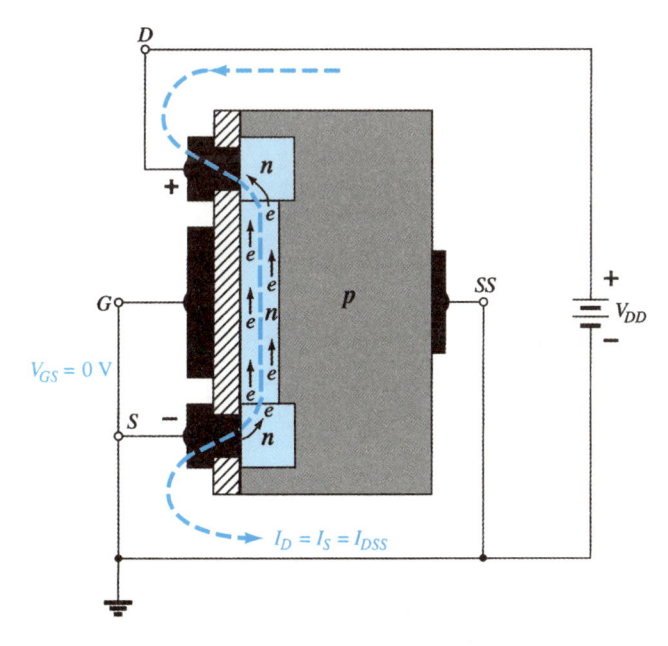

圖 6.23 V_{GS}＝0 V 且外加電壓 V_{DD} 時的 n 通道空乏型 MOSFET

496 電子裝置與電路理論

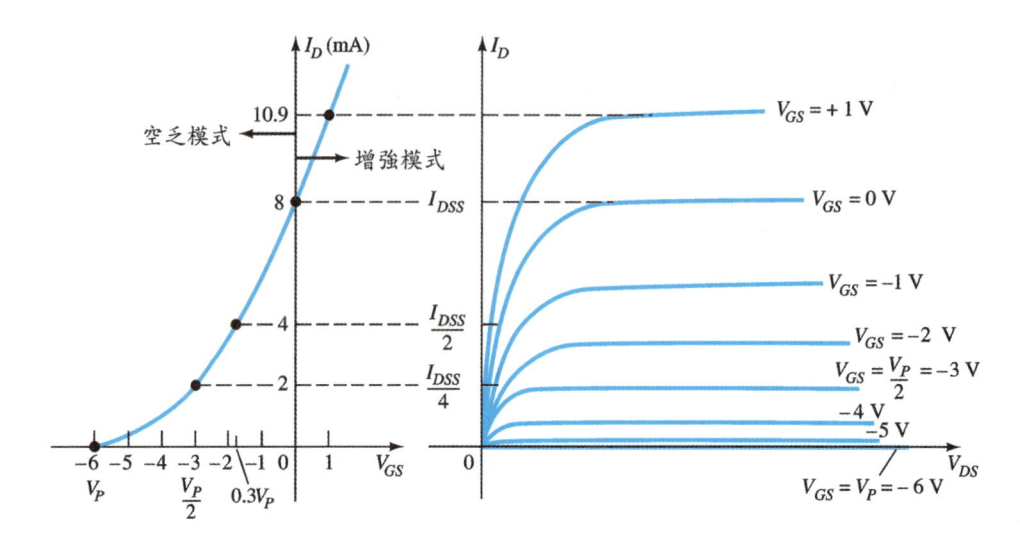

圖 6.24 n 通道空乏型 MOSFET 的汲極和轉移特性

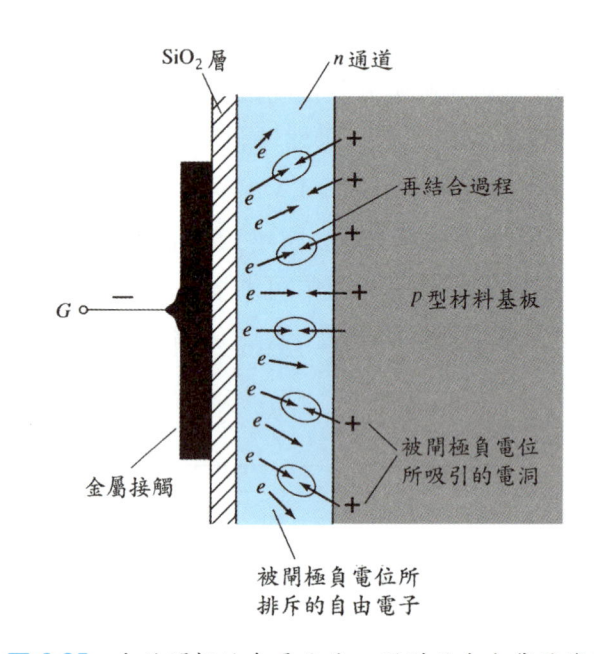

圖 6.25 由於閘極的負電位使 n 通道的自由載子降低

降,如圖 6.24 中,V_{GS} 由 $-1\,V$、$-2\,V$ 等到夾止電壓 $-6\,V$,會產生對應的汲極電流值,並繼續畫出轉移曲線,會和 JFET 的轉移曲線完全相同。

當 V_{GS} 為正值時,正閘極電壓會吸引 p 型基板中的自由電子,這些載子源於漏電流或因載子加速碰撞所游離。當閘極對源極電壓繼續朝正方向增加時,由圖 6.24 可看出,汲極電流會因上述理由快速上升。從圖 6.24 上 $V_{GS}=0\,V$ 和 $V_{GS}=+1\,V$ 對應曲線的間距,已清楚表示,V_{GS} 的 1 V 變化已造成電流多大的增加。由於電流上升很快,使用者必須知道汲極電流的最大額定值,此電流額定值必然對應於某一正閘極電壓值。也就對圖 6.24

的裝置而言，外加電壓 $V_{GS}=+4$ V 時，會產生 22.2 mA 的汲極電流，這可能已超過額定值（電流額定或功率額定）。由以上的說明可看出，和 $V_{GS}=0$ V 相比，外加正的閘極對源極電壓時，可"增強"通道中的自由載子數量，因此在汲極特性或轉移特性上的正閘極電壓區域，通常稱為**增強區** (enhancement region)，而在截止與飽和電流值 I_{DSS} 之間的區域，則稱為**空乏區** (depletion region)。

蕭克萊方程式對空乏型 MOSFET 的特性，無論是空乏區或增強區，都可以繼續適用，此點特別值得關注也很有幫助。對空乏區和增強區，方程式中的 V_{GS} 需要給予正確的正負號，因此在數學運算時，要仔細看正負號。

例 6.3 試畫出 $I_{DSS}=10$ mA 和 $V_P=-4$ V 的 n 通道空乏型 MOSFET 的轉移特性。

解：

當 $V_{GS}=0$ V，$I_D=I_{DSS}=10$ mA

$V_{GS}=V_P=-4$ V，$I_D=0$ mA

$V_{GS}=\dfrac{V_P}{2}=\dfrac{-4\text{ V}}{2}=-2$ V，

$I_D=\dfrac{I_{DSS}}{4}=\dfrac{10\text{ mA}}{4}=2.5$ mA

以及當 $I_D=\dfrac{I_{DSS}}{2}$ 時，

$V_{GS}=0.3V_P=0.3(-4\text{ V})=-1.2$ V

以上均顯示在圖 6.26 上。

在畫出正 V_{GS} 值對應的區域之前，記住，隨著正 V_{GS} 值的增加，I_D 值會增加得非常快。易言之，在選取代入蕭克萊方程式的 V_{GS} 值要保守一些。現在取 $V_{GS}=+1$ V 如下：

$I_D=I_{DSS}1\left(1-\dfrac{V_{GS}}{V_P}\right)^2=(10\text{ mA})\left(1-\dfrac{+1\text{ V}}{-4\text{ V}}\right)^2$

$=(10\text{ mA})(1+0.25)^2=(10\text{ mA})(1.5625)$

$\cong 15.63$ mA

對完成特性圖而言，此 I_D 值已足夠高了。

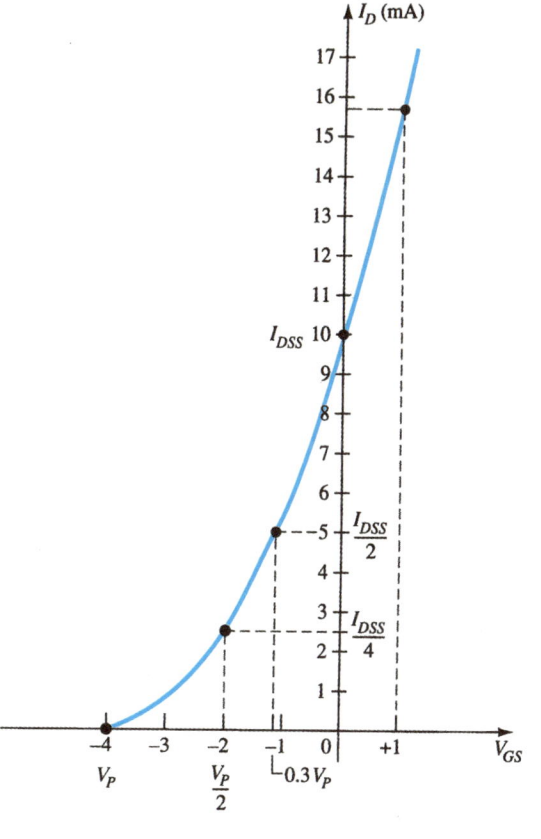

圖 6.26 $I_{DSS}=10$ mA，$V_P=-4$ V 的 n 通道空乏型 MOSFET 的轉移特性

p 通道空乏型 MOSFET

p 通道空乏型 MOSFET 的結構正好和圖 6.22 相反,也就是具有 n 型基板和 p 型通道,如圖 6.27a 所示。腳位維持不變,但所有電壓極性和電流方向完全顛倒,見圖 6.27a。汲極特性和圖 6.24 完全相同,但 V_{DS} 為負值,而 I_D 則為正值(因電流定義方向已相反),V_{GS} 的極性也相反,見圖 6.27c。因 V_{GS} 的極性顛倒,所產生的轉移特性圖 6.27b 是圖 6.24 對 I_D 軸的鏡射。易言之,截止點 $V_{GS}=V_P$ 在 V_{GS} 的正值區域,隨著 V_{GS} 的減少,汲極電流逐漸上升到 I_{DSS}。當 V_{GS} 愈負時,I_D 會繼續增加,蕭克萊方程式依然適用,但 V_{GS} 和 V_P 要代入正確的正負號。

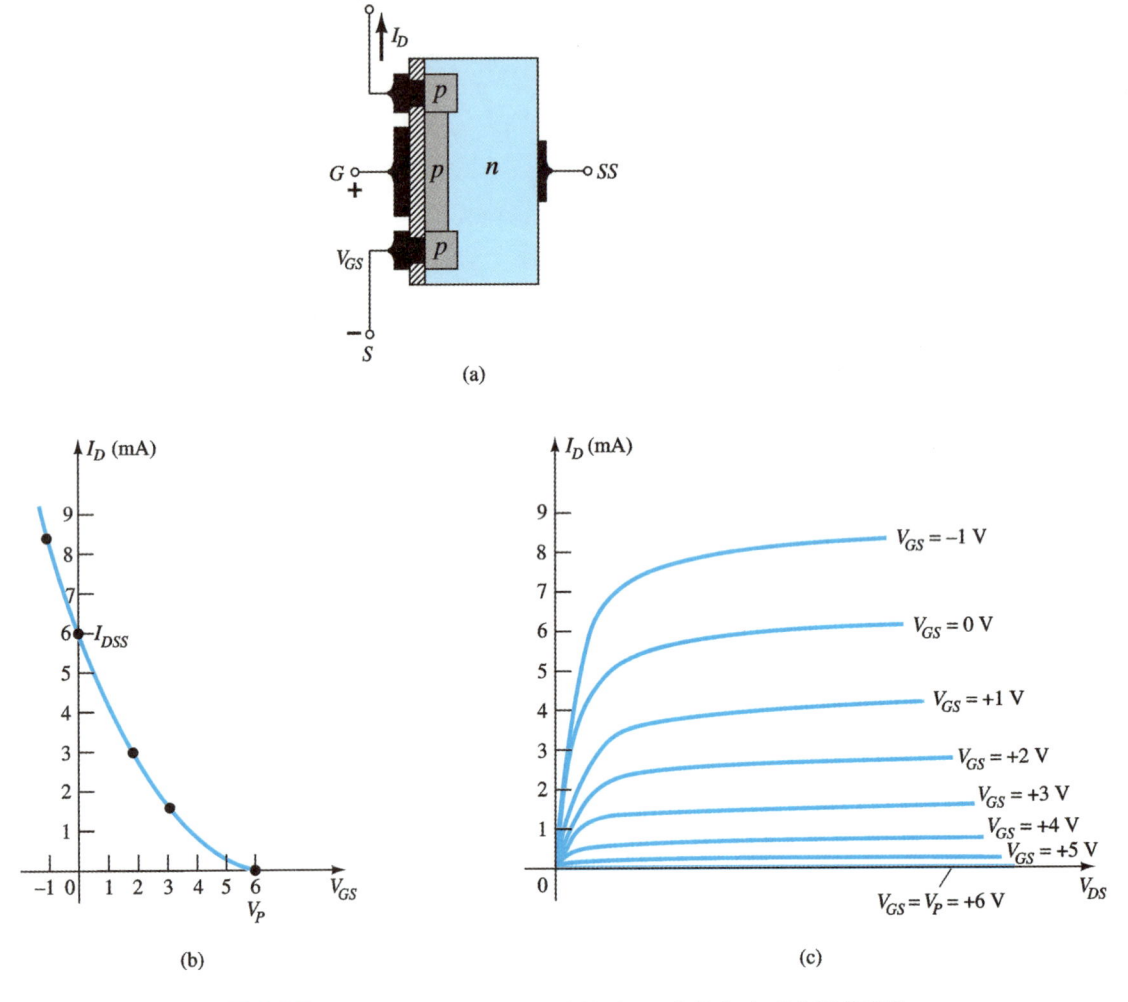

圖 6.27 $I_{DSS}=6$ mA 且 $V_P=+6$ V 的 p 通道空乏型 MOSFET

符號、規格表和外殼構造

n 通道以及 p 通道空乏型 MOSFET 的圖形符號提供在圖 6.28，注意到，符號的選擇正是要反映裝置的實際結構。因閘極和通道之間並未直接相連（因為有絕緣層），因此符號上的閘極和另外兩腳之間留下間隔。垂直線代表連接在汲極和源極之間的通道，此通道由基板"支撐"著。每種類型都提供兩種符號，因某些 MOSFET 有基板外部接腳，而某些則沒有。在以下第 7 章大部分的分析中，基板和源極都會接在一起，所以會用底下的符號。

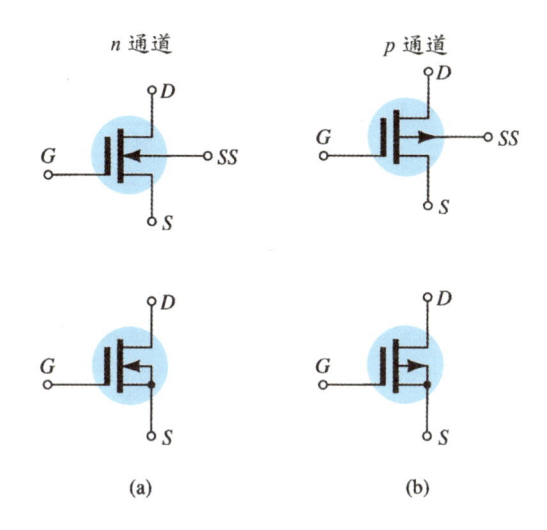

圖 6.28 (a) n 通道空乏型 MOSFET 和 (b) p 通道空乏型 MOSFET 的圖形符號

圖 6.29 中的裝置有三支腳，各腳位的判別方法也顯示在圖上。空乏型 MOSFET 的規格表類似 JFET，V_P 和 I_{DSS} 分別列在"截止"與"導通"特性的最大值項與典型值項上。但除此之外，因 I_D 可超過 I_{DSS}，正常會提供另一點以反映正 V_{GS} 電壓（對 n 通道裝置而言）對應的 I_D 典型值。對圖 6.29 的裝置而言，當 $V_{DS}=10$ V 且 $V_{GS}=3.5$ V 時，I_D 的定值是 $I_{D(ON)}=9$ mA dc 以上。

6.8 增強型 MOSFET

雖然空乏型和增強型 MOSFET 在結構和操作模式上有某些相似性，但增強型 MOSFET 的特性和空乏型 MOSFET（或 JFET）是相當不同的，其轉移特性也不是用蕭克萊方程式定義。在閘極對源極電壓未到達某特定值之前，汲極電流會維持在截止狀態。特別是 n 通道裝置中，電流是由正的閘極對源極電壓所控制，而不像在 n 通道 JFET 和 n 通道空乏型 MOSFET 中電流是由負電壓所控制。

500 電子裝置與電路理論

2N3797

音頻低功率 MOSFET

n 通道—空乏型

最大額定值

額定	符號	數值	單位
汲極源極電壓　　　　2N3797	V_{DS}	20	Vdc
閘極源極電壓	V_{GS}	±10	Vdc
汲極電流	I_D	20	mAdc
裝置總功率消耗（25°C時），25°C 以上遞減率	P_D	200 1.14	mW mW/°C
接面溫度	T_J	+175	°C
儲存時通道溫度範圍	T_{stg}	−65 to +200	°C

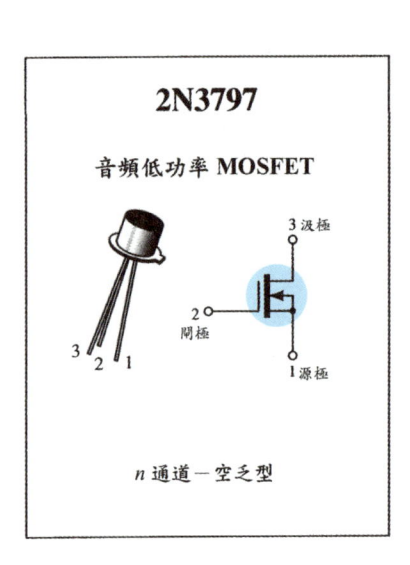

電氣特性（$T_A = 25°C$，除非另有註明）

特性	符號	最小值	典型值	最大值	單位
截止特性					
汲極源極崩潰電壓 ($V_{GS} = -7.0$ V, $I_D = 5.0$ μA)　　2N3797	$V_{(BR)DSX}$	20	25	−	Vdc
閘極逆向電流(1) ($V_{GS} = -10$ V, $V_{DS} = 0$) ($V_{GS} = -10$ V, $V_{DS} = 0$, $T_A = 150°C$)	I_{GSS}	− −	− −	1.0 200	pAdc
閘極源極截止電壓 ($I_D = 2.0$ μA, $V_{DS} = 10$ V)　　2N3797	$V_{GS(off)}$	−	−5.0	−7.0	Vdc
汲極閘極逆向電流(1) ($V_{DG} = 10$ V, $I_S = 0$)	I_{DGO}	−	−	1.0	pAdc
導通特性					
零閘極電壓時之汲極電流 ($V_{DS} = 10$ V, $V_{GS} = 0$)　　2N3797	I_{DSS}	2.0	2.9	6.0	mAdc
導通狀態下之汲極電流 ($V_{DS} = 10$ V, $V_{GS} = +3.5$ V)　　2N3797	$I_{D(on)}$	9.0	14	18	mAdc
小訊號特性					
順向轉移導納 ($V_{DS} = 10$ V, $V_{GS} = 0$, f = 1.0 kHz)　　2N3797	$|y_{fs}|$	1500	2300	3000	μmhos
($V_{DS} = 10$ V, $V_{GS} = 0$, f = 1.0 MHz)　　2N3797		1500	−	−	
輸出導納 ($I_{DS} = 10$ V, $V_{GS} = 0$, f = 1.0 kHz)　　2N3797	$|y_{os}|$	−	27	60	μmhos
輸入電容 ($V_{DS} = 10$ V, $V_{GS} = 0$, f = 1.0 MHz)　　2N3797	C_{iss}	−	6.0	8.0	pF
逆向轉移電容 ($V_{DS} = 10$ V, $V_{GS} = 0$, f = 1.0 MHz)	C_{rss}	−	0.5	0.8	pF
功能特性					
雜訊指數 ($V_{DS} = 10$ V, $V_{GS} = 0$, f = 1.0 kHz, R_S = 3 megohms)	NF	−	3.8	−	dB

(1)此電流值包括 FET 漏電流和可達最佳測試條件之下的測試座及治具之漏電流。

圖 6.29 Motorola n 通道空乏型 MOSFET 2N3797

基本結構

  n 通道增強型 MOSFET 的基本結構提供在圖 6.30，由矽基質形成 p 型材料層，稱為基板。和空乏型 MOSFET 一樣，有些裝置的基板在結構內部直接連到源極腳位，有的並未作連接，使裝置提供四支腳，可由外部控制基板電位(SS)。源極和汲極腳位一樣經金屬接觸到 n 型摻雜區，但注意在圖 6.30 中兩個 n 型摻雜區之間並沒有通道，這是空乏型和增強型 MOSFET 在結構上的主要差異——裝置結構中的通道是否存在。依然有 SiO_2 層以隔離閘極金屬平台和汲極源極間的區域，此區域現在是一段 p 型材料。因此總之，增強型 MOSFET 的結構很像空乏型 MOSFET，但在汲極與源極腳位之間沒有通道存在。

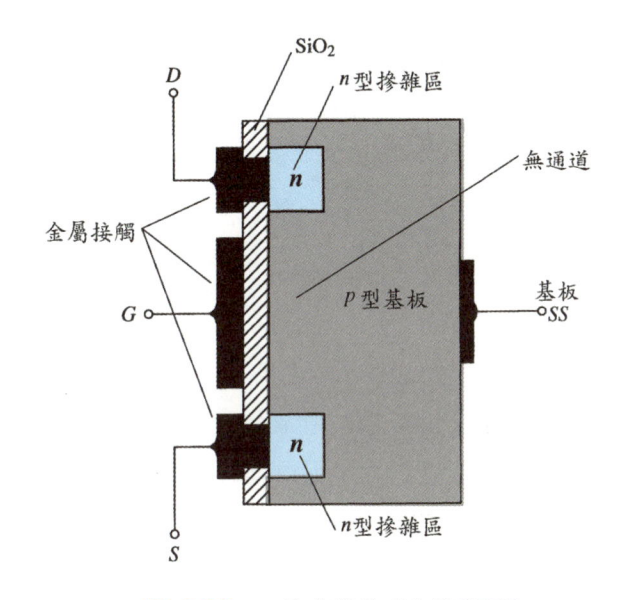

圖 6.30 n 通道增強型 MOSFET

基本工作特性

  若圖 6.30 中裝置的 V_{GS} 設在 0 V，且外加電壓到汲極與源極之間，因沒有 n 通道（所以也沒有大量的載子），因此產生的電流實際上為 0 A——這和空乏型 MOSFET 以及 JFET 對應的 $I_D = I_{DSS}$ 十分不同。若汲極與源極之間不存在路徑，僅靠汲極與 n 極的 n 型摻雜區域不足以累積大量的載子（自由電子）。若基板腳位 SS 直接連到源極，V_{DS} 施加某正電壓，且 V_{GS} 設在 0 V，則兩個 n 型摻雜區和 p 型基板之間都會成為逆偏的 p-n 接面，會阻止汲極和源極之間的任何電流。

  在圖 6.31 中，V_{DS} 和 V_{GS} 都設在大於 0 V 的正電壓，汲極和閘極對源極都呈正電位。閘極的正電位會壓迫 p 型基板中沿著 SiO_2 層邊緣的電洞（就像電荷之間的互斥）離開原區域而進入更深層的基板區域，如圖所示。結果是在接近 SiO_2 絕緣層的地方，產生一層

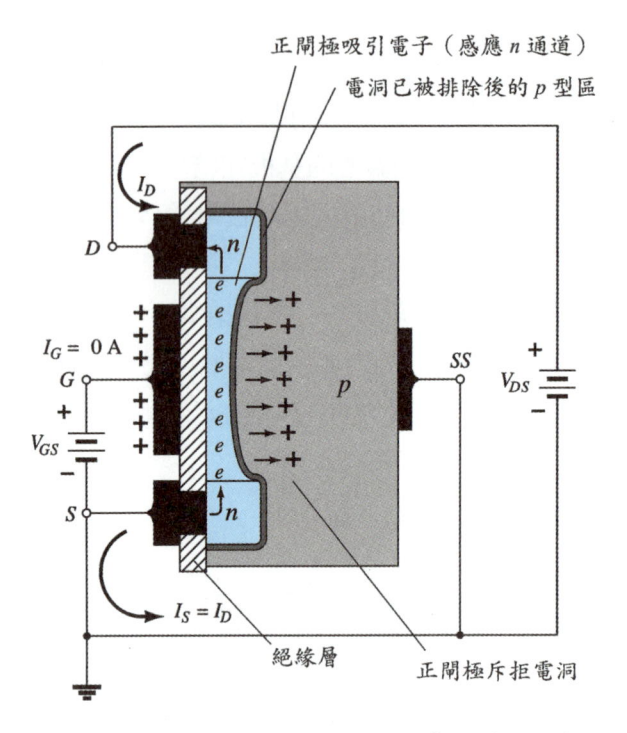

圖 6.31 n 通道增強型 MOSFET 中通道的形成

電洞被排除的區域,而 p 型基板中的電子(少數載子)則被吸引朝向正閘極,自由電子會累積在靠近 SiO₂ 層表面的區域,SiO₂ 層的絕緣性質阻止負載子到達閘極。當 V_{GS} 愈大時,將自由電子吸引到 SiO₂ 表面附近的力量就愈強,最後會感應產生 n 型區,可支持汲極與源極之間產生電流。使汲極電流增加到有意義的大小所需的 V_{GS} 值,稱為**臨限電壓 (threshold voltage)**,符號為 V_T,規格表上一般記為 $V_{GS(Th)}$,因 V_T 比較簡潔,以下的分析都使用 V_T。因 $V_{GS}=0$ V 時通道不存在,必須外加正的閘極對源極電壓以"增強",所以這種 MOSFET 稱為增強型 MOSFET。空乏型和增強型 MOSFET 都有增強模式的操作區域,但因增強型 MOSFET 只有增強模式的操作,故以增強型命名。

當 V_{GS} 超過臨限電壓後繼續上升時,感應產生的通道內的自由載子密度會再增加,使汲極電流值上升。但若 V_{GS} 維持定值且增加 V_{DS},則汲極電流最後會達到飽和電流值,這和 JFET 以及空乏型 MOSFET 所發生的情況相同。I_D 值的飽和,可從圖 6.32 中通道在汲極端窄化的夾止現象看出。對圖 6.32 中 MOSFET 的各腳位電壓,運用克希荷夫電壓定律,可發現

$$V_{DG}=V_{DS}-V_{GS} \tag{6.13}$$

若 V_{GS} 維持在某一定值,比如說 8 V,且 V_{DS} 由 2 V 增至 5 V,則電壓 V_{DG}(由式 (6.13))會從 −6 V 掉到 −3 V,對汲極而言,閘極的正壓會愈來愈低。閘極對汲極電壓的

降低，連帶使通道區域對自由電子的吸引力減少，因而使有效通道寬度降低。最後，通道會縮減到夾止的情況而建立飽和條件，如同先前 JFET 和空乏型 MOSFET 的情況。易言之，當 V_{GS} 固定而 V_{DS} 再繼續增加時，並不能影響 I_D 飽和電流值，除非最後出現崩潰。

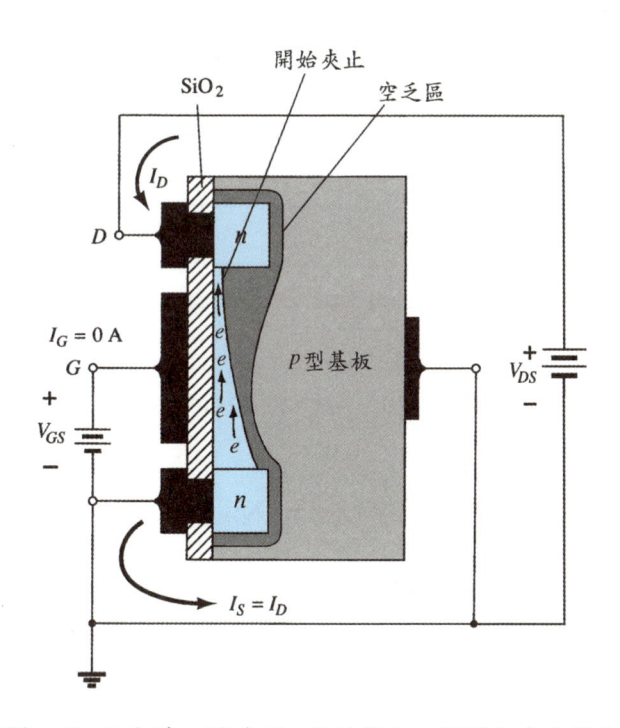

圖 6.32 V_{GS} 固定時，隨著 V_{DS} 值的增加，通道和空乏區的變化

由圖 6.33 的汲極特性可看出，圖 6.32 中的裝置在 $V_{GS}=8\,\text{V}$ 時，飽和會發生在 $V_{DS}=6\,\text{V}$。事實上，V_{DS} 的飽和點和外加的 V_{GS} 值有關，即

$$V_{DS_{\text{sat}}} = V_{GS} - V_T \tag{6.14}$$

因此顯然對固定的 V_T 值而言，V_{GS} 值愈高時，V_{DS} 的飽和值會愈大，V_{DS} 的飽和點軌跡見圖 6.32。

對圖 6.32 的特性而言，可看出 V_T 值是 2 V，因對應的汲極電流已降到 0 mA，因此一般而言：

當 V_{GS} 值小於臨限電壓值時，增強型 MOSFET 的汲極電流會是 0 mA。

由圖 6.33 可清楚看出，V_{GS} 由 V_T 增至 8 V 時，所產生的 I_D 飽和電流值會從 0 mA 增加到 10 mA。另外，可注意到，隨著 V_{GS} 的增加，V_{GS} 對應曲線之間的間距也隨之增大，代表汲極電流的增幅持續擴大。

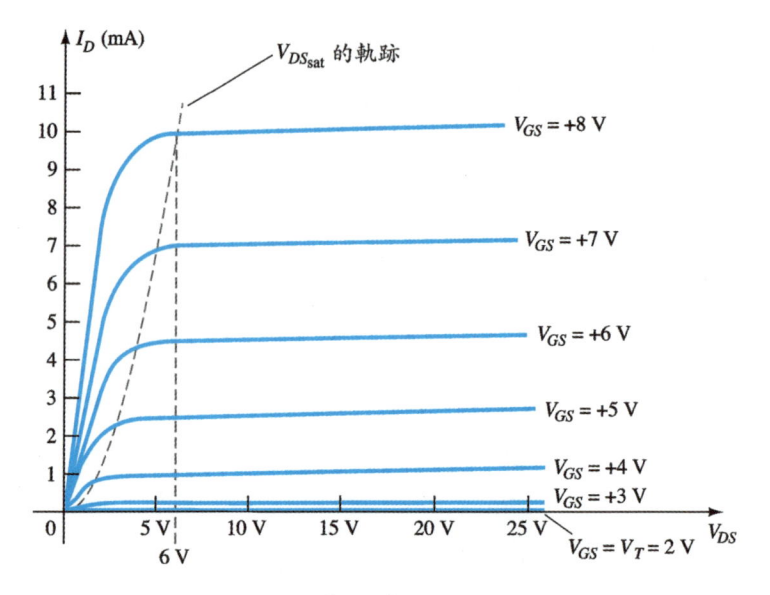

圖 6.33 $V_T=2$ V 且 $k=0.278\times 10^{-3}$ A/V^2 的 n 通道增強型 MOSFET 的汲極特性

當 $V_{GS}>V_T$ 時，汲極電流和外加的閘極對源極電壓，會呈如下的非線性關係：

$$I_D=k(V_{GS}-V_T)^2 \tag{6.15}$$

再一次，二次項造成 I_D 和 V_{GS} 之間的非線性關係，k 為常數，其值受到裝置結構的影響，k 值可由下式（由式(6.15)導出）決定，其中 $I_{D(on)}$ 和 $V_{GS(on)}$ 是裝置特性在某特定點的對應值。

$$k=\frac{I_{D(on)}}{(V_{GS(on)}-V_T)^2} \tag{6.16}$$

由圖 6.33 的特性，選取 $V_{GS(on)}=8$ V，對應的 $I_{D(on)}=10$ mA，代入

$$k=\frac{10\text{ mA}}{(8\text{ V}-2\text{ V})^2}=\frac{10\text{ mA}}{(6\text{ V})^2}=\frac{10\text{ mA}}{36\text{ V}^2}$$
$$=\mathbf{0.278\times 10^{-3}\text{ A/V}^2}$$

因此圖 6.33 的特性，I_D 的一般方程式如下：

$$I_D=0.278\times 10^{-3}(V_{GS}-2\text{ V})^2$$

代入 $V_{GS}=4$ V，可求出

$$I_D = 0.278 \times 10^{-3}(4\text{ V} - 2\text{ V})^2 = 0.278 \times 10^{-3}(2)^2$$
$$= 0.278 \times 10^{-3}(4) = \mathbf{1.11\text{ mA}}$$

此由圖 6.33 證實。在 $V_{GS} = V_T$ 時，二次項為 0 且 $I_D = 0$ mA。

在第 7 章中對增強型 MOSFET 的直流分析時，運用圖解法時，會再用到轉移特性。在圖 6.34 中，汲極特性和轉移特性放在一起，以說明如何由汲極特性轉換成轉移特性。本質上和先前 JFET 以及空乏型 MOSFET 所介紹的程序一樣，但現在要記住，當 $V_{GS} \leq V_T$ 時，汲極電流是 0 mA。當 V_{GS} 增加到超過 V_T 時，汲極電流會開始遞增，符合式(6.15)。注意到，由汲極特性找出轉移特性的定義點時，只能用飽和電流值，因此只能選取 V_{DS} 超過飽和點（定義在式(6.14)）的區域。

圖 6.34 的轉移曲線和之前所得的相當不同，對 n 通道裝置而言，特性都位在正 V_{GS} 的區域，且當 V_{GS} 超過 V_T 時，電流 I_D 才開始由零上升。現在的問題是，對特定的 MOSFET 而言，當已知 k 和 V_T 如下時，如何畫出轉移特性：

$$I_D = 0.5 \times 10^{-3}(V_{GS} - 4\text{ V})^2$$

首先，由 $V_{GS} = 0$ V 到 $V_{GS} = 4$ V，沿著 $I_D = 0$ mA 畫一條水平線，如圖 6.35a 所示。接著，當 V_{GS} 超過 V_T，比如選取 5 V，代入式(6.15)，可決定所得 I_D 值如下：

$$I_D = 0.5 \times 10^{-3}(V_{GS} - 4\text{ V})^2$$
$$= 0.5 \times 10^{-3}(5\text{ V} - 4\text{ V})^2 = 0.5 \times 10^{-3}(1)^2$$
$$= \mathbf{0.5\text{ mA}}$$

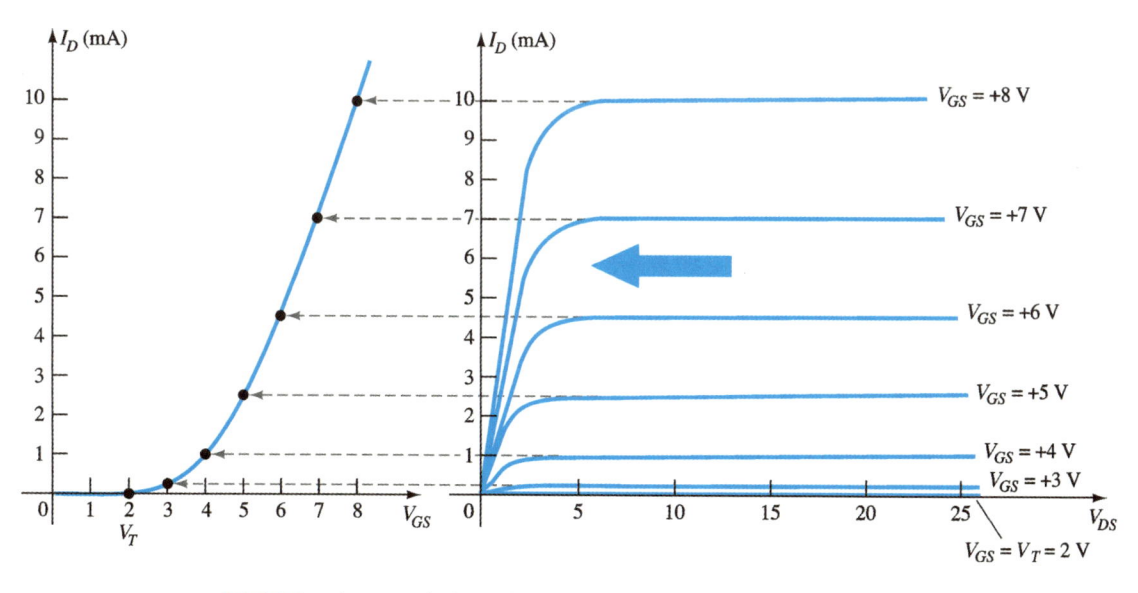

圖 6.34 由 n 通道增強型 MOSFET 的汲極特性畫出轉移特性

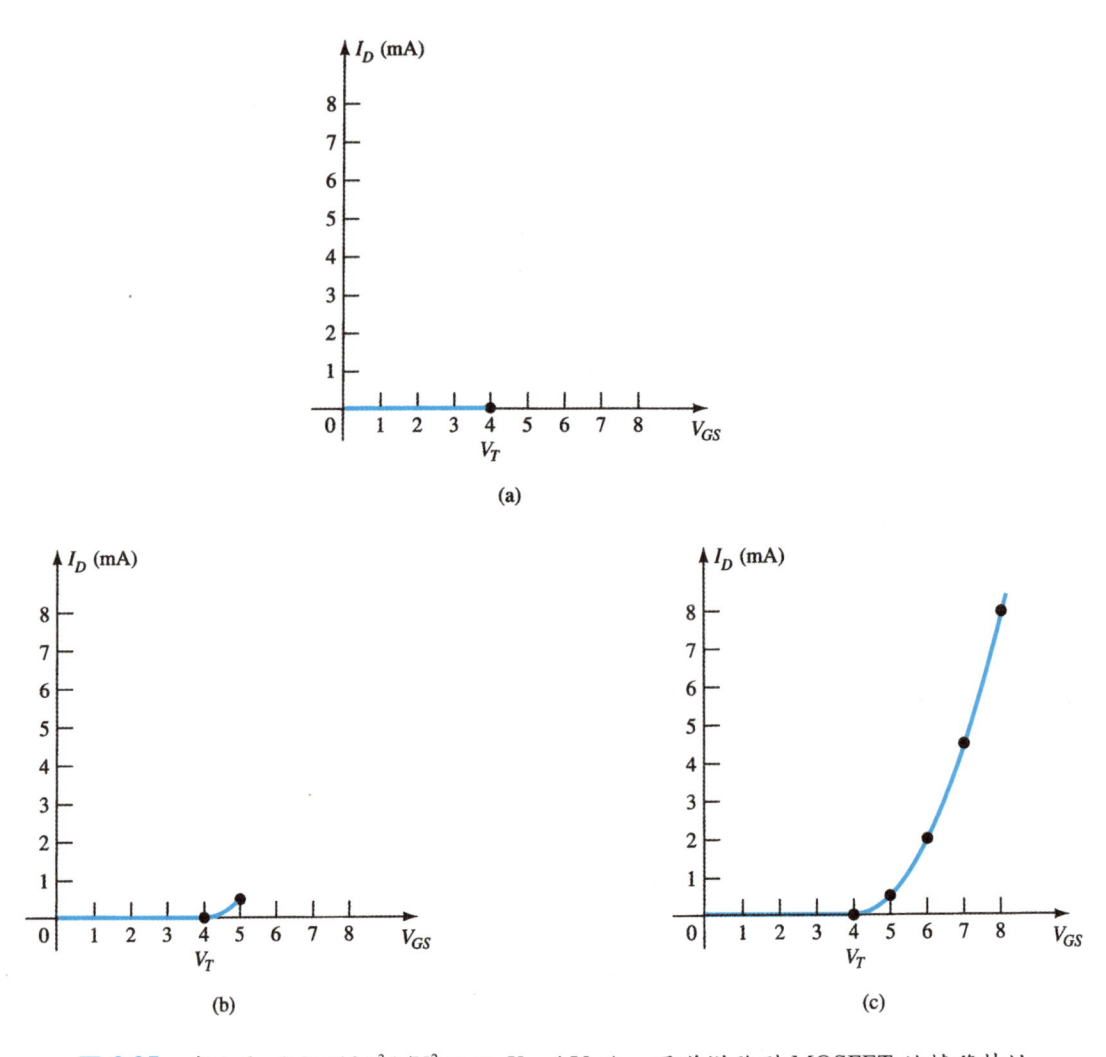

圖 6.35 畫出 $k=0.5\times10^{-3}\text{A/V}^2$ 以及 $V_T=4\text{ V}$ 的 n 通道增強型 MOSFET 的轉移特性

可得圖上一點，見圖 6.35b。最後再多選幾個 V_{GS} 值，可得 I_D 的對應值。例如在 $V_{GS}=6$、7 和 8 V，可得 I_D 分別為 2、4.5 和 8 mA，可畫出圖 6.35c 的圖形。

p 通道增強型 MOSFET

p 通道增強型 MOSFET 的結構和圖 6.30 正好相反，見圖 6.36a。也就基板為 n 型且汲極源極接腳之下為 p 型摻雜區。接腳定義不變，但所有電壓極性和電流方向皆顛倒。汲極特性見圖 6.36c，當 V_{GS} 的負值愈負時，電流會持續上升。圖 6.36b 的特性曲線，如圖 6.34 曲線的鏡射（對應於 I_D 軸）。當 V_{GS} 負於 V_T 且愈負時，I_D 會愈大，見圖 6.36b，式(6.13)～式(6.16)同樣可應用在 p 通道裝置。

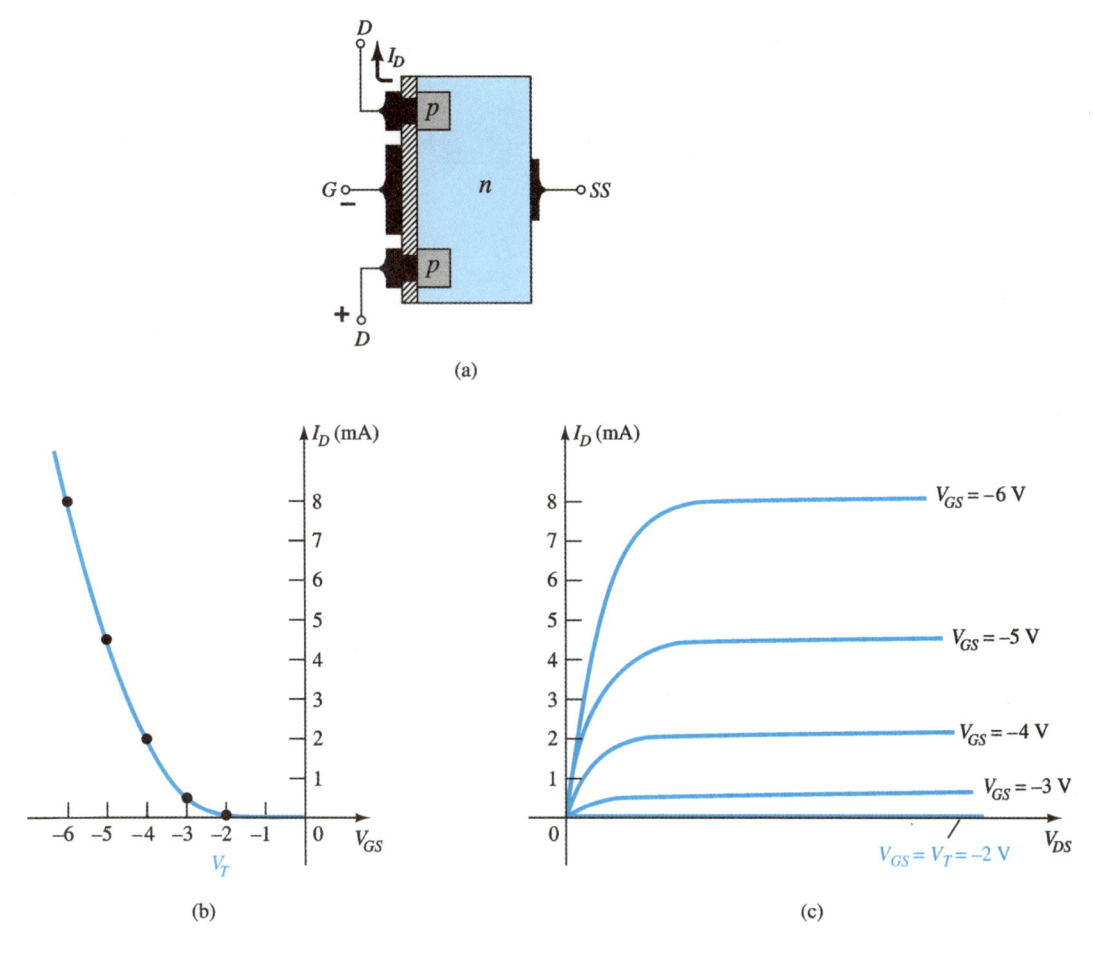

圖 6.36 $V_T=2$ V 且 $k=0.5\times10^{-3}$ A/V² 的 p 通道增強型 MOSFET

符號、規格表和外殼結構

　　n 通道和 p 通道增強型 MOSFET 的圖形符號提供在圖 6.37，再次注意到，符號如何反映裝置的實際結構。汲極和源極之間採用虛線，反映在零偏壓之下，汲極和源極之間不存在通道。事實上，這是空乏型和增強型 MOSFET 在符號上的唯一差別。

　　Motorola n 通道增強型 MOSFET 的規格表提供在圖 6.38，其外殼構造和腳位定義則提供在最大額定值的旁邊，最大汲極電流是 30 mA dc。在規格表的截止特性之下提供 I_{DSS} 值，現在只有 10 nA dc（對應於 $V_{DS}=10$ V 和 $V_{GS}=0$ V），而 JFET 和空乏型 MOSFET 則在 mA 的範圍。臨限電壓定為 $V_{GS(Th)}$，在 1 V～5 V dc 的範圍，因元件不同而有差異。規格表不提供式(6.15)中的 k 值範圍，但提供某指定 $V_{GS(on)}$ 電壓（此規格表為 10 V）對應的典型電流 $I_{D(on)}$（現在是 3 mA）。易言之，當 $V_{GS}=10$ V 時，$I_D=3$ mA。已知 $V_{GS(Th)}$、$I_{D(on)}$ 和 $V_{GS(on)}$，就可由式(6.16)決定 k 值，並寫出轉移特性的一般方程式。而有關 MOSFET 的執持要求，見 6.9 節的說明。

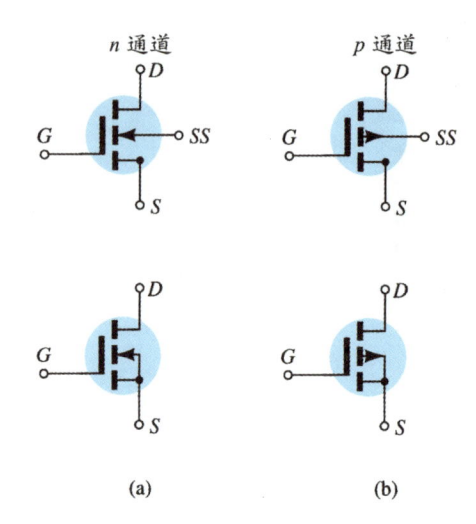

圖 6.37 (a)n 通道增強型 MOSFET 和(b)p 通道增強型 MOSFET 的符號

例 6.4 用圖 6.38 規格表提供的數據，且取平均臨限電壓 $V_{GS(Th)}=3$ V，決定：
a. 所產生的 MOSFET 的 k 值。
b. 轉移特性。

解：

a. 由式 (6.16)：
$$k=\frac{I_{D(on)}}{(V_{GS(on)}-V_{GS(Th)})^2}$$
$$=\frac{3\text{ mA}}{(10\text{ V}-3\text{ V})^2}=\frac{3\text{ mA}}{(7\text{ V})^2}=\frac{3\times 10^{-3}}{49}\text{A/V}^2$$
$$=\mathbf{0.061\times 10^{-3}\text{A/V}^2}$$

b. 由式 (6.15)：$I_D=k(V_{GS}-V_T)^2$
$$=0.061\times 10^{-3}(V_{GS}-3\text{ V})^2$$

對 $V_{GS}=5$ V，

$$I_D=0.061\times 10^{-3}(5\text{ V}-3\text{ V})^2=0.061\times 10^{-3}(2)^2$$
$$=0.061\times 10^{-3}(4)=0.244\text{ mA}$$

對 $V_{GS}=8$、10、12 和 14 V，I_D 分別是 1.525、3（依規格表）、4.94 和 7.38 mA。轉移特性畫在圖 6.39。

最大額定值

額定值	符號	數值	單位
汲極源極電壓	V_{DS}	25	Vdc
汲極閘極電壓	V_{DG}	30	Vdc
閘極源極電壓*	V_{GS}	30	Vdc
汲極電流	I_D	30	mAdc
$T_A = 25°C$時裝置總功率消耗 25°C以上衰減率	P_D	300 1.7	mW mW/°C
接面溫度範圍	T_J	175	°C
儲存溫度範圍	T_{stg}	$-65 \sim +175$	°C

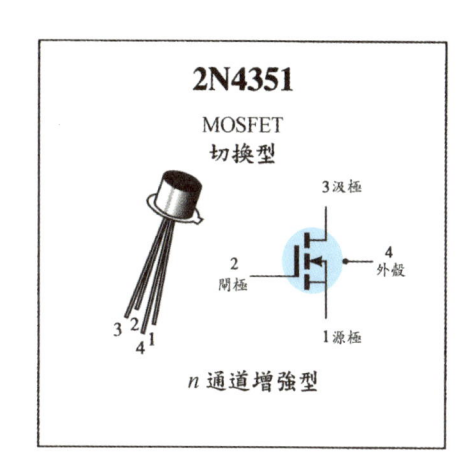

*暫態電壓±75 V不會損壞閘氧化層

2N4351
MOSFET
切換型

n 通道增強型

電氣特性（$T_A = 25°C$，除非另有註明）

特性	符號	最小值	最大值	單位
截止特性				
汲極源極崩潰電壓 ($I_D = 10\mu A, V_{GS} = 0$)	$V_{(BR)DSX}$	25	–	Vdc
零閘極電壓之下的汲極電流 ($V_{DS} = 10 V, V_{GS} = 0$) $T_A = 25°C$ $T_A = 150°C$	I_{DSS}	– –	10 10	nAdc μAdc
逆向閘極電流 ($V_{GS} = \pm 15 Vdc, V_{DS} = 0$)	I_{GSS}	–	± 10	pAdc
導通特性				
閘極臨限電壓 ($V_{DS} = 10 V, I_D = 10\mu A$)	$V_{GS(Th)}$	1.0	5	Vdc
汲極源極導通電壓 ($I_D = 2.0 mA, V_{GS} = 10V$)	$V_{DS(on)}$	–	1.0	V
導通時的汲極電流 ($V_{GS} = 10 V, V_{DS} = 10 V$)	$I_{D(on)}$	3.0	–	mAdc
小訊號特性				
順向轉移導納 ($V_{DS} = 10 V, I_D = 2.0 mA, f = 1.0 kHz$)	$\|y_{fs}\|$	1000	–	μmho
輸入電容 ($V_{DS} = 10 V, V_{GS} = 0, f = 140 kHz$)	C_{iss}	–	5.0	pF
逆向轉移電容 ($V_{DS} = 0, V_{GS} = 0, f = 140 kHz$)	C_{rss}	–	1.3	pF
汲極基板電容 ($V_{D(SUB)} = 10 V, f = 140 kHz$)	$C_{d(sub)}$	–	5.0	pF
汲極源極電阻 ($V_{GS} = 10 V, I_D = 0, f = 1.0 kHz$)	$r_{ds(on)}$	–	300	ohms
切換特性				
導通延遲（圖5）	t_{d1}	–	45	ns
上升時間（圖6）	t_r	–	65	ns
關斷延遲（圖7）	t_{d2}	–	60	ns
下降時間（圖8）	t_f	–	100	ns

$I_D = 2.0 mAdc, V_{DS} = 10 Vdc,$
$(V_{GS} = 10 Vdc)$
（見圖9，由時間電路決定）

圖 6.38 Motorola n 通道增強型 MOSFET 2N4351

圖 6.39　例 6.4 的解答

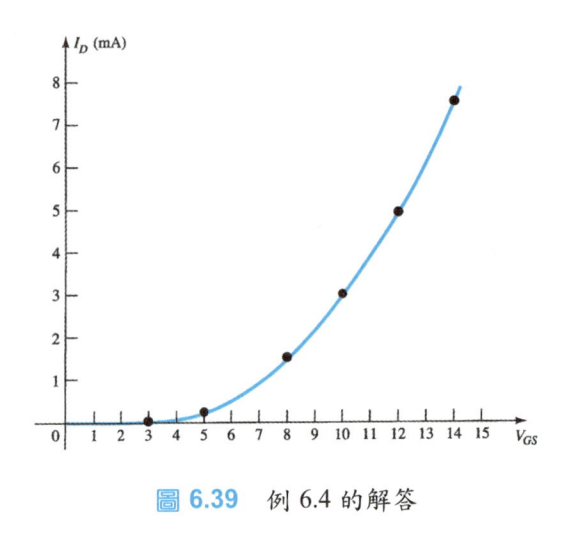

6.9　MOSFET 的執持方法

　　MOSFET 的通道和閘極之間的薄 SiO_2 層，其優點是可提供裝置的高輸入阻抗的特性，但因太薄，產生了在 BJT 和 JFET 不會出現的執持問題。經由環境累積到足夠多的靜電時，薄氧化層的電壓降會過大造成絕緣破壞，形成導通。因此必須用短路靜電膜（環）連接在裝置的接腳之間，等裝置放大系統時，才移走靜電環，靜電環可避免裝置的任意兩端存在電壓降，任意兩端的壓降都會維持在 0 V。我們在執持裝置之前，一定要先接地以釋放掉身體上的靜電，且要抓住外殼，不要碰觸腳位。

　　當電源開啟時置入或取出元件時，網路通常會出現暫態（電壓或電流的急劇變化），暫態值通常可能超出裝置所能承受的範圍，因此在更動網路時，一定要將電源關閉。

　　閘極對源極的最大電壓，正常提供在裝置的最大額定值的列表中，保證不會超過此電壓（包含暫態效應）的方法，可利用兩個相反方向的齊納二極體，見圖 6.40，齊納二極體背對背相接以保證達到保護作用。若兩個齊納二極體的齊納電壓都是 30 V 且出現 40 V 的正暫態電壓，則較低的齊納二極體會在 30 V "崩潰"，而較高的齊納二極體則順向導通，壓降為 0 V（對理想的半導體二極體而言），因此閘極對源極的最大電壓可限制在 30 V。用齊納二極體作保護的缺點是，齊納二極體的截止電阻通常低於 SiO_2 層所建立的輸入電阻，結果造成輸入電阻的降低，但即使如此，對大部分的應用而言還算足夠高。所以現在許多個別型的 MOSFET 都有齊納保護，使上述所列的一些問題不致成為困擾。但在執持個別的 MOSFET 裝置時，最好還是小心一些。

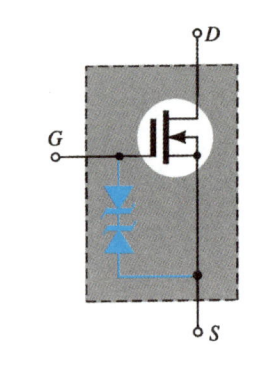

圖 6.40　用齊納二極體保護的 MOSFET

6.10　VMOS 和 UMOS 功率金氧半場效電晶體

典型的平面式 MOSFET 的缺點之一，是處理功率的能力較差（一般低於 1 W），和雙載子電晶體的電流範圍相比，流通電流也較小。但透過垂直方式的設計，產生如圖 6.41a 的 VMOS MOSFET 和圖 6.41b 的 UMOS MOSFET，可增加功率和電流值，同時得到更高的切換速度和更低的操作功率消耗。平面式 MOSFET 的所有要素都存在於 VMOS 或 UMOS MOSFET——連接到元件各接腳的金屬表面，閘極和介於汲極與源極 p 型區間感應產生的 n 型通道（增強型操作）之間的 SiO_2 層。垂直一詞主要源於現在的通道是以垂直方向形成，因而產生垂直方向的電流，而非平面式元件的水平方向。但圖 6.41a 的通道也在半導體的基座呈現 V 型下切，也常據此作為命名的理由。圖 6.41a 的構造是有些過度簡化的，真正的摻雜濃度是逐段變化的，但此圖可供描述元件操作的最重要面向。

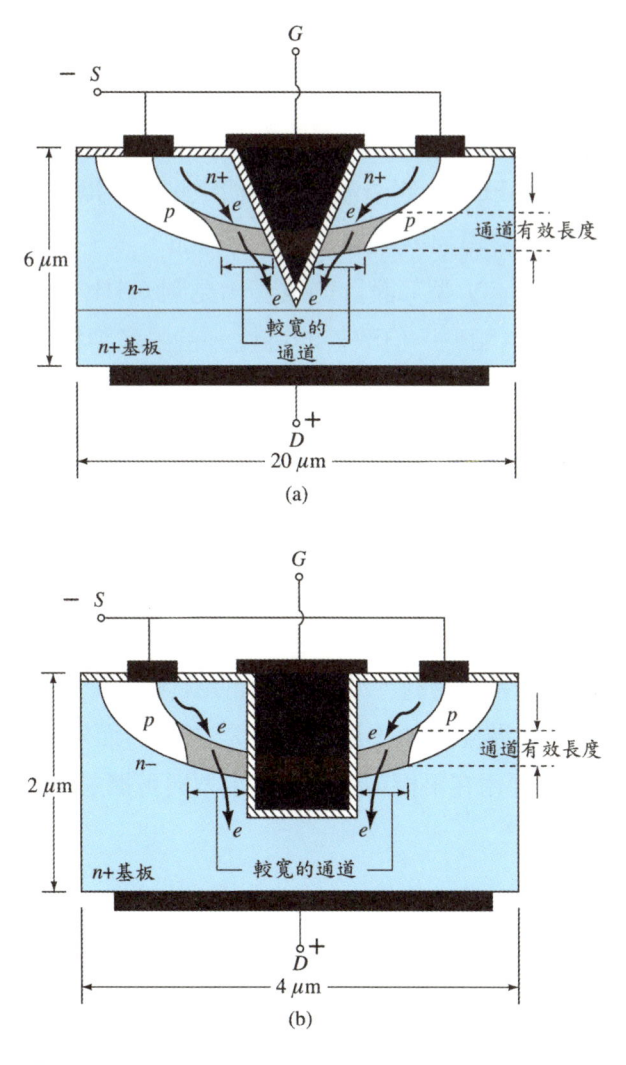

圖 **6.41**　(a) VMOS MOSFET；(b) UMOS MOSFET

外加正電壓到汲極，負電壓到源極，而閘極則給 0 V 或某典型的正導通電壓值，如圖 6.41 所示，則可在裝置的狹窄 p 型區域感應產生 n 通道。現在的通道長度是由 p 型區的垂直高度所定義，此值可以比平面結構的通道長度小很多。在平面結構中，通道長度限制在 $1\ \mu m \sim 2\ \mu m (1\ \mu m = 10^{-6}\ m)$ 之間。而像圖 6.41 的 p 型區這種擴散層，可以控制到 $1\ \mu m$ 的幾分之一，降低通道長度可以減小電阻值，且工作電流之下的功率消耗值也會降低。另外，在垂直結構中，通道和 n^+ 區域之間的接觸面積會增加很多，使電阻值進一步降低，且摻雜層之間導通電流的面積也增加。汲極和源極之間存在兩個導通路徑，見圖 6.41，可進一步提高電流額定值。以上的總和效應使裝置的汲極電流可達到安培級，而功率則可超過 10 W。

VMOS 金氧半場效電晶體，是垂直型 MOSFET 系列的第一個元件，主要設計用作功率開關，以控制電源供應器、低壓馬達控制器、直流對直流轉換器、平面顯示器，以及許多汽車應用上的操作。根本而言，好的功率開關應在相對低的電壓（低於 200 V）下工作、具有極佳的切換特性，以及低"導通"電阻值，以確保操作時的最低功率損失。隨著時間的演進，其他的各種垂直型設計陸續問世，在圖 6.41a 的"V 型"結構基礎上作改善。V 型溝槽要精細的蝕刻，建立穩定的臨限電壓有其難度，且尖銳的通道終端會產生高電場，因而影響 MOSFET 的崩潰電壓。崩潰電壓之所以重要，因其和"導通"電阻相關。崩潰電壓愈高時，"導通"電阻也會開始增加。

"U 型"溝槽或通道是"V 型"設計的改善，見圖 6.41b。此種 UMOS（也稱為槽式 MOSFET）和 VMOS 極為類似，但改善的特性。首先是製程較好，因槽式蝕刻程序已在 DRAM 的記憶單元上發展完備，可以引用。結果是鄰域寬度可減少到 $2\ \mu m \sim 10\ \mu m$，反觀 VMOS 構造則需達 $20\ \mu m \sim 30\ \mu m$ 範圍。通道寬度可僅達 $1\ \mu m$，高度則可僅 $2\ \mu m$。採用槽式的"導通"電阻較小，這是因為通道長度減少，且在槽底的電流通道寬度擴大了。但由於大電流需要大表面積，因此當頻率超過 100 kHz 時，必須考慮其電容效應。要考慮三個電容，C_{GS}、C_{GD} 和 C_{DS}（在規格表中分別稱為 C_{iss}、C_{rss} 和 C_{oss}）。對 UMOS 而言，輸入處的閘極對源極電容是最大的，一般約數千 pF。

以 Toshiba 的 UMOS-V 系列為例，汲極電流範圍從 11 A～45 A，10 V 時的"導通"電阻低至 3.1 mΩ～11 mΩ。汲極對源極最大電壓是 30 V，而閘極對源極電容範圍則從 1400 pF～4600 pF。它們主要用在平板顯示器、桌上型與可攜式電腦，以及其他的行動型電子裝置。

因此，一般而言，

> 和平面型相比，功率金氧半場效電晶體具有較低的"導通"電阻值、較高電流，以及功率額定值。

垂直型構造的附加重要特性是：

> 功率金氧半場效電晶體具有正溫度係數，可對抗熱耗毀(thermal runaway)
> 的可能性。

若因環境或裝置流通電流使溫度上升，電阻值會隨之上升，因而使汲極電流下降，不像傳統元件的電流會下降。負溫度係數在溫度上升時，電阻會下降，使電流如火上加油般再上升，進一步造成溫度的不穩定性，以致於熱耗毀。

另一個垂直結構的正面特性是：

> 和傳統平面型構造相比，垂直構造的儲存電量降低，可以得到更快的切換時間。

事實上，VMOS 和 UMOS 裝置的切換時間，一般不到典型 BJT 電晶體的一半。

6.11 CMOS

可將 p 通道和 n 通道建構在同一基板上，而建立一種效能極佳的邏輯電路，見圖 6.42。注意對 p 通道和 n 通道裝置而言，感應產生的 p 通道和 n 通道分別在左右兩側。此電路組態稱為互補(complementary) *MOS FET*(CMOS)，廣泛應用於計算機邏輯設計上。相對很高的輸入阻抗、快速切換速度和低工作功率，使 CMOS 電路組態產生一門新的學科，稱為 *CMOS* 邏輯設計。

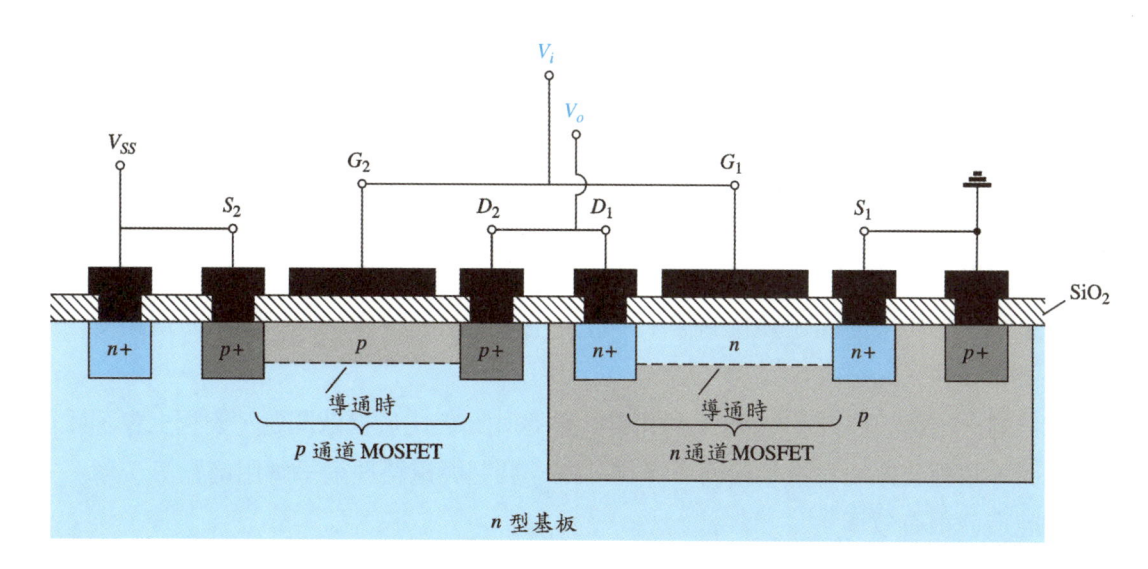

這種互補組態的一種極有效應用是反相器，見圖 6.43。如同在切換電晶體所介紹的，反相器是一種邏輯元件，可將外加訊號倒反。也就是說，比如操作的邏輯位準是 0 V（0 狀態）和 5 V（1 狀態），若輸入 0 V 時會產生 5 V 輸出，反之亦然。注意在圖 6.43 中，

圖 6.42 CMOS，其接法見圖 6.43

圖 6.43 CMOS 反相器

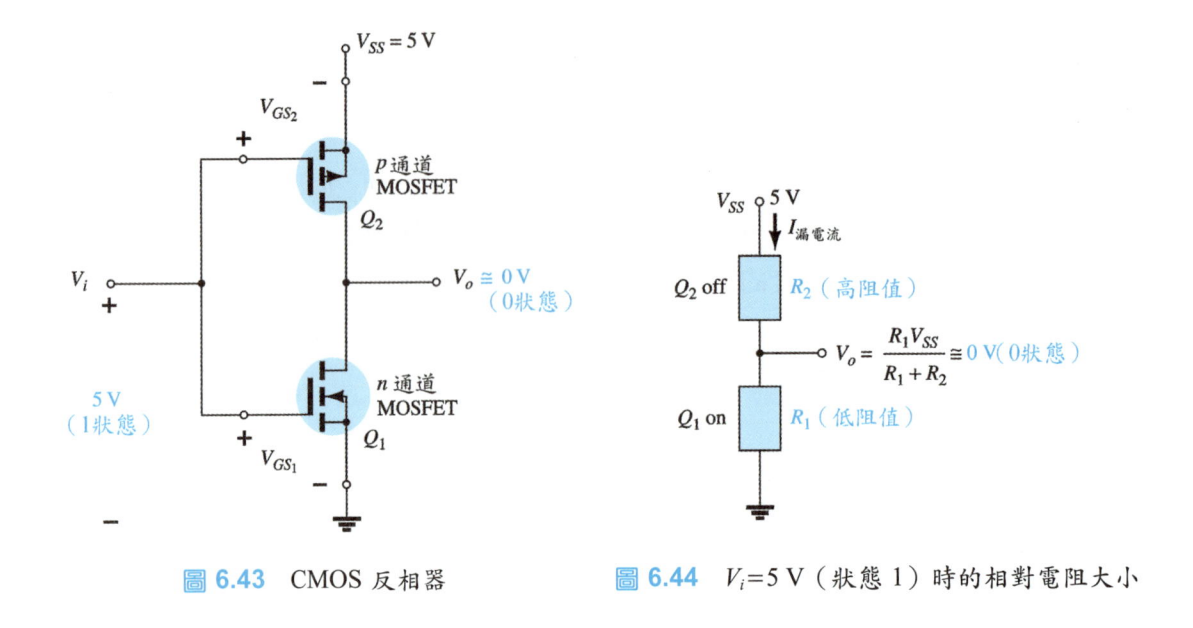

圖 6.44 $V_i = 5$ V（狀態 1）時的相對電阻大小

兩個閘極都接到外加訊號，而兩個汲極都接到輸出 V_o。p 通道 MOSFET(Q_2) 的源極直接接到外加電源 V_{SS}，而 n 通道 MOSFET(Q_1) 的源極則接地。就以上所定義的邏輯位準，外加 5 V 在輸入處，應可在輸出處產生約 0 V。當 5 V 在 V_i（對應於地）時，$V_{GS_1} = V_i$，使 Q_1"導通"，其汲極和源極之間的電阻會很小，見圖 6.44。又因 V_i 和 V_{SS} 都是 5 V，使 $V_{GS_2} = 0$ V，小於 Q_2 所需的 V_T 值，使 Q_2 會在"截止"狀態，因此在 Q_2 的汲極和源極之間產生的電阻值會很大，見圖 6.44。簡單利用分壓定律，可看出 V_o 很接近 0 V 或稱為 0 狀態，因此達成了反相（倒反）程序。當外加電壓 V_i 為 0 V（0 狀態）時，$V_{GS_1} = 0$ V，使 Q_1 截止。但 $V_{SS_2} = -5$ V，會使 p 通道 MOSFET 導通。結果是 Q_2 出現小電阻，而 Q_1 則出現大電阻，使 $V_o = V_{SS} = 5$ V（1 狀態）。在以上兩種情況下，因為都有一個電晶體"截止"，使汲極電流成為漏電流。所以在這兩種情況下，裝置的功率消耗都很低。有關 CMOS 邏輯應用的更多論述，詳見《電子裝置與電路理論—應用篇》第 4 章。

6.12 MESFET

如先前討論中所提的，將砷化鎵應用在半導體裝置的結構中已有好幾十年了。但不幸的，因製造成本高，IC 中較低的元件密度，以及製程上的問題，直到近幾年才在產業上受到重視。近年來對高速裝置的需求，以及生產方法的改進，使大型積體電路使用砷化鎵，已建立強大的需求。

雖然剛介紹過的矽質 MOSFET 可用砷化鎵替代，但由於擴散問題，製程上會困難很多。然而，閘極若採用肖特基接面（詳見《電子裝置與電路理論—應用篇》第 7 章），FET 的製造會很有效率。

肖特基障壁（接面）是將金屬如鎢置入 n 型通道所建立的。

在閘極使用肖特基障壁，這是和空乏型以及增強型 MOSFET 的主要不同點。在 MOSFET 中，金屬接觸和 n 型通道之間採用絕緣障壁(SiO_2)。在沒有絕緣層時，縮減了閘極金屬接觸表面和半導體層之間的距離，因而降低了兩表面之間的雜散電容（回想電容兩電板之間距及其端電容值的影響）。電容值愈低，對高頻的敏感度相對減少（電容愈大時，在高頻會愈接近短路），可進一步支持砷化鎵材料中載子的高移動率。

像這種 FET 出現了金屬半導體接面，所以這種 FET 稱為金(metal)－半(Semiconductor)場效電晶體(FET)。注意在圖 6.45 中，閘極腳位直接接到金屬導體，此導體直接抵住源極和汲極之間的 n 通道。此結構和空乏型 MOSFET 的唯一差異，是沒有閘極絕緣層。當負電壓加到閘極時，會推斥通道中的負載子（電子）到基板中與電洞再結合，降低通道中的載子數，因而降低汲極電流，見圖 6.46 中閘極負電壓愈負的情況。而閘極施加正電壓時，基板中的電子（少數載子）會被吸引到通道中，使電流增加，如圖 6.46 的汲極特性所示。空乏型 MESFET 的汲極特性和轉移特性，與空乏型 MOSFET 是如此相似，所以可以將空乏型 MOSFET 的分析技巧沿用到空乏型 MESFET。此 MESFET 定義的電壓極性和電流方向提供在圖 6.47，也包含了裝置符號。

也有增強型 MESFET，其結構和圖 6.45 的結構相同，但沒有初始通道，見圖 6.48，圖上也包含其圖形符號。其響應和特性幾乎和增強型 MOSFET 完全相同。但由於閘極的肖特基障壁（接面），此接面的導通電壓約 0.7 V，所以裝置的正臨限電壓必須限制在 0 V～約 0.4 V 之間。同樣地，增強型 MESFET 的分析技巧和增強型 MOSFET 所用者類似。

但很重要需了解到，MESFET 的通道必須用 n 型材料。在砷化鎵中，電洞的移動率比自由電子低相當多，因此若採用 p 通道將喪失砷化鎵的高速優勢。結果是：

> 空乏型和增強型 MESFET 的汲極和源極之間都採用 n 通道，因此市面上只有 n 型 MESFET。

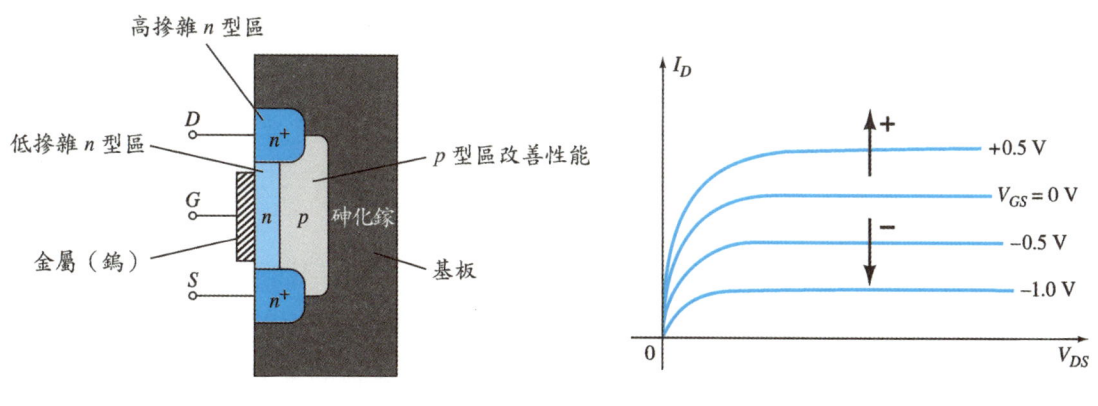

圖 6.45 n 通道 MESFET 的基本結構

圖 6.46 n 通道 MESFET 的特性

圖 6.47　n 通道 MESFET 的符號和基本偏壓電路

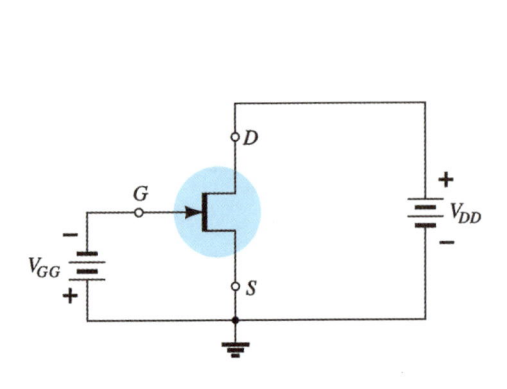

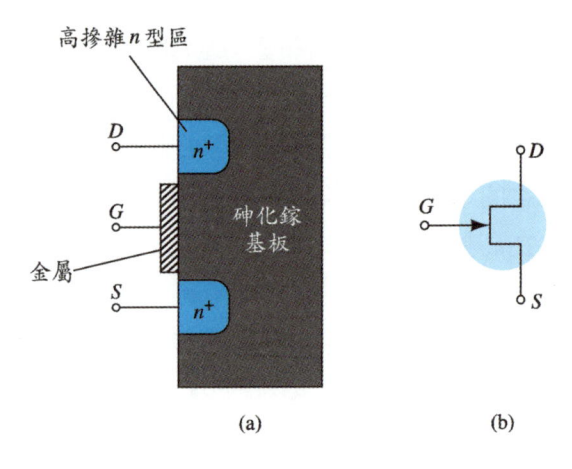

圖 6.48　增強型 MESFET 的(a)結構；(b)符號

為達高速應用，兩種 MESFET 的通道（見圖 6.45 和圖 6.48）應儘量短，典型的長度在 0.1 μm～1 μm 之間。

6.13　歸納表

因每一種 FET 的轉移曲線和某些重要特性皆有變化，表 6.3 清楚顯示各裝置的差異。清楚了解表中所有曲線和參數，將可提供以後直流和交流分析的充分背景。花點時間確定，是否認知每條曲線，是否了解其推導過程。接著，對每個裝置的重要參數值 R_i 和 C_i 的相對大小，建立一些概念。

6.14　總　結

重要的結論與概念

1. **流控裝置**是用電流定義裝置的操作條件，而**壓控裝置**則是用電壓定義操作條件。
2. JFET 實際上可用作**壓控電阻**，因汲極對源極的阻抗完全受閘極對源極電壓的控制。
3. 任何 JFET 的**最大電流**標記為 I_{DSS}，會發生在 $V_{GS}=0$ V 時。
4. JFET 的**最小電流**發生在 $V_{GS}=V_P$ 夾止處。
5. JFET 的汲極電流和閘極對源極電壓之間的關係是**非線性關係**，用蕭克萊方程式定義。
   當電流接近 I_{DSS} 時，I_D 對於 V_{GS} 變化的靈敏度會顯著增加。
6. 轉移特性（I_D 對 V_{GS}）是**裝置本身**的特性，不會受 JFET 所用網路的影響。
7. 當 $V_{GS}=V_P/2$ 時，$I_D=I_{DSS}/4$。而當 $I_D=I_{DSS}/2$ 時，對應的 $V_{GS}\cong 0.3\,V_P$。
8. 最大工作條件（功率消耗）由汲極對源極電壓和汲極電流的**乘積**決定。
9. MOSFET 有兩種：**空乏型**和**增強型**。

表 6.3　場效電晶體

類型	符號與基本關係式	轉移曲線	輸入電阻與電容
JFET (n 通道)	$I_G = 0$ A, $I_D = I_S$ （符號圖，I_{DSS}, V_P） $I_D = I_{DSS}\left(1 - \dfrac{V_{GS}}{V_P}\right)^2$	轉移曲線圖，標示 V_P, $\dfrac{V_P}{2}$, $0.3V_P$, $\dfrac{I_{DSS}}{2}$, $\dfrac{I_{DSS}}{4}$, I_{DSS}	$R_i > 100$ MΩ C_i: (1−10) pF
MOSFET 空乏型 (n 通道)	$I_G = 0$ A, $I_D = I_S$ （符號圖，I_{DSS}, V_P） $I_D = I_{DSS}\left(1 - \dfrac{V_{GS}}{V_P}\right)^2$	轉移曲線圖，標示 V_P, 0, V'_{GS}, I_{DSS}, I'_D	$R_i > 10^{10}$ Ω C_i: (1−10) pF
MOSFET 增強型 (n 通道)	$I_G = 0$ A, $I_D = I_S$ （符號圖，V_T, $I_{D(on)}$, $V_{GS(on)}$） $I_D = k(V_{GS} - V_{GS\,(Th)})^2$ $k = \dfrac{I_{D(on)}}{(V_{GS(on)} - V_{GS\,(Th)})^2}$	轉移曲線圖，標示 $V_{GS(Th)}$, $V_{GS(on)}$, $I_{D(on)}$	$R_i > 10^{10}$ Ω C_i: (1−10) pF
MESFET 空乏型 (n 通道)	$I_G = 0$ A, $I_D = I_S$ （符號圖） $I_D = I_{DSS}\left(1 - \dfrac{V_{GS}}{V_P}\right)^2$	轉移曲線圖，標示 V_P, $\dfrac{V_P}{2}$, $0.3V_P$, $\dfrac{I_{DSS}}{2}$, $\dfrac{I_{DSS}}{4}$, I_{DSS}	$R_i > 10^{12}$ Ω C_i: (1−5) pF
MESFET 增強型 (n 通道)	（符號圖） $I_D = k(V_{GS} - V_{GS\,(Th)})^2$ $k = \dfrac{I_{D(on)}}{(V_{GS(on)} - V_{GS\,(Th)})^2}$	轉移曲線圖，標示 $V_{GS(Th)}$, $V_{GS(on)}$, $I_{D(on)}$	$R_i > 10^{12}$ Ω C_i: (1−5) pF

10. 在汲極電流到達 I_{DSS} 之前，空乏型 MOSFET 的轉移特性和 JFET 相同。空乏型 MOSFET 的特性可**持續高過** I_{DSS}，但 JFET 的特性到 I_{DSS} 就終止。
11. n 通道 JFET 或 MOSFET 符號中的箭號**必指向符號中心**，而 p 通道裝置則必由中心指向外部。
12. 增強型 MOSFET 的轉移特性**不是由蕭克萊方程式定義**，而是由另一個非線性方程式定義，控制變數包括閘極對源極電壓，臨限電壓和裝置常數 k。所得的 I_D 對 V_{GS} 的圖形，I_D 會隨著 V_{GS} 值的增加而呈指數式上升。
13. 由於靜電無所不在，在執持 MOSFET 時，一定要格外小心。在將裝置放好之前，不要移開任何靜電短路機構。
14. CMOS（互補 MOSFET）以某唯一的接法，將 p 通道和 n 通道 **MOSFET** 組合起來，只有一組外部接腳。其優點是輸入阻抗極高、切換速度快、工作功率低，以上這些使 CMOS 極適用於邏輯電路。
15. 空乏型 MESFET 包含金屬－半導體接面，所產生的特性和 n 通道空乏型 **JFET** 的特性一致，而增強型 MESFET 的特性則和增強型 MOSFET 相同。這種相似性，使應用在 **JFET** 的直流和交流分析技巧，可沿用於 **MESFET**。

方程式

JFET：

$$I_D = I_{DSS}\left(1 - \frac{V_{GS}}{V_P}\right)^2$$

$$I_D = I_{DSS}|_{V_{GS}=0\text{ V}}, \qquad I_D = 0\text{ mA}|_{V_{GS}=V_P}, \qquad I_D = \frac{I_{DSS}}{4}\bigg|_{V_{GS}=V_P/2}, \qquad V_{GS} \cong 0.3 V_P|_{I_D=I_{DSS}/2}$$

$$V_{GS} = V_P\left(1 - \sqrt{\frac{I_D}{I_{DSS}}}\right)$$

$$P_D = V_{DS} I_D$$

$$r_d = \frac{r_o}{(1 - V_{GS}/V_P)^2}$$

MOSFET（增強型）：

$$I_D = k(V_{GS} - V_T)^2$$

$$k = \frac{I_{D(\text{on})}}{(V_{GS(\text{on})} - V_T)^2}$$

6.15 計算機分析

PSpice 視窗版

利用 3.13 節中用於電晶體的相同程序，可顯示 n 通道 JFET 的特性。對應於不同電壓值的一系列特性曲線，要用到汲極對源極電壓掃描之內的巢式掃描。利用前幾章介紹

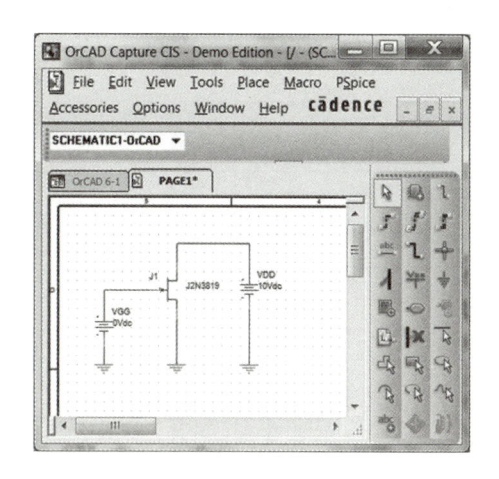

圖 6.49 用來求得 n 通道 J2N3819 JFET 特性的網路

的程序，建構圖 6.49 的電路。特別注意到，因輸入阻抗無窮大，所以完全沒有加電阻，得到 0 A 的閘極電流。在**置放零件**對話框中的**零件**之下可發現 JFET，或者零件標題之下的空格鍵入 **JFET**，一樣可以叫出。一旦放好位置，對符號點擊一次，再經**編輯－PSpice 模型**程序，可產生 **PSpice 模型編輯 Demo** 對話框。注意到，Beta 等於 1.304 mA/V^2 且 **Vto** 等於 -3 V。對接面場效電晶體而言，Beta 定義為

$$\text{Beta} = \frac{I_{DSS}}{|V_P|^2} \quad (\text{A/V}^2) \tag{6.17}$$

參數 **Vto** 定義夾止電壓在 $V_{GS}=V_P=-3$ V，利用式(6.17)可解出 I_{DSS} 約 11.37 mA。一旦得到圖形，可檢查這兩個參數是否足夠精確以定義特性。建立好網路後，選擇**新增模擬**，可得**新增模擬**對話框，採用 **OrCAD 6-1** 作為名稱，接著用**建立**得到**模擬設定**對話框，在分析類型標題之下選擇**直流掃描**，**掃描變數**設為**電壓源**，名稱 **VDD**，起始值是 0 V，終止值是 10 V，且**增量**是 0.01 V。現在選取**第 2 掃描**，採用**名稱 VGG**，起始值是 0 V，終止值是 -5 V，且增量是 -1 V。最後要檢查列表左側框內出現的數據，確保**第 2 掃描**有啟動。接著點擊 **OK**，離開對話框。執行**模擬**，**SCHEMATIC** 的對應畫面會出現，橫軸標記 **VDD**，從 0 V 延伸到 10 V。繼續用**時迹－加入時迹**的順序，得到**加入時迹**對話框，選取 **ID(J1)** 可得圖 6.50 的特性。特別注意到，I_{DSS} 很接近 11.7 mA，此值建立在 β 值的預測上。也注意到，截止發生在 $V_{GS}=V_P=-3$ V。

因為**轉移曲性**只要畫一條曲線，可以設立具有單一掃描的**新增模擬**，而得到轉移特性。再一次選取**直流掃描**，名稱是 **VGG**，起始值是 -3 V，終止值是 0 V，增量是 0.01 V。因不需要第 2 巢式掃描，選取 **OK**，即執行模擬。當圖形出現時，利用**時迹－加入時迹－ID(J1)** 的程序，可得圖 6.51 的轉移特性。注意橫軸的最左端設在 -3 V，且最右端設在 0 V。再一次看到，I_{DSS} 很接近預測值 11.7 mA 且 $V_P=-3$ V。

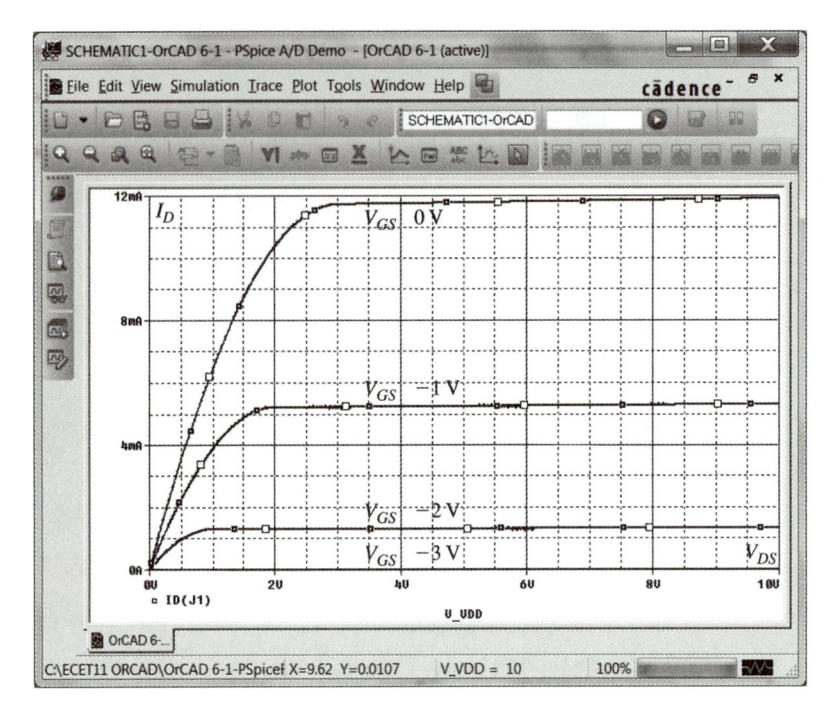

圖 6.50　圖 6.49 中 n 通道 J2N3819 JFET 的汲極特性

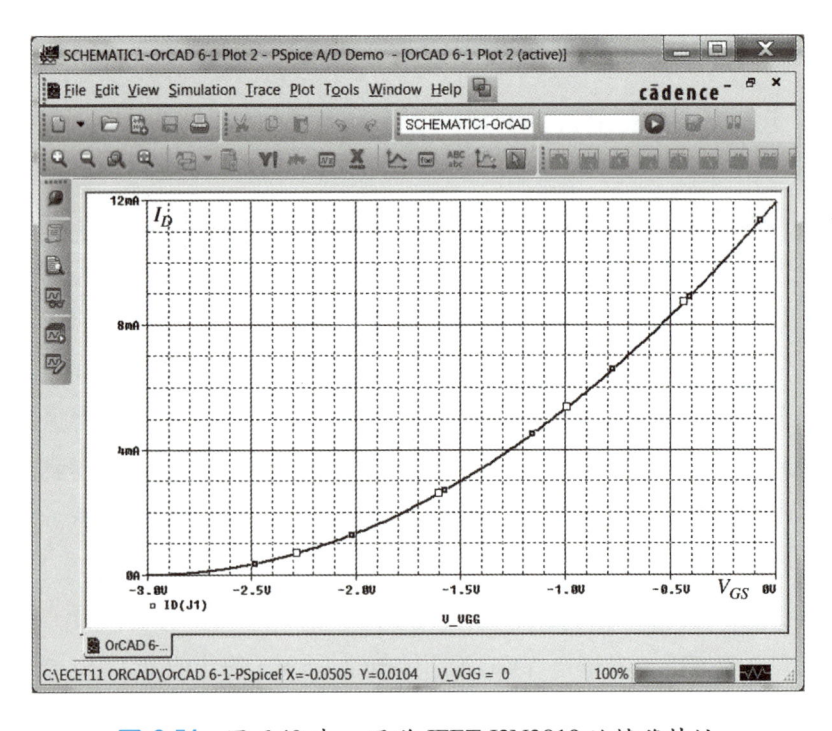

圖 6.51　圖 6.49 中 n 通道 JFET J2N3819 的轉移特性

習　題

*註：星號代表較困難的習題。

6.2 JFET 的結構和特性

1. **a.** 試畫出 p 通道 JFET 的基本結構。
   b. 在汲極和源極之間加上適當偏壓，並畫出 $V_{GS}=0$ V 的空乏區。

2. 試利用圖 6.10 的特性，決定對應於以下各 V_{GS} 值的 I_D ($V_{DS}>V_P$)：
   a. $V_{GS}=0$ V。　　　　　　　　**d.** $V_{GS}=-1.8$ V。
   b. $V_{GS}=-1$ V。　　　　　　　**e.** $V_{GS}=-4$ V。
   c. $V_{GS}=-1.5$ V。　　　　　　**f.** $V_{GS}=-6$ V。

3. 利用習題 2 的結果，畫出 I_D 對 V_{GS} 的轉移特性。

4. **a.** 試利用圖 6.10 的特性，決定 $V_{GS}=0$ V 且 $I_D=6$ mA 時的 V_{DS}。
   b. 試利用(a)的結果，計算 $V_{GS}=0$ V 時，從 $I_D=0\sim6$ mA 的 JFET 電阻值。
   c. 試決定 $V_{GS}=-1$ V 和 $I_D=3$ mA 對應的 V_{DS} 值。
   d. 試利用(c)的結果，計算 $V_{GS}=-1$ V 時，從 $I_D=0\sim3$ mA 的 JFET 電阻值。
   e. 試決定 $V_{GS}=-2$ V 和 $I_D=1.5$ mA 對應的 V_{DS} 值。
   f. 試利用(e)的結果，計算 $V_{GS}=-2$ V 時，從 $I_D=0\sim1.5$ mA 的 JFET 電阻值。
   g. 將(b)的結果定為 r_o，利用式(6.1)決定 $V_{GS}=-1$ V 時，對應的電阻，並和(d)的結果作比較。
   h. 重做(g)，但針對 $V_{GS}=-2$ V，用相同公式，並和(f)的結果比較。
   i. 以(g)和(h)的結果為基礎，式(6.1)是否可看成一種有效的近似？

5. 利用圖 6.10 的特性：
   a. 試決定 $V_{GS}=0$ V 和 $V_{GS}=-1$ V 對應汲極電流值之間的差距（對應於 $V_{DS}>V_P$）。
   b. 重做(a)，但取 $V_{GS}=-1$ V 和 -2 V。
   c. 重做(a)，但取 $V_{GS}=-2$ V 和 -3 V。
   d. 重做(a)，但取 $V_{GS}=-3$ V 和 -4 V。
   e. 當 V_{GS} 愈負時，以上的電流差距是否有顯著變化？
   f. V_{GS} 的變化量和對應的 I_D 變化量之間的關係，是線性或非線性？試解釋之。

6. BJT 電晶體的集極特性和 JFET 電晶體的汲極特性之間，主要差異是什麼？比較兩者的座標軸單位和控制變數。I_B 增加時和負 V_{GS} 增加時，對應的 I_C 和 I_D 變化相比較如何？I_B 對應曲線的間距和 V_{GS} 對應曲線的間距，相比如何？在定義低輸出電壓區域時，試比較 $V_{C_{sat}}$ 和 V_P。

7. **a.** 用自己的話說明，JFET 電晶體的 I_G 何以是 0 A？

b. 為何 JFET 的輸入阻抗這麼高？

c. 為何此三端元件適合用場效(field-effect)這個名稱？

8. 已知 I_{DSS}=12 mA，$|V_P|$=6 V，試畫出此 JFET 可能的特性曲線分布（類似圖 6.10）。

9. 試對 n 通道和 p 通道 JFET 的各電壓極性和電流方向作一般性的比較論述。

6.3 轉移特性

10. 給定圖 6.52 的特性：

    a. 試直接由汲極特性畫出轉移特性。

    b. 試利用圖 6.52 建立 I_{DSS} 和 V_P 值，再利用蕭克萊方程式畫出轉移特性。

    c. 試比較(a)和(b)的特性，有無任何主要的差異？

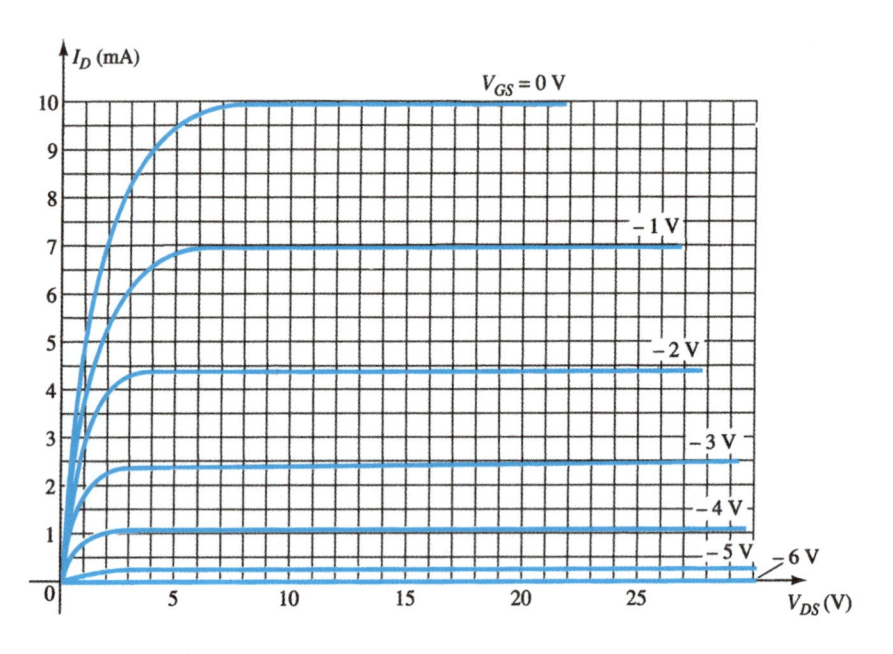

圖 6.52　習題 10 和 20

11. **a.** 已知 I_{DSS}=12 mA 且 V_P=−4 V，試畫出 JFET 電晶體的轉移特性。

    b. 試畫出(a)中裝置的汲極特性。

12. 已知 I_{DSS}=9 mA，V_P=−4 V，試決定以下情況對應的 I_D：

    a. V_{GS}=0 V。　　　　　　　　**c.** V_{GS}=−4V。

    b. V_{GS}=−2 V。　　　　　　　**d.** V_{GS}=−6 V。

13. 已知 I_{DSS}=16 mA 且 V_P=−5 V，試利用表 6.1 的資料點畫出轉移特性，並由特性曲線決定 V_{GS}=−3 V 對應的 I_D 值，再和由蕭克萊方程式決定的數值比較。並針對 V_{GS}=−1 V 重做一遍。

14. 針對某特定 JFET，已知 $V_{GS}=-3\text{ V}$ 時，$I_D=4\text{ mA}$，若 $I_{DSS}=12\text{ mA}$，試決定 V_P。
15. 已知 $I_{DSS}=6\text{ mA}$ 且 $V_P=-4.5\text{ V}$：
    a. 試決定 $V_{GS}=-2\text{ V}$ 和 -3.6 V 時，對應的 I_D。
    b. 試決定 $I_D=3\text{ mA}$ 和 5.5 mA 時，對應的 V_{GS}。
16. 已知 Q 點的 $I_{D_Q}=3\text{ mA}$ 且 $V_{GS}=-3\text{ V}$，若 $V_P=-6\text{ V}$，試決定 I_{DSS}。
17. 某 p 通道 JFET 的元件參數是 $I_{DSS}=7.5\text{ mA}$ 且 $V_P=4\text{ V}$，試畫出其轉移特性。

6.4 規格表(JFET)

18. 試對圖 6.18 的 2N5457 JFET，利用所提供的 I_{DSS} 和 V_P，試定義此裝置的工作區域。也就是分別用最大的 I_{DSS} 和 V_P 以及最小的 I_{DSS} 和 V_P，畫出轉移曲線，接著將兩條曲線所圍區域畫上陰影。
19. 就圖 6.18 的 2N5457 JFET，試利用遞減因數 5.0 mW/°C，決定典型工作溫度 45°C 時的功率額定值。
20. 試對圖 6.52 的 JFET，若其 $V_{DS_{max}}=30\text{ V}$ 且 $P_{D_{max}}=100\text{ mW}$，試定義此裝置的工作區域。

6.5 量 測

21. 試利用圖 6.20 的特性，試決定 $V_{GS}=-0.7\text{ V}$ 和 $V_{DS}=10\text{ V}$ 時對應的 I_D。
22. 參考圖 6.20，夾止點電壓值的軌跡是否由 $V_{DS}<|V_P|=3\text{ V}$ 的區域所定義？
23. 試利用某 V_{GS} 值對應的 I_D 以及 I_{DSS}，決定圖 6.20 特性的 V_P。也就是，代入蕭克萊方程式以解出 V_P，並和特性上假定的 -3 V 比較。
24. 對圖 6.20 的特性，採用 $I_{DSS}=9\text{ mA}$ 且 $V_P=-3\text{ V}$，試利用蕭克萊方程式計算出 $V_{GS}=-1\text{ V}$ 對應的 I_D，並和圖 6.20 的值比較。
25. a. 對圖 6.20 中的 JFET，若 $V_{GS}=0\text{ V}$，I_D 由 0 mA～4 mA，試計算對應的電阻值。
    b. 重做(a)，但針對 $V_{GS}=-0.5\text{ V}$，且 I_D 由 0 mA～3 mA。
    c. 將(a)的結果標記為 r_o，(b)的結果標記為 r_d。利用式(6.1)決定 r_d，並和(b)的結果比較。

6.7 空乏型 MOSFET

26. a. 試畫出 p 通道空乏型 MOSFET 的基本結構。
    b. 加上適當的汲極對源極電壓，試畫出 $V_{GS}=0\text{ V}$ 時的電子流。
27. 空乏型 MOSFET 的結構和 JFET 的類似之處是什麼？又有那些不同？
28. 用自己的話解釋：外加正電壓到 n 通道空乏型 MOSFET 的閘極時，為何汲極電流會超過 I_{DSS}？
29. 已知某空乏型 MOSFET 的 $I_{DSS}=6\text{ mA}$ 且 $V_P=-3\text{ V}$，試決定 $V_{GS}=-1$、0、1 和 2 V

時，對應的汲極電流，並比較 -1 V 和 0 V 之間以及 1 V 和 2 V 之間的電流差距。在 V_{GS} 的正值區，汲極電流的上升速度是否高於負值區？當正 V_{GS} 值上升時，I_D 曲線是否愈呈垂直？I_D 和 V_{GS} 的關係是線性或非線性？試解釋之。

30. 某 n 通道空乏型 MOSFET 的 $I_{DSS}=12$ mA 且 $V_P=-8$ V，試針對 $V_{GS}=-V_P \sim V_{GS}=1$ V 的範圍，畫出轉移特性和汲極特性。

31. 已知某空乏型 MOSFET 的 $V_{GS}=1$ V 時，$I_D=14$ mA，若 $I_{DSS}=9.5$ mA，試決定 V_P。

32. 已知 $V_{GS}=-2$ V 時，$I_D=4$ mA，若 $V_P=-5$ V，試決定 I_{DSS}。

33. 圖 6.29 的 2N3797 MOSFET，I_{DSS} 採取平均值 2.9 mA，若 $V_P=-5$ V，試決定 V_{GS} 值以得到最大汲極電流 20 mA。

34. 圖 6.29 的 2N3797 MOSFET 的汲極電流是 8 mA，利用最大功率額定求出 V_{DS} 的最大允許值。

6.8 增強型 MOSFET

35. **a.** 增強型 MOSFET 和空乏型 MOSFET 之間顯著的差異是什麼？
    b. 試畫出 n 通道增強型 MOSFET，並外加適當偏壓($V_{DS}>0$，$V_{GS}>V_T$)，並註記通道、電子移動方向，以及所產生的空乏區。
    c. 以自己的話簡述增強型 MOSFET 的基本工作。

36. **a.** n 通道增強型 MOSFET 的 $V_T=3.5$ V 且 $k=0.4 \times 10^{-3}$ A/V^2，畫出其轉移和汲極特性。
    b. 針對轉移特性重做(a)，但 k 增加 100% 到 0.8×10^{-3} A/V^2 且 V_T 維持在 3.5 V。

37. **a.** 已知 $V_{GS(Th)}=4$ V 且 $V_{GS(on)}=6$ V 時，$I_{D(on)}=4$ mA，試決定 k，並以式(6.15)的形式寫出 I_D 的一般表示式。
    b. 試畫出(a)中裝置的轉移特性。
    c. 試決定(a)中裝置分別在 $V_{GS}=2$、5 和 10 V 時，對應的 I_D。

38. 給定圖 6.53 的轉移特性，試決定 V_T 和 k，並決定 I_D 的一般方程式。

39. 已知 $k=0.4 \times 10^{-3}$ A/V^2 且 $V_{GS(on)}=4$ V 時，$I_{D(on)}=3$ mA，試決定 V_T。

40. 2N4351 n 通道增強型 MOSFET 導通的最大汲極電流是 30 mA，若 $k=0.06 \times 10^{-3}$ A/V^2 且 V_T 用最大值，試決定最大汲極電流對應的 V_{GS}。

41. 增強型 MOSFET 和空乏型 MOSFET 導通時，其電流上升速度相同嗎？小心審視方程式的形式，若你已具微積分背景，可計算 dI_D/dV_{GS}，並比較大小。

42. 某 p 通道增強型 MOSFET 的 $V_T=-5$ V 和 $k=0.45 \times 10^{-3}$ A/V^2，試畫出此裝置的轉移特性。

43. 試畫出 $I_D=0.5 \times 10^{-3}(V_{GS})^2$ 和 $I_D=0.5 \times 10^{-3}(V_{GS}-4)^2$ 的曲線，V_{GS} 值由 0 V～10 V。在此範圍內，$V_T=4$ V 對 I_D 值有很大的影響嗎？

圖 6.53　習題 38

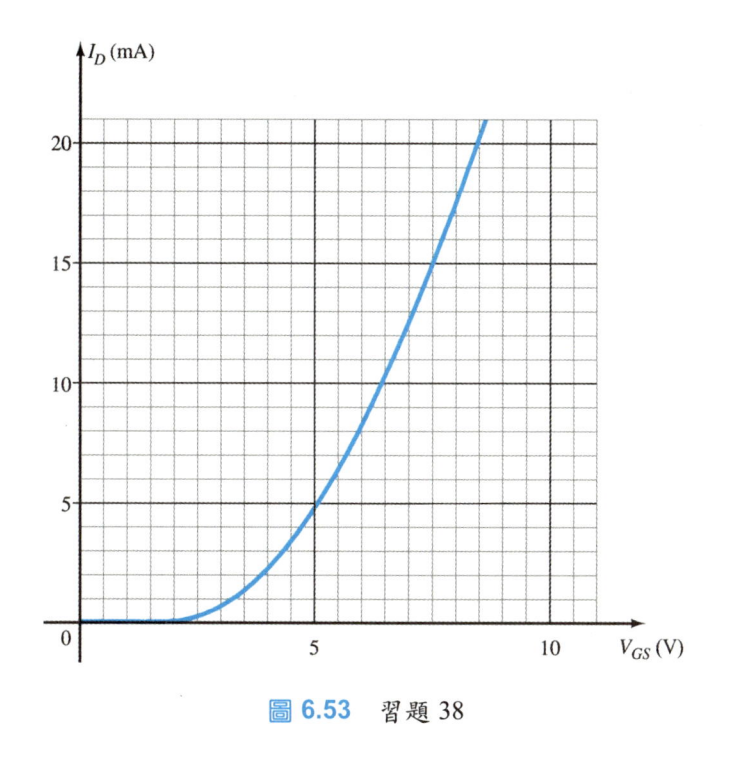

6.10　VMOS 和 UMOS 功率金氧半場效電晶體

44. a. 試用自己的話描述，VMOS FET 何以能比傳統方法建構的裝置更能承受更大的電流和功率額定？

　　b. 為何以 VMOS FET 可以降低通道電阻值？

　　c. 為何以我們需要正溫度係數？

45. UMOS 技術優於 VMOS 技術的地方有那些？

6.11　CMOS

*46. a. 試用自己的話描述，圖 6.43 網路中 $V_i=0$ V 時的工作。

　　b. 若圖 6.43 中 $V_i=0$ V，則"導通"MOSFET 的汲極電流是 4 mA 且 $V_{DS}=0.1$ V，則此裝置的近似電阻值是多少？且若"截止"電晶體的 $I_D=0.5\,\mu A$，則此元件的近似電阻值是多少？此二電阻值可建立多大的輸出電壓值？

47. 可在社區或學校圖書館研習 CMOS 邏輯，試描述此種邏輯的應用範圍和基本優點。

場效電晶體 (FET) 的偏壓

本章目標

- 能對 JFET、MOSFET 和 MESFET 網路執行直流分析。
- 精通使用負載線分析來探討 FET 網路。
- 發展對 FET 和 BJT 網路直流分析的信心。
- 了解如何使用萬用 JFET 偏壓曲線以分析各種不同的 FET 電路。

7.1 導言

在第 4 章我們發現，對矽電晶體電路，可利用近似特性方程式 $V_{BE}=0.7$ V、$I_C=\beta I_B$ 和 $I_C \cong I_E$ 求得偏壓值。輸入和輸出變數的連結是由 β 提供，在執行分析時，可假定 β 為定值。β 為常數的事實，建立了 I_B 和 I_C 之間的線性關係，I_B 值增倍時，I_C 亦增倍。

對場效電晶體而言，由於蕭克萊方程式上的平方項，輸入和輸出之間的關係是非線性的。在輸出變數對輸入變數的圖形上，線性關係會產生直線，但對 JFET 的轉移特性而言，非線性函數會產生曲線。I_D 和 V_{GS} 之間的非線性關係，使 FET 電路採用數學方法作直流分析時，變得複雜。採用圖形方法求解，其精確度只能到小數點以下一位，但對大部分的 FET 放大器而言，則是較快速的解法。一般而言，圖形解是最普遍的，本章的分析會採圖形導向，而不用直接的數學分析方法。

BJT 和 FET 電晶體分析的另一明顯差異是：

> BJT 電晶體的輸入控制變數是電流，而 FET 的控制變數則是電壓。

但這兩種電晶體在輸出端的受控變數都是電流，也可在輸出電路轉換成重要電壓。

可應用於所有 FET 放大器的直流分析的一般關係式是

$$I_G \cong 0 \text{ A} \tag{7.1}$$

且
$$I_D = I_S \tag{7.2}$$

對 JFET 和空乏型 MOSFET 以及空乏型 MESFET，可應用蕭克萊方程式建立輸入和輸出的關係：

$$I_D = I_{DSS}\left(1 - \frac{V_{GS}}{V_P}\right)^2 \tag{7.3}$$

對增強型 MOSFET 和 MESFET，則可應用以下關係式：

$$I_D = k(V_{GS} - V_T)^2 \tag{7.4}$$

特別重要需了解到，以上所有公式都僅針對場效電晶體！只要裝置是在作用區，關係式不會因所用電路不同而有變化。網路會影響到工作點電壓和電流之間的方程式，實際上，BJT 和 FET 網路的直流偏壓解，是裝置方程式和網路方程式的聯立解。解可由數學或圖形方法決定──此事實將由前幾個分析的網路作說明。但如先前所提的，對 FET 網路而言，圖解法是最普遍的，本書亦採用此方式。

本章前幾節將侷限於 JFET，並以圖解法分析。接著探討空乏型 MOSFET，並增加工作點的範圍，然後是增強型 MOSFET。最後探討設計的本質問題，以充分檢測本章所介紹的概念和程序。

7.2　固定偏壓電路

n 通道 JFET 最簡單的偏壓安排見圖 7.1，稱為固定偏壓電路，它是少數可直接用數學解出的 FET 電路組態，當然也可用圖解法。本節將涵蓋這兩種方法，以說明這兩種分析哲學的差異。並建立一項事實，即兩種方法可得到相同解。

圖 7.1 的電路中包含交流電壓 V_i 和 V_o，以及耦合電容（C_1 和 C_2）。回想到，耦合電容在直流分析時，是"開路"，而在交流分析時，是低阻抗（幾乎為短路）。出現電阻 R_G 是要確保在交流分析（第 8 章）時，V_i 可加到 FET 放大路的輸入端。對直流分析而言，

圖 7.1 固定偏壓電路

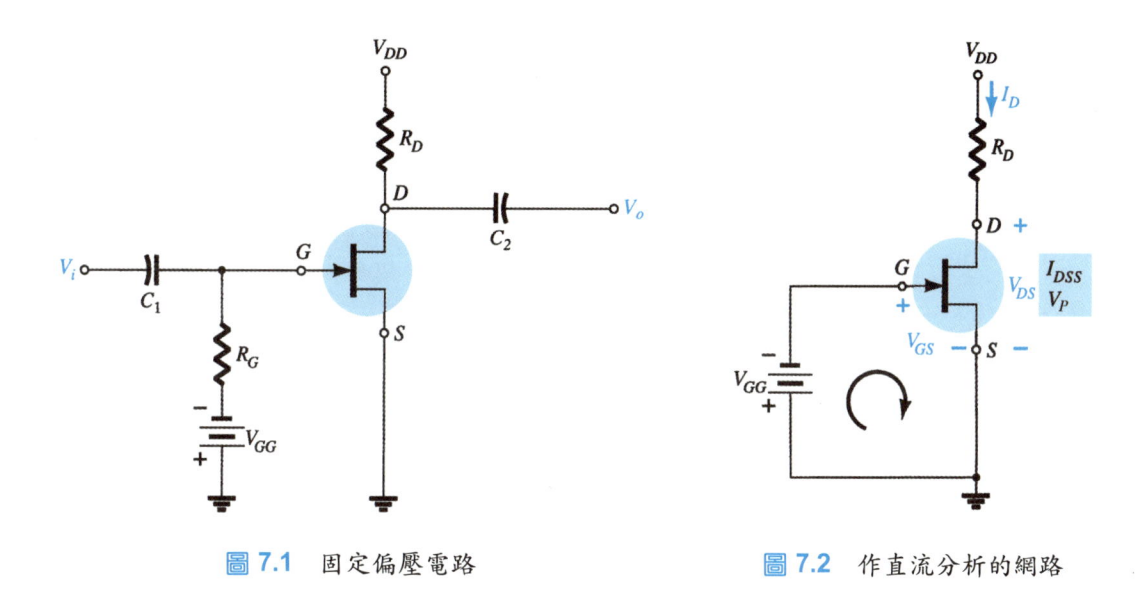

圖 7.2 作直流分析的網路

$$I_G \cong 0 \text{ A}$$

且
$$V_{R_G} = I_G R_G = (0 \text{ A})R_G = 0 \text{ V}$$

因 R_G 的壓降為零，可用短路取代 R_G，如圖 7.2 的網路所示，此圖特別為直流分析所重畫。

事實是電池的負端直接到 V_{GS} 定義的正電位端，由此可清楚看出，V_{GS} 的極性正好和 V_{GG} 相反。運用克希荷夫定律，順時針環繞圖 7.2 所示的迴路一周，得

$$-V_{GG} - V_{GS} = 0$$

且
$$\boxed{V_{GS} = -V_{GG}} \tag{7.5}$$

因 V_{GG} 是定直流電源，使 V_{GS} 的電壓值固定，故名為"固定偏壓電路"。

所得的汲極電流大小由蕭克萊方程式決定：

$$I_D = I_{DSS}\left(1 - \frac{V_{GS}}{V_P}\right)^2$$

在此電路中 V_{GS} 為定值，只要代入大小和正負號到蕭克萊方程式，即可算出 I_D 值，這是可以很直接用數學解 FET 電路的少數例子之一。

圖形分析法需要畫出蕭克萊方程式的圖形。回想到，畫此方程式時，取 $V_{GS} = V_P/2$，可得汲極電流 $I_{DSS}/4$。在本章的分析中，只取三點，即剛才這一點和 I_{DSS} 及 V_P，即足以畫出曲線。

圖 7.3 畫蕭克萊方程式

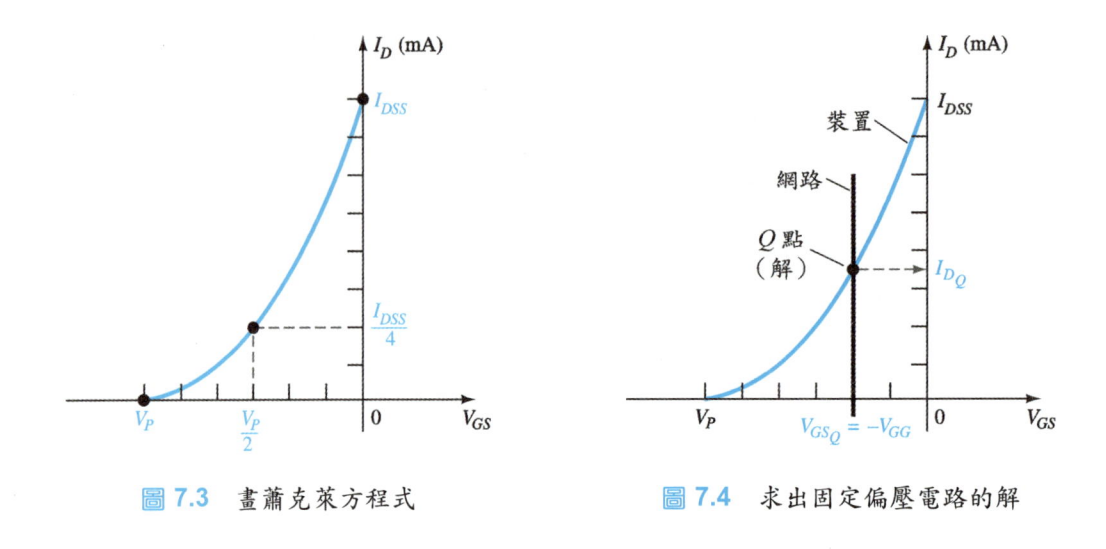

圖 7.4 求出固定偏壓電路的解

在圖 7.4 中，固定的 V_{GS} 值用一垂直線 $V_{GS}=-V_{GG}$ 代表。在此垂直線上的任意點，V_{GS} 都是 $-V_{GG}$——I_D 值也必然在此垂直線上。裝置曲線（即蕭克萊方程式）和垂直線的交點，即此電路的解，普通稱為靜態(quiescent, Q)或工作點(operating point)。汲極電流和閘極對源極電壓會加上下標 Q，以代表其為 Q 點值。注意在圖 7.4 中，可以從 Q 點畫一條水平線到垂直 I_D 軸，以決定 Q 點的 I_D 值。很重要需了解到，圖 7.1 的網路一旦建構好且開始工作，I_D 和 V_{GS} 的直流值可以用圖 7.5 的電表量出，所得值即圖 7.4 定義的靜態（Q 點）值。

利用克希荷夫電壓定律，可決定輸出部分的汲極對源極電壓如下：

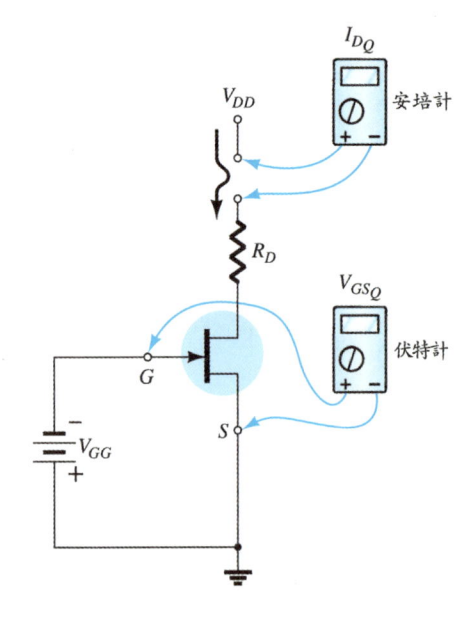

圖 7.5 量測 I_D 和 V_{GS} 的靜態（Q 點）值

$$+V_{DS}+I_D R_D - V_{DD}=0$$

且
$$\boxed{V_{DS}=V_{DD}-I_D R_D} \tag{7.6}$$

回想到，電壓採單下標時，電壓為該點對地電壓。對圖 7.2 的電路，

$$\boxed{V_S=0 \text{ V}} \tag{7.7}$$

利用雙下標電壓和單下標電壓的關係，可得

$$V_{DS}=V_D-V_S$$

即
$$V_D=V_{DS}+V_S=V_{DS}+0 \text{ V}$$

且
$$\boxed{V_D=V_{DS}} \tag{7.8}$$

另外，
$$V_{GS}=V_G-V_S$$

即
$$V_G=V_{GS}+V_S=V_{GS}+0 \text{ V}$$

且
$$\boxed{V_G=V_{GS}} \tag{7.9}$$

由 $V_S=0$ V 的事實，$V_D=V_{DS}$ 和 $V_G=V_{GS}$ 是十分明顯的，但以上的推導是要強調雙下標和單下標之間存在的關係。但因這種電路需用到兩個直流電源，使用上受到限制，故不在最常用的 FET 電路列表中。

例 7.1 對圖 7.6 的網路，試決定以下各項：

a. V_{GS_Q}。　　**d.** V_D。
b. I_{D_Q}。　　**e.** V_G。
c. V_{DS}。　　**f.** V_S。

解：數學分析法

a. $V_{GS_Q}=-V_{GG}=-2$ V

b. $I_{D_Q}=I_{DSS}\left(1-\dfrac{V_{GS}}{V_P}\right)^2 = 10 \text{ mA}\left(1-\dfrac{-2 \text{ V}}{-8 \text{ V}}\right)^2$

$\qquad = 10 \text{ mA}(1-0.25)^2 = 10 \text{ mA}(0.75)^2$

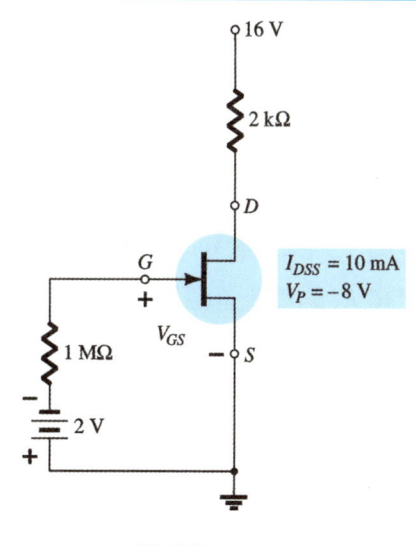

$\qquad = 10 \text{ mA}(0.5625)$

$\qquad = \mathbf{5.625\ mA}$

圖 7.6　例 7.1

c. $V_{DS} = V_{DD} - I_D R_D = 16\text{ V} - (5.625\text{ mA})(2\text{ k}\Omega)$
   $= 16\text{ V} - 11.25\text{ V} = \mathbf{4.75\text{ V}}$

d. $V_D = V_{DS} = \mathbf{4.75\text{ V}}$

e. $V_G = V_{GS} = \mathbf{-2\text{ V}}$

f. $V_S = \mathbf{0\text{ V}}$

圖解法 蕭克萊曲線和垂直線 $V_{GS} = -2\text{ V}$ 提供在圖 7.7。若不將圖放大，要讀到小數點以下第 2 位確實有些困難。但由圖 7.7 的圖形解出 5.6 mA 是很可接受的。

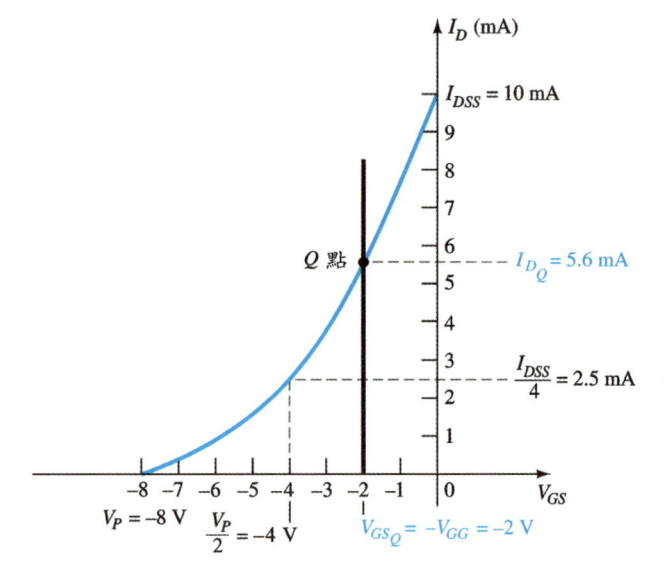

a. 因此，
$$V_{GS_Q} = -V_{GG} = \mathbf{-2\text{ V}}$$

b. $I_{D_Q} = \mathbf{5.6\text{ mA}}$

c. $V_{DS} = V_{DD} - I_D R_D = 16\text{ V} - (5.6\text{ mA})(2\text{ k}\Omega)$
   $= 16\text{ V} - 11.2\text{ V} = \mathbf{4.8\text{ V}}$

d. $V_D = V_{DS} = \mathbf{4.8\text{ V}}$

e. $V_G = V_{GS} = \mathbf{-2\text{ V}}$

f. $V_S = \mathbf{0\text{ V}}$

圖 7.7 以圖解法解圖 7.6 的網路

由結果清楚證實，數學分析法和圖解法產生的結果極為接近。

7.3 自穩偏壓電路

自穩偏壓電路不必用到兩組電源，閘極對源極的控制電壓，是由接在源極腳位的電阻 R_S 的壓降所決定，見圖 7.8。

對直流分析而言，電容再次用"開路"代替，又因 $I_G = 0\text{ A}$，電阻 R_G 可用短路取代，結果見圖 7.9 的網路，可供此重要的直流分析。

流經 R_S 的電流是源極電流 I_S，但 $I_S = I_D$，且

$$V_{R_S} = I_D R_S$$

對圖 7.9 所示的封閉迴路，可得

圖 7.8 JFET 自穩偏壓電路

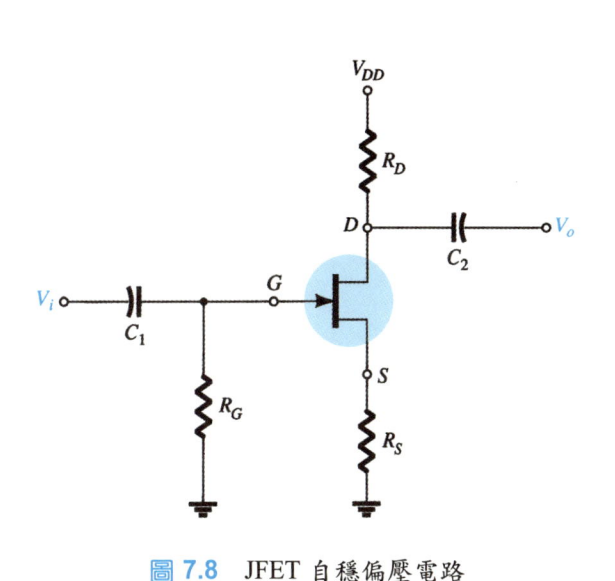

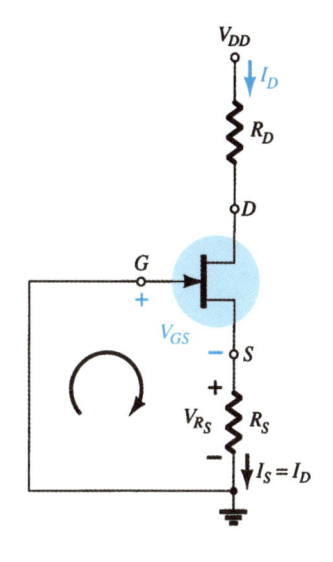

圖 7.9 自穩偏壓電路的直流分析

$$-V_{GS}-V_{R_S}=0$$

即
$$V_{GS}=-V_{R_S}$$

或
$$V_{GS}=-I_D R_S \tag{7.10}$$

注意在此例中，V_{GS} 是輸出電流 I_D 的函數，但不像固定偏壓電路一樣為定值。

式(7.10)由網路組態所定義，而蕭克萊方程式則代表裝置輸入和輸出之間的關係。兩個方程式都代表相同兩個變數之間的關係，允許用數學分析或圖形方法求解。

只要將式(7.10)代入蕭克萊方程式，可得數學解如下：

$$I_D = I_{DSS}\left(1-\frac{V_{GS}}{V_P}\right)^2$$

$$= I_{DSS}\left(1-\frac{-I_D R_S}{V_P}\right)^2$$

即
$$I_D = I_{DSS}\left(1+\frac{I_D R_S}{V_P}\right)^2$$

將平方展開，整理各項，可得方程式的形式如下：

$$I_D^2 + K_1 I_D + K_2 = 0$$

接著解二次方程式，找出 I_D 的正確解。

數學分析方法定義如上。而圖解法需先建立裝置的轉移特性，見圖 7.10。因式(7.10)

圖 7.10 定出自穩偏壓線上的一點

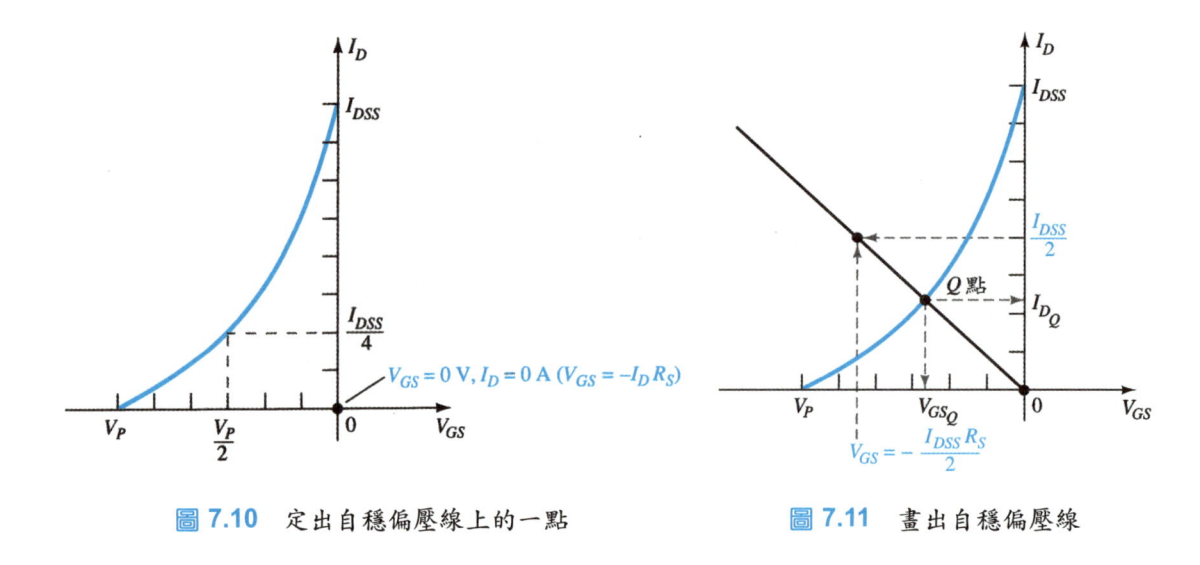

圖 7.11 畫出自穩偏壓線

可定義一條直線在同一圖上，現在讓我們在圖上定出該線上的兩點，即可在兩點間畫出直線。最明顯可用的條件是 $I_D=0$ A，可產生 $V_{GS}=-I_DR_S=(0$ A$)R_S=0$ V。因此對式(7.10)，直線上的一點是定在 $I_D=0$ A 且 $V_{GS}=0$ V，見圖 7.10。

式(7.10)的第 2 點用選取一個 V_{GS} 或 I_D 值，再以式(7.10)決定另一變量的對應值。所得的 I_D 和 V_{GS} 值定義直線的另一點，即可畫出直線。例如，我們選取 I_D 等於飽和值的一半，也就是

$$I_D=\frac{I_{DSS}}{2}$$

可得
$$V_{GS}=-I_DR_S=-\frac{I_{DSS}R_S}{2}$$

結果得到第 2 點，畫出直線如圖 7.11 所示。因此畫出式(7.10)所定義的直線，直線和裝置特性曲線的交點即得靜態點，決定了 I_D 和 V_{GS} 的靜態值，可藉以求出其他數值。

利用克希荷夫定律到輸出電路，可決定 V_{DS} 值，結果如下：

$$V_{R_S}+V_{DS}+V_{R_D}-V_{DD}=0$$

即
$$V_{DS}=V_{DD}-V_{R_S}-V_{R_D}=V_{DD}-I_SR_S-I_DR_D$$

但
$$I_D=I_S$$

即
$$\boxed{V_{DS}=V_{DD}-I_D(R_S+R_D)} \tag{7.11}$$

另外，
$$\boxed{V_S=I_DR_S} \tag{7.12}$$

$$V_G = 0 \text{ V} \tag{7.13}$$

且
$$V_D = V_{DS} + V_S = V_{DD} - V_{R_D} \tag{7.14}$$

例 7.2 試就圖 7.12 的網路，決定以下各項：

a. V_{GS_Q}。   **d.** V_S。
b. I_{D_Q}。   **e.** V_G。
c. V_{DS}。   **f.** V_D。

解：

a. 閘極對源極電壓可由下式決定：

$$V_{GS} = -I_D R_S$$

取 $I_D = 4 \text{ mA}$，可得

$$V_{GS} = -(4 \text{ mA})(1 \text{ k}\Omega) = -4 \text{ V}$$

由網路定義的方程式，可得圖 7.13 的圖形。

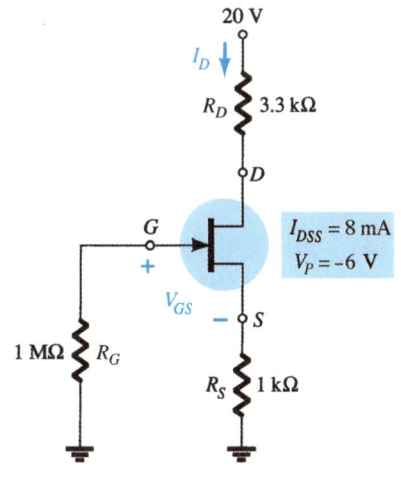

圖 7.12 例 7.2

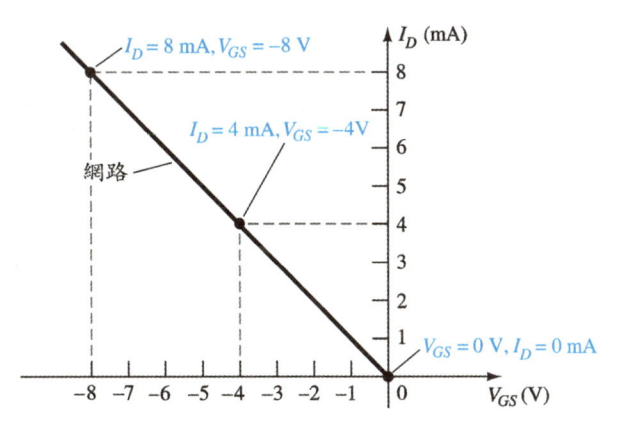

圖 7.13 畫出圖 7.12 中網路的偏壓線

若取 $I_D = 8 \text{ mA}$，所得 V_{GS} 值會是 -8 V，見同一圖。無論是何種情況，會產生相同直線。由此清楚說明，只要是利用式 (7.10) 決定對應的 V_{GS} 值，可任意選取適當的 I_D 值。另外要記住，也可以取 V_{GS} 值再計算對應的 I_D 值，可得相同的圖。

對蕭克萊方程式，若取 $V_{GS} = V_P/2 = -3$ V，可求得 $I_D = I_{DSS}/4 = 8 \text{ mA}/4 = 2 \text{ mA}$，而得圖 7.14 的圖形，此代表裝置的特性。將圖 7.13 的網路特性和圖 7.14 的裝置特性重疊，

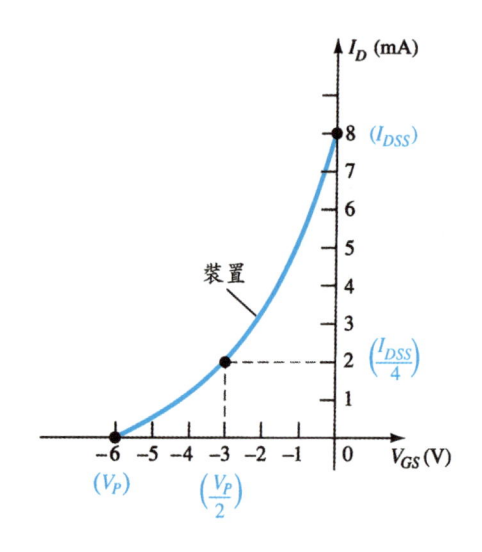

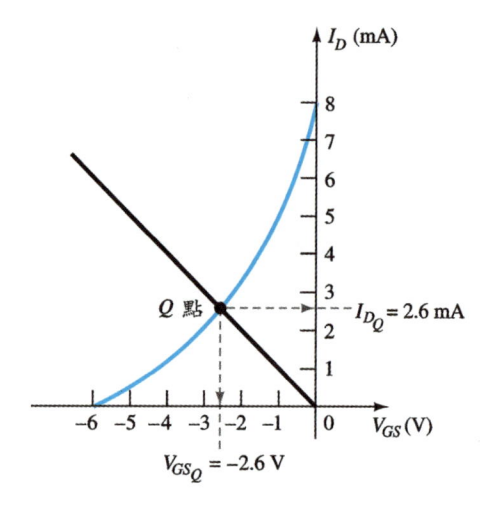

圖 7.14 畫出圖 7.12 中 JFET 的裝置特性

圖 7.15 決定圖 7.12 中網路的 Q 點

可得到兩線的交點，見圖 7.15，即可得解。所得的工作點即閘極對源極壓的靜態值

$$V_{GS_Q} = -2.6 \text{ V}$$

b. 在靜態點（Q 點）

$$I_{D_Q} = 2.6 \text{ mA}$$

c. 式 (7.11)：
$$V_{DS} = V_{DD} - I_D(R_S + R_D)$$
$$= 20 \text{ V} - (2.6 \text{ mA})(1 \text{ k}\Omega + 3.3 \text{ k}\Omega)$$
$$= 20 \text{ V} - 11.18 \text{ V} = \mathbf{8.82 \text{ V}}$$

d. 式 (7.12)：
$$V_S = I_D R_S$$
$$= (2.6 \text{ mA})(1 \text{ k}\Omega) = \mathbf{2.6 \text{ V}}$$

e. 式 (7.13)： $V_G = \mathbf{0 \text{ V}}$

f. 式 (7.14)： $V_D = V_{DS} + V_S = 8.82 \text{ V} + 2.6 \text{ V} = \mathbf{11.42 \text{ V}}$

或 $V_D = V_{DD} - I_D R_D = 20 \text{ V} - (2.6 \text{ mA})(3.3 \text{ k}\Omega) = \mathbf{11.42 \text{ V}}$

例 7.3 求出在以下條件下，圖 7.12 網路的靜態點：

a. $R_S = 100 \text{ }\Omega$。 **b.** $R_S = 10 \text{ k}\Omega$。

解：注意圖 7.16。

a. $R_S = 100 \text{ }\Omega$： $I_{D_Q} \cong \mathbf{6.4 \text{ mA}}$

由式 (7.10)， $V_{GS_Q} \cong \mathbf{-0.64 \text{ V}}$

b. $R_S = 10\text{ k}\Omega$：　　　　$V_{GS_Q} \cong -4.6\text{ V}$

　　由式(7.10)，　　　$I_{D_Q} \cong 0.46\text{ mA}$

特別注意到，當 R_S 愈低時，網路的負載線會愈接近 I_D 軸。而 R_S 愈大時，會使負載線愈接近 V_{GS} 軸。

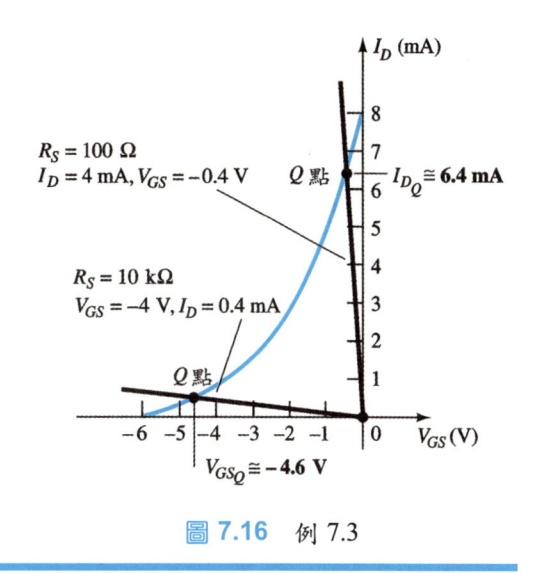

圖 7.16　例 7.3

7.4　分壓器偏壓

應用於 BJT 電晶體放大器的分壓器偏壓組態，也可應用於 FET 放大器，見圖 7.17。兩者的基本架構完全相同，但直流分析卻完全不同。對 FET 放大器而言，$I_G = 0\text{ A}$；但對共射極 BJT 放大器而言，I_B 的大小會影響到輸入與輸出電路的直流電壓與直流電流值。回想在 BJT 分壓器電路中，I_B 提供了輸入與輸出電路之間的連結；但對 FET 電路而言，輸入和輸出之間的聯繫是透過 V_{GS} 來建立。

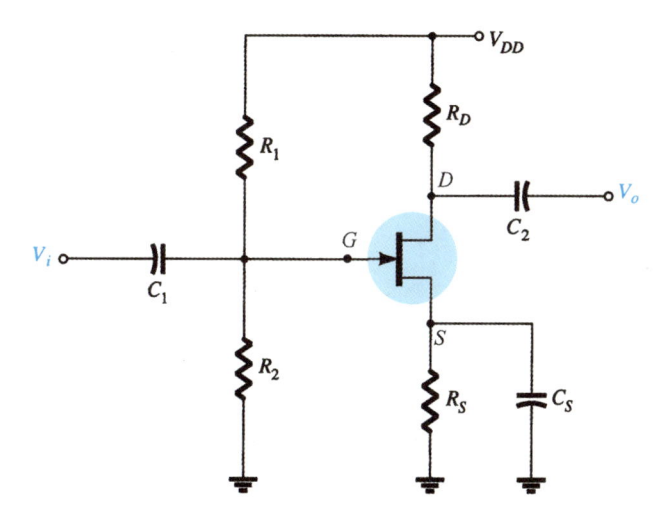

圖 7.17　分壓器偏壓電路

為作直流分析，圖 7.17 的網路重畫在圖 7.18。注意到，所有電容器，圖 7.18b 包括旁路電容 C_S 都等效於"開路"。另外，電源 V_{DD} 分成兩個等效電源，便於將電路的輸入

538 電子裝置與電路理論

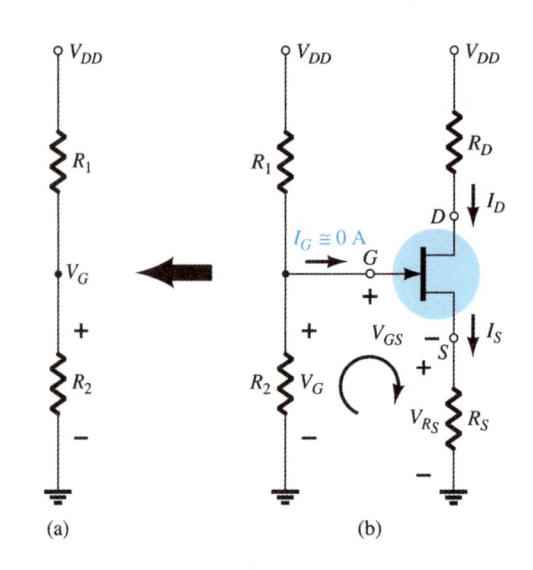

圖 7.18 重畫圖 7.17 的網路以便作直流分析

部分和輸出部分分離。因 $I_G=0$ A，且由克希荷夫電流定律知，$I_{R_1}=I_{R_2}$，可得串聯等效電路在該圖之左，可用以求出 V_G 值。電壓 V_G 等於 R_G 的電壓降，可用以下的圖 7.18a 和分壓定律得到：

$$V_G = \frac{R_2 V_{DD}}{R_1 + R_2} \tag{7.15}$$

以順時針方向，應用克希荷夫定律到圖 7.18 所示迴路，可得

$$V_G - V_{GS} - V_{R_S} = 0$$

且

$$V_{GS} = V_G - V_{R_S}$$

代入 $V_{R_S} = I_S R_S = I_D R_S$，可得

$$V_{GS} = V_G - I_D R_S \tag{7.16}$$

此方程式依然包含和蕭克萊方程式相同的兩個變數：V_{GS} 和 I_D。V_G 和 R_S 的數值由網路架構所給為定值。式(7.16)仍然是直線方程式，但不再通過原點。畫出式(7.16)的程序並不困難，可按以下方法進行。因任何直線可由兩點定出，先利用一項事實，即圖 7.19 中水平軸對應於 $I_D=0$ mA，因此可取 $I_D=0$ mA，代表在水平軸上的某處。將 $I_D=0$ mA 代入式(7.16)，可求出對應的 V_{GS} 值如下：

第 7 章 場效電晶體 (FET) 的偏壓　539

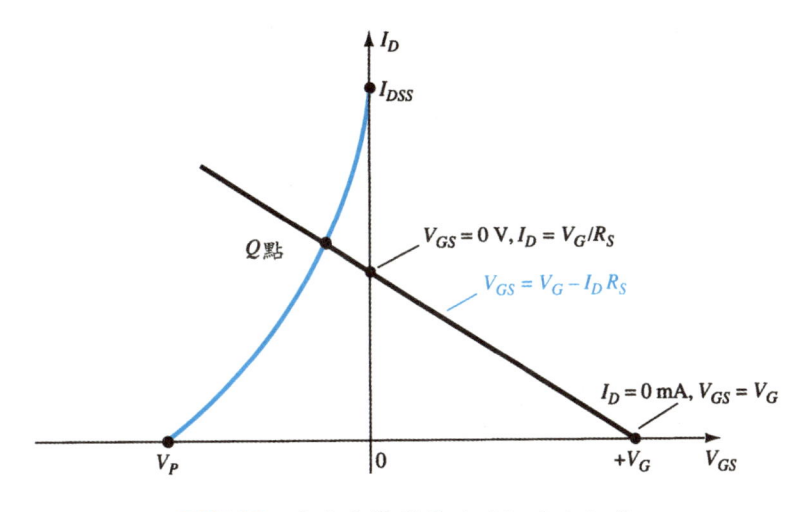

圖 7.19 畫出分壓器電路的網路方程式

$$V_{GS} = V_G - I_D R_S$$
$$= V_G - (0 \text{ mA})R_S$$

且
$$V_{GS} = V_G |_{I_D = 0 \text{ mA}} \tag{7.17}$$

此結果指明，當我們畫式(7.16)的圖形時，若取 $I_D = 0$ mA 時，對應的 V_{GS} 會是 V_G 伏特，此點顯示在圖 7.19 上。

對另一點可利用另一項事實，即垂直軸對應於 $V_{GS} = 0$ V，由此可解出另一點對應的 I_D 值：

$$V_{GS} = V_G - I_D R_S$$
$$0 \text{ V} = V_G - I_D R_S$$

且
$$I_D = \frac{V_G}{R_S} \bigg|_{V_{GS} = 0 \text{ V}} \tag{7.18}$$

此結果指明，當我們畫式(7.16)的圖形時，若取 $V_{GS} = 0$ V，可利用式(7.18)決定對應的 I_D 值，此點也顯示在圖 7.19 上。

由以上所定的兩點，可畫出一條直線以代表式(7.16)。此直線和轉移曲線的交點，位在垂直軸左側區域，此即工作點，可得該點的 I_D 和 V_{GS} 值。

因 V_G 由輸入網路給定，為定值，而縱軸截距是 $I_D = V_G/R_S$。因此當 R_S 值增加時，截距 I_D 值會下降，見圖 7.20。由圖 7.20 可明顯看出：

圖 7.20 R_S 對 Q 點位置的影響

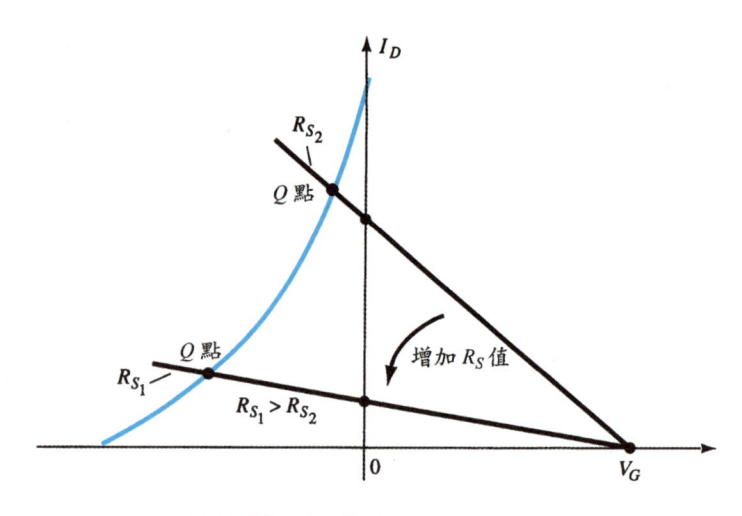

R_S 值增加時，會使 I_D 的靜態值降低，V_{GS} 的靜態值會更負。

一旦決定了靜態值 I_{D_Q} 和 V_{GS_Q}，可用一般方式分析網路的其他部分，也就是，

$$V_{DS} = V_{DD} - I_D(R_D + R_S) \tag{7.19}$$

$$V_D = V_{DD} - I_D R_D \tag{7.20}$$

$$V_S = I_D R_S \tag{7.21}$$

$$I_{R_1} = I_{R_2} = \frac{V_{DD}}{R_1 + R_2} \tag{7.22}$$

例 7.4 試對圖 7.21 的網路，決定以下各項：

a. I_{D_Q} 與 V_{GS_Q}。
b. V_D。
c. V_S。
d. V_{DS}。
e. V_{DG}。

第 7 章 場效電晶體 (FET) 的偏壓　541

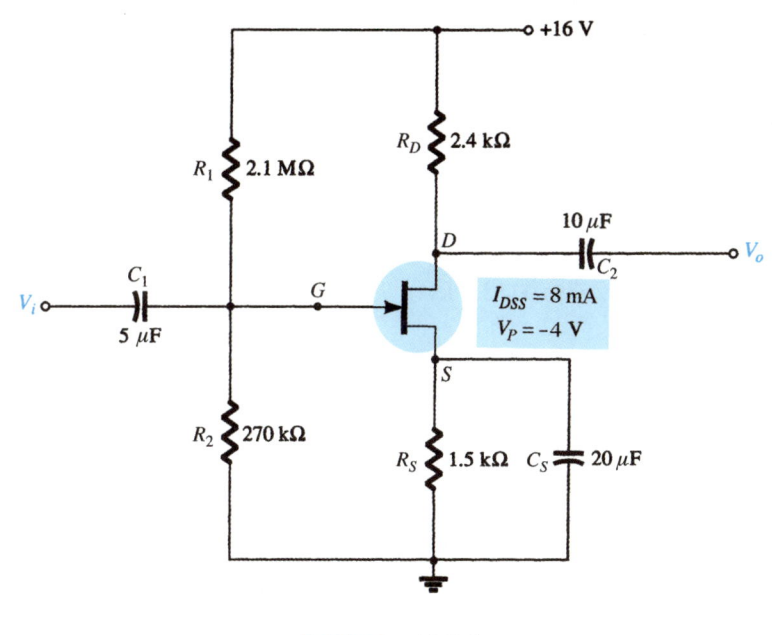

圖 7.21　例 7.4

解：

a. 對轉移特性而言，若 $I_D = I_{DSS}/4 = 8\text{ mA}/4 = 2\text{ mA}$，則 $V_{GS} = -4\text{ V}/2 = -2\text{ V}$，代表蕭克萊方程式的轉移曲線，可得如圖 7.22 所示。網路方程式可決定如下：

$$V_G = \frac{R_2 V_{DD}}{R_1 + R_2}$$

$$= \frac{(270\text{ k}\Omega)(16\text{ V})}{2.1\text{ M}\Omega + 0.27\text{ M}\Omega}$$

$$= 1.82\text{ V}$$

且　$V_{GS} = V_G - I_D R_S$
　　　$= 1.82\text{ V} - I_D(1.5\text{ k}\Omega)$

當 $I_D = 0\text{ mA}$ 時，

$$V_{GS} = +1.82\text{ V}$$

當 $V_{GS} = 0\text{ V}$ 時，

$$I_D = \frac{1.82\text{ V}}{1.5\text{ k}\Omega} = 1.21\text{ mA}$$

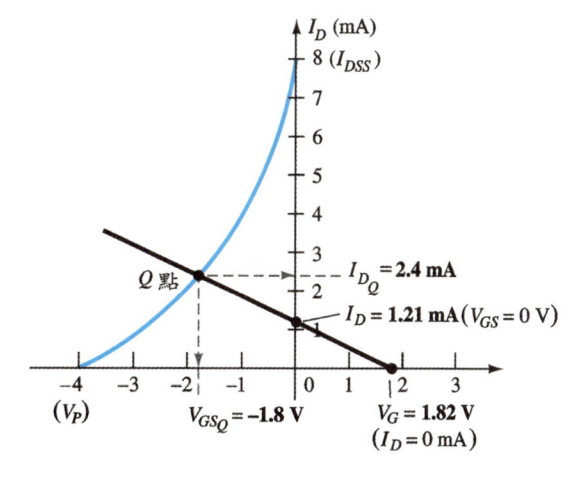

圖 7.22　決定圖 7.21 網路的 Q 點

所得的偏壓線見圖 7.22，靜態值為

$$I_{D_Q} = 2.4 \text{ mA}$$

且
$$V_{GS_Q} = -1.8 \text{ V}$$

b. $V_D = V_{DD} - I_D R_D = 16 \text{ V} - (2.4 \text{ mA})(2.4 \text{ k}\Omega)$
   $= \mathbf{10.24 \text{ V}}$

c. $V_S = I_D R_S = (2.4 \text{ mA})(1.5 \text{ k}\Omega)$
   $= \mathbf{3.6 \text{ V}}$

d. $V_{DS} = V_{DD} - I_D(R_D + R_S) = 16 \text{ V} - (2.4 \text{ mA})(2.4 \text{ k}\Omega + 1.5 \text{ k}\Omega)$
   $= \mathbf{6.64 \text{ V}}$

   或 $V_{DS} = V_D - V_S = 10.24 \text{ V} - 3.6 \text{ V}$
   $= \mathbf{6.64 \text{ V}}$

e. 雖然很少要求，但電壓 V_{DG} 很容易決定

$$V_{DG} = V_D - V_G = 10.24 \text{ V} - 1.82 \text{ V}$$
$$= \mathbf{8.42 \text{ V}}$$

7.5 共閘極電路

接下來的電路，其閘極腳位接地，輸入訊號一般加到源極，而輸出訊號則從汲極接出，見圖 7.23a，網路也可畫成如圖 7.23b 所示。

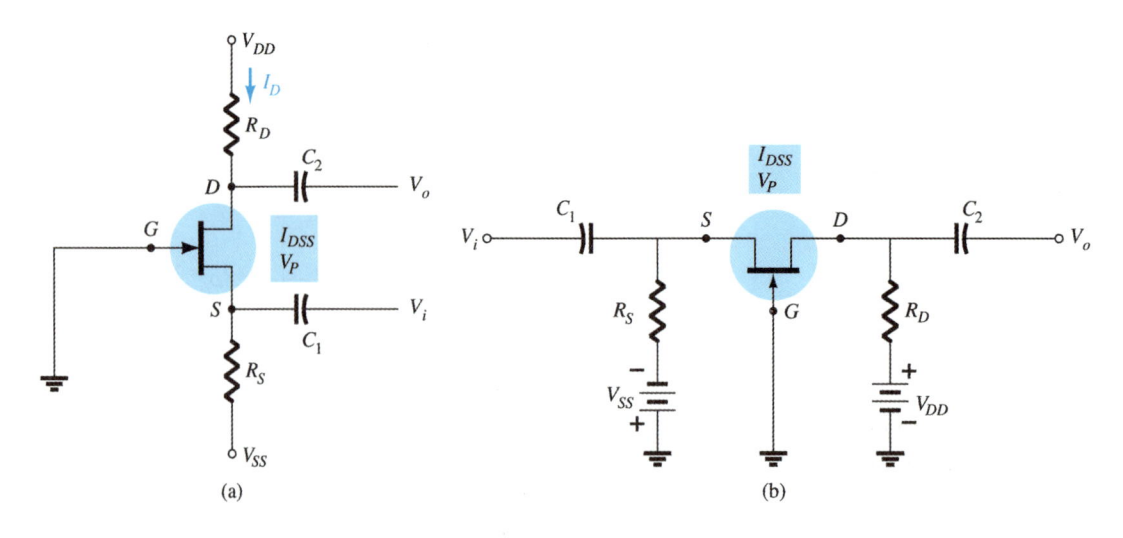

圖 7.23 共閘極電路的兩種畫法

可用圖 7.24 決定網路方程式。

利用克希荷夫電壓定律，其方向如圖 7.24 所示，可得

$$-V_{GS}-I_S R_S + V_{SS} = 0$$

即

$$V_{GS}=V_{SS}-I_S R_S$$

但

$$I_S = I_D$$

所以

$$\boxed{V_{GS}=V_{SS}-I_D R_S} \tag{7.23}$$

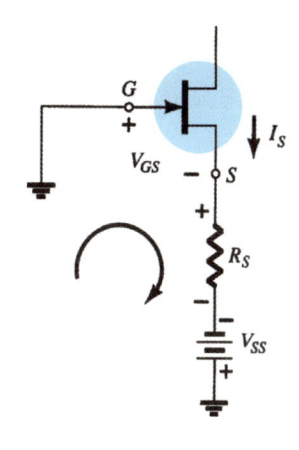

圖 7.24 決定圖 7.23 電路的網路方程式

運用 $I_D = 0$ mA 的條件到式(7.23)，可得

$$V_{GS}=V_{SS}-(0)R_S$$

即

$$\boxed{V_{GS}=V_{SS}\big|_{I_D = 0 \text{ mA}}} \tag{7.24}$$

運用 $V_{GS}=0$ V 的條件到式(7.23)，可得

$$0 = V_{SS} - I_D R_S$$

即

$$\boxed{I_D = \frac{V_{SS}}{R_S}\bigg|_{V_{GS}=0 \text{ V}}} \tag{7.25}$$

所得負載線見圖 7.25，和 JFET 轉移曲線的交點也顯示在同一圖上。

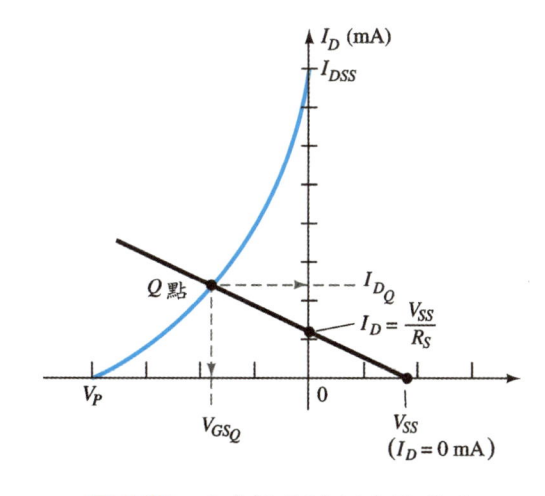

圖 7.25 決定圖 7.24 網路的 Q 點

負載線和轉移曲線的交點，定義了網路的工作電流 I_{D_Q} 和工作電壓 V_{D_Q}。

應用克希荷夫定律到包含兩電源，JFET 和電阻 R_D 和 R_S 的迴路（圖 7.23a 和圖 7.23b），

$$+V_{DD}-I_DR_D-V_{DS}-I_SR_S+V_{SS}=0$$

代入 $I_S=I_D$，可得

$$+V_{DD}+V_{SS}-V_{DS}-I_D(R_D+R_S)=0$$

所以
$$\boxed{V_{DS}=V_{DD}+V_{SS}-I_D(R_D+R_S)} \tag{7.26}$$

又
$$\boxed{V_D=V_{DD}-I_DR_D} \tag{7.27}$$

且
$$\boxed{V_S=-V_{SS}+I_DR_S} \tag{7.28}$$

例 7.5 對圖 7.26 的共閘極電路，決定以下各項：

a. V_{GS_Q}。 d. V_G。
b. I_{D_Q}。 e. V_S。
c. V_D。   f. V_{DS}。

解： 儘管在此共閘極電路中未出現 V_{SS}，但前所導出的公式仍可使用，只要將 $V_{SS}=0\,\text{V}$ 代入各方程式即可。

a. 對式(7.23)的特性

$$V_{GS}=0-I_DR_S$$
即 $$V_{GS}=-I_DR_S$$

對此方程式，負載線會通過原點，另一點可由其他任意點決定。取 $I_D=6\,\text{mA}$，解出對應的 V_{GS}：

$$V_{GS}=-I_DR_S$$
$$=-(6\,\text{mA})(680\,\Omega)=-4.08\,\text{V}$$

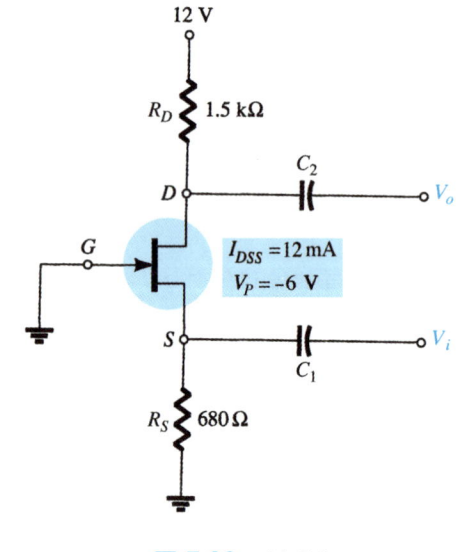

圖 7.26 例 7.5

如圖 7.27 所示。

可利用以下幾點畫出裝置的轉移曲線：

$$I_D = \frac{I_{DSS}}{4} = \frac{12 \text{ mA}}{4}$$
$$= 3 \text{ mA（在 } V_P/2 \text{ 處）}$$

以及 $V_{GS} \cong 0.3 V_P = 0.3(-6 \text{ V})$
$\qquad = -1.8 \text{ V（在 } I_D = I_{DSS}/2 \text{ 處）}$

可解出
$$V_{GS_Q} \cong -2.6 \text{ V}$$

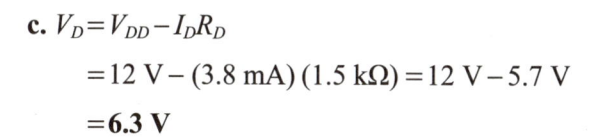

b. 由圖 7.27，

$$I_{D_Q} \cong 3.8 \text{ mA}$$

c. $V_D = V_{DD} - I_D R_D$
$\qquad = 12 \text{ V} - (3.8 \text{ mA})(1.5 \text{ k}\Omega) = 12 \text{ V} - 5.7 \text{ V}$
$\qquad = \mathbf{6.3 \text{ V}}$

d. $V_G = \mathbf{0 \text{ V}}$

e. $V_S = I_D R_S = (3.8 \text{ mA})(680 \text{ }\Omega)$
$\qquad = \mathbf{2.58 \text{ V}}$

f. $V_{DS} = V_D - V_S = 6.3 \text{ V} - 2.58 \text{ V}$
$\qquad = \mathbf{3.72 \text{ V}}$

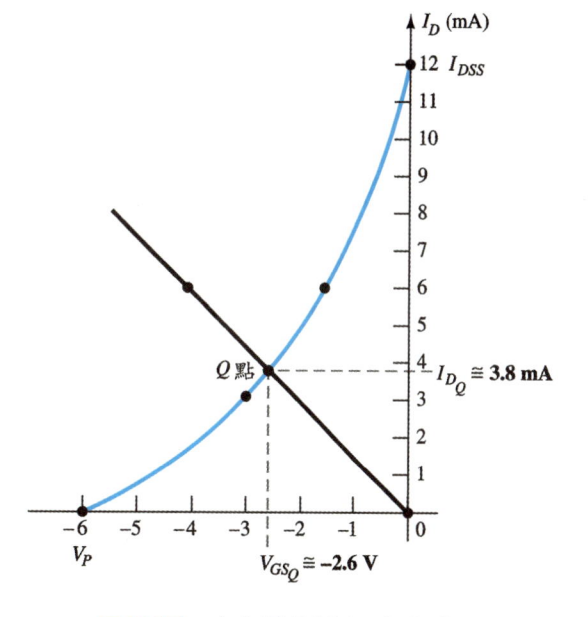

圖 7.27 決定圖 7.26 網路的 Q 點

7.6 特例：$V_{GS_Q} = 0$ V

圖 7.28 中的電路，因其相對的簡單性，常被運用，具有實用價值。注意到，閘極和源極直接接地，使 $V_{GS} = 0$ V。在任何直流條件下，閘極對源極電壓必定為 0 V，因此產生垂直的負載線在 $V_{GS_Q} = 0$ V，見圖 7.29。

因 JFET 的轉移曲線會和縱軸交於 I_{DSS}，此即網路的汲極電流值。

因此，
$$I_{D_Q} = I_{DSS} \qquad (7.29)$$

圖 7.28 $V_{GS_Q}=0\text{ V}$ 的電路（特例）

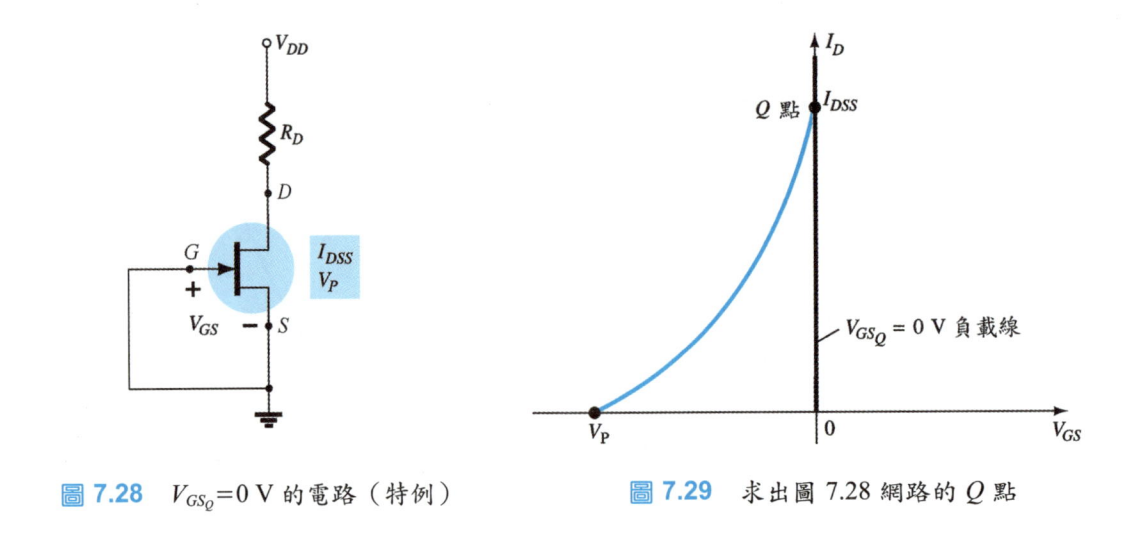

圖 7.29 求出圖 7.28 網路的 Q 點

運用克希荷夫電壓定律：

$$V_{DD}-I_D R_D-V_{DS}=0$$

即

$$\boxed{V_{DS}=V_{DD}-I_D R_D} \tag{7.30}$$

又

$$\boxed{V_D=V_{DS}} \tag{7.31}$$

且

$$\boxed{V_S=0\text{ V}} \tag{7.32}$$

7.7 空乏型 MOSFET

　　JFET 和空乏型 MOSFET 的轉移曲線相似，所以直流分析方法也類似。兩者之間的主要差異是，n 通道空乏型 MOSFET 的工作點的 V_{GS} 可為正值，且 I_D 值可超過 I_{DSS}。事實上，到目前為止所討論的所有電路，若將其中的 JFET 換成空乏型 MOSFET，分析方法都是相同的。

　　整個分析只有一個未確定部分，即蕭克萊方程式要畫到正 V_{GS} 值多大，以及 I_D 超過 I_{DSS} 多少的地方，轉移曲線必須延伸到多遠？對大部分的情況而言，所需範圍可以由 MOSFET 參數和網路的偏壓線得到很好的定義。可以從一些例子看出，裝置變化對分析結果的影響。

例 7.6 對圖 7.30 的 n 通道空乏型 MOSFET，試決定：

a. I_{D_Q} 和 V_{GS_Q}。
b. V_{DS}。

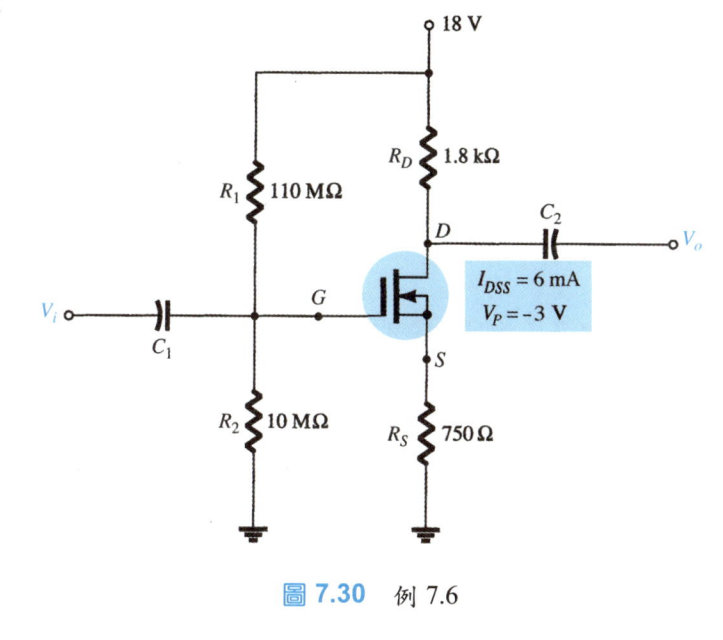

圖 7.30 例 7.6

解：

a. 可利用 I_{DSS}、V_P 和以下一點畫出轉移特性。$I_D = I_{DSS}/4 = 6\text{ mA}/4 = 1.5\text{ mA}$ 時，對應的 $V_{GS} = V_P/2 = -3\text{ V}/2 = -1.5\text{ V}$。考慮 V_P 值以及一項事實，當 V_{GS} 愈正時，蕭克萊方程式所定義的曲線，會隨著 V_{GS} 的增加而快速上升。選取 $V_{GS} = +1\text{ V}$，代入蕭克萊方程式，得

$$I_D = I_{DSS}\left(1 - \frac{V_{GS}}{V_P}\right)^2$$
$$= 6\text{ mA}\left(1 - \frac{+1\text{ V}}{-3\text{ V}}\right)^2 = 6\text{ mA}\left(1 + \frac{1}{3}\right)^2$$
$$= 6\text{ mA}(1.778)$$
$$= 10.67\text{ mA}$$

所得轉移曲線見圖 7.31。同 JFET 的方法進行分析，可得

式 (7.15)：$V_G = \dfrac{10\text{ M}\Omega(18\text{ V})}{10\text{ M}\Omega + 110\text{ M}\Omega}$
$\qquad\qquad = 1.5\text{ V}$

式 (7.16)：$V_{GS} = V_G - I_D R_S$
$\qquad\qquad = 1.5\text{ V} - I_D(750\text{ }\Omega)$

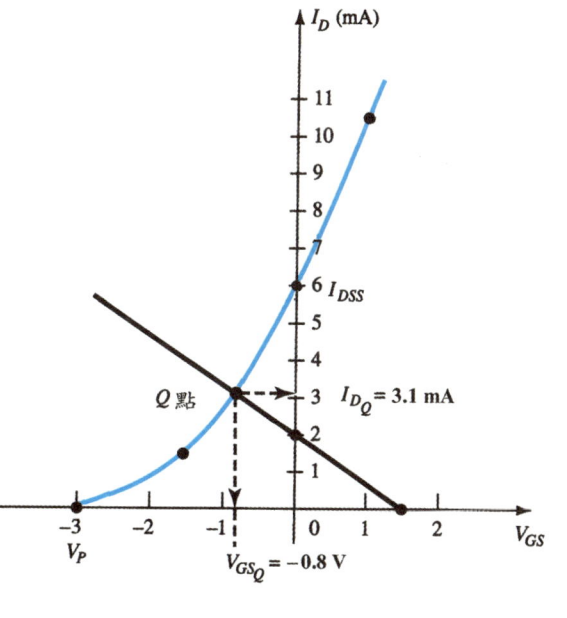

圖 7.31 決定圖 7.30 網路的 Q 點

設 $I_D = 0$ mA，可得

$$V_{GS} = V_G = 1.5 \text{ V}$$

設 $V_{GS} = 0$ V，得

$$I_D = \frac{V_G}{R_S} = \frac{1.5 \text{ V}}{750 \text{ }\Omega} = 2 \text{ mA}$$

這兩點和所產生的偏壓線見圖 7.31，所得工作點是

$$I_{D_Q} = \textbf{3.1 mA}$$

$$V_{GS_Q} = \textbf{-0.8 V}$$

b. 式(7.19)：

$$V_{DS} = V_{DD} - I_D(R_D + R_S)$$
$$= 18 \text{ V} - (3.1 \text{ mA})(1.8 \text{ k}\Omega + 750 \text{ }\Omega)$$
$$\cong \textbf{10.1 V}$$

例 7.7 重做例 7.6，但 $R_S = 150 \text{ }\Omega$。

解：

a. 轉移曲線不變，同圖 7.32 所示者。
但偏壓線變為

$$V_{GS} = V_G - I_D R_S = 1.5 \text{ V} - I_D(150 \text{ }\Omega)$$

設 $I_D = 0$ mA，得

$$V_{GS} = 1.5 \text{ V}$$

設 $V_{GS} = 0$ V，得

$$I_D = \frac{V_G}{R_S} = \frac{1.5 \text{ V}}{150 \text{ }\Omega} = 10 \text{ mA}$$

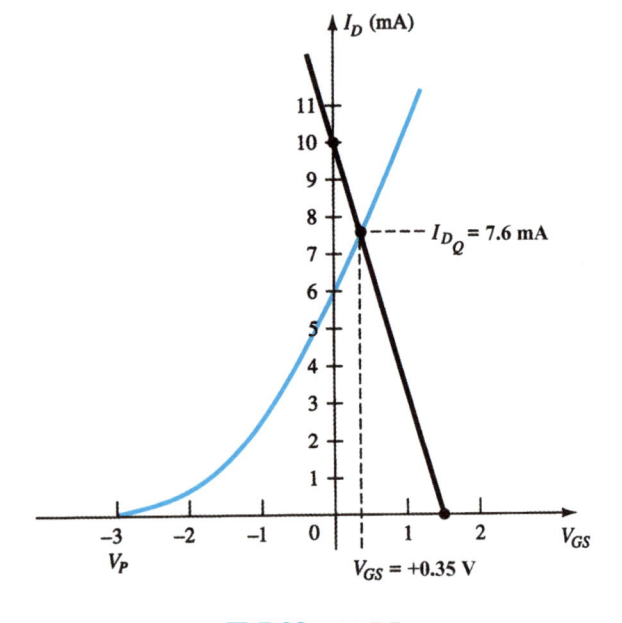

圖 7.32 例 7.7

偏壓線也包含在圖 7.32 上，注意在此例中，靜態點的汲極電流超過 I_{DSS}，且對應的 V_{GS} 為正值。結果是

$$I_{D_Q} = \mathbf{7.6\ mA}$$
$$V_{GS_Q} = \mathbf{+0.35\ V}$$

b. 式(7.19)：

$$\begin{aligned} V_{DS} &= V_{DD} - I_D(R_D + R_S) \\ &= 18\ V - (7.6\ mA)(1.8\ k\Omega + 150\ \Omega) \\ &= \mathbf{3.18\ V} \end{aligned}$$

例 7.8 試對圖 7.33 的網路，決定以下各項：

a. I_{D_Q} 和 V_{GS_Q}。
b. V_D。

解：

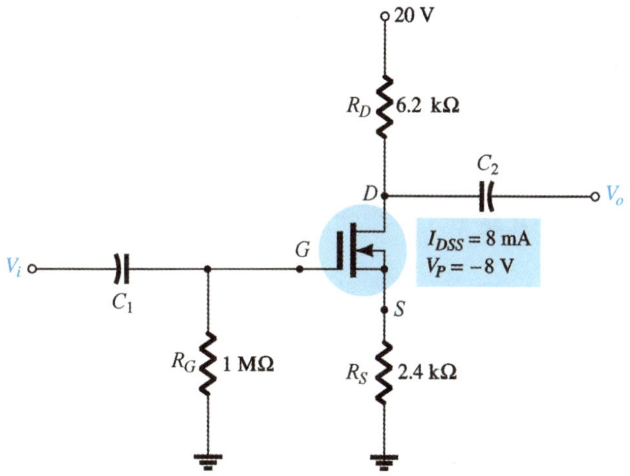

a. 自偏壓電路產生

$$V_{GS} = -I_D R_S$$

此和 JFET 電路所得者相同，這建立一項事實，即 V_{GS} 必小於 0 V。因此在畫轉移曲線時，不需延伸到正 V_{GS} 值，但我們仍將作此延伸。對 $V_{GS} < 0\ V$，我們的選取點如下：

$$I_D = \frac{I_{DSS}}{4} = \frac{8\ mA}{4} = 2\ mA$$

且

$$V_{GS} = \frac{V_P}{2} = \frac{-8\ V}{2} = -4\ V$$

而對 $V_{GS} > 0\ V$，因 $V_P = -8\ V$，取

$$V_{GS} = +2\ V$$

圖 7.33　例 7.8

且 $I_D = I_{DSS}\left(1 - \dfrac{V_{GS}}{V_P}\right)^2$

$= 8 \text{ mA}\left(1 - \dfrac{+2 \text{ V}}{-8 \text{ V}}\right)^2$

$= 12.5 \text{ mA}$

所轉移曲線見圖 7.34。對網路偏壓線，必通過 $V_{GS}=0$ V 且 $I_D=0$ mA。並取 $V_{GS}=-6$ V，得

$$I_D = -\dfrac{V_{GS}}{R_S} = -\dfrac{-6 \text{ V}}{2.4 \text{ k}\Omega} = 2.5 \text{ mA}$$

所得 Q 點是

$I_{D_Q} = \mathbf{1.7 \text{ mA}}$

$V_{GS_Q} = \mathbf{-4.3 \text{ V}}$

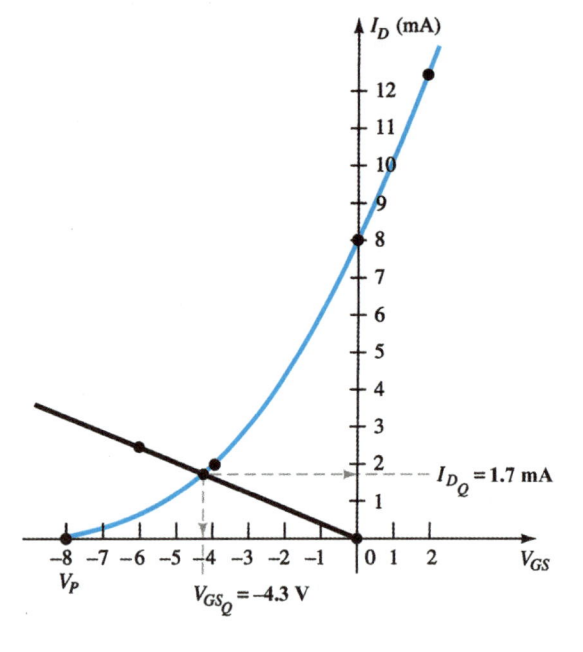

圖 **7.34** 決定圖 7.33 中網路的 Q 點

b. $V_D = V_{DD} - I_D R_D$

$= 20 \text{ V} - (1.7 \text{ mA})(6.2 \text{ k}\Omega)$

$= \mathbf{9.46 \text{ V}}$

下一個例子仍採用可應用在 JFET 電晶體的設計，第一印象看起來似乎很簡單，但開始分析時，由於特別的工作點常造成一些混淆。

例 7.9 決定圖 7.35 網路的 V_{DS}。

解： 閘極和源極直接相接，得

$$V_{GS} = 0 \text{ V}$$

因 V_{GS} 固定在 0 V，依定義，汲極電流必定是 I_{DSS}。易言之，

$V_{GS_Q} = \mathbf{0 \text{ V}}$ 且 $I_{D_Q} = \mathbf{10 \text{ mA}}$

因此無需畫出轉移曲線，且

$V_D = V_{DD} - I_D R_D = 20 \text{ V} - (10 \text{ mA})(1.5 \text{ k}\Omega)$

$= 20 \text{ V} - 15 \text{ V}$

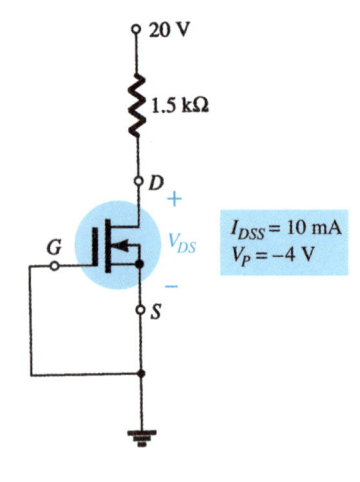

$= \mathbf{5 \text{ V}}$

圖 **7.35** 例 7.9

7.8 增強型 MOSFET

增強型 MOSFET 的轉移特性，和 JFET 以及空乏型 MOSFET 很不相同，因此圖解法也和前幾節所介紹者不同。首先回想到，n 通道增強型 MOSFET 的閘極對源極電壓低於臨限值 $V_{GS(Th)}$ 時，汲極電流會是零，見圖 7.36。當 V_{GS} 高於 $V_{GS(Th)}$ 時，汲極電流定義為

$$I_D = k(V_{GS} - V_{GS(Th)})^2 \tag{7.33}$$

因規格表一般會提供臨限電壓，以及某一汲極電流值($I_{D(on)}$)和對應的 $V_{GS(on)}$ 值，馬上可定出曲線上的兩點，見圖 7.36。為完成整條曲線，將規格表資料代入式(7.33)，解出 k 值如下：

$$I_D = k(V_{GS} - V_{GS(Th)})^2$$
$$I_{D(on)} = k(V_{GS(on)} - V_{GS(Th)})^2$$

即

$$k = \frac{I_{D(on)}}{(V_{GS(on)} - V_{GS(Th)})^2} \tag{7.34}$$

一旦定出 k，即可決定任意 V_{GS} 值對應的 I_D 值。一般，只要在 $V_{GS(Th)}$ 和 $V_{GS(on)}$ 之間取一點，以及大於 $V_{GS(on)}$ 處再取一點，即有足夠多的點數可畫出式(7.33)對應的曲線（注意在圖 7.36 上的 I_{D_1} 和 I_{D_2}）。

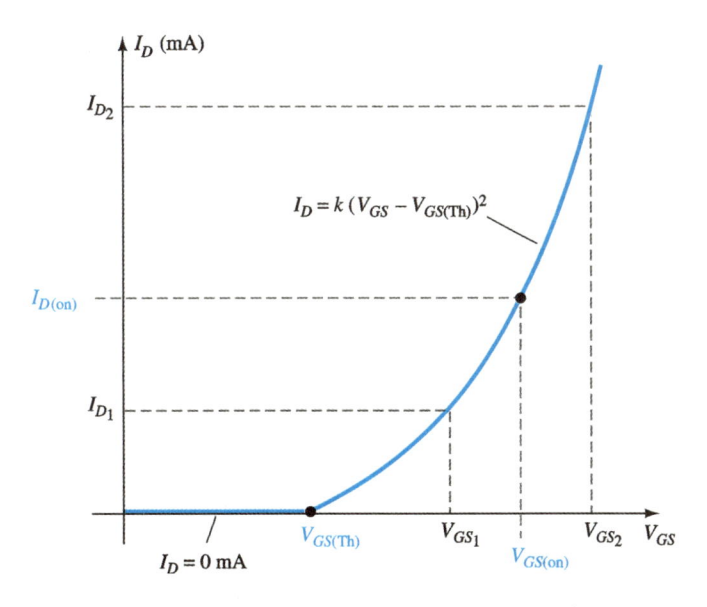

圖 7.36 n 通道增強型 MOSFET 的轉移特性

反饋偏壓組態

增強型 MOSFET 相當普遍的一種偏壓組態，提供在圖 7.37。電阻 R_G 引進足夠高的電壓到閘極，使 MOSFET "導通"。因 $I_G=0$ mA 且 $V_{R_G}=0$ V，可得直流等效網路如圖 7.38 所示。

現在汲極和閘極之間直接相連，可得

$$V_D = V_G$$

即

$$\boxed{V_{DS} = V_{GS}} \tag{7.35}$$

對輸出電路，

$$V_{DS} = V_{DD} - I_D R_D$$

代入式(7.27)，可得下式

$$\boxed{V_{GS} = V_{DD} - I_D R_D} \tag{7.36}$$

此為 I_D 對 V_{GS} 的關係式，因此可以在同一座標平面上畫出兩條方程式。

因此式(7.36)是直線，可用和先前所介紹的相同方法畫出，即先定出兩點。先代入 $I_D=0$ mA 到式(7.36)中，得

$$\boxed{V_{GS} = V_{DD}|_{I_D=0 \text{ mA}}} \tag{7.37}$$

再代入 $V_{GS}=0$ V 到式(7.36)，得

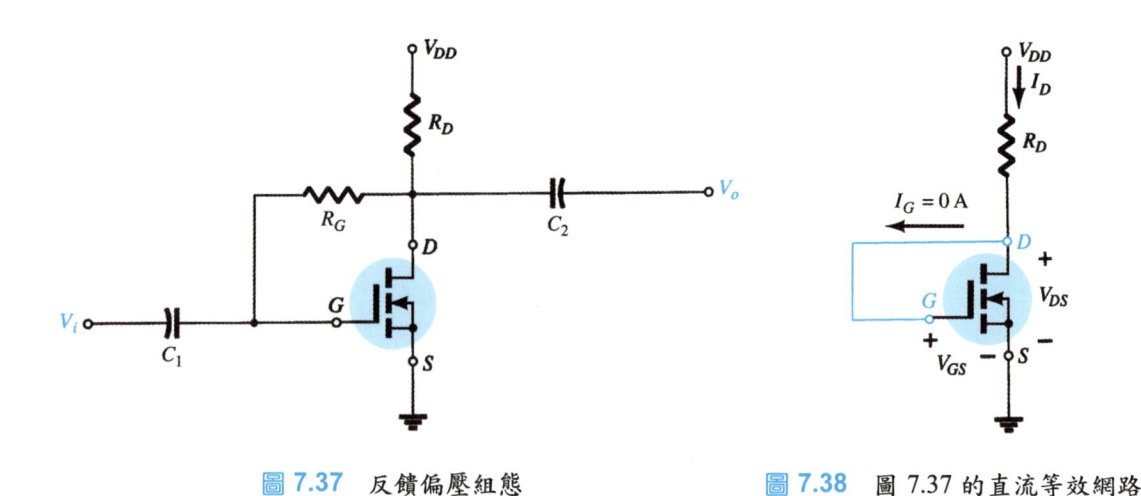

圖 7.37 反饋偏壓組態

圖 7.38 圖 7.37 的直流等效網路

$$I_D = \frac{V_{DD}}{R_D}\bigg|_{V_{GS}=0\text{ V}} \quad (7.38)$$

式 (7.33) 和式 (7.36) 所定出的圖形，見圖 7.39，其交點為工作點。

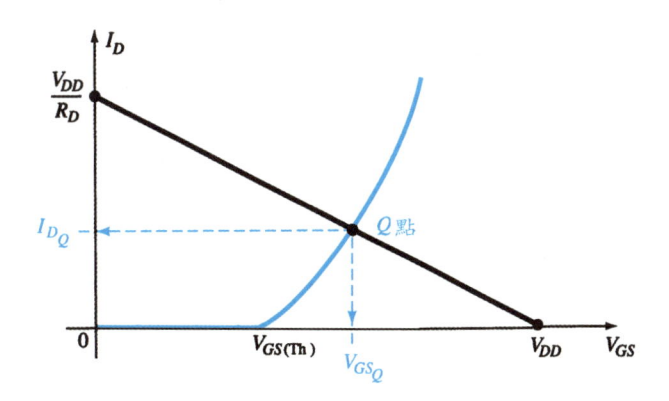

圖 7.39 決定圖 7.37 網路的 Q 點

例 7.10 試決定圖 7.40 中增強型 MOSFET 的 I_{D_Q} 和 V_{DS_Q}。

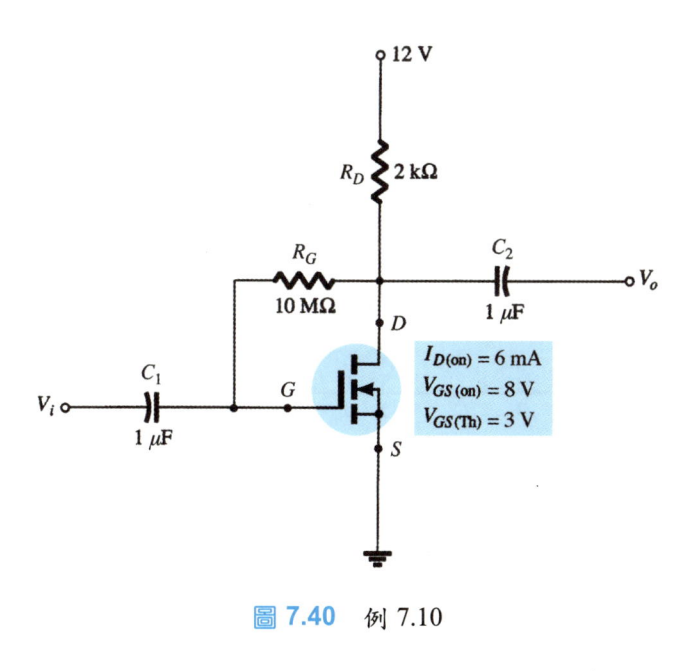

圖 7.40 例 7.10

解：

畫出轉移曲線　馬上定出曲線上兩點，見圖 7.41。解 k，可得式(7.34)：$k = \dfrac{I_{D(\text{on})}}{(V_{GS(\text{on})} - V_{GS(\text{Th})})^2} = \dfrac{6 \text{ mA}}{(8 \text{ V} - 3 \text{ V})^2} = \dfrac{6 \times 10^{-3}}{25} \text{A/V}^2$

$\qquad\qquad\quad = \mathbf{0.24 \times 10^{-3} \text{ A/V}^2}$

對 $V_{GS} = 6$ V（介於 3 V～8 V 之間）：

$$I_D = 0.24 \times 10^{-3}(6 \text{ V} - 3 \text{ V})^2 = 0.24 \times 10^{-3}(9)$$
$$= 2.16 \text{ mA}$$

見圖 7.41。對 $V_{GS} = 10$ V（略大於 $V_{GS(\text{Th})}$）：

$$I_D = 0.24 \times 10^{-3}(10 \text{ V} - 3 \text{ V})^2 = 0.24 \times 10^{-3}(49)$$
$$= 11.76 \text{ mA}$$

如圖 7.41 所示。就圖 7.41 的 V_{GS} 範圍而言，有這四點已足以畫出整條完整曲線。

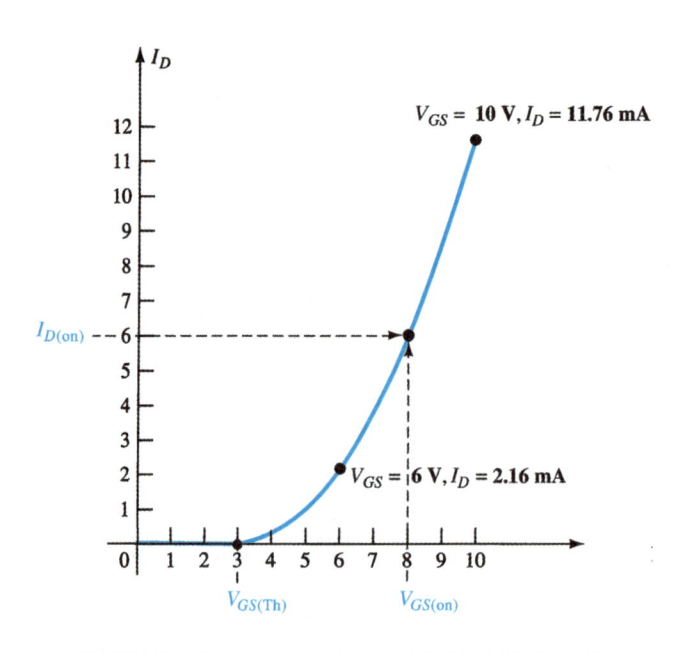

圖 7.41 畫出圖 7.40 中 MOSFET 的轉移曲線

網路偏壓線

$$V_{GS} = V_{DD} - I_D R_D = 12 \text{ V} - I_D(2 \text{ k}\Omega)$$

式(7.37)：$V_{GS} = V_{DD} = 12 \text{ V}\big|_{I_D = 0 \text{ mA}}$

式(7.38)： $I_D = \dfrac{V_{DD}}{R_D} = \dfrac{12\text{ V}}{2\text{ k}\Omega} = 6\text{ mA}|_{V_{GS}=0\text{ V}}$

所得偏壓線見圖 7.42。

在工作點，

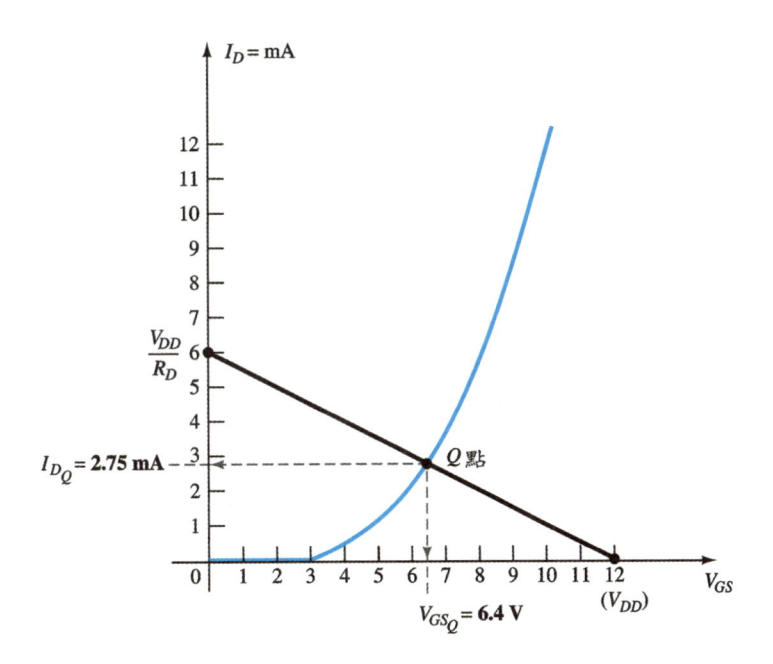

$$I_{D_Q} = 2.75\text{ mA}$$

且 $\quad V_{GS_Q} = 6.4\text{ V}$

又 $\quad V_{DS_Q} = V_{GS_Q} = 6.4\text{ V}$

圖 7.42 決定圖 7.40 中網路的 Q 點

分壓器偏壓組態

增強型 MOSFET 第 2 種普遍使用的偏壓電路，見圖 7.43。$I_G = 0$ mA 的事實，利用分壓定律，可導出以下 V_G 的方程式：

$$V_G = \dfrac{R_2 V_{DD}}{R_1 + R_2} \tag{7.39}$$

運用克希荷夫定律圖 7.43 所示的迴路一周，可得

$$+V_G - V_{GS} - V_{R_S} = 0$$

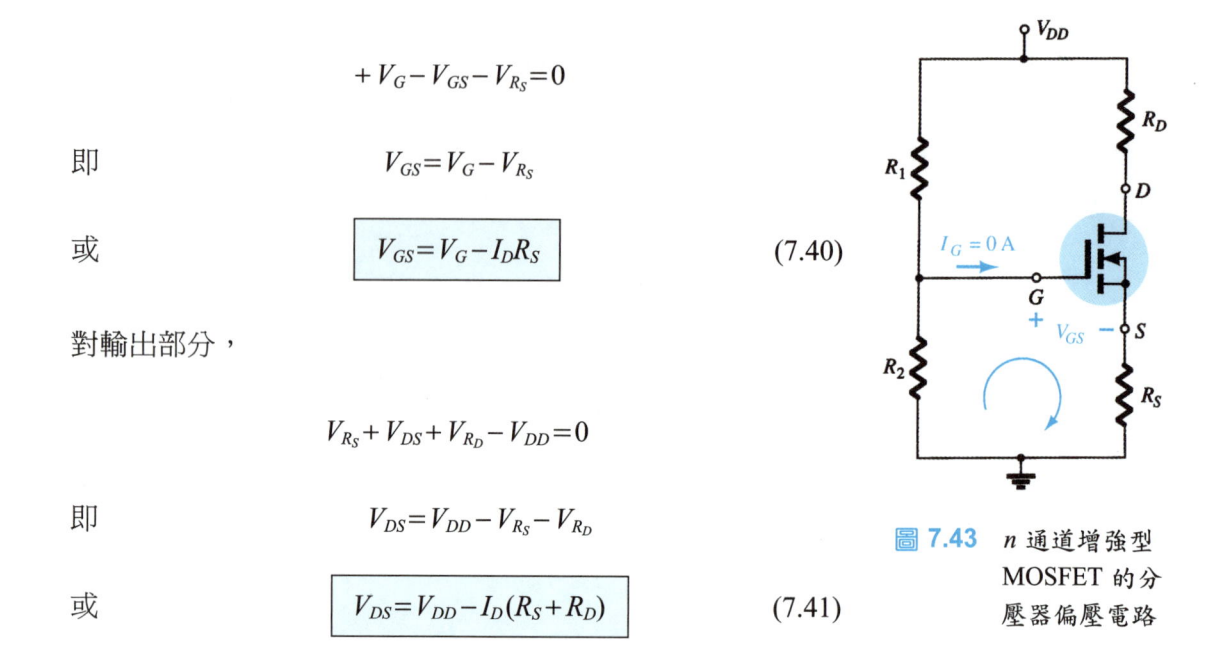

即
$$V_{GS} = V_G - V_{R_S}$$

或
$$\boxed{V_{GS} = V_G - I_D R_S} \quad (7.40)$$

對輸出部分，

$$V_{R_S} + V_{DS} + V_{R_D} - V_{DD} = 0$$

即
$$V_{DS} = V_{DD} - V_{R_S} - V_{R_D}$$

或
$$\boxed{V_{DS} = V_{DD} - I_D(R_S + R_D)} \quad (7.41)$$

圖 7.43 n 通道增強型 MOSFET 的分壓器偏壓電路

因特性是 I_D 對 V_{GS} 的圖形，且式(7.40)也代表相同兩個變數之間的關係，因此兩曲線可畫在同一圖上，其交點正是電路解。一旦知道 I_{D_Q} 和 V_{GS_Q}，即可決定網路上的其餘數值如 V_{DS}、V_D 和 V_S。

例 7.11 試決定圖 7.44 中網路的 I_{D_Q}、V_{GS_Q} 和 V_{DS}。

解：

網路

式(7.39)：$V_G = \dfrac{R_2 V_{DD}}{R_1 + R_2} = \dfrac{(18 \text{ M}\Omega)(40 \text{ V})}{22 \text{ M}\Omega + 18 \text{ M}\Omega}$

$= 18 \text{ V}$

式(7.40)：$V_{GS} = V_G - I_D R_S$

$= 18 \text{ V} - I_D (0.82 \text{ k}\Omega)$

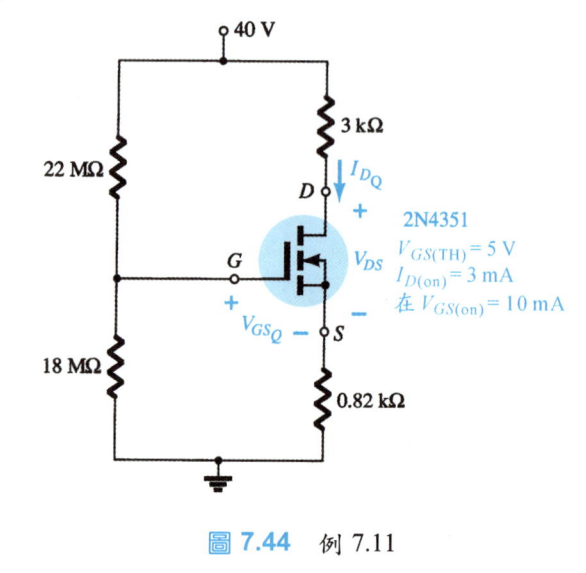

當 $I_D = 0 \text{ mA}$ 時，

$$V_{GS} = 18 \text{ V} - (0 \text{ mA})(0.82 \text{ k}\Omega) = 18 \text{ V}$$

圖 7.44 例 7.11

如圖 7.45 所示。當 $V_{GS} = 0 \text{ V}$ 時，

$$V_{GS} = 18 \text{ V} - I_D (0.82 \text{ k}\Omega)$$

$$0 = 18\text{ V} - I_D(0.82\text{ k}\Omega)$$
$$I_D = \frac{18\text{ V}}{0.82\text{ k}\Omega} = 21.95\text{ mA}$$

如圖 7.45 所示。

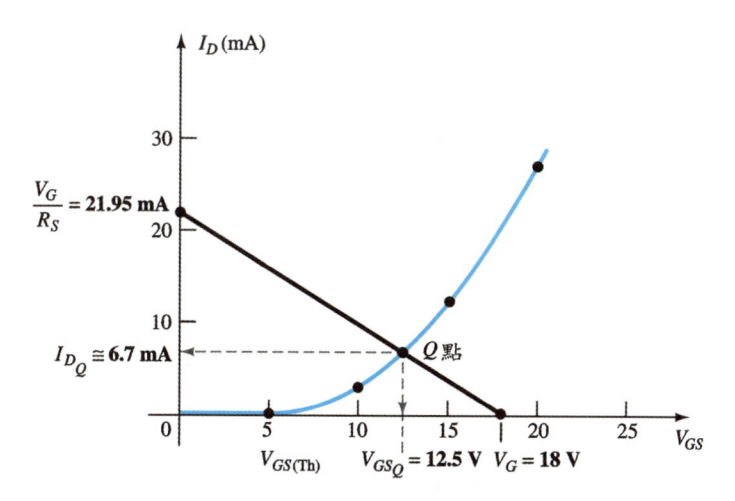

圖 7.45 決定例 7.11 網路中的 Q 點

裝置

$$V_{GS(\text{Th})} = 5\text{ V}，I_{D(\text{on})} = 3\text{ mA} \text{ 與 } V_{GS(\text{on})} = 10\text{ V}$$

式(7.34)：
$$k = \frac{I_{D(\text{on})}}{(V_{GS(\text{on})} - V_{GS(\text{Th})})^2}$$
$$= \frac{3\text{ mA}}{(10\text{ V} - 5\text{ V})^2} = 0.12 \times 10^{-3}\text{ A/V}^2$$

即
$$I_D = k(V_{GS} - V_{GS(\text{Th})})^2$$
$$= 0.12 \times 10^{-3}(V_{GS} - 5)^2$$

裝置特性和網路方程式畫在同一圖上（圖 7.45）。由圖 7.45，

$$I_{D_Q} \cong \mathbf{6.7\text{ mA}}$$
$$V_{GS_Q} = \mathbf{12.5\text{ V}}$$

式(7.41)：
$$V_{DS} = V_{DD} - I_D(R_S + R_D)$$
$$= 40\text{ V} - (6.7\text{ mA})(0.82\text{ k}\Omega + 3.0\text{ k}\Omega)$$
$$= 40\text{ V} - 25.6\text{ V}$$
$$= \mathbf{14.4\text{ V}}$$

7.9 歸納表

表 7.1 回顧基本的結果,並說明一些組態之間分析結果的類似性,也可看出 FET 直流電路的一般分析並不會太過複雜。一旦建立轉移特性,畫出網路偏壓線,裝置轉移特性和網路偏壓線的交點就決定了 Q 點。接著應用基本電路分析定律,就可完成電路其餘部分的分析。

7.10 組合網路

現在,各種 BJT 和 FET 電路的直流分析已經建立,接著有機會介紹兩種裝置組合成網路的分析。基本上,分析過程需先找出裝置的端電壓或端電流。如果能到達此點,就可計算其他的未知數值。通常這是很有趣的問題,找到敲門磚是一種挑戰,接著就可用前幾節以及第 7 章的結果,求出各裝置的重要數值。方程式和關係式我們用過不止一次──因此不需要再發展新的分析方法。

例 7.12 試決定圖 7.46 中網路的 V_D 和 V_C 值。

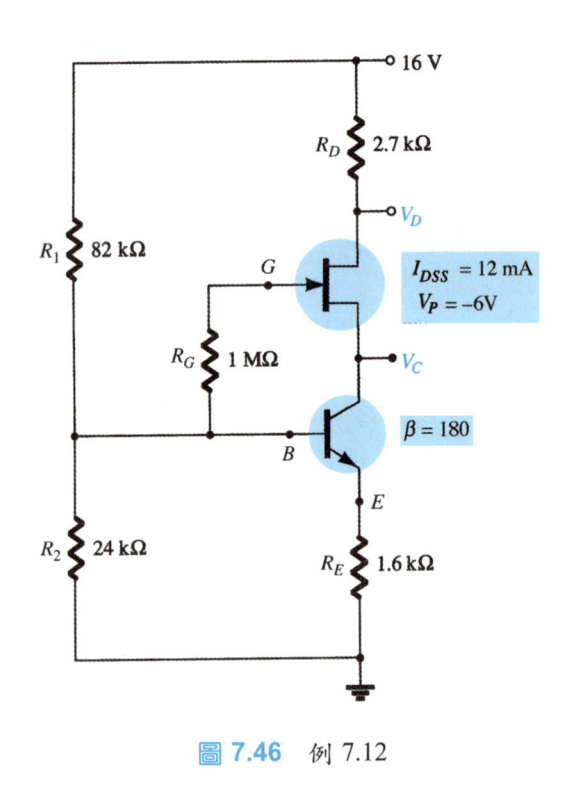

圖 7.46 例 7.12

解:我們由經驗知道,分析 JFET 網路時,V_{GS} 是用來決定或寫出方程式的重要數值。但因 V_{GS} 顯然無法馬上得解,所以先注意 BJT 部分。可利用近似法分析分壓器偏壓電路

表 7.1　FET 偏壓電路組態

類型	電路組態	相關式	圖解法
JFET 固定偏壓		$V_{GS_Q} = -V_{GG}$ $V_{DS} = V_{DD} - I_D R_S$	
JFET 自穩偏壓		$V_{GS} = -I_D R_S$ $V_{DS} = V_{DD} - I_D(R_D + R_S)$	
JFET 分壓器偏壓		$V_G = \dfrac{R_2 V_{DD}}{R_1 + R_2}$ $V_{GS} = V_G - I_D R_S$ $V_{DS} = V_{DD} - I_D(R_D + R_S)$	
JFET 共閘極		$V_{GS} = V_{SS} - I_D R_S$ $V_{DS} = V_{DD} + V_{SS} - I_D(R_D + R_S)$	
JFET ($R_D = 0\,\Omega$)		$V_{GS} = -I_D R_S$ $V_D = V_{DD}$ $V_S = I_D R_S$ $V_{DS} = V_{DD} - I_S R_S$	
JFET 特例 ($V_{GS_Q} = 0\,V$)		$V_{GS_Q} = 0\,V$ $I_{D_Q} = I_{DSS}$	
空乏型 MOSFET 固定偏壓（及 MESFET）		$V_{GS_Q} = +V_{GG}$ $V_{DS} = V_{DD} - I_D R_S$	
空乏型 MOSFET 分壓器偏壓（及 MESFET）		$V_G = \dfrac{R_2 V_{DD}}{R_1 + R_2}$ $V_{GS} = V_G - I_S R_S$ $V_{DS} = V_{DD} - I_D(R_D + R_S)$	
增強型 MOSFET 反饋電路（及 MESFET）		$V_{GS} = V_{DS}$ $V_{GS} = V_{DD} - I_D R_D$	
增強型 MOSFET 分壓器偏壓（及 MESFET）		$V_G = \dfrac{R_2 V_{DD}}{R_1 + R_2}$ $V_{GS} = V_G - I_D R_S$	

（因 $\beta R_E = 180 \times 1.6 \text{ k}\Omega = 288 \text{ k}\Omega > 10\, R_2 = 240 \text{ k}\Omega$），對輸入電路以分壓定律決定 V_B。

對 V_B，

$$V_B = \frac{24 \text{ k}\Omega (16 \text{ V})}{82 \text{ k}\Omega + 24 \text{ k}\Omega} = 3.62 \text{ V}$$

利用 $V_{BE} = 0.7$ V 的事實，可得

$$V_E = V_B - V_{BE} = 3.62 \text{ V} - 0.7 \text{ V} = 2.92 \text{ V}$$

且

$$I_E = \frac{V_{RE}}{R_E} = \frac{V_E}{R_E} = \frac{2.92 \text{ V}}{1.6 \text{ k}\Omega} = 1.825 \text{ mA}$$

又

$$I_C \cong I_E = 1.825 \text{ mA}$$

繼續對此電路求解

$$I_D = I_S = I_C$$

且

$$V_D = 16 \text{ V} - I_D(2.7 \text{ k}\Omega)$$
$$= 16 \text{ V} - (1.825 \text{ mA})(2.7 \text{ k}\Omega) = 16 \text{ V} - 4.93 \text{ V}$$
$$= \mathbf{11.07 \text{ V}}$$

如何決定 V_C 看起來並不直接。因 V_{CE} 和 V_{DS} 都是未知數，所以無法在 V_D 和 V_C 之間，也無法在 V_E 到 V_D 之間建立關係。但如仔細觀察圖 7.46，可透過 V_{GS} 建立 V_C 到 V_B 的關係（假定 $V_{R_G} = 0$ V）。若能求出 V_{GS}，因已知 V_B，就可決定 V_C：

$$V_C = V_B - V_{GS}$$

接著問題發生在如何由 I_D 的靜態值求出 V_{GS_Q}，這兩個變數的關係是蕭克萊方程式：

$$I_{D_Q} = I_{DSS}\left(1 - \frac{V_{GS_Q}}{V_P}\right)^2$$

代入已知數值 V_{GS_Q} 可由數學方法解出。但讓我們回到圖解法，使用和前幾節的相反順序，先畫出 JFET 的轉移特性，如圖 7.47。接著利用水平線建立 $I_{D_Q} = I_{S_Q} = I_{C_Q} = I_{E_Q}$ 值，見同一圖。

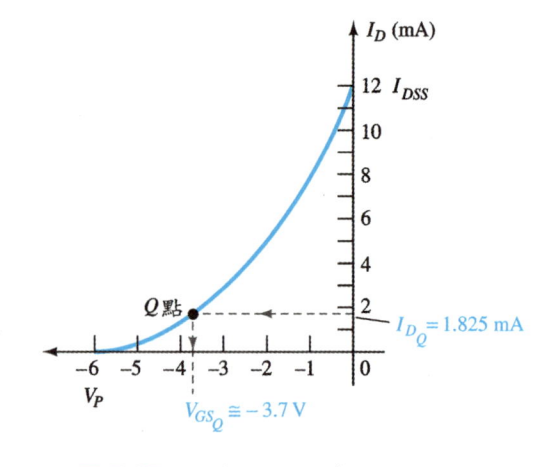

圖 7.47 決定圖 7.46 中網路的 Q 點

再從工作點朝下畫一條垂直線和橫軸相交，可得

$$V_{GS_Q} = -3.7 \text{ V}$$

可得 V_C 值如下：

$$V_C = V_B - V_{GS_Q} = 3.62 \text{ V} - (-3.7 \text{ V})$$
$$= 7.32 \text{ V}$$

例 7.13 試決定圖 7.48 網路的 V_D。

解：此例中，沒有途徑可馬上決定 BJT 的電壓值或電流值，故轉向 JFET 自穩偏壓電路。可導出 V_{GS} 方程式，並用圖解法決定靜態點。也就是，

$$V_{GS} = -I_D R_S = -I_D (2.4 \text{ k}\Omega)$$

可得圖 7.49 上的自穩偏壓線，建立靜態點在

$$V_{GS_Q} = -2.4 \text{ V}$$
$$I_{D_Q} = 1 \text{ mA}$$

對電晶體而言，

$$I_E \cong I_C = I_D = 1 \text{ mA}$$

即

$$I_B = \frac{I_C}{\beta} = \frac{1 \text{ mA}}{80} = 12.5 \text{ }\mu\text{A}$$

$$V_B = 16 \text{ V} - I_B (470 \text{ k}\Omega)$$
$$= 16 \text{ V} - (12.5 \text{ }\mu\text{A})(470 \text{ k}\Omega)$$
$$= 16 \text{ V} - 5.88 \text{ V}$$
$$= 10.12 \text{ V}$$

且

$$V_E = V_D = V_B - V_{BE}$$
$$= 10.12 \text{ V} - 0.7 \text{ V}$$
$$= \mathbf{9.42 \text{ V}}$$

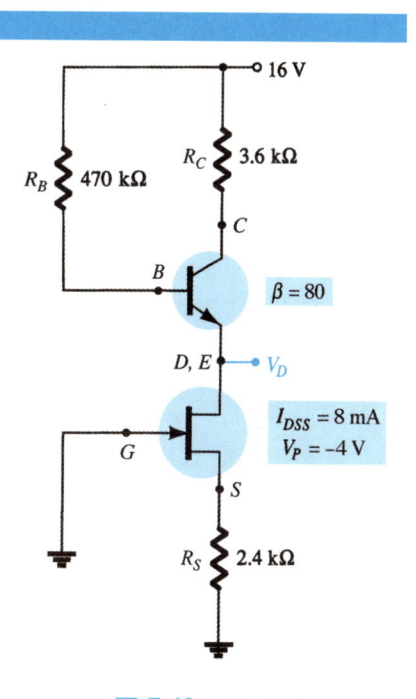

圖 7.48 例 7.13

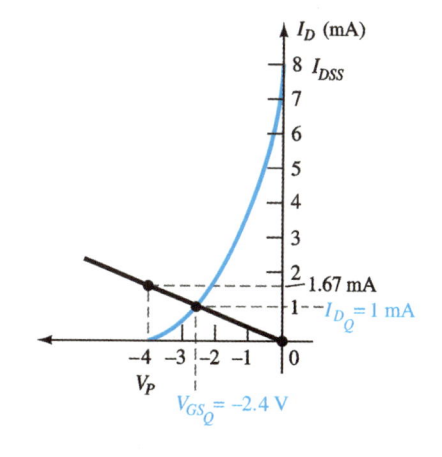

圖 7.49 決定圖 7.48 網路的 Q 點

7.11　設　計

　　設計程序要涵蓋應用領域,所要放大的大小、訊號強度,以及操作條件等面向。正常的第一步是建立適當的直流操作值。

　　例如,圖 7.50 的網路已指定好 V_D 和 I_D 值,可由轉移曲線圖決定 V_{GS_Q},接著由 $V_{GS} = -I_D R_S$ 決定 R_S 值。若 V_{DD} 已指定,可由 $R_D = (V_{DD} - V_D)/I_D$ 決定 R_D 值。當然,R_S 和 R_D 值可能都不是標準商用阻值,需要選用最接近的商用電阻值。但因網路參數都會有容許差的規格,所以因為選取標準阻值所造成的些許變化,在設計程序上很少造成實值的問題。

　　在牽涉到圖 7.50 網路的設計過程中,以上只是可能的情況之一。也可能只有指定 V_{DD}、R_D 和 V_{DS} 值,設計時必須選擇裝置以及 R_S 值。所選裝置的 V_{DS} 最大額定值應大於指定值,且有一定的安全差距,這是符合邏輯的。

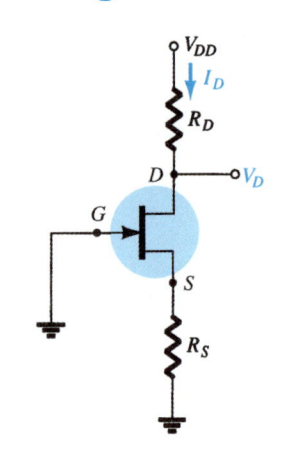

圖 7.50　設計自穩偏壓電路

　　一般對線性放大器而言,所選工作點不要太靠近飽和值(I_{DSS})和截止(V_P)區,都是良好的設計實務。設計時,讓 V_{GS_Q} 接近 $V_P/2$ 或讓 I_{D_Q} 接近 $I_{DSS}/2$,確實是合理的起點。當然,在每一設計程序中,I_D 和 V_{DS} 的最大值絕不能超過規格表上出現的數值。

　　以下例子有一種設計或合成導向,即提供電壓或電流的指定值,而必須決定網路參數,如 R_D、R_S 和 V_{DD} 等。在任何這樣的例子中,在許多方面,設計程序和前幾節所介紹的方法正好相反。在某些例子中,只需要以適當的形式應用歐姆定律。特別是要計算電阻值時,只需要利用以下形式的歐姆定律即可得到結果:

$$R_{未知} = \frac{V_R}{I_R} \tag{7.42}$$

V_R 和 I_R 是很常見的參數,可由指定的電壓值和電流值直接求出。

例 7.14　對圖 7.51 的網路,已指定 V_{D_Q} 和 I_{D_Q} 值,試決定所需的 R_D 和 R_S 值。最接近的標準商用阻值是多少?

解: 依式(7.42)的定義,

$$R_D = \frac{V_{R_D}}{I_{D_Q}} = \frac{V_{DD} - V_{D_Q}}{I_{D_Q}}$$

即

$$= \frac{20\text{ V} - 12\text{ V}}{2.5\text{ mA}} = \frac{8\text{ V}}{2.5\text{ mA}} = \mathbf{3.2\text{ k}\Omega}$$

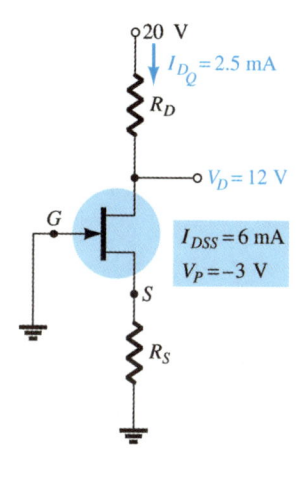

圖 7.51 例 7.14

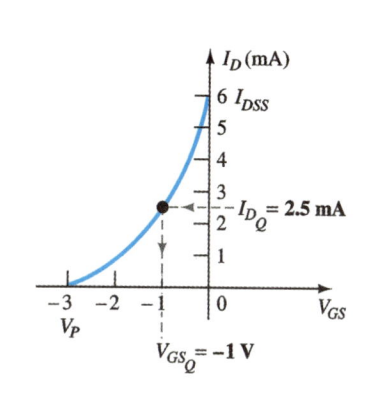

圖 7.52 決定圖 7.51 中網路的 V_{GS_Q}

畫出轉移曲線，見圖 7.52。在 $I_{D_Q}=2.5$ mA 處畫一條水平線，可得 $V_{GS_Q}=-1$ V。應用 $V_{GS}=-I_D R_S$，建立 R_S 值：

$$R_S = \frac{-(V_{GS_Q})}{I_{D_Q}} = \frac{-(-1\text{ V})}{2\text{ mA}} = 0.4 \text{ k}\Omega$$

最接近的商用電阻值是

$$R_D = 3.2 \text{ k}\Omega \Rightarrow \mathbf{3.3 \text{ k}\Omega}$$
$$R_S = 0.4 \text{ k}\Omega \Rightarrow \mathbf{0.39 \text{ k}\Omega}$$

例 7.15 就圖 7.53 的分壓器偏壓電路，若 $V_D=12$ V 且 $V_{GS_Q}=-2$ V，試決定 R_S 值。

解：V_G 值決定如下：

$$V_G = \frac{47 \text{ k}\Omega\,(16 \text{ V})}{47 \text{ k}\Omega + 91 \text{ k}\Omega} = 5.44 \text{ V}$$

又

$$I_D = \frac{V_{DD} - V_D}{R_D}$$
$$= \frac{16 \text{ V} - 12 \text{ V}}{1.8 \text{ k}\Omega} = 2.22 \text{ mA}$$

接著寫出 V_{GS} 的方程式，並代入已知數值：

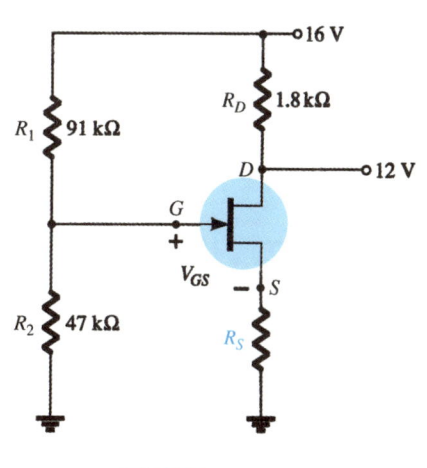

圖 7.53 例 7.15

$$V_{GS} = V_G - I_D R_S$$
$$-2\text{ V} = 5.44\text{ V} - (2.22\text{ mA})R_S$$
$$-7.44\text{ V} = -(2.22\text{ mA})R_S$$

即
$$R_S = \frac{7.44\text{ V}}{2.22\text{ mA}} = \mathbf{3.35\text{ k}\Omega}$$

最接近的商用電阻值是 3.3 kΩ。

例 7.16 圖 7.54 的網路，V_{DS} 和 I_D 值分別指定為 $V_{DS} = \frac{1}{2}V_{DD}$ 和 $I_D = I_{D(on)}$。試決定 V_{DD} 和 R_D 值。

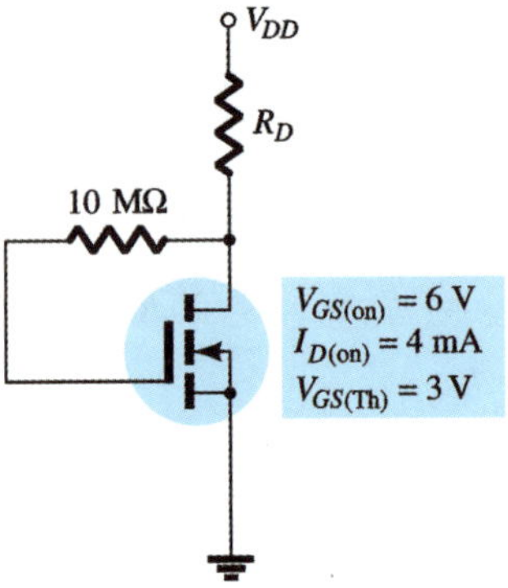

解： 已知 $I_D = I_{D(on)} = 4$ mA 且 $V_{GS} = V_{GS(on)} = 6$ V。對此電路，

$$V_{DS} = V_{GS} = \frac{1}{2}V_{DD}$$

即
$$6\text{ V} = \frac{1}{2}V_{DD}$$

所以
$$V_{DD} = \mathbf{12\text{ V}}$$

圖 7.54 例 7.16

利用式 (7.42)，可得

$$R_D = \frac{V_{R_D}}{I_D} = \frac{V_{DD} - V_{DS}}{I_{D(on)}} = \frac{V_{DD} - \frac{1}{2}V_{DD}}{I_{D(on)}} = \frac{\frac{1}{2}V_{DD}}{I_{D(on)}}$$

即
$$R_D = \frac{6\text{ V}}{4\text{ mA}} = \mathbf{1.5\text{ k}\Omega}$$

此即標準商用阻值。

7.12 故障檢修（偵錯）

當網路很仔細建好之後，只有當開啟電源時，才發現響應完全不符預期，和理論計算結果不一致，這種情況是很常見的。下一步該如何？是接錯嗎？是電阻色碼讀錯而放錯嗎？可能範圍似乎很廣泛，往往令人感到挫折。檢測程序在 BJT 電晶體電路的分析時，已介紹過，應依據一定的測試步驟，逐步減少可能的列項，最後找出問題點。一般而言，程序會從網路的接線以及裝置腳位的接線開始，接著通常會檢查特定接腳對地之

間的電壓，或者各接腳之間的電壓。很少量測電流值，因操作時必須切斷接線才能接上電表。當然，一旦得到電壓值，可用歐姆定律算出電流值。在任何情況下，都必須對所要量測的電壓電流的預期值有概念。因此總之，只要對網路的基本操作和預期的電壓或電流值有了解，檢測程序一開始就會有成功的希望。對 n 通道 JFET 放大器而言，已清楚了解到靜態值 V_{GS_Q} 會限制在 0 V 或負值。因此對圖 7.55 的網路，V_{GS_Q} 會限制在 0 V～V_P 之間的負值範圍。若電表按圖 7.55 所示，其正（紅色）測棒接到閘極，而負（黑色）測棒接到源極，產生的讀值應為負值，大小約幾伏特。若非此種反應時，就應存疑，並需進一步檢測。

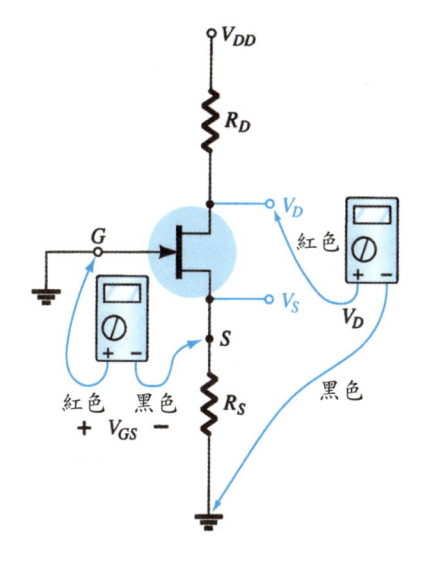

圖 7.55　檢測 JFET 自穩偏壓電路的直流操作

V_{DS} 的大小一般在 V_{DD} 的 25%～75% 之間。若 V_{DS} 讀值為 0 V，就清楚顯示，若非輸出電路 "開路"，是 JFET 內部的汲極和源極之間短路。若 V_D 是 V_{DD} 伏特，顯然 R_D 無壓降，此源於 R_D 無電流，此時應檢查接線是否接好。

若 V_{DS} 的大小非恰當值，可將電壓表的負測棒接地，用正測棒量測各點對地電壓，如此可以很容易測出輸出電路是否接好。若 $V_D=V_{DD}$，代表 R_D 上的電流可能是零，但 V_D 和 V_{DD} 之間應該有接好。若 $V_S=V_{DD}$，表示裝置在汲極和源極之間並未開路，但也不是 "導通"，可能 R_S 和地之間沒有接好但並不確定，接腳和裝置的內部接線也可能已經脫落了。還有其他的可能，如汲極和源極之間在裝置內部短路等。檢修人員必須逐項去除功能不正常的可能因素。

只要量測網路中各電阻的壓降，就可檢查網路是否接好（JFET 電路中的 R_G 除外）。若指示為 0 V，即表示電阻無電流，此源於網路有斷路。

在 BJT 和 JFET 電路中，最敏感的裝置是放大器本身。在網路的接線或測試時，若外加過大電壓，或者用錯電阻值，都可能產生大電流而損壞裝置。若要問放大器的情況如何，對 FET 而言，最好的測試方法是用曲線測試儀，它不只可看出裝置堪用與否，也可看出電壓和電流值的範圍。某些測試器雖然可測出裝置是否完好，但無法測出裝置的操作範圍實際上已大幅縮減。

良好檢修技巧的養成，主要來自於經驗，以及對預期結果和原理的信心。當然，在你檢查某個網路時，對某個陌生的響應可能一時找不到原因，這個時候需要時間。最好不要鬆懈停頓，而應繼續努力。像這種 "時好時壞" 的敏感性原因，一定要找出來並改正，否則它往往在你最不希望發生時又再度出現。

7.13　p 通道 FET

到目前為止，分析都僅於 n 通道 FET。對 p 通道 FET 而言，轉移曲線只要對 I_D 軸鏡射即可使用，而電流方向則相反，見圖 7.56。

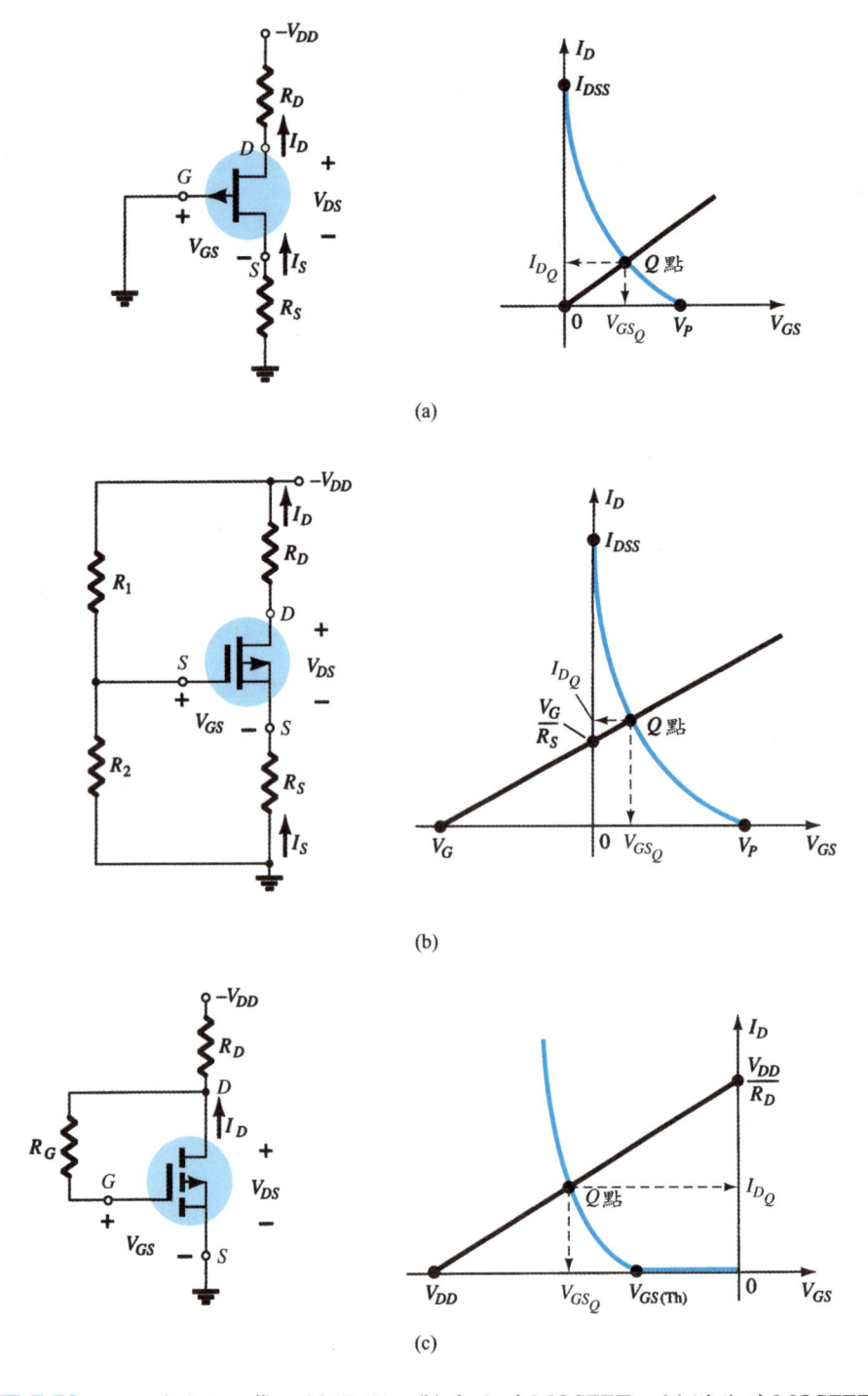

圖 7.56　p 通道電路組態：(a)JFET；(b) 空乏型 MOSFET；(c) 增強型 MOSFET

第 7 章　場效電晶體 (FET) 的偏壓　567

注意到，圖 7.56 中的每一電源電壓皆為負電壓，且電流均按所示方向流入。注意到，和 n 通道裝置一樣，電壓仍使用雙下標記法：V_{GS}、V_{DS} 等，但現在 V_{GS} 為正值（空乏型 MOSFET 則可正可負）且 V_{DS} 為負值。

由於 n 通道和 p 通道裝置的分析方法類似，可假定裝置為 n 通道並將電源電壓反過來，再進行分析。得到結果後，其數值大小都是正確的，只是電流方向和電壓極性相反而已。但在下個例子中，我們會以 n 通道裝置所得的分析經驗，直接對 p 通道裝置的電路作分析。

例 7.17　試決定圖 7.57 中 p 通道 JFET 的 I_{D_Q}、V_{GS_Q} 和 V_{DS}。

解： 可求出

$$V_G = \frac{20\ \text{k}\Omega(-20\ \text{V})}{20\ \text{k}\Omega + 68\ \text{k}\Omega} = -4.55\ \text{V}$$

利用克希荷夫電壓定律，得

$$V_G - V_{GS} + I_D R_S = 0$$

即

$$V_{GS} = V_G + I_D R_S$$

取 $I_D = 0$ mA，得　$V_{GS} = V_G = -4.55$ V
如圖 7.58 所示。

取 $V_{GS} = 0$ V，得

$$I_D = -\frac{V_G}{R_S} = -\frac{-4.55\ \text{V}}{1.8\ \text{k}\Omega} = 2.53\ \text{mA}$$

亦如圖 7.58 所示。

由圖 7.58 得到靜態點為　$I_{D_Q} = \mathbf{3.4\ mA}$
$$V_{GS_Q} = \mathbf{1.4\ V}$$

對 V_{DS}，由克希荷夫電壓定律得

$$-I_D R_S + V_{DS} - I_D R_D + V_{DD} = 0$$

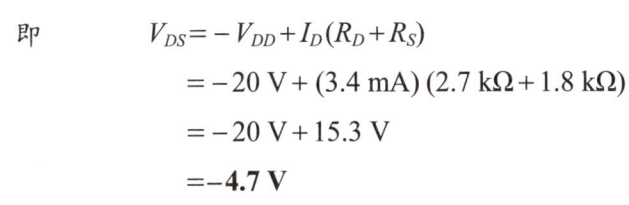

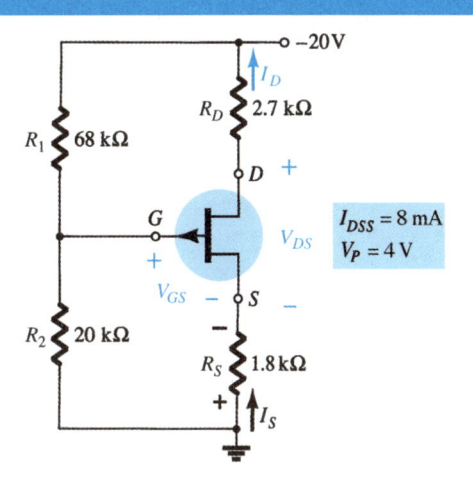

即　$V_{DS} = -V_{DD} + I_D(R_D + R_S)$
$\qquad = -20\ \text{V} + (3.4\ \text{mA})(2.7\ \text{k}\Omega + 1.8\ \text{k}\Omega)$
$\qquad = -20\ \text{V} + 15.3\ \text{V}$
$\qquad = \mathbf{-4.7\ V}$

圖 7.57　例 7.17

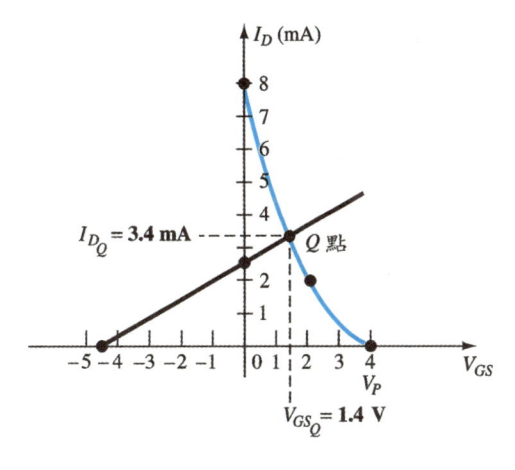

圖 7.58　決定圖 7.57 中 JFET 電路的 Q 點

7.14 萬用 JFET 偏壓曲線

因每次作 FET 電路的直流分析時，都需要畫轉移曲線，所以發展出萬用曲線適用於任意的 I_{DSS} 和 V_P 值。n 通道 JFET 或空乏型 MOSFET（針對 V_{GS_Q} 的負值區）的萬用曲線，提供在圖 7.59。注意到，橫軸不是 V_{GS}，而是正規化後的 $V_{GS}/|V_P|$，$|V_P|$ 是 V_P 的絕對值。縱軸座標也正規化為 I_D/I_{DSS}，其結果是，當 $I_D=I_{DSS}$ 時座標值為 1。且當 $V_{GS}=V_P$ 時，$V_{GS}/|V_P|$ 為 -1。也注意到，座標軸 I_D/I_{DSS} 放在左邊，而非過去 I_D 軸放在右邊。另外，右側新增兩條座標軸，需加以介紹。標記 m 的縱軸可用來求自穩偏壓電路的解，而另一標記 M 的縱軸則配合 m 軸，用來求取分壓器電路的解。m 和 M 座標源於網路方程式的數學推導，以及剛介紹的正規化座標。以下的描述並不專注於說明何以 m 座標在 $V_{GS}/|V_P|=-0.2$ 處由 0 延伸到 5，以及 M 座標範圍在 $V_{GS}/|V_P|$ 處由 0 到 1，而專注於說明如何利用此座標圖得到電路解。m 和 M 的方程式如下，以及式(7.15)所定義的 V_G：

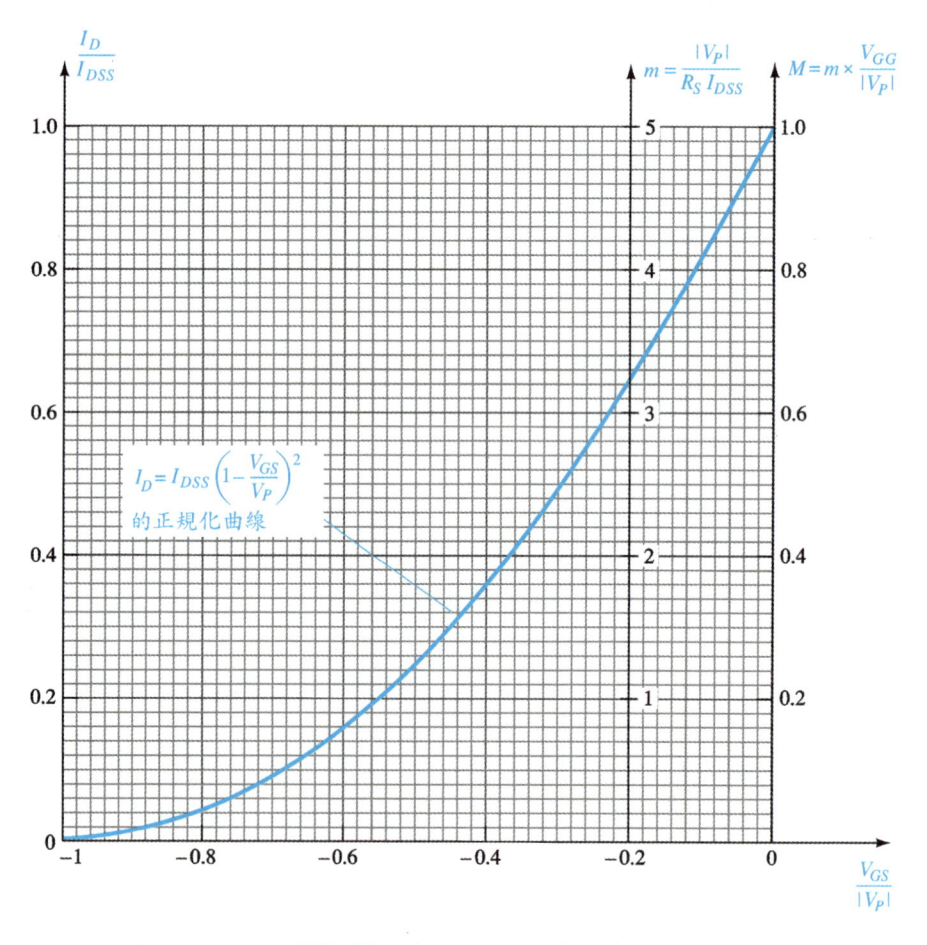

圖 7.59 萬用 JFET 偏壓曲線

$$m = \frac{|V_P|}{I_{DSS}R_S} \tag{7.43}$$

$$M = m \times \frac{V_G}{|V_P|} \tag{7.44}$$

又
$$V_G = \frac{R_2 V_{DD}}{R_1 + R_2}$$

記住，此種分析方法的美妙之處，是不需每次都去畫轉移曲線，且偏壓線會更容易重疊上去，計算也會更少。介紹 m 和 M 軸使用的最好方法，是用例子作說明。一旦清楚了解程序，分析會很快，也相當精確。

例 7.18 試決定圖 7.60 網路中 I_D 和 V_{GS} 的靜態值。

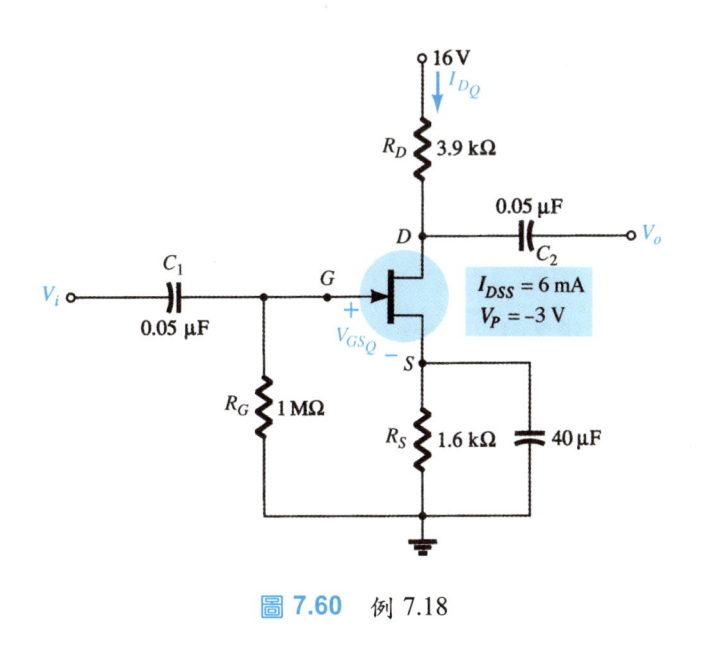

圖 **7.60** 例 7.18

解： 計算 m 值，得

$$m = \frac{|V_P|}{I_{DSS}R_S} = \frac{|-3\text{ V}|}{(6\text{ mA})(1.6\text{ k}\Omega)} = 0.31$$

自穩偏壓線由 R_S 定義，可從原點開始經 $m=0.31$ 所定義的點成一直線，如圖 7.61 所示。

所得 Q 點：

570 電子裝置與電路理論

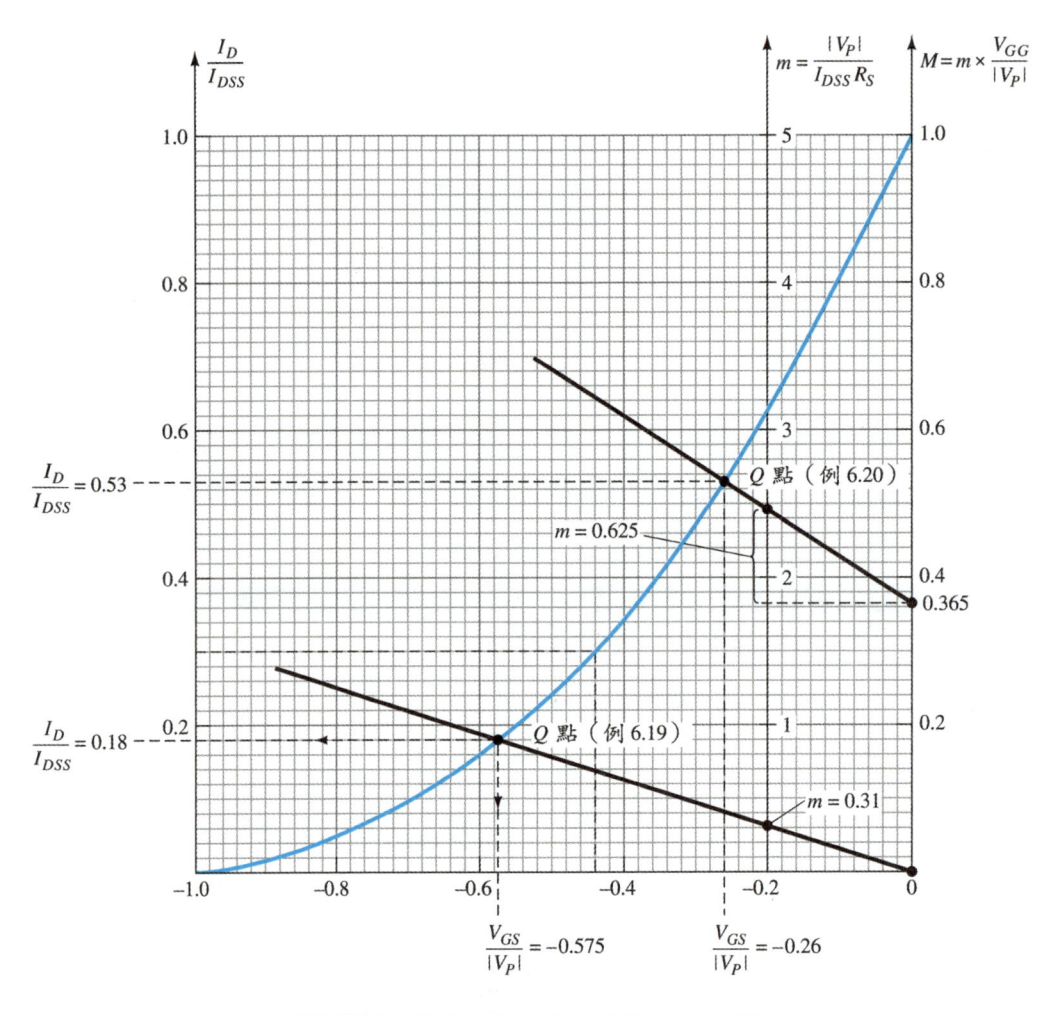

圖 7.61 萬用曲線用在例 7.18 和例 7.19

$$\frac{I_D}{I_{DSS}} = 0.18 \quad 且 \quad \frac{V_{GS}}{|V_P|} = -0.575$$

I_D 和 V_{GS} 的靜態值可決定如下：

$$I_{D_Q} = 0.18 I_{DSS} = 0.18(6 \text{ mA})$$
$$= \mathbf{1.08 \text{ mA}}$$

且

$$V_{GS_Q} = -0.575|V_P| = -0.575(3 \text{ V})$$
$$= \mathbf{-1.73 \text{ V}}$$

例 7.19 試決定圖 7.62 網路中 I_D 和 V_{GS} 的靜態值。

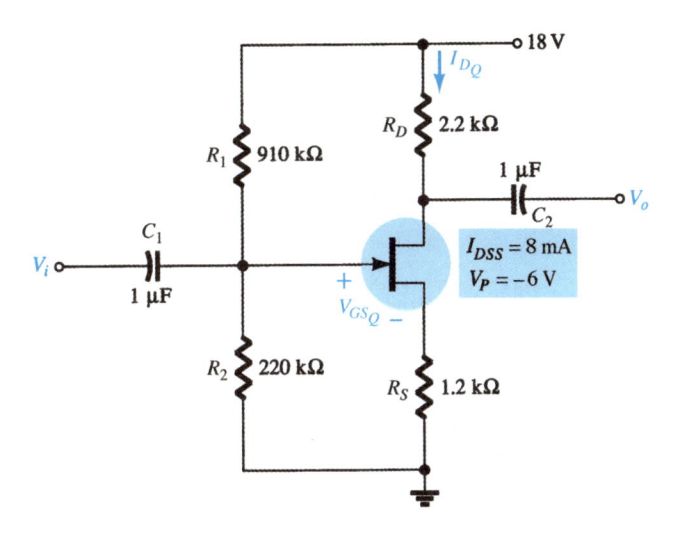

圖 7.62 例 7.19

解： 計算 m，得

$$m = \frac{|V_P|}{I_{DSS}R_S} = \frac{|-6\text{ V}|}{(8\text{ mA})(1.2\text{ k}\Omega)} = 0.625$$

決定 V_G，得

$$V_G = \frac{R_2 V_{DD}}{R_1 + R_2} = \frac{(220\text{ k}\Omega)(18\text{ V})}{910\text{ k}\Omega + 220\text{ k}\Omega} = 3.5\text{ V}$$

求 M，得

$$M = m \times \frac{V_G}{|V_P|} = 0.625\left(\frac{3.5\text{ V}}{6\text{ V}}\right) = 0.365$$

現在 m 和 M 都是已知，偏壓線可畫在圖 7.61 上。特別注意到，即使以上兩個網路的 I_{DSS} 和 V_P 不同，但可使用相同的萬用曲線。先在 M 軸上找到 M 值位置，畫一條水平線到 m 軸，找到交點，從交點向上加上 m 的大小，如圖 7.61 所示。用在 m 軸上所得到的點，和 M 軸上的 M 值位置，兩點連成一直線，此線和轉移曲線的交點，即定出 Q 點。也就是，

$$\frac{I_D}{I_{DSS}} = 0.53 \quad \text{且} \quad \frac{V_{GS}}{|V_P|} = -0.26$$

即

$$I_{D_Q} = 0.53 I_{DSS} = 0.53(8\text{ mA}) = \mathbf{4.24\text{ mA}}$$

且

$$V_{GS_Q} = -0.26|V_P| = -0.26(6\text{ V}) = \mathbf{-1.56\text{ V}}$$

7.15 實際的應用

這裡所介紹的應用將充分利用場效電晶體的高輸入阻抗、閘極和汲極電路之間的隔離，以及 JFET 特性的線性區使元件的汲極源極間接近一電阻性元件等優點。

壓控電阻（非反相放大器）

JFET 最普遍的一種應用就是可變電阻器，其阻值由加到閘極腳位的直流電壓所控制。在圖 7.63a 中，很清楚的指示出 JFET 電晶體的線性區。注意在此區域中，各線均起自於原點，當汲極電流隨著汲極對源極電壓的上升而增加時，其對應關係幾近為直線。回顧基本直流電路課程知，**固定電阻的特性圖就是一直線，且通過座標原點。**

在圖 7.63b 中，線性區可拓展到的最大汲極對源極電壓約 0.5 V。注意到，雖然曲線已有一些曲度，但仍幾近於直線，且每條線皆起源自座標原點，且斜率是由閘極對源極的直流電壓所決定。回想先前的討論知，*I-V* **特性圖的電流是在縱軸，而電壓則在橫軸，斜率愈陡，代表電阻愈小，而曲線愈平時，代表電阻愈大。**結果是，垂直線代表 0 Ω 電阻，水平線代表無窮大電阻。當 $V_{GS}=0$ V 時斜率最陡，對應的電阻最小。當閘極對源極電壓愈負時，斜率會愈低。當電壓接近夾止電壓時，曲線幾乎成水平。

很重要需記得，線性區限制在 V_{DS} 值遠小於夾止電壓值的區域。**線性區的定義是**，$V_{DS} \ll V_{DS_{max}}$ 且 $|V_{GS}| < |V_P|$。

利用歐姆定律計算圖 7.63b 上各曲線對應的阻值，計算時電流取汲極對源極電壓 0.4 V 時的對應值。

$$V_{GS}=0 \text{ V}: \quad R_{DS}=\frac{V_{DS}}{I_{DS}}=\frac{0.4 \text{ V}}{4 \text{ mA}}=\textbf{100 Ω}$$

$$V_{GS}=-0.5 \text{ V}: R_{DS}=\frac{V_{DS}}{I_{DS}}=\frac{0.4 \text{ V}}{2.5 \text{ mA}}=\textbf{160 Ω}$$

$$V_{GS}=-1 \text{ V}: \quad R_{DS}=\frac{V_{DS}}{I_{DS}}=\frac{0.4 \text{ V}}{1.5 \text{ mA}}=\textbf{267 Ω}$$

$$V_{GS}=-1.5 \text{ V}: R_{DS}=\frac{V_{DS}}{I_{DS}}=\frac{0.4 \text{ V}}{0.9 \text{ mA}}=\textbf{444 Ω}$$

$$V_{GS}=-2 \text{ V}: \quad R_{DS}=\frac{V_{DS}}{I_{DS}}=\frac{0.4 \text{ V}}{0.5 \text{ mA}}=\textbf{800 Ω}$$

$$V_{GS}=-2.5 \text{ V}: R_{DS}=\frac{V_{DS}}{I_{DS}}=\frac{0.4 \text{ V}}{0.12 \text{ mA}}=\textbf{3.3 kΩ}$$

特別注意到，**當閘極對源極電壓朝夾止電壓值接近時，汲極對源極電阻值會上升。**

以上所得結果可用式(6.1)驗證，代入 $V_P=-3$ V，並假定 $V_{GS}=0$ V 時，$R_o=100$ Ω，可得

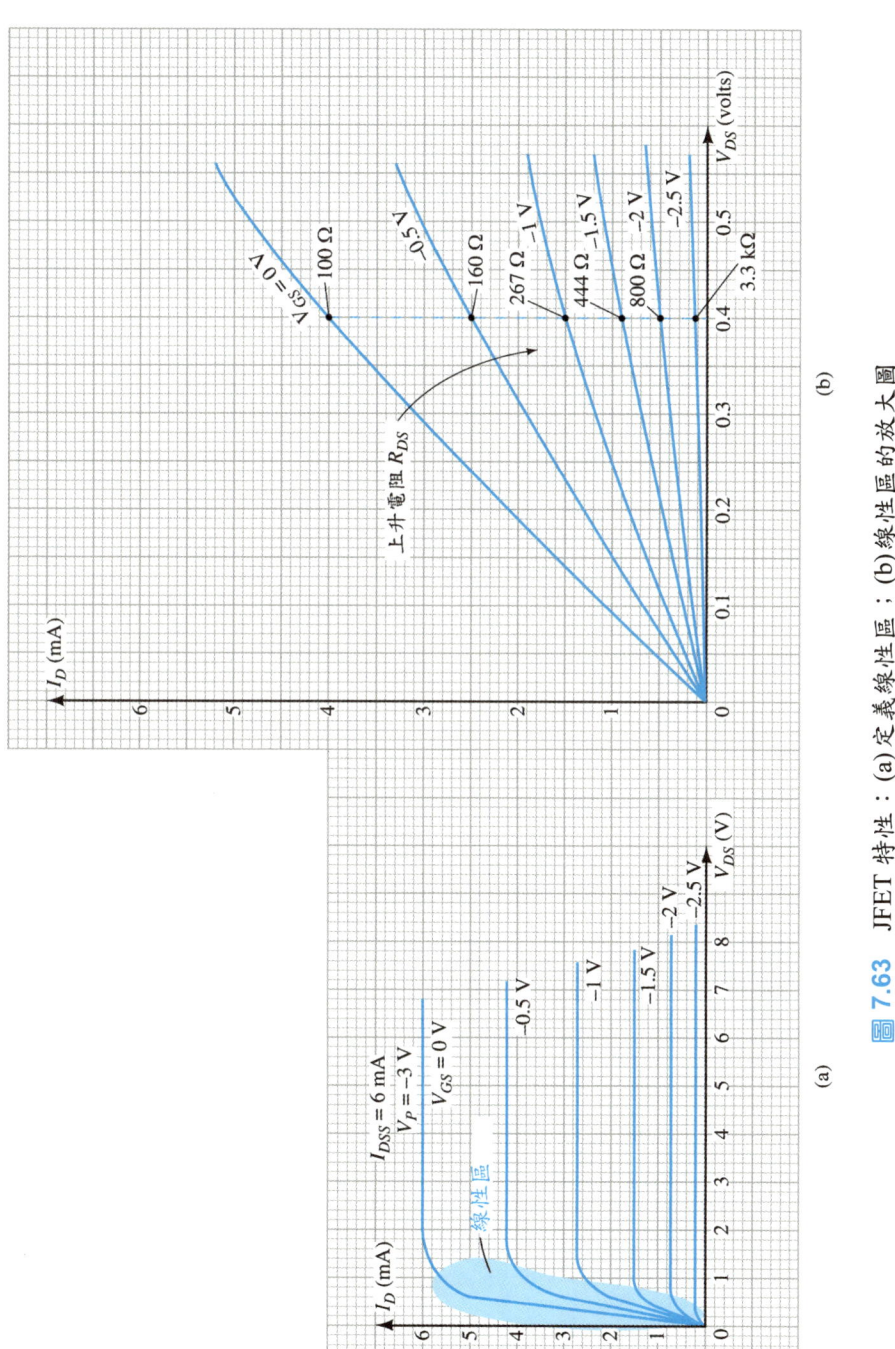

圖 7.63 JFET 特性：(a) 定義線性區；(b) 線性區的放大圖

$$R_{DS}=\frac{R_o}{\left(1-\dfrac{V_{GS}}{V_P}\right)^2}=\frac{100\ \Omega}{\left(1-\dfrac{V_{GS}}{-3\ \text{V}}\right)^2}$$

$V_{GS}=-0.5\ \text{V}：R_{DS}=\dfrac{100\ \Omega}{\left(1-\dfrac{-0.5\ \text{V}}{-\ \text{V}}\right)^2}=\mathbf{144\ \Omega}$（相對於上述的 160 Ω）

$V_{GS}=-1\ \text{V}：\ \ R_{DS}=\dfrac{100\ \Omega}{\left(1-\dfrac{-1\ \text{V}}{-3\ \text{V}}\right)^2}=\mathbf{225\ \Omega}$（相對於上述的 267 Ω）

$V_{GS}=-1.5\ \text{V}：R_{DS}=\dfrac{100\ \Omega}{\left(1-\dfrac{-1.5\ \text{V}}{-3\ \text{V}}\right)^2}=\mathbf{400\ \Omega}$（相對於上述的 444 Ω）

$V_{GS}=-2\text{V}：\ \ \ \ R_{DS}=\dfrac{100\ \Omega}{\left(1-\dfrac{-2\ \text{V}}{-3\ \text{V}}\right)^2}=\mathbf{900\ \Omega}$（相對於上述的 800 Ω）

$V_{GS}=-2.5\ \text{V}：R_{DS}=\dfrac{100\ \Omega}{\left(1-\dfrac{-2.5\ \text{V}}{-3\ \text{V}}\right)^2}=\mathbf{3.6\ k\Omega}$（相對於上述的 3.3 kΩ）

雖然結果並不完全一致，對大部分的應用而言，式(6.1)提供 R_{DS} 實際電阻值的絕佳近似。

　　記住，在 **0 V** 和夾止電壓之間的 V_{GS} 可能值是無窮多種，因此可在 100 Ω ~3.3 kΩ 之間產生全範圍的阻值變化。因此一般而言，以上的討論結果可歸納成圖 7.64a。$V_{GS}=0$ V 時，JFET 等效於圖 7.64b。$V_{GS}=-1.5$ V 時，JFET 等效於圖 7.64c，餘此類推。

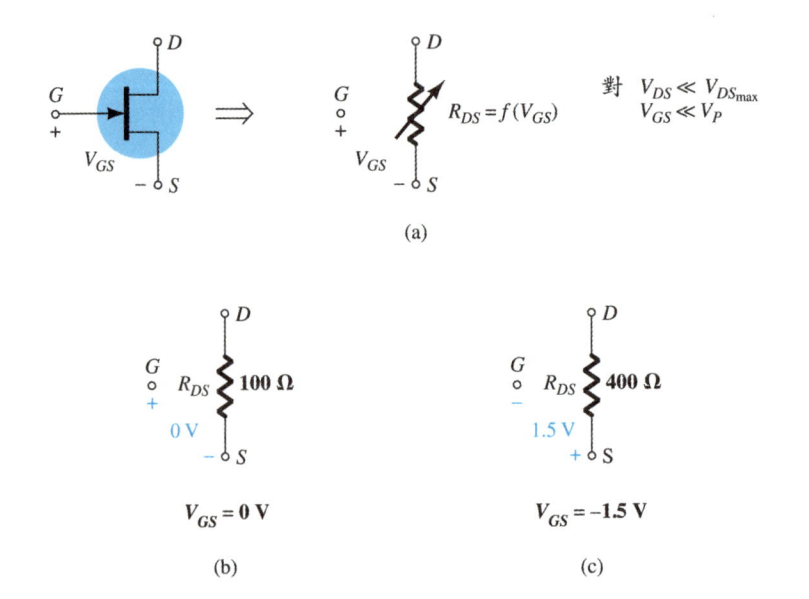

圖 7.64 JFET 汲極壓控電阻：(a) 一般等效；(b) $V_{GS}=0$ V 時；(c) $V_{GS}=-1.5$ V 時

現在讓我們探討將此種壓控汲極電阻用在圖 7.65a 的非反相放大器——**非反相意指輸入和輸出訊號同相**。圖 7.65a 的運算放大器會在《電子裝置與電路理論—應用篇》第 1 章詳細討論。

若 $R_f=R_1$，所得增益是 2，見圖 7.65a 的同相弦波訊號。在圖 7.65b 中，可變電阻用 n 通道 JFET 代替。若 $R_f=3.3$ kΩ 且使用圖 7.63 的電晶體，增益會從 $1+3.3$ kΩ/3.3 kΩ$=2$ 變化到 $1+3.3$ kΩ/100 Ω$=34$，對應的 V_{GS} 從 -2.5 V 變化到 0 V。因此一般而言，只要控制外加的直流電壓，放大器的增益可設在 2～34 之間的任意值。可將此種控制作用推廣到各種不同的應用，例如收音機電池長久使用後電壓會開始降低，此電壓反相後若接到電池的閘極，則 R_{DS} 值也會降低。對相同的 R_f 值而言，R_{DS} 的降低會使電路的增益上升，因而維持住收音機的輸出音量。一些振盪器（設計用來產生特定頻率的弦波訊號的網路）的頻率公式中會有電阻項。當產生的頻率開始漂移時，可設計反饋網路，將頻率的變化

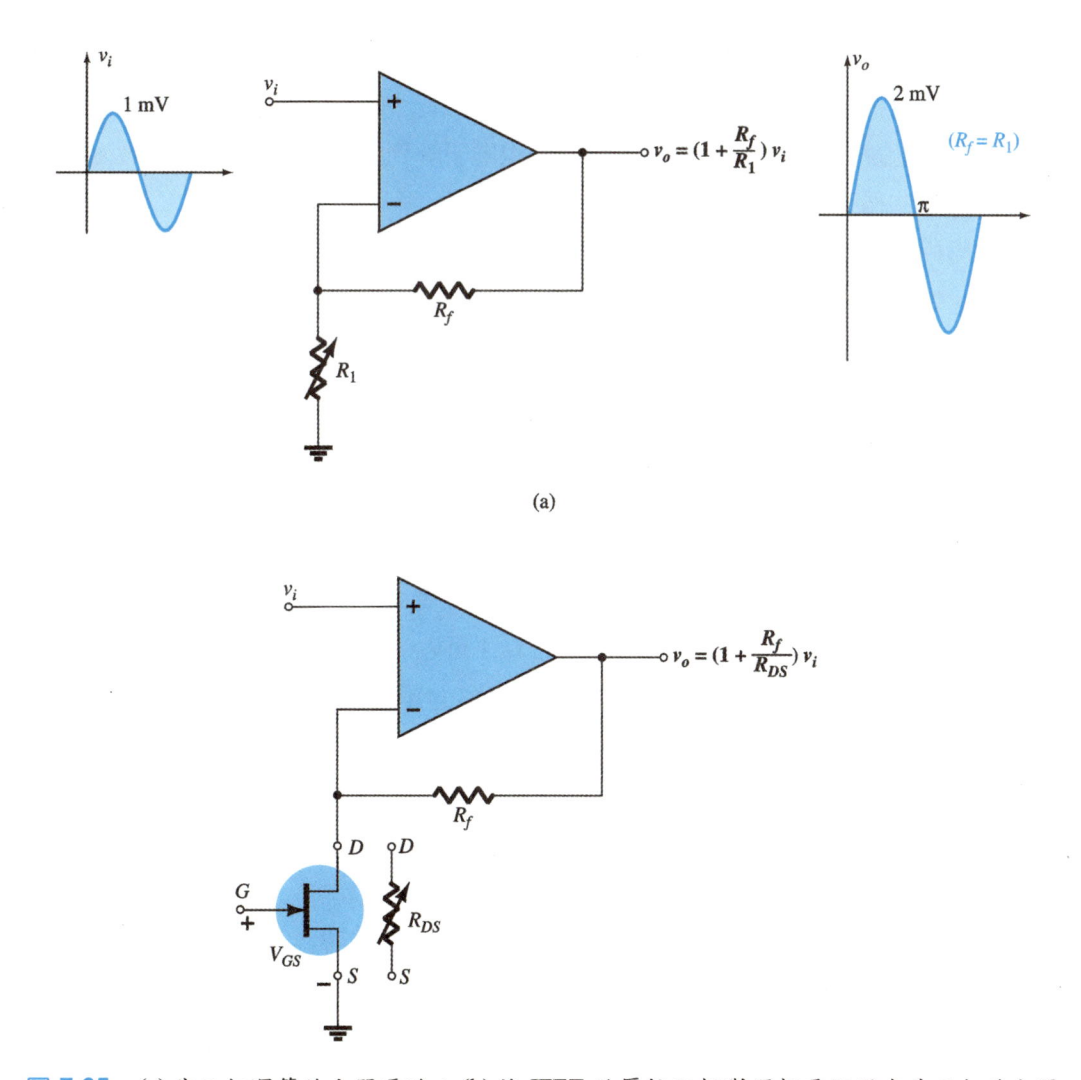

圖 7.65　(a)非反相運算放大器電路；(b)將 JFET 的壓控汲極對源極電阻用在非反相放大器

轉換成 JFET 閘極直流電壓值的變化，因而反映在其汲極電阻值的變化上。若此汲極電阻值是頻率公式中電阻項的一部分，則可達成穩定或保持振盪頻率的效果。

影響系統穩定性的最重要因素之一，是溫度的變化。當系統變熱時，通常的趨勢是使增益上升，這通常造成更多的散熱，最後導致一種情況，稱為 "熱耗毀"。經由適當的設計，利用熱阻器影響壓控可變 JFET 電阻的偏壓值。當熱阻器的阻值因熱而上升時，JFET 的偏壓控制可設計成產生以下結果，透過汲極電阻的改變而降低放大器的增益──達成了平衡作用。

在離開熱問題的主題之前，注意到，某些設計規格（通常是軍規），其系統對溫度變化極度敏感，須置放在某 "腔體" 或 "箱室" 之中以建立恆溫條件。例如，某振盪器網路中的 1 W 電阻，可能要放在一個封閉區域，以在該區域建立一個恆溫的環境。設計時要專注在此電阻的散熱程度，而其餘零件因散熱量相對很小，溫度的變化可以不必理會，即可確保穩定的輸出頻率。

其他應用領域包括任何形式的音量控制、音樂效果、電表、衰減器、濾波器、穩定性設計等等。這種穩定性的一般優點是，在整體設計上，無需使用昂貴的穩壓器（《電子裝置與電路理論──應用篇》第 6 章）。當然也應了解到，這種控制機制只能 "微調"，不能提供主要的穩定性來源。

對非反相放大器而言，**結合 JFET 作控制的最重要優點是，它採取了直流控制而非交流控制**。對大部分的系統而言，採用直流控制不僅降低了加入雜訊的機會，也更適合作遙控。例如，在圖 7.66a 中，遙控面板經由連接到可變電阻的交流線路，控制揚聲器的放大器增益。**自控制面板到放大器，這麼長的線路很容易從外圍環境中擷取到雜訊，雜訊可能源自於日光燈、地方電台、工作設備（甚至是電腦）、電動機、發電機等等**。結果可能是，線路上的訊號是 2 mV，而雜訊是 1 mV──這是很可怕的 S/N 比。由於放大器的迴路增益，來自麥克風的訊號會被進一步破壞。在圖 7.66b 中，利用直流線路控制 JFET 的閘極電壓，亦即控制非反相放大器的可變電阻值。即使直流線路上的直流電壓只有 −2 V，長線路上所擷取到的漣波若為 1 mV，則仍可到很大的 S/N 比，因此雜訊所造成的失真幾可忽略不計。易言之，直流線路的雜訊只造成裝置特性上直流工作點的輕微移動，對汲極電阻值幾無影響──因此線路上的雜訊和放大器響應之間幾乎達理想的隔離。

儘管圖 7.66a 和圖 7.66b 有相當長的控制線，但在控制面板中的長度可能只有 6 吋，見圖 7.66c，放大器的所有元件都置放在同一箱台中。但考慮到，**只要 1 吋長度就足以擷取射頻 (RF) 雜訊**，所以對幾乎所有的系統，直流控制是很受歡迎的特性。更進一步看，因圖 7.66a 上的電阻通常很大（幾百 kΩ），而圖 7.66b 直流系統的直流電壓控制電阻通常很小（幾 kΩ），因此交流系統的音量控制電阻，會比直流的設計吸收更大量的交流雜訊。此現象源於一項事實，空中的 **RF** 訊號的內阻很大，因此當擷取電阻愈大時，接收

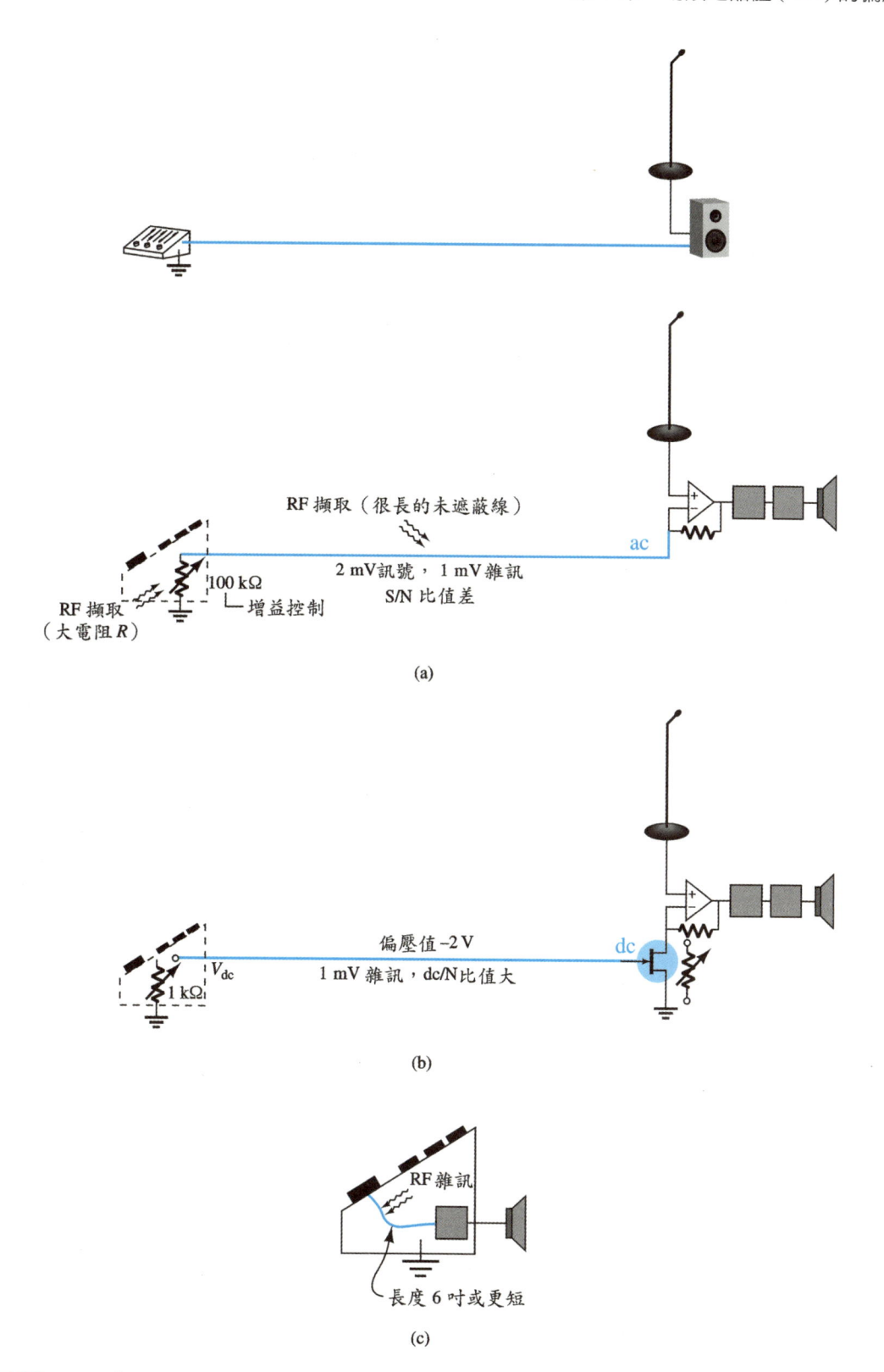

圖 **7.66** 說明直流控制的好處：(a)用交流控制的系統；(b)用直流控制的系統；(c)RF 雜訊擷取

到的 **RF** 雜訊也就愈大。回想戴維寧等效定理,當負載電阻等於訊號源內阻時,可得最大功率轉移。

如上所述,**直流控制適用在計算機和遙控系統**,因它們可藉特定的直流位準獨立工作。例如,紅外線訊號經由遙控送到電視或錄影機時,訊號會經過解碼器-計數器,在某電壓基礎上定出特定的直流電壓位準,再送到 JFET 的閘極。作為音量控制,閘極電壓可以控制非反相放大器的汲極電阻,藉以控制系統的音量。

計時網路

閘極和汲極電路之間的高阻抗隔離,可以設計出相對簡單的計時器,如圖 7.67。圖中開關為常開(NO)開關,閉合時會使電容迅速放電到 0 V。因工作電壓相對低且放電時間極短,開關網路可以處理電容的迅速放電。某些人會說此設計並不好,但實際上它很常用,不應被看作壞事。

一加上電源時,電容等效於短路,因**電容電壓不會瞬間變化**,結果是閘極對源極電壓立即設在 0 V,汲極電流 I_D 會等於 I_{DSS},點亮燈泡。但因開關在正常開路位置,電容會開始朝 -9 V 充電,**因電容並聯 JFET 的高輸入阻抗,所以 JFET 對電容的充電時間常數幾乎無影響**。最後,當電容電壓到達夾止電壓時,JFET 截止,燈泡不亮。因此一般而言,系統一開啟時,燈泡會亮一小段時間,接著不亮。現在看它如何執行計時功能。

當開關閉合時,電容經 R_3($R_3 \ll R_1, R_2$)短路到地,會使閘極電壓設在 0 V,所產生的汲極電流是 I_{DSS} 且燈泡點亮。當開關釋放後,電容朝 -9 V 充電,最後當電容電壓到達夾止電壓時,JFET 截止,燈泡不亮。可以用充電網路的時間常數 $\tau = (R_1 + R_2)C$,和夾止電壓值決定燈泡的點亮周期。夾止電壓愈負時,燈泡點亮的時間會愈長。加上電阻 R_1,是

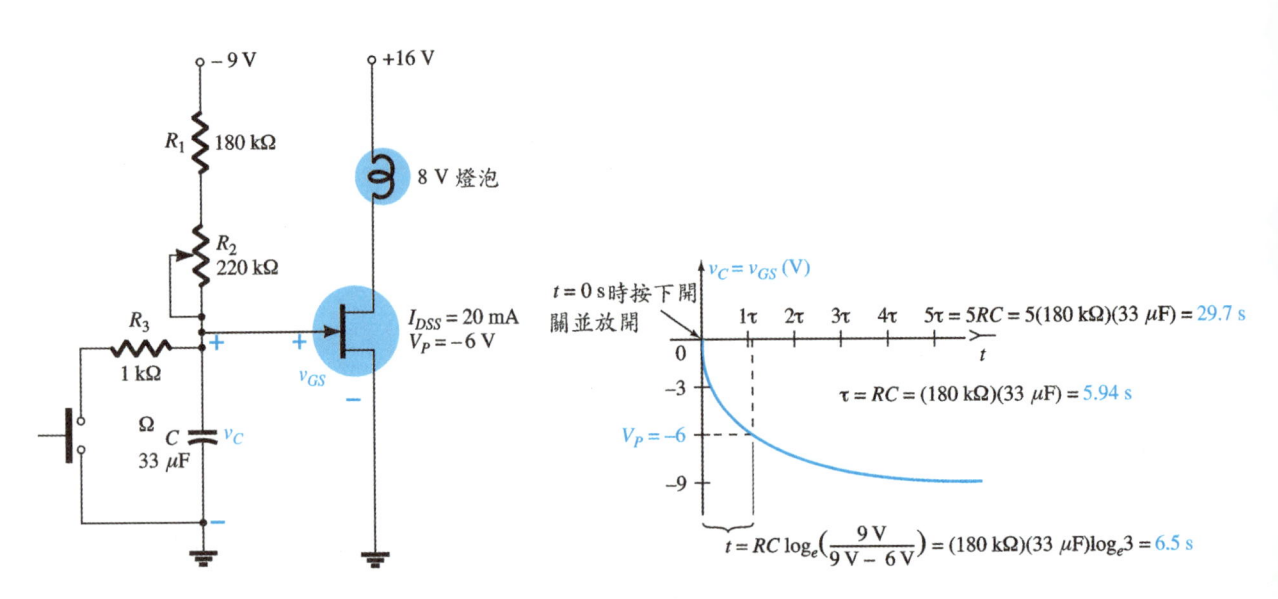

圖 7.67 JFET 計時網路

要確保電源開啟時，充電電路有一最小電阻值，否則過大的電流可能會損害網路，電阻 R_2 是一可變電阻，可用來控制燈泡點亮時間。加上電阻 R_3，可限制開關閉合時的放電流。當電容兩端之間的開關閉合時，電容的放電時間僅 $5\tau=5RC=5(1\text{ k}\Omega)(33\ \mu\text{F})=165\ \mu\text{s}=0.165\text{ ms}=0.000165\text{ s}$。因此總之，開關按下又放開時，燈泡會馬上點亮，隨著時間逐漸變暗，約經 1 個時間常數（由網路決定）的時間，即關掉。

像這種計時系統最明顯的應用是在門廳或走道，你希望燈亮一段時間讓你安全通過，但又希望它自己熄燈。當你進出汽車時，你希望燈亮一小段時間，但又不必操心需要將它關掉。計時網路像這類的應用是不勝枚舉，只要考慮其他各種不同的電機或電子系統，想讓它們導通一段特定時間，你將會愈列愈多。

有人可能會問，相同的應用何以不用 BJT 取代 JFET。首先，BJT 的輸入電阻可能只有幾 kΩ，不只會影響充電網路的時間常數，也會影響到電容可充電的最大值。將電晶體用 1 kΩ 等效電阻取代，就可很清楚上述說法。另外，控制電位也必須很小心設計，因 BJT 電晶體在約 0.7 V 時就會導通。因此電壓擺幅只能從截止到 0.7 V，而不如 JFET 電路的 -4 V。最後要注意：汲極電路並沒有串聯電阻，當燈泡剛點亮時，電阻很低，在燈泡到達額定強度之前，電流會很大，但如果能量不大且時間很短時，此設計仍可接受。如果擔心，可在燈泡上串聯 0.1～1 Ω 的電阻，以確保安全。

光纖系統

光纖技術的引進，曾對通訊工業造成極大的影響。和傳統的對線相比，光纖攜帶資訊的容量大很多。另外，纜線尺寸變小，較便宜，導線電流之間電磁效應所產生的串音也消除，並且如閃電等外部干擾所產生的雜訊擷取也去除了。

光纖工業建立在利用光束傳遞資訊，雖然真空中光速是每秒 3×10^8 m，約每秒 186,000 哩，但其速度在其他介質中會降低，產生反射與折射。當光資訊經光纜傳送時，我們期待光束射到纜壁時，會反射，此時入射角是關鍵，這是光纖的設計實務。圖 7.68 中定義光纜的基本組成，玻璃或塑膠纜心可小至 8 μm，接近人髮直徑的 1/10，纜心由遮

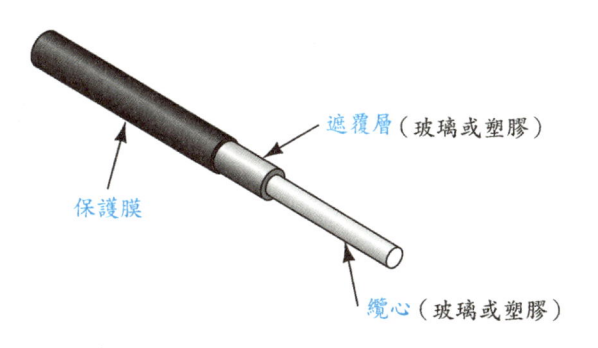

圖 7.68　光纜的基本組成

覆層包圍,也是由玻璃或塑膠製成,但折射率不同,確保纜心中的光束打到纜心外圍表面時,會反射回纜心內。保護膜則保護內部兩層,以避免外界環境的影響。

大部分的光通訊系統會工作在紅外線的頻率範圍,紅外線頻譜從 3×10^{11} Hz～5×10^{14} Hz,其頻譜恰低於可見光,可見光頻譜從 5×10^{14} Hz～7.7×10^{14} Hz。對於大部分的光系統,所用頻率範圍在 1.87×10^{14} Hz～3.75×10^{14} Hz。因頻率很高,每個載波可同時調變數百到數千個聲道。另外,也可作極高速的計算機傳輸,但必須確定調變器的電子元件也可在相同頻率之下成功操作。若距離超過 30 哩時,必須使用複製器(由接收器、放大器和傳送器組成),這需要在光纜中增加導線,其規格在 2500 V 時,約 1.5 A。

光通訊系統的基本元件見圖 7.69,輸入訊號加到光調變器,其目的在將訊號轉換成光訊號,且對應的光強度和訊號強度成比例。光訊號會沿著光纜向前傳送,資料經由光纜會到達接收站,在此處光解碼器會將調變光強度的光訊號轉換成電壓訊號,此電壓訊號和原始訊號一致。

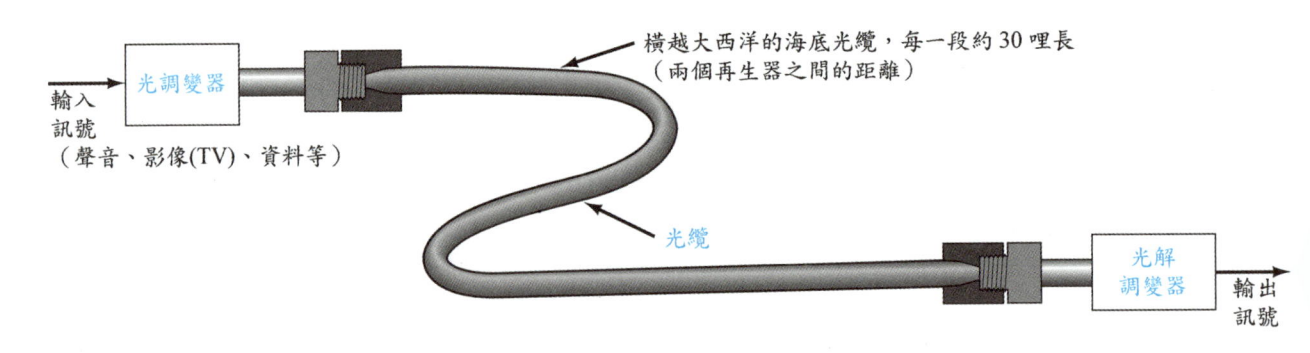

圖 7.69 光通訊系統的基本元件

使用 TTL 邏輯資訊的計算機傳輸系統的等效電子電路,提供在圖 7.70a,致能控制設在"導通"或 1 狀態,AND 閘輸入端的 TTL 訊號,經由 AND 閘,送到 JFET 的閘極。系統的設計使不同的 TTL 邏輯值,可分別使 JFET 導通或截止(比如使 JFET 的閘極電壓分別是 0 V 和 -5V,而 $V_P=-4$ V)。對應的電流變化,使汲極電路中的 LED(1.16 節)產生兩種不同的光強度,所發射的光會經由光纜到達接收站,此處的光二極體接收不同強度的入射光,會產生不同大小的電流,此電流流經 V、R 迴路。光二極體的電流是逆向電流,其方向如圖 7.70a 所示。但在交流等效電路中,光二極體和電阻 R 並聯,見圖 7.70b,可在 JFET 的閘極建立所需的訊號極性。電容 C 對直流開路,可隔離光二極體的偏壓電路和 JFET,但電容 C 對訊號 v_S 則是短路。因此輸入訊號可被 JFET 放大,並輸出到汲極端。

如前所提的,整個設計中的所有元件,包括 JFET、LED、光二極體、電容以及其他等等,都必須小心選用,使其可在高頻傳輸之下仍能正確工作。事實上,在調變器中常

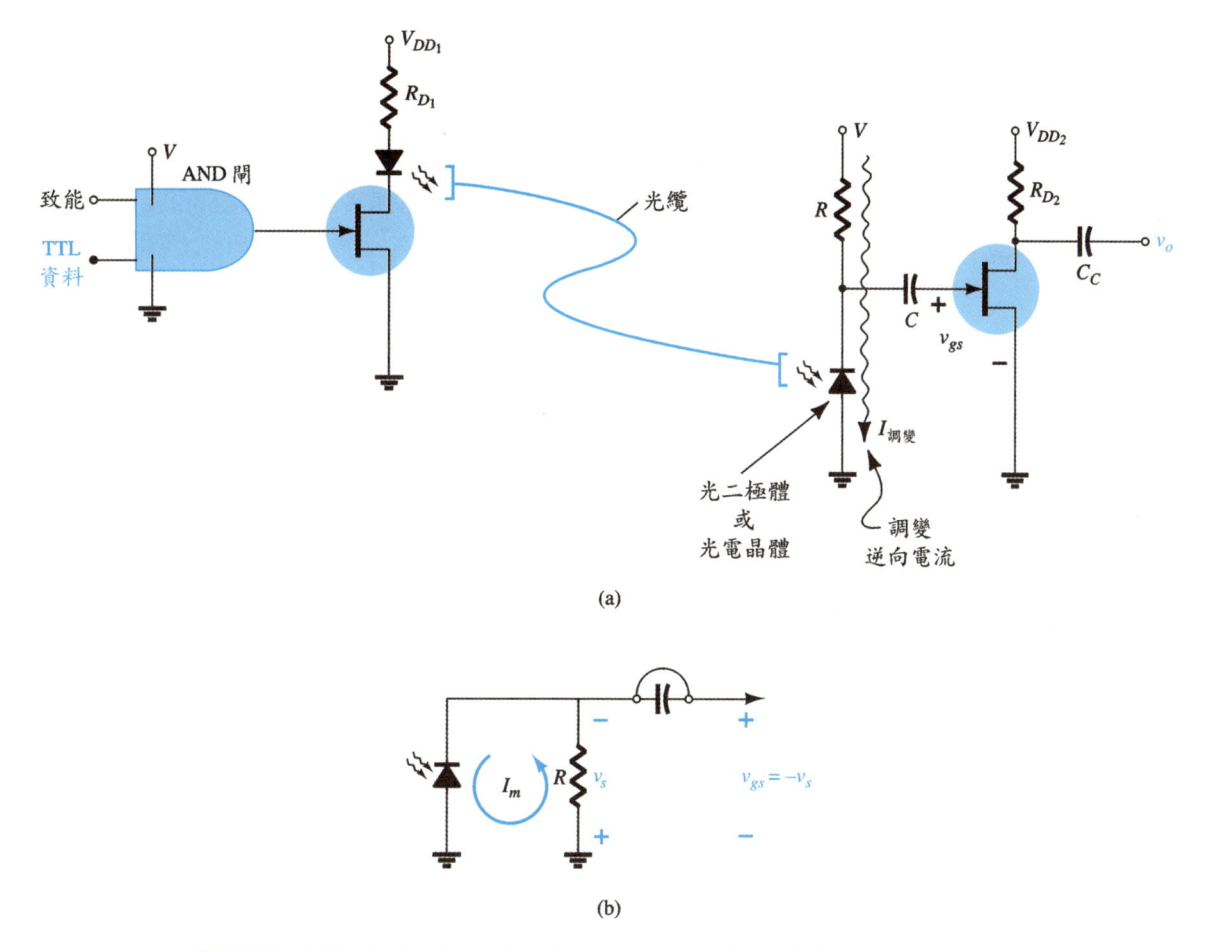

圖 7.70　TTL 光纖通訊通道：(a)JFET 設計；(b)訊號產生在光二極體上

用雷射二極體代替 LED，因雷射二極體可在更高的訊號傳送率工作，具有更高的功率，以及更少的耦合和更低的傳輸損失。但雷射二極體的成本會高很多，對溫度更敏感，一般的壽命也比 LED 短。而在解碼器這一側，光二極體可以用 pin 二極體或各種累增光二極體。pin 是 p 型－純質－ n 型的簡稱，而累增一詞則表示操作時，解離載子的快速增加。

　　一般而言，在此應用中 JFET 極為優越，因其在輸入側的高度隔離，以及當 TTL 輸入變化時，JFET 在兩個狀態之間快速轉換的能力。在輸出側，解碼器的感測電路對交流響應的影響，同樣被 JFET 隔離，且 JFET 還提供一些增益，放大訊號後再送到下一級。

MOSFET 繼電器驅動電路

　　本節要介紹 MOSFET 繼電器驅動電路，這是個絕佳的例子，說明如何用 FET，不需**從驅動電路取得電流或功率，就可驅動高電流／高電壓網路。無需光學或電磁的連結，FET 的高輸入阻抗幾可隔離網路的兩部分**，以下所介紹的網路可用於各種不同的應用，但在這裡我們將應用限制在警報系統，且當人或物通過光傳播平面時，就會啟動警報。

圖 7.71 中，IR（紅外線──非可見光）LED 所發的光經過中空圓管使方向固定，射到控制網路的光導電池的表面。光導電池的電阻範圍從 200 kΩ（暗電阻）到小於 1 kΩ（高照明）之間，R 為可變電阻，用來設定空乏型 MOSFET 的臨限值。採用中功率 MOSFET，因為流通電池線圈的汲極電流相當高。使用二極體作為保護裝置，其原因已在 2.11 節中詳細討論。

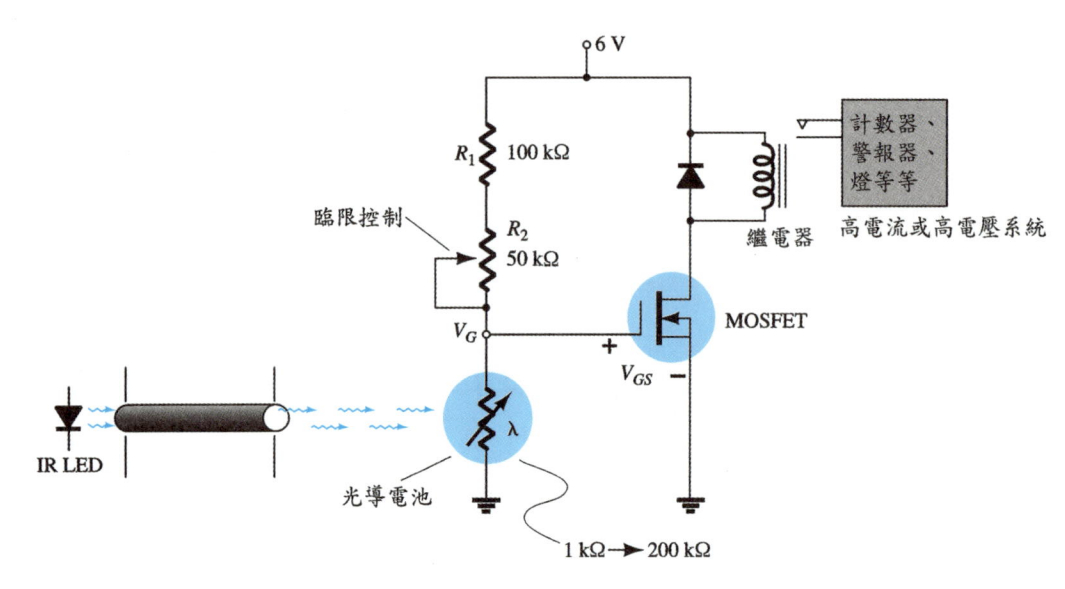

圖 7.71 MOSFET 繼電器驅動電路

當系統啟動且光持續打在光導電池上，電池的電阻可能掉到 10 kΩ。在這個阻值處利用分壓定律，可在閘極腳位得到約 0.54 V 的電壓（50 kΩ 電位計設在 0 kΩ）。此時 MOSFET 會導通，但產生的汲極電流尚不足以使繼電器改變狀態。當有人經過時，光線被切斷，電池的電阻可能快速增加到 100 kΩ，使閘極電壓上升到 3 V，使 MOSFET 導通足夠大的電流，激發繼電器改變狀態，在控制之下啟動警報。警報系統有它自身的設計，當光線再回到光導電池時，可確保關閉警報。

因此本質上，我們用相當低的電壓，以及相當低成本的設計，來控制高電流網路。設計上唯一明顯的瑕疵是，即使沒有人或物通過時，MOSFET 仍會導通，這可以用更成熟的設計來彌補，但記住，**MOSFET 是低功率消耗裝置**，所以即使一直有功率消耗，也不大。

7.16 總　結

重要的結論與概念

1. 固定偏壓電路由名知義，在閘極到源極之間外加**固定**直流電壓，以建立工作點。
2. JFET 的閘極對源極電壓和汲極電流之間存在**非線性**關係，可用圖形法或數學法（牽涉到兩個聯立方程式）求解，以決定靜態工作點。
3. 所有單下標電壓都是定義該特定點對**地**的電壓。
4. 自穩偏壓電路由 V_{GS} 的方程式所決定，代表偏壓網路，其圖形為通過原點的**直線**，直線的另一點可由偏壓方程式決定。
5. 對分壓器偏壓電路，必可假定閘極電流為 0 A，使分壓器網路和輸出部分隔離。對 *n* 通道 **JFET** 而言，閘極對地電壓必為**正值**，而 *p* 通道 **JFET** 則為**負值**。對 *n* 通道 **JFET** 而言，R_S 值增加時 I_D 的靜態值會降低，且 V_{GS} 且會愈負。
6. 應用在空乏型 MOSFET 的分析方法和 JFET 相同，唯一的差異是，空乏型 MOSFET 工作點的 I_D 值可以**大於** I_{DSS}。
7. 增強型 MOSFET 的特性和分析法，和 JFET 以及空乏型 MOSFET 所用者**完全不同**。當 V_{GS} 值小於臨限值時，汲極電流為 0 A。
8. 分析各種不同裝置的網路時，先要利用裝置的基本關係式，求出某**端電壓或端電流值**，再利用此電壓電流值和適當的網路方程式，找出系統中其餘的電壓和電流值。
9. 設計程序通常是要找出恰當的電阻值，以建立所需的電壓和電流值。記住電阻值的定義，是**電阻的電壓降除以流通過電阻的電流**。在設計程序中，特定電阻元件的電壓降和電流值都是可以取得的。
10. 檢修網路的能力，需要對網路中各裝置的端電壓端電流特性有**清楚堅定**的了解，這種知識可提供對網路中各特定點工作電壓值的**恰當估計**，並可用電壓表檢查。在確定網路中所有元件之間是否**真正接好**，使用三用電表的歐姆檔會特別有幫助。
11. *p* 通道 FET 的分析和 *n* 通道 FET 所用者相同，但所有電壓**極性相反**，且電流**方向相反**。

方程式

　　JFET／空乏型 MOSFET：

$$\text{固定偏壓電路}: V_{GS} = -V_{GG} = V_G$$

$$\text{自穩偏壓電路}: V_{GS} = -I_D R_S$$

$$\text{分壓器偏壓電路}: V_G = \frac{R_2 V_{DD}}{R_1 + R_2}$$

$$V_{GS} = V_G - I_D R_S$$

增強型 MOSFET：

$$反饋偏壓：V_{DS}=V_{GS}$$

$$V_{GS}=V_{DD}-I_D R_D$$

$$分壓器偏壓：V_G=\frac{R_2 R_{DD}}{R_1+R_2}$$

$$V_{GS}=V_G-I_D R_S$$

7.17　計算機分析

PSpice 視窗版

JFET 分壓器電路　可用 PSpice 視窗版驗證例 7.19 的結果，利用幾章介紹的方法，建構圖 7.72 的網路。JFET J2N3819 可在 **EVAL** 元件庫中得到，並利用**編輯－PSpice** 模型的順序，將 **Beta** 設在 0.222 mA/V² 及 **Vto** 設定 −6 V。**Beta** 值利用式(6.17) beta＝I_{DSS}/V_P^2 以及提供的 I_{DSS} 和 V_P 值決定，模擬結果見圖 7.73，並附上直流偏壓電壓值和電流值。所得汲極電流是 4.225 mA，而先前的計算結果是 4.24 mA──極為一致。電壓 V_{GS} 是 3.504 V −5.070 V＝−1.57 V，而例 7.19 的計算結果是 −1.56 V──也非常一致。

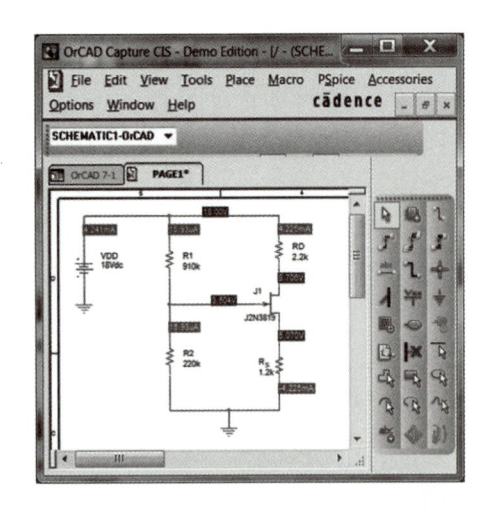

圖 7.72　用 PSpice 視窗版求出 JFET 分壓器電路的電壓和電流值

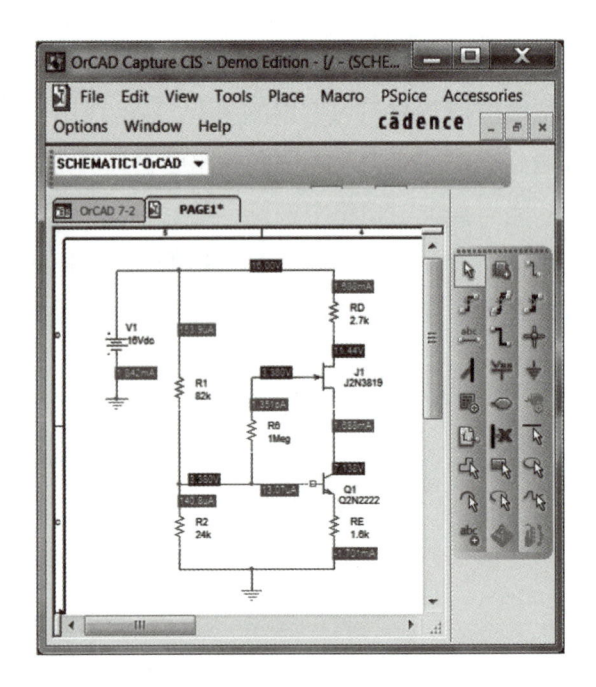

圖 7.73　用 PSpice 視窗版驗證例 7.12 的手算解

組合網路　接著驗證例 7.12（由 BJT 和 JFET 組合的網路）的結果。電晶體的 **Bf** 設在 180，JFET 的 **Beta** 設在 0.333 mA/V² 且 **Vto** 設在 −6 V，和例 7.12 相同。所有的直流值結果顯示在圖 7.73，再注意到現在模擬結果與前例計算結果的比較，可說極為一致。V_D 是 11.44 V 對 11.07 V，$V_S=V_C$ 是 7.138 V 對 7.32 V，且 V_{GS} 是 3.380 V − 7.138 V = −3.758 V 對 −3.7 V。

Multisim

現在用 Multism 驗證例 7.2 的結果。圖 7.74 的網路架構，和在 BJT 所用者幾完全相同。可以選取第一垂直工作列的第 4 鍵**電晶體**，找到 JFET。會出現**選取元件對話框**，在**種類**列表之下選取 **JFET_N**。會出現很長的元件列表，對此應用我們選取 **2N3821**，點擊 **OK**，裝置就會置放在畫面上。對畫面上的電路符號點兩次，會出現 **JFET_N** 對話框，選取**數值**，接著選擇**編輯模型**，會出現**編輯模型對話框**，將 **Beta** 和 **Vto** 分別設為 **0.222 mA/V²** 和 **−6 V**。用式(6.17)和以下的網路參數值決定 **Beta** 值：

$$\text{Beta} = \frac{I_{DSS}}{|V_P|^2} = \frac{8 \text{ mA}}{|-6 \text{ V}|^2} = \frac{8 \text{ mA}}{36 \text{ V}^2} = 0.222 \text{ mA/V}^2$$

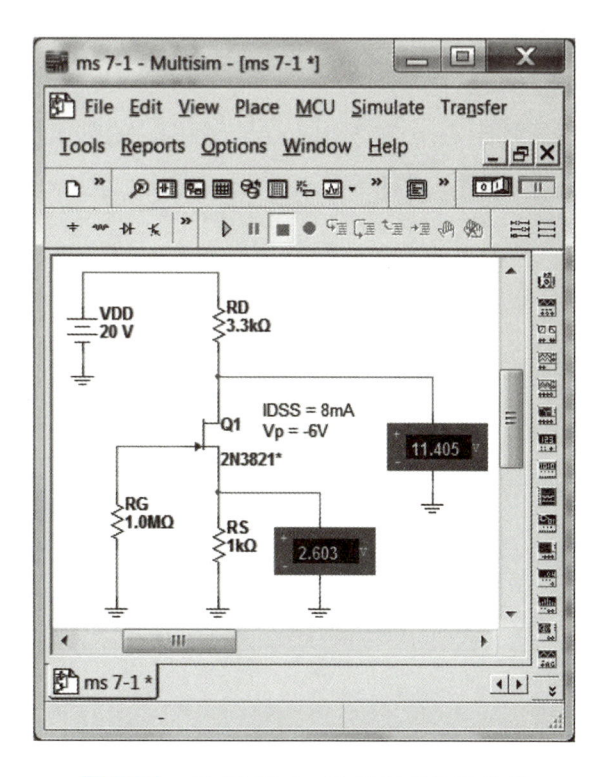

圖 7.74　用 Multisim 驗證例 7.2 的結果

一旦改好，在離開對話框之前要確認選取**改變零件模型**，**JFET_N** 會再出現，點擊 **OK**，就會完成改變。可利用**置放－文字**的順序，加入標記 **IDSS=8 mA** 和 **Vp=-6 V**。閃爍的垂直列會出現在要輸入標記的地方，一旦輸入，可以在該處按住滑鼠，拖曳到想要置放的地方，成為標記位置的移動。

可利用第一垂直工具列的**指示計選項**，顯示汲極和源極電壓，見圖 7.74。兩者皆可利用**選取元件**對話框，選擇**電壓表_V** 選項來建立。

選擇**模擬－執行**或將開關移到 **1** 位置，就可產生圖 7.74 的顯示。注意到，V_{GS} 在 -2.603 V 和手算結果的 -2.6 V 完全一致。雖然指示計是接在源極到地之間，但要知道 1 MΩ 電阻的電壓降的假定為 0 V，所以指示電壓也是閘極對源極電壓。汲極電壓值在 11.405 V，很接近手算結果 11.42 V——總括來看，完全驗證例 7.2 的結果。

習題

*註：星號代表較困難的題目。

7.2 固定偏壓電路

1. 對圖 7.75 的固定偏壓電路：
   a. 試畫出裝置的轉移特性。
   b. 重疊網路方程式在同一圖上。
   c. 試決定 I_{D_Q} 和 V_{DS_Q}。
   d. 試利蕭克萊方程式解出 I_{D_Q}，並求出 V_{DS_Q}。試和(c)的結果比較。
2. 對圖 7.76 的固定偏壓電路，試決定：

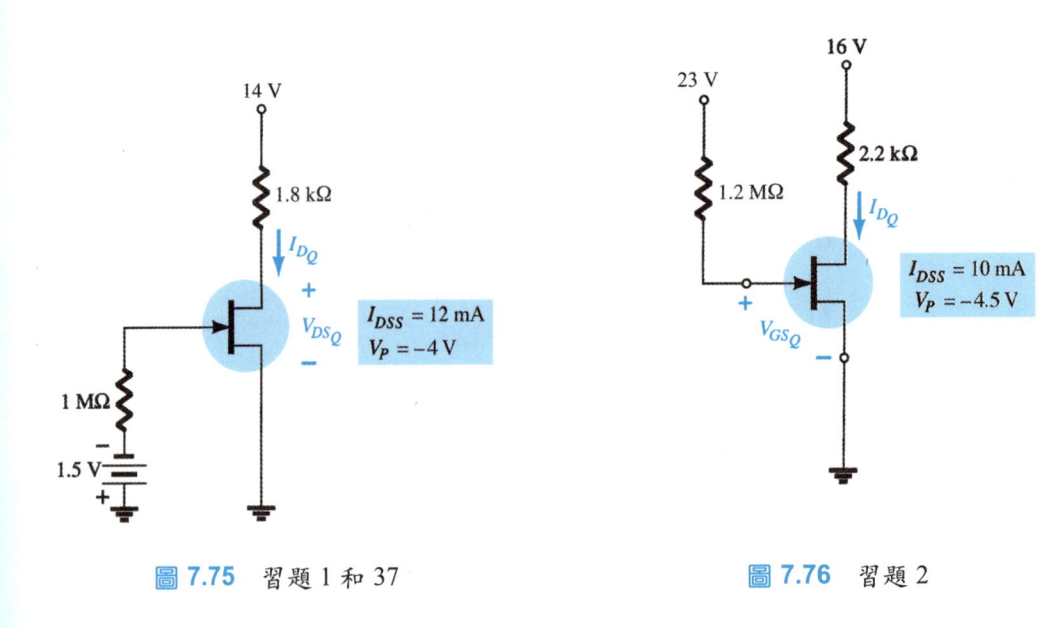

圖 **7.75** 習題 1 和 37

圖 **7.76** 習題 2

    a. I_{D_Q} 和 V_{GS_Q}，但採用純數學方法。
    b. 重做(a)，但採用圖解法，並比較結果。
    c. 用(a)的結果求出 V_{DS}、V_D、V_G 和 V_S。
3. 已知圖 7.77 中 V_D 的量測值，試決定：
    a. I_D。
    b. V_{DS}。
    c. V_{GG}。
4. 試決定圖 7.78 固定偏壓電路中的 V_D 和 V_{GS}。
5. 決定圖 7.79 固定偏壓電路中的 V_D 和 V_{GS}。

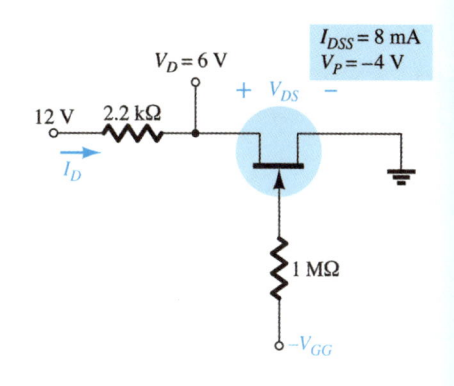

圖 7.77　習題 3

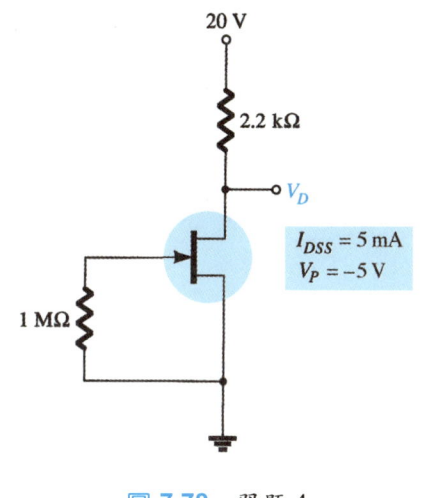

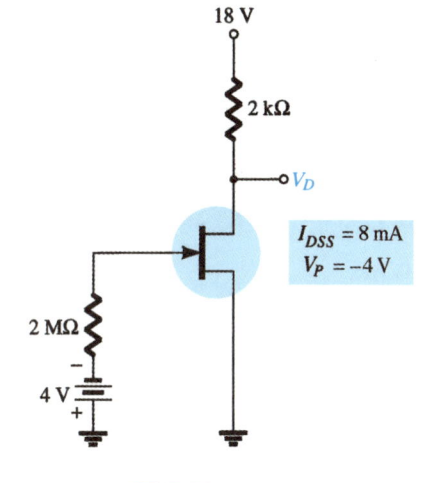

圖 7.78　習題 4

圖 7.79　習題 5

7.3　自穩偏壓電路

6. 對圖 7.80 的自偏壓電路：
    a. 試畫出裝置的轉移特性。
    b. 將網路方程式重疊在同一圖上。
    c. 試決定 I_{D_Q} 和 V_{GS_Q}。
    d. 試計算 V_{DS}、V_D、V_G 和 V_S。
*****7.** 試利用純數學方法決定圖 7.80 網路中的 I_{D_Q}，也就是建立 I_D 的二次方程式，並找出配合網路特性的結果。並和習題 6 所得結果比較。
8. 對圖 7.81 的網路，試決定：
    a. V_{GS_Q} 和 I_{D_Q}。
    b. V_{DS}、V_D、V_G 和 V_S。

圖 7.80　習題 6、7 和 38

圖 7.81　習題 8

9. 已知圖 7.82 網路中的量測值 $V_S = 1.7$ V，試決定：

   a. I_{D_Q}。

   b. V_{GS_Q}。

   c. I_{DSS}。

   d. V_D。

   e. V_{DS}。

*10. 對圖 7.83 的網路，試決定：

   a. I_D。

   b. V_{DS}。

   c. V_D。

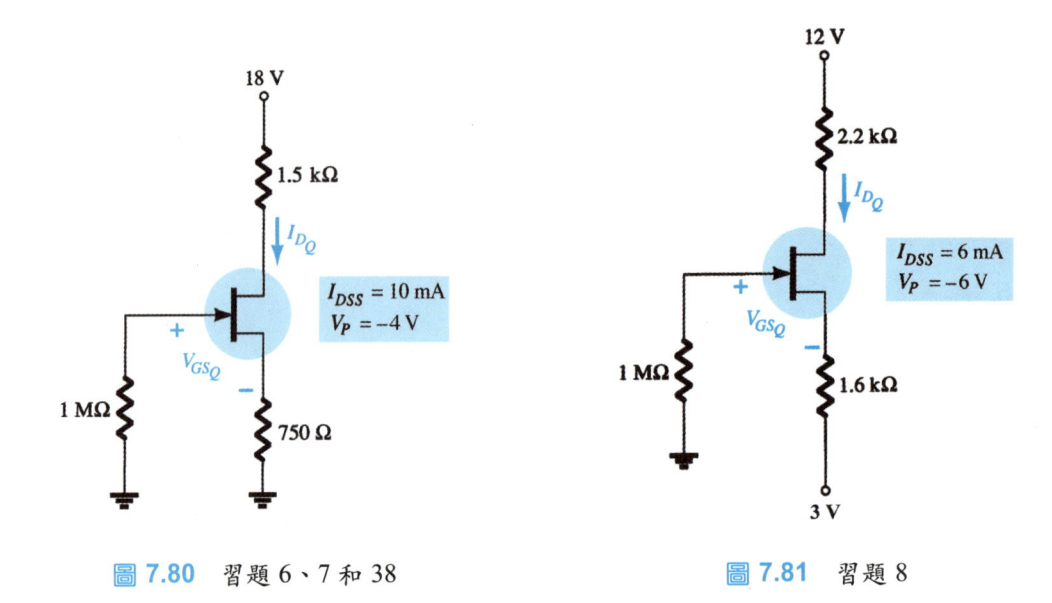

   d. V_S。

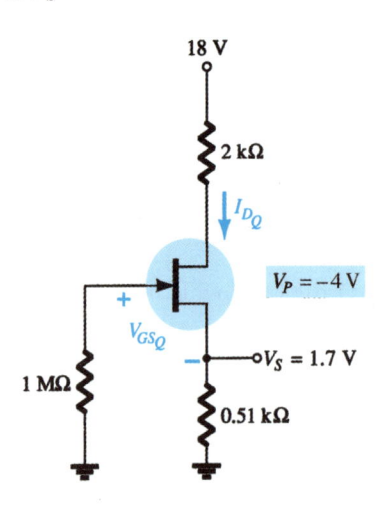

圖 7.82　習題 9

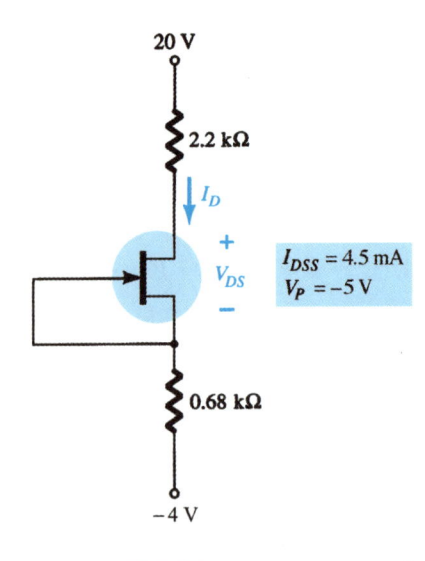

圖 7.83　習題 10

*11. 試求圖 7.84 網路中的 V_S。

7.4 分壓器偏壓

12. 對圖 7.85 的網路，試決定：
    a. V_G。
    b. I_{D_Q} 和 V_{GS_Q}。
    c. V_D 和 V_S。
    d. V_{DS_Q}。

13. a. 重做習題 12，但 $R_S = 0.51\ k\Omega$（約習題 12 原數值的 50%）。較小的 R_S 對 I_{D_Q} 和 V_{GS_Q} 有何影響？
    b. 圖 7.85 網路中，R_S 的可能最小值是多少？

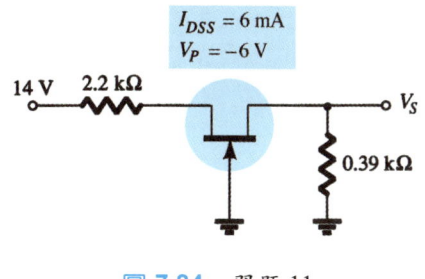

圖 7.84 習題 11

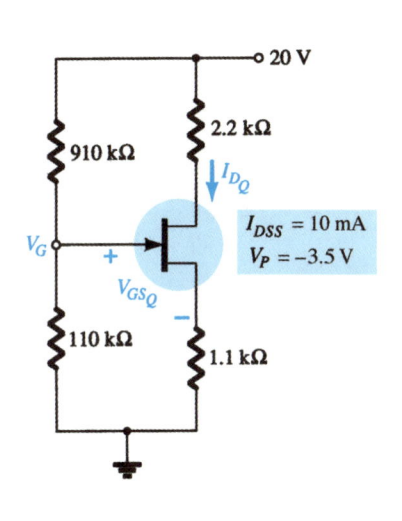

圖 7.85 習題 12 和 13

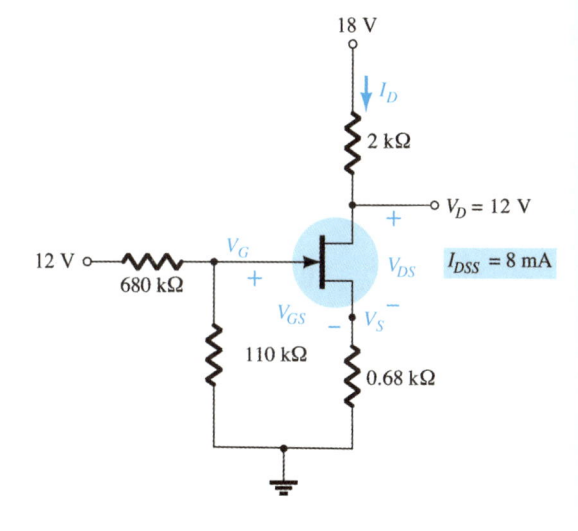

圖 7.86 習題 14

14. 對圖 7.86 的網路，若 $V_D = 12\ V$，試決定：
    a. I_D。
    b. V_S 和 V_{DS}。
    c. V_G 和 V_{GS}。
    d. V_P。

15. 試決定圖 7.87 電路中的 R_S 值，以建立 $V_D = 10\ V$。

7.5 共閘極電路

*16. 對圖 7.88 的電路，試決定：
    a. I_{D_Q} 和 V_{GS_Q}。
    b. V_{DS} 和 V_S。

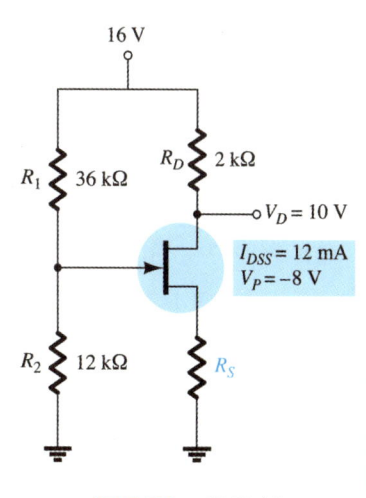

圖 7.87 習題 15

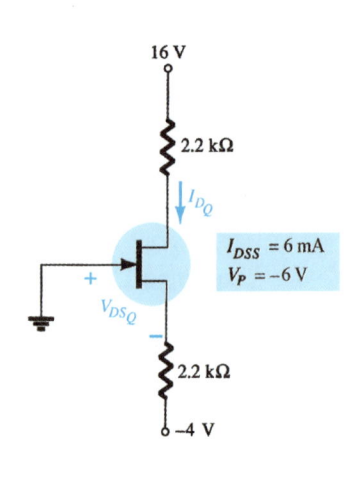

圖 7.88 習題 16 和 39

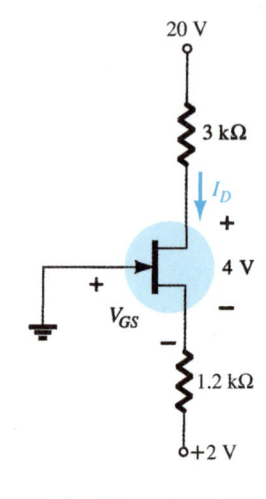

圖 7.89 習題 17

*17. 圖 7.89 網路中，已知 $V_{DS}=4$ V，試決定：
   a. I_D。
   b. V_D 和 V_S。
   c. V_{GS}。

7.6 特例：$V_{GS_Q}=0$ V

18. 對圖 7.90 的網路：
   a. 試求出 I_{D_Q}。
   b. 試決定 V_{D_Q} 和 V_{DS_Q}。
   c. 試求出電源供應的功率和裝置消耗的功率。

19. 利用圖 7.91 中所給條件，試決定電路中的 V_D 和 V_{GS}。

7.7 空乏型 MOSFET

20. 對圖 7.92 的自偏壓電路，試決定：
   a. I_{D_Q} 和 V_{GS_Q}。
   b. V_{DS} 和 V_D。

*21. 對圖 7.93 的網路，試決定：
   a. I_{D_Q} 和 V_{GS_Q}。
   b. V_{DS} 和 V_S。

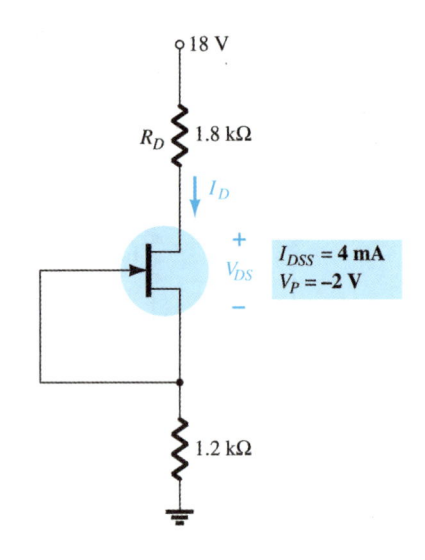

圖 7.90 習題 18

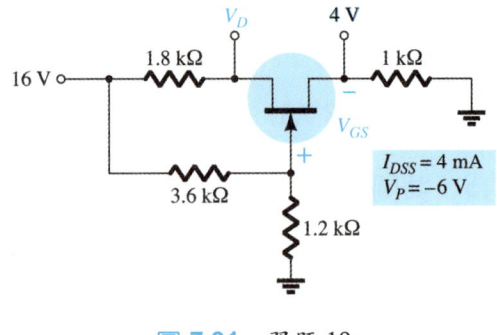

圖 7.91 習題 19

圖 7.92 習題 20

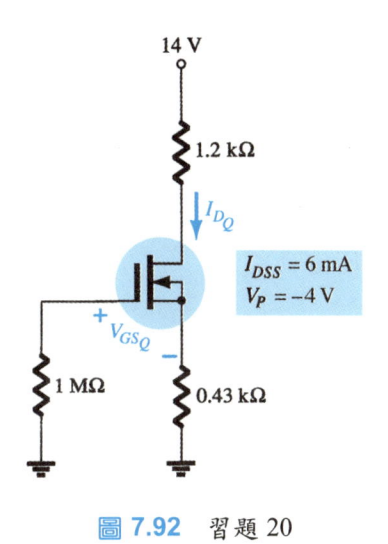

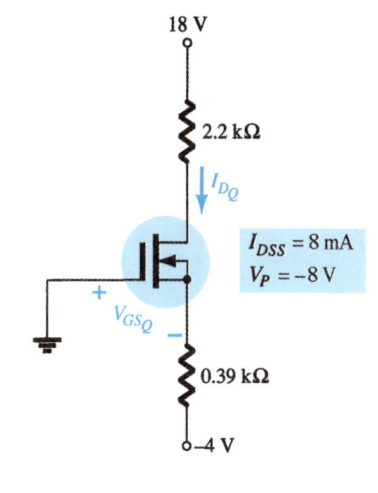

圖 7.93 習題 21

7.8 增強型 MOSFET

22. 對圖 7.94 的網路，試決定：

   a. I_{D_Q}。

   b. V_{GS_Q} 和 V_{DS_Q}。

   c. V_D 和 V_S。

   d. V_{DS}。

23. 圖 7.95 的分壓器電路，試決定：

   a. I_{D_Q} 和 V_{GS_Q}。

   b. V_D 和 V_S。

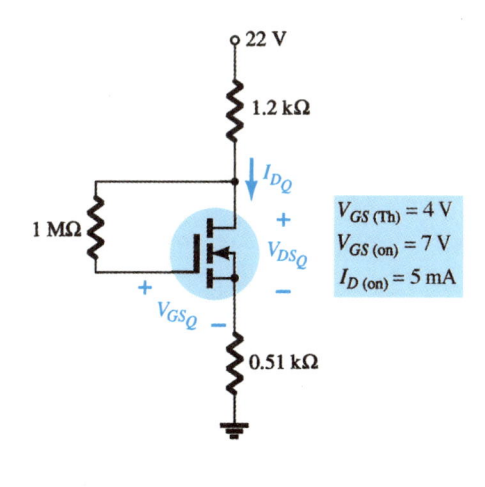

圖 7.94 習題 22

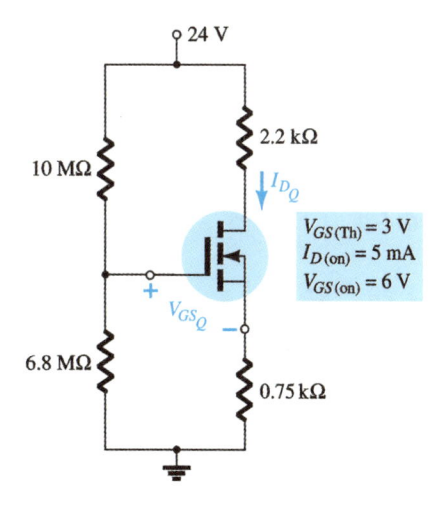

圖 7.95 習題 23

7.10 組合網路

***24.** 對圖 7.96 的網路，試決定：

a. V_G。
b. V_{GS_Q} 和 I_{D_Q}。
c. I_E。
d. I_B。
e. V_D。
f. V_C。

圖 7.96　習題 24

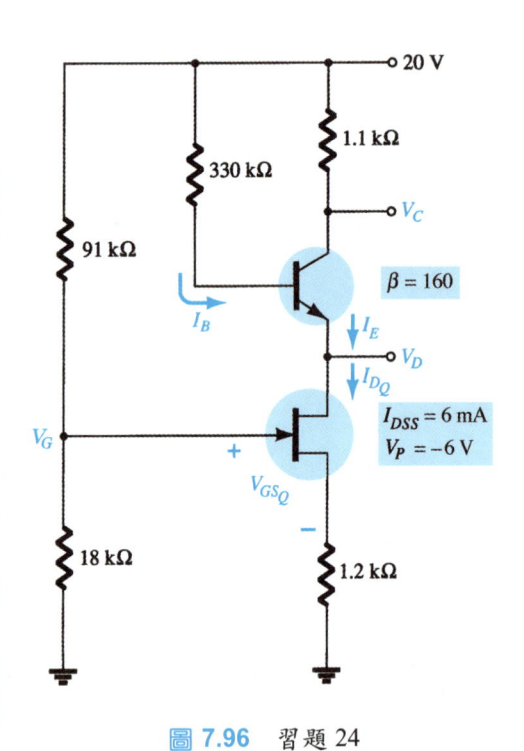

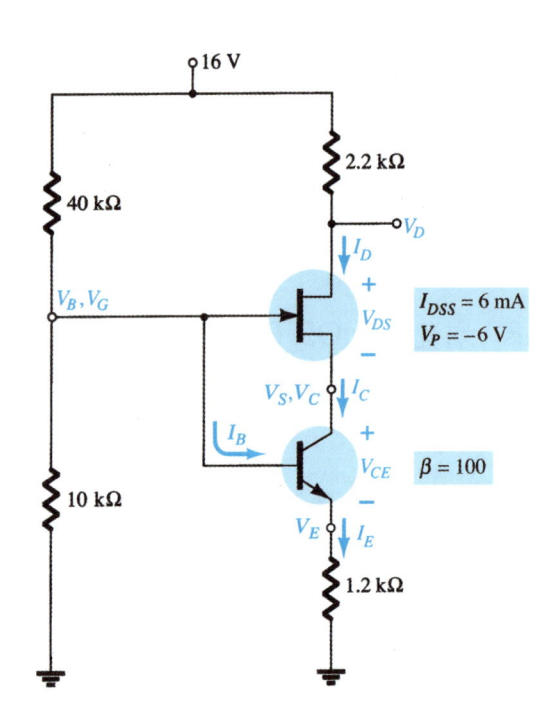

圖 7.97　習題 25

***25.** 對圖 7.97 的組合網路，試決定：

a. V_B 和 V_G。
b. V_E。
c. I_E、I_C 和 I_D。
d. I_B。
e. V_C、V_S 和 V_D。
f. V_{CE}。
g. V_{DS}。

7.11 設　計

***26.** 某 JFET 的 $I_{DSS}=8$ mA 且 $V_P=-6$ V，試利用此 JFET 設計一自穩偏壓網路，在 14 V 電源電壓之下可得 Q 點在 $I_{D_Q}=4$ mA。假定 $R_D=3R_S$ 且使用標準阻值。

***27.** 某空乏型 MOSFET 的 $I_{DSS}=10$ mA 且 $V_P=-4$ V，試利用此裝置設計一分壓器偏壓網路，在 24 V 電源電壓之下可得 Q 點在 $I_{D_Q}=2.5$ mA。設 $V_G=4$ V，採用 $R_1=22$ MΩ 且 $R_D=2.5R_S$，使用標準阻值。

28. 某增強型 MOSFET 的 $V_{GS(Th)}=4$ V 且 $k=0.5\times 10^{-3}$ A/V²，試利用此裝置設計如圖 7.39 的網路，使 Q 點的 $I_{D_Q}=6$ mA。使用 16 V 的電源及標準阻值。

7.12 故障檢修（偵錯）

*29. 在圖 7.98 上的各電路中，每個電壓讀值代表對應的網路處於何種情況？

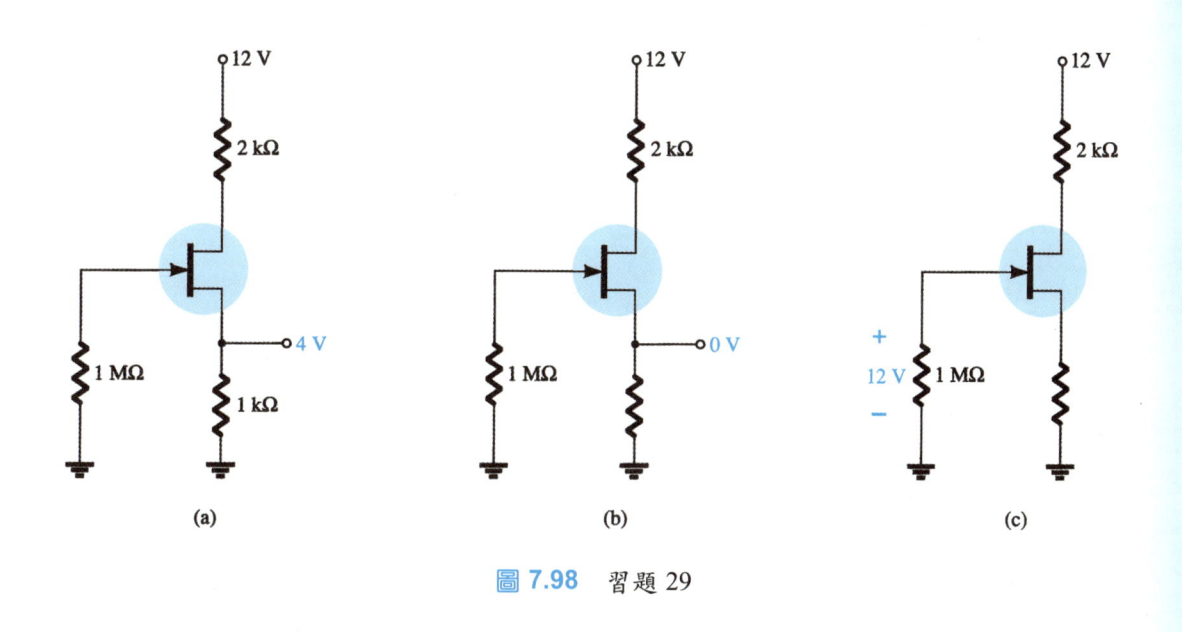

圖 7.98　習題 29

*30. 雖然在圖 7.99 中，從電壓讀值來看，網路似乎工作正常。假定網路工作有錯，試決定可能的原因。

*31. 圖 7.100 的網路並未正確工作，其特定原因是什麼？

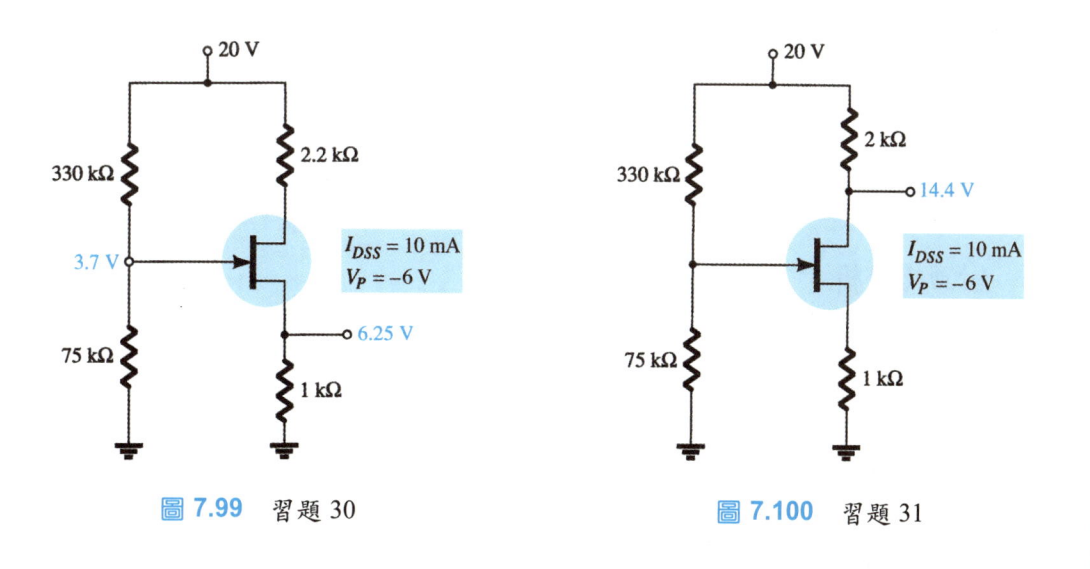

圖 7.99　習題 30

圖 7.100　習題 31

7.13 p 通道 FET

32. 對圖 7.101 的網路，試決定：

    a. I_{D_Q} 和 V_{GS_Q}。

    b. V_{DS}。

    c. V_D。

33. 圖 7.102 的網路，試決定：

    a. I_{D_Q} 和 V_{GS_Q}。

    b. V_{DS}。

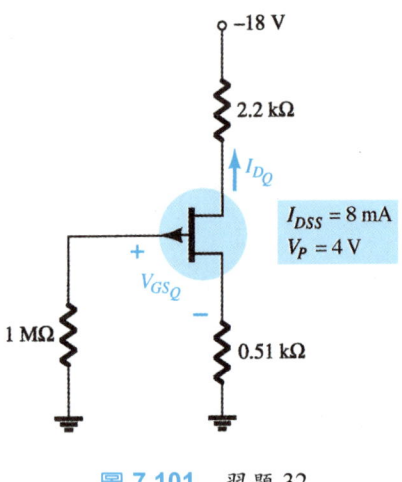

    c. V_D。

圖 7.101 習題 32

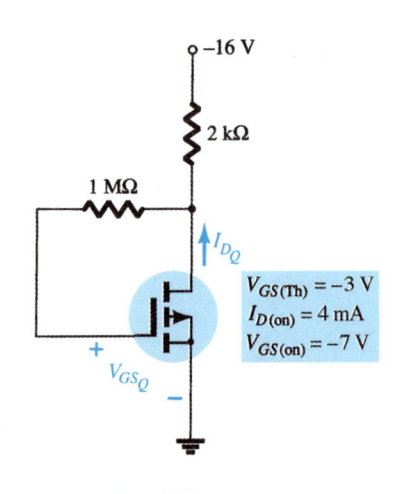

圖 7.102 習題 33

7.14 萬用 JFET 偏壓曲線

34. 重做習題 1，但使用萬用 JFET 偏壓曲線。

35. 重做習題 6，但使用萬用 JFET 偏壓曲線。

36. 重做習題 12，但使用萬用 JFET 偏壓曲線。

37. 重做習題 16，但使用萬用 JFET 偏壓曲線。

7.15 計算機分析

38. 對習題 1 的網路，執行 PSpice 視窗版分析。

39. 對習題 6 的網路，執行 PSpice 視窗版分析。

40. 對習題 16 的網路，執行 Multisim 分析。

41. 對習題 33 的網路，執行 Multisim 分析。

FET（場效電晶體）放大器

8

本章目標

- 熟習 JFET 和 MOSFET 的小訊號交流模型
- 能執行各種 JFET 和 MOSFET 電路的小訊號交流分析。
- 開始了解用在 FET 電路的設計順序。
- 了解訊號源電阻和負載電阻對輸入阻抗、輸出阻抗和總增益的影響。
- 能分析 FET 和／或 BJT 放大器的串級電路。

8.1 導　言

　　場效電晶體放大器可提供極佳的電壓增益，並附帶高輸入阻抗特性。這種放大器的功率消耗低，頻率範圍良好，尺寸重量也很小。JFET、空乏型 MOSFET 和 MESFET，所設計的放大器的電壓增益會差不多，但空乏型 MOSFET(MESFET) 電路的輸入阻抗會比類似的 JFET 電路高很多。

　　BJT 裝置是用相對小的輸入（基極）電流控制大的輸出（集極）電流，而 FET 裝置則是用小輸入（閘極）電壓控制輸出（汲極）電流。因此一般而言，BJT 是流控裝置，而 FET 則是壓控裝置。但注意到，這兩種情況的受授變數都是輸出電流。因為 FET 的高輸入阻抗特性，其交流等效模型會比 BJT 所用者簡單。BJT 的放大因數是 β，而 FET 的放大因數則是轉導 g_m。

　　FET 可用作線性放大器，或用作邏輯電路中的數位裝置。事實上，增強型 MOSFET 在邏輯電路中很普遍，特別是在功率消耗極低的 CMOS 電路。FET 裝置也廣泛應用在高頻領域，以及緩衝（介面）應用。8.13 節中的表 8.1 將歸納 FET 小訊號放大器電路和相關公式。

雖然可提供反相放大訊號的共源極電路最為普遍，但也有提供增益為 1 且非反相的共汲極電路，以及提供非反相增益的共閘極電路。如同在 BJT 放大器中介紹的，本章所描述的重要電路特性，包括電壓增益、輸入阻抗和輸出阻抗。由於輸入阻抗極高，輸入電流一般假定 0 μA，因此電流增益無法定義。一般 FET 放大器的電壓增益小於 BJT 放大器，但 FET 放大器提供的輸入阻抗則遠高於 BJT 電路。在輸出阻抗值方面，BJT 和 FET 電路則差不多。

可以用計算機軟體分析 FET 交流放大器網路，利用 PSpice 或 Multisim，可執行直流分析以獲得電路偏壓條件，或執行交流分析以決定小訊號電壓增益。利用 PSpice 電晶體模型，可利用特定電晶體模型分析電路。另方面，可利用程式語言 C++ 發展程式，以執行直流和交流分析，並可以用特殊格式提供結果。

8.2 JFET 小訊號模型

要做 JFET 的交流分析，需要發展 JFET 的小訊號交流模型。交流模型的主要組成，要能反映加到輸入的閘極對源極的交流電壓，可控制汲極到源極的電流值。

JFET 的閘極對源極電壓控制汲極到源極（通道）電流。

回想在第 7 章中，直流閘極對源極電壓控制直流汲極電流的關係，稱為蕭克萊方程式：$I_D = I_{DSS}(1 - V_{GS}/V_P)^2$。汲極電流會隨著閘極對源極電壓的變化而變化，其關係可由以下的轉移電導（轉導）因數 g_m 決定：

$$\Delta I_D = g_m \Delta V_{GS} \tag{8.1}$$

用在 g_m 的字首**轉移** (trans) 代表輸出量與輸入量之間的關係，而字根**電導** (conductance) 代表 g_m 是由電流除以電壓的比值決定，類似電阻器的電導 $G = 1/R = I/V$。

解出式 (8.1) 中的 g_m，可得

$$g_m = \frac{\Delta I_D}{\Delta V_{GS}} \tag{8.2}$$

由圖形決定 g_m

現在檢視圖 8.1 的轉移特性，可發現 g_m 實際上是特性在工作點上的斜率，亦即

$$g_m = m = \frac{\Delta y}{\Delta x} = \frac{\Delta I_D}{\Delta V_{GS}} \tag{8.3}$$

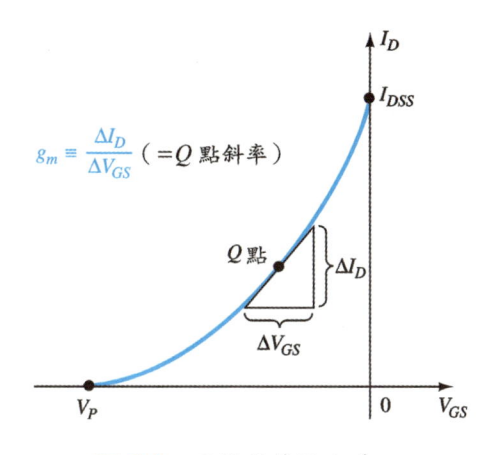

圖 8.1 用轉移特性定義 g_m

隨著轉移函數的曲率變化，當曲線由 V_P 變化到 I_{DSS} 時，斜率也就是 g_m 會遞增。易言之，當 V_{GS} 朝 0 V 趨近時，g_m 值會愈大。

由式(8.2)知，可在 Q 點附近選擇某一特定的 V_{GS}（或 I_D）增量，然後找出對應的 I_D（或 V_{GS}）增量，如此可決定轉移特性上任意 Q 點的 g_m。將兩增量代入式(8.2)，即可決定 g_m。

例 8.1 某 JFET 的 $I_{DSS}=8$ mA 且 $V_P=-4$ V，試決定此裝置在以下直流偏壓點的 g_m 值。
  a. $V_{GS}=-0.5$ V。
  b. $V_{GS}=-1.5$ V。
  c. $V_{GS}=-2.5$ V。

解： 利用第 7 章所定義的程序，產生轉移曲線如圖 8.2。接著確認各工作點並畫出每個工作點的切線，可忠實反映轉移曲線在對應區域的斜率。然後在各 Q 點兩側選取適當的 V_{GS} 變化量，再應用式(8.2)決定 g_m。

  a. $g_m = \dfrac{\Delta I_D}{\Delta V_{GS}} \cong \dfrac{2.1 \text{ mA}}{0.6 \text{ V}} = 3.5$ mS

  b. $g_m = \dfrac{\Delta I_D}{\Delta V_{GS}} \cong \dfrac{1.8 \text{ mA}}{0.7 \text{ V}} \cong 2.57$ mS

  c. $g_m = \dfrac{\Delta I_D}{\Delta V_{GS}} \cong \dfrac{1.5 \text{ mA}}{1.0 \text{ V}} = 1.5$ mS

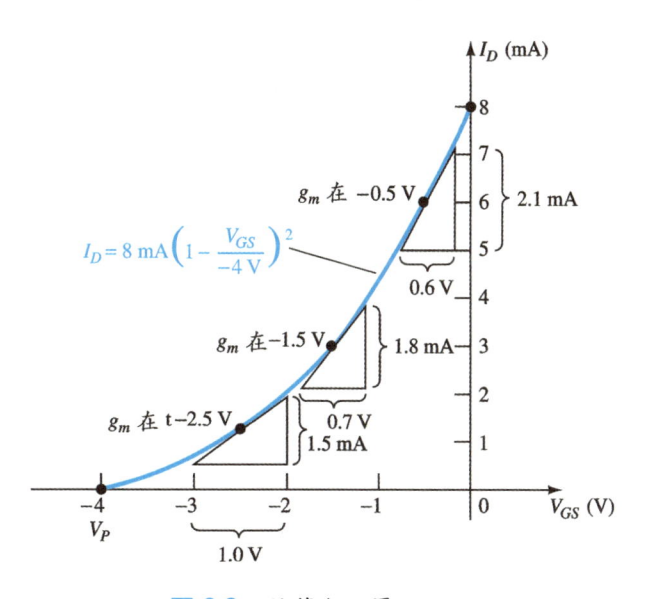

圖 8.2 計算各偏壓點的 g_m

注意到，當 V_{GS} 朝 V_P 接近時，g_m 會下降。

g_m 的數學定義

剛介紹的圖形方法，受限於轉移曲線圖的精確度，以及決定變化量時的小心程度。自然當圖形愈大時，精確度會愈好，但這會把問題變得很繁重。另一種決定 g_m 的方法，是利用在第 1 章決定二極體交流電阻的方法，說明如下：

> 函數在某一點的導數，等於在該點的切線斜率。

因此可以利用蕭克萊方程式，取 I_D 對應於 V_{GS} 的導數（微分），可導出 g_m 的公式如下：

$$g_m = \frac{dI_D}{dV_{GS}}\bigg|_{Q\text{點}} = \frac{d}{dV_{GS}}\left[I_{DSS}\left(1 - \frac{V_{GS}}{V_P}\right)^2\right]$$

$$= I_{DSS}\frac{d}{dV_{GS}}\left(1 - \frac{V_{GS}}{V_P}\right)^2 = 2I_{DSS}\left[1 - \frac{V_{GS}}{V_P}\right]\frac{d}{dV_{GS}}\left(1 - \frac{V_{GS}}{V_P}\right)$$

$$= 2I_{DSS}\left[1 - \frac{V_{GS}}{V_P}\right]\left[\frac{d}{dV_{GS}}(1) - \frac{1}{V_P}\frac{dV_{GS}}{dV_{GS}}\right] = 2I_{DSS}\left[1 - \frac{V_{GS}}{V_P}\right]\left[0 - \frac{1}{V_P}\right]$$

即

$$\boxed{g_m = \frac{2I_{DSS}}{|V_P|}\left[1 - \frac{V_{GS}}{V_P}\right]} \tag{8.4}$$

此處 $|V_P|$ 是絕對值，確保 g_m 為正值。

先前提到，轉移曲線的最大斜率出現在 $V_{GS} = 0\ \text{V}$。將 $V_{GS} = 0\ \text{V}$ 代入式(8.4)，可得 JFET 的最大 g_m 值的關係式如下，表示成 I_{DSS} 和 V_P 的關係：

$$g_m = \frac{2I_{DSS}}{|V_P|}\left[1 - \frac{0}{V_P}\right]$$

即

$$\boxed{g_{m0} = \frac{2I_{DSS}}{V_P}} \tag{8.5}$$

加上下標 0 可提醒我們，這是 $V_{GS} = 0\ \text{V}$ 時，對應的 g_m 值，因此式(8.4)變成

$$\boxed{g_m = g_{m0}\left[1 - \frac{V_{GS}}{V_P}\right]} \tag{8.6}$$

例 8.2 對具有例 8.1 轉移特性的 JFET：

a. 試求出 g_m 的最大值。

b. 試利用式(8.6)求出例 8.1 中各工作點的 g_m 值，並和圖形法的結果比較。

解：

a. $g_{m0} = \dfrac{2I_{DSS}}{|V_P|} = \dfrac{2(8 \text{ mA})}{4 \text{ V}} = \mathbf{4 \text{ mS}}$（$g_m$ 的最大可能值）

b. 在 $V_{GS} = -0.5$ V，

$$g_m = g_{m0}\left[1 - \dfrac{V_{GS}}{V_P}\right] = 4 \text{ mS}\left[1 - \dfrac{-0.5 \text{ V}}{-4 \text{ V}}\right] = \mathbf{3.5 \text{ mS}}\text{（圖形法結果是 3.5 mS）}$$

在 $V_{GS} = -1.5$ V，

$$g_m = g_{m0}\left[1 - \dfrac{V_{GS}}{V_P}\right] = 4 \text{ mS}=\left[1 - \dfrac{-1.5 \text{ V}}{-4 \text{ V}}\right] = \mathbf{2.5 \text{ mS}}\text{（圖形法結果是 2.57 mS）}$$

在 $V_{GS} = -2.5$ V，

$$g_m = g_{m0}\left[1 - \dfrac{V_{GS}}{V_P}\right] = 4 \text{ mS}\left[1 - \dfrac{-2.5 \text{ V}}{-4 \text{ V}}\right] = \mathbf{1.5 \text{ mS}}\text{（圖形法結果是 1.5 mS）}$$

例 8.2 的結果確實足夠接近，以後要用到 g_m 時，可利用式(8.4)～式(8.6)來求取。

在規格表上是用 g_{fs} 或 y_{fs} 表 g_m，y 代表此參數是導納等效電路的一部分，f 指順向轉移參數，而 s 則代表源極。

公式形式為

$$g_m = g_{fs} = y_{fs} \tag{8.7}$$

對圖 6.18 的 JFET 而言，g_{fs} 的範圍從 1000 μS～5000 μS 之間，或 1 mS～5 mS 之間。

畫出 g_m 對 V_{GS} 的關係

對 V_{GS} 不等於 0 V 的其他 V_{GS} 而言，式(8.6)中的因數 $\left(1 - \dfrac{V_{GS}}{V_P}\right)$ 會小於 1。隨著 V_{GS} 接近 V_P，g_m 值會下降，且比值 V_{GS}/V_P 的大小會增加。當 $V_{GS} = V_P$ 時，$g_m = g_{m0}(1-1) = 0$。式(8.6)定義一條直線，最小值是 0，而最大值是 g_{m0}，如圖 8.3 所示。

因此一般而言，

g_m 的最大值出現在 $V_{GS} = 0$ V 處，最小值則出現在 $V_{GS} = V_P$ 處。V_{GS} 愈負時，g_m 值愈小。

圖 8.3 也顯示，當 V_{GS} 是夾止電壓值的一半時，對應的 g_m 是最大值的一半。

圖 8.3 g_m 對 V_{GS} 的圖形

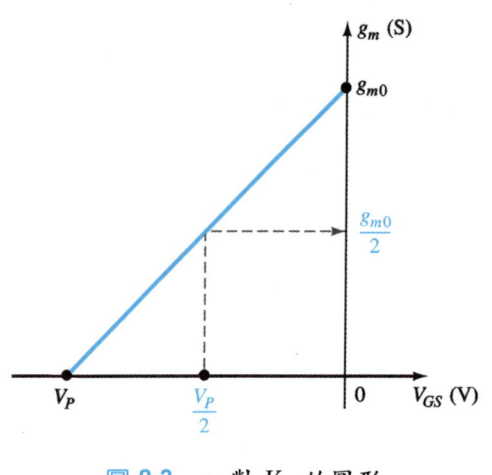

例 8.3 畫出例 8.1 和例 8.2 所用 JFET 的 g_m 對 V_{GS} 圖形。

解： 注意圖 8.4。

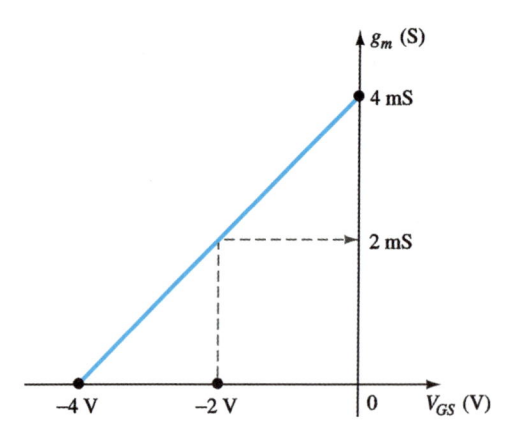

圖 8.4 對 $I_{DSS}=8$ mA 且 $V_P=-4$ V 的 JFET，畫出 g_m 對 V_{GS} 的圖形

I_D 對 g_m 的影響

蕭克萊方程式可寫成下式，以導出 g_m 和直流偏壓電流 I_D 之間的數學關係：

$$1-\frac{V_{GS}}{V_P}=\sqrt{\frac{I_D}{I_{DSS}}} \tag{8.8}$$

將式(8.8)代入式(8.6)，得

$$g_m = g_{m0}\left(1 - \frac{V_{GS}}{V_P}\right) = g_{m0}\sqrt{\frac{I_D}{I_{DSS}}} \qquad (8.9)$$

對某些特定的 I_D 值，用式(8.9)決定 g_m，可得以下結果：

a. 若 $I_D = I_{DSS}$，

$$g_m = g_{m0}\sqrt{\frac{I_{DSS}}{I_{DSS}}} = \mathbf{g_{m0}}$$

b. 若 $I_D = I_{DSS}/2$，

$$g_m = g_{m0}\sqrt{\frac{I_{DSS}/2}{I_{DSS}}} = \mathbf{0.707 g_{m0}}$$

c. 若 $I_D = I_{DSS}/4$，

$$g_m = g_{m0}\sqrt{\frac{I_{DSS}/4}{I_{DSS}}} = \frac{g_{m0}}{2} = \mathbf{0.5 g_{m0}}$$

例 8.4 對例 8.1～例 8.3 所用的 JFET，畫出 g_m 對 I_D 的曲線圖。

解： 見圖 8.5。

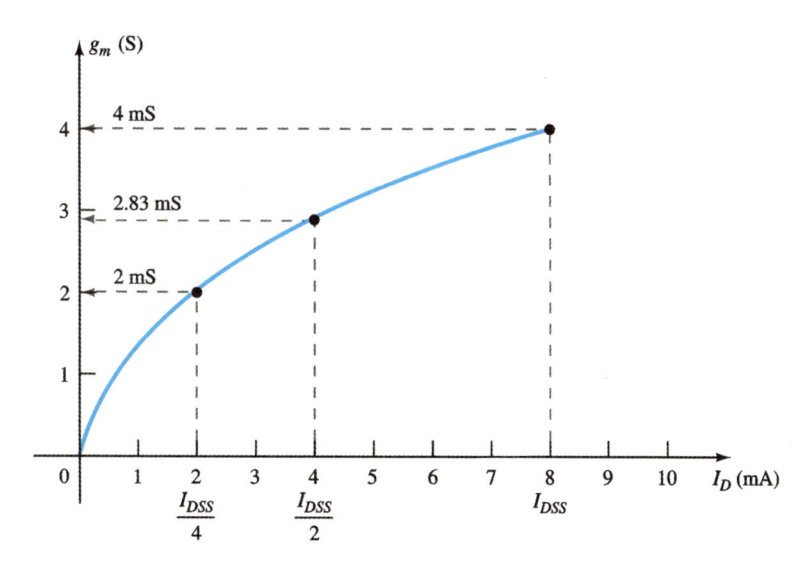

圖 8.5 對 $I_{DSS} = 8$ mA 和 $V_{GS} = -4$ V 的 JFET，畫出 g_m 對 I_D 的曲線圖

由例 8.3 和例 8.4 的圖形可清楚看出，

當 V_{GS} 接近 0 V 且 I_D 接近最大值 I_{DSS} 時，可得 g_m 的最大值。

JFET 輸入阻抗 Z_i

所有市面上的商用 JFET，其輸入阻抗都足夠大，可假定輸入端近似於開路。公式形式如下：

$$Z_i(\text{JFET}) = \infty \ \Omega \tag{8.10}$$

對 JFET 而言，典型的實際值約 $10^9 \ \Omega$(1000 MΩ)，而 MOSFET 和 MESFET 的典型值則在 $10^{12} \ \Omega \sim 10^{15} \ \Omega$ 的範圍。

JFET 輸出阻抗 Z_o

JFET 輸出阻抗的大小和傳統的 BJT 類似，在 JFET 的規格表上，輸出導納一般以 g_{os} 或 y_{os} 代表，其單位為 μS。參數 y_{os} 是導納等效電路的組成元件，下標 o 代表這是輸出網路參數，而 s 則代表這是共源極模型。對圖 6.20 的 JFET 而言，y_{os} 的範圍在 10 μS～50 μS 之間，或者在 20 kΩ($R=1/G=1/50$ μS)～100 kΩ($R=1/G=1/10$ μS) 之間。

公式形式如下：

$$Z_o(\text{JFET}) = r_d = \frac{1}{g_{os}} = \frac{1}{y_{os}} \tag{8.11}$$

輸出阻抗定義在圖 8.6 的特性上，即水平特性曲線在工作點上斜率的倒數。曲線愈水平，輸出阻抗就愈大。若是完美的水平，即為理想情況，輸出阻抗是無窮大（開路）——應用時常作此近似。

公式形式如下：

$$r_d = \left. \frac{\Delta V_{DS}}{\Delta I_D} \right|_{V_{GS}=\text{定值}} \tag{8.12}$$

注意在運用式(8.12)以決定 r_d 時，電壓 V_{GS} 需維持定值。這要在工作點上畫一條近似於 V_{GS} 對應曲線的直線，接著取 ΔV_{DS}（或 ΔI_D），然後量出對應的 ΔI_D（或 ΔV_{DS}），代入公式。

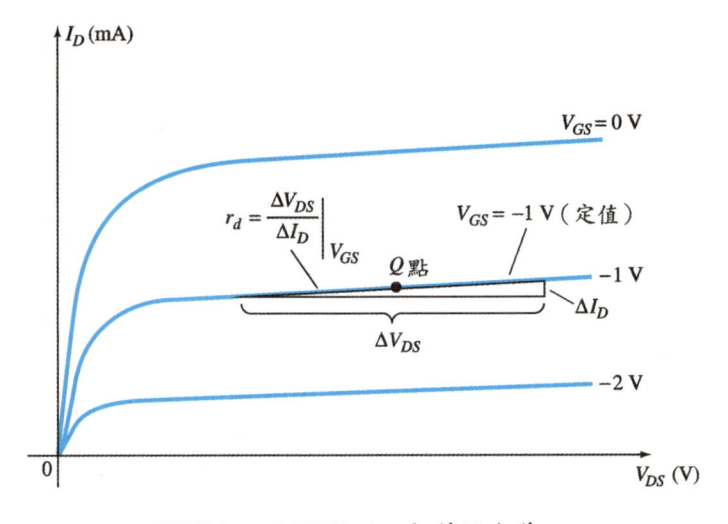

圖 8.6 用 JFET 的汲極特性定義 r_d

例 8.5 圖 8.7 中的 JFET，試決定其分別在 $V_{GS}=0$ V、$V_{GS}=-2$ V，且 $V_{DS}=8$ V 處的輸出阻抗。

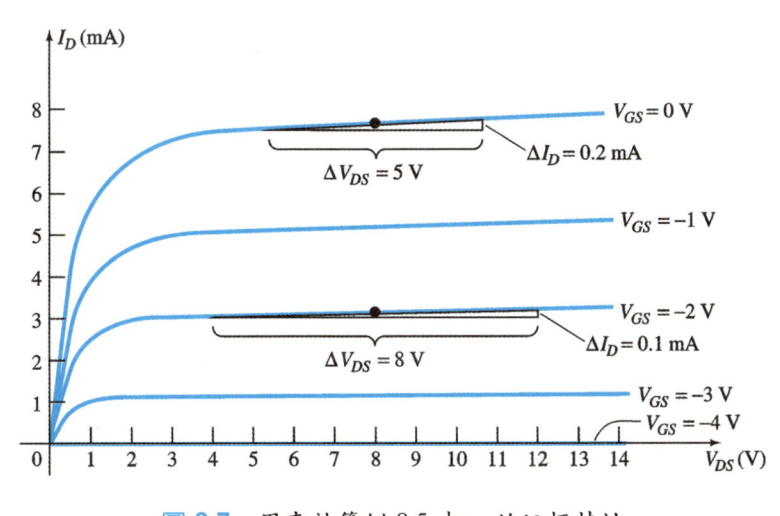

圖 8.7 用來計算例 8.5 中 r_d 的汲極特性

解： 對 $V_{GS}=0$ V，畫出切線，取 $\Delta V_{DS}=5$ V，可得 ΔI_D 為 0.2 mA。代入式(8.12)，可得

$$r_d = \frac{\Delta V_{DS}}{\Delta I_D}\bigg|_{V_{GS}=0\,V} = \frac{5\text{ V}}{0.2\text{ mA}} = 25\text{ k}\Omega$$

對 $V_{GS}=-2$ V，畫出切線，取 $\Delta V_{DS}=8$ V，可得 ΔI_D 為 0.1 mA，代入式(8.12)，可得

$$r_d = \left.\frac{\Delta V_{DS}}{\Delta I_D}\right|_{V_{GS}=-2\text{ V}} = \frac{8\text{ V}}{0.1\text{ mA}} = \mathbf{80\text{ k}\Omega}$$

可看出，r_d 值會隨著不同的工作區域而改變，較低的 r_d 值會出現在較低 V_{GS} 值（較接近 0 V）的地方。

JFET 交流等效電路

現在，重要的交流等效電路參數已介紹並討論，已可建構 JFET 的交流模型。包括用 V_{gs} 控制 I_d 的電流源 $g_m V_{gs}$，接在汲極和源極之間，見圖 8.8。電流源的箭號由汲極指向源極，在實際的操作上，會使輸出電壓和輸入電壓之間產生 180° 的相移。

在輸入端的輸入阻抗以開路代表，而汲極到源極的輸出阻抗則以電阻 r_d 代表。注意到，現在的閘極對源極電壓以 V_{gs}（小寫下標）代表，以便和直流值有所區別。另外注意到，源極由輸入電路以及輸出電路所共用，但閘極和汲極端僅靠受控電流源 $g_m V_{gs}$ 作聯繫。

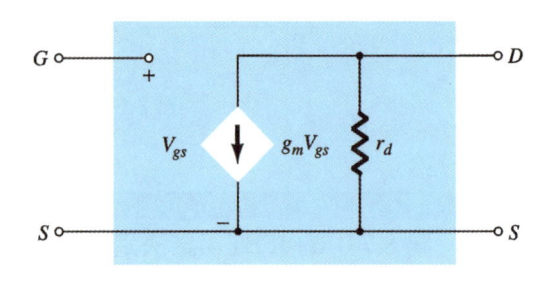

圖 8.8 JFET 交流等效電路

當 r_d 忽略不計時（假定和網路上其他相關聯的電阻元件相比，足夠大，可近似於開路），此時等效電路會只剩一個電流源，其大小由訊號 V_{gs} 和參數 g_m 控制──很清楚這是一個壓控裝置。

例 8.6 已知某 FET 的 $g_{fs}=3.8$ mS 且 $g_{os}=20$ μS，試畫出此 FET 的交流等效電路。

解：

$$g_m = g_{fs} = 3.8 \text{ mS}$$

且

$$r_d = \frac{1}{g_{os}} = \frac{1}{20 \text{ μS}} = 50 \text{ k}\Omega$$

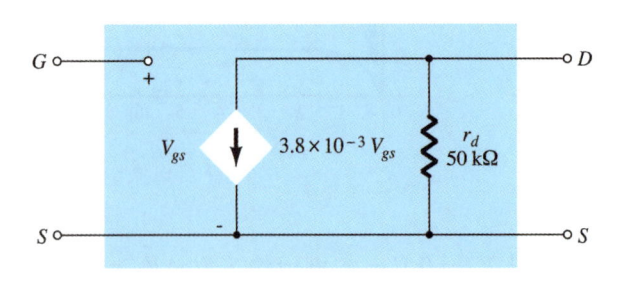

圖 8.9 例 8.6 的 JFET 交流等效模型

可得圖 8.9 的交流等效模型。

8.3 固定偏壓電路

JFET 等效電路已定義好，現在要探討一些基本的 JFET 小訊號電路。分析方法可比照 BJT 放大器的交流分析，要決定每種電路的重要參數 Z_i、Z_o 和 A_v。

圖 8.10 的固定偏壓電路包含耦合電容 C_1 和 C_2，可將直流偏壓和外加訊號以及負載隔開。在交流分析時，C_1 和 C_2 等效於短路。

一旦由直流偏壓電路、規格表或特性曲線決定好 g_m 和 r_d 值，可在電晶體的適當腳位之間代入交流等效模型，見圖 8.11。注意到，兩電容器的電抗 $X_C = 1/(2\pi fC)$ 和網路的其他阻抗值相比，足夠小可等效於短路。且直流電源 V_{GG} 和 V_{DD} 要設為 0 V，也等效於短路。

接著，圖 8.11 的網路仔細重畫在圖 8.12。注意到，V_{gs} 定義的極性，以及 $g_m V_{gs}$ 定義的方向。若 V_{gs} 為負時，電流源的方向會相反。外加訊號用 V_i 代表，輸出訊號降至 $R_D \parallel r_d$ 上，用 V_o 代表。

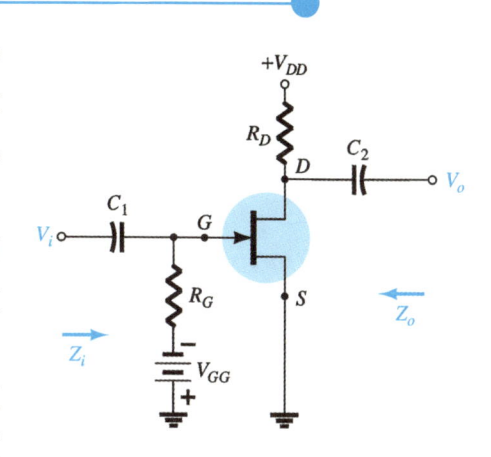

圖 8.10 JFET 固定偏壓電路

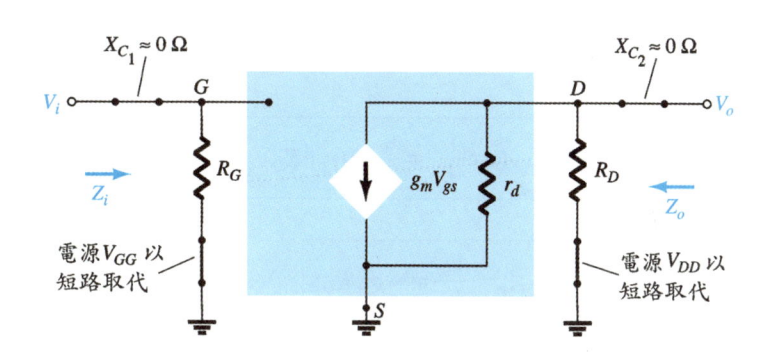

圖 8.11 將 JFET 交流等效電路代入圖 8.10 的網路

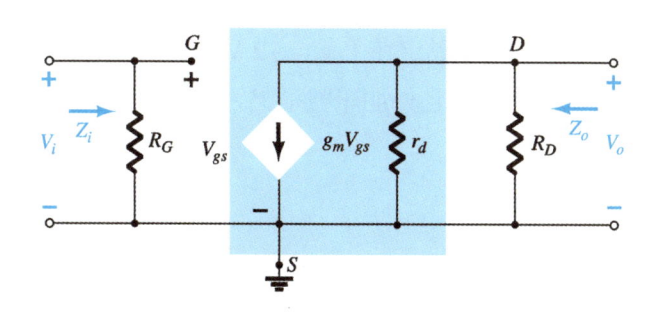

圖 8.12 重畫圖 8.11 的網路

Z_i 由圖 8.12 可清楚看出

$$Z_i = R_G \tag{8.13}$$

因 JFET 的輸入端等效於開路。

Z_o 由 Z_o 的定義,要設 $V_i = 0$ V,使 V_{gs} 也是 0 V,可得 $g_m V_{gs} = 0$ mA,因此電流源等效於開路,見圖 8.13。輸出阻抗是

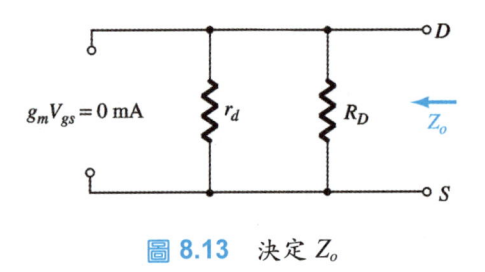

$$Z_o = R_D \| r_d \tag{8.14}$$

圖 8.13 決定 Z_o

若電阻 r_d 和 R_D 相比足夠大(至少 10:1),常利用近似式 $r_d \| R_D \cong R_D$,即

$$Z_o \cong R_D \quad_{r_d \geq 10R_D} \tag{8.15}$$

A_v 解出圖 8.12 的 V_o,可得

$$V_o = -g_m V_{gs}(r_d \| R_D)$$

但

$$V_{gs} = V_i$$

即

$$V_o = -g_m V_i (r_d \| R_D)$$

所以

$$A_v = \frac{V_o}{V_i} = -g_m (r_d \| R_D) \tag{8.16}$$

若 $r_d \geq 10 R_D$,

$$A_v = \frac{V_o}{V_i} = -g_m R_D \quad_{r_d \geq 10R_D} \tag{8.17}$$

相位關係 A_v 關係式中的負號,清楚顯示輸入和輸出電壓之間的相差是 180°。

例 8.7 例 7.1 固定偏壓電路的偏壓點定在 $V_{GS_Q} = -2$ V 和 $I_{D_Q} = 5.625$ mA,且 $I_{DSS} = 10$ mA 以及 $V_P = -8$ V。網路重畫在圖 8.14,且外加訊號是 V_i。已知 y_{os} 值是 40 μS。

a. 決定 g_m。
b. 求出 r_d。
c. 決定 Z_i。
d. 計算 Z_o。

e. 決定電壓增益 A_v。

f. 決定 A_v，但忽略 r_d 的效應。

解：

a. $g_{m0} = \dfrac{2I_{DSS}}{|V_P|} = \dfrac{2(10 \text{ mA})}{8 \text{ V}} = 2.5 \text{ mS}$

$g_m = g_{m0}\left(1 - \dfrac{V_{GS_Q}}{V_P}\right) = 2.5 \text{ mS}\left(1 - \dfrac{(-2 \text{ V})}{(-8 \text{ V})}\right) = \mathbf{1.88 \text{ mS}}$

b. $r_d = \dfrac{1}{y_{os}} = \dfrac{1}{40 \text{ }\mu\text{S}} = \mathbf{25 \text{ k}\Omega}$

c. $Z_i = R_G = \mathbf{1 \text{ M}\Omega}$

d. $Z_o = R_D \| r_d = 2 \text{ k}\Omega \| 25 \text{ k}\Omega = \mathbf{1.85 \text{ k}\Omega}$

e. $A_v = -g_m(R_D \| r_d) = -(1.88 \text{ mS})(1.85 \text{ k}\Omega) = \mathbf{-3.48}$

f. $A_v = -g_m R_D = -(1.88 \text{ mS})(2 \text{ k}\Omega) = \mathbf{-3.76}$

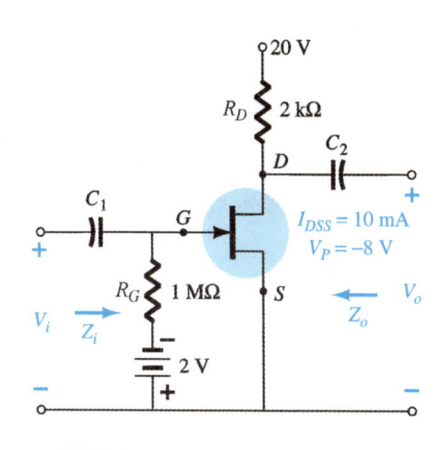

圖 8.14　例 8.7 的 JFET 電路

從 (f) 的結果看出，r_d 和 R_D 之間的比值是 25 kΩ：2 kΩ＝12.5：1，結果產生 8% 的差異。

8.4　自穩偏壓電路

R_S 並聯旁路電容

固定偏壓電路有一獨特的缺點，即需要用兩個直流電壓源。而圖 8.15 的自穩偏壓電路只需一個直流電源，即可建立所要的工作點。

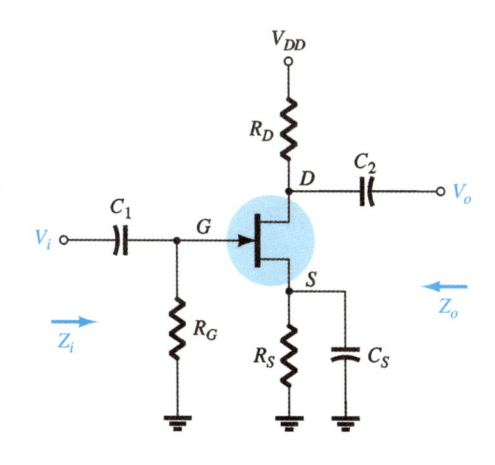

圖 8.15　JFET 自穩偏壓電路

並聯在源極電阻 R_S 兩端的電容 C_S，對直流等效於開路，可讓 R_S 定義工作點。在交流情況下，此電容會等效於"短路"，使 R_S 的影響消失。若 R_S 在交流時仍存在，增益將會減少，見以下段落的說明。

JFET 等效電路建立在圖 8.16，並仔細重畫在圖 8.17。

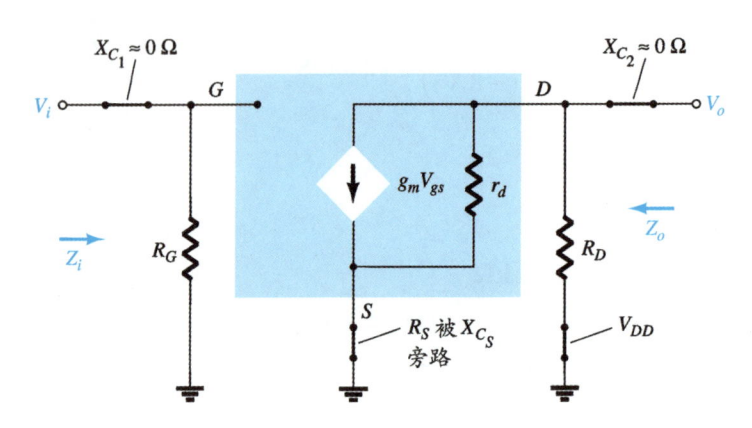

圖 8.16 圖 8.15 的網路代入 JFET 交流等效電路

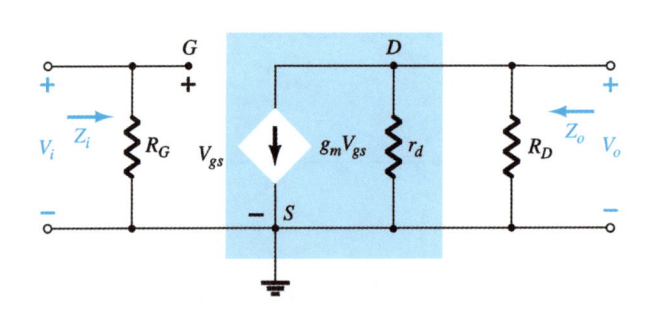

圖 8.17 重畫圖 8.16 的網路

因所得電路和圖 8.12 完全相同，因此 Z_i、Z_o 和 A_v 的關係式也會完全相同。

Z_i
$$Z_i = R_G \tag{8.18}$$

Z_o
$$Z_o = r_d \| R_D \tag{8.19}$$

若 $r_d \geq 10 R_D$，
$$Z_o \cong R_D \quad _{r_d \geq 10 R_D} \tag{8.20}$$

A_v
$$A_v = -g_m(r_d \| R_D) \tag{8.21}$$

若 $r_d \geq 10R_D$，
$$\boxed{A_v = -g_m R_D}\bigg|_{r_d \geq 10R_D} \tag{8.22}$$

相位關係 A_v 式中的負號，再次表示 V_i 和 V_o 之間有 180° 的相位差。

R_S 未旁路

若將圖 8.15 中的 C_S 移開，電阻 R_S 會留在交流等效電路中，如圖 8.18。在此情況下，沒有明顯方法簡化網路，網路複雜度無法降低。在決定 Z_i、Z_o 和 A_v 時，要很小心記號、極性和方向。一開始先去除 r_d，以形成比較的基礎。

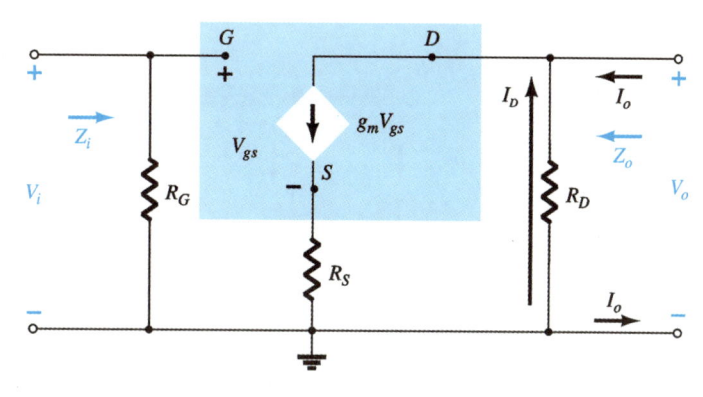

圖 8.18 包含 RS 效應但 $r_d = \infty\Omega$ 的自穩偏壓 JFET 電路

Z_i　由於閘極和輸出網路開路，輸入阻抗依然如下：

$$\boxed{Z_i = R_G} \tag{8.23}$$

Z_o　輸出阻抗定義為

$$Z_o = \frac{V_o}{I_o}\bigg|_{v_i=0}$$

設圖 8.18 中的 $V_i = 0$ V，使閘極接地 (0 V)，因此 R_G 的壓降為 0 V，圖上的 R_G 被有效短路掉。

運用克希荷夫定律，得

$$I_o + I_D = g_m V_{gs}$$

又
$$V_{gs} = -(I_o + I_D)R_S$$

所以 $\quad I_o+I_D=-g_m(I_o+I_D)R_S=-g_mI_oR_S-g_mI_DR_S$

整理得 $\quad I_o[1+g_mR_S]=-I_D[1+g_mR_S]$

即 $\quad I_o=-I_D$（在所用條件下，受控電流源 $g_mV_{gs}=0$ A）

因 $\quad V_o=-I_DR_D$

所以 $\quad V_o=-(-I_o)R_D=I_oR_D$

即 $$\boxed{Z_o=\frac{V_o}{I_o}=R_D}\bigg|_{r_d=\infty\,\Omega} \tag{8.24}$$

若網路中包含 r_d，等效電路見圖 8.19。

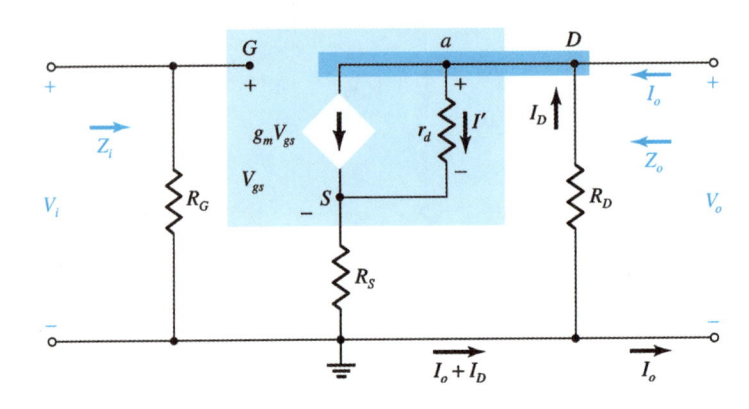

圖 8.19 包含 r_d 效應的 JFET 自穩偏壓電路

因 $$Z_o=\frac{V_o}{I_o}\bigg|_{V_i=0\,\text{V}}=-\frac{I_DR_D}{I_o}$$

應嘗試以 I_D 表示出 I_o。

應用克希荷夫電流定律，可得

$$I_o=g_mV_{gs}+I_{r_d}-I_D$$

但 $\quad V_{r_d}=V_o+V_{gs}$

和 $\quad I_o=g_mV_{gs}+\dfrac{V_o+V_{gs}}{r_d}-I_D$

利用 $V_o=-I_DR_D$，可得 $I_o=\left(g_m+\dfrac{1}{r_d}\right)V_{gs}-\dfrac{I_DR_D}{r_d}-I_D$

又 $\quad V_{gs}=-(I_D+I_o)R_S$

所以
$$I_o = -\left(g_m + \frac{1}{r_d}\right)(I_D + I_o)R_S - \frac{I_D R_D}{r_d} - I_D$$

結果是
$$I_o\left[1 + g_m R_S + \frac{R_S}{r_d}\right] = -I_D\left[1 + g_m R_S + \frac{R_S}{r_d} + \frac{R_D}{r_d}\right]$$

即
$$I_o = \frac{-I_D\left[1 + g_m R_S + \frac{R_S}{r_d} + \frac{R_D}{r_d}\right]}{1 + g_m R_S + \frac{R_S}{r_d}}$$

所以
$$Z_o = \frac{V_o}{I_o} = \frac{-I_D R_D}{\dfrac{-I_D\left(1 + g_m R_S + \frac{R_S}{r_d} + \frac{R_D}{r_d}\right)}{1 + g_m R_S + \frac{R_S}{r_d}}}$$

最後，
$$\boxed{Z_o = \frac{\left[1 + g_m R_S + \frac{R_S}{r_d}\right]}{\left[1 + g_m R_S + \frac{R_S}{r_d} + \frac{R_D}{r_d}\right]} R_D} \tag{8.25a}$$

對 $r_d \geq 10 R_D$，

$$\left(1 + g_m R_S + \frac{R_S}{r_d}\right) \gg \frac{R_D}{r_d}$$

且
$$1 + g_m R_S + \frac{R_S}{r_d} + \frac{R_D}{r_d} \cong 1 + g_m R_S + \frac{R_S}{r_d}$$

即
$$\boxed{Z_o \cong R_D}\bigg|_{r_d \geq 10 R_D} \tag{8.25b}$$

A_v 對圖 8.19 的網路，應用克希荷夫電壓定律到輸入電路，可得

$$V_i - V_{gs} - V_{R_S} = 0$$
$$V_{gs} = V_i - I_D R_S$$

利用克希荷夫電壓定律，r_d 的壓降是

$$V_{r_d} = V_o - V_{R_S}$$

且

$$I' = \frac{V_{r_d}}{r_d} = \frac{V_o - V_{R_S}}{r_d}$$

所以利用克希荷夫電流定律,可得

$$I_D = g_m V_{gs} + \frac{V_o - V_{R_S}}{r_d}$$

將 V_{gs}、V_o 和 V_{R_S} 的關係式代入,可得

$$I_D = g_m[V_i - I_D R_S] + \frac{(-I_D R_D) - (I_D R_S)}{r_d}$$

所以

$$I_D\left[1 + g_m R_S + \frac{R_D + R_S}{r_d}\right] = g_m V_i$$

即

$$I_D = \frac{g_m V_i}{1 + g_m R_S + \dfrac{R_D + R_S}{r_d}}$$

接著,輸出電壓是

$$V_o = -I_D R_D = -\frac{g_m R_D V_i}{1 + g_m R_S + \dfrac{R_D + R_S}{r_d}}$$

即

$$\boxed{A_v = \frac{V_o}{V_i} = -\frac{g_m R_D}{1 + g_m R_S + \dfrac{R_D + R_S}{r_d}}} \tag{8.26}$$

再一次,若 $r_d \geq 10(R_D + R_S)$,

$$\boxed{A_v = \frac{V_o}{V_i} \cong -\frac{g_m R_D}{1 + g_m R_S}}\bigg|_{r_d \geq 10(R_D + R_S)} \tag{8.27}$$

相位關係 由式(8.26)上的負號,再一次看出 V_i 和 V_o 之間存在 180° 的相位差。

例 8.8 例 7.2 自穩偏壓電路的工作點定在 $V_{GS_Q} = -2.6$ V 和 $I_{D_Q} = 2.6$ mA,且 $I_{DSS} = 8$ mA 及 $V_P = -6$ V。網路重畫在圖 8.20,且外加訊號 V_i。已知 g_{os} 值為 20 μS。

a. 試決定 g_m。
b. 試求出 r_d。
c. 試求出 Z_i。

d. 試計算 Z_o，分別考慮及不考慮 r_d 的效應，並比較結果。

e. 試計算 A_v，分別考慮及不考慮 r_d 的效應，並比較結果。

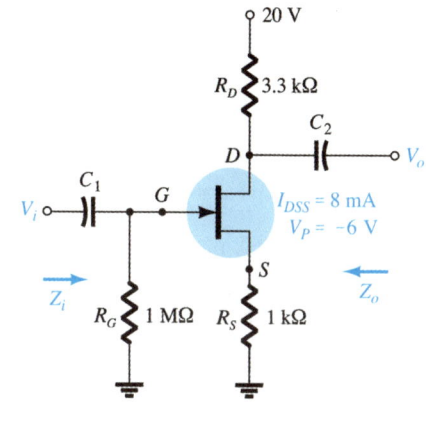

解：

a. $g_{m0} = \dfrac{2I_{DSS}}{|V_P|} = \dfrac{2(8\text{ mA})}{6\text{ V}} = 2.67\text{ mS}$

$g_m = g_{m0}\left(1 - \dfrac{V_{GS_Q}}{V_P}\right) = 2.67\text{ mS}\left(1 - \dfrac{(-2.6\text{ V})}{(-6\text{ V})}\right)$

$\quad = \mathbf{1.51\text{ mS}}$

圖 8.20 例 8.8 的網路

b. $r_d = \dfrac{1}{y_{os}} = \dfrac{1}{20\ \mu\text{S}} = \mathbf{50\text{ k}\Omega}$

c. $Z_i = R_G = \mathbf{1\text{ M}\Omega}$

d. 考慮 r_d，$\quad\quad\quad\quad r_d = 50\text{ k}\Omega > 10R_D = 33\text{ k}\Omega$

因此，$\quad\quad\quad\quad\quad Z_o = R_D = \mathbf{3.3\text{ k}\Omega}$

若 $r_d = \infty\ \Omega$，$\quad\quad\quad Z_o = R_D = \mathbf{3.3\text{ k}\Omega}$

e. 考慮 r_d，

$$A_v = \dfrac{-g_m R_D}{1 + g_m R_S + \dfrac{R_D + R_S}{r_d}} = \dfrac{-(1.51\text{ mS})(3.3\text{ k}\Omega)}{1 + (1.51\text{ mS})(1\text{ k}\Omega) + \dfrac{3.3\text{ k}\Omega + 1\text{ k}\Omega}{50\text{ k}\Omega}}$$

$$= \mathbf{-1.92}$$

不考慮 r_d，即 $r_d = \infty$（等效於開路）

$$A_v = \dfrac{-g_m R_D}{1 + g_m R_S} = \dfrac{-(1.51\text{ mS})(3.3\text{ k}\Omega)}{1 + (1.51\text{ mS})(1\text{ k}\Omega)} = \mathbf{-1.98}$$

由以上結果，因滿足 $r_d \geq 10(R_D + R_S)$ 的條件，所以 r_d 的影響很小。

也注意到，對相似的電路組態而言，JFET 放大器的典型增益一般小於 BJT 放大器。但記住，JFET 放大器的 Z_i 一般會大於 BJT 放大器，這對系統的總增益而言，具有正面的影響。

8.5 分壓器電路

用在 BJT 最普遍的分壓器電路，也可應用在 JFET，見圖 8.21。

將交流等效電路代入 JFET，直流電源 V_{DD} 短路，使 R_1 和 R_D 的一端接地，可得圖 8.22 的電路。因輸入和輸出網路共地，使 R_1 和 R_2 並聯、R_D 和 r_d 並聯，如圖 8.23。所得的等效網路和先前已分析過的網路相比，基本形式類似。

Z_i　R_1、R_2 和 JFET 閘極的開路並聯，可得

$$Z_i = R_1 \| R_2 \tag{8.28}$$

Z_o　設 $V_i = 0 \text{ V}$，使 V_{gs} 和 $g_m V_{gs}$ 為零，因此

$$Z_o = r_d \| R_D \tag{8.29}$$

對於 $r_d \geq 10 R_D$，

$$Z_o \cong R_D \big|_{r_d \geq R_D} \tag{8.30}$$

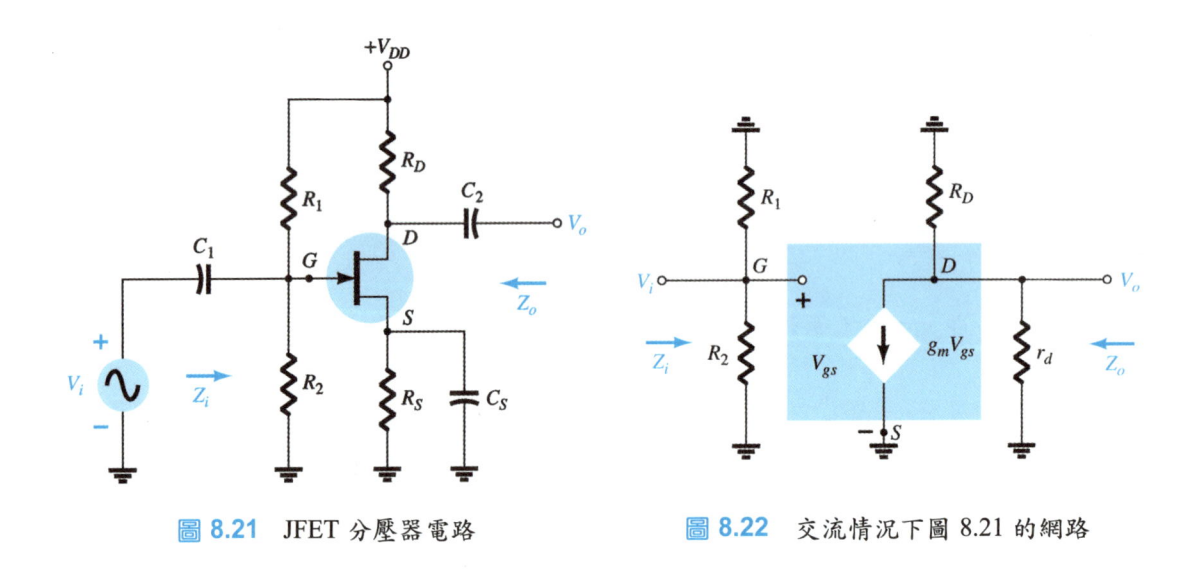

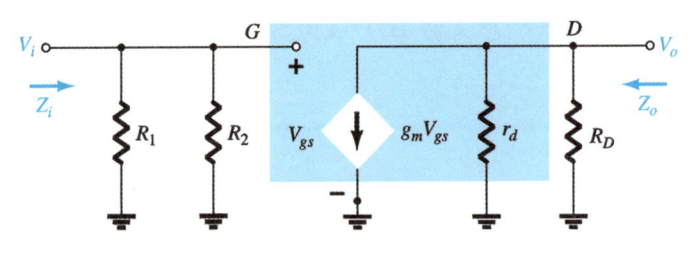

圖 8.21　JFET 分壓器電路

圖 8.22　交流情況下圖 8.21 的網路

圖 8.23　重畫圖 8.22 的網路

A_v

$$V_{gs} = V_i$$

且

$$V_o = -g_m V_{gs}(r_d \| R_D)$$

所以

$$A_v = \frac{V_o}{V_i} = \frac{-g_m V_{gs}(r_d \| R_D)}{V_{gs}}$$

即

$$\boxed{A_v = \frac{V_o}{V_i} = -g_m(r_d \| R_D)} \tag{8.31}$$

若 $r_d \geq 10 R_D$，

$$\boxed{A_v = \frac{V_o}{V_i} \cong -g_m R_D}_{r_d \geq 10 R_D} \tag{8.32}$$

注意到，Z_o 和 A_v 的關係式，與在固定偏壓和自穩偏壓（R_S 有旁路）電路中所得者相同。唯一的差異在 Z_i 的關係式，現在會受到 R_1 並聯 R_2 的影響。

8.6 共閘極電路

最後一個詳細分析的 JFET 電路，是圖 8.24 的共閘極電路，類似用 BJT 電晶體的共基極電路。

代入 JFET 等效電路，可得圖 8.25。注意到，受控源 $g_m V_{gs}$ 仍需接在汲極到源極之間，且和 r_d 並聯。顯然輸入電路與輸出電路之間已不再隔離，因閘極端現在是網路的共地點。另外，兩輸入端之間所接的電阻不再是 R_G，而是 R_S，接在源極到地之間。也注意到控制電壓 V_{gs} 的位置，直接出現在電阻 R_S 兩端。

Z_i 電阻 R_S 直接和定義 Z_i 的兩端並聯，因此讓我們先找出圖 8.24 中的阻抗 Z'_i，此值和 R_S 並聯即得 Z_i。

計算 Z'_i 的網路重畫在圖 8.26，電壓 $V' = -V_{gs}$。利用克希荷夫電壓定律環繞網路外

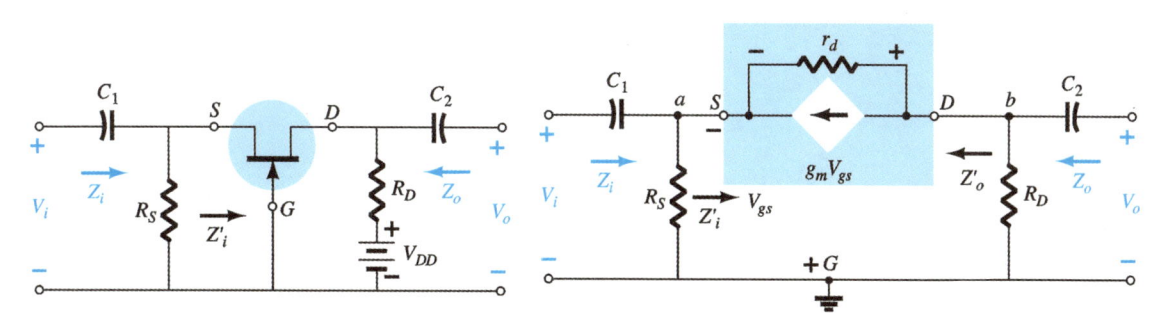

圖 8.24 JFET 共閘極電路

圖 8.25 圖 8.24 的網路代入 JFET 交流等效模型

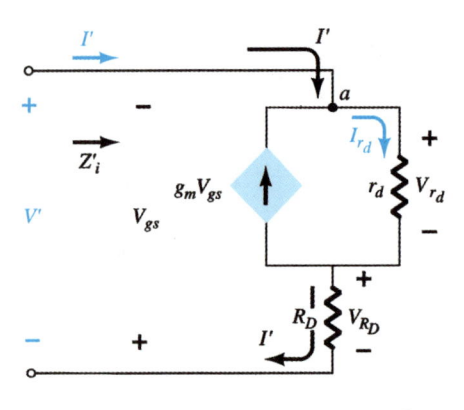

圖 8.26 決定圖 8.24 網路的 Z_i'

圈,可得

$$V' - V_{r_d} - V_{R_D} = 0$$

即

$$V_{r_d} = V' - V_{R_D} = V' - I'R_D$$

運用克希荷夫電流定律到節點 a,可得

$$I' + g_m V_{gs} = I_{r_d}$$

即

$$I' = I_{r_d} - g_m V_{gs} = \frac{(V' - I'R_D)}{r_d} - g_m V_{gs}$$

或

$$I' = \frac{V'}{r_d} - \frac{I'R_D}{r_d} - g_m[-V']$$

所以

$$I'\left[1 + \frac{R_D}{r_d}\right] = V'\left[\frac{1}{r_d} + g_m\right]$$

即

$$Z_i' = \frac{V'}{I'} = \frac{\left[1 + \dfrac{R_D}{r_d}\right]}{\left[g_m + \dfrac{1}{r_d}\right]} \tag{8.33}$$

或

$$Z_i' = \frac{V'}{I'} = \frac{r_d + R_D}{1 + g_m r_d}$$

且

$$Z_i = R_S \| Z_i'$$

可得

$$Z_i = R_S \| \left[\frac{r_d + R_D}{1 + g_m r_d}\right] \tag{8.34}$$

若 $r_d \geq 10R_D$,因 $R_D/r_d \ll 1$ 且 $1/r_d \ll g_m$,式(8.33)可近似如下:

$$Z_i' = \frac{\left[1+\dfrac{R_D}{r_d}\right]}{\left[g_m+\dfrac{1}{r_d}\right]} \cong \frac{1}{g_m}$$

即 $\boxed{Z_i \cong R_S \| 1/g_m}\Big|_{r_d \geq 10R_D}$ (8.35)

Z_o 將 $V_i=0$ V 代入圖 8.25，將 R_S 的影響"短路掉"，使 $V_{gs}=0$ V，結果使 $g_m V_{gs}=0$，r_d 會並聯 R_D，因此

$$\boxed{Z_o = R_D \| r_d} \qquad (8.36)$$

對 $r_d \geq 10R_D$，

$$\boxed{Z_o \cong R_D}\Big|_{r_d \geq 10R_D} \qquad (8.37)$$

A_v 由圖 8.25 可看出 $\qquad V_i = -V_{gs}$

且 $\qquad V_o = I_D R_D$

r_d 的壓降是 $\qquad V_{r_d} = V_o - V_i$

且 $\qquad I_{r_d} = \dfrac{V_o - V_i}{r_d}$

利用克希荷夫電流定律到圖 8.25 的節點 b，可得

$$I_{r_d} + I_D + g_m V_{gs} = 0$$

即 $\qquad I_D = -I_{r_d} - g_m V_{gs} = -\left[\dfrac{V_o - V_i}{r_d}\right] - g_m[-V_i]$

$$I_D = \dfrac{V_i - V_o}{r_d} + g_m V_i$$

所以 $\qquad V_o = I_D R_D = \left[\dfrac{V_i - V_o}{r_d} + g_m V_i\right] R_D$

$$= \dfrac{V_i R_D}{r_d} - \dfrac{V_o R_D}{r_d} + g_m$$

整理得

$$V_o\left[1+\frac{R_D}{r_d}\right]=V_i\left[\frac{R_D}{r_d}+g_mR_D\right]$$

即

$$A_v=\frac{V_o}{V_i}=\frac{\left[g_mR_D+\dfrac{R_D}{r_d}\right]}{\left[1+\dfrac{R_D}{r_d}\right]} \qquad (8.38)$$

對 $r_d \geq 10R_D$，去掉式(8.38)中的因數 R_D/r_d 時，仍不失為良好近似，即

$$\boxed{A_v \cong g_mR_D}\Big|_{r_d\geq 10R_D} \qquad (8.39)$$

相位關係 A_v 為正值，代表在共閘極電路中，V_o 和 V_i 之間的關係是同相。

例 8.9 圖 8.27 的網路雖然一開始看起來不太像共閘極電路，但再深入檢視後，將發現具備圖 8.24 的所有特性。若 $V_{GS_Q}=-2.2$ V 且 $I_{D_Q}=2.03$ mA：

a. 試決定 g_m。
b. 求出 r_d。
c. 試計算 Z_i，分別考慮和不考慮 r_d，並比較結果。
d. 試求出 Z_o，分別考慮和不考慮 r_d，並比較結果。
e. 試決定 V_o，分別考慮和不考慮 r_d，並比較結果。

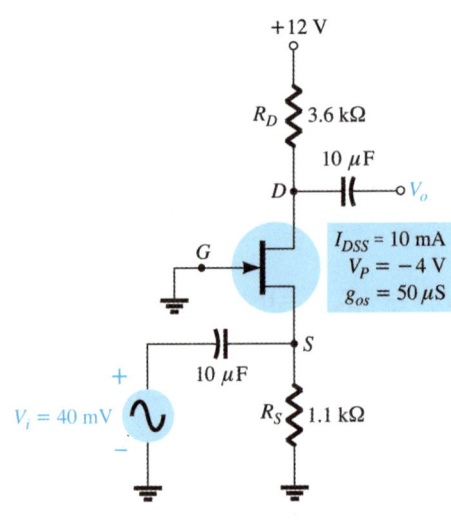

圖 8.27 例 8.9 的網路

解：

a. $g_{m0} = \dfrac{2I_{DSS}}{|V_P|} = \dfrac{2(10\ \text{mA})}{4\ \text{V}} = 5\ \text{mS}$

$g_m = g_{m0}\left(1 - \dfrac{V_{GS_Q}}{V_P}\right) = 5\ \text{mS}\left(1 - \dfrac{(-2.2\ \text{V})}{(-4\ \text{V})}\right) = \mathbf{2.25\ mS}$

b. $r_d = \dfrac{1}{g_{os}} = \dfrac{1}{50\ \mu\text{S}} = \mathbf{20\ k\Omega}$

c. 考慮 r_d，

$$Z_i = R_S \| \left[\dfrac{r_d + R_D}{1 + g_m r_d}\right] = 1.1\ \text{k}\Omega \| \left[\dfrac{20\ \text{k}\Omega + 3.6\ \text{k}\Omega}{1 + (2.25\ \text{ms})(20\ \text{k}\Omega)}\right]$$
$$= 1.1\ \text{k}\Omega \| 0.51\ \text{k}\Omega = \mathbf{0.35\ k\Omega}$$

不考慮 r_d，

$$Z_i = R_S \| 1/g_m = 1.1\ \text{k}\Omega \| 1/2.25\ \text{ms} = 1.1\ \text{k}\Omega \| 0.44\ \text{k}\Omega$$
$$= \mathbf{0.31\ k\Omega}$$

因 $r_d = 20\ \text{k}\Omega$ 且 $10R_D = 36\ \text{k}\Omega$，並不滿足 $r_d \geq 10R_D$ 的條件。儘管如此，兩種情況下的阻抗值仍在相同數量級。在本例中，$1/g_m$ 是主要影響因數。

d. 考慮 r_d，

$$Z_o = R_D \| r_d = 3.6\ \text{k}\Omega \| 20\ \text{k}\Omega = \mathbf{3.05\ k\Omega}$$

不考慮 r_d，　　　　　　　　$Z_o = R_D = \mathbf{3.6\ k\Omega}$

再一次不滿足 $r_d \geq 10R_D$ 的條件，但兩者仍相當接近。在此例中，R_D 確實是主要影響因數。

e. 考慮 r_d，

$$A_v = \dfrac{\left[g_m R_D + \dfrac{R_D}{r_d}\right]}{\left[1 + \dfrac{R_D}{r_d}\right]} = \dfrac{\left[(2.25\ \text{mS})(3.6\ \text{k}\Omega) + \dfrac{3.6\ \text{k}\Omega}{20\ \text{k}\Omega}\right]}{\left[1 + \dfrac{3.6\ \text{k}\Omega}{20\ \text{k}\Omega}\right]}$$

$$= \dfrac{8.1 + 0.18}{1 + 0.18} = \mathbf{7.02}$$

且　　　　　　　$A_v = \dfrac{V_o}{V_i} \Rightarrow V_o = A_v V_i = (7.02)(40\ \text{mV}) = \mathbf{280.8\ mV}$

不考慮 r_d，$\quad A_v = g_m R_D = (2.25 \text{ mS})(3.6 \text{ k}\Omega) = \mathbf{8.1}$

且 $\quad V_o = A_v V_i = (8.1)(40 \text{ mV}) = \mathbf{324 \text{ mV}}$

在本例中，兩者的差異比較明顯，但也不是很大。

例 8.9 可說明，即使不滿足 $r_d \geq 10 R_D$ 的條件，利用精確式和近似式所得的結果，其間的差異並不顯著。事實上在大部分的情況下，可利用近似式找出特定數值的合理範圍，並且節省很多力氣。

8.7 源極隨耦器（共汲極）電路

相對於 BJT 的射極隨耦器電路，在 JFET 則等同於源極隨耦器電路，見圖 8.28。注意到，當直流電源用短路替代，汲極接地（因此也稱為**共汲極**），輸出是從源極接出。

代入 JFET 等效電路，可得圖 8.29 的電路。受控源和 JFET 內部的輸出阻抗並聯，一端接地，另一端接 R_S，而 V_o 則是 R_S 的壓降。因 $g_m V_{gs}$、r_d 和 R_S，其中一腳都接在源極，另一腳都接地，所以三者並聯，如圖 8.30 所示。電流源反過來放，V_{gs} 仍定義在閘

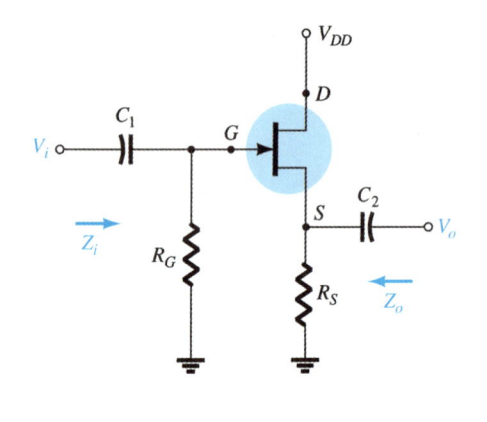

圖 8.28 JFET 源極隨耦器電路 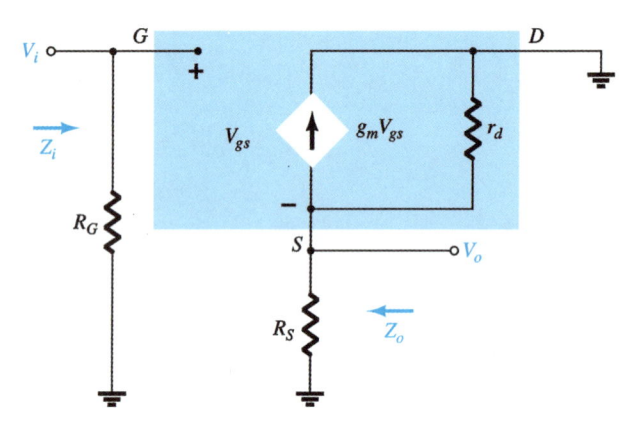　　**圖 8.29** 圖 8.28 的網路代入 JFET 交流等效模型

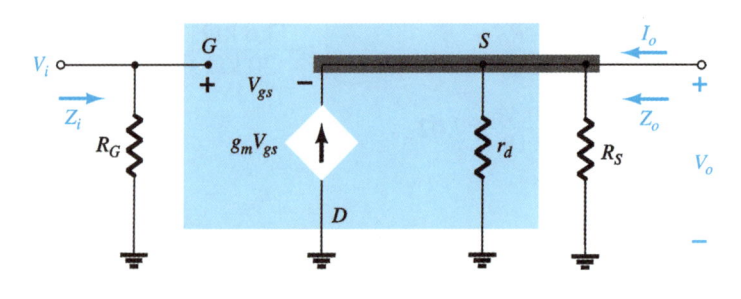

圖 8.30 重畫圖 8.29 的網路

極和源極之間。

Z_i 由圖 8.30 可清楚看出，Z_i 為

$$\boxed{Z_i = R_G} \tag{8.40}$$

Z_o 設 $V_i = 0$ V，使閘極直接接地，如圖 8.31 所示。

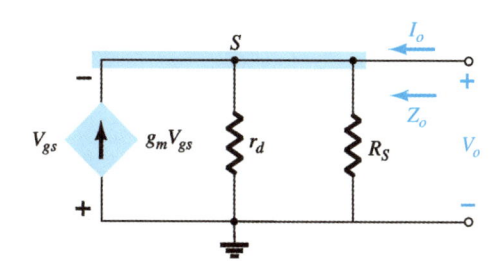

圖 8.31 決定圖 8.30 網路的 Z_o

因 V_{gs} 和 V_o 都是並聯網路的壓降，可得 $V_o = -V_{gs}$。
應用克希荷夫電流定律到源極(S)節點，可得

$$I_o + g_m V_{gs} = I_{r_d} + I_{R_S}$$
$$= \frac{V_o}{r_d} + \frac{V_o}{R_S}$$

結果是

$$I_o = V_o \left[\frac{1}{r_d} + \frac{1}{R_S} \right] - g_m V_{gs}$$
$$= V_o \left[\frac{1}{r_d} + \frac{1}{R_S} \right] - g_m [-V_o]$$
$$= V_o \left[\frac{1}{r_d} + \frac{1}{R_S} + g_m \right]$$

即

$$Z_o = \frac{V_o}{I_o} = \frac{V_o}{V_o \left[\frac{1}{r_d} + \frac{1}{R_S} + g_m \right]} = \frac{1}{\frac{1}{r_d} + \frac{1}{R_S} + g_m} = \frac{1}{\frac{1}{r_d} + \frac{1}{R_S} + \frac{1}{1/g_m}}$$

此形式代表三個電阻並聯後的總電阻，因此，

$$\boxed{Z_o = r_d \| R_S \| 1/g_m} \tag{8.41}$$

對 $r_d \geq 10R_S$，

$$\boxed{Z_o \cong R_S \| 1/g_m} \Big|_{r_d \geq 10R_S} \tag{8.42}$$

A_v　輸出電壓 V_o 決定為

$$V_o = g_m V_{gs}(r_d \| R_S)$$

應用克希荷夫電壓定律，環繞圖 8.30 網路的外圍一周，可得

$$V_i = V_{gs} + V_o$$

即
$$V_{gs} = V_i - V_o$$

所以
$$V_o = g_m(V_i - V_o)(r_d \| R_S)$$

或
$$V_o = g_m V_i (r_d \| R_S) - g_m V_o (r_d \| R_S)$$

即
$$V_o[1 + g_m(r_d \| R_S)] = g_m V_i (r_d \| R_S)$$

所以
$$\boxed{A_v = \frac{V_o}{V_i} = \frac{g_m(r_d \| R_S)}{1 + g_m(r_d \| R_S)}} \tag{8.43}$$

若無 r_d 或 $r_d \geq 10R_S$ 時，

$$\boxed{A_v = \frac{V_o}{V_i} \cong \frac{g_m R_S}{1 + g_m R_S}} \Big|_{r_d \geq 10R_S} \tag{8.44}$$

因式(8.43)的分母比分子多 1，因此增益不可能等於或大於 1（這和射極隨耦器 BJT 網路的情況相同）。

相位關係　因式(8.43)中的 A_v 為正值，對 JFET 源極隨耦器電路而言，V_o 和 V_i 同相。

例 8.10　圖 8.32 的源極隨耦器網路，直流分析結果是 $V_{GS_Q} = -2.86$ V 且 $I_{D_Q} = 4.56$ mA。
a. 試決定 g_m。
b. 試求出 r_d。
c. 試決定 Z_i。
d. 試計算 Z_o，分別考慮和不考慮 r_d，並比較結果。
e. 試決定 A_v，分別考慮和不考慮 r_d，並比較結果。

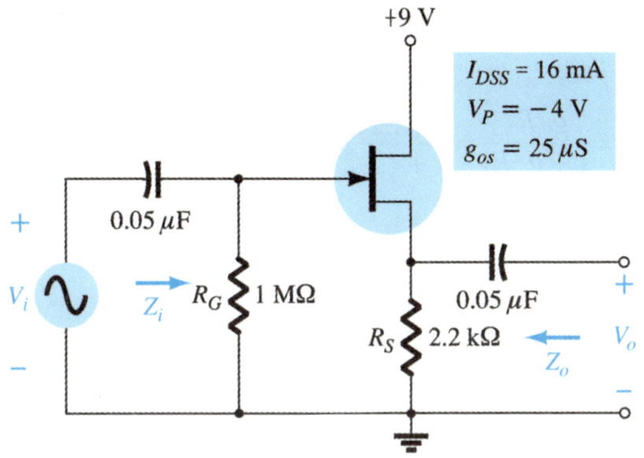

第 8 章　FET（場效電晶體）放大器　623

圖 8.32　例 8.10 所分析的網路

解：

a. $g_{m0} = \dfrac{2I_{DSS}}{|V_P|} = \dfrac{2(16\text{ mA})}{4\text{ V}} = 8\text{ mS}$

$g_m = g_{m0}\left(1 - \dfrac{V_{GS_Q}}{V_P}\right) = 8\text{ mS}\left(1 - \dfrac{(-2.86\text{ V})}{(-4\text{ V})}\right) = \mathbf{2.28\text{ mS}}$

b. $r_d = \dfrac{1}{g_{os}} = \dfrac{1}{25\ \mu\text{S}} = \mathbf{40\text{ k}\Omega}$

c. $Z_i = R_G = \mathbf{1\text{ M}\Omega}$

d. 考慮 r_d，

$$Z_o = r_d \| R_S \| 1/g_m = 40\text{ k}\Omega \| 2.2\text{ k}\Omega \| 1/2.28\text{ mS}$$
$$= 40\text{ k}\Omega \| 2.2\text{ k}\Omega \| 438.6\ \Omega$$
$$= \mathbf{362.52\ \Omega}$$

由此顯示 Z_o 通常比較小，主要由 $1/g_m$ 決定。

不考慮 r_d，

$$Z_o = R_S \| 1/g_m = 2.2\text{ k}\Omega \| 438.6\ \Omega = \mathbf{365.69\ \Omega}$$

由此顯示 r_d 一般對 Z_o 的影響很小。

e. 考慮 r_d，

$$A_v = \dfrac{g_m(r_d \| R_S)}{1 + g_m(r_d \| R_S)} = \dfrac{(2.28\text{ mS})(40\text{ k}\Omega \| 2.2\text{ k}\Omega)}{1 + (2.28\text{ mS})(40\text{ k}\Omega \| 2.2\text{ k}\Omega)}$$
$$= \dfrac{(2.28\text{ mS})(2.09\text{ k}\Omega)}{1 + (2.28\text{ mS})(2.09\text{ k}\Omega)} = \dfrac{4.77}{1 + 4.77} = \mathbf{0.83}$$

此值小於 1，同先前的預期。

不考慮 r_d，

$$A_v = \frac{g_m R_S}{1 + g_m R_S} = \frac{(2.28 \text{ mS})(2.2 \text{ k}\Omega)}{1 + (2.28 \text{ mS})(2.2 \text{ k}\Omega)} = \frac{5.02}{1 + 5.02}$$
$$= 0.83$$

由此顯示，r_d 通常對電路增益的影響很小。

8.8 空乏型 MOSFET

因蕭克萊方程式也可應用在空乏型 MOSFET(D-MOSFET)，所以 g_m 的公式相同。事實上，D-MOSFET 的交流等效模型見圖 8.33，和 JFET 所用者（圖 8.8）完全相同。

D-MOSFET 和 JFET 的唯一差異是，n 通道裝置的 V_{GS_Q} 可以為正值，而 p 通道裝置的 V_{GS_Q} 可以為負值。結果使 g_m 可能大於 g_{m0}，見下例的說明。而 r_d 值的範圍，則和 JFET 的情況十分類似。

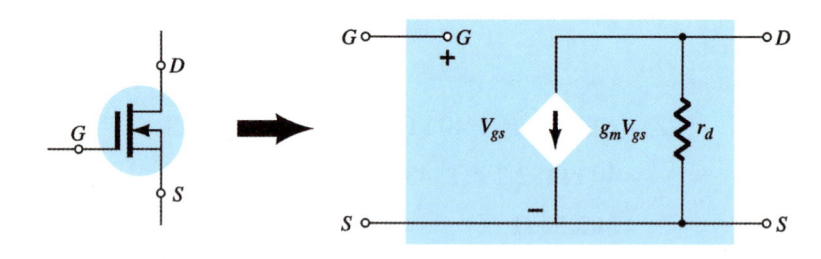

圖 8.33 D-MOSFET 交流等效模型

例 8.11 圖 8.34 的網路已在例 7.7 分析過，產生 $V_{GS_Q} = 0.35$ V 以及 $I_{D_Q} = 7.6$ mA。

a. 試決定 g_m，並和 g_{m0} 比較。
b. 試求出 r_d。
c. 試畫出圖 8.34 的交流等效網路。
d. 試求出 Z_i。
e. 試計算 Z_o。
f. 試求出 A_v。

第 8 章　FET（場效電晶體）放大器　625

圖 8.34　例 8.11 的網路

解：

a. $g_{m0} = \dfrac{2I_{DSS}}{|V_P|} = \dfrac{2(6 \text{ mA})}{3 \text{ V}} = 4 \text{ mS}$

$g_m = g_{m0}\left(1 - \dfrac{V_{GS_Q}}{V_P}\right) = 4 \text{ mS}\left(1 - \dfrac{(+0.35 \text{ V})}{(-3 \text{ V})}\right) = 4 \text{ mS}(1 + 0.117) = \mathbf{4.47 \text{ mS}}$

b. $r_d = \dfrac{1}{g_{os}} = \dfrac{1}{10 \text{ }\mu\text{S}} = \mathbf{100 \text{ k}\Omega}$

c. 見圖 8.35，注意和圖 8.23 網路的相似性，因此可應用式(8.28)～式(8.32)。

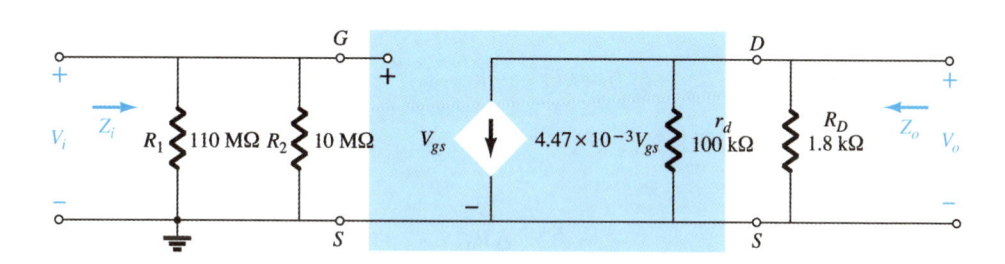

圖 8.35　圖 8.34 的交流等效電路

d. 式 (8.28)：$Z_i = R_1 \| R_2 = 10 \text{ M}\Omega \| 110 \text{ M}\Omega = \mathbf{9.17 \text{ M}\Omega}$

e. 式 (8.29)：$Z_o = r_d \| R_D = 100 \text{ k}\Omega \| 1.8 \text{ k}\Omega = \mathbf{1.77 \text{ k}\Omega} \cong R_D = \mathbf{1.8 \text{ k}\Omega}$

f. $r_d \geq 10R_D \rightarrow 100 \text{ k}\Omega \geq 18 \text{ k}\Omega$

　　式 (8.32)：$A_v = -g_m R_D = -(4.47 \text{ mS})(1.8 \text{ k}\Omega) = \mathbf{8.05}$

8.9 增強型 MOSFET

增強型 MOSFET(E-MOSFET)可以是 n 通道(nMOS)或 p 通道(pMOS)裝置,見圖 8.36。這兩種裝置的交流小訊號等效電路如圖 8.36 所示,可發現閘極和汲極源極通道之間開路,且汲極到源極的電流源大小決定於閘極對源極電壓。從汲極到源極有一輸出阻抗 r_d,在規格表常提供電導 g_{os} 或導納 y_{os} 值。而裝置電導 g_m,在規格表中則是以順向轉移導納 y_{fs} 代表。

$$g_m = g_{fs} = |y_{fs}| \cdot r_d = \frac{1}{g_{os}} = \frac{1}{|y_{os}|}$$

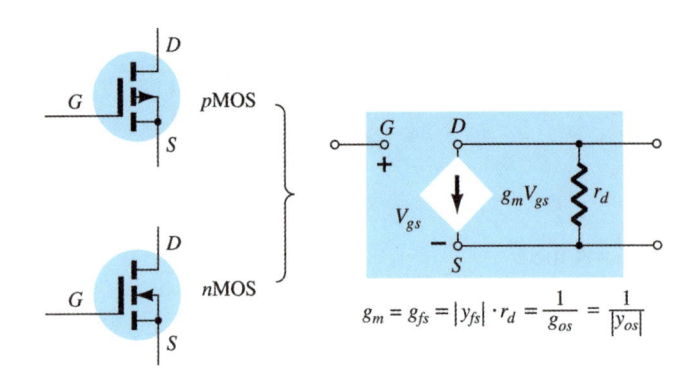

圖 8.36 增強型 MOSFET 及其交流小訊號模型

在先前對 JFET 的分析中,g_m 的關係式是由蕭克萊方程式導出。對 E-MOSFET 而言,輸出電流和控制電壓之間的關係定義如下:

$$I_D = k(V_{GS} - V_{GS(\text{Th})})^2$$

圖中的 g_m 仍定義為

$$g_m = \frac{\Delta I_D}{\Delta V_{GS}}$$

可取轉移方程式的導數,以決定工作點的 g_m。也就是,

$$g_m = \frac{dI_D}{dV_{GS}} = \frac{d}{dV_{GS}} k(V_{GS} - V_{GS(\text{Th})})^2 = k\frac{d}{dV_{GS}}(V_{GS} - V_{GS(\text{Th})})^2$$

$$= 2k(V_{GS} - V_{GS(\text{Th})})\frac{d}{dV_{GS}}(V_{GS} - V_{GS/(\text{Th})}) = 2k(V_{GS} - V_{GS(\text{Th})})(1-0)$$

即

$$g_m = 2k(V_{GS_Q} - V_{GS(\text{Th})}) \qquad (8.45)$$

回想到,常數 k 可由規格表上某給定工作點的數據決定,除 g_m 的關係之外,E-MOSFET

的交流分析和 JFET 或 D-MOSFET 所用者相同。但要知道，E-MOSFET 的特性會對偏壓電路造成一些限制。

8.10　E-MOSFET 汲極反饋電路

E-MOSFET 汲極反饋電路見圖 8.37，回想在直流計算中，因 $I_G=0$ A 使 $V_{R_G}=0$ V，所以 R_G 可用短路取代。但對交流情況而言，R_F 提供 V_o 和 V_i 之間重要的高阻抗，不然 V_i 若和 V_o 直接相接會使 $V_o=V_i$。

將交流等效模型代入裝置，可得圖 8.38 的裝置。陰影部分代表裝置的等效模型，注意 R_F 並不在內，但提供輸入與輸出電路之間的直接連接。

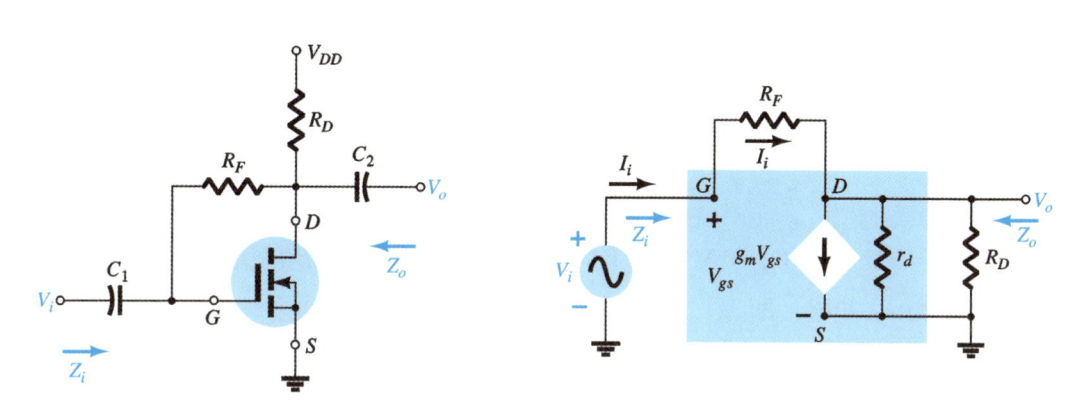

圖 8.37　E-MOSFET 汲極反饋電路　　　圖 8.38　圖 8.37 的交流等效網路

Z_i　　運用克希荷夫電流定律到輸出電路（圖 8.38 的節點 D），可得

$$I_i = g_m V_{gs} + \frac{V_o}{r_d \| R_D}$$

又

$$V_{gs} = V_i$$

所以

$$I_i = g_m V_i + \frac{V_o}{r_d \| R_D}$$

或

$$I_i - g_m V_i = \frac{V_o}{r_d \| R_D}$$

因此，

$$V_o = (r_d \| R_D)(I_i - g_m V_i)$$

又

$$I_i = \frac{V_i - V_o}{R_F} = \frac{V_i - (r_d \| R_D)(I_i - g_m V_i)}{R_F}$$

即
$$I_i R_F = V_i - (r_d \| R_D) I_i + (r_d \| R_D) g_m V_i$$

所以
$$V_i [1 + g_m(r_d \| R_D)] = I_i [R_F + r_d \| R_D]$$

最後，
$$\boxed{Z_i = \frac{V_i}{I_i} = \frac{R_F + r_d \| R_D}{1 + g_m(r_d \| R_D)}} \tag{8.46}$$

一般而言，$R_F \gg r_d \| R_D$，所以

$$Z_i \cong \frac{R_F}{1 + g_m(r_d \| R_D)}$$

對 $r_d \geq 10 R_D$，

$$\boxed{Z_i \cong \frac{R_F}{1 + g_m R_D}}_{R_F \gg r_d \| R_D,\ r_d \geq 10 R_D} \tag{8.47}$$

Z_o 代入 $V_i = 0$ V 可得 $V_{gs} = 0$ V 且 $g_m V_{gs} = 0$，在閘極和地之間產生短路路徑，如圖 8.39 所示。R_F、r_d 和 R_D 並聯，即

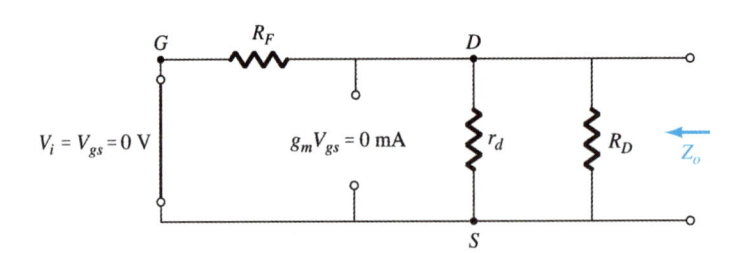

圖 8.39 決定圖 8.37 網路的 Z_o

$$\boxed{Z_o = R_F \| r_d \| R_D} \tag{8.48}$$

正常情況下，R_F 會遠大於 $r_d \| R_D$，

$$Z_o \cong r_d \| R_D$$

且若 $r_d \geq 10 R_D$，
$$\boxed{Z_o \cong R_D}_{R_F \gg r_d \| R_D,\ r_d \geq 10 R_D} \tag{8.49}$$

A_v 應用克希荷夫電流定律到圖 8.38 的節點 D，可得

$$I_i = g_m V_{gs} + \frac{V_o}{r_d \| R_D}$$

但

$$V_{gs} = V_i \quad 且 \quad I_i = \frac{V_i - V_o}{R_F}$$

所以

$$\frac{V_i - V_o}{R_F} = g_m V_i + \frac{V_o}{r_d \| R_D}$$

即

$$\frac{V_i}{R_F} - \frac{V_o}{R_F} = g_m V_i + \frac{V_o}{r_d \| R_D}$$

因此

$$V_o \left[\frac{1}{r_o \| R_D} + \frac{1}{R_F} \right] = V_i \left[\frac{1}{R_F} - g_m \right]$$

即

$$A_v = \frac{V_o}{V_i} = \frac{\left[\dfrac{1}{R_F} - g_m \right]}{\left[\dfrac{1}{r_d \| R_D} + \dfrac{1}{R_F} \right]}$$

但

$$\frac{1}{r_o \| R_D} + \frac{1}{R_F} = \frac{1}{R_F \| r_d \| R_D}$$

且

$$g_m \gg \frac{1}{R_F}$$

所以

$$\boxed{A_v = -g_m (R_F \| r_d \| R_D)} \tag{8.50}$$

因通常 $R_F \gg r_d \| R_D$ 且若 $r_d \geq 10 R_D$，

$$\boxed{A_v \cong -g_m R_D} \Big|_{R_D \gg r_d \| R_D,\ r_d \geq 10 R_D} \tag{8.51}$$

相位關係 由 A_v 的負號可看出，V_o 和 V_i 相差 180°。

例 8.12 圖 8.40 的 E-MOSFET 已在例 7.10 分析過，結果是 $k = 0.24 \times 10^{-3}$ A/V^2，$V_{GS_Q} = 6.4$ V 且 $I_{D_Q} = 2.75$ mA。

a. 試決定 g_m。
b. 試求出 r_d。
c. 試計算 Z_i，分別考慮與不考慮 r_d，並比較結果。
d. 試求出 Z_o，分別考慮與不考慮 r_d，並比較結果。

e. 試求出 A_v，分別考慮與不考慮 r_d，並比較結果。

解：

a. $g_m = 2k(V_{GS_Q} - V_{GS(Th)})$
$= 2(0.24 \times 10^{-3} \text{ A/V}^2)(6.4 \text{ V} - 3 \text{ V})$
$= \textbf{1.63 mS}$

b. $r_d = \dfrac{1}{g_{os}} = \dfrac{1}{20 \text{ μS}} = \textbf{50 kΩ}$

c. 考慮 r_d，

$$Z_i = \frac{R_F + r_d \| R_D}{1 + g_m(r_d \| R_D)} = \frac{10 \text{ MΩ} + 50 \text{ kΩ} \| 2 \text{ kΩ}}{1 + (1.63 \text{ mS})(50 \text{ kΩ} \| 2 \text{ kΩ})}$$

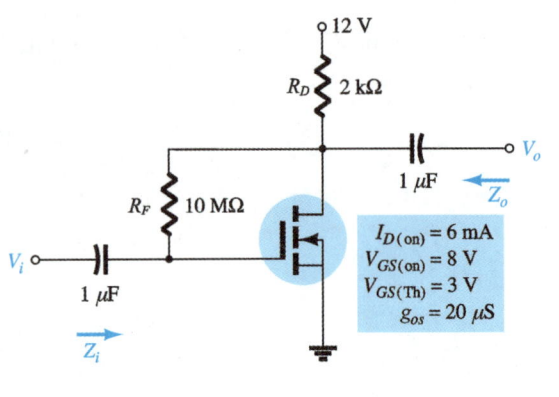

$$= \frac{10 \text{ MΩ} + 1.92 \text{ kΩ}}{1 + 3.13} = \textbf{2.42 MΩ}$$

圖 **8.40** 例 8.12 的汲極反饋放大器

不考慮 r_d，

$$Z_i \cong \frac{R_F}{1 + g_m R_D} = \frac{10 \text{ MΩ}}{1 + (1.63 \text{ mS})(2 \text{ kΩ})} = \textbf{2.53 MΩ}$$

結果顯示，因滿足 $r_d \geq 10R_D = 50 \text{ kΩ} \geq 40 \text{ kΩ}$ 的條件，所以考慮與不考慮 r_d 對應的 Z_o 十分接近。

d. 考慮 r_d，

$$Z_o = R_F \| r_d \| R_D = 10 \text{ MΩ} \| 50 \text{ kΩ} \| 2 \text{ kΩ} = 49.75 \text{ kΩ} \| 2 \text{ kΩ}$$
$$= \textbf{1.92 kΩ}$$

不考慮 r_d，

$$Z_o \cong R_D = \textbf{2 kΩ}$$

再一次，結果十分接近。

e. 考慮 r_d，

$$A_v = -g_m(R_F \| r_d \| R_D)$$
$$= -(1.63 \text{ mS})(10 \text{ MΩ} \| 50 \text{ kΩ} \| 2 \text{ kΩ})$$
$$= -(1.63 \text{ mS})(1.92 \text{ kΩ})$$
$$= \textbf{−3.21}$$

不考慮 r_d,

$$A_v = -g_m R_D = -(1.63\text{ mS})(2\text{ k}\Omega)$$
$$= -3.26$$

兩者十分接近。

8.11 E-MOSFET 分壓器電路

最後一個要詳細探討的 E-MOSFET 電路,是圖 8.41 的分壓器網路,其形式和先前已討論者完全相同。

將交流等效網路代入 E-MOSFET,可得圖 8.42 的電路,和圖 8.23 完全相同,因此可沿用式(8.28)~式(8.32)的結果,E-MOSFET 的分析結果詳列於下。

Z_i
$$Z_i = R_1 \| R_2 \tag{8.52}$$

Z_o
$$Z_o = r_d \| R_D \tag{8.53}$$

對 $r_d \geq 10 R_D$,
$$Z_o \cong R_D \quad \big|_{r_d \geq 10 R_D} \tag{8.54}$$

A_v
$$A_v = \frac{V_o}{V_i} = -g_m (r_d \| R_D) \tag{8.55}$$

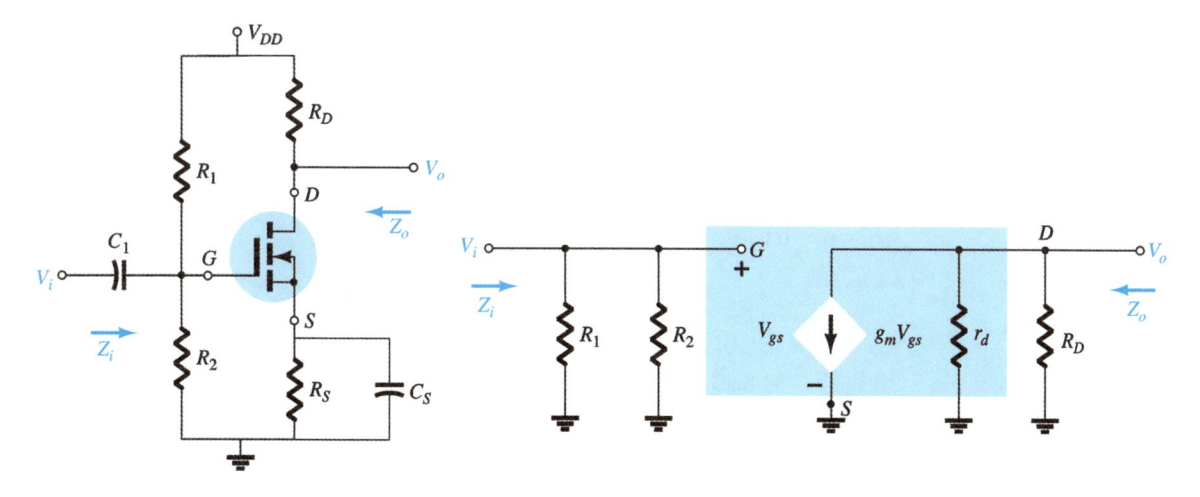

圖 8.41 E-MOSFET 分壓器電路

圖 8.42 圖 8.41 電路的交流等效網路

且若 $r_d \geq 10R_D$，

$$A_v = \frac{V_o}{V_i} \cong -g_m R_D \tag{8.56}$$

8.12 設計 FET 放大器網路

在此階段，設計問題侷限在取得所需的直流偏壓條件和交流電壓增益。在大部分的情況下，要用已導出的各不同方程式，反推出所需的參數值，以得到所要的增益，輸入阻抗和輸出阻抗。在此設計的初步階段，為避免不必要的複雜度，常利用近似的關係式，因為計算出的阻值還會有變化，因為要用標準阻值替代。初步設計一旦完成，可再用完整的方程式驗證及精細的修正。

在整個設計程序中，要知道，在網路的分析和設計中，直流和交流雖可先分開再重疊，但在直流環境下所取的數常會對交流響應產生重大影響。特別回想到，在反饋電路組態中，因直流時 $I_G \cong 0$ A，R_G 在直流時等效於短路，但對交流而言，卻在 V_o 和 V_i 之間提供了重要的高阻抗路徑。另外也回想到，當工作點接近 I_D 軸（$V_{GS}=0$ V）時，g_m 會較大，所需的 R_S 相對可以較小。而在 R_S 未旁路的網路中，小 R_S 值即可提供較高增益。但對源極隨耦器而言，增益卻會降得比較多（最大值為 1）。總之，記住網路參數會以不同的方式影響直流和交流。通常在特定工作點和其對交流響應的作用之間，必須取得平衡。

大部分的情況下，直流電源電壓是已知，要用的 FET 已決定好了，在選好的頻率之下，也定好所要用的電容。因此需要決定的是電阻元件，以建立所需的增益和阻抗值。在以下三個例子中，要決定所需的參數值。以得到指定的增益。

例 8.13 試設計圖 8.43 的固定偏壓網路，使交流增益為 10，也就是決定 R_D 值。

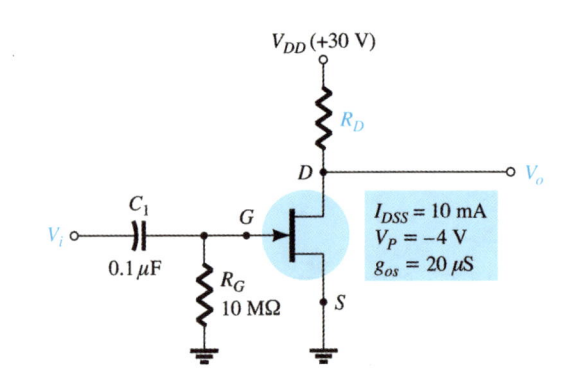

圖 8.43 例 8.13 中的電路，要達到所需的電壓增益

解： 因 $V_{GS_Q}=0$ V，g_m 值是 g_{m0}，因此增益決定如下：

$$A_v = -g_m(R_D\|r_d) = -g_{m0}(R_D\|r_d)$$

又
$$g_{m0} = \frac{2I_{DSS}}{|V_P|} = \frac{2(10\text{ mA})}{4\text{ V}} = 5\text{ mS}$$

結果是
$$-10 = -5\text{ mS}(R_D\|r_d)$$

即
$$R_D\|r_d = \frac{10}{5\text{ mS}} = 2\text{ k}\Omega$$

由裝置的規格知，
$$r_d = \frac{1}{g_{os}} = \frac{1}{20\times 10^{-6}\text{ S}} = 50\text{ k}\Omega$$

代入，得
$$R_D\|r_d = R_D\|50\text{ k}\Omega = 2\text{ k}\Omega$$

即
$$\frac{R_D(50\text{ k}\Omega)}{R_D + 50\text{ k}\Omega} = 2\text{ k}\Omega$$

或
$$50R_D = 2(R_D + 50\text{ k}\Omega) = 2R_D + 100\text{ k}\Omega$$

整理得
$$48R_D = 100\text{ k}\Omega$$

即
$$R_D = \frac{100\text{ k}\Omega}{48} \cong 2.08\text{ k}\Omega$$

最接近的標準阻值是 **2 kΩ**（附錄 D），取其用於本設計。

V_{DS_Q} 值決定如下：

$$V_{DS_Q} = V_{DD} - I_{D_Q}R_D = 30\text{ V} - (10\text{ mA})(2\text{ k}\Omega) = \textbf{10 V}$$

Z_i 和 Z_o 分別用 R_G 和 R_D 求出，也就是，

$$Z_i = R_G = \textbf{10 M}\Omega$$
$$Z_o = R_D\|r_d = 2\text{ k}\Omega\|50\text{ k}\Omega = \textbf{1.92 k}\Omega \cong R_D = 2\text{ k}\Omega$$

例 8.14 試選擇 R_D 和 R_S 值，使圖 8.44 的網路的增益為 8，且工作點定在 $V_{GS_Q} = \frac{1}{4}V_P$ 以得到相當高的 g_m。

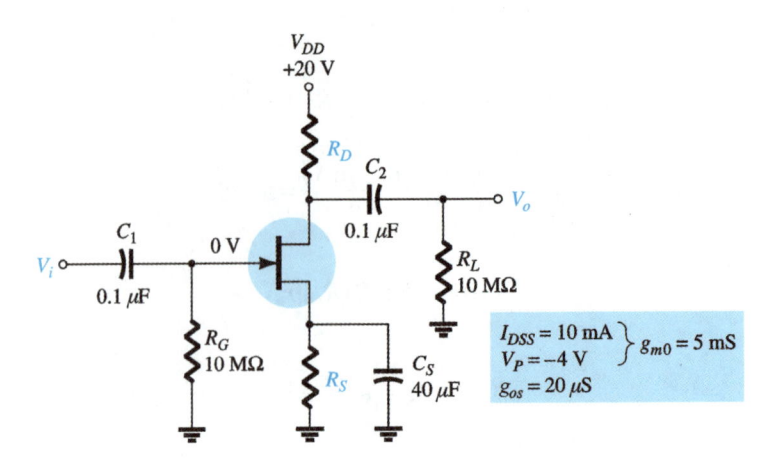

圖 8.44 例 8.14 的網路，要得到所需的電壓增益

解：工作點定義在
$$V_{GS_Q} = \frac{1}{4}V_P = \frac{1}{4}(-4\text{ V}) = -1\text{ V}$$

對應的
$$I_D = I_{DSS}\left(1 - \frac{V_{GS_Q}}{V_P}\right)^2 = 10\text{ mA}\left(1 - \frac{(-1\text{ V})}{(-4\text{ V})}\right)^2 = 5.625\text{ mA}$$

決定 g_m，可得

$$g_m = g_{m0}\left(1 - \frac{V_{GS_Q}}{V_P}\right) = 5\text{ mS}\left(1 - \frac{(-1\text{ V})}{(-4\text{ V})}\right) = 3.75\text{ mS}$$

交流電壓增益的大小，決定如下：

$$|A_v| = g_m(R_D \| r_d)$$

代入已知值，得 $8 = (3.75\text{ mS})(R_D \| r_d)$

所以 $R_D \| r_d = \dfrac{8}{3.75\text{ mS}} = 2.13\text{ k}\Omega$

r_d 值定為 $r_d = \dfrac{1}{g_{os}} = \dfrac{1}{20\text{ }\mu\text{S}} = 50\text{ k}\Omega$

即 $R_D \| 50\text{ k}\Omega = 2.13\text{ k}\Omega$

可得 $R_D = \mathbf{2.2\text{ k}\Omega}$

此值即標準阻值。

由直流工作條件決定 R_S 值如下：

$$V_{GS_Q} = -I_D R_S$$
$$-1\text{ V} = -(5.625\text{ mA})R_S$$

即
$$R_S = \frac{1\text{ V}}{5.625\text{ mA}} = 177.8\text{ }\Omega$$

最接近的標準阻值是 **180 Ω**。在本例中，R_S 和交流設計無關，因為已被 C_S 短路掉。

在下一個例子中，R_S 未旁路，設計上會比較複雜一些。

例 8.15 試決定圖 8.44 網路中的 R_D 和 R_S，使去除旁路電容 C_S 之後的增益為 8。

解： V_{GS_Q} 和 I_{D_Q} 仍分別維持在 -1 V 和 5.625 mA，又因方程式 $V_{GS} = -I_D R_S$ 並未改變，所以 R_S 並未改變，所以 R_S 繼續等於標準阻值 **180 Ω**，和例 8.14 所得者相同。

未旁路的自穩偏壓電路的增益是

$$A_v = -\frac{g_m R_D}{1 + g_m R_S}$$

現在假定 $r_d \geq 10(R_D + R_S)$，若在設計階段使用 A_v 的完整公式，只會使過程不必要的複雜化。

代入數值（增益用指定值 8），可得

$$|8| = \left|\frac{-(3.75\text{ mS})R_D}{1 + (3.75\text{ mS})(180\text{ }\Omega)}\right| = \frac{(3.75\text{ mS})R_D}{1 + 0.675}$$

即
$$8(1 + 0.675) = (3.75\text{ mS})R_D$$

所以
$$R_D = \frac{13.4}{3.75\text{ mS}} = 3.573\text{ k}\Omega$$

最接近的標準阻值是 **3.6 kΩ**。

檢驗簡化條件 $\quad r_d \geq 10(R_D + R_S)$

可得 $\quad 50\text{ k}\Omega \geq 10(3.6\text{ k}\Omega + 0.18\text{ k}\Omega) = 10(3.78\text{ k}\Omega)$

即 $\quad 50\text{ k}\Omega \geq 37.8\text{ k}\Omega$

條件滿足——結果無誤！

8.13 歸納表

為提供各電路組態間的快速比較,以及各種理由,給予一組列表是很有幫助的,因此有了表 8.1。每一重要參數都提供精確式和近似式,以及參數值的典型範圍,雖然無法涵蓋所有可能的電路組態,但最常遇到的大部分都已包含在內。事實上,任何未列出的電路組態,可能都是表列上某些電路的變化而已。所以表上所提供者,至少可達期望的深度,可藉此產生所需要的方程式。此表形式的設計,只用了一張 8.5 吋×11 吋紙的前後兩面,就可完成整個表的內容。

表 8.1 各種 FET 電路的 Z_i、Z_o 和 A_v

電路組態	Z_i	Z_o	$A_v = \dfrac{V_o}{V_i}$
固定偏壓(JFET 或 D-MOSFET)	高 (10 MΩ) $= R_G$	中等 (2 kΩ) $= R_D \| r_d$ $\cong R_D$ $(r_d \geq 10R_D)$	中等 (−10) $= -g_m(r_d \| R_D)$ $\cong -g_m R_D$ $(r_d \geq 10R_D)$
自穩偏壓 R_S 旁路(JFET 或 D-MOSFET)	高 (10 MΩ) $= R_G$	中等 (2 kΩ) $= R_D \| r_d$ $\cong R_D$ $(r_d \geq 10R_D)$	中等 (−10) $= -g_m(r_d \| R_D)$ $\cong -g_m R_D$ $(r_d \geq 10R_D)$
自穩偏壓 R_S 未旁路(JFET 或 D-MOSFET)	高 (10 MΩ) $= R_G$	$= \dfrac{\left[1 + g_m R_S + \dfrac{R_S}{r_d}\right] R_D}{1 + g_m R_S + \dfrac{R_S}{r_d} + \dfrac{R_D}{r_d}}$ $= R_D$ $r_d \geq 10R_D$ 或 $r_d = \infty\,\Omega$	低 (−2) $= \dfrac{g_m R_D}{1 + g_m R_S + \dfrac{R_D + R_S}{r_d}}$ $\cong \dfrac{g_m R_D}{1 + g_m R_S}$ $[r_d \geq 10(R_D + R_S)]$

表 8.1　（續）

電路組態	Z_i	Z_o	$A_v = \dfrac{V_o}{V_i}$
分壓器偏壓（JFET 或 D-MOSFET）	高 (10 MΩ) $= R_1 \| R_2$	中等 (2 kΩ) $= R_D \| r_d$ $\cong R_D$　$(r_d \geq 10R_D)$	中等 (−10) $= -g_m(r_d \| R_D)$ $\cong -g_m R_D$　$(r_d \geq 10R_D)$
共閘極（JFET 或 D-MOSFET）	低 (1 kΩ) $= R_S \| \left[\dfrac{r_d + R_D}{1 + g_m r_d}\right]$ $\cong R_S \| \dfrac{1}{g_m}$　$(r_d \geq 10R_D)$	中等 (2 kΩ) $= R_D \| r_d$ $\cong R_D$　$(r_d \geq 10R_D)$	中等 (+10) $= \dfrac{g_m R_D + \dfrac{R_D}{r_d}}{1 + \dfrac{R_D}{r_d}}$ $\cong g_m R_D$　$(r_d \geq 10R_D)$
源極隨耦器（JFET 或 MOSFET）	高 (10 MΩ) $= R_G$	低 (100 Ω) $= r_d \| R_S \| 1/g_m$ $\cong R_S \| 1/g_m$　$(r_d \geq 10R_S)$	低 (<1) $= \dfrac{g_m(r_d \| R_S)}{1 + g_m(r_d \| R_S)}$ $\cong \dfrac{g_m R_S}{1 + g_m R_S}$　$(r_d \geq 10R_S)$
汲極反饋偏壓 E-MOSFET	中等 (1 MΩ) $= \dfrac{R_F + r_d \| R_D}{1 + g_m(r_d \| R_D)}$ $\cong \dfrac{R_F}{1 + g_m R_D}$　$(r_d \geq 10R_D)$	中等 (2 kΩ) $= R_F \| r_d \| R_D$ $\cong R_D$　$(R_F, r_d \geq 10R_D)$	中等 (−10) $= -g_m(R_F \| r_d \| R_D)$ $\cong -g_m R_D$　$(R_F, r_d \geq 10R_D)$
分壓器偏壓 E-MOSFET	中等 (1 MΩ) $= R_1 \| R_2$	中等 (2 kΩ) $= R_D \| r_d$ $\cong R_D$　$(r_d \geq 10R_D)$	中等 (−10) $= -g_m(r_d \| R_D)$ $\cong -g_m R_D$　$(r_d \geq 10R_D)$

8.14　R_L 和 R_{sig} 的影響

本節比照第 5 章的 BJT 小訊號交流分析的 5.16 和 5.17 兩節，探討訊號源電阻和負載電阻對放大器交流增益的影響。同樣的有兩種分析方法：一種是直接將交流模型代入 FET，類似無載的情況作詳細的分析；另一種則利用 5.17 節所介紹的雙埠方程式。

> 所有 BJT 電晶體所發展出的雙埠方程式，皆可應用在 FET 網路，這是因為所有變量都是定義在輸入與輸出端，而不是定義在系統元件上。

一些重要的方程式重列於下，作為本章分析的簡單參考，並恢復對相關結論的記憶：

$$A_{v_L} = \frac{R_L}{R_L + R_o} A_{v_{NL}} \tag{8.57}$$

$$A_i = -A_{v_L} \frac{Z_i}{R_L} \tag{8.58}$$

$$A_{v_S} = \frac{V_o}{V_s} = \frac{V_i}{V_s} \cdot \frac{V_o}{V_i} = \left(\frac{R_i}{R_i + R_{sig}}\right)\left(\frac{R_L}{R_L + R_o}\right) A_{v_{NL}} \tag{8.59}$$

一些有關 BJT 電晶體電路增益的重要結構，也可應用在 FET 網路，包括以下的事實：

> 放大器的最大增益是無載增益。
> 有載增益必低於無載增益。
> 訊號源阻抗會使總增益低於無載或有載增益。

因此一般而言，

$$A_{v_{NL}} > A_{v_L} > A_{v_S} \tag{8.60}$$

回想在第 5 章的某些 BJT 電路中，輸出阻抗會受到訊號源阻抗的影響，而輸入阻抗則是會受外加負載的影響。但對 FET 網路：

> 由於閘極和通道之間的高阻抗，一般可以假定，輸入阻抗不受負載電阻的影響，且輸出阻抗也不受訊號源電阻的影響。

但我們一定要知道，也有某些特殊情況使上述說法不完全成立。例如反饋電路組態，因輸入網路和輸出網路直接相接，雖然反饋電阻通常是訊號源電阻的很多倍，因此訊號

第 8 章 FET（場效電晶體）放大器 **639**

源電阻幾可近似於 0 Ω，但的確訊號源電阻可能影響到輸出電阻，或者負載電阻也可能影響到輸入阻抗。但一般而言，由於閘極和汲極或源極之間所提供的高度隔離，有載增益的一般方程式和 BJT 電晶體相比會較不複雜，這是因為在任何 BJT 電晶體電路中，都有基極電流提供輸入與輸出電路之間的直接聯繫。

為分別說明這兩種分析方法，讓我們探討源極電阻有旁路的自穩偏壓電路，見圖 8.45。將交流等效模型代入 JFET，可得圖 8.46 的電路。

注意到，負載電阻和汲極電阻並聯，而訊號源電阻 R_{sig} 則和閘極電阻 R_G 串聯，總電壓增益可得式(8.21)的修正形式：

$$A_{v_L} = \frac{V_o}{V_i} = -g_m(r_d \| R_D \| R_L) \tag{8.61}$$

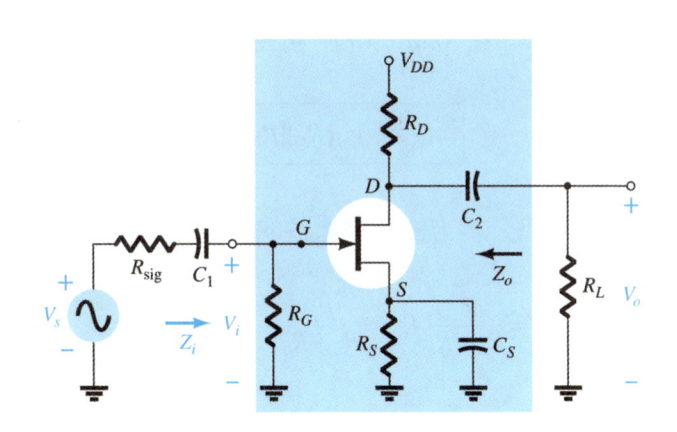

圖 8.45 有 R_{sig} 和 R_L 的 JFET 放大器

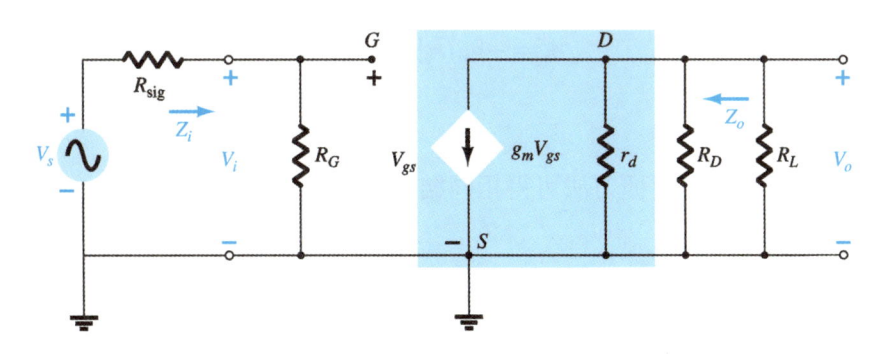

圖 8.46 將 JFET 的交流等效電路代入圖 8.45 的網路

輸出阻抗和沒有訊號源電阻的無載情況所得者相同：

$$Z_o = r_d \| R_D \tag{8.62}$$

輸入阻抗也維持在

$$Z_i = R_G \tag{8.63}$$

對於總增益 A_{v_S}，

$$V_i = \frac{R_G V_S}{R_G + R_{sig}}$$

即

$$A_{v_S} = \frac{V_o}{V_S} = \frac{V_i}{V_S} \cdot \frac{V_o}{V_i} = \left[\frac{R_G}{R_G + R_{sig}}\right][-g_m(r_d \| R_D \| R_L)] \tag{8.64}$$

對大部分的情況而言，$R_G \gg R_{sig}$ 且 $R_D \| R_L \ll r_d$，可得

$$A_{v_S} \cong -g_m(R_D \| R_L) \tag{8.65}$$

現在對同一網路採取雙埠分析方法，總增益的方程式如下：

$$A_{v_L} = \frac{R_L}{R_L + R_o} A_{v_{NL}} = \frac{R_L}{R_L + R_o}[-g_m(r_d \| R_D)]$$

但

$$R_o = R_D \| r_d$$

所以

$$A_{v_L} = \frac{R_L}{R_L + R_D \| r_d}[-g_m(r_d \| R_D)] = -g_m \frac{(r_d \| R_D)(R_L)}{(r_d + R_D) + R_L}$$

即

$$A_{v_L} = -g_m(r_d \| R_D \| R_L)$$

和前一方法所得結果一致。

　　上述的推導已說明，兩種方法可得相同結果。若已知 R_i、R_o 和 $A_{v_{NL}}$ 的數值，則只要將數值代入式(8.57)即可。

　　對大部分的普通電路而言，繼續使用相同的方式，就可得到表 8.2 的方程式。

表 8.2

電路組態	$A_{v_L}=V_o/V_i$	Z_i	Z_o
(共源極，含 R_S 旁路電容)	$-g_m(R_D\|R_L)$ 包含 r_d： $-g_m(R_D\|R_L\|r_d)$	R_G R_G	R_D $R_D\|r_d$
(共源極，無旁路電容)	$\dfrac{-g_m(R_D\|R_L)}{1+g_mR_S}$ 包含 r_d： $\dfrac{-g_m(R_D\|R_L)}{1+g_mR_S+\dfrac{R_D+R_S}{r_d}}$	R_G R_G	$\dfrac{R_D}{1+g_mR_S}$ $\cong \dfrac{R_D}{1+g_mR_S}$
(分壓偏壓共源極)	$-g_m(R_D\|R_L)$ 包含 r_d： $-g_m(R_D\|R_L\|r_d)$	$R_1\|R_2$ $R_1\|R_2$	R_D $R_D\|r_d$
(共汲極/源極隨耦器)	$\dfrac{g_m(R_S\|R_L)}{1+g_m(R_S\|R_L)}$ 包含 r_d： $\dfrac{g_mr_d(R_S\|R_L)}{r_d+R_D+g_mr_d(R_S\|R_L)}$	R_G R_G	$R_S\|1/g_m$ $\dfrac{R_S}{1+\dfrac{g_mr_dR_S}{r_d+R_D}}$
(共閘極)	$g_m(R_D\|R_L)$ 包含 r_d： $\cong g_m(R_D\|R_L)$	$\dfrac{R_S}{1+g_mR_S}$ $Z_i=\dfrac{R_S}{1+\dfrac{g_mr_dR_S}{r_d+R_D\|R_L}}$	R_D $R_D\|r_d$

8.15 串級電路

第 5 章介紹的 BJT 串級電路,也可改用 JFET 和 MOSFET,圖 8.48 是 JFET 的串級電路。第 1 級的輸出就是第 2 級的輸入,第 2 級的輸入阻抗就是第 1 級的負載阻抗。

總增益是各級增益的乘積,各增益須包含下一級的負載效應。

若使用無載增益,所得的總增益通常不是真正的結果。對每一級而言,在計算增益時,一定要包含下一級的負載效應。在以下對圖 8.47 電路的總增益關係式中,會用到本章前幾節的結果:

$$A_v = A_{v_1}A_{v_2} = (-g_{m_1}R_{D_1})(-g_{m_1}R_{D_2}) = g_{m_1}g_{m_2}R_{D_1}R_{D_2} \qquad (8.66)$$

串級放大器的輸入阻抗,是第 1 級的輸入阻抗,

$$Z_i = R_{G_1} \qquad (8.67)$$

而輸出阻抗則是第 2 級的輸出阻抗,

$$Z_o = R_{D_2} \qquad (8.68)$$

串級的主要作用,是使總增益更大。因串級放大器的直流偏壓和交流計算是由各級導出再組合,以下例說明各種計算以決定直流偏壓和交流工作。

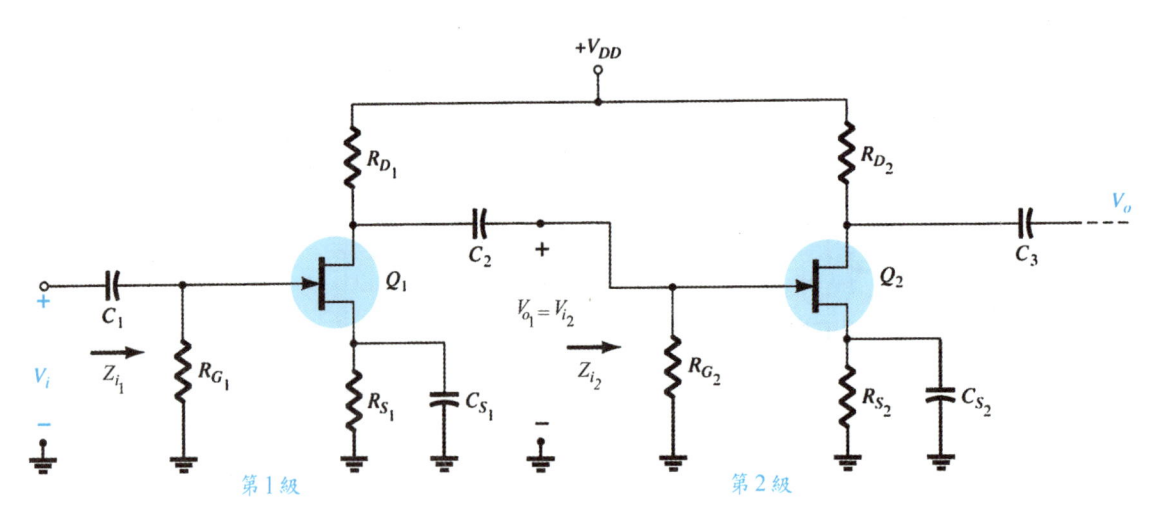

圖 8.47 串級 FET 放大器

例 8.16 對圖 8.48 的串級放大器，試計算直流偏壓、電壓增益、輸入阻抗和輸出阻抗，以及所得的輸出電壓。若有 10 kΩ 負載並接在輸出端，試計算負載電壓。

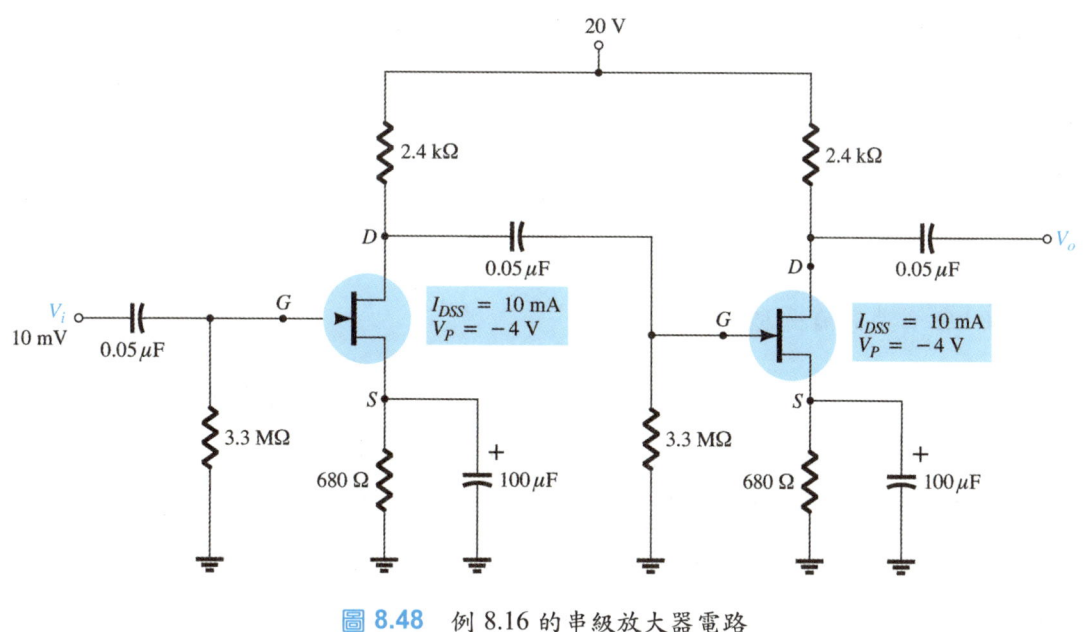

圖 8.48 例 8.16 的串級放大器電路

解：兩個放大器有相同的直流偏壓，利用第 7 章的直流偏壓分析技巧，可得

$$V_{GS_Q} = -1.9 \text{ V} \quad I_{D_Q} = 2.8 \text{ mA} \quad g_{m0} = \frac{2I_{DSS}}{|V_P|} = \frac{2(10 \text{ mA})}{|-4 \text{ V}|} = \mathbf{5 \text{ mS}}$$

且在直流偏壓點，

$$g_m = g_{m0}\left(1 - \frac{V_{GS_Q}}{V_P}\right) = (5 \text{ mS})\left(1 - \frac{-1.9 \text{ V}}{-4 \text{ V}}\right) = \mathbf{2.6 \text{ mS}}$$

因第 2 級無載

$$A_{v_2} = -g_m R_D = -(2.6 \text{ mS})(2.4 \text{ k}\Omega) = \mathbf{-6.24}$$

而對第 1 級，因 2.4 kΩ∥3.3 MΩ ≅ 2.4 kΩ，可得相同增益。
串級放大器的總增益是

$$式 (8.66)：A_v = A_{v_1} A_{v_2} = (-6.2)(-6.2) = \mathbf{38.4}$$

總增益為正時,要特別注意。

因此輸出電壓是

$$V_o = A_v V_i = (38.4)(10 \text{ mV}) = \mathbf{384 \text{ mV}}$$

串級放大器的輸入阻抗是

$$Z_i = R_G = \mathbf{3.3 \text{ M}\Omega}$$

串級放大器的輸出阻抗(假定 $r_d = \infty \ \Omega$)是

$$Z_o = R_D = \mathbf{2.4 \text{ k}\Omega}$$

因此,10 kΩ 負載的輸出電壓降是

$$V_L = \frac{R_L}{Z_o + R_L} V_o = \frac{10 \text{ k}\Omega}{2.4 \text{ k}\Omega + 10 \text{ k}\Omega}(384 \text{ mV}) = \mathbf{310 \text{ mV}}$$

也可用 FET 和 BJT 放大級的組合,以同時提供高電壓增益和高輸入阻抗,見下例的說明。

例 8.17 對圖 8.49 的串級放大器,試利用例 5.18 和例 8.16 的直流偏壓計算結果,計算輸入阻抗、輸出阻抗、電壓增益和所產生的輸出電壓。

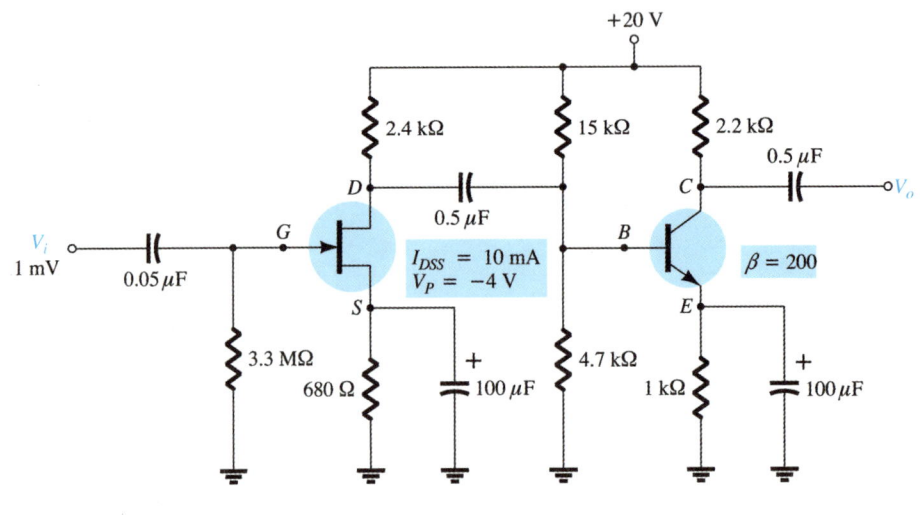

圖 8.49 例 8.17 的 JFET-BJT 串級放大器

解：因 R_i（第 2 級）$= 15\text{ k}\Omega \| 4.7\text{ k}\Omega \| 200(6.5\text{ }\Omega) = 953.6\text{ }\Omega$，所以第 1 級的增益（以第 2 級為負載）是

$$A_{v_1} = -g_m[R_D \| R_i（第\ 2\ 級）]$$
$$= -2.6\text{ mS}(2.4\text{ k}\Omega \| 953.6\text{ }\Omega) = -1.77$$

由例 5.18，第 2 級的電壓增益是 $A_{v_2} = -338.46$，因此總電壓增益是

$$A_v = A_{v_1}A_{v_2} = (-1.77)(-338.46) = \mathbf{599.1}$$

因此輸出電壓是

$$V_o = A_v V_i = (599.1)(1\text{ mV}) \approx \mathbf{0.6\text{ V}}$$

放大器的輸入阻抗，是第 1 級的輸入阻抗，

$$Z_i = \mathbf{3.3\text{ M}\Omega}$$

而輸出阻抗則是第 2 級的輸出阻抗，

$$Z_o = R_D = \mathbf{2.2\text{ k}\Omega}$$

8.16 故障檢修（偵錯）

　　如先前所提的，檢修電路要能結合對理論的了解，以及具備使用電表和示波器檢測電路工作的經驗。好的偵錯方法應植基於對電路操作細節的了解，才能感覺到要偵測檢查什麼。需透過建構、測試和維修各種不同的電路組態，才能發展出這種能力。就小訊號放大器而言，可能要考慮以下步驟：

1. 觀察電路板，看是否存在明顯的問題：是否有地方因元件過熱而焦黑、是否有元件燙到難以觸碰、是否有不好的焊點、是否有接點鬆脫。
2. 根據維護手冊上電路圖上的標記點與直流電壓測試值，用直流電表檢測對照。
3. 輸入交流測試訊號，自輸入點開始沿訊號路徑到輸出，逐點量測交流電壓。
4. 若已確認問題出現在某一特定級，要用示波器檢查該放大級上各點的交流訊號波形，包括極性、振幅、頻率，以及可能出現的不正常波形，特別要觀察一整段訊號週期。

可能的癥候和對策

輸出端未出交流電壓時：

1. 檢查電源供應器是否接對。
2. 檢查 V_D 處的輸出電壓是否落在 0 V 和 V_{DD} 的中值附近。
3. 檢查閘極端是否有輸入交流訊號。
4. 檢查耦合電容兩側的交流電壓。

在實驗室建構並檢測 FET 放大器電路時：

1. 檢查電阻的色碼值，確定阻值是正確的。又因元件重複使用後可能因過熱或因用法錯誤造成阻值變化，最好再用電表量出阻值。
2. 檢查各元件所有腳位的直流電壓，確認所有接地點都接在一起（共地）。
3. 量測交流輸入訊號，確定提供給電路預期的訊號（大小、頻率、波形等）。

8.17 實際的應用

三聲道混音器

三聲道 JFET 混音器的基本組成見圖 8.50。三個輸入訊號來自不同的聲源，如麥克風、樂器和背景音樂產生器等等。所有訊號可加到同一閘極腳位，因 JFET 的輸入阻抗很

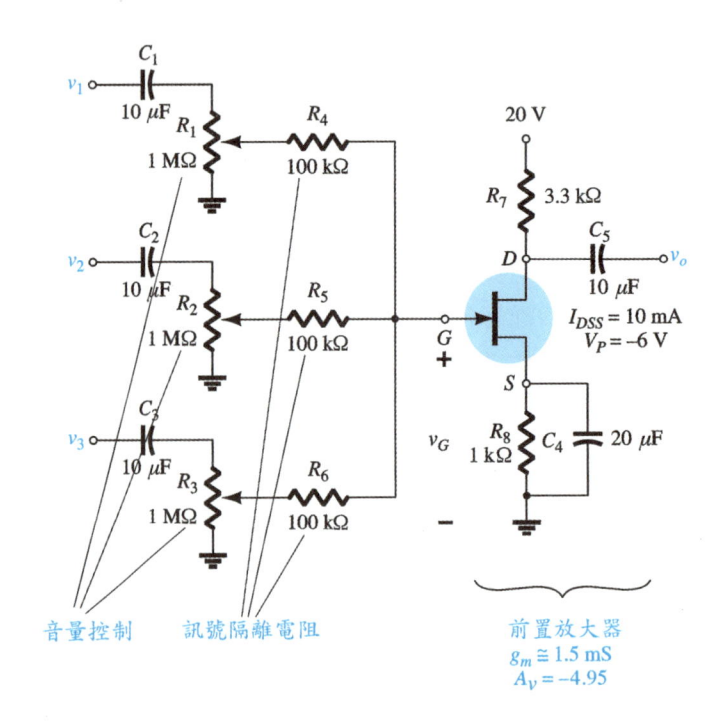

圖 8.50 三聲道 JFET 混音器的基本組成

可近似於開路。一般而言，**JFET** 的輸入阻抗是 **1000 MΩ(10⁹ Ω)** 或更高，而 **MOSFET** 則在 **100 百萬 MΩ(10¹⁴ Ω)** 或更高。若不用 JFET 而改用 BJT，因輸入阻抗低，每聲道都需要用一個電晶體放大器，或至少用一個射極隨耦器作為第 1 級，以提供較高的輸入阻抗。

10 μF 電容是要排除來自輸入訊號的直流偏壓位準，避免其出現在 JFET 的閘極，而 1 MΩ 的電位計是作各聲道的音量控制。各聲道用 100 kΩ 的原因，是要使各聲道之間不會互相產生負載作用，使閘極訊號嚴重衰減或失真。例如在圖 8.51a 中，麥克風聲道有高阻抗(10 kΩ)，而吉他聲道則是低阻抗(0.5 kΩ)，且第 3 聲道開路。若將各聲道的 100 kΩ 移開。對應用的頻率範圍而言，電容等效於短路，並聯的 1 MΩ（設在最大值）電位計的效應可忽略不計。在 JFET 放大器閘極所產生的等效電路，見圖 8.51b。利用重疊原理，決定 JFET 的閘極電壓如下：

$$v_G = \frac{0.5 \text{ k}\Omega (v_{麥克風})}{10.5 \text{ k}\Omega} + \frac{10 \text{ k}\Omega (v_{吉他})}{10.5 \text{ k}\Omega}$$
$$= 0.047 v_{麥克風} + 0.95 v_{吉他} \cong v_{吉他}$$

清楚顯示，吉他吃掉了麥克風的訊號。圖 8.51 中的放大器，其唯一的響應只有吉他的訊號。現在，加上 100 kΩ 電阻，產生圖 8.51c 的情況。再次利用重疊原理，可得閘極電壓的關係式如下：

$$v_G = \frac{101 \text{ k}\Omega (v_{麥克風})}{211 \text{ k}\Omega} + \frac{110 \text{ k}\Omega (v_{吉他})}{211 \text{ k}\Omega}$$
$$\cong 0.48 v_{麥克風} + 0.52 v_{吉他}$$

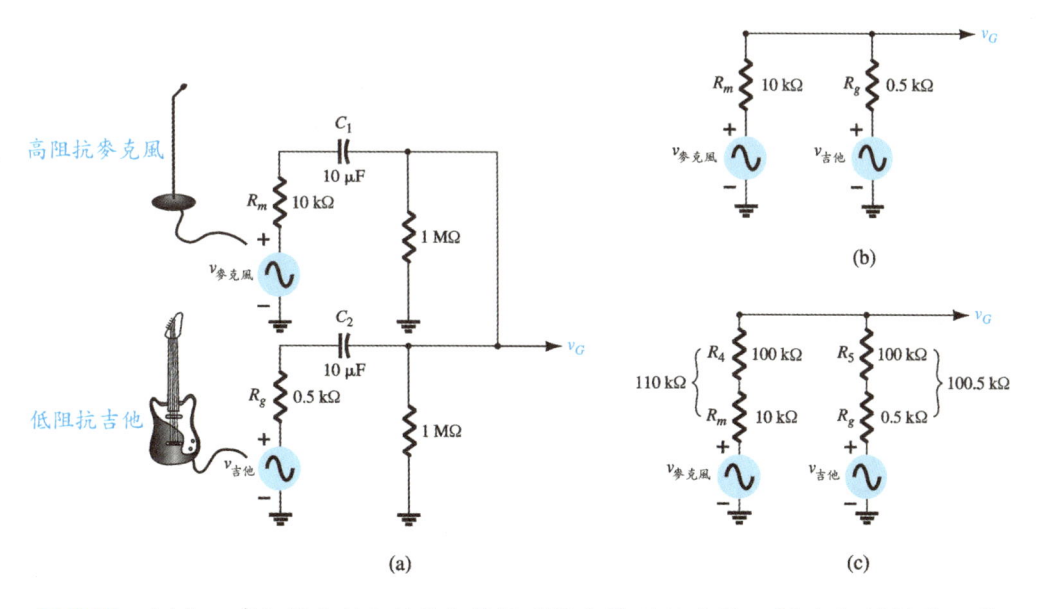

圖 8.51 (a)加入高阻抗和低阻抗的訊號源到圖 8.50 的混音器；(b)沒有 100 kΩ 隔離電阻的等效電路；(c)有 100 kΩ 電阻的等效電路

顯示 JFET 閘極的訊號非常平衡。因此一般而言，**100 kΩ** 電阻可抵補訊號源的阻抗差異，使訊號源之間不會互相拖累，而在放大器的輸入端產生平衡的混合訊號，技術上常稱為"訊號隔離電阻"。

像圖 8.51b 所描述的情況，會產生有趣的結果，如圖 8.52 所示。低阻抗吉他的訊號大小約 150 mV，而較大內阻的麥克風的訊號大小僅 50 mV，如前所指出的，放大器"輸入點"(V_G)訊號的主要部分是吉他訊號，無疑地所產生的電流和功率方向，都是從吉他到麥克風。因麥克風和揚聲器的基本結構很相似，麥克風可能會被強迫成為揚聲器，而放送吉他訊號。新樂團在學習放大器的基本原理時，常會面臨到此問題。一般而言，並行訊號的聲道應該具有一定的最低阻抗，使情況得到控制。

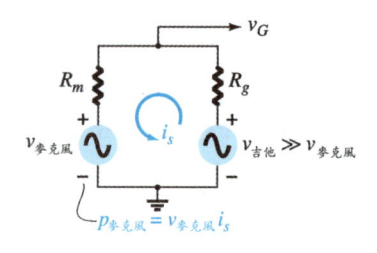

圖 8.52 說明並行訊號的聲道應具有一定的最低阻抗，使情況得到控制

就圖 8.50，自穩偏壓 JFET 放大器的增益是 $-g_m R_D$，在此例中，

$$-g_m R_D = (-1.5 \text{ mS})(3.3 \text{ k}\Omega) = -4.95$$

有人可能會覺得訝異，麥克風真的可用作揚聲器，但在交互通訊系統中，都是用傳統的音錐來作麥克風和揚聲器，如圖 8.53a 所示。在圖 8.53b 的 8 Ω、0.2 W 揚聲器可用作麥克風或喇叭，端視啟動開關的位置而定。但很重要需注意到，如同前面麥克風－吉他的例子，大部分的揚聲器的設計是針對較大功率，而大部分麥克風的設計僅能接受聲音輸入訊號，無法如揚聲器能應付較大功率訊號。正如同音頻系統中，尺寸愈大者所能處理的功率就愈大。一般而言，如前面所敘述的情況，所聽到的吉他訊號已蓋過麥克風，完全破壞了麥克風訊號。若在交互通訊系統中，就可用揚聲器處理這兩種完全不同功率範圍的輸入訊號，不會有困難。

靜音開關

任何使用機械開關的電子系統，如圖 **8.54** 所示者，很容易在線路上產生雜音，而降低 S/N 比。當圖 8.54 上的開關開閉時，煩人的"噗噗"雜音常伴隨著輸出訊號。另外，機械開關應儘量靠近放大器，減少線路所擷取的雜訊量。

清除雜訊源的有效方法是使用電子開關，如圖 8.55a 所示的兩聲道混音網路。回想在第 7 章所知的，JFET 的 V_{DS} 在低電壓值時，汲極到源極之間可看成是一個電阻，阻值由閘極對源極電壓決定，已於 7.13 節中詳述。另外回想到，電阻在 $V_{GS}=0$ V 時最低，而在接近夾止時最高。在圖 8.55a 中，要混合的訊號加到每個 JFET 的汲極側，直流控制電位直接加到每個 JFET 的閘極。當兩個控制電位都在 0 V 時，兩個 JFET 會導通且電阻降

第 8 章　FET（場效電晶體）放大器　649

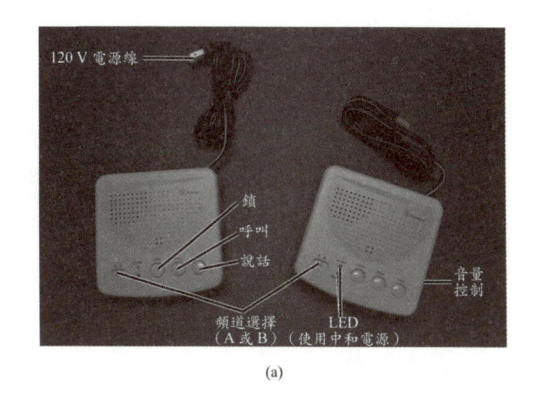

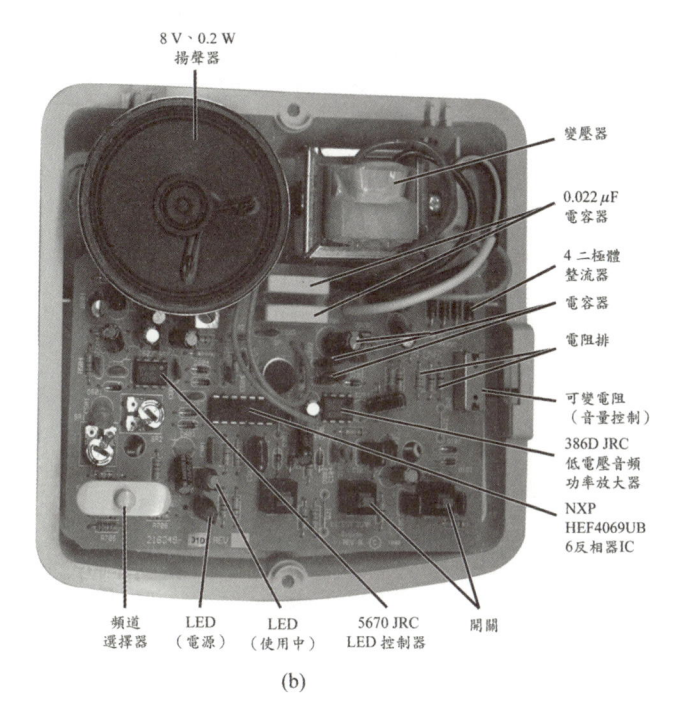

圖 8.53　二電台二頻道對講機：(a)外觀；(b)內部構造（培生 Dan Trudden 攝）

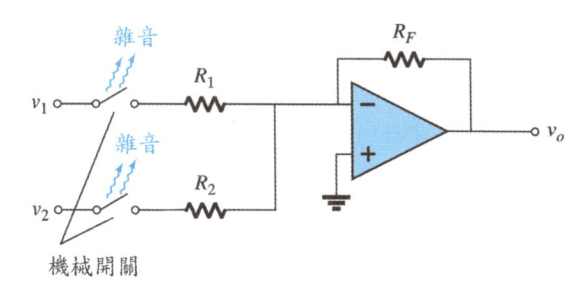

圖 8.54　機械開關產生雜音

650 電子裝置與電路理論

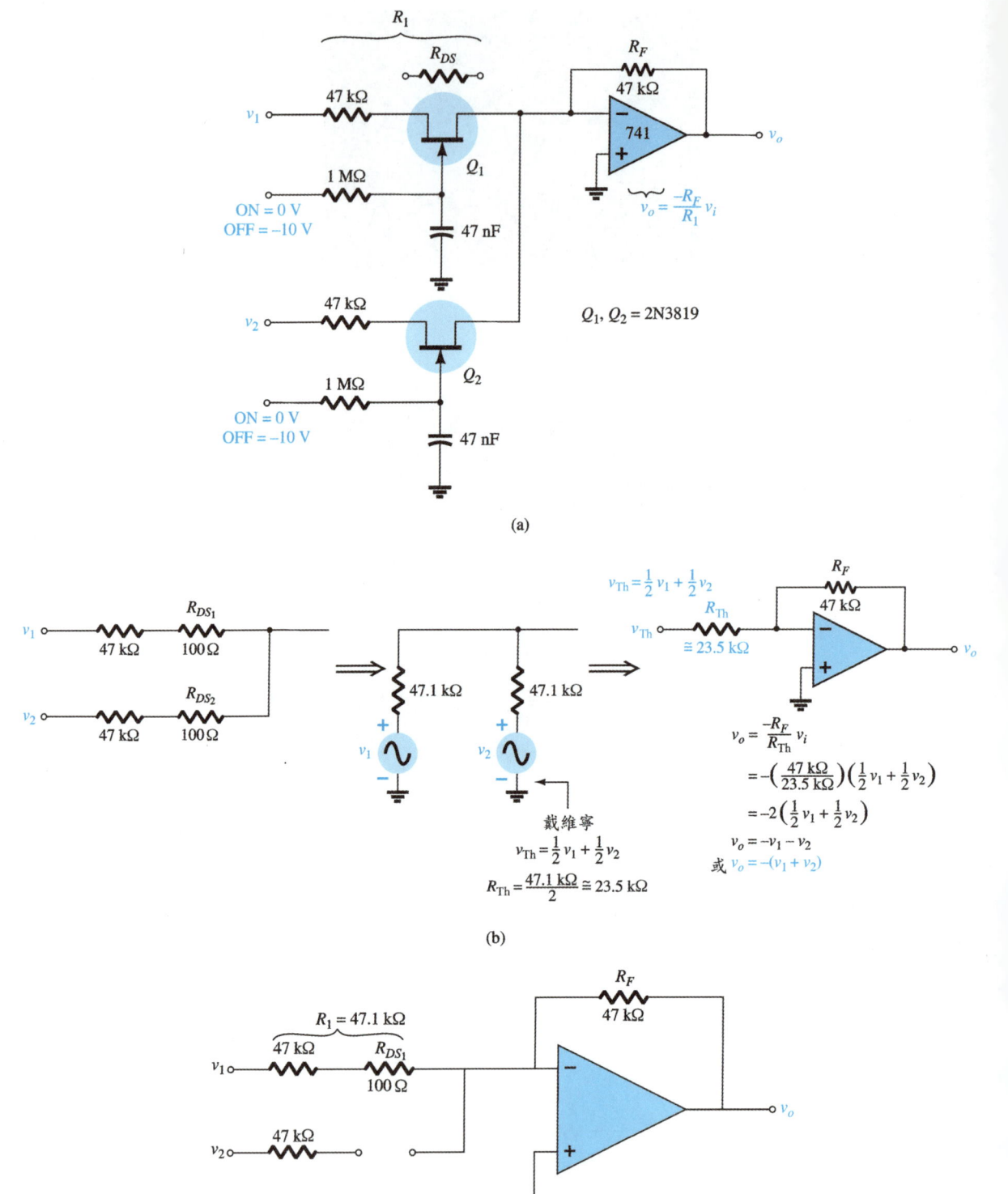

圖 8.55 靜音開關音頻網路：(a)JFET 電路；(b)兩訊號都加入；(c)只採用一個訊號

到最低，$D_1 \sim S_1$ 以及 $D_2 \sim S_2$ 也許小到 100 Ω。雖然 100 Ω 雖然不是理想開關導通時的 0 Ω，但仍遠小於串聯電阻 47 kΩ，仍可忽略不計。因此，兩開關都在"導通"位置，兩輸入訊號都會到達反相放大器的輸入端，見圖 8.55b。特別注意到，所取的電阻值，恰使輸出訊號是兩輸入訊號和的反相，其後的放大級再將訊號提升到所需音量的等級。

若施加比夾止電壓值更負的電壓，例如圖 8.55a 中的 -10 V，可使兩個電子開關都在"截止"狀態。"截止"時的電阻值可達 10,000 MΩ，對大部分的應用而言，可近似於開路。因兩聲道之間是隔離的，可以一個導通而另一個截止。JFET 的工作速度決定於基板（裝置結構），雜散電容和導通電阻值。**JFET 的最高速度約 100 MHz，一般可達 10 MHz 以上**，但此速度會被所用設計的輸入電阻和電容的影響而大幅降低。在圖 8.55a 中，1 MΩ 電阻和 47 nF 電容對直流閘極電壓控制網路產生 $\tau = RC = 47$ ms $= 0.047$ s 的時間常數。假定充電到夾止電壓需兩個時間常數，此時間為 0.094 s，即切換速度為 1/0.094 s $\cong 10.6$ Hz，和典型 JFET 切換速度 10 MHz 相比，此值甚小。但記住，所作的應用是很重要的考慮。對一般的混音器而言，切換速度不需要超過 10.6 Hz，除非有一些很極端的輸入訊號。有人可能會問，閘極何以需要 RC 時間常數，為何不直接在閘極加上直流電壓以控制 JFET 的狀態？一般而言，急劇上升或下降的脈波所造成的雜訊或串音，會在閘極產生突波引發誤動作，RC 時間常數可確保不會有這種錯誤的控制訊號。利用充電網路，確保經過一定時間後，直流位準才能達到夾止電壓。線路上的任何突波都不可能長到可以將電容充電夾止電壓，而使 JFET 誤導通（或者相反）。

很重要需了解到，**JFET 開關是一種雙向開關**。也就是，在"導通"狀態時，訊號可以由任一方向通過汲極－源極通道，這的確和一般的機械開關的工作方法相同，因此很容易取代機械開關。記住，二極體並不是雙向開關，因為它只能在單一方向以低電壓導通電流。

應該要注意到，因 **JFET 的狀態可用直流位準控制**，圖 **8.55a** 的設計讓 **JFET** 適用於遙控和計算機控制。第 7 章在討論直流控制時，已說明過相同的理由。

低成本 JFET 類比開關的規格表，提供在圖 8.56。注意在汲極切斷電流的標題之下，夾止電壓 $V_{GS} = V_P$ 的典型值約 -10 V，對應的汲極對源極電壓是 12 V。另外，夾止電壓點的定義是 10 nA 的電流為準。I_{DSS} 是 15 mA，而 $V_{GS} = 0$ V 時，汲極對源極電阻值很低，是 150 Ω。導通時間很小，是 10 ns($t_d + t_r$)，而切斷時間則是 25 ns。

移相網路

利用 JFET 汲極對源極的壓控電阻特性，可使用圖 8.57 的電路，控制訊號的相角。圖 8.57a 是相位領先網路，會加上一個角度到輸入訊號，而圖 8.57b 的網路則是相位滯後電路，會產生負相移。

ON 半導體

JFET 切換型
N 通道－空乏型

最大額定值

額定	符號	數值	單位
汲極源極電壓	V_{DS}	25	Vdc
汲極閘極電壓	V_{DG}	25	Vdc
閘極源極電壓	V_{GS}	25	Vdc
順向閘極電流	I_{GF}	10	mAdc
$T_A=25°C$ 時裝置功率消耗 25°C 以上遞減率	P_D	350 2.8	mW mW/°C
接面溫度範圍	T_J	$-65 \sim +150$	°C
儲存溫度範圍	T_{stg}	$-65 \sim +150$	°C

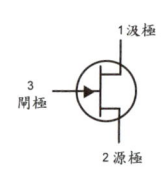

1 汲極
3 閘極
2 源極

電氣特性（$T_A=25°C$，除非另有註明）

特性	符號	最小	最大	單位
截止特性				
閘極源極崩潰電壓 ($I_G=10\mu A\ dc, V_{DS}=0$)	$V_{(BR)GSS}$	25	–	Vdc
閘極逆向電流 ($V_{GS}=15\ Vdc, V_{DS}=0$)	I_{GSS}	–	–	
汲極截止電流 ($V_{DS}=12\ Vdc, V_{GS}=10\ V$) ($V_{DS}=12\ Vdc, V_{GS}=-10\ V, T_A=100°C$)	$I_{D(off)}$	– –	10 2.0	nAdc μAdc
導通特性				
零閘極電壓下的汲極電流[1] ($V_{DS}=15\ Vdc, V_{GS}=0$)	I_{DSS}	15	–	mAdc
閘極源極順向電壓 ($I_{G(f)}=1.0\ mAdc, V_{DS}=0$)	$V_{GS(f)}$	–	1.0	Vdc
汲極源極導通電壓 ($I_D=7.0\ mAdc, V_{GS}=0$)	$V_{DS(on)}$	–	1.5	Vdc
靜態汲極源極導通電阻 ($I_D=0.1\ mAdc, V_{GS}=0$)	$r_{DS(on)}$	–	150	Ohms

1. 脈波測試：脈波寬度 $<300\ \mu s$，工作周期 $<3.0\%$

特性	符號	最小	最大	單位
小訊號特性				
小訊號汲極源極導通電阻	$r_{ds(on)}$	–	150	Ohms
輸入電容 ($V_{DS}=15\ Vdc, V_{GS}=0, f=1.0\ MHz$)	C_{iss}	–	5.0	pF
逆向轉移電容 ($V_{DS}=0, V_{GS}=10\ Vdc, f=1.0\ MHz$)	C_{iss}	–	1.2	pF
切換特性				
導通延遲時間 ($V_{DD}=10\ Vdc, I_{D(on)}=7.0\ mAdc, V_{GS}=0,$	$t_{d(on)}$	–	5.0	ns
上升時間 $V_{GS(off)}=-10\ Vdc$)	t_r	–	5.0	ns
切斷延遲時間 ($V_{DD}=10\ Vdc, I_{D(on)}=7.0\ mAdc, V_{GS}=0,$	$t_{d(off)}$	–	15	ns
下降時間 $V_{GS(off)}=-10\ Vdc$)	t_f	–	10	ns

圖 8.56　低成本類比 JFET 電流開關規格表（半導體元件工業 LLC 授權引用）

例如，若將 10 kHz 頻率的輸入訊號加到圖 8.57a 的網路，讓我們考慮 R_{DS} 的效應。為討論方便，假定當閘極對源極電壓 -3 V 時，汲極對源極電阻是 2 kΩ，畫等效網路，可得圖 8.58 的電路，解出輸出電壓，得

第 8 章　FET（場效電晶體）放大器

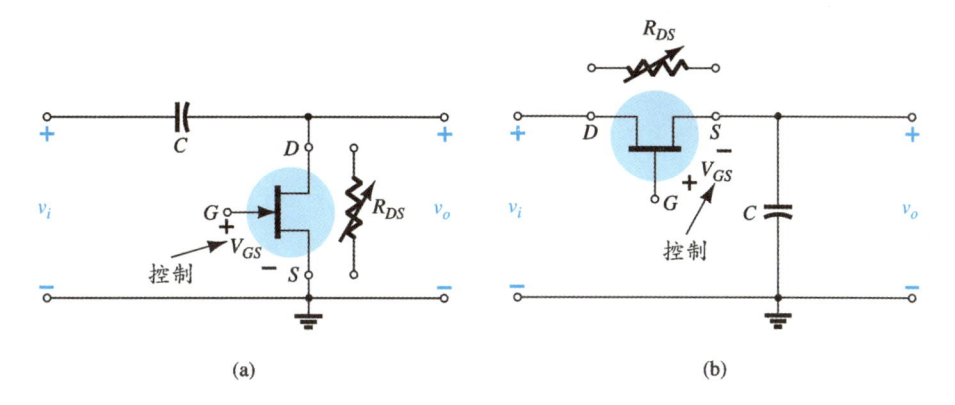

圖 8.57 移相網路：(a)領先；(b)滯後

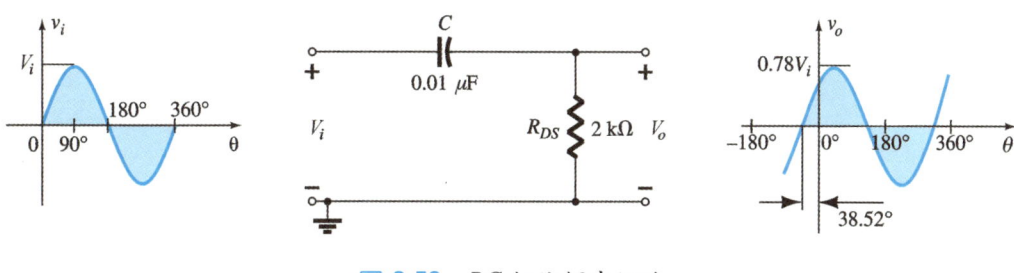

圖 8.58 RC 相位領先網路

$$V_o = \frac{R_{DS}\angle 0° \, V_i \angle 0°}{R_{DS} - jX_C} = \frac{R_{DS} V_i \angle 0°}{\sqrt{R_{DS}^2 + X_C^2} \angle -\tan^{-1}\frac{X_C}{R_{DS}}}$$

$$= \frac{R_{DS} V_i}{\sqrt{R_{DS}^2 + X_C^2}} \angle \tan^{-1}\frac{X_C}{R_{DS}} = \left(\frac{R_{DS}}{\sqrt{R_{DS}^2 + X_C^2}}\right) V_i \angle \tan^{-1}\frac{X_C}{R_{DS}}$$

所以
$$V_o = k_1 V_i \angle \theta_1$$

其中

$$\boxed{k_1 = \frac{R_{DS}}{\sqrt{R_{DS}^2 + X_C^2}} \quad \text{且} \quad \theta_1 = \tan^{-1}\frac{X_C}{R_{DS}}} \tag{8.69}$$

代入以上數值，可得

$$X_C = \frac{1}{2\pi f C} = \frac{1}{2\pi (10 \text{ kHz})(0.01 \text{ μF})} = 1.592 \text{ k}\Omega$$

且
$$k_1 = \frac{R_{DS}}{\sqrt{R_{DS}^2 + X_C^2}} = \frac{2 \text{ k}\Omega}{\sqrt{(2 \text{ k}\Omega)^2 + (1.592 \text{ k}\Omega)^2}} = 0.782$$

以及
$$\theta_1 = \tan^{-1}\frac{X_C}{R_{DS}} = \tan^{-1}\frac{1.592\ \text{k}\Omega}{2\ \text{k}\Omega} = \tan^{-1} 0.796 = 38.52°$$

所以
$$V_o = 0.782 V_i \angle 38.52°$$

輸出訊號是外加訊號的 78.2%，但相位移是 38.52°。

因此一般而言，圖 8.57a 的網路可提供正相位移，從只有幾度（X_C 遠小於 R_{DS} 時）到幾乎 90°（X_C 遠大於 R_{DS} 時）。但記住，若 R_{DS} 為定值，隨著頻率的上升，X_C 會愈低，使相位移趨近於 0°。若 R_{DS} 為定值，隨著頻率的降低，相位移會趨近於 90°。也很重要需認知到，若 R_{DS} 為定值，隨著 X_C 值的增加，V_o 的大小會愈小。對相移網路而言，增益和所欲得到的相位移之間，必須取得平衡。

對圖 8.57b 的網路，輸出關係式為

$$V_o = k_2 V_i \angle \theta_2 \tag{8.70}$$

其中
$$k_2 = \frac{X_C}{\sqrt{R_{DS}^2 + X_C^2}} \quad \text{且} \quad \theta_2 = -\tan^{-1}\frac{R_{DS}}{X_C}$$

移動偵測系統

被動紅外線(PIR)移動偵測系統的基本組成，見圖 8.59。系統核心是**熱電檢測器**，可**根據不同的輸入熱量大小，產生對應的電壓**。它可濾除某特定區域所發出的非紅外線輻射，並將能量聚焦到感溫元件上。回想在第 7 章的 7.13 節，紅外線頻帶恰在僅低於可見

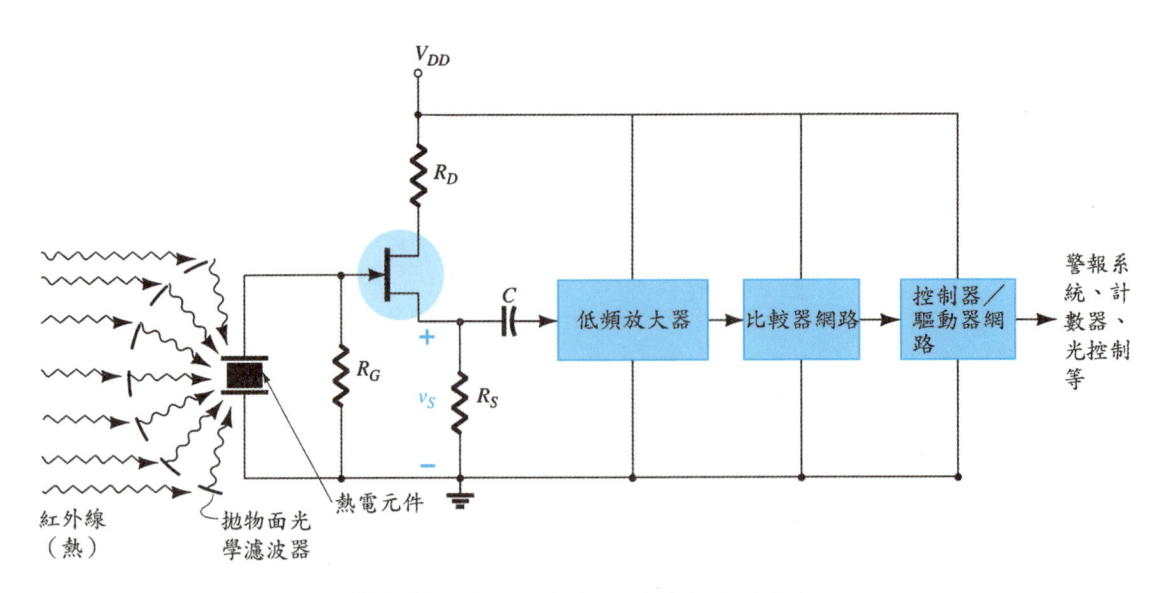

圖 8.59 被動紅外線(PIR)移動偵測系統

第 8 章 FET（場效電晶體）放大器 655

光頻譜的不可見光頻帶中。**被動偵測器不會發出任何形式的訊號，只能回應環境中的能量流動。**

　　商用現成品的外觀和內部構造分別見圖 8.60a 和圖 8.60b，有四種可更換透鏡，適用於不同的涵蓋區域。依據用途，我們選用 "pet" 透鏡，見圖 8.60c。此裝置安裝在 7 呎 6 吋高處，直流工作電壓在 8.5 V～15.4 V，12 V 時流通 17 mA 電流。涵蓋範圍共 35 呎，和感測器垂直，至各邊是 20 呎。在最低靈敏度之設定下，移動生物的總重量不能超過 80 磅。

　　圖 8.60 的成品利用拋物面折射器，將入射的周遭熱量聚焦到熱電偵測器上。當人走過擋住感測器時，會切斷如圖 8.60c 所示的各電磁場，使感測器感知到熱量的**急速改變**，

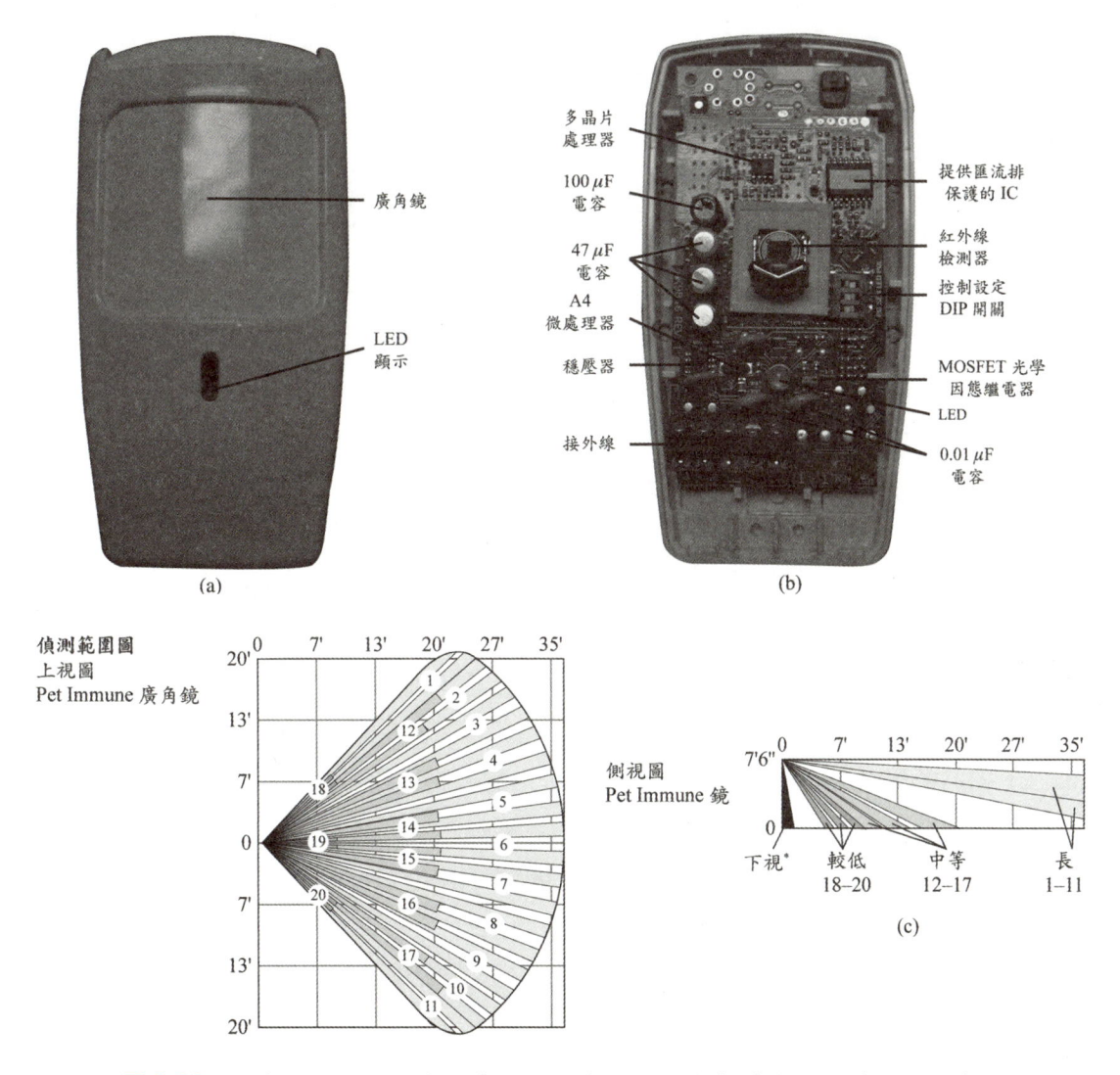

圖 8.60　現成的 PIR 移動偵測單元：(a) 外觀；(b) 內部構造；(c) 偵測選擇範圍
（圖 (a)、(b) 由培生 Dan Trudden 攝）

這會造成 JFET 閘極的直流位準變化，使該處出現相當高內阻的低頻交流訊號。有人可能會問，既然會產生熱，為何不利用啟動熱系統或點亮燈泡來產生警報訊號。答案是，這兩種系統都會在感測器產生電壓，且電壓會隨著熱系統或燈泡熱量的增加而穩定上升。記住，對燈而言，此種感測器是熱敏而非光敏，所得電壓不會在兩值之間擺盪，而只是逐漸攀升到某電壓值而無法切斷警報──熱電偵測器不會產生交變的交流電壓！

　　注意圖 8.59 中，使用 JFET 源極隨耦器，藉由高輸入阻抗抓住大部分的熱電訊號，再通過低頻放大器後，接到峰值檢測網路和比較器，以決定應否切斷警報。直流電壓比較器是一種"可捕捉"交流電壓峰值的網路，再和某已知直流電壓作比較。輸出處理器則決定，所檢測到的峰值電壓和預設直流電壓之間的差距是否足夠大，若足夠即啟動警報。

8.18　總　結

重要的結論與概念

1. **電導參數** g_m 由汲極電流變化量和對應的**閘極對源極電壓變化量的比值**決定（在飽和區工作）。I_D 對 V_{GS} 的曲線**斜率愈陡**，g_m 值就愈大。另外，若工作點愈接近飽和電流 I_{DSS} 時，電導參數就愈大。
2. 在規格表中，g_m 用 y_{fs} 代表。
3. 若 V_{GS} 是夾止電壓值的一半，則 g_m 是最大值的一半。
4. 若 I_D 是飽和值 I_{DSS} 的四分之一，則 g_m 是飽和點值的一半。
5. **FET 輸出阻抗**的大小和傳統的 **BJT** 類似。
6. 在規格表中，**輸出阻抗** r_d 以 $1/y_{os}$ 代表。汲極特性曲線愈平時，**輸出阻抗愈大**。
7. 固定偏壓電路和自穩偏壓電路（有源極旁路電容者）的**電壓增益相同**。
8. JFET 和空乏型 MOSFET 的**交流分析方法相同**。
9. 增強型 MOSFET 的**交流等效電路和 JFET 以及空乏型 MOSFET 所用者相同**，唯一差異是 g_m 的公式。
10. FET 網路的**增益**大小一般在 **2～20** 之間，自穩偏壓電路（無源極旁路電容者）和**源極隨耦器**都屬於**低增益電路**。
11. 源極隨耦器和共閘極電路的輸入和輸出之間**沒有相位移**。而以外的大部分電路則會有 180° 的相位移。
12. 大部分 FET 電路的**輸出阻抗**主要由 R_D 決定。而對**源極隨耦器**電路而言，輸出電阻則由 R_S 和 g_m 決定。
13. 大部分 FET 電路的**輸入阻抗**極高，但共閘極電路的輸入阻抗則**很低**。
14. 檢修任何電子或機械系統時，一定要先檢查最明顯的可能原因。

方程式

$$g_m = y_{fs} = \frac{\Delta I_D}{\Delta V_{GS}}$$

$$g_{m0} = \frac{2I_{DSS}}{|V_P|}$$

$$g_m = g_{m0}\left[1 - \frac{V_{GS}}{V_P}\right]$$

$$g_m = g_{m0}\sqrt{\frac{I_D}{I_{DSS}}}$$

$$r_d = \frac{1}{y_{os}} = \left.\frac{\Delta V_{DS}}{\Delta I_D}\right|_{V_{GS}=\text{定值}}$$

有關 JFET 和空乏型電路組態,見表 8.1 和表 8.2。

8.19 計算機分析

PSpice 視窗板

JFET 固定偏壓電路 第 1 個要作交流分析的電路是圖 8.61 的固定偏壓電路,取 JFET 的 $V_P = -4$ V 且 $I_{DSS} = 10$ mA。加上 10 MΩ 的電阻以提供電容的接地路徑,在作交流分析時幾可視為開路。從 **EVAL** 元件庫取用 n 通道 JFET **J2N3819**,為比較和檢視,計算四個節點的交流電壓。

常數 **Beta** 決定如下:

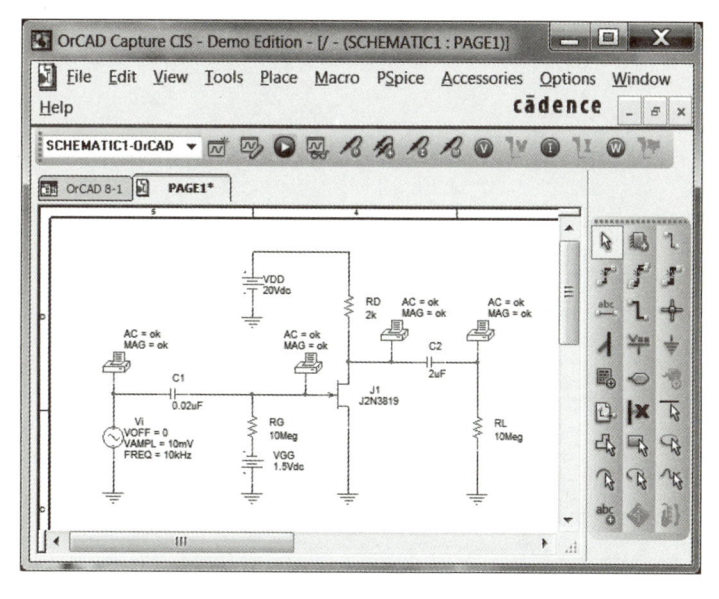

圖 8.61 具有交流訊號源的 JFET 固定偏壓電路

$$\text{Beta} = \frac{I_{DSS}}{|V_P|^2} = \frac{10 \text{ mA}}{4^2 \text{ V}^2} = 0.625 \text{ mA/V}^2$$

利用**編輯－性質 Vto** 的順序，可得**編輯模型**對話框，將以上的 Beta 值代入。網路中其他元件的設定方法，已在第 5 章討論電晶體時介紹過。

網路的分析結果見圖 8.62 的列印輸出，**電路描述**包括網路中的所有元件以及對應節

```
****          CIRCUIT DESCRIPTION
****************************************************************
*Analysis directives:
.AC LIN 1 10kHz 10kHz
.OP
.PROBE V(alias(*)) I(alias(*)) W(alias(*)) D(alias(*)) NOISE(alias(*))
.INC "..\SCHEMATIC1.net"
**** INCLUDING SCHEMATIC1.net ****
* source ORCAD 8-1
V_Vi       N00344 0 AC 10mV
+SIN 0 10mV 10kHz 0 0 0
C_C1       N00344 N00351  0.02uF  TC=0,0
C_C2       N00315 N00326  2uF  TC=0,0
R_RG       N00358 N00351  10Meg TC=0,0
R_RD       N00315 N00303  2k TC=0,0
R_RL       0 N00326  10Meg TC=0,0
V_VDD      N00303 0 20Vdc
V_VGG      0 N00358 1.5Vdc
J_J1       N00315 N00351 0 J2N3819
.PRINT     AC
+ VM([N00344])
.PRINT     AC
+ VM([N00351])
.PRINT     AC
+ VM([N00315])
.PRINT     AC
+ VM([N00326])
.END
****          Junction FET MODEL PARAMETERS
****************************************************************
              J2N3819
              NJF
       VTO    -4
      BETA    625.000000E-06
    LAMBDA    2.250000E-03
        IS    33.570000E-15
       ISR    322.400000E-15
     ALPHA    311.700000E-06
        VK    243.6
        RD    1
        RS    1
       CGD    1.600000E-12
       CGS    2.414000E-12
         M    .3622
     VTOTC    -2.500000E-03
   BETATCE    -.5
        KF    9.882000E-18
****   SMALL SIGNAL BIAS SOLUTION    TEMPERATURE =  27.000 DEG C
****************************************************************
NODE   VOLTAGE    NODE   VOLTAGE    NODE   VOLTAGE
(N00303) 20.0000  (N00315) 12.0020  (N00326)  0.0000
(N00344)  0.0000  (N00351) -1.5000  (N00358) -1.5000

    VOLTAGE SOURCE CURRENTS
    NAME       CURRENT
    V_Vi       0.000E+00
    V_VDD      -3.999E-03
    V_VGG      -1.366E-12
****   OPERATING POINT INFORMATION   TEMPERATURE =  27.000 DEG C
****************************************************************
**** JFETS
NAME       J_J1
MODEL      J2N3819
ID         4.00E-03
VGS        -1.50E+00
VDS        1.20E+01
GM         3.20E-03
GDS        8.76E-06
CGS        1.73E-12
CGD        6.07E-13

****       AC ANALYSIS               TEMPERATURE =  27.000 DEG C
****************************************************************
    FREQ       VM(N00344)
    1.000E+04  1.000E-02

    FREQ       VM(N00351)
    1.000E+04  9.997E-03

    FREQ       VM(N00315)
    1.000E+04  6.275E-02

    FREQ       VM(N00326)
    1.000E+04  6.275E-02
```

圖 8.62 圖 8.61 網路的輸出檔

點。特別注意到，Vi 設在 10 mV，頻率在 10 kHz 且相角是 0 度。接下來是 JFET 模型**參數**列表，注意到，**VTO** 是 –4 V，**BETA** 是 625 E-6 A/V²=0.625 mA/V²，和之前輸入值相同。再來是**小訊號偏壓解**，可發現 R_G 的壓降是 –1.5 V，可得 V_{GS} = –1.5 V。此段的電壓值和原始網路有關，只要注意到**電路描述**所列的對應節點即可。汲極對源極（地）電壓是 12 V，使 R_D 的壓降是 8 V。從**交流分析**列表中可發現，訊號源(N01707)電壓設在 10 mV，但由於電容在 10 kHz 的阻抗，使電容另一端的電壓小了 3 μV，此電壓差小到可忽略不計。在此頻率下，0.02 μF 的電容值顯然是良好的選擇。在輸出端電容兩側電壓幾乎完全相同（到小數點以下第 3 位），可發現電容值愈大時，電容特性會愈接近短路。輸出電壓 6.275E-2＝62.75 mV，代表增益是 6.275。

從**工作點資訊**可看出，I_D 是 4 mA 且 g_m 是 3.2 mS，可由以下計算求出 g_m 值：

$$g_m = \frac{2I_{DSS}}{|V_P|}\left(1 - \frac{V_{GSQ}}{V_p}\right)$$

$$g_m = \frac{2(10 \text{ mA})}{4 \text{ V}}\left[1 - \frac{(-1.5 \text{ V})}{(-4 \text{ V})}\right]$$
$$= 3.125 \text{ mS}$$

此驗證我們的分析

JFET 分壓器電路　下一個要作交流分析的電路是圖 8.63 的分壓器偏壓電路，注意到所選取的參數和先前例子所用者不同，V_i 在 24 mV 且頻率是 5 kHz。另外，直流位準和輸入及輸出電壓都會顯示在同一畫面上。

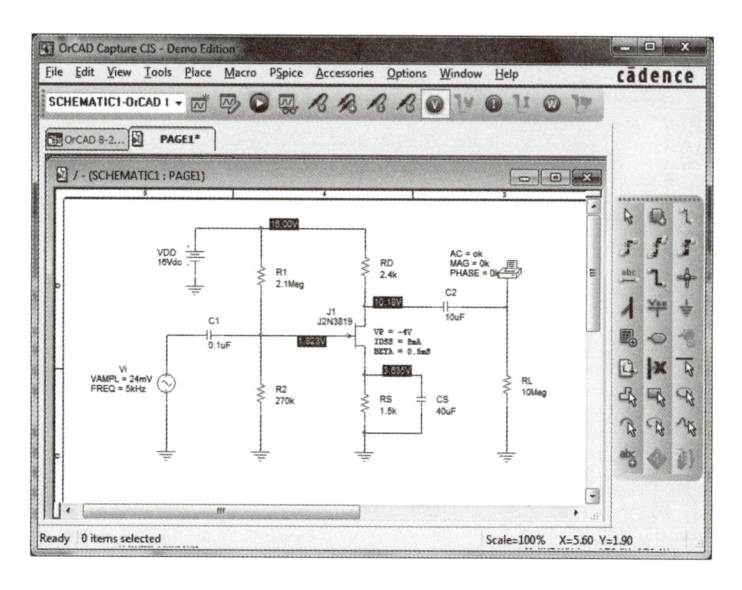

圖 8.63　具有交流訊號源的 JFET 分壓器電路

為執行分析，選取**新模擬組合**鍵以得到**新增模擬**對話框。在輸入**名稱 OrCAD 8-2** 之後，選取**建立**，會出現**模擬設定**對話框。在**分析類型**之下，選取**交流／掃描／雜訊**，之後在**交流掃描**之下選擇**線性**。起始頻率是 **5 kHz**，終止頻率是 **5 kHz**，總點數是 **1**，點擊 **OK**。再選擇執行 **PSpice** 鍵可啟始模擬，電路圖會出現，產生圖 8.63 的圖形，利用 **V** 選項可控制要顯示的所有電壓值。所得直流值 V_{GS} 是 1.823 V − 3.636 V = −1.812 V，和例 7.4 計算所得的 −1.8 V 很接近。V_D 是 10.18 V，前例的計算結果是 10.24 V。V_{DS} = 10.18 V − 3.635 V = 6.545 V，前例的計算結果是 6.64 V。

要看到交流解，可利用**檢視－輸出檔**的順序，在**工作點資訊**之下找到 g_m 是 2.22 mS，和手算值 2.2 mS 相比十分接近。在**交流分析**之下，輸出交流電壓是 125.8 mV，產生增益是 125.8 mV/24 mV = 5.24，手算值則是 $g_m R_D$ = (2.2 mS) (2.4 kΩ) = 5.28。

可以回到**模擬設定**對話框，並在**分析類型**之下選擇**時域（暫態）**，而得到輸出電壓的交流波形。接著，因 5 kHz 訊號的周期是 200 μS，選取**執行時間** 1 ms，所以會出現 5 個周期的波形。讓**開始儲存資訊時刻**為 0 s，並在**暫態選項**之下輸入**最大步幅**為 2 μS，因此波形的每個周期至少會有 100 點。點擊 **OK**，會出現**電路圖**畫面。利用**時跡—加入時跡—V(J1:d)** 的順序，會在圖 8.64 的下半部出現波形。若再利用**繪圖—加入圖形到視窗—時跡—加入時跡—V(V1:+)** 的順序，外加訊號的波形會出現在圖 8.64 的上半部。現在只要將游標向下移到另一波形的左側，並點擊滑鼠左鍵一次，就可將 **SEL>>** 移到下半部波形。利用**時跡—游標—顯示**的順序，水平線會出現在輸出電壓的直流位準 10.184 V 上（注意到，在螢幕右下側**探針游標**中的 **V(J1:d)** 值）。點擊滑鼠右鍵，會出現另一組

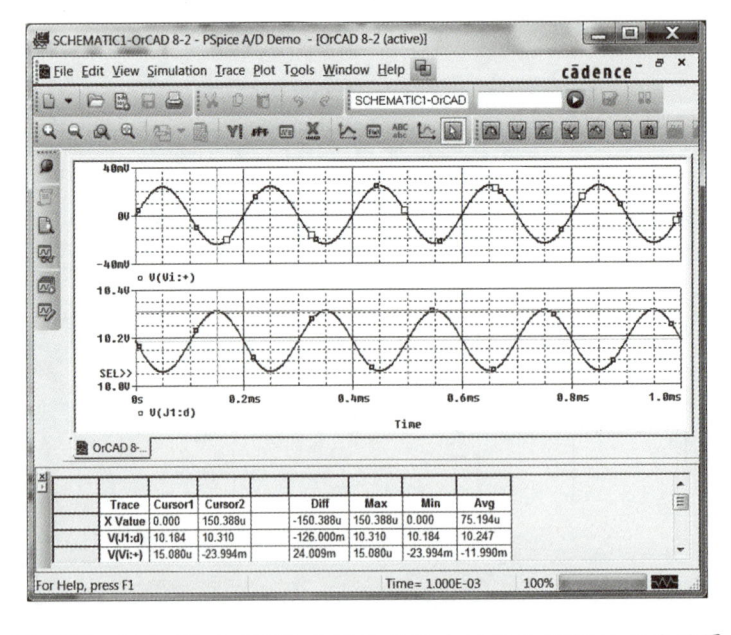

圖 8.64 圖 8.63 中 JFET 分壓器電路中汲極和閘極的交流電壓

線,在畫面上方的工具列中選擇**游標峰值**圖框選項,則該線會自動和波形的峰值對齊(對應於對話框中的 **V(V1:+)**)。注意**游標 2** 顯示峰值出現在 150 μS 處且瞬時峰值為 10.31 V。**Diff** 只代表**游標 1** 和**游標 2** 之間的時刻與大小的差距。

JFET 串級放大器 利用先前 PSpice 的幾個例子中所介紹的相同程序,可建立圖 8.65 的二級 JFET 放大器。對這兩個 JFET,**Beta** 都設在 0.625 mA/V^2 且 **Vto** 設在 -4 V,見圖 8.66。外加訊號頻率是 10 kHz,以確保電容可近似於短路,要決定每一級輸出端的交流輸出。

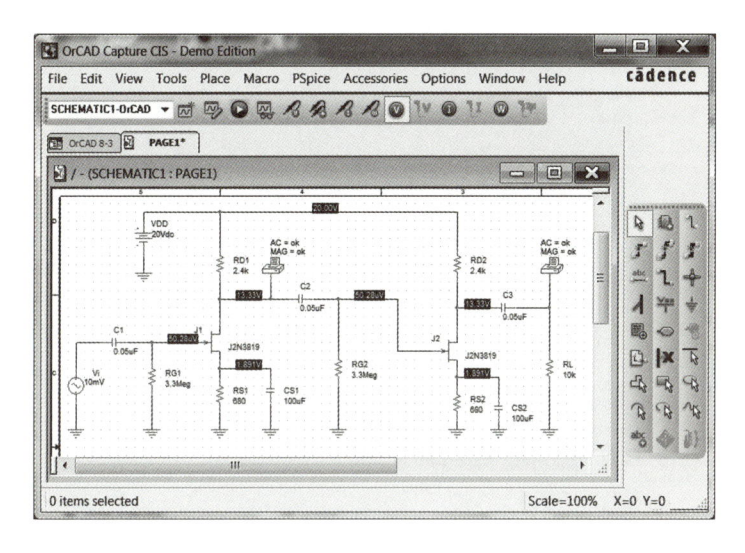

圖 8.65 用 Design Center 分析 JFET 串級放大器網路

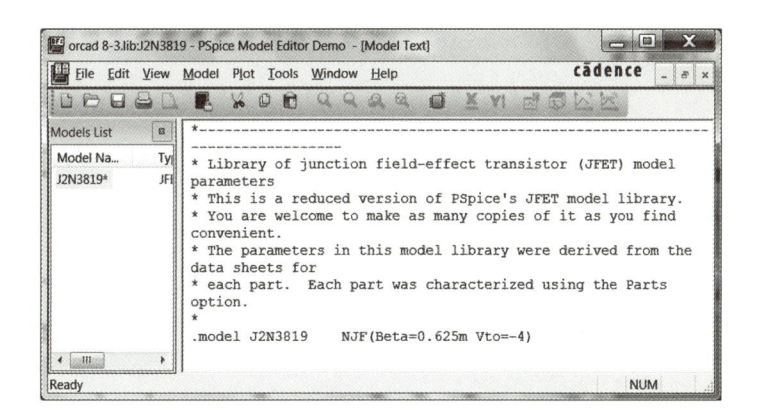

圖 8.66 JFET 模型定義的顯示

模擬後可得圖 8.67 的輸出檔,可發現第 1 級之後的增益是 63.23 mV/10 mV=6.3,而兩級之後的增益則是 322.6 mV/10 mV=32.3,第 2 級的增益是 322.6 mV/63.23 mV =5.1,這些增益和輸出電壓都與例 8.1 所得結果極為接近。

在圖 8.67 中，選用 **V** 選項以得到網路的直流位準。特別注意到，閘極電壓非常接近 0 V，確保閘極對源極電壓幾乎和源極電阻的壓降相同。事實上，由於 **C2** 電容提供隔離，前後兩級的偏壓值會完全相同。

```
****          CIRCUIT DESCRIPTION
***********************************************************
*Libraries:
* Profile Libraries :
* Local Libraries :
.LIB "../../../orcad 8-3-pspicefiles/orcad 8-3.lib"
* From [PSPICE NETLIST] section of C:\OrCAD\OrCAD_16.3_Demo\tools\PSpice\PSpice.ini file:
.lib "nomd.lib"
*Analysis directives:
.AC LIN 1 10kHz 10kHz
.OP
.PROBE V(alias(*)) I(alias(*)) W(alias(*)) D(alias(*)) NOISE(alias(*))
.INC "..\SCHEMATIC1.net"

**** INCLUDING SCHEMATIC1.net ****
* source ORCAD 8-3
J_J1       N00328 N00336 N00332 J2N3819
J_J2       N00340 N00416 N00344 J2N3819
V_VDD      N00308 0 20Vdc
R_RD1      N00328 N00308 2.4k TC=0,0
R_RS1      0 N00332 680 TC=0,0
R_RG1      0 N00336 3.3Meg TC=0,0
R_RD2      N00340 N00308 2.4k TC=0,0
R_RS2      0 N00344 680 TC=0,0
R_RG2      0 N00416 3.3Meg TC=0,0
R_RL       0 N00361 10k TC=0,0
C_C1       N01393 N00336 0.05uF TC=0,0
C_C2       N00328 N00416 0.05uF TC=0,0
C_C3       N00340 N00361 0.05uF TC=0,0
C_CS1      0 N00332 100uF TC=0,0
C_CS2      0 N00344 100uF TC=0,0

.PRINT     AC
+ VM([N00361])

.PRINT     AC
+ VM([N00328])
V_Vi       N01393 0 DC 0Vdc AC 10mV

**** RESUMING "OrCAD 8-3.cir" ****
.END

****       Junction FET MODEL PARAMETERS
***********************************************************
           J2N3819
           NJF
     VTO   -4
    BETA   625.000000E-06

****       SMALL SIGNAL BIAS SOLUTION        TEMPERATURE =   27.000 DEG C
***********************************************************
NODE   VOLTAGE    NODE   VOLTAGE    NODE   VOLTAGE    NODE   VOLTAGE
(N00308) 20.0000  (N00328) 13.3270  (N00332) 1.8908   N00336) 50.28E-06
(N00340) 13.3270  (N00344) 1.8908   (N00361) 0.0000   (N00416) 50.28E-06
(N01393) 0.0000

VOLTAGE SOURCE CURRENTS
NAME       CURRENT
V_VDD      -5.561E-03
V_Vi       0.000E+00

****       OPERATING POINT INFORMATION       TEMPERATURE =   27.000 DEG C
***********************************************************
**** JFETS
NAME       J_J1       J_J2
MODEL      J2N3819    J2N3819
ID         2.78E-03   2.78E-03
VGS        -1.89E+00  -1.89E+00
VDS        1.14E+01   1.14E+01
GM         2.64E-03   2.64E-03
GDS        0.00E+00   0.00E+00
CGS        0.00E+00   0.00E+00
CGD        0.00E+00   0.00E+00

****       AC ANALYSIS                       TEMPERATURE =   27.000 DEG C
***********************************************************
FREQ       VM(N00361)
1.000E+04  3.226E-01

****       AC ANALYSIS                       TEMPERATURE =   27.000 DEG C
***********************************************************
FREQ       VM(N00328)
1.000E+04  6.323E-02
```

圖 8.67　圖 8.65 網路的 PSpice 輸出（已編輯過）

Multisim

現在用 Multisim 決定圖 8.68 中 JFET 自穩偏壓網路中的交流增益，建構網路以及得到所需讀值的完整程序，已在第 5 章的 BJT 交流網路中介紹過。此網路會在第 9 章再次出現（圖 9.70），那時會專注在有載 JFET 放大器的頻率響應。此電路的詳細分析提供在第 9 章，包括直流值、g_m 值和有載增益的決定。例 9.12 中的汲極電流是 2 mA，產生 10.6 V 的汲極電壓和 2 V 的源極電壓，而圖 8.68 中的結果分別是 10.594 V 和 2.000 V，相當接近。當加上負載 R_L 到網路上時，此負載會和網路中的 R_D 並聯，使增益關係式變成 $-g_m(R_D \| R_L)$。在例 9.12 中 g_m 是 2 mS，可得總增益是 $(-2 \text{ mS})(2.2 \text{ k}\Omega \| 4.7 \text{ k}\Omega) = -2.997$。圖 8.68 中的電表提供各點電壓的有效值，因所用訊號源也是標記有效值，所以電表 XMM1 的讀值和外加訊號源十分接近，其差距是 R_{sig} 和 CG 所產生的交流電壓降。此電路的交流增益 (V_o/V_i) 是 2.042 mV/0.699 mV = 2.921，和手算結果極為接近。

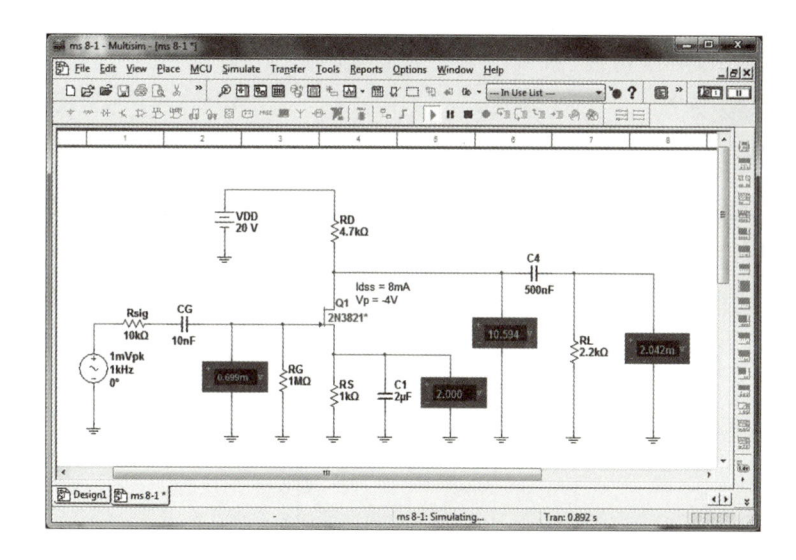

圖 8.68 畫面上顯示直流偏壓值

習題

*註：星號代表較困難的習題。

8.2 FET 小訊號模型

1. 某 JFET 的裝置參數 $I_{DSS} = 12$ mA 且 $V_P = -4$ V，試計算其 g_{m0}。
2. 某 JFET 的 $g_{m0} = 10$ mS 且 $I_{DSS} = 12$ mA，決定其夾止電壓。
3. 某 JFET 的裝置參數 $g_{m0} = 5$ mS 且 $V_P = -4$ V，則此裝置在 $V_{GS} = 0$ V 時的電流是多少？

4. 某 JFET (I_{DSS}=12 mA，V_P=−3 V) 偏壓在 V_{GS}=−0.5 V，試計算其 g_m 值。
5. 某 JFET 在 V_{GS_Q}=−1 V 時的 g_m=6 mS，若 V_P=−2.5 V，則 I_{DSS} 值是多少？
6. 某 JFET (I_{DSS}=10 mA，V_P=−5 V) 偏壓在 I_D=I_{DSS}/4，在此偏壓點的 g_m 值是多少？
7. 某 JFET (I_{DSS}=8 mA，V_P=−5 V) 偏壓在 V_{GS}=V_P/4，試決定 g_m 值。
8. 規格表提供以下資料（對應於所給汲極源極電流）：

$$g_{fs}=4.5 \text{ mS}，g_{os}=25 \text{ μS}$$

在所給汲極源極電流處，試決定：

a. g_m。

b. r_d。

9. 某 JFET 指定 g_{fs}=4.5 mS 且 g_{os}=25 μS，試決定裝置的輸出阻抗 Z_o(FET) 以及理想電壓增益 A_v(FET)。
10. 若某 JFET 指定 r_d=100 kΩ，且理想電壓增益 A_v(FET) = −200，則 g_m 值是多少？
11. 利用圖 8.69 的轉移特性：

a. g_{m0} 值是多少？

b. 試用圖形法決定 V_{GS}=−0.5 V 時的 g_m。

c. 試利用式(8.6)，V_{GS_Q}=−0.5 V 時的 g_m 值是多少？並和(b)的結果作比較。

d. 試用圖形法決定 V_{GS}=−1 V 時的 g_m。

e. 試利用式(8.6)，V_{GS_Q}=−1 V 時的 g_m 值是多少？並和(d)的結果作比較。

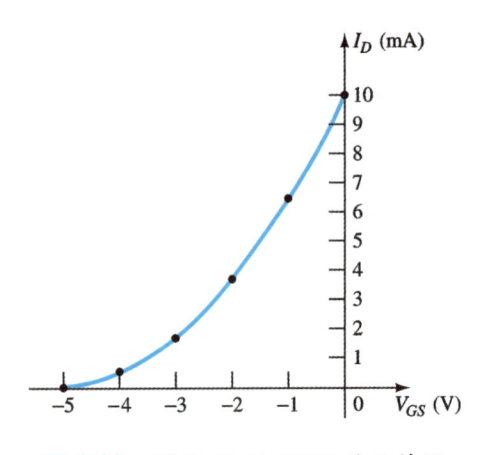

圖 8.69 習題 11 的 JFET 轉移特性

12. 利用圖 8.70 的汲極特性：

a. V_{GS}=0 V 時的 r_d 值是多少？

b. V_{DS}=10 V 時的 g_{m0} 值是多少？

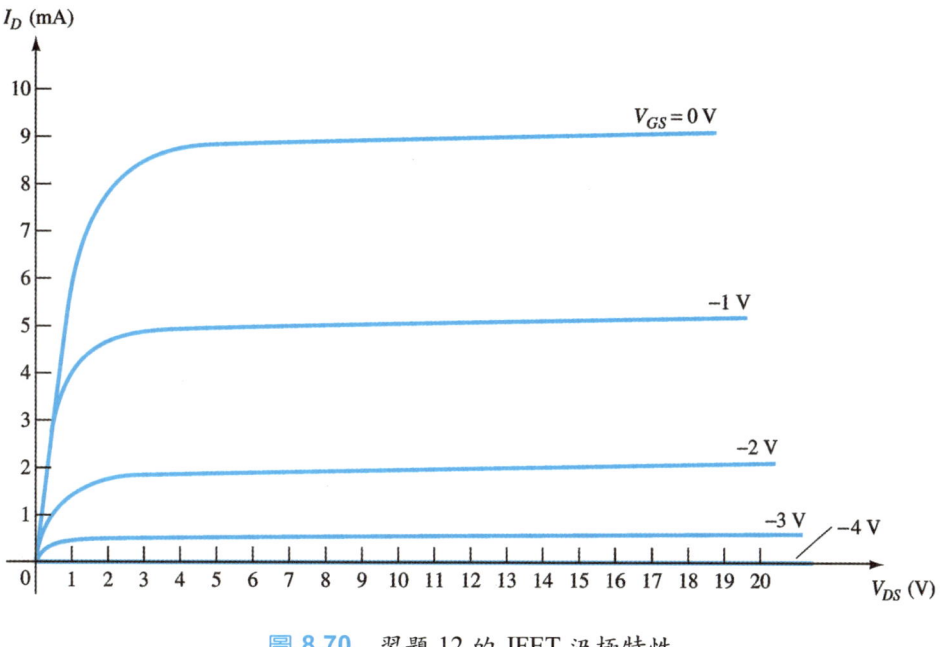

圖 8.70 習題 12 的 JFET 汲極特性

13. 對某 2N4220 n 道通 JFET〔g_{fs}（最小）$=750\ \mu S$，g_{os}（最大）$=10\ \mu S$〕：
    a. g_m 值是多少？
    b. r_d 值是多少？

14. a. 某 n 通道 JFET 的 $I_{DSS}=12$ mA 且 $V_P=-6$ V，試畫出其 g_m 對 V_{GS} 的特性。
    b. 就與(a)相同的 n 通道 JFET，試畫出其 g_m 對 I_D 的特性。

15. 某 JFET 的 $g_{fs}=5.6$ mS 且 $g_{os}=15\ \mu S$，試畫出其交流等效模型。

16. 某 JFET 的 $I_{DSS}=10$ mA、$V_P=-4$ V、$V_{GS_Q}=-2$ V 且 $g_{os}=25\ \mu S$，試畫出其交流等效模型。

8.3 固定偏壓電路

17. 圖 8.71 網路中，若 JFET 的 $I_{DSS}=10$ mA、$V_P=-6$ V 且 $r_d=40$ kΩ，試決定 Z_i、Z_o 和 A_v。

18. a. 試決定圖 8.71 電路的 Z_i、Z_o 和 A_v，若 I_{DSS} 和 V_P 值是習題 17 的一半，即 $I_{DSS}=5$ mA 且 $V_P=-3$ V。
    b. 和習題 17 的結果作比較。

19. a. 試決定圖 8.72 電路的 Z_i、Z_o 和 A_v，若 $I_{DSS}=10$ mA，$V_P=-4$ V 且 $r_d=20$ kΩ。
    b. 重做(a)，但 $r_d=40$ kΩ，此對結果有何影響？

圖 8.71 習題 17 和 18 的固定偏壓放大器

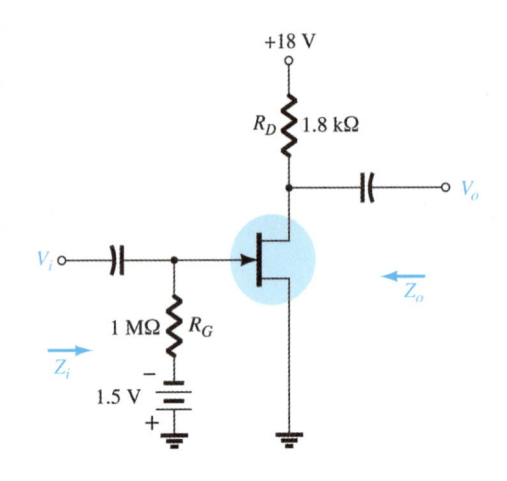

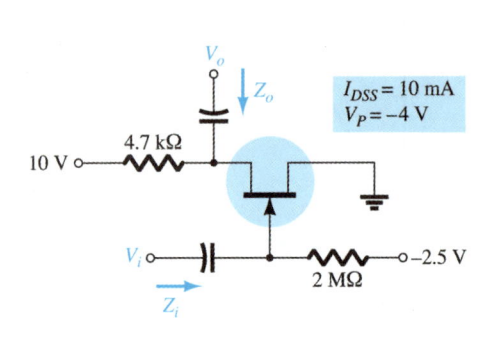

圖 8.72 習題 19

8.4 自穩偏壓電路

20. 圖 8.73 的網路中，若 JFET 的 $g_{fs}=3000\ \mu S$，且 $g_{os}=50\ \mu S$ 決定 Z_i、Z_o 和 A_v。

21. 圖 8.73 的網路去掉 $20\ \mu F$ 電容，其餘參數則維持和習題 20 相同，試決定 Z_i、Z_o 和 A_v，並和習題 20 的結果作比較。

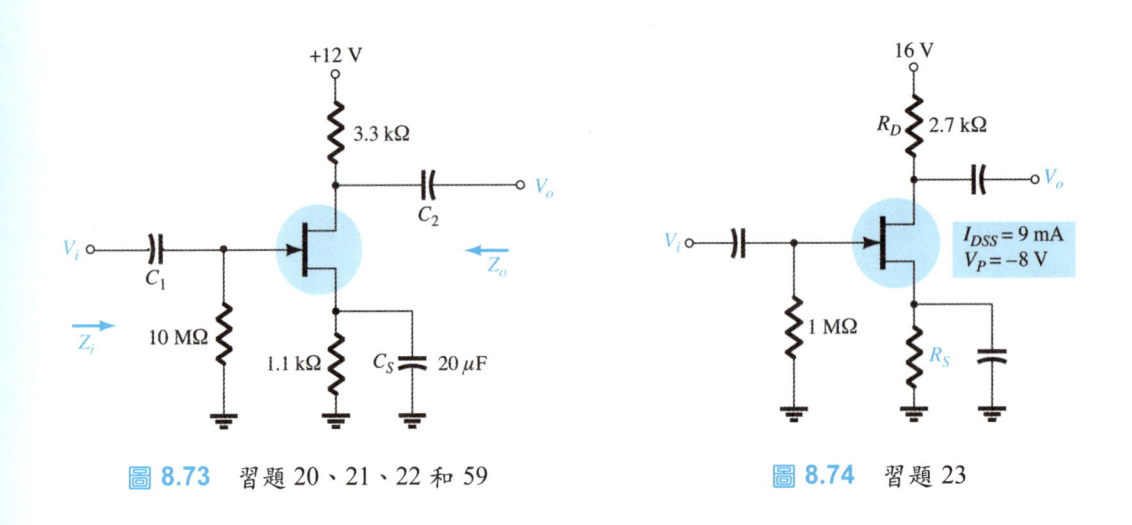

圖 8.73 習題 20、21、22 和 59

圖 8.74 習題 23

22. 重做習題 20，但 g_{os} 是 $10\ \mu S$，和習題 20 的結果作比較。

23. **a.** 試求 R_S 的值，以使圖 8.74 電路的電壓增益為 2，取 $r_d=\infty\ \Omega$。

    b. 重做(a)，但 $r_d=30\ k\Omega$，r_d 的改變對增益和分析過程有何影響？

24. 試決定圖 8.75 電路的 Z_i、Z_o 和 A_v，若 $I_{DSS}=6\ mA$，$V_P=-6\ V$ 且 $g_{os}=40\ \mu S$。

图 8.75 習題 24 和 60 的自穩偏壓電路

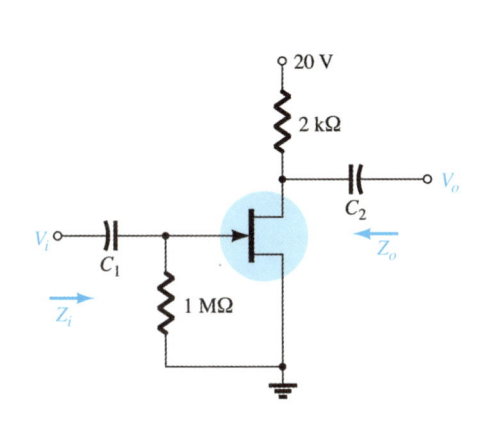

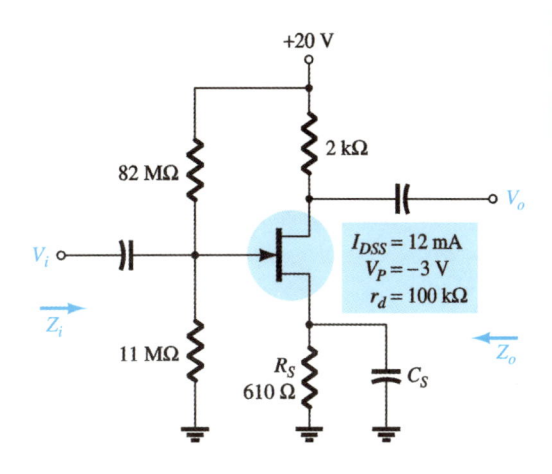

圖 8.76 習題 25~28，以及 61

8.5 分壓器電路

25. 圖 8.76 的網路中，若 $V_i = 20$ mV，試決定 Z_i、Z_o 和 V_o。
26. 重做習題 25，但拿掉電容 C_S，並比較結果。
27. 重做習題 25，但 $r_d = 20$ kΩ，並比較結果。
28. 重做習題 26，但 $r_d = 20$ kΩ，並比較結果。

8.6 共閘極電路

29. 試決定圖 8.77 電路的 Z_i、Z_o 和 A_v，若 $V_i = 4$ mV。
30. 重做習題 29，但 $r_d = 20$ kΩ，並比較結果。
31. 試決定圖 8.78 電路的 Z_i、Z_o 和 A_v，若 $r_d = 30$ kΩ。

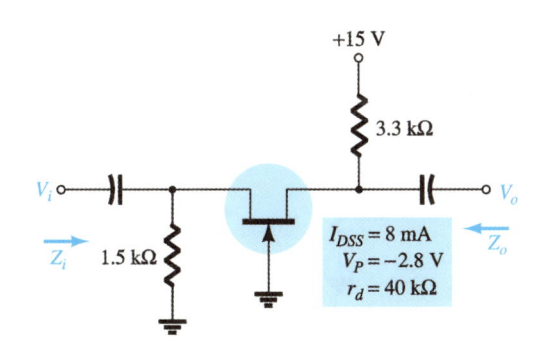

圖 8.77 習題 29、30 和 62

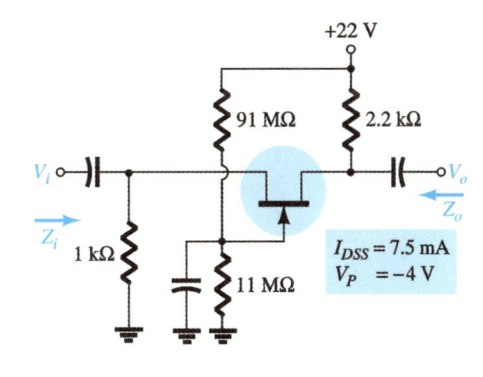

圖 8.78 習題 31

8.7 源極隨耦器（共汲極）電路

32. 試決定圖 8.79 網路的 Z_i、Z_o 和 A_v。

33. 重做習題 32，但 $r_d = 20$ kΩ。

34. 試決定圖 8.80 網路的 Z_i、Z_o 和 A_v。

圖 8.79 習題 32 和 33

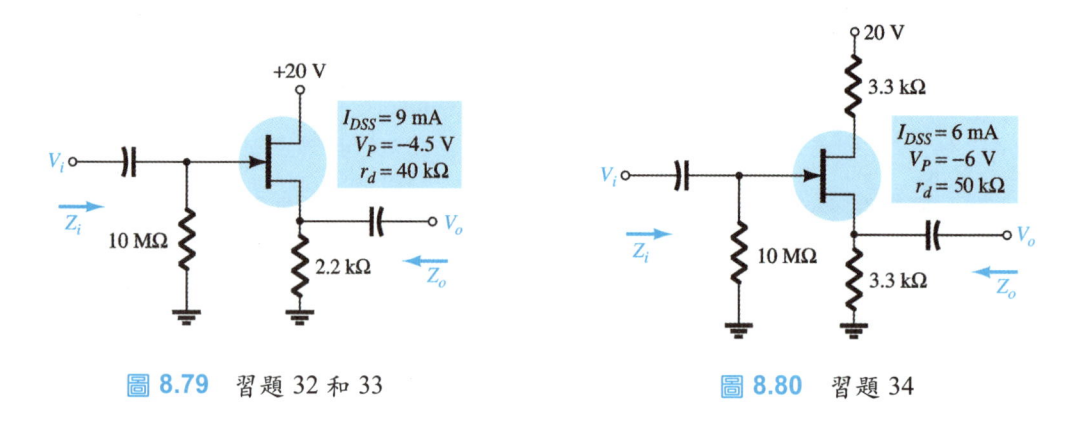

圖 8.80 習題 34

8.8 空乏型 MOSFET

35. 圖 8.81 的網路中，若 $g_{os} = 20$ μS，試決定 V_o。

36. 圖 8.82 網路中，若 $r_d = 60$ kΩ，試決定 Z_i、Z_o 和 A_v。

圖 8.81 習題 35

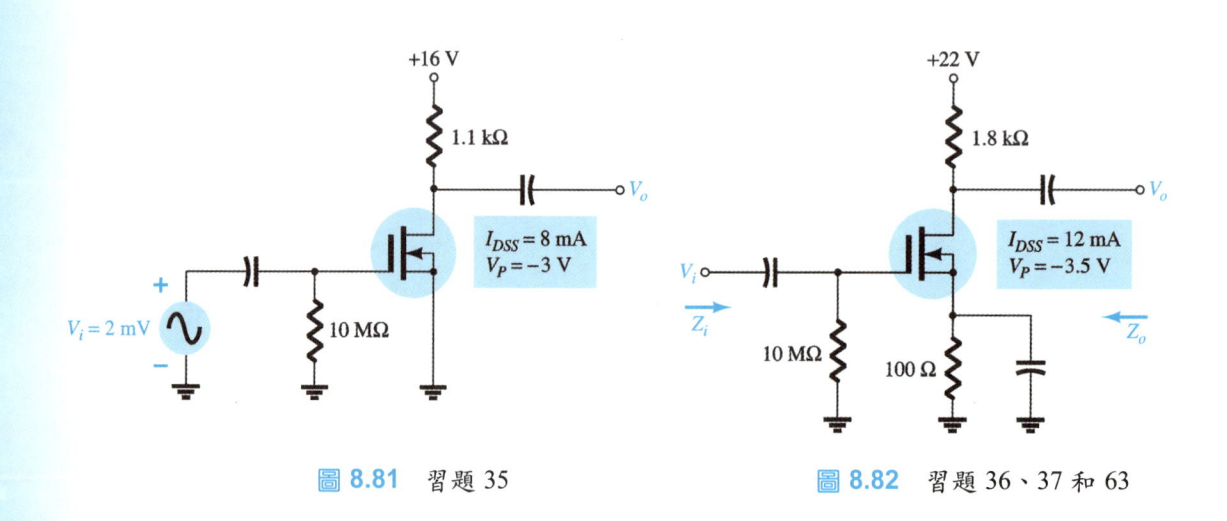

圖 8.82 習題 36、37 和 63

37. 重做習題 36，但 $r_d = 25$ kΩ，並比較結果。

38. 試決定圖 8.83 電路的 V_o，若 $V_i = 1.8$ mV。

39. 試決定圖 8.84 網路的 Z_i、Z_o 和 A_v。

圖 8.83 習題 38

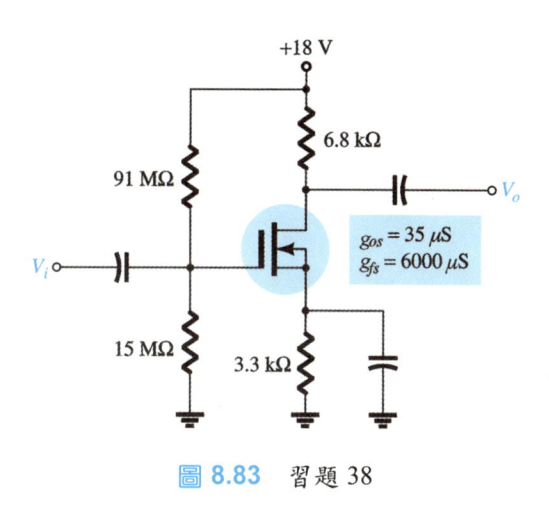

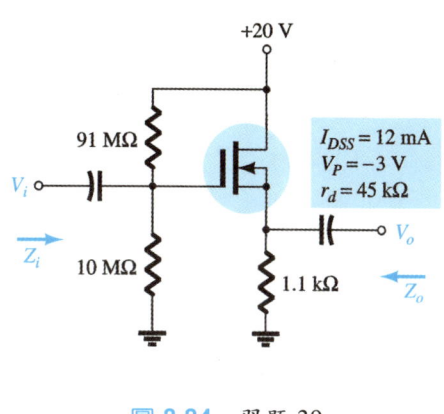

圖 8.84 習題 39

8.10 E-MOSFET 汲極反饋電路

40. 某 MOSFET 的 $V_{GS(Th)}=3$ V，若偏壓在 $V_{GS_Q}=8$ V，假定 $k=0.3\times 10^{-3}$，試決定其 g_m。

41. 圖 8.85 的放大器，若 $k=0.3\times 10^{-3}$，試決定此放大器的 Z_i、Z_o 和 A_v。

42. 重做習題 41，但 $k=0.2\times 10^{-3}$，並比較結果。

43. 若圖 8.86 網路的 $V_i=20$ mV，試決定 V_o。

44. 若圖 8.86 網路的 $V_i=4$ mV、$V_{GS(Th)}=4$ V 且 $V_{GS(on)}=7$ V 時的 $I_{D(on)}=4$ mA，又 $g_{os}=20$ μS，試決定 V_o。

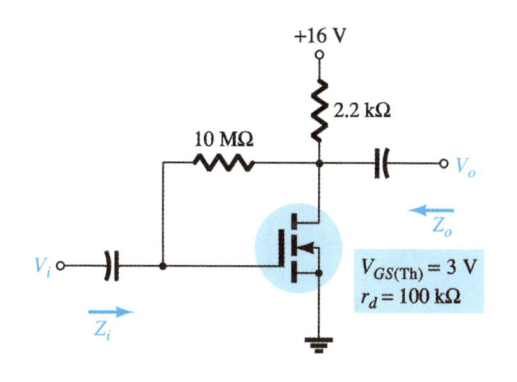

圖 8.85 習題 41、42 和 64

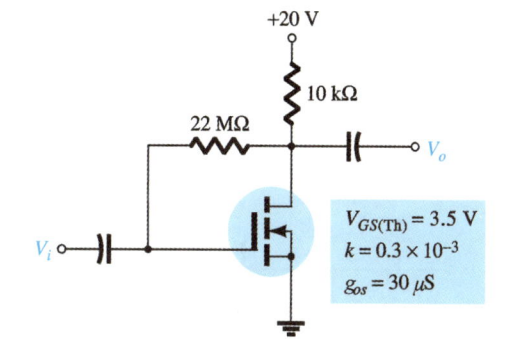

圖 8.86 習題 43 和 44

8.11 E-MOSFET 分壓器電路

45. 若圖 8.87 網路的 $V_i = 0.8$ mV 且 $r_d = 40$ kΩ，決定輸出電壓。

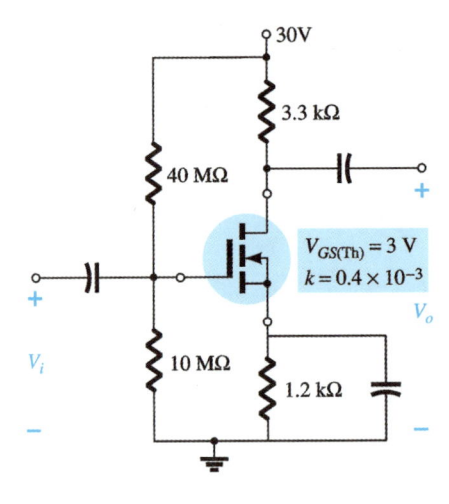

圖 8.87　習題 45

8.12 設計 FET 放大器網路

46. 試設計圖 8.88 的固定偏壓電路，以得到增益 8。

47. 試設計圖 8.89 的自穩偏壓電路，以得到增益 10，裝置應偏壓在 $V_{GS_Q} = \frac{1}{3} V_P$。

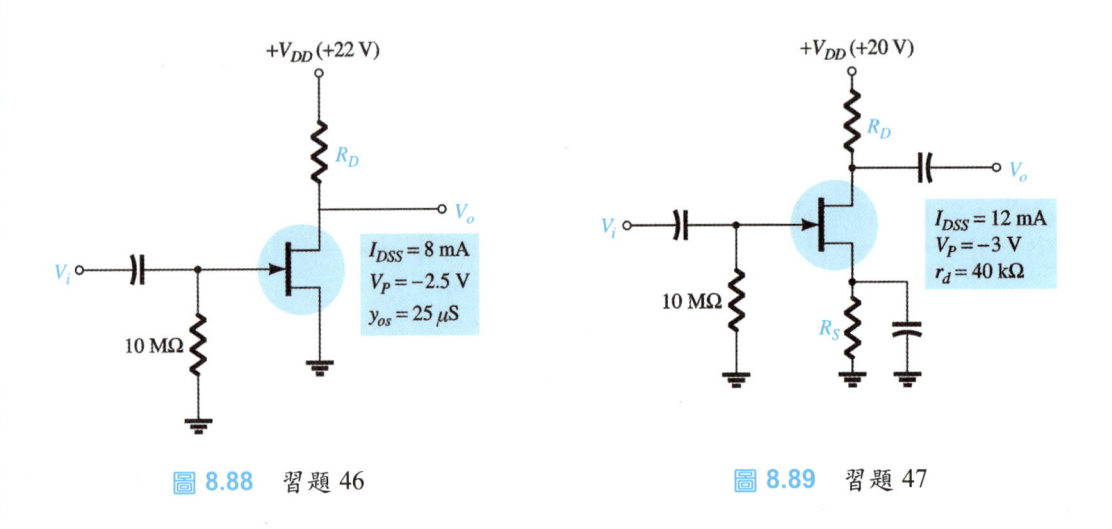

圖 8.88　習題 46

圖 8.89　習題 47

8.14 R_L 和 R_{sig} 的影響

48. 對圖 8.90 的 JFET 自穩偏壓電路。
  a. 試決定 $A_{v_{NL}}$、Z_i 和 Z_o。
  b. 試代入(a)所得的參數，畫出圖 5.74 的雙埠模型。
  c. 試決定 A_{v_L} 和 A_{v_s}。
  d. 分別將 R_{sig} 改成 10 kΩ，計算新的 A_{v_L} 和 A_{v_s} 值，電壓增益如何受到 R_S 變化的影響？
  e. 如(d)所作相同的變化，試決定 Z_i 和 Z_o，對這兩個阻抗有何影響？

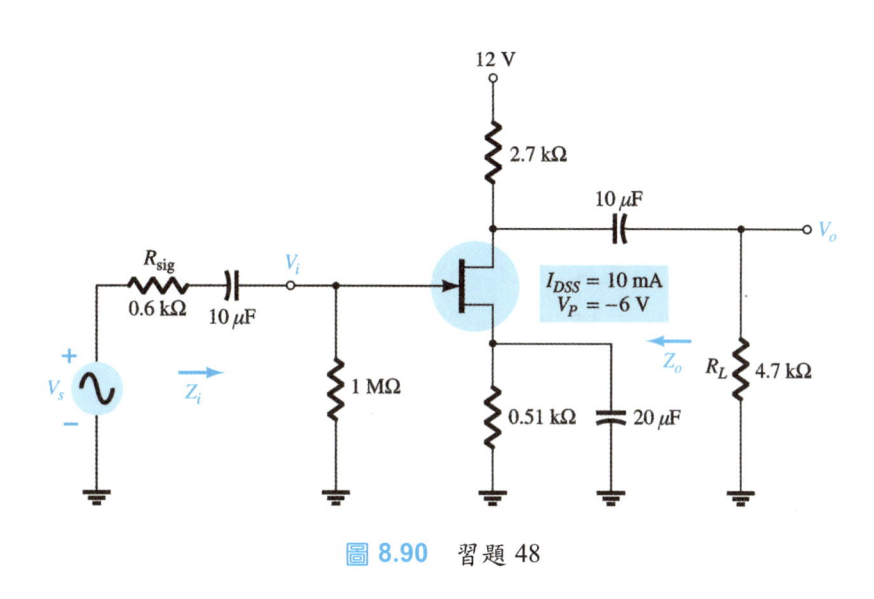

圖 8.90 習題 48

49. 對圖 8.91 的源極隨耦器網路：
  a. 試決定 $A_{v_{NL}}$、Z_i 和 Z_o。
  b. 試代入(a)所得的參數，畫出圖 5.74 的雙埠模型。
  c. 試決定 A_{v_L} 和 A_{v_s}。
  d. 試將 R_{sig} 改成 4.7 kΩ，並計算 A_{v_L} 和 A_{v_s}。增加 R_L 值對兩電壓增益有何影響？
  e. 試將 R_{sig} 改成 1 kΩ（R_L 維持在 2.2 kΩ），計算 A_{v_L} 和 A_{v_s}。增加 R_{sig} 值對兩電壓增益的影響是什麼？
  f. 將 R_L 改成 4.7 kΩ，R_{sig} 改成 20 kΩ，計算 Z_i 和 Z_o。對這兩個參數的影響是什麼？

圖 8.91 習題 49

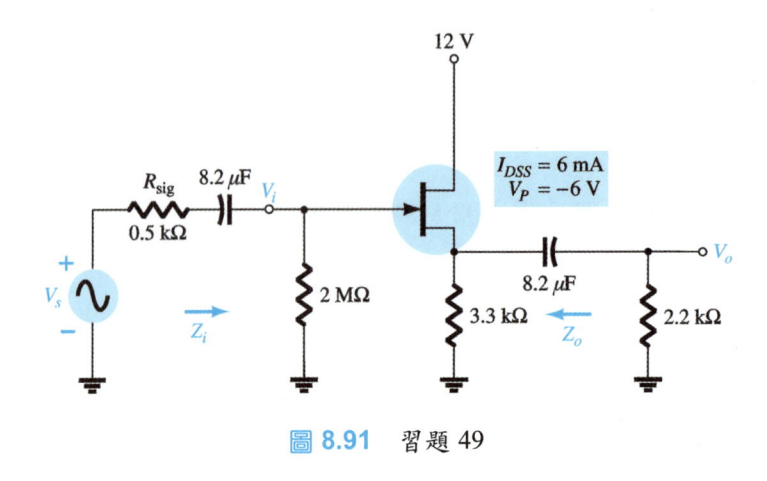

50. 對圖 8.92 的共閘極電路組態：

  a. 試決定 $A_{v_{NL}}$、Z_i 和 Z_o。

  b. 畫出圖 5.74 的雙埠模型，並附上 (a) 所決定的參數值。

  c. 試決定 A_{v_L} 和 A_{v_s}。

  d. R_L 改成 2.2 kΩ，試計算 A_{v_L} 和 A_{v_s}。改變 R_L 對電壓增益的影響是什麼？

  e. R_{sig} 改成 0.1 kΩ（R_L 在 4.7 kΩ），試計算 A_{v_L} 和 A_{v_s}，改變 R_{sig} 對電壓增益的影響是什麼？

  f. R_L 改成 2.2 kΩ 且 R_{sig} 改成 0.1 kΩ，試計算 Z_i 和 Z_o，對這兩個參數的影響是什麼？

  g. 由上述的計算，可得到的一般性結論是什麼？

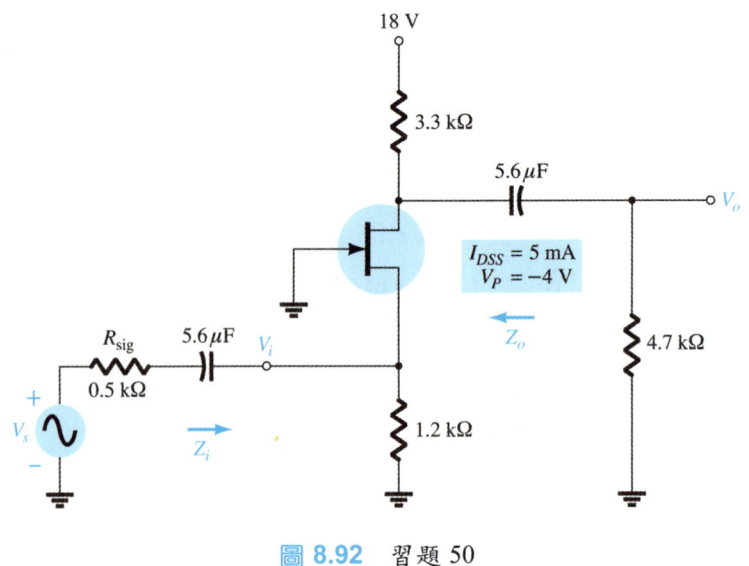

圖 8.92 習題 50

8.15 串級電路

51. 對圖 8.93 的 JFET 串級放大器，試計算前後兩相同放大級的直流偏壓條件，所用 JFET 的 $I_{DSS}=8$ mA 且 $V_P=-4.5$ V。

52. 對圖 8.93 的 JFET 串級放大器，相同兩個 JFET 的 $I_{DSS}=8$ mA 且 $V_P=-4.5$ V，試計算各級的電壓增益、放大器的總增益，以及輸出電壓 V_o。

53. 圖 8.93 的串級放大器中，若兩個 JFET 的規格都改成 $I_{DSS}=12$ mA 且 $V_P=-3$ V，試計算各級的直流偏壓。

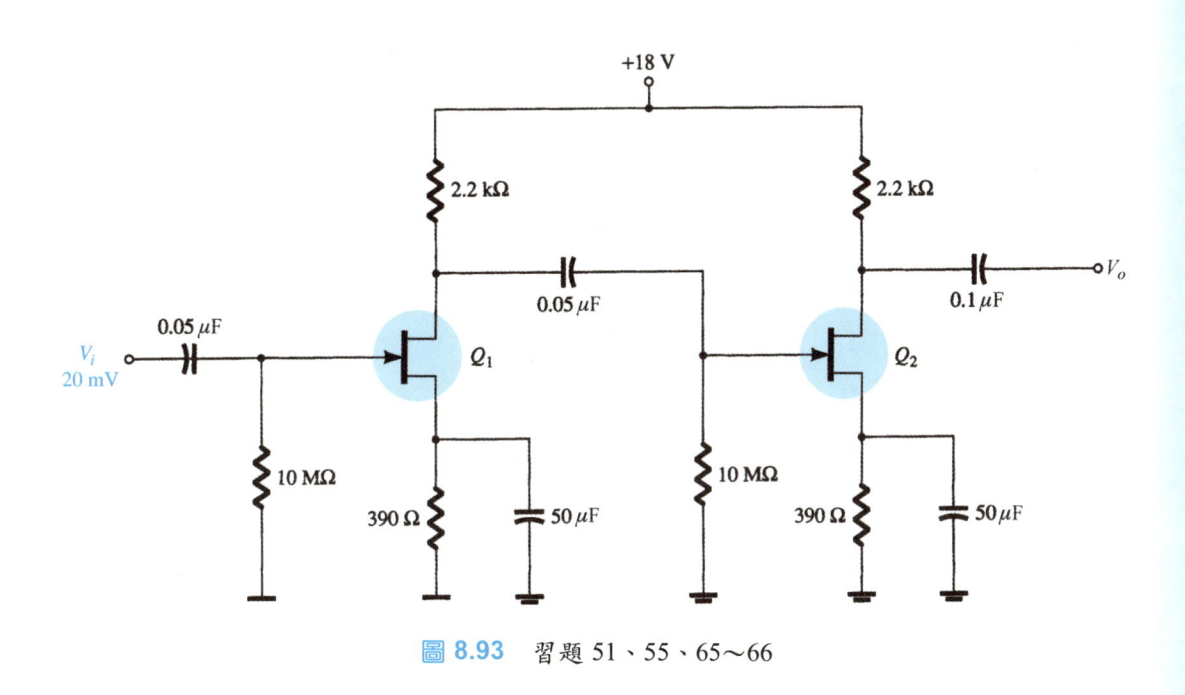

圖 8.93 習題 51、55、65～66

54. 圖 8.93 的串級放大器中，若兩個 JFET 的規格都改成 $I_{DSS}=12$ mA、$V_P=-3$ V 且 $g_{os}=25$ μS，試計算各級的電壓增益、總電壓增益，以及輸出電壓 V_o。

55. 圖 8.93 的串級放大器中，JFET 的規格是 $I_{DSS}=12$ mA、$V_P=-3$ V 且 $g_{os}=25$ μS，試計算電路的輸入阻抗(Z_i)和輸出阻抗(Z_o)。

56. 對圖 8.94 的串級放大器，試計算各級的直流偏壓電壓和集極電流。

57. 對圖 8.94 的放大器電路，試計算各級的電壓增益和放大器的總增益。

58. 對圖 8.94 的放大器電路，試計算輸入阻抗(Z_i)和輸出阻抗(Z_o)。

圖 8.94　習題 56～58

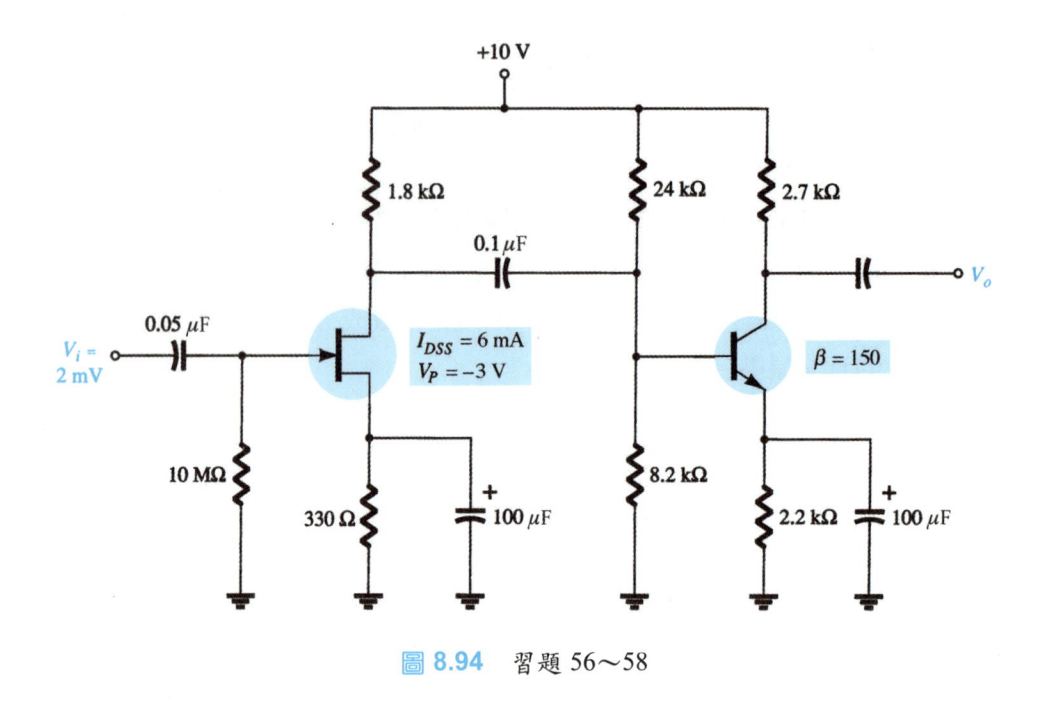

8.19　計算機分析

59. 試利用 PSpice 視窗版，決定圖 8.73 網路的電壓增益。

60. 試利用 Multisim，決定圖 8.75 網路的電壓增益。

61. 試利用 PSpice 視窗版，決定圖 8.76 網路的電壓增益。

62. 試利用 Multisim，決定圖 8.77 網路的電壓增益。

63. 試利用 PSpice 視窗版，決定圖 8.82 網路的電壓增益。

64. 試利用 PSpice 視窗版，決定圖 8.85 網路的電壓增益。

***65.** 試利用 Design Center 畫出圖 8.93 JFET 串級放大器的電路圖，JFET 參數設為 $I_{DSS}=$ 12 mA 且 $V_P = -3$ V，試執行分析以決定直流偏壓值。

***66.** 試利用 Design Center 畫出圖 8.93 JFET 串級放大器的電路圖，JFET 參數設為 $I_{DSS}=$ 12 mA 且 $V_P = -3$ V，試執行分析並計算出交流輸出電壓 V_o。

BJT 和 JFET 的頻率響應

本章目標

- 建立使用對數的信心，了解分貝的概念，並能精確讀出對數圖。
- 熟悉 BJT 和 FET 放大器的頻率響應。
- 有能力將頻率圖標準化，建立 dB 圖，並能找出截止頻率和頻寬。
- 了解如何利用直線段和截止頻率產生波德圖，以定義放大器的頻率響應。
- 能求出反饋電容在放大器的輸入和輸出處所產生的米勒效應電容。
- 熟習方波測試以決定放大器頻率響應。

9.1 導　言

到目前為止，交流分析都限制在一定的頻率範圍，對放大器而言，即電容效應可忽略不計的頻率範圍，使電路分析簡化到只有電阻性元件以及獨立源和受控源。現在我們要探討，網路在低頻時，大電容元件的影響，以及在高頻時，主動元件內部小寄生電容的影響。因分析會擴展到很寬的頻率範圍，整個分析會定義並使用對數座標。另外，因產業界所用的頻率圖一般以分貝(dB)為單位，所以會相當詳細介紹分貝的概念。BJT 和 FET 的頻率響應分析很類似，因此可在同一章內同時涵蓋這兩種裝置的分析。

9.2 對　數

在頻率響應的領域，沒有辦法不去善用對數函數。在設計、檢視和分析程序中，使用對數函數有許多正面的特質，諸如在很寬的範圍內畫變量圖、實際數值有的很大有的很小，以及要確認很重要的數值。

作為釐清對數函數的變數之間的關係，第一步先考慮如下數學方程式：

$$\boxed{a=b^x，x=\log_b a} \tag{9.1}$$

兩式中的變數 a、b 和 x 為同一變數。若以 b 為底，取 x 次方而決定 a，則以 b 為底且對 a 取對數即可得相同的 x。例如，若 $b=10$ 且 $x=2$，

$$a=b^x=(10)^2=100$$

則
$$x=\log_b a=\log_{10} 100=2$$

易言之，若要找出某數的幾次方能產生另一數值，如

$$10,000=10^x$$

可利用對數決定 x 的值。也就是，

$$x=\log_{10} 10,000=4$$

對電機／電子業以及絕大部分的科學研究而言，對數式的底會取 10 或 $e=2.71828\cdots$。

取 10 為底的對數稱為**普通對數**，而取 e 為底的對數則稱為**自然對數**。總之：

$$\boxed{\text{普通對數}：x=\log_{10} a} \tag{9.2}$$

$$\boxed{\text{自然對數}：y=\log_e a} \tag{9.3}$$

兩式之間的關係為

$$\boxed{\log_e a=2.3 \log_{10} a} \tag{9.4}$$

在科學計算器上，普通對數一般用 $\boxed{\text{log}}$ 鍵，而自然對數則是用 $\boxed{\text{ln}}$ 鍵。

例 9.1 試利用計算器決定以下數值的對數值（注意所用的底）。
a. $\log_{10} 10^6$。　**b.** $\log_e e^3$。　**c.** $\log_{10} 10^{-2}$。　**d.** $\log_e e^{-1}$。

解：
a. 6　**b.** 3　**c.** −2　**d.** −1

例 9.1 的結果清楚顯示：

> 某數取乘冪後的對數值，即該乘冪（若對數的底即某數）。

在下一例中，底和變數之間的關係，並非底的整數次方。

例 9.2　試利用計算器決定以下數值的對數值。

a. $\log_{10} 64$。　**b.** $\log_e 64$。　**c.** $\log_{10} 1600$。　**d.** $\log_{10} 8000$。

解：

a. 1.806　**b.** 4.159　**c.** 3.204　**d.** 3.903

注意例 9.2 中的(a)和(b)，對數 $\log_{10} a$ 和 $\log_e a$ 的關係定義在式 (9.4)。另外注意到，對數函數的因變數和自變數之間並不是線性關係。例如，8000 是 64 的 125 倍，但 8000 的對數值約只有 64 對數值的 2.16 倍，是極不線性的關係。事實上，表 9.1 可清楚看出，某數的對數值和該數的指數呈正變關係。若要找出某數的反對數，可利用計算器上的 10^x 或 e^x 功能鍵。

表 9.1

$\log_{10} 10^0$	$= 0$
$\log_{10} 10$	$= 1$
$\log_{10} 100$	$= 2$
$\log_{10} 1{,}000$	$= 3$
$\log_{10} 10{,}000$	$= 4$
$\log_{10} 100{,}000$	$= 5$
$\log_{10} 1{,}000{,}000$	$= 6$
$\log_{10} 10{,}000{,}000$	$= 7$
$\log_{10} 100{,}000{,}000$	$= 8$
等	

例 9.3　試利用計算器決定以下表示式的反對數。

a. $1.6 = \log_{10} a$。

b. $0.04 = \log_e a$。

解：

a. $a = 10^{1.6}$

用 10^x 鍵：得 $a=$ **39.81**。

b. $a=e^{0.04}$

用 e^x 鍵：得 $a=$ **1.0408**。

因本章之後都只用到普通對數，所以只回顧和普通對數有關的性質。但一般而言，這些關係式對任何底都會成立。先注意到

$$\boxed{\log_{10} 1 = 0} \tag{9.5}$$

這可清楚從表 9.1 看出，因 $10^0=1$。其次，

$$\boxed{\log_{10} \frac{a}{b} = \log_{10} a - \log_{10} b} \tag{9.6}$$

考慮 $a=1$ 的特例，變成

$$\boxed{\log_{10} \frac{1}{b} = -\log_{10} b} \tag{9.7}$$

對任何大於 1 的 b 值而言，小於 1 的數值的對數值必為負。最後，

$$\boxed{\log_{10} ab = \log_{10} a + \log_{10} b} \tag{9.8}$$

以上三式，若採自然對數形式也成立。

例 9.4 試利用計數器決定以下數值的對數值。

a. $\log_{10} 0.5$。

b. $\log_{10} \dfrac{4000}{250}$。

c. $\log_{10} (0.6 \times 30)$。

解：

a. $-$**0.3**

b. $\log_{10} 4000 - \log_{10} 250 = 3.602 - 2.398 =$ **1.204**

檢查：$\log_{10} \dfrac{4000}{250} = \log_{10} 16 =$ **1.204**

c. $\log_{10} 0.6 + \log_{10} 30 = -0.2218 + 1.477 =$ **1.255**

檢查：$\log_{10} (0.6 \times 30) = \log_{10} 18 =$ **1.255**

第 9 章 BJT 和 JFET 的頻率響應

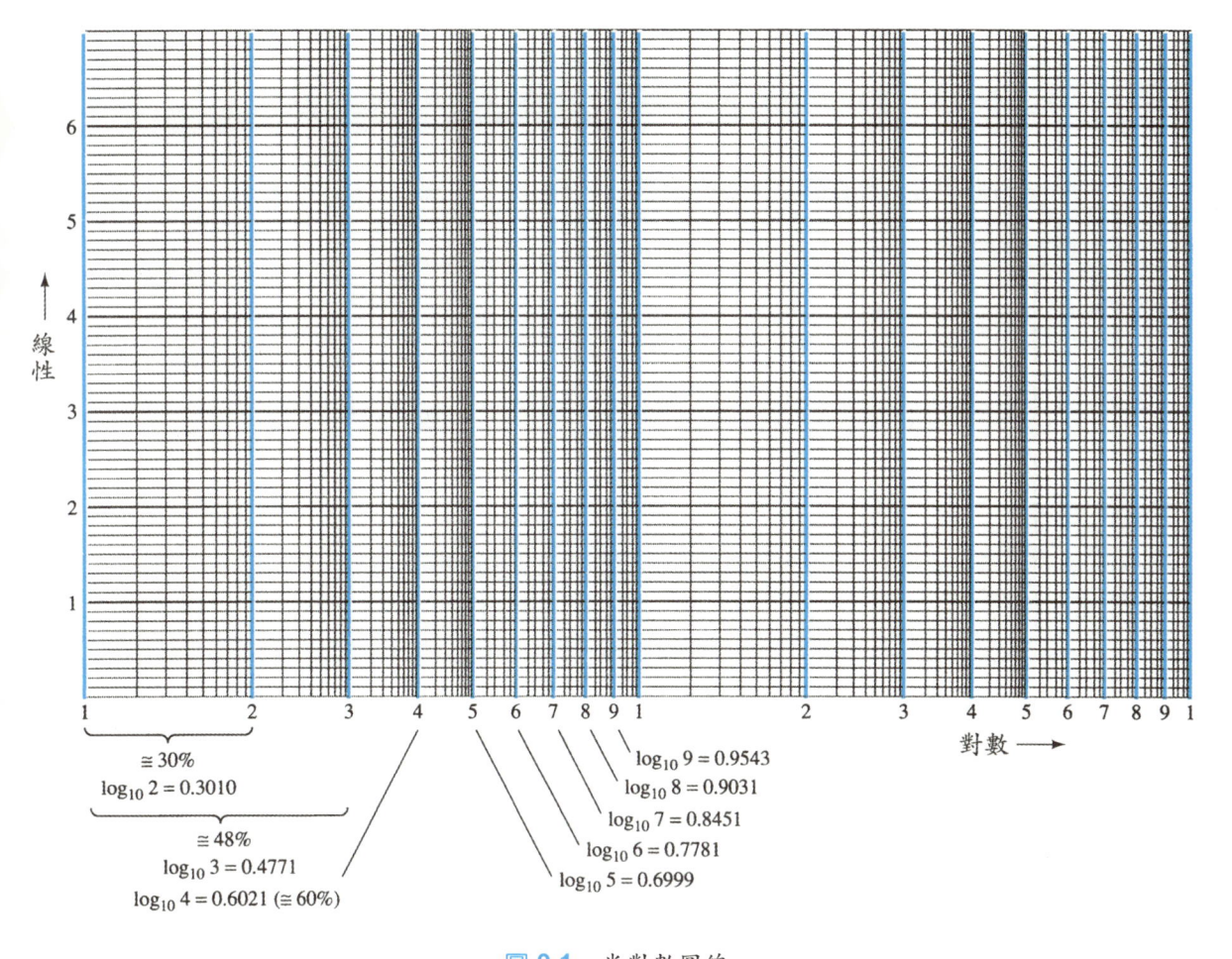

≅ 30%
$\log_{10} 2 = 0.3010$

≅ 48%
$\log_{10} 3 = 0.4771$
$\log_{10} 4 = 0.6021 \, (\cong 60\%)$

$\log_{10} 5 = 0.6999$
$\log_{10} 6 = 0.7781$
$\log_{10} 7 = 0.8451$
$\log_{10} 8 = 0.9031$
$\log_{10} 9 = 0.9543$

圖 9.1 半對數圖線

使用對數座標可大幅拓展特定變數在圖上的變化範圍，市面上大部分的圖紙屬於半對數或全對數。術語半(semi)表示兩座標中僅有一個對數座標，而全對數代表兩個座標都是對數座標。半對數標圖見圖 9.1，注意縱軸是線性座標，格距都均等。對數圖上線與線的間隔都顯示在圖上，以 10 為底時 2 的對數是 0.3，因此 1 ($\log_{10} 1 = 0$) 和 2 的距離是 1～10 級距的 30%。以 10 為底時 3 的對數是 0.4771，幾乎為級距的 48%（很接近對數座標上相鄰兩個 10 的次方之間距的一半）。因 $\log_{10} 5 \cong 0.7$，因此刻度在級距 70% 的位置。注意到，當我們由左朝右行進時，相鄰兩數字的間距會持續收縮。很重要需注意到，由於缺乏空間，在圖 9.2 中用縮放線代表數值和間距。圖中的次長線代表數值 0.3、3 和 30，而次短線則代表數值 0.5、5 和 50，且最短線代表 0.7、7 和 70。

在很多對數圖上，因受限於空間，大部分的中間值都沒有標記縮放線，可利用直尺或估測，並利用以下公式決定已知數值之間某特定點的對數值。參數定義見圖 9.3。

$$\boxed{原始數值 = 10^x \times 10^{d_1/d_2}} \tag{9.9}$$

只要詳細參考圖 9.1 上的距離，即可導出式(9.9)。

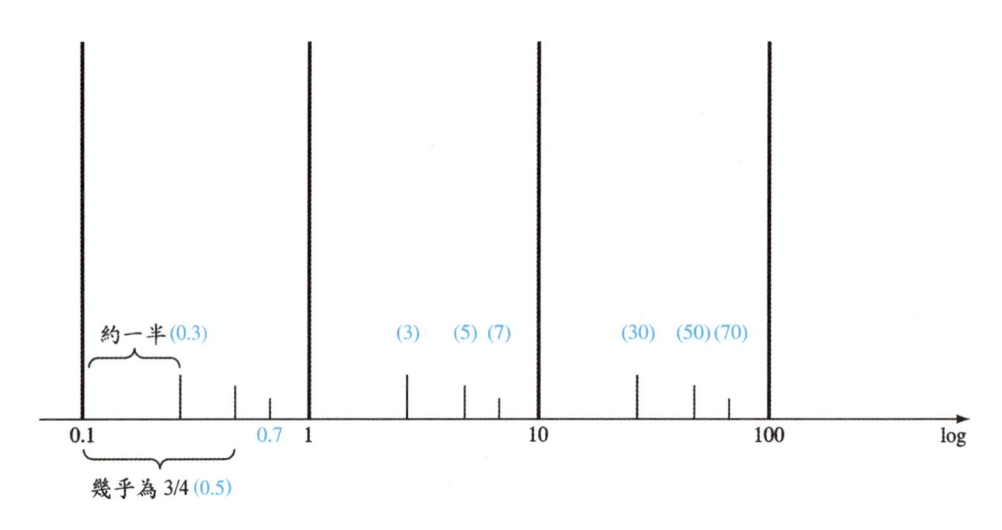

圖 9.2 在對數圖上用縮放線識別數值

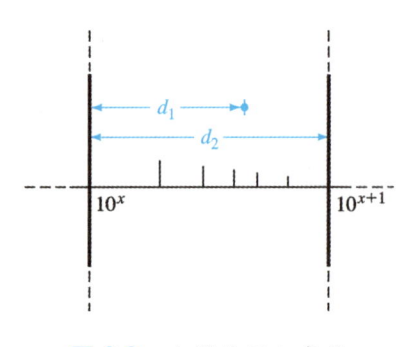

圖 9.3 在對數圖上求值

例 9.5 圖 9.4 的對數圖，已用直尺量出距離，試決定圖上黑點的對應值。

解：

$$\frac{d_1}{d_2} = \frac{7/16''}{3/4''} = \frac{0.438''}{0.750''} = 0.584$$

利用計算器：

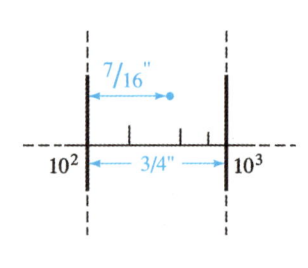

$$10^{d_1/d_2} = 10^{0.584} = 3.837$$

圖 9.4 例 9.5

運用式(9.9)：

$$數值 = 10^x \times 10^{d_1/d_2} = 10^2 \times 3.837$$
$$= \mathbf{383.7}$$

在對數座標上畫函數圖，和在線性座標上所畫者會有很大的變化。線性座標上的直線，到了對數座標上會變成曲線。而線性座標上的非線性圖形，到了對數座標上有可能成為直線。重點是，藉由類似圖 9.1 和圖 9.2 所建立的間距，將對應值標記在正確的位置，在本書稍後出現的雙對數圖特別是如此。

9.3　分　貝

在本章之後幾節，分貝(dB)的概念和相關計算會愈形重要。分貝(decibel, dB)一詞源於以對數為基礎的功率和音量值，例如功率由 4 W 增至 16 W 時，音量並非增加 16/4=4 倍，而是 2 倍，這是因為 $(4)^2 = 16$。若功率由 4 W 增加到 64 W，因 $(4)^3 = 64$，所以音量增加 3 倍。以對數形式，關係式可寫成 $\log_4 64 = 3$。

bel 源於 Alexander Graham Bell 的姓，為求標準化，以兩功率值 P_1 和 P_2 定義 bel(B) 如下：

$$\boxed{G = \log_{10} \frac{P_2}{P_1}} \text{ bel} \qquad (9.10)$$

但發現在實用上 bel 作量測單位是太大了，所以定義 decibel(dB)，10 decibel=1 bel，因此，

$$\boxed{G_{dB} = 10 \log_{10} \frac{P_2}{P_1}} \text{ dB} \qquad (9.11)$$

電子通訊設備（放大器、麥克風等）的外部接腳額定值，普通都是以 dB 為單位，但式(9.11)清楚顯示，dB 值是兩個功率值之間大小差異的一種量度。對某指定腳位（輸出）的功率(P_2)，必有一參考功率值(P_1)，此參考值一般認可為 1 mW，但早年也曾用過 6 mW 的標準。連帶 1 mW 功率值的電阻是 600 Ω，會選 600 Ω 是因為它是音頻傳輸線的特性阻抗。如以 1 mW 作參考功率值，則 dB 符號常以 dBm 代表，關係式的形式如下：

$$\boxed{G_{dBm} = 10 \log_{10} \frac{P_2}{1 \text{ mW}} \Big|_{600\,\Omega}} \text{ dBm} \qquad (9.12)$$

還有另一個常用在 dB 的關係式，可利用圖 9.5 的系統作最好的說明。設 V_i 等於某電壓值 V_1，$P_1 = V_1^2/R_i$，R_i 是圖 9.5 系統的輸入電阻。若 V_i 增加（或降低）到另一值 V_2，則 $P_2 = V_2^2/R_i$。可代入式(9.11)，決定兩功率值的差異並以 dB 代表，可得

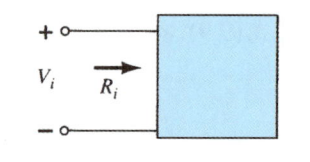

圖 9.5 用來討論式(9.13)的電路組態

$$G_{dB} = 10 \log_{10} \frac{P_2}{P_1} = 10 \log_{10} \frac{V_2^2/R_i}{V_1^2/R_i} = 10 \log_{10} \left(\frac{V_2}{V_1}\right)^2$$

即

$$\boxed{G_{dB} = 20 \log_{10} \frac{V_2}{V_1}} \text{ dB} \tag{9.13}$$

通常不計不同阻抗 ($R_1 \neq R_2$) 的影響，且式(9.13)僅用來建立電壓值或電流值之間比較的基礎。這種形式的 dB 值，稱為電壓增益 dB 值或電流增益 dB 值會更正確，有別於普通用於功率值的情況。

串級

對數關係的優點之一，是便於應用在串級放大器。例如，某串級系統的總電壓增益的大小如下：

$$|A_{v_T}| = |A_{v_1}| \cdot |A_{v_2}| \cdot |A_{v_3}| \cdots |A_{v_n}| \tag{9.14}$$

應用適當的對數關係式，可得

$$G_v = 20 \log_{10} |A_{v_T}| = 20 \log_{10} |A_{v_1}| + 20 \log_{10} |A_{v_2}| + 20 \log_{10} |A_{v_3}| + \cdots + 20 \log_{10} |A_{v_n}| \quad \text{(dB)} \tag{9.15}$$

以文字來表示，此式說明串級系統的總增益 dB 值，是各級增益 dB 值之和，亦即

$$\boxed{G_{dB_T} = G_{dB_1} + G_{dB_2} + G_{dB_3} + \cdots + G_{dB_n}} \text{ dB} \tag{9.16}$$

電壓增益對 dB 值

表 9.2 說明 dB 值和電壓增益間的對照關係，先注意到增益 2 的 dB 值是 +6 dB，而 1/2 的 dB 值則是 −6 dB。V_o/V_i 從 1 變到 10、10 變到 100 或 100 變到 1000，dB 值都產生同樣的 20 dB 的變化。當 $V_o = V_i$，即 $V_o/V_i = 1$ 時，dB 值是 0。而當增益高達 10,000 時，dB 值會到 80 dB。每段 20 dB 的增加量，反映了對數關係。表 9.2 清楚揭示，50 dB 以上的電壓增益，應馬上看出是很高的增益值。

第 9 章　BJT 和 JFET 的頻率響應　**683**

表 9.2　$A_v = \dfrac{V_o}{V_i}$ 和 dB 值比較

電壓增益 V_o/V_i	dB 值
0.5	−6
0.707	−3
1	0
2	6
10	20
40	32
100	40
1000	60
10,000	80
等	

例 9.6　試求出電壓增益 100 dB 對應的增益大小。

解：由式(9.13)，

$$G_{dB} = 20 \log_{10} \dfrac{V_2}{V_1} = 100 \text{ dB} \Rightarrow \log_{10} \dfrac{V_2}{V_1} = 5$$

所以

$$\dfrac{V_2}{V_1} = 10^5 = \mathbf{100{,}000}$$

例 9.7　某裝置在電壓 1000 V 時的輸入功率是 10,000 W，輸出功率是 500 W 且輸出阻抗是 20 Ω。

a. 試求功率增益的 dB 值。
b. 試求電壓增益的 dB 值。
c. 解釋(a)和(b)的解答何以相符或不符。

解：

a. $G_{dB} = 10 \log_{10} \dfrac{P_o}{P_i} = 10 \log_{10} \dfrac{500 \text{ W}}{10 \text{ kW}} = 10 \log_{10} \dfrac{1}{20} = -10 \log_{10} 20$

$\qquad = -10(1.301) = \mathbf{-13.01 \text{ dB}}$

b. $G_v = 20 \log_{10} \dfrac{V_o}{V_i} = 20 \log_{10} \dfrac{\sqrt{PR}}{1000} = 20 \log_{10} \dfrac{\sqrt{(500 \text{ W})(20 \text{ Ω})}}{1000 \text{ V}}$

$$= 20 \log_{10} \frac{100}{1000} = 20 \log_{10} \frac{1}{10} = -20 \log_{10} 10 = \mathbf{-20\ dB}$$

c. $R_i = \dfrac{V_i^2}{P_i} = \dfrac{(1\ \text{kV})^2}{10\ \text{kW}} = \dfrac{10^6}{10^4} = \mathbf{100\ \Omega} \neq R_o = 20\ \Omega$

例 9.8 某放大器的輸出接到 10 Ω 揚聲器，輸出額定 40 W。
a. 若功率增益是 25 dB，試計算全功率輸出之下所需的輸入功率。
b. 若放大器電壓增益是 40 dB，試計算在額定輸出時對應的輸入電壓。

解：

a. 式(9.11)：$25 = 10 \log_{10} \dfrac{40\ \text{W}}{P_i}$ $\Rightarrow$ $P_i = \dfrac{40\ \text{W}}{\text{反對數 (2.5)}} = \dfrac{40\ \text{W}}{3.16 \times 10^2}$

$$= \dfrac{40\ \text{W}}{316} \cong \mathbf{126.5\ mW}$$

b. $G_v = 20 \log_{10} \dfrac{V_o}{V_i}$ $\Rightarrow$ $40 = 20 \log_{10} \dfrac{V_o}{V_i}$

$\dfrac{V_o}{V_i} = 2$ 的反對數 $= 100$

$V_o = \sqrt{PR} = \sqrt{(40\ \text{W})(10\ \text{V})} = 20\ \text{V}$

$V_i = \dfrac{V_o}{100} = \dfrac{20\ \text{V}}{100} = 0.2\ \text{V} = \mathbf{200\ mV}$

人類的聽覺響應

dB（對數）量度最常用通訊和娛樂產業上，人類的耳朵對音源功率大小的變化，並不是以線性方式作反應，也就是說，當音源功率由 1/2 W 變到 1 W 呈倍增時，人類耳朵感受到的音量大小並非增倍。另外，當音源功率由 5 W 變到 10 W 時，人類耳朵所感受到的音量強度變化程度，等同於音源功率由 1/2 W 變到 1 W 時的情況。易言之，兩種情況的變化比是相同的（1 W/0.5 W = 10 W/5W = 2），產生了相同的 dB 值（或對數）變化，如式(9.11)的定義。因此人類耳朵對聲音的功率值變化，是以對數方式作反應。

為建立聲音大小的比較基礎，選擇 0.0002 微巴(μbar)作為參考值，1 微巴等於 1 達因／cm^2 的聲音壓力，約正常海平面大氣壓力的百萬分之一。0.0002 微巴是聽得到聲音的臨限值，用此參考值，定義以 dB 為單位的聲音壓力值，如下式：

$$\boxed{dB_s = 20 \log_{10} \dfrac{P}{0.0002\ \mu\text{bar}}} \qquad (9.17)$$

P 是以微巴為單位的聲音壓力值。

表 9.3 中的 dB 值以式(9.17)定義，設計好的量表用以量測聲音大小，並依式(9.17)所定的大小來校準，各種聲音大小的例子如表 9.3 所示。

表 9.3　典型的聲音大小和對應的 dB（分貝）值

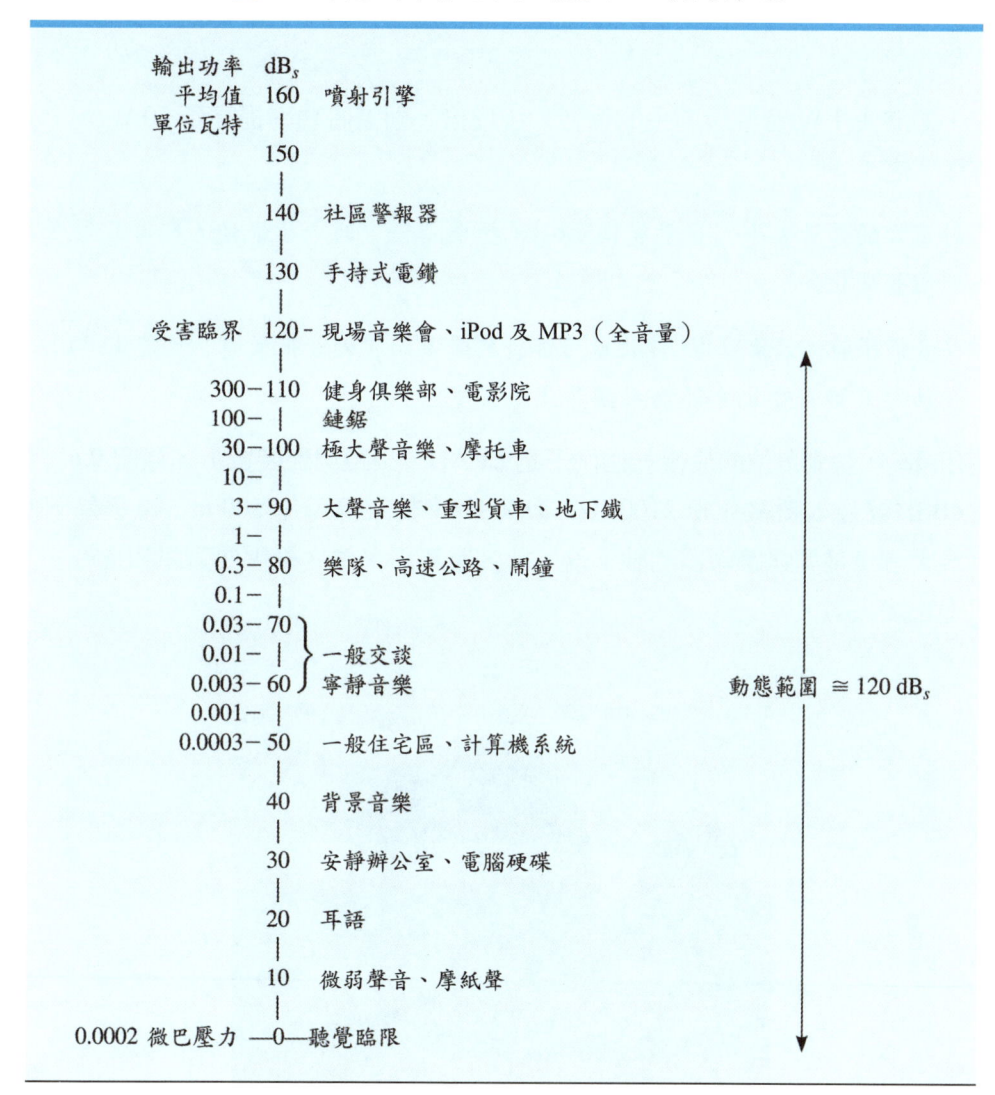

```
輸出功率     dB_s
 平均值     160   噴射引擎
單位瓦特      |
           150
            |
           140   社區警報器
            |
           130   手持式電鑽
            |
受害臨界    120 - 現場音樂會、iPod 及 MP3（全音量）
            |
   300 - 110     健身俱樂部、電影院
   100 -  |      鏈鋸
    30 - 100     極大聲音樂、摩托車
    10 -  |
     3 -  90     大聲音樂、重型貨車、地下鐵
     1 -  |
   0.3 -  80     樂隊、高速公路、鬧鐘
   0.1 -  |
  0.03 -  70  ⎫
  0.01 -  |   ⎬  一般交談
 0.003 -  60  ⎭  寧靜音樂                動態範圍 ≅ 120 dB_s
 0.001 -  |
0.0003 -  50     一般住宅區、計算機系統
            |
            40   背景音樂
            |
            30   安靜辦公室、電腦硬碟
            |
            20   耳語
            |
            10   微弱聲音、摩紙聲
            |
 0.0002 微巴壓力 ─0─ 聽覺臨限
```

　　特別注意到 iPod 和 MP3 播放器的聲音大小，根據研究，人們在 60% 音量下一天不應使用超過一小時，以避免永久型的聽力傷害。一定要記住，聽力受損通常是無法回復的，所以任何損失都是長期性的。

　　關於聲音大小的常見問題是，音源功率要增加多少時，人類耳朵收到的聲音大小才能增倍。此問題並不如乍看時簡單，因為要考慮到聲音的頻率組成、周遭環境的音場條件、周邊介值的物理特性，當然再加上人類耳朵的獨特性。但一般性的結論可公式化，注意到表 9.3 的左側，音源功率的實際值已列在其上。每一功率值對應一特定 dB 值，功率每增減 10 倍時，dB 值會變化 10 dB。例如，功率由 3 W 變到 30 W 時，會從 90 dB 變到 100 dB。經由實驗已發現，在平均的基礎上，聲音大小每變化 10 dB 時，所感受到的音量亦增倍——此結論可從表 9.3 右側例子中略作印證。

> 人類耳朵收到的聲音大小增倍時，音源的功率額定（單位 W）必須增加 10 倍。

易言之，如欲使 1 W 音源所產生的聲音大小增倍，則需將功率提高到 10 W。

進而言之：

> 對正常的聲音大小，音量變化 3 dB（功率 2 倍）時，才能使人類耳朵察覺到明顯變化。

> 聲音很小時，只要 2 dB 變化就可能被察覺。而當聲音很大時，可能需 6 dB（功率 4 倍）變化才能為人類耳朵所察覺。

使用 dB 作量測單位的最後一個例子是 LRAD（長距測聲裝置），見圖 9.6。它會發出 145 dB 的聲音，頻率介於 2100 Hz～3100 Hz，其效程可達 500 m，幾乎是兩個足球場。其最大音量是煙霧警報器的數千倍。此裝置可用來傳送極重要資訊和指令，其強烈音調可遏止闖入者。

圖 9.6 長距測聲裝置 1000X（摘自 LRAD 公司）

儀表量測

今日一些三用電表(VOM)和數位電表(DMM)都有 dB 刻度，提供功率比的指示，參考標準值是 1 mW 於 600 Ω 負載。只有當負載的特性阻抗是 600 Ω 時，讀值才是準確的。1 mW，600 Ω 的參考量一般會印在電表正面某處，如圖 9.7 所示者。dB 刻度通常依據電表的最低交流電壓檔位作校準，易言之，作 dB 值量測時，要選擇最低的交流電壓檔，但依 dB 刻度讀取量測值。選擇較高的電壓檔位，必須用校正因數，此因數有時也會印在電表正面上，但電表手冊中一定會有。若阻抗非 600 Ω 或非純電阻性，也必須使用其他的校正因數，正常也會包含在電表手冊上。利用基本功率公式 $P=V^2/R$ 可發現，$600\,\Omega$ 負載的功率 $1\,\text{mW}$ 等同於施加 $0.775\,\text{V rms}$ 到 $600\,\Omega$ 負載上，即 $V=\sqrt{PR}=\sqrt{(1\,\text{mW})(600\,\Omega)}=0.775\,\text{V}$，此結果會產生 $0\,\text{dB}$ 的類比指針指示〔定義參考點是 $1\,\text{mW}$，$\text{dB}=10\log_{10}P_2/P_1=10\log_{10}(1\,\text{mW}/1\,\text{mW}(\text{ref})=0\,\text{dB}$〕，指針亦同時指示在 $0.775\,\text{V rms}$ 處，如圖 9.7 所示。電壓 $2.5\,\text{V}$ 降在 $600\,\Omega$ 負載上時，產生的 dB 值是 $20\log_{10}V_2/V_1=20\log_{10}25\,\text{V}/0.775\,\text{V}=10.17\,\text{dB}$，指針會同時指示在 $2.5\,\text{V}$ 和 $10.17\,\text{dB}$ 處。電壓低於 $0.775\,\text{V}$ 時，例如 $0.5\,\text{V}$，產生的 dB 值是 $20\log_{10}V_2/V_1=20\log_{10}0.5\,\text{V}/0.775\,\text{V}=-3.8\,\text{dB}$，也可從圖 9.7 上看出來。雖然讀值是 $10\,\text{dB}$，代表功率是參考值的 10 倍，但並不表示讀值 $5\,\text{dB}$ 的功率值是 $5\,\text{mW}$。在對數用法中，$10:1$ 的比值是一種特殊情況。可利用反對數算出 $5\,\text{dB}$ 讀值代表 3.126，即 $5\,\text{dB}$ 的功率值是參考值的 3.1 倍或 $3.1\,\text{mW}$。手冊上通常會提供轉換表，以便作這類的換算。

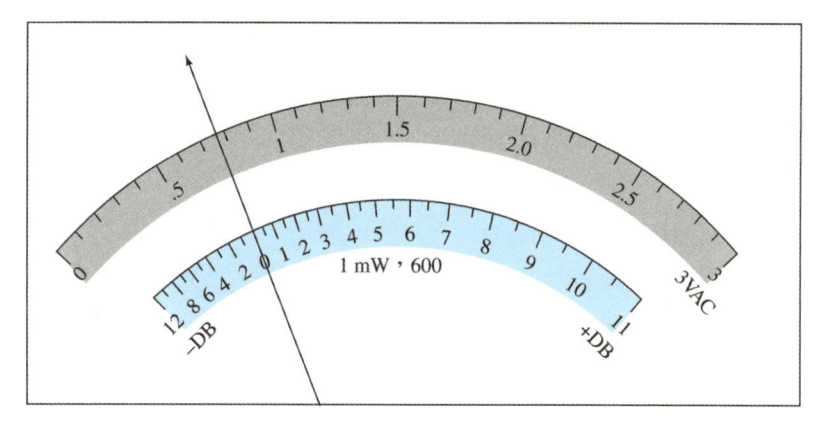

圖 9.7 定義 dB 刻度和 $3\,\text{V rms}$ 電壓檔位刻度間的關係（對應於 $600\,\Omega$，$1\,\text{mW}$）

9.4 一般的頻率考慮

外加訊號的頻率對單級或多級網路的響應必然會有影響，到目前為止所作的分析都僅限於中頻。在低頻，由於電容的電抗增加，將發現耦合電容和旁路電容不再等效於短路。另外，小訊號等效電路中受頻率影響的參數，以及主動元件中的雜散電容，也會限制系統的高頻響應。當串級系統中的級數增加時，對高頻和低頻響應的限制都會增加。

低頻範圍

為說明何以電路中較大的耦合與旁路電容會影響系統的頻率響應，$1\,\mu\text{F}$（此類應用的典型值）電容在大頻率範圍對應的電抗值列在表 9.4。

表 9.4 定義了兩個區域。對 $10\,\text{Hz}\sim10\,\text{kHz}$ 的範圍，電抗值足夠大，可能會影響系

統的響應。但對於更高的頻率範圍，似乎電容更像等效於短路，符合其設計的想法。

因此很清楚地，

系統中的較大電容對低頻範圍的響應有重要影響，而對高頻區域的影響則可忽略。

表 9.4　1 μF 電容隨頻率的電抗值 ($X_C = \dfrac{1}{2\pi f_C}$) 變化

f	X_C	
10 Hz	15.91 kΩ	可能影響的範圍
100 Hz	1.59 kΩ	
1 kHz	159 Ω	
10 kHz	15.9 Ω	
100 kHz	1.59 Ω	較無影響的範圍 ($\cong$ 等效於短路)
1 MHz	0.159 Ω	
10 MHz	15.9 mΩ	
100 MHz	1.59 mΩ	

高頻範圍

就源於電路或元件中寄生電容的較小電容而言，所關注的頻率範圍會落在較高頻率。考慮 5 pF 電容，這是電晶體寄生電容或電路接線所產生電容的典型值。以和表 9.4 相同的頻率變化範圍，所產生的電抗值見表 9.5。可清楚發現，低頻區域的阻抗極大，符合所要的開路（等效）；但在高頻，則逐漸趨於短路，對電路響應有極嚴重的影響。

因此很清楚地，

系統中的較小電容對高頻範圍的響應有重要影響，而對低頻區域的影響則可忽略。

表 9.5　5 pF 電容隨頻率的電抗值 ($X_C = \dfrac{1}{2\pi f_C}$) 變化

f	X_C	
10 Hz	3,183 MΩ	較無影響的範圍 ($\cong$ 等效於短路)
100 Hz	318.3 MΩ	
1 kHz	31.83 MΩ	
10 kHz	3.183 MΩ	
100 kHz	318.3 kΩ	可能影響的範圍
1 MHz	31.83 kΩ	
10 MHz	3.183 kΩ	
100 MHz	318.3 Ω	

中頻範圍

在中頻範圍，電容的效應完全忽略不計，放大器看成是理想的，只包含電阻性的元件和受控源。

結果是

對中頻範圍而言，在決定放大器的增益和阻抗值等重要物理量時，完全忽略電容的效應。

典型的頻率響應

RC 耦合、直接耦合和變壓器耦合放大器系統的增益響應曲線，分別提供在圖 9.8。注意到橫座標是對數座標，以方便圖形自低頻區延伸到高頻區，且每圖皆已定好低頻，

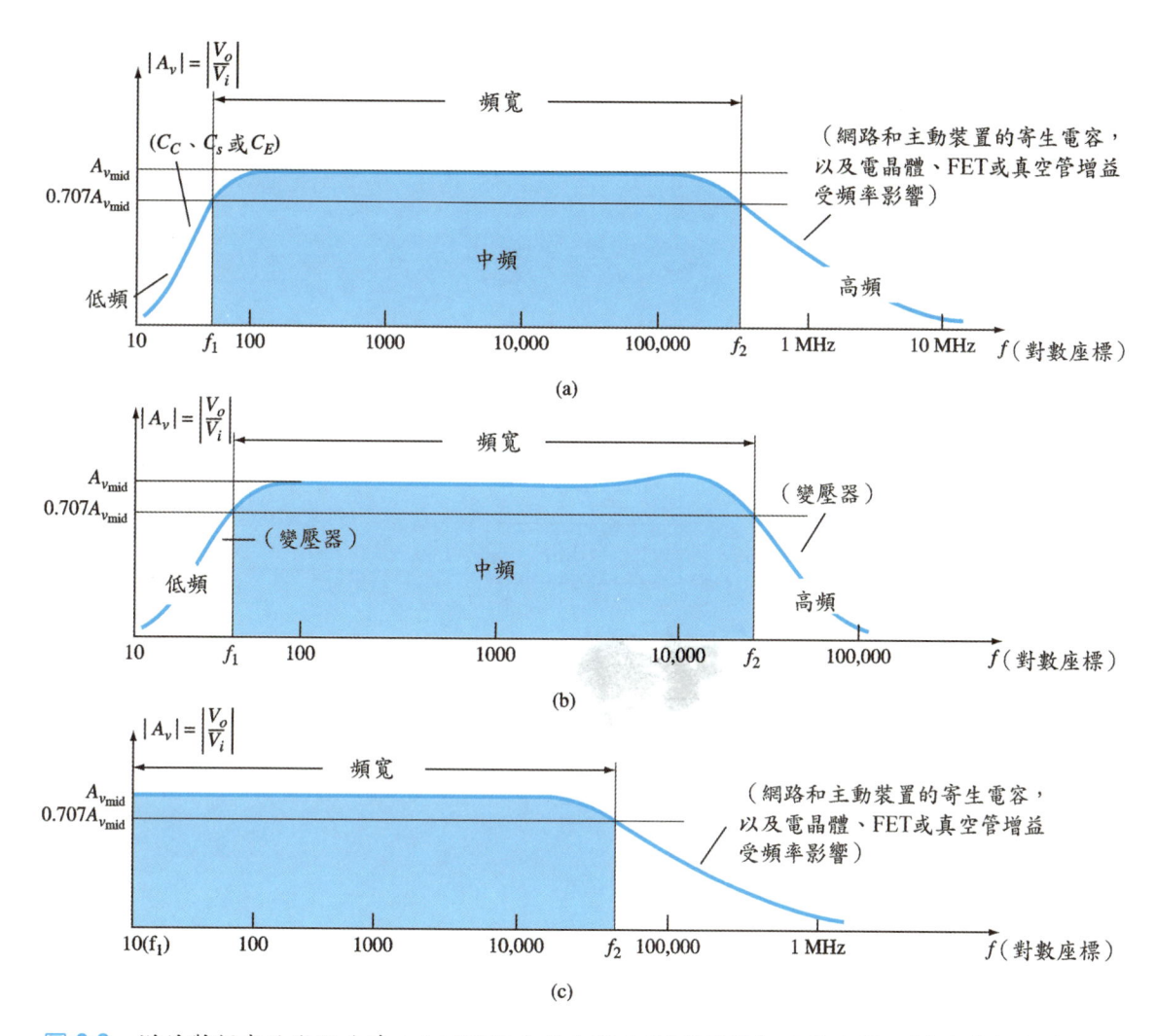

圖 9.8 增益對頻率的變化曲線：(a)*RC* 耦合放大器；(b)變壓器耦合放大器；(c)直接耦合放大器

高頻和中頻區。另外，低頻區和高頻區增益下降的理由也註明在括孤內。對 *RC* 耦合放大器而言，低頻區增益的降低是由於 C_C、C_s 或 C_E 電抗的增加，而高頻區增益的降低則決定於網路的寄生電容，或者是主動裝置的增益受頻率變化的影響。對變壓器耦合系統而言，要解釋增益下降的原因，需了解變壓器的作用和變壓器的等效電路。在低頻，由於激磁感抗（在變壓器的兩輸入端之間）的短路效應（$X_L = 2\pi f L$），顯然 $f=0$ 時，增益必定為零，因此時鐵心磁通不再變化，無法在兩次或輸出側產生感應電壓。而在高頻響應部分，主要由於初級側以及次級側線圈之間的雜散電容，使增益降低，如圖 9.8 所示。對直接耦合放大器而言，沒有耦合電容與旁路電容，低頻增益不會下降，在高頻截止頻率之前是平坦響應，如圖所示。高頻截止頻率決定於電路的雜散電容，或者由主動裝置增益和頻率之間的關係決定。

圖 9.8 上的每一系統都有一頻帶，其增益大小等於或相當接近中頻值。為固定此足

夠高增益的頻帶邊界，取 $0.707A_{v_{\text{mid}}}$ 作為截止增益，對應的頻率 f_1 和 f_2 一般稱為**轉角**(corner)、**截止**(cutoff)、**頻帶**(band)、**中斷**(break)或**半功率**(half-power)頻率。增益乘數 0.707 對應的輸出功率恰為中頻輸出功率之半，也就是在中頻時，

$$P_{o_{\text{mid}}}=\frac{|V_o^2|}{R_o}=\frac{|A_{v_{\text{mid}}}V_i|^2}{R_o}$$

且在半功率頻率時，

$$P_{o_{HPF}}=\frac{|0.707A_{v_{\text{mid}}}V_i|^2}{R_o}=0.5\frac{|A_{v_{\text{mid}}}V_i|^2}{R_o}$$

即
$$\boxed{P_{o_{HPF}}=0.5P_{o_{\text{mid}}}}$$
(9.18)

每個系統的頻寬由 f_H 和 f_L 決定，即

$$\boxed{\text{頻寬(BW)}=f_H-f_L}$$
(9.19)

f_H 和 f_L 定義在圖 9.8 的各曲線上。

9.5 標準化（正規化）程序

本質上屬於通訊方面（音頻、視頻）的應用，正常都會提供 dB 對頻率的圖形，而不用圖 9.8 增益對頻率的圖形。易言之，當你找出特定放大器或系統的規格表時，一般會看到 dB 對頻率的曲線圖，而不會看到增益對頻率的曲線圖。

為得到 dB 圖，先要作正規化（標準化）——將縱座標參數除以某特定值，此值會受到系統變數或其組合的影響。在現在所探討的領域中，通常採用中頻增益或頻率範圍內的最大值。

例如在圖 9.9 中，圖 9.8a 曲線上各點的輸出電壓增益都除以中頻增益，達成標準化（正規化）。注意到，曲線形狀不變，但截止頻率對應於 0.707 而非實際的中頻值。可清楚看出

截止頻率對應的增益大小，是最大值的 70.7%。

也要考慮到，圖 9.9 的圖形不會受到實際中頻增益大小變化的影響。中頻增益可能是 50、100，或甚至是 200，所得圖形都會和圖 9.9 相同。圖 9.9 中的頻率，對應的是相對增益而不是"實際增益"。

下例中將說明，典型放大器響應的正規化程序。

第 9 章　BJT 和 JFET 的頻率響應　**691**

圖 9.9　標準化增益對頻率的曲線圖

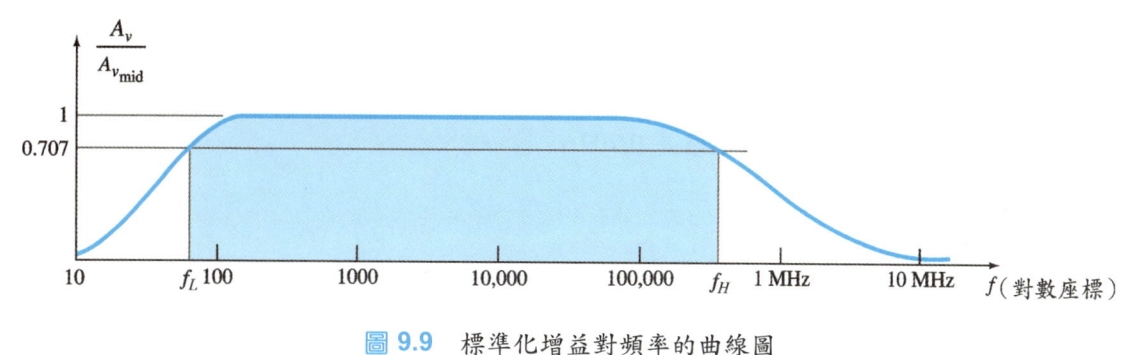

例 9.9　已知頻率響應如圖 9.10：

a. 試利用所給的量測數據求出截止頻率 f_L 和 f_H。
b. 試求出響應的頻寬。
c. 畫出標準化後的響應。

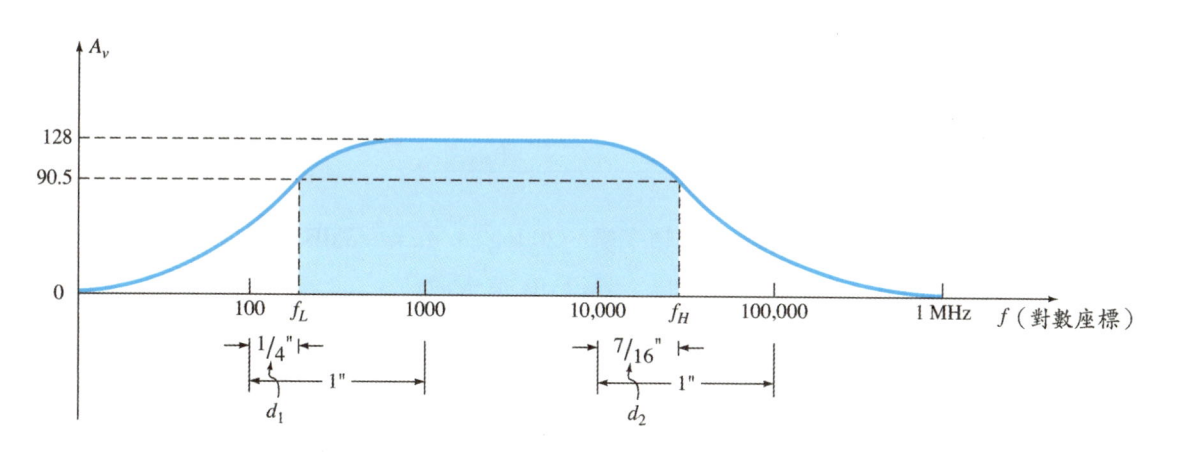

圖 9.10　例 9.8 的增益圖

解：

a. 對 f_L：$\dfrac{d_1}{d_2} = \dfrac{1/4''}{1''} = 0.25$

$10^{d_1/d_2} = 10^{0.25} = 1.7783$

值 $= 10^x \times 10^{d_1/d_2} = 10^2 \times 1.7783 = \mathbf{177.83\ Hz}$

對 f_H：$\dfrac{d_1}{d_2} = \dfrac{7/16''}{1''} = 0.438$

$10^{d_1/d_2} = 10^{0.438} = 2.7416$

值 $= 10^x \times 10^{d_1/d_2} = 10^4 \times 2.7416 = \mathbf{27{,}416\ Hz}$

b. 頻寬：

$$BW = f_H - f_L = 27{,}416 \text{ Hz} - 177.83 \text{ Hz} \cong \mathbf{27.24 \text{ KHz}}$$

c. 只要將圖 9.10 中的每一值都除以中頻值 128，即可決定標準化響應，如圖 9.11 所示，所得結果的最大值是 1，截止值是 0.707。

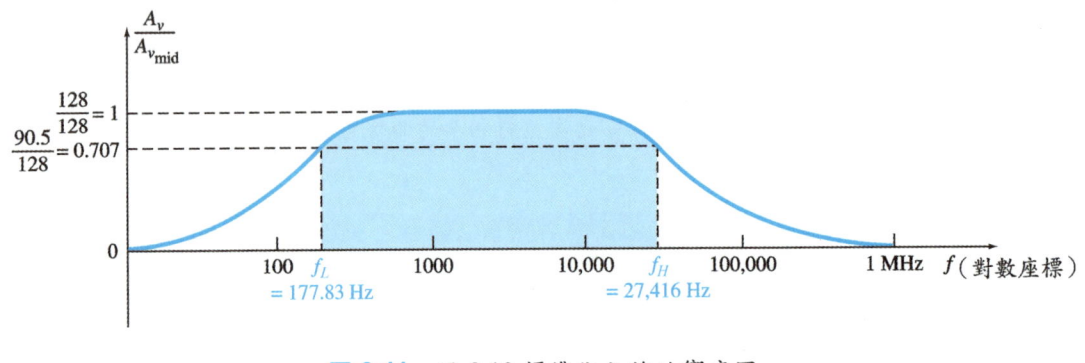

圖 9.11 圖 9.10 標準化之後的響應圖

應用式(9.13)，以如下形式可得圖 9.11 的 dB 圖：

$$\left.\frac{A_v}{A_{v_{\text{mid}}}}\right|_{\text{dB}} = 20 \log_{10} \frac{A_v}{A_{v_{\text{mid}}}} \qquad (9.20)$$

在中頻，$20 \log_{10} 1 = 0$，且在截止頻率處，$20 \log_{10} 1/\sqrt{2} = -3$ dB，這兩個值都清楚顯示在圖 9.12 的 dB 圖上。當比值愈小時，所得 dB 值會愈負。

在以後大部分的討論中，dB 圖將僅針對低頻區和高頻區。記住，圖 9.12 可允許我們觀察寬頻範圍的系統響應。

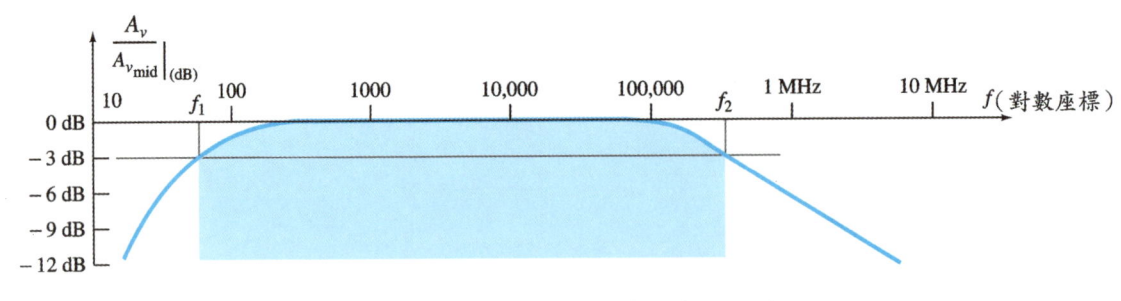

圖 9.12 圖 9.9 標準化增益對頻率圖的 dB 圖

大部分的放大器提供輸入和輸出訊號之間 180° 的相移，但現在此事實只有在中頻區才成立。在低頻，V_o 超前 V_i 的角度會增加，而在高頻時，相位移會低於 180°。圖 9.13 是 RC 耦合放大器標準的相位圖。

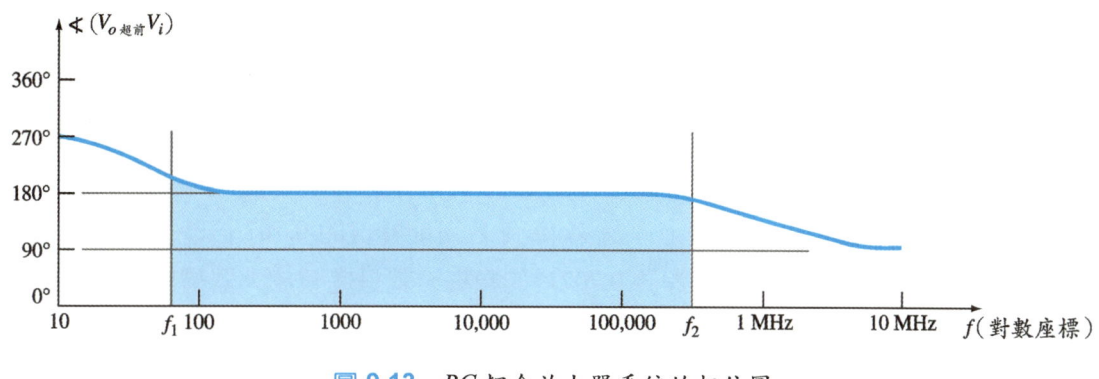

圖 9.13 RC 耦合放大器系統的相位圖

9.6 低頻分析——波德圖

在單級 BJT 或 FET 放大器中，網路電容 C_C、C_E 和 C_s 以及網路的電阻參數會形成 RC 組合，可據以決定截止頻率。事實上，對每一電容性元件，都可建立類似圖 9.14 的 RC 網路，由此可決定輸出電壓掉到最大值的 0.707 倍時的頻率。一旦決定了每個電容對應的截止頻率，再互相比較，以決定整個系統的截止頻率。

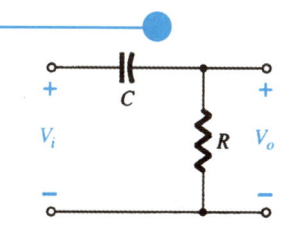

圖 9.14 可定義低頻截止頻率的 RC 組合

例如，考慮圖 9.15 的 BJT 分壓器偏壓電路，此電路曾在 5.6 節中詳細分析，由該節的分析得到輸入阻抗：

$$Z_i = R_i = R_1 \| R_2 \| \beta r_e$$

輸入部分的等效電路見圖 9.16。

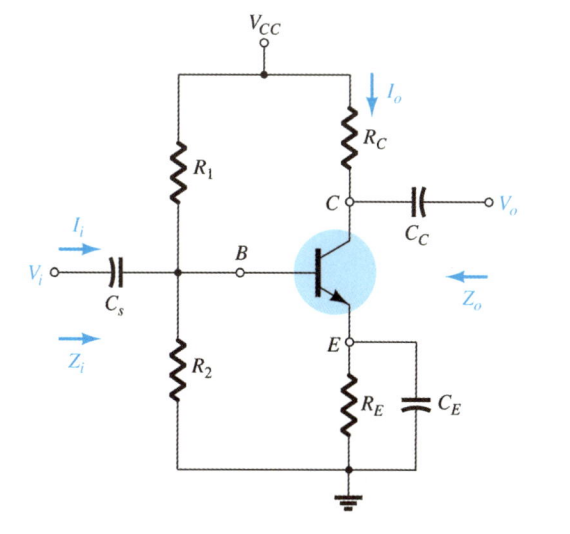

圖 9.15 分壓器偏壓電路

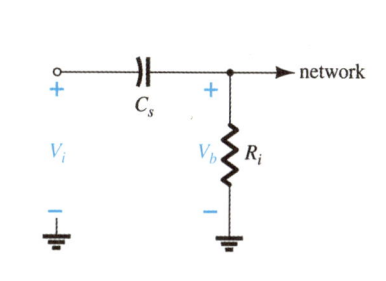

圖 9.16 圖 9.15 電路輸入部分的等效電路

就中頻範圍而言，電容 C_s 假定等效於短路，即 $V_b = V_i$，結果使放大器得到高中頻增益，且不受耦合或旁路電容的影響。但如果我們降低外加頻率，電容的電抗將會增加，會分到外加電壓 V_i 的更多比例。現在耦合電容 C_C 和旁路電容 C_E 的效應不能忽略，電壓 V_b 會下降，使總增益 V_o/V_i 產生相同程度的下降。到達電晶體基極的外加電壓的比例愈少，輸出電壓 V_o 也就愈低。事實上，當 V_b 降到 V_i 可能峰值的 0.707 倍時，總增益也會降到 0.707 倍。因此總之，使 V_b 等於 $0.707V_i$ 的頻率，就是完整放大器響應的低頻截止頻率。

分析上述圖 9.14 的一般性 RC 網路，可求出此截止頻率。一旦得到結果，就可應用到由其他耦合電容或旁路電容所產生的 RC 組合電路。在高頻，圖 9.14 電容的電抗是

$$X_C = \frac{1}{2\pi f C} \cong 0 \ \Omega$$

電容等效於短路，如圖 9.17 所示，結果是高頻時的 $V_o \cong V_i$。在 $f = 0$ Hz 處，

$$X_C = \frac{1}{2\pi f C} = \frac{1}{2\pi(0)C} = \infty \ \Omega$$

近似於開路，如圖 9.18 所示，結果是 $V_o = 0$ V。

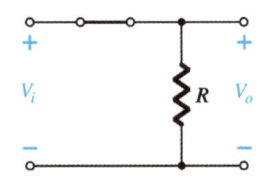

圖 9.17　圖 9.14 在極高頻率時的等效電容

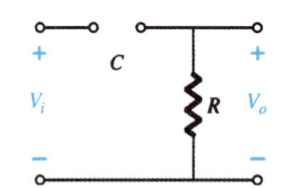

圖 9.18　圖 9.14 的 RC 電路在 $f = 0$ Hz 時的情況

在這兩個極端之間，比值 $A_v = V_o/V_i$ 會隨頻率變化，見圖 9.19。當頻率增加時，電容的電抗值降低，輸入電壓會有更多的比例出現在輸出端。

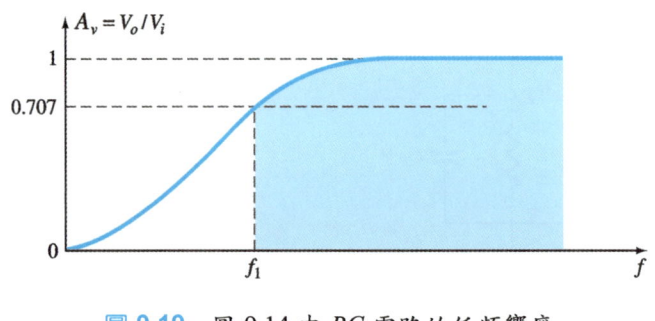

圖 9.19　圖 9.14 中 RC 電路的低頻響應

輸出和輸入之間的關係是分壓定律，如下式：

$$\mathbf{V_o} = \frac{\mathbf{RV_i}}{\mathbf{R} + \mathbf{X_C}}$$

粗體羅馬字母代表包含大小和角度的物理量。

V_o 的大小決定如下：

$$V_o = \frac{RV_i}{\sqrt{R^2 + X_C^2}}$$

考慮特例 $X_C = R$，

$$V_o = \frac{RV_i}{\sqrt{R^2 + X_C^2}} = \frac{RV_i}{\sqrt{R^2 + R^2}} = \frac{RV_i}{\sqrt{2R^2}} = \frac{RV_i}{\sqrt{2}R} = \frac{1}{\sqrt{2}} V_i$$

即
$$\boxed{|A_v| = \frac{V_o}{V_i} = \frac{1}{\sqrt{2}} = 0.707|_{X_C = R}}$$
(9.21)

此值見圖 9.19 上的標示。易言之，在 $X_C = R$ 的頻率處，圖 9.14 網路的輸出是輸入的 70.7%。

此頻率決定如下：

$$X_C = \frac{1}{2\pi f_L C} = R$$

即
$$\boxed{f_L = \frac{1}{2\pi RC}}$$
(9.22)

表成對數形式，

$$G_v = 20 \log_{10} A_v = 20 \log_{10} \frac{1}{\sqrt{2}} = -3 \text{ dB}$$

而當 $A_v = V_o / V_i = 1$ 或 $V_o = V_i$（最大值）時，

$$G_v = 20 \log_{10} 1 = 20(0) = 0 \text{ dB}$$

在圖 9.8 中，可看出當 $f = f_L$ 時，增益會從中頻值下降 3 dB。將發現可用 RC 網路決定 BJT 電晶體電路的低頻截止頻率，且可由式(9.21)決定 f_L。

若增益關係式寫成

$$A_v = \frac{V_o}{V_i} = \frac{R}{R-jX_C} = \frac{1}{1-j(X_C/R)} = \frac{1}{1-j(1/\omega CR)} = \frac{1}{1-j(1/2\pi fCR)}$$

將上述的頻率關係代入，得

$$A_v = \frac{1}{1-j(f_L/f)} \tag{9.23}$$

將大小和相位分別開來，可得以下形式：

$$A_v = \frac{V_o}{V_i} = \underbrace{\frac{1}{\sqrt{1+(f_L/f)^2}}}_{A_v \text{的大小}} \underbrace{\angle \tan^{-1}(f_L/f)}_{V_o \text{超前} V_i \text{的相位}^*} \tag{9.24}$$

當 $f = f_L$ 時，大小為

$$|A_v| = \frac{1}{\sqrt{1+(1)^2}} = \frac{1}{\sqrt{2}} = 0.707 \Rightarrow -3 \text{ dB}$$

表成對數形式，增益以 dB 代表，

$$A_{v(\text{dB})} = 20 \log_{10} \frac{1}{\sqrt{1+(f_L/f)^2}} \tag{9.25}$$

將式(9.25)展開：

$$A_{v(\text{dB})} = -20 \log_{10}\left[1+\left(\frac{f_L}{f}\right)^2\right]^{1/2}$$

$$= -\left(\frac{1}{2}\right)(20)\log_{10}\left[1+\left(\frac{f_L}{f}\right)^2\right]$$

$$= -10 \log_{10}\left[1+\left(\frac{f_L}{f}\right)^2\right]$$

當頻率 $f \ll f_L$ 或 $(f_L/f)^2 \gg 1$ 時，上式可近似成

$$A_{v(\text{dB})} = -10 \log_{10}\left(\frac{f_L}{f}\right)^2$$

最後，

$$A_{v(\text{dB})} = -20 \log_{10} \frac{f_L}{f} \bigg|_{f \ll f_L} \tag{9.26}$$

暫時忽略 $f \ll f_L$ 的條件，式(9.26)以頻率對數座標的圖形，可以產生一種十分有用的 dB 圖。

$$當\ f = f_L\quad :\ \frac{f_L}{f} = 1\quad 即 - 20\log_{10} 1 = 0\ \text{dB}$$

$$當\ f = \frac{1}{2}f_L\quad :\ \frac{f_L}{f} = 2\quad 即 - 20\log_{10} 2 \cong -6\ \text{dB}$$

$$當\ f = \frac{1}{4}f_L\quad :\ \frac{f_L}{f} = 4\quad 即 - 20\log_{10} 4 \cong -12\ \text{dB}$$

$$當\ f = \frac{1}{10}f_L :\ \frac{f_L}{f} = 10\ 即 - 20\log_{10} 10 \cong -20\ \text{dB}$$

這些點從 $0.1 f_L \sim f_L$ 形成的圖形見圖 9.20，呈暗藍色直線。同一圖上另外畫了一條直線在 0 dB 上，對應的 $f \gg f_L$。如先前所提的，直線段（漸近線）只有當 $f \gg f_L$ 時的 0 dB 以及 $f_L \gg f$ 時的斜線才是精確的。但我們知道，當 $f = f_L$ 時，從中頻值算起有 3 dB 的下降。利用此點，配合直線段，可以得到相當精確的頻率響圖，如同一圖所示。

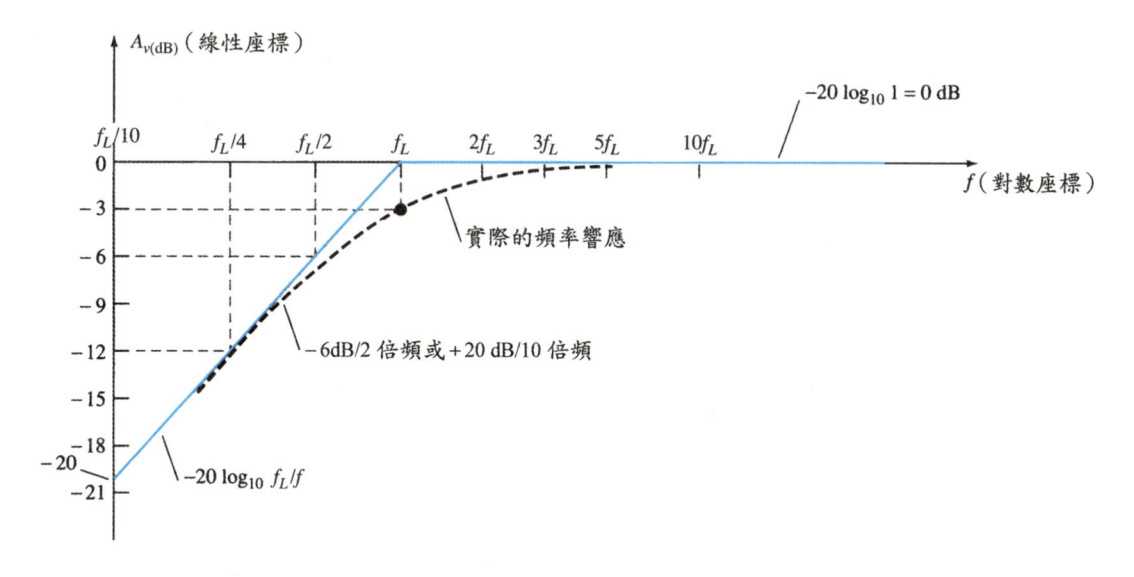

圖 9.20 低頻區的波德圖

漸近線和相關轉折點組合而成的片段線性圖，稱為大小對頻率的波德圖。

波德教授在 1940 年代發展出此項方法。

以上的計算和曲線，清楚說明：

頻率變化 2 倍，等於一個 2 倍頻時，增益會變化 6 dB，如圖上頻率自 $f_L/2$ $\sim f_L$ 時增益的變化。

而頻率自 $f_L/10 \sim f_L$ 時，可看出增益的變化：

頻率變化 10 倍，等於一個 10 倍頻時，增益會變化 20 dB，圖上已清楚說明頻率自 $f_L/10 \sim f_L$ 之間的變化。

因此，當函數具有如式(9.26)的形式時，很容易得到對應的 dB 圖。首先由電路參數求出 f_L，接著畫出兩條漸近線——一條沿著 0 dB 線；另一條自 f_L 起畫出斜率 6 dB/2 倍頻或 20 dB/10 倍頻的線。然後找出對應於 f_L 的 3 dB 點，再畫出曲線。

可以利用以下方法，由頻率圖決定任意頻率點對應的增益：

$$A_{v(\text{dB})} = 20 \log_{10} \frac{V_o}{V_i}$$

即

$$\frac{A_{v(\text{dB})}}{20} = \log_{10} \frac{V_o}{V_i}$$

可得

$$\boxed{A_v = \frac{V_o}{V_i} = 10^{A_{v(\text{dB})}/20}} \quad (9.27)$$

例如，若 $A_{v(\text{dB})} = -3 \text{ dB}$，

$$A_v = \frac{V_o}{V_i} = 10^{(-3/20)} = 10^{(-0.15)} \cong 0.707 \quad \text{如預期}$$

可利用大部分科學計算機上都有的 10^x 函數，決定數值 $10^{-0.15}$。

由下式決定相角 θ：

$$\boxed{\theta = \tan^{-1} \frac{f_L}{f}} \quad (9.28)$$

此源於式(9.24)。

對頻率 $f \ll f_L$ 時， $\theta = \tan^{-1} \frac{f_L}{f} \to 90°$

例如，若 $f_L = 100f$，

$$\theta = \tan^{-1} \frac{f_L}{f} = \tan^{-1}(100) = 89.4°$$

對 $f = f_L$，

$$\theta = \tan^{-1} \frac{f_L}{f} = \tan^{-1} 1 = 45°$$

第 9 章 BJT 和 JFET 的頻率響應

對 $f \gg f_L$，

$$\theta = \tan^{-1}\frac{f_L}{f} \to 0°$$

例如，若 $f = 100 f_L$，$\quad \theta = \tan^{-1}\dfrac{f_L}{f} = \tan^{-1} 0.01 = 0.573°$

$\theta = \tan^{-1}(f_L/f)$ 的圖形提供在圖 9.21，若加上放大器提供的 180° 相移，即可得圖 9.13 的相位圖。現在已建立好 RC 組合的大小與相位響應，在 9.7 節中，將針對低頻區的每個重要電容，重新畫出其對應的 RC 形式並求出對應的截止頻率，以建立 BJT 放大器的低頻響應。

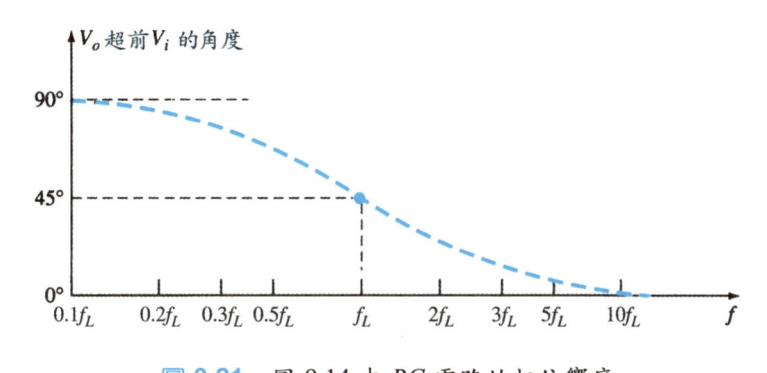

圖 9.21 圖 9.14 中 RC 電路的相位響應

例 9.10 對圖 9.22 的網路：

a. 試決定轉折頻率。
b. 試畫出漸近線，並定好 −3 dB 點。
c. 試畫出頻率響應曲線。
d. 試求出 $A_{v(\text{dB})} = -6$ dB 的增益值。

圖 9.22 例 9.10

解：

a. $f_L = \dfrac{1}{2\pi RC} = \dfrac{1}{(6.28)(5 \times 10^3\ \Omega)(0.1 \times 10^{-6}\ \text{F})}$

$\quad\cong \mathbf{318.5\ Hz}$

b. 和 **c.** 見圖 9.23。

d. 由式 (9.27)：$A_v = \dfrac{V_o}{V_i} = 10^{A_{v(\text{dB})}/20} = 10^{(-6/20)} = 10^{-0.3} = 0.501$

且 $V_o = (0.501) V_i$，近似於 V_i 的 50%。

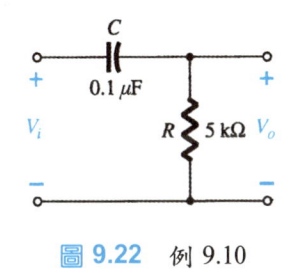

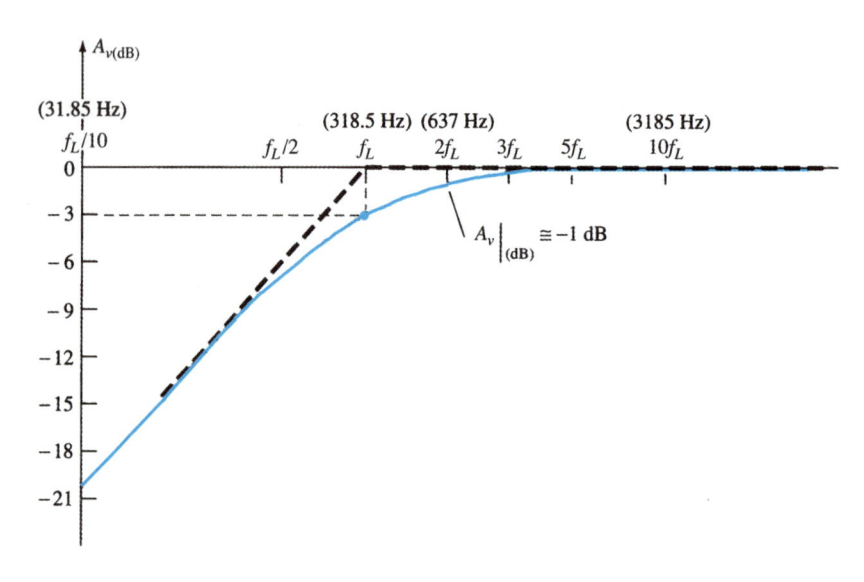

圖 9.23 圖 9.22 中 RC 電路的頻率響應

9.7 低頻響應——BJT 放大器

本節的分析會用到有負載(R_L)的 BJT 分壓器偏壓電路組態，在先前的 9.6 節中介紹過。就圖 9.24 的電路，電容 C_s、C_C 和 C_E 決定了低頻響應，以下將依序分別單獨考慮個別電容的影響。

C_s 因 C_s 接在外加訊號源和主動元件之間，RC 電路的一般形式建立在圖 9.25 的電路，符合圖 9.16，且 $R_i = R_1 \| R_2 \| \beta r_e$。

利用分壓定律：

$$\mathbf{V}_i = \frac{R_i \mathbf{V}_s}{R_s + R_i - jX_{C_s}} \tag{9.29}$$

可將上式整理成標準形式，或直接利用 9.6 節的結果，可決定 C_s 對應的截止頻率。作為 9.6 節結果的驗證，以下詳細列出整理過程。之後再遇到 RC 網路時，將直接利用 9.6 節的結果。

式(9.29)重寫如下：

$$\frac{\mathbf{V}_b}{\mathbf{V}_i} = \frac{R_i}{R_i - jX_{C_s}} = \frac{1}{1 - j\frac{X_{C_s}}{R_i}}$$

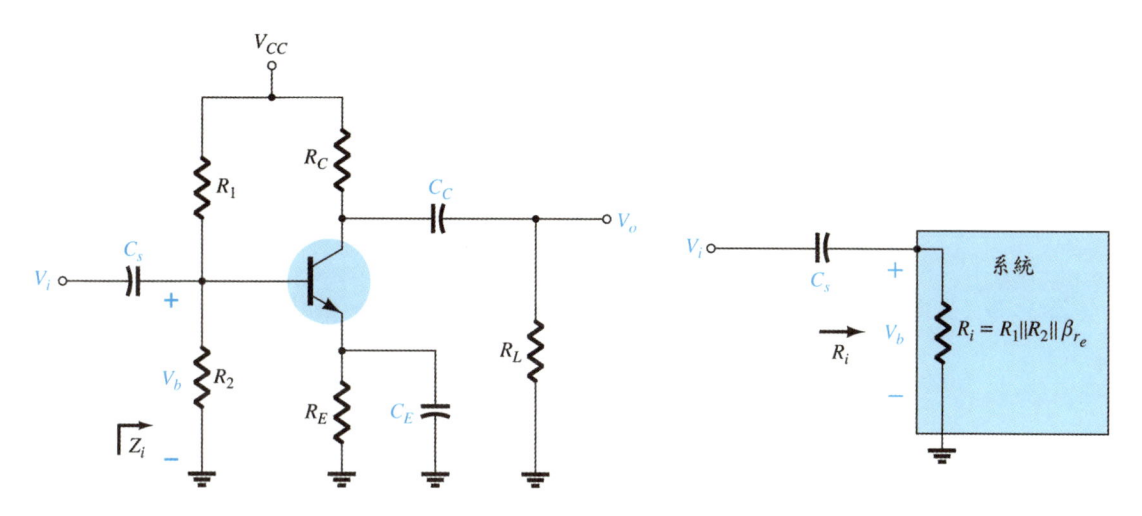

圖 9.24 帶有影響低頻響應的電容之有載 BJT 放大器　　**圖 9.25** 決定 C_s 對低頻響應的效應

因數
$$\frac{X_{C_s}}{R_i} = \left(\frac{1}{2\pi f C_s}\right)\left(\frac{1}{R_i}\right) = \frac{1}{2\pi f R_i C_s}$$

定義
$$\boxed{f_{L_s} = \frac{1}{2\pi R_i C_s}} \tag{9.30}$$

可得
$$\boxed{\mathbf{A}_v = \frac{\mathbf{V}_b}{\mathbf{V}_i} = \frac{1}{1 - j(f_{L_s}/f)}} \tag{9.31}$$

假定 C_s 是唯一影響低頻響應的電容性元件，在 f_{L_s} 處，電壓 V_b 是中頻值的 70.7%。

對圖 9.24 的網路而言，在分析 C_s 的效應時，必須假定 C_E 和 C_C 仍能發揮其預設功能，否則分析將過於複雜而難以處理，即假設 C_E 和 C_C 的電抗值和其他串聯阻抗相比，仍小到可以等效於短路。

C_C　因耦合電容正常接在主動裝置的輸出和外加負載之間，決定 C_C 對應的低頻截止頻率的 RC 電路見圖 9.26。現在總串聯電阻是 $R_o + R_L$，C_C 對應的截止頻率決定如下：

$$\boxed{f_{L_C} = \frac{1}{2\pi (R_o + R_L) C_C}} \tag{9.32}$$

若 C_s 和 C_E 的效應忽略不計，在 f_{L_C} 處，輸出電壓 V_o 會是中頻值的 70.7%。對圖 9.24 的網路而言，輸出部分在 $V_i = 0$ V 時的交流等效電路見圖 9.27，因此式(9.32)中的 R_o 值為

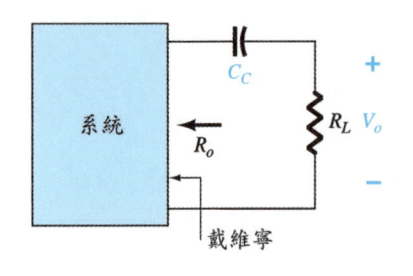

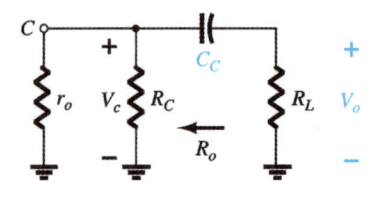

圖 9.26 決定 C_C 對低頻響應的影響

圖 9.27 $V_i=0\,V$ 時，針對 C_C 的局部交流等效電路

$$R_o = R_C \| r_o \tag{9.33}$$

C_E　為決定 f_{L_E}，必須先決定 C_E "看到" 的網路，如圖 9.28 所示。一旦建立 R_e 值，可用下式決定 C_E 對應的截止頻率：

$$f_{L_E} = \frac{1}{2\pi R_e C_E} \tag{9.34}$$

對圖 9.24 的電路，C_E "看到" 的交流等效電路見圖 9.29，如同由圖 5.38 所導出者。因此 R_e 值決定如下：

$$R_e = R_E \| \left(\frac{R_1 \| R_2}{\beta} + r_e \right) \tag{9.35}$$

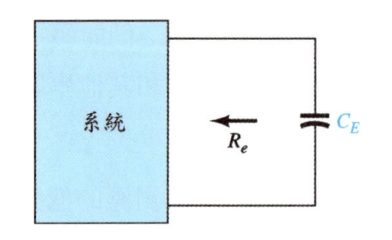

圖 9.28 決定 C_E 對低頻響應的影響

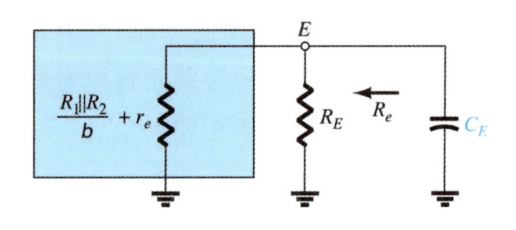

圖 9.29 針對 C_E 的局部交流等效電路

C_E 對增益影響的最佳定量描述，可藉由圖 9.30 的電路，其增益為

$$A_v = \frac{-R_C}{r_e + R_E}$$

顯然 $R_E=0\,\Omega$ 時，可得最大增益，頻率極低時，旁路電容 C_E 等效於 "開路"，全部的 R_E 都會出現在上述的增益關係式上，此時會得到最小增益。隨著頻率的增加，電容 C_E 的

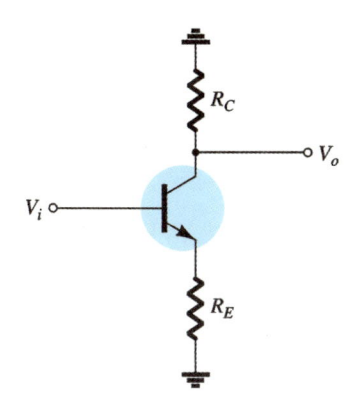

圖 9.30 用來描述 C_E 對放大器增益影響的網路

電抗值會降低，因而降低 R_E 和 C_E 的並聯阻抗，最後 R_E 會完全被 C_E "短路掉"，此時會得到最大增益或中頻增益，即 $A_v = -R_C/r_e$。在 f_{L_E} 處，增益會比中頻增益低 3 dB，中頻增益對應於 R_E 被短路掉的情況。

在繼續往下之前，記住 C_S、C_C 和 C_E 只影響低頻響應，在中頻這些電容則等效於短路。雖然每個電容都是在相近的頻率範圍影響增益 $A_v = V_o/V_i$，但 C_S、C_C 或 C_E 所決定的截止頻率中，其最高者因離中頻最近，將產生最大的影響。若這幾個頻率相距很遠，則最高頻率將決定低頻截止頻率。若有兩個以上的頻率較"高"，將使低頻截止頻率提高且使系統的頻寬降低。易言之，電容性元件之間的交互作用，會影響到總和的低頻截止頻率。但若各電容所產生的截止頻率分得足夠開，各電容間的互相影響則可以忽略不計，而仍能達到相當的精確度——此事實從下例的列印輸出結果即可得到證明。

例 9.11 試利用圖 9.24 的截止頻率，用以下參數：
$C_S = 10 \ \mu F$，$C_E = 20 \ \mu F$，$C_C = 1 \ \mu F$
$R_1 = 40 \ k\Omega$，$R_2 = 10 \ k\Omega$，$R_E = 2 \ k\Omega$，$R_C = 4 \ k\Omega$，$R_L = 2.2 \ k\Omega$
$\beta = 100$，$r_o = \infty \ \Omega$，$V_{CC} = 20 \ V$

解：為決定 r_e，要求出直流條件，先應用測試公式：

$$\beta R_E = (100)(2 \ k\Omega) = 200 \ k\Omega \gg 10 R_2 = 100 \ k\Omega$$

條件滿足，直流基極電壓決定如下：

$$V_B \cong \frac{R_2 V_{CC}}{R_2 + R_1} = \frac{10 \ k\Omega (20 \ V)}{10 \ k\Omega + 40 \ k\Omega} = \frac{200 \ V}{50} = 4 \ V$$

又

$$I_E = \frac{V_E}{R_E} = \frac{4 \ V - 0.7 \ V}{2 \ k\Omega} = \frac{3.3 \ V}{2 \ k\Omega} = 1.65 \ mA$$

所以
$$r_e = \frac{26 \text{ mV}}{1.65 \text{ mA}} \cong 15.76 \text{ Ω}$$

且
$$\beta r_e = 100(15.76 \text{ Ω}) = 1576 \text{ Ω} = 1.576 \text{ kΩ}$$

中頻增益
$$A_v = \frac{V_o}{V_i} = \frac{-R_C \| R_L}{r_e} = -\frac{(4 \text{ kΩ}) \| (2.2 \text{ kΩ})}{15.76 \text{ Ω}} \cong -90$$

C_s
$$R_i = R_1 \| R_2 \| \beta r_e = 40 \text{ kΩ} \| 10 \text{ kΩ} \| 1.576 \text{ kΩ} \cong 1.32 \text{ kΩ}$$
$$f_{L_S} = \frac{1}{2\pi R_i C_s} = \frac{1}{(6.28)(1.32 \text{ kΩ})(10 \text{ μF})}$$
$$f_{L_S} \cong 12.06 \text{ Hz}$$

C_C
$$f_{L_C} = \frac{1}{2\pi(R_o + R_L)C_C} \quad \text{又} \quad R_o = R_C \| r_o \cong R_C$$
$$= \frac{1}{(6.28)(4 \text{ kΩ} + 2.2 \text{ kΩ})(1 \text{ μF})}$$
$$\cong 25.68 \text{ Hz}$$

C_E
$$R_e = R_E \| \left(\frac{R_1 \| R_2}{\beta} + r_e \right)$$
$$= 2 \text{ kΩ} \| \left(\frac{40 \text{ kΩ} \| 10 \text{ kΩ}}{100} + 15.76 \text{ Ω} \right)$$
$$= 2 \text{ kΩ} \| \left(\frac{8 \text{ kΩ}}{100} + 15.76 \text{ Ω} \right)$$
$$= 2 \text{ kΩ} \| (80 \text{ Ω} + 15.76 \text{ Ω})$$
$$= 2 \text{ kΩ} \| 95.76 \text{ Ω}$$
$$\cong 91.38 \text{ Ω}$$
$$f_{L_E} = \frac{1}{2\pi R_e C_E} = \frac{1}{(6.28)(91.38 \text{ Ω})(20 \text{ μF})} = \frac{10^6}{11,477.73} \cong 87.13 \text{ Hz}$$

因 $f_{L_E} \gg f_{L_C}$ 或 f_{L_S}，所以旁路電容 C_E 決定了放大器的低頻截止頻率。

9.8 R_s 對放大器低頻響應的影響

本節將探討訊號源電阻對各種截止頻率的影響。在圖 9.31 中，訊號源及其源阻加到圖 9.24 的電路組態中，此時的增益是輸出電壓 V_o 和訊號源 V_s 之間的放大倍數。

C_s　輸入部分的等效電路見圖 9.32，R_i 繼續等於 $R_1 \| R_2 \| \beta r_e$。

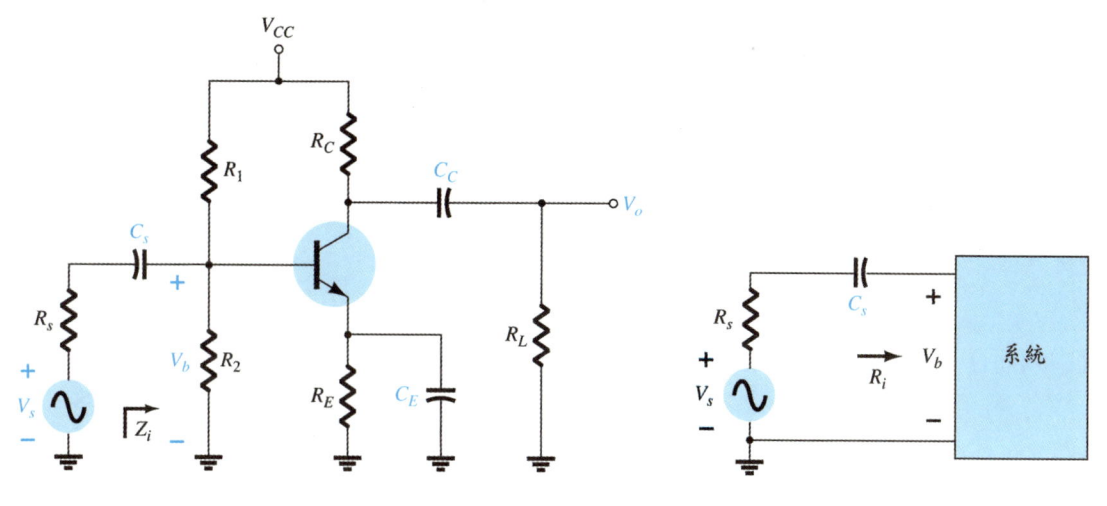

圖 9.31 決定 R_S 對 BJT 放大器的低頻響應 　　**圖 9.32** 決定 C_s 對低頻響應的效應

用上一節的結果，似乎可輕易發現串聯電阻的總和，並置入式(9.22)中。這麼做可得以下的截止頻率公式：

$$f_{L_s}=\frac{1}{2\pi(R_i+R_s)C_s} \tag{9.36}$$

但最好是驗證我們的假設，先應用分壓公式如下：

$$\mathbf{V}_b=\frac{R_i\mathbf{V}_s}{R_s+R_i-jX_{C_s}} \tag{9.37}$$

截止頻率決定於 C_s，將上式表成標準形式，詳如下述。
重寫式(9.37)：

$$\frac{\mathbf{V}_b}{\mathbf{V}_s}=\frac{R_i}{R_s+R_i-jX_{C_s}}=\frac{1}{1+\frac{R_s}{R_i}-j\frac{X_{C_s}}{R_i}}$$

$$=\frac{1}{\left(1+\frac{R_s}{R_i}\right)\left[1-j\frac{X_{C_s}}{R_i}\left(\frac{1}{1+\frac{R_s}{R_i}}\right)\right]}=\frac{1}{\left(1+\frac{R_s}{R_i}\right)\left(1-j\frac{X_{C_s}}{R_i+R_s}\right)}$$

因數

$$\frac{X_{C_s}}{R_i+R_s}=\left(\frac{1}{2\pi f C_s}\right)\left(\frac{1}{R_i+R_s}\right)=\frac{1}{2\pi f(R_i+R_s)C_s}$$

定義

$$f_{L_s}=\frac{1}{2\pi(R_i+R_s)C_s}$$

可得
$$\frac{V_b}{V_s}=\frac{1}{\left(1+\dfrac{R_s}{R_i}\right)\left(1-\dfrac{1}{1-if_{L_s/f}}\right)}$$

最後
$$A_v=\frac{V_b}{V_s}=\left[\frac{R_i}{R_i+R_s}\right]\left[\frac{1}{1-f(f_{L_s}/f)}\right]$$

就中頻而言，輸入部分的電路可表成如圖 9.33 所示。

所以
$$A_{v_{\text{mid}}}=\frac{V_b}{V_s}=\frac{R_i}{R_i+R_s} \tag{9.38}$$

且
$$\frac{A_v}{A_{v_{\text{mid}}}}=\frac{1}{1-j(f_{L_s}/f)}$$

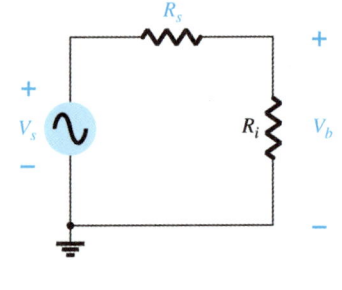

圖 9.33　決定 R_S 對增益 A_{v_s} 的影響

注意到和式(9.23)的相似性，截止頻率 f_{L_s} 如上所定，且

$$f_{L_s}=\frac{1}{2\pi(R_s+R_i)C_s} \tag{9.39}$$

如式(9.36)所推導者。

在 f_{L_s} 處，電壓 V_o 將會是式(9.38)所決定中頻值的 70.7%，假定 C_s 是影響低頻響應的唯一電容性元件。

C_C　回顧 9.7 節對耦合電容 C_C 的分析，可發現截止頻率公式的推導是相同的，即

$$f_{L_C}=\frac{1}{2\pi(R_o+R_L)C_C} \tag{9.40}$$

C_E　再依據 9.7 節對同一電容(C_E)的分析，代入截止頻率公式，可發現 R_s 會影響電阻值，因此

$$f_{L_E}=\frac{1}{2\pi R_e C_E} \tag{9.41}$$

又
$$R_e=R_E\|\left(\frac{R'_s}{\beta}+r_e\right) \text{ 和 } R'_s=R_s\|R_1\|R_2$$

因此總之，引入電阻 R_s，會降低 C_s 所產生的截止頻率，但會提高 C_E 所產生的截止

頻率，而 C_C 所產生的截止頻率則維持不變。也很重要地注意到，訊號和源阻上的損失，會嚴重影響增益。

例 9.12

a. 重做例 9.11 的分析，但採用 1 kΩ 的源阻，增益則取 V_o/V_s 而非 V_o/V_i，並比較結果。
b. 用波德圖畫出頻率響應。
c. 用 PSpice 驗證結果。

解：

a. 直流條件維持不變：

$$r_e = 15.76\ \Omega \text{ 和 } \beta r_e = 1.576\ \text{k}\Omega$$

中頻增益

$$A_v = \frac{V_o}{V_i} = \frac{-R_C \| R_L}{r_e} \cong -90 \text{ 同前}$$

可得輸入阻抗

$$\begin{aligned} Z_i = R_i &= R_1 \| R_2 \| \beta r_e \\ &= 40\ \text{k}\Omega \| 10\ \text{k}\Omega \| 1.576\ \text{k}\Omega \\ &\cong 1.32\ \text{k}\Omega \end{aligned}$$

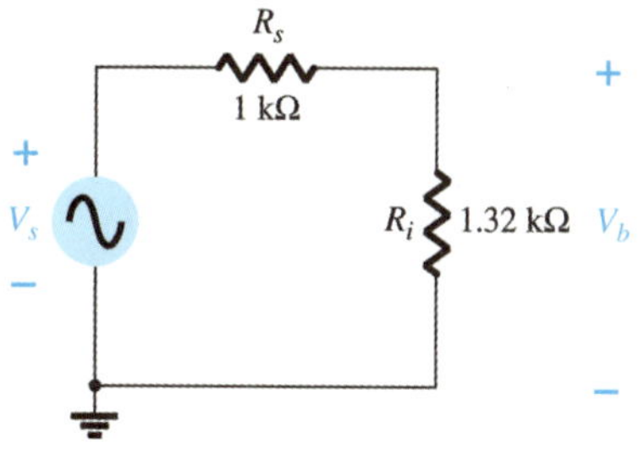

並由圖 9.34，

$$V_b = \frac{R_i V_s}{R_i + R_s}$$

圖 9.34 決定 R_s 對增益 A_{v_s} 的影響

即

$$\frac{V_b}{V_s} = \frac{R_i}{R_i + R_s} = \frac{1.32\ \text{k}\Omega}{1.32\ \text{k}\Omega + 1\ \text{k}\Omega} = 0.569$$

所以

$$A_{v_s} = \frac{V_o}{V_s} = \frac{V_o}{V_i} \cdot \frac{V_b}{V_s} = (-90)(0.569)$$
$$= -51.21$$

C_s
$$R_i = R_1 \| R_2 \| \beta r_e = 40\ \text{k}\Omega \| 10\ \text{k}\Omega \| 1.576\ \text{k}\Omega \cong 1.32\ \text{k}\Omega$$
$$f_{L_S} = \frac{1}{2\pi(R_s + R_i)C_s} = \frac{1}{(6.28)(1\ \text{k}\Omega + 1.32\ \text{k}\Omega)(10\ \mu\text{F})}$$
$$f_{L_S} \cong 6.86\ \text{Hz 對 } 12.06\ \text{Hz 沒有 } R_s \text{ 時}$$

C_C
$$f_{L_C} = \frac{1}{2\pi(R_C + R_L)C_C} = \frac{1}{(6.28)(4\ \text{k}\Omega + 2.2\ \text{k}\Omega)(1\ \mu\text{F})}$$
$$\cong \mathbf{25.68\ Hz} \text{ 同前}$$

C_E

$$R'_s = R_s \| R_1 \| R_2 = 1 \text{ k}\Omega \| 40 \text{ k}\Omega \| 10 \text{ k}\Omega \cong 0.889 \text{ k}\Omega$$

$$R_e = R_E \left\| \left(\frac{R'_S}{\beta} + r_e \right) \right. = 2 \text{ k}\Omega \left\| \left(\frac{0.889 \text{ k}\Omega}{100} + 15.76 \text{ }\Omega \right) \right.$$

$$= 2 \text{ k}\Omega \| (8.89 \text{ }\Omega + 15.76 \text{ }\Omega) = 2 \text{ k}\Omega \| 24.65 \text{ }\Omega \cong 24.35 \text{ }\Omega$$

$$f_{L_E} = \frac{1}{2\pi R_e C_E} = \frac{1}{(6.28)(24.35 \text{ }\Omega)(20 \text{ }\mu\text{F})} = \frac{10^6}{3058.36}$$

$\cong \mathbf{327 \text{ Hz}}$ 對 87.13 Hz 沒有 R_s 時

總結果是總和增益大幅降低（幾乎達 43%），且低頻截止頻率也有相同程度的降低。回想到，各低頻截止頻率最高者會決定放大器的總低頻截止頻率。由結果可指出，內部串聯電阻對中頻增益的影響極大，但反過來也會改善總和頻寬。此例中可清楚看到，增益的損失遠超過頻寬的增加幅度。

b. 先前提到，通常會將電壓增益 A_v 除以中頻增益後，而得正規化的 dB 圖。對圖 9.31 而言，中頻增益是 51.21，自然在中頻區域的 $|A_v/A_{v_\text{mid}}|$ 的比值為 1，結果是圖 9.35 中的中頻區 0 dB 漸近線。定義 f_{L_E} 作為低頻截止頻率 f_L，可由此畫出 $-6 \text{ dB}/2$ 倍頻的漸近線，如圖 9.35 所示。如此建立了波德圖，以及實際響應的輪廓。在 f_L 處，實際曲線會比中頻值低 3 dB，這是依 $0.707A_{v_\text{mid}}$ 的定義，因此可畫出實際的頻率響應曲線，如圖 9.35 所示。依據前面分析中所得的各頻率，各畫出對應的 $-6 \text{ dB}/2$ 倍頻的漸近線，可清楚看出，決定此電路 -3 dB 的點是 f_{L_E}。f_{L_C} 開始影響頻率響應時，對應位置

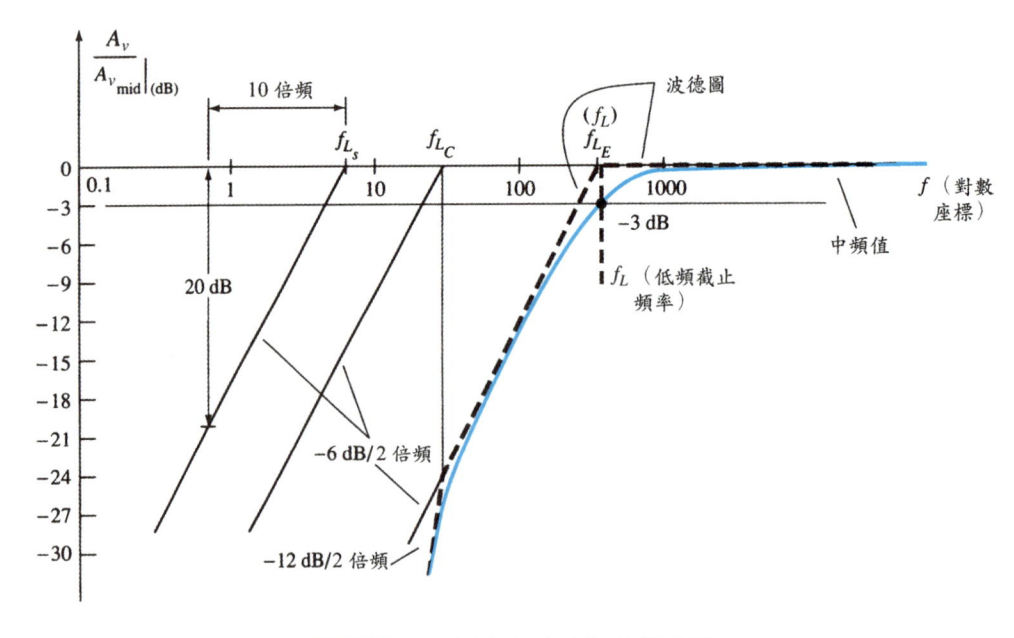

圖 9.35 例 9.12 電路的低頻響應圖

是在約 −24 dB 處。在增益曲線圖上，總和的漸近線斜率，是在相同頻率區間內，各漸近線斜率的總和。注意在圖 9.35 中，當頻率低於 f_{L_C} 時，斜率降到 −12 dB/2 倍頻。如若三個頻率甚為接近時，斜率會降到 −18 dB/2 倍頻。利用式(9.9)，可得低頻區域的截止頻率是 325 Hz。

c. PSpice 解，見 9.15 節。

記住當我們進入到下一節時，本節的分析方法並不限於圖 9.24 和圖 9.31 的電路。對任一種電晶體電路組態，只需對各電容性元件找出其對應的 RC 組合，並決定其截止頻率即可。接著在決定總響應時，決定各電容元件間是否有很強的交互影響，並決定何者對低頻截止頻率有最大影響。事實上，下一節的分析和本節是並行的，但針對場效電晶體放大器的低頻截止頻率。

9.9 低頻響應──FET 放大器

FET 放大器在低頻區的分析，和 9.7 節 BJT 放大器的分析很類似。一樣有三個主要考慮的電容，見圖 9.36 的網路，即 C_G、C_C 和 C_S。雖然我們是用圖 9.36 建立基本關係式，但程序和結論一樣適用在大部分其他的 FET 電路。大部分的阻抗公式可在表 8.2 中找到。

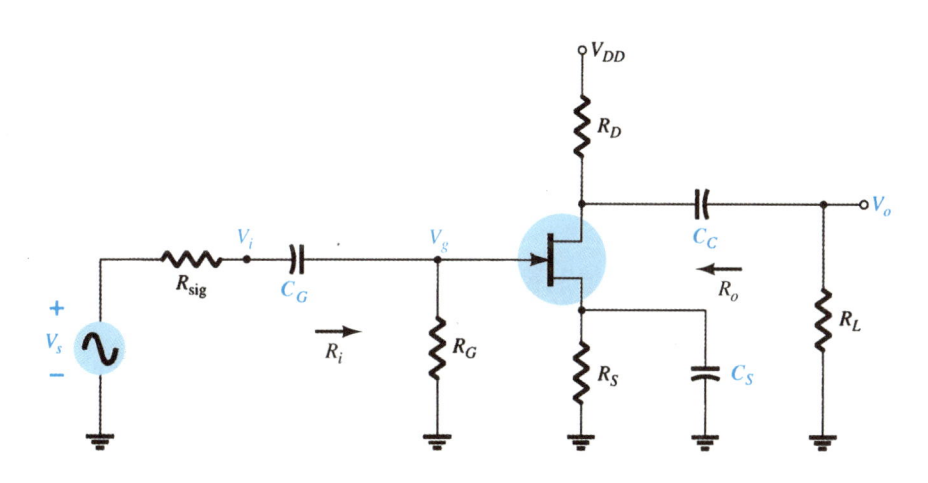

圖 9.36 會影響 JFET 放大器低頻響應的電容性元件

C_G　對訊號源和主動元件之間的耦合電容，交流等效網路見圖 9.37，C_G 決定的截止頻率如下：

$$f_{L_G} = \frac{1}{2\pi(R_{\text{sig}}+R_i)C_G}$$

(9.42)

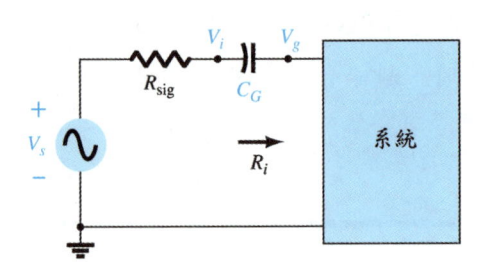

圖 9.37 決定 C_G 對低頻響應的影響

此式和式(9.39)完全一致。對圖 9.36 的網路，

$$R_i = R_G \tag{9.43}$$

一般而言，$R_G \gg R_{sig}$，所以低頻截止頻率主要由 R_G 和 C_G 決定。因 R_G 很大，故允許用相當小的 C_G 值，而仍能將 f_{L_G} 維持在足夠低的低頻截止頻率值。

C_C　對主動裝置和負載之間的耦合電容，可得圖 9.38 的網路，也和圖 9.26 完全一致，可得截止頻率是

$$f_{L_C} = \frac{1}{2\pi (R_o + R_L) C_C} \tag{9.44}$$

對圖 9.36 的網路，

$$R_o = R_D \| r_d \tag{9.45}$$

C_S　對源極電容 C_S，對應的電阻值定義在圖 9.39，截止頻率定義為

$$f_{L_S} = \frac{1}{2\pi R_{eq} C_S} \tag{9.46}$$

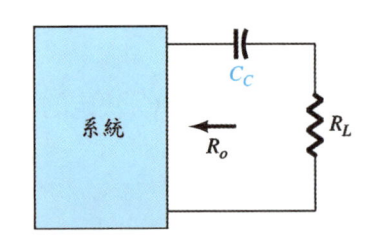

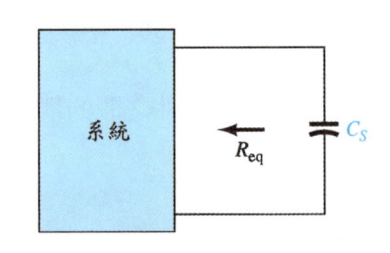

圖 9.38 決定 C_C 對低頻響應的影響　　**圖 9.39** 決定 C_S 對低頻響應的影響

對圖 9.36，所得 R_{eq} 變成

$$\boxed{R_{eq}=\frac{R_S}{1+R_S(1+g_m r_d)/(r_d+R_D\|R_L)}} \tag{9.47}$$

若 $r_d \cong \infty\ \Omega$，R_{eq} 變成

$$\boxed{R_{eq}=R_S\|\frac{1}{g_m}}_{r_d\cong\infty\ \Omega} \tag{9.48}$$

例 9.13

a. 試利用以下參數，決定圖 9.36 網路的低頻截止頻率：

$C_G=0.01\ \mu F$，$C_C=0.5\ \mu F$，$C_S=2\ \mu F$

$R_{sig}=10\ k\Omega$，$R_G=1\ M\Omega$，$R_D=4.7\ k\Omega$，$R_S=1\ k\Omega$，$R_L=2.2\ k\Omega$

$I_{DSS}=8\ mA$，$V_P=-4\ V$　$r_d=\infty\ \Omega$，$V_{DD}=20\ V$

b. 試利用波德圖畫出頻率響應。

c. 試利用 PSpice 驗證(b)的結果。

d. 試利用 Multisim 對圖 9.36 網路作完整分析。

解：

a. 直流分析：畫出轉移特性 $I_D=I_{DSS}(1-V_{GS}/V_P)^2$，並重疊上負載線 $V_{GS}=-I_D R_S$，交點在 $V_{GS_Q}=-2\ V$ 且 $I_{D_Q}=2\ mA$。另外，

$$g_{m0}=\frac{2I_{DSS}}{|V_P|}=\frac{2(8\ mA)}{4\ V}=4\ mS$$

$$g_m=g_{m0}\left(1-\frac{V_{GS_Q}}{V_P}\right)=4\ mS\left(1-\frac{-2\ V}{-4\ V}\right)=2\ mS$$

C_G　由式(9.36)：$f_{L_G}=\dfrac{1}{2\pi(R_{sig}+R_i)C_G}=\dfrac{1}{2\pi(10\ k\Omega+1\ M\Omega)(0.01\ \mu F)}\cong \mathbf{15.8\ Hz}$

C_C　由式(9.38)：$f_{L_C}=\dfrac{1}{2\pi(R_o+R_L)C_C}=\dfrac{1}{2\pi(4.7\ k\Omega+2.2\ k\Omega)(0.5\ \mu F)}\cong \mathbf{46.13\ Hz}$

C_S　$R_{eq}=R_S\|\dfrac{1}{g_m}=1\ k\Omega\|\dfrac{1}{2\ mS}=1\ k\Omega\|0.5\ k\Omega=333.33\ \Omega$

由式(9.40)：

$$f_{L_S}=\frac{1}{2\pi R_{eq}C_S}=\frac{1}{2\pi(333.33\ \Omega)(2\ \mu F)}=\mathbf{238.73\ Hz}$$

因 f_{L_S} 是三個截止頻率中最大者，此頻率定義了圖 9.36 網路的低頻截止頻率。

b. 系統的中頻增益定義如下：

$$A_{v_{mid}} = \frac{V_o}{V_i} = -g_m(R_D \| R_L) = -(2 \text{ mS})(4.7 \text{ k}\Omega \| 2.2 \text{ k}\Omega)$$
$$= -(2 \text{ mS})(1.499 \text{ k}\Omega)$$
$$\cong -3$$

用中頻增益將圖 9.36 網路的響應標準化，可得圖 9.40 的頻率響應圖。

c. 和 **d.** 計算求解，見 9.15 節。

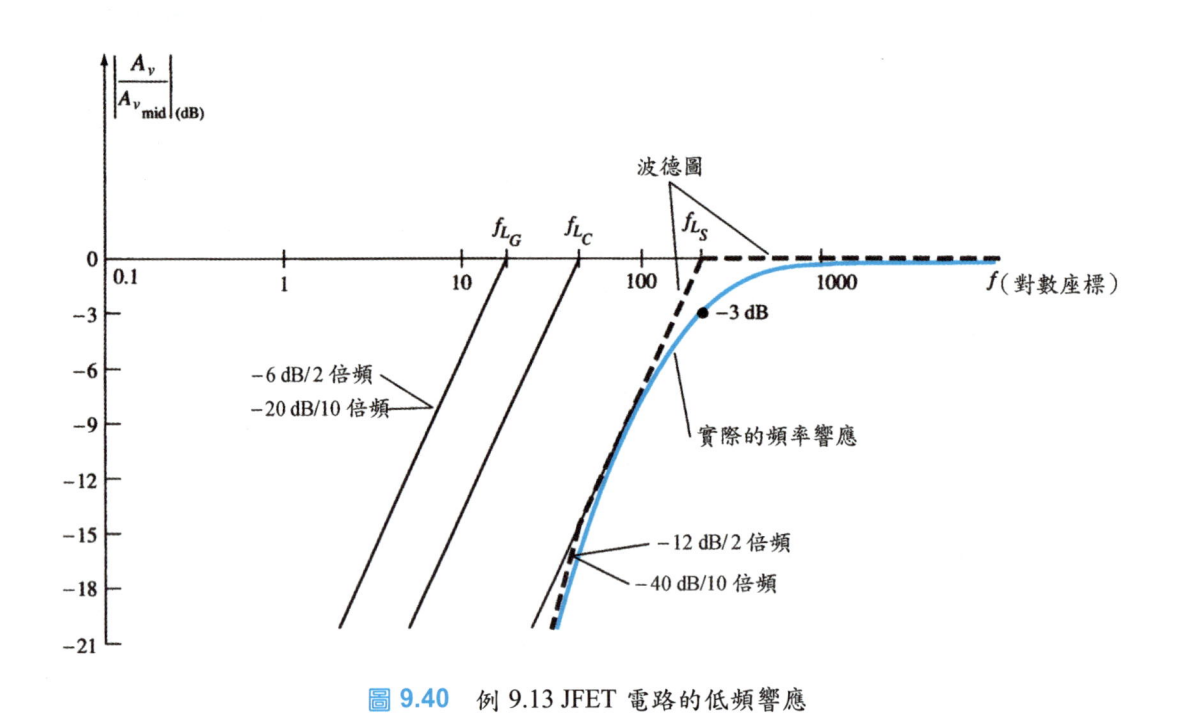

圖 9.40 例 9.13 JFET 電路的低頻響應

9.10 米勒效應電容

在高頻區，會產生重要影響的電容元件是主動元件內部的極間（腳位之間）電容和網路接頭之間的接線電容。而控制網路低頻響應的大電容，在高頻時因電抗極低可等效於短路。

對反相放大器（輸入和輸出之間相差 180°，使 A_v 為負值）而言，由於裝置輸入和輸出腳位之間的電容和放大器的增益，會使輸入和輸出電容的電容值增加。在圖 9.41 中，此 "反饋" 電容定義為 C_f。

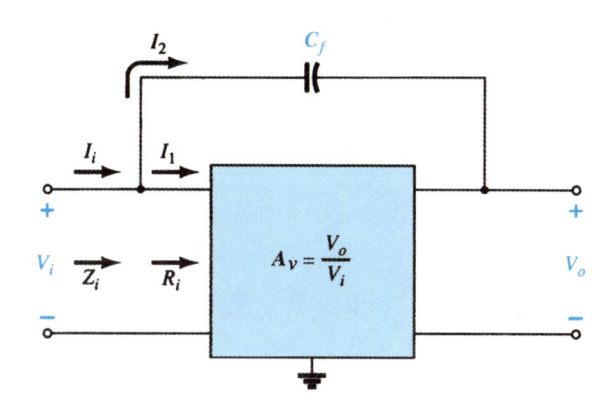

圖 9.41 利用此電路推導米勒輸入電容的關係式

利用克希荷夫電流定律得

$$I_i = I_1 + I_2$$

利用歐姆定律得

$$I_i = \frac{V_i}{Z_i} \text{ , } I_1 = \frac{V_i}{R_i}$$

且

$$I_2 = \frac{V_i - V_o}{X_{C_f}} = \frac{V_i - A_v V_i}{X_{C_f}} = \frac{(1-A_v)V_i}{X_{C_f}}$$

代入得

$$\frac{V_i}{Z_i} = \frac{V_i}{R_i} + \frac{(1-A_v)V_i}{X_{C_f}}$$

即

$$\frac{1}{Z_i} = \frac{1}{R_i} + \frac{1}{X_{C_f}/(1-A_v)}$$

但

$$\frac{X_{C_f}}{1-A_v} = \frac{1}{\underbrace{\omega(1-A_v)C_f}_{C_M}} = X_{C_M}$$

即

$$\frac{1}{Z_i} = \frac{1}{R_i} + \frac{1}{X_{C_M}}$$

由此可建立圖 9.42 的等效網路。此為圖 9.43 放大器的等效輸入阻抗，其中的 R_i 和前幾章所運用者相同，再加上一個為放大器增益放大的反饋電容。任何連接到放大器輸入腳的極間電容，都可用類似方法並聯到圖 9.42 的元件上。

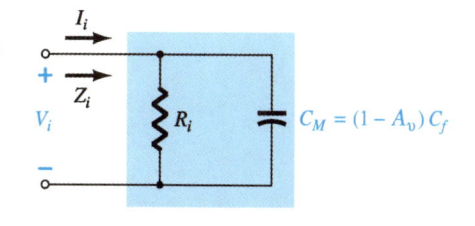

圖 9.42 說明米勒效應電容的影響

$C_M = (1-A_v)C_f$

因此一般而言，米勒效應輸入電容定義如下：

$$C_{M_i} = (1-A_v)C_f \tag{9.49}$$

這說明：

> 對任何反相放大器，輸入電容會因米勒效應電容而增加，而米勒效益電容會受到放大器增益和主動裝置的輸入和輸出腳位之間的極間（寄生）電容的影響。

式(9.49)的難處在於，增益 A_v 在高頻時會是 C_{M_i} 的函數。但因最大增益是中頻增益，所以用中頻值會產生最高的 C_{M_i} 值，亦即最壞的情況。因此一般而言，式(9.49)中的 A_v 一般都是用中頻值。

當我們檢視式(9.49)，就會更清楚放大器限制用反相類型的理由。若 A_v 為正值，將產生負電容（對 $A_v > 1$ 而言）。

米勒效應也會增加輸出電容值，在決定高頻截止頻率時，也必須考慮此電容。在圖 9.43 中已列出決定輸出米勒效應的重要參數，應用克希荷夫電流定律可得

$$I_o = I_1 + I_2$$

其中

$$I_1 = \frac{V_o}{R_o} \quad \text{且} \quad I_2 = \frac{V_o - V_i}{X_{C_f}}$$

通常 R_o 足夠大，關係式的第 1 項和第 2 項相比可忽略不計，即

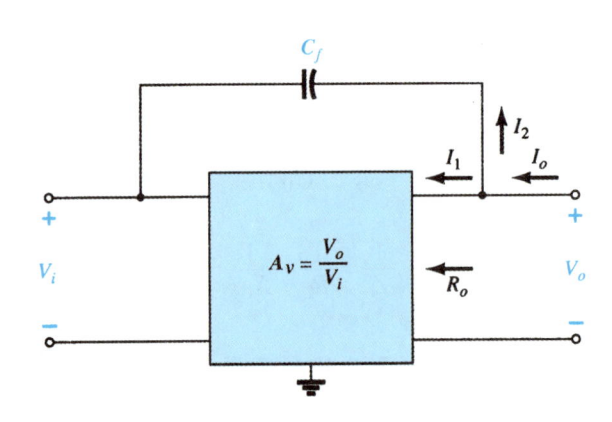

圖 9.43 用來推導米勒輸出電容關係式的網路

$$I_o \cong \frac{V_o - V_i}{X_{C_f}}$$

由 $A_v = V_o/V_i$ 得 $V_i = V_o/A_v$，代入上式得

$$I_o = \frac{V_o - V_o/A_v}{X_{C_f}} = \frac{V_o(1 - 1/A_v)}{X_{C_f}}$$

即

$$\frac{I_o}{V_o} = \frac{1 - 1/A_v}{X_{C_f}}$$

或

$$\frac{V_o}{I_o} = \frac{X_{C_f}}{1 - 1/A_v} = \frac{1}{\omega C_f(1 - 1/A_v)} = \frac{1}{\omega C_{M_o}}$$

產生米勒輸出電容的關係式如下：

$$\boxed{C_{M_o} = \left(1 - \frac{1}{A_v}\right)C_f} \tag{9.50}$$

對於 $A_v \gg 1$ 的通常情況，式(9.50)可簡化成

$$\boxed{C_{M_o} \cong C_f}\Big|_{|A_v| \gg 1} \tag{9.51}$$

在以下兩節探討 BJT 和 FET 放大器的高頻響應時，會出現式(9.50)的應用例。

對非反相放大器而言，例如共基極和射極隨耦放大器，在高頻應用方面，米勒效應電容並非重要的考量。

9.11　高頻響應──BJT 放大器

在高頻有兩個因素決定 −3 dB 截止點：網路電容（含寄生與引進者），以及 $h_{fe}(\beta)$ 和頻率之間的關係。

網路參數

在高頻區，所關注的 RC 網路組態見圖 9.44。隨著頻率的上升，電抗 X_C 的大小會下降，使增益下降，最後輸出端會短路。沿用類似低頻區的推導方法，可導出此 RC 網路的轉角頻率，兩者之間的最大差異在於以下 A_v 的一般形式：

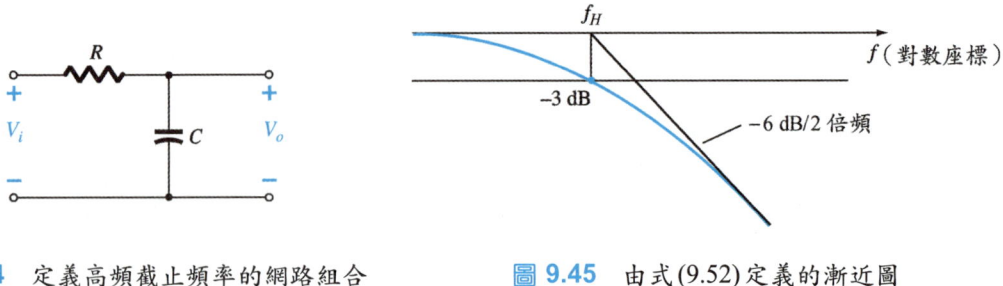

圖 9.44 定義高頻截止頻率的網路組合

圖 9.45 由式(9.52)定義的漸近圖

$$A_v = \frac{1}{1+j(f/f_H)} \tag{9.52}$$

由此可得如圖 9.45 所示的增益大小對頻率圖，隨著頻率增加，增益大小以 6 dB/2 倍頻的斜率下降。注意到，f_H 是在分母，不像式(9.23)中的 f_L 是在分子。

在圖 9.46 中，電晶體的各種寄生電容(C_{be}、C_{bc}、C_{ce})和接線電容(C_{W_i}、C_{W_o})包含在電路中。圖 9.46 網路的高頻等效模型見圖 9.47。注意到，電容 C_s、C_C 和 C_E 不見了。因為在高頻都假定為短路。電容 C_i 包括輸入接線電容 C_{W_i}、遷移（以及擴散）電容 C_{be} 和米勒電容 C_{M_i}。電容 C_o 包括輸出接線電容 C_{W_o}，寄生電容 C_{ce} 和輸出米勒電容 C_{M_o}。一般而言，電容 C_{be} 是所有寄生電容中最大者，而 C_{ce} 是最小者。事實上，大部分的規格表都只提供 C_{be} 和 C_{bc} 而不提供 C_{ce}，除非在某特定領域的應用中影響到某種特定類型電晶體的響應。

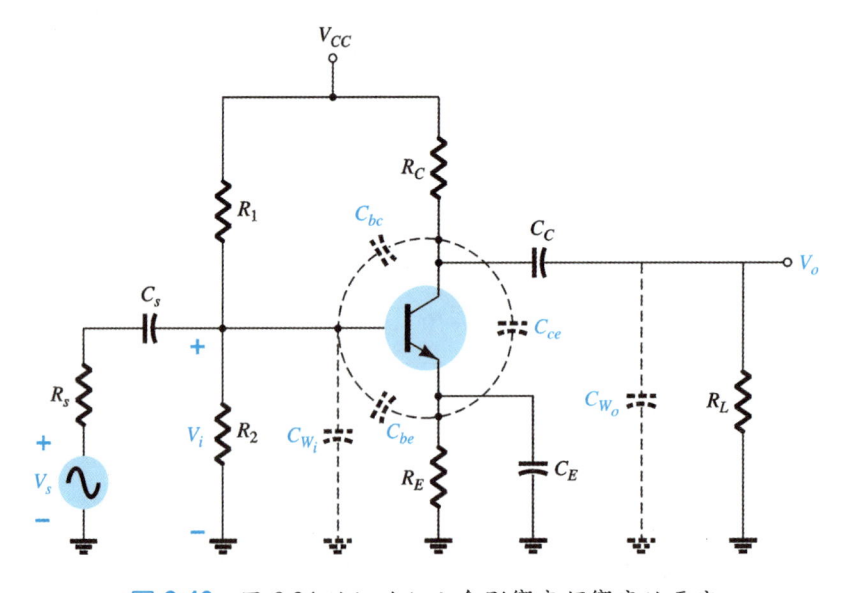

圖 9.46 圖 9.24 的網路加上會影響高頻響應的電容

決定圖 9.47 輸入和輸出網路的戴維寧等效電路，可得圖 9.48 的電路組態。對輸入網路，−3 dB 頻率決定如下：

$$f_{H_i} = \frac{1}{2\pi R_{Th_i} C_i} \tag{9.53}$$

又

$$R_{Th_i} = R_s \| R_1 \| R_2 \| R_i \tag{9.54}$$

且

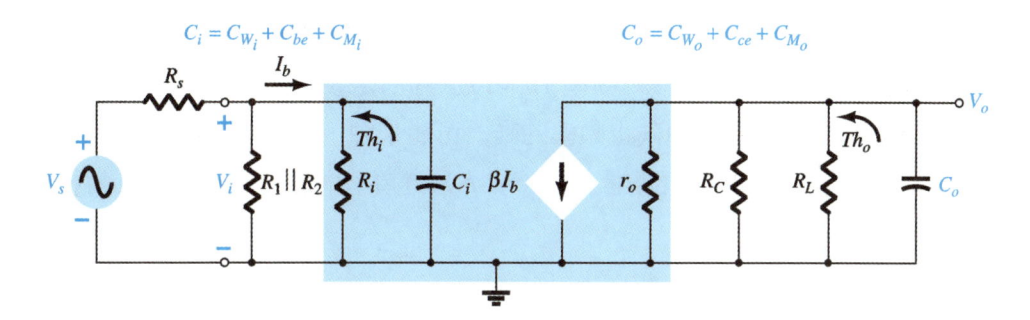

$$C_i = C_{W_i} + C_{be} + C_{M_i} = C_{W_i} + C_{be} + (1 - A_v) C_{bc} \tag{9.55}$$

圖 9.47 圖 9.46 網路的高頻交流等效模型

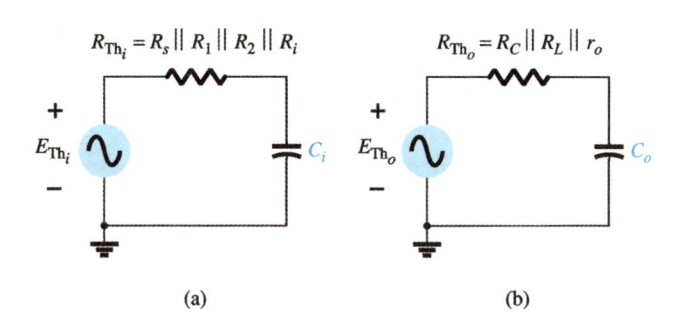

圖 9.48 圖 9.27 網路的輸入和輸出部分的戴維寧等效電路

在極高頻，C_i 會減低圖 9.47 中 R_1、R_2、R_i 和 C_i 的總並聯阻抗，結果使 C_i 的壓降降低，因而使 I_b 降低，也使系統增益降低。

對輸出網路，

$$f_{H_o} = \frac{1}{2\pi R_{Th_o} C_o} \tag{9.56}$$

又 $$R_{Th_o} = R_C \| R_L \| r_o \tag{9.57}$$

且 $$C_o = C_{W_o} + C_{ce} + C_{M_o} \tag{9.58}$$

或 $$C_o = C_{W_o} + C_{ce} + (1 - 1/A_v)C_{bc}$$

對很大的 A_v（一般情況）： $\qquad 1 \gg 1/A_v$

即 $$C_o \cong C_{W_o} + C_{ce} + C_{be} \tag{9.59}$$

在極高頻，C_o 的電容性電抗會使圖 9.47 中的總輸出並聯阻抗值降低。隨著電抗 X_C 愈小，結果是 V_o 也會朝 0 V 遞減，頻率 f_{H_i} 和 f_{H_o} 分別定義如圖 9.45 的 – 6 dB/2 倍頻的漸近線。若寄生電容是決定高頻截止頻率的唯一可能來源，則 f_{H_i} 和 f_{H_o} 中最低者會成為高頻響應的決定因素。但也必須考慮，h_{fe}（或 β）隨頻率增加而降低時，其轉折頻率是否低於 f_{H_i} 或 f_{H_o}。

h_{fe}（或 β）的變化

為探討 h_{fe}（或 β）隨頻率變化的關係，且具一定的精確性，考慮以下關係式：

$$h_{fe} = \frac{h_{fe_{mid}}}{1 + j(f/f_\beta)} \tag{9.60}$$

使用 h_{fe} 而不用 β，是因為製造商在這部分的規格表上一般是採用混合 (h) 參數。

唯一未定義量是 f_β，可利用 5.22 節中介紹的圖 9.49 混合 π 模型中的一組參數來決定。電阻 r_b 包括基極接觸、基極本體和基極分布電阻，第 1 項是源於接腳和基極之間的

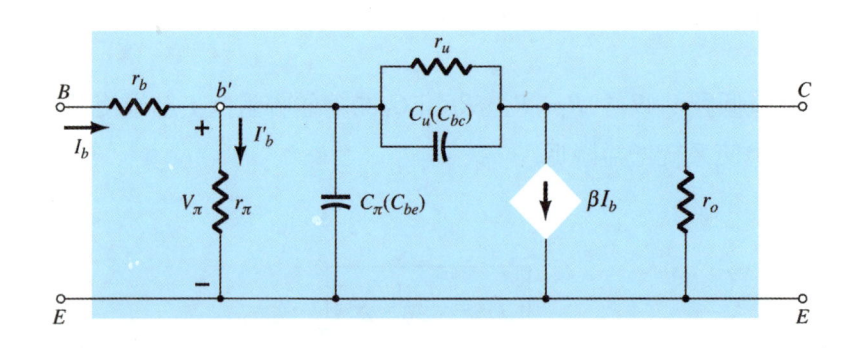

圖 9.49 電晶體的混合 π 高頻小訊號交流等效電路

實際連接，第 2 項是基極端點到電晶體基極作用區之間的電阻，最後是基極作用區內的實際電阻。電阻 r_π、r_o 和 r_u 是裝置在作用區工作時，對應端點之間的電阻。C_{bc} 和 C_{be} 也是端點之間的電容，但前者是遷移電容，而後者是擴散電容。各參數如何受到頻率的影響，可在很多現成的教科書上找到更詳細的說明。

若移走基極電阻 r_b、基極對集極電阻 r_u，以及所有寄生電容，可得和第 5 章所用的共射極小訊號等效電路一致的交流等效電路。基極對射極電阻 r_π 是 βr_e，且輸出電阻 r_o 是混合參數 h_{oe} 的倒數，第 5 章也是用受控源 βI_b。但若包含基極和集極之間的電阻 r_u（此值通常很大，$\gg \beta r_o$），此電阻可提供輸入與輸出電路之間的反饋迴路，符合混合等效電路中 h_{re} 的作用。回想在第 5 章，對大部分的應用而言，此反饋項的影響一般是微不足道的。但若某特殊的應用下使此項變得很重要時，則圖 9.49 的模型就有了著力點。電阻 r_u 反映基極電流會受到集極對基極電壓的影響，因根據歐姆定律，基極對射極電壓和基極電流成正比，且輸出電壓是基射電壓和集基電壓的電壓差。由此可得結論，基極電流會到輸出電壓的影響，混合參數 h_{re} 正是反映此點。

用混合 π 參數代表，

$$f_\beta \text{（有時表成 } f_{h_{fe}}\text{）} = \frac{1}{2\pi r_\pi (C_\pi + C_u)} \tag{9.61}$$

又因 $r_\pi = \beta r_e = h_{fe_{\text{mid}}} r_e$，

$$f_\beta = \frac{1}{h_{fe_{\text{mid}}}} \frac{1}{2\pi r_e (C_\pi + C_u)} \tag{9.62}$$

由式(9.62)清楚看出，因 r_e 可用網路設計調整：

f_β 是偏壓值的函數。

若將式(9.60)中的乘數 $h_{fe_{\text{mid}}}$ 取出，則此式的基本形式和式(9.52)完全相同，可發現 h_{fe} 會從中頻值開始，以 $-6\,\text{dB}/2$ 倍頻的斜率下降，如圖 9.50 所示。同一圖中還包含 h_{fb}（或 α）對頻率的圖形，注意到在所取頻率範圍內，h_{fb} 的變化很小，可發現共基極電路的高頻特性比共射極改善很多。也可想到，由共基電路的非反相特性，使米勒效應不存在。也由於此項原因，電晶體的規格常用共基極高頻參數，而不用共射極參數，特別是專門設計用在高頻區工作的電晶體。

若 f_α 和 α 已知，則可利用下式直接決定 f_β：

$$f_\beta = f_\alpha (1-\alpha) \tag{9.63}$$

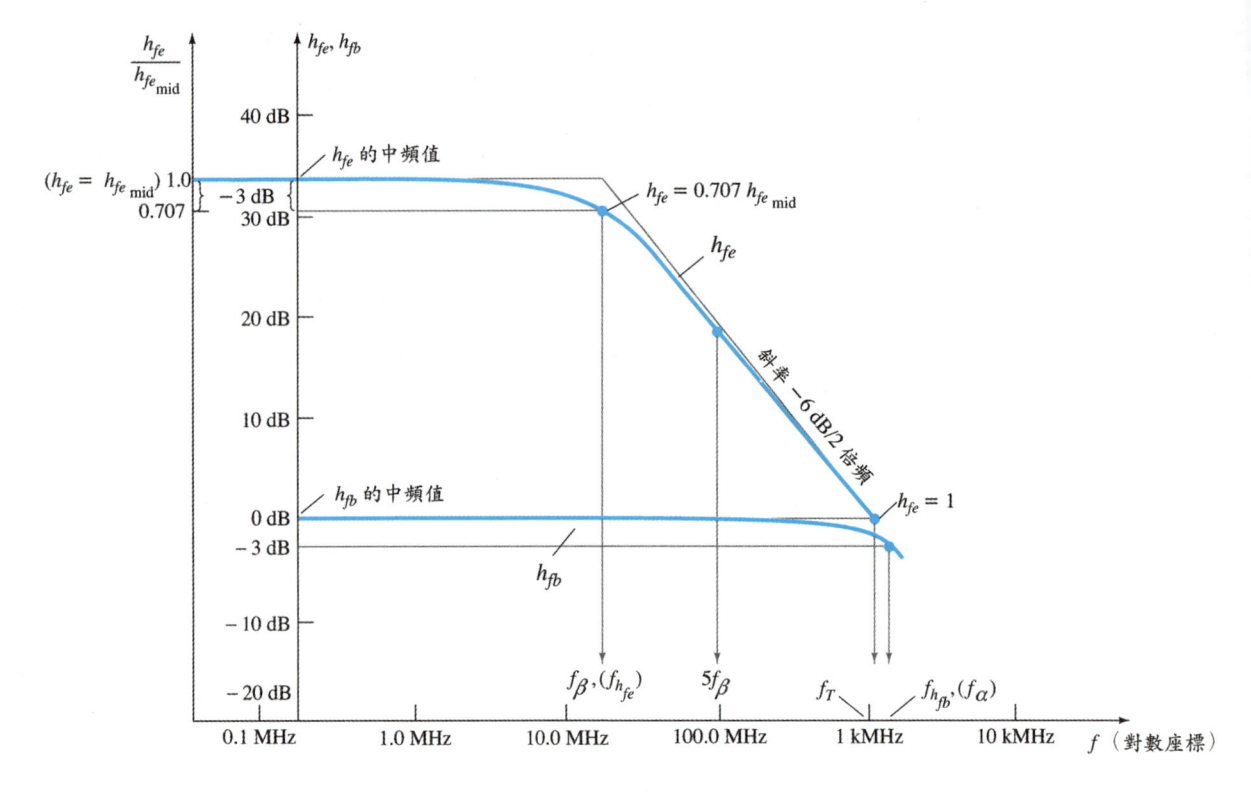

圖 9.50　h_{fe} 和 h_{fb} 在高頻區對頻率的變化

增益頻寬積

有一個用在放大器的**價值指數**，稱為**增益頻寬積**(GBP)，常用在一開始進行放大器的設計程序時，它提供了放大器增益和預期工作頻率範圍之間的重要資訊。

在圖 9.51 中顯示了某放大器的頻率響應，其增益為 100，低頻截止頻率是 250 Hz，高頻截止頻率是 1 MHz，此圖以線性座標而非對數座標畫出。注意到，因水平軸採用線性座標，故無法清楚指示低頻截止頻率，且響應曲線在 $f=0$ Hz 處幾乎呈垂直狀。因 $f=0$ Hz 代表直流情況，因此

> 放大器在低頻端的增益常稱為直流增益。

也注意到，採用線性水平軸時，當頻率越過轉折點後，增益曲線的傾斜度十分和緩。若要顯示包含高端的完整頻率範圍，將必須向外延伸數頁的寬度。

從圖 9.51 可清楚看出，因低頻截止頻率相對甚小，故頻寬幾由高頻截止頻率決定。若圖 9.51 的水平軸改用對數座標，將得到圖 9.52。

可看出頻率響應的低端展開了，而高端則限縮了，可用 −20 dB/10 倍頻的斜率定出邊界。高頻轉折頻率記為 f_H，而低頻轉折頻率則記為 f_L。

就 $A_v = A_{v_{mid}} = 100$，頻寬約為 1 MHz，如圖 9.52 所示。

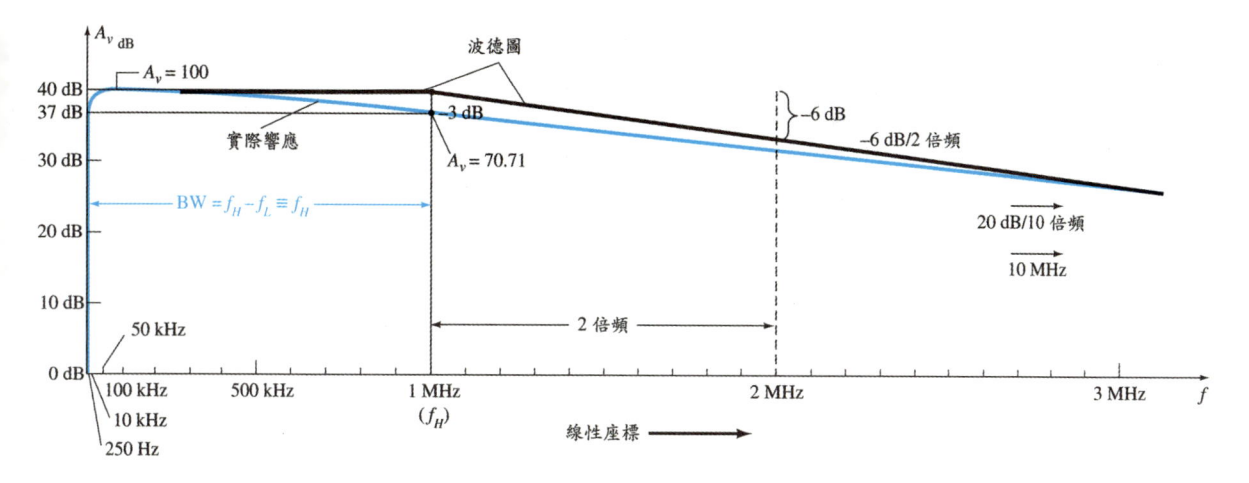

圖 9.51 以線性頻座標率畫出放大器的 dB 增益曲線

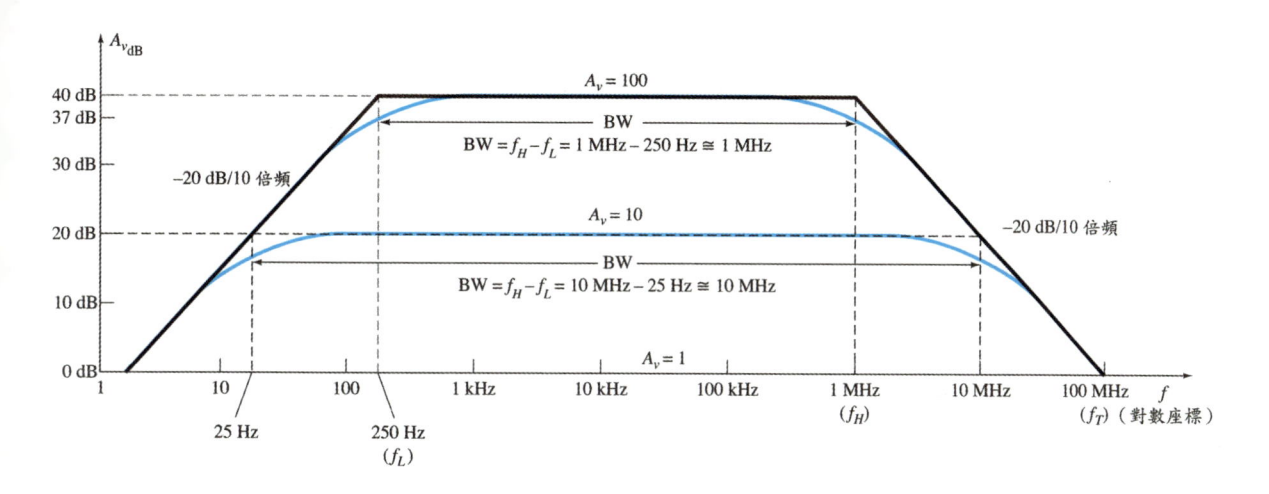

圖 9.52 找出兩不同增益對應的頻寬

增益頻寬積是

$$\text{GBP} = A_{v_{\text{mid}}} \text{BW} \tag{9.64}$$

就此例而言，

$$\text{GBP} = (100)(1\ \text{MHz}) = 100\ \text{MHz}$$

就 $A_v = 10$，$20 \log_{10} 10 = 20$，且頻寬約為 10 MHz，如圖 9.52 所示。
現在所得的增益頻寬積是

$$\text{GBP} = (10)(10\ \text{MHz}) = 100\ \text{MHz}$$

> 事實上，就任何增益值而言，增益頻寬積維持定值。

當 $A_v=1$ 或 $A_v|_{dB}=0$ dB 時，其頻寬定為 f_T，見圖 9.52。

一般而言，

> 頻率 f_T 稱為單位增益頻率，且必等於放大器的中頻增益與對應頻寬的乘積。

即

$$\boxed{f_T = A_{v_{\text{mid}}} f_H} \quad (\text{Hz}) \tag{9.65a}$$

結果是，可以直接很快求出放大器任意增益值對應的預期頻寬。考慮某放大器的 f_T 給定為 120 MHz，當增益為 80 時，預期的 f_H 或頻寬是 $f_T/A_{v_{\text{mid}}} = 120$ MHz$/80=1.5$ MHz。而當增益為 60 時，則頻寬是 120 MHz$/60=2$ MHz，餘可類推——這是很有用的工具。

對電晶體本身而言，其電壓增益並不為電路組態所定，在規格表中會提供只和電晶體相關的 f_T 值，即

$$\boxed{f_T = h_{fe_{\text{mid}}} f_\beta} \quad (\text{Hz}) \tag{9.65b}$$

對應的 dB 曲線圖見圖 9.48。

h_{fe} 對應於頻率的變化，其一般公式定在式(9.60)。而就放大器而言，定為

$$\boxed{A_v = \frac{A_{v_{\text{min}}}}{1+j(f/f_H)}} \tag{9.66}$$

注意到，在各情況下，頻率 f_H 都定為轉角（折）頻率。

將 f_β 的式(9.62)代入式(9.65)，得

$$f_T \cong \beta_{\text{mid}} \frac{1}{2\pi \beta_{\text{mid}} r_e (C_\pi + C_u)}$$

且

$$\boxed{f_T \cong \frac{1}{2\pi r_e (C_\pi + C_u)}} \tag{9.67}$$

例 9.14 使用圖 9.46 的網路，參數值和例 9.12 相同，即

$R_s=1$ kΩ，$R_1=40$ kΩ，$R_2=10$ kΩ，$R_E=2$ kΩ，$R_C=4$ kΩ，$R_L=2.2$ kΩ

$C_s=10$ μF，$C_C=1$ μF，$C_E=20$ μF

第 9 章　BJT 和 JFET 的頻率響應　723

$$h_{fe}=100，r_o=\infty\ \Omega，V_{CC}=20\ \text{V}$$

再加上

$$C_\pi(C_{be})=36\ \text{pF}，C_u(C_{bc})=4\ \text{pF}，C_{ce}=1\ \text{pF}，C_{W_i}=6\ \text{pF}，C_{W_o}=8\ \text{pF}$$

a. 決定 f_{H_i} 和 f_{H_o}。
b. 試求出 f_β 和 f_T。
c. 試利用例 9.12 的結果以及本例中(a)、(b)的結果，畫出低頻區和高頻區的頻率響應。
d. 用 PSpice 求得全頻率頻譜的響應，並和(c)的結果比較。

解：

a. 由例 9.12：

$$R_i=1.32\ \text{k}\Omega，A_{v_{\text{mid}}}（放大器－不含\ R_s\ 的效應）=-90$$

且

$$R_{\text{Th}_i}=R_s\|R_1\|R_2\|R_i=1\ \text{k}\Omega\|40\ \text{k}\Omega\|10\ \text{k}\Omega\|1.32\ \text{k}\Omega$$
$$\cong 0.531\ \text{k}\Omega$$

又

$$C_i=C_{W_i}+C_{be}+(1-A_v)C_{bc}$$
$$=6\ \text{pF}+36\ \text{pF}+[1-(-90)]4\ \text{pF}$$
$$=406\ \text{pF}$$

$$f_{H_i}=\frac{1}{2\pi R_{\text{Th}_i}C_i}=\frac{1}{2\pi(0.531\ \text{k}\Omega)(406\ \text{pF})}$$
$$=\mathbf{738.24\ kHz}$$

$$R_{\text{Th}_o}=R_C\|R_L=4\ \text{k}\Omega\|2.2\ \text{k}\Omega=1.419\ \text{k}\Omega$$
$$C_o=C_{W_o}+C_{ce}+C_{M_o}=8\ \text{pF}+1\ \text{pF}+\left(1-\frac{1}{-90}\right)4\ \text{pF}$$
$$=13.04\ \text{pF}$$

$$f_{H_o}=\frac{1}{2\pi R_{\text{Th}_o}C_o}=\frac{1}{2\pi(1.419\ \text{k}\Omega)(13.04\ \text{pF})}$$
$$=\mathbf{8.6\ MHz}$$

b. 利用式(9.63)，得

$$f_\beta=\frac{1}{2\pi h_{fe_{\text{mid}}}r_e(C_{be}+C_{bc})}$$
$$=\frac{1}{2\pi(100)(15.76\ \Omega)(36\ \text{pF}+4\ \text{pF})}=\frac{1}{2\pi(100)(15.76\ \Omega)(40\ \text{pF})}$$
$$=\mathbf{2.52\ MHz}$$

$$f_T=h_{f_{\text{mid}}}f_\beta=(100)(2.52\ \text{MHz})$$
$$=\mathbf{252\ MHz}$$

c. 見圖 9.53，轉角頻率 f_{H_i} 決定了放大器的高頻截止頻率和頻寬。高頻截止頻率很接近 600 kHz。

d. PSpice 分析見 9.15 節。

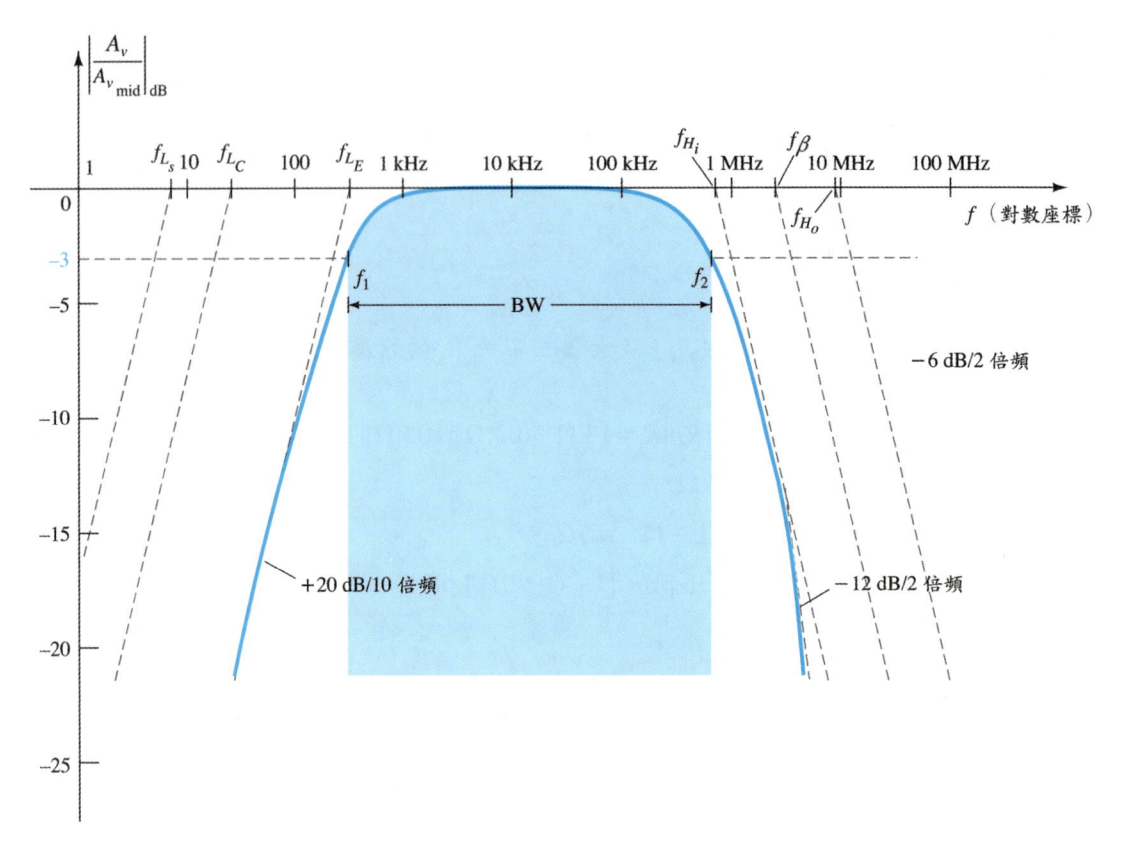

圖 9.53　圖 9.46 網路的全頻率響應

9.12　高頻響應——FET 放大器

FET 放大器的高頻響應分析，其進行方式和 BJT 放大器極類似。如圖 9.54 所示，決定放大器高頻特性的有極間電容和接線電容。電容 C_{gs} 和 C_{gd} 一般在 1 pF～10 pF 之間，而電容 C_{ds} 會小一點，在 0.1 pF～1 pF 的範圍。

因圖 9.54 的網路是反相放大器，所以米勒電容會出現在圖 9.55 的高頻交流等效網路中。在高頻，C_i 會逐漸趨近於短路且 V_{gs} 會逐漸下降，使總增益降低。另方面，當頻率增加使 C_o 逐漸趨近於短路時，並聯輸出電壓 V_o 的大小也會下降。

可先求出輸入電路和輸出電路的戴維寧等效電路，見圖 9.56，再分別定出這兩部分的截止頻率。對輸入電路，

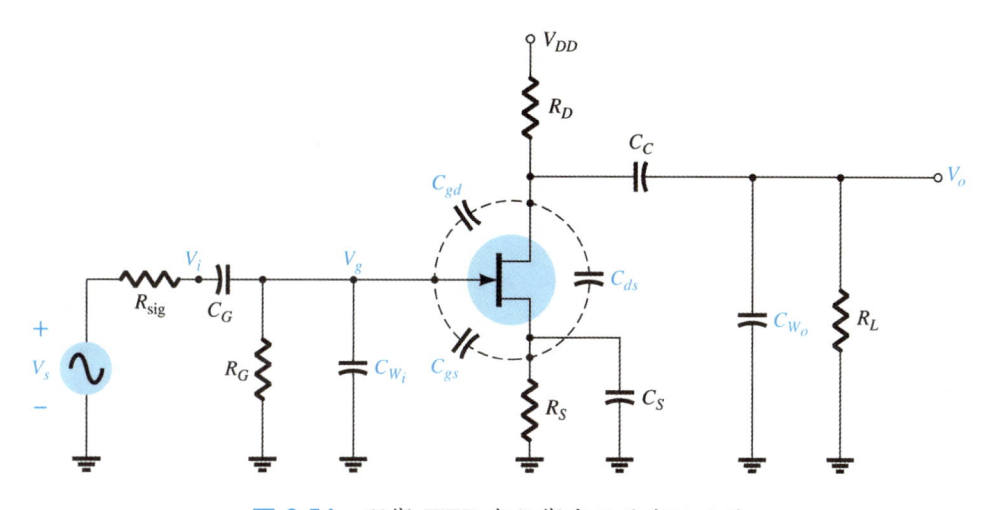

圖 9.54 影響 JFET 高頻響應的電容性元件

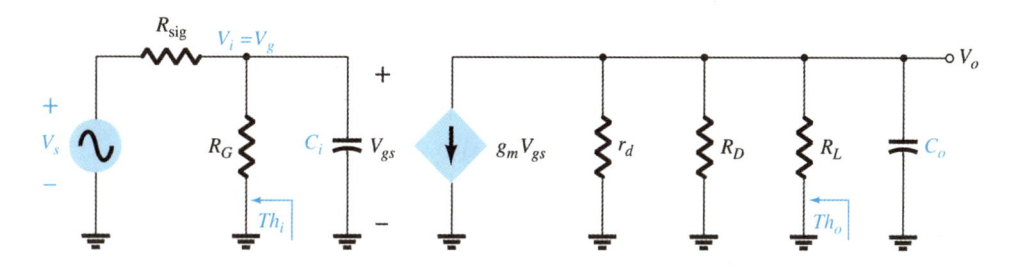

圖 9.55 圖 9.54 的高頻交流等效電路

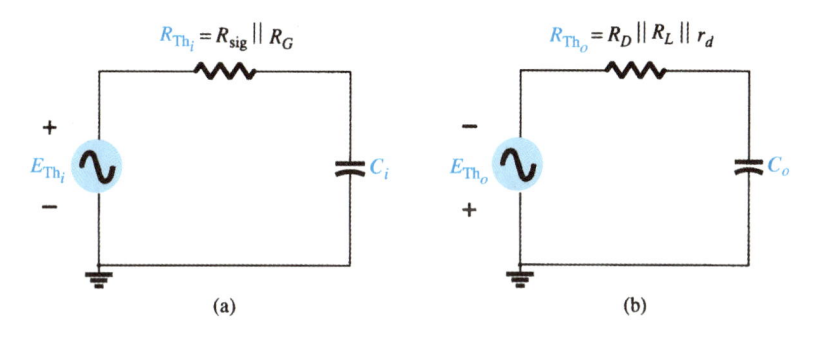

圖 9.56 輸入部分(a)和輸出部分(b)的戴維寧等效電路

$$f_{H_i} = \frac{1}{2\pi R_{Th_i} C_i} \tag{9.68}$$

且

$$R_{Th_i} = R_{sig} \| R_G \tag{9.69}$$

又
$$C_i = C_{W_i} + C_{gs} + C_{M_i} \tag{9.70}$$

且
$$C_{M_i} = (1 - A_v)C_{gd} \tag{9.71}$$

對輸出電路，
$$f_{H_o} = \frac{1}{2\pi R_{\text{Th}_o} C_o} \tag{9.72}$$

又
$$R_{\text{Th}_o} = R_D \| R_L \| r_d \tag{9.73}$$

且
$$C_o = C_{W_o} + C_{ds} + C_{M_o} \tag{9.74}$$

且
$$C_{M_o}\left(1 - \frac{1}{A_v}\right)C_{gd} \tag{9.75}$$

例 9.15

a. 試決定圖 9.54 網路的高頻截止頻率，利用和例 9.13 相同的參數：

$$C_G = 0.01\ \mu F，C_C = 0.5\ \mu F，C_s = 2\ \mu F$$
$$R_{\text{sig}} = 10\ k\Omega，R_G = 1\ M\Omega，R_D = 4.7\ k\Omega，R_S = 1\ k\Omega，R_L = 2.2\ k\Omega$$
$$I_{DSS} = 8\ mA，V_P = -4\ V，r_d = \infty\ \Omega，V_{DD} = 20\ V$$

再加上
$$C_{gd} = 2\ pF，C_{gs} = 4\ pF，C_{ds} = 0.5\ pF，C_{W_i} = 5\ pF，C_{W_o} = 6\ pF$$

b. 利用 PSpice 求得全頻率範圍的響應，並注意結果是否支持例 9.13 和上述結果結論。

解：

a. $R_{\text{Th}_i} = R_{\text{sig}} \| R_G = 10\ k\Omega \| 1\ M\Omega = 9.9\ k\Omega$

由例 9.13，$A_v = -3$，可得
$$\begin{aligned}C_i &= C_{W_i} + C_{gs} + (1 - A_v)C_{gd} \\ &= 5\ pF + 4\ pF + (1+3)2\ pF \\ &= 9\ pF + 8\ pF \\ &= 17\ pF\end{aligned}$$

$$f_{H_i} = \frac{1}{2\pi R_{Th_i} C_i}$$
$$= \frac{1}{2\pi(9.9 \text{ k}\Omega)(17 \text{ pF})} = \mathbf{945.67 \text{ kHz}}$$

$$R_{Th_o} = R_D \| R_L$$
$$= 4.7 \text{ k}\Omega \| 2.2 \text{ k}\Omega$$
$$\cong 1.5 \text{ k}\Omega$$

$$C_o = C_{W_o} + C_{ds} + C_{M_o} = 6 \text{ pF} + 0.5 \text{ pF} + \left(1 - \frac{1}{-3}\right) 2 \text{ pF} = 9.17 \text{ pF}$$

$$f_{H_o} = \frac{1}{2\pi(1.5 \text{ k}\Omega)(9.17 \text{ pF})} = \mathbf{11.57 \text{ MHz}}$$

以上結果清楚顯示，輸入電容及其米勒效應電容會決定高頻截止頻率，這是由輸出電路中的電阻值和 C_{ds} 值一般較小的緣故。

b. PSpice 分析見 9.15 節。

儘管前幾節的分析僅於兩種電路組態，但其決定截止頻率的一般程序應可支持任何其他種電晶體電路的分析。記住，米勒電容僅限用於反相放大器，且當遇到共基極電路時 f_α 會遠大於 f_β。還有許多單級放大器的分析未能涵蓋在本章的範圍之內，但本章所提供的內容已足以作為任何頻率效應分析的堅實基礎。

9.13 多級的頻率效應

若第 2 級電晶體放大器直接接在第 1 級的輸出端，則總頻率響應會有很顯著的改變。在高頻區，第 1 級的輸出電容(C_o)必然包含第 2 級的接線電容(C_{W_i})、寄生電容(C_{be})和米勒電容(C_{M_i})。另外，第 2 級也會提供新增的個別低頻截止頻率，因而更進一步降低系統在低頻區的總增益。放大器每新增一級時，高頻截止頻率主要由產生最低高頻截止頻率的放大級決定，而低頻截止頻率則主要由產生最高低頻截止頻率的放大級決定。因此顯然地，在串級系統中，只要有一級設計較差，就會抹煞其他良好設計的放大級。

可以考慮圖 9.57 所顯示的情況，清楚說明相同放大級的級數增加時的效應。串級放大器中，每一級個別的高頻和低頻截止頻率都是相同的。對單一級而言，如圖所示，截止頻率分別是 f_L 和 f_H。兩相同放大級串級之後，高頻區和低頻區的下降率增加到 -12 dB/2 倍頻或 -40 dB/10 倍頻，因此在 f_L 和 f_H 處的 dB 降是 -6 dB 而不是 -3 dB，-3 dB 點會移到如圖所示的 f'_L 和 f'_H，因而造成頻寬的減小。若三個放大級串級在一起，所產生的斜率是 -18 dB/2 倍頻或 -60 dB/10 倍頻，頻寬會更為縮減（f''_L 和 f''_H）。

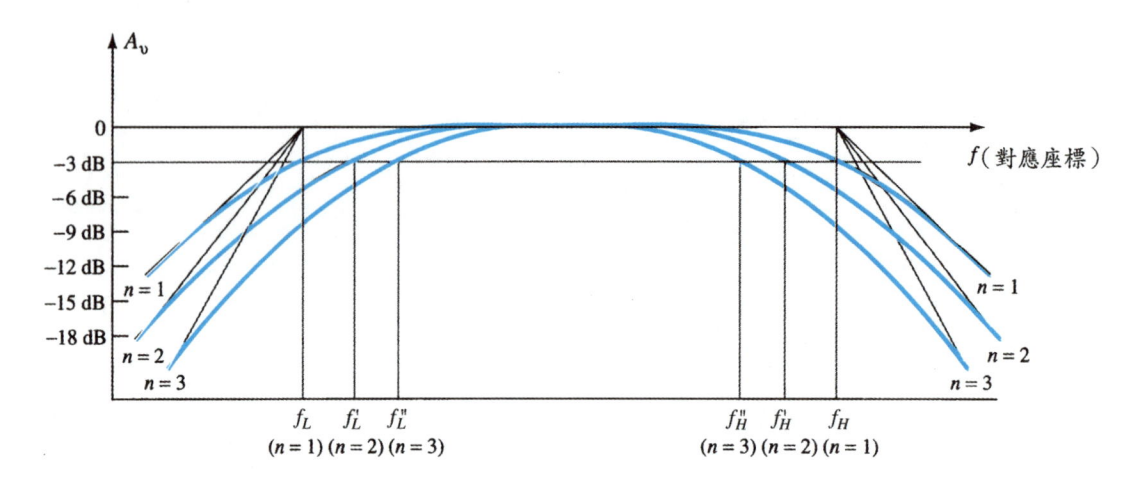

圖 9.57 放大級級數增加時，對截止頻率和頻寬的影響

假定每一放大級都相同，可導出截止頻率對應於級數(n)的關係式如下：對低頻區，

$$A_{v_{\text{low}},(\text{總和})} = A_{v_{1_{\text{low}}}} A_{v_{2_{\text{low}}}} A_{v_{3_{\text{low}}}} \cdots A_{v_{n_{\text{low}}}}$$

因每一級都相同，$A_{v_{1_{\text{low}}}} = A_{v_{2_{\text{low}}}} = \cdots$，即

$$A_{v_{\text{low}},(\text{總和})} = (A_{v_{1_{\text{low}}}})^n$$

或

$$\frac{A_{v_{\text{low}}}}{A_{v_{\text{mid}}}}(\text{總和}) = \left(\frac{A_{v_{\text{low}}}}{A_{v_{\text{mid}}}}\right)^n = \frac{1}{(1 - jf_L/f)^n}$$

將大小設在 $1/\sqrt{2}(-3\text{ dB})$，得

$$\frac{1}{\sqrt{[1 + (f_L/f_L')^2]^n}} = \frac{1}{\sqrt{2}}$$

即

$$\left\{\left[1 + \left(\frac{f_L}{f_L'}\right)^2\right]^{1/2}\right\}^n = \left\{\left[1 + \left(\frac{f_L}{f_L'}\right)^2\right]^n\right\}^{1/2} = (2)^{1/2}$$

所以

$$\left[1 + \left(\frac{f_L}{f_L'}\right)^2\right]^n = 2$$

即

$$1 + \left(\frac{f_L}{f_L'}\right)^2 = 2^{1/n}$$

結果

$$\boxed{f_L' = \frac{f_L}{\sqrt{2^{1/n} - 1}}} \qquad (9.76)$$

以類似方式，對高頻區可得

$$f'_H = (\sqrt{2^{1/n}-1})f_H \tag{9.77}$$

注意到，兩關係式中出現相同因數 $\sqrt{2^{1/n}-1}$，此因數在不同 n 值之下的大小列如下表。

n	$\sqrt{2^{1/n}-1}$
2	0.64
3	0.51
4	0.43
5	0.39

對 $n=2$，考慮高頻截止頻率 $f'_H=0.64f_H$，即單一級截止頻率的 64%，而低頻截止頻率 $f'_L=(1/0.64)f_L=1.56f_L$。對 $n=3$，$f'_H=0.51f_H$，即約為單一級數截止頻率的一半，且 $f'_L=(1/0.51)f_L=1.96f_L$，即約為單一級截止頻率的 2 倍。

對 RC 耦合電晶體放大器，若 $f_H=f_\beta$ 或兩者大小相當近時，同時會影響高頻 3 dB 頻率，由於 $1/(1+jf/f_x)$ 因數的數量增加，決定 f'_H 時因數要增加 2 倍。

若中頻增益可維持不變且不受級數增加的影響，則級數的增加不必然造成頻寬的降低。例如某單級放大器的增益 100，且頻寬 10,000 Hz，產生的增益頻寬積是 $10^2 \times 10^4 = 10^6$。對 2 級系統而言，可用相同增益 10 的兩級得到相同增益($10 \times 10=100$)，使單級頻寬增加 10 倍到 100,000，這是因為增益要求降低且增益頻寬積為定值 (10^6)，在設計上必須容許增加頻寬以建立較低的增益值。

9.14 方波測試

可利用實驗方法，將方波訊號加入放大器並觀察輸出響應，藉此建立對該放大器頻率響應的了解。由輸出波形的形狀可看出，高頻部分或低頻部分是否被適當放大。利用**方波測試**，會比利用一連串不同頻率和大小的弦波來測試放大器的頻率響應，可以節省很多時間。

測試程序採用方波的理由，最佳的解釋是藉由**傅立葉級數**將方波展開，可得一組不同大小和頻率的弦波，各項總和即為原始波形。易言之，即使波形不是弦波，也可用一組不同頻率和振幅的弦波組合出來。

圖 9.58 的方波以傅立葉數展開如下：

$$v = \frac{4}{\pi} V_m \left(\underbrace{\sin 2\pi f_s t}_{\text{基波}} + \underbrace{\frac{1}{3} \sin 2\pi (3f_s) t}_{3\text{ 階諧波}} + \underbrace{\frac{1}{5} \sin 2\pi (5f_s) t}_{5\text{ 階諧波}} + \underbrace{\frac{1}{7} \sin 2\pi (7f_s) t}_{7\text{ 階諧波}} \right.$$
$$\left. + \underbrace{\frac{1}{9} \sin 2\pi (9f_s) t}_{9\text{ 階諧波}} + \cdots + \underbrace{\frac{1}{n} \sin 2\pi (nf_s) t}_{n\text{ 階諧波}} \right) \tag{9.78}$$

級數的第 1 項稱為**基波**(fundamental)項,其頻率和方波頻率 f_s 相同,下一項的頻率是基波頻率的 3 倍,稱為 3 階諧波(third harmonic),其大小是基波項的 1/3。接下來的各項頻率都是基波項的奇數倍,且諧波階次愈高,時對應的振幅愈小。圖 9.57 說明,傅立葉級數各項加總之後如何產生非弦波波形。要產生圖 9.58 的方波,需要無窮多項,但只要將基波和 3 階諧波相加,其波形已開始出現方波的外觀,如圖 9.59a。再加上 5 階和 7 階諧波後,如圖 9.59a,更進一步接近圖 9.58 的波形。

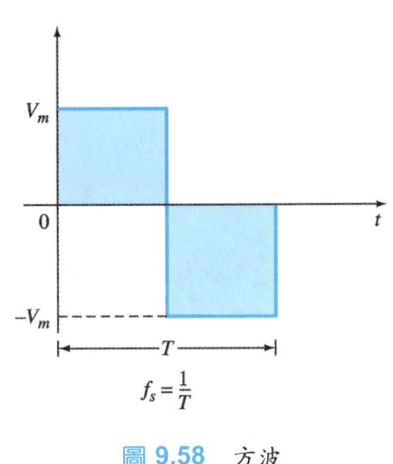

圖 9.58 方波

因 9 階諧波的大小尚大於基波項的 10% [$\frac{1}{9}(100\%) = 11.1\%$],從基波項到 9 階項,是方波的傅立葉級數展開式的主要貢獻者。因此若將某特定頻率的方波輸入放大器且輸出相當乾淨的方波時,可合理假定方波的基波到 9 階諧波經放大器放大時,並無顯著失真。例如,某音頻放大器頻寬 20 kHz(音頻範圍 20 Hz~20 kHz)要測試,則外加測試訊號頻率至少應在 20 kHz/9 = 2.22 kHz 以上。

(a)

(b)

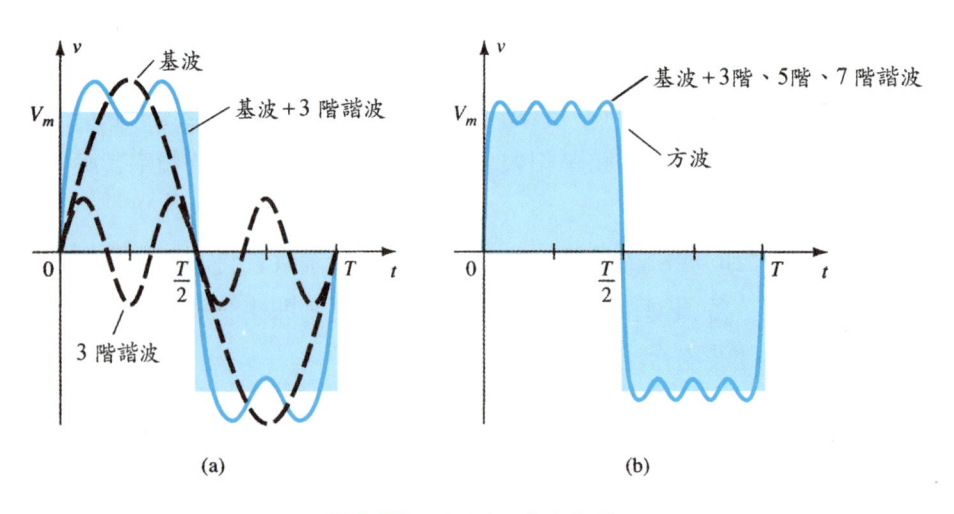

圖 9.59 方波的諧波分量

若放大器外加方波之下的響應，如同輸入般無失真的複製波形，表示放大器的頻率響應（或頻寬）足以應付外加訊號的頻率。若響應如圖 9.60a 和圖 9.60b，代表低頻部分未被適度放大，必須檢討低頻截止頻率。如波形外觀如圖 9.60c，代表高頻分量未得到足夠的放大，必須檢視高頻截止頻率（或頻寬）。

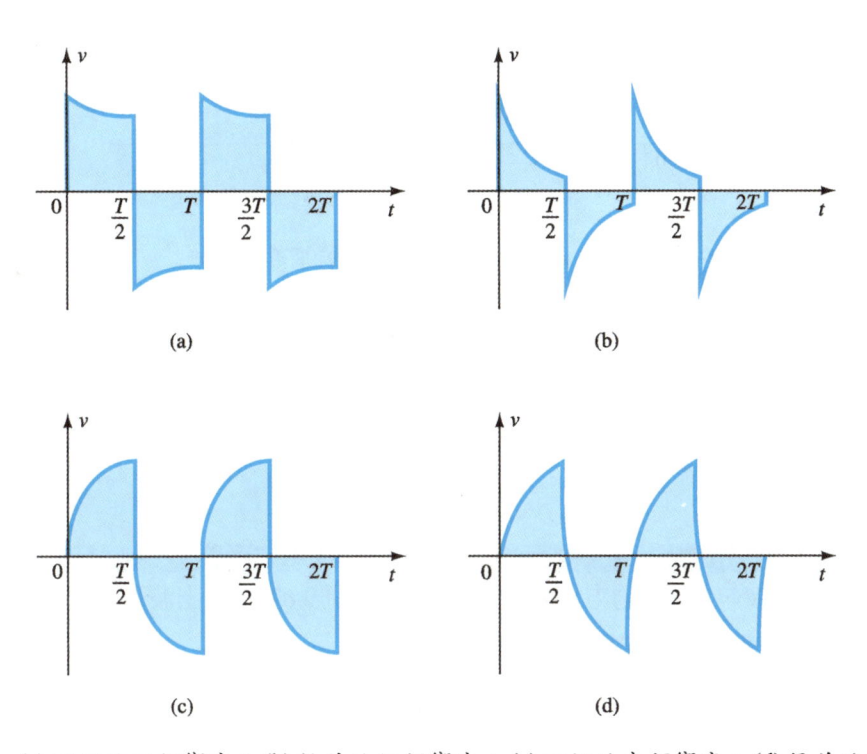

圖 9.60　(a)不好的低頻響應；(b)很差的低頻響應；(c)不好的高頻響應；(d)很差的高頻響應

仔細量測波形從峰值的 10%～90% 之間的上升時間，如圖 9.61 所示，可決定實際的高頻截止頻率（或頻寬）。將上升時間代入下式，即得高頻截止頻率。又因頻寬(BW)＝ $f_{H_i}-f_{L_o}\cong f_{H_i}$，所以此式也可求出放大器的頻寬：

$$\mathrm{BW}\cong f_{H_i}=\frac{0.35}{t_r} \qquad (9.79)$$

仔細量測圖 9.61 中輸出響應波形的傾斜度，代入以下關係式，可得低頻截止頻率：

$$\%\mathrm{tilt}（傾斜度）=P\%=\frac{V-V'}{V}\times 100\% \qquad (9.80)$$

$$\mathrm{tilt}（傾斜度）=P=\frac{V-V'}{V} \quad （10\text{ 進位形式}） \qquad (9.81)$$

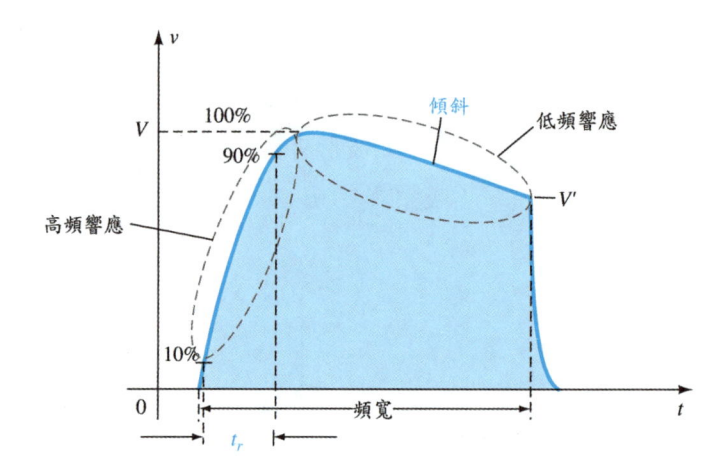

図 9.61　定義方波響應的上升時間和傾斜度

低頻截止頻率決定如下：

$$f_{L_o} = \frac{P}{\pi} f_s \tag{9.82}$$

例 9.16　外加 1 mV、5 kHz 的方波到放大器，可得圖 9.62 的輸出波形。

a. 寫出此方波的傅立葉展開式到 9 階諧波。
b. 決定放大器的頻寬。
c. 試計算低頻截止頻率。

解：

a. $v_i = \dfrac{4 \text{ mV}}{\pi} \left(\sin 2\pi(5 \times 10^3)t + \dfrac{1}{3}\sin 2\pi(15 \times 10^3)t + \dfrac{1}{5}\sin 2\pi(25 \times 10^3)t \right.$

$\left. + \dfrac{1}{7}\sin 2\pi(35 \times 10^3)t + \dfrac{1}{9}\sin 2\pi(45 \times 10^3)t \right)$

b. $t_r = 18\ \mu\text{s} - 2\ \mu\text{s} = 16\ \mu\text{s}$

$\text{BW} = \dfrac{0.35}{t_r} = \dfrac{0.35}{16\ \mu\text{s}} = \mathbf{21{,}875\ Hz} \cong 4.4 f_s$

c. $P = \dfrac{V - V'}{V} = \dfrac{50\ \text{mV} - 40\ \text{mV}}{50\ \text{mV}} = 0.2$

$f_{L_o} = \dfrac{P}{\pi} f_s = \left(\dfrac{0.2}{\pi}\right)(5\ \text{kHz}) = \mathbf{318.31\ Hz}$

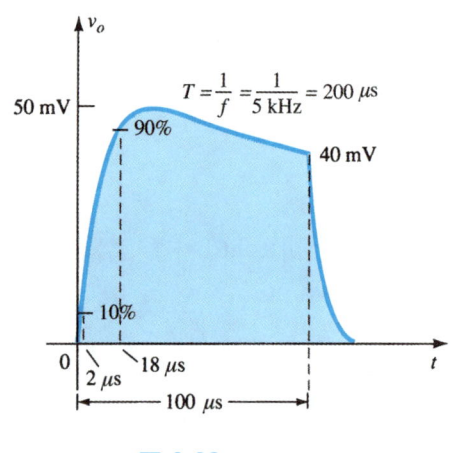

圖 9.62　例 9.16

9.15 總　結

重要的結論與概念

1. 某數的對數值，為對應底的乘冪，該底以此乘冪的指數可得原來的同一數。若底為 10，稱為**普通對數**；若底為 $e=2.71828\cdots$，則稱為**自然對數**。
2. 因任何設備的 dB 額定，都是**數值大小之間的比較**，參考值必須依據不同的應用領域來選定。對音頻系統，參考值一般認可為 **1 mW**。而當利用電壓值決定兩點之間的增益 dB 值時，電阻值的差異一般可忽略不計。
3. 串級系統的增益 dB 值，是各放大級增益 dB 值之和。
4. 決定系統**頻寬**的是網路中的**電容性元件**，基本電路設計中的大電容決定**低頻**截止頻率，而小寄生電容則決定**高頻**截止頻率。
5. 增益降到中頻值的 70.7% 時對應的頻率稱為**截止**、**轉角**、**頻帶**、**轉折**或**半功率**頻率。
6. **頻寬愈窄**時，能夠將 50% 以上的中頻功率值送到負載的頻率範圍就**愈小**。
7. 頻率變化 **2** 倍，等於一個 **2** 倍頻，會產生 **6 dB** 的增益變化。對頻率 **10：1** 的變化而言，等於一個 **10** 倍頻，則會有 **20 dB** 的增益變化。
8. 對反相放大器而言，放大器的**增益**以及主動裝置的輸入和輸出端之間的**極間**（寄生）電容，決定了**米勒效應**電容，使輸入電容增加。
9. **β (h_{fe}) 下降 3 dB** 對應的頻率定義為 f_β，受電晶體直流工作條件的影響。此 β 的變化，也會決定所設計電路的高頻截止頻率。
10. 放大器的**高頻和低頻截止頻率**，可由系統的**方波**輸入所產生的響應決定。由響應的一般外觀可立即看出，系統的低頻或高頻響應對外加訊號頻率是否限制過多。對響應的更進一步量測，可找出放大器的實際頻寬。

方程式

對數：

$$a=b^x, \quad x=\log_b a, \quad \log_{10}\frac{a}{b}=\log_{10} a - \log_{10} b$$

$$\log_{10} ab = \log_{10} a + \log_{10} b, \quad G_{dB}=10\log_{10}\frac{P_2}{P_1}=20\log_{10}\frac{V_2}{V_1}$$

$$G_{dB_T}=G_{dB_1}+G_{dB_2}+G_{dB_3}+\cdots+G_{dB_n}$$

低頻響應：

$$A_v=\frac{1}{1-j(f_L/f)}, \quad f_L=\frac{1}{2\pi RC}$$

BJT 的低頻響應：

$$f_{L_s} = \frac{1}{2\pi(R_s+R_i)C_s}, \qquad R_i = R_1 \| R_2 \| \beta r_e$$

$$f_{L_C} = \frac{1}{2\pi(R_o+R_L)C_C}, \qquad R_o = R_C \| r_o$$

$$f_{L_E} = \frac{1}{2\pi R_e C_E}, \qquad R_e = R_E \| \left(\frac{R_s'}{\beta}+r_e\right), \qquad R_s' = R_s \| R_1 \| R_2$$

FET 的低頻響應：

$$f_{L_G} = \frac{1}{2\pi(R_{\text{sig}}+R_i)C_G}, \qquad R_i = R_G$$

$$f_{L_C} = \frac{1}{2\pi(R_o+R_L)C_C}, \qquad R_o = R_D \| r_d$$

$$f_{L_S} = \frac{1}{2\pi R_{\text{eq}}C_S}, \qquad R_{\text{eq}} = \frac{R_S}{1+R_S(1+g_m r_d)/(r_d+R_D\|R_L)} \cong R_S \left\| \frac{1}{g_m} \right|_{r_d \cong \infty \Omega}$$

米勒效應電容：

$$C_{M_i} = (1-A_v)C_f, \qquad C_{M_o} = \left(1-\frac{1}{A_v}\right)C_f$$

BJT 的高頻響應：

$$A_v = \frac{1}{1+j(f/f_H)}, \qquad f_{H_i} = \frac{1}{2\pi R_{\text{Th}_i}C_i}, \qquad R_{\text{Th}_i} = R_s \| R_1 \| R_2 \| R_i, \qquad C_i = C_{W_i}+C_{be}+C_{M_i}$$

$$f_{H_o} = \frac{1}{2\pi R_{\text{Th}_o}C_o}, \qquad R_{\text{Th}_o} = R_C \| R_L \| r_o, \qquad C_o = C_{W_o}+C_{ce}+C_{M_o}, \qquad h_{fe} = \frac{h_{fe_{\text{mid}}}}{1+j(f/f_\beta)}$$

$$f_\beta \cong \frac{1}{2\pi \beta_{\text{mid}} r_e(C_{be}+C_{bc})}$$

$$f_T \cong h_{fe_{\text{mid}}} f_\beta$$

FET 的高頻響應：

$$f_{H_i} = \frac{1}{2\pi R_{\text{Th}_i}C_i}, \qquad R_{\text{Th}_i} = R_{\text{sig}} \| R_G, \qquad C_i = C_{W_i}+C_{gs}+C_{M_i}, \qquad C_{M_i} = (1-A_v)C_{gd}$$

$$f_{H_o} = \frac{1}{2\pi R_{\text{Th}_o}C_o}, \qquad R_{\text{Th}_o} = R_D \| R_L \| r_d, \qquad C_o = C_{W_o}+C_{ds}+C_{M_o}, \qquad C_{M_o} = \left(1-\frac{1}{A_v}\right)C_{gd}$$

多級的影響：

$$f_L' = \frac{f_L}{\sqrt{2^{1/n}-1}}, \qquad f_H' = (\sqrt{2^{1/n}-1})f_H$$

方波測試：

$$\text{BW} \cong f_{H_i} = \frac{0.35}{t_r}, \qquad f_{L_o} = \frac{P}{\pi}f_s, \qquad P = \frac{V-V'}{V}$$

9.16　計算機分析

在本節的計算機分析中，要驗證本章中幾個例題的結果。

低頻 BJT 響應

例 9.12 的電路及其各電容見圖 9.63，採用**編輯－ PSpice 模型**的順序，設 I_S 為 2E-15A，並設 β 為 100。除去電晶體 **PSpice 模型**中的其餘參數，使響應呈現最大程度的理想化。在**模擬設定**對話框中，在**分析型式**的標題下，選取**交流掃描／雜訊**，並在**交流掃描型式**下選擇**線性**。**起始頻率**設在 10 kHz，**終止頻率**設在 10 kHz，且**點數**設為 1。**模擬**可得圖 9.63 的直流偏壓值。注意到 V_B 是 3.767 V，先前的手算值是 4 V。V_E 是 3.062 V，先前的手算值是 3.3 V。考慮到手算時是用電晶體的近似模型，可看出手算值還算準確。由輸出檔可看到，負載在 10 kHz 頻率處的交流電壓降是 49.69 mV，可得增益為 49.69，相當接近手算值 51.21。

將電容 C_C 和 C_E 值設非常高，使其在所欲頻率範圍幾為短路，只留 C_S 成為決定因數，可得增益對頻率的曲線圖。現在設 C_C 和 C_E 為 1 F，完全去除其對低頻區域的影響。但這裡必須要小心，程式不會把 1 F 看成 1 法拉，必須輸入 1E6uF 才行。因我們希望得到增益對頻率的曲線，必須設定**模擬**在一段頻率區間中執行，而不能像一開始只固定在頻率 10 kHz 處**模擬**。先選取**新增模擬鍵**，給定新**名稱**。再到**模擬設定**對話框，在**分析型式**下選取**交流掃描／雜訊**。並在**交流掃描型式**下，選擇**線性**，接著選擇**起始頻率**為 1 Hz，

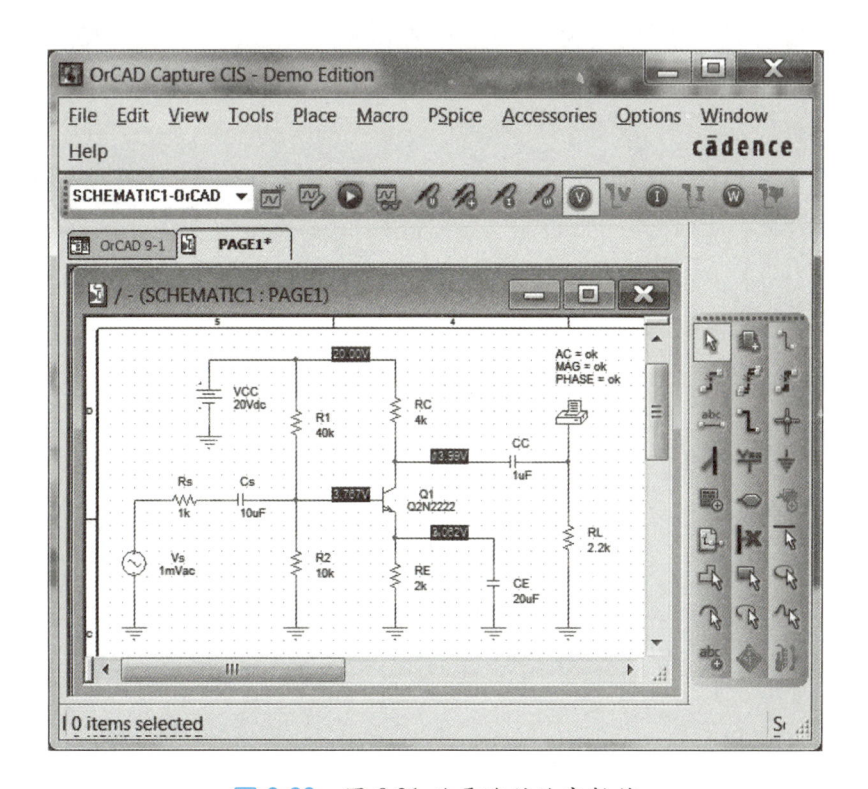

圖 9.63 圖 9.31 的電路並給定數值

終止頻率為 100 kHz，且**點數**設為 1000。**起始頻率**設在 1 Hz 是因為不能輸入 0 Hz，若真的要了解 0 Hz～1 Hz 之間的響應，可選擇起始頻率在 0.001 Hz 開始模擬。因為 1 Hz 僅為全幅 100 Hz 的 1/100，故此分析應已足夠精細。**終止頻率**選在 100 Hz，這是我們所定低頻區的上限。點數 1000 所提供的資料，已足以在整個頻率範圍達到平滑曲線。利用**軌跡跡－加入軌跡－ V(RL:1)** 的程序啟動**模擬**，出現的圖形延伸到 120 Hz。也注意到，雖然我們是要求**線性圖**，但計算機選擇了對數座標。若我們採用**畫圖－軸設定－ X 軸－線性**，則可得到延伸到 120 Hz 的線性圖。但我們要的曲線圖是在較低頻部分，顯然對數座標較佳。利用**畫圖－軸設定－ X 軸－對數**，可回到原來的對數座標圖。我們的興趣落在 1 Hz～50 Hz 的範圍，所以利用**畫圖－軸設定－使用者自定－ 1 Hz 到 50 Hz － OK**，去除 50 Hz～120 Hz 之間的部分。垂直軸原到達 60 mV，利用**畫圖－軸設定－ Y 軸－使用者自定－ 0 V 到 50 mV**，將垂直軸限制在 50 mV，如此得到圖 9.64。

由**軌跡－游標**可得格線，其對應的水平值和垂直值出現在圖右下方的**測棒游標框**內，沿著曲線移動**第 1 游標**，儘可能接近 35.13 mV，可在圖 9.64 上看到 35.15 mV，注意到對應的頻率是 6.6786 Hz，很接近預測值 6.69 Hz。**第 2 游標**置放到很接近 50 Hz 處，得到 49.247 mV，利用**工具－標記－文字**的選項加入標記。

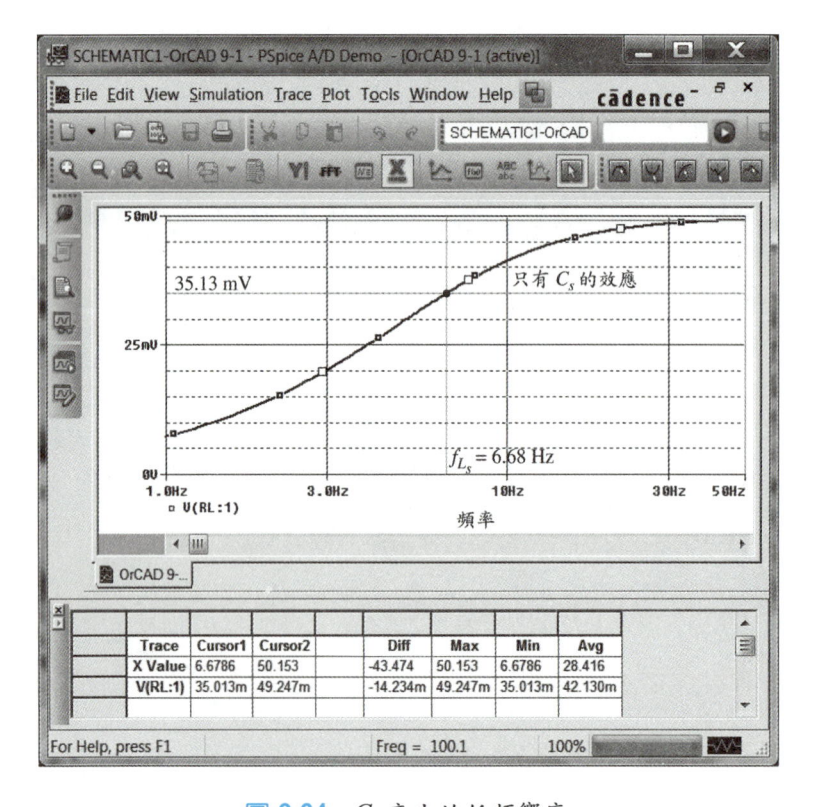

圖 9.64 C_S 產生的低頻響應

第 9 章　BJT 和 JFET 的頻率響應

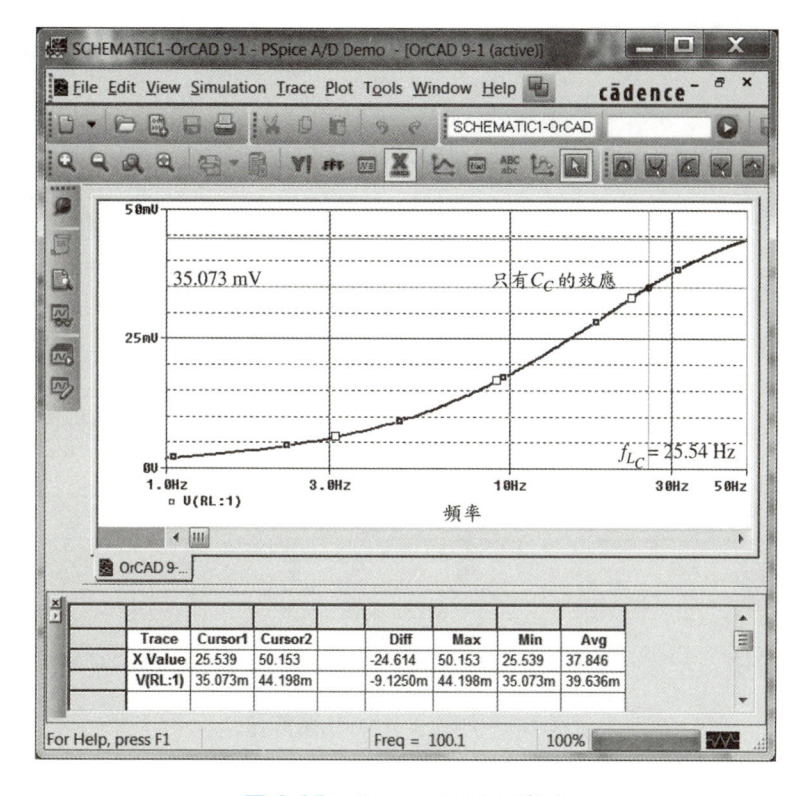

圖 9.65　C_C 產生的低頻響應

　　為探討 C_C 對低頻截止頻率的效應，如前所述，要將 C_S 和 C_E 設為 1 F。根據先前所列的程序，可得圖 9.65 的圖形，截止頻率是 25.539 Hz，和先前的手算值 25.68 Hz 極為接近。

　　設定 C_S 和 C_C 為 1 F，可用 PSpice 視窗探討 C_E 的效應，因頻率範圍較大，起始頻率必須改成 10 Hz，且終止頻率改成 1 kHz，結果在圖 9.66，截止頻率是 320 Hz，和手算值 327 Hz 相當符合。

　　f_{L_E} 遠高於 f_{L_S} 或 f_{L_C} 的事實，表示 f_{L_E} 在整個系統的低頻響應上具有決定性的影響。為測試此假設的準確性，用所有電容的真實值作模擬，可得圖 9.67 的結果，可注意到和圖 9.66 非常相似，只有一個明顯差別是圖 9.66 的低頻區增益較高。無疑地，圖形支持一個事實，即低頻截止頻率中的最高者對系統低頻截止頻率的影響最大，結果是 $f_L \cong 327$ Hz。

　　可以就頻率範圍產生**模擬**，得到低頻響應的波德圖。接著當出現加入**軌跡**對話框時，用所提供的列產生所要的**軌跡表示式**。對 $20 \log_{10}|A_v|A_{v_{\text{mid}}}|$ 的圖形而言，$A_v/A_{v_{\text{mid}}}$ 也可寫成 $(V_o/V_i)/(V_{o_{\text{mid}}}/V_i) = V_o/V_{o_{\text{mid}}}$，可得以下 dB 增益的表示式：

$$20 \log_{10}|A_v|A_{v_{\text{mid}}}| = 20 \log_{10}|V_o|V_{o_{\text{mid}}}| = \text{dB}(V_o/V_{o_{\text{mid}}}) = \text{dB}\,(V_{R_L}/49.7\text{ mV})$$

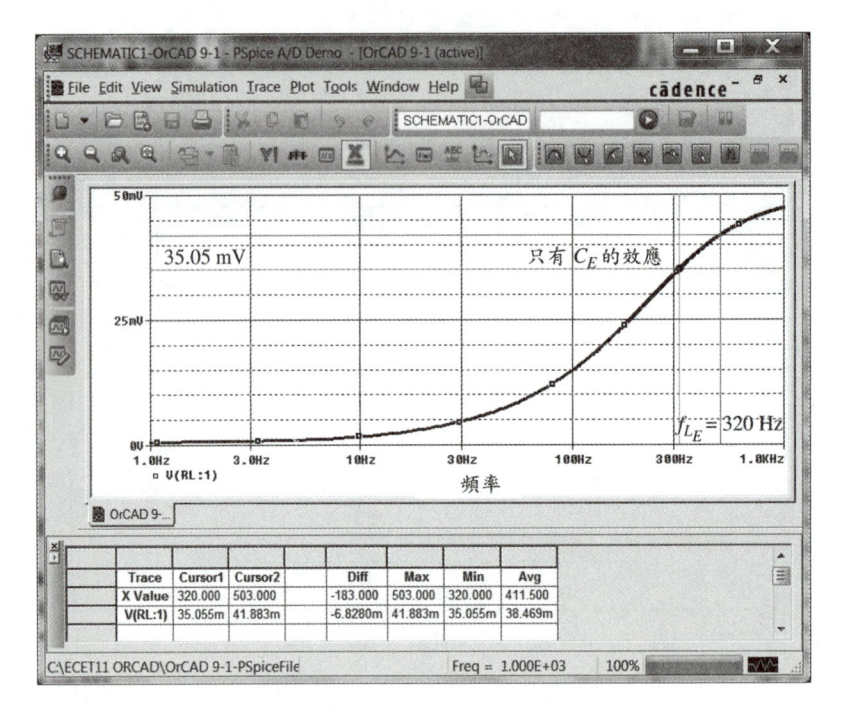

圖 9.66　C_E 產生的低頻響應

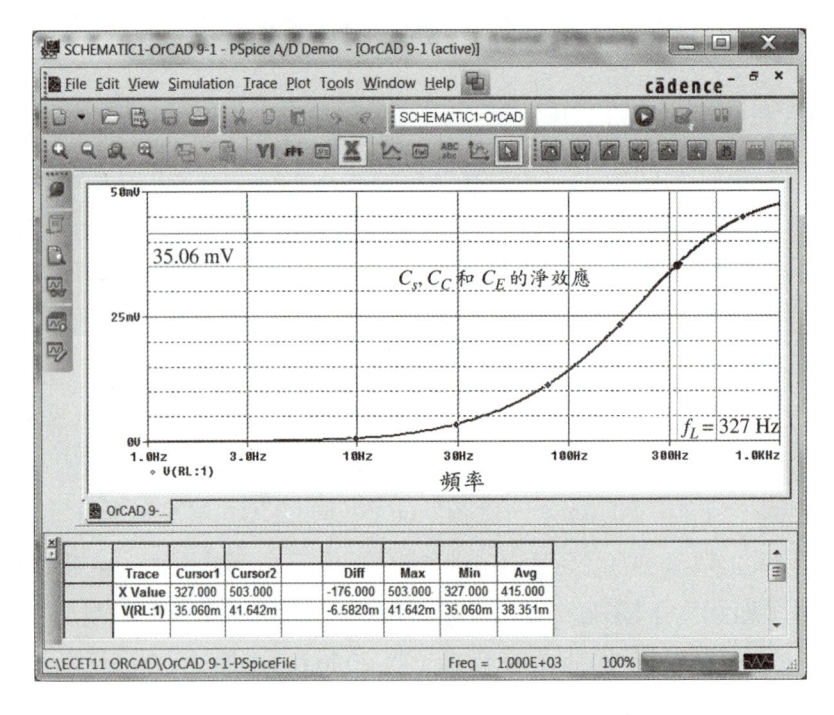

圖 9.67　C_S、C_C 和 C_E 共同產生的低頻響應

可先由**函數**選取 **DB**，產生**軌跡表示式**，再由**模擬輸出變數**列表中選取 **V(RL:1)**。注意到，第 2 個選項會出現在第 1 個的括弧內。接著確認輸入分號和數目 0.0497 V＝49.7 mV 在括弧內。當然若不喜歡用列表，也可直接寫。一旦正確寫下表示式，選取 **OK**，就可得到圖 9.68 的圖形。此圖清楚顯示漸近線在 f_{L_C} 處的斜率變化，以及實際曲線如何依循波德圖上的漸近線。另外，注意到在 f_L 處有 3 dB 的落差。

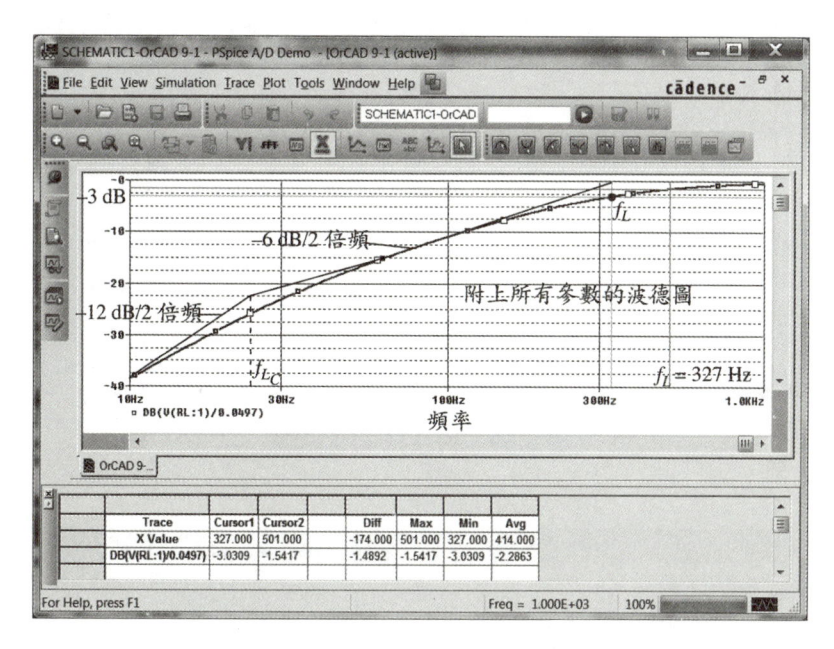

圖 9.68 圖 9.31 中 BJT 放大器低頻響應的波德圖

JFET 的低頻響應

PSpice 應用 PSpice 到圖 9.36 的電路，可得圖 9.69 的顯示。JFET 參數設在 **Beta**＝ 0.5 mA/V^2 且 **Vto** 在－4 V，而模型中的其他參數皆被移除。關注的頻率是 10 kHz，得到的直流值確定在 V_{GS} 是－2 V 且 V_D 是 10.60 V，此應在線性作用區之中段，因 V_{GS}＝1/2 V_D 且 V_{DS}＝1/2 V_{DD}。可看出交流響應的輸出電壓是 2.993 mV，而增益是 2.993，幾乎等於手算值 3。

若建立**新增模擬**，並設**分析型式**為**交流掃描／雜訊**，可產生低頻區的圖形。**起始頻率**設在 10 Hz，**終止頻率**設在 10 kHz，**點數**設在 1000。接著用**模擬－軌跡－加入軌跡**的順序，建立**軌跡表示式 DB(V(RL:1)/2.993 mV)**，再點擊 **OK**，結果得圖 9.70 的圖形，低頻截止頻率是 221.29 Hz，主要由電容 **CS** 決定。

Hultisim 先將電路建構好，或從儲存檔案中將電路呼叫出來，Multisim 也可提供 BJT 或 JFET 電路的增益和相位的頻率響應圖形。因圖 9.69 的電路和第 8 章中的 Multisim 分析的電路完全相同，可將圖 8.63 再取出並顯示在圖 9.71，並標記汲極和源極端的直流

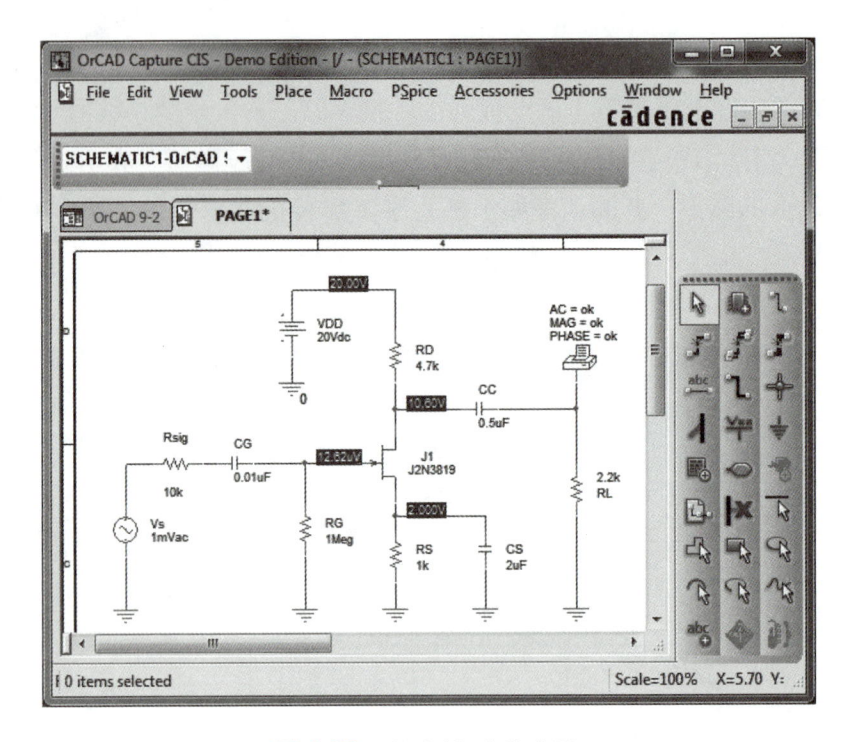

圖 9.69　例 9.13 的電路圖

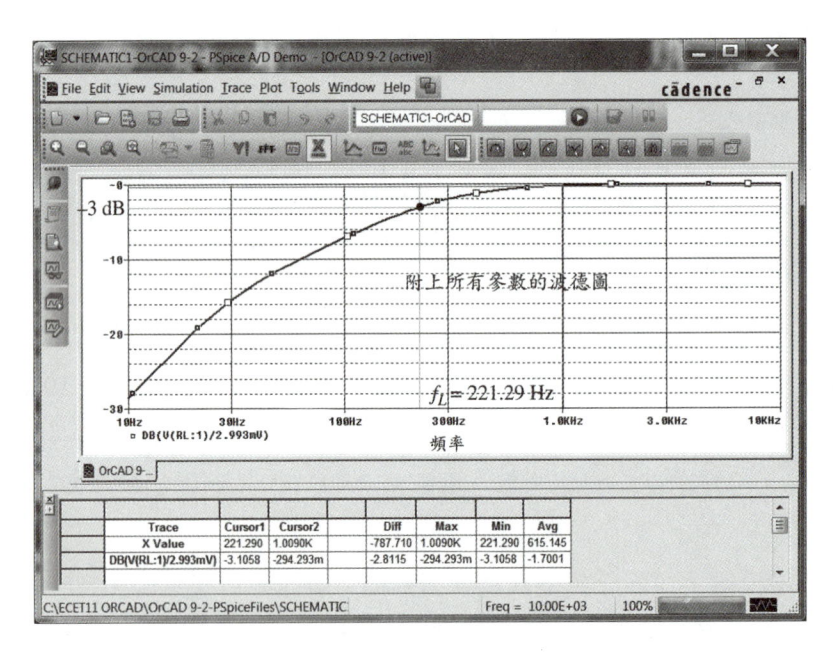

圖 9.70　例 9.13 電路在低頻區響應的波德圖

值。接著用**模擬－分析－交流分析**的順序，得到交流分析對話框。在**頻率參數**之下，**起始頻率**選取 **10 Hz**，**終止頻率**選取 **10 kHz**，以符合圖 9.70 的圖形。**掃描型式**維持原設定**10 倍頻**，每 10 倍頻的**點數**也維持原設定值 **100**。垂直座標設在線性模式，因物理量是

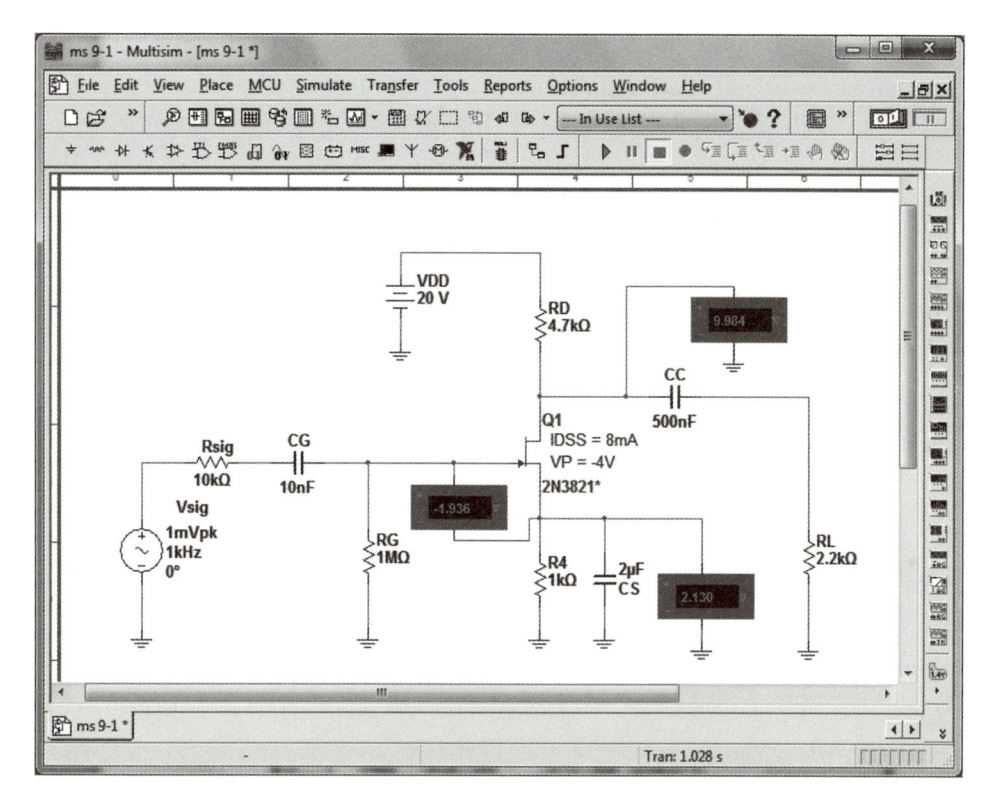

圖 9.71 用 Multisim 檢查圖 9.36（例 9.13）的電路

輸出電壓值而不是 dB 增益，見圖 9.70。

接著，在對話框中選取**輸出變數**，在**電路變數**的標題下，選取**電壓**以減少選項數目。因我們想要的是輸出電壓對頻率的圖形，在**電路變數**下選取 **$24**，並用**加入**將此放到**選取分析變數**內。接著選擇**模擬**，得到圖 9.72 的結果。

一開始，圖形上可能未出現格網，不易確定各頻率的電壓值，可利用**檢視－展示／隱藏格網**的順序使格網出現，如圖 9.72 所示。一定要知道，沿著左側垂直行的紅色箭頭，是指示正在檢視中的圖形。若要在相位圖中加上格網，只要在下面圖形上的任意位置點擊滑鼠，紅色箭頭就會降到下面圖形的左側，再利用上述程序就可建立格網。若要將圖形填滿整個螢幕，只要在右上角的**分析圖形**選取全螢幕選項即可。

最後可加入游標，以定出所畫函數在任意頻率的對應值。只要選擇**檢視－展示／隱藏游標**，游標就會出現在所選圖形上（這裡即圖 9.72）。接著點擊游標，在螢幕上的**交流分析**對話框會發現電壓值和頻率值。點擊游標，並將其右移，找到 **x1** 值是 227.67，符合圖 9.70 的 −3 dB 值，在此頻率處的輸出電壓(**y1**)是 2.41 V，即接近增益 2.93（第 8 章所得者）的 0.707 倍（實際是 2.07 V）。游標 2 移動到 10 kHz 的 **x2** 處，得到電壓 3.67 V。在離開圖 9.72 前注意到，頻率愈高時，相位愈接近 180°，低頻電容逐步失去對電路的影響。

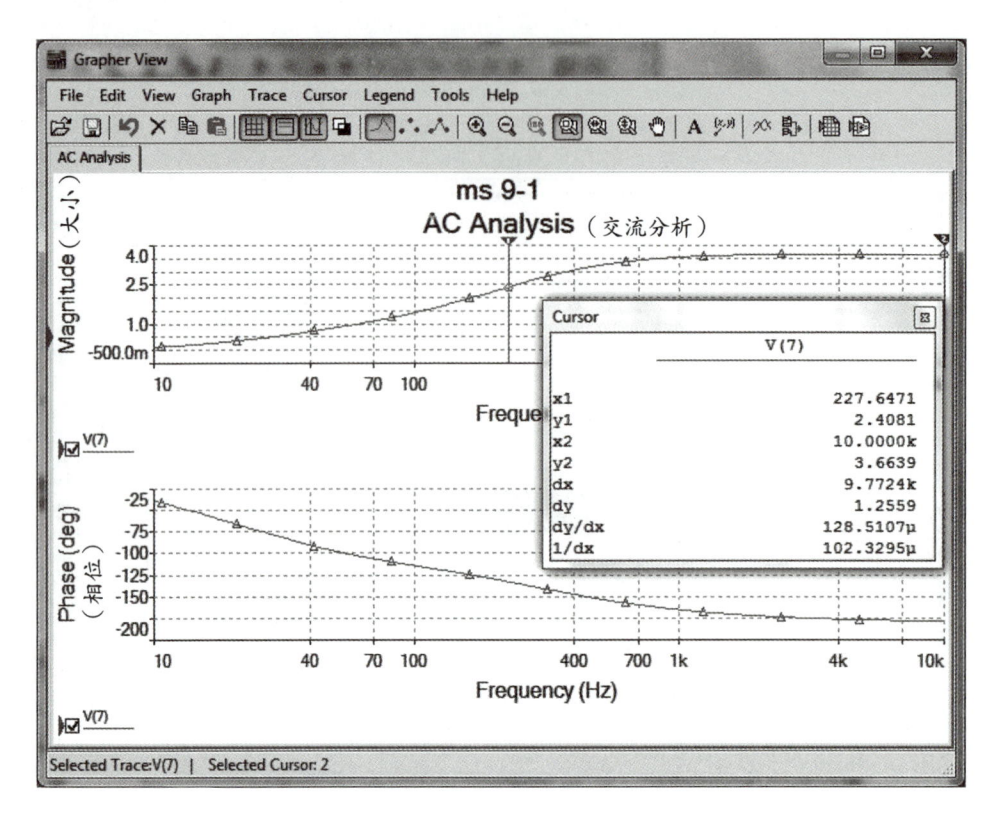

圖 9.72　用 Multisim 對例 9.13 所得的圖形

BJT 的全頻率響應

PSpice　為得到圖 9.31 電路的全頻率範圍的 PSpice 分析，將寄生電容加到電路中，如圖 9.73 所示。

用圖形下方出現的**軌跡表示式**，分析會得到圖 9.74 的圖形。利用 **Y 軸設定**，將垂直座標範圍內 -60 dB～0 dB 改成 -30 dB～0 dB，以凸顯我們所關注的範圍。低頻截止頻率是 326.59 Hz，主要由 f_{L_E} 決定；高頻截止頻近於 654.64 kHz，儘管 f_{H_o} 高過 f_{H_i} 10 倍以上，但仍對高頻截止頻率有影響。總之，PSpice 分析法是對手算分析法的一種受人歡迎的驗證方法。

JFET 的全頻率響應

PSpice　圖 9.54 的電路圖見圖 9.75，加上了寄生電容。

就完整的頻率響應，**起始頻率**設在 10 Hz，**終止頻率**設在 10 MHz，**點數**選取 1000。**軌跡表示式**設為 **DB(V(RL:1)/2.993 mV)**，可得圖 9.76 的圖形。考慮一下，若用手持式電容器，要花費多少時間才能畫出圖 9.76 的曲線。我們常忘記，計算機方法可以幫我們節省多少時間。

利用游標，可找出低頻及高頻截止頻率分別是 226.99 Hz 和 914.11 kHz，和手算值相當吻合。

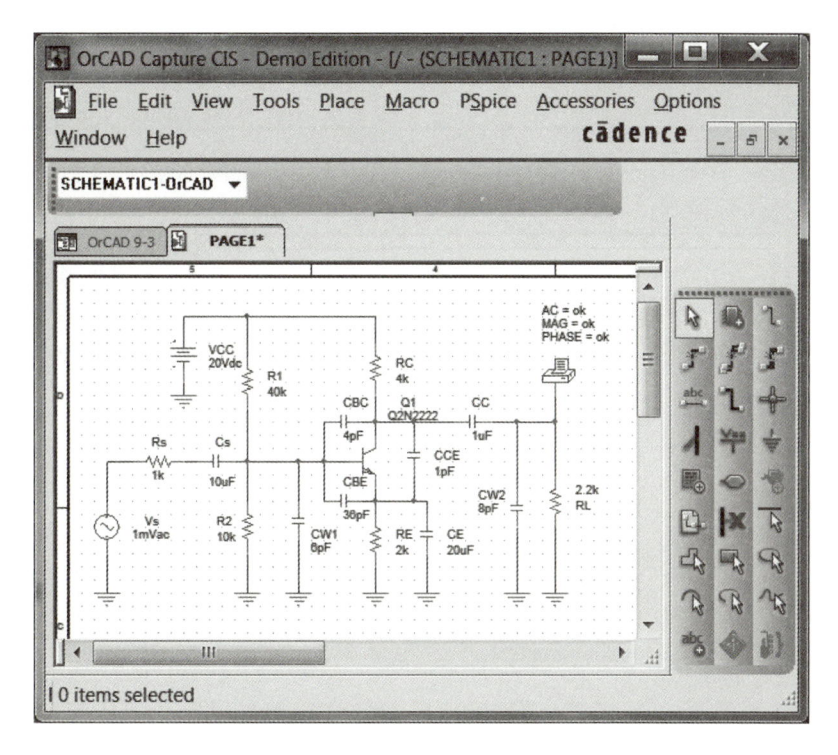

圖 9.73 圖 9.31 的電路加入寄生電容

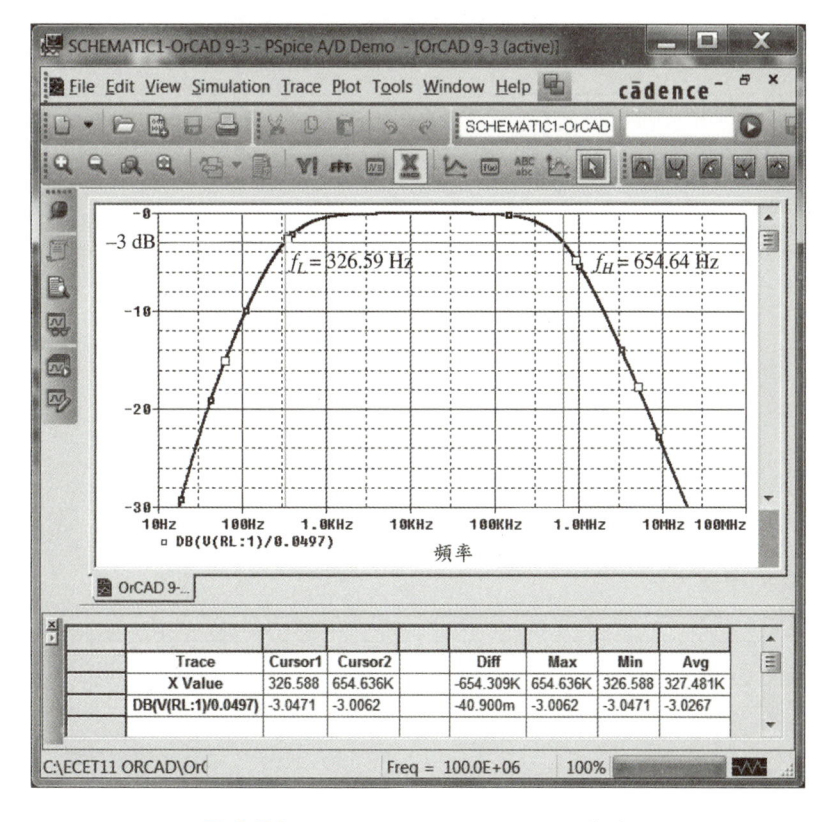

圖 9.74 圖 9.73 電路的完整頻率響應

744 電子裝置與電路理論

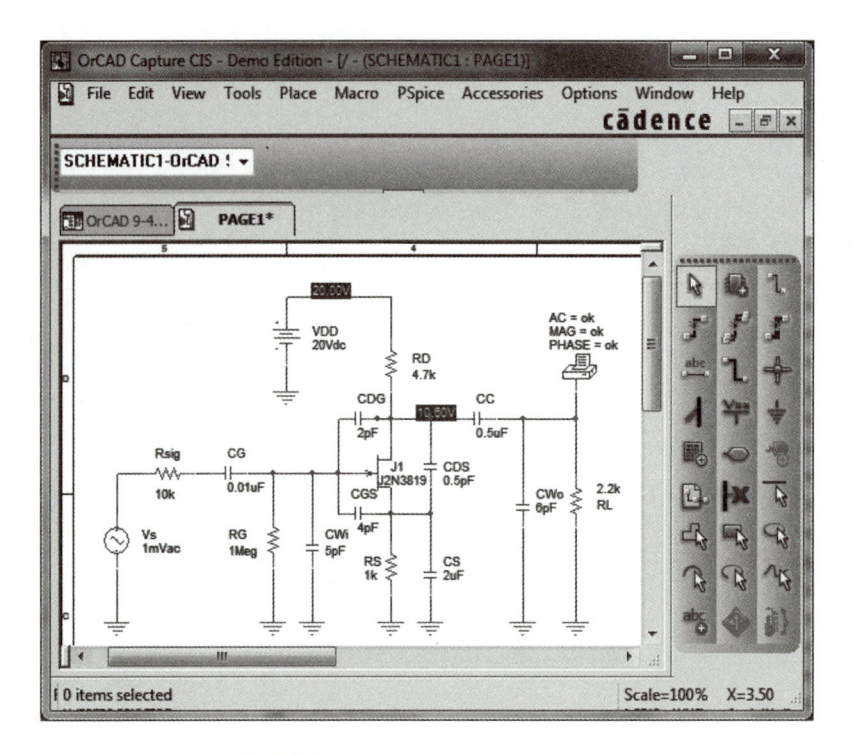

圖 **9.75** 圖 9.54 電路加上預設值

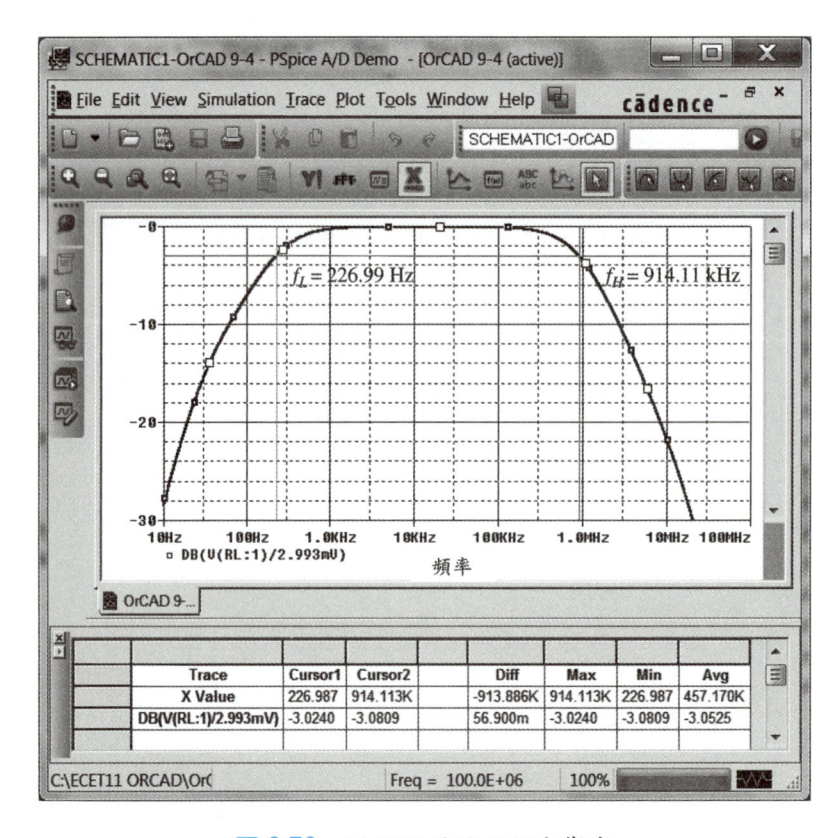

圖 **9.76** 例 9.15 電路的頻率響應

習 題

*註：星號代表較困難的習題。

9.2 對 數

1. **a.** 試決定以下各數的普通對數：10^3、50 和 0.707。
   b. 試決定(a)中各數的自然對數。
   c. 試比較(a)和(b)的結果。

2. **a.** 試決定數 0.24×10^6 的普通對數。
   b. 試利用式(9.4)決定(a)中該數的自然對數。
   c. 試利用自然對數決定(a)中該數的自然對數，並和(b)的結果比較。

3. 試決定：
   a. $20 \log_{10} \left(\dfrac{84}{6} \right)$，用式(9.6)，並比較 $20 \log_{10} 14$。
   b. $10 \log_{10} \left(\dfrac{1}{250} \right)$，用式(9.7)，並比較 $10 \log_{10} (4 \times 10^{-3})$。
   c. $\log_{10} (40)(0.2)$，用式(9.8)，並比較 $\log_{10} 8$。

4. 就以下各種情況，試計算功率增益的 dB 值。
   a. $P_o = 100$ W，$P_i = 5$ W。
   b. $P_o = 100$ mW，$P_i = 5$ mW。
   c. $P_o = 100$ mW，$P_i = 20$ μW。

5. 某輸出功率值 25 W，試決定對應的 G_{dBm}。

6. 相同電阻值測得兩電壓降 $V_1 = 110$ V 和 $V_2 = 220$ V，試計算第 2 讀值對第 1 讀值的功率增益（單位用 dB）。

7. 輸入和輸出電壓量測值分別為 $V_i = 10$ mV 和 $V_o = 25$ V，則電壓增益 dB 值是多少？

*8. **a.** 某 3 級系統的總 dB 增益是 120 dB，若第 2 級的 dB 增益是第 1 級的 2 倍，第 3 級的 dB 增益是第 1 級的 2.7 倍，試決定各級的 dB 增益。
   b. 試決定各級的電壓增益。

*9. 若某系統輸入在 100 mV 時，交流功率是 5 μW，且輸出功率是 48 W，試決定：
   a. 功率增益 dB 值。
   b. 若輸出阻抗 40 kΩ 時的電壓增益 dB 值。
   c. 輸入阻抗。
   d. 輸出電壓。

9.4 一般的頻率考慮

10. 給定圖 9.77 的特性，試畫出：

    a. 標準化（正規化）增益。

    b. 標準化 dB 增益（並決定頻寬和截止頻率）。

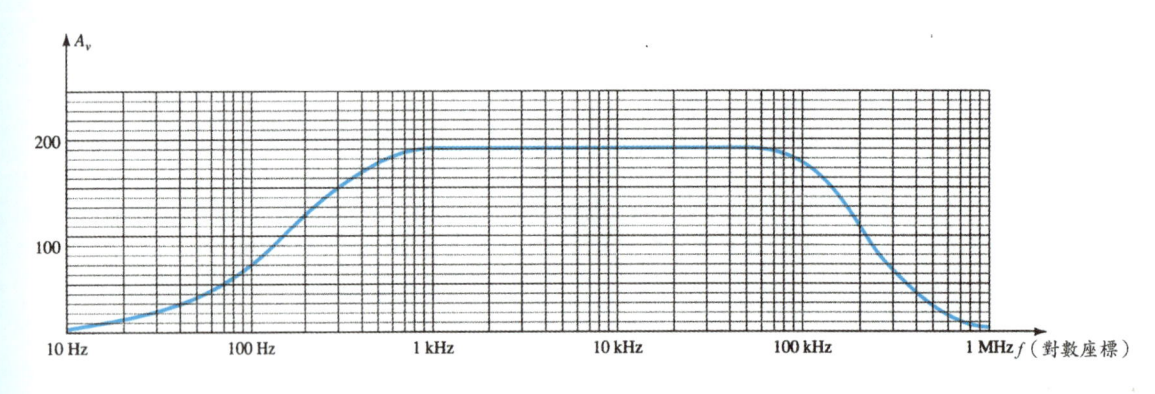

圖 9.77　習題 10

9.6 低頻分析──波德圖

11. 對圖 9.78 的網路：

    a. 試決定電壓比 V_o/V_i 大小的數學表示式。

    b. 試利用(a)的結果，決定 100 Hz、1 kHz、2 kHz、5 kHz 和 10 kHz 時的 V_o/V_i，並畫出頻率範圍 100 Hz～10 kHz 的曲線圖，採用對數座標。

    c. 試決定轉折頻率。

    d. 試畫出漸近線，並定出 -3 dB 點。

    e. 試畫出 V_o/V_i 的頻率響應，並和(b)的結果比較。

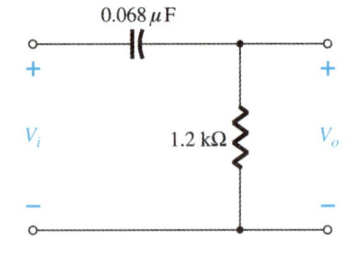

圖 9.78　習題 11、12 和 37

12. 對圖 9.78 的網路：

    a. 試決定 V_o 領先 V_i 角度的數學表示式。

    b. 試決定 $f=$ 100 Hz、1 kHz、2 kHz、5 kHz 和 10 kHz 時對應的相角，並畫出頻率範圍在 100 Hz～10 kHz 之間的曲線圖。

    c. 試決定轉折頻率。

    d. 試對(b)的頻譜畫出 θ 的頻率響應，並比較結果。

13. a. 5 kHz 以上一個 2 倍頻的頻率是多少？

    b. 10 kHz 以下一個 10 倍頻的頻率是多少？

    c. 20 kHz 以下兩個 2 倍頻的頻率是多少？

    d. 1 kHz 以上兩個 10 倍頻的頻率是多少？

9.7 低頻響應──BJT 放大器

14. 重做例 9.11 的分析,取 $r_o=40\ \text{k}\Omega$。此對 A_{v_mid}、f_{L_S}、f_{L_C}、f_{L_E} 以及所得截止頻率的影響是什麼?

15. 對圖 9.79 的網路:

   a. 試決定 r_e。

   b. 試求出 $A_{v_\text{mid}} = V_o/V_i$。

   c. 試計算 Z_i。

   d. 試決定 f_{L_S}、f_{L_C} 和 f_{L_E}。

   e. 試決定低頻截止頻率。

   f. 試畫出由 (d) 決定的截止頻率所定義的波德圖漸近線。

   g. 試利用 (e) 的結果,畫出放大器的低頻響應。

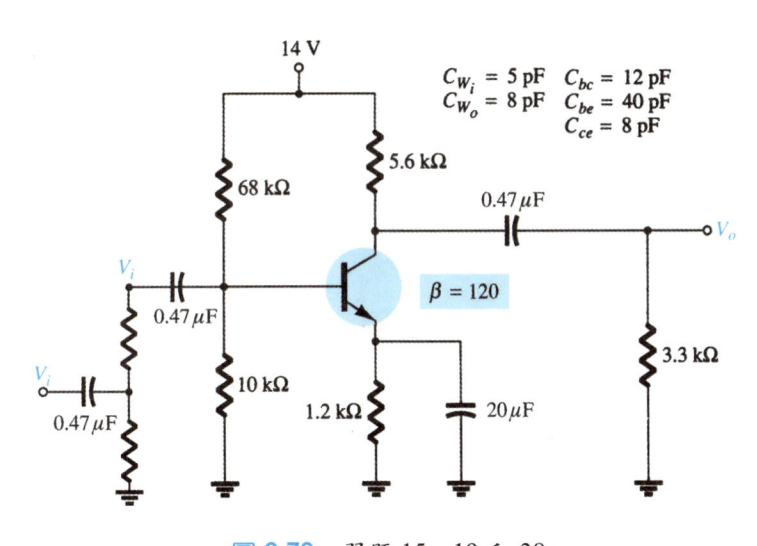

圖 9.79 習題 15、19 和 38

***16.** 重做習題 15,但針對圖 9.80 的射極自穩網路。

***17.** 重做習題 15,但針對圖 9.81 的射極隨耦器電路。

***18.** 重做習題 15,但針對圖 9.82 的共基極電路。當你考慮米勒效應時,記住共基極電路是非反相網路。

748 電子裝置與電路理論

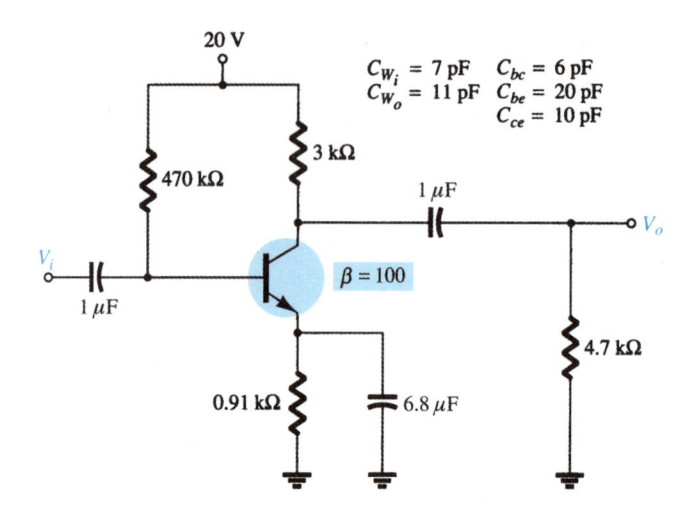

圖 9.80　習題 16、20 和 28

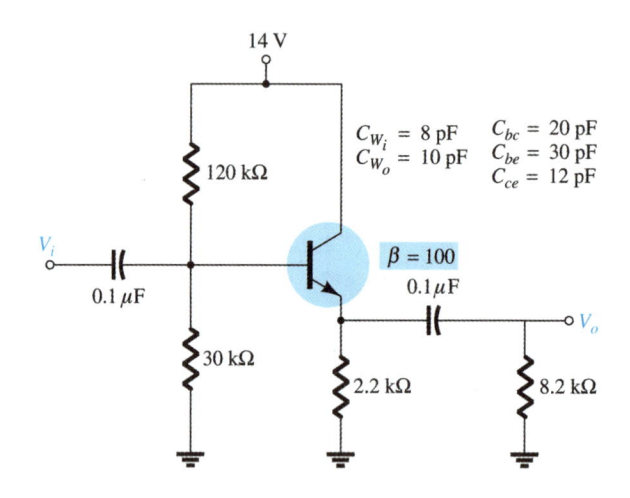

圖 9.81　習題 17、21 和 29

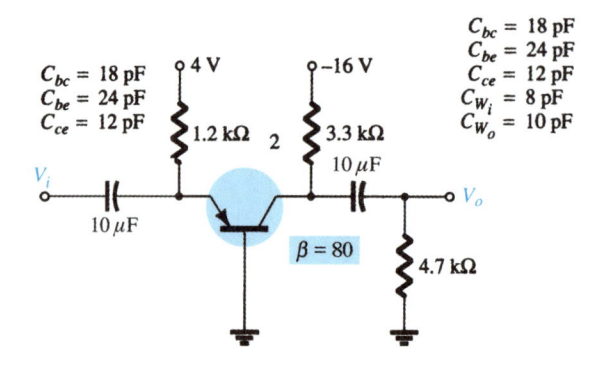

圖 9.82　習題 18、22 和 39

9.8 R_s 對 BJT 低頻響應的影響

19. 就圖 9.79 的電路,重做習題 15 的分析,加上源阻和訊號源如圖 9.83 所示。畫出增益 $A_{v_s} = \dfrac{v_o}{v_s}$,和習題 15 相比,對低頻截止頻率的變化作評論。

20. 就圖 9.80 的電路,重做習題 15 的分析,加上源阻和訊號源如圖 9.84 所示,畫出增益 $A_{v_s} = \dfrac{v_o}{v_s}$,和習題 16 相比,對低頻截止頻率的變化作評論。

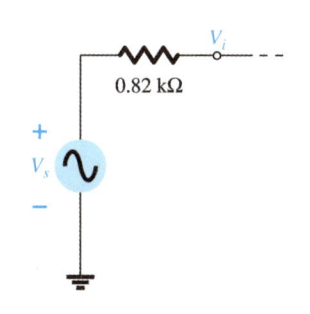

圖 **9.83** 圖 9.79 的修正習題 19 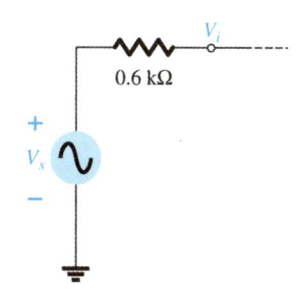   圖 **9.84** 圖 9.80 的修正習題 20

21. 就圖 9.81 的電路,重做習題 15 的分析,加上源阻和訊號源如圖 9.85 所示,畫出增益 $A_{v_s} = \dfrac{v_o}{v_s}$,和習題 17 相比,對低頻截止頻率的變化作評論。

22. 就圖 9.82 的電路,重做習題 15 的分析,加上源阻和訊號源如圖 9.86 所示,畫出增益 $A_{v_s} = \dfrac{v_o}{v_s}$,和習題 18 相比,對低頻截止頻率的變化作評論。

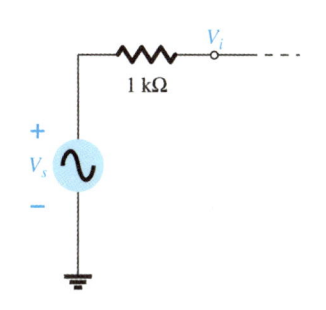

圖 **9.85** 圖 9.81 的修正習題 21 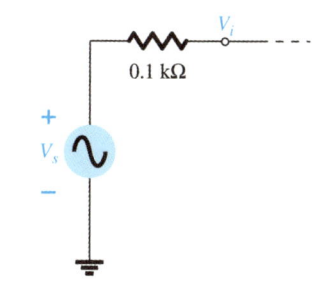   圖 **9.86** 圖 9.82 的修正習題 22

9.9 低頻響應──FET 放大器

23. 對圖 9.87 的電路:
    a. 試決定 V_{GS_Q} 和 I_{D_Q}。
    b. 試求出 g_{m0} 和 g_m。

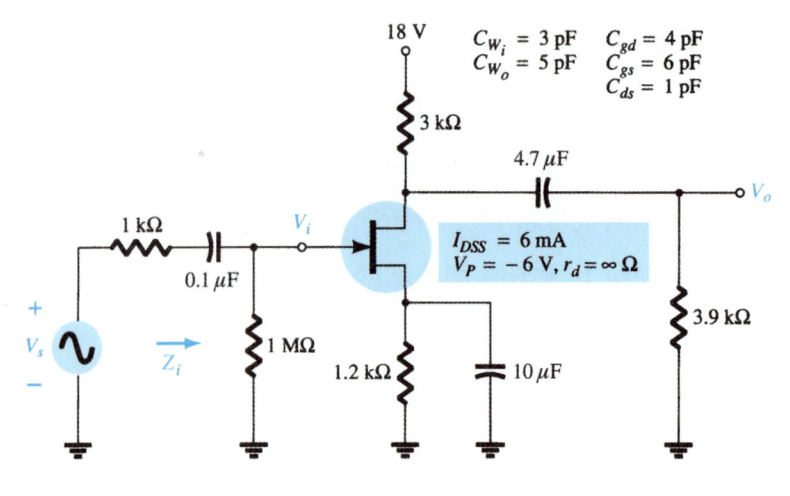

圖 9.87 習題 23、24、31 和 40

- **c.** 試計算中頻增益 $A_v = V_o/V_i$。
- **d.** 試決定 Z_i。
- **e.** 試計算 $A_{v_s} = V_o/V_s$。
- **f.** 試決定 f_{L_G}、f_{L_C} 和 f_{L_S}。
- **g.** 試決定低頻截止頻率。
- **h.** 試畫出由(f)定義的波德圖的漸近線。
- **i.** 試利用(f)的結果，畫出放大器的低頻響應。

*24. 重做習題 23 的分析，並取 $r_d = 100\ \text{k}\Omega$，此對結果有任何影響嗎？若是，有哪些受到影響？

*25. 重做習題 23 的分析，但針對圖 9.88 的網路。和圖 9.87 的偏壓組態相比，分壓器電路組態對輸入阻抗和增益 A_{v_s} 有何影響？

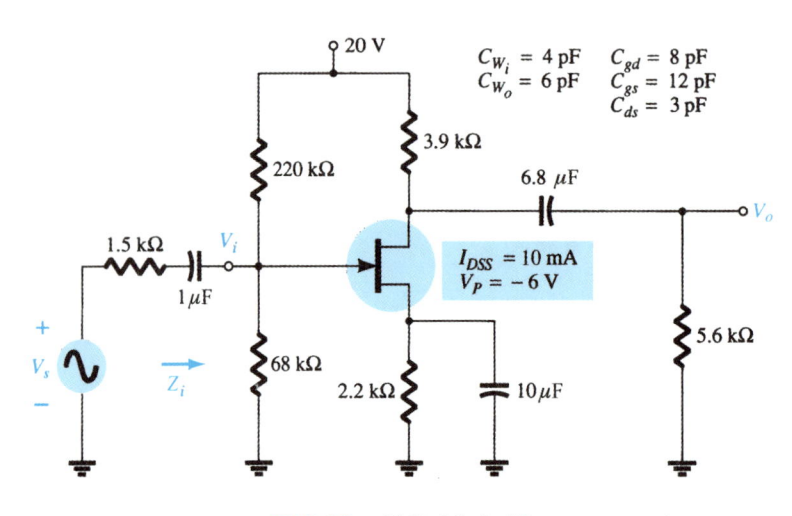

圖 9.88 習題 25 和 32

9.10 米勒效應電容

26. a. 某反相放大器的反饋電容值是 10 pF，若放大器的增益是 −120，則輸入處的米勒電容值是多少？
  b. 放大器輸出處的米勒電容值是多少？
  c. 假定 $C_{M_i} \cong |A_v| C_f$ 和 $C_{M_o} \cong C_f$，這是良好的近似嗎？

9.11 高頻響應——BJT 放大器

*27. 圖 9.79 的電路採用圖 9.83 的 R_s 和 V_s。
  a. 試決定 f_{H_i} 和 f_{H_o}。
  b. 試求出 f_β 和 f_T。
  c. 試利用波德圖畫出高頻區的頻率響應，並決定截止頻率。
  d. 此放大器的增益頻寬積是多少？

*28. 重做習題 27 的分析，但針對圖 9.80 的電路及圖 9.84 的 R_s 和 V_s。

*29. 重做習題 27 的分析，但針對圖 9.81 的電路及圖 9.85 的 R_s 和 V_s。

*30. 重做習題 27 的分析，但針對圖 9.82 的電路及圖 9.86 的 R_s 和 V_s。

9.12 高頻響應——FET 放大器

31. 就圖 9.87 的電路：
  a. 試決定 g_{m0} 和 g_m。
  b. 試求出中頻區的 A_v 和 A_{v_s}。
  c. 試決定 f_{H_i} 和 f_{H_o}。
  d. 試利用波德圖畫出高頻區的頻率響應，並決定截止頻率。
  e. 此放大器的增益頻寬積是多少？

*32. 就圖 9.88 的電路，重做習題 31 的分析。

9.13 多級的頻率效應

33. 某放大器由四個相同放大級串級而成，每一放大級的增益 20，試計算總增益。

34. 某 4 級放大器，單一級的 $f_2 = 2.5$ MHz，試計算總和的高頻 3 dB 頻率。

35. 某 4 級放大器，單一級的 $f_1 = 40$ Hz，則整個放大器的低頻 3 dB 頻率是多少？

9.14 方波測試

*36. 外加 10 mV、100 kHz 的方波到某放大器，產生如圖 9.89 的輸出波形。
  a. 試寫出此方波的傅立葉展開式到 9 階諧波。
  b. 試決定放大器的頻寬，依據圖 9.89 波形可達的精確度。
  c. 試計算低頻截止頻率。

圖 9.89　習題 36

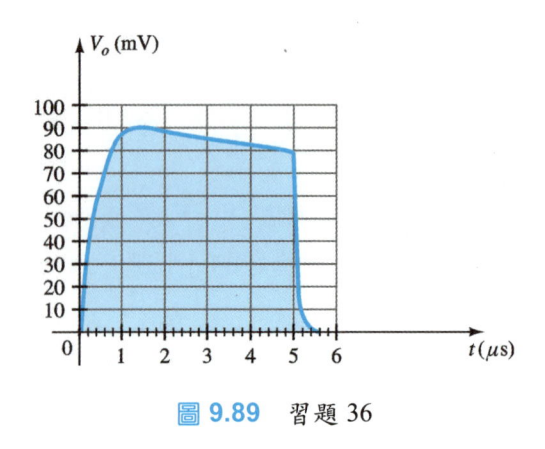

9.16　計算機分析

37. 試利用 PSpice 視窗，決定圖 9.44 高通濾波器的 V_o/V_i 的頻率響應，取 $R=8.2\ k\Omega$ 和 $C=47\ \mu F$。
38. 試利用 PSpice 視窗版，決定圖 9.86 的 BJT 放大器中 V_o/V_s 的頻率響應。
39. 重做習題 38，但使用 Multisim，並針對圖 9.82 的網路。
40. 重做習題 38，但使用 Multisim，並針對圖 9.87 的 JFET 電路。

混合(h)參數的圖形決定法和轉換公式（精確及近似）

附　錄
A

A.1　h 參數的圖形決定法

對共射極組態而言，在作用區的小訊號電晶體等效電路的 h 參數大小，可用以下的偏微分數學式求出：*

$$h_{ie}=\frac{\partial v_i}{\partial i_i}=\frac{\partial v_{be}}{\partial i_b}\cong \left.\frac{\Delta v_{be}}{\Delta i_b}\right|_{V_{CE}=定值} \quad (\Omega) \tag{A.1}$$

$$h_{re}=\frac{\partial v_i}{\partial v_o}=\frac{\partial v_{be}}{\partial v_{ce}}\cong \left.\frac{\Delta v_{be}}{\Delta v_{ce}}\right|_{I_B=定值} \quad （無單位） \tag{A.2}$$

$$h_{fe}=\frac{\partial i_o}{\partial i_i}=\frac{\partial i_c}{\partial i_b}\cong \left.\frac{\Delta i_c}{\Delta i_b}\right|_{V_{CE}=定值} \quad （無單位） \tag{A.3}$$

$$h_{oe}=\frac{\partial i_o}{\partial v_o}=\frac{\partial i_c}{\partial v_{ce}}\cong \left.\frac{\Delta i_c}{\Delta v_{ce}}\right|_{I_B=定值} \quad (S) \tag{A.4}$$

每一式中的符號 Δ 代表以靜態工作點為中心的微小變化，也就是說，h 參數是在作用區工作且外加訊號時決定，使等效電路得到最大的精確性。每一式中的定值 V_{CE} 和 I_B 是必須滿足的條件，由此依據電晶體特性決定各不同的參數。對共基極和共集極組態而言，只要代入恰當的 v_i、v_o、i_i 和 i_o 值，即可得正確的數學關係式。

參數 h_{ie} 和 h_{re} 由輸入或基極特性決定，而參數 h_{fe} 和 h_{oe} 則由輸出或集極特性決定。因 h_{fe} 通常是最被關注的參數，在討論式(A.1)～式(A.4)相關的操作時，我們會先討論 h_{fe} 這個參數。決定各 h 參數

---

*偏微分 $\partial v_i/\partial i_i$ 提供 i_i 瞬時變化所產生 v_i 瞬時變化的量度。

圖 A.1 h_{fe} 的決定

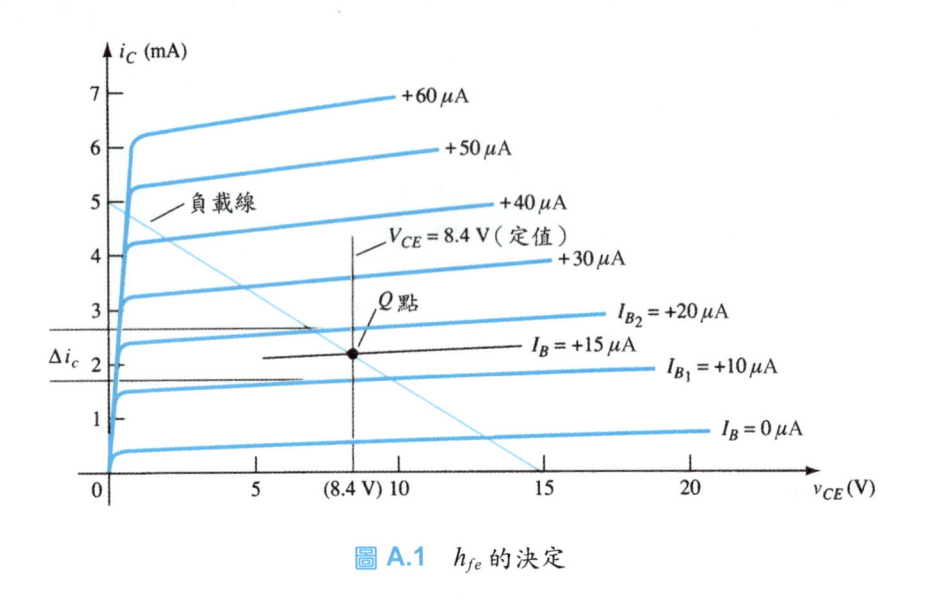

的第一步是找出靜態工作點，如圖 A.1 所示。在式(A.3)中，條件 V_{CE} = 定值的要求，在取基極電流和集極電流的變化時要沿著通過 Q 點的垂直線，此垂直線代表固定的集極對射極電壓。接著根據式(A.3)，將集極電流的小幅變化除以對應的基極電流變化。為達最大的精確性，變化量應愈小愈好。

在圖 A.1 中，i_b 的變化選從 I_{B_1} 到 I_{B_2}，且沿著位在 V_{CE} 的垂直線。分別畫出 I_{B_1} 和 I_{B_2} 對應的水平線，和 V_{CE} = 定值的垂直線產生兩個交點，這兩個交點間的距離就是 i_c 對應的變化量。將所得的 i_b 和 i_c 的變化量代入式(A.3)，即

$$|h_{fe}| = \frac{\Delta i_c}{\Delta i_b}\bigg|_{V_{CE}=定值} = \frac{(2.7-1.7)\text{mA}}{(20-10)\mu\text{A}}\bigg|_{V_{CE}=8.4\text{ V}}$$

$$= \frac{10^{-3}}{10\times 10^{-6}} = 100$$

在圖 A.2 中，畫一直線和 I_B 曲線相切並通過 Q 點，可建立 I_B = 定值所對應的直線，可符合式(A.4) h_{oe} 關係式的要求。接著選取 v_{CE} 的變化，在 I_B = 定值的直線上找出對應點，由這兩個對應點畫水平線到縱軸，可決定 i_c 對應的變化量。代入式(A.4)，可得

$$|h_{oe}| = \frac{\Delta i_c}{\Delta v_{ce}}\bigg|_{I_B=定值} = \frac{(2.2-2.1)\text{mA}}{(10-7)\text{V}}\bigg|_{I_B=+15\mu\text{A}}$$

$$= \frac{0.1\times 10^{-3}}{3} = 33\ \mu\text{A/V} = 33\times 10^{-6}\ \text{S} = 33\ \mu\text{S}$$

為決定參數 h_{ie} 和 h_{re}，必須先在輸入或基極特性上找出 Q 點，如圖 A.3 所示。對 h_{ie} 而言，畫一條和 V_{CE}=8.4 V 對應曲線相切且通過 Q 點的直線，此線即式(A.1)所要求的 V_{CE}

附錄 A　混合 (h) 參數的圖形決定法和轉換公式（精確及近似）　755

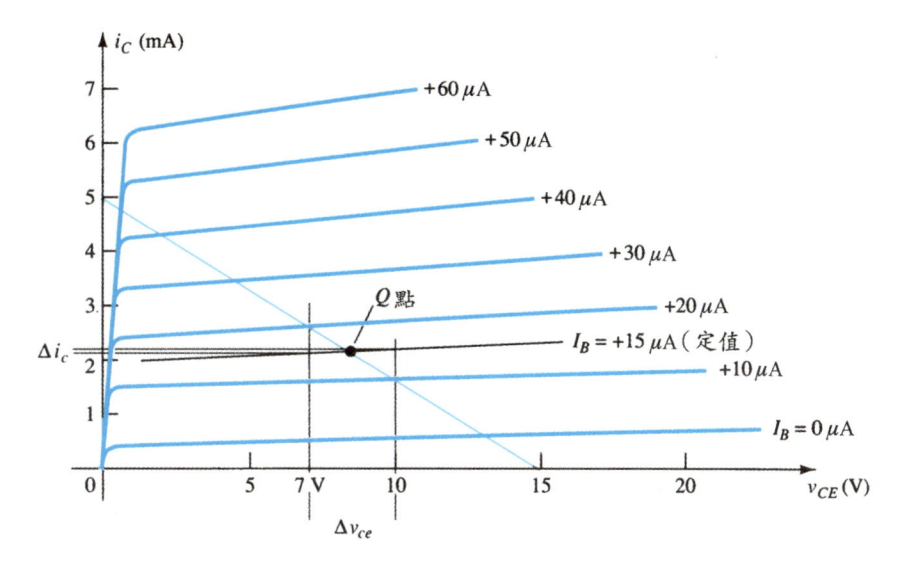

圖 A.2　h_{oe} 的決定

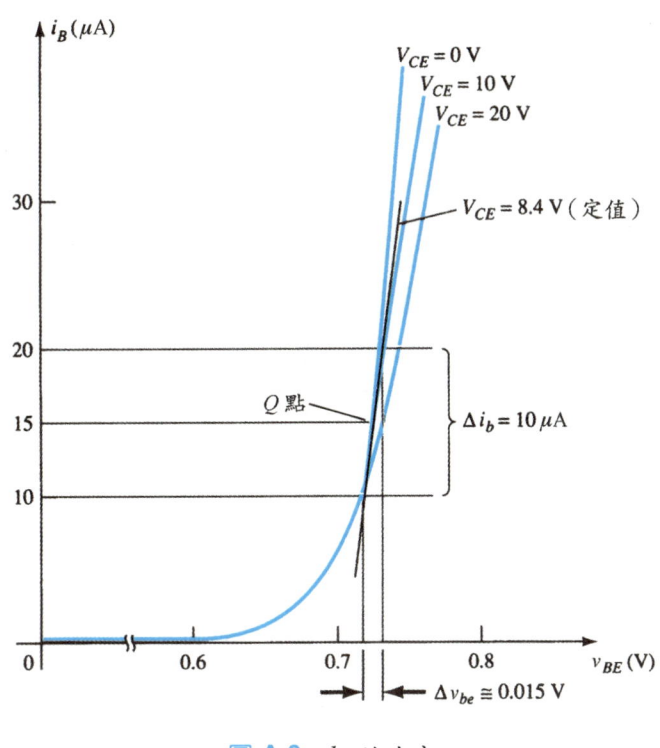

圖 A.3　h_{ie} 的決定

= 定值的對應直線。接著選取 v_{be} 的小幅變化，會產生對應的 i_b 變化。代入式(A.1)，可得

$$|h_{ie}| = \frac{\Delta v_{be}}{\Delta i_b}\bigg|_{V_{CE}=\text{定值}} = \frac{(733-718)\text{mV}}{(20-10)\mu\text{A}}\bigg|_{V_{CE}=8.4\text{V}}$$

$$= \frac{15 \times 10^{-3}}{10 \times 10^{-6}} = \mathbf{1.5 \text{ k}\Omega}$$

圖 A.4 h_{re} 的決定

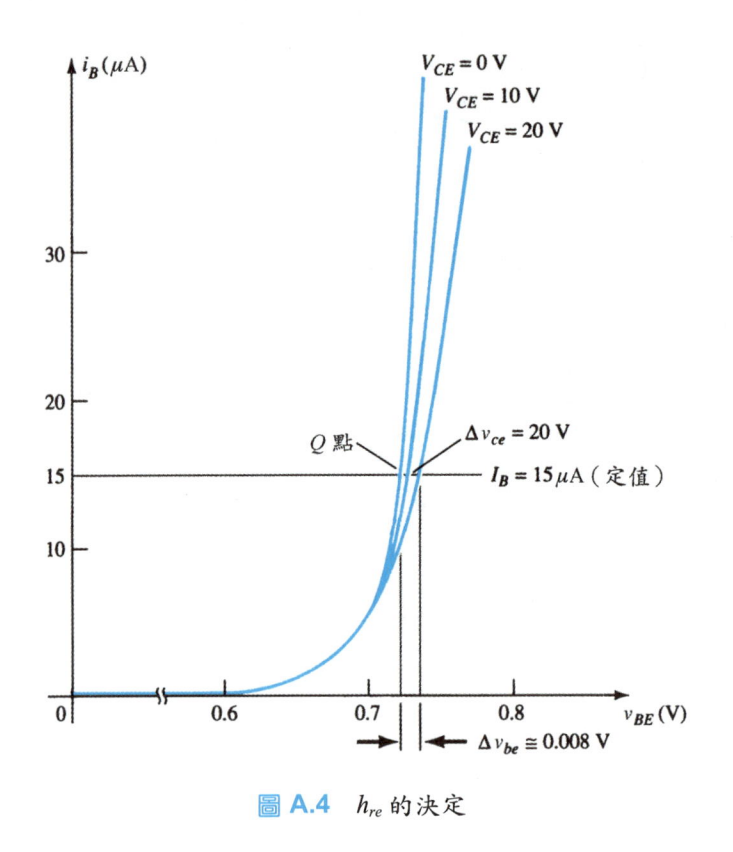

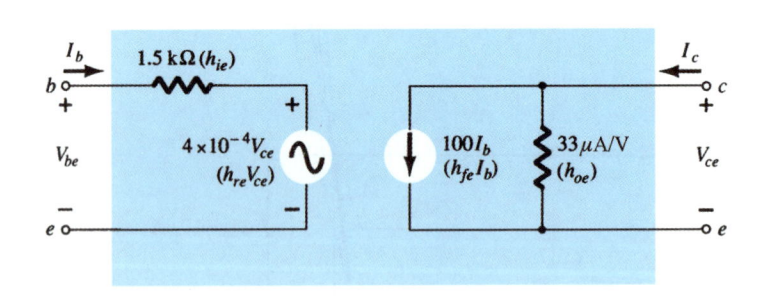

圖 A.5 具有圖 A.1～圖 A.4 特性的電晶體的完整 h 參數等效電路

最後求出參數 h_{re}，先畫一條 Q 點 $I_B = 15\,\mu A$ 處的水平線，接著選取 v_{CE} 的變化量並找出 v_{BE} 對應的變化量，如圖 A.4 所示。

代入式(A.2)，可得

$$|h_{re}| = \left.\frac{\Delta v_{be}}{\Delta v_{ce}}\right|_{I_B=定值} = \frac{(733-725)\,\text{mV}}{(20-0)\,\text{V}} = \frac{8 \times 10^{-3}}{20} = \mathbf{4 \times 10^{-4}}$$

就圖 A.1～圖 A.4 特性的電晶體而言，所得的混合（h 參數）小訊號等效電路見圖 A.5。

表 A.1　CE、CC 和 CB 電晶體組態的典型參數值

參數	CE	CC	CB
h_i	1 kΩ	1 kΩ	20 Ω
h_r	2.5×10^{-4}	$\cong 1$	3.0×10^{-4}
h_f	50	-50	-0.98
h_o	25 μA/V	25 μA/V	0.5 μA/V
$1/h_o$	40 kΩ	40 kΩ	2 MΩ

如先前所提的，只要用恰當的變數和特性，即可用相同的基本方程式求出共基極和共集極組態的 h 參數。

表 A.1 就廣泛應用的各種電晶體，列出三種組態 h 參數的典型值。式(A.3)若出現負號，代表某一數值上升時另一數值會下降。

A.2　精確轉換公式

共射極組態

$$h_{ie} = \frac{h_{ib}}{(1+h_{fb})(1-h_{rb}) + h_{ob}h_{ib}} = h_{ic}$$

$$h_{re} = \frac{h_{ib}h_{ob} - h_{rb}(1+h_{fb})}{(1+h_{fb})(1-h_{rb}) + h_{ob}h_{ib}} = 1 - h_{rc}$$

$$h_{fe} = \frac{-h_{fb}(1-h_{rb}) - h_{ob}h_{ib}}{(1+h_{fb})(1-h_{rb}) + h_{ob}h_{ib}} = -(1+h_{fc})$$

$$h_{oe} = \frac{h_{ob}}{(1+h_{fb})(1-h_{rb}) + h_{ob}h_{ib}} = h_{oc}$$

共基極組態

$$h_{ib} = \frac{h_{ie}}{(1+h_{fe})(1-h_{re}) + h_{ie}h_{oe}} = \frac{h_{ic}}{h_{ic}h_{oc} - h_{fc}h_{rc}}$$

$$h_{rb} = \frac{h_{ie}h_{oe} - h_{re}(1+h_{fe})}{(1+h_{fe})(1-h_{re}) + h_{ie}h_{oe}} = \frac{h_{fc}(1-h_{rc}) + h_{ic}h_{oc}}{h_{ic}h_{oc} - h_{fc}h_{rc}}$$

$$h_{fb} = \frac{-h_{fe}(1-h_{re}) - h_{ie}h_{oe}}{(1+h_{fe})(1-h_{re}) + h_{ie}h_{oe}} = \frac{h_{rc}(1+h_{fc}) - h_{ic}h_{oc}}{h_{ic}h_{oc} - h_{fc}h_{rc}}$$

$$h_{ob} = \frac{h_{oe}}{(1+h_{fe})(1-h_{re}) + h_{ie}h_{oe}} = \frac{h_{oc}}{h_{ic}h_{oc} - h_{fc}h_{rc}}$$

共集極組態

$$h_{ic} = \frac{h_{ib}}{(1+h_{fb})(1-h_{rb})+h_{ob}h_{ib}} = h_{ie}$$

$$h_{rc} = \frac{1+h_{fb}}{(1+h_{fb})(1-h_{rb})+h_{ob}h_{ib}} = 1 - h_{re}$$

$$h_{fc} = \frac{h_{rb}-1}{(1+h_{fb})(1-h_{rb})+h_{ob}h_{ib}} = -(1+h_{fe})$$

$$h_{oc} = \frac{h_{ob}}{(1+h_{fb})(1-h_{rb})+h_{ob}h_{ib}} = h_{oe}$$

A.3　近似轉換公式

共射極組態

$$h_{ie} \cong \frac{h_{ib}}{1+h_{fb}} \cong \beta r_e$$

$$h_{re} \cong \frac{h_{ib}h_{ob}}{1+h_{fb}} - h_{rb}$$

$$h_{fe} \cong \frac{-h_{fb}}{1+h_{fb}} \cong \beta$$

$$h_{oe} \cong \frac{h_{ob}}{1+h_{fb}}$$

共基極組態

$$h_{ib} \cong \frac{h_{ie}}{1+h_{fe}} \cong \frac{-h_{ic}}{h_{fc}} \cong r_e$$

$$h_{rb} \cong \frac{h_{ie}h_{oe}}{1+h_{fe}} - h_{re} \cong h_{rc} - 1 - \frac{h_{ic}h_{oc}}{h_{fc}}$$

$$h_{fb} \cong \frac{-h_{fe}}{1+h_{fe}} \cong -\frac{(1+h_{fc})}{h_{fc}} \cong -\alpha$$

$$h_{ob} \cong \frac{h_{oe}}{1+h_{fe}} \cong \frac{-h_{oc}}{h_{fc}}$$

共集極組態

$$h_{ic} \cong \frac{h_{ib}}{1+h_{fb}} \cong \beta r_e$$

$$h_{rc} \cong 1$$

$$h_{fc} \cong \frac{-1}{1+h_{fb}} \cong -\beta$$

$$h_{oc} \cong \frac{h_{ob}}{1+h_{fb}}$$

漣波因數和電壓的計算

附 錄 B

B.1 整流器的漣波因數

電壓的漣波因數定義為

$$r = \frac{\text{訊號交流分量的有效(rms)值}}{\text{訊號的平均值}}$$

可表成

$$r = \frac{V_r(\text{rms})}{V_{dc}}$$

因包含直流位準的訊號的交流電壓分量是

$$v_{ac} = v - V_{dc}$$

此交流分量的有效值是

$$\begin{aligned} V_r(\text{rms}) &= \left[\frac{1}{2\pi} \int_0^{2\pi} v_{ac}^2 \, d\theta \right]^{1/2} \\ &= \left[\frac{1}{2\pi} \int_0^{2\pi} (v - V_{dc})^2 \, d\theta \right]^{1/2} \\ &= \left[\frac{1}{2\pi} \int_0^{2\pi} (v^2 - 2vV_{dc} + V_{dc}^2) \, d\theta \right]^{1/2} \\ &= [V^2(\text{rms}) - 2V_{dc}^2 + V_{dc}^2]^{1/2} \\ &= [V^2(\text{rms}) - V_{dc}^2]^{1/2} \end{aligned}$$

其中，$V(\text{rms})$是總電壓的有效(rms)值。對半波整流訊號而言，

$$V_r(\text{rms}) = [V^2(\text{rms}) - V_{\text{dc}}^2]^{1/2}$$

$$= \left[\left(\frac{V_m}{2}\right)^2 - \left(\frac{V_m}{\pi}\right)^2\right]^{1/2}$$

$$= V_m\left[\left(\frac{1}{2}\right)^2 - \left(\frac{1}{\pi}\right)^2\right]^{1/2}$$

$$\boxed{V_r(\text{rms}) = 0.385 V_m} \quad (\text{半波}) \tag{B.1}$$

對全波整流訊號而言，

$$V_r(\text{rms}) = [V^2(\text{rms}) - V_{\text{dc}}^2]^{1/2}$$

$$= \left[\left(\frac{V_m}{\sqrt{2}}\right)^2 - \left(\frac{2V_m}{\pi}\right)^2\right]^{1/2}$$

$$= V_m\left(\frac{1}{2} - \frac{4}{\pi^2}\right)^{1/2}$$

$$\boxed{V_r(\text{rms}) = 0.308 V_m} \quad (\text{全波}) \tag{B.2}$$

B.2　電容濾波器的漣波電壓

假定用三角波形近似漣波，如圖 B.1 所示，可寫出（見圖 B.2）：

$$V_{\text{dc}} = V_m - \frac{V_r(\text{p-p})}{2} \tag{B.3}$$

在電容放電期間，電容 C 的電壓變化量是

$$V_r(\text{p-p}) = \frac{I_{\text{dc}} T_2}{C} \tag{B.4}$$

由圖 B.1 的三角波形，

$$V_r(\text{rms}) = \frac{V_r(\text{p-p})}{2\sqrt{3}} \tag{B.5}$$

（計算過程未列出）。

利用圖 B.1 的詳細波形，可得

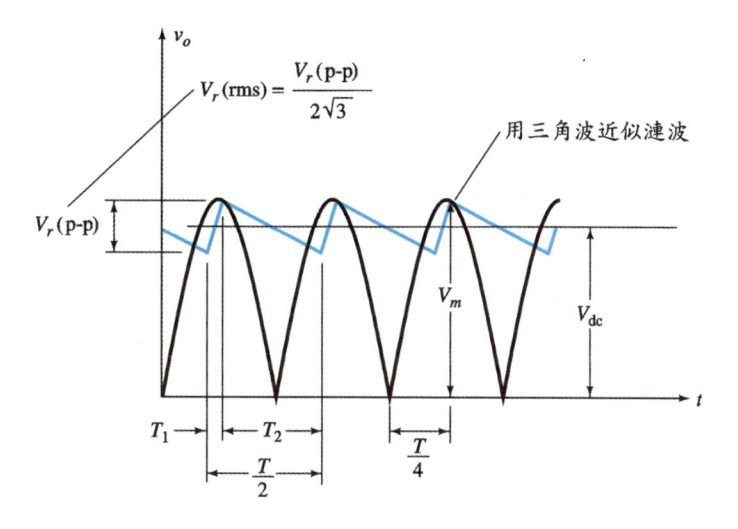

圖 B.1 用三角波近似電容濾波器的漣波電壓

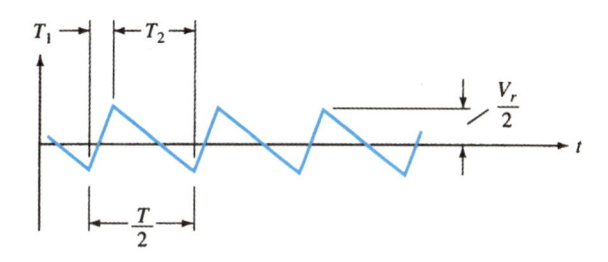

圖 B.2 漣波電壓

$$\frac{V_r(\text{p-p})}{T_1} = \frac{V_m}{T/4}$$

$$T_1 = \frac{V_r(\text{p-p})(T/4)}{V_m}$$

又

$$T_2 = \frac{T}{2} - T_1 = \frac{T}{2} - \frac{V_r(\text{p-p})(T/4)}{V_m} = \frac{2TV_m - V_r(\text{p-p})T}{4V_m}$$

$$T_2 = \frac{2V_m - V_r(\text{p-p})}{V_m} \frac{T}{4} \tag{B.6}$$

因式(B.3)可寫成

$$V_{\text{dc}} = \frac{2V_m - V_r(\text{p-p})}{2}$$

結合上式與式(B.6)，可得

$$T_2 = \frac{V_{dc}}{V_m}\frac{T}{2}$$

代入式(B.4)，得

$$V_r(\text{p-p}) = \frac{I_{dc}}{C}\left(\frac{V_{dc}}{V_m}\frac{T}{2}\right)$$

$$T = \frac{1}{f}$$

$$V_r(\text{p-p}) = \frac{I_{dc}}{2fC}\frac{V_{dc}}{V_m} \tag{B.7}$$

結合式(B.5)和式(B.7)，解出 $V_r(\text{rms})$：

$$\boxed{V_r(\text{rms}) = \frac{V_r(\text{p-p})}{2\sqrt{3}} = \frac{I_{dc}}{4\sqrt{3}fC}\frac{V_{dc}}{V_m}} \tag{B.8}$$

B.3　V_{dc} 和 V_m 對漣波因數 r 的關係

濾波器電容產生的直流電壓，與變壓器提供的峰值電壓，可和漣波因數得到關係如下：

$$r = \frac{V_r(\text{rms})}{V_{dc}} = \frac{V_r(\text{p-p})}{2\sqrt{3}V_{dc}}$$

$$V_{dc} = \frac{V_r(\text{p-p})}{2\sqrt{3}r} = \frac{V_r(\text{p-p})/2}{\sqrt{3}r} = \frac{V_r(\text{p})}{\sqrt{3}r} = \frac{V_m - V_{dc}}{\sqrt{3}r}$$

$$V_m - V_{dc} = \sqrt{3}rV_{dc}$$

$$V_m = (1 + \sqrt{3}r)V_{dc}$$

$$\boxed{\frac{V_m}{V_{dc}} = 1 + \sqrt{3}r} \tag{B.9}$$

式(B.9)畫在圖 B.3，可應用到半波以及全波整流－電容濾波器電路。例如，在漣波 5% 時，直流電壓 $V_{dc}=0.92V_m$，即在峰值電壓的 10% 變化之內；而當漣波 20% 時，直流電壓會降到 0.74V_m，其下降量已超過峰值的 25%。注意到，當漣波小於 6.5% 時，V_{dc} 會在 V_m 的 10% 變化之內，此漣波量代表電路的輕載邊界。

$$V_{dc}/V_m = \frac{1}{1+\sqrt{3}\,r}$$

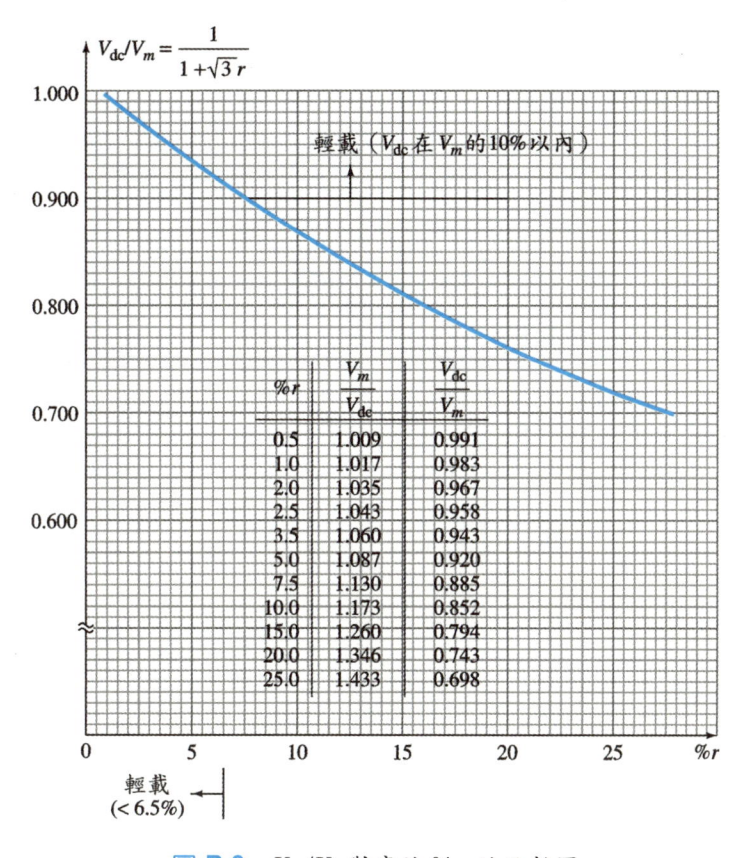

輕載（V_{dc} 在 V_m 的 10% 以內）

%r	$\dfrac{V_m}{V_{dc}}$	$\dfrac{V_{dc}}{V_m}$
0.5	1.009	0.991
1.0	1.017	0.983
2.0	1.035	0.967
2.5	1.043	0.958
3.5	1.060	0.943
5.0	1.087	0.920
7.5	1.130	0.885
10.0	1.173	0.852
15.0	1.260	0.794
20.0	1.346	0.743
25.0	1.433	0.698

輕載（< 6.5%）

圖 B.3 V_{dc}/V_m 對應於 %r 的函數圖

B.4　V_r(rms) 和 V_m 對漣波因數 r 的關係

對半波和全波整流－電容濾波器電路而言，也可建立 V_r(rms)、V_m 和漣波因數的關係如下：

$$\frac{V_r(\text{p-p})}{2} = V_m - V_{dc}$$

$$\frac{V_r(\text{p-p})/2}{V_m} = \frac{V_m - V_{dc}}{V_m} = 1 - \frac{V_{dc}}{V_m}$$

$$\frac{\sqrt{3}\,V_r(\text{rms})}{V_m} = 1 - \frac{V_{dc}}{V_m}$$

利用式(B.9)，可得

$$\frac{\sqrt{3}\,V_r(\text{rms})}{V_m} = 1 - \frac{1}{1+\sqrt{3}\,r}$$

$$\frac{V_r(\text{rms})}{V_m} = \frac{1}{\sqrt{3}}\left(1 - \frac{1}{1+\sqrt{3}\,r}\right) = \frac{1}{\sqrt{3}}\left(\frac{1+\sqrt{3}\,r - 1}{1+\sqrt{3}\,r}\right)$$

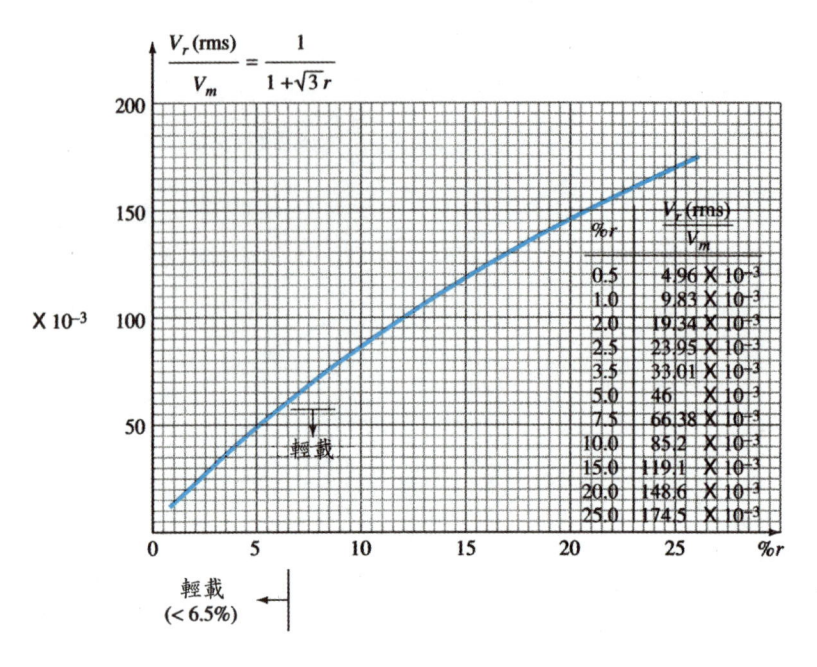

圖 B.4　$V_r(\text{rms})/V_m$ 對應於 %r 的函數圖

$$\boxed{\frac{V_r(\text{rms})}{V_m}=\frac{r}{1+\sqrt{3}r}} \qquad (B.10)$$

式(B.10)畫在圖 B.4。

因對漣波≤6.5% 而言，V_{dc} 會在 V_m 的 10% 變化以內，

$$\frac{V_r(\text{rms})}{V_m}\cong\frac{V_r(\text{rms})}{V_{dc}}=r \qquad （輕載）$$

因此當漣波≤6.5% 時，可採用 $V_r(\text{rms})/V_m=r$。

B.5　整流－電容濾波器電路中，導通角、%r 和 $I_{峰值}/I_{dc}$ 的關係

利用圖 B.1，可決定二極體開始導通的角度如下：因

$$v=V_m\sin\theta=V_m-V_r(\text{p-p}) \quad 在\ \theta=\theta_1$$

可得

$$\theta_1=\sin^{-1}\left[1-\frac{V_r(\text{p-p})}{V_m}\right]$$

利用式(B.10)和 $V_r(\text{rms})=V_r(\text{p-p})/2\sqrt{3}$，得

$$\frac{V_r(\text{p-p})}{V_m}=\frac{2\sqrt{3}V_r(\text{rms})}{V_m}$$

所以
$$1-\frac{V_r(\text{p-p})}{V_m}=1-\frac{2\sqrt{3}V_r(\text{rms})}{V_m}=1-2\sqrt{3}\left(\frac{r}{1+\sqrt{3}r}\right)$$
$$=\frac{1-\sqrt{3}r}{1+\sqrt{3}r}$$

且
$$\boxed{\theta_1=\sin^{-1}\frac{1-\sqrt{3}r}{1+\sqrt{3}r}} \tag{B.11}$$

其中 θ_1 是開始導通的角度。

在並聯阻抗 R_L 和 C 充電一段時間之後，電流會降到零，可決定對應的角度：

$$\theta_2=\pi-\tan^{-1}\omega R_L C$$

$\omega R_L C$ 的表示式可得如下：

$$r=\frac{V_r(\text{rms})}{V_{\text{dc}}}=\frac{(I_{\text{dc}}/4\sqrt{3}fC)(V_{\text{dc}}/V_m)}{V_{\text{dc}}}=\frac{V_{\text{dc}}/R_L}{4\sqrt{3}fC}\frac{1}{V_m}$$
$$=\frac{V_{\text{dc}}/V_m}{4\sqrt{3}fCR_L}=\frac{2\pi\left(\dfrac{1}{1+\sqrt{3}r}\right)}{4\sqrt{3}\omega CR_L}$$

所以
$$\omega R_L C=\frac{2\pi}{4\sqrt{3}(1+\sqrt{3}r)r}=\frac{0.907}{r(1+\sqrt{3}r)}$$

因此，停止導通的角度是

$$\boxed{\theta_2=\pi-\tan^{-1}\frac{0.907}{(1+\sqrt{3}r)r}} \tag{B.12}$$

由式(6.10b)，可寫出

$$\frac{I_{\text{峰值}}}{I_{\text{dc}}}=\frac{I_p}{I_{\text{dc}}}=\frac{T}{T_1}=\frac{180°}{\theta} \quad (\text{全波})$$
$$=\frac{360°}{\theta} \quad\quad (\text{半波}) \tag{B.13}$$

%r	θ_c / $\theta_2 - \theta_1$	半波 $I_{峰值}/I_{dc}$	全波 $I_{峰值}/I_{dc}$
0.5	10.79	33.36	16.68
1.0	15.32	25.30	11.75
2.0	21.74	16.56	8.28
2.5	24.33	14.80	7.40
3.5	28.84	12.48	6.24
5.0	34.51	10.43	5.22
7.5	42.32	8.51	4.25
10.0	48.89	7.36	3.68
15.0	59.96	6.00	3.00
20.0	69.40	5.19	2.59
25.0	77.84	4.62	2.31

$$\theta_1 = \sin^{-1}\left(\frac{1-\sqrt{3}\,r}{1+\sqrt{3}\,r}\right) \qquad \theta_2 = \pi - \tan^{-1}\left[\frac{0.907}{r(1+\sqrt{3}\,r)}\right] \qquad \theta_c = \theta_2 - \theta_1$$

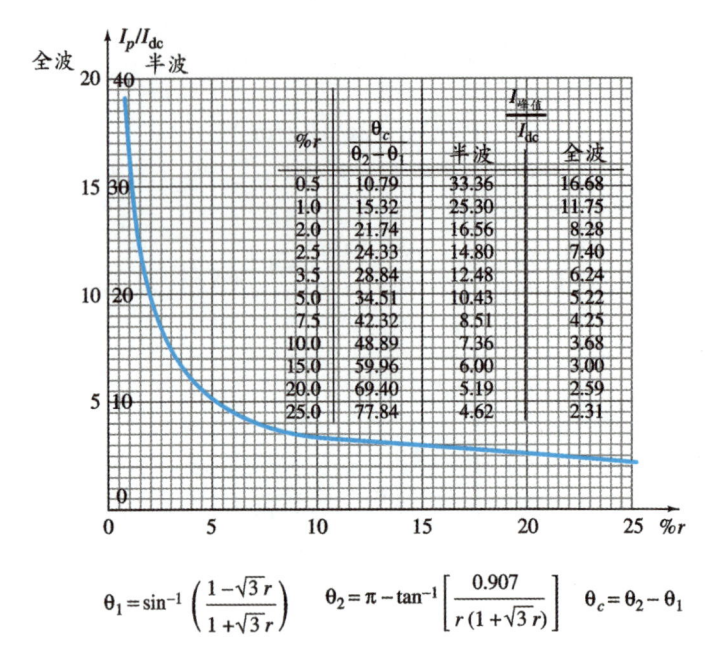

圖 B.5　針對半波和全波操作，I_p/I_{dc} 對 %r 的函數圖

針對半波和全波操作，I_p/I_{dc} 對應於漣波的函數圖提供在圖 B.5。

附錄 C 圖表

表 C.1 希臘字母

名稱	大寫	小寫
alpha	A	α
beta	B	β
gamma	Γ	γ
delta	Δ	δ
epsilon	E	ε
zeta	Z	ζ
eta	H	η
theta	Θ	θ
iota	I	ι
kappa	K	κ
lambda	Λ	λ
mu	M	μ
nu	N	ν
xi	Ξ	ξ
omicron	O	o
pi	Π	π
rho	P	ρ
sigma	Σ	σ
tau	T	τ
upsilon	Υ	υ
phi	Φ	ϕ
chi	X	χ
psi	Ψ	ψ
omega	Ω	ω

表 C.2　商用現成電阻的標準值

歐姆(Ω)					仟歐姆(kΩ)		百萬歐姆(MΩ)	
0.10	**1.0**	**10**	**100**	**1000**	**10**	**100**	**1.0**	**10.0**
0.11	1.1	11	110	1100	11	110	1.1	11.0
0.12	**1.2**	**12**	**120**	**1200**	**12**	**120**	**1.2**	**12.0**
0.13	1.3	13	130	1300	13	130	1.3	13.0
0.15	**1.5**	**15**	**150**	**1500**	**15**	**150**	**1.5**	**15.0**
0.16	1.6	16	160	1600	16	160	1.6	16.0
0.18	**1.8**	**18**	**180**	**1800**	**18**	**180**	**1.8**	**18.0**
0.20	2.0	20	200	2000	20	200	2.0	20.0
0.22	**2.2**	**22**	**220**	**2200**	**22**	**220**	**2.2**	**22.0**
0.24	2.4	24	240	2400	24	240	2.4	
0.27	**2.7**	**27**	**270**	**2700**	**27**	**270**	**2.7**	
0.30	3.0	30	300	3000	30	300	3.0	
0.33	**3.3**	**33**	**330**	**3300**	**33**	**330**	**3.3**	
0.36	3.6	36	360	3600	36	360	3.6	
0.39	**3.9**	**39**	**390**	**3900**	**39**	**390**	**3.9**	
0.43	4.3	43	430	4300	43	430	4.3	
0.47	**4.7**	**47**	**470**	**4700**	**47**	**470**	**4.7**	
0.51	5.1	51	510	5100	51	510	5.1	
0.56	**5.6**	**56**	**560**	**5600**	**56**	**560**	**5.6**	
0.62	6.2	62	620	6200	62	620	6.2	
0.68	**6.8**	**68**	**680**	**6800**	**68**	**680**	**6.8**	
0.75	7.5	75	750	7500	75	750	7.5	
0.82	**8.2**	**82**	**820**	**8200**	**82**	**820**	**8.2**	
0.91	9.1	91	910	9100	91	910	9.1	

表 C.3　典型的電容元件值

pF					μF				
10	100	1000	10,000		0.10	1.0	10	100	1000
12	120	1200							
15	150	1500	15,000		0.15	1.5	18	180	1800
22	220	2200	22,000		0.22	2.2	22	220	2200
27	270	2700							
33	330	3300	33,000		0.33	3.3	33	330	3300
39	390	3900							
47	470	4700	47,000		0.47	4.7	47	470	4700
56	560	5600							
68	680	6800	68,000		0.68	6.8			
82	820	8200							

奇數習題解答

第 1 章

5. 2.4×10^{-18} C

15. (a) 25.27 mV (b) 11.84 mA

17. (a) 25.27 mV (b) 0.1 μA

19. 0.41 V

21. 1.6 mA

23. −75°C: 1.1 V, 0.01 pA; 25°C: 0.85 V, 1 pA; 125°C: 1.1 V, 105 μA

27. 175 Ω

29. −10 V: 100 MΩ; −30 V: 300 MΩ

31. (a) 3 Ω (b) 2.6 Ω (c) 很接近

33. 1 mA: 52 Ω, 15 mA: 1.73 Ω

35. 22.5 Ω

37. $r_d = 4$ Ω

39. (a) −25 V: 0.75 pF; −10 V: 1.25 pF; $\Delta C_T / \Delta V_R = 0.033$ pF/V

43. 2.81 pF

45. $t_s = 3$ ns, $t_t = 6$ ns

47. (b) 6 pF (c) 0.58

49. 25°C: 0.5 nA; 100°C: 60 nA; 60 nA: 0.5 nA = 120:1

51. 25°C: 500 mW; 100°C: 260 mW; 25°C: 714.29 mA; 100°C: 371.43 mA

55. 0.053%/°C

57. 13 Ω

59. 2 V

61. 2.3 V

63. (a) 75° (b) 40°

第 2 章

1. (a) $I_{D_Q} \cong 15$ mA, $V_{D_Q} \cong 0.85$ V, $V_R = 11.15$ V　(b) $I_{D_Q} \cong 15$ mA, $V_{D_Q} = 0.71$ V, $V_R = 11.3$ V
 (c) $I_{D_Q} = 16$ mA, $V_{D_Q} = 0$ V, $V_R = 12$ V

3. $R = 0.62$ kΩ

5. (a) $I = 0$ mA　(b) $I = 2.895\ A$　(c) $I = 1\ A$

7. (a) $V_o = 9.17$ V　(b) $V_o = 10$ V

9. (a) $V_{o_1} = 11.3$ V, $V_{o_2} = 1.2$ V　(b) $V_{o_1} = 0$ V, $V_{o_2} = 0$ V

11. (a) $V_o = 0.3$ V, $I = 0.3$ mA　(b) $V_o = 14.6$ V, $I = 3.96$ mA

13. $V_o = 6.03$ V, $I_D = 1.635$ mA

15. $V_o = 9.3$ V

17. $V_o = 10$ V

19. $V_o = -0.7$ V

21. $V_o = 4.7$ V

23. v_i: $V_m = 6.98$ V: r_d: 最大正值 = 0.7 V, 負峰值 = -6.98 V: i_d: 正脈波 3.14 mA

25. 正脈波，峰值 = 169.68 V, $V_{dc} = 5.396$ V

27. (a) $I_{D_{max}} = 20$ mA　(b) $I_{max} = 40$ mA　(c) $I_D = 18.1$ mA　(d) $I_D = 36.2$ mA $> I_{D_{max}} = 20$ mA

29. 全波整流波形，峰值 = -100 V; PIV = 100 V, $I_{max} = 45.45$ mA

31. 全波整流波形，峰值 = 56.67 V; $V_{dc} = 36.04$ V

33. (a) 脈波 5.09 V　(b) 正脈波 15.3 V

35. (a) 截在 4.7 V　(b) 正截波在 0.7 V，負峰值 -11 V

37. (a) 0 V 到 40 V 擺幅　(b) -5 V 到 35 V 擺幅

39. (a) 28 ms　(b) 56:1　(c) -1.3 V 到 -25.3 V 擺幅

41. 圖 2.179 的電路，但電池反向

43. (a) $R_s = 20$ Ω, $V_Z = 12$ V　(b) $P_{Z_{max}} = 2.4$ W

45. $R_s = 0.5$ kΩ, $I_{ZM} = 40$ mA

47. $V_o = 339.36$ V

第 3 章

3. 順偏和逆偏

9. $I_C = 7.921$ mA, $I_B = 79.21$ mA

11. $V_{CB} = 1$ V: $V_{BE} = 800$ mV
    $V_{CB} = 10$ V: $V_{BE} = 770$ mV
    $V_{CB} = 20$ V: $V_{BE} = 750$ mV
    只有一些

13. (a) $I_C \cong 3.5$ mA　(b) $I_C \cong 3.5$ mA　(c) 幾可忽略不計　(d) $I_C = I_E$

15. (a) $I_C = 3.992$ mA　(b) $\alpha = 0.993$　(c) $I_E = 2$ mA

19. (a) $\beta_{dc} = 111.11$　(b) $\alpha_{dc} = 0.991$　(c) $I_{CEO} = 0.3$ mA　(d) $I_{CBO} = 2.7$ mA

21. (a) β_{dc}=87.5 (b) β_{dc}=108.3 (c) β_{dc}=135
23. β_{dc}=116, α_{dc}=0.991, I_E=2.93 mA
29. $I_C=I_{C_{max}}$, V_{CB}=6 V
    $V_{CB}=V_{CE_{max}}$, I_C=2.1 mA
    I_C=4 mA, V_{CB}=10.5 V
    V_{CB}=10 V, =I_C=2.8 mA
31. $I_C=I_{C_{max}}$, V_{CE}=3.125 V
    $V_{CE}=V_{CE_{max}}$, I_C=20.83 mA
    I_C=100 mA, V_{CE}=6.25 mA
    V_{CE}=20 V, I_C=31.25 mA
33. h_{FE}: I_C=0.1 mA, $h_{FE} \cong 43$
    I_C=10 mA, $h_{FE} \cong 98$
    h_{fe}: I_C=0.1 mA, $h_{fe} \cong 72$
    I_C=10 mA, $h_{fe} \cong 160$
35. I_C mA, $h_{fe} \cong 120$
    I_C=10 mA, $h_{fe} \cong 160$
37. (a) β_{ac}=190 (b) β_{dc}=201.7 (c) β_{ac}=200 (d) β_{dc}=230.77 (f) 是的

第 4 章

1. (a) I_{B_Q}=30 μA (b) I_{CO}=3.6 mA (c) V_{CE_Q}=6.48 V (d) V_C=6.48 V
   (e) V_B=0.7 V (f) V_E=0 V
3. (a) I_C=3.98 mA (b) V_{CC}=15.96 V (c) β=199 (d) R_B=763 kΩ
5. (b) R_B=812 kΩ (c) I_{C_Q}=3.4 mA, V_{CE_Q}=10.75 V (d) β_{dc}=136 (e) α=0.992
   (f) $I_{C_{sat}}$=7 mA (h) P_D=36.55 mW (i) P_s=71.92 mW (j) P_R=35.37 mW
7. I_{C_Q}=2.4 mA, V_{CE_Q}=11.5 V
9. (b) I_{C_Q}=4.7 mA, V_{CE_Q}=7.5 V (c) 133.25 (d) 合理接近
11. (a) 154.5 (b) 17.74 V (c) 747 kΩ
13. (a) 2.33 kΩ (b) 133.33 (c) 616.67 kΩ (d) 40 mW (e) 37.28 mW
15. (a) 21.42 mA (b) 1.71 mA (c) 8.17 V (d) 9.33 V (e) 1.16 V (f) 1.86 V
17. (a) I_C=1.28 mA (b) V_E=1.54 V (c) V_B=2.24 V (d) R_1=39.4 kΩ
19. $I_{C_{sat}}$=3.49 mA
21. (a) 2.43 mA (b) 7.55 V (c) 20.25 μA (d) 2.43 V (e) 3.13 V
23. (a) 1.99 mA (b) I_{C_Q}=1.71 mA, V_{CE_Q}=8.17 V, I_{B_Q}=21.42 μA
25. (a) I_C=1.71 mA, V_{CE}=8.17 V (b) I_C=1.8 mA, V_{CE}=7.76 V (c) %ΔI_C=5.26, %ΔV_{CE}=5.02
    (e) 分壓電路
27. (a) 18.09 μA (b) 2.17 mA (c) 8.19 V
29. (a) 2.24 mA (b) 11.63 V (c) 4.03 V (d) 7.6 V

31. (a) I_C=0.91 mA, V_{CE}=5.44 V (b) I_C=0.983 mA, V_{CE}=4.11 V
    (c) %ΔI_C=8.02, %ΔV_{CE}=24.45 (d) 分壓電路
33. (a) 3.3 V (b) 2.75 mA (c) 11.95 V (d) 8.65 V (e) 24.09 μA (f) 114.16
35. (a) I_B=65.77 μA, I_C=7.23 mA, I_E=7.3 mA (b) V_B=9.46 V, V_C=12 V, V_E=8.76 V
    (c) V_{BC}=$-$2.54 V, V_{CE}=3.24 V
37. (a) I_E=3.32 mA, V_C=4.02 V, =V_{CE}=4.72 V
39. (a) R_{Th}=255 kΩ, E_{Th}=0 V, I_B=13.95 μA (b) I_C=1.81 mA (c) V_E=$-$4.42 V (d) V_{CE}=5.95 V
41. R_B=361.6 kΩ, R_C=2.4 kΩ
    標準值：R_B=360 kΩ, R_C=2.4 kΩ
43. R_E=0.75 kΩ, R_C=3.25 kΩ, R_2=7.5 kΩ, R_1=41.15 kΩ, 標準值：R_E=0.75 kΩ, R_C=3.3 k, R_2=7.5 kΩ, R_1=43 kΩ
45. (a) V_{B_1}=4.14 V, V_{E_1}=3.44 V, I_{C_1}=I_{E_1}=3.44 mA, V_{C_1}=12.43 V,
    V_{B_2}=2.61 V, V_{E_2}=1.91 V, I_{E_2}=I_{C_2}=1.59 mA, V_{C_2}=16.5 V
    (b) I_{B_1}=21.5 μA, $I_{C_1}\cong I_{E_1}$=3.44 mA, I_{B_2}=17.67 μA, $I_{C_2}\cong I_{E_2}$=1.59 mA
47. (a) I_{B_1}=57.33 μA, I_{C_1}=3.44 mA, I_{B_2}=28.67 μA, I_{C_2}=3.44 mA
    (b) V_{B_1}=4.48 V, V_{B_2}=10.86 V, V_{E_1}=3.78 V, V_{C_1}=10.16 V, V_{E_2}=10.16 V, V_{C_2}=14.43 V
49. I=8.65 mA
51. I=2.59 mA
53. I_E=3.67 mA
55. I_B=17.5 mA, V_C=13.53 V
57. $I_{C_{sat}}$=4.167 mA, V_o=9.76 V
59. (a) t_{on}=168 ns, t_{off}=148 ns (b) t_{on}=37 ns, t_{off}=132 ns
63. (a) $V_C \downarrow$ (b) $V_{CE} \downarrow$ (c) $I_C \downarrow$ (d) $V_{CE}\cong$ 20 V (e) $V_{CE}\cong$ 20 V
65. (a) $S(I_{CO})$=120 (b) $S(V_{\beta E})$=$-$235$\times 10^{-6}$S (c) $S(\beta)$=30$\times 10^{-6}$A (d) $\Delta I_C \cong$ 2.12 mA
67. (a) $S(I_{CO})$=11.06 (b) $S(V_{BE})$=$-$1280$\times 10^{-6}$S (c) $S(\beta)$=2.43$\times 10^{-6}$A (d) ΔI_C=0.313 mA

第 5 章

1. (c) 80.4%
7. (a) 20 Ω (b) 0.588 V (c) 58.8 (d) ∞ Ω (e) 0.98 (f) 10 μA
9. 8.57 Ω (b) 25 μA (c) 3.5 mA (d) 132.84 (e) $-$298.89
11. (a) Z_i=497.47 Ω, Z_o=2.2 kΩ (b) $-$264.74 (c) Z_i=497.47 Ω, Z_o=1.98 kΩ, A_v=238.27 Ω
13. (a) I_B=18.72 μA, I_C=1.87 mA, r_e=13.76 Ω (b) Z_i=1.38 kΩ, Z_o=5.6 kΩ
    (c) $-$406.98 (d) $-$343.03
15. (a) 30.56 Ω (b) Z_i=1.77 kΩ, Z_o=3.9 kΩ (c) $-$127.6
    (d) Z_i=1.77 kΩ, Z_o=3.37 kΩ, A_v=$-$110.28
17. (a) 18.95 Ω (b) V_B=3.72 V, V_C=13.59 V (c) Z_i=3.17 kΩ, A_v=$-$298.15
19. (a) 5.34 Ω (b) Z_i=118.37 kΩ, Z_o=2.2 kΩ (c) $-$1.81 (d) Z_i=105.95 kΩ, Z_o=2.2 kΩ, A_v=$-$1.81

21. R_E=0.82 kΩ, R_B=242.09 kΩ
23. (a) 15.53 Ω (b) V_B=2.71 V, V_{CE}=6.14 V, V_{CB}=5.44 V (c) Z_i=67.45 kΩ, Z_o=4.7 kΩ
    (d) −3.92 (e) 56.26
25. (a) Z_i=236.1 kΩ, Z_o=31.2Ω (b) 0.994 (c) 0.994 mV
27. (a) 33.38 Ω (b) Z_i=33.22 Ω, Z_o=4.7 kΩ (c) 140.52
29. (a) 13.08 Ω (b) Z_i=501.98 Ω, Z_o=3.83 kΩ (c) −298
31. (c) A_v=−1.83, Z_i=40.8 kΩ, Z_o=2.16 kΩ
33. (a) Z_i=12.79 kΩ, Z_o=1.75 kΩ, A_v=−2.65
35. (a) R_L=4.7 kΩ, A_{v_L}=−191.65; R_L=2.2 kΩ, A_{v_L}=−130.49; R_L=0.5 kΩ, A_{v_L}=−42.92 (b) 不變
37. (a) $A_{v_{NL}}$=−557.36, Z_i=616.52Ω, Z_o=4.3 kΩ (c) A_{v_L}=−214.98, A_{v_s}=−81.91 (d) 49.04
    (e) −120.12 (f) A_{v_s} 相同 (g) 不變
39. (a) R_L=4.7 kΩ, A_{v_L}=−154.2; R_L=2.2 kΩ, A_{v_L}=−113.2; R_L=0.5 kΩ, A_{v_L}=−41.93 (b) 不變
41. (a) $A_{v_{NL}}$=0.983, Z_i=9.89 kΩ, Z_o=20.19 Ω (c) A_{v_L}=0.976, A_{v_s}=0.92 (d) A_{v_L}=0.976, A_{v_s}=0.886
    (e) 不變 (f) A_{v_L}=0.979, A_{v_s}=0.923 (g) A_i=3.59
43. (a) A_{v_1}=−97.67, A_{v_2}=−189 (b) A_{v_L}=18.46×10³, A_{v_s}=11.54×10³ (c) A_{i_1}=97.67, A_{i_2}=70
    (d) A_{i_L}=6.84×10³ (e) 無影響 (f) 無影響 (g) 同相
45. V_B=3.08 V, V_E=2.38 V, I_E≅I_C=1.59 mA, V_C=6.89 V
47. V_{B_1}=4.4 V, V_{B_2}=11.48 V, V_{E_1}=3.7 V, I_{C_1}≅I_{E_1}=3.7 mA≅I_{E_2}≅I_{C_2}, V_{C_2}=14.45 V, V_{C_1}=10.78 V
49. −1.86 V
51. (a) V_{B_1}=9.59 V, V_{C_1}=16 V, V_{E_2}=8.17 V, V_{CB_1}=6.41 V, V_{CE_2}=7.83 V (b) I_{B_1}=2.67 μA, I_{B_2}=133.5 μA,
    I_{E_2}=16.02 μA (c) Z_i=1.13 MΩ, Z_o=3.21 Ω (d) A_v≅1, A_i=3.16×10³
53. (a) V_{B_1}=8.22 V, V_{E_2}=6.61 V, V_{CE_2}=3.3 V, V_{CB_1}=1.69 V (b) Z_i≅8 kΩ, Z_o=470 Ω (d) −235
    (e) 4×10³
55. (a) V_{B_1}=6.24 V, V_{B_2}=3.63 V, V_{C_1}=3.63 V, V_{C_2}=6.95 V, V_{E_1}=6.95 V, V_{E_2}=2.93 V
    (b) I_{B_1}=4.16 μA, I_{C_1}=0.666 mA, I_{B_2}=0.666 mA, I_{C_2}=133.12 mA, I_{E_2}=135.12 mA
    (c) Z_i=0.887 MΩ, Z_o=68 Ω (d) ≅1 (e) −13.06×10³
57. r_e=21.67 Ω, $βr_e$=2.6 kΩ
63. %差=4.2，忽略其效應
65. %差=4.8，忽略其效應
67. (a) 8.31 Ω (b) h_{fe}=60, h_{ie}=498.6 Ω (c) Z_i=497.47 Ω, Z_o=2.2 kΩ (d) A_v=−264.74, A_i≅60
    (e) Z_i=497.47 Ω, Z_o=2.09 kΩ (f) A_v=−250.90, A_i=56.73
69. (a) Z_i=9.38 Ω, Z_o=2.7 kΩ (b) A_v=284.43, A_i≅−1 (c) $α$=0.992, $β$=124, r_e=9.45 Ω, r_o=1 MΩ
71. (a) 814.8 Ω (b) −357.68 (c) 132.43 (d) 72.9 kΩ
75. (a) 75% (b) 70%
77. (a) 200 μS (b) 5 kΩ 對 8.6 kΩ，非良好近似
79. (a) h_{fe} (b) h_{oe} (c) 30 μS 到 0.1 μS (d) 中間區域
81. (a) 是 (b) R_2 未接成基極

第 6 章

5. **(a)** 3.5 mA **(b)** 2.5 mA **(c)** 1.5 mA **(d)** 0.5 mA **(e)** 如 $V_{GS}\downarrow$, $\Delta I_D\downarrow$ **(f)** 非線性
15. **(a)** 1.852 mA **(b)** -1.318 V
19. 525 mW
21. 5.5 mA
23. -3 V
25. **(a)** 175 Ω **(b)** 233 Ω **(c)** 252 Ω
29. $V_{GS}=0$ V, $I_D=6$ mA; $V_{GS}=1$ V, $I_D=2.66$ mA; $V_{GS}=+1$ V, $I_D=10.67$ mA, $V_{GS}=2$ V, $I_D=16.61$ mA; $\Delta I_D=3.34$ mA 對 6 mA
31. -4.67 V
33. 8.13 V
37. **(a)** $k=1$ mA/V², $I_D=1\times 10^{-3}(V_{GS}-4\text{ V})^2$
    (c) $V_{GS}=2$ V, $I_D=0$ mA; $V_{GS}=5$ V, $I_D=1$ mA; $V_{GS}=10$ V, $=I_D=36$ mA
39. 1.261
41. $dI_D/dV_{GS}=2k(V_{GS}-V_T)$

第 7 章

1. **(c)** $I_{D_Q}\cong 4.7$ mA, $V_{DS_Q}\cong 5.54$ V **(d)** $I_{D_Q}=4.69$ mA, $V_{DS_Q}=5.56$ V
3. **(a)** $I_D=2.727$ mA **(b)** $V_{DS}=6$ V **(c)** $V_{GG}=1.66$ V
5. $V_D=18$ V, $V_{GS}=-4$ V
7. $I_{D_Q}=2.6$ mA
9. **(a)** $I_{D_Q}=3.33$ mA **(b)** $V_{GS_Q}\cong -1.7$ V **(c)** $I_{DSS}=10.06$ mA
   (d) $V_D=11.34$ V **(e)** $V_{DS}=9.64$ V
11. $V_S=1.4$ V
13. **(a)** $V_G=2.16$ V $I_{D_Q}\cong 5.8$ mA, $V_{GS_Q}\cong -0.85$ V $V_D=7.24$ V, $V_S=6.38$ V $V_{DS_Q}=0.86$ V
    (b) $V_{GS}=0$ V, $V_G=I_D R_S=I_{DSS}R_S$ 且 $R_S=216$ Ω
15. $R_S=2.67$ kΩ
17. **(a)** $I_D=3.33$ mA **(b)** $V_D=10$ V, $V_S=6$ V **(c)** $V_{GS}=-6$ V
19. $V_D=8.8$ V, $V_{GS}=0$ V
21. **(a)** $I_{D_Q}\cong 9$ mA, $V_{GS_Q}\cong 0.5$ V **(b)** $V_{DS}=7.69$ V, $V_S=-0.5$ V
23. **(a)** $I_{D_Q}\cong 5$ mA, $V_{GS_Q}\cong 6V$
25. **(a)** $V_B=V_G=3.2$ V **(b)** $V_E=2.5$ V **(c)** $I_E=2.08$ mA, $I_C=2.08$ mA, $I_D=2.08$ mA **(d)** $I_B=20.8$ μA
    (e) $V_C=5.67$ V, $V_S=5.67$ V, $V_D=11.42$ V **(f)** $V_{CE}=3.17$ V **(g)** $V_{DS}=5.75$ V
27. $V_{GS}=-2$ V, $R_S=2.4$ kΩ, $R_D=6.2$ kΩ, $R_2=4.3$ MΩ
29. **(a)** JFET 飽和 **(b)** JFET 未導通 **(c)** 閘極短路至汲極（JFET 或電路）
31. JFET 飽和，閘極和分壓電路之間開路
33. **(a)** $I_{D_Q}\cong 4.4$ mA, $V_{GS_Q}\cong -7.25$ V **(b)** $V_{DS}=-7.25$ V **(c)** $V_D=-7.25$ V

35. (a) $V_{GS_Q} = -1.96$ V, $I_{D_Q} = 2.7$ mA (b) $V_{DS} = 11.93$ V, $V_D = 13.95$ V, $V_G = 0$ V, $V_S = 2.03$ V

37. (a) $I_{D_Q} = 2.76$ mA, $V_{GS_Q} = -2.04$ V (b) $V_{DS} = 7.86$ V, $V_S = 2.07$ V

第 8 章

1. 6 mS

3. 10 mA

5. 12.5 mA

7. 2.4 mS

9. $Z_o = 40$ kΩ, $A_v = 180$

11. (a) 4 mS (b) 3.64 mS (c) 3.6 mS (d) 3 mS (e) 3.2 mS

13. (a) 0.75 mS (b) 100 kΩ

15. $g_m = 5.6$ mS, $r_d = 66.67$ kΩ

17. $Z_i = 1$ MΩ, $Z_o = 1.72$ kΩ, $A_v = -4.8$

19. (a) $Z_i = 2$ MΩ, $Z_o = 3.81$ kΩ, $A_v = -7.14$
    (b) $Z_i = 2$ MΩ, $Z_o = 4.21$ kΩ, （增加）, $A_v = -7.89$（增加）

21. $Z_i = 10$ MΩ, $Z_o = 730$ Ω, $A_v = 2.19$

23. (a) 3.83 kΩ, (b) 3.41 kΩ

25. $Z_i = 9.7$ MΩ, $Z_o = 1.92$ kΩ, $V_o = -210$ mV

27. $Z_i = 9.7$ MΩ, $Z_o = 1.82$ kΩ, $V_o = -198.8$ mV

29. $Z_i = 356.3$ Ω, $Z_o = 3.3$ kΩ, $V_o = 28.24$ mV

31. $Z_i = 275.5$ Ω, $Z_o = 2.2$ kΩ, $A_v = 5.79$

33. $Z_i = 10$ MΩ, $Z_o = 506.4$ Ω, $A_v = 0.745$

35. 11.73 mV

37. $Z_i = 10$ MΩ, $Z_o = 1.68$ kΩ, $Av = -9.07$

39. $Z_i = 9$ MΩ, $Z_o = 197.6$ Ω, $Av = 0.816$

41. $Z_i = 1.73$ MΩ, $Z_o = 2.15$ kΩ, $A_v = -4.77$

43. -203 mV

45. -3.51 mV

47. $R_S = 180$ Ω, $R_D = 2$ kΩ（標準值）

49. (a) $Z_i = 2$ MΩ, $Z_o = 0.72$ kΩ, $A_{v_{NL}} = 0.733$ (c) $A_{v_L} = 0.552$, $A_{v_s} = 0.552$ (d) $A_{v_L} = 0.670$, A_{v_s} 相同
    (e) A_{v_L} 相同, $A_{v_s} = 0.546$ (f) Z_i 和 Z_o 相同

51. 由圖 $V_{GS_Q} \cong -1.45$ V, $I_{D_Q} \cong 3.7$ mA, $V_D = 9.86$ V, $V_S = 1.44$ V, $V_{DS} = 8.42$ V, $V_G = 0$ V

53. 由圖 $V_{GS_Q} \cong -1.4$ V, $I_{D_Q} \cong 3.6$ mA, $V_D = 10.08$ V, $V_S = 1.4$ V, $V_{DS} = 8.68$ V, $V_G = 0$ V

55. $Z_i = 10$ MΩ, $Z_o = 2.7$ kΩ

57. $A_{v_1} = -3.77$, $A_{v_2} = -87.2$, $A_{v_T} = 328.74$

第 9 章

1. **(a)** 3, 1.699, −1.151 **(b)** 6.908, 3.912, 0.347 **(c)** 結果大小相差 2.3
3. **(a)** 相同 22.92 **(b)** 相同 23.98 **(c)** 相同 0.903
5. $G_{dBm} = 43.98$ dBm
7. $G_{dB} = 67.96$ dB
9. **(a)** $G_{dB} = 69.83$ dB **(b)** $G_v = 82.83$ dB **(c)** $R_i = 2$ kΩ **(d)** $P_o = 1385.64$ V
11. **(a)** $f_L = 1/\sqrt{1 + (1950.43 \text{ Hz}/f)^2}$ **(b)** 100 Hz: $|A_v| = 0.051$; 1k Hz: $|A_v| = 0.456$;
    2k Hz: $|A_v| = 0.716$; 5k Hz: $|A_z| = 0.932$; 10k Hz: $|A_v| = 0.982$
    (c) $f_L \cong 1950$ Hz
13. **(a)** 10k Hz **(b)** 1k Hz **(c)** 5k Hz **(d)** 100k Hz
15. **(a)** $r_e = 28.48$ Ω **(b)** $A_{v_{mid}} = -72.91$ **(c)** $Z_i = 2.455$ kΩ
    (d) $f_{L_s} = 137.93$ Hz, $f_{L_C} = 38.05$ Hz, $f_{L_E} = 85.30$ Hz **(e)** $f_L = f_{L_s} = 137.93$ Hz
17. **(a)** $r_e = 30.23$ Ω **(b)** $A_{v_{mid}} = 0.983$ **(c)** $Z_i = 21.13$ kΩ **(d)** $f_{L_s} = 75.32$ Hz, $f_{L_C} = 188.57$ Hz
    (e) $f_L = f_{L_C} = 188.57$ Hz
19. **(a)** $r_e = 28.48$ Ω **(b)** $A_{v_{mid}} = -72.91$ **(c)** $Z_i = 2.455$ kΩ
    (d) $f_{L_s} = 103.4$ Hz, $f_{L_C} = 38.05$ Hz, $f_{L_E} = 235.79$ Hz **(e)** $f_L = fLE = 235.79$ Hz
21. **(a)** $r_e = 30.23$ Ω **(b)** $A_{v_{mid}} = 0.983$ **(c)** $Z_i = 21.13$ kΩ **(d)** $f_{L_s} = 71.92$ Hz, $f_{L_C} = 193.16$ Hz
    (e) $f_L = f_{L_C} = 193.16$ Hz
23. **(a)** $V_{GS_Q} = -2.45$ V, $I_{D_Q} = 2.1$ mA **(b)** $g_m = 1.18$ mS **(c)** $A_{v_{mid}} = -2$ **(d)** $Z_i = 1$ MΩ **(e)** $A_{v_s} = -2$
    (f) $f_{L_G} = 1.59$ Hz, $f_{L_C} = 4.91$ Hz, $f_{L_s} = 32.04$ Hz **(g)** $f_L = f_{L_s} = 32$ Hz
25. **(a)** $V_{GS_Q} = -2.55$ V, $I_{D_Q} = 3.3$ mA **(b)** $g_m = 1.91$ mS **(c)** $A_{v_{mid}} = -4.39$ **(d)** $Z_i = 51.94$ kΩ
    (e) $A_{v_s} = -4.27$ **(f)** $f_{L_G} = 2.98$ Hz, $f_{L_C} = 2.46$ Hz, $f_{LS} = 41$ Hz **(g)** $f_L = f_{L_s} = 41$ Hz
27. **(a)** $f_{H_i} = 277.89$ kHz, $f_{H_o} = 2.73$ mHz **(b)** $f_\beta = 895.56$ kHz, $f_T = 107.47$ MHz
    (d) GBP $= 18.23$ MHz
29. **(a)** $f_{H_i} = 2.87$ MHz, $f_{H_o} = 127.72$ mHz **(b)** $f_\beta = 1.05$ MHz, $f_T = 105$ MHz **(d)** GBP $= 786.4$ kHz
31. **(a)** $g_{m0} = 2$ mS, $g_m = 1.18$ mS **(b)** $A_{v_{mid}} = A_{v_s} = -2$ **(c)** $f_{H_i} = 7.59$ MHz, $f_{H_o} = 7.82$ MHz
    (e) GBP $= 12$ MHz
33. $A_{v_T} = 16 \times 10^4$
35. $f_L = 91.96$ Hz

索 引

3 階諧波 (third harmonic) 730
CMOS 邏輯設計 513
npn 電晶體 162
n 通道 (nMOS) 626
pnp 電晶體 162
p 通道 (pMOS) 626

二劃
二極體 125
三極真空管 161

三劃
大訊號 317
小訊號 203, 317
小訊號等效網路 403
工作點 (operating point) 202, 530

四劃
中斷 (break) 690
互補 (complementary) 513
介電 (dielectric) 494
公定極性 11
分貝 (decibel, dB) 681
分段線性等效電路 33
分壓器 331

切換電晶體 269
反相器 265
反饋對 254

五劃
半功率 (half-power) 690
半波整流 (half-wave rectification) 89
半波整流器 (half-wave rectifier) 88
半導體二極體 11
外加偏壓 163
平均交流電阻 31
白色雜訊 (white noise) 433

六劃
全波整流 (full-wave rectification) 91
共汲極 620
共射極 (emitter) 173
共射極組態 170
共集極電路 341
曲線測試儀 186
米勒效應電容 712
自然對數 676
自穩偏壓 607

七劃

串聯　96
作用區　(active)　166, 202
夾止　(pinch-off)　477
夾止電壓　(pinch-off voltage)　477
汲極　(drain, D)　475

八劃

並聯　96
固定偏壓　605
定電流區　478
直接耦合　256
空乏　(depletion)　474, 494
空乏型　494
空乏區　(depletion region)　497
金半場效電晶體　(metal-semiconductor field-effect transistor, MESFET)　474
金氧半場效電晶體　(metal-oxide-semiconductor field-effect transistor, MOSFET)　474

九劃

前置放大器　(preamplifier)　432
垂直　511
施者　(donor)　8
施者能階　9
流控　595
相對移動率　(μ_n)　5
負載線　69, 211
負載線分析　69
釔鋁榴石　(YAG)　56

十劃

射極　(emitter)　163
射極隨耦器　(emitter follower)　341
峰值反向電壓　18
峰值逆向電壓　18
效應　(effect)　494
逆向　(reverse)　401
逆偏壓　11

十一劃

偵錯　(troubleshooting)　426
偏壓　(bias)　11
基板　(substrate)　494
基波　(fundamental)　730
基極　(base)　163
崩潰電壓　18
巢式掃描　193
控制柵極　161
接面場效電晶體　(junction field-effect transistor, JFET)　474
接觸　30
混合　(hybrid)　173
混合 π 模型　319
混合等效　319
混合等效（h 參數）　400
累增崩潰　18

十二劃

傅立葉級數　729
單載子　(unipolar)　163, 473
場效　(field-effect)　474, 522
場效電晶體　528
普通對數　676
發光效率　(η_V)　53
短路順向轉移電流比　401
短路輸入阻抗　401
絕緣閘極　(insulating-gate)　495
軸發光強度　(I_V)　53
開路逆向轉移電壓比　401

索 引　779

開路輸出導納　402
集極　(collector)　163
集極對射極　170
順向　(forward)　173, 401
順向偏壓　13
順偏壓　11

十三劃

微巴　(ubar)　684
源極　(source, S)　475
詹森雜訊　(Johnson)　433
閘極　(gate, G)　475
電子伏特　(eV)　7
電流增益　(current gain)　322
電流鏡　258
電洞　(hole)　9
電導　(conductance)　596
電壓增益　(voltage gain)　322
零偏壓　11
飽和　13, 203, 208
飽和區　(saturation)　166, 202, 478

十四劃

截止區　(cutoff)　166, 202, 690
摻雜　(doping)　6
漏電流　(leakage current)　164
遞向偏壓　13
遞向飽和電流　13
齊納二極體　18, 45
齊納區　18
齊納崩潰　18

十五劃

價　(valence)　4
價電子　(valence electron)　4

增益頻寬積　(GBP)　720
增強　(enhancement)　474, 494
增強型　494
增強型 MOSFET　(E-MOSFET)　626
增強區　(enhancement region)　497
數位電表　186
標稱　(nominal)　46
歐姆計　186
歐姆區　478
熱耗毀　(thermal runaway)　513
熱電壓　14
熱雜訊　(thermal noise)　433
線性放大區　478

十六劃

導納等效電路　602
整流　(rectification)　39
整流子　(rectifier)　39, 88, 125
橋式　(bridge)　91
蕭克萊方程式　(Schokley equation)　482
輸入　165
輸出　165, 170
隨機雜訊產生器　(random-noise generator)　433
靜止　(quiescent)　27
靜態　(quiescent, Q)　70, 202, 530
靜態點　(quiescent point)　202
頻帶　(band)　690

十八劃

壓控　595
壓控電阻區　478
臨限電壓　(threshold voltage)　502

十九劃

轉角　(corner)　690
轉移　(trans)　596
轉換效率　318
雜訊　(noise)　433
雙載子　(bipolar)　163, 473
雙載子接面電晶體　(bipolar junction transistor, BJT)　163

雙截子　(bipolar)　473
雙端裝置　11
穩壓器　125
穩壓器　(regulator)　113

二十三劃

變壓器　125
體　30